Heinz Dieter Motz · Ingenieur-Mechanik

Ingenieur-Mechanik

Technische Mechanik
für
Studium und Praxis

Prof. Dr. rer. sec. Dipl.-Ing. Heinz Dieter Motz

Die Deutsche Bibliothek – CIP-Einheitsaufnahme

Motz, Heinz Dieter:
Ingenieur-Mechanik : Technische Mechanik für Studium und
Praxis / Heinz Dieter Motz. – Düsseldorf : VDI-Verl., 1991

Professor Dr. rer. sec. Dipl.-Ing. *Heinz Dieter Motz*
Bergische Universität – Gesamthochschule Wuppertal
Fachbereich Maschinentechnik

Die auszugsweise Wiedergabe von DIN-Normen genehmigte DIN Deutsches Institut für Normen e.V. Maßgebend für die Anwendung einer Norm ist deren Fassung mit dem neuesten Ausgabedatum, die bei der Beuth Verlag GmbH, 1000 Berlin 30 und 5000 Köln 1, erhältlich ist.

ISBN-13: 978-3-642-95762-8   e-ISBN-13: 978-3-642-95761-1
DOI: 10.1007/978-3-642-95761-1

Vorwort

Die Erfahrungen mit mehr als nur einer Studentengeneration zeigen mir, daß es von großer Bedeutung ist, dem Lernenden solches Schrifttum in die Hand zu geben, das für ihn faßbar und überschaubar ist. Schrecken wir nicht davor zurück, auch Elementares noch einmal zu wiederholen, und erliegen wir nicht dem Ehrgeiz, bis in die allerletzten Nischen des betreffenden Wissenschaftsgebäudes vorzudringen. Zum Glück ist die Anzahl erschöpfender Werke groß, so daß jedem Fortgeschrittenen und jedem, der seine Studien – in diesem Fall in der Technischen Mechanik – in eine bestimmte Richtung vertiefen will, ausreichend Gelegenheit gegeben ist.

Bei der heutigen Ingenieurausbildung sowie in der Ingenieurpraxis konzentriert sich die Forderung nach dem Notwendigen auf etwa jenen Kernbereich der Ingenieurmechanik, den das vorliegende Buch abdeckt. Die Fragestellungen und Anforderungen der Ingenieurpraxis waren es, die entschieden, welche Themen aufgenommen und welche ausgeklammert wurden. Mit der so getroffenen Auswahl hoffe ich, ein anschaulich gestaltetes Lehrbuch vorzulegen, das auch den (Jung)Ingenieur anspricht und von ihm problemlos gelesen und bearbeitet werden kann.

Als „Lernbuch" entspricht es den Anforderungen, denen sich die Studenten an der Bergischen Universität – Gesamthochschule Wuppertal – Fachbereiche Maschinentechnik (FH-Studiengang) und Sicherheitstechnik (integrierter Studiengang) – zu stellen haben, wenn sie die Fächerwahl im Wahlbereich so vornehmen, daß die Grundlagenstudien durch ergänzende Fächer zu einem geschlossenen Ganzen werden, ungeachtet notwendiger späterer Vertiefungen.

Mehr als 150 ausführlich durchgerechnete Beispiele und Übungen bringen die Aussagen, Formeln und Lehrsätze dieses Buches in Bezug zu den konkreten Fragestellungen in der Ingenieurpraxis. Hingewiesen sei darüber hinaus auf die auf dieses Grundwerk abgestimmten, mehrbändigen Aufgabensammlungen, die ebenfalls im VDI-Verlag erschienen sind.

Hinsichtlich der mathematischen Anforderungen wird nur das Notwendigste verlangt zugunsten der Anschaulichkeit und mit Rücksicht darauf, daß der Student seine Mathematik-Studien zumeist zeitgleich mit den Mechanik-Studien aufnimmt.

Dem VDI-Verlag danke ich, daß er sich meinen Vorstellungen zur Themenauswahl und Aufbereitung bis hin zur graphischen Gestaltung anschloß und mir seine uneingeschränkte Unterstützung gab. Besonderer Dank gilt meinem Mitarbeiter, Herrn Dipl.-Ing. Albert Cronrath, der sich der undankbaren Aufgabe des Korrekturlesens stellte, und der darüber hinaus stets kritischer und begeisterter Gesprächspartner war.

Es ist mein Wunsch, daß dieses Buch sowohl in die Hände von Studenten der Ingenieurwissenschaften an Fachhochschulen als auch in Technische Hochschulen und Universitäten gelangt, aber auch in den Kreis junger Ingenieure, die mit den Fächern der Technischen Mechanik erste Berufserfahrungen machen bei der Bewältigung von Problemen, die sich dem Ingenieur etwa im Betrieb, bei der Konstruktion, im Technischen Büro, bei der Planung und Entwicklung auftun. Spätestens dort erkennt der Jungingenieur, daß die konkrete Fragestellung im Studium zwar angesprochen worden ist, die Notwendigkeiten der Curriculumsgestaltung jedoch eine ausreichende Vertiefung hier und da vermissen lassen. Und er erkennt auch die Richtigkeit der Worte seiner Hochschullehrer, die prophezeiten, daß der Lernprozeß mit dem Examen keineswegs – und erst recht nicht mit der einzelnen Fachprüfung – sein Ende hat.

Nicht zuletzt diesen jungen Ingenieuren soll das Buch Hilfe sein. Auch aus ihrem Kreis erhoffe ich Resonanz und Anregungen, wie ich überhaupt alle Leser ermuntere, zur Feder zu greifen und konstruktive Kritik zu üben und ihre Erfahrungen mit diesem Buch mitzuteilen.

Wuppertal, September 1991   *Heinz Dieter Motz*

Inhalt

0 Einführung

Die Mechanik als Teilgebiet der Physik

Die Mechanik ist ein Teilgebiet der Physik. Wir können die Physik in folgende Disziplinen einteilen:

- Mechanik,
- Akustik,
- Thermodynamik,
- Magnetismus,
- Elektrizitätslehre,
- Atom- und Kernphysik.

Die Mechanik ist dabei der älteste und grundlegende Zweig der Physik. Sie ist die Lehre von der Wirkung der Kräfte. Wir finden auch andere Definitionen, die aber im Grunde denselben Sachverhalt ausdrücken; so die folgende: Aufgabe der Mechanik ist es, den Bewegungszustand von Körpern zu untersuchen und zu beschreiben. Nach dem NEWTONschen Axiom, wonach Kräfte stets die Ursache von Bewegungen und Bewegungsänderungen sein müssen, sind beide Definitionen inhaltsgleich. Sowohl die Verwendung des Kraftbegriffs an dieser Stelle als auch das Zitat des NEWTONschen Axioms bedeuten einen Vorgriff auf den noch zu behandelnden Stoff. Die erste Definition, nach der die Mechanik sich mit den Kraftwirkungen beschäftigt, ist insoweit umfassender, als außer den Bewegungen als Kraftwirkung auch Formänderungen der so unter Krafteinwirkung stehenden Körper betrachtet werden.

Das Wort Mechanik hat seinen Ursprung in der griechischen Sprache: mechané (griechisch)= Maschine, Kunstgriff, Wirkungsweise.

Gesetze der Mechanik

Die Gesetze der Mechanik resultieren aus der Beobachtung des Naturgeschehens. Die allgemeinen Aussagen solcher Betrachtungen sind mathematisch nicht beweisbar. Ihre Richtigkeit wird dadurch nachgewiesen, daß alle daraus abgeleiteten Folgerungen wiederum mit der Beobachtung und dem Versuch übereinstimmen.

Die Technische Mechanik faßt die Gesetze der Mechanik unter Betonung des Kraftbegriffs in einer für den Techniker und Ingenieur brauchbaren und zugeschnittenen Form zusammen und wendet die Gesetze und Sätze auf solche Körper an, die für die Technik wichtig und interessant sind: Maschinen, Bauwerke usw., aber auch Grundbausteine der Maschinen und Bauwerke, also Maschinenteile, Konstruktionselemente.

Einteilung der Mechanik

Die Technische Mechanik gliedert sich gemäß Bild 0-1 in Teilgebiete. Die Mechanik der Gase und Flüssigkeiten ist ein in sich geschlossenes Teilgebiet und wird in diesem Lehrbuch nicht beschrieben. Gegenstand dieses Buchs sind ingenieurmäßige Fragestellungen an die Statik,

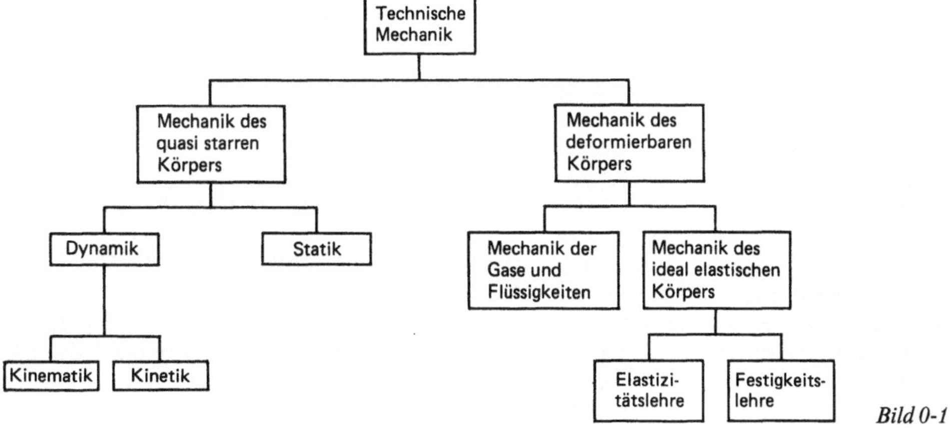

Bild 0-1

die Kinematik, die Kinetik, die Elastizitäts- und Festigkeitslehre.

Die Mechanik untersucht, wie schon zuvor definiert, Kraftwirkungen und Bewegungszustände als Folge solcher Kraftwirkungen – auch den Zustand der Bewegungslosigkeit, der relativen Ruhe also, dies nämlich in der Statik. Diese Kraft- und Bewegungszustände werden mit der Sprache der Mathematik (dazu gehört auch die Geometrie) beschrieben.

Die Kinematik beschreibt Bewegungszustände im Hinblick auf Zeit und Raum (Lage). Es wird in der Kinematik nicht nach den angreifenden Kräften gefragt. Die Kinematik beschränkt sich auf die Beschreibung des Bewegungszustands, also auf Aussagen über die Lage des Körpers, seine Geschwindigkeit und seine Beschleunigung, dies in Abhängigkeit von der Zeit. Auch die Frage nach den notwendigen Kräften und Momenten für bestimmte, beabsichtigte Bewegungszustände ist nicht Sache der Kinematik.

Die Kinetik befaßt sich mit dem unter Kräften und Momenten bewegten Körper, und sie betont dabei eben diesen Kraftbegriff. Die Kinetik beantwortet die Frage nach den für bestimmte Bewegungen erforderlichen Kräften, bzw. sie sagt, wie die Bewegung bzw. Bewegungsänderung aufgrund bestimmter Kräfte oder Momente aussehen wird.

Für den beschleunigungslosen Bewegungszustand des Körpers, also auch für den Ruhezustand, beschreibt die Statik die Kräftesituation. Die Statik als Lehre vom Gleichgewicht der Körper beschreibt jene Bedingungen, die erfüllt sein müssen, damit der Zustand der Ruhe bzw. der Zustand der gleichförmigen Bewegung gewährleistet ist. Es werden die Bedingungen für diesen Ruhezustand formuliert und die Kräfte und Momente bestimmt, die diesen Zustand garantieren. *NEWTON:* Kräfte sind die Ursache für Bewegungsänderungen (Axiom). Am jeweils betrachteten System wirken Kräfte; dies können Gewichtskräfte (als Wirkung des Schwerefelds auf die Masse des Körpers) oder andere Kräfte aus dem System sein. Solche „anderen" Kräfte sind Systemkräfte, die etwa durch Dampfdruck oder Wärmespannungen verursacht werden, ferner z. B. von benachbarten Körpern einwirkende oder von elastisch deformierten Körpern (Federn) stammende Kräfte. Da der Körper in der Statik keine Bewegungsänderungen erfährt,

wird nach den Bedingungen für das Gleichgewicht dieser Kräfte gesucht:

Kräftegleichgewicht $\rightleftarrows$ Ruhezustand.

Diese gegenseitige Bedingung könnten wir Bedingungsgleichung nennen. Von links nach rechts gelesen müßte man sie wie folgt interpretieren: Wenn Kräftegleichgewicht am betrachteten Körper oder System von Körpern vorliegt, befindet sich der Körper bzw. das System von Körpern im Zustand der Ruhe oder der gleichförmigen Bewegung (mit konstanter Geschwindigkeit der Richtung und dem Betrage nach). Von rechts nach links gelesen: Befindet sich ein Körper bzw. ein System von Körpern im Zustand der Ruhe oder der gleichförmigen Bewegung, so liegt Gleichgewicht der Kräfte und Momente vor. Keine der möglicherweise vielen angreifenden Kräfte überwiegt in ihrer Wirkung gegenüber den übrigen, so daß der betrachtete Körper zu keiner Bewegungsänderung gedrängt wird; die Kraftwirkungen der Gesamtheit aller einwirkenden Kräfte heben sich gegenseitig so auf, daß es zu keiner Änderung des Bewegungszustands kommt.

Zum Begriff des Gleichgewichts: Setzen wir beim Auffangen eines fallenden Körpers diesem etwas gleich Gewichtiges entgegen, so kommt er zur Ruhe. Die Kraft, die wir mit der Hand aufbringen, damit der Ruhezustand für den Körper gewahrt wird, entspricht der Gewichtskraft des Körpers. Der auf seiner Unterlage dann ruhende Körper erfährt zwei Kraftwirkungen. Zum einen wirkt aus dem Schwerefeld die Gewichtskraft auf ihn; sie würde ihn, wäre keine gleichgewichthaltende zweite Kraft da, in lotrechter Richtung bewegen. Diese zweite Kraft, die das Gleichgewicht garantiert, ist die dem Gewicht gleich große Kraft von der Unterlage auf den betrachteten Körper; sie ist nach oben gerichtet, also dem Richtungssinn der Gewichtskraft entgegengerichtet.

Fragestellungen der Mechanik

In der Mechanik kennt man grundsätzlich zwei Fragestellungen:

- Ist der Bewegungszustand eines Körpers bekannt und/oder ist die Deformation, also die elastische Formänderung bekannt, die er aufgrund von einwirkenden Kräften erleidet, so stellt sich folgende Frage: Welche Kräfte und/oder Momente sind ursächlich und verantwortlich für die beobachtete Kraftwirkung? Es wird also nach den Ursachen für die bekannten Wirkungen gefragt.

– Sind die am Körper wirkenden Kräfte und Momente bekannt, wird die Frage lauten: Wie äußern sich die Kraftwirkungen? Liegt Gleichgewicht vor, so würde dies bedeuten, daß der statische Ruhezustand bzw. der Zustand gleichförmiger Bewegung garantiert wäre. Es könnte dann nach den Formänderungen gefragt werden, die der Körper erleidet, also nach Durchbiegungen, nach dem Verdrehwinkel eines Torsionsstabes usw. Liegt kein Gleichgewicht vor, so müßte nach dem Bewegungsverhalten des Körpers gefragt werden. Zum Beispiel: Welche Drehzahl erreicht der Rotor nach einer bestimmten Zeit oder nach einer bestimmten Anzahl von Umdrehungen? Oder: Welche Bewegungsbahn vollzieht der Körper? Oder: Wie groß sind Geschwindigkeit und Beschleunigung nach einer bestimmten Zeit?

Zur zweiten Fragestellung: Die Statik als Lehre vom Gleichgewichtszustand setzt voraus, daß die Gesamtwirkung aller Kräfte null ist – „Nullkraft"; es sollen also keine Bewegungsänderungen durch die Gesamtheit der einwirkenden Kräfte entstehen. Die zweite Fragestellung könnte speziell für die Statik auch lauten: Welche weiteren Bedingungen müssen erfüllt sein, damit Gleichgewicht zustande kommt? Wo müssen Kräfte in welcher Größe und in welcher Richtung und mit welchem Richtungssinn angreifen, damit Gleichgewicht vorliegt?

Grundbegriffe der Mechanik

Die Grundbegriffe der Mechanik sind Kraft, Länge und Zeit. Von diesen Grundbegriffen leiten sich Hilfsgrößen ab, z. B. Geschwindigkeit, Beschleunigung, Moment, Arbeit, Leistung, mechanische Spannung. Auf die Begriffe der Mechanik wird dort näher eingegangen, wo sie in der Stoff-Folge auftauchen. Der dominierende Begriff ist der Kraftbegriff, die physikalische Größe „Kraft". Hierauf soll im folgenden näher eingegangen werden. Mit der Beschreibung dieser mechanischen Grundgröße beginnen die Grundlagen der Statik.

Die Kraft

Die Kraft ist eine physikalische Größe. Der Begriff Kraft ist ein abstrakter Hilfsbegriff für jene physikalische Größe, die nur an ihren Wirkungen feststellbar und nachweisbar ist. Wollten wir die Kraft definieren, so könnten wir sagen: Kraft ist jene physikalische Größe, die sich mit der aus der Erfahrung bekannten Schwerkraft oder auch der Muskelkraft vergleichen läßt. Dabei bezieht sich „vergleichen" auf das Vergleichen der Wirkungen.

Kraftwirkungen sind, wie schon zuvor ausgeführt, erstens Bewegungsänderungen und zweitens Formänderungen. Beide Kraftwirkungen werden nicht in der Statik abgehandelt. In der Statik wird die Situation untersucht, die sich mit der Forderung der Ruhe oder des Ausbleibens von Bewegungsänderungen unter Einwirkung von Kräften ergibt.

Messen von Kräften

Es gibt zwei Möglichkeiten zum Messen von Kräften: durch Beobachtung der Formänderungen elastisch deformierbarer Körper oder durch Vergleich mit bekannten Kräften bzw. Gewichten (z. B. Federwaage). In jedem Fall bedarf die Quantifizierung eines Maßstabs bzw. einer Definition der Einheit der Kraft. Die Einheit der Kraft ist das Newton (N). Beträgt die Geschwindigkeitsänderung eines Körpers der Masse 1 kg genau 1 m/s je Sekunde, so wirkt die Kraft 1 N. 1 N ist also jene Kraft, die der Masse 1 kg die Beschleunigung von $1 \, m/s^2$ mitteilt. Hierbei ist die Einheit der Masse das Kilogramm (kg); es ist wie folgt definiert: Ein Kubikdezimeter Wasser bei $+4\,°C$ hat auf dem Breitengrad mit der Erdbeschleunigung $9,80665 \, m/s^2$ die Masse 1 kg.

Die Ingenieurwissenschaften und die Technik schlechthin bedienen sich bei der Lösung insbesondere statischer Probleme häufig zeichnerischer Methoden. Es ist damit notwendig, für die Kraft ein *Symbol* festzulegen; es ist dies der Pfeilstrich:

$$\Longrightarrow$$

Die Kraft als Vektor

Die Kraft ist ein Vektor, also eine gerichtete physikalische Größe. Dagegen stellt eine ungerichtete Größe ohne Richtungseigenschaft (skalare Größe) einen reinen Zahlenwert (Betrag) dar mit Vorzeichenangabe und Einheit, z. B. $+15\,^\circ C$, 20 km. Der Vektor ist definiert durch Maßzahl, Einheit und Richtung. Vektoren zeichnen sich also durch ihre Richtungseigenschaft aus. Wie stellen wir den Kraftvektor in der Zeichenebene dar? Definieren wir in der Zeichenebene ein rechtwinkliges Koordinatensystem, so kann der Kraftvektor beschrieben werden entweder durch Angabe seines Betrages und der Wirkrichtung (bezogen auf das Koordinaten-System), oder er wird beschrieben durch seine Komponenten, das sind die Projektionen auf die beiden Achsen des Koordinaten-Systems, Bild 0-2.

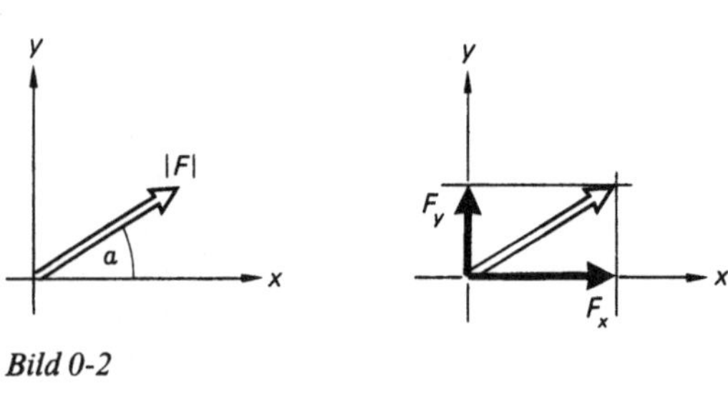

Bild 0-2

Kräftemaßstab

Will man den Vektor einer Kraft zeichnerisch darstellen – denn ein Großteil der Aufgabenstellungen der Statik legt eine graphische Lösung des Problems nahe –, so muß ein Maßstab festgelegt werden, z. B. $m_F = 300$ N/cm. Hierbei entspricht einem Zentimeter Pfeillänge die Kraft 300 N. Ein 2,5 cm langer Kraftpfeil gehört somit zu einer 750 N großen Kraft. Die Kraft ist also zunächst gekennzeichnet durch einen Betrag und eine festgelegte Richtung; die Pfeilspitze zeigt den Richtungssinn. Betrag, Richtung und Richtungssinn sind notwendige Kennzeichnungen zur eindeutigen Beschreibung einer Kraft und ihrer Wirkung. Sie sind notwendig, wenngleich nicht hinreichend: Es fehlt noch die Aussage über die Lage der Kraft in bezug auf das Bauteil, auf das sie einwirkt.

Wirkungslinie einer Kraft

Die Wirkungslinie einer Kraft (WL) wird definiert als jene Gerade im Raum (oder in der Ebene), längs derer sich ein punktförmiger Körper unter dem Einfluß ausschließlich dieser einen Kraft bewegen würde. Damit ist die Bahn des Schwerpunkts eines fallenden Körpers die Wirkungslinie der Gewichtskraft. In der zeichnerischen Darstellung ist die WL der Kraft F (WLF) die Verlängerung des Kraftpfeils über Vektorspitze und Vektorursprung hinaus.

Linienflüchtigkeits-Axiom

Dieses Axiom besagt, daß es hinsichtlich aller Gleichgewichtsüberlegungen, also hinsichtlich aller statischen Überlegungen, zulässig ist, den Kraftvektor längs seiner Wirkungslinie zu verschieben, ohne daß sich an der statischen Wirkung der Kraft dadurch etwas ändern würde. Dieses Verschieben auf der WL ist nur bei statischen Überlegungen zulässig! Daß sich durch ein solches Verschieben auf der WL etwa die Verformung des elastisch deformierbaren Bauteils ändert, ist einzusehen. Gleichgewichtsfragen werden durch das Verschieben einer Kraft auf der WL nicht berührt; so werden die Reaktionskräfte an den Auflagern des Körpers von einem Verschieben der Kraft längs ihrer WL nicht beeinflußt, Bild 0-3.

In beiden Darstellungen in Bild 0-3 erfahren die Auflager, also die Stützstellen des Körpers, dieselben Kräfte. Daß der Körper selbst ungleiche Deformationen erfahren wird, ist anschaulich.

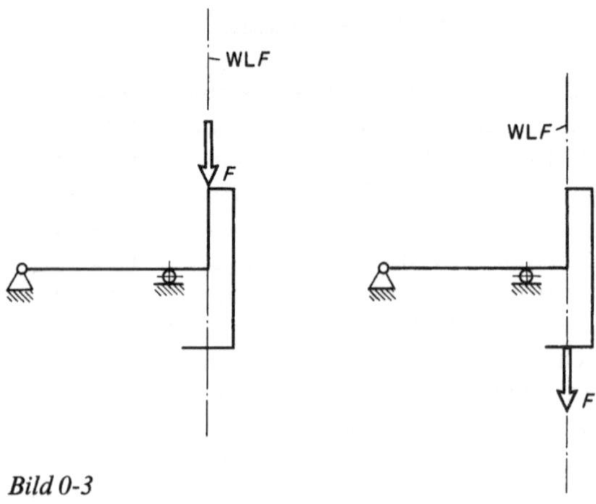

Bild 0-3

Während sich beim Längsverschieben einer Kraft auf ihrer WL die statische Wirkung der Kraft nicht ändert, ist dies beim Verschieben der Kraft aus der Wirkungslinie heraus der Fall. Nicht nur die Deformationssituation des Körpers ändert sich, auch die statische Wirkung einer Kraft, d. h. die Wirkung hinsichtlich des Gleichgewichts ändert sich, wenn der Kraftvektor aus der WL heraus verschoben wird, Bild 0-4.

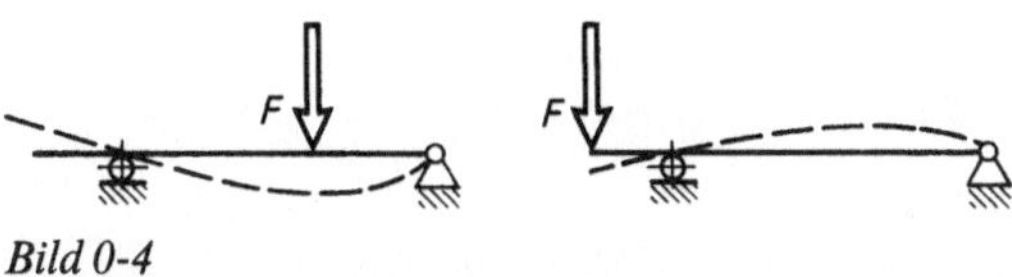

Bild 0-4

Die Kraftwirkungen der Darstellungen in Bild 0-4 sind durchaus unterschiedlich, und zwar nicht nur hinsichtlich der Deformation des Bauteils selbst, sondern auch in bezug auf die Auflager-Reaktionen in den Lagern; d. h. die in den Lagern auftretenden Kräfte hängen nach Größe und Richtung bzw. Richtungssinn von der Lage der WL der Kraft F ab. Längsverschiebung der Kraft auf der WL ist also ohne Belang für die statischen Betrachtungen. Querverschieben der Kraft aus der WL heraus ändert deren statische Wirkung und ist somit nicht ohne weiteres zulässig.

Äußere und innere Kräfte

Wenn ein im Gleichgewicht befindlicher Körper von Kräften belastet ist, so sagt man, es stehen diese äußeren Kräfte im Gleichgewicht, sie bilden miteinander eine sog. Nullkraft. Die Summe der statischen Wirkungen dieser an der äußeren „Haut" des Körpers angreifenden bzw. einwirkenden Kräfte ist null. Wird nun von einem Körper eine Kraft übertragen und in einen anderen Körper weitergeleitet, z. B. Weiterleitung einer Kraft vom Kolben auf die Kolbenstange zur Kurbel, so ist es einleuchtend, daß im Innern des Körpers ebenfalls Kräfte wirksam sind. An anderer Stelle dieses Buches nennen wir die im Innern des Körpers übertragenen Kräfte, auf die Flächeneinheit bezogen, mechanische Spannung. Durch einen gedachten Schnitt, mit dem ein Teil des Körpers aus seinem molekularen Verband mit dem Restkör-

per herausgeschnitten wird, versucht man, sich die im Schnitt, d. h. im Innern des Körpers an dieser Stelle wirkende Kraft zu verdeutlichen. Befindet sich der Körper als Ganzes im Gleichgewicht, so muß auch der durch den gedachten Schnitt abgetrennte Teil des Körpers im Kräftegleichgewicht stehen.

Ein schlanker, langer, gerader Körper wird an seinen Enden so durch zwei äußere Kräfte belastet, daß diese den Stab zu verlängern versuchen; die Kräfte sind gleich groß, so daß der Stab (Zugstab) im Gleichgewicht ist, Bild 0-5. Ein gedachter Schnitt zerteilt den Stab in den linken Teil I und den rechten Teil II. Beide Teilstücke sind im Gleichgewicht. Also muß in der zum linken Teil I gehörenden Schnittfläche eine Kraft wirken, die der nach links wirkenden, äußeren Zugkraft F das Gleichgewicht hält; in dem zum rechten Teilstück II gehörenden Schnitt muß eine Kraft wirken, die der am Zugstab nach rechts wirkenden Kraft das Gleichgewicht hält, damit auch dieses Teilstück im Kräftegleichgewicht steht.

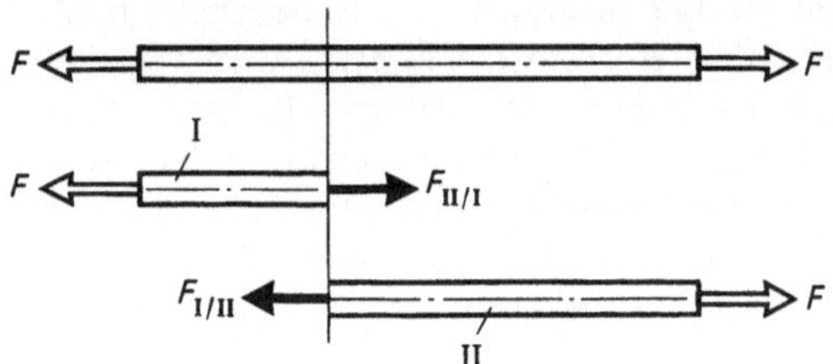

$F_{II/I}$ Schnittkraft von II auf I
$F_{I/II}$ Schnittkraft von I auf II

Bild 0-5

Innere Kräfte sind also die Reaktionen auf äußere Kräfte; es sind jene Kräfte im Innern des Körpers, die den molekularen Zusammenhalt des Werkstoffs garantieren. Wichtig zu erkennen, daß beide Schnittufer, d. h. beide beim Schnitt entstehenden (gedachten) Schnittflächen solche inneren Kraftwirkungen erfahren und daß die so zu einem Schnitt gehörenden beiden Schnittkräfte von gleicher Größe sind, auf derselben WL liegen und entgegengesetzten Richtungssinn aufweisen. Haben zwei Kräfte diese Eigenschaften, so spricht man auch von „Gegenkräften". nach außen heben sich die zum Schnitt gehörenden beiden Kräfte auf, sie stellen wiederum eine Nullkraft dar. Was ist das Wesen der inneren Kräfte?

Stellen wir uns einen endlich dicken Zugdraht vor; es gehören zum Querschnitt also sehr viele Moleküle. Bei diesem realen Zugstab beteiligen sich alle in den Querschnittsflächen liegenden Moleküle an der Kraftübertragung. Wir erkennen später, welche besonderen Bedingungen gewährleistet sein müssen, damit wir davon ausgehen können, daß jedes Molekül im Schnitt genau dengleichen Kraftanteil zu übertragen hat wie alle anderen Moleküle des Schnitts. Für unseren schlanken, geraden Zugstab (im Beispiel der Draht) gilt, daß in der Tat in den einzelnen Teilflächen der Querschnitte der gleiche Anteil an der zu übertragenden Zugkraft vorliegt, wir sprechen später von einer gleichförmigen Spannungsverteilung. Werden nun die äußeren Zugkräfte zu groß, und ist die Anzahl der an der Kraftübertragung beteiligten Moleküle zu gering, so reißt der Zugstab. Die inneren Kräfte vermögen das Gleichgewicht nicht mehr aufrecht zu erhalten, der Molekularverband reißt. Mit Anwachsen der äußeren Kräfte steigt der Atomabstand, wir verzeichnen elastische Verlängerungen, die beim Werkstoff Stahl geringer ausfallen als z. B. bei einem hochelastischen Werkstoff, wie etwa dem Gummiband. Es kommt bei weiterer Laststeigerung der Punkt, an dem die Fernwirkung der Moleküle nicht ausreicht, den Gitterverband zu erhalten. Dies bedeutet den Bruch, das Zerreißen des Zugstabes, Bild 0-6.

Innere Kräfte am krummen Stab

Die Kräfte an jeder einzelnen Stelle eines Schnitts durch den mit äußeren Kräften belasteten, gleichgewichtigen krummen Stab sind zunächst nicht bekannt und interessieren an dieser Stelle der Betrachtungen auch nicht im einzelnen. Wie sich die inneren Kräfte im Schnitt auch verteilen mögen, ihre resultierende Kraft, also jene Schnittkraft, die die Gesamtwirkung aller im Schnitt wirkenden Kräfte an einem Schnittufer repräsentiert, wird wieder Gegenkraft sein zu der am Teilstück wirkenden äußeren Kraft. Dabei darf es nicht irritieren, wenn die WL der nunmehr gleichgewichtigen beiden Kräfte (äußere und innere Kraft) nicht durch den materiellen Teil des Schnitts verläuft, Bild 0-7.

Sicher sind die inneren Kräfte in den markierten Punkten 1 und 2 des Schnitts nicht die gleichen.

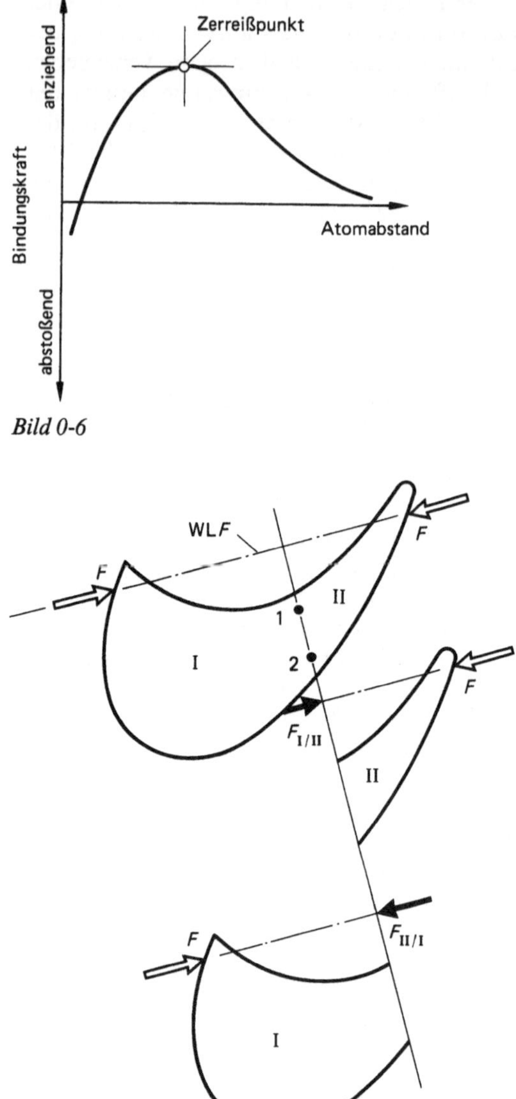

Bild 0-6

Bild 0-7

chen. Für die Gleichgewichtsbetrachtung der beiden durch den Schnitt entstandenen Teilkörper ist das auch von wenig Interesse. Wir wissen – aufgrund der Gleichgewichtsforderungen für jedes der beiden entstehenden Teile –, daß die jeweiligen Schnittkräfte den jeweils wirksamen äußeren Kräften das Gleichgewicht halten müssen. Mithin muß eine Kraft im Schnitt wirksam sein, die von gleichem Betrag wie die äußere Kraft ist, auf derselben WL wirkend und mit entgegengesetztem Richtungssinn. Daß diese (gedachte) innere Kraft dort an dieser Stelle nicht wirken kann, ist selbstverständlich, – immerhin ist dort kein molekularer Verband mehr. Doch die so geforderte innere Kraft ist die Gesamtheit, die Zusammenfassung all der vielen Einzelkraftwirkungen im Schnitt selbst. Was im Schnittbereich geschieht, ist im einzelnen noch ungeklärt; die resultierende Wirkung im Schnittbereich ist wieder die Gegenkraft zur jeweils wirksamen äußeren Kraft am Teilstück.

Die Betrachtung der inneren Kräfte in einem Körper führt zu der Einsicht, daß eine Kraft stets *von* einem Körper *auf* einen Körper wirkt, also von I auf II oder von II auf I. So auch im Innern des Körpers vom linken auf den rechten Schnitt und umgekehrt vom rechten auf den linken Schnitt. Die im Schnitt wirkenden Kräfte sind gleich groß, wirken auf derselben WL und sind gegeneinander gerichtet, sie stellen also Gegenkräfte dar. Die Gesamtwirkung zweier Gegenkräfte aber ist null, Nullkraft; Gegenkräfte heben sich aus dem Kräftegeschehen als statisch unwirksame Nullkraft heraus. Nach außen treten innere Kräfte also nicht in Erscheinung, sie spielen bei Gleichgewichtsfragen des Körpers keine Rolle.

Gegenkräfte – Wechselwirkungsgesetz

Die Definition des Begriffs der „Gegenkräfte" wurde bereits genannt: Gegenkräfte sind zwei gleich große, auf derselben WL wirkende Kräfte mit umgekehrtem Richtungssinn. Sie heben sich hinsichtlich des Bewegungszustands des Körpers, also hinsichtlich seines Gleichgewichts, in ihrer Wirkung auf, sind bei Gleichgewichtsbetrachtungen nicht von Bedeutung. Innere Kräfte sind stets Gegenkräfte!

Im Jahr 1687 formulierte *NEWTON* das Wechselwirkungsgesetz:

Die Kräfte, mit denen zwei Körper an der gemeinsamen Berührungsstelle aufeinander einwirken, treten stets zweimal auf, von gleicher Größe, in derselben WL und mit entgegengesetztem Richtungssinn. Berührungskräfte zwischen zwei Körpern sind also stets Gegenkräfte, Bild 0-8.

Im beschriebenen Beispiel liegen zwei schwere, runde Scheiben – wie skizziert – in einer Wanne bzw. im Fundament. Unbeschadet dessen, daß wir noch kein Verfahren kennengelernt haben, die Kräfte zwischen den Wänden und den

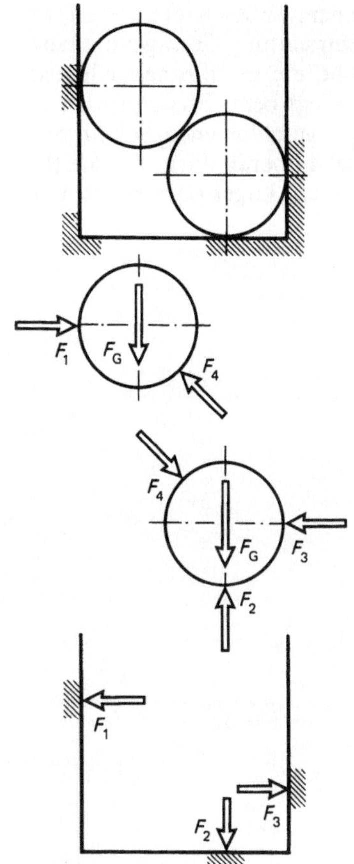

Bild 0-8

Scheiben sowie zwischen den Scheiben selbst zu ermitteln, ist gewiß, daß an der jeweiligen Berührungsstelle die dort wirksame Kraft auf beide die Berührungsstelle bildenden Körper einwirkt, und zwar auf derselben WL, von gleichem Betrag und mit umgekehrtem Richtungssinn: Berührungskräfte zwischen zwei Körpern sind, wie innere Kräfte, Gegenkräfte. Bei der Suche nach diesen Kräften werden Gleichgewichtsbetrachtungen an den einzelnen Körpern angestellt. Es ist darum ratsam, den Einzelkörper von seiner Umgebung zu trennen, ihn also freizumachen von den ihn stützenden, ihn berührenden Körpern. Diese Technik ist die des „Freimachens". Das Freimachen ist in der Statik darum von großer Wichtigkeit, weil man an den Berührungsstellen mit Nachbarkörpern zunächst Kraftwirkungen vermuten muß und nach dem Freimachen oder Freischneiden sieht, wieviele Kräfte am Körper insgesamt wirksam sein können, unbeschadet dessen, ob sich bei weiterer Betrachtung die angenommene Kraft zu null ergibt, die Berührungsstelle also kräftefrei ist. Man legt beim Freischneiden einen – gedachten – geschlossenen Schnitt um den Körper und setzt überall dort, wo eine Berührungsstelle bzw. ein Lager oder ein haltendes Element (Seil, Stab) durchtrennt wird, eine Kraft auf den Körper an.

Mit den in dieser Einführung gegebenen Definitionen, Begriffen und Axiomen ist es nun möglich, sich konkreten Gleichgewichtsproblemen der Statik zuzuwenden.

1. Statik

1.1. Statik der ebenen, zentralen Kräftesysteme

Bei den folgenden Ausführungen beschränken wir uns auf die Statik der Ebene; es werden also räumliche Kräftesysteme zunächst nicht betrachtet. Der Übergang vom ebenen auf das räumliche Problem ist später ohne sonderliche Mühen leicht möglich. Im übrigen lassen sich die meisten Probleme der Statik auf ebene Probleme zumindest reduzieren. Ebene Probleme liegen dann vor, wenn sämtliche Wirkungslinien der angreifenden Kräfte in derselben Ebene liegen; wir erklären die Bildebene, also die Zeichenebene, zu dieser Lastebene.

Treffen sich zudem die Wirkungslinien sämtlicher Kräfte in einem gemeinsamen Schnittpunkt, dann spricht man von zentralen Kräftesystemen. Ebene, zentrale Kräftesysteme sind also dadurch gekennzeichnet, daß alle WL in derselben Ebene liegen und durch einen gemeinsamen Punkt der Ebene verlaufen.

Betrachten wir eine runde Scheibe – „Scheibe" steht dabei synonym für den Körper in der Ebene. Am Umfang der Scheibe greifen zwei äußere Kräfte an, die in Richtung auf das Zentrum der Scheibe gerichtet sind, die Wirkungslinien beider Kräfte schneiden sich also im Mittelpunkt der Scheibe, Bild 1-1.

In dem gezeichneten Plan ist sowohl der Körper selbst maßstäblich dargestellt als auch die Lage der angreifenden Kräfte. Der Plan, der den Körper zeigt und in den die angreifenden Kräfte auf ihren wahren WL eingezeichnet sind, nennt man den Lageplan. Der Lageplan informiert über die Kräftesituation am Körper, und er zeigt die Geometrie des Körpers selbst. Im Lageplan ist der Körper maßstäblich zu zeichnen, Verzerrungen gegenüber der Wirklichkeit oder Maßänderungen sind unzulässig, weil sich dann andere – und zwar die falschen – Kräfte im anschließenden statischen Verfahren ergeben würden.

Erinnern wir uns an das Linienflüchtigkeits-Axiom für Kräfte, nach dem es im Zuge von Gleichgewichtsüberlegungen zulässig ist, Kräfte auf ihrer WL zu verschieben. Verschieben wir die an der Scheibe angreifenden Kräfte derart auf ihrer jeweiligen WL, daß sich ihre Vektorspitzen im zentralen Punkt der WL treffen, und zeichnen dabei nur die Kräfte in den Plan, ohne den Körper selbst zu zeichnen, so entsteht ein sog. Kräfteplan. Im Kräfteplan sollen Kräfte „verarbeitet" werden, darum sind die Kräfte maßstäblich zu zeichnen; es wird ein geeigneter Kräftemaßstab gewählt, und die Pfeillängen der Kräfte im Kräfteplan entsprechen dann den Kraftbeträgen, Bild 1-2.

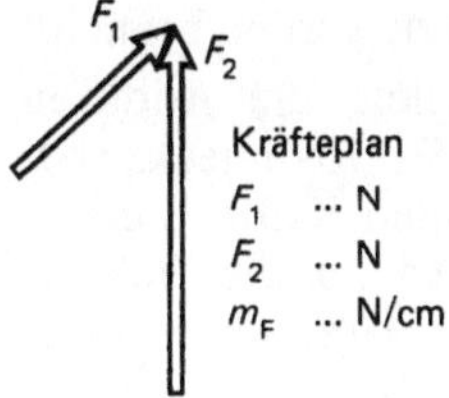

Bild 1-2

Der Kräfteplan erlaubt es nun, die beiden Einzelkräfte so zu einer resultierenden Kraft, einer Gesamtkraft, zusammenzufassen, daß diese Resultierende genau die gleiche statische Wirkung auf den Körper ausübt, wie es beide Einzelkräfte gemeinsam, d. h. in Summe tun. In der Statik ist es vielfach ratsam und notwendig, mehrere Kräfte zu einer resultierenden Gesamtkraft zusammenzufassen, zu addieren. Diese Addition zweier Kräfte ist keine rein algebraische Addition; es sind die Richtungen der Kräfte zu berücksichtigen. Mit anderen Worten: die Kraftvektoren werden vektoriell ad-

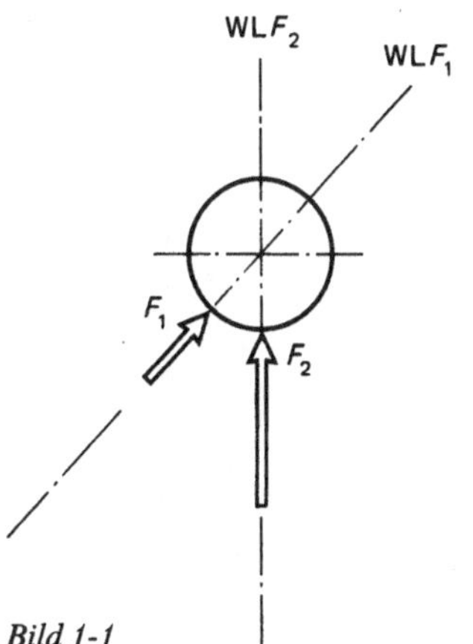

Bild 1-1

diert. Dies geschieht dadurch, daß im Kräfteplan über den beiden Vektorursprüngen die Parallelen zur jeweils anderen Kraft gezeichnet werden. Es entsteht ein Parallelogramm. Die Resultierende ist die Diagonale im Parallelogramm, und zwar jene Diagonale, die zu den beiden zusammenliegenden Vektorspitzen führt oder die zu dem Punkt gehört, an dem die beiden Vektorursprünge der zu addierenden Vektoren liegen, Bild 1-3.

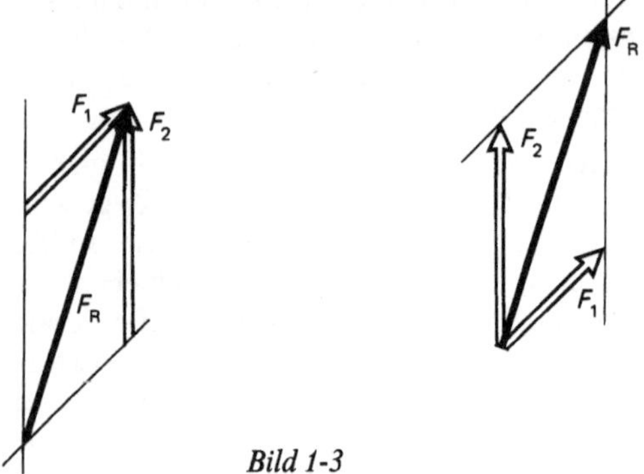

Bild 1-3

Der Zeichenaufwand bei der Konstruktion des Parallelogramms der Kräfte ist nicht unerheblich, besonders dann, wenn die Addition von mehr als zwei Kräften durchgeführt werden soll. Bild 1-4 zeigt, daß zur Ermittlung der Resultierenden nur ein Teildreieck des Kräfteparallelogramms gezeichnet zu werden braucht.

Es ist im Kräfteplan möglich, die Addition zweier Kräfte mit Hilfe des Kräftedreiecks vorzunehmen. Die zu addierenden Kräfte werden so hintereinandergelegt, daß an die Vektorspitze der zuerst gezeichneten Kraft der Vektorursprung der zu addierenden Kraft gelegt wird; dabei sind die Richtungen der Kräfte zu den Wirkungslinien des Lageplans parallel, und die Längen der Kraftpfeile entsprechen den Kraftbeträgen (Kräftemaßstab). Bei diesem Verfah-

ren ist es unerheblich, in welcher Reihenfolge die beiden Kräfte addiert werden. Die Resultierende entspringt dort, wo der Vektorursprung der zuerst gezeichneten Kraft liegt, und ihre Vektorspitze ist dort, wo die Vektorspitze der zuletzt gezeichneten Kraft ist. Betrag, Richtung und Richtungssinn der Resultierenden ergeben sich so wie auch bei der Addition im Kräfteparallelogramm, wie der Vergleich leicht zeigt. Der separate Kräfteplan läßt also beide Verfahren der Addition zweier Kräfte zur resultierenden Kraft zu: Kräfteparallelogramm und Kräftedreieck; in jedem Fall ist ein Kräftemaßstab einzuhalten und die Richtungen der Kräfte entsprechend den Gegebenheiten des Lageplans zu berücksichtigen.

Stellen wir uns die Frage, ob die Ermittlung der Resultierenden auch im Lageplan möglich ist. Die zu addierenden Kräfte können auch im Lageplan so weit auf ihrer WL verschoben werden, bis entweder die beiden Vektorspitzen oder die beiden Vektorursprünge zusammentreffen; so ist das Konstruieren des Kräfteparallelogramms auch im Lageplan ohne weiteres möglich.

Vor der Konstruktion des Kräftedreiecks im Lageplan muß insofern gewarnt werden, als die Gefahr besteht, daß die Lage der WL der Resultierenden an falscher Stelle entsteht. Die WL der Resultierenden verläuft stets durch den Schnittpunkt der WL beider zu addierender Kräfte; das Kräftedreieck, im Lageplan konstruiert, zeigt die Resultierende auf einer falschen WL, hier liegt die Gefahr einer Fehlinterpretation, Bild 1-5.

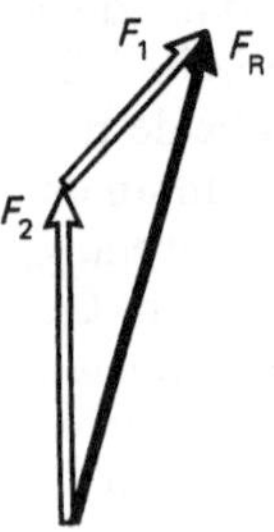

Bild 1-4

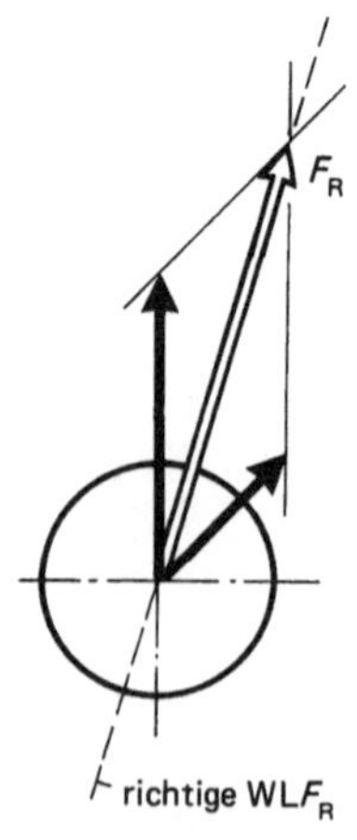

Bild 1-5

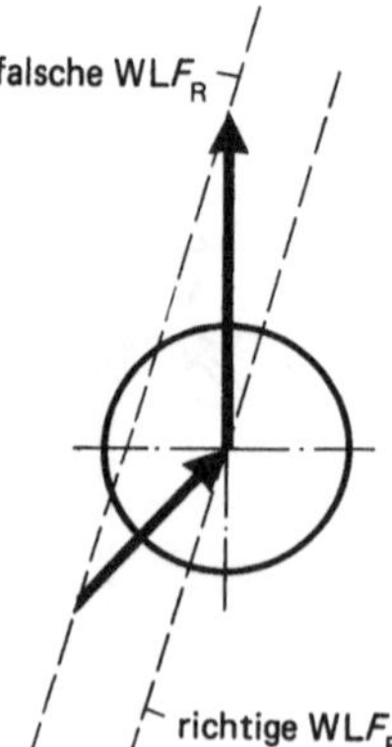

Zusammenfassend kann gesagt werden: Bei der Addition zweier Kräfte im Lageplan sollte das Kräfteparallelogramm gezeichnet werden; es ergibt sich dann die Resultierende der Größe, Richtung und dem Richtungssinn nach, aber auch die Lage der Resultierenden ist damit ermittelt. Bei der Ermittlung der Resultierenden im Kräfteplan ist es freigestellt, ob die Resultierende mit Hilfe des Kräfteparallelogramms oder mit Hilfe des Kräftedreiecks ermittelt wird. Bei der Rückübertragung der Resultierenden in den Lageplan ist klar, daß der gemeinsame Schnittpunkt der WL der in der Resultierenden zusammengefaßten Kräfte auch ein Punkt der WL der resultierenden Kraft ist.

Zu jedem Krafteck, ob im Kräfteplan oder im Lageplan, gehört ein Kräftemaßstab, der die Längen der Kraftpfeile eindeutig den Beträgen der Kräfte zuordnet.

Ein Sonderfall liegt vor, wenn die beiden zu addierenden Kräfte auf derselben WL liegen. Das Parallelogramm und auch das Kräftedreieck entarten zur Linie. Aufgrund gleicher Richtung der Kräfte entfällt die Notwendigkeit einer vektoriellen Addition, es können Kräfte auf derselben WL algebraisch addiert werden, wobei einem Richtungssinn das positive Vorzeichen zugeordnet wird, Bild 1-6.

Im Zusammenhang mit der Addition zweier Kräfte zur Resultierenden wurde nicht vom Gleichgewicht des Körpers ausgegangen. Es ging darum, zwei bekannte Kräfte zu einer Ersatzkraft zusammenzufassen, zu einer Resultierenden, die statisch gleiche Wirkung auf den Körper ausübt wie die beiden Einzelkräfte gemeinsam. Gleichgewicht hatten wir bereits diskutiert an Körpern, die unter der Wirkung von Gegenkräften standen, also zweier gleich großer Kräfte auf derselben WL und von entgegengesetztem Richtungssinn. Halten genau zwei Kräfte an einem Körper diesen im Gleichgewicht, so fordern wir unabdingbar, daß diese Kräfte Gegenkräfte sein müssen. Im folgenden untersuchen wir das Gleichgewicht eines aufgelagerten Körpers, und zwar einer runden Scheibe im Fundament, der durch zwei Aktionskräfte belastet wird: F_1 und F_2. Wir fassen beide Aktionskräfte zu einer Resultierenden zusammen und fordern, daß die gleichgewichthaltende Kraft, die Reaktion vom Fundament auf die Scheibe, Gegenkraft zur resultierenden Aktionskraft sein muß, Bild 1-7.

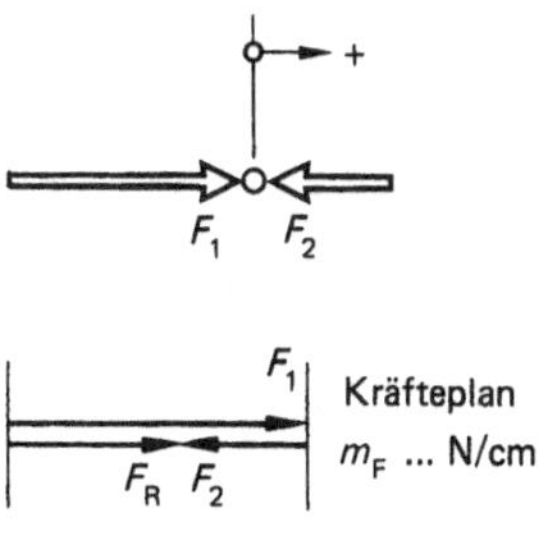

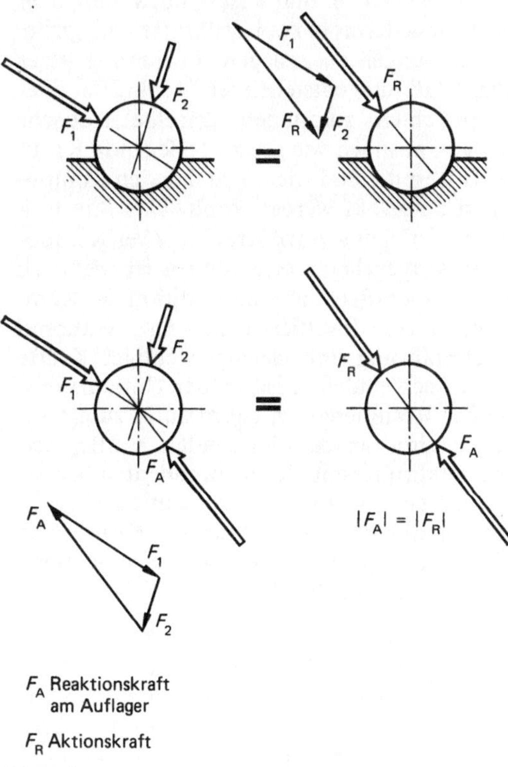

F_A Reaktionskraft am Auflager

F_R Aktionskraft

Bild 1-7

Die resultierende Aktionskraft F_R und die gleichgewichthaltende Kraft F_A vom Auflager (Fundament) auf die Scheibe sind Gegenkräfte. Machen wir die – gedankliche – Zusammenfassung der beiden Einzelaktionen F_1 und F_2 zur Resultierenden rückgängig, so erkennen wir das Gleichgewicht der drei die Scheibe belastenden Kräfte F_1, F_2 und F_A; das zugehörige

Kräfteplan

m_F ... N/cm

$$\vec{F}_R = \Sigma \vec{F}_i$$
$$\vec{F}_R = \vec{F}_1 + \vec{F}_2$$
$$F_R = +F_1 - F_2$$

Bild 1-6

Krafteck schließt sich mit fortlaufendem Umfahrungssinn. Vergleicht man nun das Kräftedreieck, das bei der Addition der beiden Aktionskräfte zur Resultierenden konstruiert wurde, mit dem Kräftedreieck, das nun Gleichgewicht an der Scheibe zeigt, so ist festzustellen, daß im Gleichgewichtsfall die drei Kräfte einen eindeutigen Umfahrungssinn im Krafteck aufweisen. Die Kräfte „laufen sich nach", d. h. an keiner Stelle des Kraftecks treffen zwei Vektorspitzen zusammen. Geschlossene Kraftecke mit eindeutigem Umfahrungssinn zeigen Gleichgewicht an. Drei Kräfte stehen also dann im Gleichgewicht, wenn sich ihre WL im selben Punkt schneiden und ihr Krafteck einen eindeutigen Umfahrungssinn aufweist.

In vielen Fällen der Statik ist es notwendig oder ratsam, eine Kraft in zwei Teilkräfte vorgegebener Richtungen zu zerlegen. Forderung ist es dabei, daß die entstehenden Teilkräfte oder Komponenten zusammen dieselbe statische Wirkung ausüben wie die zu zerlegende Kraft, die als Resultierende der entstehenden Komponenten aufgefaßt werden kann. Das Krafteck bei der Zerlegung einer Kraft in zwei Komponenten vorgegebener Richtungen ist identisch mit jenem Krafteck, das die Addition der Komponenten zur Resultierenden zeigt. Während der Umfahrungssinn gleichgewichtiger Kräfte im Krafteck eindeutig ist, ist der Umfahrungssinn der Resultierenden gegenläufig zum Umfahrungssinn der zu addierenden Kräfte, und der Umfahrungssinn der Komponenten bei der Zerlegung einer Kraft ist gegenläufig zum Umfahrungssinn der zu zerlegenden Kraft. Nur gleichgewichtige Kraftecke haben eindeutigen Umfahrungssinn, Bild 1-8 und Bild 1-9.

Versuchen wir, im zentralen Kräftesystem eine Kraft in mehr als zwei Richtungen, also z. B. in drei Komponenten zu zerlegen, so stoßen wir auf das Problem der statischen Bestimmtheit. Verwenden wir unser letztes Beispiel und hängen das Gewicht statt an zwei nunmehr an drei Stangen auf. Man erkennt leicht, daß es beliebig viele Kraftecke gibt, die der Forderung genügen, einheitlichen Umfahrungssinn aufzuweisen und in denen die Kraftrichtungen mit den Stabrichtungen übereinstimmen. Es ist also im zentralen Kräftesystem nicht möglich, eindeutig eine Kraft in drei oder mehr Komponenten zu zerlegen. Die drei Stabkräfte in unserem Beispiel lassen sich mit statischen Mitteln allein

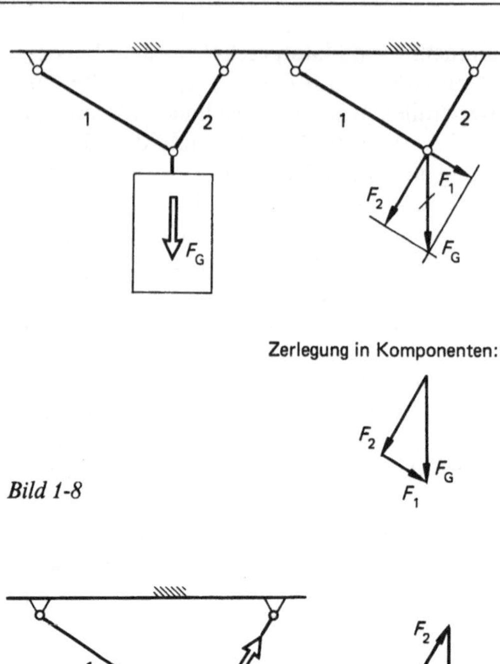

Bild 1-8

Zerlegung in Komponenten:

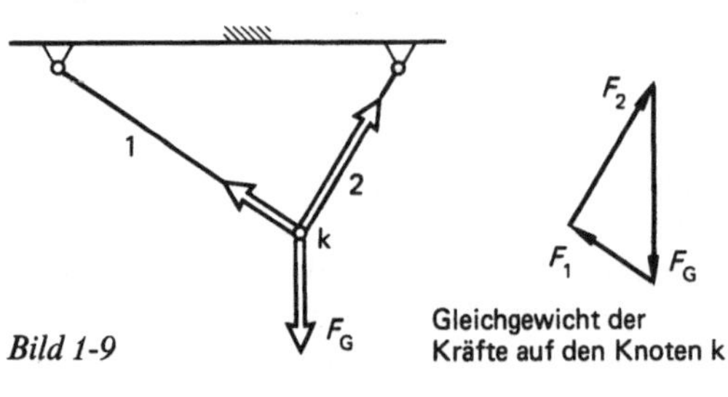

Bild 1-9

Gleichgewicht der Kräfte auf den Knoten k

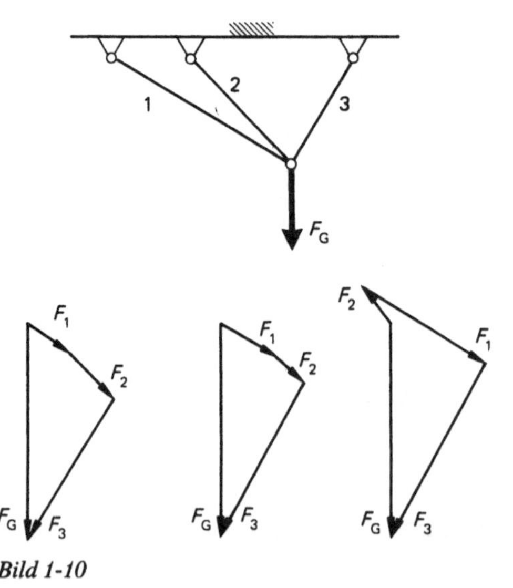

Bild 1-10

nicht eindeutig bestimmen, man spricht von einem statisch unbestimmten Problem bzw. von einer statisch unbestimmten Lagerung des schweren, abgehängten Körpers, Bild 1-10.

Es gibt mechanische Methoden, auch statisch unbestimmte Systeme zu untersuchen, jedoch bedarf es dann über die Statik hinausgehender Verfahren. Bei dem an drei Stäben aufgehängten Gewicht sind es die elastischen Beziehungen zwischen den Stabkräften und den Verlängerungen der Stäbe, die hier zur eindeutigen Bestimmung der drei Stabkräfte führen.

Das in drei Stäben abgehängte Gewicht ist also statisch unbestimmt mit der Umgebung, hier also dem Fundament, verbunden, somit statisch unbestimmt gelagert. Auf die Arten der Lagerung eines Körpers kommen wir an späterer Stelle ausführlich zu sprechen. Die Bedeutung der richtigen Lagerung eines Körpers unter dem Aspekt der statischen Bestimmtheit wird dann deutlich. Im Zusammenhang mit der Zerlegung einer Kraft in drei Komponenten vorgegebener Richtungen im zentralen Kräftesystem genügt es vorläufig zu erkennen, daß diese Aufgabe im statischen Verfahren nicht eindeutig möglich ist.

Kehren wir zurück zur Addition von Kräften zur Resultierenden und stellen uns die Aufgabe, nun mehr als nur zwei Kräfte zu einer Gesamtkraft zusammenzufassen; wir bleiben mit unserem Problem dabei im ebenen, zentralen Kräftesystem.

In den vorangegangenen Ausführungen wurde das Problem besprochen, wie die Resultierende zweier Einzelkräfte zeichnerisch ermittelt werden kann; wir fanden zwei Lösungswege: Kräfteparallelogramm und Kräftedreieck. Gilt es, mehr als zwei Kräfte zu einer Resultierenden zusammenzufassen, so könnte man schrittweise vorgehen und zunächst zwei der beliebig vielen zu addierenden Kräfte mit Hilfe des Kräfteparallelogramms zu einer Teilresultierenden zu vereinen, diese dann in einem weiteren Parallelogramm mit der nächsten und so fort. Der Zeichenaufwand wird erheblich sein, so daß sich die andere Möglichkeit anbietet, alle zu addierenden Kräfte in beliebiger Reihenfolge derart aneinander zu setzen, daß die Spitze der zuerst gezeichneten Kraft Ursprung der nächsten ist und so fort. Der Resultierenden-Vektor hat seinen Ursprung im Ursprung der ersten Kraft und seine Spitze in der Spitze der zuletzt gezeichneten Kraft. Es fallen wieder die Teilresultierenden im Krafteck an, aber für die Ermittlung der Gesamtresultierenden sind sie unwichtig und werden auch nicht eingezeichnet, Bild 1-11.

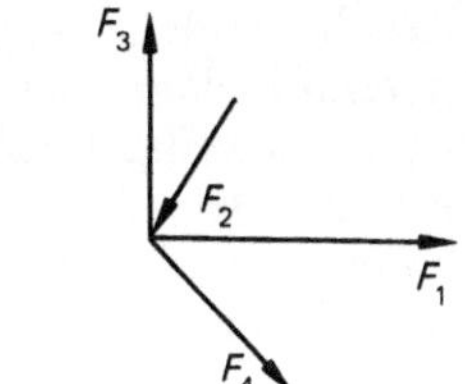

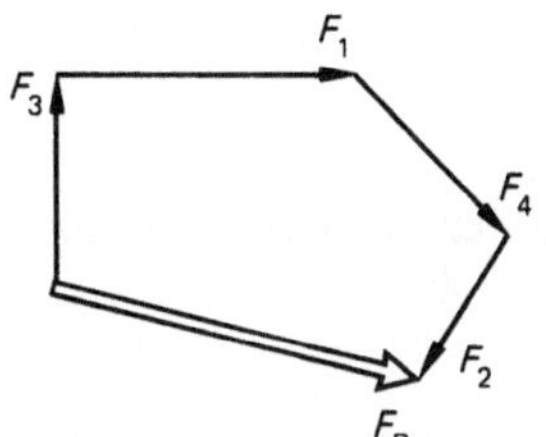

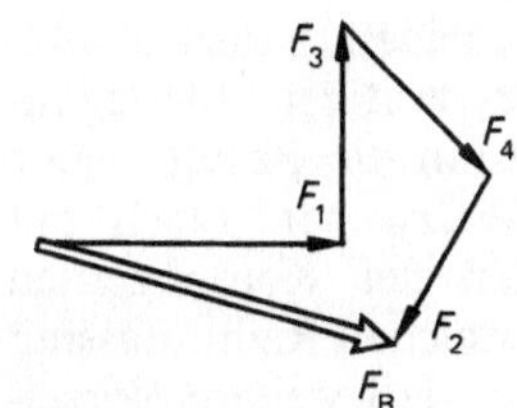

Bild 1-11

Der Resultierenden-Vektor führt vom Ursprung der ersten Kraft hin zur Vektorspitze der letzten Kraft; der Umfahrungssinn der Resultierenden im Krafteck ist gegenläufig zum Umfahrungssinn der addierten Einzelkräfte.

Bei der rechnerischen Ermittlung der Resultierenden werden alle Einzelkräfte zunächst in einem rechtwinkligen Koordinatensystem in Komponenten in Achsrichtung zerlegt. Definieren wir den Winkel α im mathematisch positiven Sinn (von x nach y drehend) von der positiven x-Achse aus, so ergeben sich die Komponenten der Einzelkräfte vorzeichentreu, Bild 1-12.

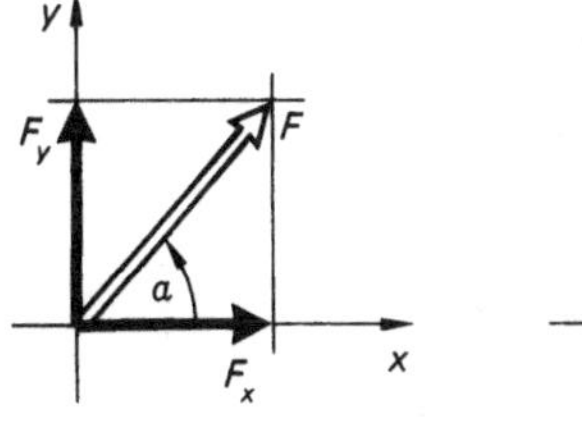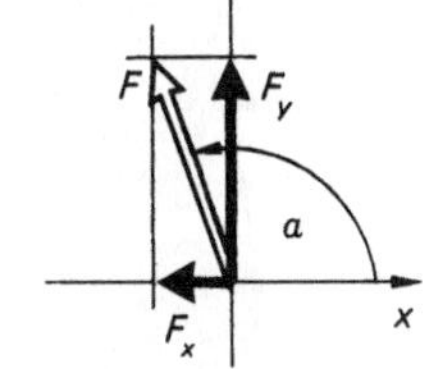

$F_x = F \cdot \cos \alpha$

$F_y = F \cdot \sin \alpha$

Bild 1-12

Die Komponenten der Resultierenden, F_{Rx} und F_{Ry}, ergeben sich aus der vektoriellen, also vorzeichenrichtigen Addition der jeweiligen Komponenten der Einzelkräfte, der Betrag der Resultierenden selbst nach dem Satz des PYTHAGORAS aus den Komponenten der Resultierenden:

$$\vec{F}_{Rx} = \sum \vec{F}_{ix}$$
$$\vec{F}_{Ry} = \sum \vec{F}_{iy}$$
$$|F_R| = \sqrt{F_{Rx}^2 + F_{Ry}^2}$$

Der Winkel α_R zwischen der positiven x-Achse und Kraft F_R ergibt sich aus

$$\tan \alpha_R = \frac{F_{Ry}}{F_{Rx}}$$

Da der Tangens mehrdeutig ist – alle Winkel, die sich um 180° unterscheiden, haben denselben Tangens –, bedarf es weiterer Überlegungen, welchen Richtungssinn die Resultierende auf der so gefunden WLF_R hat. Doch mit Kenntnis der Vorzeichen der Komponenten von F_R ist ohenhin klar, welchen Richtungssinn die Resultierende hat, so daß weitere Vorzeichenbetrachtungen unnötig sind.

Fassen wir zusammen, was zum Gleichgewicht im zentralen Kräftesystem gesagt wurde. Stehen beliebig viele Kräfte im zentralen, ebenen Kräftesystem im Gleichgewicht, so schließt sich das Krafteck aller Kräfte mit eindeutigem Umfahrungssinn; dies bedeutet gleichzeitig, daß es keine Resultierende gibt, Bild 1-13.

Die Summe der x-Komponenten aller Einzelkräfte ist null wie die Summe der y-Komponenten, somit ist die vektorielle Kräftesumme aller Einzelkräfte bei Gleichgewicht null, es existiert keine Resultierende:

$$\sum \vec{F}_x = 0,$$
$$\sum \vec{F}_y = 0.$$

Diesen beiden Gleichgewichtsbedingungen der Statik ebener, zentraler Kräftesysteme entspricht bei zeichnerischen Lösungen das geschlossene Krafteck mit eindeutigem Umfahrungssinn. Ein solches Krafteck ist notwendige und gleichzeitig hinreichende Forderung für Gleichgewicht im zentralen, ebenen Kräftesystem. Erst bei den allgemeinen Kräftesystemen, bei denen die WL der Kräfte nicht durch einen zentralen Punkt verlaufen, tritt eine weitere Gleichgewichtsforderung hinzu; dann sind die beiden o.g. Gleichgewichtsforderungen zwar notwendige Bedingung für Gleichgewicht, nicht aber schon hinreichend für den Nachweis von Gleichgewicht.

1.2. Statik der allgemeinen, ebenen Kräftesysteme

Im vorangegangenen Abschnitt wurden ausschließlich solche Kräftegruppen betrachtet, die an ein und demselben Punkt des Körpers angriffen bzw. deren WL sich sämtlich in einem zentralen Punkt der Ebene schnitten. Auch im folgenden untersuchen wir ebene Kräftesysteme, allerdings solche, deren Kraftwirkungslinien nicht mehr sämtlich durch ein und denselben Punkt verlaufen. Es bleiben die bisher gemachten Aussagen zum Gleichgewicht insofern gültig, als es nach wie vor notwendige Bedingung für Gleichgewicht ist, daß sich das Krafteck der an der Scheibe angreifenden Kräfte mit eindeutigem Umfahrungssinn schließen muß. Mit anderen Worten: es wird auch im allgemeinen, ebenen Kräftesystem gefordert, daß die Resultierende aller Kräfte im Gleichgewichtsfall verschwindet, Bild 1-14.

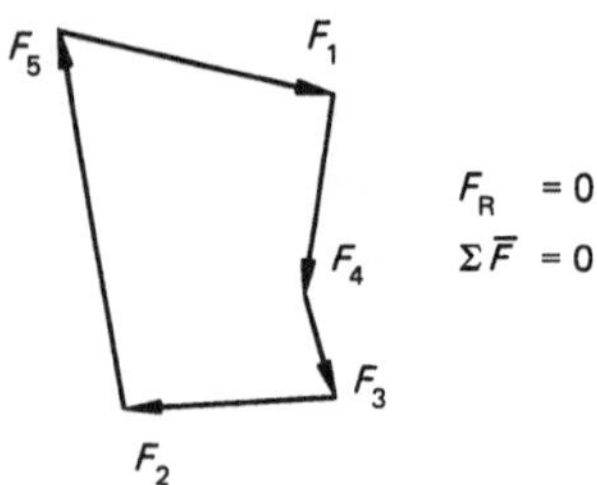

Bild 1-13

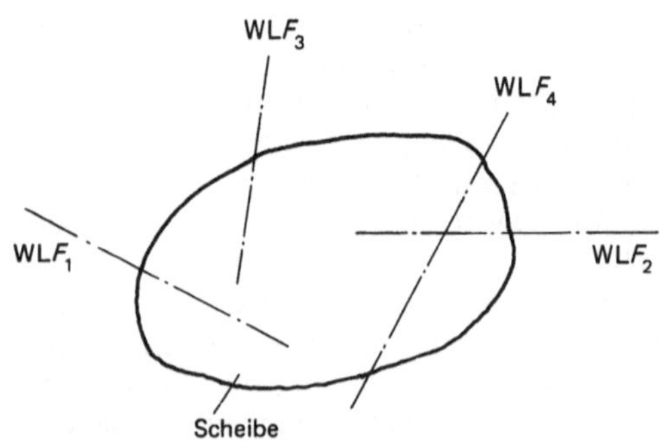

Bild 1-14

Befindet sich der beschriebene Körper in der Ebene, die Scheibe, in Ruhe, so befinden sich sämtliche Punkte der Scheibe in Ruhe; dies fordert der feste körperliche Verband der einzelnen Punkte des Körpers. Der Satz ist jedoch nicht umkehrbar, denn bei Drehung der Scheibe um eine Achse bzw. um einen Punkt der Ebene befindet sich der Drehpunkt selbst in Ruhe, während sich die übrigen Punkte der Scheibe auf konzentrischen Bahnen um den Drehpunkt bewegen. Auch bei Bewegungsvorgängen, die die Mechanik allgemeine, ebene Bewegungen nennt und bei denen keine feste Drehachse vorliegt, findet sich ein Punkt, der sogenannte Momentanpol, der augenblicklich in Ruhe ist, während die übrigen Punkte des Körpers sich bewegen. So ist beim abrollenden Rad der Berührpunkt zwischen Rad und Bahn jener Momentanpol, der augenblicklich in Ruhe ist, Bild 1-15.

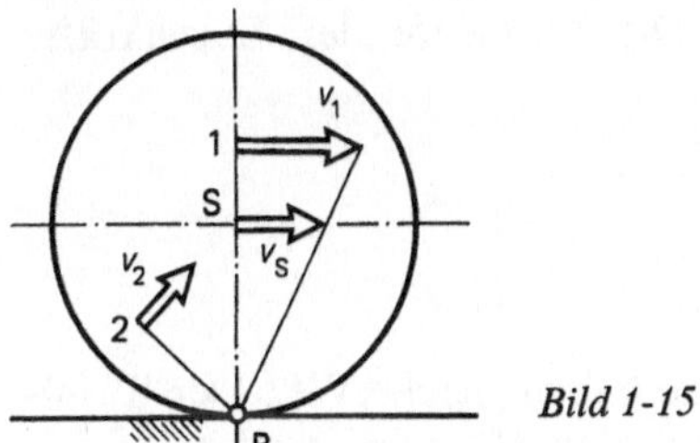

Bild 1-15

Existiert im zentralen Kräftesystem eine Resultierende, so wird sich der Körper translatorisch in Richtung dieser resultierenden Kraft bewegen. So hatten wir zuvor die WL einer Kraft definiert. Im zentralen Kräftesystem bedeutet Gleichgewicht, daß es keine Translationsbewegungen gibt, Drehungen sind ohnehin nicht möglich. Im allgemeinen Kräftesystem gilt es nun, Gleichgewicht sowohl im Hinblick auf die Unterbindung von Translationsbewegungen als auch von Rotationsbewegungen, also Drehungen der Scheibe, zu untersuchen. Das im gleichen Umfahrungssinn geschlossene Krafteck ist nur der graphische Nachweis dafür, daß es keine translatorische Bewegung der Scheibe gibt. Untersuchen wir, wie der Nachweis für Gleichgewicht der Drehung zu führen ist.

Greift eine Kraft an einer drehbar gelagerten Scheibe an und verläuft die WL der Kraft nicht durch den Drehpunkt, so wird die Intensität der Drehung um so größer sein, je größer der Kraftbetrag selbst ist und je größer die Entfernung der WL vom Drehpunkt ist, Bild 1-16.

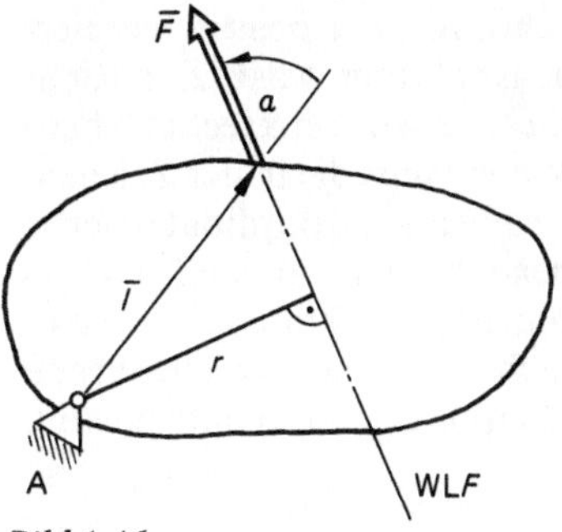

Bild 1-16

Das Vektorprodukt aus dem Ortsvektor $\vec{l}$ und dem Kraftvektor $\vec{F}$ ist definiert als das statische Moment der Kraft F. Es ist das sog. äußere Vektorprodukt

$$\vec{M} = \vec{l} \times \vec{F}$$

(lies: l Kreuz F). Der entstehende Momentenvektor steht senkrecht auf der durch die beiden anderen Vektoren aufgespannten Ebene, und die drei Vektoren bilden ein rechtsdrehendes System: dreht man den Ortsvektor in Richtung Kraftvektor, so bewegt sich eine Rechtsgewindeschraube entsprechend in Richtung des M-Vektors. Der Betrag des Momentenvektors ergibt sich aus der Beziehung

$$|M| = |l| \cdot |F| \cdot \sin\alpha,$$

wobei α der Winkel zwischen Ortsvektor und Kraftvektor ist. $|l| \sin\alpha$ entspricht dem „Hebelarm" r, also der kürzesten Entfernung der WL F vom Drehpunkt. Der Betrag des Moments der Kraft F in bezug auf den Drehpunkt A kann als Produkt aus Kraftbetrag und dem Lot vom Drehpunkt auf die WL, also als Produkt aus Kraft und Hebelarm berechnet werden. Der Momentenvektor steht senkrecht zur Ebene, die durch die Kraftwirkungslinien definiert ist, also senkrecht zur Zeichenebene. Linksdrehende Momente treten aus dieser Ebene heraus, kommen auf den Betrachter zu, rechtsdrehende Momente stoßen in diese Ebene hinein.

Vorzeichenregelung für Momente:

Da das Moment einer Kraft ein Vektor ist, gilt, wie für alle Vektoren, die in einem durch Wahl von positiven Achsen gekennzeichneten Raum oder Ebene liegen, daß der Vektor dann positiv ist, wenn er in Richtung einer positiv definierten Koordinatenachsrichtung weist. Zur Richtung des in der Zeichenebene senkrecht stehenden Momentenvektors: Weist die in der Zeichenebene senkrecht stehende Koordinatenachse in die Zeichenebene hinein, so sind rechtsdrehende Momente positiv, kommt die positive Koordinatenachse aus der Zeichenebene heraus, so sind linksdrehende Momente positiv, Bild 1-17.

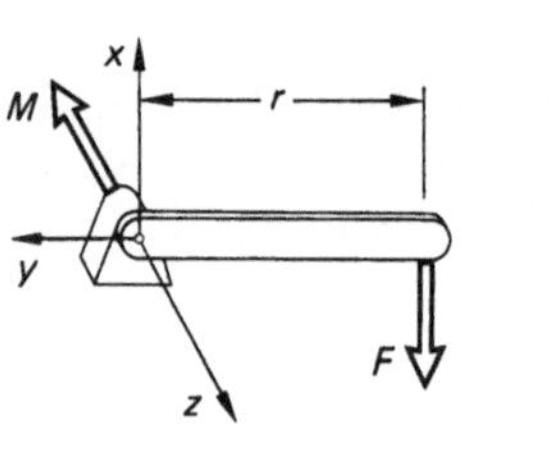

$M_z = -F \cdot r$ (negativ)

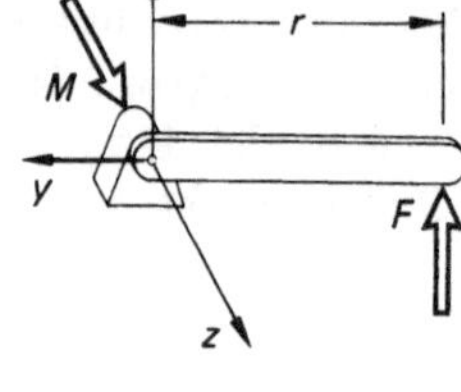

$M_z = +F \cdot r$ (positiv)

Bild 1-17

In der ebenen Darstellung ist der Momentenvektor nicht darstellbar; man beschreibt den in die Zeichenebene hinein oder den aus ihr heraustretenden Vektor durch einen gekrümmten Pfeil, wobei die Vorzeichenfrage sich wieder durch Wahl des Koordinatensystems klärt, Bild 1-18.

Ist kein Koordinatensystem definiert, so einigt man sich in der Statik im allgemeinen darauf, daß linksdrehende Momente positiv sind, rechtsdrehende dagegen negativ. Diese Vereinbarung ist willkürlich, man kann auch die rechtsdrehenden Momente positiv definieren. Wichtig ist bei einer statischen Rechnung nur, daß die einmal vereinbarte Vorzeichenregelung konsequent eingehalten wird. Hierzu mehr in jenem Abschnitt, der die rechnerische Lösung von Gleichgewichtsproblemen behandelt.

Satz der statischen Momente

Greifen an dem ebenen Gebilde Scheibe zwei oder mehr Kräfte an, so übt jede von ihnen, sofern ihre WL am Drehpunkt der Scheibe vorbeiläuft, ein Moment um den Drehpunkt aus, Bild 1-19.

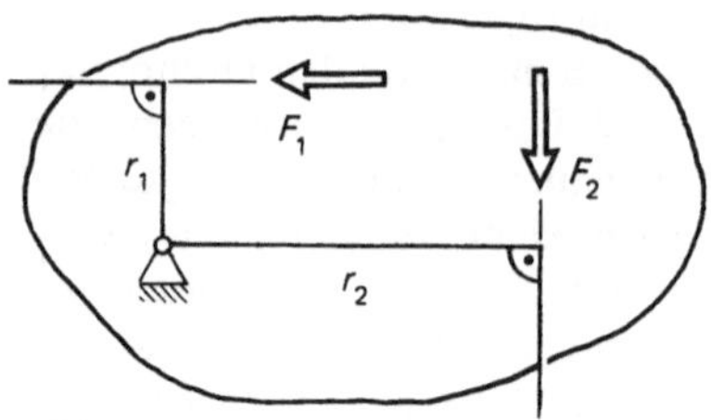

Bild 1-19

Da ein Koordinatensystem fehlt, halten wir uns an die Definition, daß linksdrehende Momente positiv sind. Die Momente der Einzelkräfte sind also:

$$M_1 = +F_1 \, r_1$$

$$M_2 = -F_2 \, r_2$$

Beide Momente haben gleiche WL. Der Resultierendenvektor, also M_R, wird wieder auf dieser WL liegen und aus der Vektorsumme der Einzelmomente errechnet:

$$\bar{M}_R = \sum \bar{M}_i = +F_1 \, r_1 - F_2 \, r_2$$

Überwiegt M_1, so ist der Resultierendenvektor linksdrehend, überwiegt M_2, so ist der Resultierendenvektor rechtsdrehend.

Fassen wir nun, bevor wir die Momente der Einzelkräfte betrachten, die beiden Kräfte F_1 und F_2 zur resultierenden Kraft F_R zusammen. Die Kraftwirkung, die diese resultierende Kraft auf die Scheibe ausübt, muß gleich sein der Gesamtwirkung der einzelnen Kräfte. Dies bezieht

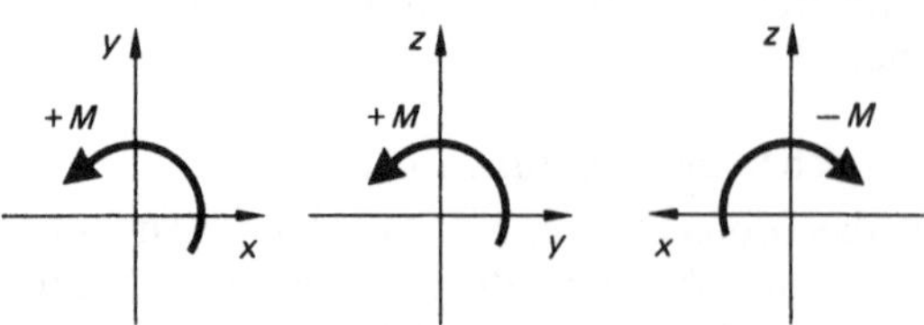

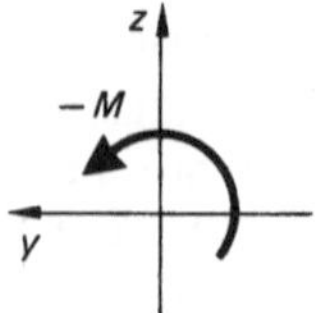

Bild 1-18

sich auch auf die Momentenwirkung der Einzelkräfte. Das statische Moment der Resultierenden F_R ist gleich der vektoriellen Summe der Momente der Einzelkräfte, bezogen auf denselben Punkt der Scheibe,

$$\bar{M}_R = \sum \bar{M}_i = \bar{F}_R\, \bar{r}_R\,,$$

Bild 1-20.
Ein Sonderfall liegt vor, wenn die WL der resultierenden Kraft durch den Drehpunkt der Scheibe verläuft; es ist dann $r_R = 0$. In diesem Fall wird auch das resultierende Moment null: $M_R = 0$, Bild 1-21.

Eine andere Besonderheit ist es, wenn die Resultierende F_R verschwindet, also null wird. Das Nichtvorhandensein einer Resultierenden war im zentralen Kräftesystem notwendiger und gleichzeitig hinreichender Nachweis für Gleichgewicht. Schauen wir uns dies für den Fall an, daß zwei gleich große und entgegengesetzt gerichtete Kräfte auf parallen WL wirken; die Resultierende der beiden Kräfte ist null, dennoch ist die Momentensumme nicht null. Hier also,

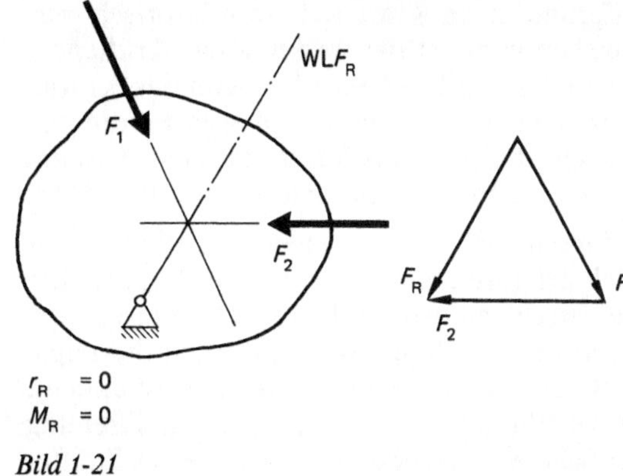

$r_R = 0$
$M_R = 0$

Bild 1-21

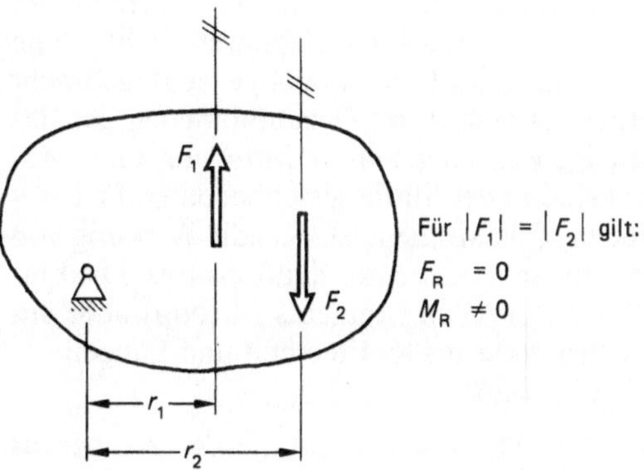

Für $|F_1| = |F_2|$ gilt:
$F_R = 0$
$M_R \neq 0$

Bild 1-22

im allgemeinen Kräftesystem, wird trotz Verschwindens der Resultierenden kein Gleichgewicht herrschen; die Wirkung der beiden Kräfte wird die der Drehung der Scheibe sein, Bild 1-22.

Das Kräftepaar

Die Konstellation zweier gleich großer und auf parallelen WL entgegengesetzt gerichteten Kräfte nennt man ein Kräftepaar. Der elementare Begriff der Statik ist die Kraft; in den bisherigen Ausführungen wurde eingehend über das Wesen der Kraft, über äußere und innere Kräfte, gesprochen. Es wurde, und zwar zunächst rein anschaulich, darauf aufmerksam gemacht, daß ein Querverschieben der Kraft aus der WL heraus nicht ohne weiteres zulässig ist, ohne an der statischen Wirkung dieser Kraft etwas zu verändern. Mit dem Kräftepaar wird ein weiterer Grundbegriff in die Statik eingeführt. Während die freie, ungebundene Scheibe

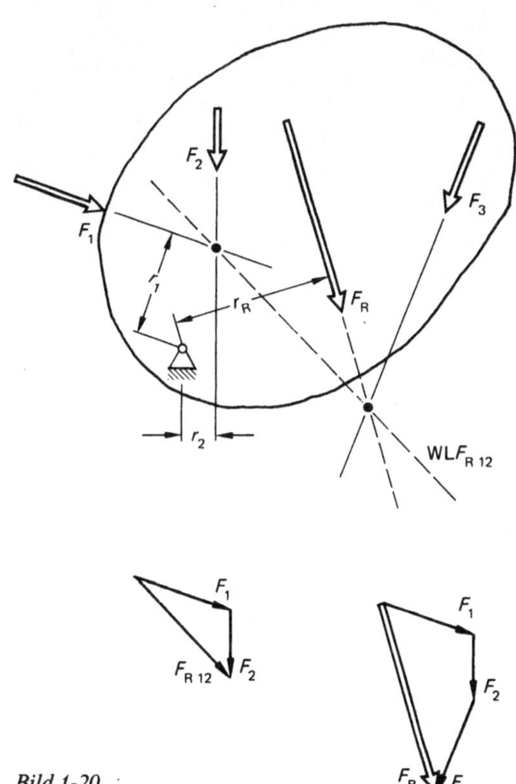

Bild 1-20

aufgrund einer Kraft sich translatorisch verschieben wird, ist die Wirkung des Kräftepaares die Drehung der Scheibe, denn das Kräftepaar stellt ein Moment dar, dessen Betrag sich aus dem Produkt aus Kraft und dem Abstand der parallelen Wirkungslinien ergibt, Bild 1-23.

Während die Wirkung einer Einzelkraft oder auch der Resultierenden mehrerer Einzelkräfte die Verschiebung der Scheibe ist (vorausgesetzt, sie ist ungebunden, also nicht durch die Lagerung an eine bestimmte Bewegung gebunden), ist die Wirkung des Kräftepaares die Drehung der Scheibe aufgrund des Moments des Kräftepaares. Kraft und Kräftepaar sind somit grundsätzlich verschieden. So kann die Scheibe unter der Wirkung eines Kräftepaares nicht allein durch eine Kraft ins Gleichgewicht gebracht werden, es bedarf des Gegenmoments, das das Gleichgewicht herstellt. Kräftepaar und Moment sind in der Statik gleichbedeutend zu verwenden. Das Moment ist stets die Wirkung von Kräftepaaren oder eines Kräftepaares. Die Einheit des statischen Moments ist (Nm) oder andere Produkte aus Krafteinheit und Längeneinheit, Bild 1-24.

Es ist unzulässig, eine Kraft aus der WL heraus zu verschieben. Betrachten wir eine Scheibe, auf die eine Einzelkraft wirkt, und verschieben diese Kraft aus der Wirkungslinie heraus. Man sieht, daß sich die Momentenwirkung auf einen Punkt der Scheibe um einen Betrag ändert, der dem Produkt aus Kraft und Verschiebung der WL entspricht, Bild 1-25.

Zum besseren Verständnis führt man zu der vorhandenen Kraft auf einer hierzu parallelen WL zwei der vorhandenen Kraft gleichgroße Gegenkräfte als Hilfskräfte ein; ein solches Hinzufügen zweier Gegenkräfte ist statisch unbedeutend, da Gegenkräfte eine Nullkraft darstellen, die statisch unwirksam ist. Faßt man nun die ursprüngliche Kraft mit der entgegengerichteten Kraft der beiden Gegenkräfte zu einem Kräftepaar zusammen bzw. faßt diese beiden als Kräftepaar auf, so bleibt außer der Wirkung des Moments dieses Kräftepaares die auf die neue WL verschobene Kraft F. Beim Verschieben einer Kraft aus der WL heraus entsteht ein sog. Versatzmoment; dieses ist dem Produkt aus Kraft und Verschiebungsweg gleich. Das Versatzmoment wird linksdrehend sein, wenn – in Richtung der Kraftwirkung gesehen – die Kraft nach links verschoben wird.

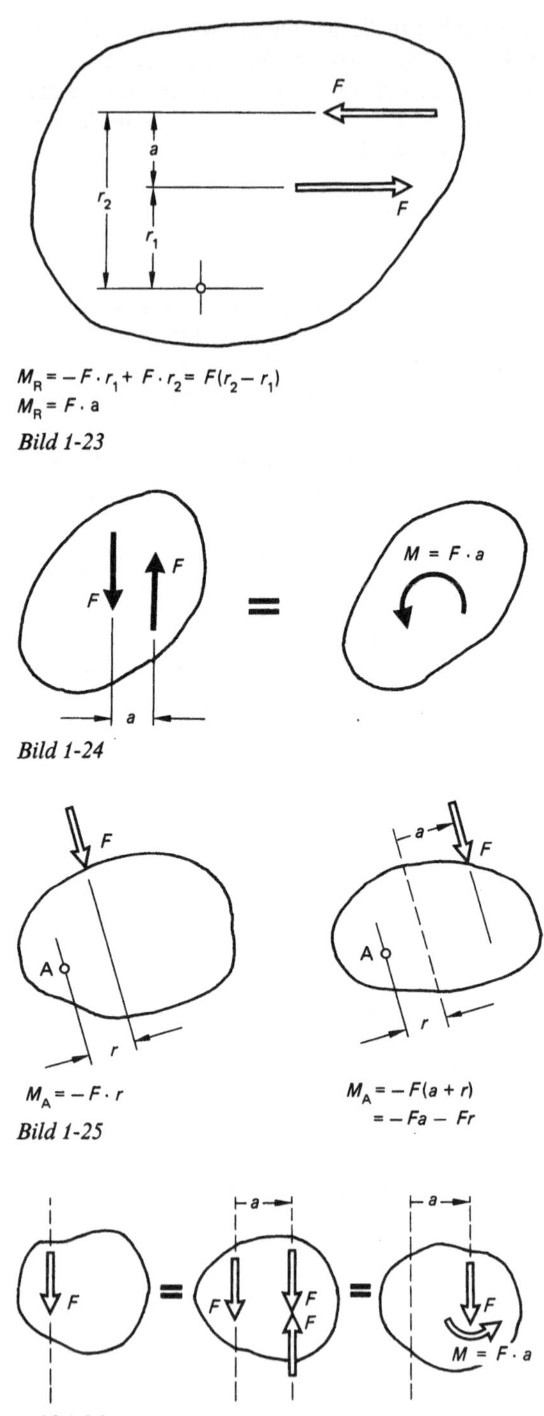

$$M_R = -F \cdot r_1 + F \cdot r_2 = F(r_2 - r_1)$$
$$M_R = F \cdot a$$

Bild 1-23

$$M = F \cdot a$$

Bild 1-24

$$M_A = -F \cdot r$$

$$M_A = -F(a + r)$$
$$= -Fa - Fr$$

Bild 1-25

$$M = F \cdot a$$

Bild 1-26

Das Versatzmoment wird rechtsdrehend sein, wenn die Kraft nach rechts verschoben wird – wiederum gesehen in Richtung des Kraftpfeils F, Bild 1-26.

In diesem Zusammenhang wird klar, daß die Wirkung einer Einzelkraft an einer drehbar gelagerten Scheibe für den Fall, daß die WL der Kraft nicht durch das Drehlager verläuft, eine im Drehpunkt angreifende Einzelkraft und zusätzlich das Versatzmoment ist. Zu der offensichtlichen Drehwirkung kommt die in den Drehpunkt verschobene Einzelkraft hinzu. Sucht man die statischen Größen, die im Drehpunkt aufzubringen sind, damit Gleichgewicht herrscht, so ist der in den Drehpunkt verschobenen Einzelkraft eine gleich große Gegenkraft entgegenzusetzen, dem Moment ein entsprechendes Gegenmoment. Die Gegenkraft im Lager sorgt dafür, daß die Scheibe keine Translationsbewegungen ausführt, das Gegenmoment sorgt dafür, daß es nicht zu Drehung der Scheibe kommt, Bild 1-27 u. 1-28.

Wenn wir uns verdeutlichen, daß das Moment eines Kräftepaares eine von Kraftbetrag und Abstand der parallelen WL und dem Drehsinn des Kräftepaares abhängige Momentenwirkung auf die Scheibe ist, dann wird erkennbar, daß es nicht auf die Lage des Kräftepaares an-

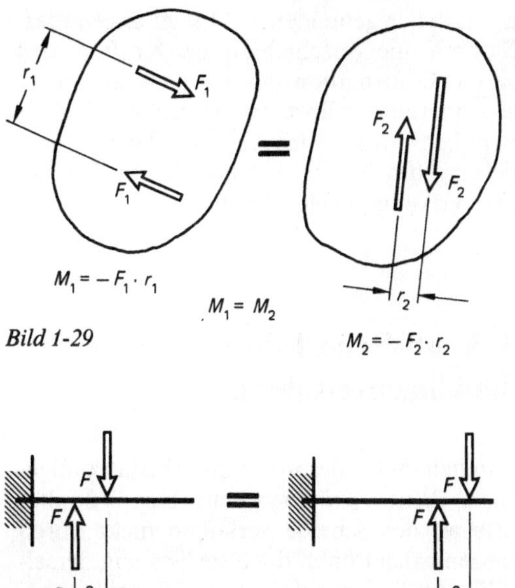

Bild 1-29

Bild 1-30

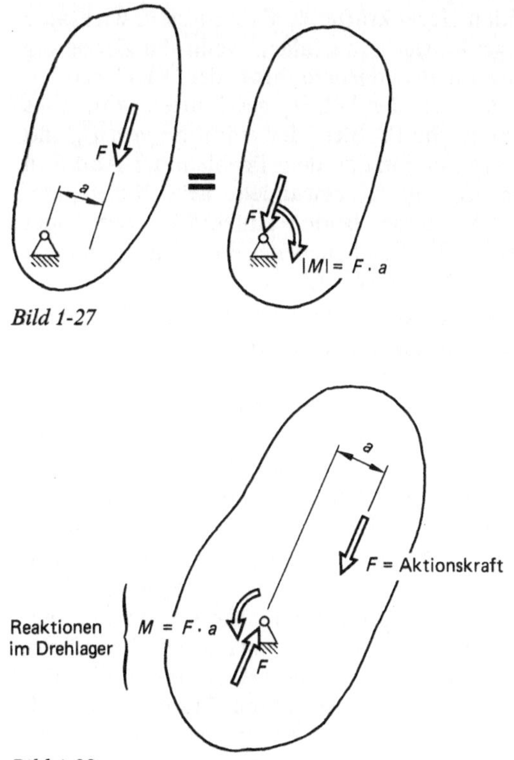

Bild 1-27

Bild 1-28

kommt oder auf die Richtung der WL. Stimmen zwei Kräftepaare insoweit überein, daß sie den gleichen Momentenbetrag und die gleiche Drehrichtung aufweisen, so ist ihre statische Wirkung identisch; diese Kräftepaare sind austauschbar. Man spricht in der Mechanik von der Austauschbarkeit von Kräftepaaren. Wir erkennen auch den Unterschied des Kräftepaar-Moments und des Moments einer Einzelkraft: Die Momente der Einzelkraft sind bezugspunktabhängig, während die Momente von Kräftepaaren sog. freie Momente sind, die nicht von einem Bezugspunkt abhängig sind und die linienungebunden sind, man kann sie in der Ebene beliebig verschieben, ohne daß sich an ihrer statischen Wirkung dabei etwas ändert. Momente von Einzelkräften sind gebundene Momente, Momente von Kräftepaaren sind freie Momente. Im Gegensatz zum nicht zulässigen Verschieben einer Kraft aus der WL heraus, ist dies bei den freien Momenten zulässig, Bild 1-29.

Das Gleichheitszeichen in den Bildern dieses Abschnitts besagt, daß die Aussagen der Bilder statisch gleichwertig sind. So auch in Bild 1-30. Trotz der Verschiebung des Kräftepaares wird die statische Wirkung, also die Reaktion im Auflager, hier der Einspannung, in beiden Fällen gleich sein; der freie Momentenvektor des Kräftepaares ist verschiebbar und hat keine

WL, an die er gebunden ist. Es sei angemerkt, daß durch eine Verschiebung des Kräftepaares etwa die Deformation des Körpers sehr wohl eine Änderung erfährt, wenn das Kräftepaar verschoben wird. Noch einmal: Bei der Verschiebung des freien Moments bleibt die *statische* Wirkung gleich, Bild 1-30.

1.3. Kraft-Seileck-Verfahren und Schlußlinienverfahren

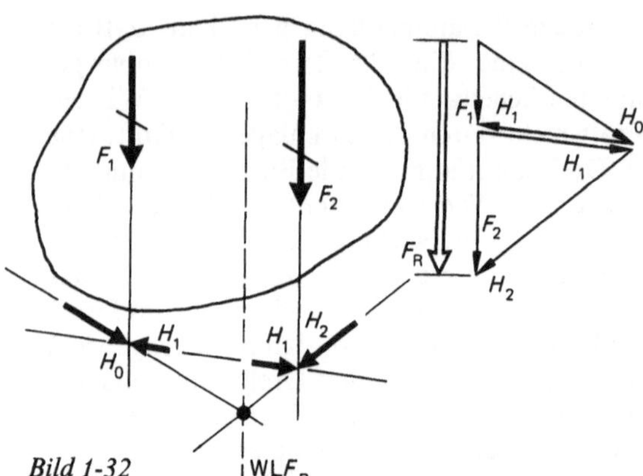

Bild 1-32

Wir stehen in der Besprechung der Statik allgemeiner, ebener Kräftesysteme. Die WL aller Kräfte an der Scheibe verlaufen nicht durch einen zentralen Punkt, doch sie liegen in derselben Ebene. Bisher sind die Verfahren besprochen worden, Kräfte zu addieren: Kräfteparallelogramm, Krafteck. Ein Problem wird dabei auftreten, wenn die zu addierenden Kräfte ihren Schnittpunkt nicht in der Zeichenebene haben oder wenn sie parallel laufen. Das Krafteck kann gezeichnet werden, die Resultierende ergibt sich daraus der Richtung und dem Richtungssinn wie auch dem Betrage nach. Was das Krafteck nicht liefert, ist die Lage der WL der resultierenden Kraft im Lageplan, also die Kraftangriffsstelle der Resultierenden an der Scheibe, Bild 1-31.

Das im folgenden vorgestellte Kraft-Seileck-Verfahren bietet eine zeichnerische Lösung an. Zerlegt man im Kräfteplan die einzelnen Kräfte so, daß die Schnittpunkte der dann flacher verlaufenden Hilfskräfte sich in der Zeichenebene schneiden, und berücksichtigt man zudem, daß man bei der Zerlegung der zu addierenden Kräfte so vorgeht, daß sich jeweils zwei Hilfs-

kräfte wiederum als Gegenkräfte in ihrer statischen Wirkung nach außen hin aus dem System als Nullkraft herausheben, dann führt dieses Verfahren zu Addition nur zweier Hilfskräfte, deren WL sich jetzt aber in der Zeichenebene schneiden, so daß ein Punkt der WL der resultierenden Kraft gefunden ist und damit die Lage der WL F_R bekannt ist, Bild 1-32.

Das Beispiel zeigt, daß bei der Zerlegung der Kraft F_1 in die Hilfskräfte H_0 und H_1 dann die beiden Gegenkräfte H_1 als statisch unwirksame Gegenkräfte herausfallen, wenn die Zerlegung der Kraft F_2 an jenem Punkt der WL F_2 erfolgt, wo sie von der WL H_1 geschnitten wird. Das anfängliche Problem der Addition von F_1 und F_2 hat sich jetzt zu dem Problem der Addition von H_0 und H_2 gewandelt, siehe Kräfteplan. Die WL dieser beiden Hilfskräfte aber findet man in der Zeichenebene, ihr Schnittpunkt ist ein Punkt der WL F_R.

Dieses Verfahren funktioniert auch bei mehr als zwei zu addierenden Kräften. Vereinfachen wir das Verfahren und sprechen nicht mehr von Hilfskräften, sondern von den zum Pol P führenden Polstrahlen; die WL der Hilfskräfte im Lageplan heißen Seilstrahlen (weil sie die Form eines unter Einzellasten belasteten Seils annehmen), Bild 1-33.

Das Kraft-Seileck-Verfahren erlaubt es also, die Lage der Resultierenden beliebig vieler Kräfte des allgemeinen Kräftesystems im Lageplan aufzufinden. Bevor später eine Modifizierung des Kraft-Seileck-Verfahrens, nämlich das sog. Schlußlinien-Verfahren, besprochen wird, müssen wir weitere Überlegungen zum Gleichgewicht einer Scheibe in der Ebene anstellen.

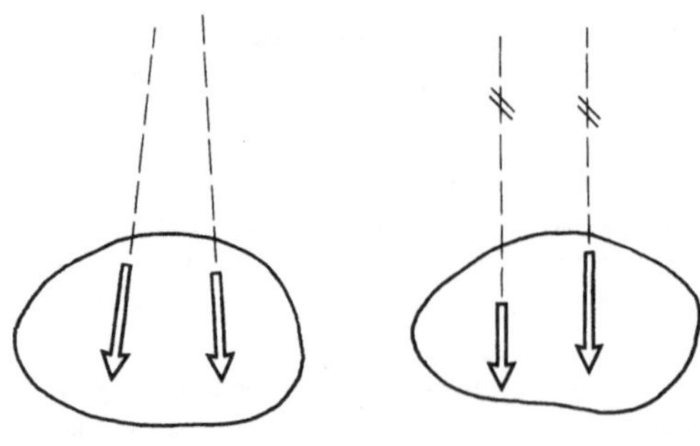

Bild 1-31

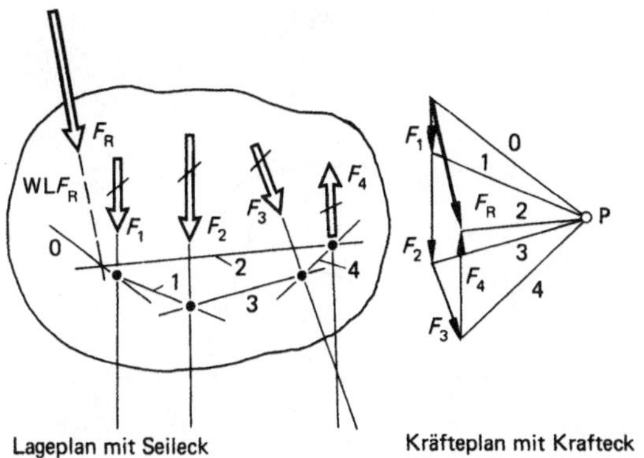

Lageplan mit Seileck   Kräfteplan mit Krafteck

Bild 1-33

Versuch man, eine Systematik des Gleichgewichts der ebenen Statik zu entwickeln, so können wir bereits jetzt sagen, daß bei zentralen Kräftesystemen der Nachweis des Gleichgewichts über das gleichsinnig geschlossene Krafteck geführt wird; damit steht fest, daß keine resultierende Kraft auftritt, die einer gleichgewichthaltenden Gegenkraft bedarf.

Im allgemeinen, nicht zentralen Kräftesystem können nun, im Gegensatz zum zentralen Kräftesystem, Momente auftreten; Gleichgewichtsüberlegungen sind hier also auf Translation *und* Rotation gerichtet. Die Gleichgewichtsforderungen, die Gleichgewichts-Bedingungen lauten im allgemeinen Kräftesystem:

$$\sum \vec{F} = 0$$

$$\sum \vec{M} = 0$$

Der Nachweis, daß die Kräftesumme null wird, daß also keine resultierende Kraft auftritt ($F_R = 0$), ist graphisch über das geschlossene Krafteck mit einheitlichem Umfahrungssinn zu führen. Der Nachweis, daß die Momentensumme bei geschlossenem Seileck null ist, wird an anderer Stelle nachgewiesen. Es sei hier schon gesagt, daß das geschlossene Krafteck das graphische Pendant zu der Gleichgewichtsbedingung $\sum F = 0$ ist und daß das geschlossene Seileck das graphische Pendant zu der Gleichgewichtsbedingung $\sum M = 0$ ist.

Nun soll eine Systematik des Gleichgewichts entwickelt werden. Greift eine Einzelkraft an einem Körper an, so wird nie Gleichgewicht vorliegen. Der Körper wird eine translatorische

Bewegung längs der WL der Kraft vollziehen, siehe freier Fall. Die Frage nach dem Gleichgewicht zweier Kräfte hatten wir bereits beantwortet. Zwei Kräfte können nur dann im Gleichgewicht stehen, wenn sie die Eigenschaften der „Gegenkräfte" aufweisen, wenn sie also auf derselben WL mit gleichem Kraftbetrag in entgegengesetzte Richtung wirken. Erweitern wir unsere Systematik und fragen nach den Bedingungen, die erfüllt sein müssen, damit drei Kräfte miteinander im Gleichgewicht stehen.

Dreikräfte-Verfahren

Wir betrachten eine Scheibe, an der zunächst nur zwei der drei Kräfte angreifen. Im folgenden fragen wir dann, wie groß die dritte Kraft sein muß, damit Gleichgewicht herrscht (Gleichgewicht sowohl hinsichtlich Verschiebung als auch hinsichtlich Drehung!) und auf welcher WL diese dritte Kraft wirken muß, Bild 1-34.

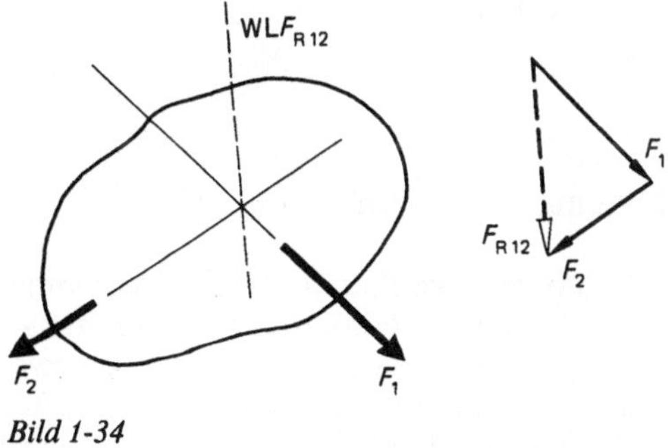

Bild 1-34

Fassen wir die Kräfte F_1 und F_2 zu einer Teilresultierenden zusammen, so reduzieren wir unser Dreikräfteproblem auf ein Zweikräfteproblem. Gesucht ist jene dritte Kraft, die mit F_1 und F_2 im Gleichgewicht steht. Mit anderen Worten, es ist die Gegenkraft zur Teilresultierenden F_{R12} gesucht. Diese muß, damit kein Kräftepaar entsteht, auf derselben WL liegen wie die Teilresultierende, die drei Kräfte bilden also ein zentrales Kräftesystem, alle drei WL verlaufen durch denselben, zentralen Punkt der Ebene. Drei Kräfte können nur im Gleichgewicht stehen, wenn sie ein zentrales Kräftesystem bilden, Bild 1-35.

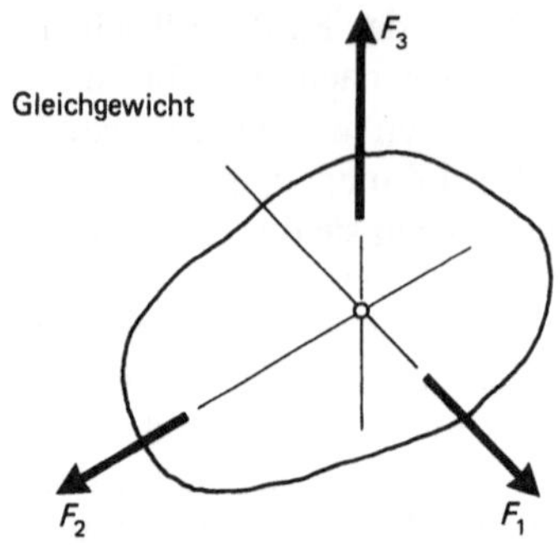

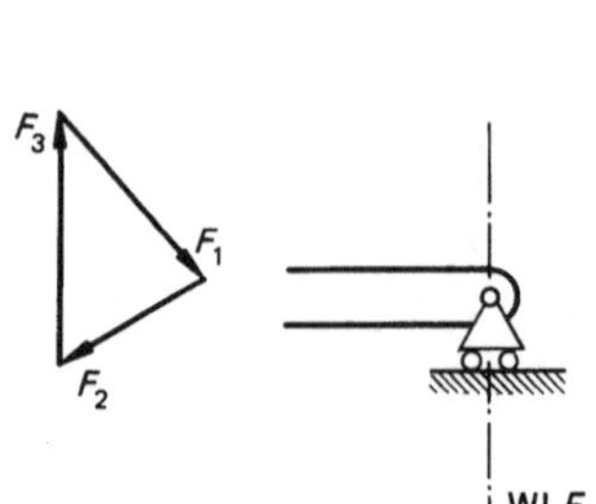

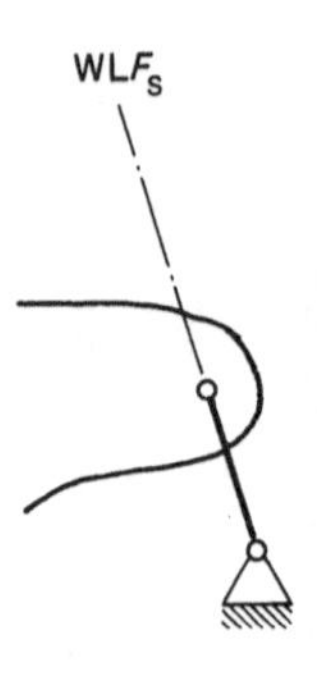

Bild 1-36

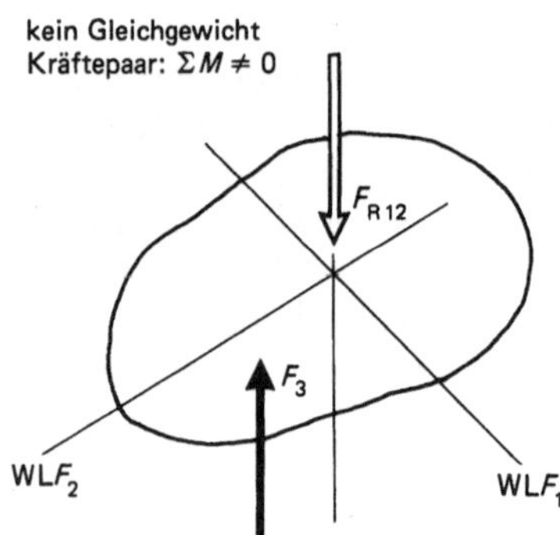

Bild 1-35

Schlußlinien-Verfahren

Das Schlußlinien-Verfahren ist eine Variante des Kraft-Seileck-Verfahrens zur Bestimmung der Auflagerreaktionen eines auf zwei Stützen aufgelagerten Bauteils. Mit Hilfe des Kraft-Seileck-Verfahrens fanden wir einen Punkt der WL der Resultierenden beliebig vieler Einzel-Aktionskräfte. Den Betrag dieser Resultierenden wie auch die Richtung und den Richtungssinn fanden wir im Kräfteplan.

Faßt man durch Ermittlung der Resultierenden alle Aktionskräfte am Bauteil so zusammen, so vermag das Schlußlinien-Verfahren die beiden Reaktionskräfte an den Auflagern zu ermitteln. Es stehen dann drei Kräfte miteinander im Gleichgewicht: die Resultierende aller Aktionskräfte und die beiden gesuchten Lagerreaktionen. Bei statisch bestimmter Lagerung – s. dazu auch Abschnitt 1.5. – ist die WL der Lagerkraft eines der beiden Lager stets bekannt. Die statisch bestimmte Lagerung sieht bei zwei Stützstellen ein Festlager und ein Loslager vor; die

WL am Loslager, z. B. loses Auflager, Rollenlager, Abstützstelle, ist bekannt, hier können nur Kräfte übertragen werden, die senkrecht zu jener Bewegungsrichtung gerichtet sind, die dieses Loslager dem Bauteil beläßt, Bild 1-36.

Die Richtung der Kraft im Festlager, also im Gelenk, ist unbekannt; sie ergibt sich aus dem Schlußlinien-Verfahren. Wir hatten festgestellt, daß drei Kräfte im Gleichgewichtsfall stets ein zentrales Kräftesystem bilden müssen. Man legt nun die Reihenfolge fest, in der sich die Aktionskräfte und die beiden Lagerreaktionen im dann geschlossenen Krafteck „nachlaufen", z. B. F_R-F_B-F_A. Nun ist von der Gelenkkraft F_A die WL unbekannt. Damit sich das Seileck schließen kann, beginnt man im Lageplan mit jener Seillinie, die zur Kraft F_A gehört. Liegt die Reihenfolge der drei Kräfte fest, so zeigt der Kräfteplan unmißverständlich, welcher Polstrahl auch zur Kraft F_A gehört; mit diesem Polstrahl beginnt man das Seileck zu zeichnen, und zwar im Gelenk A selbst, denn Punkt A, das Gelenk, ist als einziger Punkt der WLF_A bekannt. Der Schnitt jener Seillinie, die zur Loslagerkraft F_B gehört mit ebendieser WLF_B wird verbunden mit dem Gelenkpunkt A. Dieser Seilstrahl ist die sog. Schlußlinie, sie wird in den Kräfteplan übertragen. Auf diesem neuen Polstrahl des Kräfteplans liegt (bei der gewählten Reihenfolge F_R-F_B-F_A) die Vektorspitze von F_B, und dieser Punkt ist gleichzeitig der Vektorursprung von F_A. Aufgrund dessen, daß die WL von F_B bekannt ist, kann nun das Krafteck geschlossen werden, Bild 1-37.

Man erkennt, daß es in diesem Verfahren nicht mehr erforderlich ist, die Resultierende der Aktionskräfte zu bestimmen und ihre Lage im Lageplan zu beschreiben. Wichtig beim Schlußlinien-Verfahren ist es, unbedingt in jenem Punkt

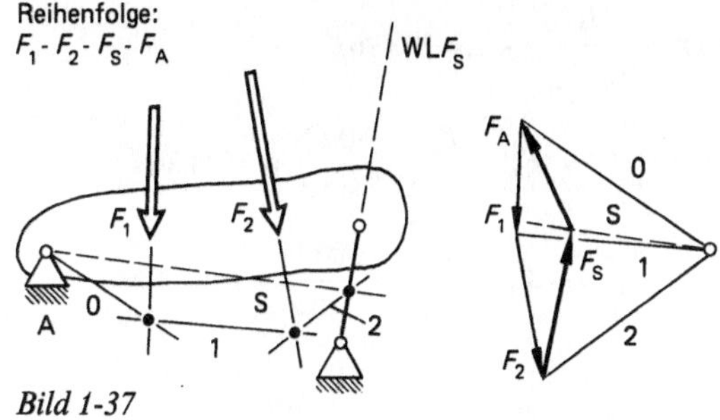

Bild 1-37

der Scheibe mit der Seileckkonstruktion zu beginnen, in dem die Auflagerkraft unbekannter Richtung wirken wird, also im Gelenk.

Zurück zu den Gleichgewichtsbedingungen für allgemeine, ebene Kräftesysteme. Wir hatten die Gleichgewichtsbedingungen $\sum F = 0$ und $\sum M = 0$ formuliert, und wir sagten, daß die erste Forderung erfüllt ist, wenn sich ein geschlossenes Krafteck mit einheitlichem Umfahrungssinn ergibt und daß die zweite Forderung erfüllt sei, wenn sich das Seileck schließt; dies muß noch bewiesen werden. Zerlegen wir alle Kräfte, auch die Lagerreaktionen, des gleichgewichtigen Systems in Hilfskräfte (den Polstrahlen entsprechend), so erkennt man, daß sämtliche Hilfskräfte zweimal, und zwar als Gegenkräfte, auftreten, die sich wiederum jeweils als Nullkraft aus dem statischen Problem herausheben. Es resultiert somit kein Kräftepaar; dies ist der Nachweis dafür, daß bei geschlossenem Seileck die Momentensumme am Bauteil null ist. Bei geschlossenem Seileck erübrigt sich also der Nachweis, daß $M_R = 0$ ist, Bild 1-38.

Noch einmal zur Systematik der ebenen Statik. Eine Kraft bedeutet nie Gleichgewicht. Zwei Kräfte stehen dann miteinander im Gleichgewicht, wenn sie Gegenkräfte sind. Drei Kräfte stehen nur im zentralen Kräftesystem im Gleichgewicht; das Krafteck schließt sich mit

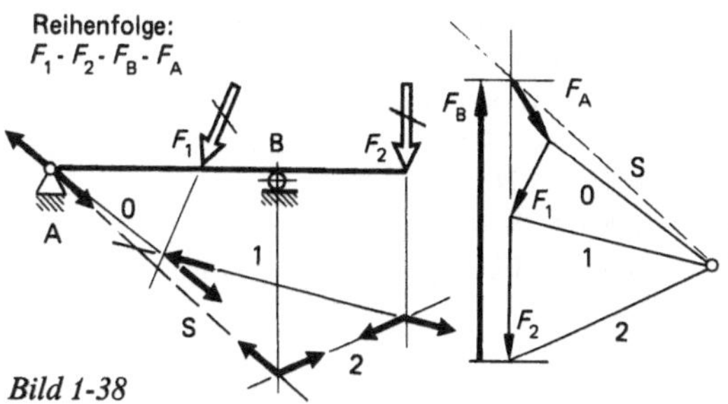

Bild 1-38

einheitlichem Umfahrungssinn bzw. es ist die Gleichgewichtsbedingung $\sum F = 0$ erfüllt. Vier und mehr Kräfte stehen dann in der Ebene im Gleichgewicht, wenn sich Krafteck und Seileck schließen; damit sind die Gleichgewichtsbedingungen $\sum F = 0$ und $\sum M = 0$ erfüllt. Insoweit ist die Systematik der Gleichgewichtsforderungen für die ebene Statik vollständig. Nun gibt es speziell für vier Kräfte ein weiteres Verfahren, das deswegen in der ebenen Statik von besonderer Bedeutung ist, weil die Lagerung mit drei Loslagern, z. B. drei Zweigelenkstäben, statisch bestimmt ist. Außer der Resultierenden aller Aktionskräfte an der Scheibe treten drei Reaktionen auf, insgesamt stehen an der so gelagerten Scheibe vier Kräfte im Gleichgewicht. Dieses Vierkräfte-Verfahren wird im nächsten Abschnitt behandelt.

Übung 1-1

Eine in Punkt A gelenkig und reibungsfrei gelagerte Stange von vernachlässigbar kleinem Gewicht trägt am Ende die Masse m vom Gewicht 800 N. Die Stange wird durch die Zugfeder in der skizzierten Stellung gehalten. Zu bestimmen sind die Federkraft F_F und die Gelenkkraft F_A, Bild 1-39.

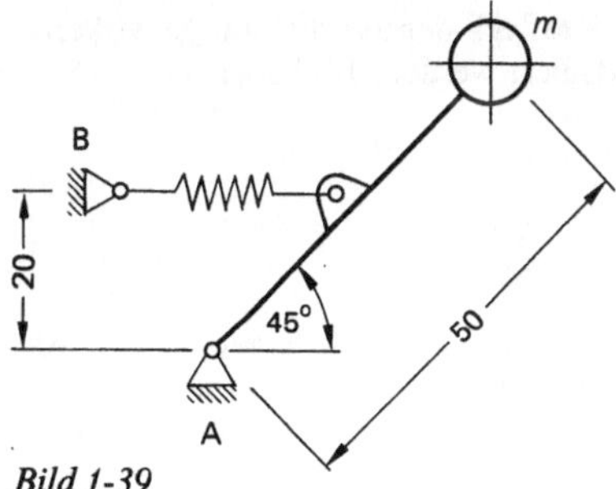

Bild 1-39

Lösung:

Die Feder wird durch zwei Kräfte belastet, eine Kraft wirkt in Lager B auf die Feder, die andere in der Verbindungsstelle von Feder und Stange. Dies bedeutet, daß beide Kräfte von gleichem Betrag sein müssen und auf derselben WL entgegengesetzten Richtungssinn aufweisen; die beiden auf die Feder einwirkenden Kräfte sind „Gegenkräfte", ihre WL ist die Verbindungsgerade zwischen den Kraftangriffspunkten; die Feder ist eine sog. Pendelstütze.

Insgesamt wirken drei Kräfte auf die Stange: die Gewichtskraft, die Federkraft und die vom Fundament auf die Stange in A wirkende Lagerkraft F_A. Drei Kräfte bilden stets ein zentrales Kräftesystem; der

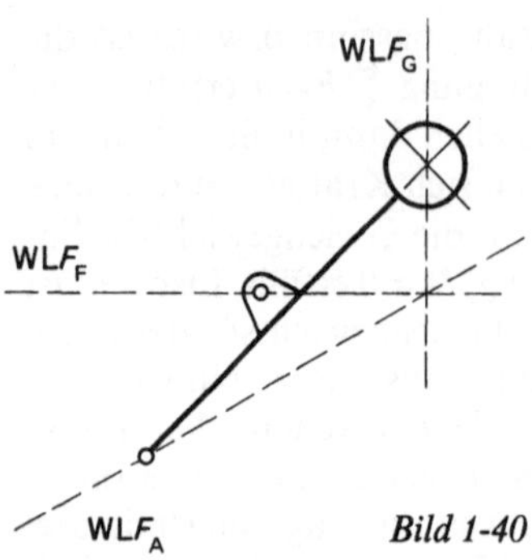

Bild 1-40

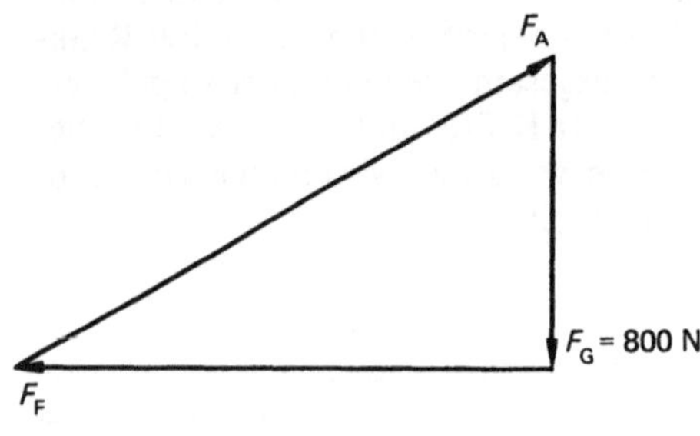

Bild 1-41

Schnittpunkt der WL von Gewichtskraft und Federkraft ist somit auch ein Punkt der WLF_A, Bild 1-40.
Damit kann das Krafteck der auf die Stange wirkenden Kräfte konstruiert werden, Bild 1-41.

Ergebnis:

F_F = 1414,2 N,
F_A = 1624,8 N.

Die Genauigkeit des angegebenen Ergebnisses wird
sich nicht aus dem Krafteck ergeben können; doch
kann sich bei geeignetem Kräftemaßstab und genauer
Zeichnung der Ablesefehler im Bereich nur weniger
Prozent bewegen.
Eine trigonometrische Nachrechnung im Krafteck
liefert die genauen Werte, wenn diese benötigt werden, Bild 1-42.

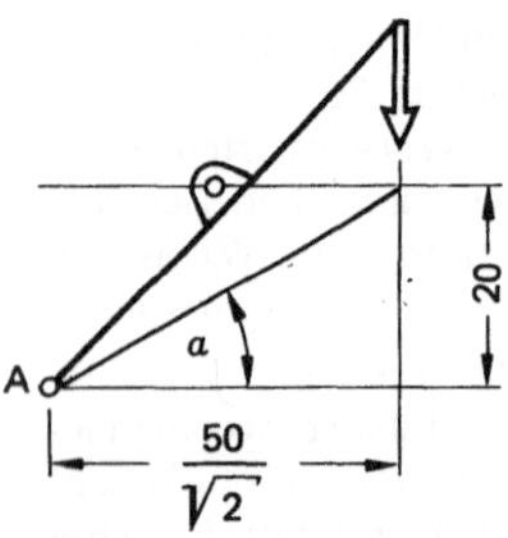

Bild 1-42

$$\tan\alpha = \frac{20}{50/\sqrt{2}} \rightarrow \alpha = 29{,}4962°$$

$$\sin\alpha = \frac{F_G}{F_A} \rightarrow F_A = \frac{F_G}{\sin\alpha} = \frac{800\ \text{N}}{\sin\alpha} = 1624{,}8\ \text{N}$$

$$\tan\alpha = \frac{F_G}{F_F} \rightarrow F_F = \frac{F_G}{\tan\alpha} = \frac{800\ \text{N}}{\tan\alpha} = 1414{,}2\ \text{N}$$

Übung 1-2

Ein Kniehebelsystem wird – wie skizziert – mit der
äußeren Kraft $F = 1{,}5$ kN belastet. Das Preßwerkzeug P ist im Pressengestell reibungsfrei geführt und
drückt auf das umzuformende Werkstück W. Zu bestimmen sind die Stangenkräfte der gewichtslos anzunehmenden Stangen sowie die Kräfte auf Werkzeug
und Werkstück, Bild 1-43.

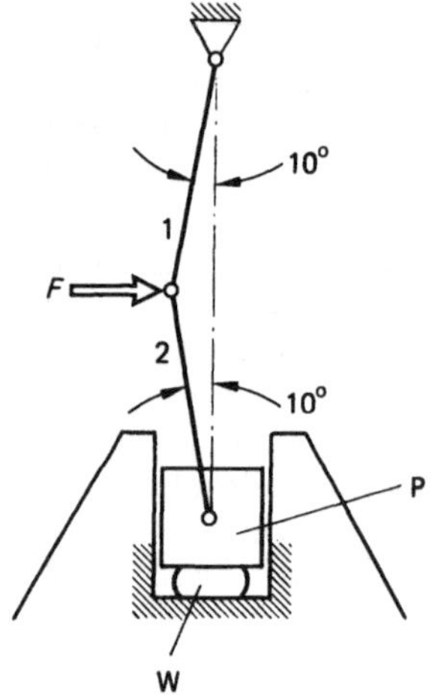

Bild 1-43

Lösung:

Die Stangen 1 und 2 sind, da gewichtslos angenommen, Pendelstützen, die die Kräfte auf der Verbindungsgeraden zwischen den beiden Kraftangriffspunkten nur weiterleiten. Das Gleichgewicht der drei
an dem die Stangen verbindenden Gelenk (Angriffs-
punkt der äußeren Kraft F) angreifenden Kräfte
kann mit dem geschlossenen Krafteck dargestellt
werden, Bild 1-44.

Aus dem Krafteck mit einheitlichem Umfahrungssinn ergeben sich die Stabkräfte

$F_1 = F_2 = 4319{,}1$ N.

Bild 1-45 zeigt die Kräfte am Gelenk.

Die Kräfte auf die Stangen sind in Bild 1-46 dargestellt.

Man erkennt, daß die Stangen auf Druck beansprucht werden, es sind Druckstäbe. Es wird das

Kräfte auf das Gelenk

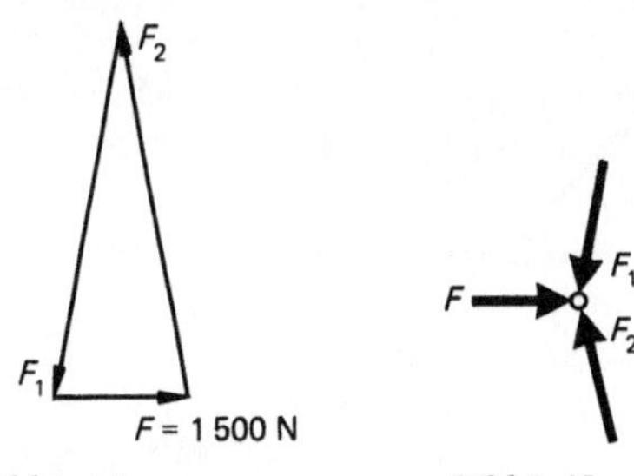

Bild 1-44

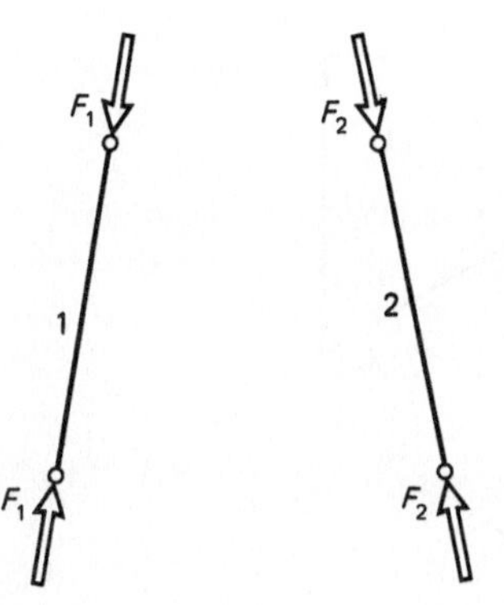

Bild 1-45

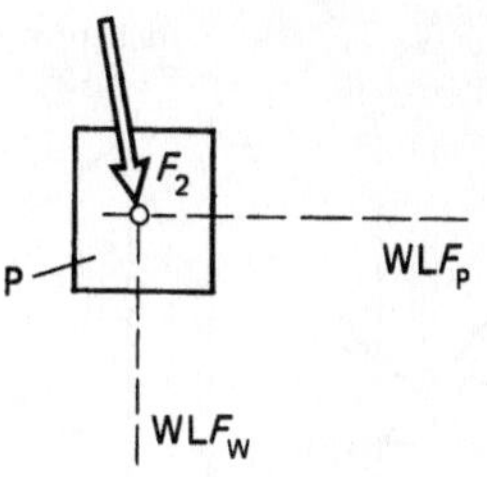

F_W Kraft zwischen Werkstück und Preßwerkzeug
F_P Kraft zwischen Pressengestellführung und Preßwerkzeug

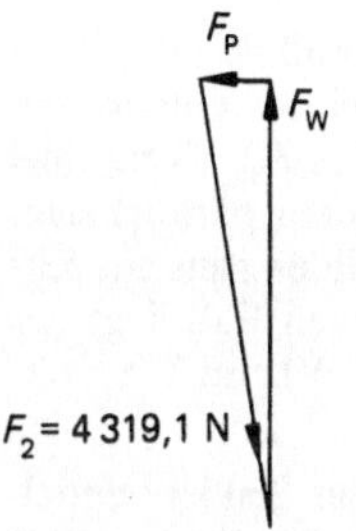

Kräfte auf das Preßwerkzeug

Bild 1-47

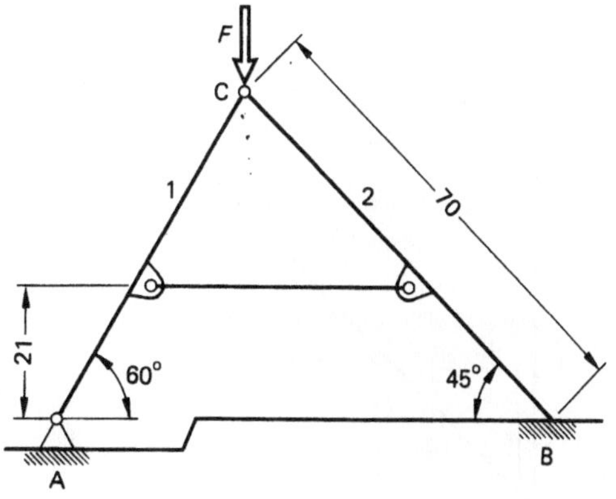

Bild 1-46

Bild 1-48

Newtonsche Wechselwirkungsgesetz deutlich: In der Berührstelle bzw. Verbindungsstelle zweier Körper tritt die Kraftwirkung wechselweise auf – Gegenkräfte. Die vom Gelenk auf einen Stab einwirkende Kraft ist die Gegenkraft zu der vom Stab auf das Gelenk wirkenden Kraft. So auch in der Verbindungsstelle zwischen Stab 2 und dem Preßwerkzeug P, Bild 1-47.

Ergebnis:

$F_W = 4253,5$ N
$F_P = 750$ N

Übung 1-3

Zwei Scheiben von vernachlässigbar kleinem Gewicht sind im Gelenk C reibungsfrei verbunden; ein Seil verbindet die Scheiben, so daß das Gebilde im Sinne der in C abwärts gerichteten Kraft $F = 1$ kN starr ist. Bei B steht Scheibe 2 lose auf, A ist Gelenk. Zu bestimmen ist die Seilkraft, Bild 1-48.

Lösung:

Punkt A ist Gelenk, WL F_A ist zunächst unbekannt. Punkt B ist Loslager, hier können Kräfte nur senkrecht zur Richtung der noch vorhandenen translatorischen Bewegungsfreiheit aufgenommen werden,

also normal zur gemeinsamen Berührtangente. Beide Scheiben stehen unter der Wirkung dreier Kräfte:

Scheibe 1: F_A, F_S, F_{C1}
Scheibe 2: F_B, F_S, F_{C2}

Man ermittelt die Auflagerkräfte F_A und F_B mit Hilfe des Schlußlinienverfahrens und wendet dann das Dreikräfteverfahren an beiden Scheiben an, Bild 1-49.

Ergebnis:

$F_A = 634$ N, $F_B = 366$ N

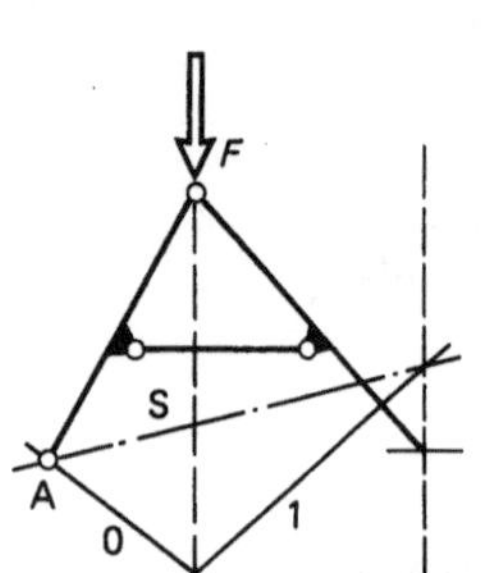

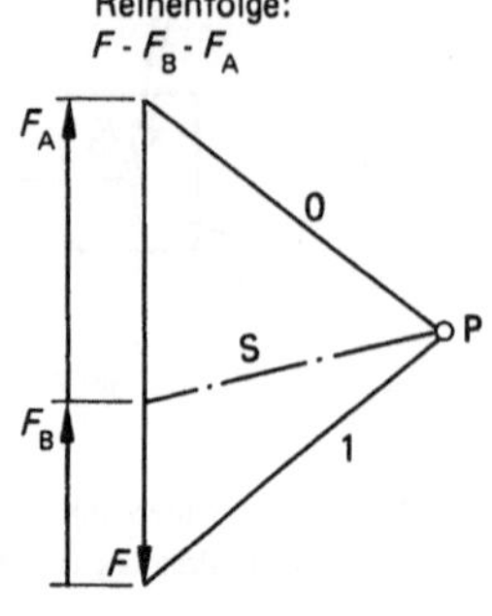

Bild 1-49

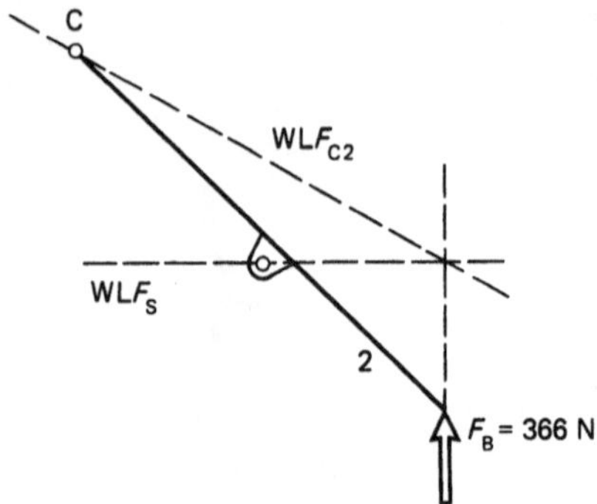

WL F_A ist parallel zu WL F_B; dies muß so sein, denn wenn schon die WL zweier der drei das Gebilde im Gleichgewicht haltenden Kräfte (F_A, F_B, F) parallel laufen, muß auch die dritte WL hierzu parallel sein, denn drei gleichgewichtige Kräfte bilden stets ein zentrales Kräftesystem. Im beschriebenen Fall liegt der gemeinsame Schnittpunkt der drei WL im Unendlichen.

Die WL der Seilkraft ist bekannt, das Seil ist Pendelstütze. So ergeben sich die in C auf die jeweilige Scheibe wirkenden Kraftrichtungen (WL) im Dreikräfteverfahren, Bild 1-50 u. 1-51.

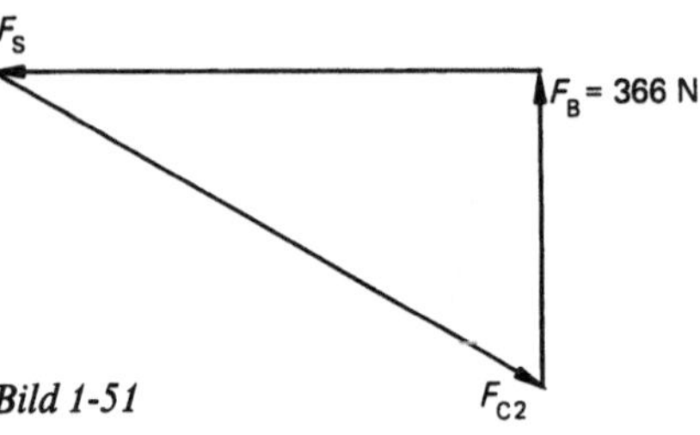

Bild 1-51

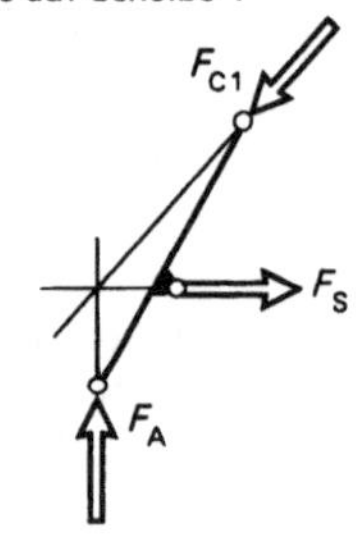

Kräfte auf Scheibe 1

Kräfte auf Scheibe 2

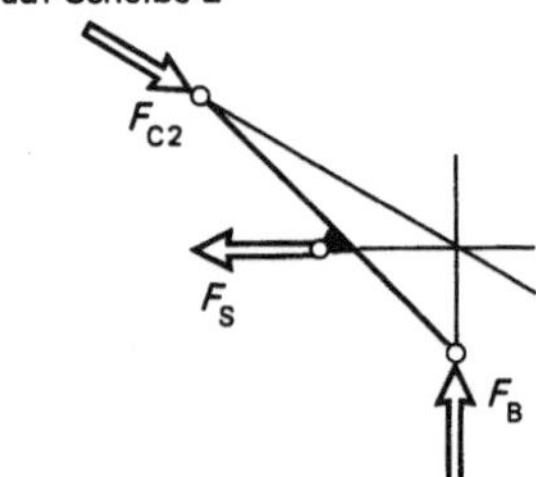

Kräfte auf Fundament

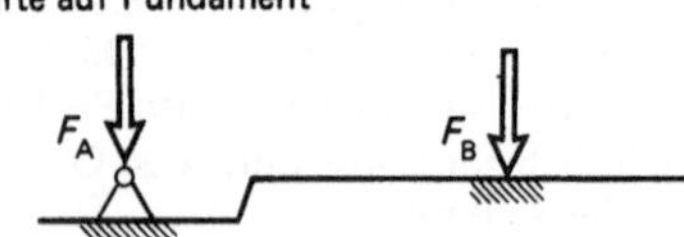

Kräfte auf Gelenk C

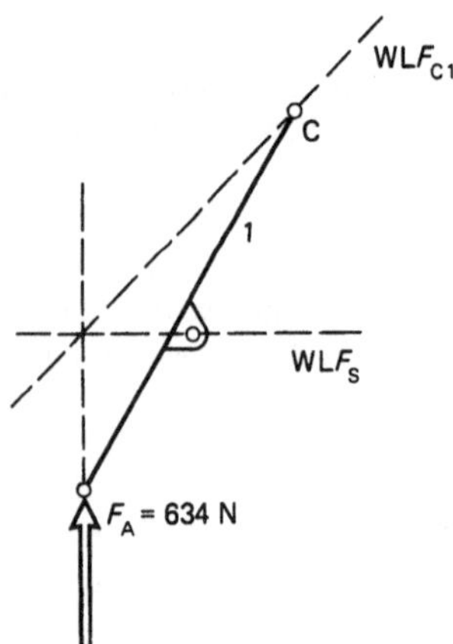

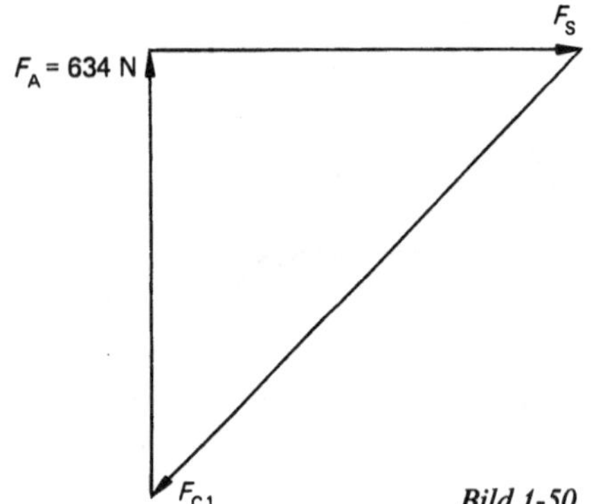

Bild 1-50

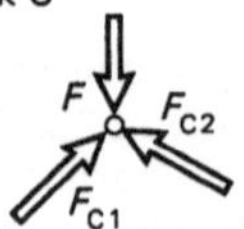

Bild 1-52

Ergebnis:

$F_S = 635{,}7$ N, $F_{C1} = 897{,}8$ N.

Ergebnis:

$F_S = 635{,}7$ N, $F_{C2} = 733{,}5$ N.

Die Darstellung der Ergebnisse zeigt Bild 1-52.

Übung 1-4

Zwei Scheiben von vernachlässigbar kleinem Gewicht sind – wie skizziert – im Gelenk C und durch eine Stange zu einem starren Gebilde verbunden. Welche Kraft F_S wird in der Stange wirksam, Bild 1-53, wenn die äußere Kraft $F = 300$ N groß ist?

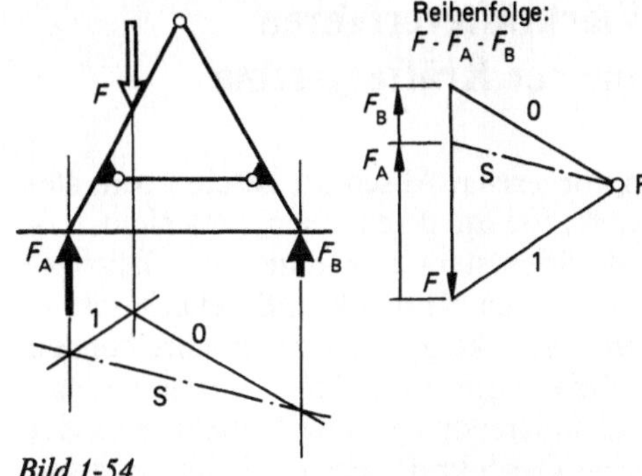

Bild 1-54

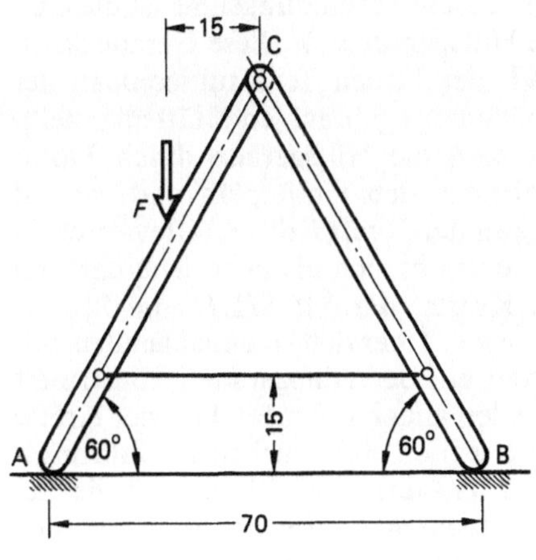

Bild 1-53

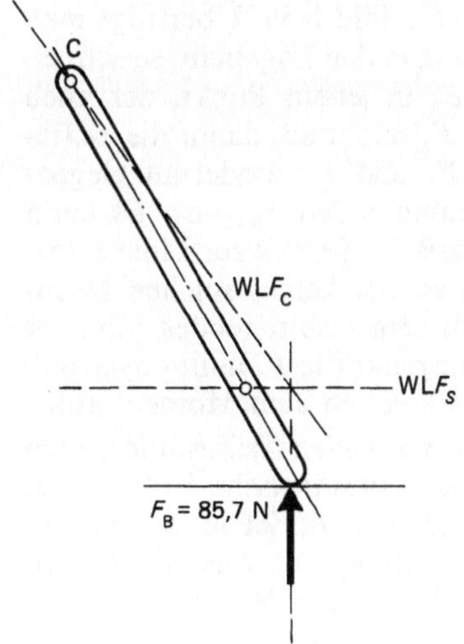

Lösung:

WLF_A, WLF_B und WLF sind parallel. Das Schlußlinienverfahren liefert die Auflagerkräfte in A und B, Bild 1-54.

Ergebnis:

$F_A = 214{,}3$ N, $F_B = 85{,}7$ N.

Das Dreikräfteverfahren an der rechten Scheibe liefert die Stabkraft F_S, Bild 1-55.

Ergebnis:

$F_c = 107{,}5$ N, $F_S = 65{,}4$ N.

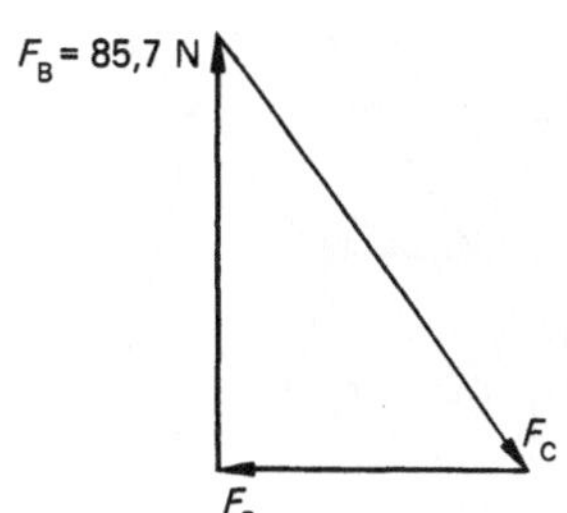

Bild 1-55

1.4. Vierkräfteverfahren allgemeiner Kräftesysteme

Wie im vorherigen Abschnitt beschrieben, stehen vier Kräfte im allgemeinen, also nicht zentralen, Kräftesystem nur dann im Gleichgewicht, wenn sich Krafteck und Seileck schließen. Der Gedanke des hier zu beschreibenden Vierkräfteverfahrens von *CULMANN* ist der, daß die Teilresultierende von jeweils zwei dieser vier Kräfte die Gegenkraft sein muß zur Teilresultierenden der beiden anderen Kräfte. Betrachten wir für die erste Überlegung eine Scheibe, die unter der Wirkung dreier Kräfte steht und fragen uns nach Größe, Richtung und Richtungssinn der vierten Kraft, die Gleichgewicht der Scheibe hinsichtlich Translation (Kräftesumme null) und Rotation (Momentensumme null) garantiert. Aus dem Krafteck der Kräfte F_1, F_2, F_3 geht die Richtung der Teilresultierenden F_{R12} hervor, Bild 1-56. Überträgt man diese Kraftrichtung in den Lageplan, so schneidet sie die WLF_3 in jenem Punkt, der auch Punkt der Kraft F_4 sein muß, damit die Teilresultierende aus F_3 und F_4 wiederum Gegenkraft zur Teilresultierenden F_{R12} ist. Es kann gezeigt werden, daß das Seileck zur Linie entartet, doch bedarf es hier keines solchen Nachweises dafür, daß kein resultierendes Moment existiert, denn Gegenkräfte (definitionsgemäß auf derselben WL) weisen kein Moment auf.

Die WL, auf der die beiden Teilresultierenden wirken, ist die sog. *CULMANN*sche Hilfsgerade. Das Vierkräfteverfahren findet in der ebenen Statik dort Anwendung, wo vier Kräfte im Gleichgewicht stehen, deren WL alle bekannt sind und von denen nur eine Kraft vollständig

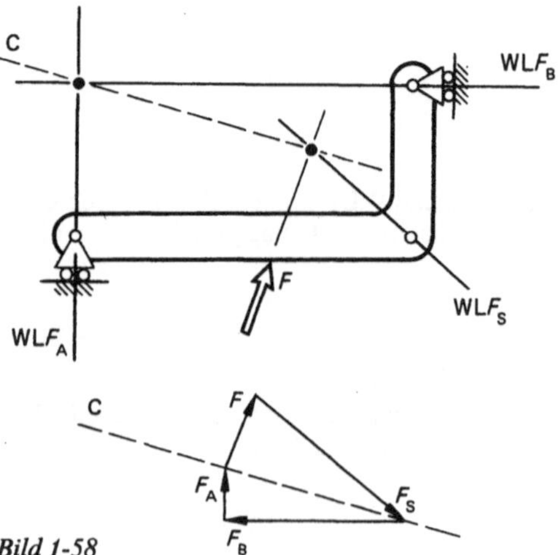

Bild 1-57

bekannt ist, während Beträge und Richtungssinn der drei anderen Kräfte zu bestimmen sind, Bild 1-57.

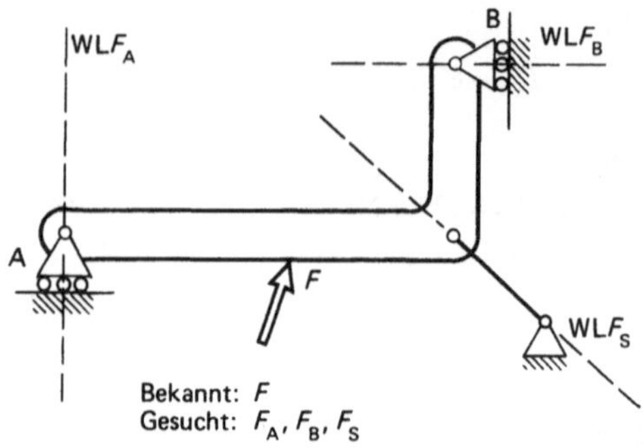

Zum Verfahren:

Man bringt jeweils zwei der vier Kraftwirkungslinien paarweise zum Schnitt und verbindet die so entstehenden beiden Schnittpunkte miteinander; diese Verbindungslinie ist die Culmannsche Hilfsgerade (C). Diese Gerade ist es, die die WL der beiden Teilresultierenden der jeweils zum Schnitt gebrachten Kräfte darstellt. Überträgt man die Hilfsgerade durch Parallelverschieben in den Kräfteplan und beginnt mit der bekannten Kraft F das Kräfteviereck zu zeichnen, so ergibt sich als erste jene der drei gesuchten Kräfte, die mit WLF zum Schnitt gebracht wurde. Über den so entstehenden beiden Punkten auf der Hilfsgeraden konstruiert man die beiden anderen Kräfte. Die vier Kräfte im Krafteck weisen einheitlichen Umfahrungssinn auf, so daß das Krafteck sowohl die Beträge der gesuchten Kräfte ermittelt als auch den Richtungssinn, Bild 1-58.

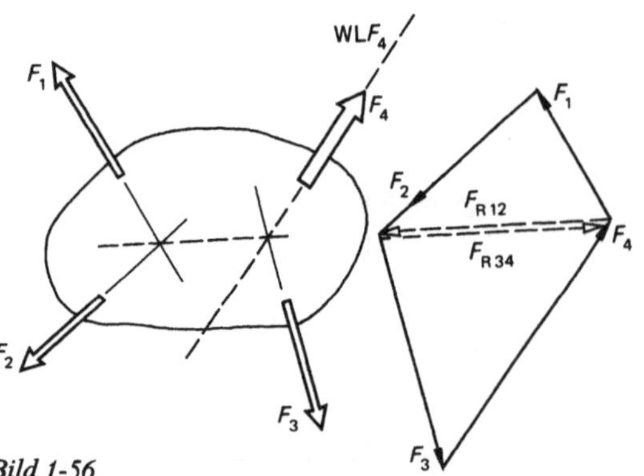

Bild 1-56

Bild 1-58

RITTER-Verfahren

Obgleich die rechnerische Behandlung statischer Probleme in einem gesonderten Abschnitt abgehandelt wird, soll an dieser Stelle das rechnerische Pendant zum graphischen CULMANN-Verfahren vorgestellt werden. Die Gleichgewichtsbedingungen der Statik lauten:

$$\sum F = 0 \quad \text{und} \quad \sum M = 0$$

Das RITTER-Verfahren nutzt die Momentengleichung und wendet diese Momenten-Gleichgewichtsbedingung einmal oder mehrfach an, wobei der Bezugspunkt der Momente jeweils ein Schnittpunkt zweier der drei WL der Unbekannten ist. Es entsteht so stets eine Gleichung, in der nur eine der drei gesuchten Kräfte die Unbekannte ist, Bild 1-59.

$$\sum \bar{M}_{\mathrm{I}} = 0$$

$$0 = F\, r_{F_{\mathrm{I}}} - F_{\mathrm{S}}\, r_{S_{\mathrm{I}}}$$

$$\rightarrow \quad F_{\mathrm{S}} = \frac{F\, r_{F_{\mathrm{I}}}}{r_{S_{\mathrm{I}}}}$$

aus $\sum M_{\mathrm{II}} = 0$ folgt F_{A}

aus $\sum M_{\mathrm{III}} = 0$ folgt F_{B}

Hinsichtlich der Vorzeichenfrage, also der Frage nach dem Richtungssinn der jeweils gesuchten Kraft, gibt es insofern keine Zweifel, als ja nur zwei Momente in der Gleichung auftreten. Ist das Moment der bekannten Kraft positiv, muß das Moment der gesuchten Kraft negativ sein und umgekehrt. So ergibt sich aus der Rechnung unmittelbar auch der Richtungssinn der zu berechnenden Kraft.

Dieses Verfahren führt auch dann zum Ziel, wenn zwei der drei WL der unbekannten Kräfte parallel gerichtet sind oder sich ihr Schnittpunkt nicht in der Zeichenebene findet. Ist erst einmal eine der drei gesuchten Kräfte gefunden, so läßt sich aus dieser und der anfänglich bekannten Kraft das Kräfteviereck zeichnen und die beiden übrigen Unbekannten bestimmen. Will man weiterhin eine rechnerische Lösung verfolgen, so würde man in diesem Fall von der Gleichgewichtsbedingung $\sum F = 0$ Gebrauch machen, hierzu mehr im Abschnitt 1.5, der sich mit der rechnerischen Lösung statischer Probleme beschäftigt.

Alle graphischen Verfahren der Statik haben ihr rechnerisches Pendant; nicht aber alle rechnerisch lösbaren Probleme lassen sich auch graphisch lösen. Dies zeigt das folgende Beispiel, denn ein freies Moment eines Kräftepaares läßt sich nicht im Krafteck darstellen; hier bietet sich nur die rechnerische Lösung an, Bild 1-60.

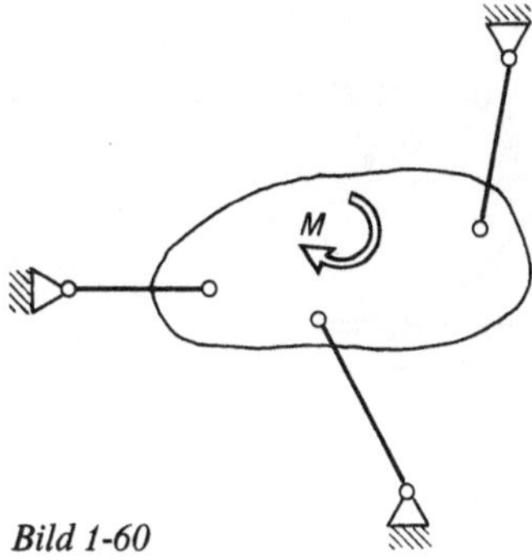

Bild 1-60

Übung 1-5

Für den skizzierten Stabverband sind die Stabkräfte zu ermitteln. Die Stäbe 1, 2, 3 und 4 sind gleich lang und bilden ein Quadrat. Alle Elemente sind von vernachlässigbar kleinem Gewicht (quasi horizontales Problem), Bild 1-61.

Lösung:

Schneidet man mit dem geschlossenen Ritter-Schnitt das Gebilde vom Fundament, so werden die Stäbe 6,

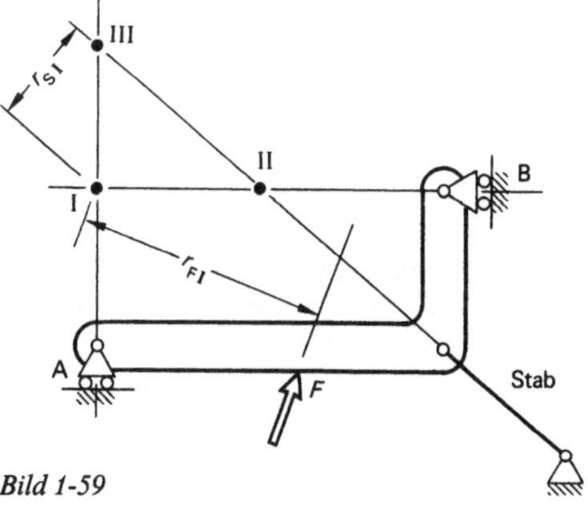

Bild 1-59

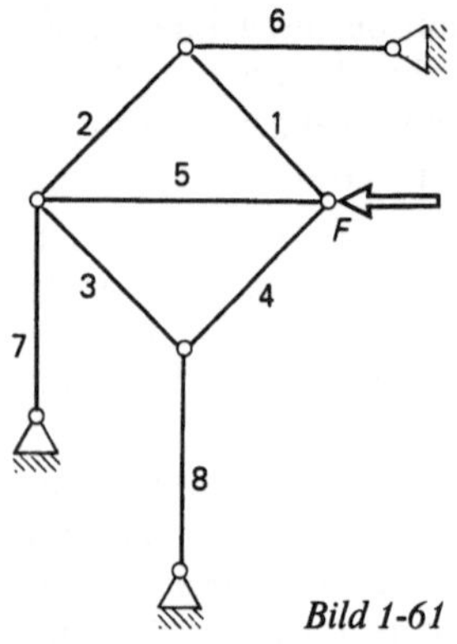

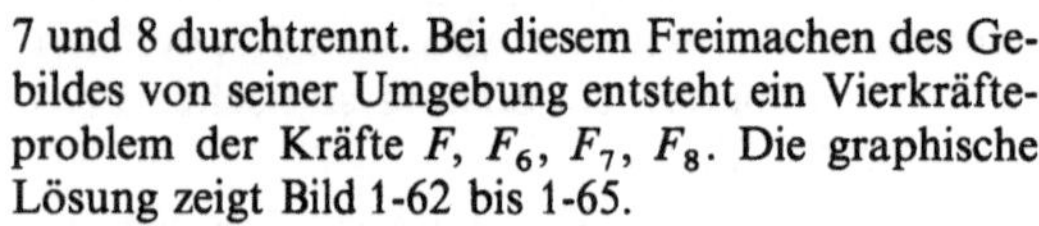

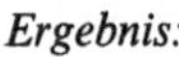

Bild 1-61

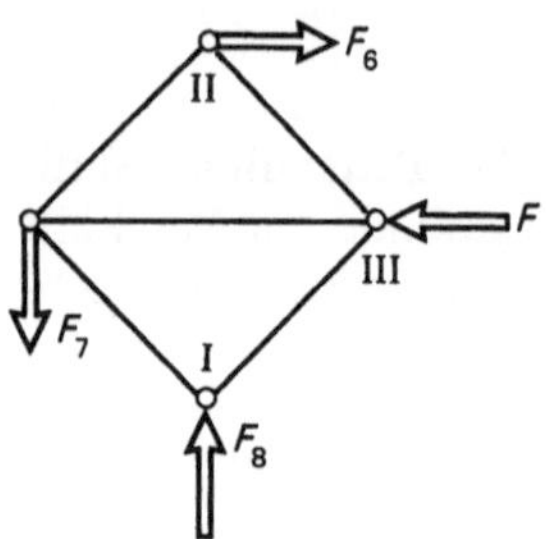

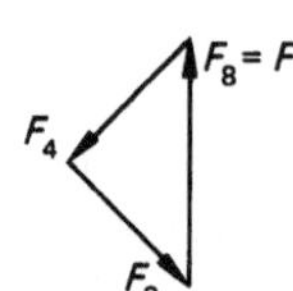

Bild 1-63

Bild 1-64

Bild 1-65

7 und 8 durchtrennt. Bei diesem Freimachen des Gebildes von seiner Umgebung entsteht ein Vierkräfte-
problem der Kräfte F, F_6, F_7, F_8. Die graphische
Lösung zeigt Bild 1-62 bis 1-65.

Ergebnis:

$F_6 = F$ (Zugstab), $F_7 = F$ (Zugstab), $F_8 = F$ (Druckstab).

Gleichgewicht bei Knoten I:

Gleichgewicht bei Knoten II:

Die Gleichgewichtsbetrachtung bei Knoten III zeigt,
daß Stab 5 Nullstab ist, also keine Kraft aufzunehmen hat. Die Darstellung der Ergebnisse im Lageplan
zeigt Bild 1-66.

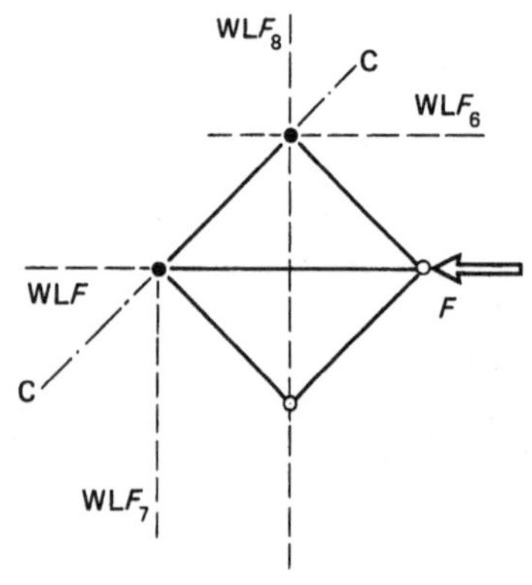

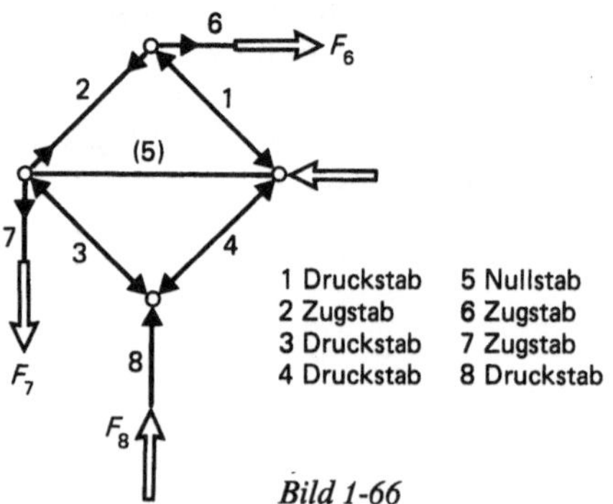

1 Druckstab   5 Nullstab
2 Zugstab   6 Zugstab
3 Druckstab   7 Zugstab
4 Druckstab   8 Druckstab

Bild 1-66

Übung 1-6

Mit Hilfe des Ritterschen Verfahrens sind die Kräfte
in den Stäben 4, 5 und 6 des skizzierten Stabverban-
des zu berechnen, Bild 1-67.

Lösung:

Statik: Aus Symmetriegründen wird $F_A = F_B = 0{,}5 \cdot 3 \text{ kN} = 1{,}5 \text{ kN}$, Bild 1-68.

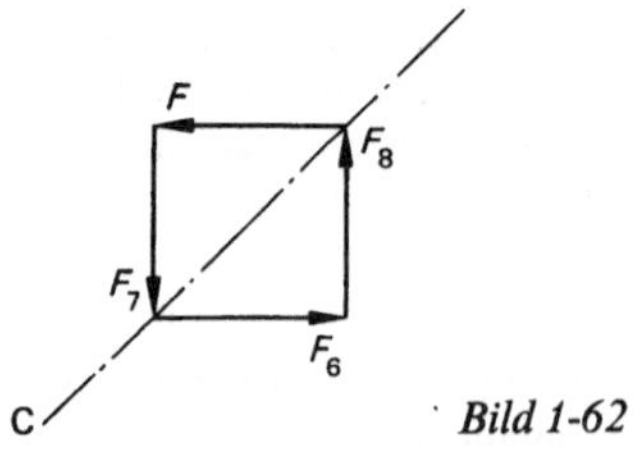

Bild 1-62

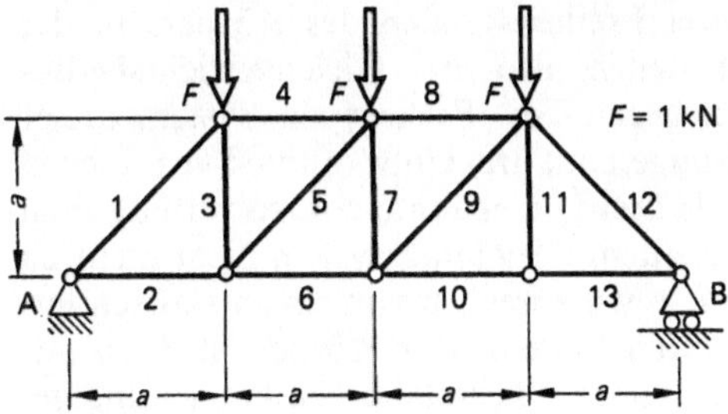

Bild 1-67

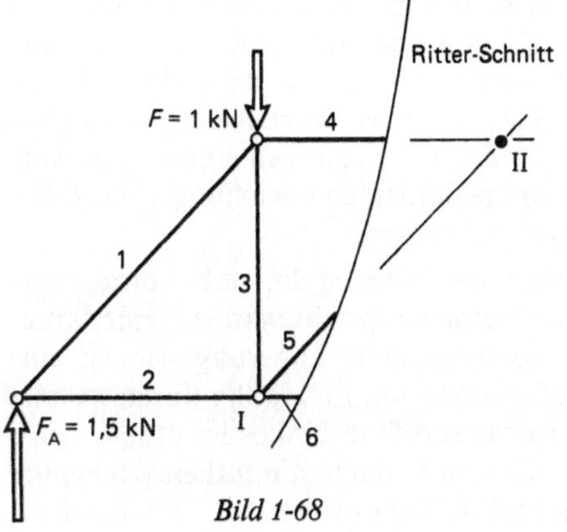

Bild 1-68

1). $\sum M_{\mathrm{I}}=0$

$$0=-F_{\mathrm{A}}\,a+F_4\,a$$

$$F_4=F_{\mathrm{A}}=1{,}5\ \mathrm{kN}\quad \text{(Druckstab)}$$

2). $\sum M_{\mathrm{II}}=0$

$$0=F\,a-F_{\mathrm{A}}\,2a+F_6\,a$$

$$F_6=2\ \mathrm{kN}\quad \text{(Zugstab)}$$

3). $\sum F_x=0$

$$0=F_6-F_4-\frac{F_5}{\sqrt{2}}$$

$$F_5=0{,}707\ \mathrm{kN}\quad \text{(Druckstab)}$$

Die Darstellung der Ergebnisse zeigt Bild 1-69.

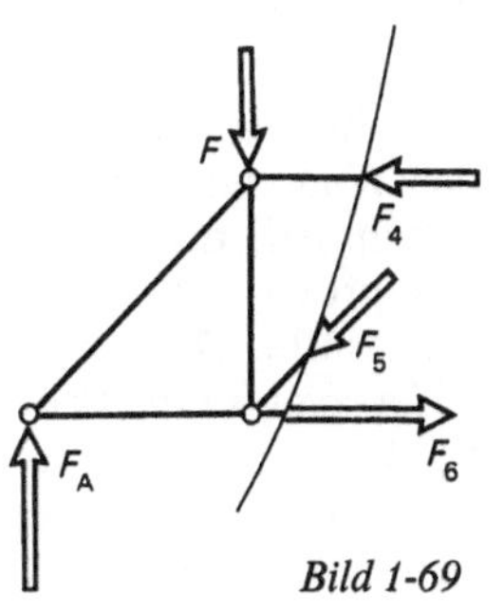

Bild 1-69

Bevor in den nächsten Abschnitten die rechnerische Lösung statischer Probleme sowie die Statik mehrteiliger Systeme beschrieben werden, seien noch jene Sonderfälle genannt, für die eine oder mehrere Auflagerreaktionen entfallen. Immer dann, wenn die WL der resultierenden Aktionskraft durch eines der Lager verläuft, werden die anderen Lager kräftefrei sein, Bild 1-70 und 1-71.

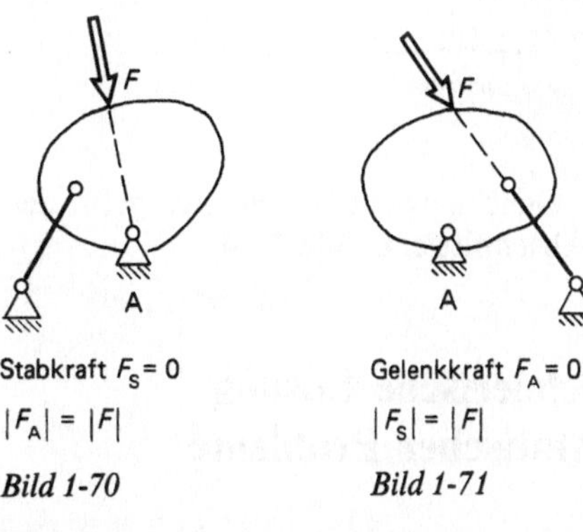

Stabkraft $F_S = 0$

$|F_A| = |F|$

Bild 1-70

Gelenkkraft $F_A = 0$

$|F_S| = |F|$

Bild 1-71

Bei Lagerung der Scheibe oder des zusammengesetzten Gebildes (Abschnitt 1.8 und 1.9) mit drei einwertigen Fesseln können so auch zwei Auflagerreaktionen entfallen, Bild 1-72.

Alle Auflagerreaktionen sind dann null, wenn die Resultierende aller Aktionskräfte null ist und zudem kein resultierendes Moment vorliegt; ohne Aktion keine Reaktionen, Bild 1-73.

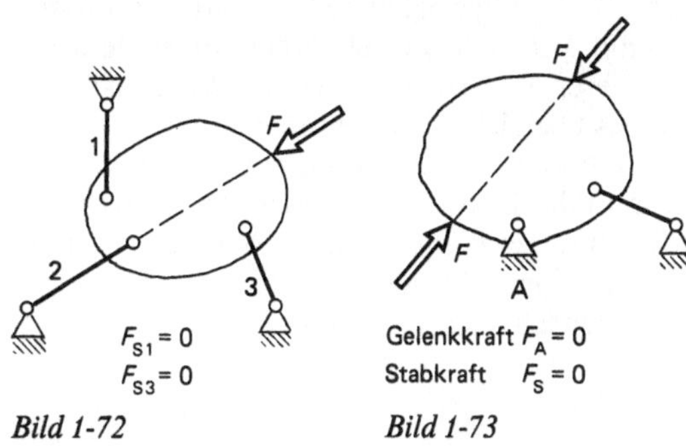

$F_{S1} = 0$

$F_{S3} = 0$

Bild 1-72

Gelenkkraft $F_A = 0$

Stabkraft $F_S = 0$

Bild 1-73

Bei der folgenden Lagerung wird die Reaktionskraft in Stab 1 null sein, da kein geschlossenes Kräfteviereck denkbar ist, in dem drei Kräfte parallel zueinander verlaufen, während die vierte Kraft eine andere Richtung aufweist. Der rechnerische Gleichgewichtsansatz $\sum F_x = 0$ zeigt dies sofort; auf die rechnerische Behand-

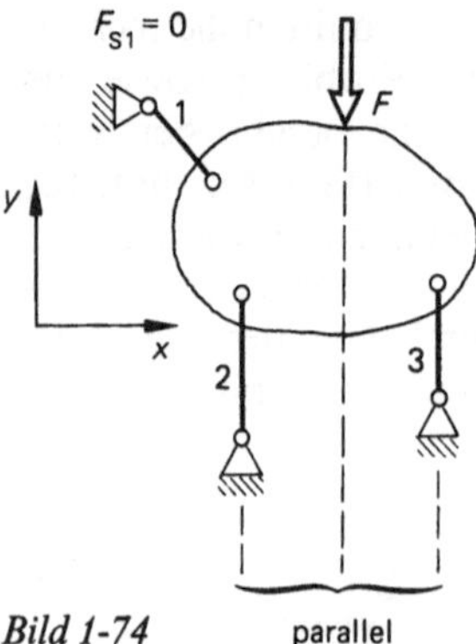

Bild 1-74   parallel

lung von Gleichgewichtsproblemen geht der folgende Abschnitt ein, Bild 1-74.

1.5. Rechnerische Lösung ebener statischer Probleme

Einen Körper in der Ebene hatten wir Scheibe genannt. Diese Scheibe hat in ihrer Ebene drei Freiheitsgrade, und zwar zwei translatorische (Freiheit der Verschiebung in der Ebene, beispielsweise in x- und y-Richtung) und einen rotatorischen (Freiheit der Drehung in der Ebene, die z-Achse). Gleichgewicht herrscht nur dann, wenn weder Translation noch Rotation durch die einwirkenden Kräfte und Momente hervorgerufen wird. Gleichgewicht bedeutet Ruhezustand – Unbeweglichkeit – relativ zur Umgebung. Die Scheibe ist daher so zu fesseln, daß dieser Ruhezustand gewährleistet ist. Da nun das Gleichgewicht der ebenen Statik durch drei Gleichgewichtsbedingungen beschrieben ist, muß die Lagerung der Scheibe derart sein, daß genau drei unbekannte Reaktionsgrößen (Kräfte oder Momente) auftreten. Die drei Gleichgewichtsbedingungen sind

$$\sum F_x = 0 \, ,$$
$$\sum F_y = 0 \, ,$$
$$\sum M_z = 0 \, .$$

Sind die beiden Kräfte-Gleichgewichtsbedingungen erfüllt, so ist sicher, daß der Körper keine Translation vollführt; ist die Momenten-Gleichgewichtsbedingung erfüllt, so ist sichergestellt, daß der Körper keine Drehung vollführt.

Den drei Freiheitsgraden des Körpers in der Ebene stehen also drei Gleichgewichtsbedingungen gegenüber. Es liegt ein System dreier Gleichungen mit drei Unbekannten vor. Liegen mehr als drei Unbekannte vor, so vermag man diese aus dem Gleichungssystem nicht mehr zu errechnen, wir sprechen von einem statisch unbestimmten System. Der Körper ist dann mit zuvielen Lagern, Fesseln an die Umgebung gebunden, bzw. die Qualität der gewählten Lager ist derart, daß sie insgesamt mehr Freiheitsgrade fesseln, als der Körper aufweist – nämlich genau drei. Die Unbekannten werden dann nur ermittelt werden können, wenn nicht-statische Beziehungen, etwa die elastischen Grundgleichungen, in die Überlegungen einbezogen werden und so die fehlenden Gleichungen ins Gleichungssystem bringen.

Lagert man die Scheibe so, daß Bewegungsfreiheit verbleibt, so spricht man von einer kinematisch unbestimmten Lagerung; sie ist statisch ebenso unbestimmt wie die durch zuviele Fesseln hervorgerufene Unbestimmtheit. Man spricht auch von Unterbestimmtheit (zuwenige Fesseln) und Überbestimmtheit (zuviele Fesseln). Der Grad der Überbestimmtheit ergibt sich aus der Differenz der Anzahl der Unbekannten und der Anzahl vorhandener Gleichgewichtsbedingungen. Sind fünf unbekannte Reaktionen gesucht, so ist die Scheibe in der Ebene 2fach statisch unbestimmt gelagert. Die Wertigkeiten der Fesseln, also die Qualität der Lagerarten, soll im einzelnen besprochen werden.

Einwertige Fesseln

Solche Lagerungen, bei denen die Richtung der dort übertragbaren Kraft bekannt ist, nennt man Loslager oder einwertige Fessel. Es tritt nur eine statische Unbekannte auf. Loslager ist der Sammelbegriff für diese Lager, z.B. Abstützstelle, Pendelstütze (z.B. Zweigelenkstab), Rollenauflager, Bild 1-75.

Mit „Pendelstütze" sind all die Elemente gekennzeichnet, die unter der Wirkung von nur zwei und genau zwei Kräften stehen; es sind dies Gegenkräfte, also gleich große, auf derselben WL entgegengerichtete Kräfte. Der Zweigelenkstab ist ein typisches Beispiel für die Pendelstütze, sofern man sein Eigengewicht vernachlässigt. Es werden an den Gelenken Kräfte eingeleitet, die auf der Verbindungsgeraden der

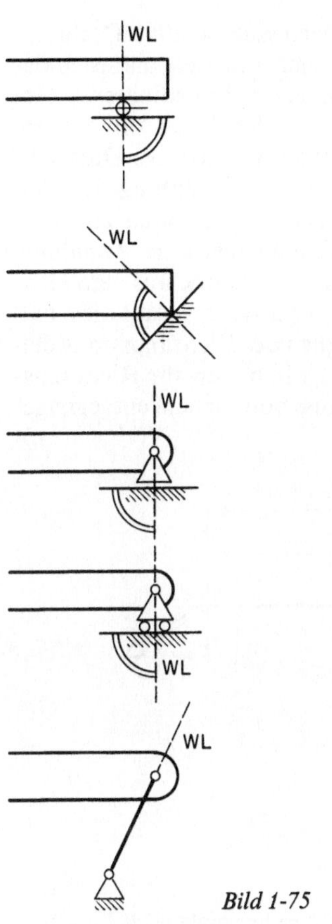

Bild 1-75

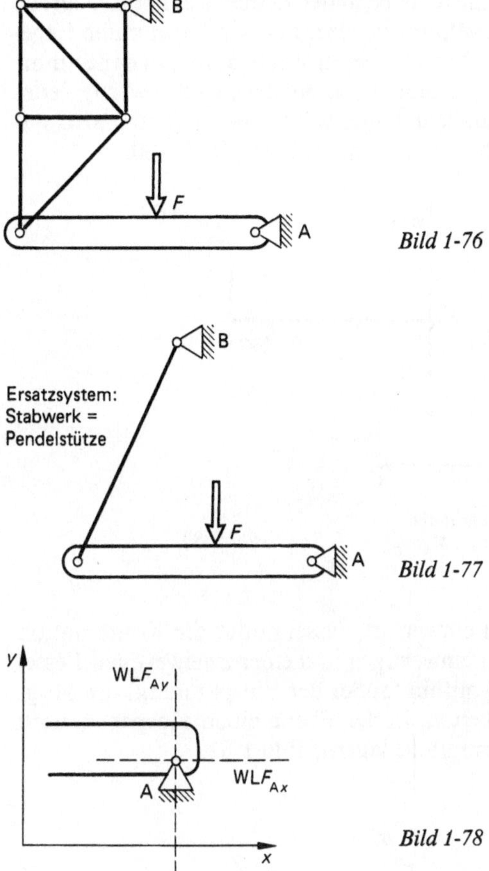

Bild 1-76

Bild 1-77

Bild 1-78

beiden Kraftangriffspunkte liegen. In mehrteiligen Systemen stellen häufig ganze Bereiche Pendelstützen dar, wie das Beispiel in Bild 1-76 und 1-77 zeigt.

Zweiwertige Fessel

Zweiwertig ist eine Fessel, wenn zwei statische Unbekannte vorliegen, wenn die Scheibe also zweier ihrer insgesamt drei Freiheitsgrade beraubt wird. Genau dies bewirkt das Gelenk: das Gelenk nimmt der Scheibe beide translatorischen Freiheitsgrade und beläßt ihr den Freiheitsgrad der Rotation. Das Gelenk kann keine Momente übertragen, die im Gelenk übertragene Kraft kann jede Richtung in der Ebene haben; die WL der im Gelenk auftretenden Kraft ist unbekannt, Bild 1-78.

Dreiwertige Fessel

Eine dreiwertige Fessel raubt der Scheibe alle drei Freiheitsgrade, die der Translation und den

der Rotation. Die Einspannung ist imstande, dies zu tun. Unter Einspannung versteht man solche Lagerungen, die dem Körper sowohl die Freiheit der Verschiebung in der Ebene als auch die Möglichkeit der Drehung in der Ebene nehmen. Es treten in der Einspannung Kräfte und Momente auf, wie sie Bild 1-79 zeigt.

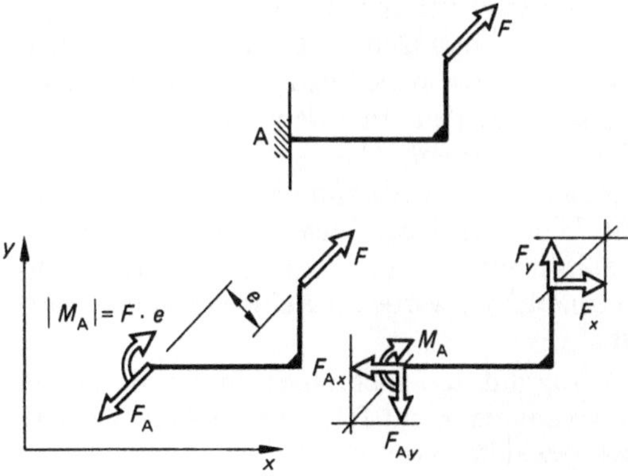

Bild 1-79

Da die Scheibe in der Ebene drei Freiheitsgrade hat, gehören zu einer statisch bestimmten Lagerung Fesseln, deren Wertigkeiten in der Summe drei ist. Eine Einspannstelle ist dreiwertig; jedes zusätzliche Lager würde die Lagerung also statisch unbestimmt machen, Bild 1-80.

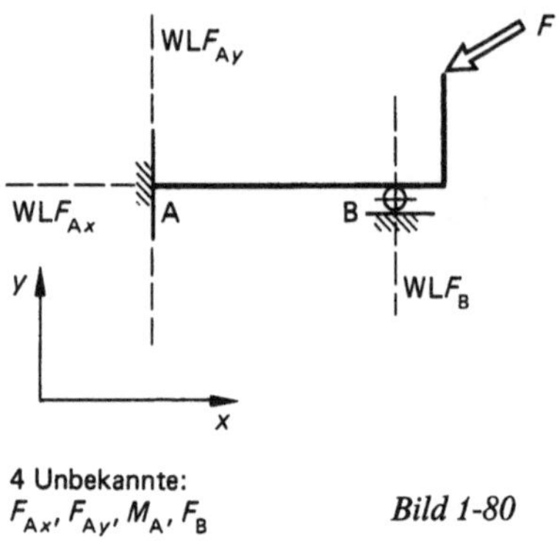

Bild 1-80

Drei einwertige Fesseln oder die Kombination einer einwertigen und einer zweiwertigen Fessel sind mithin (außer der Einspannung) die Möglichkeiten, in der Ebene einen Körper statisch bestimmt zu lagern, Bild 1-81.

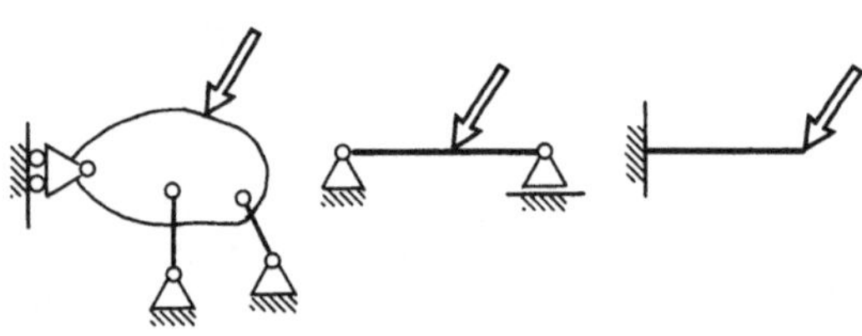

Bild 1-81

Die rechnerische Lösung von statisch bestimmten Problemen verlangt das Ansetzen der Gleichgewichtsbedingungen. Dabei kann die Momenten-Gleichgewichtsbedingung auch mehrfach angesetzt werden. In jedem Fall entsteht ein Gleichungssystem, das soviele Gleichungen beinhaltet wie Unbekannte vorhanden sind. Mit Hilfe der bekannten Verfahren (Gleichsetzungsmethode, Einsetzungsmethode, Additionsmethode) werden die Unbekannten ermittelt.

In bezug auf den Richtungssinn der statischen Unbekannten kann folgendes gesagt werden. Das gewählte Koordinatensystem der Ebene weist die positiven Richtungen der Kräfte aus.

Für die Momente wird eine positive Drehrichtung definiert; entweder orientiert man sich dabei am bereits definierten Koordinatensystem oder man wählt, wie in der Statik zumeist üblich, davon unabhängig eine positive Drehrichtung, meistens die Linksdrehrichtung. Da nun der Richtungssinn der Unbekannten zunächst unbekannt ist, trifft man hier eine Annahme. Ergibt sich diese statische Größe aus dem Gleichungssystem dann negativ, so besagt dies, daß die Annahme bezüglich des Richtungssinns dieser Größe falsch getroffen war, ihr Richtungssinn ist dem des angenommenen entgegengesetzt.

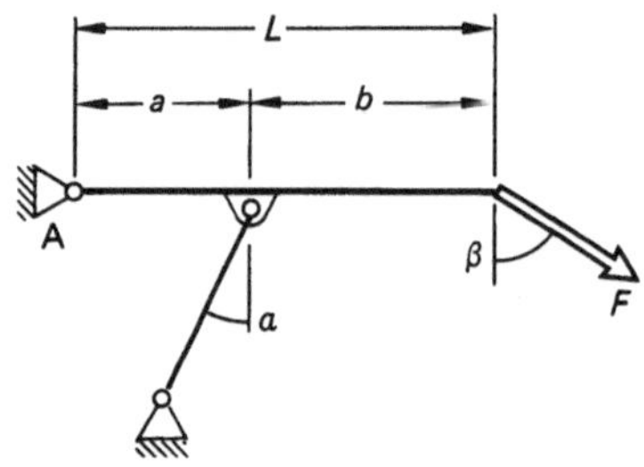

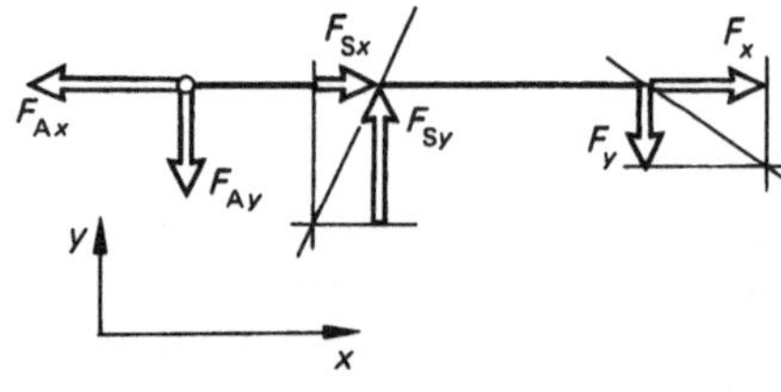

Bild 1-82

Treten Kräfte auf, die nicht in Richtung der Achsen des gewählten Koordinatensystems gerichtet sind, so sind diese in Komponenten zu zerlegen; dies gilt sowohl für Aktionskräfte als auch für Reaktionskräfte, Bild 1-82.

$$\sum M_A = 0$$
$$0 = -F_y L + F_{Sy} a$$
$$0 = -F \cos\beta \, L + F_S \cos\alpha \, a$$
$$F_S = \frac{F L \cos\beta}{a \cos\alpha}$$

$$\sum F_x = 0$$
$$0 = F_x + F_{Sx} - F_{Ax}$$

$$0 = F \sin\beta + F_S \sin\alpha - F_{Ax}$$

$$F_{Ax} = F \sin\beta + \frac{F L \cos\beta}{a \cos\alpha} \sin\alpha$$

$$F_{Ax} = F\left(\sin\beta + \frac{L}{a} \cos\beta \tan\alpha \right)$$

$$\sum F_y = 0$$
$$0 = -F_y + F_{Sy} - F_{Ay}$$
$$0 = -F \cos\beta + F_S \cos\alpha - F_{Ay}$$

$$F_{Ay} = F \cos\beta + \frac{F L \cos\beta}{a \cos\alpha} \cos\alpha$$

$$F_{Ay} = F \cos\beta \left(\frac{L}{a} - 1 \right) = F \cos\beta \, \frac{b}{a}$$

$$F_A = \sqrt{F_{Ax}^2 + F_{Ay}^2}$$

Sind außer Punktlasten auch verteilte Lasten, also Streckenlasten wirksam, so ist es für alle statischen Betrachtungen (aber nur für sie, nicht etwa für Spannungs- oder Formänderungsbetrachtungen!) zulässig, die Streckenlast im Schwerpunkt der Laststrecke als Punktlast aufzufassen, Bild 1-83.

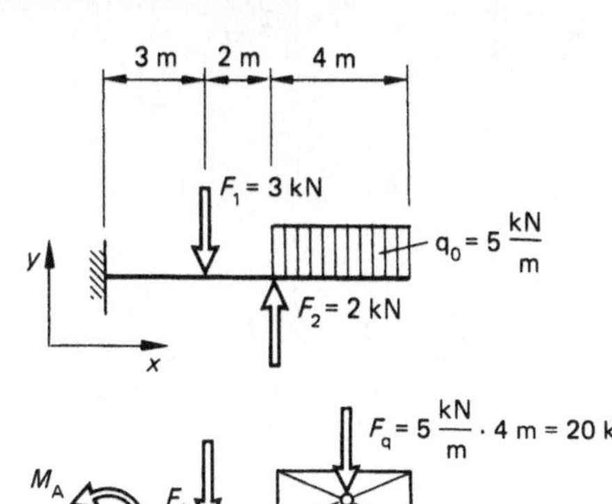

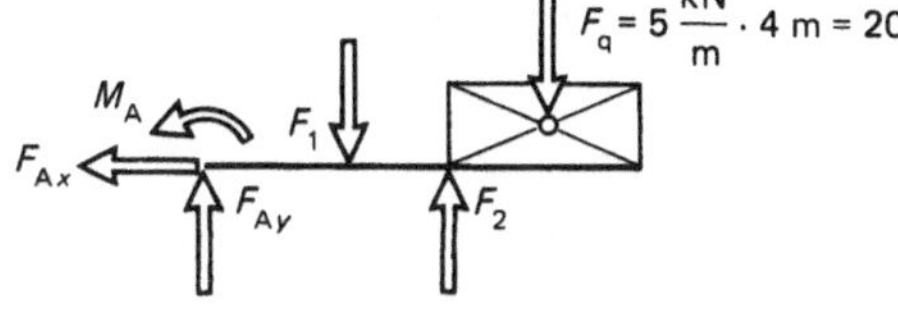

Bild 1-83

Ergebnisse:

aus $\sum M_A = 0$ folgt: $M_A = 139\ \text{kNm}\,\circlearrowleft$

aus $\sum F_x = 0$ folgt: $F_{Ax} = 0$

aus $\sum F_y = 0$ folgt: $F_{Ay} = F_A = 21\ \text{kN}\uparrow$

Übung 1-7

Die Spannrolle des skizzierten Riementriebes soll im Riemen eine Spannkraft von 1,5 kN erzeugen. Ge-

sucht wird das erforderliche Belastungsgewicht F_G der Spannrolle, Bild 1-84 bis 1-86.

Lösung:

$$\sum M_A = 0$$

$$0 = F_G \, 1300\,\text{mm} + 1{,}5\,\text{kN}\ r$$
$$ - 1{,}5\,\text{kN}\left(\frac{1300\,\text{mm}}{\sqrt{2}} + r \right)$$

Ergebnis:

$$F_G = 1060{,}7\ \text{N}$$

Hinweis: Maß r unerheblich

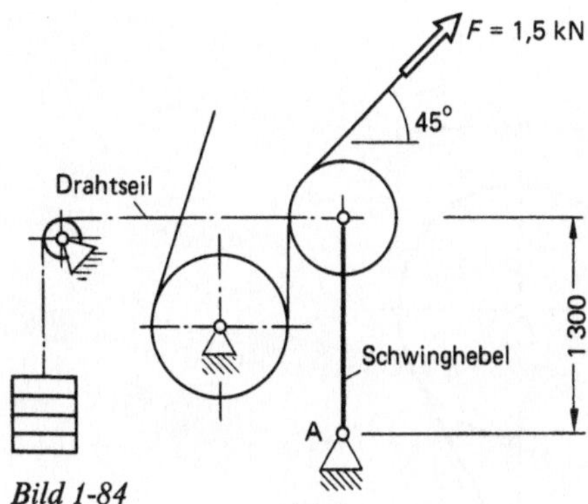

Bild 1-84

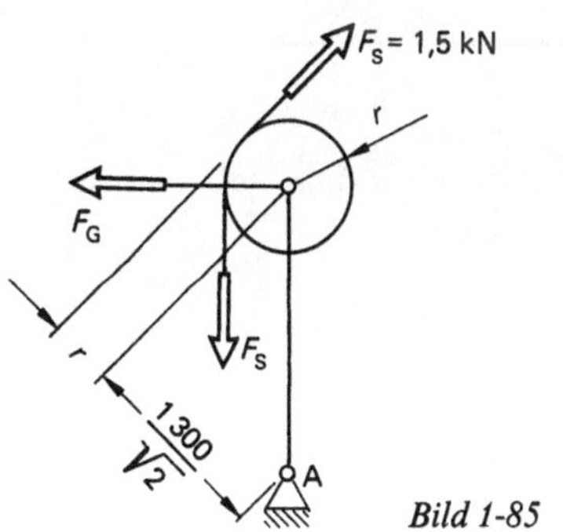

Bild 1-85

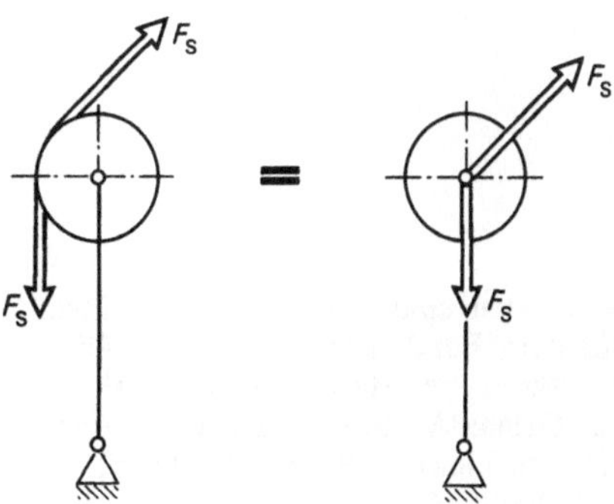

Bild 1-86

Übung 1-8

Die skizzierte Bandbremse wird durch ein 150 N schweres Belastungsgewicht angezogen, Bild 1-87 u. 1-88. Wie groß ist die im Bremsband erzeugte Spannkraft?

Lösung:

$$\sin\alpha = \frac{350\ \text{mm}}{600\ \text{mm}}$$

$$\alpha = 35{,}7°$$

$$\sum M_A = 0$$

$$0 = F_S \cos\alpha\ 90\ \text{mm} - F_G\ 590\ \text{mm}$$

$$F_S = 1210{,}6\ \text{N}$$

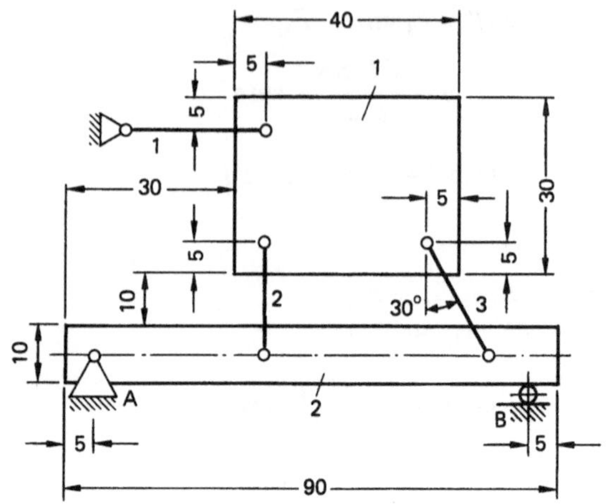

Bild 1-89

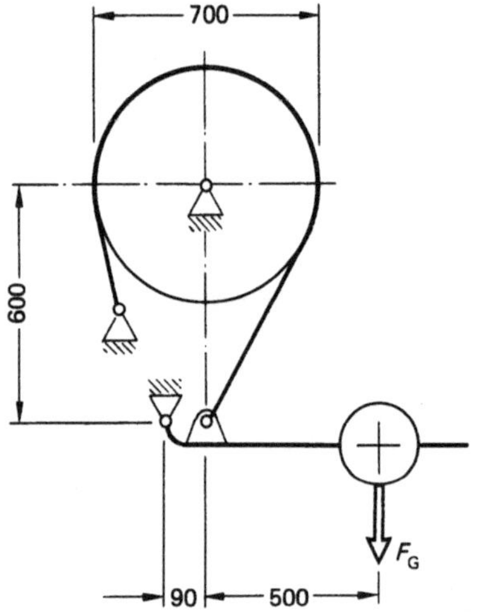

Bild 1-87

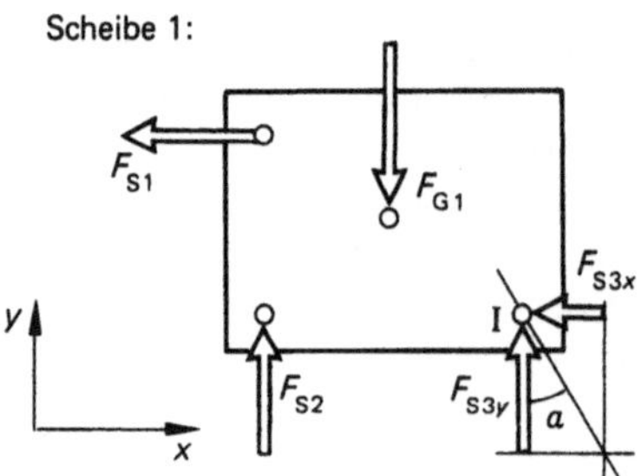

Bild 1-90

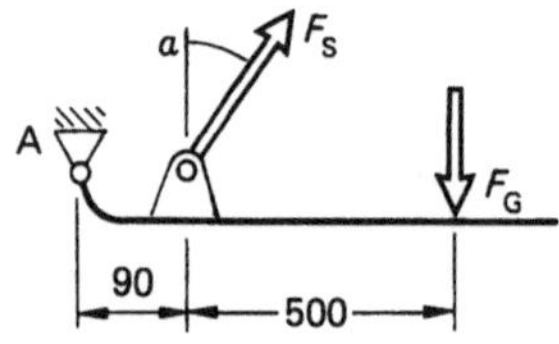

Bild 1-88

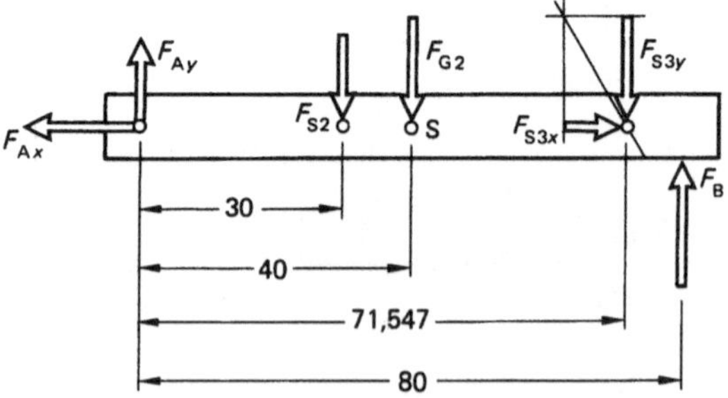

Bild 1-91

Übung 1-9

Zwei schwere Scheiben sind – wie skizziert – miteinander und mit dem Fundament verbunden. Dabei wird Scheibe 1 durch drei Stäbe gehalten, während Scheibe 2 durch Gelenk A und Loslager B am Fundament gestützt wird. Gewicht Scheibe 1: 400 N, Gewicht Scheibe 2: 300 N. Gesucht sind die Stabkräfte und die Auflagerkräfte in A und B, Bild 1-89 bis 1-91.

Lösung:

$$\sum F_x = 0$$

① $\quad 0 = -F_{S1} - F_{S3_x}$

$$\sum F_y = 0$$

② $\quad 0 = -F_{G1} + F_{S2} + F_{S3_y}$

$$\sum M_I = 0$$

③ $\quad 0 = F_{G1}\ 15\ \text{mm} + F_{S1}\ 20\ \text{mm} - F_{S2}\ 30\ \text{mm}$

④ $F_{S3_x} = F_{S3_y} \tan\alpha$

Aus ①: $F_{S3_x} = -F_{S1}$ einsetzen in ②

Es folgt $F_{S2} = \dfrac{F_{S1}}{\tan\alpha} + F_{G1}$ einsetzen in ③

Es folgt $F_{S1} = -187,7\,\text{N}$.

also: 1 = Druckstab, entgegen der Annahme des Richtungssinns.

Aus ①: $F_{S3_x} = -F_{S1} = +187,7\,\text{N}$
(also: 3 = Druckstab)

Aus ④: $F_{S3_y} = \dfrac{F_{S3_x}}{\tan 30°} = 325,1\,\text{N}$

$$F_{S3} = \sqrt{F_{S3_x}^2 + F_{S3_y}^2} = 375,4\,\text{N}$$

Aus ②: $F_{S2} = F_{G1} - F_{S3_y}$
$F_{S2} = 74,9\,\text{N}$ (also: 2 = Druckstab)

$\sum M_A = 0$

$0 = F_B\,80\,\text{mm} - 74,9\,\text{N}\,30\,\text{mm} - 300\,\text{N}\,40\,\text{mm}$
$\quad - 325,1\,\text{N}\,71,547\,\text{mm}$

$F_B = 468,8\,\text{N}$

$\sum F_y = 0$

$0 = F_{Ay} + F_B - F_{S2} - F_{G2} - F_{S3_y}$

daraus folgt:

$F_{Ay} = 231,2\,\text{N}$

$\sum F_x = 0$

$0 = -F_{Ax} + F_{S3_x}$
$F_{Ax} = F_{S3_x} = 187,7\,\text{N}$
$F_A = \sqrt{F_{Ax}^2 + F_{Ay}^2} = 297,8\,\text{N}$

Probe am Gesamtsystem:

$\sum F_x = 0$
$0 = F_{S1} - F_{Ax}$
$0 = 187,7\,\text{N} - 187,7\,\text{N}$

$\sum F_y = 0$
$0 = -F_{G1} - F_{G2} + F_B + F_{Ay}$
$0 = -400\,\text{N} - 300\,\text{N} + 468,8\,\text{N} + 231,2\,\text{N}$

Es empfiehlt sich, die graphische Lösung an Scheibe 1 (Vierkräfteverfahren) und an Scheibe 2 (Schlußlinienverfahren) durchzuführen, nachdem die Ergebnisse nun bekannt sind.

1.6. Statik räumlicher Kräftesysteme

Rückblick auf die *ebene Statik:*

In der Ebene (hier xy-Ebene) hat der Körper, den wir im übrigen dann Scheibe oder im Ausnahmefall auch Balken nannten, drei Freiheitsgrade, Bild 1-92.

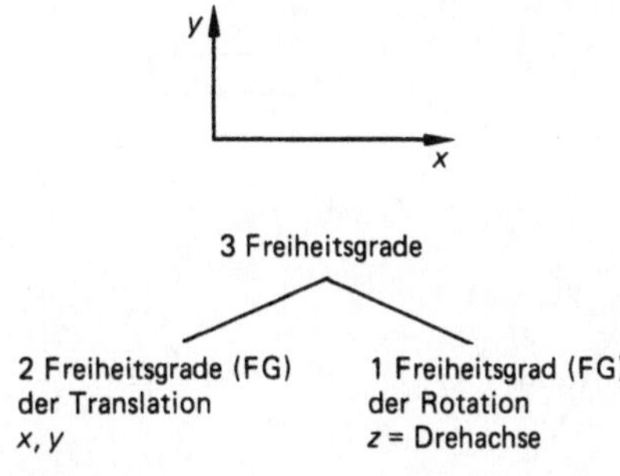

Bild 1-92

Eine Scheibe in der Ebene ist statisch bestimmt gelagert, wenn die Summe der Wertigkeiten aller angelegten Fesseln (Lager) genau der Zahl der Freiheitsgrade entspricht, also drei.

Lagerarten (Fesseln):

1) *Loslager*
   ist wie auch die Pendelstütze eine einwertige Fessel. Sie nimmt einen Freiheitsgrad, Bild 1-93.

2) *Gelenk = Festlager*
   ist eine zweiwertige Fessel; sie nimmt die beiden Freiheitsgrade der Translation, Bild 1-94.

3) *Einspannung*
   ist eine dreiwertige Fessel; sie nimmt alle drei Freiheitsgrade der Scheibe in der Ebene, Bild 1-95.

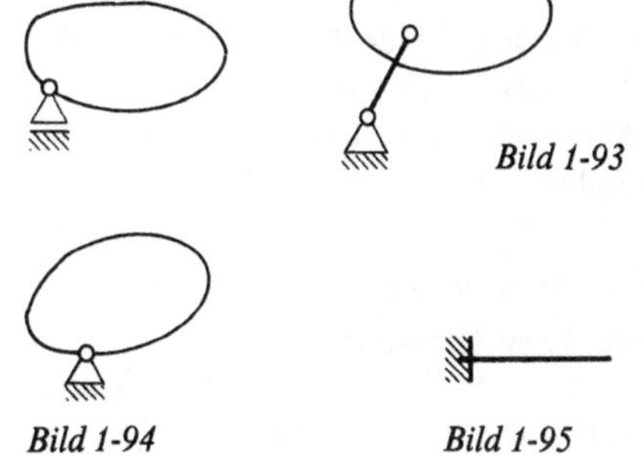

Bild 1-93

Bild 1-94   *Bild 1-95*

Den drei Freiheitsgraden entsprechen am statisch bestimmt gelagerten Körper die drei statischen Unbekannten, Bild 1-96.

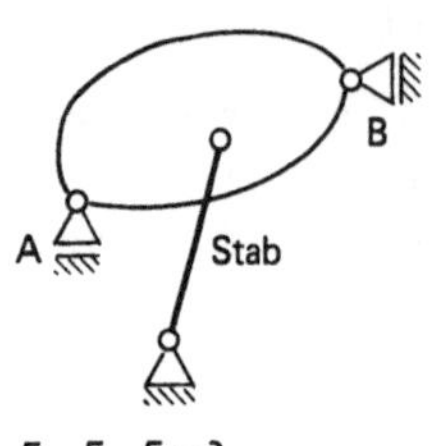

F_A, F_B, F_S = ?

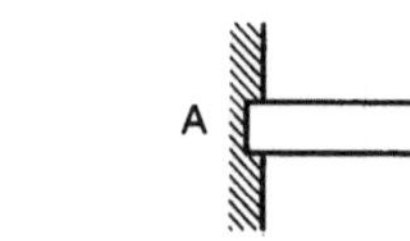

F_{Ax}, F_{Ay}, M_{Az} = ?

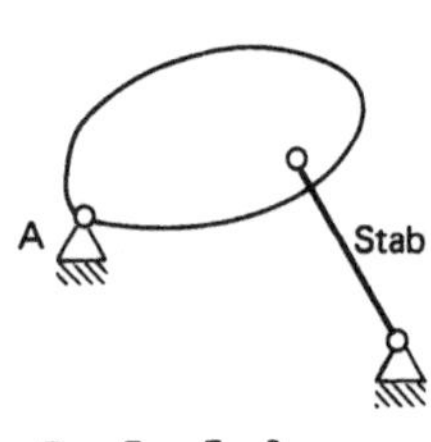

F_{Ax}, F_{Ay}, F_S = ?   *Bild 1-96*

Von *statischer Unbestimmtheit* spricht man, wenn die Zahl der Freiheitsgrade nicht mit der Summe der Wertigkeiten aller angelegten Fesseln übereinstimmt, Bild 1-97 u. 1-98.

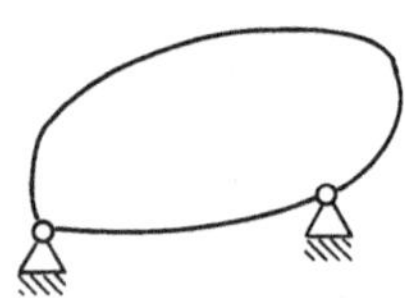

Bild 1-97   *Bild 1-98*

a) Zuviele Fesseln ($\sum$ der Wertigkeiten >3)
   „Statische Überbestimmtheit"

   z. B.
   zwei zweiwertige Fesseln

b) Zuwenige Fesseln ($\sum$ der Wertigkeiten <3)
   „Statische Unterbestimmtheit"
   oder kinematisch unbestimmt
   d. h. beweglich

   z. B.
   eine zweiwertige Fessel

Jedem der drei Freiheitsgrade in der Ebene entsprechend wird eine Gleichgewichtsgleichung formuliert, z. B. für die xy-Ebene:

Translation in x-Richtung $\rightarrow \sum F_x = 0$

Translation in y-Richtung $\rightarrow \sum F_y = 0$

Rotation in der xy-Ebene, also um die z-Achse $\rightarrow \sum M_z = 0$

Die Lösung dieses Gleichungssystems liefert bei statisch bestimmter Lagerung als Ergebnis die statischen Unbekannten.

Räumliche Statik

Im xyz-System hat der Körper sechs Freiheitsgrade, Bild 1-99.

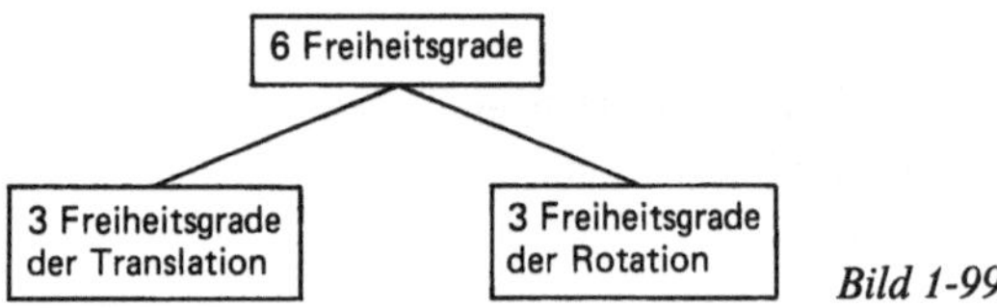

Bild 1-99

Den sechs Freiheitsgraden entsprechen die Gleichgewichtsgleichungen der räumlichen Statik.

$$\left.\begin{array}{l} \sum F_x = 0 \\ \sum F_y = 0 \\ \sum F_z = 0 \\ \sum M_x = 0 \\ \sum M_y = 0 \\ \sum M_z = 0 \end{array}\right\} \begin{array}{l} \text{6 Gleichungen} \\ \text{mit 6 Unbekannten} \end{array}$$

Wie sieht nun eine statisch bestimmte Lagerung im Raum aus?

Arten der Fesseln

sind nach wie vor Loslager (Pendelstützen), Gelenke und Einspannungen. Welche Wertigkeit haben diese Fesseln als räumliche Lager?

1) Loslager

kann keine Momente aufnehmen und unterdrückt die Translationsbewegung in nur einer Richtung. Auch die Pendelstütze unterbindet Translationsbewegungen nur in Richtung ihrer Wirkungslinie.

Loslager/Pendelstützen sind auch als Lager im Raum einwertig.

2) Gelenk, Bild 1-100.

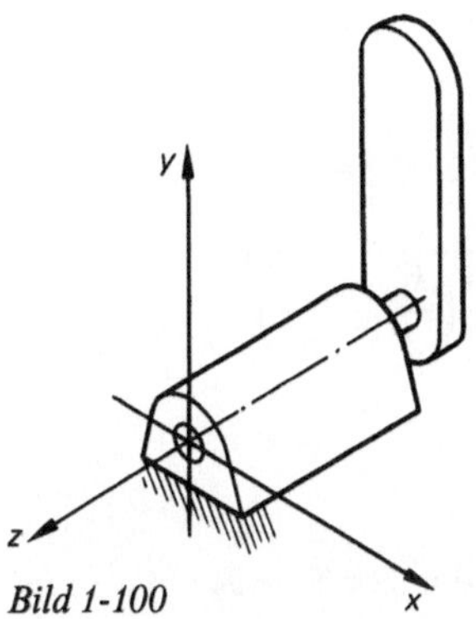

Bild 1-100

Das Gelenk in Bild 1-100 unterbindet sowohl die Translationsbewegungen in x- und y-Richtung als auch die Drehungen um die x- und y-Achse. Es verbleibt nur noch Translationsbewegung in Achsrichtung z und Drehung um die Gelenkachse z.

Das Gelenk ist als Lager im Raum vierwertig.

3) Einspannung

Die Einspannung unterdrückt alle drei translatorischen Freiheitsgrade und sie unterdrückt auch jedwede Drehung des Körpers, Bild 1-101.

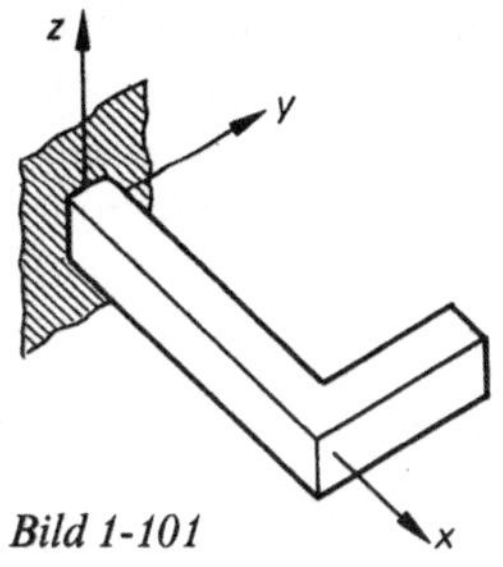

Bild 1-101

Tabelle 1-1.

Wertigkeit der Fesseln		
	Als Lager in der Ebene	Als Lager im Raum
Loslager, Pendelstütze	1	1
Gelenk	2	4
Einspannung	3	6

Einspannungen sind als Lager im Raum sechswertig.

Einen Überblick gibt Tabelle 1-1.

Die Scheibe der Ebene entartet im zentralen Kräftesystem zum Punkt; dieser hat nur die zwei translatorischen Freiheitsgrade; das zentrale Kräftesystem kennt keine Momente.

Analogie zur räumlichen Statik:

Der Punkt im Raum hat drei Freiheitsgrade; diesen entsprechen die drei Gleichgewichtsbedingungen.

$$\sum F_x = 0$$
$$\sum F_y = 0$$
$$\sum F_z = 0$$

Übung 1-10

Drei Stäbe halten – wie skizziert – einen Knoten, auf den die Kräfte F_1 und F_2 einwirken. Zu bestimmen sind die Stabkräfte, Bild 1-102 u. 1-103.

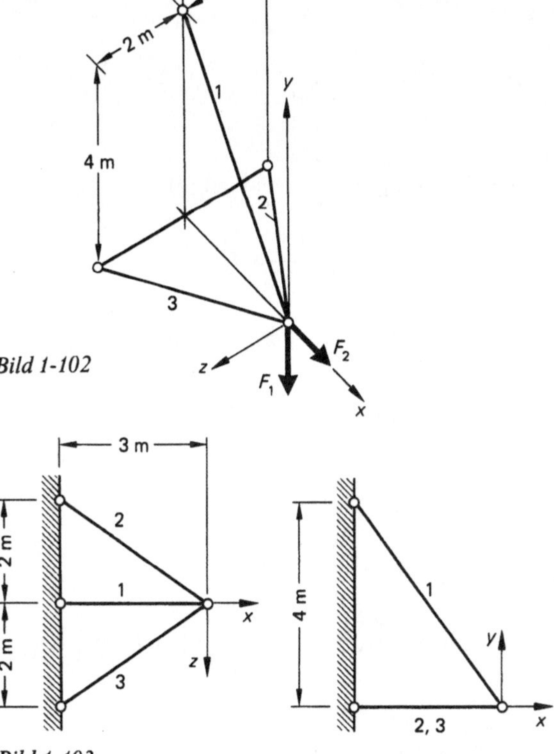

Bild 1-102

Bild 1-103

Lösung:

(1) $\sum F_x = 0$
$$\rightarrow 0 = F_2 - S_{1x}\text{*)} - S_{2x}\text{*)} - S_{3x}\text{*)}$$

(2) $\sum F_y = 0$
$$\rightarrow 0 = -F_1 + S_{1y}$$

(3) $\sum F_z = 0$
$$\rightarrow 0 = S_{3z} - S_{2z}$$

Sechs Unbekannte!
Es fehlen drei Gleichungen aus der Geometrie der Stabrichtungen

(4) $\dfrac{S_{1x}}{S_{1y}} = \dfrac{3}{4}$

(5) $\dfrac{S_{2x}}{S_{2z}} = \dfrac{3}{2}$

(6) $\dfrac{S_{3x}}{S_{3z}} = \dfrac{3}{2}$

Damit wird aus dem Gleichungssystem (1), (2), (3)

(1') $0 = F_2 - S_{1x} - S_{2x} - S_{3x}$

(2') $0 = -F_1 + \dfrac{4}{3} S_{1x}$

(3') $0 = \dfrac{2}{3} S_{3x} - \dfrac{2}{3} S_{2x}$

aus (2') $\rightarrow S_{1x} = \dfrac{3F_1}{4}$ und mit (4)

$$S_{1y} = \dfrac{4}{3} \cdot \dfrac{3F_1}{4} = F_1$$

aus (3'): $S_{3x} = S_{2x}$ einsetzen in (1')

$\Rightarrow \quad 0 = F_2 - \dfrac{3F_1}{4} - S_{2x} - S_{2x}$

$\Rightarrow 2S_{2x} = F_2 - \dfrac{3F_1}{4}$

$$S_{2x} = S_{3x} = \dfrac{F_2}{2} - \dfrac{3F_1}{8}$$

$$S_1 = \sqrt{S_{1x}^2 + S_{1y}^2} = \sqrt{\left(\dfrac{3F_1}{4}\right)^2 + F_1^2} = \dfrac{5}{4} F_1$$

---

*) alle als Zugstab angenommen

Das positive Ergebnis bestätigt die Annahme, daß S_1 Zugstab ist.

aus (5):

$$S_{2z} = \dfrac{2}{3} S_{2x} \rightarrow S_2 = \sqrt{S_{2x}^2 + S_{2z}^2}$$

$$S_2 = \sqrt{\left(\dfrac{F_2}{2} - \dfrac{3F_1}{8}\right)^2 + \dfrac{4}{9}\left(\dfrac{F_2}{2} - \dfrac{3F_1}{8}\right)^2}$$

$$S_2 = \sqrt{\dfrac{13}{9}}\left(\dfrac{F_2}{2} - \dfrac{3F_1}{8}\right)$$

mit (6) und $S_{3x} = S_{2x}$ ergibt sich $S_3 = S_2$.

1.7. Schnittgrößen des Balkens

Die im folgenden angestellten Überlegungen und Untersuchungen werden exemplarisch an sog. Balken gemacht, sie sind auf andere Körper ohne weiteres übertragbar. Der Balken, also ein schlanker langer Körper, ist wichtiges Bauelement der Technik; er kann stellvertretend stehen für Bauteile wie Bolzen, Welle, Achse, Träger, Brücke, Kranausleger usw. Die am Balken gewonnenen Einsichten lassen sich, wie gesagt, auf andere Bauteile übertragen.

Zur Bedeutung dieses Abschnitts muß auf die notwendige Festigkeitsberechnung bei der Dimensionierung des Bauteils hingewiesen werden so wie auf alle Sicherheitsüberlegungen im Zusammenhang mit der Werkstoffanstrengung und den Sicherheiten gegen Versagen. Hier sind Betrachtungen und Berechnungen notwendig, die berücksichtigen, daß die verschiedenen Kraftwirkungen in den Querschnitten des Balkens unterschiedliche Beanspruchungen hervorrufen und daß erst die Kenntnis aller Belastungen in allen Balkenquerschnitten es möglich macht, die Querschnittsdimensionierung vorzunehmen und eine Aussage zur größten auftretenden Werkstoffanstrengung zu machen.

Folgende Schnittgrößen treten auf:

– Kräfte quer zur Balkenachse,
– Kräfte längs der Balkenachse,
– Biegemomente (Momente quer zur Balkenachse) und
– Torsionsmomente (Momente in der Balkenachse).

Da bei der überwiegenden Anzahl der in der Technik auftretenden Torsionsbelastungsfälle das Torsionsmoment zumindest bereichsweise konstant ist, wird in diesem Abschnitt hierauf nicht näher eingegangen. Im folgenden betrachten wir den Verlauf von Längskräften, Querkräften und Biegemomenten in den Balkenschnitten.

Die Betrachtungen sollen sich beschränken auf gerade Balken; daß analoge Betrachtungen auch für den gekrümmten Balken gelten, liegt auf der Hand und bedarf keines sonderlichen Umdenkens. Definieren wir die Balkenachse als Verbindungslinie der Schwerpunkte aller Querschnitte, Bild 1-104.

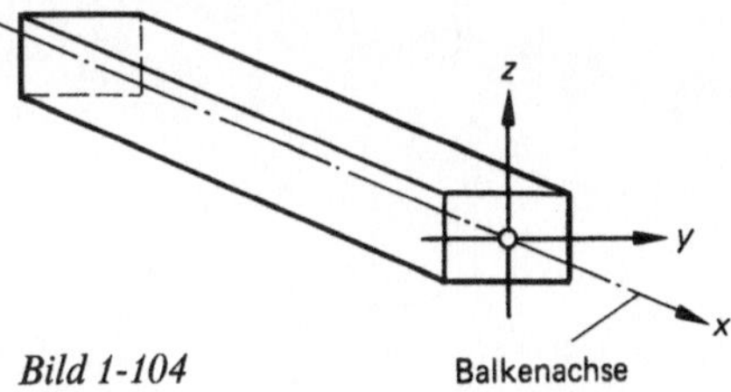

Bild 1-104   Balkenachse

Zur eindeutigen und also auch vorzeichenrichtigen Beschreibung der auftretenden Schnittgrößen führen wir ein rechtwinkliges, rechtsdrehendes Koordinatensystem xyz ein. Die drei Achsen bilden dann ein rechtsdrehendes System, wenn sie dem Gesetz der zyklischen Vertauschung gehorchen, Bild 1-105.

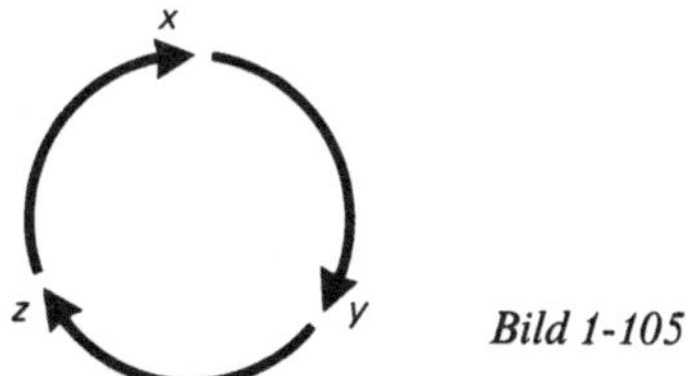

Bild 1-105

Dreht man x nach y, so bewegt sich bei dieser Drehrichtung eine Rechtsgewindeschraube nach z;
dreht man y nach z, so bewegt sich bei dieser Drehrichtung eine Rechtsgewindeschraube nach x;
dreht man z nach x; so bewegt sich bei dieser Drehrichtung eine Rechtsgewindeschraube nach y.

Wir betrachten die xz-Ebene als Lastebene, in der die WL der am Balken angreifenden Kräfte liegen. Die positive Richtung der nicht sichtbaren y-Achse ergibt sich aus der Drehung von z nach x; bei Linksdrehung von z nach x kommt die y-Achse auf den Betrachter zu, tritt aus der Zeichenebene heraus, bei Rechtsdrehung von z nach x bewegt sich die positive y-Achse in die Zeichenebene hinein.

Wenn wir nun die Belastung in einem beliebigen Querschnitt untersuchen wollen, so muß daran erinnert werden, daß jedes der beim (gedachten) Schnitt entstehenden Teilstücke im Gleichgewicht ist, wenn der Balken als Ganzes im Gleichgewicht ist. Beispiel: Balken auf zwei Stützen, Bild 1-106.

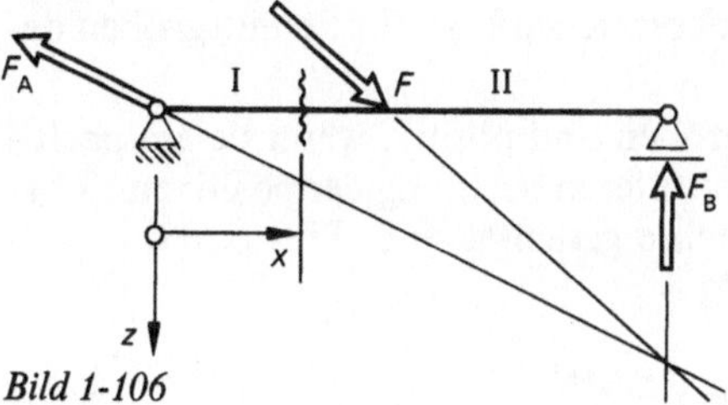

Bild 1-106

Gleichgewicht in Teil I zeigt Bild 1-107.

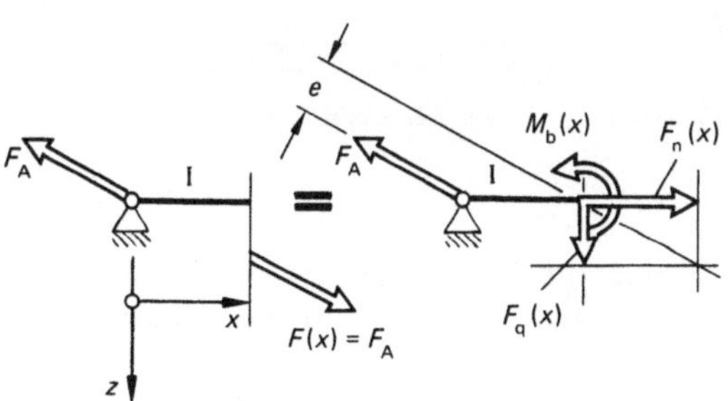

Bild 1-107

Bei Verschieben der Schnittkraft $F(x)$ in den Schnitt entsteht das Versatzmoment $M_b(x) = F_A\, e$. Die Zerlegung der Schnittkraft in x- und z-Komponente liefert die Längskraft im Schnitt $F_n(x)$ und die Querkraft im Schnitt $F_q(x)$.

Da innere Kräfte stets Gegenkräfte sind – dasselbe gilt für Momente – sind damit die auf das zum Teil II gehörende Schnittufer wirkenden statischen Größen ebenfalls bekannt, Bild 1-108.

Um den Verlauf der einzelnen Schnittgrößen längs der Balkenachse x, also für alle Quer-

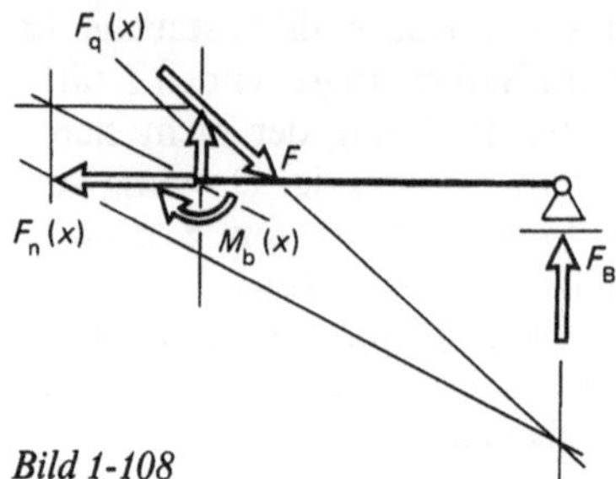

Bild 1-108

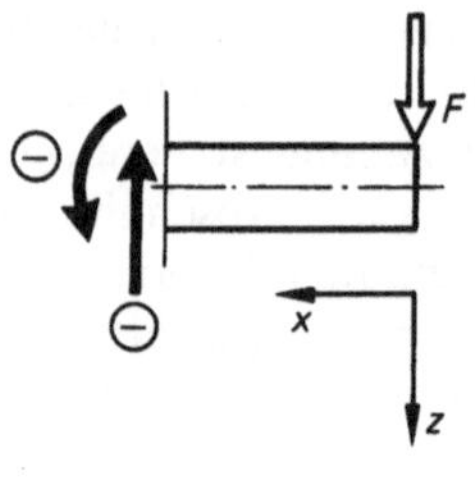

schnitte, anhand eines Diagramms darzustellen, muß eine Vorzeichendefinition für Schnittgrößen getroffen werden. Erklären wir jene beim Schnitt entstehende Fläche, aus der die positive Längsachse x austritt, als das positive Schnittufer. An diesem positiven Schnittufer wird die Vorzeichenfrage für Schnittgrößen definiert:

Schnittgrößen sind positiv, wenn sie am positiven Schnittufer in Richtung der positiven Koordinatenachse gerichtet sind, Bild 1-109.

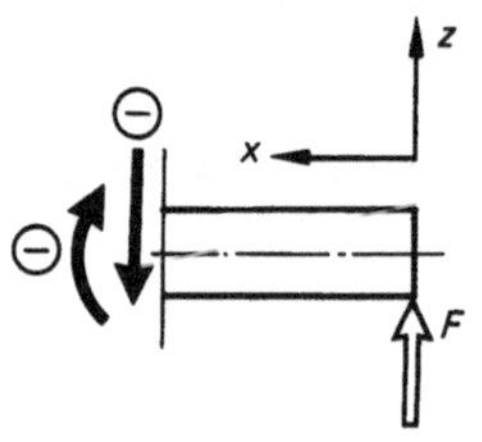

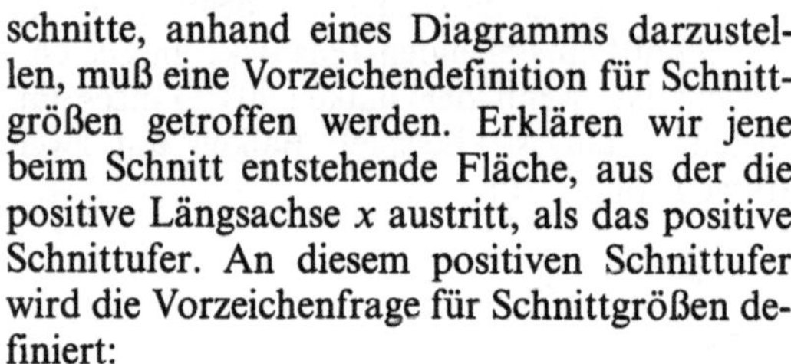

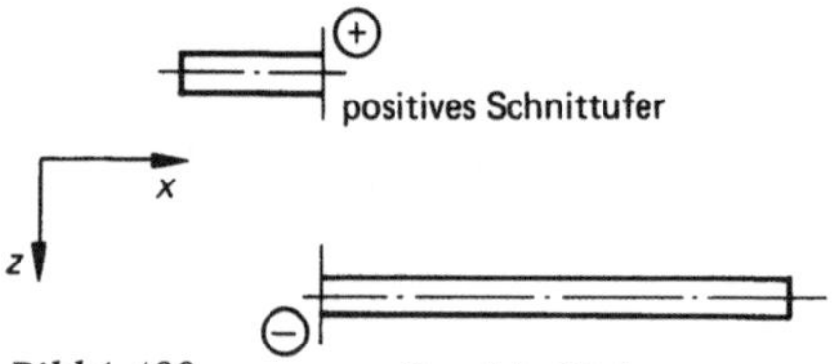

Bild 1-109

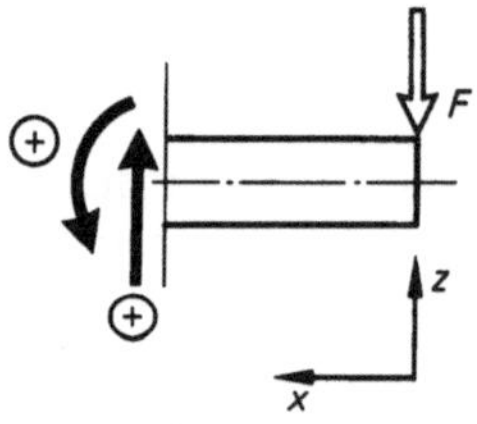

Beispiele für Vorzeichen von Querkraft und Biegemoment am positiven Schnittufer zeigt Bild 1-110.

Bei der Ermittlung der Schnittgrößen-Funktion setzt man am positiven Schnittufer zunächst positive Schnittgrößen an und errechnet diese Schnittgrößen aus den statischen Gleichgewichtsbedingungen. Ergibt sich ein positives Ergebnis, so bestätigt dies, daß die Annahme, es handele sich um eine positive Schnittgröße, richtig war; wie immer bestätigt ein positives Ergebnis aus einer Gleichgewichtsgleichung nur, daß die Annahme des Richtungssinns der zu berechnenden Größe richtig war:

$$F_n(x) + \sum F_{ix} = 0 ,$$
$$F_q(x) + \sum F_{iz} = 0 ,$$
$$M_b(x) + \sum M_{iy} = 0 .$$

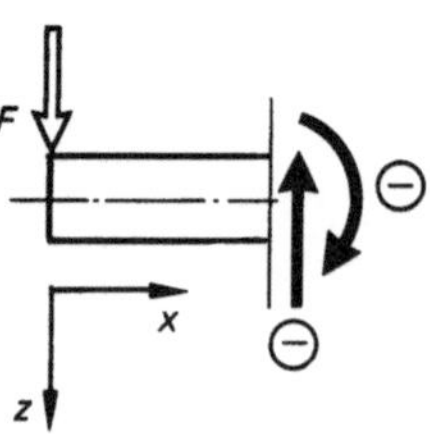

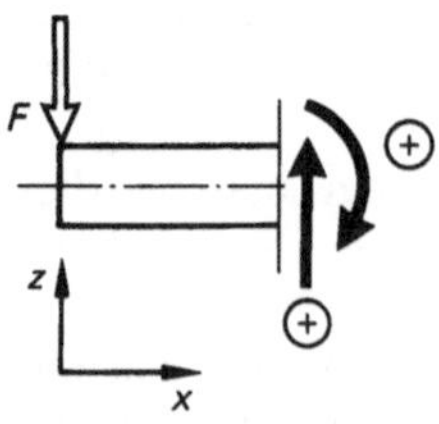

Bild 1-110

Ein Beispiel für den eingespannten Balken mit Querkraft ist in Bild 1-111 und 1-112 wiedergegeben.

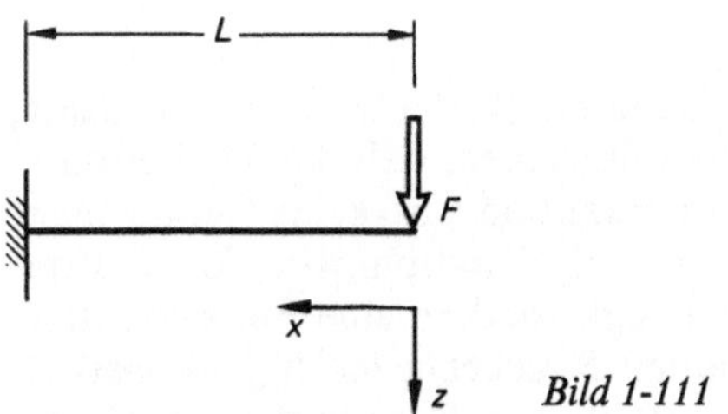

Bild 1-111

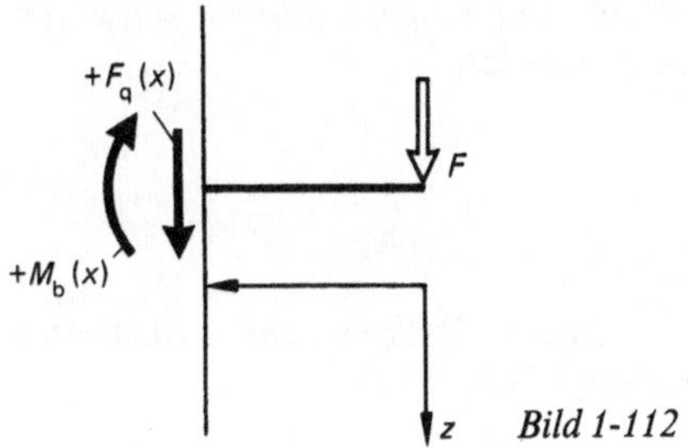

Bild 1-112

Annahme:

$$\sum F_z = 0$$
$$0 = + F_q(x) + F \rightarrow F_q(x) = - F$$
$$\sum M_b = 0$$
$$0 = - M_b(x) - F x \rightarrow M_b(x) = - F x$$

Zur Darstellung der Schnittgrößen-Funktionen $F_q(x)$ und $M_b(x)$ reißen wir unter dem Lageplan des Balkens die Diagramme auf und definieren in den Diagrammen die positiven Richtungen für $F_q(x)$ und $M_b(x)$, – in diesem Buch stets nach oben. Es empfiehlt sich, die $M_b(x)$-Funktion stets über die $F_q(x)$-Funktion zu zeichnen; es bestehen mathematische Zusammenhänge zwischen den beiden Funktionen, die später erläutert werden und die es ratsam erscheinen lassen, so zu verfahren, Bild 1-113.

Einspannmoment:
$$M_A = M_b(x = L) = - F L$$

Einspannkraft:
$$F_A = F_q(x = L) = - F$$

Die Flächen unter den Schnittgrößen-Funktionen (in Bild 1-113 schraffiert) heißen auch Querkraftfläche und Momentenfläche.

Während man beim einseitig eingespannten Balken dann keine statischen Vorbetrachtungen vornehmen muß, wenn das Koordinatensystem am freien Balkenende eröffnet wird, ist dies beim Balken auf zwei Stützen anders. An welche Stelle auch der Koordinatenursprung gelegt wird, die Schnittgrößen-Funktionen sind nur beschreibbar, wenn die Auflagerreaktionen zuvor aus Statik-Ansätzen ermittelt wurden. Dies soll das zweite Beispiel zeigen.

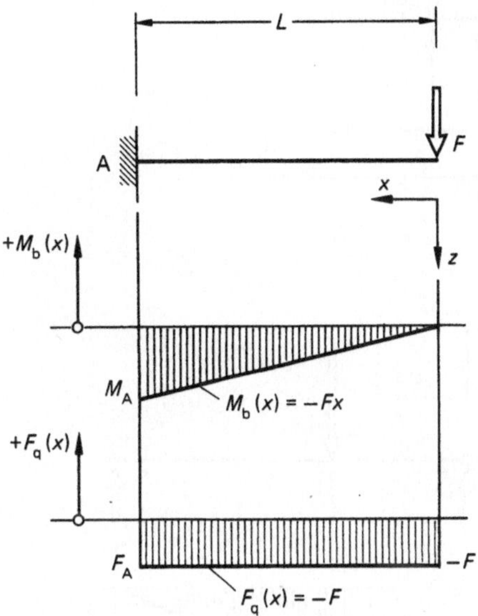

Bild 1-113

Einen Balken auf zwei Stützen mit außermittiger Punktlast zeigt Bild 1-114.

Aus statischen Gleichgewichtsbedingungen ergeben sich die Auflagerkräfte

$$F_A = F \frac{b}{L} \quad \text{und}$$

$$F_B = F \frac{a}{L} \, .$$

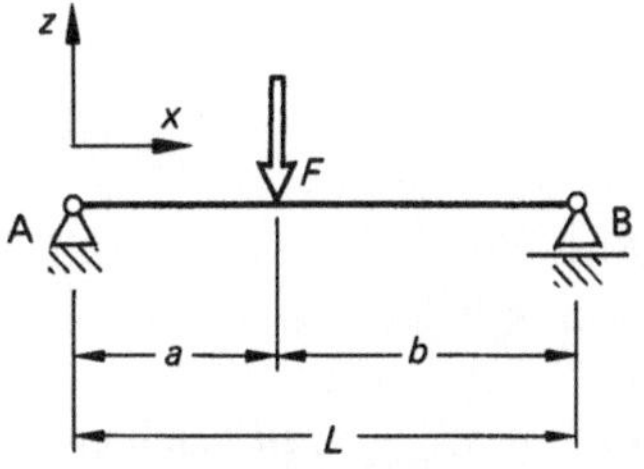

Bild 1-114

An der Kraftangriffsstelle der äußeren Aktionskraft F macht die $F_q(x)$-Funktion einen Sprung, die $M_b(x)$-Funktion weist dort eine Knickstelle auf. Dies bedeutet, daß die Funktionen nicht für den Balken als Ganzes aufgestellt werden können, sondern daß dies nur in einzelnen Bereichen möglich ist, Bild 1-115 u. 1-116.

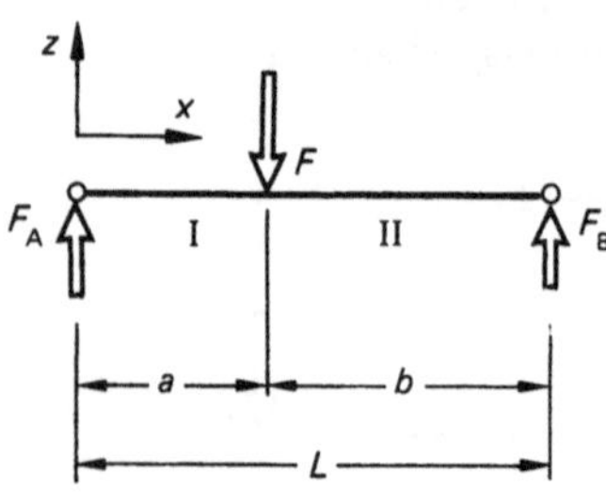

Bild 1-115

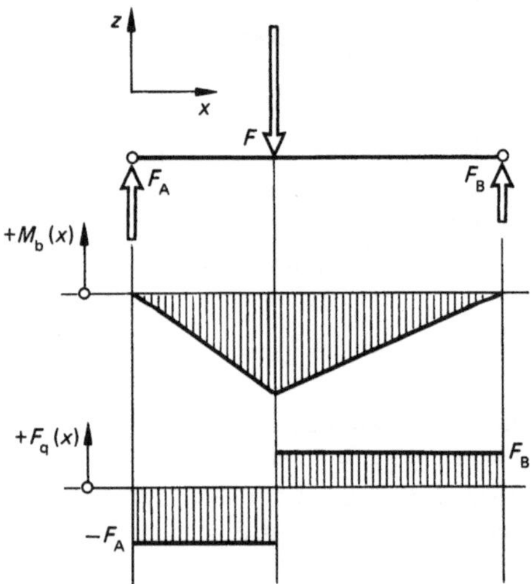

Bild 1-116

der des Bereichs II, $x=a$ ist ein Punkt beider Funktionen:

$$M_b(x=a) = -F_A\, a = -\frac{F\,a\,b}{L}$$

Sind Streckenlasten (verteilte Lasten) wirksam, so wird man feststellen, daß die M_b-Funktion keine lineare Funktion, also keine Gerade mehr sein wird; die F_q-Funktion wird keine Konstante mehr sein, sondern eine Funktion in x; bei konstanten Streckenlasten ($q_0 = $ konst) ist die Querkraftfunktion $F_q(x)$ linear, die $M_b(x)$-Funktion eine quadratische Funktion. Dies soll als Beispiel für den eingespannten, schweren Balken gezeigt werden:

$$q_0 = \frac{F_G}{L}$$

Den eingespannten Balken mit konstanter Streckenlast zeigt Bild 1-117.

$$F_q(x) = -q_0\, x$$

$$M_b(x) = -q_0\, x\, \frac{x}{2}$$

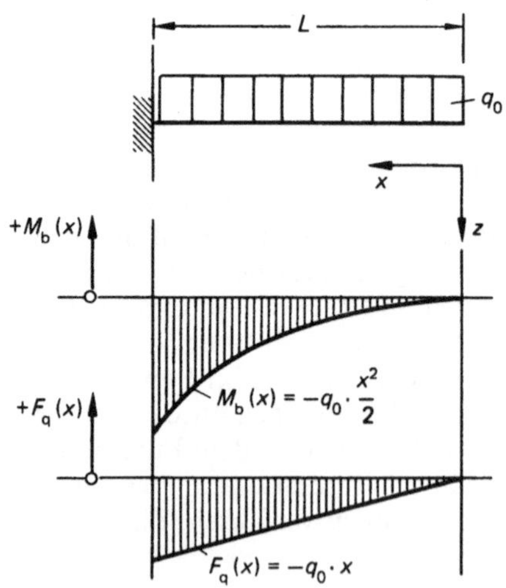

Bereich I

$$M_b(x) = -F_A\, x$$
$$F_q(x) = -F_A$$

Bereich II

$$M_b(x) = -F_A\, x + F(x-a)$$
$$F_q(x) = -F_A + F = +F_B$$

Das größte Biegemoment $M_{b_{max}}$ ergibt sich entweder aus der M_b-Funktion des Bereichs I oder

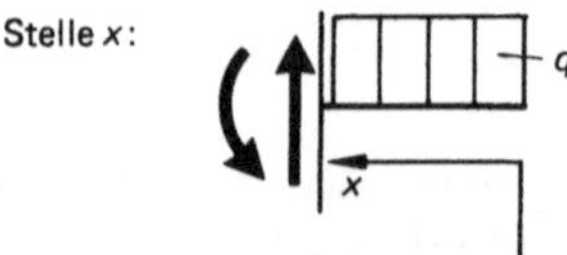

Bild 1-117

Die beiden Schnittlastfunktionen $M_b(x)$ und $F_q(x)$ stehen in folgendem mathematischen Zusammenhang:

$$\frac{\mathrm{d}}{\mathrm{d}x}\, M_b(x) = F_q(x)$$

Die Ableitung der Biegemomentenfunktion nach der Koordinate der Balkenlängsachse x ist also gleich der Querkraftfunktion.

Dieser infinitesimale Zusammenhang ist dann von Nutzen, wenn die quantitativen Verläufe der Schnittlastfunktionen gezeichnet werden sollen. Die quantitative Darstellung der $F_q(x)$-Funktion fällt darum nicht sonderlich schwer, weil die z-Achse und die Querkräfte am Balken selbst sichtbar sind. Mit den dann bekannten F_q-Werten ist die Steigung der M_b-Funktion an jeder Stelle des Balkens bekannt. Dabei ist die Steigung der M_b-Funktion im Quadranten $+x/+M_b$ definiert, Bild 1-118.

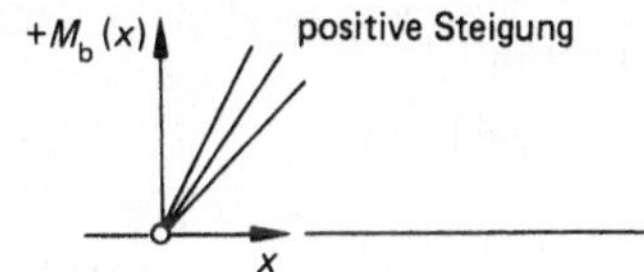

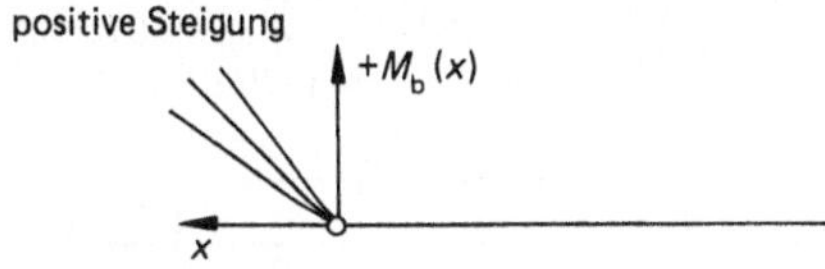

Bild 1-118

Zu positiven Querkräften gehört eine positive Steigung der Biegemomentenfunktion, zu negativen Querkräften gehört eine negative Steigung der Biegemomentenfunktion. Dort, wo die Querkräfte null sind, gibt es keine Steigung der Biegemomentenfunktion, sie ist hier konstant. Dort, wo die Querkraftfunktion einen stetigen Nulldurchgang hat, liegt ein Extremwert der Biegemomentenfunktion vor, die Steigung ist hier null, Bild 1-119.

Sind die Schnittgrößendiagramme gezeichnet und die Schnittgrößenfunktionen bekannt, so kann in einer späteren Überlegung jener Balkenquerschnitt bestimmt werden, an dem die Stelle größter Werkstoffbeanspruchung liegt.

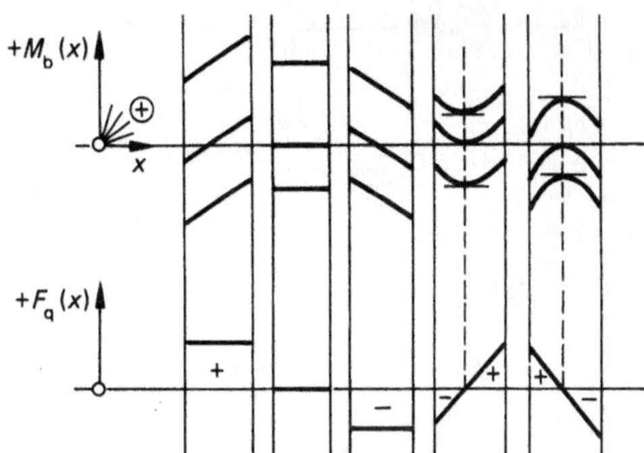

Bild 1-119

Es wird dann aus den Einzelbeanspruchungen (Längsspannungen (Zug/Druck), Biegespannungen und Abscherspannungen und u.U. Torsionsspannungen) eine Vergleichsspannung berechnet, die als Maß der Werkstoffbeanspruchung gesehen werden kann.

Übung 1-11

Ein 8 m langer Balken vom Gewicht 24 kN wird – wie skizziert – gestützt. Fußpunkt B der Stütze liegt genau unter dem Balkenschwerpunkt, Stütze und Stab bilden einen rechten Winkel. Es sind die Schnittgrößenfunktionen und Schnittgrößenverläufe $M_b(x)$ und $F_q(x)$ gesucht, Bild 1-120.

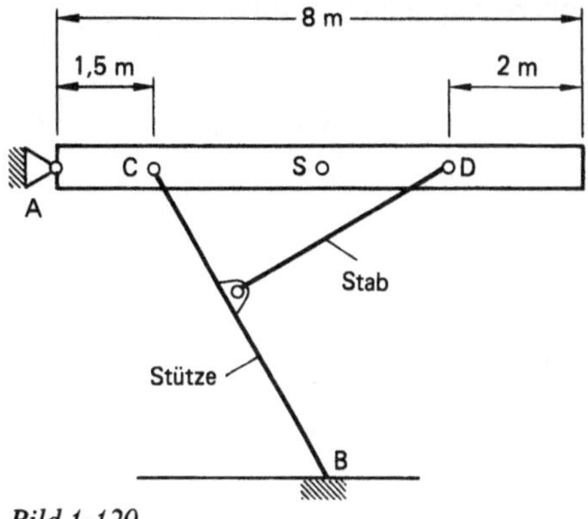

Bild 1-120

Lösung:

Statik: $F_B = F_G$ (Gegenkräfte); $F_A = 0$.

Das Ermitteln der Kräfte in C und D wird durch Ansetzen der statischen Gleichgewichtsbedingungen für die Stütze möglich, Bild 1-121.

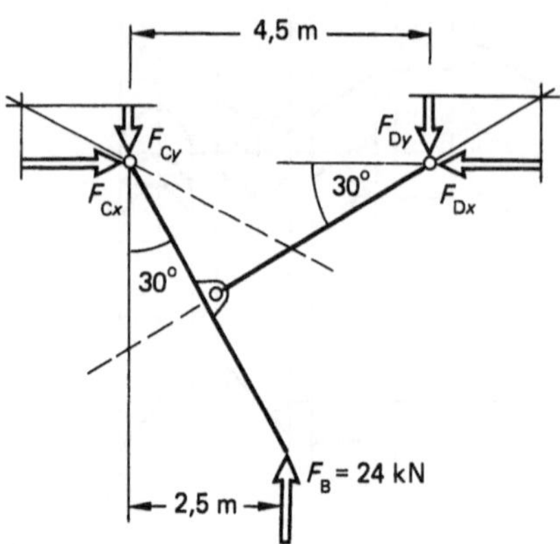

Bild 1-121

$$\sum M_c = 0$$

$$0 = F_B \, 2{,}5\,\text{m} - F_{Dy}\, 4{,}5\,\text{m}$$

$$F_{Dy} = 13{,}\overline{3}\ \text{kN}$$

$$F_{Dx} = \frac{F_{Dy}}{\tan 30°} = 23{,}1\ \text{kN}$$

$$\sum F_x = 0$$

$$0 = F_{Cx} - F_{Dx}$$

$$F_{Cx} = F_{Dx} = 23{,}1\ \text{kN}$$

$$\sum F_y = 0$$

$$0 = -F_{Cy} + F_B - F_{Dy}$$

$$F_{Cy} = 10{,}\overline{6}\ \text{kN}$$

Die Balkenbelastungen zeigt Bild 1-122.

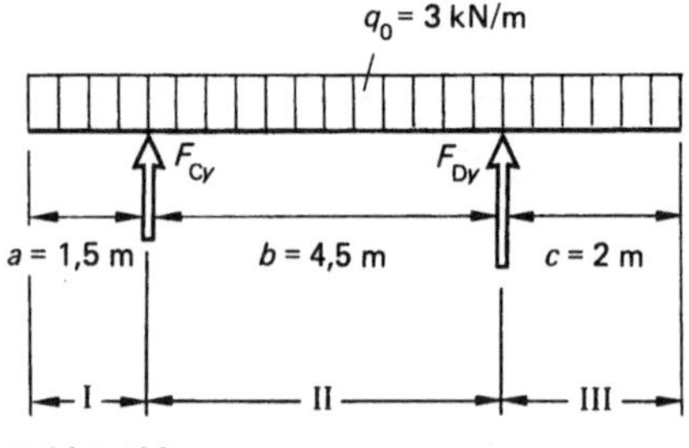

Bild 1-122

Schnittgrößenfunktionen:

Bereich I

$$M_b(x) = -\frac{q_0}{2}\, x^2$$

$$F_q(x) = -q_0\, x$$

Bereich II

$$M_b(x) = -\frac{q_0}{2}\, x^2 + F_{Cy}(x - a)$$

$$F_q(x) = -q_0\, x + F_{Cy}$$

Bereich III

$$M_b(x) = -\frac{q_0}{2}\, x^2 + F_{Cy}(x - a) + F_{Dy}(x - a - b)$$

$$F_q(x) = -q_0\, x + F_{Cy} + F_{Dy}$$

Die $F_q(x)$-Funktionen sind die Ableitungen der $M_b(x)$-Funktionen nach x.

$$\underset{\text{I}}{M_b}(x = a) = \underset{\text{II}}{M_b}(x = a) = -3{,}375\ \text{kNm}$$

$$\underset{\text{II}}{M_b}(x = a + b) = \underset{\text{III}}{M_b}(x = a + b) = -6{,}0\ \text{kNm}$$

Extremwert von $M_b(x)$ im Bereich II:

$$\frac{\mathrm{d}}{\mathrm{d}x}\underset{\text{II}}{M_b}(x) = 0 = -q_0\, x_0 + F_{Cy}$$

$$x_0 = \frac{F_{Cy}}{q_0} = \frac{10{,}\overline{6}\ \text{kN}}{3\ \text{kN/m}} = 3{,}56\ \text{m}$$

$$\underset{\text{II}}{M_b}(x = x_0) = +2{,}96\ \text{kNm}$$

Die Darstellung der Funktionen zeigt Bild 1-123.

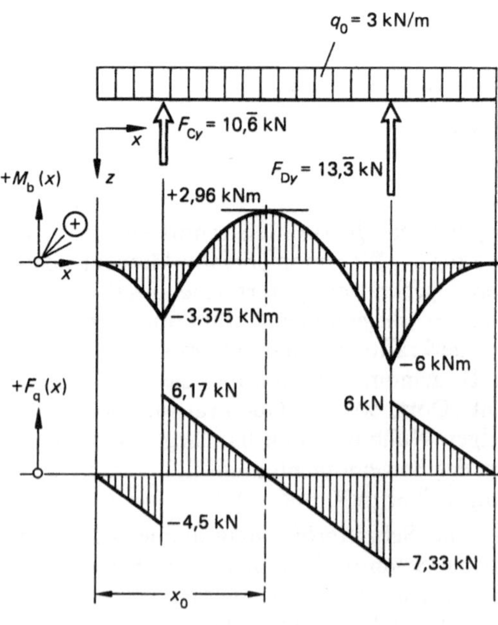

Bild 1-123

Übung 1-12

Es sind die Schnittgrößenverläufe $M_b(x)$ und $F_q(x)$ für einen Balken mit $L = 9\,\text{m}$ unter der konstanten Streckenlast $q_0 = 2{,}5\,\text{kN/m}$ zu beschreiben und darzustellen, Bild 1-124.

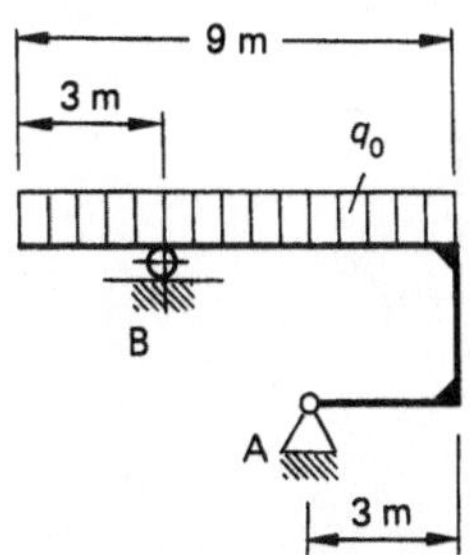

Bild 1-124

Lösung:

Statik:
Es liegt Symmetrie vor:

$$F_A = F_B = \frac{1}{2} q_0 L = 11{,}25\,\text{kN}$$

Den Abschnitt zeigt Bild 1-125.
Die Balkenbelastungen gehen aus Bild 1-126 hervor.

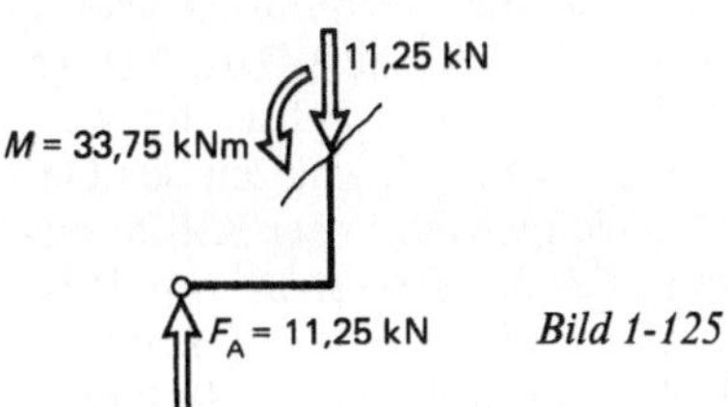

Bild 1-125

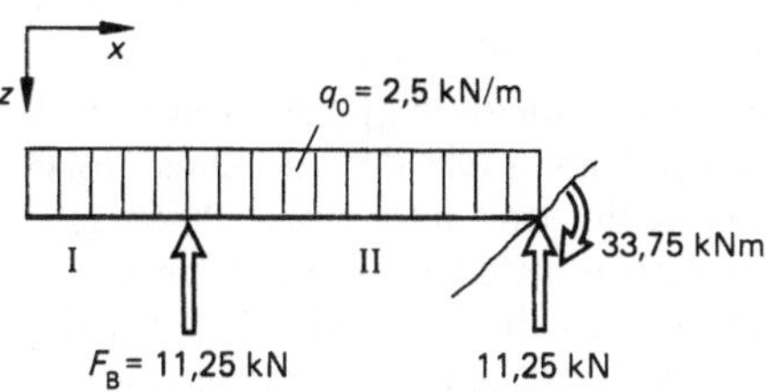

Bild 1-126

Schnittgrößenfunktionen:

Bereich I

$$M_b(x) = -\frac{q_0}{2} x^2$$

$$F_q(x) = -q_0 x$$

Bereich II

$$M_b(x) = -\frac{q_0}{2} x^2 + F_B(x - a)$$

$$F_q(x) = -q_0 x + F_B$$

$$\underset{\text{I}}{M_b}(x = a) = \underset{\text{II}}{M_b}(x = a) = -11{,}25\,\text{kNm}$$

$$\underset{\text{I}}{F_q}(x = a) = \underset{\text{II}}{F_q}(x = a) = -7{,}5\,\text{kN}$$

Extremwert im Bereich II:

$$\frac{\mathrm{d}}{\mathrm{d}x} \underset{\text{II}}{M_b}(x) = 0 = F_B - q_0 x_0$$

$$x_0 = \frac{F_B}{q_0} = 4{,}5\,\text{m}$$

$$\underset{\text{II}}{M_b}(x = x_0) = -8{,}437\,\text{kNm}$$

Die Darstellung der Funktionen zeigt Bild 1-127.

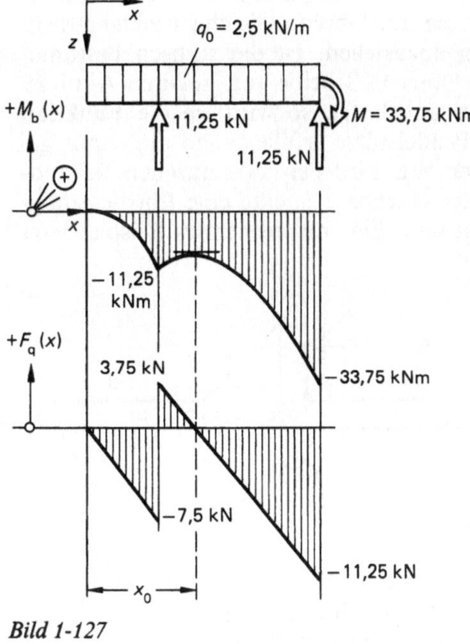

Bild 1-127

1.8. Statik ebener, mehrteiliger Gebilde

Denkt man an die statisch bestimmt gelagerte Scheibe, der, wenn sie auf zwei Stützen aufgelagert ist, die eine Stütze zwei Freiheitsgrade und die andere Stütze den dritten Freiheitsgrad nimmt, und denkt man überdies an jenes Bauteil, das wir Pendelstütze nannten, so erkennt man, daß sehr viele „zusammengesetzte Gebilde" auf eine Kombination von Scheiben und Stäben zurückgeführt werden können. Im folgenden Abschnitt behandeln wir Gebilde, die aus Scheiben und Stäben zu mehrteiligen Systemen zusammengesetzt sind.

Wir gehen von einem kinematisch bestimmten System aus, d.h. es wird vorausgesetzt, daß es keine partiellen Beweglichkeiten im Gebilde gibt.

Findet sich im mehrteiligen Gebilde eine statisch bestimmt angeschlossene Scheibe, so wird man hier die statischen Überlegungen beginnen. Ist diese Scheibe durch eine äußere Aktionskraft belastet, so findet man die Kräfte in den Verbindungsstellen zu den Nachbarelementen und kann mit den so ermittelten Kräften (Gelenk- oder Stabkräften) an diesen Nachbarelementen fortfahren, Gleichgewichtsbetrachtungen anzustellen. Ist die statisch bestimmt angeschlossene Scheibe von äußeren Aktionskräften unbelastet, so wird sie die Funktion einer Pendelstütze erfüllen, und die damit gefundene WL wird bei der statischen Behandlung der Nachbarelemente eine Einstiegsmöglichkeit sein. Ein entsprechendes Beispiel zeigt Bild 1-128.

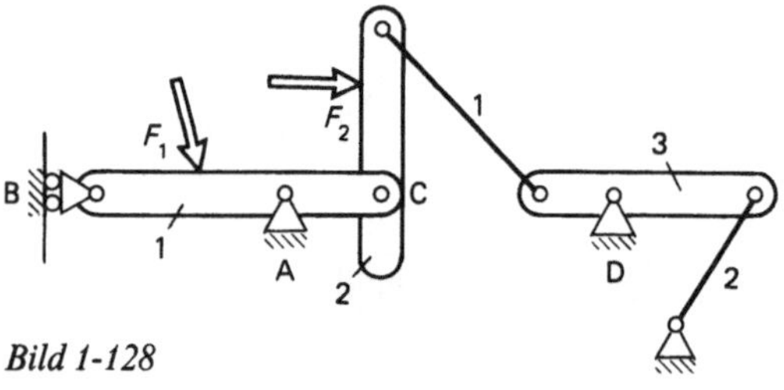

Bild 1-128

Scheibe 1: zweifach statisch unbestimmt,
Scheibe 2: statisch bestimmt,
Scheibe 3: zweifach statisch unbestimmt.

Das Dreikräfteverfahren für Scheibe 2 führt zur Gelenkkraft F_C sowie zur Stabkraft F_{S1}. Mit F_C und F_1 als Aktionskräften an Scheibe 1 können die Auflagerreaktionen in A und B ermittelt werden; mit der Stabkraft F_{S1} können die Reaktionen im Gelenk D und in Stab 2 ermittelt werden.

Nicht immer findet sich jedoch eine statisch bestimmt angeschlossene Scheibe. In diesem Fall sucht man eine von äußeren Kräften unbelastete Scheibe und beginnt an dieser die Gleichgewichtsüberlegungen, indem man Pendelstützen oder in sich starre Teilbereiche des Gebildes ausmacht, die Pendelstützfunktion haben, Bild 1-129.

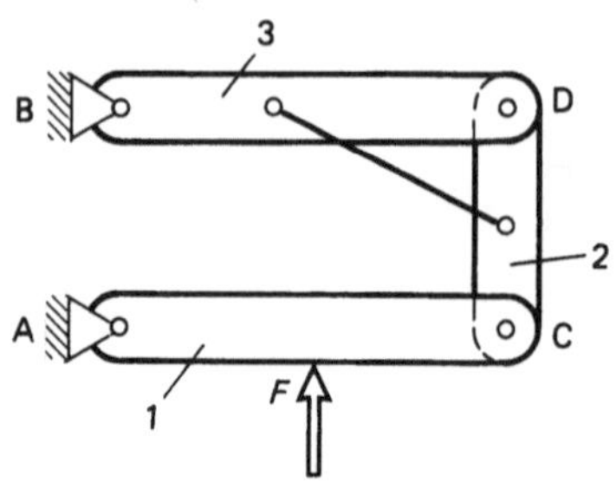

Bild 1-129

Alle Scheiben des Gebildes sind statisch unbestimmt angeschlossen, keine Scheibe ist Pendelstütze. Das Teilgebilde aus den Scheiben 2 und 3 sowie dem verbindenden Stab ist in sich starr und entspricht einer Pendelstütze. Dieses Teilgebilde leitet Kräfte zwischen den Gelenken B und C weiter, wird also durch nur zwei Kräfte im Gleichgewicht gehalten; die WL dieser beiden Gegenkräfte ist die Verbindungsgerade zwischen B und C. Liegt so die WL F_B fest, so kann das Gebilde als Ganzes betrachtet werden. Drei Kräfte (F, F_A und F_B) halten das Gesamtgebilde im Gleichgewicht; drei Kräfte bilden stets ein zentrales Kräftesystem. Somit ist der Schnittpunkt der WL F mit WL F_B auch ein Punkt der WL F_A. Nun können die Auflagerkräfte in A und B ermittelt werden und aus der Gleichgewichtsbetrachtung an Scheibe 3 auch die Kräfte in D und im Stab.

Ein besonderes Problem liegt vor, wenn sämtliche Scheiben des Gebildes statisch unbestimmt angeschlossen sind und gleichzeitig auch alle Scheiben durch äußere Aktionskräfte belastet werden. In diesem Fall führt nur das Superpositions-Verfahren (Überlagerungsverfahren) zu einer graphischen Lösung.

Superpositions-Verfahren

In der Statik gilt das Prinzip der ungestörten Überlagerung der Einzelwirkungen. Beim Balken auf zwei Stützen etwa, an dem zwei Aktionskräfte angreifen, stellen sich die Auflager-

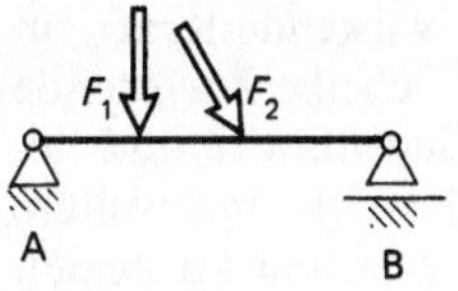

Bild 1-130

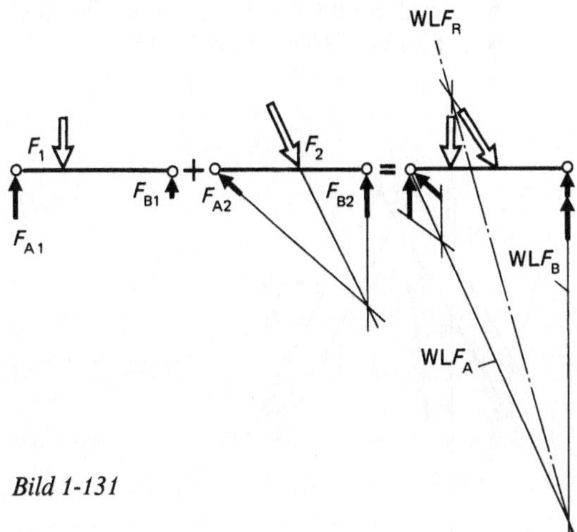

Bild 1-131

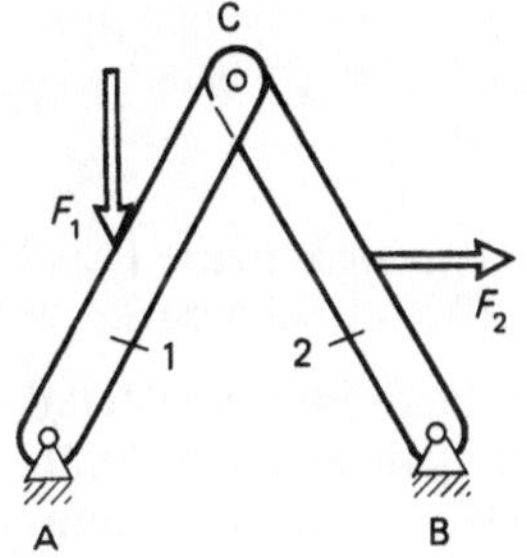

Bild 1-132

reaktionen in den Lagern A und B als Resultierende der Teilreaktionen auf die Wirkung der Einzelkräfte dar. Bringt man nacheinander die Aktionskräfte F_1 und F_2 auf, so überlagern sich die Teilreaktionen in A und B zu den Gesamtreaktionen:

$$\overline{F}_A = \overline{F}_{A1} + \overline{F}_{A2}$$

$$\overline{F}_B = \overline{F}_{B1} + \overline{F}_{B2}$$

Bild 1-130 u. 1-131.

Man betrachtet zunächst die Teilbelastung F_1 und ermittelt die Teilreaktionen F_{A1} und F_{B1}. Anschließend betrachtet man die Teilbelastung F_2 und ermittelt entsprechend F_{A2} und F_{B2}. Die vektorielle Addition der Teilreaktionen führt zur Gesamtkraft im Lager. Diese Lagerreaktion findet man auch, wenn man die Aktionen F_1 und F_2 zu einer Resultierenden F_R addiert und die Lagerreaktionen unmittelbar bestimmt.

Im zusammengesetzten Gebilde ist diese Addition der beiden Aktionskräfte (an verschiedenen Scheiben wirkend) ohne Erfolg, da die WL an beiden Auflagern unbekannt sind, Bild 1-132.

Beide Scheiben des in Bild 1-133 skizzierten „Dreigelenkbogens" sind statisch unbestimmt mit der Umgebung verbunden, beide sind durch Aktionskräfte belastet. Hier führt nur das Superpositionsverfahren zur graphischen Lösung. Man behandelt das Gebilde zunächst

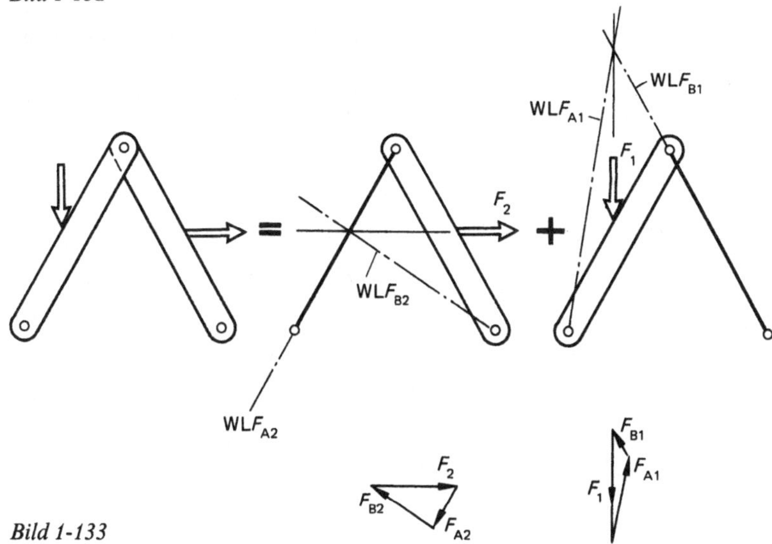

Bild 1-133

so, als ob eine der beiden Scheiben von Aktionsbelastungen frei wäre und ermittelt die Teilreaktionen in den Fundamentgelenken A und B. Entsprechend ermittelt man die Teilreaktionen dort für den Fall, daß nun die andere Scheibe frei ist von Aktionskräften. Die Überlagerung der Teilreaktionen führt zu den Auflagerkräften in den Gelenken A und B.

Durch Wegnahme der äußeren Lasten an den Scheiben werden diese zu Pendelstützen, so daß die WL der drei an der unter Belastung stehenden Scheibe ermittelt werden können und das zugehörige Krafteck gezeichnet werden kann.

Sind die Teilreaktionen ermittelt, so superpositioniert man diese zur Gesamtreaktion. Das Verfahren bietet eine Kontrollmöglichkeit: Schnittpunkt der WL von F_A und F_B ist auch Punkt der Resultierenden aus F_1 und F_2, Bild 1-134.

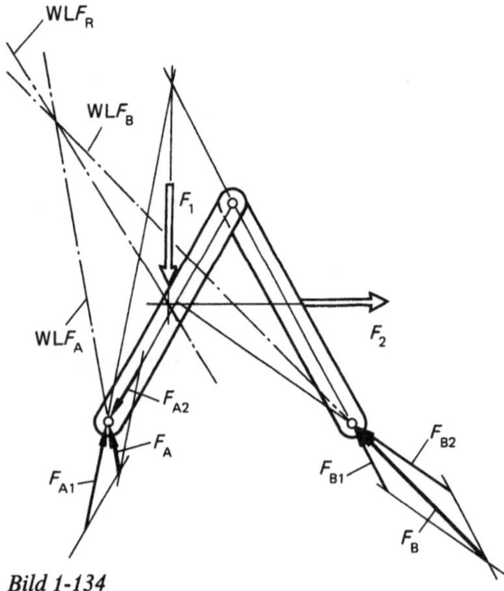

Bild 1-134

Sind so die Reaktionen in den Fundamentgelenken ermittelt, kann durch eine Gleichgewichtsbetrachtung an Scheibe 1 oder an Scheibe 2 die im scheibenverbindenden Gelenk C wirkende Kraft mit Hilfe des Dreikräfteverfahrens ermittelt werden. Geschieht dies an Scheibe 1, so bilden die drei Kräfte F_A, F_1 und F_C ein gleichgewichtiges Kräftesystem, geschieht die Ermittlung von F_C an Scheibe 2, so bilden die drei Kräfte F_B, F_2 und F_C ein gleichgewichtiges Kräftesystem. Im einen Fall ermittelt

man die in C auf Scheibe 1 wirkende Kraft, im anderen Fall die in C auf Scheibe 2 wirkende Kraft; beide Kräfte sind Gegenkräfte und liegen auf derselben WL. Dies ist eine weitere Kontrollmöglichkeit: Man ermittelt an beiden Scheiben so die WL F_C; ergibt sich nicht an beiden Scheiben dieselbe WL in C, so ist dies der Hinweis auf einen Fehler, Bild 1-135.

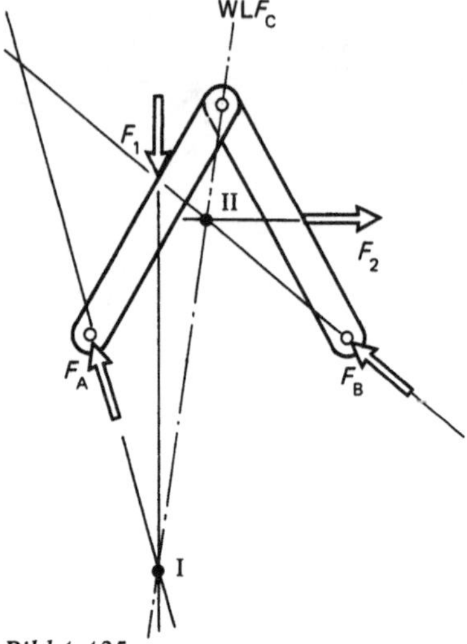

Bild 1-135

I = Schnittpunkt der Kräfte an Scheibe 1,
II = Schnittpunkt der Kräfte an Scheibe 2.

Ein besonderer Fall des beidseitig belasteten Dreigelenkbogens ist der Symmetriefall. Symmetrie in der Mechanik ist Symmetrie der Geometrie und Symmetrie der Belastungen. Für die WL im scheibenverbindenden Gelenk C bedeutet dies, daß sie senkrecht zur Symmetrielinie verläuft. Aufgrund dessen können auch ohne Überlagerungsverfahren die WL und damit die Kräfte in den Auflagern bestimmt werden, Bild 1-136.

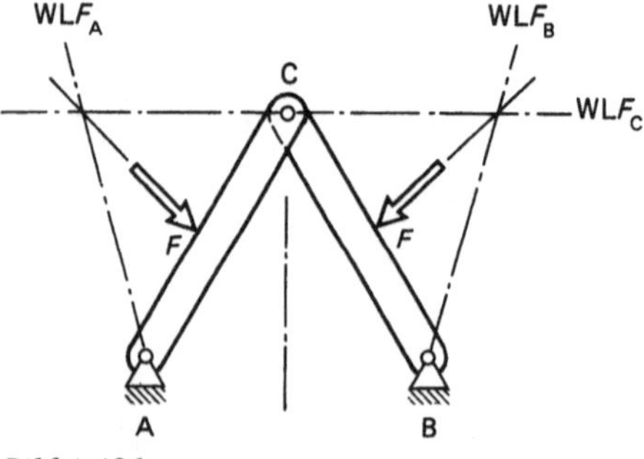

Bild 1-136

Wirkt eine äußere Aktionskraft im scheibenverbindenden Gelenk C, macht man beide Scheiben zu Pendelstützen und ermittelt so die Teilreaktionen in den Fundamentgelenken. Diese wiederum überlagert man mit den Teilreaktionen, die gefunden wurden als Reaktionen auf die an den Scheiben angreifenden Aktionskräfte, Bild 1-137.

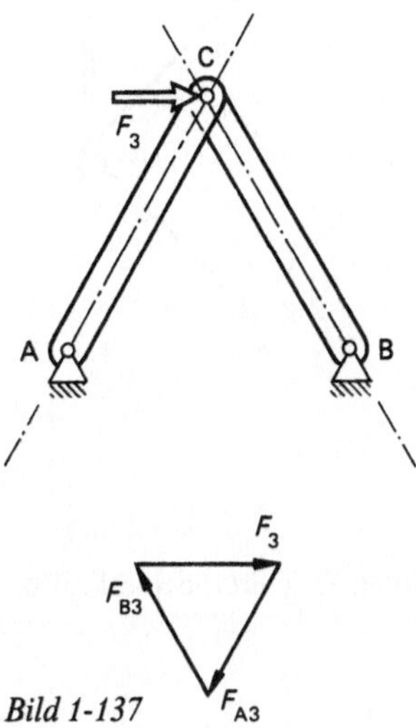

Bild 1-137

kannt sind. Das Gesamtgebilde steht unter der Wirkung der drei Kräfte F, F_A und F_B im Gleichgewicht. WLF und WLF_A sind bekannt, somit liegt auch WLF_B vor, und es kann das Krafteck dieser drei äußeren Kräfte am Gebilde konstruiert werden, Bild 1-139 u. 1-140.

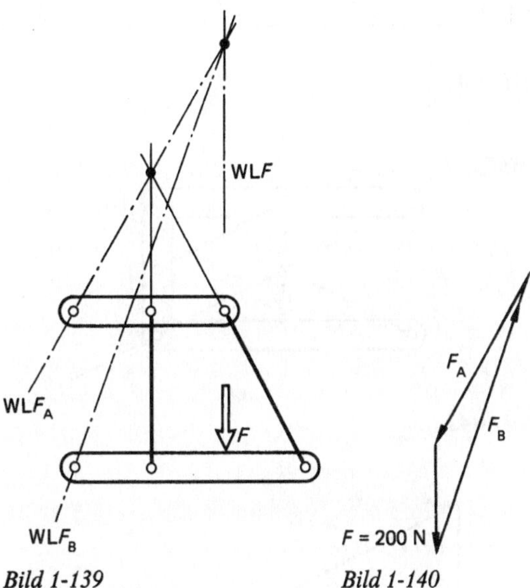

Bild 1-139   *Bild 1-140*

Übung 1-13

Zwei Scheiben und zwei Stäbe sind in horizontaler Ebene zu einem mehrteiligen Gebilde zusammengesetzt. Das Gebilde ist durch die Aktionskraft $F = 200\ \text{N}$ belastet. Zu bestimmen sind die Auflagerkräfte in den Fundamentgelenken A und B sowie die Stabkräfte, Bild 1-138.

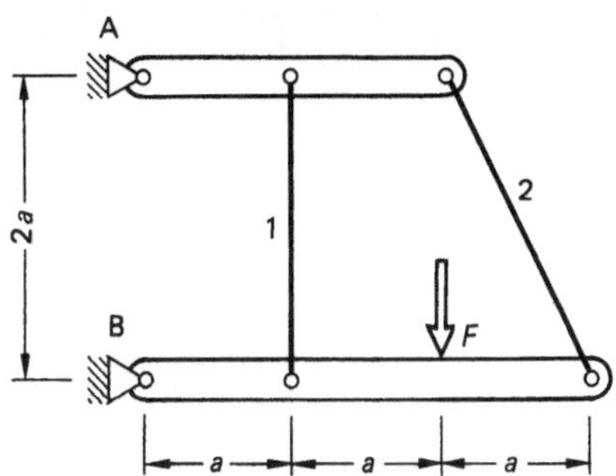

Bild 1-138

Lösung:

An der oberen Scheibe bilden drei Kräfte ein zentrales Kräftesystem; es kann so WLF_A bestimmt werden, da die WL der Zweigelenkstäbe (Pendelstützen) be-

Ergebnis:

$F_A = 447,2\ \text{N}$,

$F_B = 632,5\ \text{N}$.

Die Stabkräfte ergeben sich aus einer Gleichgewichtsbetrachtung an der oberen Scheibe: Dreikräfteverfahren.

Ergebnis:

$F_{S1} = 800\ \text{N}$ (Druckstab),

$F_{S2} = 447,2\ \text{N}$ (Zugstab).

Übung 1-14

Zwei Scheiben und ein Stab sind in horizontaler Ebene zu einem mehrteiligen System zusammengesetzt und durch die äußere Kräfte $F = 1\ \text{kN}$ belastet. Zu bestimmen sind alle Gelenkkräfte und die Stabkraft, Bild 1-141.

Lösung:

Das Teilgebilde aus Scheibe 1 und 2 sowie aus dem Stab hat die Funktion einer Pendelstütze, also: WLF_C identisch WLF_A. Schnittpunkt WLF_A und WLF ist auch Punkt von WLF_B. Das Krafteck der drei das

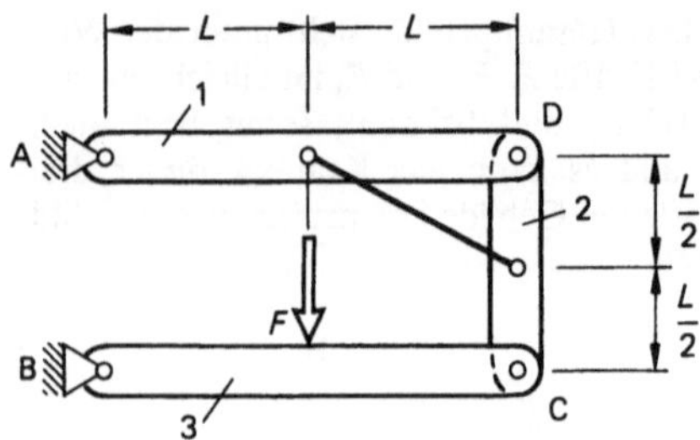

Bild 1-141

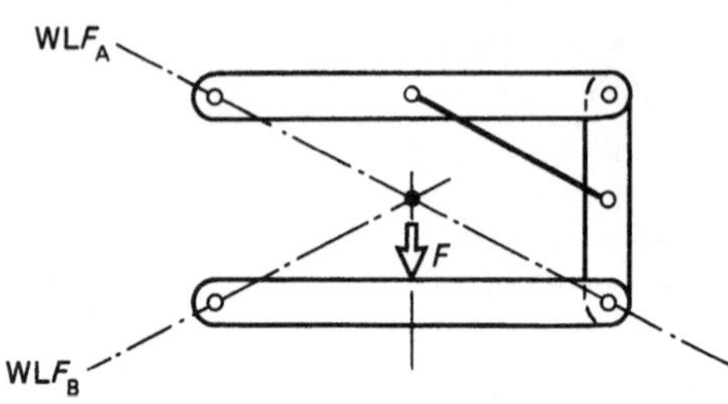

Bild 1-142

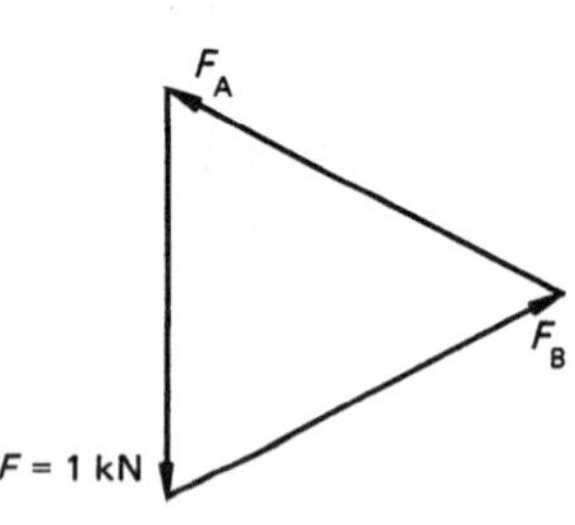

Bild 1-143

Gesamtgebilde im Gleichgewicht haltenden Kräfte kann konstruiert werden, Bild 1-142 u. 1-143.

Ergebnis:

$F_A = F_B = 1118$ N

Gleichgewichtsbetrachtung an Scheibe 1 zeigt Bild 1-144.

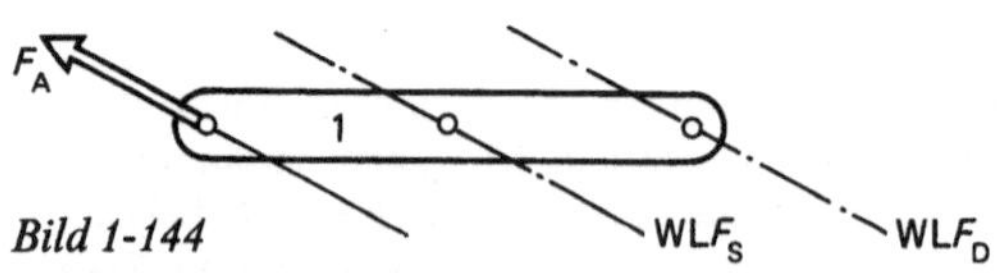

Bild 1-144

WLF_A parallel WLF_S, damit auch WLF_D hierzu parallel.

Aus Symmetriegründen:

$F_D = F_A = 1118$ N

$F_S = 2 F_A = 2236$ N (Zugstab)

Übung 1-15

Für den in Bild 1-145 skizzierten Dreigelenkbogen sind die Kräfte in den Gelenken A, B und C zu bestimmen. Die Aktionskraft F beträgt 500 N.

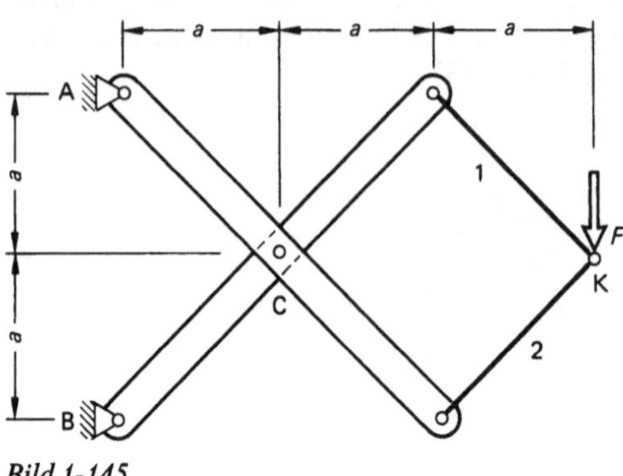

Bild 1-145

Lösung:

Das Krafteck für den Knoten K liefert die Stabkräfte, Bild 1-146 u. 1-147.

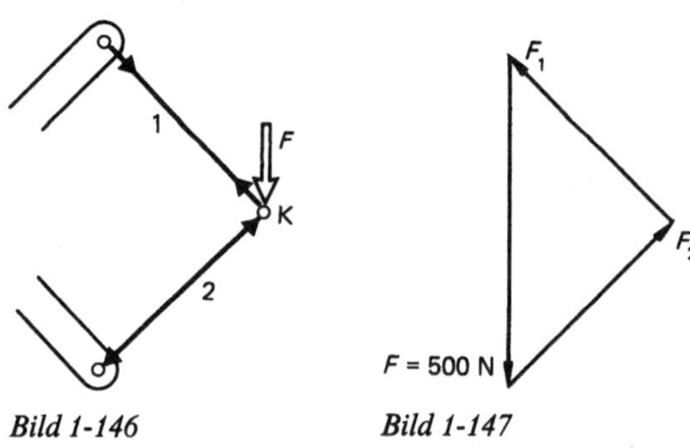

Bild 1-146   Bild 1-147

Ergebnis:

$F_1 = 353{,}6$ N (Zugstab),

$F_2 = 353{,}6$ N (Druckstab) .

Das Superpositions-Verfahren zeigt Bild 1-148 u. 1-149.

Ergebnis: (Symmetriebetrachtung)

$F_{A1} = 2 F_1 = 707{,}2$ N

$F_{B1} = F_1 = 353{,}6$ N

$F_{A2} = F_2 = 353{,}6$ N

$F_{B2} = 2 F_2 = 707{,}2$ N

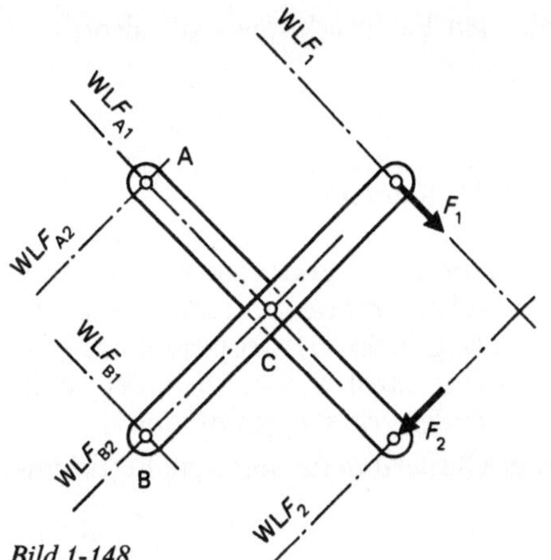

Bild 1-148

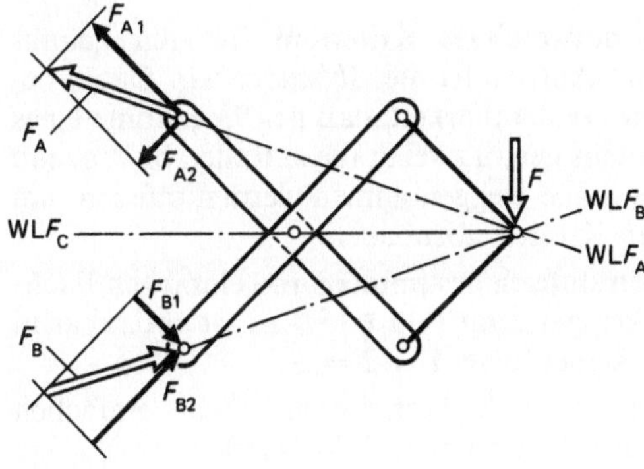

Bild 1-149

Ergebnis:

$$F_{\mathrm{A}} = \sqrt{F_{\mathrm{A}x}^2 + F_{\mathrm{A}y}^2} = 790,7\ \mathrm{N}$$

$$F_{\mathrm{B}} = \sqrt{F_{\mathrm{B}x}^2 + F_{\mathrm{B}y}^2} = 790,7\ \mathrm{N}$$

Probe: 1). $F - F_{\mathrm{A}} - F_{\mathrm{B}}$ zentrales Kräftesystem,
2). WLF_{C} an beiden Scheiben identisch.

Übung 1-16

Zwei schwere Scheiben konstanter Stärke sind zu einem Dreigelenkbogen zusammengesetzt, der ausschließlich durch die Gewichte der beiden Scheiben (je 100 N) belastet wird. Zu bestimmen sind auf graphischem Weg die Kräfte in den Gelenken A, B und C, Bild 1-150.

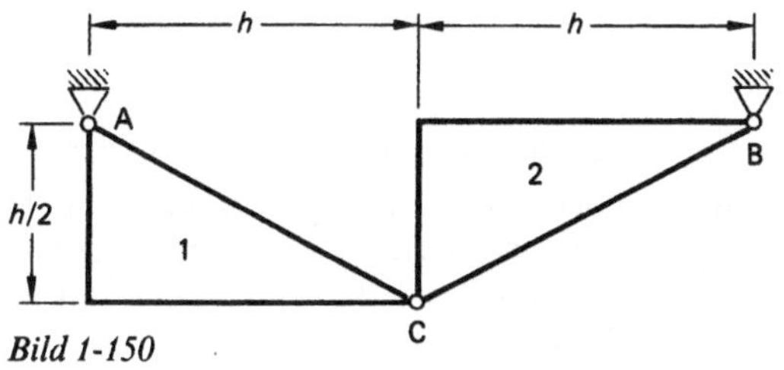

Bild 1-150

Lösung:

Die Schwerpunkte der Dreiecksscheiben liegen auf ⅓ der Dreieckshöhe h, Bild 1-151.

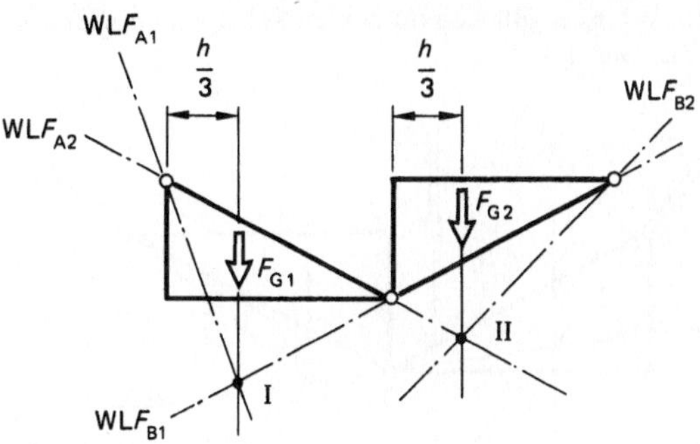

Bild 1-151

Krafteck für Punkt I liefert

$$F_{\mathrm{A1}} = 89,75\ \mathrm{N}\,,$$

$$F_{\mathrm{B1}} = 37,28\ \mathrm{N}\,,$$

Krafteck für Punkt II liefert

$$F_{\mathrm{A2}} = 74,54\ \mathrm{N}\,,$$

$$F_{\mathrm{B2}} = 94,29\ \mathrm{N}\,.$$

Superpositionen:

$$\overline{F_{\mathrm{A}}} = \overline{F_{\mathrm{A1}}} + \overline{F_{\mathrm{A2}}} = 153,6\ \mathrm{N}$$

$$\overline{F_{\mathrm{B}}} = \overline{F_{\mathrm{B1}}} + \overline{F_{\mathrm{B2}}} = 130,2\ \mathrm{N}$$

Die Gelenkkraft F_{C} findet man entweder durch die Gleichgewichtsbetrachtung an Scheibe 1 oder an Scheibe 2, hier Scheibe 1, Bild 1-152 u. 1-153.

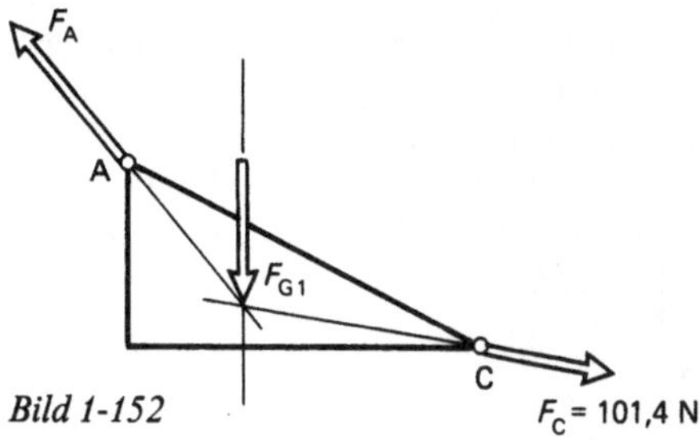

Bild 1-152 $F_{\mathrm{C}} = 101,4\ \mathrm{N}$

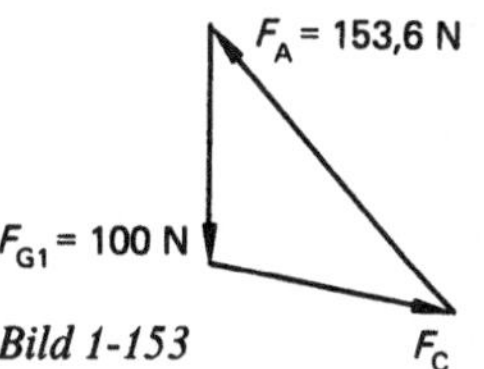

Bild 1-153

Nach beendetem Superpositionsverfahren hat man zwei Kontrollmöglichkeiten:

1). F_A, F_B und die Resultierende aus F_{G1} und F_{G2} bilden ein zentrales Kräftesystem.
2). WLF_C ergibt sich an beiden Scheiben als dieselbe WL, Bild 1-154.

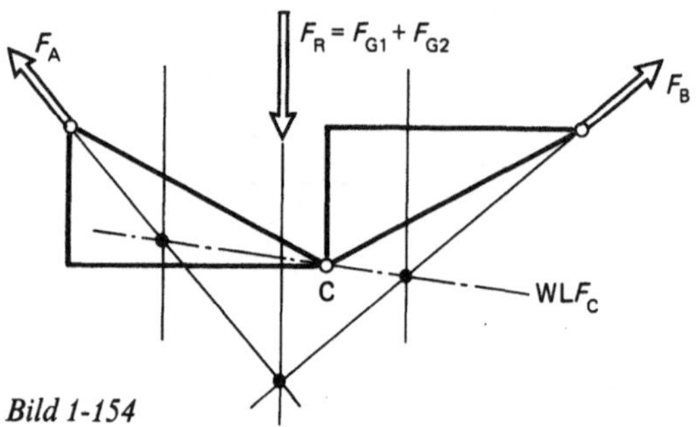

Bild 1-154

1.9. Statik ebener Stabwerke – der CREMONA-Plan

Gebilde, die ausschließlich aus Stäben bestehen und die zudem mit dem Fundament verbunden sind, heißen dann *Fachwerkträger,* wenn alle Verbindungen reibungsfrei gelenkig sind, alle Stäbe nur Zweigelenkstäbe sind, alle Stäbe gewichtslos oder von zu vernachlässigendem Gewicht sind, alle Kräfte nur in den Knotenpunkten angreifen (d.h. die Stäbe sind Pendelstützen).

Entfernt man vom Fachwerkträger das Fundament, so spricht man nur noch vom *Fachwerk,* Bild 1-155.

Man spricht vom *„einfachen" Fachwerkträger,* wenn beim Aufbau jeder neu hinzukommende Knoten aus zwei (also auch neu hinzukommenden) Stäben gebildet wird; einfache Fachwerke oder Fachwerkträger sind in diesem Sinne *abbaubar,* Bild 1-156.

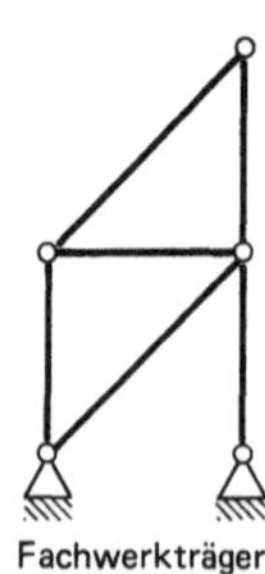

Fachwerk
Bild 1-155

Fachwerkträger
Bild 1-156

Beim einfachen Fachwerkträger gilt also:

$$s = 2k,$$

s = Anzahl der Stäbe,
k = Anzahl der Knoten.

Da der einfache Fachwerkträger wie beschrieben aufgebaut ist, können Kraftecke sukzessive (den Aufbauweg rückwärts fortschreitend) für alle Knoten gezeichnet werden; d.h. *der einfache Fachwerkträger ist statisch bestimmt.*

Notwendiges Kriterium für statische Bestimmtheit:

$$s = 2k.$$

Ein notwendiges Kriterium für den „einfachen" Aufbau ist die *Abbaubarkeit.* Dabei bedeutet Abbaubarkeit, daß bei Wegnahme eines Knotens genau zwei Stäbe entfallen bzw. genau zwei Stäbe weggenommen werden müssen, um einen Knoten abzubauen.

Einen statisch bestimmten und einfachen Fachwerkträger zeigt Bild 1-157. Er ist abbaubar in der Reihenfolge $1 \Rightarrow 2 \Rightarrow 3$

Einen statisch bestimmten, nicht einfachen Fachwerkträger zeigt Bild 1-158.

$s = 6$
$k = 3$
$s = 2k$

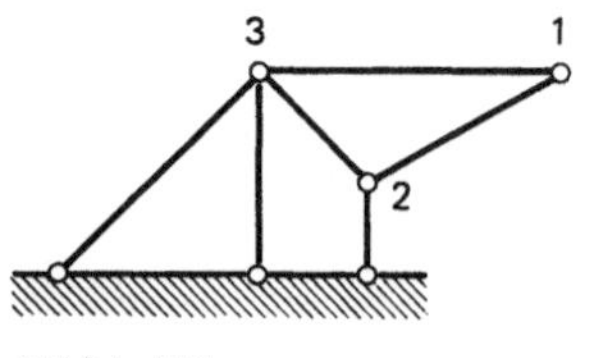

Bild 1-157   *Bild 1-158*

Statische Gleichgewichtsüberlegung:

Gleichgewicht am Knoten bedeutet:

$$\sum F_x = 0$$
$$\sum F_y = 0$$

Zwei Gleichgewichtsbedingungen je Knoten.
Die Anzahl der unbekannten Kräfte darf nicht größer sein als die Anzahl der Gleichgewichtsgleichungen, nämlich $2k$. Bei s Stäben und drei Auflagerkräften (in den Verbindungsstäben

zwischen Fachwerk und Fundament) beträgt die Anzahl der Unbekannten $(s + 3)$.

$$\underbrace{2k}_{\substack{\text{Anzahl der Gleich-}\\\text{gewichtsgleichungen}}} = \underbrace{s+3}_{\substack{\text{Anzahl der}\\\text{Unbekannten}}}$$

Für das *statisch bestimmte Fachwerk* folgt daraus, Bild 1-159 u. 1-160.

$$s = 2k - 3$$

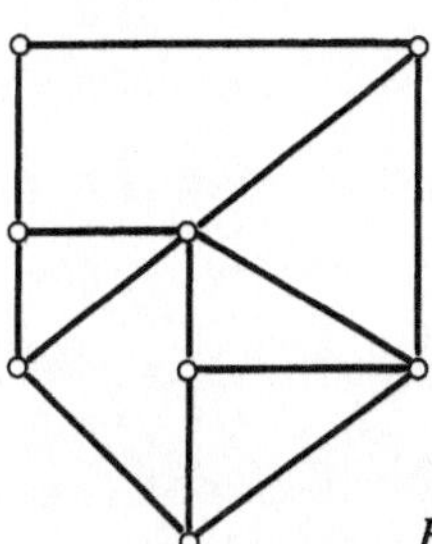

Bild 1-159

$$s = 13$$
$$k = 8$$
$$s = 2 \cdot 8 - 3$$
$$s = 13$$

also statisch bestimmt.

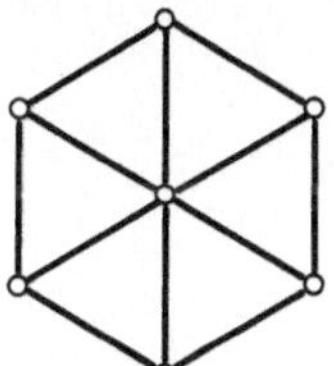

Bild 1-160

$$s = 12$$
$$k = 7$$
$$s \neq 2k - 3$$

also statisch unbestimmt.

Beispiele für statisch bestimmte Fachwerke, und zwar einfache bzw. nicht einfache zeigt Bild 1-161 bis 1-163.

Bild 1-161:
Nicht einfach, weil nicht abbaubar, dennoch statisch bestimmt; d. h.:
$$s = 2 \cdot 6 - 3 = 9$$

Bild 1-162:
Einfach, weil abbaubar, in der Reihenfolge:
$$1 \Rightarrow 2 \Rightarrow 3 \Rightarrow 4$$

und statisch bestimmt (wie alle einfachen Fachwerke)
$$s = 2 \cdot 7 - 3 = 11$$

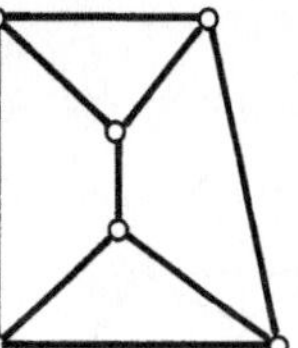

Bild 1-161

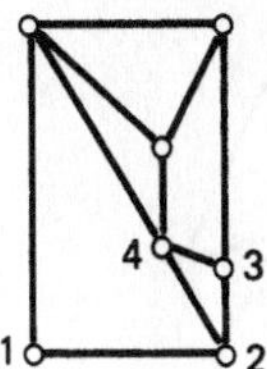

Bild 1-162

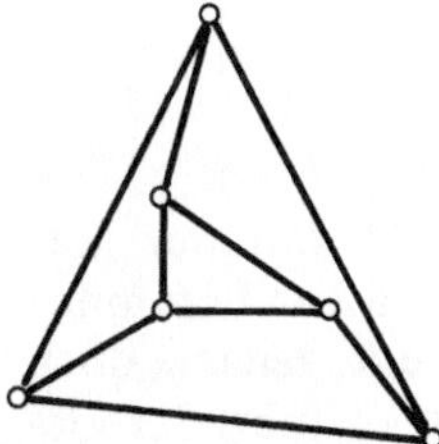

Bild 1-163

Bild 1-163:
Nicht einfach, weil nicht abbaubar, dennoch statisch bestimmt; d. h.:
$$s = 2 \cdot 6 - 3 = 9$$

Beim nicht einfachen doch statisch bestimmten Fachwerk schneidet man im Zuge der Gleichgewichtsbetrachtungen ein Teilgebilde so aus dem Verband, daß drei Stäbe durchtrennt werden. Mit Hilfe des *CULMANNschen*- oder des *RITTERschen Verfahrens* können jetzt diese drei Stabkräfte bestimmt werden. Anschließend findet sich immer wieder ein Knoten, für den das Krafteck gezeichnet werden kann.

Sogenannte *Ausnahmefachwerke* sind dabei die, bei denen die genannten drei Stäbe entweder parallel verlaufen oder sich in einem gemeinsamen Punkt der Ebene schneiden; solche Ausnahmefachwerke sind „verboten"; sie sind statisch nicht behandelbar. In beiden genannten Ausnahmefachwerken tritt Bewegung auf: beim erstgenannten Fachwerk sind es große Getriebebewegungen; das Gebilde ist kinematisch unbestimmt. Beim anderen Fall sind infinitesimal kleine Drehungen um den gemeinsamen Schnittpunkt der drei Stabkräfte möglich, Bild 1-164 u. 1-165.

Große Bewegungen sind möglich; wegen dieser kinematischen Unbestimmtheit ist das Fachwerk natürlich auch statisch unbestimmt.

Infinitesimal kleine Drehungen der Dreiecke sind möglich; statische Verfahren führen nicht zur Lösung.

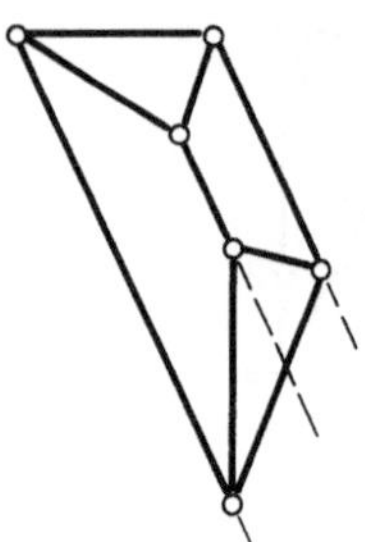

Bild 1-164

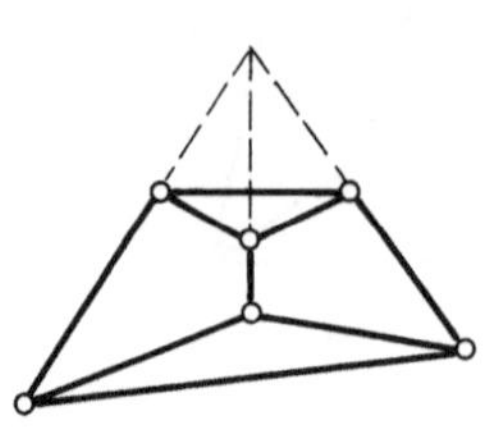

Bild 1-165

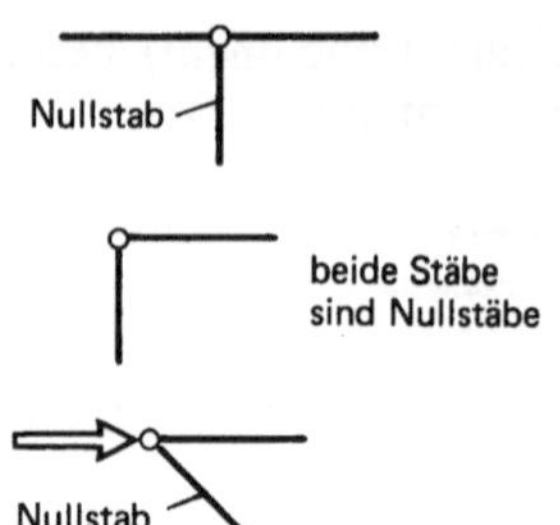

Hinweis:

Die richtige Stabanzahl $s = 2k$ war nur notwendige Bedingung für die statische Bestimmtheit, wie die Ausnahmefachwerke zeigten; doch auch *partielle Überbestimmtheit* führt im Gebilde mit $s = 2k$ an anderer Stelle zur *Unterbestimmtheit,* also zur Beweglichkeit, Bild 1-166. Solche Beweglichkeiten sind zu vermeiden!

$s = 11$

$k = 7$

$s = 2k - 3$

$ = 2 \cdot 7 - 3$

$ = 14 - 3$

$s = 11$

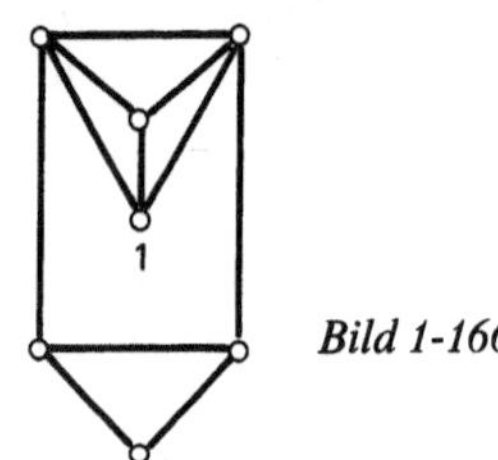

Bild 1-166

dennoch Getriebe.

Begründung: Knoten 1 wird von drei statt von zwei Stäben gehalten: Überbestimmtheit.

Der Cremona-Plan

Sind im Fachwerk k Knoten, so müßten zur Ermittlung aller s Stabkräfte k Kraftecke gezeichnet werden. Jede Stabkraft tritt dabei in zwei Kraftecken in Erscheinung. Das ist ein großer Zeichenaufwand.

Cremona (1872) gibt (aber schon vor ihm Bow 1851 – Begründung später durch Maxwell 1876) eine Zeichenvorschrift zur Ermittlung aller Stabkräfte in einem einzigen Kräfteplan. Alle Stabkräfte treten nur mit einer Linie im Krafteck auf. Es ist die Reihenfolge der am jeweiligen Knoten behandelten Kräfte derart einzuhalten, daß beim Zeichnen sowohl der äußeren Kräfte als auch beim Zeichnen der Kraftecke der einzelnen Knoten ein vorher festzulegender Umfahrungssinn eingehalten wird.

Nullstäbe sind solche Stäbe, die statisch unbedeutend sind, also keine Kräfte aufnehmen.

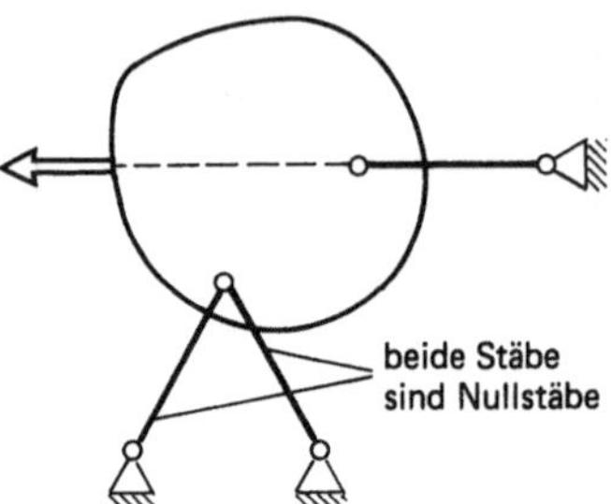

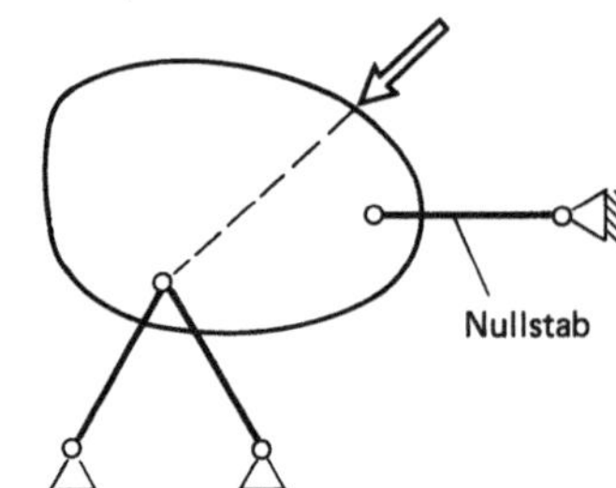

Bild 1-167

Dennoch können Nullstäbe zum Aussteifen des Fachwerks benötigt werden, Bild 1-167.

Übung 1-17

Es sind sämtliche Stabkräfte des Gebildes mit Hilfe des Cremona-Plans zu bestimmen, Bild 1-168.

Lösung:

Zu Beginn zeichnet man das Krafteck der äußeren Kräfte in jener Reihenfolge, wie sie beim Absuchen des Gebildes „rechts herum" gefunden werden, hier:

$$F_1 \rightarrow F_3 \rightarrow F_4 \rightarrow F_2,$$

Bild 1-169 bis 1-171.

Die Ergebnisse zeigt Tabelle 1-2.

Die Symbole für Zug- und Druckstäbe im Lageplan zeigt Bild 1-172.

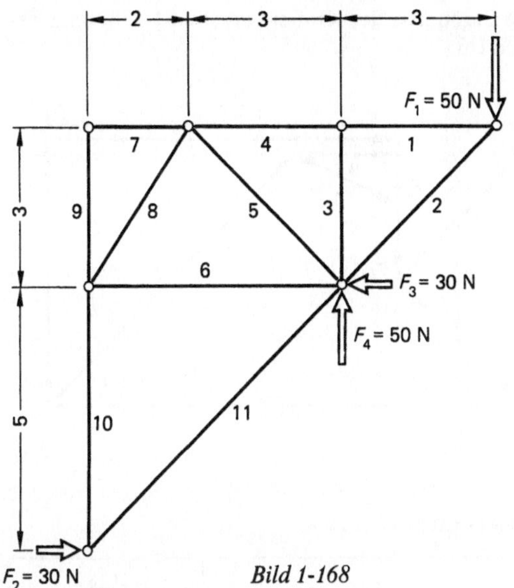

Bild 1-168

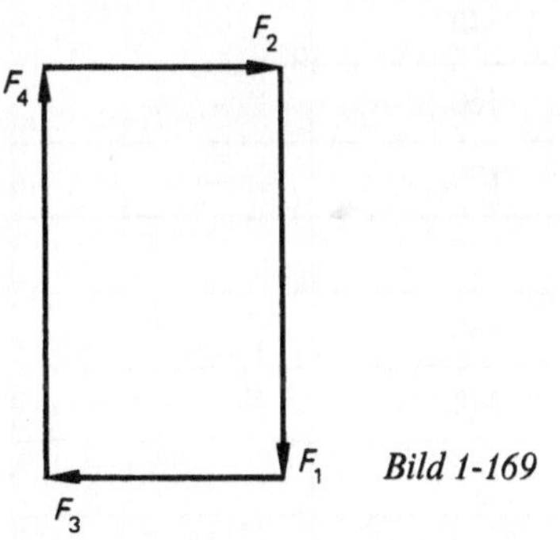

Bild 1-169

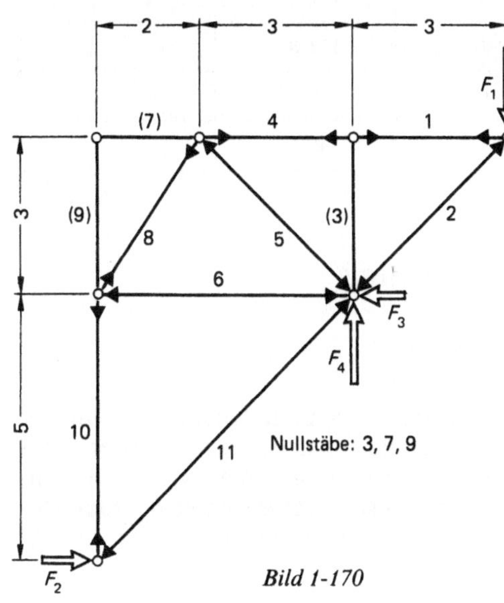

Bild 1-170

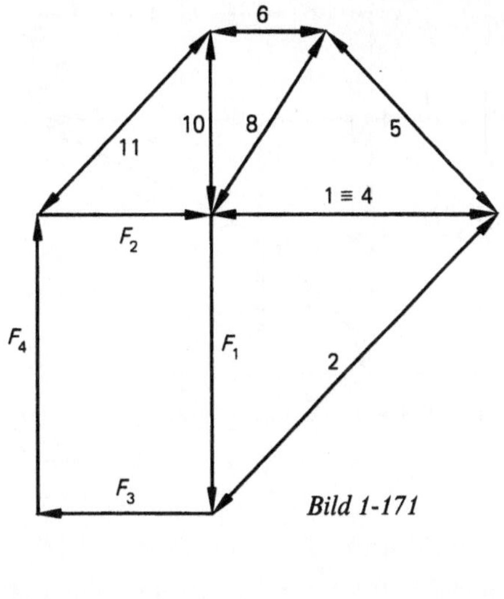

Bild 1-171

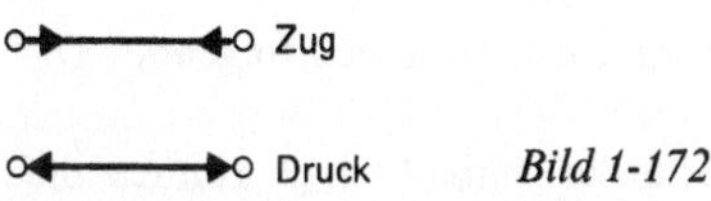

Bild 1-172

Tabelle 1-2.

Stab Nr.:	Stabkraft	Qualität
1	50 N	Zug
2	70,71 N	Druck
3	0	–
4	50 N	Zug
5	42,43 N	Druck
6	20 N	Druck
7	0	–
8	36,01 N	Zug
9	0	–
10	30 N	Zug
11	42,43 N	Druck

Übung 1-18

Für den skizzierten Fachwerkträger sind die Stabkräfte mit Hilfe eines CREMONA-Planes zu ermitteln.

Der Einfachheit halber sind in den Lageplan die aus dem Kräfteplan resultierenden Kraftrichtungen der Stabkräfte eingetragen und der Nullstab (8) als solcher gekennzeichnet, Bild 1-173.

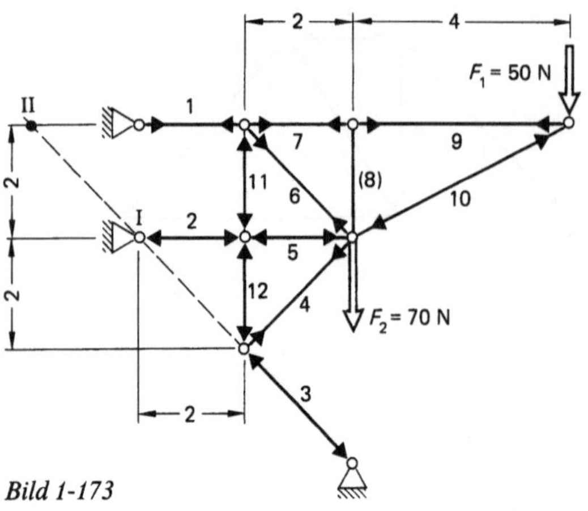

Bild 1-173

Die Ergebnisse des Kräfteplans (Bild 1-176) zeigt Tabelle 1-3.

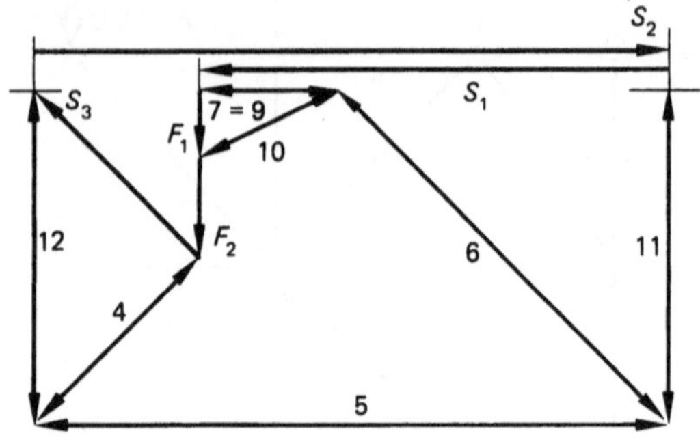

Bild 1-176

Lösung:

Stab 8 ist der Nullstab. Es ergibt sich folgendes Dilemma:

Ohne die Stabkräfte der Stäbe 1, 2, 3 können die übrigen Stabkräfte (bis auf die Kräfte der Stäbe 9 und 10) nicht ermittelt werden.

Darum ist erst eine Gleichgewichtsbetrachtung nach dem *RITTER-Verfahren* angebracht.

$$\sum M_I = 0 \Rightarrow 0 = -F_1\,8m + S_1\,2m - F_2\,4m$$
$$S_1 = 340 \text{ N}$$

$$\sum M_{II} = 0 \Rightarrow 0 = -F_1\,10m + S_2\,2m - F_2\,6m$$
$$S_2 = 460 \text{ N}$$

aus

$$\sum F_x = 0 \text{ und } \sum F_y = 0 \Rightarrow \qquad S_3 = 170 \text{ N}$$

Reihenfolge der äußeren Kräfte (Bild 1-174 u. 1-175):

$$S_1 - F_1 - F_2 - S_3 - S_2$$

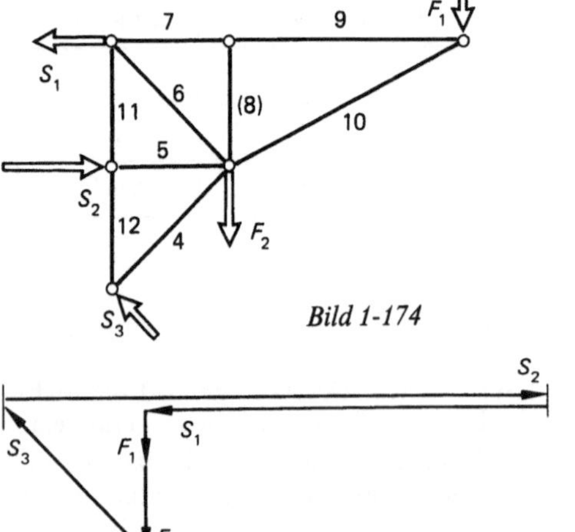

Bild 1-174

Bild 1-175

Tabelle 1-3.

Nr.	N	+Zug −Druck
1	340	+
2	460	−
3	170	−
4	170	+
5	460	−
6	340	+
7	100	+
8	0	
9	100	+
10	111,8	−
11	240,4	−
12	240,4	−

1.10. Reibung

Gleitreibung

Immer dann, wenn zwei Körper, die an der gemeinsamen Berührstelle gegeneinander drücken bzw. aufeinander gedrückt werden, aufeinander gleiten, also in der Berührstelle translatorische Relativbewegungen zueinander ausführen oder durch äußere Kräfte zu einer solchen

Bewegung gedrängt werden, werden in der Berührstelle Kräfte frei, die es zu diskutieren gilt. Die Rauhigkeit der Oberflächen wird dabei von großer Bedeutung sein.

Wenn der schwere Körper auf der schiefen Ebene liegen bleibt, d.h. nicht rutscht, so liegt dies an der Wirkung der rauhen Oberflächen; auf ideal glatter Bahn würde der Körper rutschen, Bild 1-177.

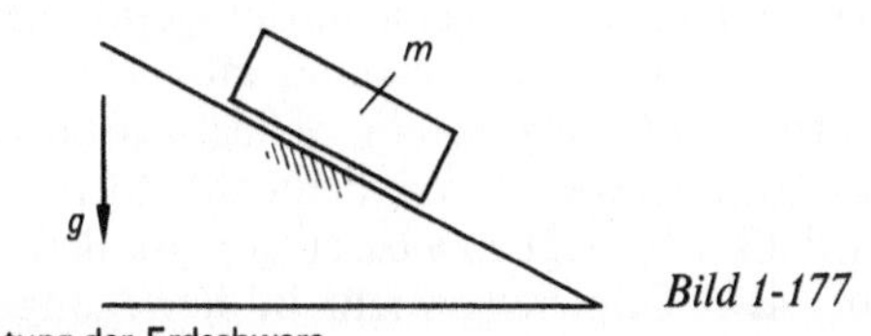

Bild 1-177

g Richtung der Erdschwere

Wenn das Rad die schiefe Ebene hinunterrollt und nicht eine translatorische Verschiebebewegung vollführt, so liegt das an den rauhen Oberflächen der Körper. Auf ideal glatter Bahn würde kein Rollen zustande kommen, Bild 1-178.

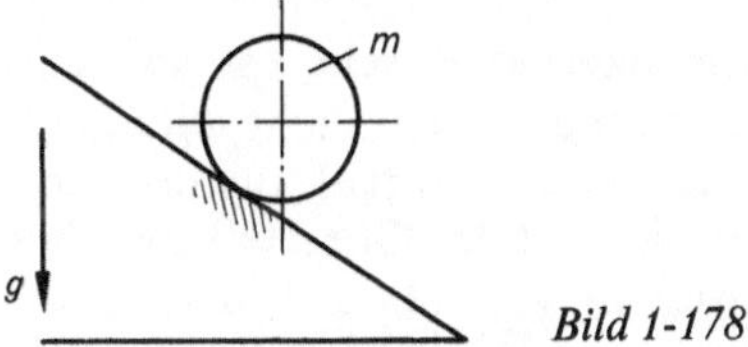

Bild 1-178

COULOMB und andere Forscher fanden folgenden Lehrsatz: Bewegen sich zwei quasi starre Körper an der gemeinsamen Berührstelle translatorisch zueinander, so werden an der Berührstelle Kräfte wirksam, die die Bewegung zu verhindern suchen, sofern sich die Körper hier unter Druck berühren. Betrachten wir ein einfaches Beispiel und wenden den Satz entsprechend an.

Ein Körper wird mit der Normalkraft F_n gegen die horizontale Bahn gedrückt; eine zur Bahn parallele Aktionskraft F_t drängt den Körper zur Verschiebebewegung, Bild 1-179.

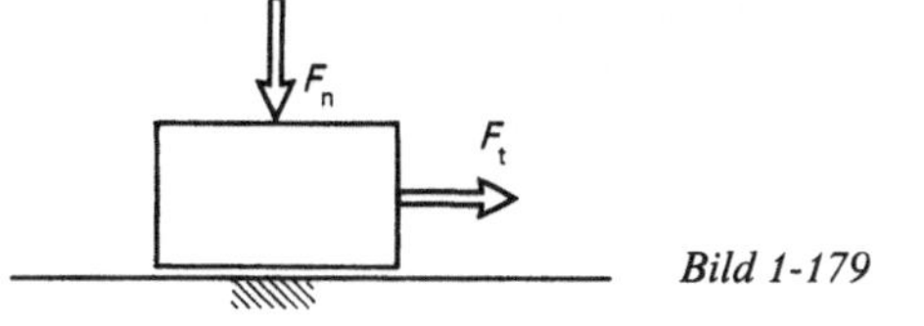

Bild 1-179

Nehmen wir eine langsame, gleichförmige Bewegung an, so liegt ein statischer Gleichgewichtsfall vor; es wird daran erinnert, daß sich die Statik nicht nur mit dem ruhenden Körper befaßt. Mit den Gleichgewichtsbedingungen werden auch die Kräfte am gleichförmig bewegten Körper beschrieben. Hinsichtlich der Kräfte sind der Ruhefall und der Zustand der Bewegung mit konstanter Geschwindigkeit somit gleichbedeutend. Betrachten wir das Gleichgewicht an dem in unserem Beispiel mit konstanter Geschwindigkeit nach rechts bewegten Körper. Gleichgewicht in Richtung normal zur Bahn bedeutet eine normale Gegenkraft von der Bahn auf den Körper zurück; Gleichgewicht in Bewegungsrichtung bedeutet, daß von der Bahn auf den Körper eine der drängenden Kraft F_t gleich große Kraft ausgeübt wird, die der Bewegung entgegengerichtet ist, Bild 1-180.

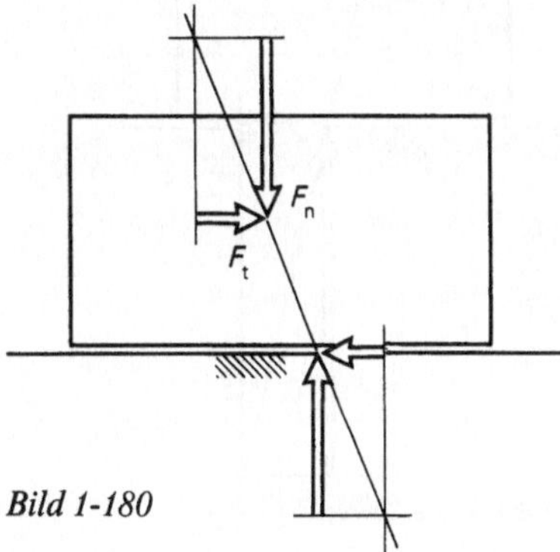

Bild 1-180

Die resultierende Aktionskraft aus F_n und F_t ist Gegenkraft zu der resultierenden Kraft, die von der Bahn auf den Körper ausgeübt wird.

Wie kommt es zu dem Bewegungswiderstand? Die Erklärung liefern die Oberflächenrauhigkeiten. Die Rauhigkeitsgebirge beider Berührflächen greifen quasi ineinander, bei Bewegung stellt dies einen zu überwindenden Widerstand dar.

COULOMB erkannte, daß die Kraft F_t, die Bewegung einzuleiten vermag, um so größer sein muß, je größer die Normalkraft F_n ist. F_t ist F_n proportional:

$$F_t \sim F_n$$

Im Fall einsetzender Bewegung ist der Bewegungswiderstand

$$F_r = \mu\, F_n$$

F_r wird Reibkraft genannt, μ ist der Reibkoeffizient, also der Proportionalitätsfaktor, der die beschriebene Proportionalität zur Gleichung macht.

Die Reibzahl oder Gleitreibungszahl μ, hängt im wesentlichen ab von der Werkstoffpaarung, den Rauhtiefen der sich berührenden Oberflächen und der Schmierung der Flächen.

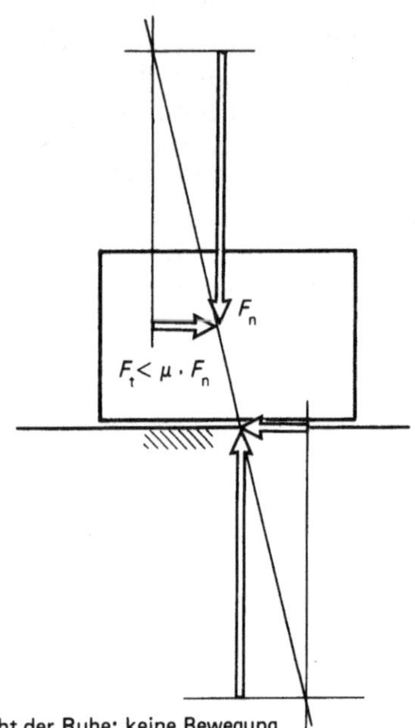

Bild 1-181

Das COULOMBsche Gleitreibungsgesetz $F_r = \mu F_n$ beschreibt den in der Reibstelle maximal möglichen Bewegungswiderstand. Zur Verdeutlichung lassen wir die drängende Kraft F_t von null anwachsen, steigern sie bis zur Größe μF_n, Bild 1-181.

Solange die drängende Kraft F_t kleiner ist als die zur Bewegung benötigte (μF_n), liegt der Ruhezustand vor; der in der Reibstelle „geweckte" Bewegungswiderstand ist kleiner als der maximal mögliche. Erst wenn die drängende Kraft F_t gleich groß ist der maximal möglichen Reibkraft, setzt Bewegung ein, es liegt der Grenzfall des Gleichgewichts vor; denn sobald F_t größer wird als μF_n, liegt eine beschleunigte Bewegung vor, also Ungleichgewicht in Bewegungsrichtung. Die drängende Kraft ist größer als der Bewegungswiderstand $F_r = \mu F_n$, Bild 1-182.

Aus dem Krafteck für den Grenzfall (Bild 1-182, Mitte) geht die Beziehung

$$\tan \varrho = \mu = \frac{F_r}{F_n}$$

hervor.

Der sog. Reibwinkel ist ϱ, sein Tangens entspricht der Reibzahl μ. Weicht die resultierende Aktionskraft um diesen Winkel aus der Normalrichtung ab, so liegt der Grenzfall zwischen Ruhe und Bewegung vor; ist der Winkel α, um den diese Resultierende aus der Normalrichtung abweicht, kleiner als der Reibwinkel ϱ, so

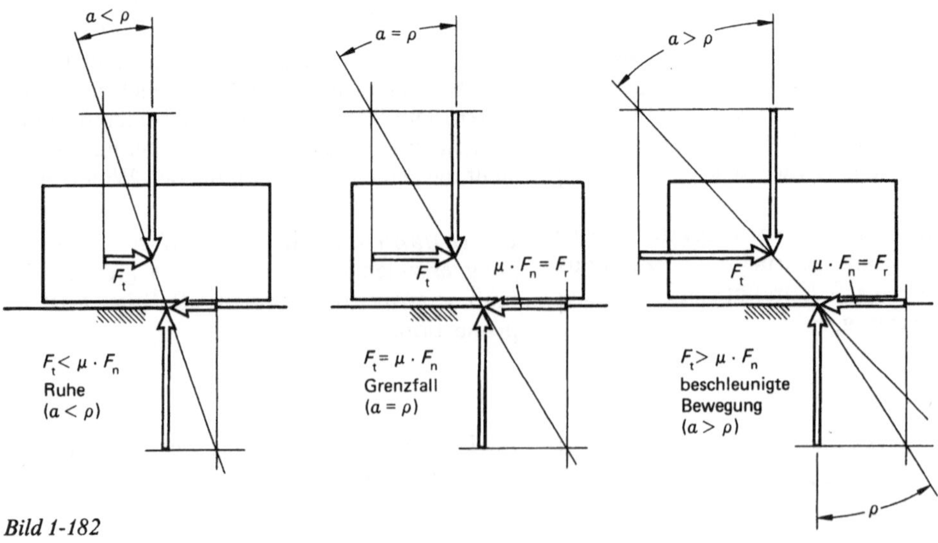

Bild 1-182

liegt Ruhe vor, ist der Winkel α größer als der Reibwinkel, so liegt Ungleichgewicht und somit beschleunigte Bewegung vor. Der Reibwinkel ϱ ist halber Öffnungswinkel eines Kegels, des sog. Reibkegels, innerhalb dessen eine Aktionskraft an einem auf einer Ebene liegenden Körper angreifen darf, ohne daß Bewegung einsetzt. Liegt die Aktionskraft gerade auf dem Rand des Reibkegels, so sprechen wir wieder vom Grenzfall, liegt die Kraft außerhalb des Reibkegels, so liegt Ungleichgewicht vor, beschleunigte Bewegung, Bild 1-183.

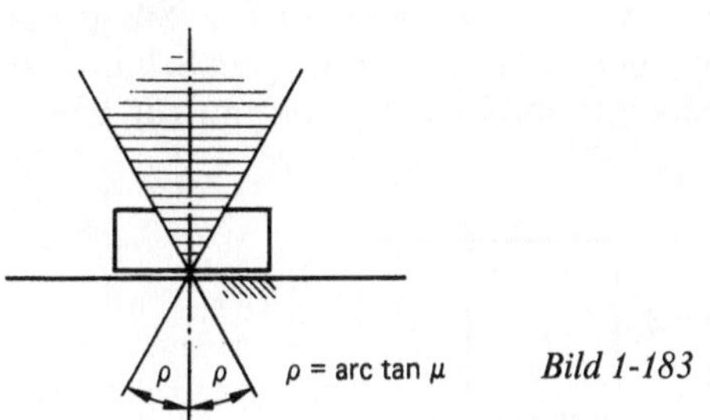

Bild 1-183

Betrachten wir einen schweren Körper auf rauher, schiefer Ebene und untersuchen wir, unter welchen Bedingungen Abwärtsgleiten einsetzt und wann der Körper in Ruhe verharrt. Die Gewichtskraft wird zerlegt in die Hangabtriebskomponente $F_G \sin\alpha$ und die Normalkomponente $F_G \cos\alpha$. Die Kräfte normal zur Bahn sind in jedem Fall gleich groß. Die Gleichgewichtsforderung heißt: die Hangabtriebskomponente der Gewichtskraft (die drängende Kraft) muß kleiner sein als die in der Reibstelle maximal mögliche Reibkraft $F_G \cos\alpha\, \mu_0$, Bild 1-184.

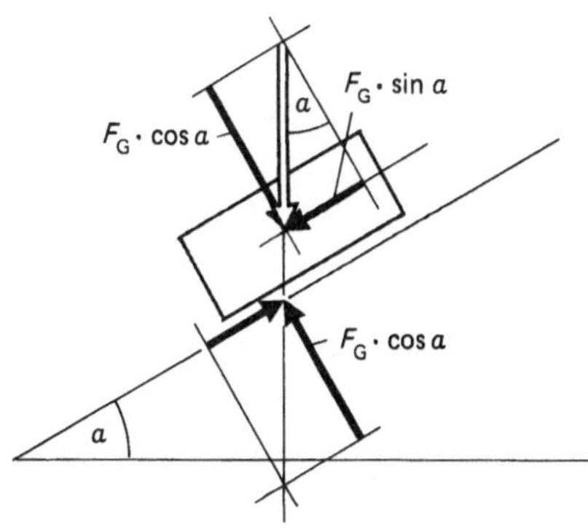

Bild 1-184

$$F_G \sin\alpha \;<\; \mu_0\, F_G \cos\alpha$$

$$F_G \,\frac{\sin\alpha}{\cos\alpha} \;<\; \mu_0\, F_G$$

$$\text{mit}\quad \mu_0 = \tan\varrho$$

$$\tan\alpha < \tan\varrho$$

$$\alpha < \varrho$$

Der Neigungswinkel α der schiefen Ebene muß also kleiner sein als der Reibwinkel ϱ, damit der Ruhezustand gewährleistet ist.

Es ist eine Besonderheit der Gleitreibungszusammenhänge, daß die Reibzahl μ_0, die zuständig ist, um den Körper aus dem Ruhezustand in Bewegung zu versetzen, etwas größer ist als jener Reibkoeffizient μ, der im bewegten Zustand vorliegt: $\mu_0 = $ Haftreibungszahl, $\mu = $ Gleitreibungszahl. Reibungszahlen siehe Abschnitt 4.

Man beachte folgendes: Reibkräfte können nur wirksam werden, wenn der Körper kinematisch unbestimmt gelagert ist, wenn also tatsächlich eine Gleitbewegung aufgrund der Lagerungen des Körpers möglich wäre. Die im Bild 1-185 gezeigten Lagerungen sind derart, daß eine Bewegung des Körpers grundsätzlich möglich wäre.

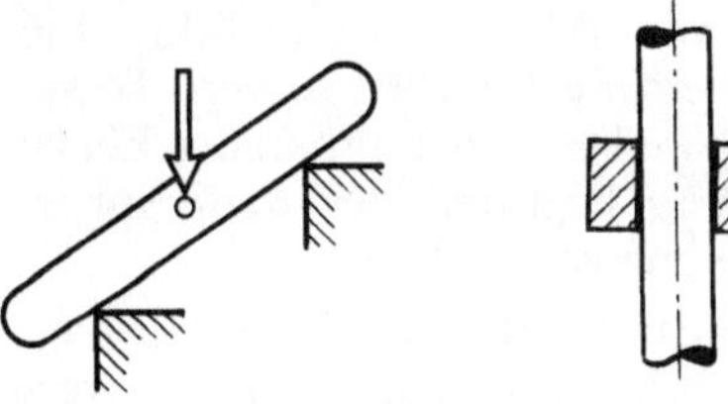

Bild 1-185

Wir wollen die Gleichgewichtssituation eines kinematisch unbestimmt gelagerten Körpers untersuchen. Als Beispiel dient ein an zwei Reibstellen gelagerter Körper, der durch eine einzige Aktionskraft belastet wird: Dreikräfteproblem. Eine schwere Stange (z. B. eine Leiter) lehnt – wie skizziert – an der Wand und stützt sich am Boden ab. Es sind die Bedingungen für Gleichgewicht zu klären, Bild 1-186.

Gleichgewicht dreier Kräfte bedingt ein zentrales Kräftesystem. Die an den Reibstellen A (Boden) und B (Wand) wirkenden resultierenden Kräfte F_A (Resultierende aus Normalkraft und Reibungskraft – nach rechts gerichtet) und F_B

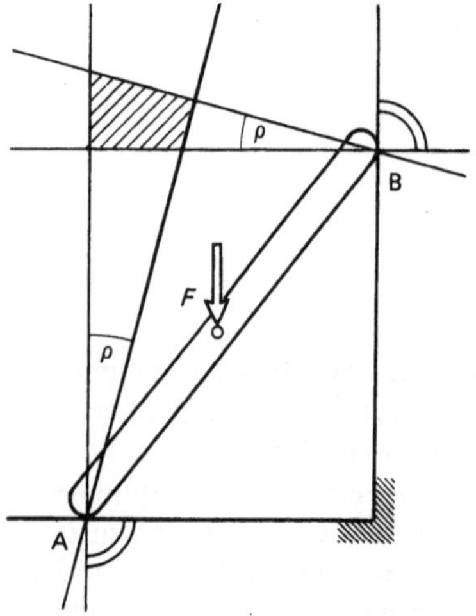

Bild 1-186

vorbei, so wird Bewegung einsetzen, es gibt keinen Punkt auf der WL F, der gleichzeitig innerhalb der beiden Reibkegel liegt.

Ein anschauliches Beispiel hierzu ist das Problem der schweren Leiter, die unter dem Neigungswinkel α an der Wand lehnt. Wie hoch darf eine Person vom bekannten Gewicht F_G die Leiter emporsteigen, ohne daß diese rutscht? Der Reibkoeffizient der Haftreibung sei bekannt, auch das Leitergewicht F_L.

Wenn die WL der Resultierenden aus Leitergewichtskraft und Gewichtskraft der Person das gemeinsame Schnittfeld der beiden Reibkegel tangiert, so liegt der Grenzfall vor. Steigt die Person höher, so läuft die WL F_R am Schnittfeld der Reibkegel vorbei und es kommt zur Bewe-

(Resultierende aus Normalkraft und Reibungskraft – nach oben gerichtet) können nicht außerhalb des durch die Reibzahl μ bestimmten Reibungskegels wirken. Der zentrale Punkt des gleichgewichtigen Dreikräftesystems muß also im Schnittfeld beider Reibungskegel liegen – schraffierte Fläche in Bild 1-186. Geht die drängende Aktionskraft durch dieses gemeinsame Schnittfeld beider Reibungskegel, so liegt Gleichgewicht vor, geht sie (wie in Bild 1-186 gezeigt) an diesem Feld vorbei, so wird Bewegung einsetzen, weil es keinen Punkt der Ebene gibt, der auf WL F liegt und gleichzeitig innerhalb beider Reibungskegel liegt.

Das in der Mechanik unter dem Begriff „Steigbügelprinzip" bekannte Phänomen des Verklemmens gegen Verschieben trifft die diskutierte Problematik genau.

Eine Aktionskraft F versucht, einen auf einer Stange geführten Ring zu verschieben. Es wird Spiel zwischen Stange und Ringbohrung vorausgesetzt. Infolge der Kraftwirkung F wird sich der Ring so an die Stange anlegen, daß nur zwei Berührstellen vorliegen, an denen Kräfte wirksam werden. Es sind dies Normalkräfte und der Bewegungsrichtung entgegengerichtete Reibkräfte, Bild 1-187.

Auch bei diesem Beispiel gilt folgendes. Verläuft die WL der drängenden Kraft F durch das gemeinsame Schnittfeld beider Reibkegel, so blockiert der Ring, es liegt Gleichgewicht vor. Verläuft die WL der drängenden Kraft F am gemeinsamen Schnittfeld der beiden Reibkegel

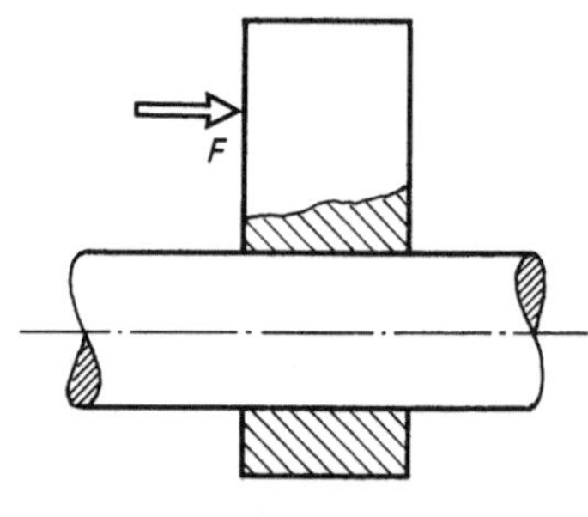

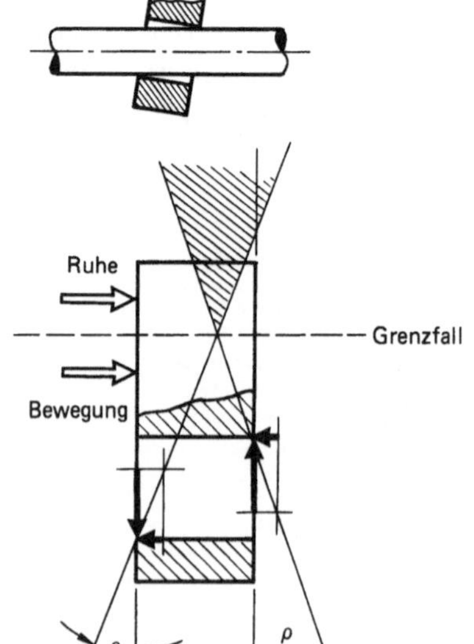

Bild 1-187

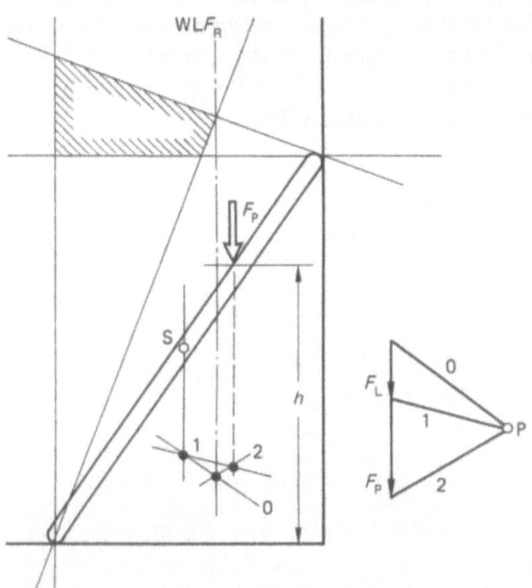

Bild 1-188

gung, also zum Rutschen der Leiter. In Bild 1-188 wird die graphische Lösung mit dem Kraft-Seileck-Verfahren gezeigt.

Die maximale Steighöhe h ergibt sich aus der Forderung, daß die WL der Resultierenden das Schnittfeld der Reibungskegel berührt (in Bild 1-188 Schnittpunkt der Seilstrahlen 0 und 2); der Reibwinkel ϱ war vorgegeben mit 20° entsprechend $\mu_0 = \tan \varrho = 0{,}364$.

Die Gleitreibungsfunktion einer Doppelbackenbremse, wie sie im Maschinenbau häufig eingesetzt wird, soll untersucht werden. Der konstruktive Aufbau: die Bremsbacken sind gelenkig an den in A und B wiederum gelenkig gelagerten Hebeln angeschlossen; die Bremsbacken wirken somit als Pendelstützen. Die Hebel werden so belastet, daß beim Bremsvorgang die Bremsbacken an den abzubremsenden Rotor angedrückt werden, Bild 1-189.

Wir wollen das Verhältnis $L_2 : L_1$ der Hebellängen für den Fall ermitteln, daß die Achse des Rotors ausschließlich durch das Kräftepaar der gleich großen Reibkräfte beansprucht wird, also keine Biegung durch ungleich große Reibkräfte erfährt, Bild 1-190.

Aus dem Sinussatz im schraffierten Dreieck ergibt sich

$$\sin \alpha = \frac{R \sin \varrho}{e + R}$$

Mit $\varrho = \arctan \mu$ wird

$$\sin \alpha = \frac{R \mu}{(e + R) \sqrt{1 + \mu^2}}$$

Aus den Momentengleichgewichtsbedingungen $\sum M_A = 0$ und $\sum M_B = 0$ folgen die Bremskräfte

$$F_{B1} = \frac{F_x L_1}{h \cos \alpha - (e + c) \sin \alpha}$$

$$F_{B2} = \frac{F_x L_2}{h \cos \alpha + (e + c) \sin \alpha}$$

Setzt man die Bremskräfte gleich, so folgt daraus das Längenverhältnis der Hebelarme L_1 und L_2:

$$\frac{L_2}{L_1} = \frac{1 + \dfrac{e + c}{h} \tan \alpha}{1 - \dfrac{e + c}{h} \tan \alpha}$$

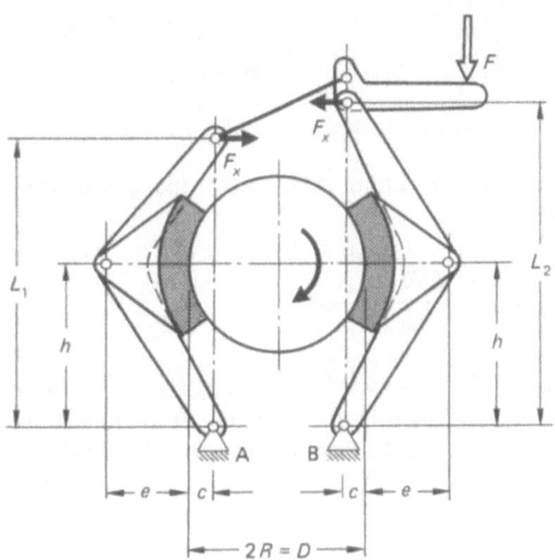

Bild 1-189

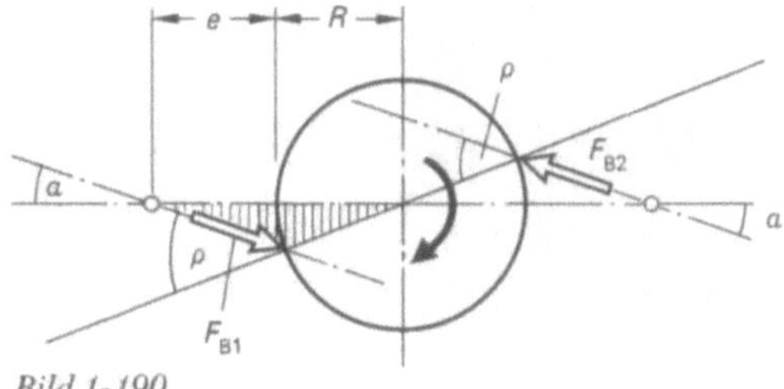

Bild 1-190

Es ist zu beachten, daß die Bremskräfte an den beiden Backen nur für eine Drehrichtung gleich sind, hier für die Rechtsdrehrichtung. Das Bremsmoment ist dann

$$M_{Br} = 2 F_B (e + R) \sin \alpha$$

$$M_{Br} = 2 \frac{F_x L_1}{h \cos \alpha - (e + c) \sin \alpha} (e + R) \sin \alpha$$

$$M_{Br} = \frac{2 F_x L_1 (e + R)}{\dfrac{h}{\tan \alpha} - e - c}$$

Sind gemäß Bild 1-191 $e = 0$ und $c = 0$, so wird $L_2 = L_1$. Bei dieser Bremse sind die Bremskräfte in beiden Laufrichtungen gleich groß.

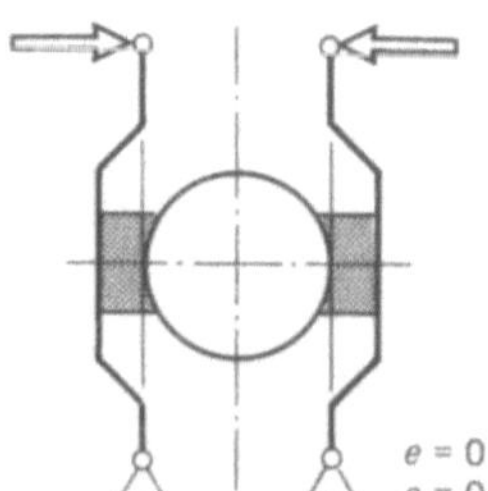

Bild 1-191

Mit $\alpha = \varrho$ errechnet sich dann das Bremsmoment

$$M_{Br} = \frac{2 F_x L R \tan \varrho}{h} = \frac{2 F_x L R \mu}{h}$$

Wird $e = -c$, so wird wiederum $L_2 = L_1$; auch bei dieser Ausführung sind die Bremskräfte in beiden Laufrichtungen gleich groß, Bild 1-192.

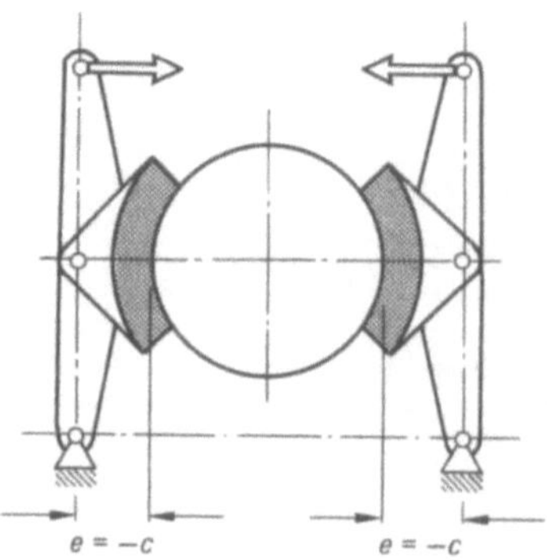

Bild 1-192

Liegen die Hebelendpunkte C und D gegenüber den Gelenken A und B seitlich versetzt, so sind auch die vertikalen Komponenten der in C und D wirksamen Aktionskräfte an der Bremswirkung beteiligt, Bild 1-193.

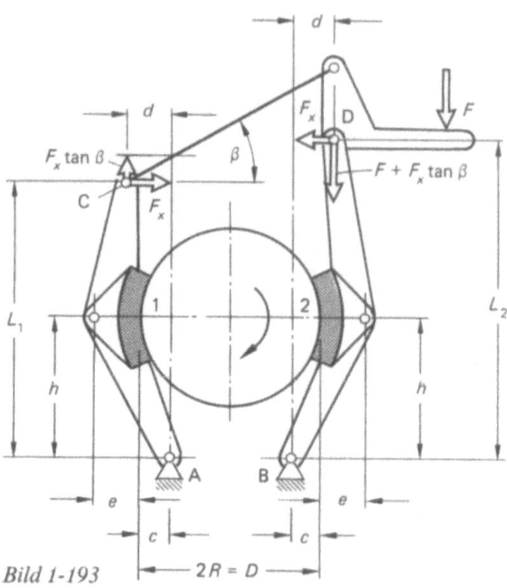

Bild 1-193

Aus den Gleichgewichtsbedingungen $\sum M_A = 0$ und $\sum M_B = 0$ folgen die Bremskräfte

$$F_{B1} = \frac{F_x (L_1 + d \tan \beta)}{h \cos \alpha - (e + c) \sin \alpha}$$

und

$$F_{B2} = \frac{F_x (L_2 - d \tan \beta) - F d}{h \cos \alpha + (e + c) \sin \alpha}$$

Das Bremsmoment errechnet sich aus

$$M_{Br} = (F_{B1} + F_{B2}) (e + R) \sin \alpha$$

mit

$$\sin \alpha = \frac{R \sin \varrho}{e + R}$$

Reibung am Gewinde

Beim Drehen einer Flachgewindeschraube vom mittleren Radius

$$r_m = \tfrac{1}{2}(r_1 + r_2)$$

wird eine Axialkraft F_a wirksam, z.B. zum Anheben eines mit dem Muttergewinde versehenen Gewichts. Die Gewindesteigung ist h (Ganghöhe), Bild 1-194 u. 1-195.

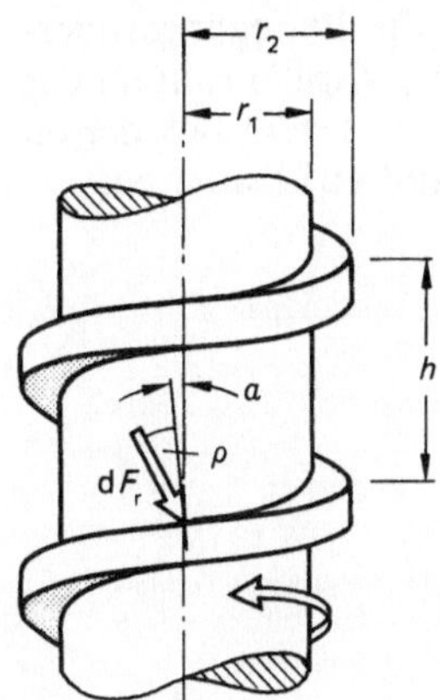

Bild 1-194

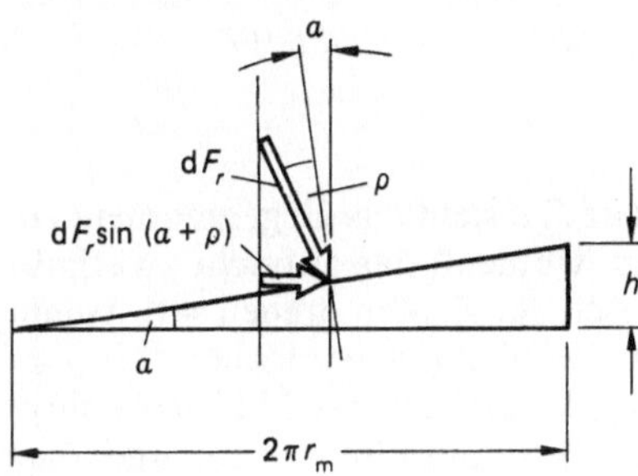

Bild 1-195

Das Drehmoment ergibt sich aus

$$M = \int dF_r \sin(\alpha + \varrho)\, r_m$$
$$M = r_m \sin(\alpha + \varrho) \int dF_r$$

mit

$$F_a = \int dF_r \cos(\alpha + \varrho)\,.$$

Damit folgt

$$M = F_a\, r_m \tan(\alpha + \varrho)$$

mit

$$\varrho = \arctan \mu\,.$$

Schraubenwirkungsgrad:

$$\eta = \frac{\text{Nutzarbeit}}{\text{aufgewandte Arbeit}} = \frac{F_a\, h}{M\, 2\pi}$$

$$\eta = \frac{F_a\, h}{F_a\, r_m \tan(\alpha + \varrho)\, 2\pi} = \frac{\tan\alpha}{\tan(\alpha + \varrho)}$$

Man spricht von Selbsthemmung, wenn durch Aufbringen der Axiallast keine Drehung entsteht. In diesem Fall ist $\alpha \leq \varrho$. Der Wirkungsgrad eines selbsthemmenden Gewindes ist also

$$\eta \leq \frac{\tan\alpha}{\tan(2\alpha)}$$

$$\eta \leq 0{,}5\,(1 - \tan^2\alpha) \leq 0{,}5\,.$$

Beim Spitzgewinde mit dem Flankenwinkel 2β (Teilflankenwinkel β) ist

$$\int dF_r \cos(\alpha + \varrho) = \frac{F_a}{\cos\beta}\,.$$

Damit das erforderliche Moment:

$$M = \frac{F_a\, r_m \tan(\alpha + \varrho)}{\cos\beta}$$

Bei kleinen Steigungswinkeln α kann mit guter Genauigkeit die Näherung

$$\frac{\tan(\alpha + \varrho)}{\cos\beta} \cong \tan(\alpha + \varrho')$$

gesetzt werden, wobei

$$\tan\varrho' = \frac{\mu}{\cos\beta} \quad \text{ist.}$$

Damit ergeben sich Drehmoment und Wirkungsgrad:

$$M \cong F_a\, r_m \tan(\alpha + \varrho')$$

$$\eta \cong \frac{\tan\alpha}{\tan(\alpha + \varrho')}$$

Rollreibung

Versetzt man einer Kugel oder einer runden Scheibe auf rauher Bahn eine anfängliche Translationsgeschwindigkeit, so wird sie zuerst nicht rollen, sondern auf der Bahn gleiten. Die dabei auftretende Gleitreibungskraft erzeugt ein Moment, so daß allmählich eine Drehung der Scheibe zu beobachten ist. Die Mischbewegung aus Translation und Rotation (Schlupfbewegung) wird, da sich die Drehung als Folge des anstehenden Moments vergrößert, zu einer reinen Abrollbewegung, bei der der Berührpunkt mit der Bahn der momentane Ruhepunkt (Momentanpol) ist. Bei reinem Rollen findet kein Abgleiten mehr statt, es treten keine Gleitreibungskräfte mehr auf. Dennoch kommt die Rollbewegung bei genügend langer Bahn zum Stillstand. Die Rollreibungserscheinungen erklären den Bewegungswiderstand, der für die Verlangsamung der Rollbewegung sorgt.

Wir müssen die Vereinfachung der Statik, nach der die Körper als ideal starr angesehen werden, aufgeben. Jeder Werkstoff hat elastische Eigenschaften, deformiert unter der Einwirkung von Kräften. Auch die Bahn, auf der das Rad abrollt, ist nicht ideal starr. So ist es zu verstehen, daß sich die elastischen Deformationen der Bahn derart auswirken, daß die Berührzone zwischen Rad und Bahn nicht punktförmig klein ist. Beim Rollen des Rades bildet sich diese Berührzone so aus, daß die Resultierende der in der Berührzone wirkenden Kräfte eine gegen die Bewegungsrichtung gerichtete Bahnkomponente hat, Bild 1-196.

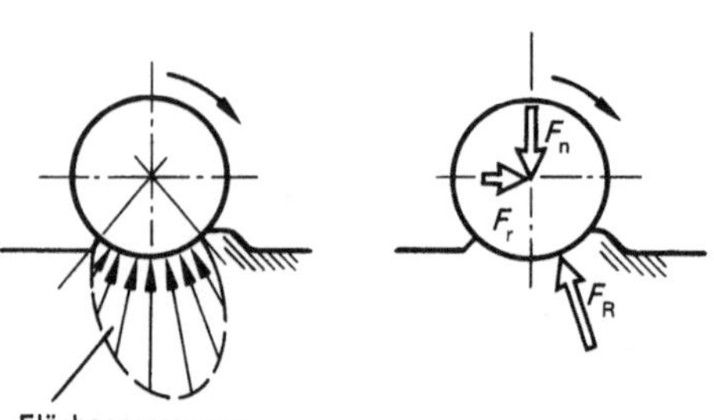

Bild 1-196

Zur Aufrechterhaltung der Rollbewegung muß dieser Bewegungswiderstand überwunden werden durch eine in Bewegungsrichtung aufzubringende Kraft F_r, die auch hier bei der Rollreibung der Normalkraft F_n proportional ist:

$$F_r = \mu_r \, F_n$$

Der Koeffizient der Rollreibung ist μ_r; das Rollreibungsgesetz entspricht also formal dem Gleitreibungsgesetz. Für die in der Technik üblichen Härten und Rauhigkeiten kann gesagt werden, daß μ_r viel kleiner ist als der Gleitreibungskoeffizient.

Zapfenreibung

Dreht man einen runden Zapfen in einer entsprechenden Bohrung, und bedenkt man, daß es eines Passungsspiels bedarf, damit Drehen möglich ist, so muß stets ein Drehmoment aufgebracht werden, um die Bewegungswiderstände zu überwinden. Der Zapfen rollt an der Bohrungswand hinauf, und es stellt sich der im Bild 1-197 gezeigte Zustand auf Dauer ein.

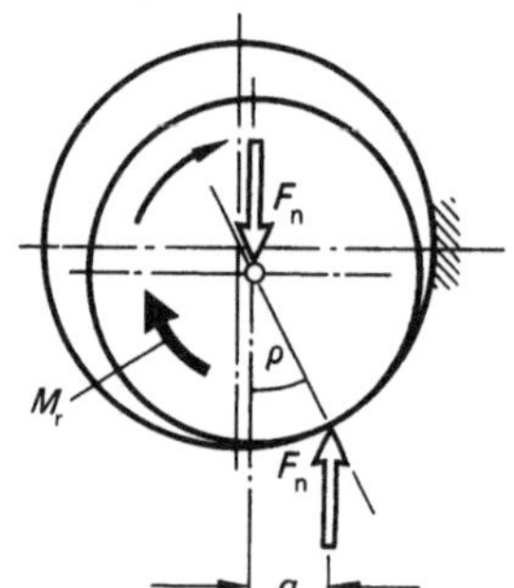

Bild 1-197

Das Kräftepaar $F_n\,q$ stellt das Gegenmoment zu M_r dar, jenem Moment, das aufrecht zu erhalten ist, wenn sich der Zapfen drehen soll. Wenn man für kleine Winkel ϱ vereinfachend $\sin\varrho \cong \tan\varrho$ annimmt, kann man das Maß $q = r \sin\varrho$ angenähert zu $q \cong r \tan\varrho$ schreiben, und das Zapfenreibungsmoment M_r ergibt sich zu

$$M_r = F_n\,q = F_n\,r \tan\varrho$$

mit $\tan\varrho = \mu_r$. Somit ist

$$M_r = F_n\,\mu_r\,r \; .$$

Seilreibung

Reibt ein biegsames Element, Seil oder Band oder Riemen, auf einer gekrümmten, starren Unterlage, so treten zwischen Seil und Gegenfläche Reibkräfte auf – Gleitreibungskräfte. Bei Bewegung des Seils werden die Kräfte an beiden Seilenden ungleich groß sein, Bild 1-198.

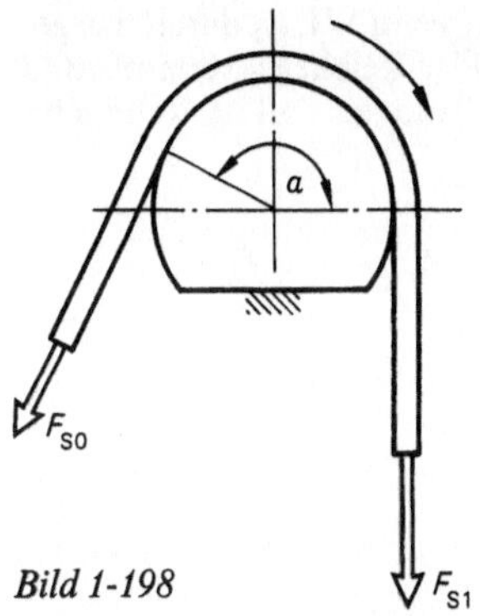

Bild 1-198

Das Verhältnis der Kräfte an den Seilenden steigt, wie eine Zahlenrechnung schnell zeigen kann, mit dem Umschlingungswinkel rasch an. Für $\mu = 0,1$ soll dies gezeigt werden, Tabelle 1-4.

Tabelle 1-4.

$e^{\mu\alpha}$	1,37	1,87	3,51	12,3	43,4
α	π	2π	4π	8π	12π

Greifen wir ein Seilelement von infinitesimal kleiner Länge heraus und untersuchen die Kräfte, die an diesem Element angreifen, Bild 1-199.

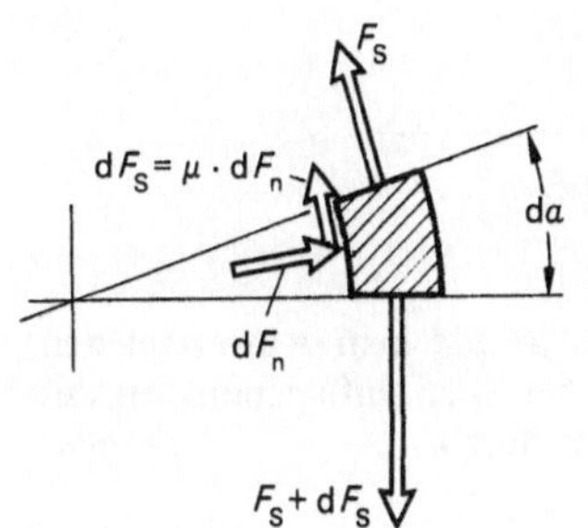

Bild 1-199

Aus dem Krafteck ergibt sich:

$$dF_\mathrm{S} = \mu\, dF_\mathrm{n}$$
$$\quad = \mu\, F_\mathrm{S}\, d\alpha$$

$$\int \frac{dF_\mathrm{S}}{F_\mathrm{S}} = \mu \int d\alpha$$

$$|\ln F_\mathrm{S}|_{F_\mathrm{S0}}^{F_\mathrm{S1}} = \mu\alpha$$

$$\ln F_\mathrm{S1} - \ln F_\mathrm{S0} = \mu\alpha$$

$$\ln \frac{F_\mathrm{S1}}{F_\mathrm{S0}} = \mu\alpha$$

$$\frac{F_\mathrm{S1}}{F_\mathrm{S0}} = e^{\mu\alpha}$$

mit

α Umschlingungswinkel im Bogenmaß,
μ Reibkoeffizient.

Übung 1-19

Es soll einerseits jene Kraft $F = F_1$ bestimmt werden, die die Masse m auf rauher Bahn aufwärts zu schieben vermag, und es soll andererseits jene Kraft $F = F_2$ ermittelt werden, die das Abwärtsrutschen des Körpers gerade verhindert, Bild 1-200.
Die Lösung zeigt Bild 1-201 bis 1-204.

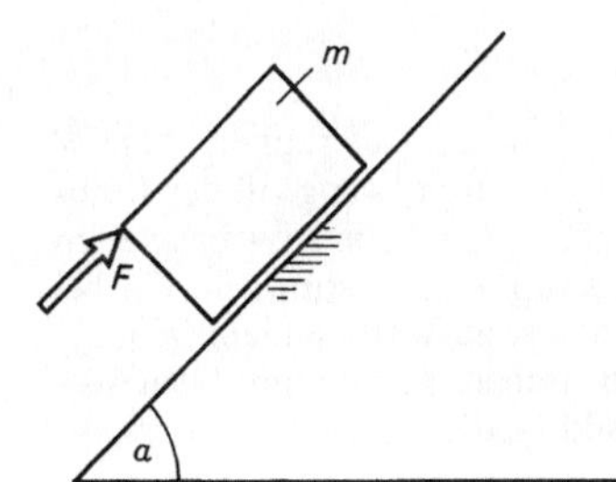

Bild 1-200

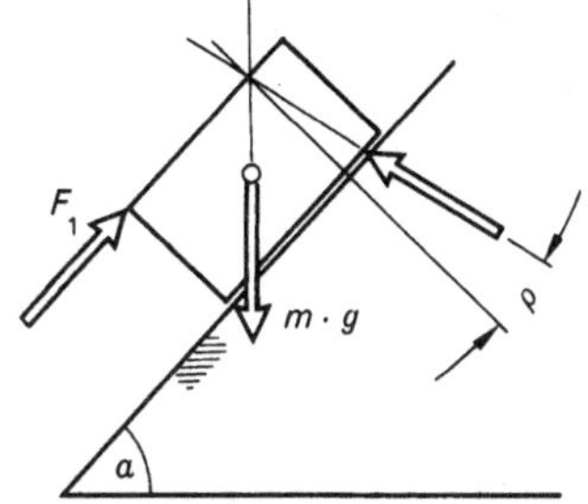

Bild 1-201

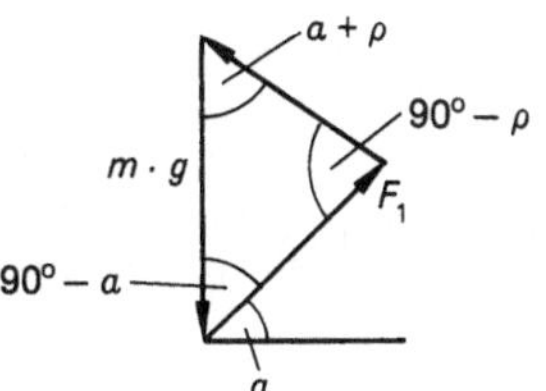

Bild 1-202

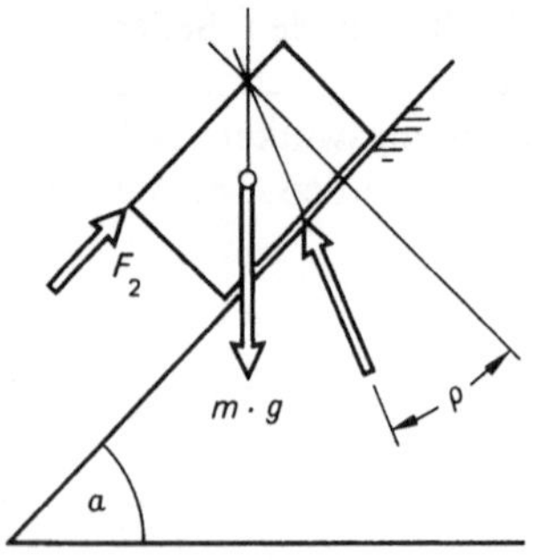

Bild 1-203

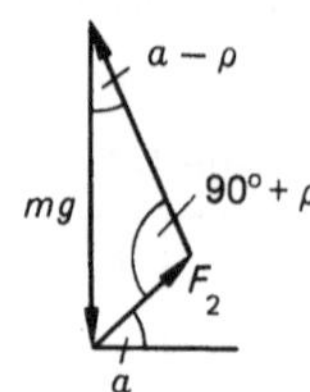

Bild 1-204

Aus dem Sinussatz folgt (Bild 1-202):

$$F_1 = m\,g\,\frac{\sin(\alpha + \varrho)}{\cos \varrho}\,.$$

Aus dem Sinussatz folgt (Bild 1-204):

$$F_2 = m\,g\,\frac{\sin(\alpha - \varrho)}{\cos \varrho}\,.$$

Übung 1-20

Die Masse m steht bei A und B auf rauher, schiefer Ebene. Es ist zunächst zu klären, wie groß der Reibkoeffizient μ' sein muß, damit kein Abwärtsgleiten eintritt. Dann ist die Kraft F zu bestimmen, die bei gegebenem $\mu < \mu'$ die Masse aufwärts schiebt ($F = F_1$) bzw. gegen Abwärtsrutschen gerade im Gleichgewicht hält ($F = F_2$), Bild 1-205.

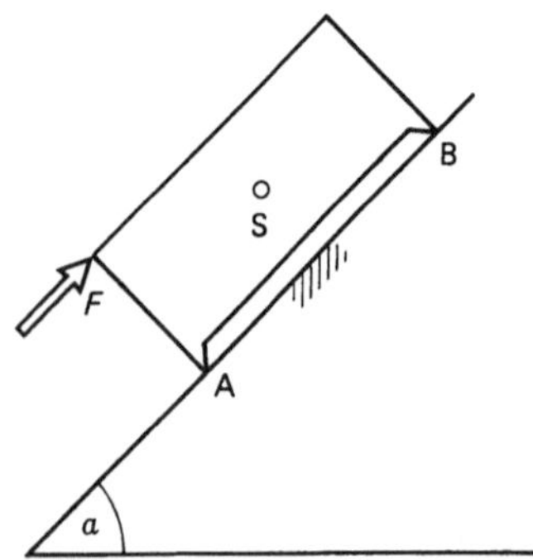

Bild 1-205

Lösung:

Solange keine hangparallele Kraft F wirkt und sich der Körper auf der schiefen Ebene quasi selbst überlassen bleibt, liegt ein Dreikräfteproblem vor. Gleichgewicht ist nur möglich, wenn die drei Kräfte F_G, F_A und F_B ein zentrales Kräftesystem bilden. Diese

Forderung ist nur erfüllt, wenn WLF_G durch das gemeinsame Schnittfeld beider Reibkegel verläuft. Bild 1-206 zeigt, daß dies erst dann der Fall ist, wenn gilt:

$$\varrho \geq \alpha\,.$$

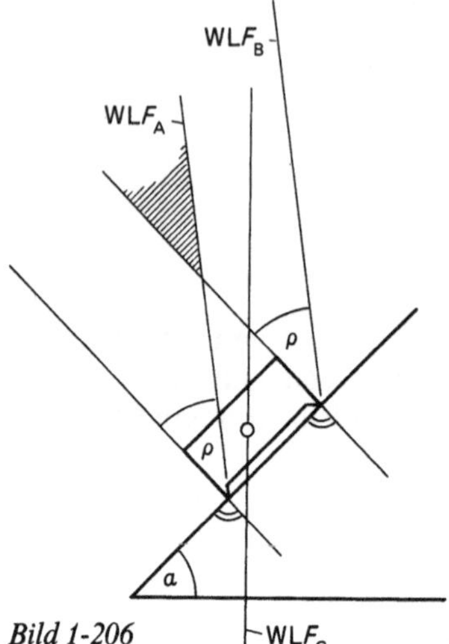

Bild 1-206

Der Grenzfall, in dem gerade kein Abwärtsgleiten einsetzt, ist also auch bei zwei Auflagepunkten des Körpers gekennzeichnet durch

$$\mu' = \tan \alpha\,.$$

Die Ermittlung jener Kräfte F_1 (benötigte Kraft zum Aufwärtsschieben) und F_2 (benötigte Kraft, um Abwärtsgleiten zu verhindern) ist graphisch mit Hilfe des Culmannschen Vierkräfteverfahrens möglich. Es soll hier die rechnerische Lösung des Problems gezeigt werden, Bild 1-207.

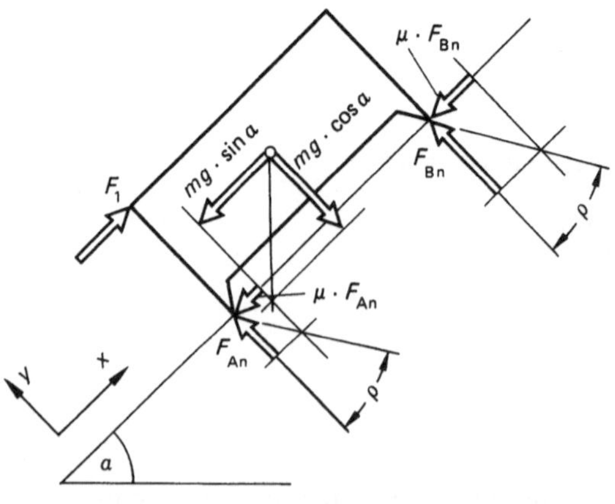

Bild 1-207

$$\sum F_x = 0$$
① $\quad 0 = F_1 - mg \sin\alpha - \mu F_{An} - \mu F_{Bn}$

$$\sum F_y = 0$$
② $\quad 0 = F_{An} + F_{Bn} - mg \cos\alpha$

aus ②: $F_{An} + F_{Bn} = mg \cos\alpha$
einsetzen in ①

Es ergibt sich $F_1 = mg(\sin\alpha + \mu\cos\alpha)$.
Die gegen Abwärtsrutschen haltende Kraft F_2 ergibt sich entsprechend zu

$$F_2 = mg(\sin\alpha - \mu\cos\alpha).$$

Die Gleitbedingung $\mu = \tan\alpha$ ergibt sich rechnerisch, wenn man $F_2 = 0$ setzt. Die Kräfte an den Reibstellen A und B ergeben sich aus einer Momenten-Gleichgewichtsbetrachtung oder aus der graphischen Lösung des Vierkräfteproblems.

Übung 1-21

Eine Greifzange zum Heben von Schmelztiegeln weist die in Bild 1-208 gezeigten Maße auf.

a) Welche Druckkraft F tritt beim Heben eines Tiegels vom Gewicht F_G in den Stangen 1 und 2 auf?
b) Welche Normalkräfte üben die Klauen auf den Tiegel aus?
c) Wie groß muß der Haftreibungskoeffizient mindestens sein, damit ein Anheben des Tiegels möglich ist?

Lösung:

a) Gleichgewicht für den Knoten k, Bild 1-209.

$$\tan\alpha = \frac{73 \text{ mm}}{200 \text{ mm}} = 0{,}365$$

$$\alpha = 20{,}0521°$$

$$F_{S1} = F_{S2} = \frac{\frac{1}{2}F_G}{\sin\alpha} = 1{,}4583\,F_G$$

b) Gleichgewicht für einen Greifarm, Bild 1-210.

$$\sum M_A = 0$$
$0 = F_{S1}\cos\alpha\,(100\text{ mm} + 300\text{ mm}\cos\alpha) +$
$\quad + F_{S1}\sin\alpha\,(300\text{ mm}\sin\alpha - 50\text{ mm}) -$
$\quad - F_{S3}\,100\text{ mm}$

$$F_{S3} = 5{,}4948\,F_G$$

$$\sum F_x = 0$$
$0 = F_{S3} - F_{S1}\cos\alpha - F_{An}$
$F_{An} = F_{Bn} = 5{,}4948\,F_G - 1{,}4583\,F_G\cos\alpha$
$F_{An} = F_{Bn} = 4{,}125\,F_G$

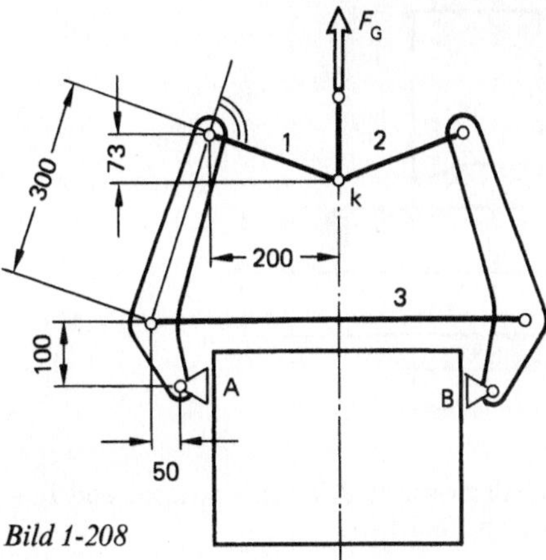

Bild 1-208

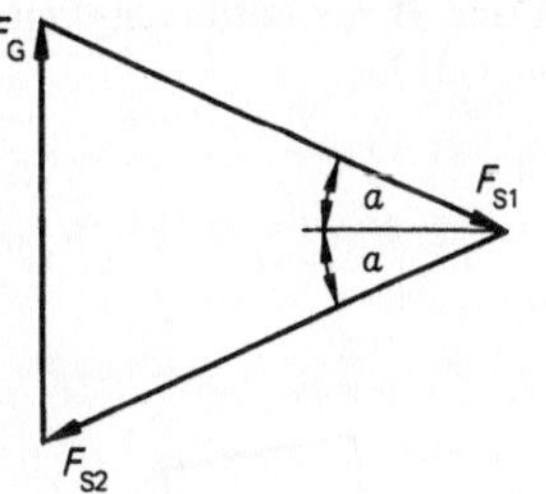

Bild 1-209

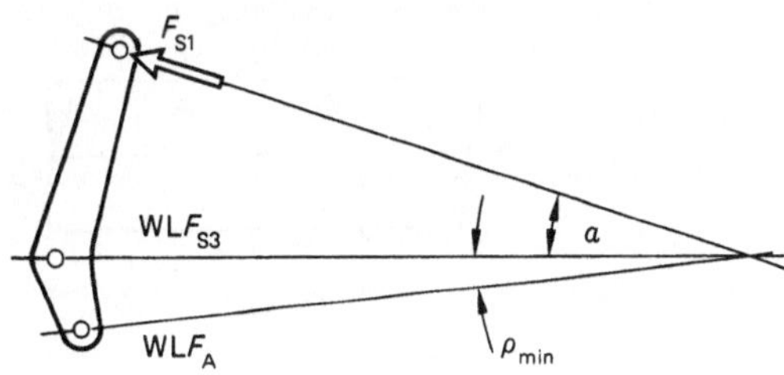

Bild 1-210

c) $\mu_{Min} = \tan\varrho_{Min} = \dfrac{\frac{1}{2}F_G}{F_{An}} = \dfrac{0{,}5\,F_G}{4{,}125\,F_G} = 0{,}1212$

Aus der Geometrie der WL des zentralen Kräftesystems folgt die Bestätigung:

$$\tan\varrho_{Min} = \mu_{Min} = \frac{100\text{ mm}}{\dfrac{300\text{ mm}}{\sin\alpha} - 50\text{ mm}} = 0{,}1212\,.$$

Übung 1-22

Es ist die Formel abzuleiten für jenes Maß e, bei dem bei gegebener Reibzahl und bekannten Maßen d und

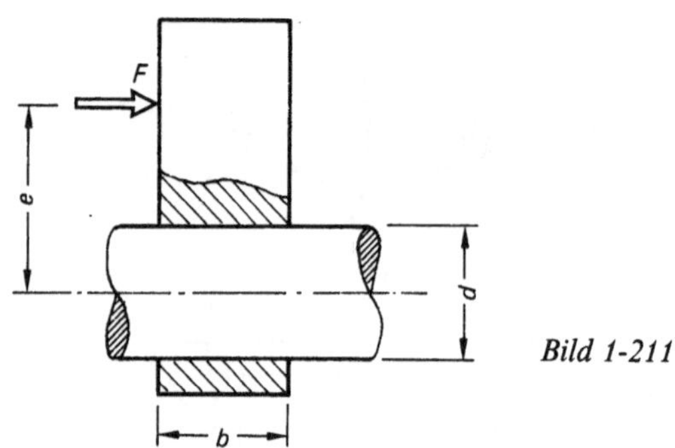

Bild 1-211

b der Grenzfall zwischen Ruhe (Blockieren) und Bewegung vorliegt, Bild 1-211.

Lösung:

Es kommen die Punkte A und B zur Berührung mit der Führung, Bild 1-212 u. 1-213.

$$e = \frac{\frac{b}{2}}{\tan\varrho} = \frac{b}{2\mu}$$

$$e > \frac{b}{2\mu} : \text{Ruhe}$$

$$e < \frac{b}{2\mu} : \text{Bewegung}$$

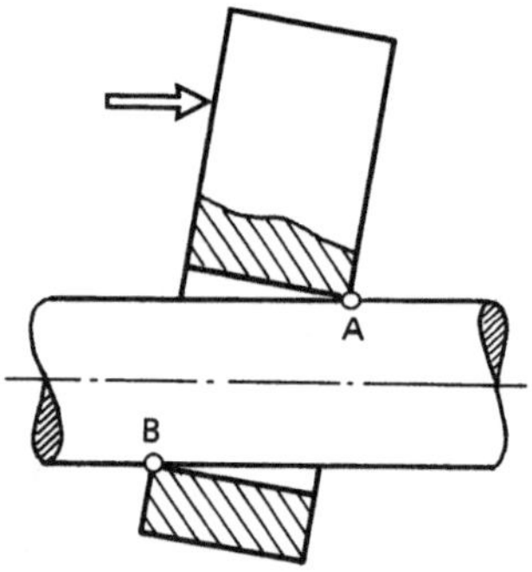

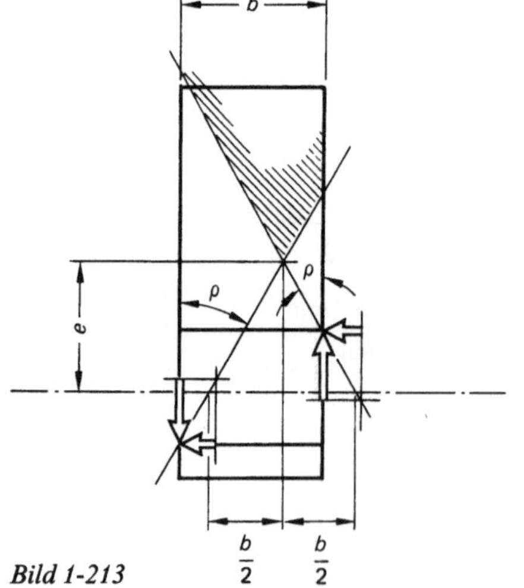

Bild 1-212

Bild 1-213

1.11. Statik der Seile und Ketten

Seile und Ketten werden hier als ideal biegeschlaffe (also momentenfreie) Tragelemente aufgefaßt; Dehnungen werden nicht berücksichtigt; Schnittgrößen sind ausschließlich positive Normalkräfte (Zugkräfte).

Lasten sind zunächst nur lotrechte Lasten aus den Masseteilchen der Kette im Schwerefeld. Gesucht ist die Form der Seillinie eines schweren Seils im Gleichgewichtszustand, Bild 1-214.

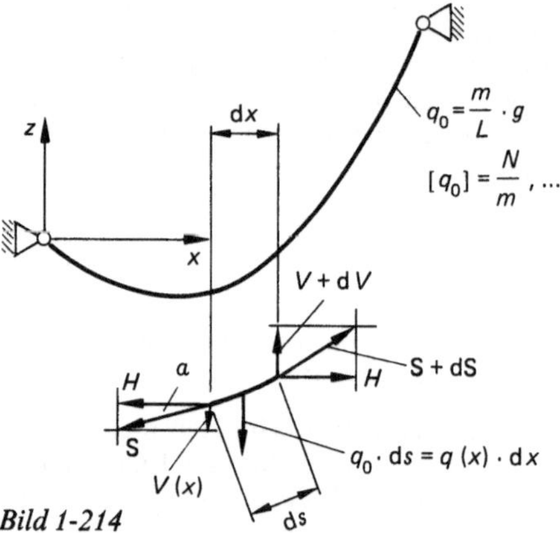

Bild 1-214

Die in Bild 1-214 verwendeten Zeichen haben folgende Bedeutung:

$V(x)$ = vertikale Schnittlastkomponente bei x,
H = horizontale Schnittlastkomponente (an allen Stellen des Seils!),
q_0 = spezifische Gewichtslast je Längeneinheit des Seils,
q_x = spezifische Gewichtslast des Seils, bezogen auf die Projektion des Seilstücks auf die x-Achse,
q_0 = konst,
$q(x) \neq$ konst, hängt von Stelle x ab!

Neigung der Tangente an die Seillinie an Stelle x:

$$\tan(\alpha) = \frac{\mathrm{d}z}{\mathrm{d}x} = z' = + \frac{V(x)}{H}$$

2. Ableitung: $z'' = \dfrac{\mathrm{d}z'}{\mathrm{d}x} = \dfrac{\mathrm{d}^2 z}{\mathrm{d}x^2} = \dfrac{V'(x)}{H} > 0$

2. Ableitung positiv, da Linkskrümmung im Sinne wachsender x.

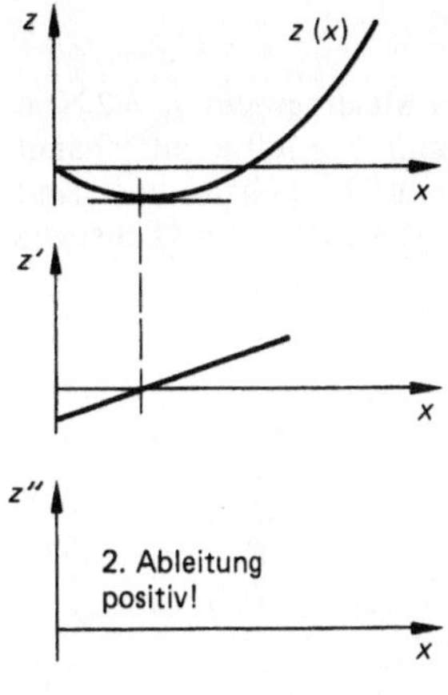

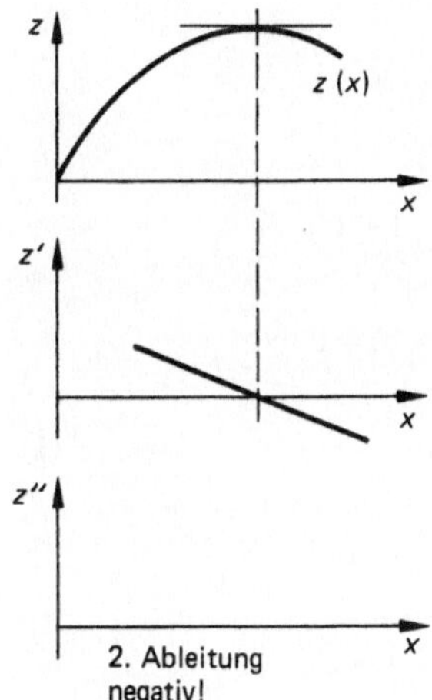

Bild 1-215

Allgemein zur Krümmung einer Linie, Bild 1-215.

Gleichgewichtsbetrachtung am Seilelement der Länge ds (Projektion dx):

$$\sum F_z = 0$$

$$dV = q(x)\,dx$$

$$\frac{dV}{dx} = q(x) = V'(x)$$

Aus $z'' = +\dfrac{V'(x)}{H}$ wird somit

$$z''(x) = \frac{q(x)}{H}$$

$$q_0\,ds = q(x)\,dx \ \rightarrow\ q(x) = q_0\,\frac{ds}{dx}$$

$$z''(x) = \frac{q_0\,ds}{H\,dx}$$

mit $ds = \sqrt{dx^2 + dz^2}$

$$ds = \sqrt{dx^2\left(1 + \underbrace{\frac{dz^2}{dx^2}}_{z'(x)^2}\right)}$$

$$z''(x) = \frac{q_0}{H\,dx}\,dx\,\sqrt{1 + z'(x)^2}$$

$$z''(x) = \frac{q_0}{H}\,\sqrt{1 + z'(x)^2}$$

Differentialgleichung der Seillinie. Ihre Integration (Lösung) liefert die Funktion $z(x)$ der Seillinie.

Lösung der Differentialgleichung:

1. Substitution:

$$z'(x) = p(x)$$

damit

$$z''(x) = p'(x) = \frac{dp(x)}{dx} = \frac{q_0}{H}\,\sqrt{1 + p(x)^2}\,.$$

Trennung der Variablen p, x:

$$\int \frac{dp(x)}{\underbrace{\sqrt{1 + p(x)^2}}_{\substack{\text{Grundintegral}\\ =\ \text{arcsinh}\,p(x)}}} = \frac{q_0}{H}\int dx$$

$$\text{arcsinh}\,p(x) = \frac{q_0\,x}{H} + C_1$$

$$p(x) = \sinh\left(\frac{q_0\,x}{H} + C_1\right)$$

Resubstitution:

$$z'(x) = p(x) = \frac{dz(x)}{dx} = \sinh\left(\frac{q_0\,x}{H} + C_1\right)$$

Abermaliges Trennen der Variablen

$$\int dz(x) = \underbrace{\int \sinh\left(\frac{q_0 x}{H} + C_1\right) dx}_{\text{Grundintegral allgemein:}}$$

$$\int \sinh(k)\, dk = +\cosh(k)$$

hier:

$$k = \frac{q_0 x}{H} + C_1$$

$$\frac{dk}{dx} = \frac{q_0}{H} \;\rightarrow\; dx = \frac{H}{q_0}\, dk$$

$$\int dz(x) = \int \sinh(k)\, \frac{H}{q_0}\, dk$$

$$z(x) = \frac{H}{q_0} \cosh\left(\frac{q_0 x}{H} + C_1\right) + C_2$$

Seillinie, Lösung der Differentialgleichung.
Die Integrationskonstanten C_1, C_2 werden über Randbedingungen ermittelt; dies sind quantitative Aussagen zur Geometrie der Seillinie, z. B. Neigung, Krümmung, Durchhang (z), oder auch Aussagen über Seillänge oder den Horizontalzug H.
Mathematik des hyperbolischen Sinus und Cosinus, Bild 1-216.

$$\sinh x = \tfrac{1}{2}(e^x - e^{-x}); \quad \sinh(-x) = -\sinh(x)$$
$$\cosh x = \tfrac{1}{2}(e^x + e^{-x}); \quad \cosh(-x) = +\cosh(x)$$

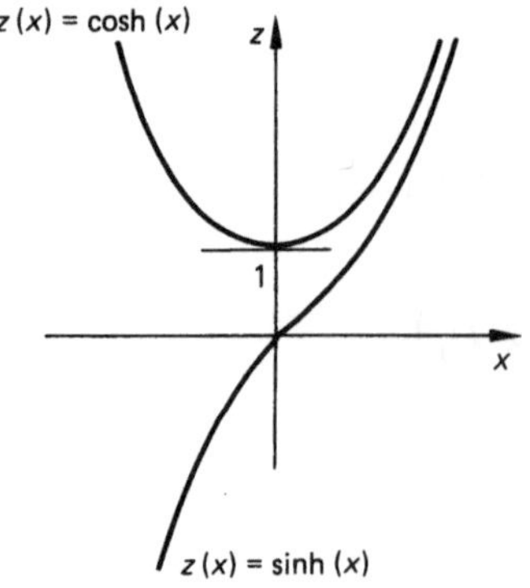

Bild 1-216

Ein biegeweiches Seil vom Metergewicht $q_0 = 2\,\text{N/m}$ ist höhengleich im Abstand $b = 100\,\text{m}$ aufgehängt und hängt dabei $f = 0,5\,\text{m}$ durch. Zu bestimmen sind die Kräfte in den Aufhängepunkten A und B sowie die Seillänge L, Bild 1-217.

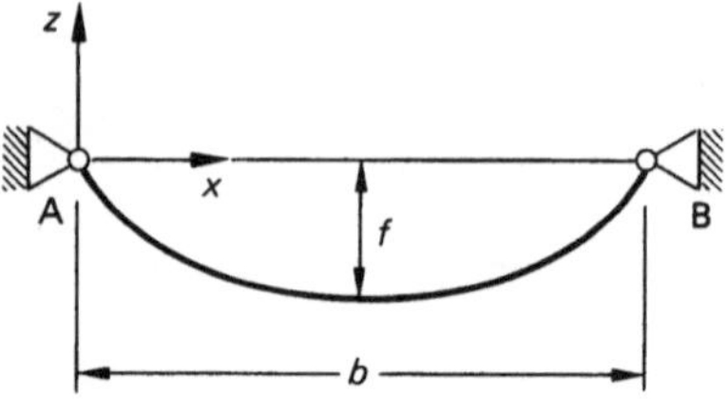

Bild 1-217

Lösung:

$$z(x) = \frac{H}{q_0} \cosh\left(\frac{q_0 x}{H} + C_1\right) + C_2$$

1. Randbedingung: $z(x = 0) = 0$

$$\Rightarrow 0 = \frac{H}{q_0} \cosh(C_1) + C_2 \tag{1}$$

2. Randbedingung: $z(x = b) = 0$

$$\Rightarrow 0 = \frac{H}{q_0} \cosh\left(\frac{q_0 b}{H} + C_1\right) + C_2 \tag{2}$$

3. Randbedingung: $z\left(x = \frac{b}{2}\right) = -f$
$$\text{(Symmetriebed.)}$$

$$\Rightarrow -f = \frac{H}{q_0} \cosh\left(\frac{q_0 b}{2H} + C_1\right) + C_2 \tag{3}$$

4. Randbedingung: $z'\left(x = \frac{b}{2}\right) = 0$

Ableitung:

$$z'(x) = \frac{H}{q_0} \frac{q_0}{H} \sinh\left(\frac{q_0 x}{H} + C_1\right)$$

$$z'(x) = \sinh\left(\frac{q_0 x}{H} + C_1\right)$$

$$0 = \sinh\left(\underbrace{\frac{q_0 b}{2H} + C_1}_{=0}\right)$$

$$C_1 = \frac{-q_0 b}{2H},$$

aus (2):
$$C_2 = -\frac{H}{q_0} \cosh\left(\frac{q_0 b}{H} + C_1\right)$$

$$= \frac{-H}{q_0} \cosh\left(\underbrace{\frac{q_0 b}{H} - \frac{q_0 b}{2H}}_{= \frac{q_0 b}{2H}}\right)$$

somit:
$$C_2 = -\frac{H}{q_0} \cosh\left(\frac{q_0 b}{2H}\right) \qquad (2')$$

aus (3):
$$C_2 = -f - \frac{H}{q_0} \cosh\left(\underbrace{\underbrace{\frac{q_0 b}{2H} - \frac{q_0 b}{2H}}_{=0}}_{= +1}\right)$$

$$\Rightarrow C_2 = -f - \frac{H}{q_0} \qquad (3')$$

darin ist H noch unbekannt!!

Aus (2') und (3'): $C_2 = C_2$

$$-\underbrace{\frac{H}{q_0} \cosh\left(\frac{q_0 b}{2H}\right)}_{\substack{\text{Reihenentwick-}\\ \text{lung für } \cosh(x):}} = -f - \frac{H}{q_0}$$

MAC LAURIN-Reihe

$$f(x) = f(0) + \frac{f'(0)}{1!} x + \frac{f''(0)}{2!} x^2 + \dots$$

$$f(x) = \cosh(x) \;\rightarrow\; f(0) = 1$$
$$f'(x) = \sinh(x) \;\rightarrow\; f'(0) = 0$$
$$f''(x) = \cosh(x) \;\rightarrow\; f''(0) = 1$$
$$f'''(x) = \sinh(x) \;\rightarrow\; f'''(0) = 0$$

$$\cosh(x) \cong 1 + \frac{1}{2!} x^2 \;\Big|\; + \frac{1}{4!} x^4 + \dots$$

abbrechen nach dem quadratischen Glied:

$$\cosh(x) \cong 1 + \frac{x^2}{2}$$

eingesetzt in:

$$-\frac{H}{q_0} \cosh\left(\frac{q_0 b}{2H}\right) = -f - \frac{H}{q_0}$$

mit:

$$\cosh(x) \cong 1 + \frac{x^2}{2} \quad \text{und} \quad x = \frac{q_0 b}{2H}$$

$$-\frac{H}{q_0}\left(1 + \left(\frac{q_0 b}{2H}\right)^2 \frac{1}{2}\right) = -f - \frac{H}{q_0}$$

$$+\frac{H}{q_0} \frac{q_0^2 b^2}{2 \cdot 4 H^2} = +f$$

$$H = \frac{q_0 b^2}{8f}$$

aus (3'):

$$C_2 = -f - \frac{H}{q_0} = -f - \underbrace{\frac{b^2}{\frac{8f}{H}}}_{= \frac{H}{q_0}}$$

$$C_2 = -f - \frac{H}{q_0}$$

Somit endgültig: Seillinie $z(x)$

$$z(x) = \frac{H}{q_0} \cosh\left(\frac{q_0 x}{H} - \frac{q_0 b}{2H}\right) - f - \frac{H}{q_0}.$$

Mit der 1. Ableitung liegen die Tangentenneigungen der Seillinie fest, und mit Hilfe der Tangentenneigungen in den Lagern A und B sind die Seilkräfte F_A, F_B aus H zu errechnen:

$$F_A = \frac{H}{\cos \alpha_A}$$

$$\alpha_A = z'(x = 0)$$

$$z'(x) = \sinh\left(\frac{q_0 x}{H} - \frac{q_0 b}{2H}\right)$$

$$\alpha_A = z'(x = 0) = \underbrace{\sinh\left(-\frac{q_0 b}{2H}\right)}_{\substack{\text{Reihenentwicklung}\\ \text{für } \sinh(x):\\ \textit{MAC LAURIN-Reihe}}}$$

$$f(x) = \sinh(x) \;\rightarrow\; f(0) = 0$$
$$f'(x) = \cosh(x) \;\rightarrow\; f'(0) = 1$$
$$f''(x) = \sinh(x) \;\rightarrow\; f''(0) = 0$$
$$f'''(x) = \cosh(x) \;\rightarrow\; f'''(0) = 1$$

$$f(x) = \sinh(x)$$

$$\sinh(x) = f(0) + \frac{f'(0)}{1!} x^1 + \frac{f''(0)}{2!} x^2 + \dots$$

$\sinh(x) \cong x + \dfrac{1}{3!}\, x^3 \Big|\ + \dots$ hier Reihe abbrechen.

$\alpha_A = \tan\alpha_A = z'(x=0)$

$z'(x=0) = -\dfrac{q_0 b}{2H} - \dfrac{1}{6}\left(\dfrac{q_0 b}{2H}\right)^3$ mit $H = \dfrac{q_0 b^2}{8f}$

$\tan\alpha_A = -\dfrac{4f}{b} - \dfrac{64 f^3}{6 b^3}$

$\tan\alpha_A = -\dfrac{4 \cdot 0{,}5\,\text{m}}{100\,\text{m}} - \dfrac{64 \cdot (0{,}5\,\text{m})^3}{6 \cdot (100\,\text{m})^3}$

$\tan\alpha_A = -0{,}020001\overline{3}$

$\quad \alpha_A = -1{,}1458°\,.$

Die weitere Rechnung ergibt

$F_A = \dfrac{H}{|\cos\alpha_A|}$ mit $H = \dfrac{q_0 b^2}{8f}$

$H = \dfrac{2\frac{\text{N}}{\text{m}}\,(100\,\text{m})^2}{8 \cdot 0{,}5\,\text{m}} = 5000\,\text{N}$

$F_A = \dfrac{5000\,\text{N}}{\cos(1{,}1458°)} = 5001\,\text{N}$

$F_B = \dfrac{H}{\cos\alpha_B}$

$\tan\alpha_B = z'(x=b)$

$z'(x=b) = \sinh\left(\dfrac{q_0 b}{H} - \dfrac{q_0 b}{2H}\right)$

$z'(x=b) = \sinh\left(\dfrac{q_0 b}{2H}\right)$

$\qquad \cong \dfrac{q_0 b}{2H} + \dfrac{1}{3!}\left(\dfrac{q_0 b}{2H}\right)^3 \equiv \tan\alpha_A$

somit auch durch Symmetrie bestätigt!
$F_A = F_B$: Bild 1-218.

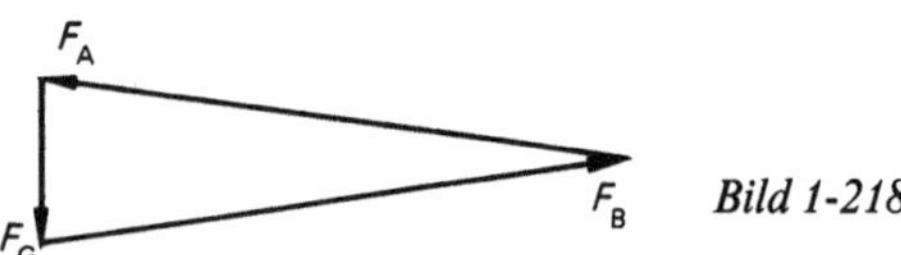

Bild 1-218

Probe:

$\dfrac{F_G}{2} = \sqrt{F_A^2 - H^2} = \sqrt{5001^2 - 5000^2}$

$\dfrac{F_G}{2} = 100{,}005\,\text{N}$

$F_G = 200{,}01\,\text{N}$

daraus die Seillänge

$L = \dfrac{F_G}{q_0} = \dfrac{200{,}01\,\text{N}}{2\frac{\text{N}}{\text{m}}} = 100{,}005\,\text{m}$

Seillänge aus Integration:

$L = \int \mathrm{d}s = \int \sqrt{\mathrm{d}x^2 + \mathrm{d}z^2}$

$L = 2 \displaystyle\int_{x=0}^{x=\frac{b}{2}} \mathrm{d}x\,\sqrt{1 + z'(x)^2}$

mit

$z(x) = \dfrac{H}{q_0}\cosh\left(\dfrac{q_0 x}{H} - \dfrac{q_0 b}{2H}\right) - f - \dfrac{H}{q_0}$

und

$z'(x) = \sinh\left(\dfrac{q_0 x}{H} - \dfrac{q_0 b}{2H}\right).$

Es gilt: $1 + \sinh^2(k) = \cosh^2(k)\,,$

damit wird:

$L = 2 \displaystyle\int_{x=0}^{x=\frac{b}{2}} \mathrm{d}x\,\sqrt{1 + \cosh^2\left(\dfrac{q_0 x}{H} - \dfrac{q_0 b}{2H}\right) - 1}$

$L = 2 \displaystyle\int_{x=0}^{x=\frac{b}{2}} \cosh\left(\dfrac{q_0 x}{H} - \dfrac{q_0 b}{2H}\right) \mathrm{d}x$

mit

$k = \dfrac{q_0 x}{H} - \dfrac{q_0 b}{2H}$

$\dfrac{\mathrm{d}k}{\mathrm{d}x} = \dfrac{q_0}{H} \ \to\ \mathrm{d}x = \dfrac{H}{q_0}\,\mathrm{d}k$

$L = 2 \displaystyle\int_{x=0}^{x=\frac{b}{2}} \cosh(k)\,\dfrac{H}{q_0}\,\mathrm{d}k$

$L = \dfrac{2H}{q_0}\left|\sinh\left(\dfrac{q_0 x}{H} - \dfrac{q_0 b}{2H}\right)\right|_0^{\frac{b}{2}}$

$L = \dfrac{2H}{q_0}\left(\underbrace{\sinh(0)}_{0} - \sinh\left(\dfrac{-q_0 b}{2H}\right)\right)$

$L = \dfrac{2H}{q_0}\left(+\sinh\left(\dfrac{q_0 b}{2H}\right)\right)$ mit $H = \dfrac{q_0 b^2}{8f}$

$L = \dfrac{b^2}{4f}\sinh\left(\dfrac{4f}{b}\right).$

Es gilt

$\sinh(x) = \dfrac{1}{2}(e^x - e^{-x})$

mit

$$\frac{4f}{b} = \frac{4 \cdot 0,5\,\text{m}}{100\,\text{m}} = 0,02$$

$$\Rightarrow \quad \sinh(0,02) = \frac{1}{2}\left(e^{0,02} - e^{-0,02}\right)$$

$$= 0,020001\overline{3}$$

$$L = \frac{(100\,\text{m})^2}{4 \cdot 0,5\,\text{m}}\, 0,020001\overline{3}$$

$$L = 100{,}007\,\text{m}\,.$$

Wird im Verlauf einer Rechnung eine Reihe entwikkelt, so ist zu bedenken, daß infolge des Abbrechens der Reihe Fehler entstehen, die um so größer sind, je früher die Reihe abgebrochen wird.

Übung 1-24

Ein biegeweiches Seil mit dem Metergewicht q_0 ist höhenungleich aufgehängt. Der Höhenunterschied der Aufhängepunkte beträgt $h = 20\,\text{m}$, das Seil hängt, bezogen auf den unteren Aufhängepunkt, $f = 1\,\text{m}$ durch. Der Horizontalzug beträgt $H = 1\,\text{kN}$. Zu bestimmen sind der horizontale Abstand der Aufhängepunkte, die Stelle x_0 des größten Durchhangs, die Auflagerkräfte in den Aufhängepunkten sowie die Seillänge L, Bild 1-219.

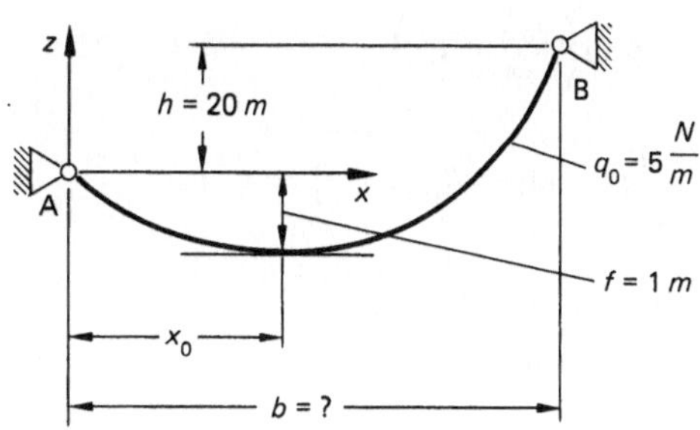

Bild 1-219

Lösung:

$$z(x) = \frac{H}{q_0}\cosh\left(\frac{q_0 x}{H} + C_1\right) + C_2$$

1. Randbedingung: $z(x = 0) = 0$

$$\Rightarrow \quad 0 = \frac{H}{q_0}\cosh(C_1) + C_2 \qquad (1)$$

2. Randbedingung: $z(x = x_0) = -1\,\text{m}$

x_0 aus der Randbedingung

$$z'(x = x_0) = 0$$

$$z'(x) = \sinh\left(\frac{q_0 x}{H} + C_1\right) \qquad (2)$$

$$0 = \sinh\left(\frac{q_0 x_0}{H} + C_1\right)$$

$$\frac{q_0 x_0}{H} + C_1 = 0$$

$$C_1 = \frac{-q_0 x_0}{H} \; \rightarrow \; x_0 = \frac{-C_1 H}{q_0}$$

C_1 muß also negativ sein!

Somit folgt aus der 2. Randbedingung:

$$-1\,\text{m} = \frac{H}{q_0}\cosh\left(\frac{-q_0}{H}\frac{C_1 H}{q_0} + C_1\right) + C_2$$

$$-1\,\text{m} = \frac{H}{q_0}\underbrace{\cosh(0)}_{= +1} + C_2$$

$$C_2 = -1\,\text{m} - \frac{H}{q_0} = -1\,\text{m} - \frac{1000\,\text{N}}{5\,\frac{\text{N}}{\text{m}}}$$

$$C_2 = -201\,\text{m}\,.$$

aus (1):

$$0 = \frac{H}{q_0}\cosh(C_1) - 201\,\text{m}$$

$$\cosh(C_1) = \frac{201\,\text{m}\, 5\,\frac{\text{N}}{\text{m}}}{1000\,\text{N}} = 1,005$$

Darin kann C_1 positiv oder negativ sein.

Mit $\quad \cosh(x) + \sinh(x) = e^x$

sowie $\quad 1 = \cosh^2(x) - \sinh^2(x)$

folgt: $\quad e^{C_1} = \cosh(C_1) + \sqrt{\cosh^2(C_1) - 1}$

$$e^{C_1} = 1,005 + \sqrt{1,005^2 - 1} = 1,105124922$$

$$C_1 \ln(e) = \ln(1,105\ldots)$$

$$C_1 = -0,09995838$$

negatives Vorzeichen aus Argumentation

$$x_0 = \frac{-C_1 H}{q_0} > 0 \;\Rightarrow\; C_1 < 0\,!$$

Damit lautet die *Gleichung der Seillinie:*

$$z(x) = \frac{H}{q_0}\cosh\left(\frac{q_0 x}{H} - 0,09995838\right) - 201\,\text{m}$$

a)

$$b = ? \qquad z(x = b) = h = 20\,\text{m}$$

$$20\,\text{m} = \frac{H}{q_0}\cosh\left(\frac{q_0 b}{H} - 0{,}09995838\right) - 201\,\text{m}$$

$$\frac{221\,\text{m}\cdot 5\frac{\text{N}}{\text{m}}}{1000\,\text{N}} = \cosh\left(\frac{5\frac{\text{N}}{\text{m}}\,b}{1000\,\text{N}} - 0{,}09995838\right)$$

$$1{,}105 = \cosh\underbrace{\left(\frac{b}{200} - 0{,}09995838\right)}_{= k}$$

Reihe:

$$\cosh(k) \cong 1 + \frac{k^2}{2!} + \dots$$

$$1{,}105 \cong 1 + \frac{k^2}{2} \qquad \Rightarrow$$

$$k \cong 0{,}458257570 \cong \frac{b}{200} - 0{,}09995838$$

$$b \cong 111{,}64\,\text{m}$$

oder *genau* wie folgt:

$$\cosh(k) = 1{,}105$$

$$\sinh(k) = \sqrt{\cosh^2 - 1} = 0{,}470132960$$

$$\left.\begin{array}{l} 1{,}105 = \frac{1}{2}(e^k + e^{-k}) \\[4pt] 0{,}470132960 = \frac{1}{2}(e^k - e^{-k}) \end{array}\right] +$$

$$\overline{1{,}57513296 = e^k}$$

$$\Rightarrow \quad k = 0{,}454339688$$

$$= \frac{b}{200} - 0{,}09995838$$

$$b = 110{,}86\,\text{m}$$

b)

$$x_0 = ?$$

$$x_0 = \frac{-C_1 H}{q_0} = \frac{-(-0{,}09995838)\cdot 1000\,\text{N}}{5\frac{\text{N}}{\text{m}}}$$

$$x_0 = 19{,}991676\,\text{m}$$

c)

$$F_A = \frac{H}{\cosh \alpha_A}$$

$$\tan \alpha_A = z'(x = 0) = \sinh(C_1)$$

$$\sinh(C_1) = \sinh(-0{,}09995838)$$

$$\tan \alpha_A = \frac{1}{2}(e^{-0{,}09995838} - e^{0{,}09995838})$$

$$\tan \alpha_A = -0{,}100124922$$

$$\alpha_A = -5{,}71768°$$

damit:

$$F_A = \frac{H}{|\cos \alpha_A|} = \frac{1000\,\text{N}}{\cos(5{,}71768°)} = 1005\,\text{N}$$

$$F_B = \frac{H}{\cos \alpha_B}$$

$$\tan \alpha_B = z'(x = b) = \sinh\left(\frac{q_0 b}{H} + C_1\right)$$

$$\tan \alpha_B = \sinh\left(\frac{5\frac{\text{N}}{\text{m}}\cdot 110{,}86\,\text{m}}{1000\,\text{N}} - 0{,}09995838\right)$$

$$\tan \alpha_B = \sinh(0{,}454341620)$$

$$\tan \alpha_B = \frac{1}{2}(e^{0{,}454341620} - e^{-0{,}454341620})$$

$$\tan \alpha_B = 0{,}470135096$$

$$\alpha_B = 25{,}1798411°$$

$$F_B = \frac{H}{\cos \alpha_B} = \frac{1000\,\text{N}}{\cos(25{,}1798411°)}$$

$$F_B = 1105{,}001\,\text{N}$$

d) Seillänge: $L = ?$

$$L = \int ds = \int \sqrt{dx^2 + dz^2}$$

$$L = \int dx\,\sqrt{1 + z'(x)^2}$$

mit $z'(x)$ aus

$$z(x) = \frac{H}{q_0}\cosh\left(\frac{q_0 x}{H} + C_1\right) + C_2$$

$$\Rightarrow z'(x) = \sinh\left(\frac{q_0 x}{H} + C_1\right)$$

$$L = \int dx\,\sqrt{1 + \sinh^2\left(\frac{q_0 x}{H} + C_1\right)}$$

$$L = \int \cosh\underbrace{\left(\frac{q_0 x}{H} + C_1\right)}_{= k} dx$$

$$\frac{dk}{dx} = \frac{q_0}{H} \quad \Rightarrow \quad dx = \frac{H}{q_0}\,dk$$

$$L = \int \cosh(k)\,\frac{H}{q_0}\,dk$$

$$L = \frac{H}{q_0}\left.\left|\sinh\left(\frac{q_0 x}{H} + C_1\right)\right|\right|_{x=0}^{x=b}$$

für $x = b \quad \Rightarrow$

$$\sinh(k) = \sinh\left(\frac{5\frac{\text{N}}{\text{m}}\cdot 110{,}86\,\text{m}}{1000\,\text{N}} - 0{,}09995838\right)$$

$$= \sinh(0{,}454341620)$$

für $x = 0$ $\Rightarrow$

$\sinh(k) = \sinh(-0,09995838)$
$\qquad = -0,100124922$

$$\frac{H}{q_0} = \frac{1000\,\mathrm{N}}{5\,\frac{\mathrm{N}}{\mathrm{m}}} = 200\,\mathrm{m}$$

$$L = 200\,\mathrm{m}\ \underbrace{(\sinh(0,454341620)}_{k_1} + 0,100124922)$$

$k_1 = \frac{1}{2}(e^{0,454341620} - e^{-0,454341620})$
$\qquad = 0,470135096$

$L = 200\,\mathrm{m}\,(0,470135096 - (-0,100124922))$

$L = 114,052\,\mathrm{m}$

1.12. Arten des Gleichgewichts

Von Gleichgewicht spricht man, wenn alle von außen auf den Körper bzw. das System einwirkenden Kräfte und Momente in Summe null sind:

$$\left.\begin{array}{l} \sum F = 0 \\ \sum M = 0 \end{array}\right\} \begin{array}{l}\text{Gleichgewichtsbedingungen} \\ \text{der Statik.}\end{array}$$

Im Gleichgewichtszustand erfährt der Körper bzw. das System keine resultierende Kraftwirkung; eine solche Resultierende würde Beschleunigungen des Systems hervorrufen:

$$\left.\begin{array}{l} \sum F = F_\mathrm{R} \equiv 0 \\ \sum M = M_\mathrm{R} \equiv 0 \end{array}\right\} \rightarrow \begin{array}{l} \mathrm{d}v = 0 \\ \mathrm{d}\dot\varphi = 0 \end{array}$$

Gleichgewicht bedeutet, daß die gespeicherten mechanischen Energien keine Veränderung erfahren; mechanische Energien sind

U_h potentielle Energie (Energie der Lage),
U_f Federenergie (Energie der elastischen Deformation),
E kinetische Energie.

Da im Gleichgewichtszustand $E = 0$ ist, kann Gleichgewicht auch gekennzeichnet werden durch

$$\partial U = 0$$

mit $U = U_\mathrm{h} + U_\mathrm{f}$, also die Summe aller sogenannten *Potential-Energien*. Erfährt diese in-

nere Energie U also keine Änderung, so liegt Gleichgewicht vor.

Betrachten wir ein physikalisches Pendel und lenken es aus seiner Gleichgewichtslage (Schwerpunkt unter dem Drehpunkt) durch ein Störmoment aus, Bild 1-220 u. 1-221.

$\sum M_\mathrm{A} = 0$
$\sum F\ \ = 0$

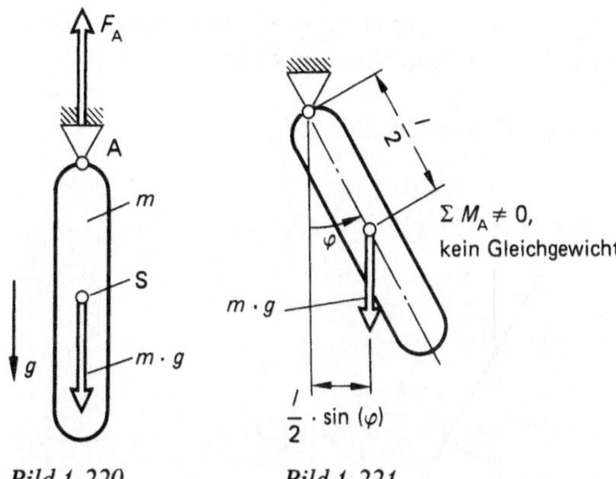

Bild 1-220   Bild 1-221

Das Moment $m\,g\,\frac{l}{2}\sin(\varphi)$ ist ein rückstellendes Moment, es drängt den Körper in die Gleichgewichtslage zurück; die Gleichgewichtslage war also *stabil*. Ein kleines Störmoment führt auch nur zu einer kleinen Lageänderung!

Wählt man für den Körper eine andere Gleichgewichtslage, nämlich die, bei der der Schwerpunkt über dem Drehpunkt liegt, so führen schon kleine Störungen zu großen Lageänderungen, Bild 1-222.

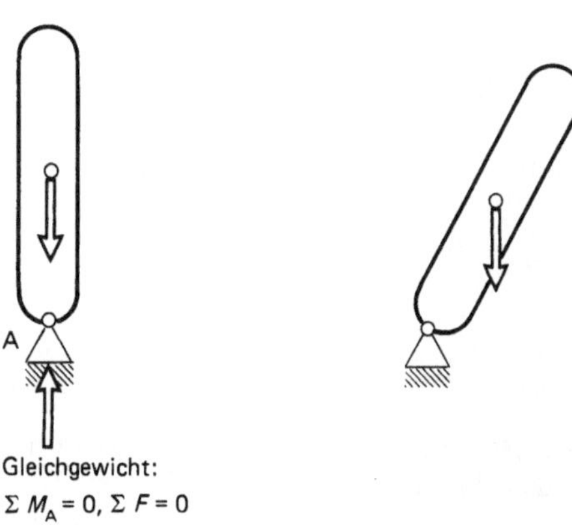

Bild 1-222

Das Moment $mg\frac{l}{2}\sin(\varphi)$ ist ein ausgelenktes Moment, es drängt den Körper weiter fort aus der Anfangslage. Eine kleine Anfangsstörung führt zu großen, wachsenden Lageänderungen! Die Gleichgewichtslage war also *labil*.

Labilität und Stabilität sind somit Arten oder Qualitäten des Gleichgewichtszustands.

Definition:

Bei hinreichend klein gewählten Anfangsstörungen sind in der stabilen Gleichgewichtslage auch die Lageänderungen klein.

Beispiel: Pendel, Bild 1-223.

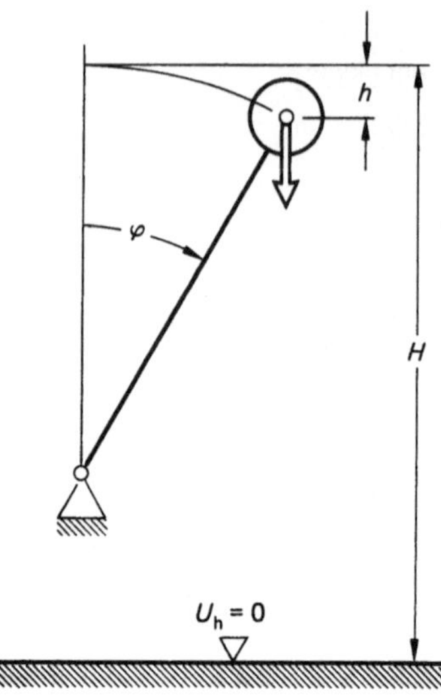

Bild 1-224

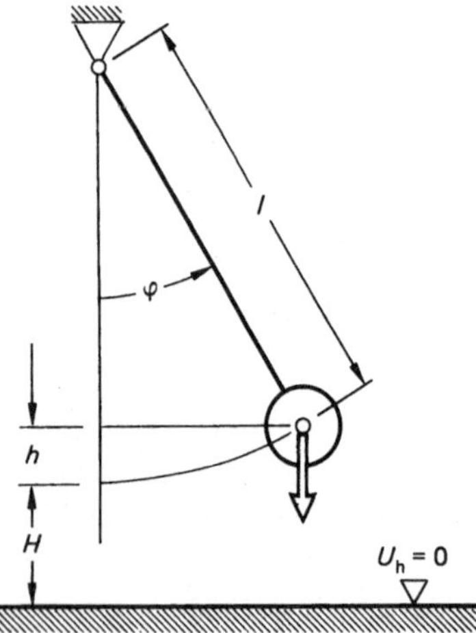

Bild 1-223

Gleichgewicht bei $\varphi = 0$

$$U = U_\mathrm{h}$$

$$U_\mathrm{f} = 0 \quad \text{(keine Feder)}$$

$$U(\varphi) = mg(H + h)$$

$$h = l(1 - \cos(\varphi))$$

$$\frac{\partial U(\varphi)}{\partial \varphi} = mgl\sin(\varphi)$$

für $\varphi = 0$ ist

$$\frac{\partial U(\varphi)}{\partial \varphi} = 0$$

$\partial U(\varphi) = 0$ ist also eine Gleichgewichtsbedingung für das statisch unbestimmte System. Befindet sich die Pendelmasse über dem Drehpunkt, Bild 1-224, so gilt auch:

Gleichgewicht bei $\varphi = 0$

$$U = U_\mathrm{h}$$

$$U_\mathrm{f} = 0 \quad \text{(keine Feder)}$$

$$U(\varphi) = mg(H - h)$$

$$h = l(1 - \cos(\varphi))$$

$$\frac{\partial U(\varphi)}{\partial \varphi} = mgl\sin(\varphi)$$

für $\varphi = 0$ ist

$$\frac{\partial U(\varphi)}{\partial \varphi} = 0$$

$\partial U(\varphi) = 0$ ist also eine Gleichgewichtsbedingung für das statisch unbestimmte System.

Untersuchen wir auch die 2. Ableitung für die beiden Gleichgewichtslagen, so ist festzustellen, daß diese 2. Ableitung für stabiles Gleichgewicht positiv wird, für das labile Gleichgewicht dagegen negativ.

Stabile Gleichgewichtslage, Bild 1-225:

$$\frac{\partial U(\varphi)}{\partial \varphi} = +mgl\sin(\varphi)$$

$$\frac{\partial^2 U(\varphi)}{\partial \varphi^2} = +mgl\cos(\varphi)$$

für $\varphi = 0$, die Gleichgewichtslage, wird

$$\frac{\partial^2 U(\varphi)}{\partial \varphi^2} > 0$$

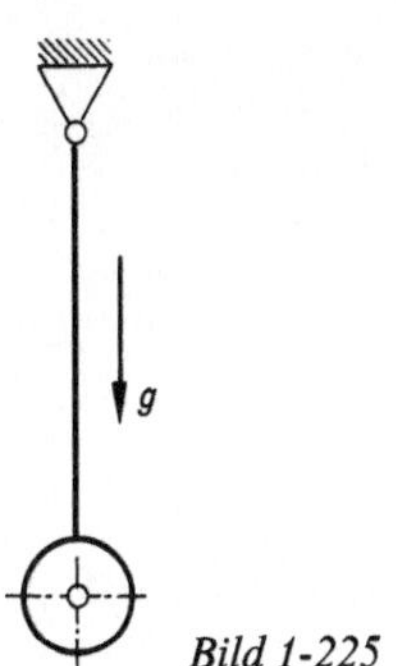

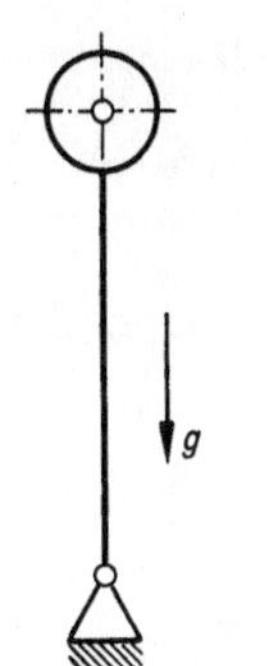

Bild 1-225   Bild 1-226

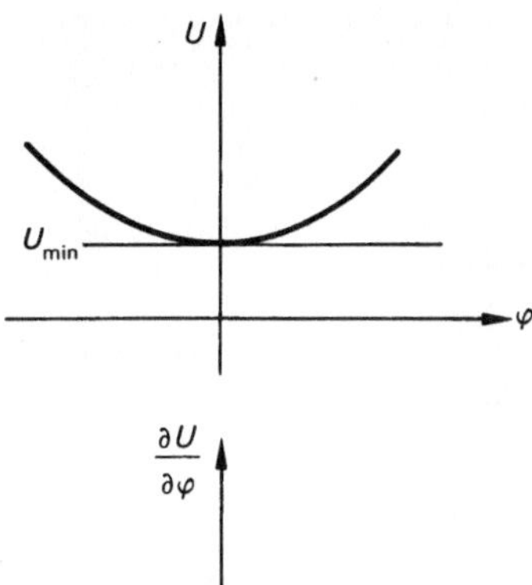

Stabilitätsbedingung:

U hat in der stabilen Gleichgewichtslage ein *Minimum*.

Labile Gleichgewichtslage, Bild 1-226:

$$\frac{\partial U(\varphi)}{\partial \varphi} = -m\,g\,l\,\sin(\varphi)$$

$$\frac{\partial^2 U(\varphi)}{\partial \varphi^2} = -m\,g\,l\,\cos(\varphi)$$

für $\varphi = 0$, die Gleichgewichtslage, wird

$$\frac{\partial^2 U(\varphi)}{\partial \varphi^2} < 0 \,.$$

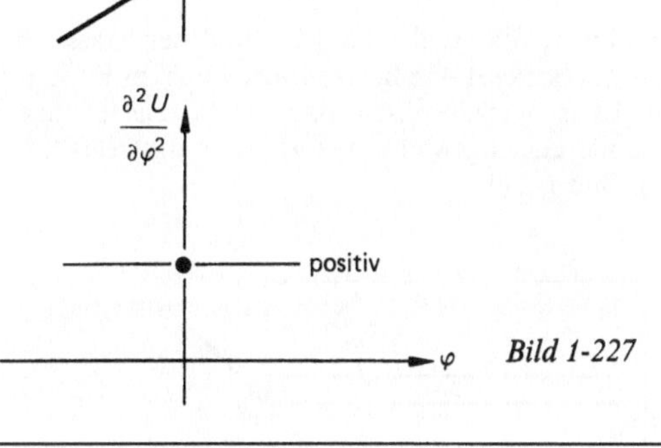

Bild 1-227

In der klassischen Elastostatik wird das Prinzip vom stationären Wert der potentiellen Energie zum Prinzip vom Minimum der potentiellen Energie.

Im Gleichgewichtsfall wird die erste Variante der gesamten potentiellen Energie des Systems zu Null; mit anderen Worten, die potentielle Energie nimmt einen stationären Wert an (*Prinzip vom stationären Wert der potentiellen Energie*).

Für ein im Gleichgewicht befindliches System ist bei einer Variation des Verformungszustands die Summe der virtuellen Arbeiten der inneren und äußeren Kräfte gleich Null; dieses Prinzip ersetzt die Gleichgewichtsbedingungen völlig.

Stabiles Gleichgewicht zeigt Bild 1-227.

Stabilität ist gekennzeichnet durch eine positive 2. Ableitung der inneren Energie U.

Labiles Gleichgewicht zeigt Bild 1-228.

Bei Systemen ohne Federenergien ist die stabile Gleichgewichtslage stets jene Lage, in der der Schwerpunkt am tiefsten ist, Bild 1-229.

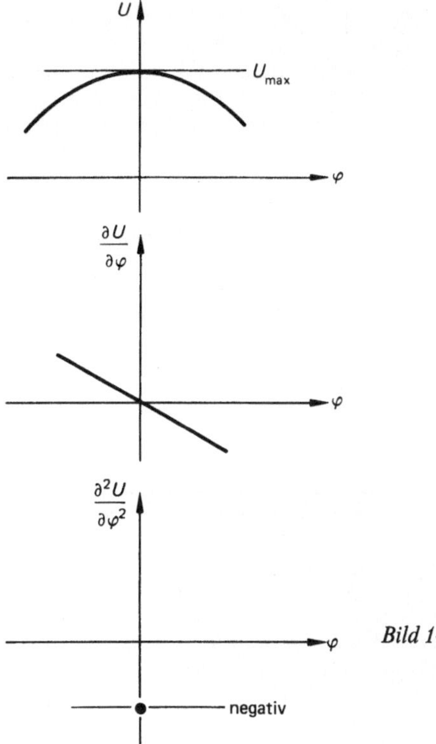

Bild 1-228

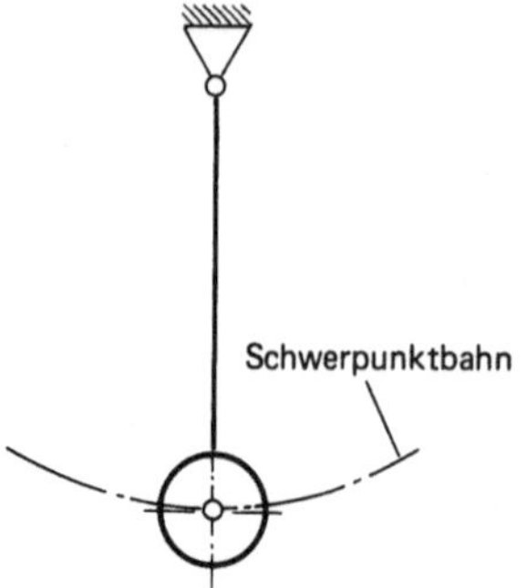

Bild 1-229

Übung 1-25

Eine schwere Stange der Länge L und der Masse m liegt – wie skizziert – in horizontaler Lage im Fundament. Es ist nachzuweisen, daß die skizzierte Lage eine labile Gleichgewichtslage ist (reibungsfreies System), Bild 1-230.

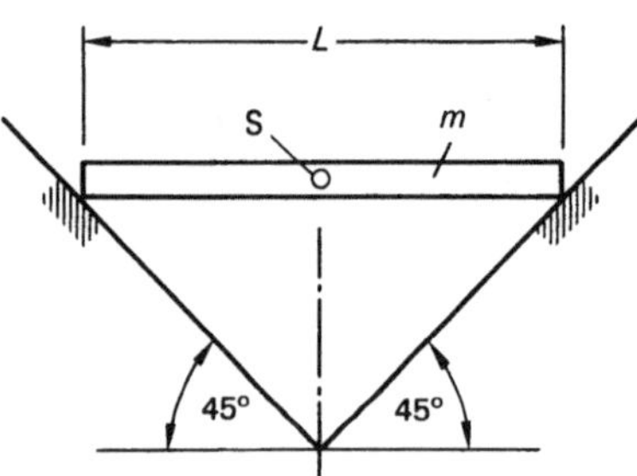

Bild 1-230

Lösung:

Es ergeben sich die in Bild 1-231 gezeigten Beziehungen.

ΔABS gleichschenklig, $\overline{AS} = \dfrac{l}{2}$

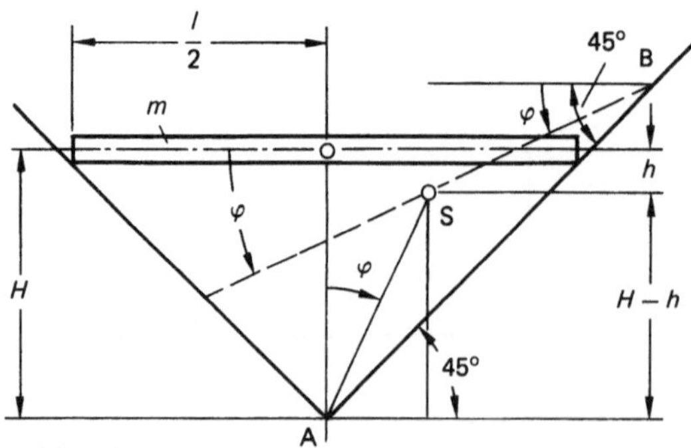

Bild 1-231

$$U(\varphi) = m\,g\,(H - h)$$

$$= m\,g\,\frac{l}{2}\cos(\varphi)\,.$$

$$\frac{\partial U(\varphi)}{\partial \varphi} = -m\,g\,\frac{l}{2}\sin(\varphi)$$

ist für $\varphi = 0$ null.

$$\frac{\partial^2 U(\varphi)}{\partial \varphi^2} = -m\,g\,\frac{l}{2}\cos(\varphi)$$

ist für $\varphi = 0$ negativ

$$\frac{\partial^2 U}{\partial \varphi^2} < 0\,,$$

d.h. in horizontaler Lage des Stabes liegt labiles Gleichgewicht vor! Schwerpunkt auf dem höchsten Punkt der Bahn, Bild 1-232.

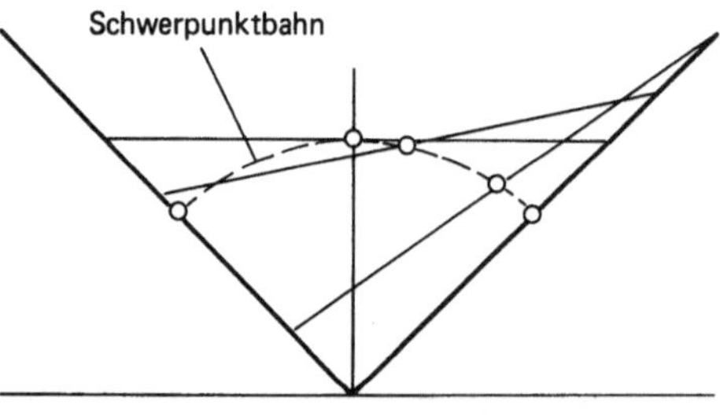

Bild 1-232

Prinzip von TORRICELLI:

Ein System von Körpern, das nur unter dem Einfluß der Schwere steht, ist im Gleichgewicht, wenn sein Gesamtschwerpunkt (Massenmittelpunkt) eine Extremlage einnimmt.

Übung 1-26

Es ist die Stabilitätsbedingung für das durch die Feder der Steifigkeit c gehaltene Gebilde aufzustellen, Bild 1-233.

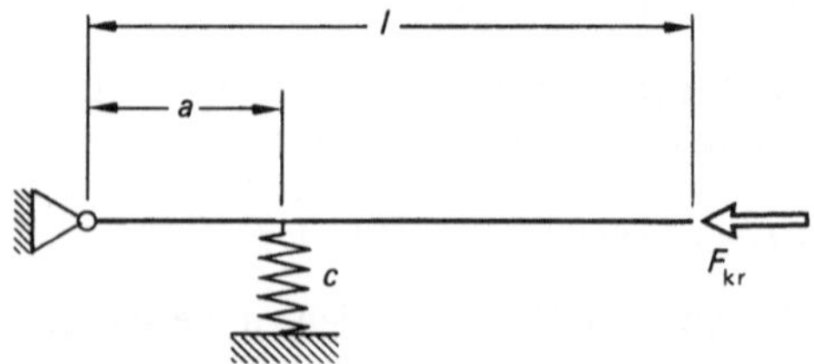

Bild 1-233

Lösung:

Die vor F aufgebrachte mechanische Arbeit ist gleich der Arbeit, die im System (elastisches System Feder) zusätzlich gespeichert wird.

Konservatives System:

Energieerhaltung:

Die von der virtuellen Verrückung des Systems vorhandene Energie U_0 wird vermehrt durch Zuwachs an

$$U = U_\mathrm{h} + U_\mathrm{f} \, ,$$

vermindert um die Arbeit der Nichtpotentialkräfte, die diesen Energiezuwachs aufzubringen haben, Bild 1-234 u. 1-235.

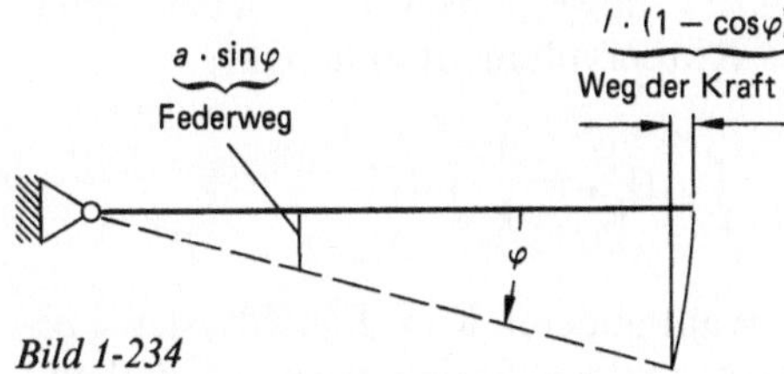

Bild 1-234

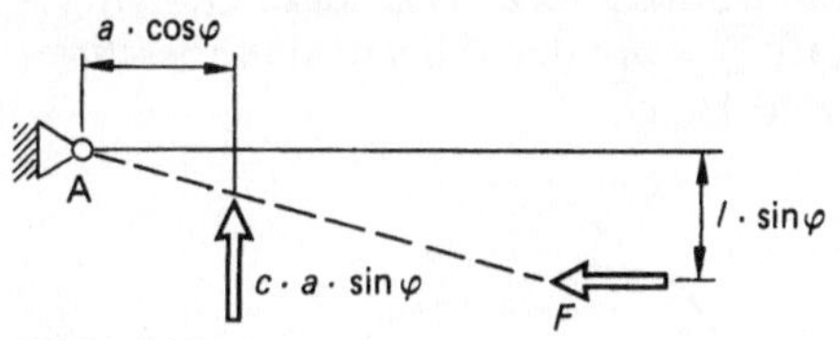

Bild 1-235

$$U(\varphi) = \frac{c}{2}\,(a\sin(\varphi))^2 - Fl(1 - \cos(\varphi)) + U_0$$

$$\frac{\partial U(\varphi)}{\partial \varphi} = 0 = \underbrace{\frac{c\,a^2}{2}\sin(2\varphi) - Fl\sin(\varphi)}_{\substack{\text{entspricht den Gleichgewichts-}\\ \text{bedingungen der } \textit{Statik}}}$$

ist erfüllt für $\varphi = 0$

$$\sum M_\mathrm{A} = 0$$
$$0 = c\,a\sin(\varphi)\,a\cos(\varphi) - Fl\sin(\varphi)$$
$$0 = \frac{c\,a^2}{2}\sin(2\varphi) - Fl\sin(\varphi)$$

$$\frac{\partial^2 U(\varphi)}{\partial \varphi^2} = c\,a^2\cos(2\varphi) - Fl\cos(\varphi) \, .$$

Stabilität:

$$\frac{\partial^2 U(\varphi)}{\partial \varphi^2} > 0$$

$$0 < c\,a^2\cos(2\varphi) - Fl\cos(\varphi)$$

$$Fl < \frac{c\,a^2\cos(2\varphi)}{\cos(\varphi)} \, ,$$

für $\varphi = 0$ folgt:

$$F_\mathrm{kr} < \frac{c\,a^2}{l}$$

Übung 1-27

Zu untersuchen ist die Stabilität des Gleichgewichts in der skizzierten Stellung des Systems. Die Stange ist biegesteif, Bild 1-236.

Lösung:

Bild 1-237 zeigt die gegebenen Beziehungen.

$$U(\varphi) = \frac{c}{2}\left(\frac{a}{2}\sin(\varphi)\right)^2 2 - F_\mathrm{kr}\,l(1 - \cos(\varphi))$$
$$\downarrow$$
$$2 \text{ Federn}$$
$$= \frac{c\,a^2}{4}\sin^2(\varphi) - F_\mathrm{kr}\,l + F_\mathrm{kr}\,l\cos(\varphi)$$

Gleichgewichtsbedingung:

$$0 = \frac{\partial U(\varphi)}{\partial \varphi} = \frac{c\,a^2}{4}\sin(2\varphi) - 0 + F_\mathrm{kr}\,l\sin(\varphi)$$

ist erfüllt für $\varphi = 0$.

Stabilitätsbedingung:

$$\frac{\partial^2 U(\varphi)}{\partial \varphi^2} > 0$$

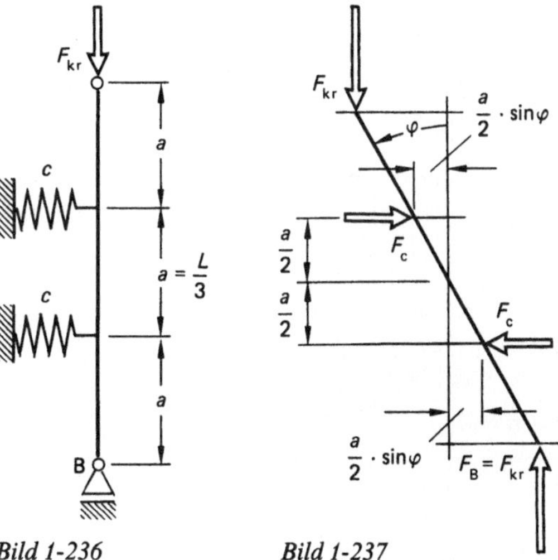

Bild 1-236   *Bild 1-237*

$$0 < \frac{c\,a^2}{4} \cos(2\varphi)\,2 - F_{kr}\,l\cos\varphi$$

$$F_{kr} < \frac{c\,a^2 \cos(2\varphi)}{2\,l\cos\varphi} \quad \text{mit } l = 3\,a$$

$$F_{kr} < \frac{c\,a \cos(2\varphi)}{6\cos\varphi}$$

Für $\varphi = 0$: $F_{kr} < \dfrac{c\,a}{6}$

1.13. Schwerpunkt

Körperschwerpunkt

Das Gewicht eines Körpers ist eine Kraft, die die Masse der Erde zufolge des Gravitationsfeldes auf die betrachtete Masse m ausübt. Jedes Massenteilchen dm der Gesamtmasse

$$m = \int_V dm$$

des Körpervolumens V erfährt diese Schwerkraft. Sucht man jenen Punkt des Körpers, an dem man sich die gesamte Gewichtskraft als Resultierende der Gewichtkräfte aller Massenteilchen angreifend vorstellen kann, ohne daß sich an der statischen Wirkung dadurch etwas ändert, so findet man jenen Punkt, der Massenmittelpunkt oder auch Schwerpunkt genannt wird, Bild 1-238.

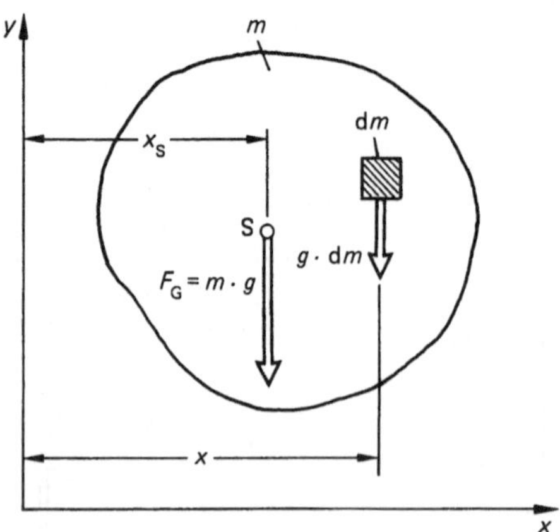

Bild 1-238

Aus dem Satz der statischen Momente folgt

$$m\,g\,x_S = \int_V g\,dm\,x$$

$$x_S = \frac{g \int_V dm\,x}{m\,g} = \frac{1}{m}\int_V dm\,x\,.$$

Darin stellt $x\,dm$ das statische Moment des Massenteilchens dm in bezug auf einen willkürlich gewählten Bezugspunkt, hier die z-Achse (also Ursprung des Koordinatensystems) dar.

Betrachtet man einen Körper konstanter Dichte ϱ, so folgt aus $m = \varrho V$ und $dm = \varrho\,dV$, daß die Lage des Schwerpunkts nur von der Verteilung des Körpervolumens abhängt:

$$x_S = \frac{1}{\varrho V}\int_V \varrho\,dV\,x = \frac{1}{V}\int_V dV\,x$$

Bei der Wahl anderer Koordinatensysteme ergeben sich analoge Beziehungen, so daß mit dem Schnittpunkt der WL der Gesamtgewichtskraft $F_G = m\,g$ der Schwerpunkt beschrieben ist, Bild 1-239.

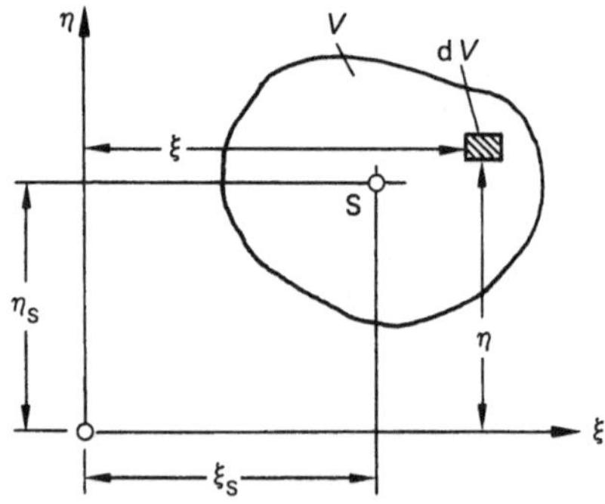

Bild 1-239

$$\xi_S = \frac{1}{V}\int_V dV\,\xi$$

$$\eta_S = \frac{1}{V}\int_V dV\,\eta$$

Darin ist $V = \int dV$

Flächenschwerpunkt

Nur Massen erfahren im Schwerefeld Gewichtskräfte; insofern ist es unangebracht, vom

Schwerpunkt einer Fläche und vom Schwerpunkt einer Linie zu sprechen. Stellen wir uns jedoch einen Körper von der gegebenen Fläche und konstanter Dicke vor, so ist bei hinreichend kleiner Wanddicke dieses Körpers der Massenmittelpunkt identisch mit dem Flächenschwerpunkt. Die konstante Wandstärke sei s; dann gilt

$$\mathrm{d}V = \mathrm{d}A\, s$$

$$V = \int \mathrm{d}A\, s = s \int \mathrm{d}A = s\,A\ .$$

Es folgt daraus die Lage des Flächenschwerpunkts

$$\xi_\mathrm{s} = \frac{1}{A\,s} \int_A \mathrm{d}A\, s\, \xi = \frac{1}{A} \int_A \mathrm{d}A\, \xi$$

und analog

$$\eta_\mathrm{s} = \frac{1}{A\,s} \int_A \mathrm{d}A\, s\, \eta = \frac{1}{A} \int_A \mathrm{d}A\, \eta\ .$$

Während bei der Bestimmung der Schwerpunktlage eines Körpers beliebiger Form der statische Momentenansatz dreimal, also für drei verschiedene Lagen des Körpers (bzw. auf drei verschiedene Raumachsen bezogen) durchgeführt werden muß, genügt es bei ebenen Flächen (und auch bei Linien in einer Ebene), diese Rechnung mit zwei Achsen durchzuführen.

Linienschwerpunkt

Auch bei der Linie von Schwerpunkt zu sprechen ist – wie gesagt – unangebracht. Wir stellen uns einen massebehafteten Draht konstanten Querschnitts vor, der in Form der betrachteten Linie geformt ist. Bei hinlänglich kleinem Querschnitt A des Drahts ist der Körperschwerpunkt des Drahts identisch mit dem Schwerpunkt des Linienzugs der Länge

$$L = \int \mathrm{d}s\ ,$$

denn mit $\mathrm{d}V = A\,\mathrm{d}s$ wird aus

$$\xi_\mathrm{s} = \frac{1}{V} \int_V \mathrm{d}V\, \xi$$

die Beziehung

$$\xi_\mathrm{s} = \frac{1}{A\,L} \int_L A\,\mathrm{d}s\, \xi = \frac{1}{L} \int_L \mathrm{d}s\, \xi$$

und analog

$$\eta_\mathrm{s} = \frac{1}{L} \int_L \mathrm{d}s\, \eta$$

mit $\mathrm{d}s$ als der Länge des infinitesimal kleinen Linienstücks.

Wählt man als Bezugsachse eine Schwerpunktachse, so wird der Schwerpunktabstand zu dieser Achse null, Bild 1-240.

$$\xi_\mathrm{s} = 0 = \int_A \mathrm{d}A\, \xi$$

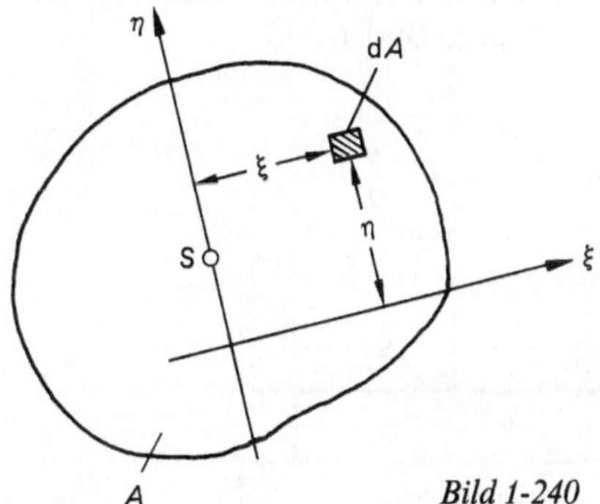

Bild 1-240

Daraus folgt der für die Mechanik so wichtige Satz, daß statische Momente, bezogen auf Schwerpunktachsen, stets null sind; dies gilt für Massen, Kräfte, Flächen, Linien.

Symmetrien

Die statischen Momente zweier symmetrisch zugeordneter Flächen (Massen, Linienstücke) ergänzen sich zu null; das resultierende statische Flächenmoment aller Flächenteilchen ist also null, Bild 1-241.

Aus $\int_A \mathrm{d}A\, \xi = 0$ folgt $\xi_\mathrm{s} = 0$.

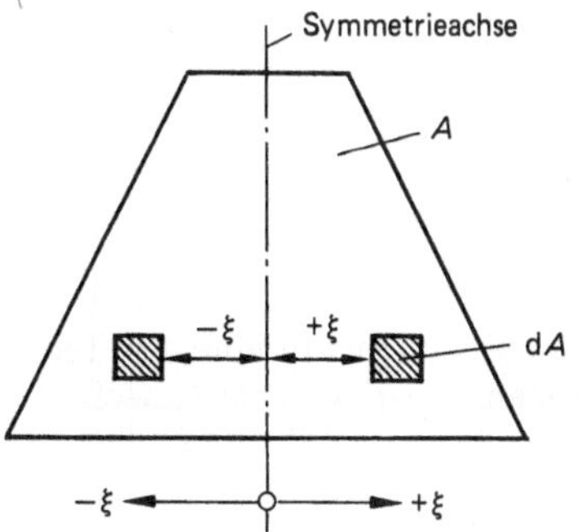

Bild 1-241

Der Schwerpunkt von symmetrischen Körpern, Flächen, Linien liegt stets auf der Symmetrieachse. Bei Mehrfachsymmetrie (z. B. Rechteckfläche, Kreislinie, Quader) findet man den Schwerpunkt als Schnittpunkt der Symmetrielinien.

Die Beschreibung der Schwerpunktlage in Integralform (Integral = Summenzeichen) erlaubt bei zusammengesetzten Flächen (Körpern, Linien) dann eine vereinfachte Berechnung, wenn die Schwerpunkte der Teilflächen bereits bekannt sind. In diesem Fall entfällt die Integration, aus dem Integral wird ein Summenzeichen, und es treten soviele Summanden auf wie Teilflächen vorliegen, Bild 1-242.

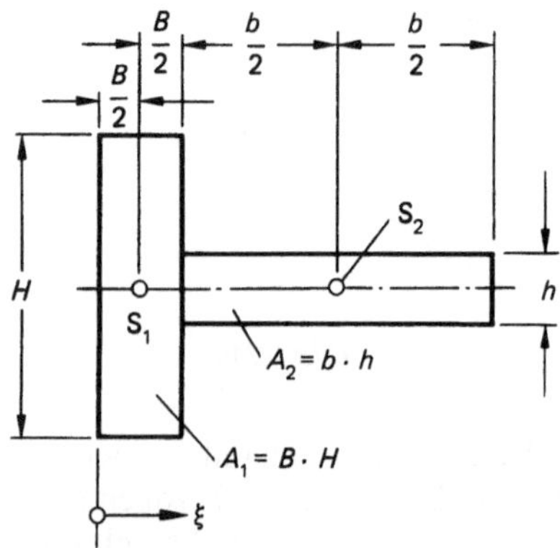

Bild 1-242

$$\zeta_S = \frac{A_1 \zeta_{S_1} + A_2 \zeta_{S_2}}{A}$$

$$\zeta_S = \frac{1}{A} \sum_{i=1}^{n} (A_i \zeta_{S_i})$$

wobei

A = Gesamtfläche und
n = Anzahl der Teilflächen ist;

$$\zeta_S = \frac{A_1 \dfrac{B}{2} + A_2 \left(B + \dfrac{b}{2}\right)}{A_1 + A_2}$$

Werden Lochflächen zunächst in eine der Teilflächen A_i einbezogen, so ist ihr Anteil anschließend wieder zu subtrahieren; dies sowohl im Zähler bei den statischen Flächenmomenten als

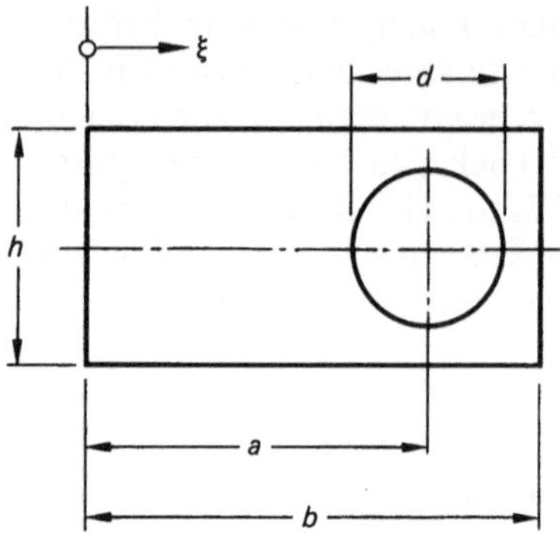

Bild 1-243

auch im Nenner bei den Flächen. Ein Beispiel gibt die Rechteckscheibe mit Rundloch in Bild 1-243.

$$A_1 = b\,h$$

$$A_2 = \frac{d^2 \pi}{4}$$

$$\zeta_S = \frac{\displaystyle\sum_{i=1}^{2} (A_i \zeta_{S_i})}{A}$$

$$\zeta_S = \frac{A_1 \dfrac{b}{2} - A_2 a}{A_1 - A_2}$$

Pappus-Guldinsche Regeln

Der Rauminhalt (Volumen) eines Umdrehungskörpers ergibt sich aus der Schnittfläche A (Umdrehungsachse y liegt in der Schnittebene) und dem Weg ihres Schwerpunkts, Bild 1-244:

$$V = A\,2\pi\,x_0 .$$

Analog ergibt sich die Oberfläche eines Umdrehungskörpers aus der erzeugenden Linie und

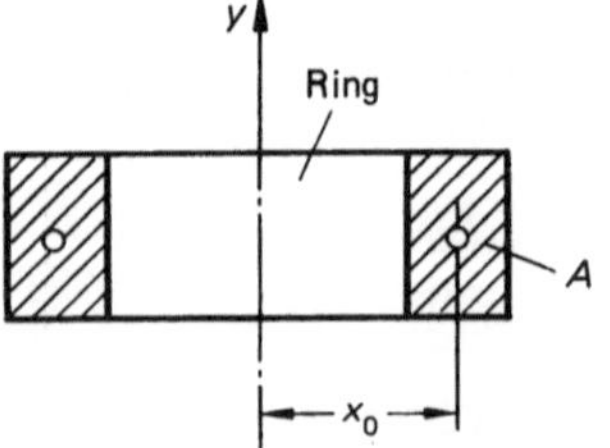

Bild 1-244

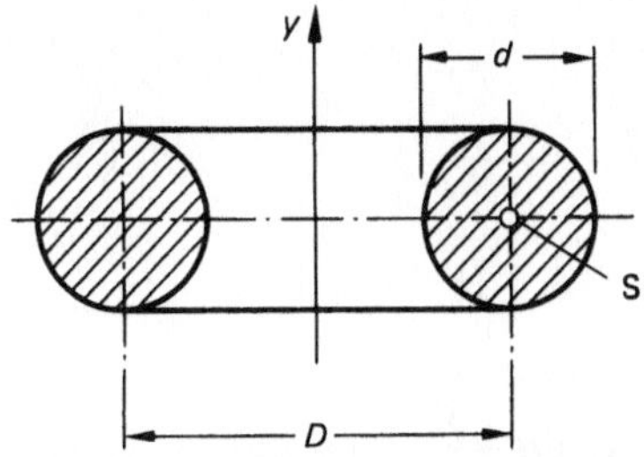

Bild 1-245

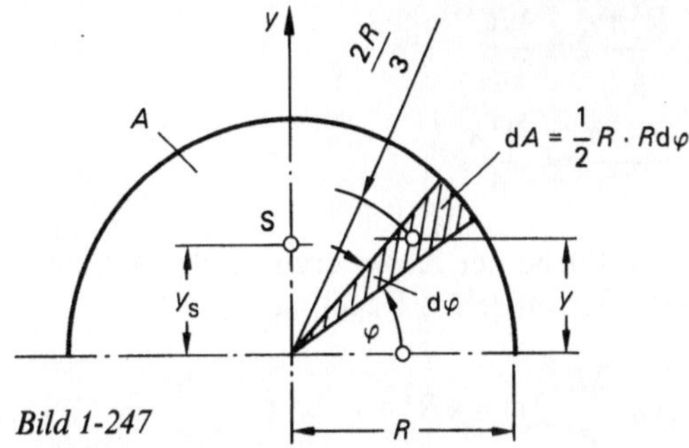

Bild 1-247

dem Weg des Linienschwerpunkts. Ein Beispiel gibt der Ring mit Kreisquerschnitt in Bild 1-245.

S = Linienschwerpunkt
O = Oberfläche des Rings
$D\pi$ = Länge der erzeugenden Linie

$$O = d\pi\, D\pi$$
$$O = D\, d\pi^2$$

Ein Beispiel für den Linienschwerpunkt des Halbkreisbogens gibt Bild 1-246.

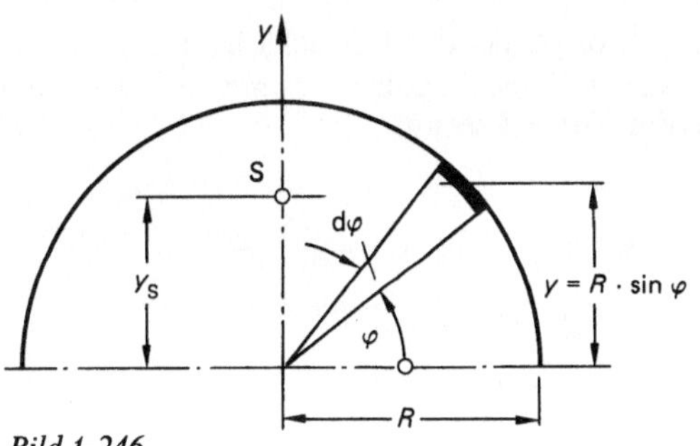

Bild 1-246

$$y_S = \frac{1}{L}\int y\, \mathrm{d}s$$

$$\mathrm{d}s = R\, \mathrm{d}\varphi$$
$$y = R\sin\varphi$$
$$L = R\pi$$

$$y_S = \frac{1}{R\pi}\int_{\varphi=0}^{\varphi=\pi} R\sin\varphi\, R\, \mathrm{d}\varphi$$

$$y_S = -\frac{R}{\pi}\,|\cos\varphi|_0^\pi = -\frac{R}{\pi}(-2) = \frac{2R}{\pi}$$

Ein Beispiel für den Schwerpunkt der Halbkreisfläche gibt Bild 1-247.

$$y_S = \frac{1}{A}\int y\, \mathrm{d}A$$

$$A = \frac{R^2\pi}{2}$$

$$y = \frac{2R}{3}\sin\varphi$$

$$\mathrm{d}A = \frac{R^2}{2}\, \mathrm{d}\varphi$$

$$y_S = \frac{2}{R^2\pi}\int_{\varphi=0}^{\varphi=\pi}\frac{2R}{3}\sin\varphi\,\frac{R^2}{2}\, \mathrm{d}\varphi$$

$$y_S = -\frac{2R}{3\pi}\,|\cos\varphi|_0^\pi = \frac{4R}{3\pi}$$

Ein Beispiel für das Volumen der Kugel zeigt Bild 1-248.

$$V = A\, 2\pi\, x_S$$

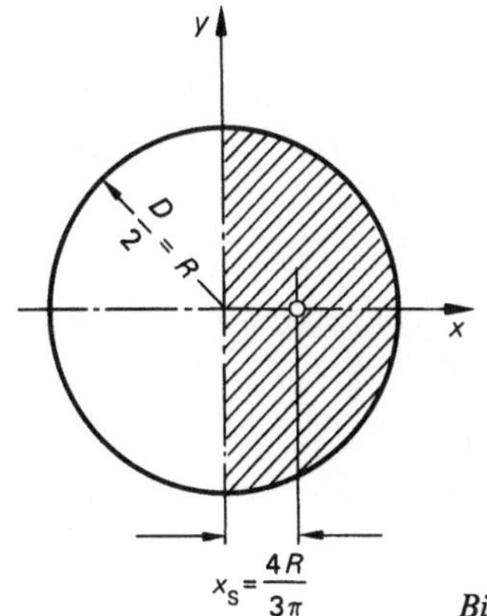

Bild 1-248

$$V = \frac{R^2 \pi}{2} \, 2\pi \, \frac{4R}{3\pi}$$

$$V = \frac{4R^3 \pi}{3} = \frac{D^3 \pi}{6}$$

Die Oberfläche der Kugel ergibt sich nach der PAPPUS-GULDINSchen Regel zu

$$O = R\pi \, \frac{2R}{\pi} \, 2\pi = 4R^2 \pi = D^2 \pi \, .$$

Ein Beispiel für den Schwerpunkt der Dreiecksfläche zeigt Bild 1-249.

Proportion:

$$\frac{g}{h} = \frac{b}{h - \eta}$$

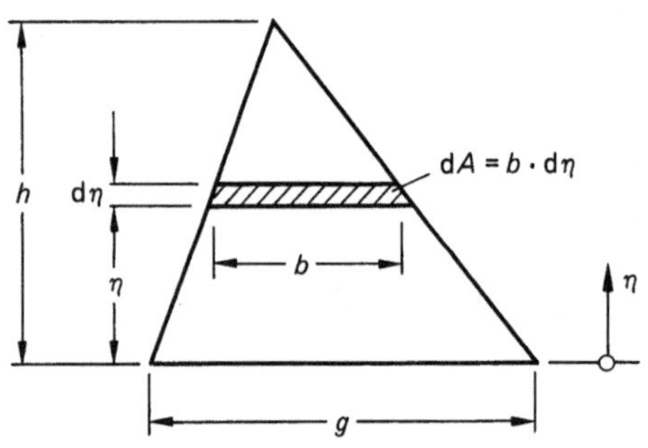

Bild 1-249

$$\eta_s = \frac{1}{A} \int \eta \, dA$$

$$dA = b \, d\eta$$

$$dA = d\eta \, \frac{g}{h} \, (h - \eta) = g \, d\eta - \frac{g}{h} \, \eta \, d\eta$$

$$A = \int dA = g \int\limits_{\eta=0}^{\eta=h} d\eta - \frac{g}{h} \int\limits_{\eta=0}^{\eta=h} \eta \, d\eta$$

$$A = g \, |\eta|_0^h - \frac{g}{2h} \, |\eta^2|_0^h$$

$$A = g \, h - \frac{g h}{2} = \frac{g h}{2}$$

$$\eta_s = \frac{2}{g h} \left[g \int\limits_0^h \eta \, d\eta - \frac{g}{h} \int\limits_0^h \eta^2 \, d\eta \right]$$

$$\eta_s = \frac{2}{g h} \left[\frac{g}{2} \, |\eta^2|_0^h - \frac{g}{3h} \, |\eta^3|_0^h \right]$$

$$\eta_s = \frac{2}{g h} \left[\frac{g h^2}{2} - \frac{g h^2}{3} \right]$$

$$\eta_s = \frac{h}{3}$$

Der Schwerpunkt des Dreiecks liegt bei einem Drittel der Dreieckshöhe; dies gilt in bezug auf jede der Dreiecksseiten.

2. Elastizitäts- und Festigkeitslehre

2.1. Spannungen und Spannungszustände

Einführung in die Elastizitäts- und Festigkeitslehre

In der Statik werden die Gleichgewichtsbedingungen für Körper und Systeme von Körpern formuliert. Mit Hilfe dieser Gleichgewichtsbedingungen werden für den jeweils vorliegenden Belastungsfall die Auflagerreaktionen bestimmt, so daß sämtliche am Körper angreifenden Kräfte und Momente bekannt sind. Für diese Gleichgewichtsbetrachtung konnte der Körper als starr angesehen werden, sind doch die elastischen Verzerrungen klein gegenüber den Abmessungen des Körpers selbst, so daß der in Kauf genommene Fehler nur klein war.

Da es jedoch keinen starren Körper gibt, ist es bei der Dimensionierung von Konstruktionen und Konstruktionselementen bzw. bei der Nachrechnung und Sicherheitsbetrachtung entscheidend, die Beanspruchung im Innern des Körpers, also die Werkstoffanstrengung und auch die Verzerrungen des Gitters zu kennen. Die Formänderungen sind klein gegenüber den Abmessungen des Körpers selbst; das ist wichtig, weil die Ausgangsgleichungen der Festigkeitslehre die Gleichgewichtsbedingungen der Statik sind.

Je nach Werkstoff bzw. seinem Zustand (Ausbildung des Gefüges, Oberflächenzustand, Temperatur usw.) sowie der Form des Körpers kann dieser verschiedene Belastungen ertragen. Es gilt, diese Belastungen – das sind die ihm aufgegebenen Kräfte und Momente – zu ermitteln sowie die daraus resultierenden Beanspruchungen des Werkstoffs als Folge der Belastungen zu beschreiben und mit den bekannten Werkstoffeigenschaften zu vergleichen, um so zu einer Aussage über die Versagenssicherheit zu gelangen. In den Abschnitten zur Statik be-

gegneten uns schon Fälle, bei denen es unter Zuhilfenahme der statischen Gleichgewichtsbedingungen allein nicht möglich war, die Bauteilbelastungen als Ganzes zu ermitteln; hier wird man die Formänderungen des Körpers in die Betrachtungen einbeziehen. Bei solchen – wir sagten statisch unbestimmten – Problemen werden zur Lösung Beziehungen zwischen Belastung und Deformation benötigt. Die Elastizitätslehre liefert diese Beziehungen. Die Festigkeitslehre beschreibt die Werkstoffanstrengung bei bekannter Belastung.

Bevor wir zu den eigentlichen Aussagen dieses Abschnitts zu Spannungen und Verzerrungen kommen, wird ein Überblick über die wichtigsten Grundbeanspruchungen gegeben, wobei auf die einzelne Beanspruchungsart ab Abschnitt 2.3. ausführlich eingegangen wird.

Überblick über die Grundbeanspruchungsarten

Zugbeanspruchung,
Druckbeanspruchung,
Abscherbeanspruchung,
Biegebeanspruchung,
Verdrehbeanspruchung.

Zugbeanspruchung

Bei der Zugbeanspruchung versucht die wirkende Aktionskraft F den Körper, also den Zugstab, zu verlängern. Die Gitterabstände des Werkstoffgitters werden unter der Wirkung der Zugkraft vergrößert; der Zugstab ist unter Last länger als ohne Zugbelastung, Bild 2-1.

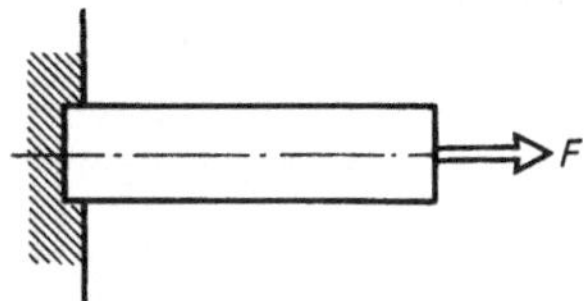

Bild 2-1

Gehen wir davon aus, daß es sich bei unserem auf Zug belasteten Körper um einen schlanken, ungekerbten Stab handelt, so darf angenommen werden, daß alle Flächenteile des Querschnitts denselben Anteil an der zu übertragenden Zugkraft haben. Definieren wir die auf die Flächeneinheit bezogene innere Kraft im Schnitt als

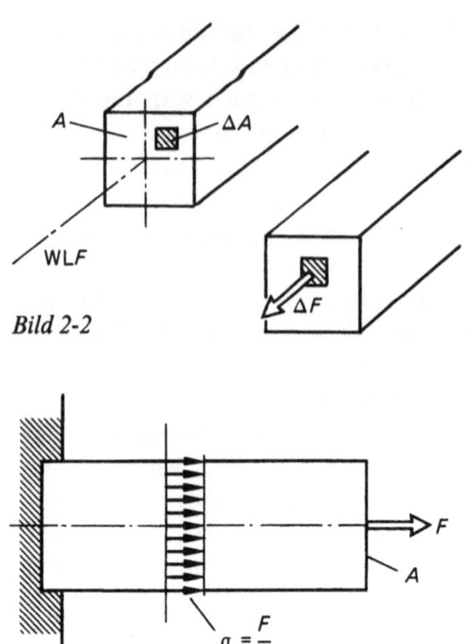

Bild 2-2

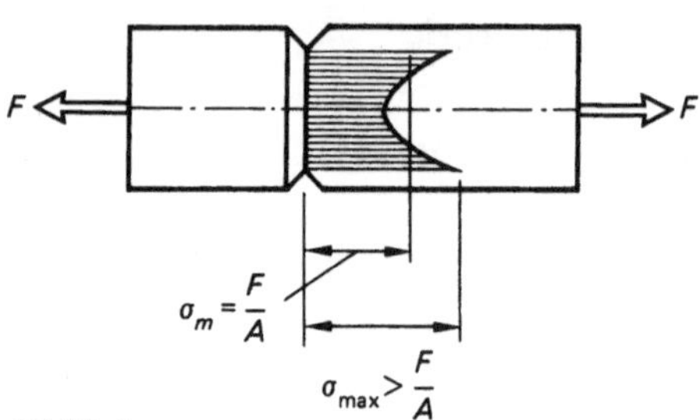

Bild 2-4

Die Einheit der Spannung ist N/mm^2, kN/cm^2 usw.

Es wurde bereits darauf hingewiesen, daß bei nicht glatten Zugstäben, also bei Stäben mit Kerben, Querschnittssprüngen usw. die Zugspannungsverteilung nicht gleichförmig sein wird. Die größten auftretenden Zugspannungen in solchen Querschnitten sind größer als der mittlere Wert als Quotient aus Kraft und Querschnittsfläche an dieser Stelle, Bild 2-4.

Bild 2-3

mechanische Spannung, so liegt beim ungekerbten Zugstab eine gleichförmige Zugspannungsverteilung vor, Bild 2-2 u. 2-3.

Zugspannung:

$$\sigma_z = \lim_{\Delta A \to 0} \frac{\Delta F}{\Delta A}$$

Wir nannten die auf die Flächeneinheit bezogene Kraft die „mechanische Spannung". Da die Kraft eine vektorielle Größe ist, ist der Quotient aus Kraft und Fläche ebenfalls ein Vektor (Spannungsvektor), der dieselbe Richtung hat wie die in der Flächeneinheit übertragene innere Kraft. Danach steht der Zugspannungsvektor senkrecht in der Querschnittsfläche. Spannungsvektoren, die normal zur Fläche gerichtet sind, heißen darum Normalspannungen:

σ = Normalspannung.

Spannungsvektoren werden mit Indizes versehen; dabei bedient man sich kleiner Buchstaben zur Kennzeichnung der Beanspruchungsart:

Index z: Zugspannung, Zugbeanspruchung,
Index d: Druckbeanspruchung,
Index a: Abscherbeanspruchung,
Index b: Biegebeanspruchung,
Index t: Torsionsbeanspruchung,
Index p: Pressung, Flächenpressung.

Druckbeanspruchung

Kennzeichen der Druckbeanspruchung ist es, daß sich unter der Wirkung der Druckkraft die Gitterabstände des Werkstoffgitters verkürzen, die einzelnen „Fasern" des Druckstabes verkürzen sich. Analog zur Definition der Zugspannungen lautet die Definition für die Druckspannungen:

$$\sigma_d = \lim_{\Delta A \to 0} \frac{\Delta F}{\Delta A}, \qquad \sigma_d = \frac{-F}{A}$$

Für die gleichförmige Druckspannungsverteilung wird wieder jedes Flächenteilchen des Querschnitts denselben Anteil der Druckkraft aufzunehmen haben, so daß sich die Druckspannung als Quotient aus Druckkraft und Querschnittsfläche berechnet. Definitionsgemäß sind Zugspannungen positiv und Druckspannungen negativ. Wie bei den Zugspannungen stehen die Druckspannungsvektoren senkrecht auf der Fläche, in der sie wirken.

Daß es, wenn der Druckstab sehr schlank und lang ist, zum Ausknicken kommen kann, soll hier nur erwähnt werden; eine ausführliche Besprechung dieser Knickproblematik wird in Abschnitt 2.6. abgehandelt.

Abscherbeanspruchung

Zug- und Druckspannungen sind Normalspannungen, weil der Spannungsvektor normal zu der Fläche gerichtet ist, in der er wirkt. Dies ist insofern ein Sonderfall, als die Richtungen von Flächennormale und Spannungsvektor im allgemeinen nicht gleichgerichtet sind. Wir machen uns dies an einer schrägen Schnittfläche eines Zugstabes klar; der Schnitt verlaufe unter dem Winkel φ gegen die Querschnittsrichtung, Bild 2-5.

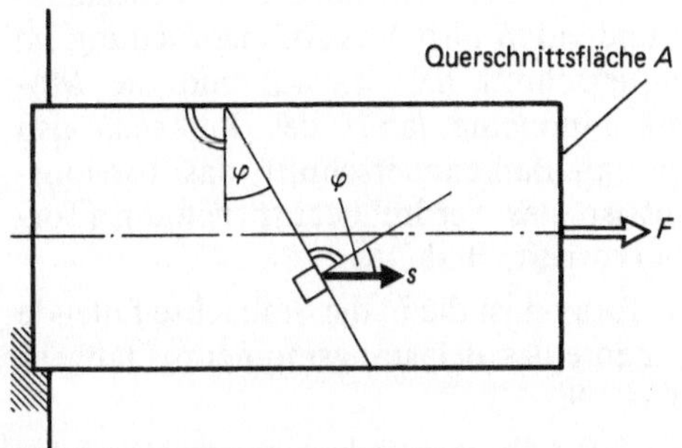

Bild 2-5

Schräge Schnittfläche: $\dfrac{A}{\cos\varphi}$

$$s = \frac{F}{\dfrac{A}{\cos\varphi}} = \cos\varphi\,\frac{F}{A}$$

Bezieht man die im schrägen Schnitt zu übertragende Kraft F auf die Schnittfläche, so erhält man die Spannungsgröße s. Diesen Spannungsvektor s, der um den Winkel φ von der Flächennormale abweicht, kann man in eine Normalspannungskomponente und eine in der Fläche liegende Komponente, die Tangentialspannungskomponente, zerlegen, Bild 2-6.

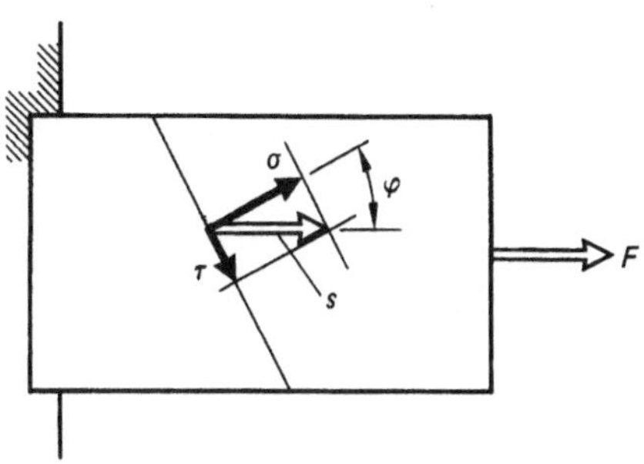

Bild 2-6

s Spannungsvektor
σ Normalspannungskomponente
τ Tangentialspannungskomponente

Jede Spannung kann in die Komponenten σ und τ zerlegt werden:

$$\sigma = s\cos\varphi$$
$$\tau = s\sin\varphi$$

Mechanische Spannungen sind entweder Normalspannungen oder Tangentialspannungen. Zug- und Druckspannungen sind, wie wir sahen, Normalspannungen.

Die beim Abscheren in der Flächeneinheit zu übertragenden Querkräfte am Bauteil liegen in der Fläche; die Spannungsvektoren liegen also in der Fläche, es sind somit Tangentialspannungen, hier Schubspannungen oder Abscherspannungen. In der Mechanik werden die Begriffe Tangentialspannung und Schubspannung synonym verwendet:

$$\tau = \text{Schub- oder Tangentialspannung.}$$

Auch bei den Tangentialspannungen zeigt ein Kleinbuchstabe als Index, welche Beanspruchungsart vorliegt, z. B. die Abscherspannung:

$$\tau_a = \frac{F}{A}\ \text{bei gleichförmiger Spannungsverteilung.}$$

Die Frage, ob und wann sich die Abscherspannungen gleichförmig über den Querschnitt verteilen, wird in Abschnitt 2.4. diskutiert. Erkennt man, daß sich die Abscherspannungen ungleichförmig verteilen, so stellt der Quotient aus Querkraft und Querschnittsfläche die mittlere Abscherspannung dar; es gibt dann Querschnittsbereiche, die eine höhere Spannung aufweisen und solche mit entsprechend niedrigerer Spannung.

Biegebeanspruchung

Die Biegebeanspruchung wird in Abschnitt 2.3. ausführlich behandelt; hier, bei einem ersten Überblick über die Grundbeanspruchungsarten, geht es nur darum, diese Beanspruchungsart ihrem Wesen nach zu erkennen und von den übrigen Beanspruchungsarten zu unterscheiden. Es gilt zunächst zu erkennen, daß es sich auch bei den Biegespannungen um Normalspannungen handelt. Betrachten wir einen schlanken, langen Körper, der auf zwei Stützen gelagert ist. Querkräfte sorgen für eine Durchbiegung des Balkens, d. h. die vor der Belastung gerade Balkenmittellinie deformiert sich aufgrund von Biegemomenten. Es werden dabei Fasern des Balkens gereckt (verlängert) und Fasern gestaucht (verkürzt), Bild 2-7.

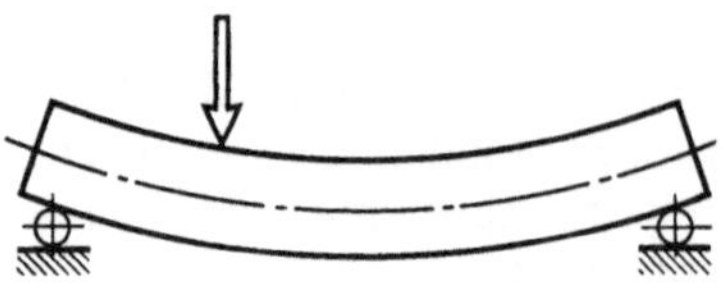

Bild 2-7

Eine Verlängerung von Fasern aber war Kennzeichen von Zugspannungen, Verkürzung von Fasern war Kennzeichen von Druckspannungen. Biegespannungen sind also Längsspannungen und zwar Normalspannungen. Diese Normalspannungen verteilen sich geradlinig über den Querschnitt des geraden Biegebalkens; es existiert eine Faser, die weder Verlängerung noch Verkürzung erfährt, die sog. Neutrale Faser. Biegespannungen sind somit Normalspannungen und haben im Zuggebiet des Biegebalkenquerschnitts Zugspannungseigenschaften und im Druckspannungsgebiet Druckspannungseigenschaften:

σ_b = Biegespannung

Torsion (Verdrehbeanspruchung)

Machen wir uns bei dieser letzten der hier in einem ersten Überblick vorgestellten Grundbeanspruchungsarten die Systematik klar, nach

der bestimmte Kräfte und Momente im Querschnitt zu bestimmten Beanspruchungen im Querschnitt führen. Eine beliebige Dyname – das ist die statische Wirkung einer Kraft und eines Moments im Raum – wirke im Querschnitt eines Balkens. Zerlegt man Kraft und Moment in Komponenten längs und quer zum Balken, so erkennt man, daß die Längskomponente der Kraft entweder Zug- oder Druckbeanspruchung hervorruft, je nach Richtungssinn der Kraft. Die Kraftkomponente quer zur Balkenachse ruft Abscherbeanspruchung hervor. Momente quer zur Balkenachse sind Biegemomente und rufen also Biegebeanspruchung im Balkenquerschnitt hervor, während die Momentenkomponente längs des Balkens, also normal zum Balkenquerschnitt, das Torsionsmoment ist, das Verdrehbeanspruchung (Torsion) hervorruft, Bild 2-8.

Für die Torsion ist die in die Stabachse fallende Komponente des Belastungsmoments maßgeblich, Bild 2-9.

Daß die Grundbeanspruchungsarten durchaus nicht immer für sich alleine auftreten, kann an zahllosen Beispielen veranschaulicht werden. Als Beispiel diene hier ein einseitig eingespannter Balken, an dessen freiem Ende die außermittige Querkraft F angreife, Bild 2-10.

Der Einspannquerschnitt hat das größte Biegemoment aufzunehmen, hier werden die größten Biegespannungen wirken. Das Torsionsmoment führt zu Torsionsspannungen und die Querkraft F auch zu Abscherspannungen. Der Balken tordiert und biegt.

Die Torsionsspannungen sind Tangentialspannungen. Die in der Querschnittsfläche im Flächenteilchen übertragene Kraft liegt in der Fläche; das Torsionsmoment ist die Summe aller

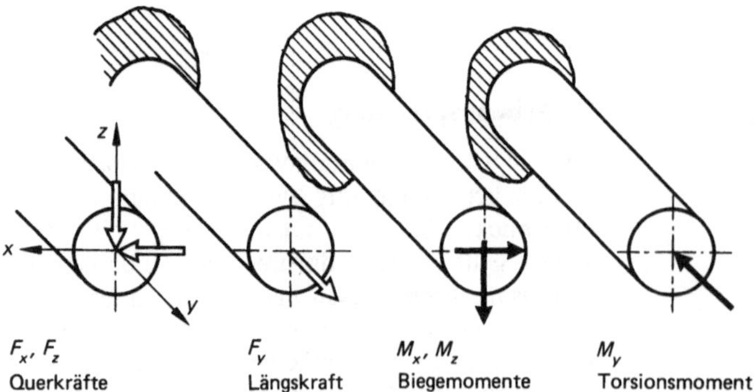

Bild 2-8

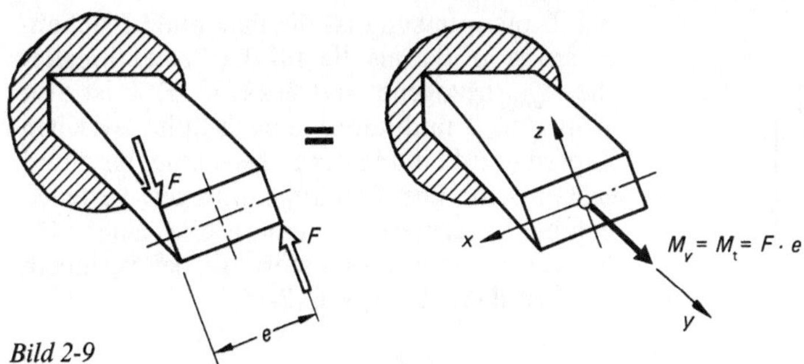

Bild 2-9

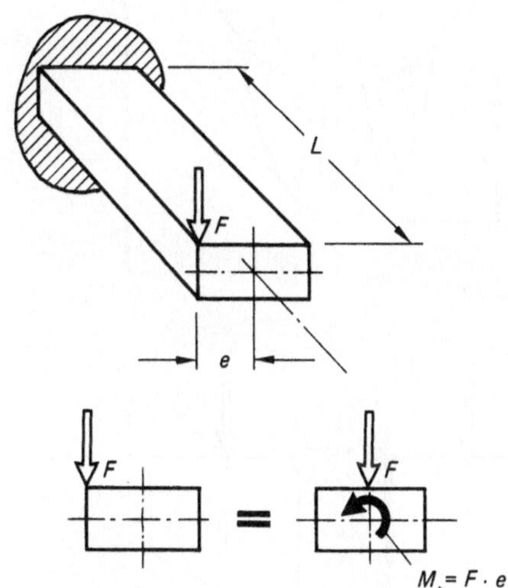

Bild 2-10

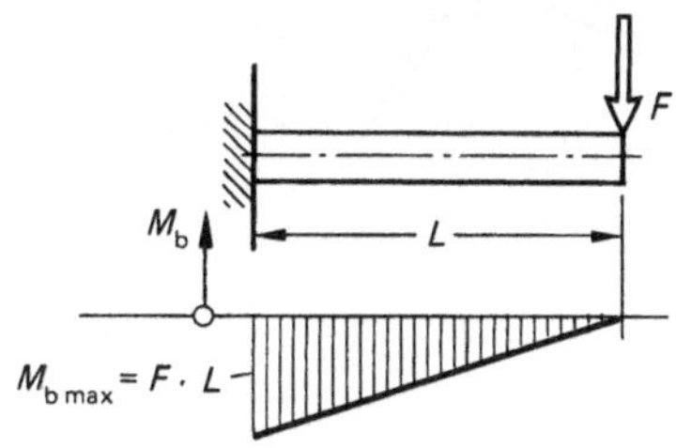

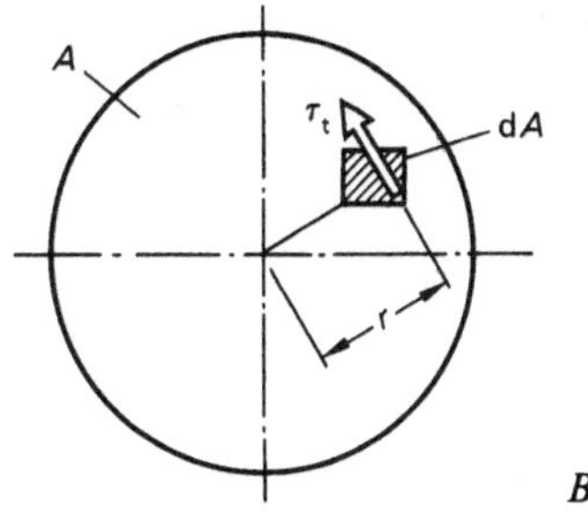

Bild 2-11

Produkte aus Kraft und Hebelarm, Bild 2-11.

$$M_t = \int_A \tau_t \, dA \, r$$

Es gilt zu erkennen, daß Torsionsspannungen Tangentialspannungen sind und daß sie hervorgerufen werden durch statische Momente, die in Längsrichtung des Balkens wirken.

Als mechanische Spannung hatten wir die auf die Flächeneinheit bezogene innere Kraft im Bauteil definiert. An Berührstellen benachbarter Bauteile tritt die Druckbelastung nicht allein als Spannung im Inneren des Körpers, sondern auch an den sich unter Druck berührenden Bauteiloberflächen auf; man spricht dann nicht mehr von Druckspannung, sondern von Flächenpressung p.

Flächenpressung

Diese ist ihrem Wesen nach eine Druckspannung, jedoch im Gegensatz zu den mechanischen Spannungen an der Außenhaut des Bauteils.

Ob die im folgenden vorgestellten Formeln, die davon ausgehen, daß die sich berührenden Bauteile keine nennenswerten elastischen Deformationen erleiden (bis auf die Kontaktstelle selbst), zutreffen, muß von Fall zu Fall untersucht und bedacht werden. Die Flächenpressungsverteilung zwischen einer schlanken, langen Schiene und ihrer starren Unterlage wird bei punktförmiger Belastung sicher ungleichmäßig sein. Flächenteile im Bereich der Krafteinleitungsstelle werden stärker gepreßt als Randbereiche, Bild 2-12.

Die Auflage eines biegeelastischen Balkens auf starrem Widerlager zeigt die gleiche Problematik. Der kantennahe Bereich wird stärker an der Kraftübertragung beteiligt als Bereiche am Balkenende, Bild 2-13.

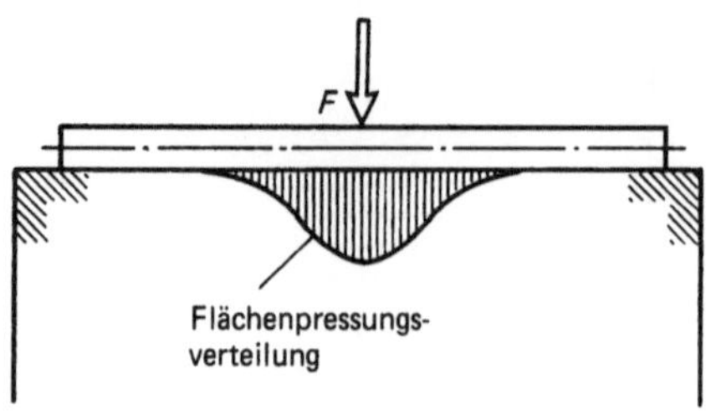

Bild 2-12

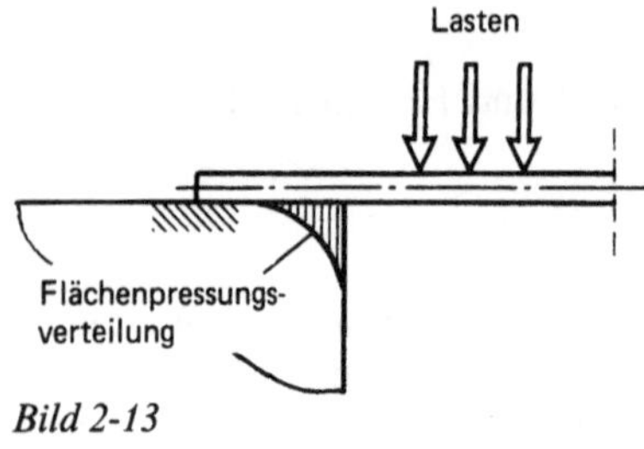

Bild 2-13

Flächenpressung an ebenen Berührflächen:

Bei Starrheit beider Nachbarkörper gilt, daß alle Flächenteile der Berührfläche in gleichem Maße an der Kraftübertragung beteiligt sind:

$$p = \frac{F}{A}$$

Darin ist F die normale Anpreßkraft, A die Berühr- oder Kontaktfläche.

Flächenpressung an gewölbten Berührflächen (Lagerpressung, Zapfenpressung) zeigt Bild 2-14.

$$p = k \, \frac{F}{A_{\text{proj}}}$$

$$A_{\text{proj}} = D\,L$$

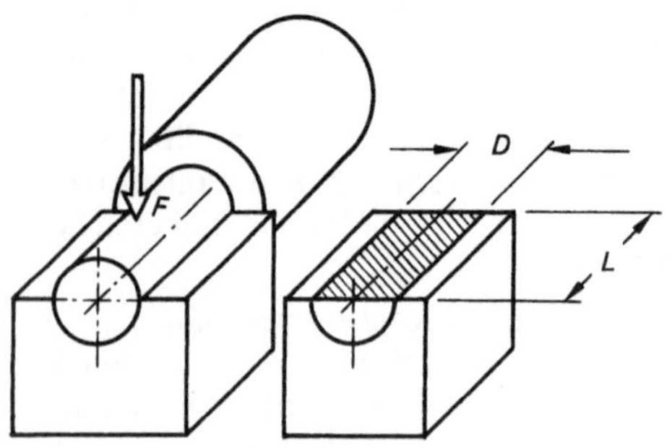

Bild 2-14

Bei Zapfenpressung ist die maximale Flächenpressung größer als die auf die Projektionsfläche A_{proj} bezogene Andrückkraft F; k ist also größer als 1 und kann, je nach Spiel zwischen Zapfen und Leibung der Lagerschale, bis 5 und größer sein. Die Berührspannungen verteilen sich bei Lagerpressung zumeist über einen 90°-Ausschnitt etwa cosinusförmig; bei geringem Spiel ist dann $k \cong 2$, Bild 2-15.

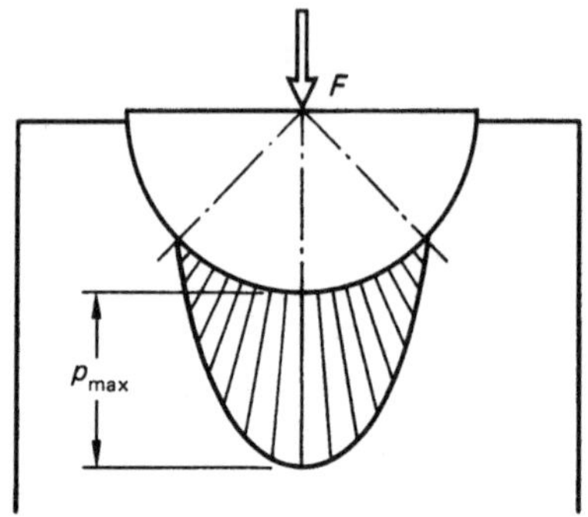

Bild 2-15

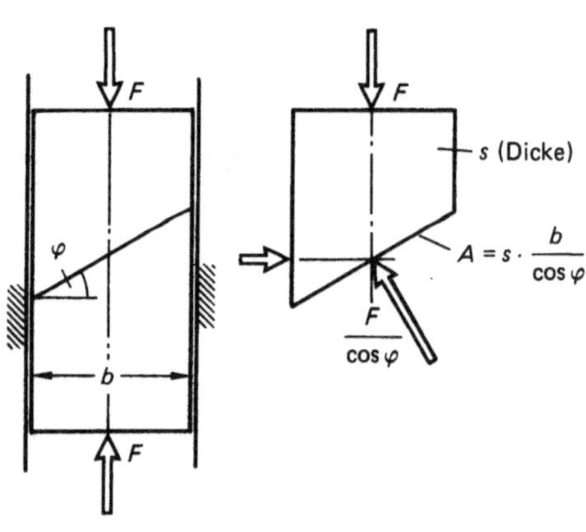

Bild 2-16

Ist die Berührfläche eben, so ist $k = 1$, Bild 2-16.

$$p = \frac{\dfrac{F}{\cos\varphi}}{A} = \frac{F/\cos\varphi}{s\,\dfrac{b}{\cos\varphi}}$$

$$p = \frac{F}{s\,b} = \frac{F}{A_{\text{proj}}}$$

Es ist auch dann $k = 1$, wenn die Flächennormalen an jeder Stelle der Berührfläche den gleichen Winkel mit der WL der Andrückkraft bilden, auch wenn die Berührfläche nicht eben ist (man könnte von quasi ebenen Berührflächen sprechen). Ein Beispiel hierfür ist die Flächenpressung in Kegelflächen, Bild 2-17.

$$p = \frac{F}{A_{\text{proj}}} = \frac{4F}{\pi(D^2 - d^2)}$$

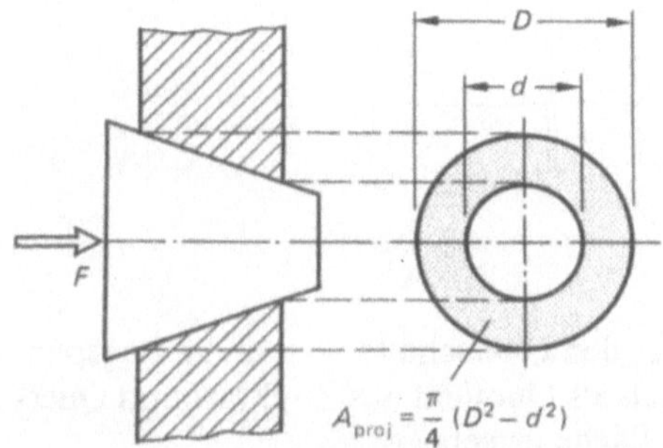

Bild 2-17

Walzenpressung, Kugelpressung

Während das Kennzeichen der Zapfenpressung das Anschmiegen der Kontaktflächen ist, entsteht die Kontaktfläche bei Kugel- und Walzenpressung erst unter Belastung, Bild 2-18.

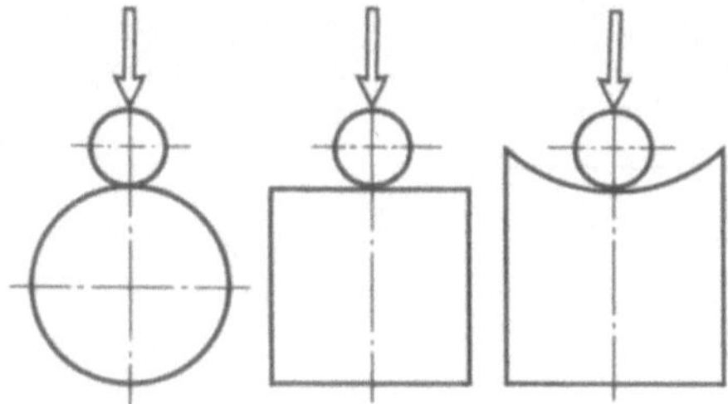

Bild 2-18

HERTZ hat die Problematik der Kugel- und Walzenpressung untersucht. Ein Beispiel für Pressung zweier Walzen zeigt Bild 2-19.

$$a = 1,52 \sqrt{\frac{Fr}{EL}}$$

$L = $ Berührlänge

$$r = \frac{r_1 r_2}{r_1 + r_2}$$

$$E = 2 \frac{E_1 E_2}{E_1 + E_2}$$

E_1, E_2 Elastizitätsmoduln

$$p_{\text{max}} = -0,418 \sqrt{\frac{FE}{rL}}$$

Das Minuszeichen deutet nur an, daß es sich bei der Flächenpressung quasi um eine Druckspannung handelt.

Beispiel: Pressung zweier Kugeln

$$a = 1,11 \sqrt[3]{\frac{Fr}{E}}$$

r, E wie bei Walzenpressung

$$p_{\text{max}} = -0,388 \sqrt[3]{\frac{FE^2}{r^2}}$$

Einige zulässige Flächenpressungswerte bei ruhender Belastung und nicht gegeneinander gleitender Flächen zeigt Tabelle 2-1.

Tabelle 2-1.

Werkstoff	p_{zul} (N/mm^2)
Stahl, gehärtet	150−180
Stahl, zäh	100−150
Stahlguß	80−100
Grauguß	70− 80

Bei stoßartiger oder dynamischer Belastung der Berührflächen ist eine Minderung um ca. 50% angezeigt.

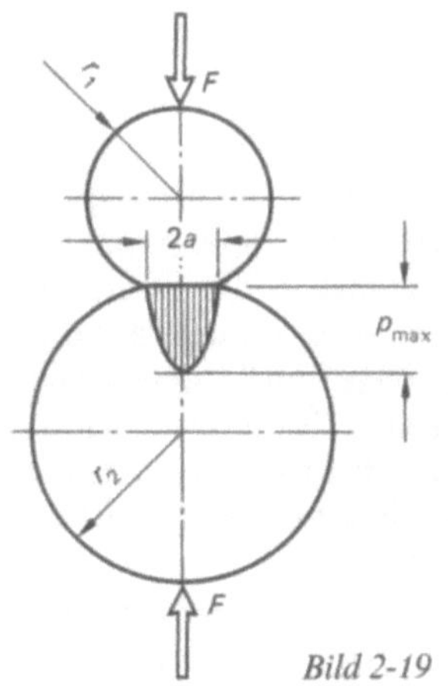

Bild 2-19

Nachdem nun die Begriffe Normalspannung und Tangentialspannung erläutert sind und den Beanspruchungsarten zugeordnet wurden, können die drei typischen Spannungszustände, nämlich der lineare oder einachsige Spannungszustand, der ebene oder zweiachsige Spannungszustand und letztlich der räumliche oder dreiachsige Spannungszustand gekennzeichnet und besprochen werden.

Spannungszustände

Der lineare oder einachsige Spannungszustand

Ein einachsiger Spannungszustand liegt dann vor, wenn nur eine Fläche eines Elementarwürfelchens vom Volumen dV (und deren Gegenfläche) spannungsbehaftet ist, die beiden anderen Würfelflächen (und deren Gegenflächen) hingegen spannungslos sind. Findet man im Bauteil an einer Stelle einen solchen Würfel, bzw. findet man diese Spannungssituation, so liegt ein einachsiger, linearer Spannungszustand vor, Bild 2-20.

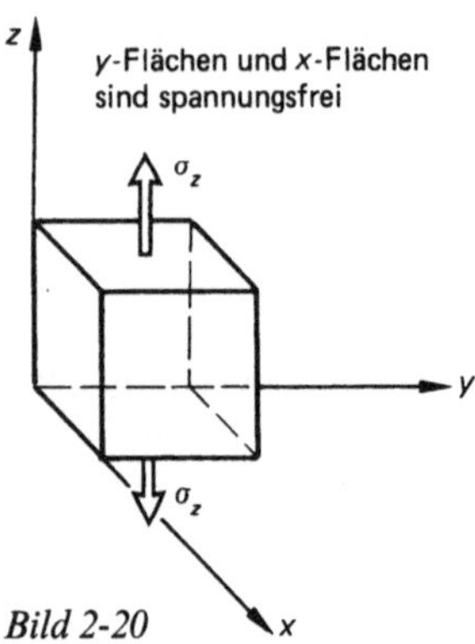

Bild 2-20

Der Zugstab erfährt eine einachsige Beanspruchung, also einen einachsigen Spannungszustand. In Längsrichtung wirken die Zugspannungen, in Querrichtung liegen keine Spannungen vor. Schneiden wir einen Würfel so aus dem Zugstab heraus, daß seine Kanten in Längs- und Querrichtung orientiert sind, so ist dies die besondere Würfellage, die den linearen Spannungszustand kennzeichnet, Bild 2-21.

Beim ungekerbten Zugstab verteilen sich, wie bereits beschrieben, die Spannungen gleichför-

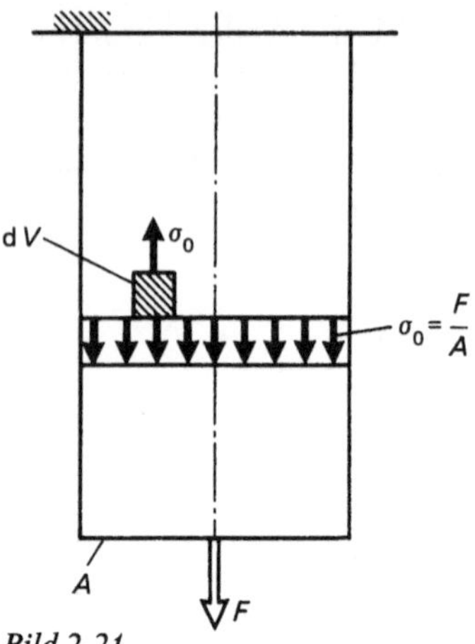

Bild 2-21

mig über den Querschnitt, so daß die Zugspannung sich als Quotient aus Zugkraft und Querschnittsfläche errechnet:

$$\sigma_0 = \frac{F}{A}$$

Der Index ‚o' wurde gewählt, weil diese Spannung zur Querschnittsfläche gehört. Wir werden im folgenden die Spannungen in einer schrägen Schnittfläche betrachten und kommen so zu Aussagen über Spannungen im Zugstab in jeder Richtung, Bild 2-22.

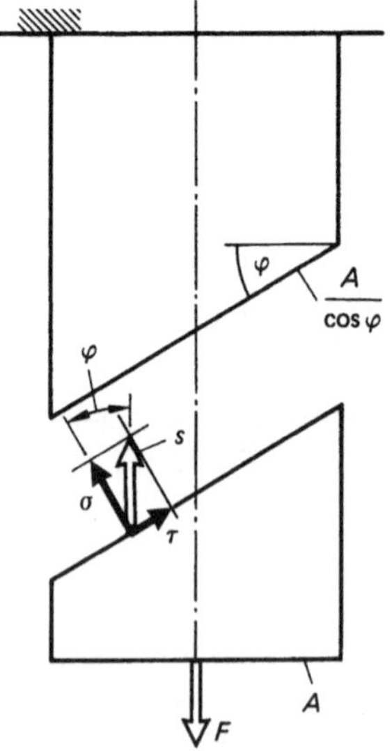

Bild 2-22

Gleichgewicht am Zugstababschnitt:

$$\sum F = 0$$

$$0 = -F + s \frac{A}{\cos \varphi}$$

mit $F = \sigma_o A$.

Es folgt:

$$s = \sigma_o \cos \varphi$$

Zerlegt man den Spannungsvektor s in seine Normalspannungs- und seine Tangentialspannungskomponente, so erhält man:

$$\sigma = s \cos \varphi = \sigma_o \cos^2 \varphi$$
$$\tau = s \sin \varphi = \sigma_o \sin \varphi \cos \varphi$$

Mit diesen Beziehungen ist es möglich, die in schrägen Schnitten des Zugstabes auftretenden Normal- und Tangentialspannungen zu errechnen. Die Formeln zeigen auch, daß in Längsrichtung des Zugstabes ($\varphi = 90°$) weder Normalspannungen noch Tangentialspannungen wirken. Die Seitenflächen des Würfelchens, dessen Deckflächen zum Stabquerschnitt gehören, sind spannungsfrei. Dies war Kennzeichen des einachsigen Spannungszustands. Im Querschnitt tritt die maximale Normalspannung σ_o auf, jedoch keine Tangentialspannung.

Zur Frage nach der im Zugstab maximal auftretenden Tangentialspannung verwenden wir folgenden Zusammenhang der Winkelfunktionen:

$$2 \sin \varphi \cos \varphi = \sin (2 \varphi)$$

Es war:

$$\tau = \sigma_o \sin \varphi \cos \varphi$$

Also können wir schreiben:

$$\tau = \frac{\sigma_o}{2} \sin (2 \varphi)$$

Der Sinus hat bei 90° sein Maximum 1; mithin wirken in 45°-Schnitten die maximalen Tangentialspannungen vom Betrag $\frac{1}{2}\sigma_o$. Dies ist, wie später erläutert wird, darum von besonderer Wichtigkeit, weil zähe, weiche Werkstoffe – wie etwa Baustähle – gerade gegenüber Tangential-

spannungen empfindlich sind; sie sind es, die die Überanstrengung des Werkstoffs bestimmen.

Mit Hilfe des Funktionszusammenhangs

$$\cos^2 \varphi = \frac{1 + \cos (2 \varphi)}{2}$$

und dem schon erwähnten Zusammenhang für $\sin (2 \varphi)$ lauten die Spannungsbeziehungen für σ und τ:

$$\sigma = \frac{\sigma_o}{2} (1 + \cos (2 \varphi))$$

$$\tau = \frac{\sigma_o}{2} \sin (2 \varphi)$$

oder

$$\sigma - \frac{\sigma_o}{2} = \cos (2 \varphi) \frac{\sigma_o}{2}$$

$$\tau = \frac{\sigma_o}{2} \sin (2 \varphi)$$

Nach Quadrieren und Addieren erhält man:

$$\left(\sigma - \frac{\sigma_o}{2}\right)^2 + \tau^2 = \left(\frac{\sigma_o}{2}\right)^2 \underbrace{(\cos^2 (2 \varphi) + \sin^2 (2 \varphi))}_{= 1}$$

Die Formel

$$\left(\sigma - \frac{\sigma_o}{2}\right)^2 + \tau^2 = \left(\frac{\sigma_o}{2}\right)^2$$

stellt die Gleichung eines Kreises im $\sigma\tau$-Koordinatensystem dar. Dabei ist der Kreismittelpunkt um $\sigma_o/2$ nach rechts verschoben; der Kreis tangiert also die τ-Achse, Bild 2-23.

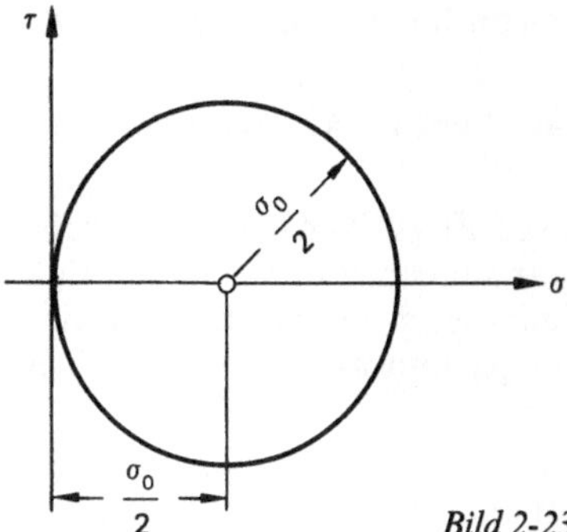

Bild 2-23

Diese Zusammenhänge hat OTTO MOHR erkannt, und so nennt man den Kreis den MOHRschen Spannungskreis für den einachsigen Spannungszustand. Man kann für alle Schnittrichtungen φ die Größe der Normalspannungen und die Größe der Tangentialspannung ablesen.

Beachte: Ist in der Werkstoffebene die Schnittrichtung φ, so muß im Spannungskreis mit $(2\,\varphi)$ gearbeitet werden.

Für eine beliebige Schnittrichtung φ ergeben sich Normal- und Tangentialspannung, so wie es die dem Kreis zugrundeliegenden Formeln errechnen, Bild 2-24.

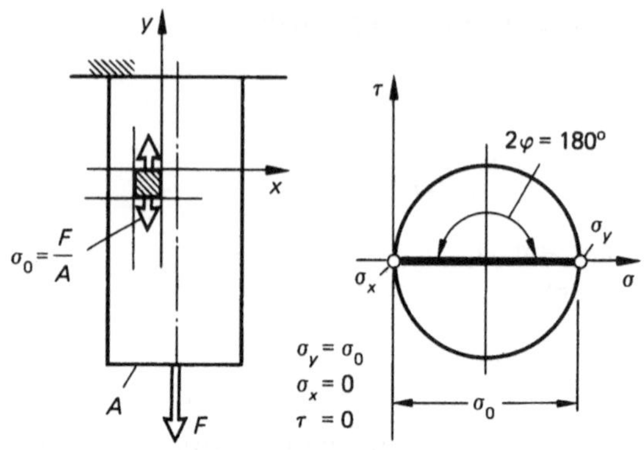

Bild 2-25

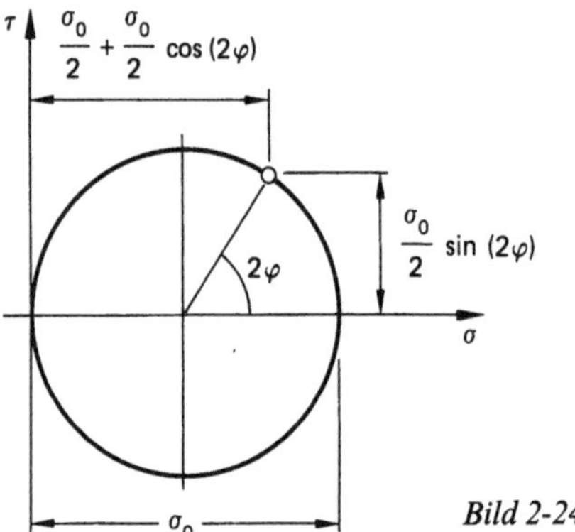

Bild 2-24

Auf dem Spannungskreis diametral gegenüberliegende Punkte gehören zu senkrecht aufeinander stehenden Würfelflächen bzw. zu senkrecht aufeinander stehenden Schnittrichtungen, denn der Winkelunterschied im Spannungskreis ist $(2\,\varphi) = 180°$, also $\varphi = 90°$.

Ein Kreisdurchmesser mit seinen beiden Durchstoßpunkten auf dem Kreis markiert die Spannungen in Richtung der Achsen eines rechtwinkligen Achsenpaares.

Bild 2-25 zeigt als Beispiel Spannungen im Längs- und Querschnitt des Zugstabes ($\varphi = 90°$ bzw. $\varphi = 0°$).

Bild 2-26 zeigt als Beispiel 45°-Schnitte beim Zugstab.

In 45°-Schnitten von Zugstäben liegen die größten Tangentialspannungen vor; sie haben den Betrag $\sigma_0/2$. Gleichzeitig wirken in allen vier Würfelflächen Zugspannungen vom gleichen Betrag.

Welchen Durchmesser des MOHRschen Spannungskreises man auch betrachtet, d. h. welche

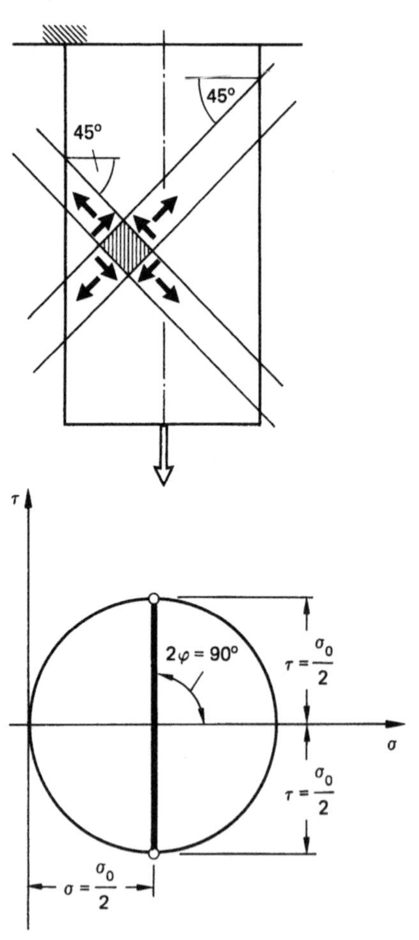

Bild 2-26

Richtungen am Zugstab auch immer untersucht werden, es kommt nie zu einer Druckspannung. Der Spannungskreis liegt auf der Zugseite des $\sigma\tau$-Koordinatensystems; Druckspannungen sind negative Normalspannungen.

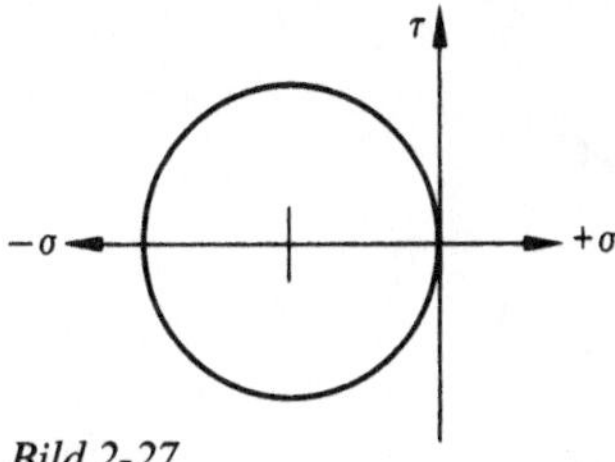

Bild 2-27

Der MOHRsche Spannungskreis für den einachsigen Druckspannungszustand tangiert die τ-Achse im negativen σ-Bereich, Bild 2-27.

Tangentialspannungsfreie Spannungszustände sind „Hauptspannungszustände", Hauptspannungen sind Normalspannungen in schubspannungsfreien Flächen.

Zusammenfassend können wir zum einachsigen, linearen Spannungszustand folgendes sagen. Ein linearer, einachsiger Spannungszustand liegt dann vor, wenn ein Volumenelement in geeigneter Lage gefunden wird, so daß die am Element wirkenden Spannungen in nur einer Richtung angreifen, in nur einer Würfelfläche (und ihrer Gegenfläche) wirken; die beiden anderen Würfelflächen (und deren Gegenflächen) sind spannungsfrei. In anderen Lagen (Richtungen) können Spannungen in mehreren Richtungen am Volumenelement wirken; es treten dann immer Schubspannungen hinzu. Maximale Schubspannungen wirken in 45° geneigten Flächen.

Der ebene oder zweiachsige Spannungszustand

Kennzeichen des ebenen, zweiachsigen Spannungszustands ist es, daß man nur eine spannungsfreie Fläche (und deren Gegenfläche) findet. In allen anderen Lagen des Würfels, also in allen Richtungen der Ebene sind Spannungen wirksam. Der MOHRsche Spannungskreis kann die τ-Achse also nicht mehr tangieren. Ein Beispiel für den Hauptspannungszustand (schubspannungsfrei) zeigt Bild 2-28 u. 2-29.

Drehen wir das Volumenelement in der xy-Ebene und stellen qualitativ die in den spannungsbehafteten Flächen (x-Fläche und y-Fläche) wirkenden Spannungen dar, ergibt sich die in Bild 2-30 gezeigte Situation.

In allen Lagen des Würfels, also in allen Richtungen der Ebene, wirken stets in beiden Wür-

felflächen Spannungen, in der Lage $\varphi = 0$ nur Normalspannungen (Hauptspannungen); in der Lage φ_2 und φ_4 entfallen die Normalspannungen in jeweils einer Fläche. Zudem erkennt man, daß jene Fläche, die in der Lage $\varphi = 0$ Druckspannung erfährt, in den Lagen φ_3 und φ_4 Zugspannungen erfährt.

Typisch für den Spannungskreis des zweiachsigen Spannungszustands ist, daß er die τ-Achse nicht tangiert. Die größte und kleinste Hauptspannung wird mit σ_{max} und σ_{min} bezeichnet, Bild 2-31.

$$\sigma_{max} = \frac{\sigma_x + \sigma_y}{2} + \sqrt{\left(\frac{\sigma_x - \sigma_y}{2}\right)^2 + \tau_{xy}^2}$$

$$= \frac{\sigma_x + \sigma_y}{2} + \frac{1}{2}\sqrt{(\sigma_x - \sigma_y)^2 + 4\tau_{xy}^2}$$

$$\sigma_{min} = \frac{\sigma_x + \sigma_y}{2} - \sqrt{\left(\frac{\sigma_x - \sigma_y}{2}\right)^2 + \tau_{xy}^2}$$

$$= \frac{\sigma_x + \sigma_y}{2} - \frac{1}{2}\sqrt{(\sigma_x - \sigma_y)^2 + 4\tau_{xy}^2}$$

$$\tau_{max} = \frac{1}{2}\sqrt{(\sigma_x - \sigma_y)^2 + 4\tau_{xy}^2}$$

Hauptspannungsrichtungen:

$$\tan(2\varphi_0) = \frac{2\tau_{xy}}{\sigma_x - \sigma_y}$$

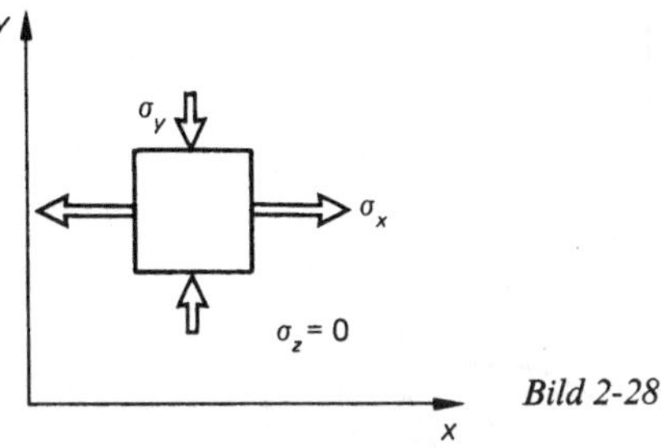

Bild 2-28

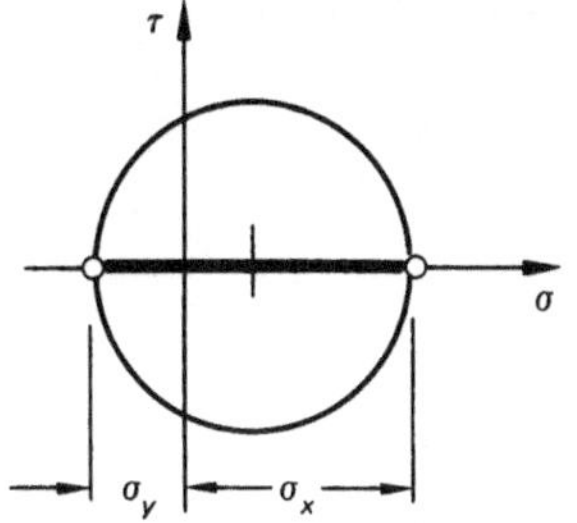

Bild 2-29

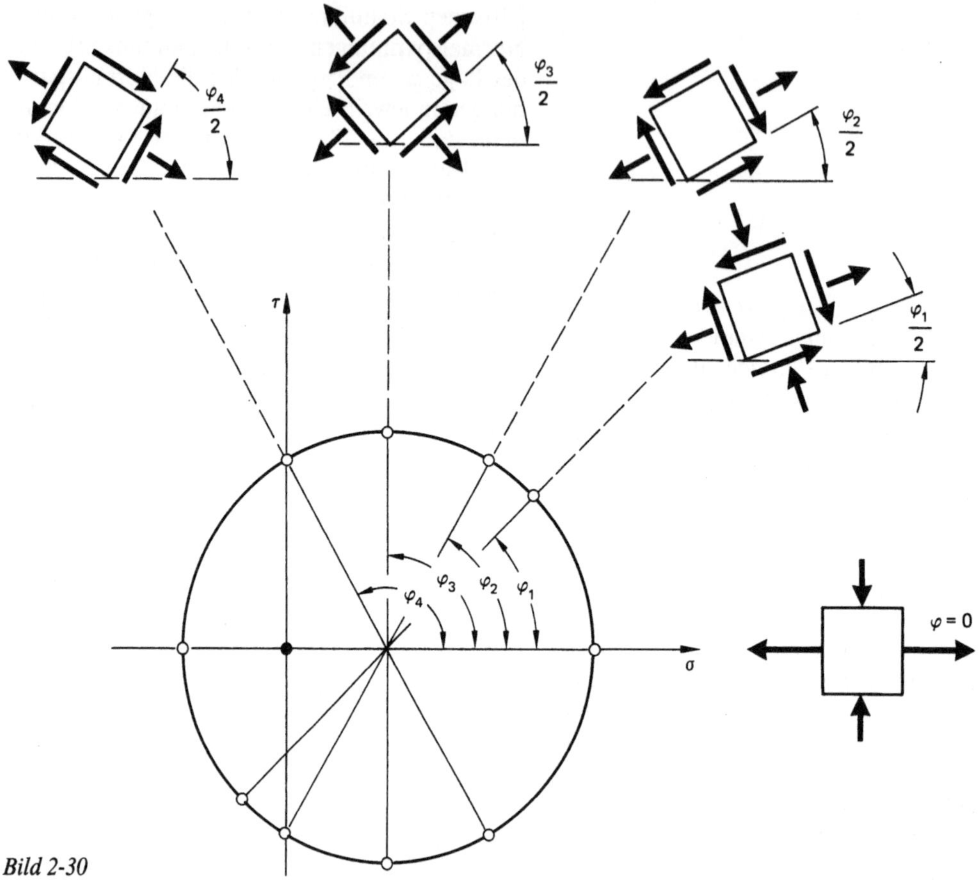

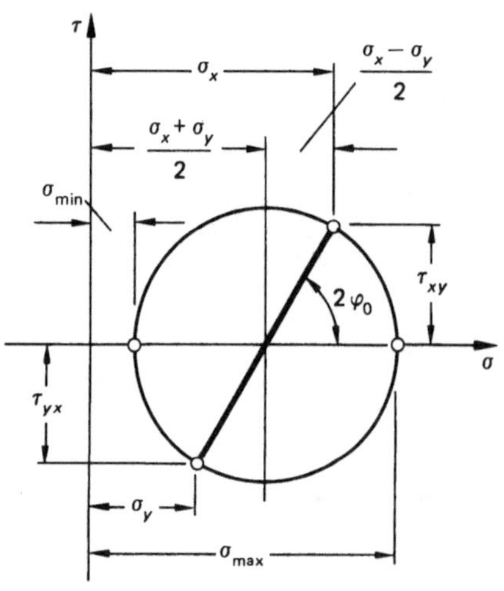

Bild 2-30

Bild 2-31

Bild 2-32 zeigt eine Zusammenstellung von Spannungszuständen; der markierte Spannungskreisdurchmesser stellt den Hauptspannungszustand dar, also den schubspannungsfreien Zustand.

Unter den zweiachsigen Spannungszuständen ist jener von besonderem Interesse, der durch den Spannungskreis beschrieben wird, der seinen Mittelpunkt im Koordinatenursprung des $\sigma\tau$-Koordinatensystems hat. Zu ihm gehört sowohl der Hauptspannungszustand, bei dem in einer Spannungsrichtung Zugspannung und in der dazu senkrechten Richtung eine gleich große Druckspannung herrscht als auch der reine Schubspannungszustand, wie er zum Abscheren oder zur Torsion gehört, Bild 2-33.

Bei Torsion eines Stabes aus zähem Werkstoff wird wegen der Empfindlichkeit dieses Werkstoffs gegen Schubspannungen der Bruch in der Ebene größter Schubspannungen erfolgen, dies ist die Querschnittsebene. Tordiert man dagegen einen Stab aus sprödem Material, so wird

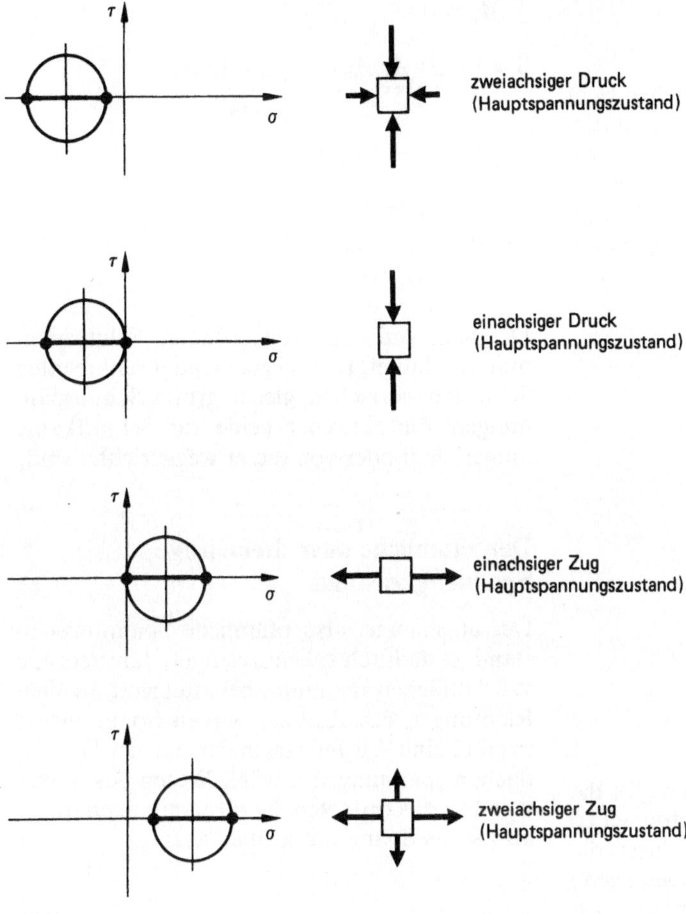

Bild 2-32

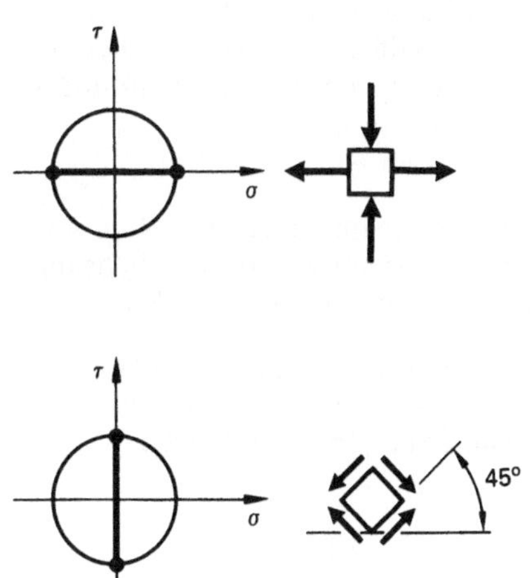

Bild 2-33

der Bruch wegen der Empfindlichkeit gegen Normalspannungen in der Ebene größter Normalspannung einsetzen. Dies ist, wie die Gegenüberstellung der Spannungskreise in Bild 2-33 zeigt, die 45°-Ebene, denn dort liegt dann der Hauptspannungszustand vor mit σ_{max} und σ_{min}.

Gleichermaßen beim einachsigen wie beim zweiachsigen Spannungszustand fällt auf, daß die Tangentialspannungen in zwei zueinander senkrechten Richtungen bzw. in zwei zueinander senkrechten Würfelflächen unseres Elementarwürfels stets gleichen Betrag haben. Die diametral gegenüberliegenden Durchmesserpunkte der Spannungskreise haben stets gleiche τ-Beträge. Dieser Umstand ist bei der Durchdringung vieler Spannungsprobleme von grundsätzlicher Bedeutung. Schubspannungen in zueinander senkrechten Richtungen sind gleich groß.

Satz von den „zugeordneten Schubspannungen"

Wir untersuchen das Momentengleichgewicht in bezug auf die x-Achse eines Volumenelements, das einen allgemeinen Spannungszustand aufweist. Alle Flächen erfahren Normalspannungen, alle Flächen erfahren auch Tangentialspannungen, und zwar in beiden möglichen Richtungen, Bild 2-34.

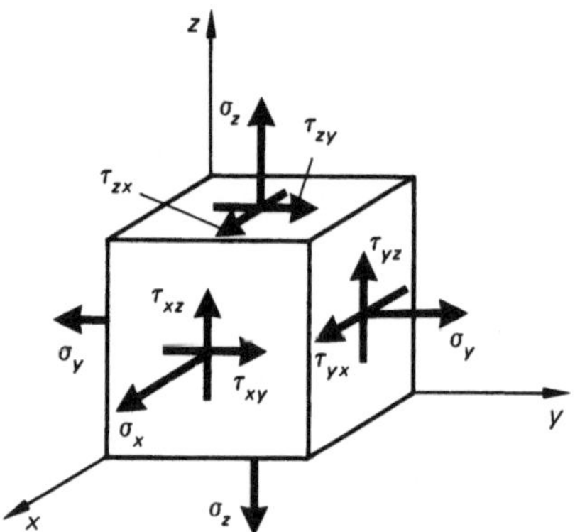

Bild 2-34

Der erste Index der Schubspannungen gibt die Fläche an, in der der Spannungsvektor wirkt. Dabei ist die Fläche gekennzeichnet durch die Achse, die sie senkrecht durchstößt. Der zweite Index gibt die Richtung des Schubspannungsvektors an; τ_{xy} wirkt also in der x-Fläche und hat die Richtung der y-Achse; τ_{yx} wirkt in der y-Fläche und hat die Richtung der x-Achse.

Für die Momentengleichgewichtsbetrachtung um die x-Achse sind nur die Spannungen τ_{zy} und τ_{yz} von Bedeutung, alle anderen Momente (Spannung mal Würfelfläche mal Hebelarm) treten als Gegenmomente zweimal auf und ergänzen sich so zu null, Bild 2-35.

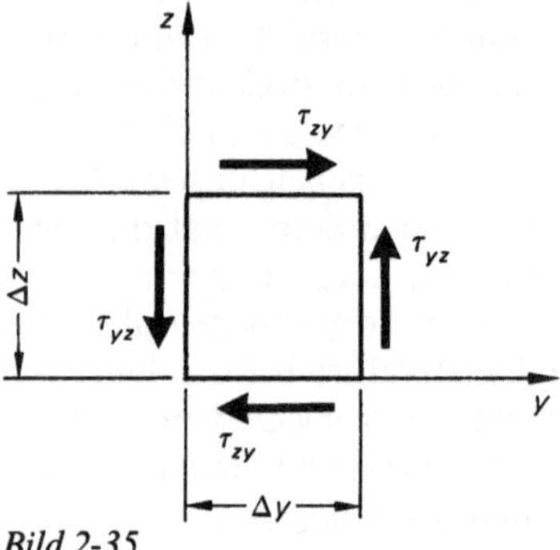

Bild 2-35

$$\sum M_x = 0$$

$$0 = \tau_{yz} \underbrace{\Delta x\,\Delta z}_{\Delta A}\,\Delta y - \tau_{zy} \underbrace{\Delta x\,\Delta y}_{\Delta A}\,\Delta z$$

$$0 = \tau_{yz}\,\Delta V - \tau_{zy}\,\Delta V$$

$$\tau_{yz} = \tau_{zy}$$

analog:
$$\tau_{xy} = \tau_{yx}$$
$$\tau_{xz} = \tau_{zx}$$

Der Satz von den „zugeordneten Schubspannungen" lautet: In zwei zueinander senkrechten Schnitten herrschen gleich große Schubspannungen, die entweder beide zur Schnittkante hingerichtet oder von dieser weggerichtet sind.

Der räumliche oder dreiachsige Spannungszustand

Der allgemeine, also räumliche Spannungszustand ist dadurch gekennzeichnet, daß stets alle Würfelflächen spannungsbehaftet sind. In allen Richtungen des Raumes wirken Spannungen, es gibt keine Würfellage, in der eine der Würfelflächen spannungsfrei wäre. Wegen des Satzes von den zugeordneten Schubspannungen treten also sechs Spannungsgrößen auf:

$$\sigma_x,\ \sigma_y,\ \sigma_z$$
$$\tau_{xy},\ \tau_{xz},\ \tau_{yz}$$

Man beschreibt Spannungszustände in der Mechanik mit Hilfe einer Matrix, deren drei Zeilen durch die Spannungsrichtung gekennzeichnet sind, deren drei Spalten durch die Flächen gekennzeichnet sind, in denen die Spannungen wirken:

$$S = \begin{pmatrix} \bullet & \bullet & \bullet \\ \bullet & \bullet & \bullet \\ \bullet & \bullet & \bullet \end{pmatrix}$$

$\rightarrow$ Spannungen in x-Richtung
$\rightarrow$ Spannungen in y-Richtung
$\rightarrow$ Spannungen in z-Richtung

$\hookrightarrow$ Spannungen in der z-Fläche
$\hookrightarrow$ Spannungen in der y-Fläche
$\hookrightarrow$ Spannungen in der x-Fläche

$$S = \begin{pmatrix} \sigma_x & \tau_{yx} & \tau_{zx} \\ \tau_{xy} & \sigma_y & \tau_{zy} \\ \tau_{xz} & \tau_{yz} & \sigma_z \end{pmatrix} \quad \begin{array}{l}\text{Allgemeiner,} \\ \text{räumlicher} \\ \text{Spannungszustand.}\end{array}$$

Der räumliche Hauptspannungszustand wäre durch folgende Matrix beschrieben:

$$S = \begin{pmatrix} \sigma_x & 0 & 0 \\ 0 & \sigma_y & 0 \\ 0 & 0 & \sigma_z \end{pmatrix}$$

Aufgrund des Satzes von den zugeordneten Schubspannungen ist die Matrix zur Hauptdiagonalen symmetrisch.

Zahlenbeispiel:

$$S(\text{N/mm}^2) = \begin{pmatrix} 100 & 80 & 70 \\ 80 & 140 & 65 \\ 70 & 65 & -90 \end{pmatrix}$$

$$\text{Hauptdiagonale}$$

$$\tau_{yx} = \tau_{xy} = 80 \, \text{N/mm}^2$$
$$\tau_{xz} = \tau_{zx} = 70 \, \text{N/mm}^2$$
$$\tau_{yz} = \tau_{zy} = 65 \, \text{N/mm}^2$$

Die Darstellung des räumlichen Hauptspannungszustandes in der MOHRschen $\sigma\tau$-Ebene zeigt Bild 2-36.

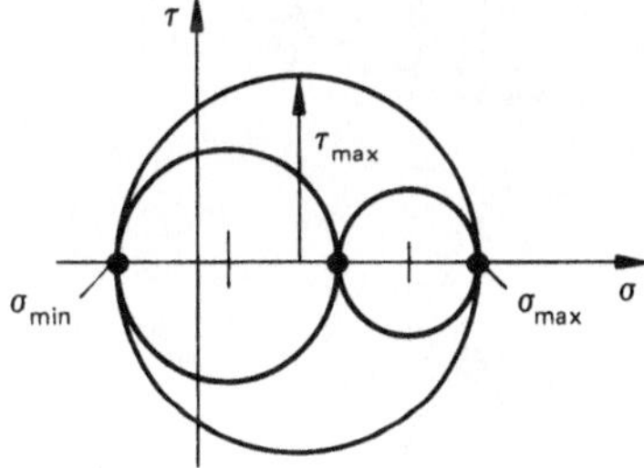

Bild 2-36

Man erkennt, daß τ_{max} nicht mehr von der mittleren der drei Hauptspannungen abhängt:

$$\tau_{\text{max}} = \frac{\sigma_{\text{max}} - \sigma_{\text{min}}}{2}$$

Ein Sonderfall des räumlichen Spannungszustandes ist der sog. hydrostatische Spannungszustand; es handelt sich um den Hauptspannungszustand allseitig gleichen Drucks oder Zugs. Die Spannungskreise für die einzelnen Ebenen entarten zum Punkt, Bild 2-37.

Dieser hydrostatische Spannungszustand spielt in der Mechanik eine große Rolle, weil ein solcher Spannungszustand keinen Einfluß auf

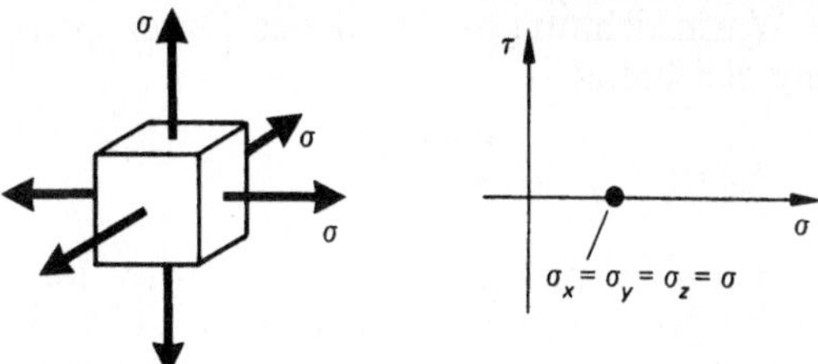

Bild 2-37

den Zerstörungsbeginn, also auf Fließen oder Bruch des Werkstoffs, hat. Der hydrostatische Anteil am allgemeinen Spannungszustand ist unschädlich und am Werkstoffversagen nicht beteiligt.

Wärmespannungen

Spannungen entstehen auch durch behinderte Wärmedehnungen. Bei Erwärmung dehnen sich (jedenfalls die meisten) Werkstoffe aus, und zwar linear mit der Temperaturzunahme. Die Wärmedehnung ε_T ist der Temperaturdifferenz ΔT und der sog. Wärmedehnzahl α proportional:

$$\varepsilon_T = \alpha \, \Delta T$$

α ist der lineare Wärmedehnungskoeffizient. Für Stahl beträgt er $1,1 \cdot 10^{-5} \, \text{grd}^{-1}$. Eine Auswahl für andere Werkstoffe im Bereich 0 bis 100 °C zeigt Tabelle 2-2.

Tabelle 2-2.

$\alpha \, (\text{grd}^{-1})$	Werkstoff
$1,1 \cdot 10^{-5}$	Stahl, Beton
$1,8 \cdot 10^{-5}$	Bronze
$1,9 \cdot 10^{-5}$	Messing
$0,8 \cdot 10^{-5}$	Glas
$1,6 \cdot 10^{-5}$	Kupfer

Die Längenänderung eines Stabes der Länge L bei Erwärmung um ΔT beträgt also

$$\Delta L = L \, \alpha \, \Delta T$$

Wird die Wärmedehnung unterdrückt (Dehnbehinderung), so entstehen Spannungen. Beim dehnbehinderten, erwärmten Stab also Druckspannungen. Diese berechnet man, indem man die Wärmedehnungen denen der Druckspannung gleichsetzt:

$$\sigma_d = E\,\varepsilon = E\,\frac{\Delta L}{L} = \frac{E\,L\,\alpha\,\Delta T}{L}$$

Hierzu ein Beispiel. Ein Kupferring wird über eine Stahlwelle geschoben. Die Welle ist starr, der Ring wird spielfrei aufgeschoben. Der Ring weist beim Fügen eine Temperatur von 50 °C auf, die Welle hat die Umgebungstemperatur 18 °C. Es kühlt die Verbindung auf Umgebungstemperatur ab. Die dann im Ring wirksame Zugspannung ist zu berechnen.

Die Wärmedehnung des Rings in Umfangsrichtung

$$\Delta d = \alpha\,d\,\Delta T,$$

$$d = \text{Wellendurchmesser}$$

ist gleich der Dehnung zufolge der mechanischen Spannung:

$$\sigma = E\,\frac{\Delta d\,\pi}{d\,\pi}$$

$$\frac{\sigma_z}{E}\,d = \alpha\,d\,\Delta T$$

$$\sigma_z = E\,\alpha\,\Delta T$$

$$\sigma_z = 1{,}3 \cdot 10^5\,\frac{\text{N}}{\text{mm}^2}\,1{,}6 \cdot 10^{-5}\,\text{grd}^{-1}\,(50-18)\,\text{grd}$$

$$\sigma_z = 66{,}56\ \text{N/mm}^2$$

Will man diese Schrumpfverbindung lösen, so erwärmt man die Verbindung auf die Temperatur T_2; dabei dehnt sich jedoch auch die Welle aus! Bei 50 °C hat der Ring wieder jenen Innendurchmesser, den die Stahlwelle bei 18 °C hat. Bei Erwärmung auf T_2 löst sich der Ring von der Welle, die Durchmesser von Welle und Ring sind dann gleich:

$$d_W\,\alpha_{St}\,(T_2 - 18\,^\circ\text{C}) = d_R\,\alpha_{Cu}\,(T_2 - 50\,^\circ\text{C}),$$

$$d_W = d_R$$

Es folgt daraus:

$$T_2 = \frac{\alpha_{Cu}\,50\,^\circ\text{C} - \alpha_{St}\,18\,^\circ\text{C}}{\alpha_{Cu} - \alpha_{St}}$$

$$\alpha_{Cu} = 1{,}6 \cdot 10^{-5}\,\text{grd}^{-1}$$

$$\alpha_{St} = 1{,}1 \cdot 10^{-5}\,\text{grd}^{-1}$$

$$T_2 = 120{,}4\,^\circ\text{C}$$

2.2. Elastische Grundgleichungen

Verzerrungen

Wenn sich die Form eines Körpers ändert, sich sein Gitter also verzerrt, so kann dies bedeuten, daß sich das Volumen ändert, es kann auch bedeuten, daß sich die Gestalt des Körpers ändert; letztlich und im allgemeinen wird beides eintreten und reine Volumenänderung wie reine Gestaltänderung werden Sonderfälle des allgemeinen Verzerrungszustands sein:

Formänderung = Volumenänderung
+ Gestaltänderung .

Kräfte, die auf einen Körper, ein Bauteil, ausgeübt werden, rufen im Innern des Körpers mechanische Spannungen hervor. Aufgrund dieser Spannungen verzerrt sich das Werkstoffgitter. Dabei sind folgende Verzerrungen möglich, Bild 2-38 und 2-39.

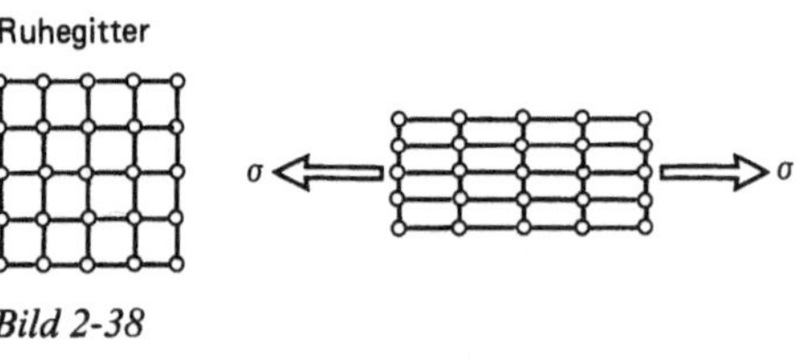

Bild 2-38

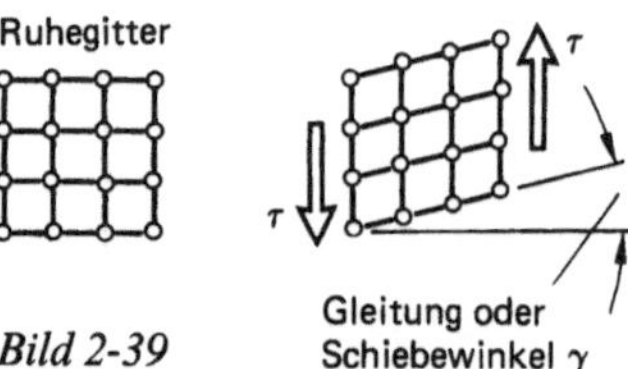

Bild 2-39

Dehnungen des Gitters sind die Folge von angelegten Normalspannungen. Es finden keine Winkeländerungen des Gitters statt, rechte Winkel bleiben rechtwinklig. Es ändern sich die Gitterabstände gegenüber dem Ruhegitter (Bild 2-38).

Gleitungen oder Schiebungen sind Folge von angelegten Tangentialspannungen (Schubspannungen). Gegenüber dem Ruhegitter ändern sich die Winkel zwischen den Gitterebenen und Gittergeraden, Bild 2-39.

„Verzerrung" ist der Sammelbegriff für Dehnungen und Gleitungen. Verzerrt sich das Gitter, so findet eine Formänderung des Bauteils statt, diese kann aus Volumenänderung und Gestaltänderung bestehen, im Sonderfall auch nur Volumen- oder nur Gestaltänderung. Es wird zu klären sein, welche Spannungszustände zu welchen Verzerrungszuständen führen können.

Der Zugversuch, bei dem eine Werkstoffprobe zerrissen wird, ist der für die Bestimmung der wesentlichen Werkstoffeigenschaften maßgebliche Versuch der Werkstoffprüfung. Darum vollziehen wir das elastische Verhalten und das Spannungsgeschehen im Zugversuch nach. Das Gitter kann nur bis zu einem bestimmten Grad belastet und verzerrt werden, ohne daß eine bleibende Verzerrung auftritt. Wenn nach Wegnahme der äußeren Belastungskräfte das Gitter in die Ruhegitterlage zurückkehrt, zurückfedert, dann spricht man von rein elastischen Formänderungen.

Sind die Belastungen (äußere Kräfte und Momente) bzw. Beanspruchungen (Spannungen) zu groß, so bleibt bei Wegnahme der äußeren Lasten eine bleibende, plastische Formänderung zurück, das Gitter federt nicht vollständig in seine Ausgangslage (Ruhegitter) zurück. Der Anteil der elastischen Formänderung ist also vollständig reversibel.

Das Interesse gilt der Grenze zwischen elastischer und plastischer Formänderung. Im allgemeinen ist die Dimensionierung eines Bauteils dann in Ordnung, wenn unter der Wirkung der angreifenden Kräfte die Formänderung gerade nicht den elastischen Bereich verläßt. Sicherheitsüberlegungen führen dazu, daß man dieser Schwelle deutlich fernbleibt.

Zugversuch

Betrachten wir einen quasi-homogenen und quasi-isotropen Werkstoff; quasi-homogen: der Werkstoff besitzt über das ganze Volumen gesehen dieselben Werkstoffeigenschaften, quasi-isotrop: die Werkstoffeigenschaften besitzen keine Richtungseigenschaft. Unterziehen wir einen schlanken, langen Körper, also einen Stab, einem Zugversuch, Bild 2-40.

Der Gitterzusammenhang des Werkstoffs bedingt eine Querkontraktion am Zugstab. Der Zugstab wird länger, sein Querschnitt schnürt sich ein. Definieren wir den Begriff der Dehnung. Dehnung ist das Verhältnis von Ände-

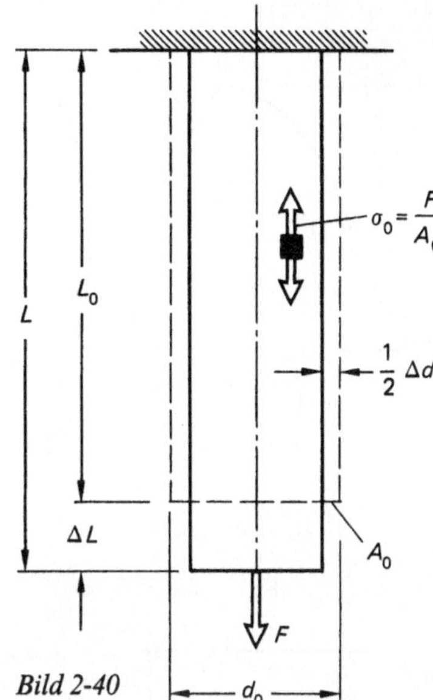

Bild 2-40

rung zur Ausgangsgröße. Längsdehnung am Zugstab ist also

$$\varepsilon = \frac{\Delta L}{L_0}$$

und Querdehnung

$$\varepsilon_q = - \frac{\Delta d}{d_0}.$$

Hierbei gehören zu positiven Dehnungen Vergrößerungen des Gitterabstandes und zu negativen Dehnungen Verringerungen des Gitterabstandes, also Kontraktionen.

Die Zerreißmaschine des Werkstoffprüflabors schreibt uns das sog. Spannung-Dehnungs-Diagramm, in dem die Spannungen über den jeweiligen, zugehörigen Längsdehnungen aufgetragen sind. Qualitativ sieht dies für einen fließfähigen, duktilen Werkstoff wie folgt aus, Bild 2-41.

P   Proportionalitätsgrenze,
E   Elastizitätsgrenze,
S   Streckgrenze oder Fließgrenze,
B   Bruchgrenze,
Z   Zerreißpunkt.

Bis zur Proportionalitätsspannung ist das Verhältnis von Spannung und Dehnung konstant,

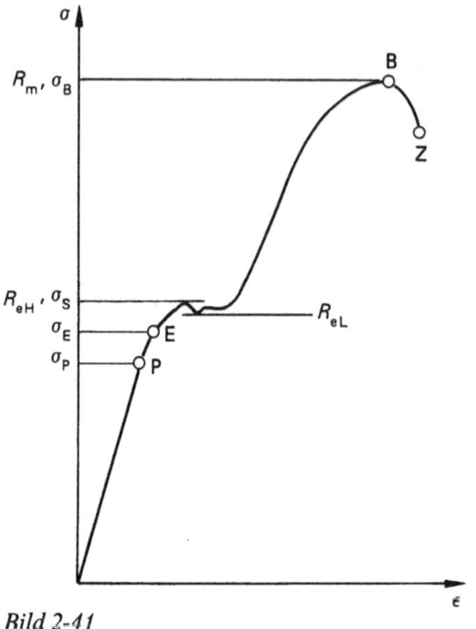

Bild 2-41

d. h. die Verlängerung des Zugstabes ist der jeweils angelegten Zugkraft proportional. Die Spannungs-Dehnungs-Linie verläuft bis zum Punkt P gerade. E ist der Elastizitätspunkt, er markiert die Grenze der elastischen Werkstoffanstrengung. Spannungen, die kleiner sind als die Elastizitätsspannung, führen bei Entlastung des Zugstabes zu einem Zurückkehren in die Ausgangslage (Ausgangslänge, Ruhegitter). Bis zur Elastizitätsspannung treten also keine bleibenden Verlängerungen auf. Wird der Zugstab über diese Elastizitätsgrenze hinaus beansprucht, so befindet sich die Beanspruchung im nicht-elastischen Bereich, also im elastisch-plastischen Bereich, im Bereich bleibender Dehnungen. Bei Entlastung des Zugstabes bleiben Restdehnungen zurück, der elastische Anteil der Formänderung ist reversibel. Steigert man die Zugspannung bis zur Streck- oder Fließspannung (R_e), so fließt das Material. Bei nahezu konstanter Spannung wächst die Dehnung. Mit anderen Worten, ohne Laststeigerung kommt es zu wachsenden Dehnungen, das Material fließt. Größere Kristalle werden verlagert und zerrissen. Nach dem Fließen des Werkstoffs stellt man im Zugversuch fest, daß eine weitere Steigerung der Dehnungen nur bei Kraftsteigerung möglich ist. Das Material verfestigt sich. Um diesen Verfestigungsprozeß zu verstehen, müssen wir uns den Kristallaufbau ansehen. Es handelt sich um ein regelmäßiges Gitter. Bei Schiebungen müssen alle in einer

Gleitebene liegenden Moleküle gleichzeitig voneinander getrennt werden. In einem idealen Kristall sind die Atome in parallelen Ebenen angeordnet, es gibt keine Fehlstellen, keine Unregelmäßigkeiten. Tatsächlich aber sind im Realkristall Strukturfehler zu finden, und zwar in Form von Versetzungen, Schrauben- oder Stufenversetzungen beispielsweise, die man mit „Webfehlern" vergleichen könnte.

Gleiten erfolgt im allgemeinen in dichtest besetzten Ebenen des Gitters und dort in Richtung der dichtest besetzten Gittergeraden, weil hier der Energiebedarf der plastischen Verformung am geringsten ist. Nach theoretischen Berechnungen müßte die kritische Schubspannung 100- bis 1000mal höher liegen als im Realwerkstoff beobachtet. Die Versetzungen sind es, die diese Diskrepanz erklären. Bei Beanspruchung einer Gleitebene, in der eine Versetzung liegt, überschreiten nicht alle Atome gleichzeitig die Energieschwelle, sondern nacheinander. Dabei wandert die Versetzung durch den Kristall. Röntgenaufnahmen zeigen solche Versetzungen deutlich, und Ätzbilder erlauben auch das Auszählen der Versetzungen. So findet man im Realkristall 10^7 bis 10^8 Versetzungen je cm^2. Da nur ein kleiner Teil der Versetzungen in Richtung der Gleitebenen liegt (beim Zugstab sind dies die 45°-Richtungen), sind nicht alle Versetzungen an der Gleitung beteiligt. Doch selbst wenn es so wäre, läge die Gleitung im Bereich von nur 10^{-3} mm! Nun hat man ein Gedankenmodell entwickelt, nach dem im Verlauf der Verformung neue Versetzungen entstehen, die Versetzungsdichte steigt danach deutlich an („FRANK-READ-Quelle"). Entstehen aber immer neue Versetzungen, die zum Gleiten durch Wandern beitragen, so könnte mit einer einmal angelegten Spannung eine beliebig große Gleitung erzielt werden. Die Erfahrung zeigt aber, und der Zugversuch zeigt uns dies durch den Anstieg der Spannungs-Dehnungs-Linie nach dem Fließen, daß bei Kaltumformung die zur weiteren Verformung erforderlichen Kräfte immer größer werden; man nennt dies die Verfestigung des Materials. Wie sieht metallographisch dieser Verfestigungsprozeß aus? Beim Wandern der Versetzungen stoßen diese auf Korngrenzen und werden dort an einem Weiterwandern gehindert (blockiert). Auch behindern sich kreuzende Versetzungen gegenseitig. Das hat zur Folge, daß die in der Nähe einer Versetzungsquelle festliegenden

Versetzungen das Entstehen neuer Versetzungen nur unter Anlegen einer noch größeren Spannung zulassen.

Der Verformungswiderstand wird durch immer mehr behinderte Versetzungsquellen schließlich so groß, daß seine gewaltsame Überwindung zum Bruch des Werkstoffs führt.

Ist die Grenzspannung σ_B erreicht, so reißen die Bindungen des Gitters partiell. Es entsteht ein starkes Querfließen (Einschnüren). Die auf A_0 bezogene Spannung sinkt wieder ab. Beim Zerreißpunkt Z reißt der Stab.

Die Bezeichnung der Baustähle nach DIN 17100 kennzeichnet die Bruchfestigkeit des Stahls, z. B.:

$$\text{St } 42 : R_\mathrm{m} \geq 42 \,\text{kN/cm}^2 = 420 \,\text{N/mm}^2$$

HOOKEsches Gesetz, der E-Modul

Der englische Physiker Sir ROBERT HOOKE fand für den elastischen Bereich die Proportionalität zwischen Spannung und Dehnung (linearer Bereich im Spannungs-Dehnungs-Diagramm). Den Proportionalitätsfaktor in dieser Beziehung stellt der Elastizitäts-Modul E dar.

Nach dem HOOKEschen Gesetz ergibt sich

$$\sigma = E\,\varepsilon$$

Der E-Modul ist eine Werkstoffkonstante; für Stähle beträgt der E-Modul bei Raumtemperatur etwa

$$E = 2{,}1 \cdot 10^5 \,\text{N/mm}^2$$

Im Spannungs-Dehnungs-Diagramm ist der Tangens des Anstiegwinkels im proportionalen Bereich gleich dem E-Modul des Werkstoffs, Bild 2-42.

$$E = \tan \beta = \frac{\sigma}{\varepsilon}$$

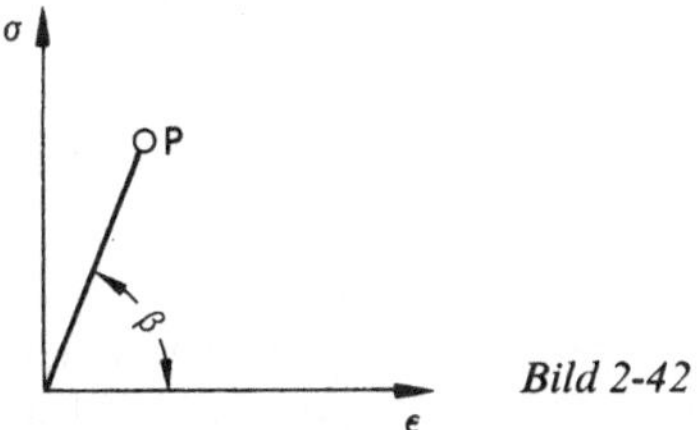

Bild 2-42

Für Schubspannungen gibt es einen analogen Zusammenhang zwischen den Spannungen (Ursachen) und dem Schiebewinkel (Wirkung):

$$\tau = G\,\gamma$$

G = Gleit- oder Schubmodul und
γ = Schiebewinkel.

Beide Werkstoffkonstanten stehen in einem gesetzmäßigen Zusammenhang:

$$G = \frac{m}{2\,(m+1)}\,E$$

m = POISSONsche Zahl

$$\text{für Stähle } m \cong \frac{10}{3}$$

$$\text{und damit } G \cong \frac{E}{2{,}6}$$

Der Einfachheit halber rechnet man im Ingenieurwesen bis zur Elastizitätsgrenze mit dem HOOKEschen Gesetz, das streng genommen nur bis zur Proportionalitätsgrenze Gültigkeit hat. Die Punkte P und E des Spannungs-Dehnungs-Diagramms liegen aber bei den meisten Werkstoffen dicht beieinander.

Querkontraktionsgesetz

Der Zugversuch hat gezeigt, daß keine Längsdehnung ohne Querdehnung erfolgt; bei Verlängerung des Zugstabes zeigt sich eine Kontraktion des Querschnitts. Für den Proportionalitätsbereich fand DENIS POISSON die Gesetzmäßigkeit zwischen Längs- und Querdehnung:

$$m = \frac{\varepsilon}{\varepsilon_q}$$

$$\mu = \frac{1}{m} = \frac{\varepsilon_q}{\varepsilon}$$

m = POISSON-Zahl
μ = Querzahl

Der Zugversuch stellt einen einachsigen Spannungszustand dar; zu diesem einachsigen Spannungszustand gehört ein räumlicher Dehnzustand. Es wäre also falsch zu vermuten, daß zu einem einachsigen Spannungszustand auch ein einachsiger Verzerrungszustand gehörte.

Verzerrungszustände sind selten einachsig und selten eben, sie sind zumeist räumlich, also dreiachsig.

Wir untersuchen im folgenden den zweiachsigen, ebenen Verzerrungszustand und werden die gewonnenen Erkenntnisse später auf den räumlichen, dreiachsigen Verzerrungszustand übertragen.

Der ebene, zweiachsige Verzerrungszustand

Unsere Betrachtungen stellen wir an einem Volumenelement an, das in den z-Flächen keine Spannungen erfährt. In den x- und y-Flächen wirken sowohl Normalspannungen als auch Schubspannungen, Tabelle 2-3.

Tabelle 2-3.

Dehnungen in x-Richtung	$\varepsilon_x = \dfrac{\sigma_x}{E}$ (HOOKE)	$\varepsilon_x = -\mu\dfrac{\sigma_y}{E}$ (POISSON)	0
Dehnungen in y-Richtung	$\varepsilon_y = -\mu\dfrac{\sigma_x}{E}$ (POISSON)	$\varepsilon_y = \dfrac{\sigma_y}{E}$ (HOOKE)	0
Schiebewinkel γ_{xy}	0	0	$\gamma_{xy} = \dfrac{\tau_{xy}}{G}$

Durch Superposition erhält man die Verzerrungsgrößen Dehnung und Schiebung:

$$\varepsilon_x = \frac{1}{E}(\sigma_x - \mu\,\sigma_y)$$

$$\varepsilon_y = \frac{1}{E}(\sigma_y - \mu\,\sigma_x)$$

$$\gamma_{xy} = \frac{\tau_{xy}}{G}$$

Die Dehnung in Querrichtung ist dann positiv, wenn die verursachende Spannung eine Druckspannung ist, also negativ. Zugspannung in x-

Richtung hat eine Verlängerung zur Folge (positive Dehnung), aber eine Verkürzung in y-Richtung (negative Dehnung). In Umkehrung der gegebenen Verzerrungsformeln folgen bei Kenntnis der Verzerrungsgrößen die zugehörigen Spannungsgrößen:

$$\sigma_x = \frac{E}{1 - \mu^2}(\varepsilon_x + \mu\,\varepsilon_y)$$

$$\sigma_y = \frac{E}{1 - \mu^2}(\varepsilon_y + \mu\,\varepsilon_x)$$

$$\tau_{xy} = G\,\gamma_{xy}$$

Es ist eine Besonderheit des elastischen Gitterverhaltens, daß die Dehnungen sich gegenseitig beeinflussen, während die Gleitungen in einer Ebene keinen Einfluß auf die Gleitung in einer der beiden anderen Ebenen haben. Die Dehnung in x-Richtung wird auch von den Spannungen in y- und z-Richtung beeinflußt, die Gleitung in der xy-Ebene wird nicht beeinflußt von den Schubspannungen in den beiden anderen Ebenen.

Der räumliche, dreiachsige Verzerrungszustand

Am Zugstab, der in beiden Querrichtungen eine Kontraktion erfährt, erkannten wir, daß sogar dem einachsigen Spannungszustand ein räumlicher Dehnzustand entsprechen kann. Bei näherer Betrachtung wird man feststellen, daß der dreiachsige, räumliche Verzerrungszustand aus allen möglichen Spannungszuständen resultieren kann. Den allgemeinen Zusammenhang zwischen Spannungen und Dehnungen beschreiben die sog. Elastischen Grundgleichungen von CAUCHY:

$$\varepsilon_x = \frac{1}{E}(\sigma_x - \mu(\sigma_y + \sigma_z))$$

$$\varepsilon_y = \frac{1}{E}(\sigma_y - \mu(\sigma_x + \sigma_z))$$

$$\varepsilon_z = \frac{1}{E}(\sigma_z - \mu(\sigma_x + \sigma_y))$$

$$\gamma_{xy} = \frac{\tau_{xy}}{G}; \quad \gamma_{xz} = \frac{\tau_{xz}}{G}; \quad \gamma_{yz} = \frac{\tau_{yz}}{G}$$

Das HOOKEsche Gesetz ist der Sonderfall der allgemeinen elastischen Grundgleichungen für den Fall des einachsigen Spannungszustandes, Beispiel Zugstab, x-Achse ist Längsachse:

$$\sigma_y = 0, \quad \sigma_z = 0, \quad \sigma_x = \frac{F}{A}$$

Nach HOOKE $\quad \varepsilon_x = \dfrac{\sigma_x}{E},$

nach POISSON $\quad \varepsilon_y = \varepsilon_z = -\mu \dfrac{\sigma_x}{E}.$

Wenn behauptet wurde, daß der dreiachsige Verzerrungszustand aus jedem möglichen Spannungszustand resultieren kann und daß allgemein der Grad des Spannungszustandes nicht mit dem Grad des Verzerrungszustandes korrespondiert, so kann das folgende Zahlenbeispiel dies belegen. Aus dem räumlichen Spannungszustand resultiert nur ein ebener Verzerrungszustand:

$$S(\text{N/mm}^2) = \begin{pmatrix} 40 & 0 & 0 \\ 0 & 60 & 0 \\ 0 & 0 & 30 \end{pmatrix}$$

Mit $\mu = 0{,}3$ für Stahl folgt

$$\varepsilon_x = +\frac{13}{E}$$

$$\varepsilon_y = +\frac{39}{E}$$

$$\varepsilon_z = 0$$

Ein weiteres Zahlenbeispiel macht deutlich, daß zu einem dreiachsigen Spannungszustand nur ein einachsiger Verzerrungszustand gehört

$$S(\text{N/mm}^2) = \begin{pmatrix} 70 & 0 & 0 \\ 0 & 30 & 0 \\ 0 & 0 & 30 \end{pmatrix}$$

Diesen Spannungen entsprechen folgende Dehnungen

$$\varepsilon_x = +\frac{52}{E}$$

$$\varepsilon_y = \varepsilon_z = 0$$

Dehnbehinderungen

Es soll an einem einfachen Beispiel gezeigt werden, daß in Fällen von Dehnbehinderung das

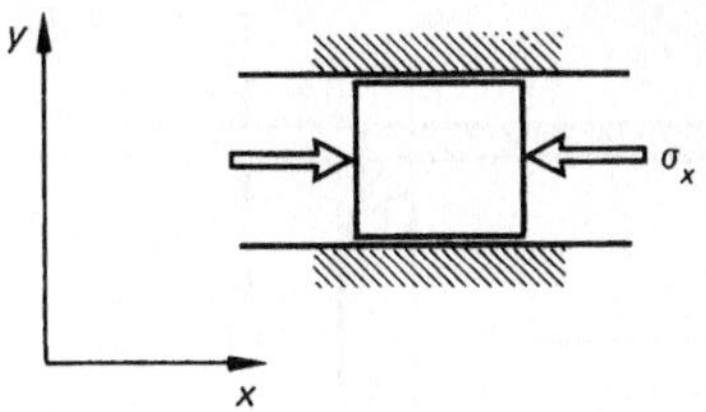

Bild 2-43

elastische Werkstoffverhalten nicht mehr über den E-Modul zu beschreiben ist, sondern daß dieser einer Korrektur bedarf, Bild 2-43.

Dehnbehinderung in y-Richtung

In y-Richtung können keine Dehnungen entstehen:

$$\varepsilon_y = 0 = \frac{1}{E}(\sigma_y - \mu\,\sigma_x)$$

Daraus folgt

$$\sigma_y = \mu\,\sigma_x$$

Dies eingesetzt in den Ausdruck für ε_x führt zu

$$\varepsilon_x = \frac{1}{E}(\sigma_x - \mu^2\,\sigma_x)$$

Vergleicht man mit dem HOOKEschen Gesetz, so müßte eine Korrektur des E-Moduls in folgender Weise vorgenommen werden:

$$\varepsilon_x = \frac{\sigma_x}{E^*} \quad \text{mit}$$

$$E^* = \frac{E}{1 - \mu^2}$$

Kesselformeln

Untersuchen wir die Spannungssituation in dünnwandigen, zylindrischen Behältern, die unter innerem Überdruck p_i stehen, Bild 2-44.

Die in Längsrichtung des Kessels wirkende Spannung (Zugspannung) ergibt sich aus der Druckkraft auf den Kesselboden und aus dem Kesselquerschnitt:

$$\sigma_a = \frac{p_i\,\dfrac{d_i^2\,\pi}{4}}{\dfrac{\pi}{4}(d_a^2 - d_i^2)}$$

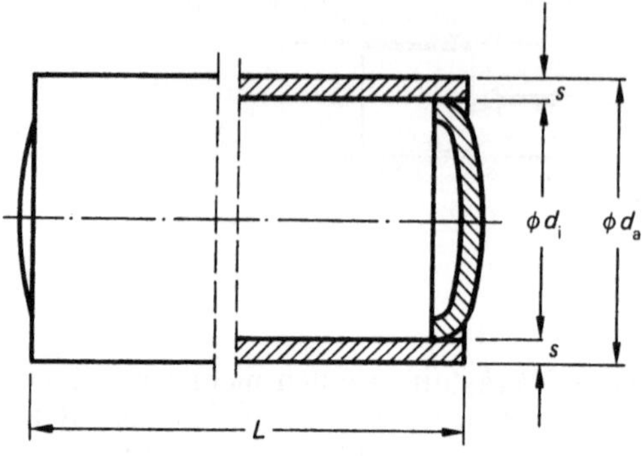

Bild 2-44

Setzen wir $d_a = d_i + 2s$, so folgt

$$\sigma_a = \frac{p_i\, d_i^2}{4\,s\,(d_i + s)}$$

Für $s \ll d_i$ (dünnwandiger Kessel) ist

$$d_i + s \cong d_i$$

und die axiale Spannung in der Kesselwand ist ungefähr

$$\sigma_a \cong \frac{p_i\; d_i}{4\,s}\,.$$

Die in Umfangsrichtung wirkende Tangentialspannung ergibt sich analog, Bild 2-45.

$$\sigma_t = \frac{p_i\, d_i\, L}{2\,s\, L} = \frac{p_i\, d_i}{2\,s}$$

Dabei ist die tragende Wirkung der Kesselböden vernachlässigt; $L =$ Länge des Kessels. Die beiden sog. Kesselformeln zeigen, daß die Tangentialspannung doppelt so groß ist wie die Axialspannung. Darum platzen Rohre unter

Überdruck auch durch Risse in Längsrichtung. Die Spannungssituation in der MOHRschen Spannungsebene ist in Bild 2-46 gezeigt.

$$\tau_{max} = \frac{\sigma_t - \sigma_a}{2} = \frac{\sigma_a}{2}$$

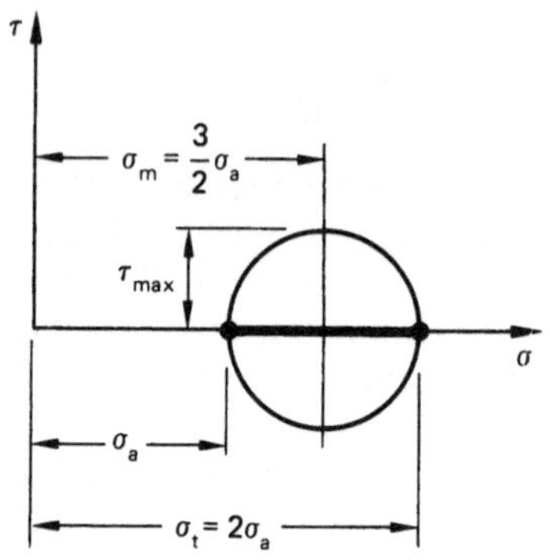

Bild 2-46

Die Vergleichsspannung nach der Gestaltänderungsenergie-Hypothese errechnet sich zu

$$\sigma_v = \sqrt{\sigma_a^2 + \sigma_t^2 - \sigma_a\, \sigma_t}$$

Mit $\sigma_t = 2\,\sigma_a$ folgt

$$\sigma_v = \sqrt{3}\,\sigma_a = 0,866\,\sigma_t$$

oder aus der Spannungssituation in 45°-Richtungen, Bild 2-47.

$$\sigma_v = \sqrt{\sigma_m^2 + \sigma_m^2 - \sigma_m\, \sigma_m + 3\,\tau_{max}^2}$$

$$\text{mit}\quad \sigma_m = \frac{3}{2}\,\sigma_a$$

$$\text{und}\quad \tau_{max} = \frac{\sigma_a}{2}$$

$$\sigma_v = \sqrt{3}\,\sigma_a = \frac{\sqrt{3}}{2}\,\sigma_t$$

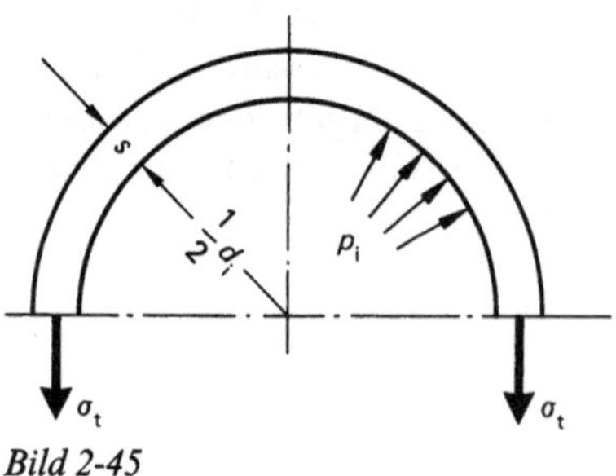

Bild 2-45

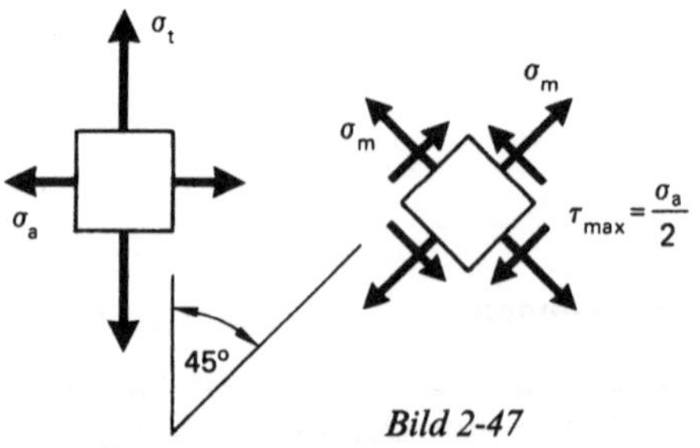

Bild 2-47

Werden die Dehnungen in axialer und tangentialer Richtung gemessen, so können die Spannungen aus den entsprechenden Umformungen der CAUCHY-Gleichungen berechnet werden:

$$\varepsilon_t = \frac{1}{E}(\sigma_t - \mu\,\sigma_a) \quad \text{mit} \quad \sigma_a = \tfrac{1}{2}\sigma_t$$

$$\varepsilon_t = \frac{\sigma_t}{E}\left(1 - \tfrac{1}{2}\mu\right)$$

$$\sigma_t = \frac{\varepsilon_t\,E}{1 - \dfrac{\mu}{2}}$$

Analog: $\quad \varepsilon_a = \dfrac{\sigma_a}{E}(1 - 2\mu)$

$$\sigma_a = \frac{\varepsilon_a\,E}{1 - 2\mu}$$

Die Spannung im Kugelbehälter ergibt sich aus der Kesselformel für die Axialspannung. Wegen der Kugelsymmetrie sind die Spannungen in allen Richtungen gleich:

$$\sigma = \frac{p_i\,d_i}{4\,s}$$

Die Dehnungen in zwei zueinander senkrechten Richtungen x, y auf der Kesseloberfläche ergeben sich aus den Elastischen Grundgleichungen:

$$\varepsilon = \varepsilon_x = \varepsilon_y = \frac{1}{E}(\sigma - \mu\,\sigma) = \frac{\sigma}{E}(1 - \mu)$$

Daraus kann die Spannung σ im Kugelkessel aus den gemessenen (z. B. mit DMS-Verfahren = Dehnungsmeßstreifen-Verfahren) Dehnungen errechnet werden:

$$\sigma = \frac{\varepsilon\,E}{1 - \mu}$$

Bei äußerem Überdruck, etwa beim Tauchen einer Taucherkugel, sind die Spannungen Druckspannungen, die Dehnungen sind negativ, also Stauchungen; der Kugeldurchmesser nimmt um ΔD ab:

$$\varepsilon = \frac{\Delta D}{D_m} = \frac{\sigma_d(1 - \mu)}{E}$$

D_m = mittlerer Durchmesser

$$\sigma_d = \frac{p_a\,d_a}{4\,s}$$

$$d_a \cong D_m \quad (s \ll d_a)$$

$$\Delta D = \frac{p_a\,D_m^2(1 - \mu)}{4\,E\,s}$$

Der MOHRsche Spannungskreis für die Spannungssituation im Kugelkessel entartet zum Punkt, es treten keine Schubspannungen auf.

Ist die Kesselwanddicke groß, so treten Radialspannungen hinzu, die auf der Kesselinnenseite bei innerem Überdruck und auf der Kesseloberseite bei äußerem Überdruck gleich sind dem anstehenden Druck. Der Hauptspannungszustand in der Kesselwand ist dann dreiachsig; es sind die entsprechenden Vergleichsspannungsformeln anzuwenden.

Übung 2-1

Die Dehnungsmessung in zwei aufeinander senkrechten Richtungen an einem Punkt der Oberfläche eines Kugelbehälters aus Stahl ergibt bei einem Innenüberdruck-Belastungsversuch $\varepsilon_x = \varepsilon_y = 0{,}04\%$. Der mittlere Kugeldurchmesser beträgt 5 m, die Wanddicke 1 cm. Welcher innere Überdruck lag im Versuch vor?

Lösung:

Nach CAUCHY:

$$\varepsilon_x = \varepsilon_y = \varepsilon = 0{,}0004 = \frac{1}{E}(\sigma_x - \mu\,\sigma_y)$$

mit $\sigma_x = \sigma_y = \sigma$ wegen Kugelsymmetrie

Es folgt die Tangentialspannung zu:

$$\sigma = \frac{\varepsilon\,E}{1 - \mu} = \frac{0{,}0004 \cdot 2{,}1 \cdot 10^5\,\text{N/mm}^2}{1 - 0{,}3}$$

$$\sigma = 120\,\text{N/mm}^2$$

Aus der Spannungsformel

$$\sigma = \frac{p_i\,d_i^2\,\dfrac{\pi}{4}}{\dfrac{\pi}{4}(d_a^2 - d_i^2)}$$

folgt:

$$p_i = 120\,\text{N/mm}^2\left(\left(\frac{5010}{4990}\right)^2 - 1\right)$$

$$p_i = 0{,}964\,\text{N/mm}^2$$

Das entspricht einem Druck von

$$p_i = 9,64 \, \text{bar}$$

Übung 2-2

Eine Taucherkugel aus Stahl befindet sich in 10 km Wassertiefe. Außendurchmesser der Kugel 2,5 m, Wanddicke 14 cm. Zu berechnen ist die Durchmesseränderung aufgrund des Außendrucks.

Lösung:

Je 10 m Wassertiefe 1 bar Drucksteigerung.

In 10 km Wassertiefe liegt mithin ein Druck von $10^3 \, \text{bar} = 10^2 \, \text{N/mm}^2$ vor.

Druckspannung in der Kugel:

$$\sigma_d = \frac{-p_a \, d_a^2 \, \frac{\pi}{4}}{\frac{\pi}{4}(d_a^2 - d_i^2)} = \frac{-p_a}{1 - \left(\frac{d_i}{d_a}\right)^2}$$

$$\sigma_d = \frac{-100 \, \text{N/mm}^2}{1 - \left(\frac{2220}{2500}\right)^2} = -472,9 \, \text{N/mm}^2$$

$$\varepsilon = \frac{\Delta d_m}{d_m}$$

$d_m =$ mittlerer Durchmesser

$$\varepsilon = \frac{\Delta d_m}{d_m} = \frac{1}{E}(\sigma_d - \mu \, \sigma_d)$$

$$\Delta d_m = \frac{d_m \, \sigma_d}{E}(1 - \mu)$$

$$\Delta d_m = \frac{(2500 - 140) \, \text{mm} \cdot (-472,9) \, \text{N/mm}^2 \, (1 - 0,3)}{2,1 \cdot 10^5 \, \text{N/mm}^2}$$

$$\Delta d_m = -3,72 \, \text{mm} \quad \text{Durchmesserabnahme}$$

Übung 2-3

Ein ebener Spannungszustand wird durch folgende Matrix beschrieben:

$$S(\text{N/mm}^2) = \begin{pmatrix} 200 & 80 & 0 \\ 80 & -120 & 0 \\ 0 & 0 & 0 \end{pmatrix}$$

Zu berechnen sind die Verzerrungskomponenten (Werkstoff Stahl) sowie die Spannungen des zugehörigen Hauptspannungszustandes.

Lösung:

Bei Stahl: $E = 2,1 \cdot 10^5 \, \text{N/mm}^2$
$\mu = 0,3$

$$\varepsilon_x = \frac{1}{E}[\sigma_x - \mu(\sigma_y + \sigma_z)]$$

$$\varepsilon_x = \frac{1}{2,1 \cdot 10^5 \, \text{N/mm}^2}[200 - 0,3(-120)] \, \text{N/mm}^2$$

$$\varepsilon_x = 0,0011238 = 0,11238\%$$

$$\varepsilon_y = \frac{1}{E}[\sigma_y - \mu(\sigma_x + \sigma_z)]$$

$$\varepsilon_y = \frac{1}{2,1 \cdot 10^5}[-120 - 0,3 \cdot 200]$$

$$\varepsilon_y = -0,0008571 = -0,08571\%$$

$$\varepsilon_z = \frac{1}{E}[\sigma_z - \mu(\sigma_x + \sigma_y)]$$

$$\varepsilon_z = \frac{1}{2,1 \cdot 10^5}[0 - 0,3(200 - 120)]$$

$$\varepsilon_z = -1,143 \cdot 10^{-4} = -0,01143\%$$

$$\gamma_{xy} = \frac{\tau_{xy}}{G} \quad \text{mit} \quad G = \frac{m}{2(m+1)} E$$

$$m = \frac{1}{\mu} = \frac{10}{3}$$

$$G = \frac{E}{2,6} = \frac{2,1 \cdot 10^5 \, \text{N/mm}^2}{2,6}$$

$$G = 0,808 \cdot 10^5 \, \text{N/mm}^2$$

$$\gamma_{xy} = \frac{80 \, \text{N/mm}^2}{0,808 \cdot 10^5 \, \text{N/mm}^2}$$

$$\gamma_{xy} = 0,00099 \cong 0,0567°$$

Hauptspannungen:

$$\sigma_{max} = \frac{\sigma_x + \sigma_y}{2} + \frac{1}{2}\sqrt{(\sigma_x - \sigma_y)^2 + 4\tau_{xy}^2}$$

$$\sigma_{max} = \frac{200 - 120}{2} + \frac{1}{2}\sqrt{(200 + 120)^2 + 4 \cdot 80^2}$$

$$\sigma_{max} = 40 \, \text{N/mm}^2 + 178,885 \, \text{N/mm}^2$$

$$\sigma_{max} = 218,885 \, \text{N/mm}^2 \quad \text{(Zugspannung)}$$

$$\sigma_{min} = 40 \, \text{N/mm}^2 - 178,885 \, \text{N/mm}^2$$

$$\sigma_{min} = -138,885 \, \text{N/mm}^2 \quad \text{(Druckspannung)}$$

$$\tau_{max} = 178,885 \, \text{N/mm}^2$$

$$\begin{pmatrix} 200 & 80 & 0 \\ 80 & -120 & 0 \\ 0 & 0 & 0 \end{pmatrix} = \begin{pmatrix} 218,885 & 0 & 0 \\ 0 & -138,885 & 0 \\ 0 & 0 & 0 \end{pmatrix}$$

Übung 2-4

Ein biegesteifer Balken ist gelenkig in A und zudem mit zwei Stäben am Fundament befestigt; dabei ist der Durchmesser von Stab 2 doppelt so groß wie der von Stab 1. Zu bestimmen sind die Stabkräfte, die die Last F hervorruft. Der E-Modul beider Stäbe ist gleich, Bild 2-48.

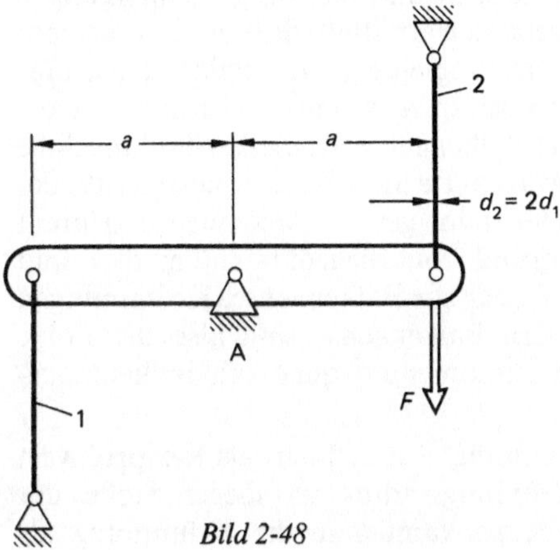

Bild 2-48

Lösung:

Den Verschiebeplan zeigt Bild 2-49.

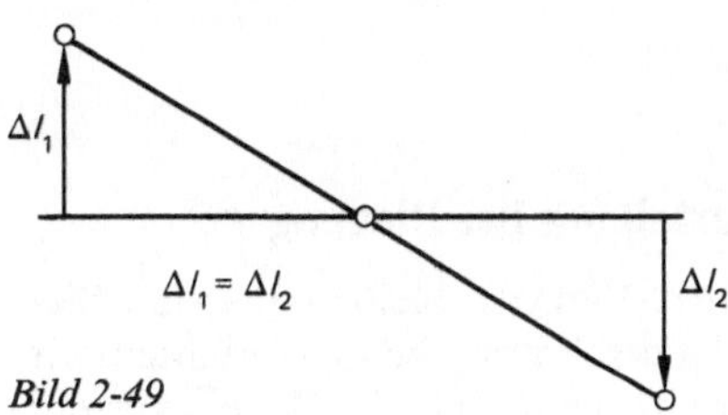

Bild 2-49

Statischer Gleichgewichts-Ansatz:

$$\sum M_\mathrm{A} = 0$$

$$0 = F_{\mathrm{S}1}\, a + F_{\mathrm{S}2}\, a - F a$$

$$F = F_{\mathrm{S}1} + F_{\mathrm{S}2}$$

$$F = \sigma_1 \frac{d_1^2 \pi}{4} + \sigma_2 \frac{d_2^2 \pi}{4}$$

$$F = E \frac{d_1^2 \pi}{4} \frac{\Delta l_1}{l_0} + E \frac{d_2^2 \pi}{4} \frac{\Delta l_2}{l_0}$$

$$\Delta l_1 = \Delta l_2 = \Delta l$$

$$F = \frac{E \pi \Delta l}{4 l_0} (d_1^2 + (2 d_1)^2) = \frac{E \pi \Delta l\, 5 d_1^2}{4 l_0}$$

$$\Delta l = \frac{4 l_0 F}{E \pi 5 d_1^2}$$

Damit wird die Dehnung

$$\varepsilon = \frac{\Delta l}{l_0} = \frac{4 F}{E \pi 5 d_1^2}$$

und die Spannungen

$$\sigma_1 = \frac{F_{\mathrm{S}1}}{A_1} = E \varepsilon = \frac{4 F}{\pi 5 d_1^2}$$

$$\sigma_2 = \frac{F_{\mathrm{S}2}}{A_2} = E \varepsilon = \frac{4 F}{\pi 5 d_1^2}$$

Daraus die Stabkräfte

$$F_{\mathrm{S}1} = \frac{4 F}{\pi 5 d_1^2} \frac{d_1^2 \pi}{4} = \frac{F}{5}$$

$$F_{\mathrm{S}2} = \frac{4 F}{\pi 5 d_1^2} \frac{(2 d_1)^2 \pi}{4} = \frac{4 F}{5}$$

Übung 2-5

Wie groß ist die Federkonstante c des ummantelten Stahlseils, wenn bei Zugbeanspruchung keine Verschiebungen zwischen Kern und Mantel auftreten können? Die E-Moduln von Kern und Mantel sind verschieden, Bild 2-50.

$$E_\mathrm{K} = 210\,\mathrm{kN/mm^2}$$

$$E_\mathrm{M} = 10\,\mathrm{kN/mm^2}$$

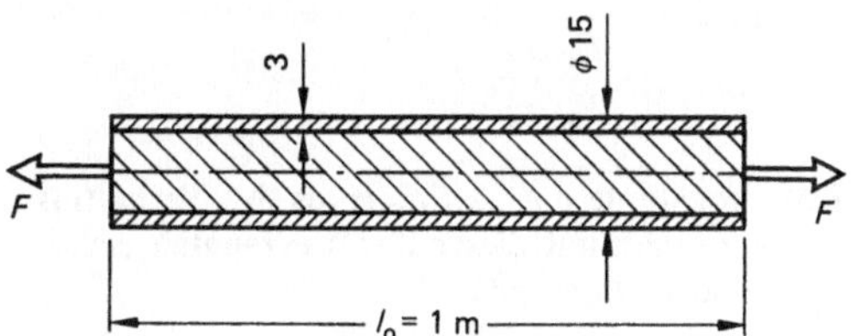

Bild 2-50

Lösung:

Die Verlängerung beider Elemente (Mantel, Kern) sind gleich

$$\Delta l_\mathrm{K} = \Delta l_\mathrm{M}$$

Statischer Ansatz:

$$F = F_\mathrm{K} + F_\mathrm{M}$$

$$F = \sigma_\mathrm{K} A_\mathrm{K} + \sigma_\mathrm{M} A_\mathrm{M}$$

$$F = E_\mathrm{K} \varepsilon A_\mathrm{K} + E_\mathrm{M} \varepsilon A_\mathrm{M}$$

$$\varepsilon = \frac{\Delta l}{l_0}$$

$$F = E_K \frac{\Delta l}{l_0} A_K + E_M \frac{\Delta l}{l_0} A_M$$

$$F = \frac{\Delta l}{l_0} (E_K A_K + E_M A_M)$$

$$\Delta l = \frac{F l_0}{E_K A_K + E_M A_M}$$

Damit wird die Dehnung

$$\varepsilon = \frac{\Delta l}{l_0} = \frac{F}{E_K A_K + E_M A_M}$$

und die Spannungen

$$\sigma_K = E_K \varepsilon = \frac{F}{A_K + A_M \dfrac{E_M}{E_K}}$$

$$\sigma_M = E_M \varepsilon = \frac{F}{A_M + A_K \dfrac{E_K}{E_M}}$$

Die anteiligen Kräfte in Kern und Mantel sind dann

$$F_K = \sigma_K A_K = \frac{F}{1 + \dfrac{E_M A_M}{E_K A_K}}$$

$$F_M = \sigma_M A_M = \frac{F}{1 + \dfrac{E_K A_K}{E_M A_M}}$$

Die Federkonstante c ist definiert als das Verhältnis von Kraft zu dem mit dieser Kraft erzeugten elastischen Weg, also Δl, somit

$$c = \frac{F}{\Delta l} = \frac{E_K A_K + E_M A_M}{l_0}$$

$$c = \frac{210\,\text{kN/mm}^2 \dfrac{(9\,\text{mm})^2 \pi}{4} + 10\,\text{kN/mm}^2 \dfrac{\pi(15^2 - 9^2)\,\text{mm}^2}{4}}{1000\,\text{mm}}$$

$$c = 14{,}49\,\text{kN/mm}$$

2.3. Biegung

2.3.1. Differentialgleichung der Biegelinie

In diesem Abschnitt beschäftigen wir uns mit der Formänderung bei Biegung. Es werden die Durchbiegungen und die Tangentenneigungen von Biegebalken ermittelt, die vor der Biegemomentenbelastung eine gerade Balkenachse aufweisen. Es sei an Abschnitt 1.7. erinnert. Dort wurde die Balkenachse als die Verbindungslinie der Schwerpunkte aller Balkenquerschnitte definiert. Die zuvor gerade Balkenachse krümmt sich aufgrund von Biegemomenten; dies sind Momente quer zur Balkenachse. Krümmungen der geraden Balkenachse sind also die Folge von Schnittmomenten quer zur Balkenlängsachse.

Die Krümmung $\varkappa$ ist definiert als Reziprokwert des Krümmungsradius an dieser Stelle der Linie. Ebenso kann man die Krümmung als das Verhältnis von Tangentenrichtungsänderung je Längeneinheit des Linienelements $\mathrm{d}s$ beschreiben, Bild 2-51:

$$\varkappa = \frac{\mathrm{d}\alpha}{\mathrm{d}s} = \frac{1}{R}$$

Dehnungsverteilung bei Biegung

Nach DE SAINT-VENANT bleiben bei der Biegung ebene Querschnitte eben. Betrachten wir einen Ausschnitt der Länge $\mathrm{d}s$. Bei einwirkendem Biegemoment M krümmt sich das Balkenelement, und die zuvor parallelen Schnittflächen neigen sich um den Winkel $\mathrm{d}\alpha$. Der Krümmungsradius der Schwerpunktsfaser (SF) sei R. Die Lage beliebiger Faserschichten wird

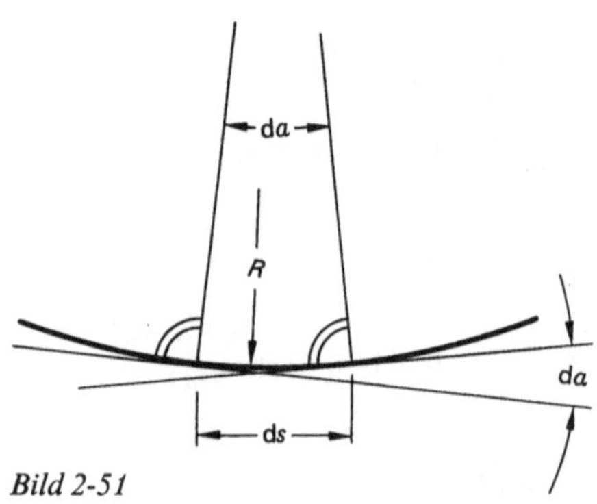

Bild 2-51

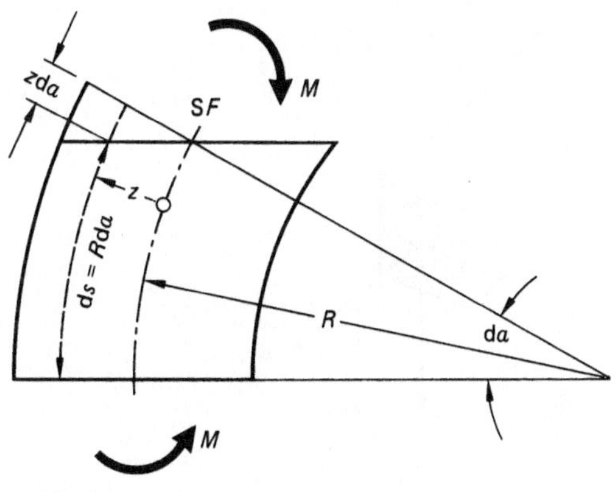

Bild 2-52

durch die in der SF entspringende Koordinate z beschrieben, wobei $+z$ in die vom Krümmungsmittelpunkt abgewandte Seite gerichtet ist, Bild 2-52.

Die Dehnung der Faser im Abstand $+z$ von der Schwerpunktfaser:

$$\varepsilon(z) = \frac{z\,\mathrm{d}\alpha}{R\,\mathrm{d}\alpha} = \frac{z}{R}$$

Die Dehnung dieser Faser entspricht dem Verhältnis von Längenänderung zur Ausgangslänge. Es hatten alle Fasern vor der Biegung die Länge der Schwerpunktfaser, nämlich $R\,\mathrm{d}\alpha$.

Das $\varepsilon(z)$-Gesetz ist linear in z, die Dehnungen verteilen sich geradlinig über den Querschnitt. Nach dem HOOKEschen Gesetz verteilen sich also auch die Biegespannungen linear über den Querschnitt:

$$\sigma(z) = E\,\varepsilon(z) = \frac{E}{R}\,z$$

Die Biegespannungsverteilung zeigt Bild 2-53. Die Gleichgewichtsbetrachtung am Balkenstück ergibt folgendes. Dem Biegemoment M_b

stehen die Momente der Spannungen der einzelnen Fasern des Querschnitts entgegen:

$$\sum M = 0$$

$$0 = M_\mathrm{b} - \int_A \sigma\,\mathrm{d}A\,z$$

$$M_\mathrm{b} = \frac{E}{R} \underbrace{\int_A z^2\,\mathrm{d}A}_{\substack{\text{axiales Flächenmoment} \\ \text{2. Ordnung} = I_\mathrm{a}}}$$

$$M_\mathrm{b} = \frac{E}{R}\,I_\mathrm{a}$$

Mit der Definition der Krümmung $\varkappa = \dfrac{1}{R}$ folgt:

$$\varkappa = \frac{M_\mathrm{b}}{E\,I_\mathrm{a}}$$

Darin ist $(E\,I_\mathrm{a})$ die Biegesteifigkeit des Balkens. Die Krümmung $\varkappa$ der Biegelinie eines vor der Biegebelastung geraden Balkens ist der Momentenbelastung M_b proportional und umgekehrt proportional der Biegesteifigkeit $(E\,I_\mathrm{a})$. Ist z.B. M_b konstant, so wird auch die Krümmung konstant sein, der Balken nimmt Kreisform an, Bild 2-54.

Die Balkenkrümmung ist dem Biegemoment proportional; bei Querkraftbiegung ist die Krümmung an der Kraftangriffsstelle null, an der Einspannstelle als Stelle größter Momentenbelastung maximal, Bild 2-55.

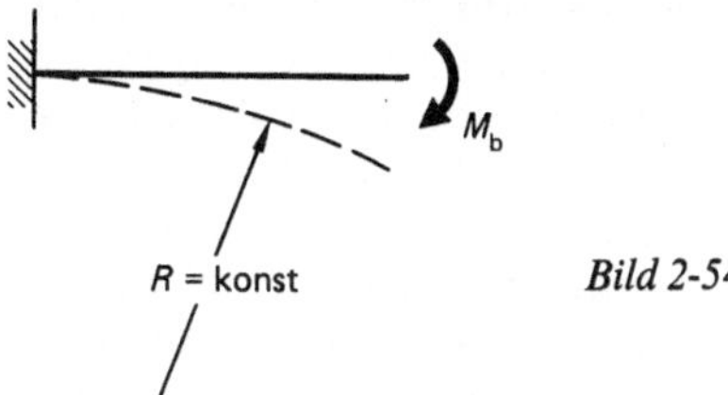

Bild 2-54

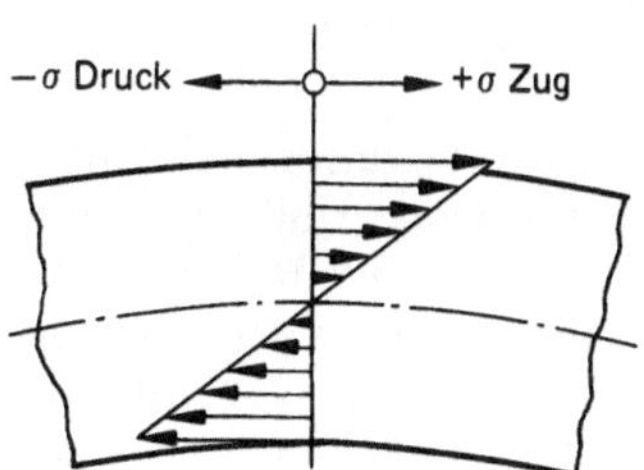

Bild 2-53

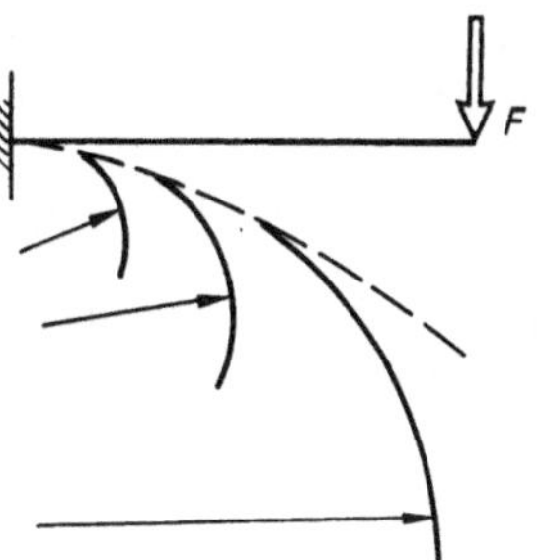

Bild 2-55

Krümmung einer Linie

Die Krümmung einer Linie der Funktion $y = f(x)$ an der Stelle x ist wie folgt definiert:

$$\varkappa = \frac{1}{\varrho} = \frac{y''}{(1 + y'^2)^{3/2}}$$

$\varkappa$ = Krümmung an der Stelle x
ϱ = Krümmungsradius an Stelle x

Auf eine Ableitung wird in diesem Fall verzichtet und auf entsprechende Mathematiklehrbücher verwiesen.

Beschränken wir uns auf kleine Neigungen $y'(x)$ der Tangente an die Biegelinie, wie es in der Technik zumeist realistisch ist, denn die Durchbiegungen von Balken (Bolzen, Brücken, Trägern usw.) sind meist so klein, daß auch die Tangentenneigungen der Biegelinie sehr klein sind. Mit dieser Vereinfachung wird der Nennerausdruck zu eins:

$$(1 + y'^2)^{3/2} \approx 1$$

Dies bedeutet, daß man die zweite Ableitung der Funktion $y(x)$, also $y''(x)$, mit der Krümmung der Linie, hier der Biegelinie, identifiziert. Danach ist die Differentialgleichung der Biegelinie wie folgt zu beschreiben:

$$|y''(x)| = \frac{M_b(x)}{E\,I_a}$$

Die Absolutstriche stehen dafür, daß in einer späteren Betrachtung die Vorzeichenfrage noch zu klären sein wird. Ist x die Balkenlängsachse und z oder, wie in der Literatur zumeist, w die Richtung der Balkendurchbiegungen, so ist y die Biegeachse, in der auch die Biegemomente wirken. Die gesuchte Funktion $w(x)$ beschreibt dann also die Biegelinie und die Durchbiegungen an den Stellen x des Balkens, $w'(x)$ beschreibt die Tangentenneigungen der Biegelinie und $w''(x)$ die Krümmungen der Biegelinie des Balkens, Bild 2-56.

$w''(x)$ = Krümmung der Biegelinie,
$w'(x)$ = Neigung der Tangenten der Biegelinie,
$w(x)$ = Durchbiegungen des Balkens,

$$w'(x) = \frac{dw}{dx}; \quad w''(x) = \frac{d^2w}{dx^2}$$

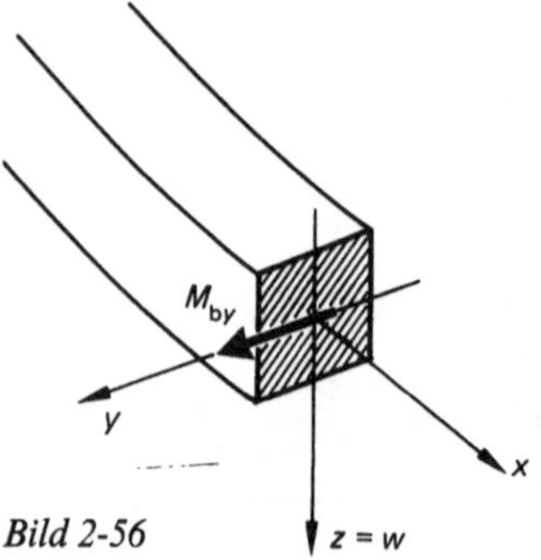

Bild 2-56

Im gewählten Koordinatensystem entspricht einem positiven Biegemoment eine Abnahme des Neigungswinkels der Tangente an die Biegelinie mit fortschreitendem x. Die Krümmung ist dann negativ. Die Differentialgleichung der Elastischen Linie lautet damit vorzeichenrichtig:

$$w''(x) = \frac{-M_b(x)}{E\,I_a}$$

Ergeben sich aus dieser Differentialgleichung positive Biegepfeile w, so biegt der Balken an dieser Stelle in Richtung der positiven w-Achse; ergibt sich aus der Lösung der Differentialgleichung ein positives w', so entspricht die Tangentenneigung der Biegelinie der positiven Steigung im ersten Quadranten des wx-Koordinatensystems, Bild 2-57.

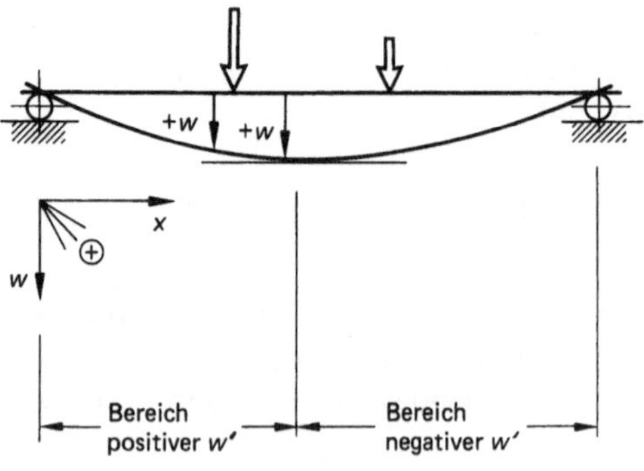

Bild 2-57

Die Ergebnisse aus der Integration der Differentialgleichung der Biegelinie sind nur dann vorzeichenrichtig, wenn auch die $M_b(x)$-Funktion vorzeichenrichtig beschrieben wird. Hierzu sei an die Vorzeichendefinition in Abschnitt 1.7. erinnert. Schnittgrößen sind dann positiv, wenn sie am positiven Schnittufer in Richtung der positiven Koordinatenachse gerichtet sind. Biegemomente sind also dann positiv, wenn sie in Richtung der positiven y-Achse gerichtet sind. Beispiele zeigt Bild 2-58.

Nachdem die Biegemomentenfunktion $M_b(x)$ für einen Balkenabschnitt vorzeichenrichtig beschrieben ist, setzt man diese $M_b(x)$-Funktion in die Differentialgleichung der Biegelinie ein und erhält so eine Gleichung, die durch zweimalige Integration zur gesuchten $w(x)$-Funktion führt. Es fällt nach jedem Integrationsschritt (unbestimmte Integrale) eine Integrationskonstante an. Diese wird aus geometrischen Randbedingungen ermittelt; es sind dies Aussagen über die Tangentenneigung der Bie-

gelinie oder über die Durchbiegungen. So lauten die Randbedingungen an Lagern wie folgt:

an Einspannstellen: $w = 0$ und $w' = 0$,

an Lagern allgemein: $w = 0$.

Man kann auch aufgrund von Symmetrien Randbedingungen formulieren; so ist z. B. beim folgenden symmetrischen Belastungsfall die Stelle horizontaler Tangente in Balkenmitte, Bild 2-59.

Statik: $F_A = F_B = \dfrac{F}{2}$

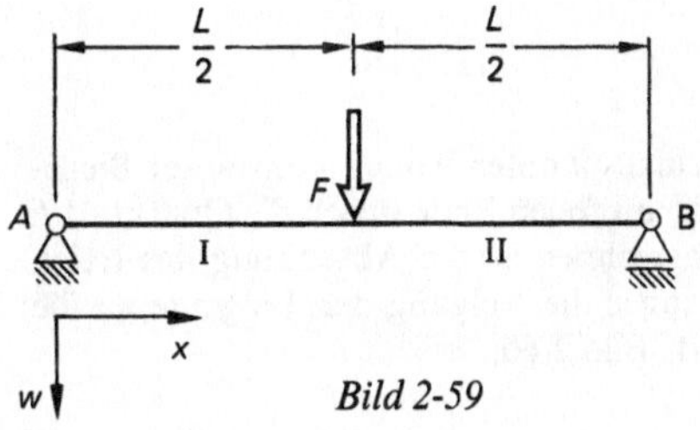

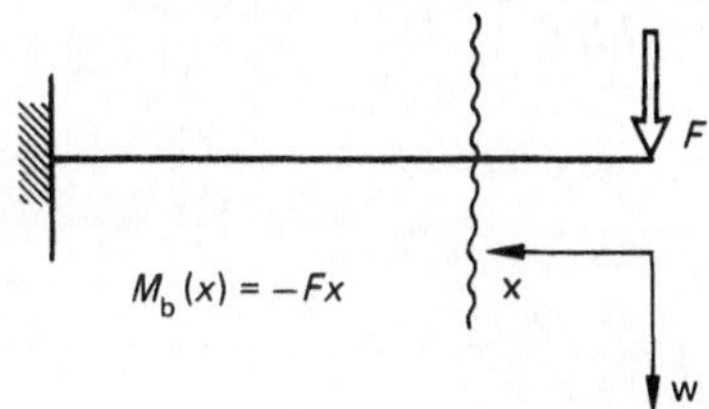

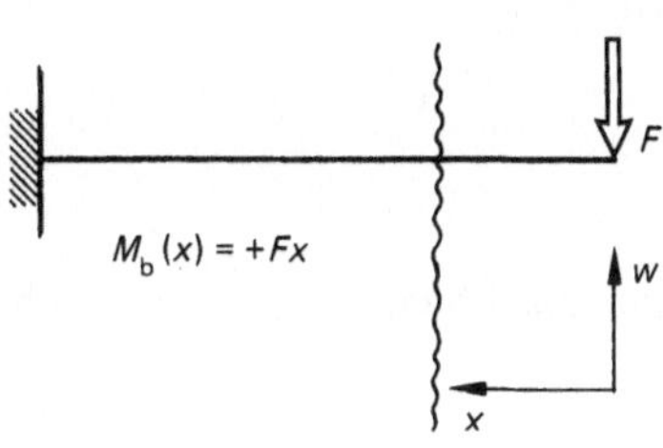

Bild 2-59

Bereich I:

$$M_{b_I}(x) = +\frac{F}{2}\,x$$

Randbedingung: $w(x = 0) = 0$

$$w'\left(x = \frac{L}{2}\right) = 0$$

Bereich II:

$$M_{b_{II}}(x) = +\frac{F}{2}\,x - F\left(x - \frac{L}{2}\right) = +\frac{F}{2}(L - x)$$

Randbedingung: $w(x = L) = 0$

$$w'\left(x = \frac{L}{2}\right) = 0$$

Man sollte zunächst den $M_b(x)$-Verlauf für den betrachteten Biegebalken skizzieren, um festzustellen, in welchen Bereichen die M_b-Funktion stetig ist. Für jeden solchen Bereich stetiger M_b-Funktion ist die Differentialgleichung zu beschreiben und zu lösen. Wichtig ist, daß die anfallenden Integrationskonstanten nur mit solchen Randbedingungen zu ermitteln sind,

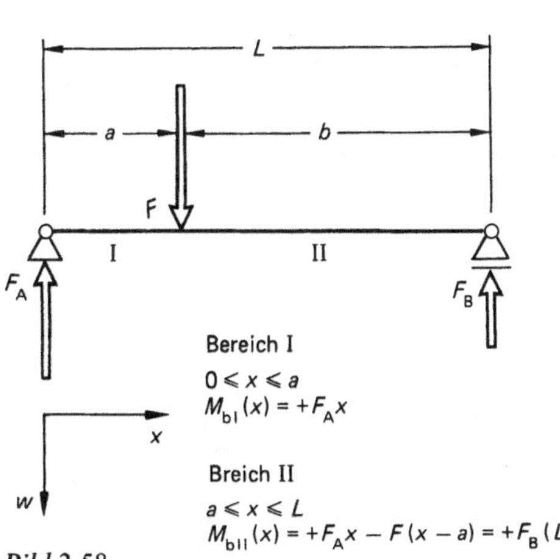

Bild 2-58

die auch im betreffenden Bereich formuliert wurden. Eine bei der Lösung der Differentialgleichung $w_1''(x)$ anfallende Integrationskonstante kann nicht mit einer in Bereich II formulierten Randbedingung ermittelt werden.

Bei der Wahl des wx-Koordinatensystems ist man völlig frei. Es empfiehlt sich jedoch beim einseitig eingespannten Balken, das Koordinatensystem am freien Balkenende zu eröffnen, da man sich so die statischen Überlegungen an der Einspannstelle erspart. Beim Balken auf zwei Stützen ist in jedem Fall die Ermittlung der Auflagerkräfte der Lösung der Aufgabe voranzustellen, weil in jedem Fall die Auflagerkräfte in die M_b-Funktion einfließen.

Übung 2-6

Ein einseitig eingespannter Balken konstanter Biegesteifigkeit wird am freien Ende durch die Querkraft F belastet. Zu berechnen ist die Absenkung des freien Balkenendes sowie die Neigung der Tangente an die Biegelinie dort, Bild 2-60.

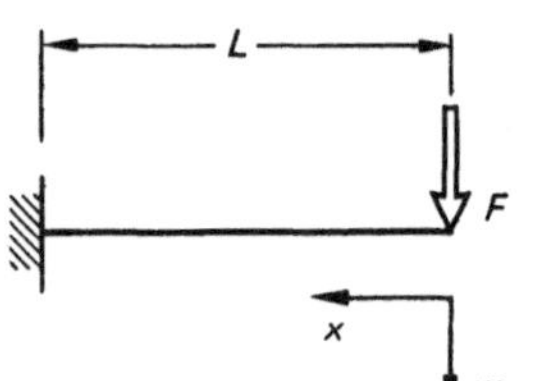

Bild 2-60

Lösung:

$$M_b(x) = -Fx$$

somit:

$$w''(x) = -\frac{-Fx}{E I_a} = +\frac{Fx}{E I_a}$$

1. Integration von $w''(x)$ nach $w'(x)$:

$$w'(x) = \int w''(x)\,dx = \frac{F}{E I_a} \int x\,dx = \frac{F}{E I_a}\,\frac{x^2}{2} + C_1$$

Bestimmung der Integrationskonstanten C_1 aus der Randbedingung

$$w'(x = l) = 0$$

mit anderen Worten: Die Biegelinie weist an der Einspannstelle keine Neigung auf.

$$0 = \frac{F}{2 E I_a}\,(l)^2 + C_1$$

Daraus folgt

$$C_1 = -\frac{F l^2}{2 E I_a}$$

Die Gleichung für die Neigungen der Tangenten an die Biegelinie schreibt sich dann wie folgt

$$w'(x) = \frac{F x^2}{2 E I_a} - \frac{F l^2}{2 E I_a}$$

2. Integration:

$$w(x) = \int w'(x)\,dx = \frac{F}{2 E I_a} \int x^2\,dx - \frac{F l^2}{2 E I_a} \int dx$$

$$w(x) = \frac{F x^3}{6 E I_a} - \frac{F l^2 x}{2 E I_a} + C_2$$

Randbedingung: $w(x = l) = 0$

daraus:

$$0 = \frac{F l^3}{6 E I_a} - \frac{F l^3}{2 E I_a} + C_2$$

C_2 folgt also zu

$$C_2 = +\frac{F l^3}{3 E I_a}$$

Die Durchbiegungsgleichung $w(x)$ schreibt sich damit wie folgt:

$$w(x) = \frac{F x^3}{6 E I_a} - \frac{F l^2 x}{2 E I_a} + \frac{F l^3}{3 E I_a}$$

Aus diesen drei Gleichungen für w'', w' und w können im definierten Bereich, das ist hier die ganze Balkenlänge, alle Aussagen zur Durchbiegung, Neigung und Krümmung der Biegelinie beschrieben werden, Bild 2-61.

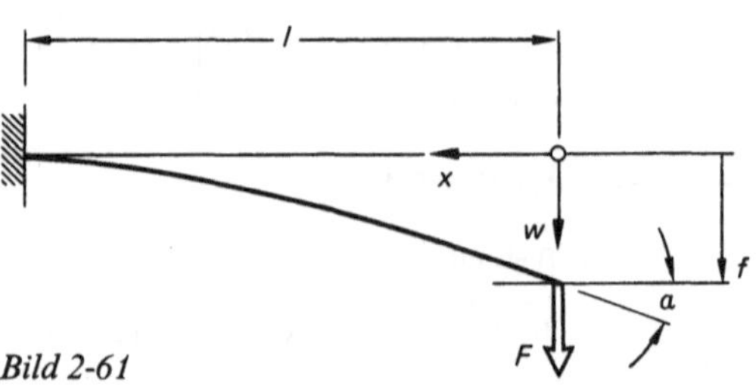

Bild 2-61

Ergebnisse:

Durchbiegung am freien Balkenende

$$f = w(x = 0) = \frac{F\,l^3}{3\,E\,I_\mathrm{a}}$$

Neigung am freien Balkenende:

$$\alpha = w'(x = 0) = -\frac{F\,l^2}{2\,E\,I_\mathrm{a}}$$

Übung 2-7

Der Balken auf zwei Stützen in Bild 2-62 hat konstante Biegesteifigkeit. Er wird im Lager A durch ein rechtsdrehendes Moment belastet. Es sollen die Tangentenneigungen der Biegelinie an den Lagerstellen berechnet werden, und es ist der Biegepfeil f am freien Balkenende zu bestimmen.

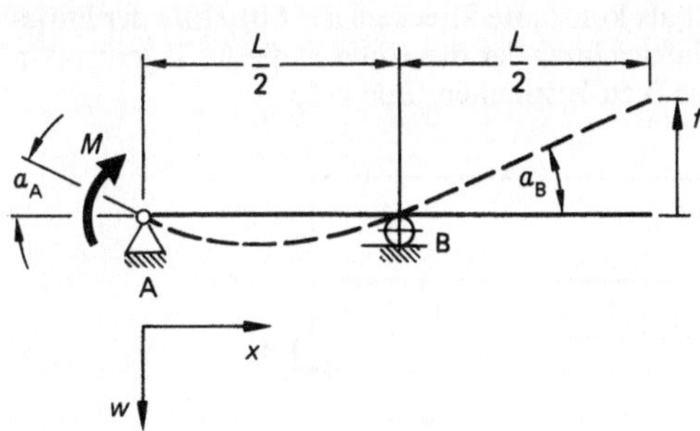

Bild 2-62

Lösung:

Statik: $|F_\mathrm{A}| = |F_\mathrm{B}| = \dfrac{2\,M}{l}$

Für das gewählte Koordinatensystem gilt:

$$M_\mathrm{b}(x) = -F_\mathrm{A}\,x + M = M - \frac{2\,M\,x}{l}$$

Damit:

$$w''(x) = \frac{2\,M\,x}{l\,E\,I_\mathrm{a}} - \frac{M}{E\,I_\mathrm{a}}$$

1. Integration:

$$w'(x) = \frac{M\,x^2}{l\,E\,I_\mathrm{a}} - \frac{M\,x}{E\,I_\mathrm{a}} + C_1$$

Da der Tangentenverlauf unbestimmt ist und auch keine Symmetrie der Biegelinie vorliegt, findet man keine Randbedingung für C_1. C_1 wird mitintegriert im 2. Integrationsschritt.

2. Integration:

$$w(x) = \frac{M\,x^3}{3\,l\,E\,I_\mathrm{a}} - \frac{M\,x^2}{2\,E\,I_\mathrm{a}} + C_1\,x + C_2$$

1. Randbedingung: $w(x = 0) = 0 \;\rightarrow\; C_2 = 0$

2. Randbedingung: $w\!\left(x = \dfrac{l}{2}\right) = 0$

$$0 = \frac{M\,l^2}{24\,E\,I_\mathrm{a}} - \frac{M\,l^2}{8\,E\,I_\mathrm{a}} + C_1\,\frac{l}{2}$$

$$C_1 = \frac{M\,l}{6\,E\,I_\mathrm{a}}$$

Durchbiegungsgleichung somit:

$$w(x) = \frac{M\,x^3}{3\,l\,E\,I_\mathrm{a}} - \frac{M\,x^2}{2\,E\,I_\mathrm{a}} + \frac{M\,l\,x}{6\,E\,I_\mathrm{a}}$$

Neigungsgleichung:

$$w'(x) = \frac{M\,x^2}{l\,E\,I_\mathrm{a}} - \frac{M\,x}{E\,I_\mathrm{a}} + \frac{M\,l}{6\,E\,I_\mathrm{a}}$$

Lösung für die Neigungswinkel in den Auflagern ($\tan\alpha \cong \alpha$):

$$\alpha_\mathrm{A} = w'(x = 0) = +\frac{M\,l}{6\,E\,I_\mathrm{a}}$$

$$\alpha_\mathrm{B} = w'\!\left(x = \frac{l}{2}\right) = -\frac{M\,l}{12\,E\,I_\mathrm{a}}$$

Biegepfeil f geometrisch:

$$f = \alpha_\mathrm{B}\,\frac{l}{2} = \frac{M\,l^2}{24\,E\,I_\mathrm{a}}$$

Übung 2-8

Der Balken auf zwei Stützen in Bild 2-63 u. 2-64 wird am freien Ende durch die Querkraft F belastet. Die Biegesteifigkeit des Balkens ist auf ganzer Länge konstant. Zu berechnen ist die maximale Durchbiegung zwischen den Lagern.

Lösung:

Statik: $F_\mathrm{A} = F$

$$F_\mathrm{B} = 2\,F$$

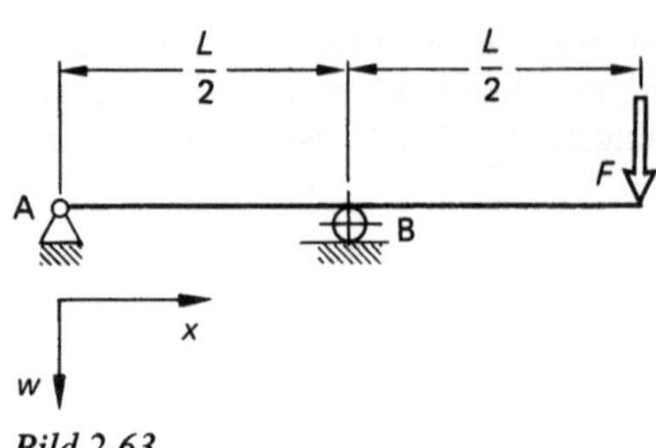

Bild 2-63

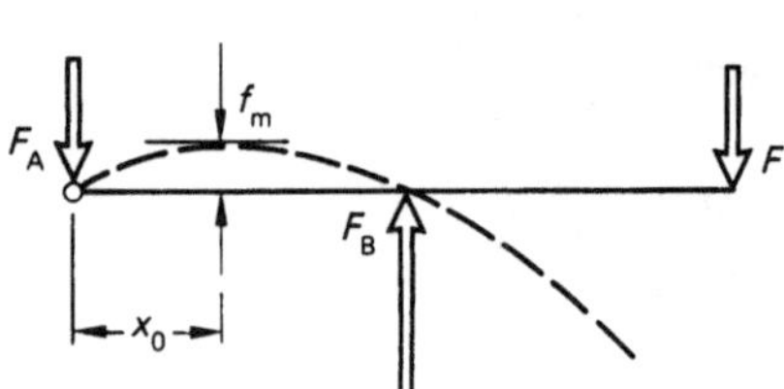

Bild 2-64

Bereich I (linke Balkenhälfte):

$$M_{b\atop I}(x) = -F_A x = -Fx$$

$$w''_{\,I}(x) = \frac{Fx}{EI_a}$$

$$w'_{\,I}(x) = \frac{Fx^2}{2EI_a} + C_1$$

Keine Randbedingung!

$$w_{\,I}(x) = \frac{Fx^3}{6EI_a} + C_1 x + C_2$$

1. Randbedingung: $w(x=0) = 0 \quad \rightarrow C_2 = 0$

2. Randbedingung: $w\left(x = \dfrac{L}{2}\right) = 0 \rightarrow C_1 = \dfrac{-FL^2}{24EI_a}$

Damit:

$$w'_{\,I}(x) = \frac{Fx^2}{2EI_a} - \frac{FL^2}{24EI_a}$$

$$w_{\,I}(x) = \frac{Fx^3}{6EI_a} - \frac{FL^2 x}{24EI_a}$$

Stelle $x = x_0$: $w'_{\,I}(x = x_0) = 0$

$$0 = \frac{Fx_0^2}{2EI_a} - \frac{FL^2}{24EI_a}$$

$$x_0 = \frac{L}{\sqrt{12}}$$

$$f_m = w_{\,I}(x = x_0)$$

$$f_m = \frac{F\left(\dfrac{L}{\sqrt{12}}\right)^3}{6EI_a} - \frac{FL^2 \dfrac{L}{\sqrt{12}}}{24EI_a}$$

$$f_m = -\frac{FL^3}{36\sqrt{12}\,EI_a}$$

Bei statisch unbestimmter Lagerung des Biegebalkens kann man entweder die Superpositionsmethode anwenden oder aber man behandelt die statisch unbestimmte Größe wie eine Aktionskraft; diese statisch unbestimmte Größe ergibt sich dann aus einer entsprechenden Randbedingung. Hierzu s. a. Übung 2-9.

Übung 2-9

Ein schwerer Balken ist einseitig fest eingespannt und zudem am freien Balkenende gelagert. Seine Biegesteifigkeit ist konstant. Das Gewicht des Balkens wirkt als konstante Streckenlast. Mit Hilfe der Differentialgleichung der Biegelinie ist die Auflagerkraft in Lager B zu bestimmen, Bild 2-65.

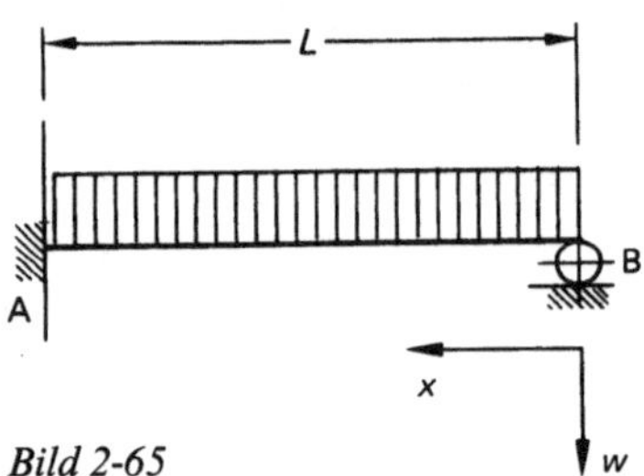

Bild 2-65

Lösung:

a) Durch Superposition, Bild 2-66.

Lösungsansatz: $|f'| = |f''|$
d. h.: bei Lager B keine Durchbiegung

$$f' = \frac{q_0 L^4}{8EI_a} \qquad \text{(aus Formelsammlung oder aus Lösung der Differentialgleichung)}$$

$$f'' = \frac{F_B L^3}{3EI_a} \qquad \text{(siehe Übung 2-1)}$$

$$f' = f''$$

$$\frac{q_0 L^4}{8EI_a} = \frac{F_B L^3}{3EI_a}$$

Daraus folgt die Lösung:

$$F_B = \frac{3}{8} q_0 L$$

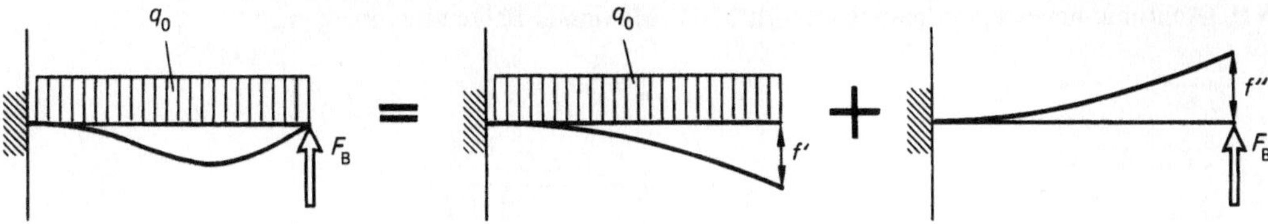

Bild 2-66

b) $M_b(x) = F_B x - \dfrac{q_0 x^2}{2}$

$w''(x) = \dfrac{q_0 x^2}{2 E I_a} - \dfrac{F_B x}{E I_a}$

1. Integration:

$w'(x) = \dfrac{q_0 x^3}{6 E I_a} - \dfrac{F_B x^2}{2 E I_a} + C_1$

Randbedingung: $w'(x = L) = 0$

Es folgt daraus:

$C_1 = \dfrac{F_B L^2}{2 E I_a} - \dfrac{q_0 L^3}{6 E I_a}$

Damit:

$w'(x) = \dfrac{q_0 x^3}{6 E I_a} - \dfrac{F_B x^2}{2 E I_a} + \dfrac{F_B L^2}{2 E I_a} - \dfrac{q_0 L^3}{6 E I_a}$

2. Integration:

$w(x) = \dfrac{q_0 x^4}{24 E I_a} - \dfrac{F_B x^3}{6 E I_a} + \dfrac{F_B L^2 x}{2 E I_a} - \dfrac{q_0 L^3 x}{6 E I_a} + C_2$

Randbedingung: $w(x = L) = 0$

Es folgt daraus:

$C_2 = \dfrac{q_0 L^4}{8 E I_a} - \dfrac{F_B L^3}{3 E I_a}$

Damit ist die Funktion der Biegelinie $w(x)$ bekannt.
Aus der Randbedingung $w(x = 0) = 0$ folgt

$F_B = \dfrac{3}{8} q_0 L$

Am folgenden Beispiel soll gezeigt werden, daß
die Verformungsgrößen Durchbiegung und Tangentenneigung an solchen Stellen des Biegebalkens, an denen zwei Balkenbereiche jeweils
stetiger M_b-Funktion zusammentreffen, zu
Randbedingungen werden.

Übung 2-10

Der Balken konstanter Biegesteifigkeit wird durch die
außermittige Querkraft F belastet. Es ist die maximale Balkendurchbiegung zu bestimmen, Bild 2-67.

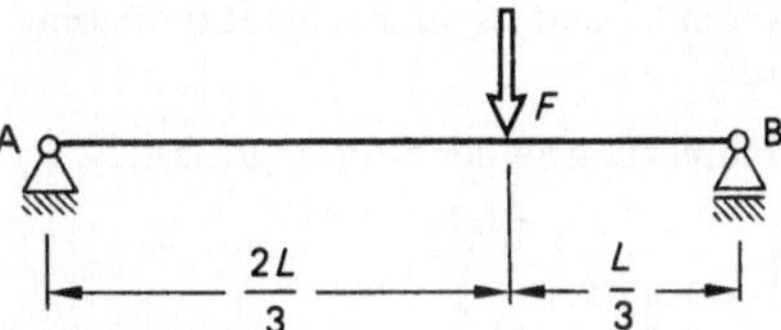

Bild 2-67

Lösung:

Statik: $F_A = \dfrac{F}{3}$

$F_B = \dfrac{2}{3} F$

Bereich I, Bild 2-68:

$M_{b_I}(x) = \dfrac{-F}{3} x$

$w''_I(x) = \dfrac{+F x}{3 E I_a}$

$w'_I(x) = \dfrac{F x^2}{6 E I_a} + C_1$

$w_I(x) = \dfrac{F x^3}{18 E I_a} + C_1 x + C_2$

1. Randbedingung: $w_I(x = 0) = 0 \;\rightarrow\; C_2 = 0$

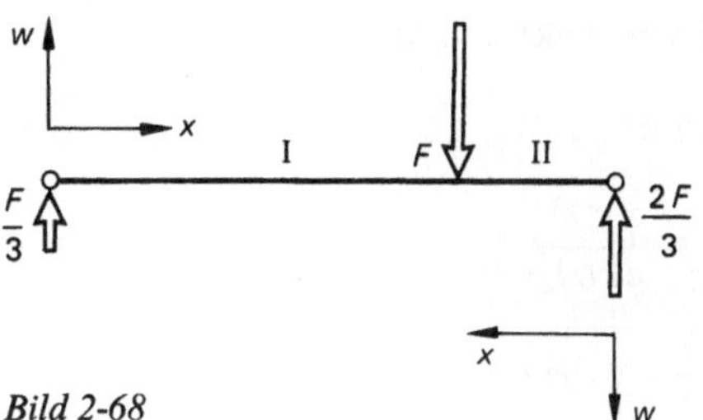

Bild 2-68

Bereich II (Achtung: neues Koordinatensystem):

$$M_{b \atop II}(x) = +\frac{2}{3}Fx$$

$$w''_{II}(x) = \frac{-2Fx}{3EI_a}$$

$$w'_{II}(x) = \frac{-Fx^2}{3EI_a} + C_3$$

$$w_{II}(x) = \frac{-Fx^3}{9EI_a} + C_3 x + C_4$$

2. Randbedingung: $w_{II}(x=0)=0 \;\rightarrow\; C_4 = 0$

Für die Konstanten C_1 und C_3 sind keine Randbedingungen bekannt.

a) Gleiche Durchbiegung an der Kraftangriffsstelle F:

$$-w_I\left(x=\frac{2L}{3}\right) = +w_{II}\left(x=\frac{L}{3}\right)$$

$$\frac{-F\left(\frac{2L}{3}\right)^3}{18EI_a} - C_1\left(\frac{2L}{3}\right) = \frac{-F\left(\frac{L}{3}\right)^3}{9EI_a} + C_3\left(\frac{L}{3}\right)$$

$$① \quad C_3 = -2C_1 - \frac{FL^2}{27EI_a}$$

b) Gleiche Tangentenneigung an der Kraftangriffsstelle F:

$$② \quad +\frac{F\left(\frac{2L}{3}\right)^2}{6EI_a} + C_1 = \frac{-F\left(\frac{L}{3}\right)^2}{3EI_a} + C_3$$

① in ② eingesetzt führt zu

$$C_1 = \frac{-4FL^2}{81EI_a}$$

und aus ①:

$$C_3 = \frac{+5FL^2}{81EI_a}$$

Stelle mit horizontaler Tangente: $x = x_0$

$$w'_I(x=x_0) = 0$$

$$0 = \frac{Fx_0^2}{6EI_a} - \frac{4FL^2}{81EI_a}$$

$$x_0 = \frac{L}{9}\sqrt{24} = 0{,}544\,L$$

Maximale Balkendurchbiegung f_m:

$$f_m = w_I(x = x_0)$$

$$f_m = -\frac{FL^3\sqrt{24}\cdot 8}{2187\,EI_a}$$

2.3.2. Einachsige Biegung gerader Balken

Die in Querschnittsebenen liegenden Momentenkomponenten der „Belastungsdyname" im Schnitt beanspruchen den Balken auf Biegung. Biegemomente wirken also quer zur Balkenachse, Bild 2-69.

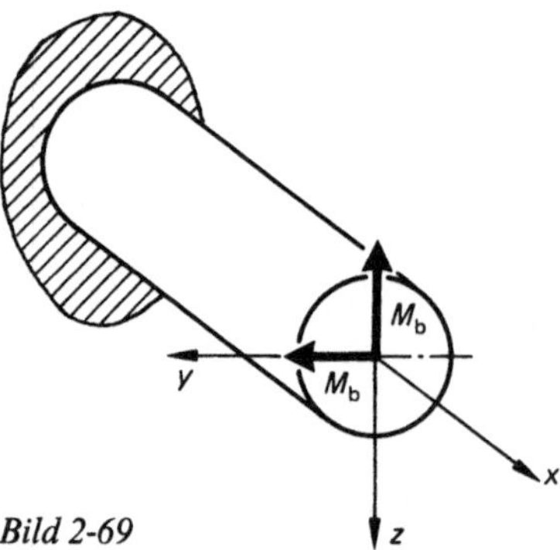

Bild 2-69

Biegemomente in Balkenquerschnitten können entstehen durch Querkräfte am Balken, durch Kräftepaare und durch exzentrische Längskräfte; so unterscheidet man auch Querkraftbiegung, „reine" Biegung und Biegung durch exzentrische Längskräfte:

Querkraftbiegung, Bild 2-70.

„Reine" Biegung, Bild 2-71.

Biegung durch exzentrische Längskräfte, Bild 2-72.

Es wurde bereits in Abschnitt 2.3.1. gezeigt, daß sich die Dehnungen und Spannungen linear über den Querschnitt verteilen. Dabei ist die Schwerpunktachse (Schwerpunktfaser SF) die neutrale, spannungslose Faserschicht; es ist jene Achse, in der der Biegemomentenvektor liegt. Die Schwerpunktfaser ist identisch mit der neutralen Faser, solange keine Spannungen aus Längskräften sich den Biegespannungen überlagern. Bei reiner Biegung und Querkraftbiegung ist diejenige Schwerpunktachse biege-

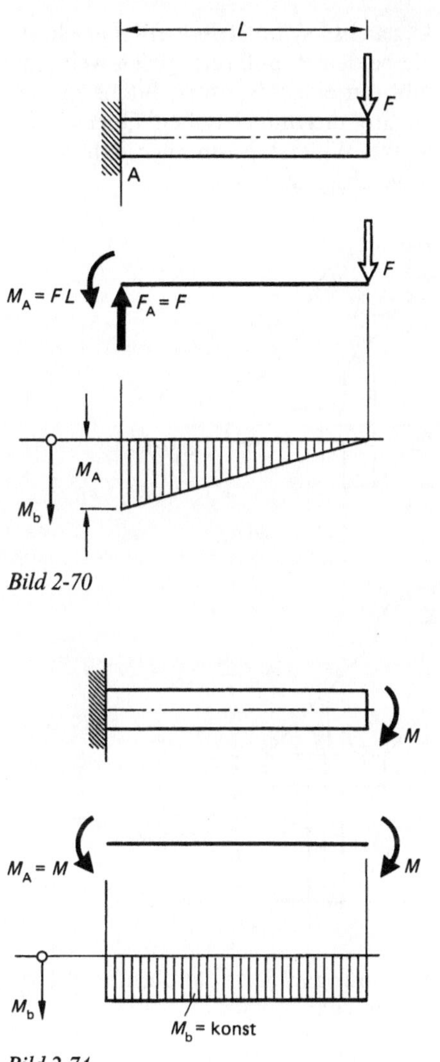

Bild 2-70

Bild 2-71

Bild 2-72

spannungsfrei, in der der Biegemomentenvektor wirkt.

Dies gilt für die „einachsige" oder spezielle Biegung. Dabei ist der Biegemomentenvektor in Richtung einer Hauptachse des Balkenquerschnitts gerichtet. Es wird in Abschnitt 2.3.3. hierauf ausführlich eingegangen. Gehen wir im folgenden davon aus, daß einachsige, spezielle Biegung vorliege.

Betrachten wir das Momentengleichgewicht am Balkenabschnitt, Bild 2-73.

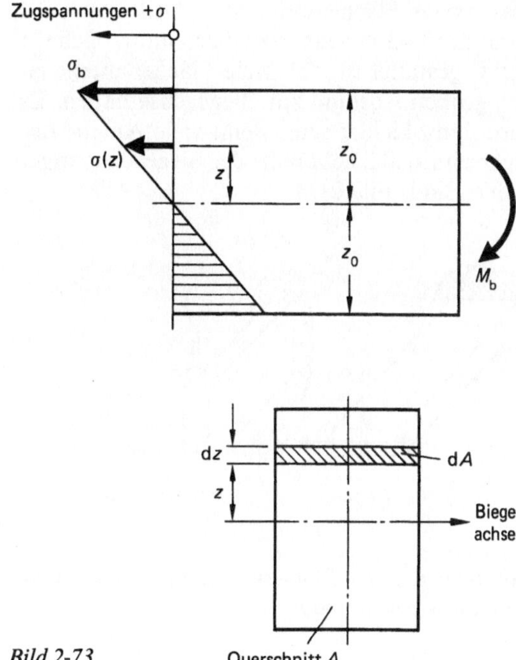

Bild 2-73   Querschnitt A

Die Biegespannungen verteilen sich linear; die in den Randfasern wirkende Biegespannung wird mit σ_b bezeichnet. Liegen die beiden Randfasern ungleich weit von der Biegeachse entfernt, so sind die Biegespannungen entsprechend ihrer Entfernung zur neutralen Faserschicht auch ungleich groß.

Gleichgewichtsbedingung:

$$\sum M_{SF} = 0$$

$$0 = -M_b + \int_A \sigma(z)\, dA\, z$$

$$\text{mit } \sigma(z) = \frac{\sigma_b}{z_0} z$$

Es folgt so:

$$M_b = \frac{\sigma_b}{z_0} \int_A z^2 \, dA$$

dA = Flächenelement mit Spannung $\sigma(z)$

Das Integral $\int z^2 \, dA$ wird als axiales Flächenmoment 2. Ordnung bezeichnet, häufig auch noch als „Flächenträgheitsmoment":

$$I_a = \int_A z^2 \, dA$$

Das axiale Flächenmoment 2. Ordnung wird dann groß sein, wenn die Querschnittsfläche A derart gestaltet ist, daß viele Flächenanteile einen großen Abstand zur Biegeachse haben. Es wird dann kleiner sein, wenn viele Anteile der Querschnittsfläche A nahe der Biegeachse angeordnet sind, Bild 2-74.

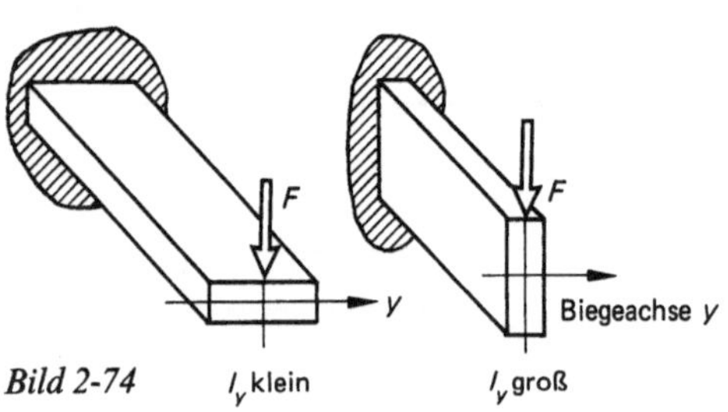

Bild 2-74 I_y klein I_y groß

Mit dem axialen Flächenmoment 2. Ordnung können wir schreiben:

$$M_b = \frac{\sigma_b}{z_0} I_a$$

oder, nach der gesuchten Randspannung umgestellt:

$$\sigma_b = \frac{M_b}{I_a} z_0$$

Die am Rande des Biegebalkens auftretende Biegespannung ist dem wirkenden Biegemoment proportional und dem axialen Flächenmoment 2. Ordnung I_a umgekehrt proportional. Man beschreibt den Quotienten aus axialem Flächenmoment 2. Ordnung und Randfaserabstand auch als Widerstandsmoment:

$$W_a = \frac{I_a}{z_0}$$

Bei zur Biegeachse symmetrischen Querschnitten sind die beiden Randfasern gleich weit entfernt, es gibt nur einen W_a-Wert, Bild 2-75. Bei zur Biegeachse unsymmetrischen Querschnitten gibt es zwei Widerstandsmomente, bezogen auf die Biegeachse, Bild 2-76.

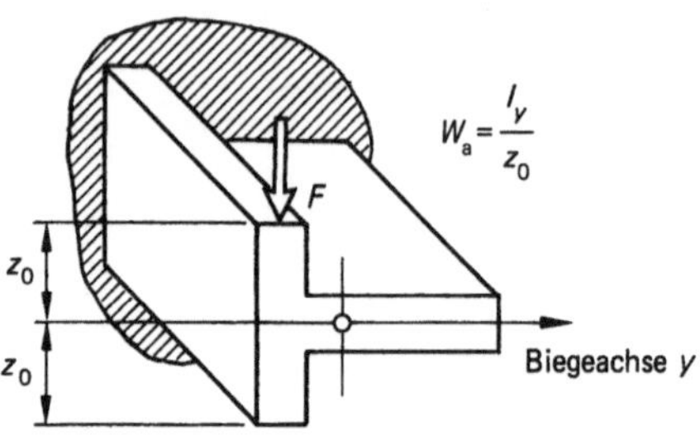

Bild 2-75

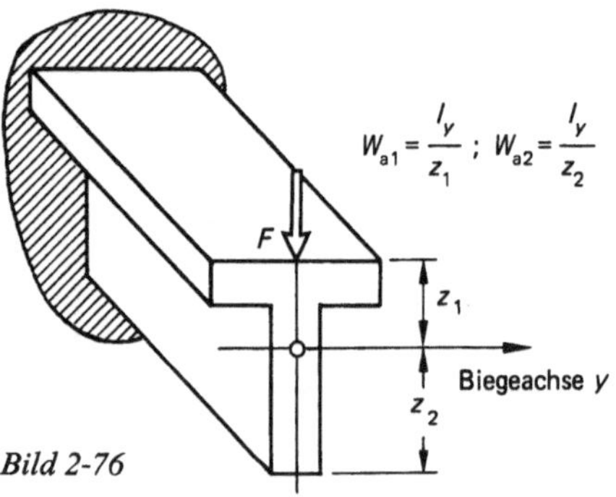

Bild 2-76

Die Biegespannung in der z_1 entfernten Randfaser errechnet sich:

$$\sigma_1 = \frac{M_b}{I_y} z_1 = \frac{M_b}{W_{a1}}$$

Entsprechend in der z_2 entfernten Randfaser:

$$\sigma_2 = \frac{M_b}{I_y} z_2 = \frac{M_b}{W_{a2}}$$

Axiale Flächenmomente 2. Ordnung (Flächenträgheitsmomente)

Wir definierten die axialen Flächenmomente 2. Ordnung als die Summe aller Produkte aus Flächenteilchen und dem Quadrat des Abstandes zu einer Schwerpunktachse. Im Zusammenhang mit Biegeproblemen ist dies bei einachsiger Biegung die Biegeachse, Bild 2-77.

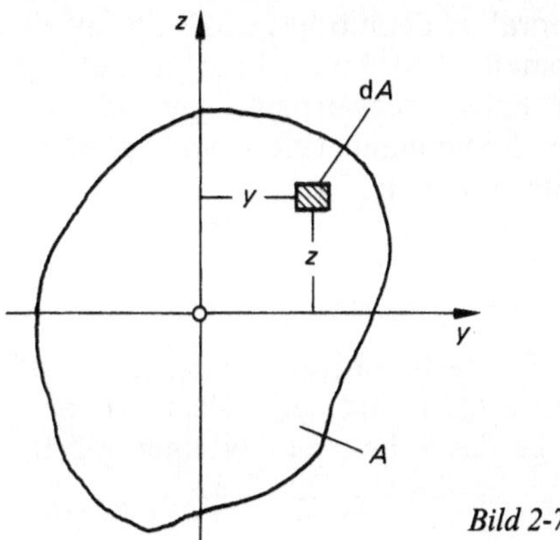

Bild 2-77

$$I_y = \int\limits_A z^2 \, \mathrm{d}A$$

$$I_z = \int\limits_A y^2 \, \mathrm{d}A$$

Beispiel Rechteckquerschnitt, Bild 2-78.

$$I_y = \int\limits_A z^2 \, \mathrm{d}A$$

$$I_y = \int\limits_{z=-h/2}^{z=+h/2} z^2 \, b \, \mathrm{d}z = b \int\limits_{-h/2}^{+h/2} z^2 \, \mathrm{d}z$$

$$I_y = b \left. \frac{z^3}{3} \right|_{-h/2}^{+h/2}$$

$$I_y = \frac{b}{3}\left(\left(\frac{h}{2}\right)^3 - \left(-\frac{h}{2}\right)^3\right) = \frac{b\,h^3}{12}$$

Analog für die z-Achse:

$$I_z = \frac{h\,b^3}{12}$$

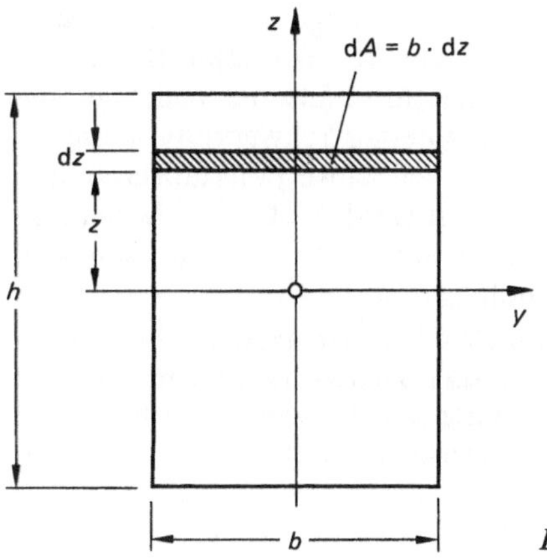

Bild 2-78

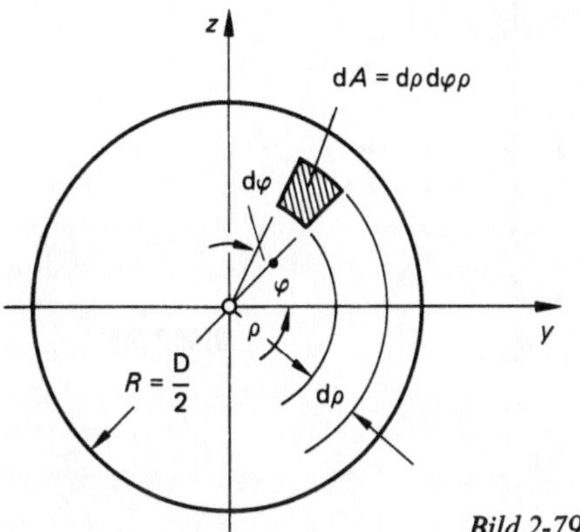

Übung 2-11

Es ist das axiale Flächenmoment 2. Ordnung für die Kreisfläche vom Durchmesser D zu berechnen, Bild 2-79.

Bild 2-79

Lösung:

$$I_y = \int\limits_A \mathrm{d}A \, (\varrho \sin \varphi)^2 = \int \mathrm{d}\varrho \, \mathrm{d}\varphi \, \varrho \, \varrho^2 \sin^2 \varphi$$

$$I_y = \int\limits_{\varphi=0}^{2\pi} \sin^2 \varphi \, \mathrm{d}\varphi \int\limits_{\varrho=0}^{R} \varrho^3 \, \mathrm{d}\varrho$$

$$I_y = \left. \left| \frac{\varphi}{2} - \frac{\sin(2\varphi)}{4} \right| \right|_0^{2\pi} \left. \left| \frac{\varrho^4}{4} \right| \right|_0^{R}$$

$$I_y = (\pi) \frac{R^4}{4} = \frac{D^4 \pi}{64}$$

$$I_y = I_z = I_a = \frac{D^4 \pi}{64}$$

Bei der Berechnung der axialen Flächenmomente 2. Ordnung von nicht einfachen Flächen zerlegt man die Querschnittsfläche in einfache Flächen, für die die auf den Schwerpunkt der Teilfläche bezogenen I_a-Formeln bekannt sind. Dabei liegen die Schwerpunkte der Teilflächen oft nicht auf der Biegeachse, für die das axiale Flächenmoment 2. Ordnung zu bestimmen ist. Beispiel T-Querschnitt, Bild 2-80.

Wendet man die für das Rechteck abgeleitete Formel auf die Teilrechtecke A_1 und A_2 an, so beziehen sich diese axialen Flächenmomente 2. Ordnung auf die zur y-Achse parallelen Achsen y_1 und y_2, also auf die durch den Schwerpunkt der Teilflächen verlaufenden und zur Biegeachse y parallelen Achsen.

Unser Problem stellt sich hier allgemein. Es ist das axiale Flächenmoment 2. Ordnung I_a einer Fläche in bezug auf eine nicht durch den Flä-

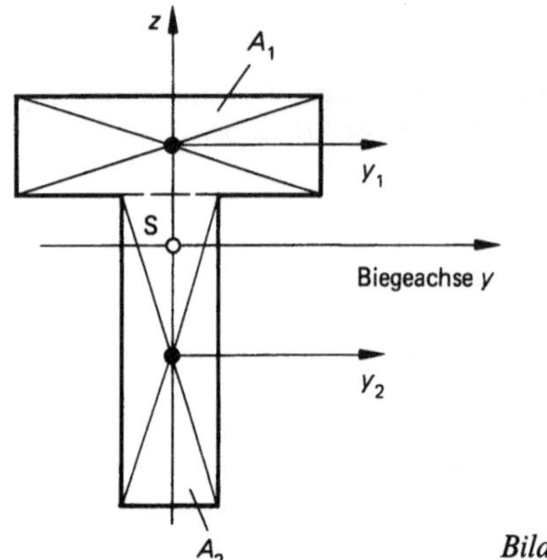

Bild 2-80

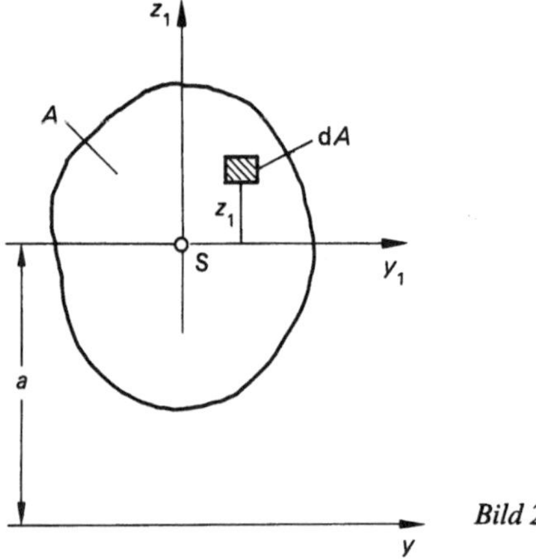

Bild 2-81

chenschwerpunkt verlaufende Achse zu bestimmen, Bild 2-81.

$$I_y = \int_A (a + z_1)^2 \, \mathrm{d}A$$

$$I_y = \int_A a^2 \, \mathrm{d}A + \int_A 2a z_1 \, \mathrm{d}A + \int_A z_1^2 \, \mathrm{d}A$$

$$I_y = a^2 A + 2a \underbrace{\int_A z_1 \, \mathrm{d}A}_{=0} + I_{y_1}$$

Ausgehend von der Definition der axialen Flächenmomente 2. Ordnung, nach der sie als Summe aller Produkte aus Flächenteilchen und dem Quadrat des Abstandes zur Achse definiert sind, auf die das Flächenmoment bezogen werden soll, ist der Abstand des beliebig gelegenen Flächenteilchens von der y-Achse $(a + z_1)$. Beim Errechnen des Binoms entsteht (3. Summand) das Integral

$$\int_A z_1^2 \, \mathrm{d}A$$

Dieses Integral ist definitionsgemäß das axiale Flächenmoment 2. Ordnung bezogen auf die durch den Flächenschwerpunkt gehende y_1-Achse. Der 2. Summand liefert ein sog. statisches Flächenmoment:

$$\int_A z_1 \, \mathrm{d}A$$

Statische Flächenmomente, bezogen auf Schwerpunktachsen, sind stets null; so ist nämlich die Lage des Schwerpunkts einer Fläche definiert. Als Beweis s. a. Bild 2-82.

$$\int_A \eta \, \mathrm{d}A = A \, \eta_S$$

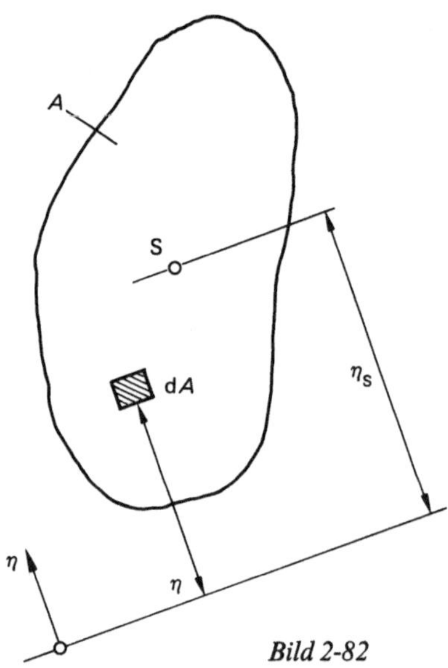

Bild 2-82

Lage des Schwerpunkts:

Die Summe aller statischen Flächenmomente, bezogen auf eine beliebige Achse der Ebene, ist gleich dem Produkt aus Gesamtfläche und Schwerpunktabstand. Fällt die beliebige Bezugsachse nun mit einer Schwerpunktachse zusammen, so wird der Schwerpunktabstand null, somit auch das Integral. Statische Flächenmomente in bezug auf Schwerpunktachsen sind also stets null.

Zurück zum Problem der axialen Flächenmomente 2. Ordnung. Das axiale Flächenmoment 2. Ordnung einer Fläche, deren Schwerpunkt nicht auf der Biegeachse liegt, setzt sich zusammen aus dem auf die Schwerpunktachse bezogenen Flächenmoment und dem Produkt aus

Fläche und Quadrat des Abstandes der parallelen Achsen (Satz von den parallelen Achsen, auch Satz von STEINER genannt):

$$I_a = I_S + A\,a^2$$

Ein Beispiel hierfür zeigt Bild 2-83.

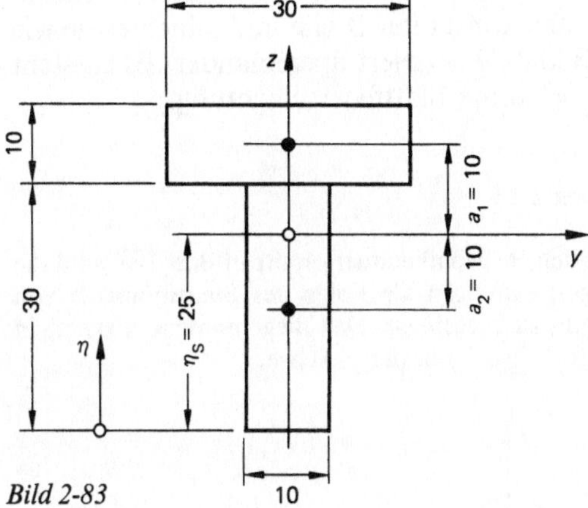

Bild 2-83

Gesucht: I_y

Bestimmung der Lage des Schwerpunkts:

$$\eta_S = \frac{300\,\text{mm}^2 \cdot 15\,\text{mm} + 300\,\text{mm}^2 \cdot 35\,\text{mm}}{600\,\text{mm}^2}$$

$$\eta_S = 25\,\text{mm}$$

$$I_y = \frac{10 \cdot 30^3}{12} + 300 \cdot \underbrace{10^2}_{a_2} + \frac{30 \cdot 10^3}{12} + 300 \cdot \underbrace{10^2}_{a_1}$$

$$I_y = 85\,000\,\text{mm}^4$$

Biegebalken konstanter Randspannungen

Ist das Biegemoment im Balken nicht konstant, so ist der Balken mit gleichbleibendem Querschnitt nicht werkstoffökonomisch dimensioniert, weil in Bereichen kleiner Biegemomentenbelastung die Biegespannungen kleiner sind als die zulässigen.

Beispiel: Runder Vollquerschnitt, Bild 2-84.

Biegespannung an Schnittstelle x:

$$\sigma_b(x) = \frac{Fx}{\dfrac{D^3\pi}{32}} = \frac{32F}{\pi D^3}\,x^1$$

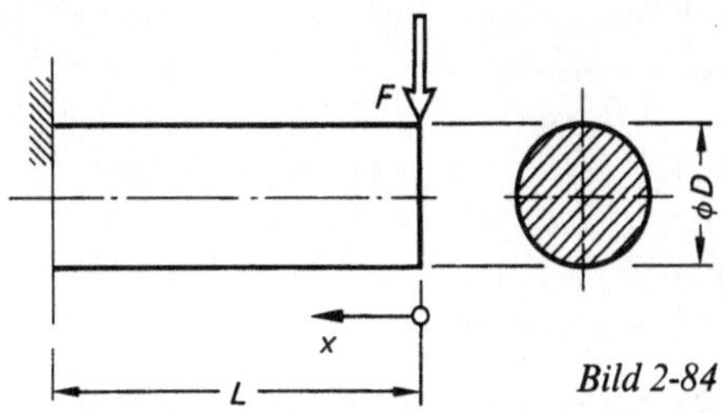

Bild 2-84

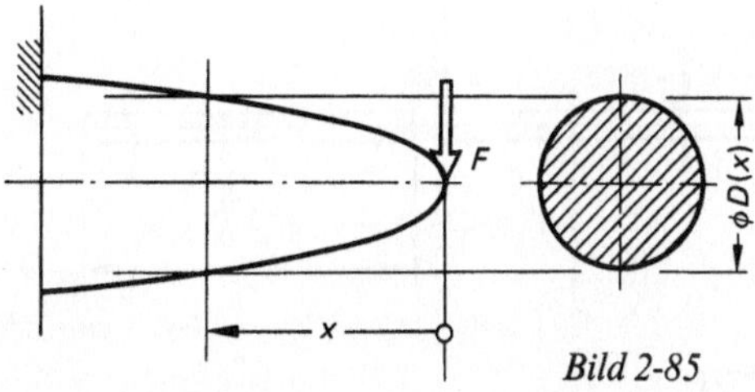

Bild 2-85

Die Biegespannungen sind dann konstant, wenn der Durchmesser des Balkens sich wie folgt mit x ändert, Bild 2-85.

$$\sigma_b = \text{konst} = \frac{32Fx}{\pi D^3(x)}$$

$$D(x) = \sqrt[3]{\frac{32Fx}{\pi\sigma_b}}$$

Rationell fertigen würde man den Balken als Kegel konstanter Steigung, Bild 2-86.

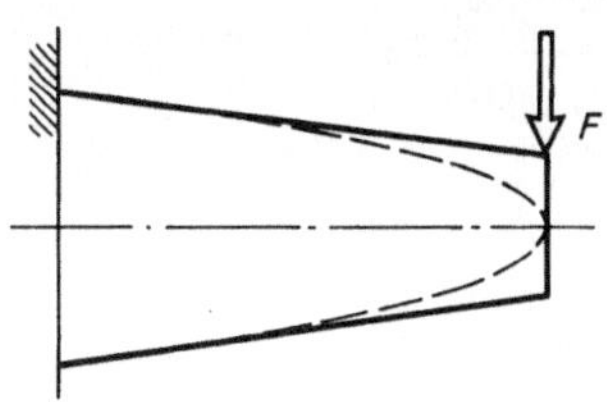

Bild 2-86

Beispiel: Rechteckquerschnitt konstanter Breite b, Bild 2-87.

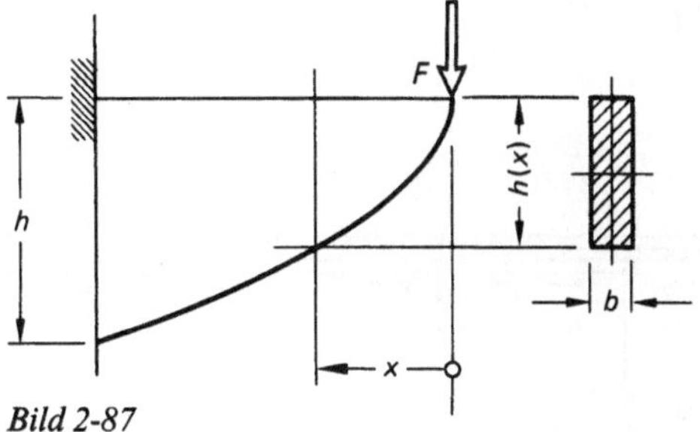

Bild 2-87

$$\sigma_b = \text{konst} = \frac{Fx}{\dfrac{b\,h_{(x)}^2}{6}}$$

$$h(x) = \sqrt{\frac{6\,Fx}{b\,\sigma_b}}$$

Beispiel: Rechteckquerschnitt konstanter Höhe h, Bild 2-88.

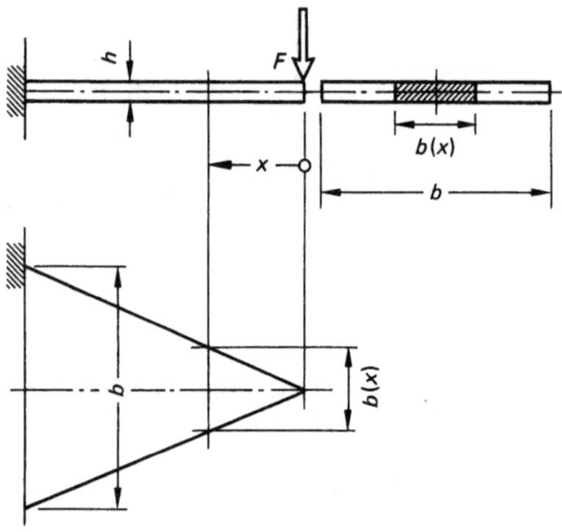

Bild 2-88

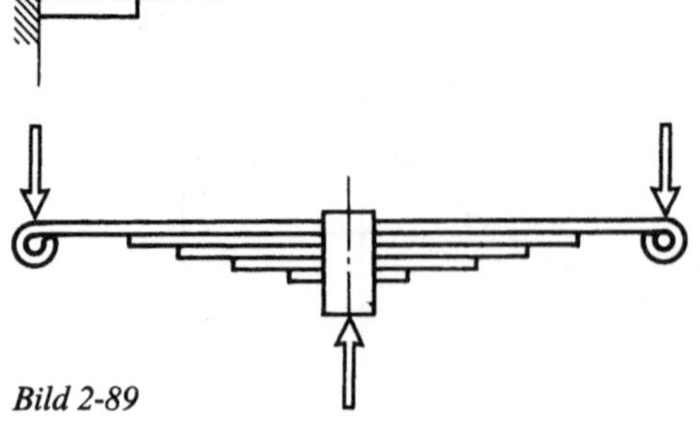

Bild 2-89

$$\sigma_b = \text{konst} = \frac{Fx}{\dfrac{b(x)\,h^2}{6}}$$

$$b(x) = \frac{6\,Fx}{\sigma_b\,h^2}$$

Die Balkenbreite $b(x)$ wächst linear mit x. In der Praxis zerlegt man die Dreiecksfläche in Streifen konstanter Breite und schichtet sie wie in Bild 2-89 skizziert übereinander. Es entsteht die bekannte Blattfederschichtung.

Übung 2-12

Für den Biegebalkenquerschnitt in Bild 2-90 sind die Biegespannungen als Folge des Biegemoments von 90 Nm zu berechnen. Das Biegemoment wirke a) in der x-Achse, b) in der y-Achse.

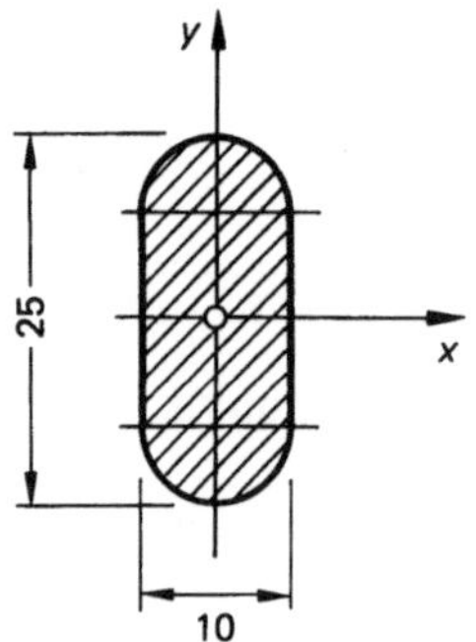

Bild 2-90

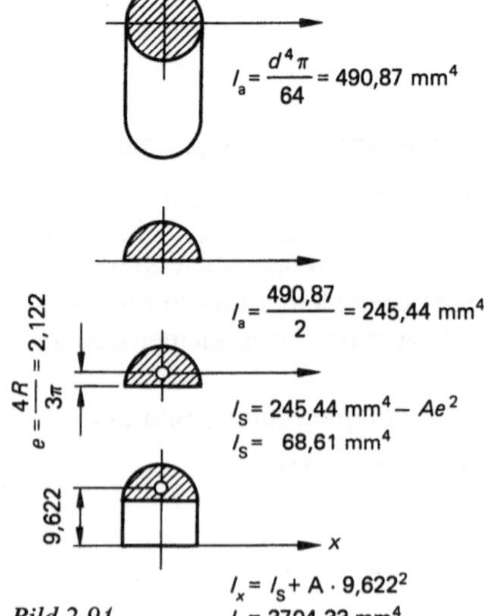

Bild 2-91

Lösung:

a) $x =$ Biegeachse, Bild 2-91.

Gesamtquerschnitt:

$$I_x = \frac{10 \cdot 15^3}{12} + 2 \cdot 3704,33$$

$$I_x = 10\,221,17\,\text{mm}^4$$

$$W_x = \frac{I_x}{12,5\,\text{mm}} = 817,7\,\text{mm}^3$$

$$\sigma_b = \frac{M_{bx}}{W_x} = \frac{90\,000\,\text{Nmm}}{817,7\,\text{mm}^3} = 110,1\,\text{N/mm}^2$$

b) $y =$ Biegeachse

$$I_y = \frac{15 \cdot 10^3}{12} + \frac{10^4\,\pi}{64} = 1740,87\,\text{mm}^4$$

$$W_y = \frac{I_y}{5\,\text{mm}} = 348,2\,\text{mm}^3$$

$$\sigma_b = \frac{M_{by}}{W_y} = 258,5\,\text{N/mm}^2$$

Übung 2-13

Aus einem Rundrohr 40 × 3 mm wird in einem Rohrwalzwerk ein Flachovalprofil gleicher Wanddicke, Bild 2-92. Es findet keine Querschnittsveränderung bei diesem Umformprozeß statt. Um wieviel % sinkt die Biegesteifigkeit bezogen auf die x-Achse?

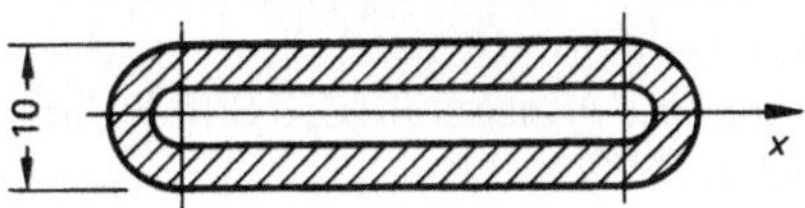

Bild 2-92

Lösung:

Konstanz der Querschnitte (Bild 2-93):

$$\frac{\pi}{4}(40^2 - 34^2) = \frac{\pi}{4}(10^2 - 4^2) + 6a$$

$$a = 47,12\,\text{mm}.$$

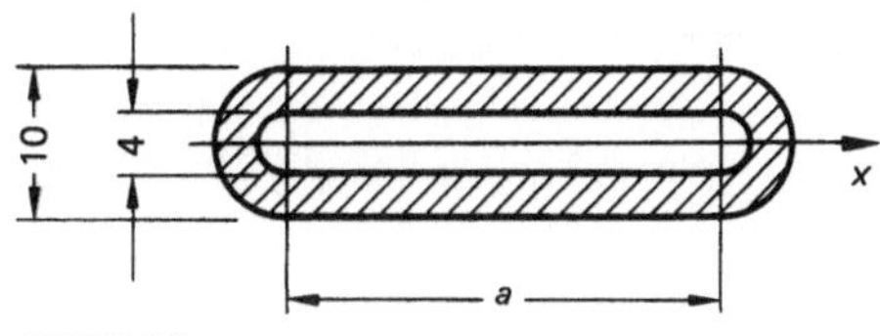

Bild 2-93

Rundrohr:

$$I_x = \frac{\pi}{64}(40^4 - 34^4) = 60\,066,47\,\text{mm}^4$$

Flachovalrohr:

$$I_x = \frac{\pi}{64}(10^4 - 4^4) + \frac{a}{12}(10^3 - 4^3) = 4153,67\,\text{mm}^4$$

$$\frac{4153,67}{60\,066,47} \cdot 100 = 6,915\%$$

Die Biegesteifigkeit $(E\,I_a)$ sinkt um 93,1%.

Übung 2-14

Ein schwerer Balken vom Metergewicht 60 N/m ist wie in Bild 2-94 skizziert gelagert. Die Symmetrieachse y ist die Biegeachse. Zu berechnen ist die größte auftretende Biegespannung, Bild 2-95.

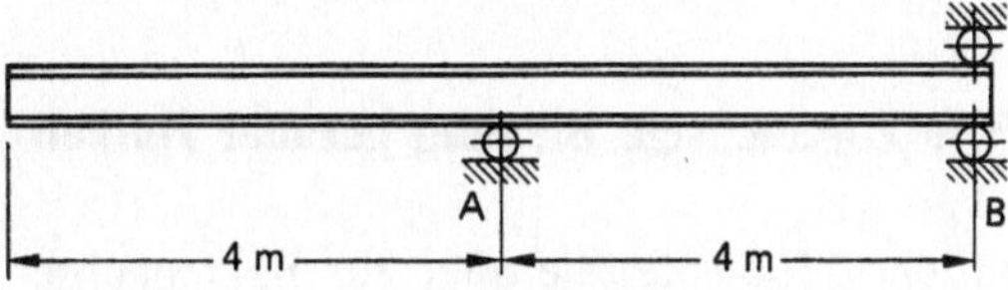

Bild 2-94

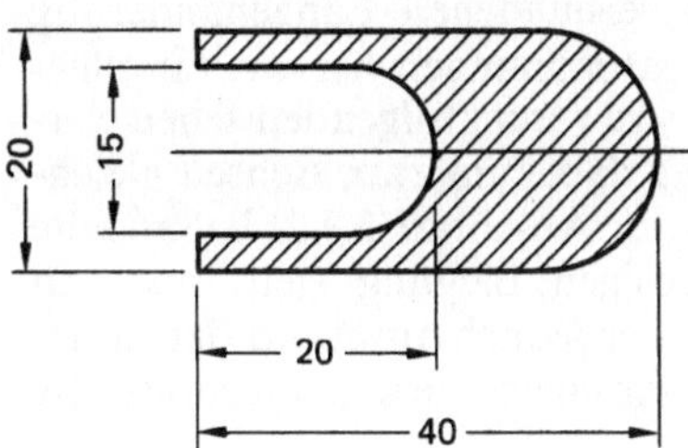

Bild 2-95

Lösung:

Statik, Bild 2-96:

$$F_B = 0$$
$$F_A = 60\,\text{N/m} \cdot 8\,\text{m} = 480\,\text{N}$$

$$I_y = \frac{1}{2} \cdot \frac{20^4\,\pi}{64} + \frac{30 \cdot 20^3}{12} - \frac{1}{2} \cdot \frac{15^4\,\pi}{64} - \frac{12,5 \cdot 15^3}{12}$$

$$= 19\,168,8\,\text{mm}^4$$

$$W_y = \frac{I_y}{10\,\text{mm}} = 1916,88\,\text{mm}^3$$

$$\sigma_{b_{max}} = \frac{M_{b_{max}}}{W_y} = \frac{480 \cdot 10^3\,\text{Nmm}}{1916,88\,\text{mm}^3} = 250,4\,\text{N/mm}^2$$

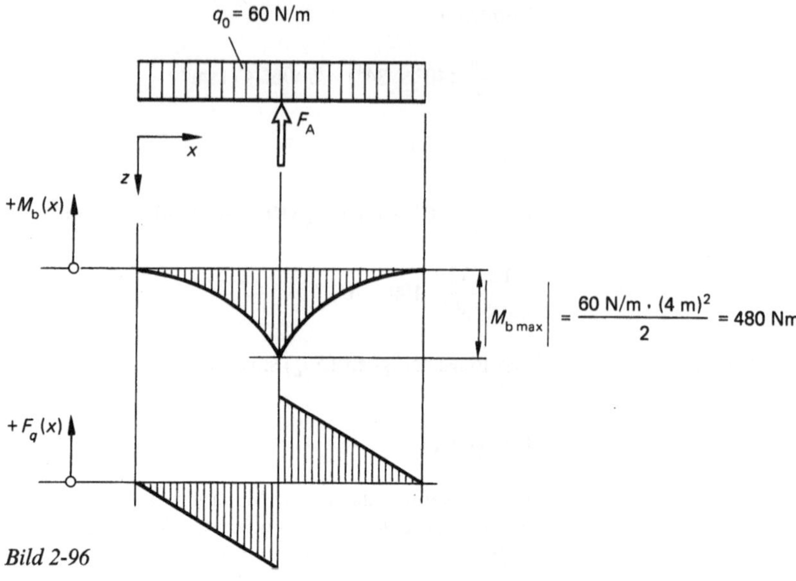

Bild 2-96

2.3.3. Zweiachsige Biegung gerader Balken

Statische Momente, die quer zur Balkenachse gerichtet sind, sind Biegemomente. Sie sorgen für die Krümmung des Balkens und rufen wegen der damit verbundenen Längenänderung der Fasern Biegespannungen hervor. Im allgemeinen erfolgt, wie wir im folgenden sehen werden, die Biegung dabei um zwei Achsen gleichzeitig, und der im Abschnitt 2.3.2. behandelte Fall der einachsigen Biegung stellt nur den Sonderfall dar, der jedoch aufgrund der in der Technik häufig symmetrischen Querschnitte die

Regel ist. Die Problematik soll an einem unsymmetrischen L-Profil erläutert werden. Die nach unten gerichtete Querkraft am freien Ende des einseitig eingespannten L-Trägers wird diesen nicht nur an der Kraftangriffsstelle nach unten biegen, sondern der Träger weicht auch seitlich aus, Bild 2-97.

Obwohl der Biegemomentenvektor in z-Achsenrichtung verläuft, findet nicht nur eine Biegung um die z-Achse, sondern auch eine Biegung um die y-Achse statt.

Biegung um nur eine Achse stellt den Sonderfall dar, Bild 2-98 u. 2-99.

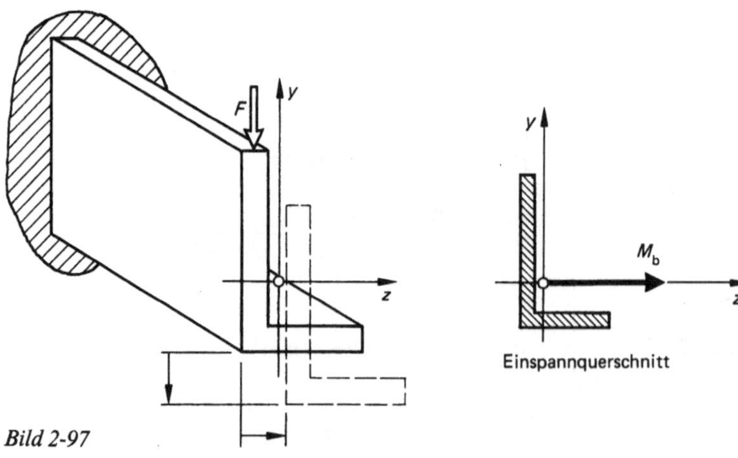

Bild 2-97

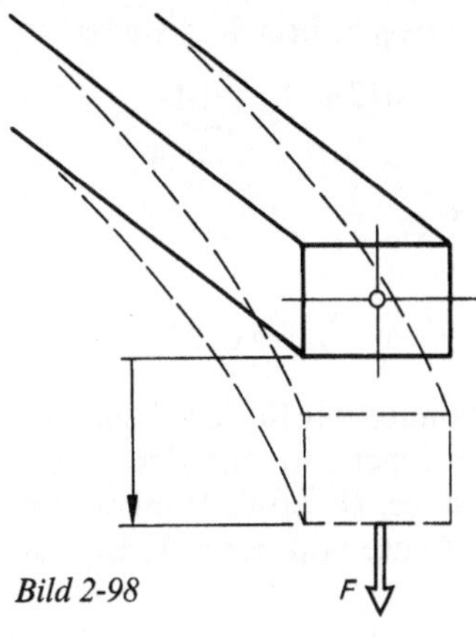

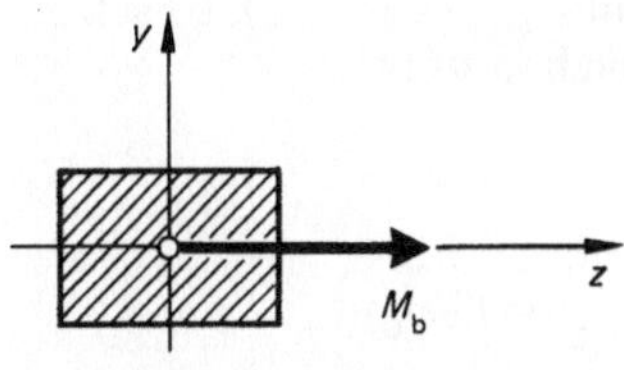

Bild 2-98   F

Einspannquerschnitt

Bild 2-99

Findet eine Biegung auch um die y-Achse statt, so bilden die Längskräfte in den Flächenelementen dA ein Moment um die y-Achse:

$$M_y = \int_A \sigma \, \mathrm{d}A \, z$$

mit $\sigma = \dfrac{\sigma_0}{y_0} y$

$$M_y = \frac{\sigma_0}{y_0} \int_A y \, z \, \mathrm{d}A = \frac{\sigma_0}{y_0} I_{yz}$$

Das Integral stellt ein Flächenmoment 2. Ordnung dar (Einheit z. B. mm^4), allerdings nicht auf nur eine Achse des Querschnitts bezogen, sondern auf das senkrechte Achsenpaar yz. Man könnte es als „gemischtes" (oder biaxiales) Flächenmoment 2. Ordnung bezeichnen. Im Gegensatz zu den axialen Flächenmomenten 2. Ordnung, die auf nur eine Achse bezogen werden und die aufgrund des Quadrats der Flächenabstände stets positiv sind, kann das gemischte Flächenmoment 2. Ordnung I_{yz} auch negativ werden, Bild 2-101.

Wann liegt einachsige (spezielle) Biegung vor und wann zweiachsige (schiefe) Biegung? Ausgehend von der – bekannten – linearen Spannungsverteilung bei Biegung (ebene Querschnitte bleiben eben) kann für das gewählte L-Profil, an dem die Erläuterung erfolgen soll, folgende Proportion formuliert werden, Bild 2-100.

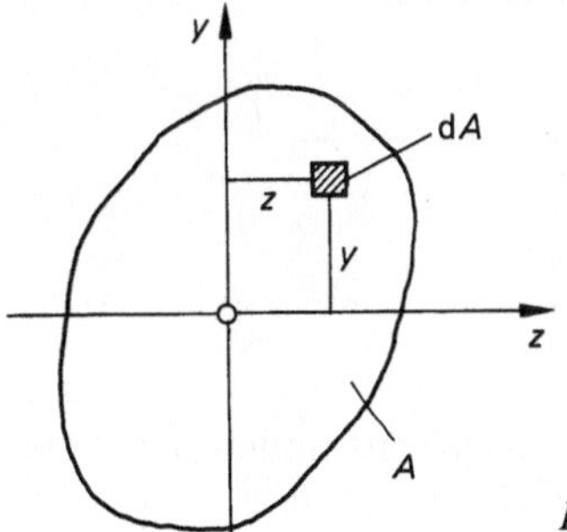

Bild 2-101

$$I_z = \int_A y^2 \, \mathrm{d}A > 0$$

$$I_y = \int_A z^2 \, \mathrm{d}A > 0$$

$$I_{yz} = I_{zy} = \int_A y \, z \, \mathrm{d}A \gtreqless 0$$

Entfällt M_y, so wird $I_{yz} = 0$ und umgekehrt. Ist I_{yz} null, so gibt es keine seitliche Deviation, kein seitliches Ausweichen des Biegebalkens. Man nennt das gemischte Flächenmoment 2. Ordnung darum auch Deviationsmoment.

Definition:

Senkrechte Achsenpaare, auf die bezogen das Deviationsmoment entfällt, sind besondere

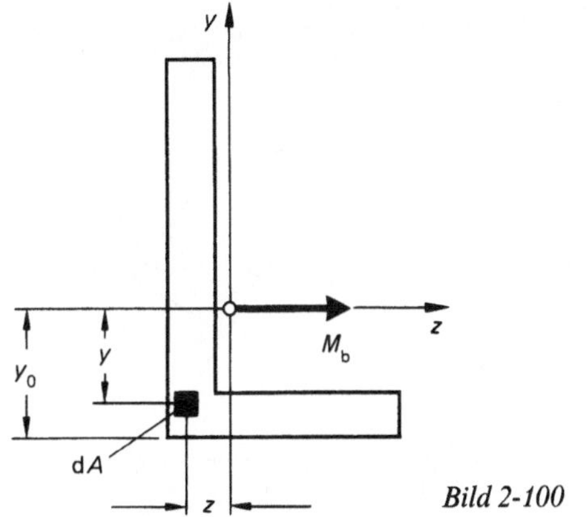

Bild 2-100

Proportion:

$$\frac{\sigma_0}{y_0} = \frac{\sigma}{y}$$

σ_0 = Spannung der Randfaser

σ = Spannung in dA

Achsen durch den Schwerpunkt des Querschnitts, es sind sog. Hauptachsen.

Ist der M_b-Vektor mit der Richtung einer Hauptachse identisch, so liegt einachsige Biegung vor; ist der M_b-Vektor nicht mit der Richtung einer Hauptachse identisch, so liegt schiefe, zweiachsige Biegung vor. Die Richtung des Biegemomentenvektors entscheidet also über die Frage, ob einachsige oder zweiachsige Biegung vorliegt.

Wie erkennt man nun die Lage dieser Hauptachsen? Die auf Hauptachsen bezogenen axialen Flächenmomente 2. Ordnung nehmen Extremwerte an: I_{max}, I_{min}. Dabei sind Symmetrieachsen stets Hauptachsen, Bild 2-102.

$y, z =$ Hauptachsen

$I_{yz} = 0$

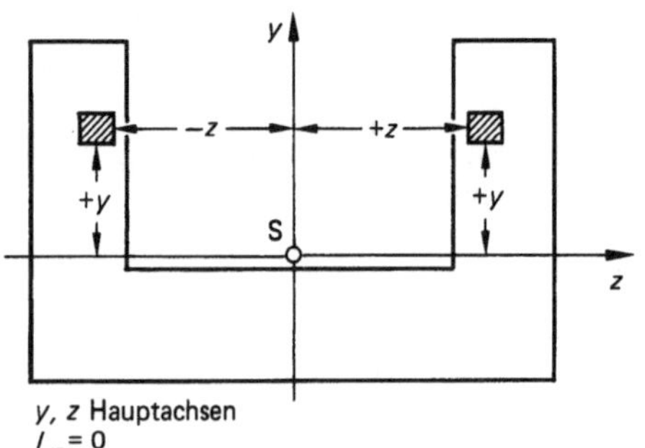

Bild 2-102

Im symmetrischen Querschnitt finden sich stets zwei zugehörige Flächenteilchen $\mathrm{d}A$, für die die beiden Summanden ($\mathrm{d}A\, y\, z$) in Summe null sind.

Problem:

Wo sind im unsymmetrischen Querschnitt die Hauptachsen?

Beschreiben wir aus den Werten I_z, I_y und I_{yz} für ein beliebiges senkrechtes Achsenpaar im Schwerpunkt der Fläche das axiale Flächenmoment I_u für eine um den Winkel φ zur z-Achse gedrehte Achse u, Bild 2-103.

$$I_u = \int\limits_A v^2\, \mathrm{d}A$$

Darin ist

$$v = y \cos\varphi - z \sin\varphi$$

$$v^2 = y^2 \cos^2\varphi - 2y \cos\varphi\, z \sin\varphi + z^2 \sin^2\varphi$$

$$I_u = \cos^2\varphi \underbrace{\int y^2\, \mathrm{d}A}_{=I_z} - \sin(2\varphi) \underbrace{\int y z\, \mathrm{d}A}_{=I_{yz}}$$
$$\quad + \sin^2\varphi \underbrace{\int z^2\, \mathrm{d}A}_{=I_y}$$

$$I_u = I_z \cos^2\varphi + I_y \sin^2\varphi - I_{yz} \sin(2\varphi)$$

Mit dieser Formel können wir für jede beliebige Achse das axiale Flächenmoment des Querschnitts errechnen; dabei ist φ der Winkel, um den die betreffende Achse von der z-Achse abweicht.

Suchen wir jenen Winkel φ_0, für den I_u einen Extremwert annimmt (I_{max} oder I_{min}), so setzen wir die Ableitung nach φ null:

$$\frac{\mathrm{d}}{\mathrm{d}\varphi} I_u = 0$$

$$0 = -I_z \sin(2\varphi_0) + I_y \sin(2\varphi_0)$$
$$\quad - 2 I_{yz} \cos(2\varphi_0)$$

Daraus folgt jener Winkel φ_0, für den das axiale Flächenmoment 2. Ordnung einen Extremwert annimmt:

$$\tan(2\varphi_0) = \frac{2 I_{yz}}{I_y - I_z}$$

Da der Tangens vieldeutig ist, liefert die Rechnung sofort beide Hauptachsen, die stets senkrecht im Schwerpunkt aufeinanderstehen; die

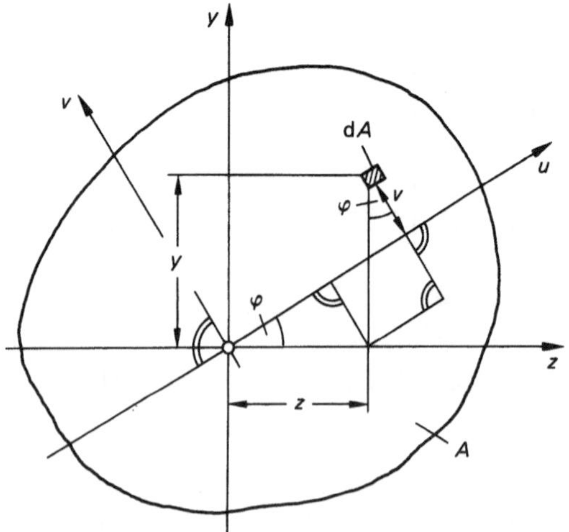

Bild 2-103

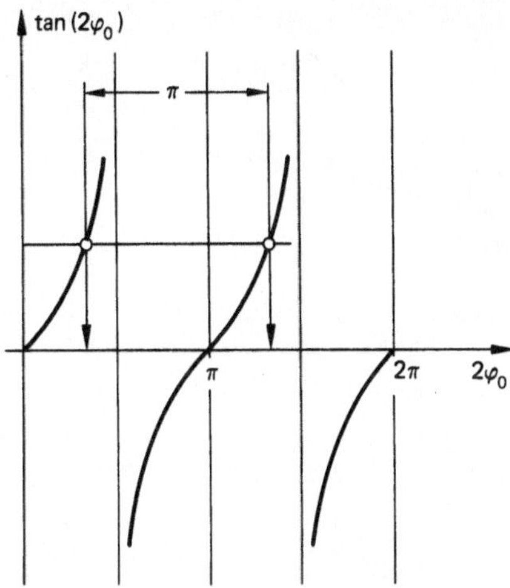

Bild 2-104

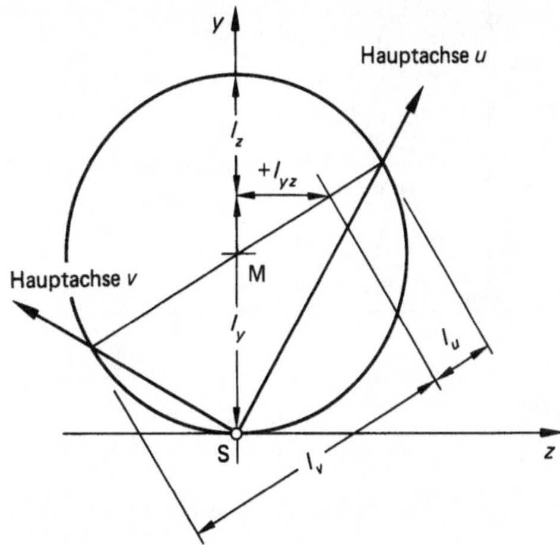

Bild 2-106

beiden Hauptachsen weichen um den Winkel $\frac{\pi}{2}$ in ihrer Richtung voneinander ab, Bild 2-104. Setzt man in die Formel

$$I_z \cos^2 \varphi + I_y \sin^2 \varphi - I_{yz} \sin(2\varphi)$$

beide gefundenen φ_0-Werte ein, so erhält man I_u und I_v, die auf die beiden Hauptachsen bezogenen axialen Flächenmomente 2. Ordnung, Bild 2-105.

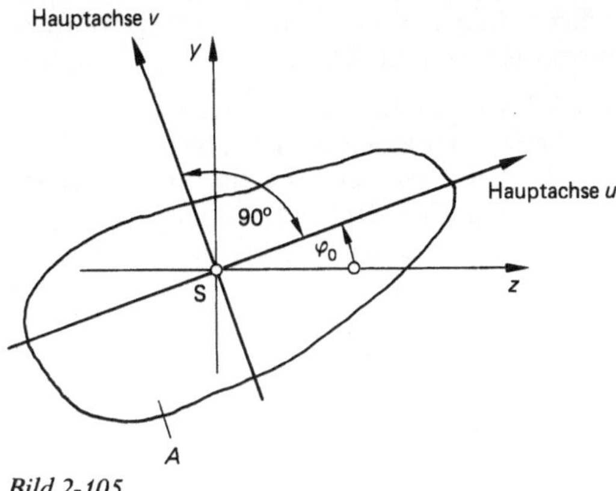

Bild 2-105

Der sog. Trägheitskreis von MOHR-LANDT gibt die Möglichkeit, sowohl die Lage der Hauptachsen als auch die zugehörigen axialen Flächenmomente 2. Ordnung I_{max} und I_{min} (also I_u und I_v) graphisch zu ermitteln, Bild 2-106.

Konstruktion:

Im Schwerpunkt der Fläche trägt man in einem frei zu wählenden Maßstab I_y in Richtung y-Achse auf und schließt die Strecke entsprechend I_z an. Am gemeinsamen Punkt von I_y und I_z trägt man das Deviationsmoment I_{yz} in z-Richtung an, wenn das Deviationsmoment positiv ist, nach links, also gegen die z-Achse, wenn I_{yz} negativ ist. Den Endpunkt verbindet man mit dem Mittelpunkt des Kreises mit dem Durchmesser $(I_y + I_z)$ und erhält zwei Durchstoßpunkte auf dem Kreis, die Punkte der gesuchten Hauptachsen sind. Die zugehörigen Durchmesserabschnitte sind ein Maß für I_u und I_v.

Sind die Hauptachsen des Querschnitts ermittelt, kann die Entscheidung getroffen werden, ob einachsige oder zweiachsige Biegung vorliegt. Stimmt die Richtung des Biegemomentenvektors mit einer der beiden Hauptachsen überein, liegt also einachsige Biegung vor, so kann die anschließende Spannungsberechnung mit der bekannten Formel

$$\sigma_b = \frac{M_b}{W_a}$$

durchgeführt werden.

Diese Spannungsformel gilt nicht mehr bei schiefer, zweiachsiger Biegung. Hier wird man den M_b-Vektor in Komponenten in Richtung der Hauptachsen zerlegen und für die Komponenten die Spannungsberechnung separat vornehmen und anschließend die Teilspannungen

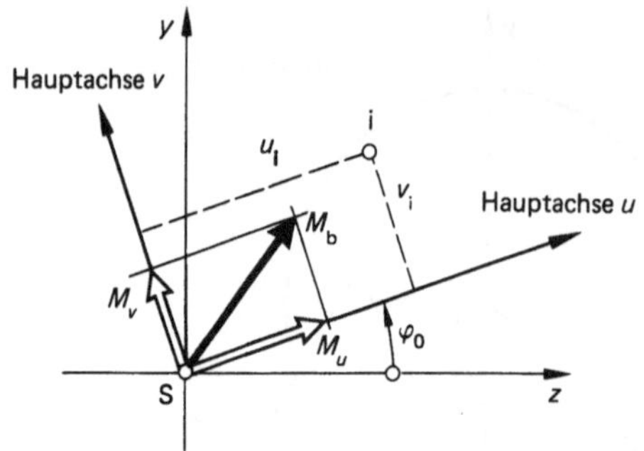

Bild 2-107

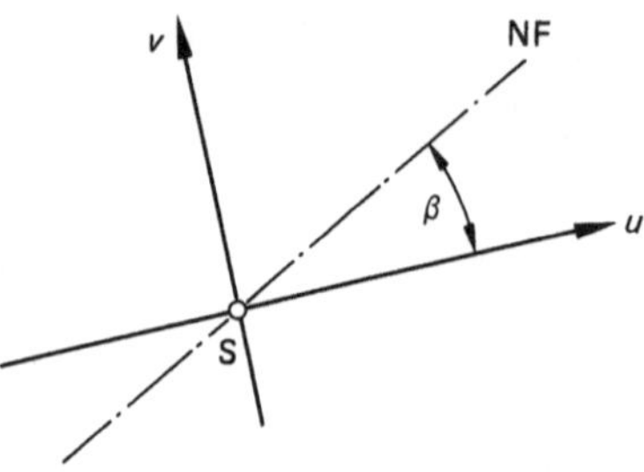

Bild 2-108

aufgrund der Teilmomente überlagern, Bild 2-107.

Die Spannung in einem beliebigen Punkt i des Querschnitts errechnet sich dann wie folgt:

$$\sigma_i = \frac{M_u}{I_u} v_i - \frac{M_v}{I_v} u_i$$

Die Spannungsformel weist einen Vorzeichenwechsel auf. Dies darum, weil bei dem gewählten Koordinatensystem ein positiver M_u-Vektor am Punkt i positiver Koordinaten u_i, v_i eine positive Spannung (Zugspannung) hervorruft, aber der positive M_v-Vektor am selben Punkt eine negative Spannung (Druckspannung) erzeugt. Die Spannungsformel ist also vorzeichenrichtig, wenn die Momentenkomponenten M_u und M_v vorzeichenrichtig eingesetzt werden und wenn die Koordinaten des betreffenden Punkts, für den die Biegespannung berechnet wird, vorzeichenrichtig eingesetzt werden. Diese Koordinaten errechnen sich wie folgt.

Koordinatentransformation:

$$v_i = y_i \cos \varphi_0 - z_i \sin \varphi_0$$

$$u_i = y_i \sin \varphi_0 + z_i \cos \varphi_0$$

Häufig interessiert nur die absolut größte Spannung. Sie wird, da sich auch bei der schiefen, zweiachsigen Biegung die Spannungen linear verteilen, in jenem Punkt des Querschnitts zu finden sein, der am weitesten von der neutralen Faserschicht entfernt ist. Wo liegt bei zweiachsiger Biegung diese spannungslose, neutrale Faserschicht (NF), Bild 2-108, die das Zuggebiet vom Druckgebiet trennt?

Gleichung der Geraden (NF) im uv-Koordinatensystem:

$$v = u \tan \beta$$

Daraus

$$\tan \beta = \frac{v}{u}$$

Für die NF gilt

$$\sigma = 0$$

$$0 = \frac{M_u}{I_u} v - \frac{M_v}{I_v} u$$

Hieraus folgt jener Winkel β, um den die NF von der Hauptachse u abweicht:

$$\tan \beta = \frac{M_v I_u}{M_u I_v}$$

Zusammenfassend läßt sich sagen, alle in diesem Abschnitt abgeleiteten Formeln sind vorzeichenrichtig und gehören zu dem gewählten Koordinatensystem, Bild 2-109:

z = Schwerpunktachse nach rechts,

y = Schwerpunktachse nach oben,

φ_0 = Winkel zwischen z-Achse und Hauptachse u (linksdrehend positiv),

β = Winkel zwischen u-Achse und NF (linksdrehend positiv).

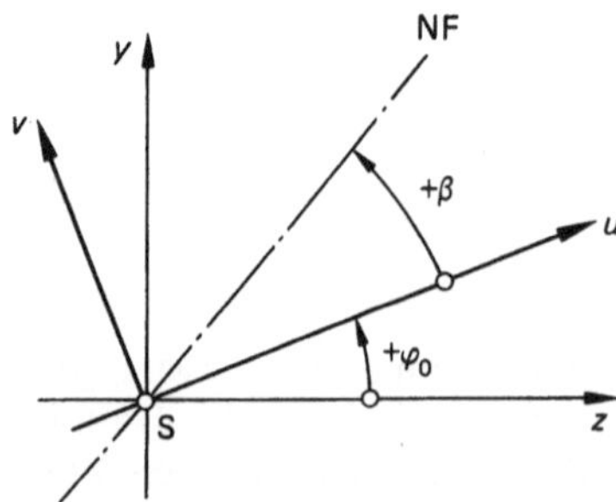

Bild 2-109

Übung 2-15

Der 4 m lange Balken vom Gewicht 425 N ist wie in Bild 2-110 skizziert einseitig fest eingespannt. Wie groß ist die größte Biegespannung im Einspannquerschnitt?

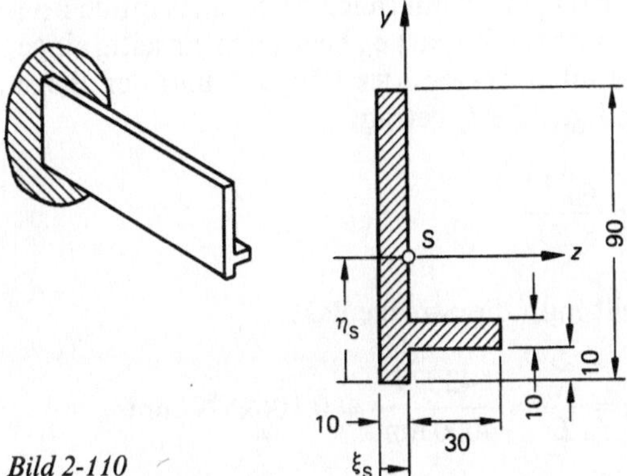

Bild 2-110

Lösung:

Bestimmung der Lage des Schwerpunkts:

$$\xi_S = \frac{9 \cdot 1 \cdot 0,5 + 3 \cdot 1 \cdot 2,5}{9 \cdot 1 + 3 \cdot 1} = 1\,\text{cm}$$

$$\eta_S = \frac{9 \cdot 1 \cdot 4,5 + 3 \cdot 1 \cdot 1,5}{9 \cdot 1 + 3 \cdot 1} = 3,75\,\text{cm}$$

Axiale Flächenmomente 2. Ordnung im yz-Koordinatensystem:

$$I_z = \frac{1 \cdot 9^3}{12} + 9 \cdot 1 \cdot 0,75^2 + \frac{3 \cdot 1^3}{12} + 3 \cdot 1 \cdot 2,25^2$$
$$= 81,25\,\text{cm}^4$$

$$I_y = \frac{9 \cdot 1^3}{12} + 9 \cdot 1 \cdot 0,5^2 + \frac{1 \cdot 3^3}{12} + 3 \cdot 1 \cdot 1,5^2$$
$$= 12,0\,\text{cm}^4$$

$$I_{yz} = 9 \cdot 1 \cdot (-0,5) \cdot (+0,75) + 3 \cdot 1 \cdot (+1,5) \cdot (-2,25)$$
$$= -13,5\,\text{cm}^4$$

Lage der Hauptachsen:

$$\tan(2\varphi_0) = \frac{2\,I_{yz}}{I_y - I_z}$$

$$\tan(2\varphi_0) = \frac{2 \cdot (-13,5)}{12,0 - 81,25} = +0,38989$$

$$2\varphi_0 = 21,3°/201,3°$$

$$\varphi_0 = 10,65°/100,65°$$

Mit $\varphi_0 = 10,65°$ folgt aus der Formel

$$I_u = I_z \cos^2\varphi_0 + I_y \sin^2\varphi - I_{yz} \sin(2\varphi_0)$$
$$I_u = 83,79\,\text{cm}^4$$

Mit $\varphi_0 = 100,65°$ folgt aus

$$I_v = I_z \cos^2\varphi_0 + I_y \sin^2\varphi - I_{yz} \sin(2\varphi)$$
$$I_v = 9,46\,\text{cm}^4$$

Probe:

$$I_y + I_z = I_u + I_v$$
$$12,0\,\text{cm}^4 + 81,25\,\text{cm}^4 = 83,79\,\text{cm}^4 + 9,46\,\text{cm}^4$$

Biegemoment M_b:

$$M_{bz} = F_G\,\frac{L}{2} = 425\,\text{N} \cdot 2\,\text{m} = 850\,\text{Nm}$$

M_b-Komponenten:

$$M_u = M_b \cos 10,65° = +835,36\,\text{Nm}$$
$$M_v = -M_b \sin 10,65° = -157,09\,\text{Nm}$$

Lage der neutralen Faserschicht (NF), Bild 2-111.

$$\tan\beta = \frac{M_v\,I_u}{M_u\,I_v} = \frac{-157,09 \cdot 83,79}{835,36 \cdot 9,46} = -1,66562$$

$$\beta = -59,02°$$

Größte Spannung in Punkt 1 des Querschnitts, da es der weiteste von der neutralen Faserschicht entfernte Punkt ist. Die Biegespannungen bei schiefer Biegung verteilen sich linear mit der Entfernung zur neutralen Faserschicht.

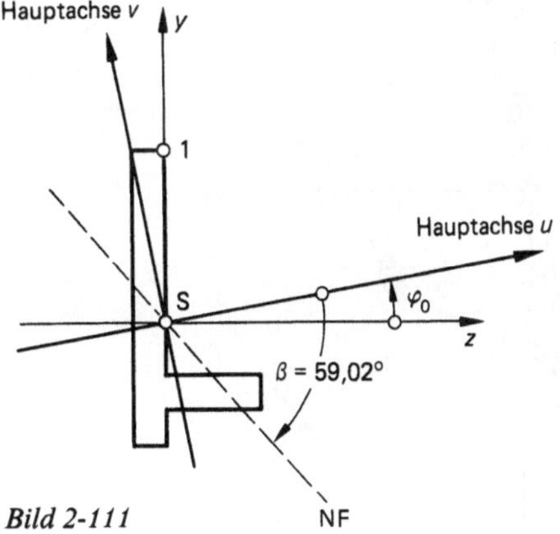

Bild 2-111

Koordinaten u_1, v_1:

$$v_1 = y_1 \cos\varphi_0 - z_1 \sin\varphi_0$$
$$= 52{,}5\,\text{mm} \cdot \cos 10{,}65° = 51{,}59566\,\text{mm}$$

$$u_1 = y_1 \sin\varphi_0 + z_1 \cos\varphi_0$$
$$= 52{,}5\,\text{mm} \cdot \sin 10{,}65° = 9{,}70247\,\text{mm}$$

Biegespannung in Punkt 1 des Querschnitts:

$$\sigma_1 = \frac{M_u}{I_u}\,v_1 - \frac{M_v}{I_v}\,u_1 = \frac{835{,}36 \cdot 10^3}{83{,}79 \cdot 10^4} \cdot 51{,}59566$$
$$- \frac{-157{,}09 \cdot 10^3}{9{,}46 \cdot 10^4} \cdot 9{,}70247$$

$$\sigma_1 = +67{,}55\,\text{N/mm}^2 \quad (\text{Zugspannung})$$

Trägt man die Spannungen der die Querschnittsfläche markierenden Eckpunkte perspektivisch in einem geeigneten Maßstab auf, so wird jene Ebene sichtbar, die von den Spitzen aller Spannungsvektoren aufgespannt wird. Diese Ebene schneidet in der NF die Querschnittsfläche. Die NF trennt Zug- und Druckgebiet. Diese Darstellung des *Spannungsprofils* verdeutlicht, daß auch bei zweiachsiger, schiefer Biegung die Biegespannungen sich linear zur NF im Querschnitt verteilen. Die Größe der Spannung ist dem Abstand des betreffenden Querschnittspunktes zur NF proportional, Bild 2-112.

Formänderungen bei zweiachsiger Biegung:
Alle in Abschnitt 2.3.1. zugrundeliegenden Voraussetzungen betrafen einachsige Biegung. Die sich bei zweiachsiger Biegung ergebenden Deformationen werden danach aus der Überlagerung der auf die Hauptachsen bezogenen und für diese ermittelten Deformationen ermittelt.

Berechnen wir für den der Übung 2-15 zugrundeliegenden Belastungsfall die Absenkung des freien Balkenendes.

Der Biegepfeil am freien Ende eines durch konstante Streckenlast q_0 belasteten einseitig eingespannten Trägers der Länge L und der Biegesteifigkeit $E\,I_\text{a}$ beträgt

$$f = \frac{q_0\,L^4}{8\,E\,I_\text{a}}$$

Teilt man die Streckenlast

$$q_0 = \frac{F_\text{G}}{L} = \frac{425\,\text{N}}{4000\,\text{mm}} = 0{,}10625\,\text{N/mm}$$

in Hauptachsenkomponenten auf, so beträgt die anteilige Streckenlast in der xu-Lastebene

$$q_{xu} = q_0 \sin\varphi_0 = 0{,}019636\,\text{N/mm}$$

und in der xv-Lastebene

$$q_{xv} = q_0 \cos\varphi_0 = 0{,}10442\,\text{N/mm}\;.$$

Biegepfeil am freien Balkenende zufolge q_{xu}:

$$f_u = -\frac{q_{xu}\,L^4}{8\,E\,I_v} = \frac{-0{,}019636 \cdot 4000^4}{8 \cdot 2{,}1 \cdot 10^5 \cdot 94\,600}$$
$$= -31{,}63\,\text{mm}$$

Biegepfeil am freien Balkenende zufolge q_{xv}:

$$f_v = -\frac{q_{xv}\,L^4}{8\,E\,I_u} = \frac{-0{,}10442 \cdot 4000^4}{8 \cdot 2{,}1 \cdot 10^5 \cdot 837\,900}$$
$$= -18{,}99\,\text{mm}$$

Absenkung f_y des freien Balkenendes:

$$|f_y| = |f_u|\sin\varphi_0 + |f_v|\cos\varphi_0$$
$$|f_y| = 31{,}63\,\text{mm} \cdot \sin 10{,}65°$$
$$+ 18{,}99\,\text{mm} \cdot \cos 10{,}65°$$
$$|f_y| = 24{,}51\,\text{mm}$$

Die seitliche Abweichung f_z beträgt dabei

$$f_z = f_u \cos\varphi_0 - f_v \sin\varphi_0 = -27{,}57\,\text{mm}\;.$$

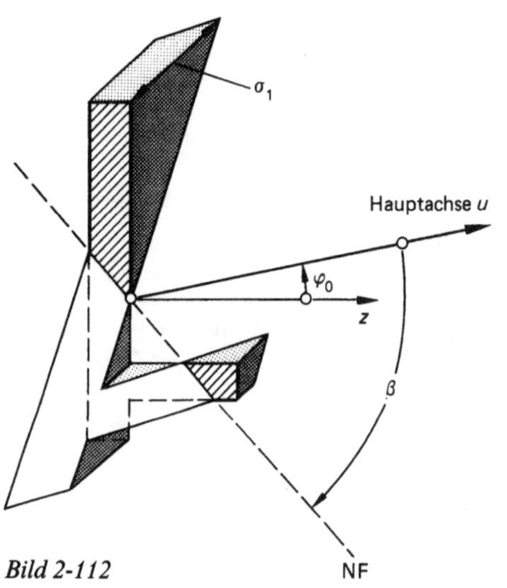

Bild 2-112

Das freie Balkenende bewegt sich also nach unten (f_y) und nach links (f_z); dies ist das Kennzeichen der zweiachsigen Biegung, denn die Biegemomente in den Balkenquerschnitten des vorliegenden Beispiels sind in z-Richtung gerichtet.

Der resultierende Biegepfeil

$$|f| = \sqrt{f_y^2 + f_z^2} = \sqrt{f_u^2 + f_v^2} = 36{,}89 \text{ mm}$$

steht, wie eine einfache geometrische Nachprüfung zeigt, Bild 2-113, senkrecht auf der neutralen Faserschicht (NF). Die Richtung, in der sich das freie Balkenende bewegt, ist also mit der Lage der NF bereits bekannt, die absolute Größe des elastischen Weges am freien Balkenende ergibt sich aus der Superposition der Biegepfeile längs der Hauptachsen.

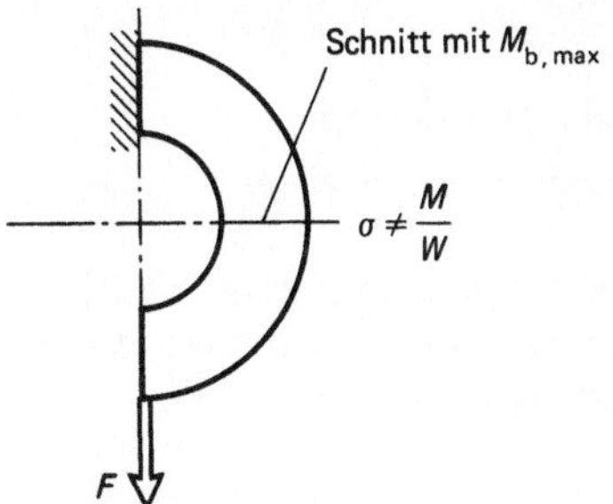

Bild 2-114

nen auch die handlichen Spannungsformeln $\sigma_b = M_b/W_{a_{1/2}}$ nicht mehr angewendet werden, Bild 2-114.

Auch bei der Biegung des gekrümmten Balkens gilt die Voraussetzung nach DE SAINT VENANT, daß ebene Querschnitte bei Biegung eben bleiben. Zudem gilt im elastischen Bereich das HOOKESCHE Gesetz, nach dem die Spannungen den Dehnungen proportional sind:

$$\sigma = E\,\varepsilon$$

Ein Balkenelement *vor* der Biegemomentbelastung zeigt Bild 2-115.

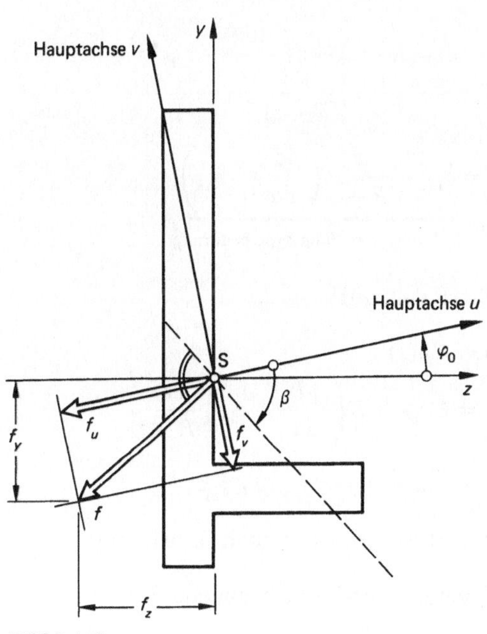

Bild 2-113

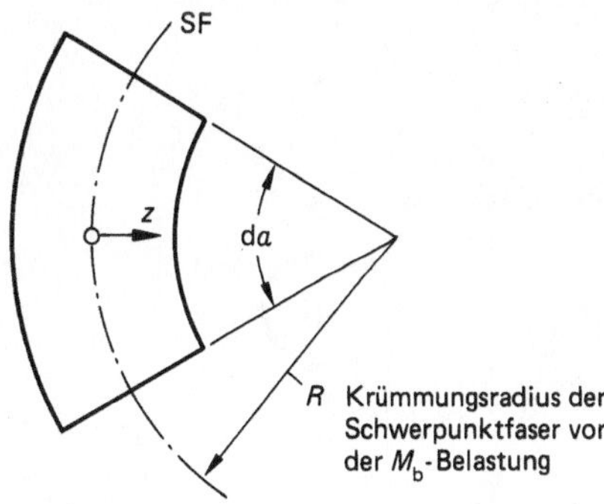

Bild 2-115

2.3.4. Biegung des gekrümmten Balkens

Die bisher im Abschnitt 2.3. behandelte Biegung betraf nur solche Balken und Bauteile, die vor der Momentenbelastung eine gerade oder zumindest nur mäßig gekrümmte Balkenachse aufwiesen. Die Spannungsverteilung ergab sich linear über den Querschnitt; weil, wie die folgende Ableitung zeigen wird, dies beim stark gekrümmten Balken nicht mehr zutrifft, kön-

Die Faserlängen auf der dem Krümmungsmittelpunkt zugewandten Seite ($+z$) sind kürzer als die auf der vom Krümmungsmittelpunkt abgewandten Seite. Würde man die neutrale Faserschicht NF wie bei der Biegung des geraden Balkens auf Höhe der Schwerpunktfaser annehmen, so entstünde statisches Ungleichgewicht am Balkenelement, da dann die Dehnungen und somit auch die Spannungen auf der Seite ($+z$) größer wären als auf der Seite ($-z$)

denn es gilt

$$Dehnung = \frac{L\ddot{a}ngen\ddot{a}nderung}{Ausgangsl\ddot{a}nge\ der\ Faser}$$

Dies zeigt, daß bei reiner Biegung die NF stets auf der dem Krümmungsmittelpunkt zugewandten Seite liegt, Bild 2-116 u. 2-117.

Längenänderung der SF:

$$\Delta ds = \varepsilon_{SF}\,R\,d\alpha$$

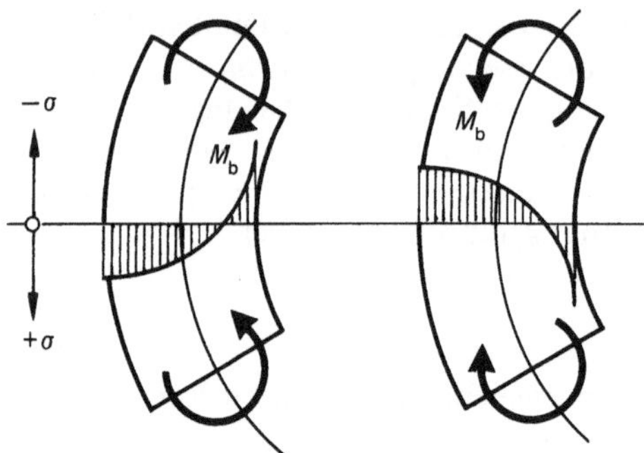

Bild 2-116

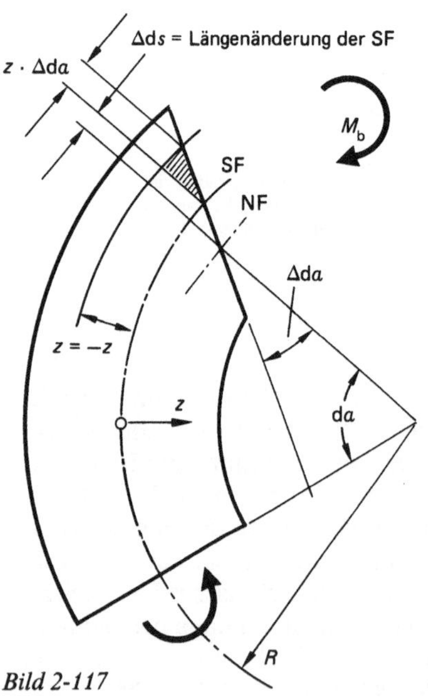

Bild 2-117

Längenänderung einer beliebigen Faserschicht

$\Delta ds - z\,\Delta d\alpha$ (Achtung: z ist negativ)

Die ursprüngliche Länge dieser Faser war

$(R - z)\,d\alpha$

Dehnung der beliebig gelegenen Faser:

$$\varepsilon(z) = \frac{\Delta ds - z\,\Delta d\alpha}{(R-z)\,d\alpha} = \frac{\varepsilon_{SF}\,R\,d\alpha - z\,\Delta d\alpha}{(R-z)\,d\alpha}$$

Eine formale Veränderung im Zähler führt zu

$$\varepsilon(z) = \frac{\varepsilon_{SF}\,R - z\,\Delta d\alpha\,\dfrac{1}{d\alpha} + \varepsilon_{SF}\,z - \varepsilon_{SF}\,z}{(R-z)}$$

$$\varepsilon(z) = \frac{\varepsilon_{SF}\,(R-z) - z\left(\dfrac{\Delta d\alpha}{d\alpha} - \varepsilon_{SF}\right)}{(R-z)}$$

$$\varepsilon(z) = \underbrace{\varepsilon_{SF} - \frac{z}{R-z}\left(\frac{\Delta d\alpha}{d\alpha} - \varepsilon_{SF}\right)}_{\text{Dehnungsverteilung hyperbelförmig}}$$

Nach HOOKE gilt

$$\sigma(z) = E\,\varepsilon(z)$$

$$\sigma(z) = E\,\varepsilon_{SF} - E\left(\frac{\Delta d\alpha}{d\alpha} - \varepsilon_{SF}\right)\frac{z}{R-z}$$

Für $z = 0$ (SF) $\Rightarrow$ $\sigma_{SF} = E\,\varepsilon_{SF}$.

Hier sind ε_{SF} und $\Delta d\alpha$ noch unbekannt.

2 Gleichgewichtsbetrachtungen:

1.) $\int L\ddot{a}ngskr\ddot{a}fte = 0$ (reine Biegung)
2.) $\int Momente = 0$

1.)

$$0 = \int_A \sigma(z)\,dA$$

$$0 = E\,\varepsilon_{SF}\underbrace{\int_A dA}_{=A} - E\left(\frac{\Delta d\alpha}{d\alpha} - \varepsilon_{SF}\right)\int_A \frac{z}{R-z}\,dA$$

$$\Rightarrow \varepsilon_{SF} = \varkappa\left(\frac{\Delta d\alpha}{d\alpha} - \varepsilon_{SF}\right) \tag{1}$$

2.) $0 = M_b + \int\limits_A \sigma(z)\,\mathrm{d}A\,z$

$-M_b = E\,\varepsilon_{SF}\int\limits_A z\,\mathrm{d}A$
$$-E\left(\frac{\Delta\mathrm{d}\alpha}{\mathrm{d}\alpha} - \varepsilon_{SF}\right)\int\limits_A \frac{z^2}{R-z}\,\mathrm{d}A$$

$0 = \int\limits_A z\,\mathrm{d}A$

als statisches Flächenmoment, bezogen auf eine Schwerpunktachse. Hinweis: M_b ist positiv, wenn es die Anfangskrümmung verstärkt.

$$M_b = E\left(\frac{\Delta\mathrm{d}\alpha}{\mathrm{d}\alpha} - \varepsilon_{SF}\right)\int \frac{z^2 + Rz - Rz}{R-z}\,\mathrm{d}A$$

$$M_b = E\left(\frac{\Delta\mathrm{d}\alpha}{\mathrm{d}\alpha} - \varepsilon_{SF}\right)$$
$$\cdot\left[\underbrace{\int\limits_A \frac{R\,z\,\mathrm{d}A}{R-z}}_{=(\varkappa A)R} - \underbrace{\int\limits_A \frac{z(R-z)}{R-z}\,\mathrm{d}A}_{\int\limits_A z\,\mathrm{d}A=0 \ \ \text{s.o.}}\right]$$

$$M_b = E\left(\frac{\Delta\mathrm{d}\alpha}{\mathrm{d}\alpha} - \varepsilon_{SF}\right)\varkappa\,A\,R \qquad (2)$$

(1) in (2) eingesetzt führt zu

$M_b = E\,A\,R\,\varepsilon_{SF}$

oder $\quad E\,\varepsilon_{SF} = \dfrac{M_b}{A\,R}$

Damit lautet die Spannungsformel

$$\sigma(z) = \frac{M_b}{A\,R} - \frac{M_b}{\varkappa\,A\,R}\,\frac{z}{R-z}$$

$$\sigma(z) = \frac{M_b}{A\,R}\left(1 - \frac{1}{\varkappa}\,\frac{z}{R-z}\right)$$

mit $\quad \varkappa = \dfrac{1}{A}\int\limits_A \dfrac{z}{R-z}\,\mathrm{d}A$

Die Spannungsformel zeigt, daß unabhängig von der M_b-Richtung die spannungslose Faser (NF) bei einem festen positiven z-Wert liegt; die Klammer $\left(1 - \dfrac{1}{\varkappa}\,\dfrac{z}{R-z}\right)$ ist dann null.

Neutrale Faserschicht NF:

$\sigma = 0$

$0 = 1 - \dfrac{1}{\varkappa}\,\dfrac{z}{R-z}$

$1 = \dfrac{1}{\varkappa}\,\dfrac{z}{R-z}$

$z = \varkappa(R-z) = \varkappa\,R - \varkappa z$

$\varkappa\,R = z(1+\varkappa)$

$z_0 = \dfrac{\varkappa\,R}{1+\varkappa} > 0\,,$

also dem Krümmungsmittelpunkt zugewandt. Die Lage der neutralen Faser hängt nicht von der Belastung M_b ab; sie hängt ab von der Anfangskrümmung und den Gegebenheiten des Querschnitts.

Bei *Querkraftbiegung* überlagern sich Biegespannungen und Druckspannungen, Bild 2-118 bis Bild 2-120.

$e < R$:

$$\sigma_d = \frac{-F}{A}\,; \quad M_b = Fe\,; \quad e < R$$

$$\sigma(z) = \frac{-F}{A} + \frac{Fe}{RA}\left(1 - \frac{1}{\varkappa}\,\frac{z}{R-z}\right)$$

$\sigma_{SF}(z=0) < 0 \quad$ (Druckspannung)

$e = R$:

$$\sigma(z) = \frac{-F}{A} + \frac{FR}{RA}\left(1 - \frac{1}{\varkappa}\,\frac{z}{R-z}\right)$$

$\sigma_{SF}(z=0) = 0$

$e > R$:

$$\sigma(z) = \frac{-F}{A} + \frac{Fe}{RA}\left(1 - \frac{1}{\varkappa}\,\frac{z}{R-z}\right)$$

$\sigma_{SF}(z=0) > 0 \quad$ (Zugspannung)

Als Beispiel sei gegeben $F = 100$ N, $b = 10$ mm, $h = 20$ mm, $R = 40$ mm. Gesucht sind σ_1 und σ_2 (Bild 2-121 u. 2-122).

$$\varkappa = \frac{1}{A}\int\limits_A \frac{z}{R-z}\,\mathrm{d}A = \frac{1}{A}\int\limits_A \frac{z}{R-z}\,b\,\mathrm{d}z$$

$$\varkappa = \frac{1}{h}\int \frac{z}{R-z}\,\mathrm{d}z$$

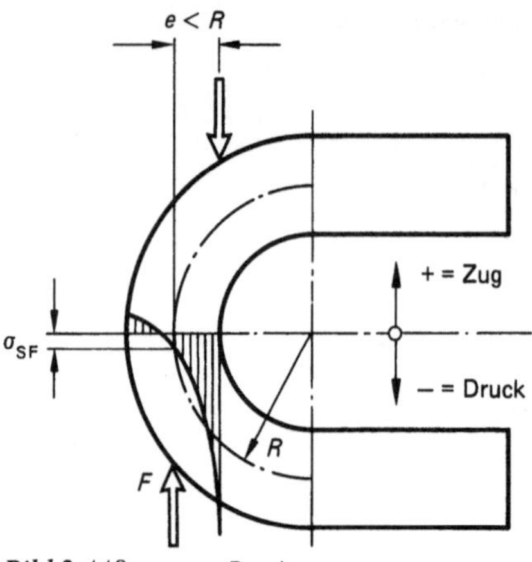

Bild 2-118 σ_{SF} = Druckspannung

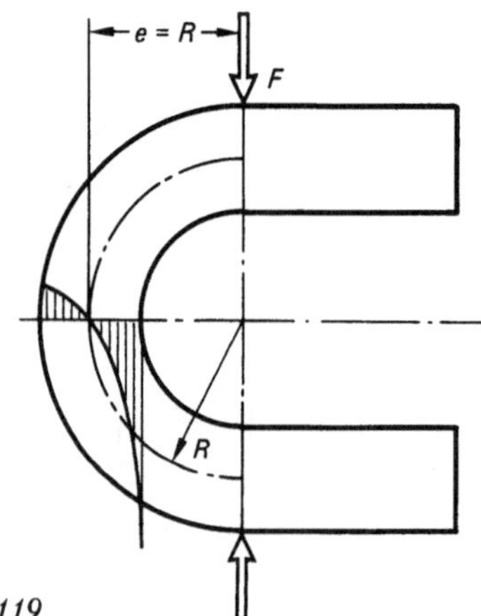

Bild 2-119

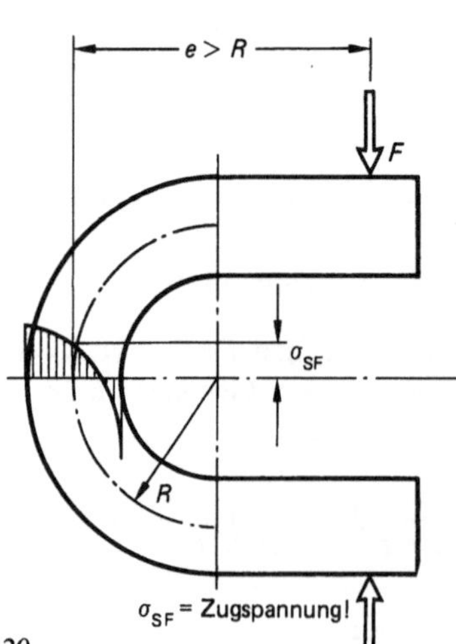

Bild 2-120

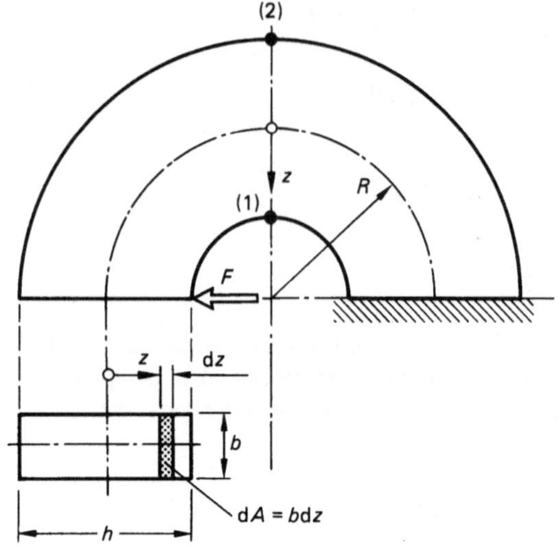

Bild 2-121

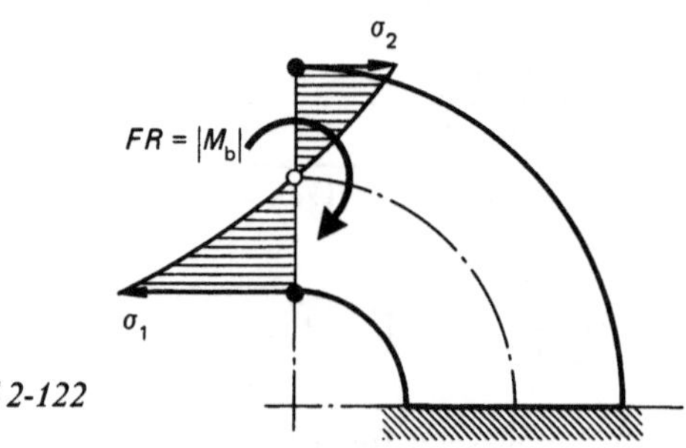

Bild 2-122

Substitution:

$$R - z = p; \quad \frac{\mathrm{d}p}{\mathrm{d}z} = -1; \quad \varkappa = \frac{1}{h} \int \frac{R-p}{p} (-\mathrm{d}p)$$

$$\varkappa h = \int \mathrm{d}p - R \int \frac{\mathrm{d}p}{p} = p - R \ln(p)$$

$$\varkappa h = |R - z|_{-h/2}^{+h/2} - R \, |\ln(R - z)|_{-h/2}^{+h/2}$$

$$\varkappa h = R - \frac{h}{2} - \left(R + \frac{h}{2}\right) - R\left[\ln\left(R - \frac{h}{2}\right) - \ln\left(R + \frac{h}{2}\right)\right]$$

$$\varkappa h = -h - R\left[\ln\left(R - \frac{h}{2}\right) - \ln\left(R + \frac{h}{2}\right)\right]$$

$$\varkappa = -1 - \frac{40}{20}\left[\ln(40 - 10) - \ln(40 + 10)\right]$$

$$\varkappa = -1 - 2[-0,510825623]$$

$$\varkappa = +0,021651246$$

M_b ist negativ, weil die Anfangskrümmung abgeschwächt wird, s. Ableitung.

$$\sigma_1 = \frac{+F}{A} + \frac{FR}{RA}\left(1 - \frac{1}{\varkappa}\frac{z}{R-z}\right)$$

$$= \frac{100\,\text{N}}{200\,\text{mm}^2} + \frac{-100\,\text{N}}{200\,\text{mm}^2}$$

$$\cdot\left(1 - \frac{10\,\text{mm}}{\varkappa(40-10)\,\text{mm}}\right)$$

$$= +7{,}69\,\text{N/mm}^2$$

$$\sigma_2 = \frac{+F}{A} + \frac{FR}{RA}\left(1 - \frac{1}{\varkappa}\frac{z}{R-z}\right)$$

$$= \frac{100\,\text{N}}{200\,\text{mm}^2} + \frac{-100\,\text{N}}{200\,\text{mm}^2}$$

$$\cdot\left(1 - \frac{10\,\text{mm}}{\varkappa(40+10)\,\text{mm}}\right)$$

$$= -4{,}62\,\text{N/mm}^2$$

Neutrale Faserschicht NF:

$$0 = \frac{F}{A} + \frac{-FR}{RA}\left(1 - \frac{1}{\varkappa}\frac{z_0}{R-z_0}\right)\Bigg| \cdot \frac{A}{F}$$

$$0 = 1 - \left(1 - \frac{1}{\varkappa}\frac{z_0}{R-z_0}\right) = \frac{1}{\varkappa}\frac{z_0}{R-z_0}$$

$$\Rightarrow z_0 = 0$$

d.h. NF $\equiv$ SF, wegen Überlagerung mit der Zugspannung F/A.

Übung 2-16

Ein halbkreisförmiger Balken mit trapezförmigem Querschnitt ist einseitig fest eingespannt und wird durch die Kraft $F = 800\,\text{N}$ wie in Bild 2-123 skizziert belastet. Es sind die Spannungen in den Punkten 1 und 2 des Einspannquerschnitts zu berechnen.

Lösung:

Den graphischen Ansatz zur Lösung zeigt Bild 2-124.

$$b(z) = b + 2(22{,}2 - z)\tan(\alpha)$$
$$\tan(\alpha) = \frac{1}{4}$$

$$b(z) = 20\,\text{mm} + 11{,}1\,\text{mm} - 2\frac{1}{4}z = 64{,}4 - \frac{1}{2}z$$

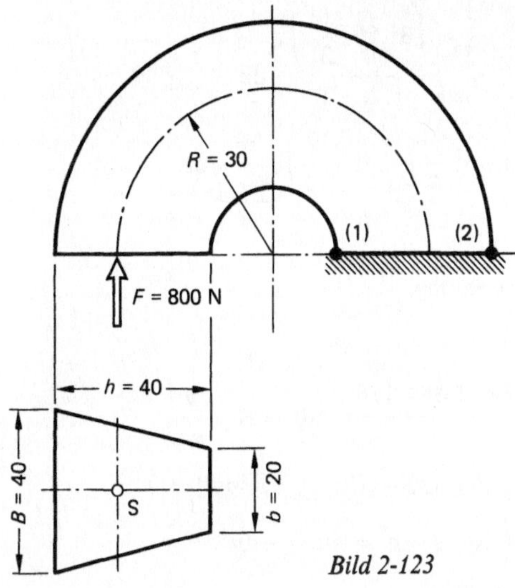

Bild 2-123

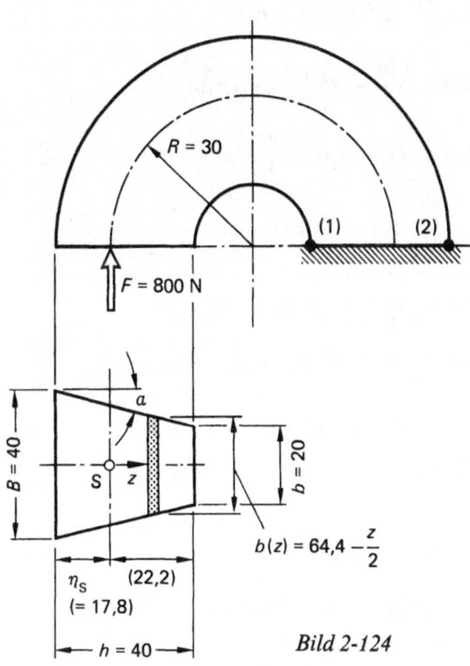

Bild 2-124

$$\eta_s = \frac{h}{3}\frac{B+2b}{B+b} = \frac{40(40+40)}{3(40+20)} \cong 17{,}8\,\text{mm}$$

$$A\varkappa = \int \frac{\mathrm{d}A\,z}{R-z}$$

mit $\mathrm{d}A = b(z)\,\mathrm{d}z$

$$\mathrm{d}A = \mathrm{d}z\left(31{,}1 - \frac{1}{2}z\right)$$

$$A\varkappa = \int\limits_{z=-17,8}^{z=+22,2} \frac{\left(31,1 - \dfrac{1}{2}z\right)z}{R-z}\,\mathrm{d}z$$

$$A\varkappa = 31,1 \int \underbrace{\frac{z}{R-z}}_{\text{I}}\,\mathrm{d}z - \frac{1}{2} \int \underbrace{\frac{z^2}{R-z}}_{\text{II}}\,\mathrm{d}z$$

Nebenrechnung:

$$\int \text{I} \quad \text{mit}\quad R-z=p \;\Rightarrow\; \mathrm{d}z = -\mathrm{d}p$$

$$\int \text{I} = \int \frac{(R-p)(-\mathrm{d}p)}{p} = \int \mathrm{d}p - R\int \frac{\mathrm{d}p}{p}$$

$$\int \text{I} = p - R\ln(p) = (R-z) - R\ln(R-z)$$

$$\int \text{II} \quad \text{mit}\quad R-z=p \;\Rightarrow\; \mathrm{d}z = -\mathrm{d}p$$

$$z^2 = (R-p)^2$$

$$\int \text{II} = \int \frac{-\mathrm{d}p}{p}(R^2 - 2Rp + p^2)$$

$$= 2R\int \frac{p\,\mathrm{d}p}{p} - R^2 \int \frac{\mathrm{d}p}{p} - \int p\,\mathrm{d}p$$

$$= 2Rp - R^2\ln(p) - \frac{p^2}{2}$$

$$\int \text{II} = 2R(R-z) - R^2\ln(R-z) - \frac{(R-z)^2}{2}$$

$$A\varkappa = 31,1\,|(R-z) - R\ln(R-z)|_{z=-17,8}^{z=+22,2}$$

$$-\frac{1}{2}\left|2R(R-z) - R^2\ln(R-z) - \frac{1}{2}(R-z)^2\right|_{z=-17,8}^{z=+22,2}$$

$$A\varkappa = 31,1\,(-53,823712 - (-68,210769))$$

$$-\frac{1}{2}(-1411,131361 - (-1754,743076))$$

$$A = \frac{40}{2}(40 + 20)\,\text{mm}^2$$

$$A\varkappa = 275,6316 \qquad A = 1200\,\text{mm}^2$$

$$\varkappa \cong 0,2297$$

$$\sigma_1 = \frac{+F}{A} + \frac{-F\,2R}{R\,A}\left(1 - \frac{1}{\varkappa}\frac{z}{R-z}\right)$$

$$= \frac{F}{A} - \frac{2F}{A}\left(1 - \frac{1}{\varkappa}\frac{z}{R-z}\right)\Bigg|_{z=22,2}$$

$$= \frac{800}{1200} - \frac{2\cdot 800}{1200}\left(1 - \frac{22,2}{\varkappa(30 - 22,2)}\right)$$

$$= 0,\overline{6} - 1,\overline{3}\,(1 - 12,391)$$

$$\sigma_1 = +15,85\,\text{N/mm}^2 \quad \text{Zugspannung}$$

$$\sigma_2 = \frac{+F}{A} + \frac{-F\,2R}{R\,A}\left(1 - \frac{1}{\varkappa}\frac{z}{R-z}\right)$$

$$= \frac{F}{A} - \frac{2F}{A}\left(1 - \frac{1}{\varkappa}\frac{z}{R-z}\right)\Bigg|_{z=-17,8}$$

$$= \frac{800}{1200} - \frac{2\cdot 800}{1200}\left(1 - \frac{-17,8}{\varkappa(30 - (-17,8))}\right)$$

$$= 0,\overline{6} - 1,\overline{3}\,(1 - (-1,6212))$$

$$\sigma_2 = -2,83\,\text{N/mm}^2 \quad \text{Druckspannung}$$

2.3.5. Momentenausgleichsverfahren für statisch unbestimmte Biegeprobleme

Das Crosssche Momentenausgleichsverfahren zur Bestimmung der Auflagerreaktionen an statisch unbestimmten Biegebalken ist ein Näherungsverfahren. Es liefert iterativ schnell die exakte Lösung (Iterationsverfahren). Nach den ersten Übungen mit diesem Verfahren wird deutlich, welch einen Mehraufwand die Anwendung anderer Verfahren, etwa die Integration der Differentialgleichung der Elastischen Linie der einzelnen Balkenabschnitte, erforderlich machen würde.

Ziel des Verfahrens ist es, die Biegemomente im Balken an den „überzähligen" Lagern zu ermitteln. Dabei sind die Lager an den Balkenenden, gleich ob Gelenk oder Einspannung, die „notwendigen" Lager; alle dazwischen liegenden Lager sind im Sinne des Verfahrens überzählig.

Der Biegemomentenverlauf, wie er sich unter der gegebenen Belastung darstellt, ist unbekannt, also auch die Biegemomente an den überzähligen Lagern M_B und M_C in Bild 2-125.

Sind nach beendetem Momentenausgleichsverfahren die Momente an den Lagerstellen bekannt, so können die Auflagerkräfte aus den

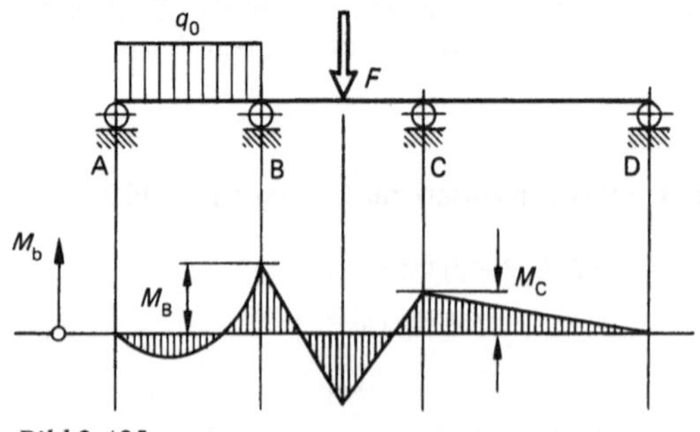

Bild 2-125

Gleichgewichtsbedingungen der Statik bestimmt werden, indem man die Momentengleichgewichtsbedingung für Teilbalkenstücke ansetzt.

Das Momentenausgleichsverfahren sieht vor, daß zunächst alle überzähligen Lager wie beidseitige Einspannstellen (quasi Schraubzwingen) die angrenzenden Balkenstücke so festhalten, daß die Momente links und rechts dieser beidseitigen Einspannungen sich voneinander unbeeinflußt ausbilden können, sobald die äußeren Lasten aufgebracht werden. Ein „Informationsfluß" durch eine so gespannte Schraubzwinge ist nicht möglich. Schließen wir in unserem vorgestellten Beispiel die Schraubzwingen bei B und C (A und D sind die notwendigen Lager) und legen die Lasten auf. Die Balkenverformungen und somit die Momentenverläufe stellen sich in den einzelnen Abschnitten unabhängig voneinander ein, Bild 2-126.

Nach Auflegen der äußeren Lasten ergibt sich die M_b-Verteilung im Balken qualitativ gemäß Bild 2-127.

M_BA = Anfangsmoment links von B (A-Seite),
M_BC = Anfangsmoment rechts von B (C-Seite).

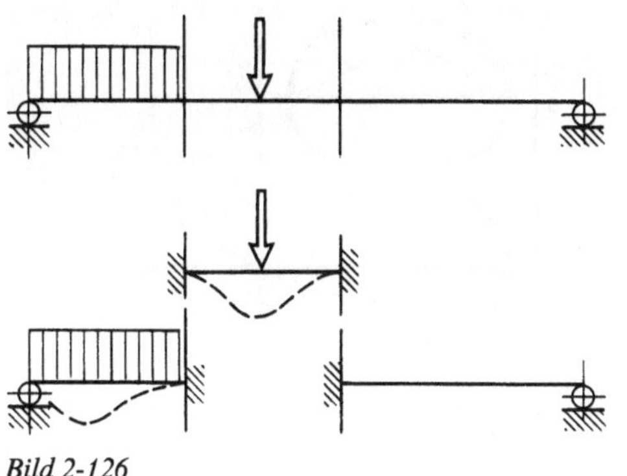

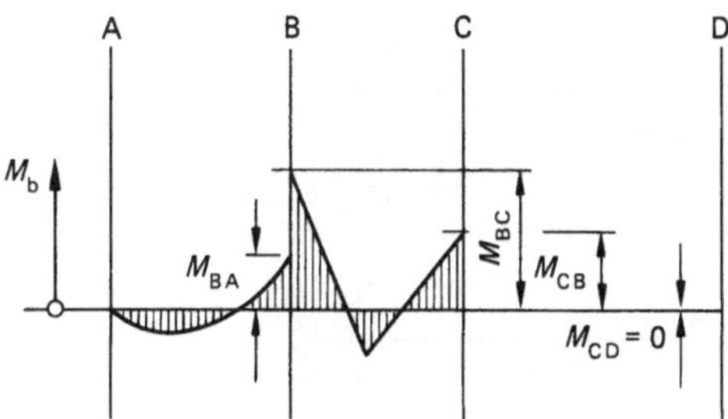

Bild 2-126

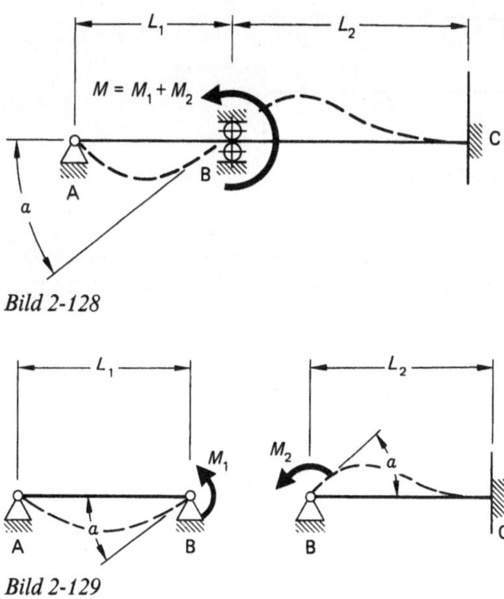

Bild 2-127

Nach dem Auflegen der äußeren Lasten – die Schraubzwingen sind geschlossen – ergeben sich Momentendifferenzen an diesen Schraubzwingen:

$$\Delta M_\mathrm{B} = M_\mathrm{BC} - M_\mathrm{BA}$$
$$\Delta M_\mathrm{C} = M_\mathrm{CB} - 0 = M_\mathrm{CB}$$

Wird eine Schraubzwinge geöffnet, so findet ein Momentenausgleich statt. Das zuvor größere Moment wird kleiner, das kleinere wird größer werden. Im folgenden wird gezeigt, in welchem Verhältnis die Momentendifferenz aufgeteilt wird, welches Moment sich also bei geöffneter Schraubzwinge einstellt. Wir wollen das grundsätzliche Problem lösen, welche Anteile von M im folgenden Belastungsfall zur Verformung des linken Teilbalkens (M_1) und zur Verformung des rechten Teilbalkens (M_2) aufgewendet werden, Bild 2-128 u. 2-129.

Bild 2-128

Bild 2-129

Mit Hilfe der Differentialgleichung der Biegelinie findet man:

$$|\alpha| = \frac{M_1 L_1}{3 E I_\mathrm{a}},$$

$$|\alpha| = \frac{M_2 L_2}{4 E I_\mathrm{a}}.$$

($E I_\mathrm{a}$) ist die Biegesteifigkeit, in diesem Fall für beide Teilbalken als konstant angenommen.

Verhältnis der Teilmomente, die den gleichen Neigungswinkel α hervorrufen:

$$\frac{M_1}{M_2} = \frac{\dfrac{E I_a}{L_1}}{\dfrac{4 E I_a}{3 L_2}} = \frac{S_1}{S_2}$$

S ist die Steifigkeit der Balkenabschnitte.

Beim Momentenausgleich wird die Momentendifferenz im Verhältnis der Steifigkeit der angrenzenden Teilbalken verteilt. Die Steifigkeiten werden deshalb gemäß Bild 2-130 definiert.

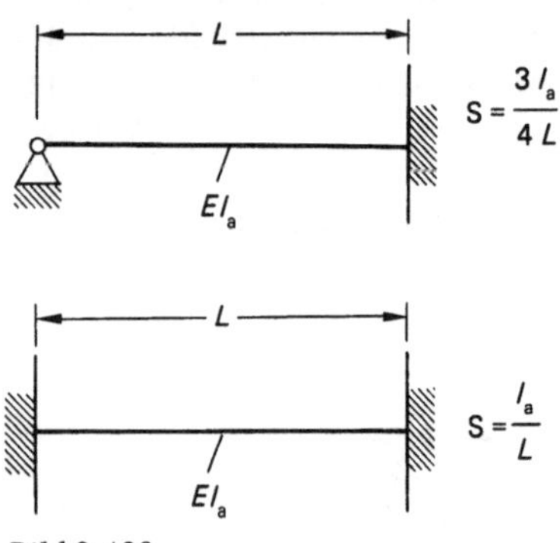

Bild 2-130

Beim Momentenausgleich an der Schraubzwinge B sinkt das Moment M_{BC} im vorgenannten Beispiel um den Betrag

$$\frac{\Delta M_B}{S_{AB} + S_{BC}} \, S_{BC} \, .$$

Das Moment M_{BA} nimmt um

$$\frac{\Delta M_B}{S_{AB} + S_{BC}} \, S_{AB}$$

zu. Bei jedem Momentenausgleich ändert sich auch das Moment an der Nachbareinspannstelle (Schraubzwinge oder wirkliche Einspannstelle am Balkenende), und zwar um den halben Betrag, Bild 2-131.

Verringert sich das Moment bei B um einen bestimmten Betrag, so ist der Betrag in der Nachbareinspannung genau halb so groß.

Vorzeichenregel für Momente: Momente sind positiv, wenn an der Balkenoberseite Zugspannungen vorliegen, Bild 2-132.

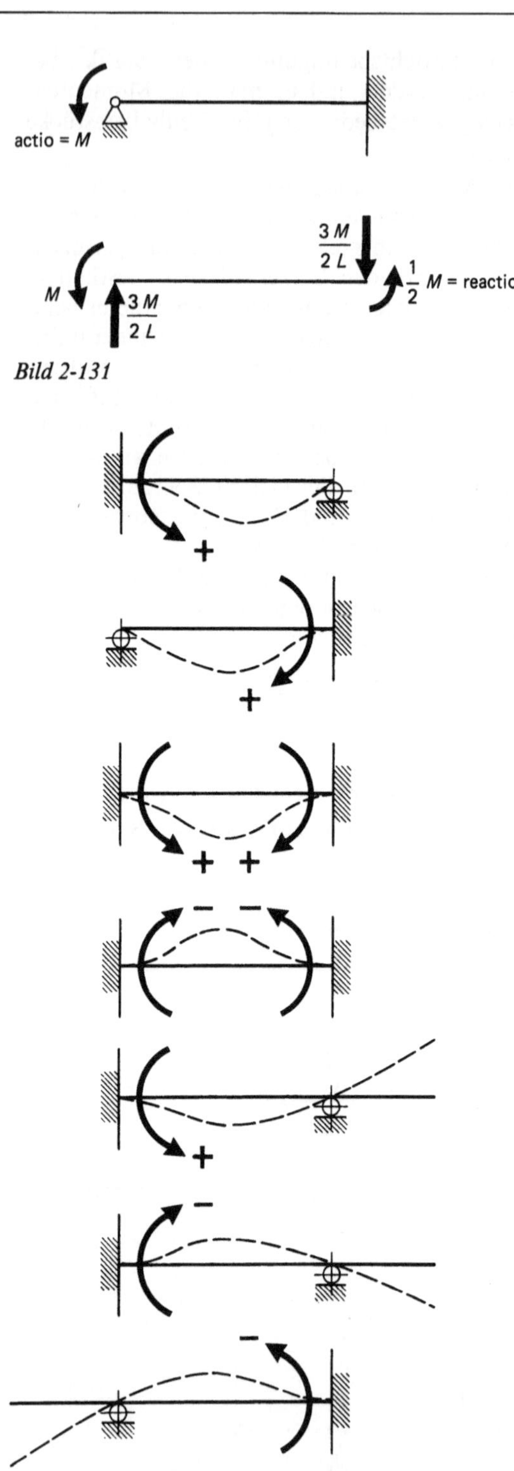

Bild 2-131

Bild 2-132

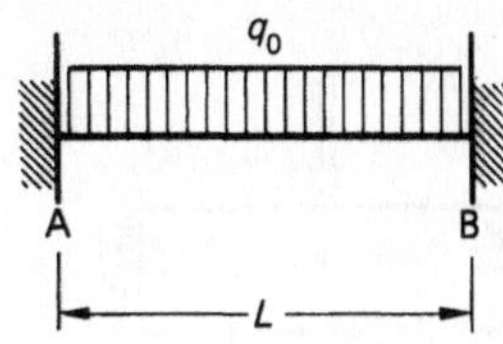

$$M_A = M_B = \frac{q_0 L^2}{12}$$

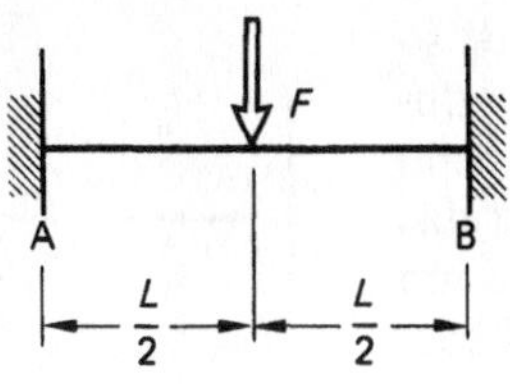

$$M_A = M_B = \frac{FL}{8}$$

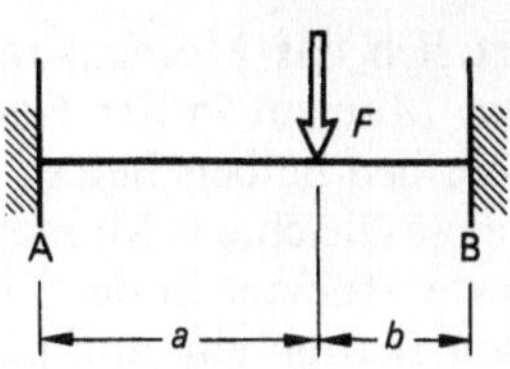

$$M_A = \frac{Fab^2}{(a+b)^2}$$

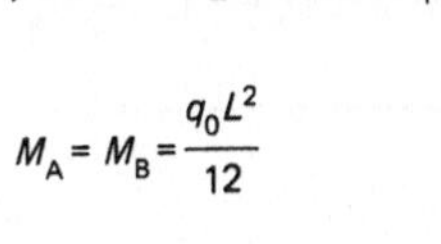

$$M_A = \frac{q_0 L^2}{8}$$

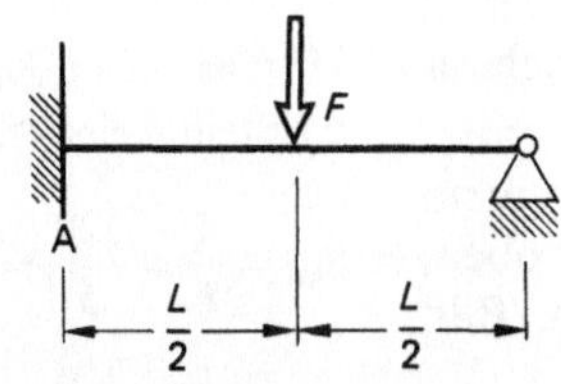

$$M_A = \frac{3}{16} FL$$

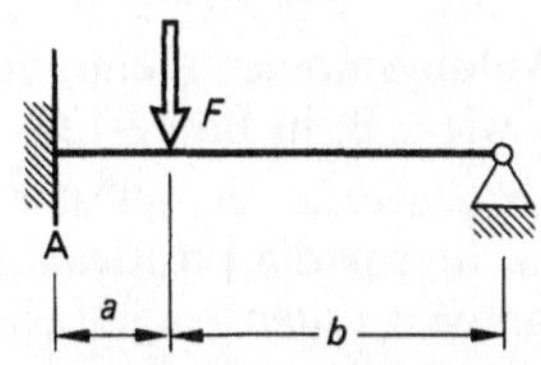

$$M_A = \frac{Fab}{a+b}\left(1 - \frac{a}{2(a+b)}\right)$$

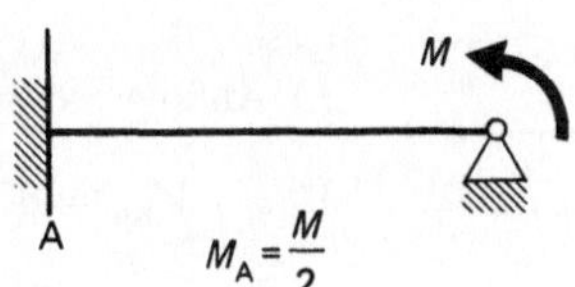

$$M_A = \frac{M}{2}$$

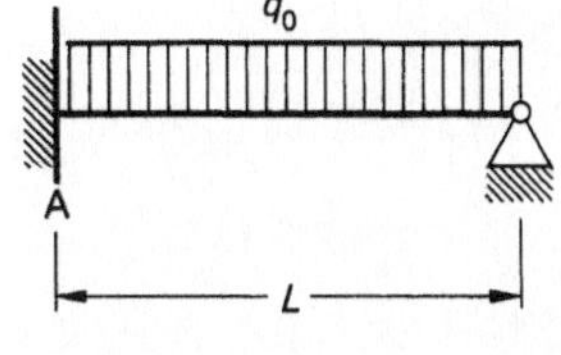

$$M_A = \frac{q_0 bL}{12}\left[4\left(\frac{b}{L}\right)^2 - 3\left(\frac{b}{L}\right)^3\right]$$

$$M_B = \frac{q_0 bL}{12}\left[6\left(\frac{b}{L}\right) - 8\left(\frac{b}{L}\right)^2 + 3\left(\frac{b}{L}\right)^3\right]$$

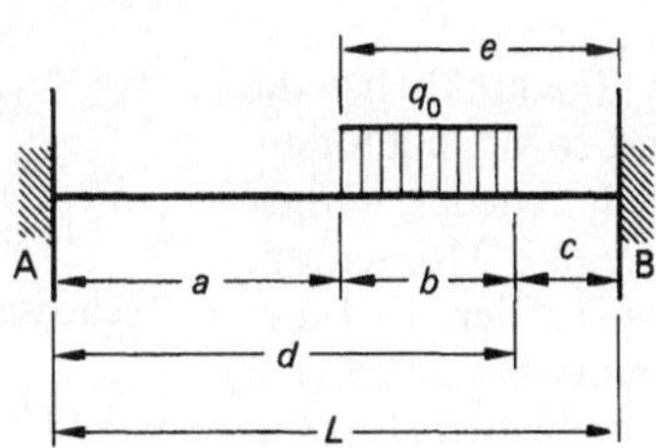

$$M_A = \frac{q_0}{L^2}\left[\frac{L}{3}(e^3 - c^3) - \frac{1}{4}(e^4 - c^4)\right]$$

$$M_B = \frac{q_0}{L^2}\left[\frac{L}{3}(d^3 - a^3) - \frac{1}{4}(d^4 - a^4)\right]$$

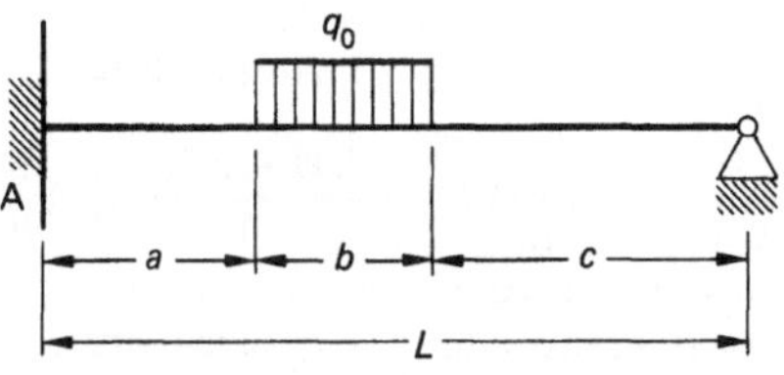

$$M_A = \frac{q_0 b}{8}\left[2 - 2\left(\frac{c}{L}\right)^2 - \left(\frac{b}{L}\right)^2 - \frac{2bc}{L^2}\right](2c + b)$$

Bild 2-133

Verringert sich das Moment rechts von B, so nimmt das Moment in der Nachbareinspannstelle C um den halben Betrag zu. Steigt beim Momentenausgleich ein Moment, so sinkt das benachbarte Moment in der Einspannung um den halben Betrag; ein Einfluß auf Nachbargelenke kann nicht vorliegen, da Gelenke keine Momente aufnehmen können.

Die anfänglichen Biegemomente im Balken nach Auflegen der Lasten (Aktionskräfte usw.) erfolgt bei festgespannten Schraubzwingen; diese Anfangsmomente entnimmt man Schaubildern wie z. B. in Bild 2-133.

Das Rechenverfahren selbst erfolgt in einem Schema, in das die positiven Momente oben, die negativen unten eingetragen werden, Bild 2-134.

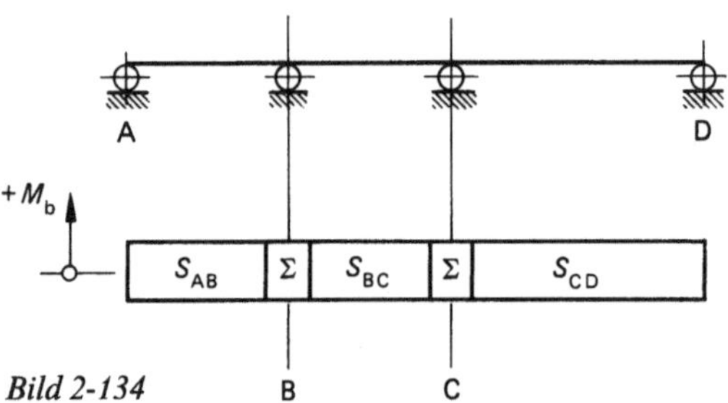

Bild 2-134

Abwechselnd werden nun (gedanklich) die Schraubzwingen geöffnet und sofort nach dem erfolgten Momentenausgleich wieder eingespannt, so daß der gerade erzielte Momentenausgleich „eingefroren" wird. Leider wird dieser Ausgleich durch Öffnen einer benachbarten Schraubzwinge sogleich wieder gestört (Einfluß um den halben Änderungsbetrag!), doch gehen im Verlauf des Verfahrens die Momentendifferenzen schnell gegen null, so daß die Momente an den überzähligen Lagern (Schraubzwingenstellen) gefunden sind und statische Gleichgewichtsüberlegungen die Auflagerreaktionen am Balken liefern.

Übung 2-17

Der einseitig eingespannte und zudem an drei weiteren Lagern abgestützte Balken von konstanter Biegesteifigkeit wird wie in Bild 2-135 skizziert belastet. Mit Hilfe des Momentenausgleichsverfahrens sind die Biegemomente im Balken an den Stellen B und C zu ermitteln und anschließend die Auflagerreaktionen in den vier Lagern zu bestimmen.

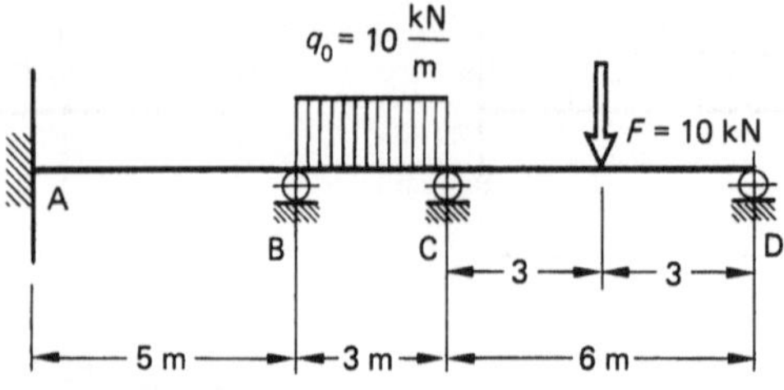

Bild 2-135

Lösung:

1.) Steifigkeitsverhältnisse:

$$S_{AB} = \frac{I_a}{L} = \frac{120}{5} = 24$$

$$S_{BC} = \frac{I_a}{L} = \frac{120}{3} = 40$$

$$S_{CD} = \frac{3 I_a}{4 L} = \frac{3 \cdot 120}{4 \cdot 6} = 15$$

2.) Anfangsmomente:

$$M_{AB} = M_{BA} = 0$$

$$M_{BC} = M_{CB} = \frac{q_0 L^2}{12} = \frac{10\,\text{kN/m} \cdot (3\,\text{m})^2}{12} = +7{,}5\,\text{kNm}$$

$$M_{CD} = \frac{3}{16} F L = \frac{3}{16} \cdot 10\,\text{kN} \cdot 6\,\text{m} = +11{,}25\,\text{kNm}$$

3.) Momentenausgleich:

Rechenschema vor dem 1. Ausgleich, Bild 2-136.

1. Ausgleich bei B, Bild 2-137.

$$\frac{7{,}50 - 0}{64} \begin{cases} \cdot 24 = 2{,}81 \\ \cdot 40 = 4{,}69 \end{cases}$$

2. Ausgleich bei C, Bild 2-138.

$$\frac{11{,}25 - 9{,}84}{55} \begin{cases} \cdot 40 = 1{,}03 \\ \cdot 15 = 0{,}38 \end{cases}$$

3. Ausgleich bei B, Bild 2-139.

$$\frac{2{,}81 - 2{,}30}{64} \begin{cases} \cdot 24 = 0{,}19 \\ \cdot 40 = 0{,}32 \end{cases}$$

4. Ausgleich bei C, Bild 2-140.

$$\frac{10{,}87 - 10{,}71}{55} \begin{cases} \cdot 40 = 0{,}12 \\ \cdot 15 = 0{,}04 \end{cases}$$

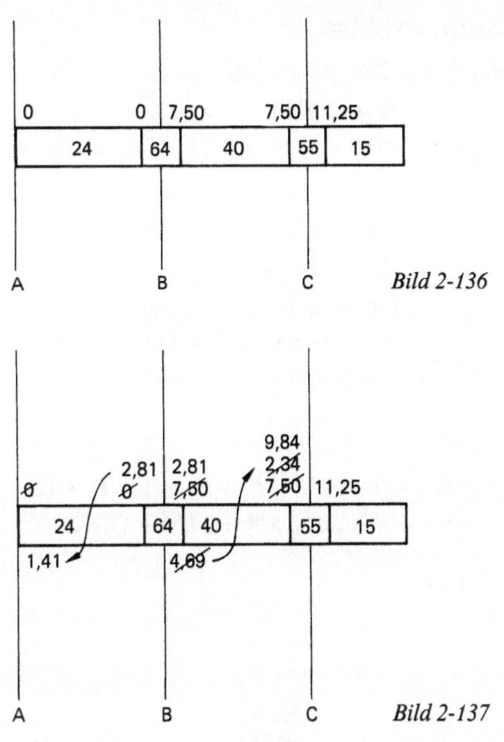

Bild 2-136

Bild 2-137

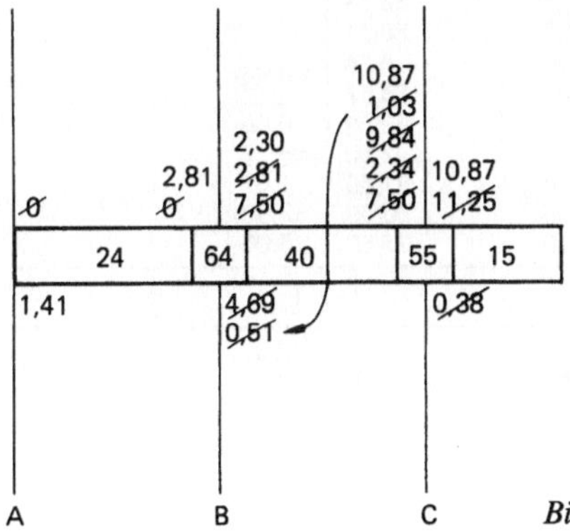

Bild 2-138

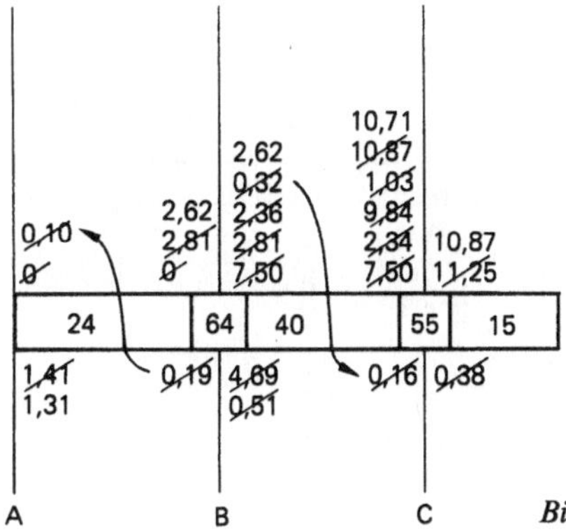

Bild 2-139

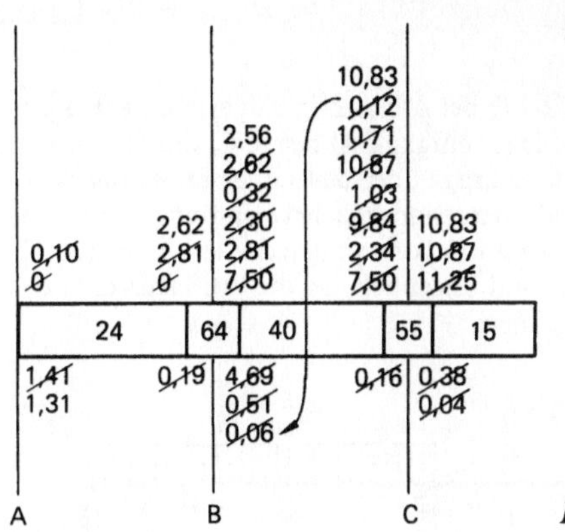

Bild 2-140

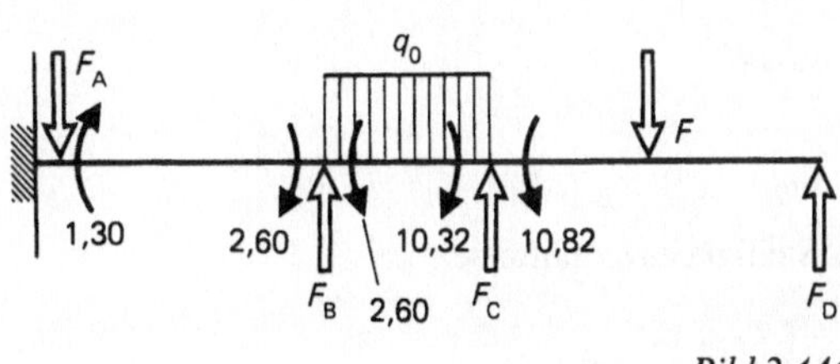

Bild 2-141

Nach wiederholtem Momentenausgleich streben die Momente in A, B und C der Lösung zu:

$$M_A = -1,30 \text{ kNm}$$
$$M_B = +2,60 \text{ kNm}$$
$$M_C = +10,82 \text{ kNm}$$

4.) Statik, Bild 2-141.

$$\sum M_{BA} = 0 = F_A\,5 - 1,3 - 2,6$$
$$\quad\hookrightarrow\; F_A = 0,78 \text{ kN} \downarrow$$

$$\sum M_{CB} = 0 = 0,78 \cdot 8 + 10 \cdot \frac{3^2}{2} - 1,3 - 10,82 - F_B\,3$$
$$\quad\hookrightarrow\; F_B = 13,04 \text{ kN} \uparrow$$

$$\sum M_{CD} = 0 = F_D\,6 + 10,82 - 10 \cdot 3$$
$$\quad\hookrightarrow\; F_D = 3,20 \text{ kN} \uparrow$$

$$\sum M_{BC} = 0 = 3,2 \cdot 9 + F_C\,3 - 10 \cdot 6 - 10 \cdot \frac{3^2}{2} + 2,6$$
$$\quad\hookrightarrow\; F_C = 24,53 \text{ kN} \uparrow$$

5.) Probe

$$\sum F = 0$$
$$0 = -10\,\frac{\text{kN}}{\text{m}} \cdot 3\,\text{m} - 10\,\text{kN} - F_A + F_B + F_C + F_D$$
$$0 = -30 - 10 - 0,78 + 13,04 + 3,20 + 24,53$$
$$0 \approx 0,01 \quad \text{(Rundungsfehler)}$$

Übung 2-18

Der in Bild 2-142 bei A einseitig eingespannte Träger konstanter Biegesteifigkeit ist bei B, C und D zusätzlich gelagert; er kragt über das Lager D hinaus. Mit Hilfe des Momentenausgleichsverfahrens sind die Biegemomente im Balken an den Stellen A, B und C zu ermitteln und anschließend die Auflagerreaktionen zu berechnen.

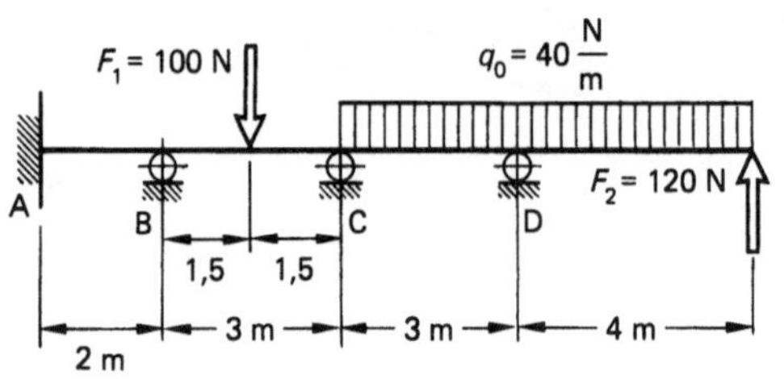

Bild 2-142

Lösung:

1.) Steifigkeitsverhältnisse:

$$S_{AB} = \frac{I_a}{L} = \frac{12}{2} = 6$$

$$S_{BC} = \frac{I_a}{L} = \frac{12}{3} = 4$$

$$S_{CD} = \frac{3\,I_a}{4L} = \frac{3 \cdot 12}{4 \cdot 3} = 3$$

2.) Anfangsmomente:

$$M_{AB} = M_{BA} = 0$$

$$M_{BC} = M_{CB} = \frac{FL}{8} = \frac{100 \cdot 3}{8} = +37,5\,\text{Nm}$$

$$M_{CD} = + \frac{40\,\text{N/m} \cdot (3\,\text{m})^2}{8} + \frac{1}{2} \cdot 120\,\text{N} \cdot 4\,\text{m}$$

$$- \frac{1}{2} \cdot \frac{40\,\text{N/m} \cdot (4\,\text{m})^2}{2}$$

$$M_{CD} = +125\,\text{Nm}$$

3.) Momentenausgleich:

Hier:
1. Ausgleich bei C, Bild 2-143.
   (Empfehlung: 1. Ausgleich an der Stelle der größten Momentendifferenz)

Momente nach Ausgleich:

$$M_A = -3,97\,\text{Nm}$$
$$M_B = +7,95\,\text{Nm}$$
$$M_C = +88,63\,\text{Nm}$$

4.) Statik, Bild 2-144.

$$\sum M_{BA} = 0 = F_A \cdot 2 - 3,97 - 7,95$$
$$\hookrightarrow F_A = 5,96\,\text{N} \downarrow$$

$$\sum M_{CB} = 0 = 5,96 \cdot 5 + 100 \cdot 1,5 - F_B \cdot 3 - 3,97 - 88,63$$
$$\hookrightarrow F_B = 29,0\overline{6}\,\text{N} \uparrow$$

$$\sum M_{CD} = 0 = 120 \cdot 7 + F_D \cdot 3 - 40 \cdot 7 \cdot 3,5 + 88,63$$
$$\hookrightarrow F_D = 17,12\overline{3}\,\text{N} \uparrow$$

$$\sum M_{BC} = 0 = 120 \cdot 10 + 17,12\overline{3} \cdot 6 - 100 \cdot 1,5$$
$$- 40 \cdot 7 \cdot 6,5 + F_C \cdot 3 + 7,95$$
$$\hookrightarrow F_C = 219,77\,\text{N} \uparrow$$

5.) Probe:

$$\sum F = 0 = -100 - 40 \cdot 7 - F_A + F_B + F_C + F_D + 120$$
$$0 = -100 - 280 - 5,96 + 29,0\overline{6} + 17,12\overline{3}$$
$$+ 219,77 + 120$$
$$0 = 0$$

Momentenausgleich (Bild 2-143) — die eingerahmten Werte sind die Endmomente:

A	B (links)	B (rechts)	C (links)	C/D (rechts)
			88,63	
			88,64	
		7,95	0,01	
		7,97	88,63	
		0,04	88,71	
		7,93	0,14	
	7,95	8,21	88,57	**88,63**
	0,02	0,71	90,00	0,06
	7,93	7,50	2,50	88,57
	0,43	12,50	87,50	1,07
	7,50	37,50	50,00	87,50
0	0	0	37,50	125,00

6	10	4	7	3

A–B (6)	B (10)	C (4)	(7)
3,75	25,00	1,43	37,50
0,21	5,00	0,08	
3,96	0,28	0,01	
0,01	0,02		
3,97			

Bild 2-143

Bild 2-144

2.4. Schubspannungen bei Querkraftbiegung

Querkräfte am Balken rufen Biegemomente im Balken hervor und damit Biegespannungen. Die in Balkenschnitten übertragene Querkraft ruft hier Schubspannungen hervor. Die Summe aller Produkte aus Querschnittsflächenteilchen und Schubspannung in diesem Flächenstück, summiert über die gesamte Querschnittsfläche, ist gleich der zu übertragenden Querkraft, Bild 2-145.

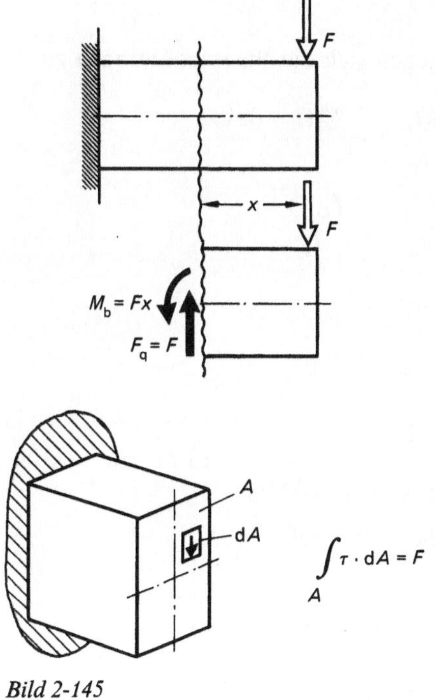

Bild 2-145

Während sich die Biegespannungen linear über die Querschnittshöhe verteilen, stellt sich die Frage, wie sich die Abscherspannungen τ_a im Querschnitt verteilen. Die Rechnung

$$\tau_{a_m} = \frac{F}{A}$$

liefert einen Mittelwert. Es gibt, wie wir im folgenden sehen werden, Querschnittsbereiche, in denen die Schubspannung größer ist als dieser Mittelwert, und es gibt Flächenbereiche, in denen die Schubspannung kleiner ist als der Mittelwert.

Es wird an den Satz von den „zugeordneten Schubspannungen" erinnert. Danach wirken in senkrecht zueinander gerichteten Schnitten gleich große Tangentialspannungen:

$$\tau_{xy} = \tau_{yx}; \quad \tau_{xz} = \tau_{zx}; \quad \tau_{yz} = \tau_{zy}.$$

Diskutieren wir mit Hilfe dieses Satzes die Schubspannungen eines im Schnitt liegenden Elementarwürfels vom Volumen dV in der oberen und unteren Randfaser, Bild 2-146.

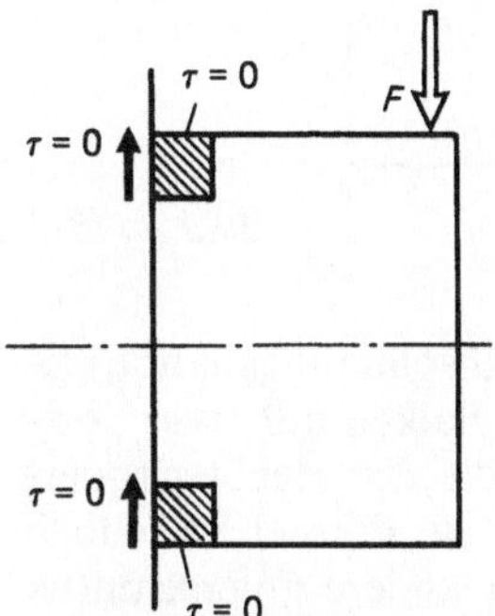

Bild 2-146

Da in der Oberfläche des Balkens keine Schubspannungen wirken können, müssen die zugeordneten Schubspannungen im Querschnitt ebenfalls null sein. Am oberen Rand und am unteren Rand des Querschnitts sind die Schubspannungen also null. Mithin verteilen sich die Schubspannungen qualitativ gemäß Bild 2-147.

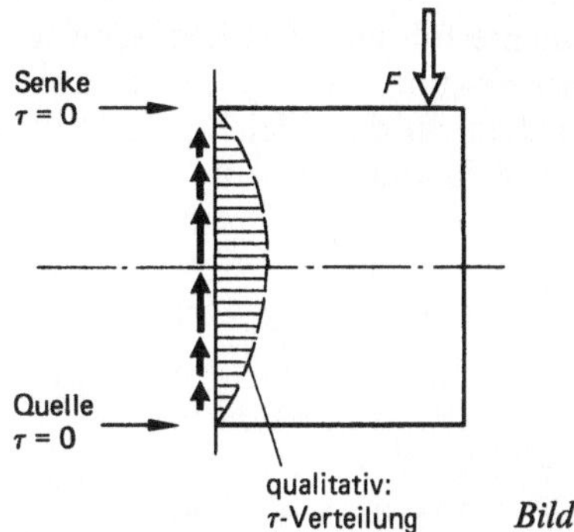

Bild 2-147

Der Schubfluß entspringt in einer Quelle, hier sind die Schubspannungen noch null; er fließt in eine Senke, auch dort sind die Schubspannungen null.

Der Satz von den „zugeordneten Schubspannungen" zeigt auch, daß die Tangentialspannungen auf Höhe einer beliebigen Faserschicht gleich sind den Tangentialspannungen des Längsschnitts; die Schubspannungen in einem Längsschnitt durch den Balken sind gleich den Schubspannungen an dieser Stelle des Balkenquerschnitts, Bild 2-148.

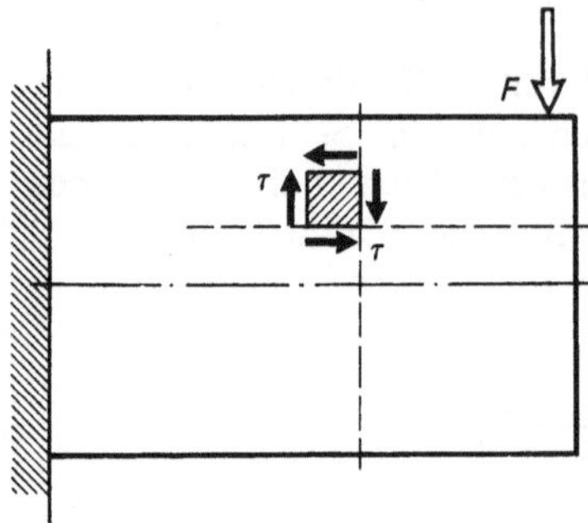

Bild 2-148

Die Ableitung der Schubspannungshauptgleichung erfolgt an einem Balken auf zwei Stützen; der Querschnitt soll ein Rechteckquerschnitt sein, die abgeleitete Formel ist jedoch allgemeingültig auch für andere Querschnittsformen. Wir betrachten in Bild 2-149 zwei benachbarte Querschnitte, L (linker Schnitt) und R (rechter Schnitt). Die Querkraft in diesen Schnitten ist F_Q.

Die die Schnitte L und R belastenden Biegemomente sind

$$M_L = F_Q(z + dz),$$
$$M_R = F_Q z.$$

Diese Biegemomente führen im linken Schnitt zu größeren Biegespannungen als im rechten Schnitt. Untersuchen wir das Gleichgewicht in z-Richtung für das Volumenelement

$$dV = b\, dz\left(\frac{h}{2} - a\right)$$

Die nach links gerichteten Kräfte der Biegespannungen im linken Schnitt sind größer als die nach rechts gerichteten Kräfte der Biegespannungen im rechten Schnitt. Gleichgewicht in z-Richtung kann nur vorliegen, wenn in der Längsschnittfläche dieses Volumenelements nach rechts gerichtete Schubspannungen fließen:

$$\sum F_z = 0$$

$$0 = \int_{y=-\frac{h}{2}}^{y=-a} \sigma_L(y)\, b\, dA - \tau(y)\, b\, dz$$

$$- \int_{y=-\frac{h}{2}}^{y=-a} \sigma_R(y)\, b\, dA$$

Darin ergeben sich die Biegespannungen zu

$$\sigma_L(y) = \frac{M_L}{I_x} y = \frac{F_Q(z + dz)\, y}{I_x}$$

$$\sigma_R(y) = \frac{M_R}{I_x} y = \frac{F_Q z\, y}{I_x}$$

Daraus folgt

$$0 = \int_{y=-\frac{h}{2}}^{y=-a} \frac{F_Q\, y\, dA}{I_x} - \tau(y)\, b\, dz$$

Die Umstellung nach $\tau(y)$ führt zur Schubspannungshauptgleichung

$$\tau(y) = \int \frac{F_Q\, y\, dA}{I_x\, b} = \frac{F_Q}{I_x\, b} \int_{y=-\frac{h}{2}}^{y=-a} y\, dA$$

Darin ist das Integral

$$S = \int_{A_R} y\, dA$$

das statische Flächenmoment der sog. Restfläche; Restfläche ist jener Teil der Gesamtquer-

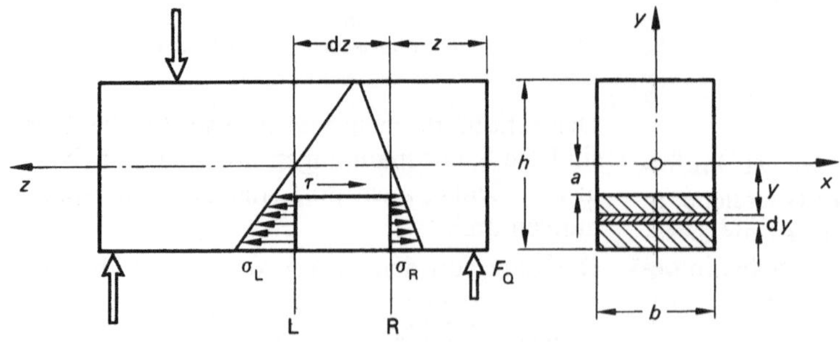

Bild 2-149

schnittsfläche, der diesseits oder jenseits der Faserschicht liegt, für die die Schubspannung berechnet wird. Die statischen Momente bezogen auf die Schwerpunktachse (Biegeachse) sind gleich groß, Bild 2-150.

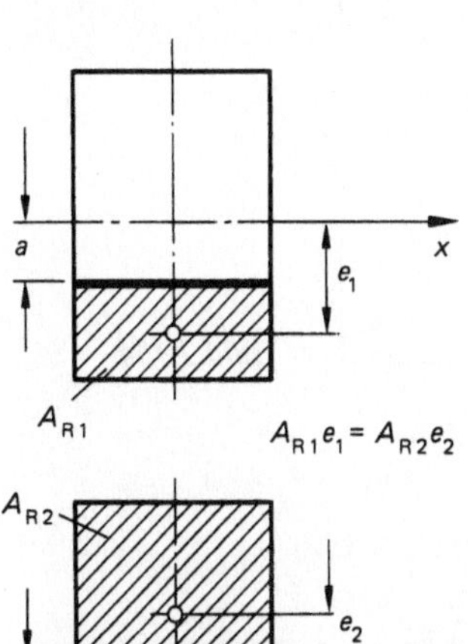

Bild 2-150

$$\tau(y) = \frac{6 F_Q}{b\,h^3}\left(\frac{h^2}{4} - y^2\right) \;\rightarrow\; \text{quadr. Parabel}$$

Randfasern:

$$y = +\frac{h}{2} \quad \text{und} \quad y = -\frac{h}{2}$$

$$\tau\left(y = \pm\frac{h}{2}\right) = 0$$

τ_{max} aus $\dfrac{\mathrm{d}}{\mathrm{d}y}\,\tau(y) = 0$: Extremalproblem

$$0 = \frac{6 F_Q}{b\,h^3}\,(0 - 2y)$$

d.h. τ_{max} auf Höhe der Schwerpunktfaser ($y = 0$).
Es folgt

$$\tau_{max} = \tau(y=0) = \frac{3 F_Q}{2\,b\,h} = \frac{3}{2}\,\frac{F_Q}{A} = \frac{3}{2}\,\tau_{mittel}$$

Damit lautet die Schubspannungshauptgleichung

$$\tau(y) = \frac{F_Q\,S}{I_a\,b}$$

F_Q = im Schnitt übertragene Querkraft,
S = Flächenmoment 1. Ordnung der Restfläche,
I_a = axiales Flächenmoment 2. Ordnung der Gesamtquerschnittsfläche bezogen auf die Biegeachse,
b = sog. Kanalbreite für den Schubfluß, also Querschnittsbreite auf Höhe jener Faserschicht, für die die Schubspannung berechnet wird.

Untersuchen wir die Schubspannungsverteilung im Rechteckquerschnitt und beschreiben die Schubspannung auf Höhe der Faserschicht $y = y$, Bild 2-151 u. 2-152:

$$\tau(y) = \frac{F_Q\left(\dfrac{h}{2} - y\right) b\left(\dfrac{h}{2} - \dfrac{1}{2}\left(\dfrac{h}{2} - y\right)\right)}{\dfrac{b\,h^3}{12}\,b}$$

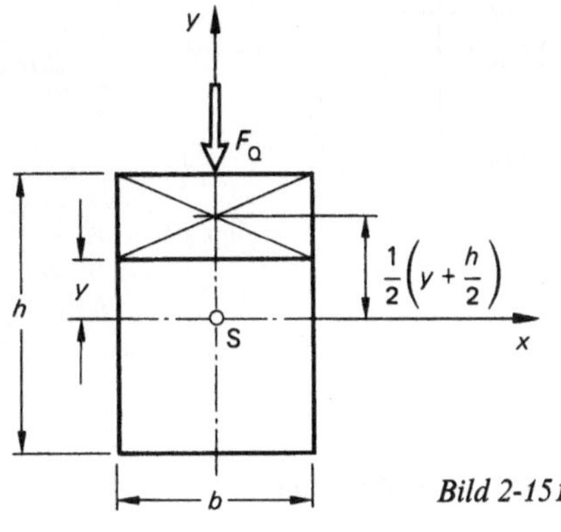

Bild 2-151

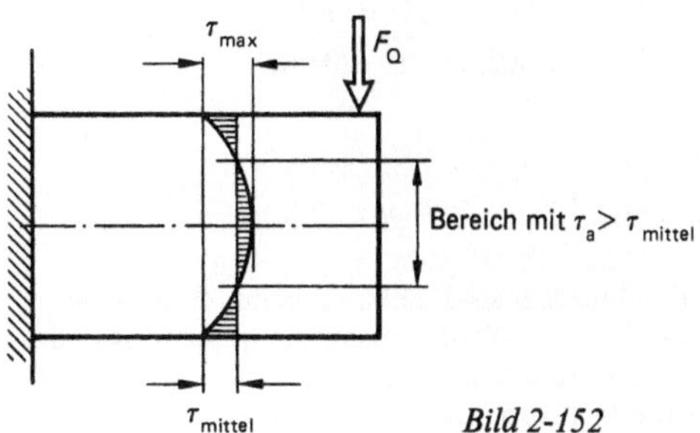

Bild 2-152

Das Verhältnis von maximaler Schubspannung zur mittleren Schubspannung

$$\frac{\tau_{a\,max}}{F_Q/A} = k$$

ist querschnittsabhängig:

Rechteckquerschnitt $k = 3/2$,
Kreisquerschnitt $k = 4/3$,
Rohrquerschnitt $k \cong 2$.

Übung 2-19

Das quadratische Kastenprofil des Biegebalkens entsteht durch Verkleben eines U-Profils mit einem Rechteckquerschnitt. Die Klebung erfolgt auf ganzer Balkenlänge. Zu berechnen ist die vom Kleber aufzunehmende Schubspannung, Bild 2-153.

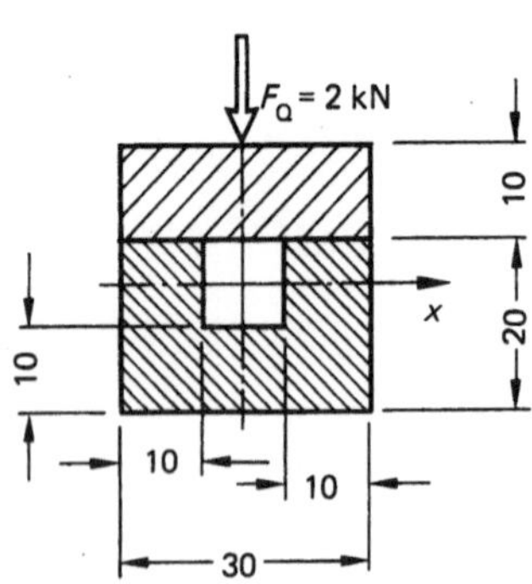

Bild 2-153

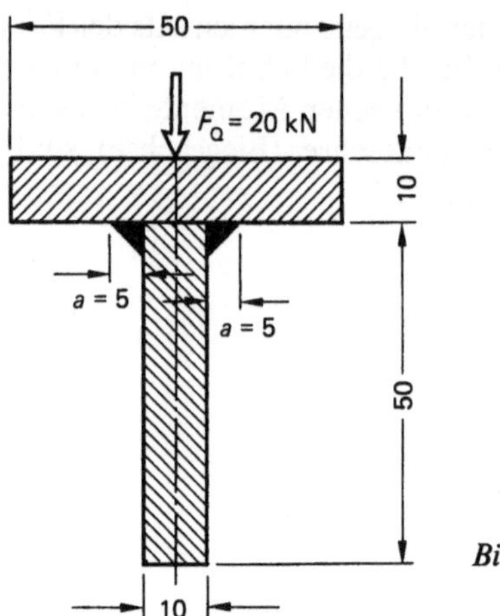

Bild 2-154

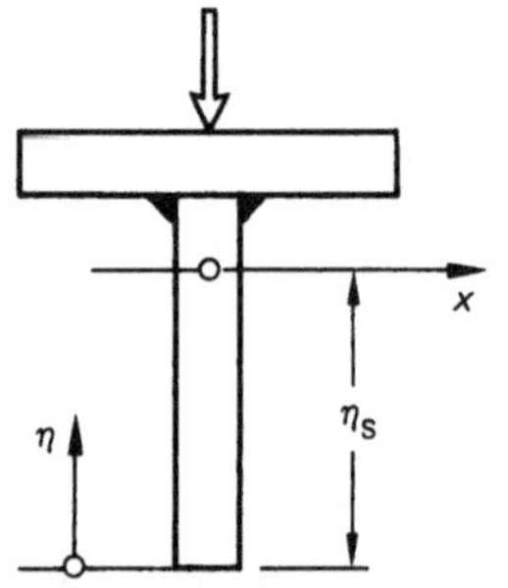

Bild 2-155

Lösung:

$$I_x = \left(\frac{30^4}{12} - \frac{10^4}{12}\right) = 66\,666,\overline{6}\;\text{mm}^4$$

$$A_R = 30 \cdot 10 = 300\;\text{mm}^2$$

$$S_x = 300\;\text{mm}^2 \cdot 10\;\text{mm} = 3000\;\text{mm}^3$$

$$\tau_{kl} = \frac{F_Q S_x}{I_x b} = \frac{2000\;\text{N} \cdot 3000\;\text{mm}^3}{66\,666,\overline{6}\;\text{mm}^4 \cdot 20\;\text{mm}} = 4,5\;\text{N/mm}^2\;.$$

Lösung:

Lage des Schwerpunkts:

$$\eta_S = \frac{500\;\text{mm}^2 \cdot 55\;\text{mm} + 500\;\text{mm}^2 \cdot 25\;\text{mm}}{1000\;\text{mm}^2} = 40\;\text{mm}\;.$$

$$I_x = \frac{50 \cdot 10^3}{12} + 500 \cdot 15^2 + \frac{10 \cdot 50^3}{12} + 500 \cdot 15^2$$

$$I_x = 333\,333,\overline{3}\;\text{mm}^4$$

$$A_R = 500\;\text{mm}^2$$

$$S_x = 500\;\text{mm}^2 \cdot 15\;\text{mm} = 7500\;\text{mm}^3$$

$$\tau_{Naht} = \frac{F_Q S_x}{I_x \dfrac{2a}{\sqrt{2}}} = \frac{20\,000\;\text{N} \cdot 7500\;\text{mm}^3}{333\,333,3\;\text{mm}^4 \dfrac{10\;\text{mm}}{\sqrt{2}}}$$

$$= 63,6\;\text{N/mm}^2$$

Übung 2-20

Zwei Flachbleche sind entsprechend Bild 2-154 u. 2-155 zu einem T-Profil zusammengeschweißt; das Schweißnahtbreitenmaß a beträgt 5 mm. Zu berechnen ist die Schubspannung in der Naht.

Übung 2-21

Ein Rundrohr wird wie in Bild 2-156 u. 2-157 gezeigt verformt und durch Widerstandsschweißpunkte zusätzlich im Spalt verschweißt. Welche größte Schubspannung tritt auf?

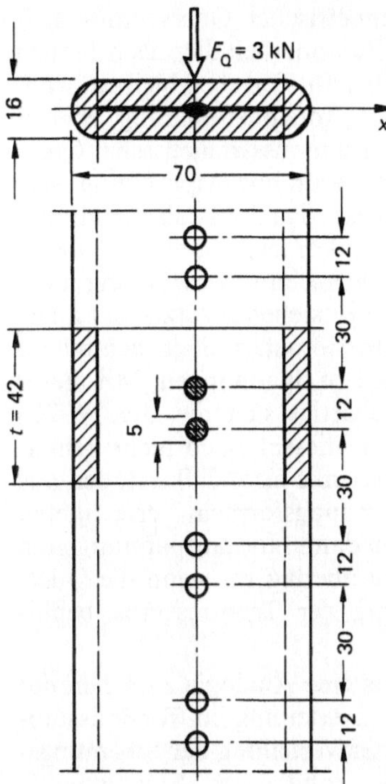

Bild 2-156

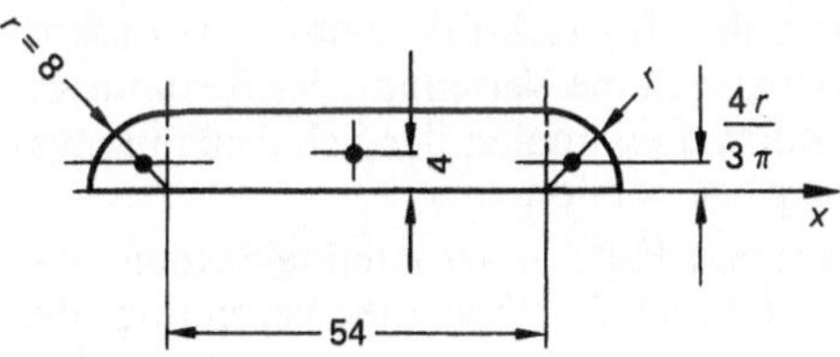

Bild 2-157

Lösung:

$$S_x = \frac{8^2 \pi}{2} \frac{4 \cdot 8}{3\pi} + 54 \cdot 8 \cdot 4 = 2069{,}\overline{3}\ \text{mm}^3$$

$$I_x = \frac{16^4 \pi}{64} + \frac{54 \cdot 16^3}{12} = 21\,649{,}0\ \text{mm}^4$$

Bei Verkleben des gesamten Spalts:

$$\tau_{kl} = \frac{F_Q S_x}{I_x b} = \frac{3000\ \text{N} \cdot 2069{,}\overline{3}\ \text{mm}^3}{21\,649{,}0\ \text{mm}^4 \cdot 70\ \text{mm}}$$

$$\tau_{kl} = 4{,}1\ \text{N/mm}^2$$

Schubkraft in der Klebeschicht:

$$F = \tau_{kl} A_t = 4{,}1\ \text{N/mm}^2 \cdot (42 \cdot 70)\ \text{mm}^2$$

$$F = 12\,043{,}8\ \text{N}$$

Tatsächliche Schubspannung bei Punkt-Schweißung:

$$\tau = \frac{F}{A} = \frac{12\,043{,}8\ \text{N}}{\left(2 \cdot 42 \cdot 8 + 2 \cdot \dfrac{5^2 \pi}{4}\right)\text{mm}^2} = 16{,}93\ \text{N/mm}^2$$

2.5. Torsion

2.5.1. Spannungen und Formänderungen bei Torsion

Torsion oder Verdrehbeanspruchung liegt dann vor, wenn ein Moment am Balken angreift, dessen Richtung mit der Stabachse übereinstimmt. Kennzeichen der Torsion ist es, daß achsparallele Mantellinien des Stabes sich unter der Torsionsmomentenbelastung verformen. Die Spannungen liegen im Querschnitt; benachbarte Querschnitte haben die Absicht, sich gegeneinander zu verschieben, Bild 2-158.

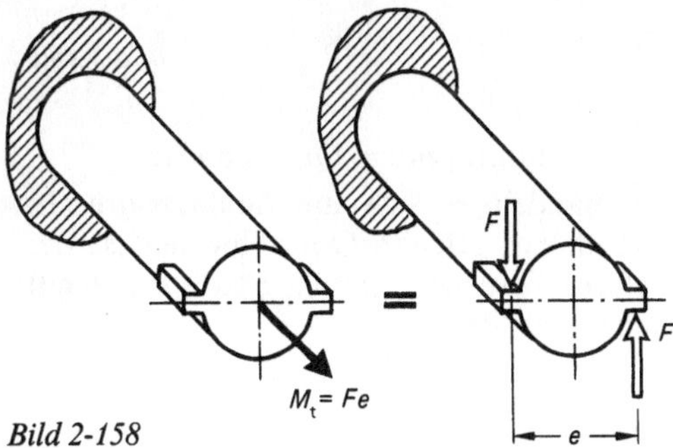

Bild 2-158

Folgende Arten des Torsionsstabquerschnitts sind zu unterscheiden:

1.) rotationssymmetrische Querschnitte,
2.) geschlossene, dünnwandige Querschnitte,
3.) offene, dünnwandige Querschnitte,
4.) sonstige Querschnitte.

Dabei werden die Formeln zur Berechnung sowohl des Verdrehwinkels vorgestellt als auch solche zur Berechnung der größten auftretenden Torsionsspannung; man wird sehen, daß die zugehörigen Formeln vom Querschnittstyp abhängen und für die genannten Querschnitte verschieden sind.

Beispiele für die verschiedenen Querschnittsformen

1.) Rotationssymmetrische Querschnitte
Mit dem runden Vollquerschnitt und dem Rundrohrquerschnitt ist bereits die Gesamtheit der rotationssymmetrischen Querschnitte aufgezählt, Bild 2-159.

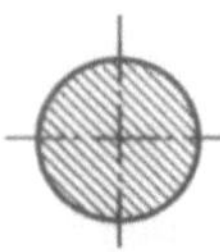 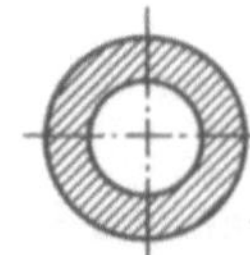

Bild 2-159

2.) Geschlossene, dünnwandige Querschnitte
Geschlossene Querschnitte sind solche, in denen sich ein geschlossener Schubfluß entwickeln kann; es sind also Querschnitte, die es erlauben, ein flüssiges oder gasförmiges Medium verlustlos zu transportieren, im Gegensatz zu den offenen Querschnitten (z. B. Schlitzrohr), Bild 2-160.

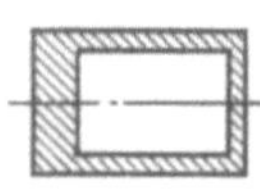 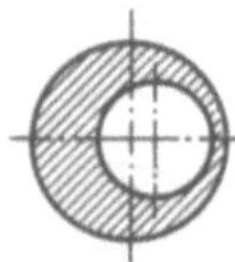

Bild 2-160

3.) Offene, dünnwandige Querschnitte
Hierbei handelt es sich um Schlitzrohre. In dünnwandigen, offenen Querschnitten ist der verlustlose Transport eines Mediums nicht möglich, Bild 2-161.

 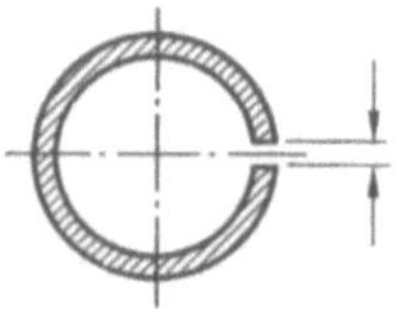

Bild 2-161

4.) Sonstige Querschnitte
Dies sind alle Querschnitte, die nicht in die Gruppen 1 bis 3 fallen, so z. B. unrunde Vollquerschnitte mit besonderen Formen wie z. B. Vielkeilwellen, Bild 2-162.

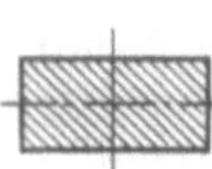 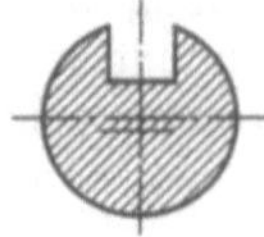

Bild 2-162

Die rotationssymmetrischen Querschnitte stellen insofern eine Besonderheit dar, als bei ihnen die Querschnitte bei Torsion eben bleiben, während die vor der Torsionsbelastung ebenen Querschnitte nichtrotationssymmetrischer Querschnitte sich bei Verdrehbeanspruchung verwölben. Sind diese Torsionsstäbe endseitig (z. B. am Maschinenkörper) fest angeschweißt, so daß sich ihre Querschnittsverwölbung nicht einstellen kann, so entstehen zusätzliche Längsspannungen im Torsionsstab, denn behinderte Dehnungen führen zu Spannungen. Mit dieser Problematik beschäftigt sich die sog. Wölbkrafttorsion, die in diesem Buch nicht behandelt wird. Man bedenke also, daß sich den aus den Torsionsspannungsformeln errechneten Schubspannungen dann Normalspannungen in Stablängsrichtung überlagern, wenn die Querschnittsverwölbung der Torsionsstäbe behindert wird.

PRANDTL erkannte eine Analogie zwischen der Torsionsspannungsverteilung im Torsionsstabquerschnitt und der Verteilung der Strömungsgeschwindigkeiten rotierender Flüssigkeiten. Die Strömungsanalogie besagt:

Rotiert eine Flüssigkeit in einem Behälter von der Form des Querschnitts eines Torsionsstabes, so stellt sich die Verteilung der Strömungsgeschwindigkeiten analog der Schubspannungsverteilung bei Torsion ein.

Man kann mit Hilfe dieser Analogie einen qualitativen Überblick über die Verteilung der Schubspannungen bei Torsion gewinnen. Wenden wir diese Erkenntnis auf die genannten Querschnittsformen an.

Die Spannungsverteilung im rotationssymmetrischen Querschnitt zeigt Bild 2-163. Die Linien konstanter Strömungsgeschwindigkeit sind konzentrische Kreise. Die größte Strö-

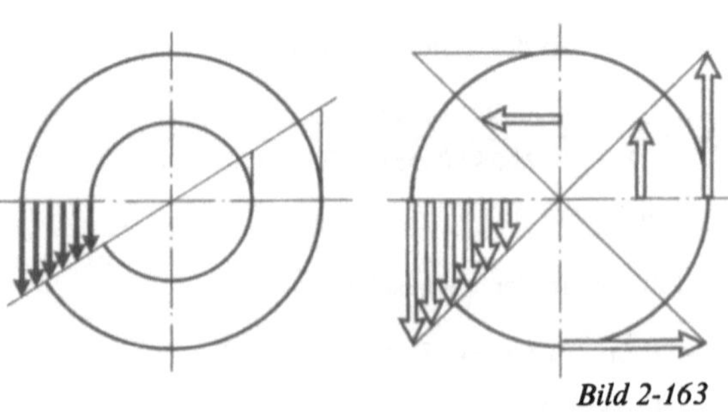

Bild 2-163

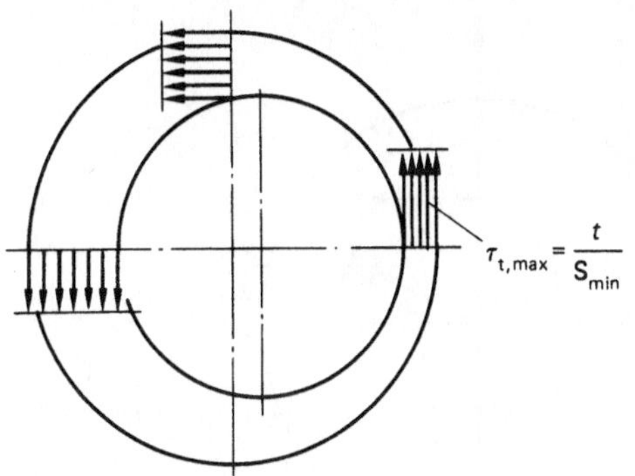

Bild 2-164

mungsgeschwindigkeit liegt am äußeren Rand des rotationssymmetrischen Querschnitts.

Die Spannungsverteilung in geschlossenen, dünnwandigen Querschnitten zeigt Bild 2-164. Es bildet sich ein geschlossener Schubfluß aus. Die zeitlich durchströmende Menge ist konstant; übertragen auf die Schubspannungsausbildung bedeutet dies, daß das Produkt aus Wanddicke und Schubspannung an allen Stellen des „Kanals" konstant ist:

$$t = \tau_i\, s_i = \text{konst},$$

t = Schubfluß,
s = Wanddicke (Kanalbreite),
τ = Schubspannung.

Die Spannungsverteilung in offenen, dünnwandigen Querschnitten zeigt Bild 2-165. Auch bei offenen Querschnitten bildet sich ein geschlossener Schubfluß aus; dieser strömt auf der einen Kanalseite hin und auf der anderen Kanalseite zurück. Die Kanalmitte ist strömungsfrei.

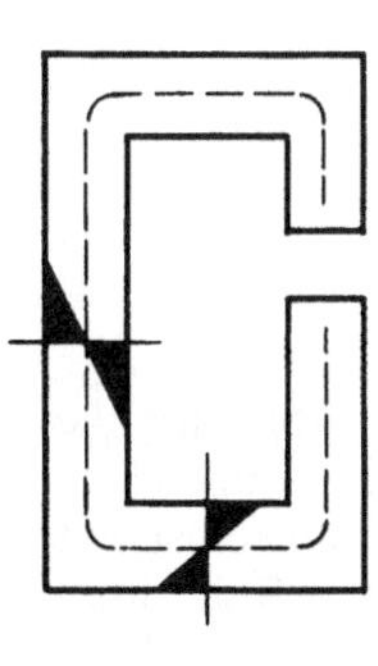

Bild 2-165

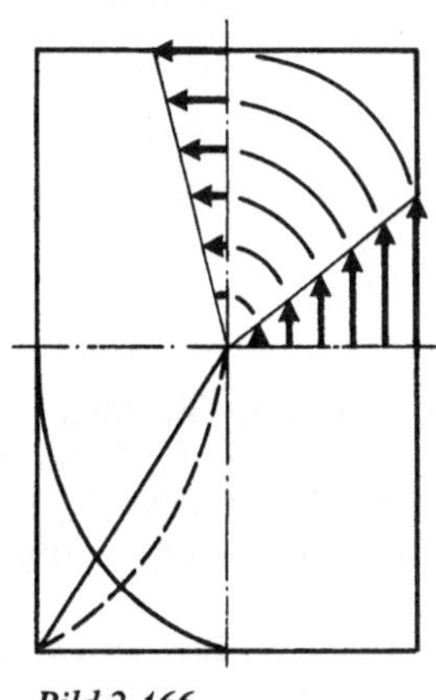

Bild 2-166

Die Torsionsspannungsverteilung in einem Rechteckvollquerschnitt zeigt Bild 2-166. Die größte Torsionsspannung wird in der Mitte der langen Rechteckseite auftreten. In den Ecken des Rechteckquerschnitts werden vernachlässigbar kleine Spannungen herrschen, hier sind – strömungstechnisch interpretiert – keine Strömungen, sondern „tote" Wasser, stehende Flüssigkeit. Die Strömung umgeht die Ecke, hier werden Wirbelgebiete festzustellen sein.

Die Torsionsspannungsverteilung in einem Rundvollquerschnitt mit Nut zeigt Bild 2-167. Dort, wo die Stromfäden dicht liegen, sind die Strömungsgeschwindigkeiten groß, die Torsionsspannungen also auch groß. Dort, wo keine Strömung vorliegt, werden auch die Torsionsspannungen vernachlässigbar sein und jedenfalls keine nennenswerte Größe annehmen.

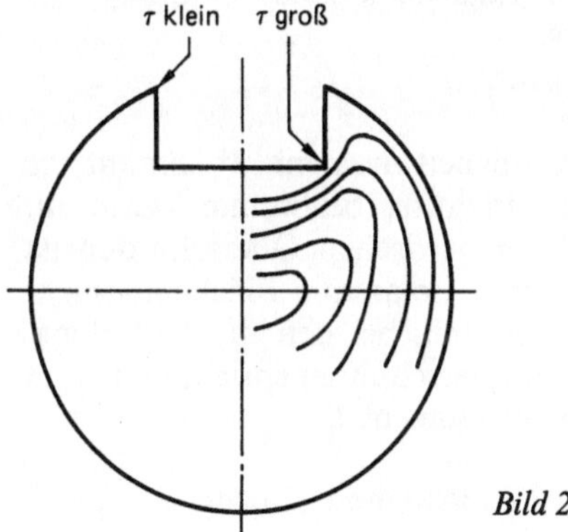

Bild 2-167

Formänderung bei Torsion

So wie bei der Biegung das Maß der Durchbiegung um so kleiner war, je größer die Biegesteifigkeit ($E I_a$) war, so wird auch bei Torsion der Verdrehwinkel dann klein sein, wenn die Torsionssteifigkeit groß ist.

Biegung: $E I_a$ = Biegesteifigkeit
E = Elastizitätsmodul
I_a = axiales Flächenmoment 2. Ordnung

Torsion: $G I^*$ = Torsionssteifigkeit
G = Gleit- oder Schubmodul
I^* = Torsionsträgheitsmoment, je nach Querschnittsform unterschiedlich!

Der Verdrehwinkel wird um so größer sein, je größer das Torsionsmoment ist und je länger der Torsionsstab ist. Der Verdrehwinkel wird der Torsionssteifigkeit umgekehrt proportional sein. Die folgende Formel zur Errechnung des Verdrehwinkels ist für alle Querschnittsformen die gleiche; lediglich I^* nimmt darin für die verschiedenen Querschnittsformen unterschiedliche Werte an:

$$\hat{\psi} = \frac{M_t L}{G I^*}$$

oder in Winkelgraden:

$$\psi° = \frac{M_t L \, 180°}{G I^* \pi}$$

M_t = Torsionsmoment,
L = Länge des Torsionsstabes,
G = Gleit- oder Schubmodul des Werkstoffs,
I^* = Torsionsträgheitsmoment des Querschnitts,
ψ = Verdrehwinkel.

Das Torsionsträgheitsmoment I^* nimmt, je nach Querschnittsform, bestimmte Werte an. Bei rotationssymmetrischen Querschnitten ist I^* mit dem polaren Flächenmoment 2. Ordnung identisch; bei den nichtrotationssymmetrischen Querschnitten spricht man vom Torsionsträgheitsmoment I_t:

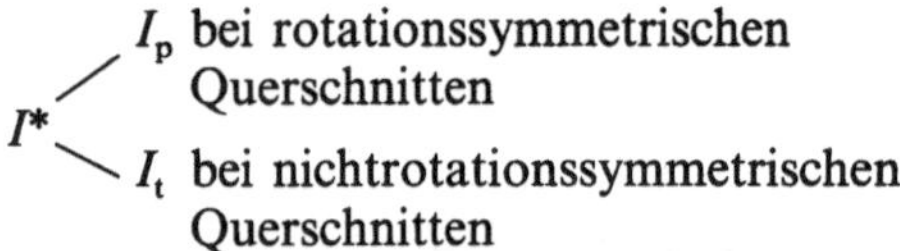

Das polare Flächenmoment 2. Ordnung für runden Vollquerschnitt gemäß Bild 2-168 ermittelt man wie folgt:

$$I_p = \int r^2 \, dA \quad \text{mit} \quad r^2 = x^2 + y^2$$
$$I_p = \int (x^2 + y^2) \, dA$$
$$I_p = \int x^2 \, dA + \int y^2 \, dA$$
$$I_p = I_y + I_x$$

Wegen Rotationssymmetrie ist

$$I_x = I_y = \frac{D^4 \pi}{64} = I_a$$

$$I_p = 2 I_a = \frac{D^4 \pi}{32}$$

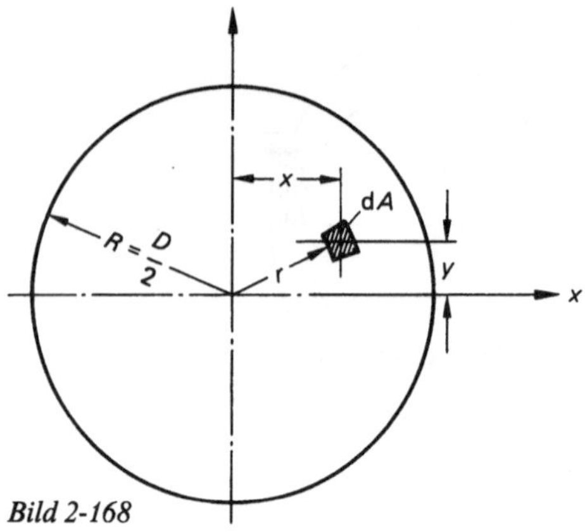

Bild 2-168

Für den Rundrohrquerschnitt ergibt sich daraus

$$I_p = \frac{(D^4 - d^4) \pi}{32}$$

D = Außendurchmesser,
d = Innendurchmesser.

Torsionsträgheitsmoment für geschlossene, dünnwandige Querschnitte, Bild 2-169:

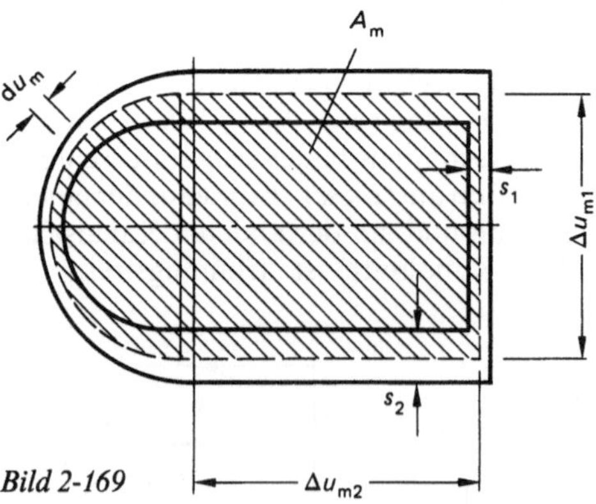

Bild 2-169

Definition: Die über die Wandmitte laufende Linie, also die „Kanalmittenlinie", schließt die sog. Mittelfläche A_m ein. Die Linie selbst hat die geschlossene Länge u_m; ein infinitesimal kleines Stück aus dieser Linie ist du_m, und ein endlich großes Stück dieser Linie konstanter Wanddicke hat die Länge Δu_m.

Das Torsionsträgheitsmoment des geschlossenen, dünnwandigen Querschnitts errechnet sich aus

$$I_t = \frac{4\,A_m^2}{\oint \left(\dfrac{du_m}{s}\right)}$$

Ist die Wanddicke bereichsweise konstant, so wird aus dem Integral eine Summe, Bild 2-170:

$$I_t = \frac{4\,A_m^2}{\displaystyle\sum^i \left(\dfrac{\Delta u_m}{s}\right)_i}$$

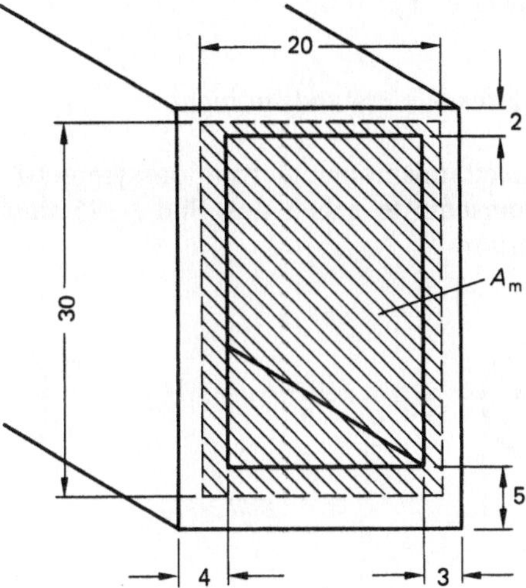

Bild 2-170

Beispiel:

$$I_t = \frac{4 \cdot (20 \cdot 30)^2\,\text{mm}^4}{31{,}5} = 45\,714{,}3\,\text{mm}^4$$

Bei geschlossenen, dünnwandigen Querschnitten mit konstanter Wanddicke bleibt nur noch ein Summand im Nenner:

$$I_t = \frac{4\,A_m^2}{\left(\dfrac{u_m}{s}\right)} = \frac{4\,A_m^2\,s}{u_m}$$

Das Torsionsträgheitsmoment offener, dünnwandiger Querschnitte errechnet sich gemäß

$$I_t = \tfrac{1}{3} s^3 L,$$

s = Wanddicke,
L = gestreckte Länge des Bereichs konstanter Wanddicke.

Beispiel in Bild 2-171:

$$I_t = \tfrac{1}{3} s^3 (L_1 + \tfrac{1}{2} r\,\pi)$$

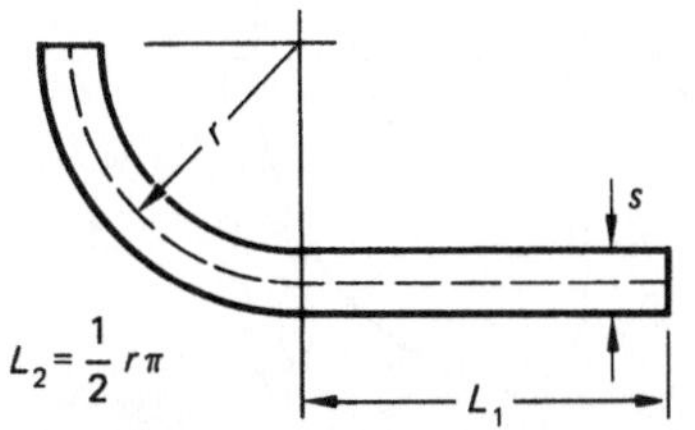

Bild 2-171

Ist der offene, dünnwandige Querschnitt des Torsionsstabes zusammengesetzt aus Bereichen jeweils konstanter Wanddicke, so addieren sich die Anteile der einzelnen Bereiche, Bild 2-172.

$$I_t = \sum^i \tfrac{1}{3}(s^3 L)_i$$

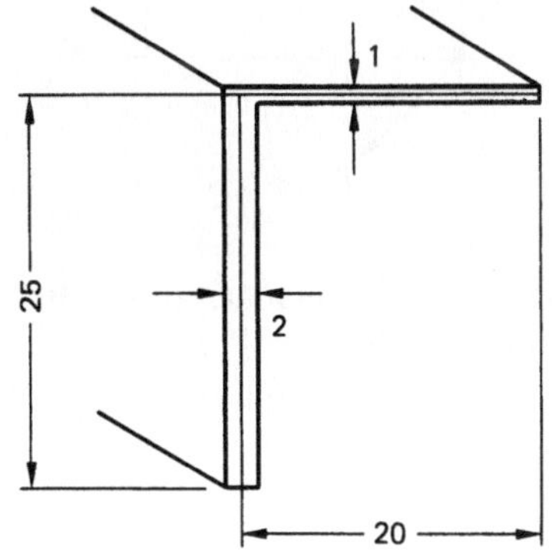

Bild 2-172

Zahlenbeispiel:

$$\sum \tfrac{1}{3}(s^3 L) = \tfrac{1}{3}(1^3 \cdot 20 + 2^3 \cdot 25) = 73{,}\overline{3}\,\text{mm}^4$$

Verdrehwinkel und Torsionsspannung für den Vollkreisquerschnitt, Bild 2-173:

Es wird ein Volumenelement der Länge dy (y-Achse = Längsachse des Torsionsstabes) und der Querschnittsfläche $dA = r\,d\varphi\,dr$ betrachtet. In dieser anteiligen Querschnittsfläche wirke die Schubspannung τ. Infolge der Schubspannung in der y-Fläche stellt sich der Schiebewin-

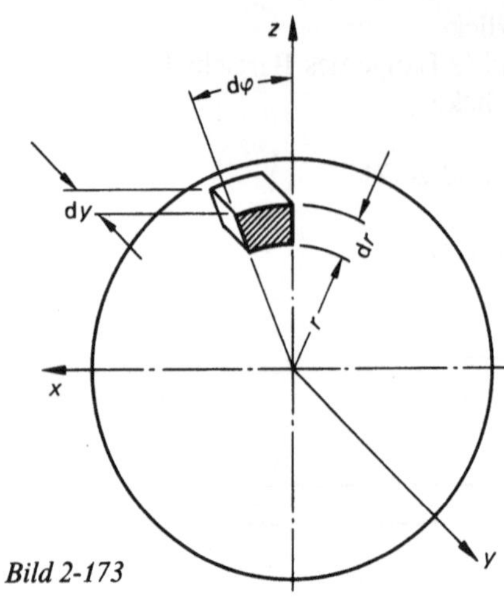

Bild 2-173

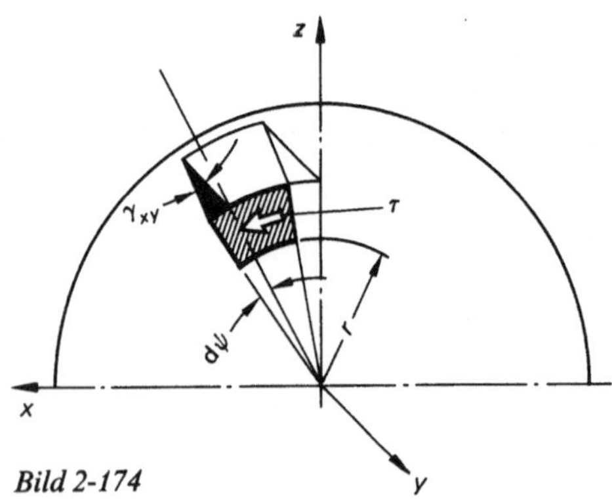

Bild 2-174

kel γ_{xy} ein und verdreht die Querschnittsfläche um den Winkel $d\psi$, Bild 2-174:

$$\gamma_{xy}\,dy = r\,d\psi$$

$$\tau = \gamma_{xy}\,G = G\,\frac{r\,d\psi}{dy}$$

Moment der Kraft in dA:

$$dM = \tau\,dA\,r = G\,\frac{r\,d\psi}{dy}\,dA\,r$$

$$M_t = \int dM = G\,\frac{d\psi}{dy}\,\underbrace{\int r^2\,dA}_{I_p}$$

$$\frac{d\psi}{dy} = \frac{M_t}{G\,I_p} = \vartheta \quad (\vartheta = \text{Drillung})$$

$$\psi = \int_0^L \frac{M_t}{G\,I_p}\,dy = \frac{M_t}{G\,I_p}\,|y|_0^L$$

$$\psi = \frac{M_t\,L}{G\,I_p}$$

$$\psi^\circ = \frac{180^\circ\,M_t\,L}{G\,I_p}$$

Es gilt $\quad \tau = G\,\dfrac{r\,d\psi}{dy}$

mit $\quad \dfrac{d\psi}{dy} = \vartheta = \dfrac{M_t}{G\,I_p}$

Damit wird mit $r = $ Außenradius die Randspannung

$$\tau = G\,r\,\frac{M_t}{G\,I_p} = \frac{M_t}{\dfrac{I_p}{r}} = \frac{M_t}{W_p}$$

$W_p = $ polares Widerstandsmoment

Die Widerstandsmomente rotationssymmetrischer Querschnitte gehen aus Bild 2-175 und 2-176 hervor.

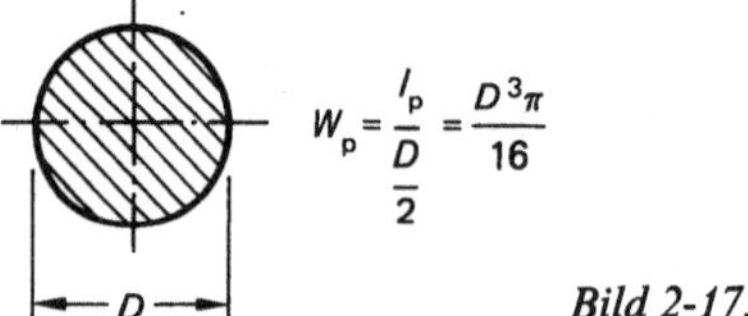

$$W_p = \frac{I_p}{\dfrac{D}{2}} = \frac{D^3\pi}{16}$$

Bild 2-175

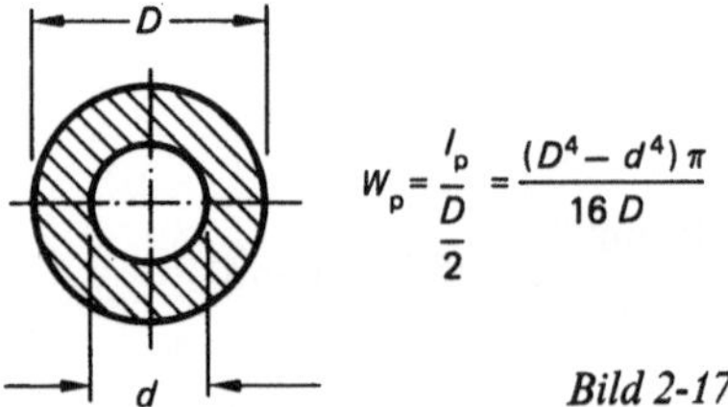

$$W_p = \frac{I_p}{\dfrac{D}{2}} = \frac{(D^4 - d^4)\pi}{16\,D}$$

Bild 2-176

Spannungsformel für geschlossene, dünnwandige Querschnitte:

Einen Ausschnitt aus dem geschlossenen dünnwandigen Querschnitt (Bild 2-177) zeigt Bild 2-178.

$$dF = \tau_t\,dA = \tau_t\,s\,du$$

$$dM_t = dF\cos\alpha\,r = \tau_t\cos\alpha\,r\,s\,du$$

$$dA_m = \tfrac{1}{2}\,du\,r\cos\alpha$$

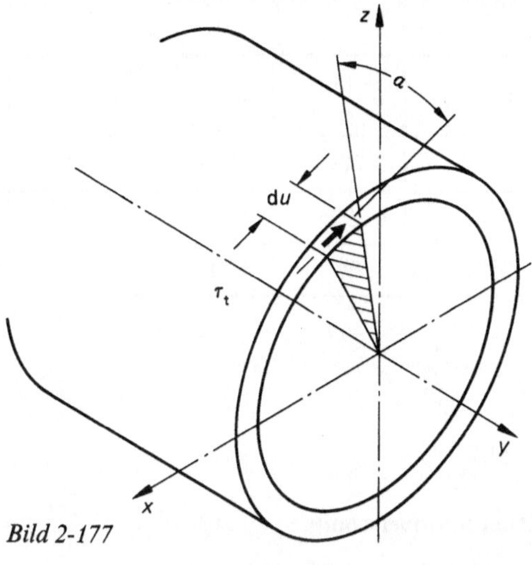

Bild 2-177

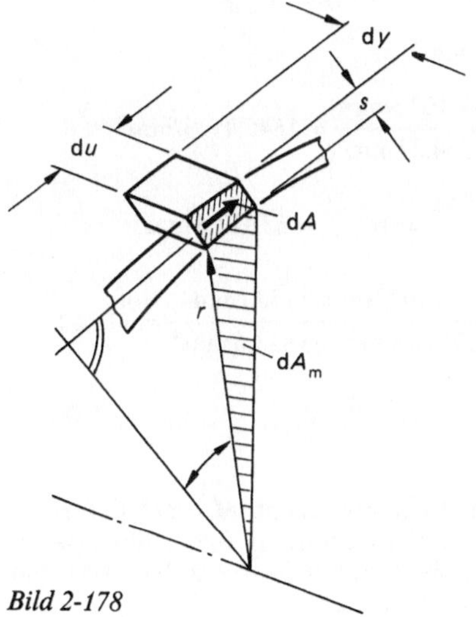

Bild 2-178

Damit wird

$$dM_t = \tau_t\, s\, 2\, dA_m$$

$$M_t = \int dM_t = \tau_t\, s\, 2\, A_m$$

$$\tau_t = \frac{M_t}{2\,A_m\, s}$$

$$\tau_{t_{max}} = \frac{M_t}{2\,A_m\, s_{min}}$$

Spannungsformel für offene, dünnwandige Querschnitte (ohne Ableitung):

$$\tau_{t_{max}} = \frac{M_t\, s_{max}}{I_t}$$

Für solche Querschnitte, die nicht rotationssymmetrisch sind und die nicht dünnwandig sind, kann keine für alle Querschnittsformen gültige Spannungsformel angegeben werden. Für die meisten dieser denkbaren Querschnitte muß das Spannungsgeschehen empirisch ermittelt werden. PRANDTL, dessen Strömungsanalogie bereits Erwähnung fand, hat eine weitere Analogie erkannt, die sog. Seifenhaut- oder Membrananalogie:

Spannt man über ein Loch in der Wandung eines geschlossenen Kessels eine dünne Membran, und hat das Loch die Form des Torsionsstabquerschnitts, so wird sich bei innerem Überdruck im Kessel die Membran über dem Loch wölben. Der Neigungswinkel der Wölbung ist proportional der Torsionsspannung an dieser Stelle des Lochs (des Querschnitts), das Volumen unter der sich wölbenden Kuppel ist der Torsionssteifigkeit $(G\,I_t)$ des Torsionsstabes proportional. Um für eine bestimmte Querschnittsform aus dieser Analogie eine quantitative Aussage zur Torsionsspannung und zum Torsionsträgheitsmoment zu bekommen, kann man in einem Versuch sowohl ein rundes Loch in den Kessel schneiden als auch ein Loch von der Form des zu untersuchenden Torsionsstabquerschnitts. Den Neigungswinkeln der Kuppel über dem runden Loch entspricht eine bestimmte Torsionsspannung. Damit liegt der Umrechnungsmaßstab von Winkelgraden zu Torsionsspannungen fest, und es kann die Torsionsspannung an der Stelle der größten Kuppelneigung über dem unrunden Loch aus diesem Maßstab berechnet werden.

Wenige Querschnittsformen unter den „sonstigen" Querschnitten sind theoretisch untersucht und behandelt worden; so der Rechteckquerschnitt, Bild 2-179. Dabei hängt die Größe der Spannungen von der Schlankheit des Rechtecks

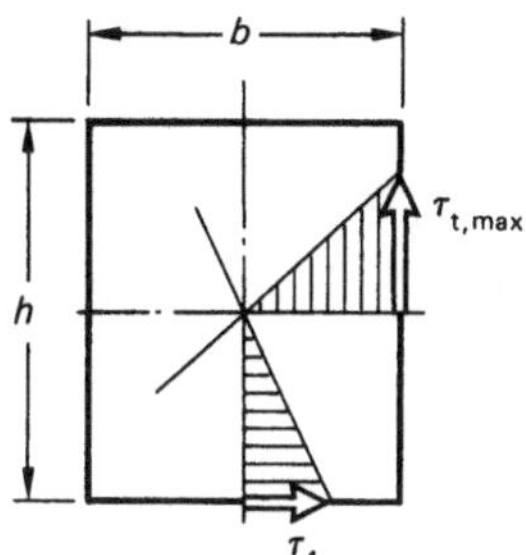

Bild 2-179

Tabelle 2-4.

$n = \dfrac{h}{b}$	1,0	1,5	2	3	4	6	8	10
η_1	1,000	0,858	0,796	0,753	0,745	0,743	0,743	0,743
η_2	0,208	0,231	0,246	0,267	0,282	0,299	0,307	0,313
η_3	0,140	0,196	0,229	0,263	0,281	0,299	0,307	0,313

ab, also vom Verhältnis von langer (h) zu kurzer Rechteckseite (b):

$$n = h/b \ .$$

$$\tau_{t_{max}} = \frac{M_t}{\eta_2 \, b^2 \, h} = \frac{M_t}{W_t}$$

$W_t =$ Torsionswiderstandsmoment

$$\tau_1 = \eta_1 \, \tau_{t_{max}}$$

Die Konstanten η hängen vom Verhältnis $n = h/b$ gemäß Tabelle 2-4 ab.

Zur Torsionswinkelberechnung benötigt man die Gleichung

$$I_t = \eta_3 \, b^3 \, h \ .$$

Übung 2-22

Welche Torsionsspannung und welcher Verdrehwinkel treten bei einem 1,5 m langen Torsionsstab mit rundem Vollquerschnitt ($D = 3\,\text{cm}$) aus Stahl auf ($G = 0,8 \cdot 10^5\,\text{N/mm}^2$), wenn das Torsionsmoment $M_t = 7\,\text{kNm}$ beträgt? Wie ändern sich die Werte für Spannung und Verdrehwinkel, wenn der Torsionsstab eine durchgehende Bohrung vom Durchmesser $d = 2\,\text{cm}$ erhält, also durch ein Rohr 30×5 mm ersetzt wird?

Lösung:

1.) Runder Vollquerschnitt

$$\tau_t = \frac{M_t}{W_p} = \frac{M_t}{\dfrac{D^3 \pi}{16}} = \frac{16 \cdot 7 \cdot 10^6\,\text{Nmm}}{(30\,\text{mm})^3 \pi}$$

$$\tau_t = 1320,4\,\text{N/mm}^2$$

$$\psi = \frac{180° \, M_t \, L}{\pi \, G \, I_p} = \frac{180° \cdot 7 \cdot 10^6\,\text{Nmm} \cdot 1500\,\text{mm}}{\pi \, 0,8 \cdot 10^5\,\text{N/mm}^2 \, I_p}$$

mit $I_p = \dfrac{D^4 \pi}{32}$

$$\psi = 94,57°$$

2.) Rundrohrquerschnitt

$$W_p = \frac{(D^4 - d^4)\pi}{16 D} = \frac{(30^4 - 20^4)\,\text{mm}^4 \, \pi}{16 \cdot 30\,\text{mm}}$$

$$W_p = 4254,24\,\text{mm}^3$$

$$\tau_t = \frac{M_t}{W_p} = \frac{7 \cdot 10^6\,\text{Nmm}}{4254,24\,\text{mm}^3} = 1645,41\,\text{N/mm}^2$$

$$I_p = \frac{(D^4 - d^4)\pi}{32} = W_p \, \frac{D}{2} = 63\,813,6\,\text{mm}^4$$

$$\psi = \frac{180° \cdot 7 \cdot 10^6\,\text{Nmm} \cdot 1500\,\text{mm}}{\pi \, 0,8 \cdot 10^5\,\text{N/mm}^2 \cdot 63\,813,6\,\text{mm}^4} = 117,84°$$

Übung 2-23

Mit welchem Torsionsmoment M_t darf das Rohr vom skizzierten Querschnitt in Bild 2-180 belastet werden, wenn die Torsionsspannung den Wert von $300\,\text{N/mm}^2$ nicht überschreiten soll? Um welchen Winkel verdreht dann ein 850 mm langes Rohr?

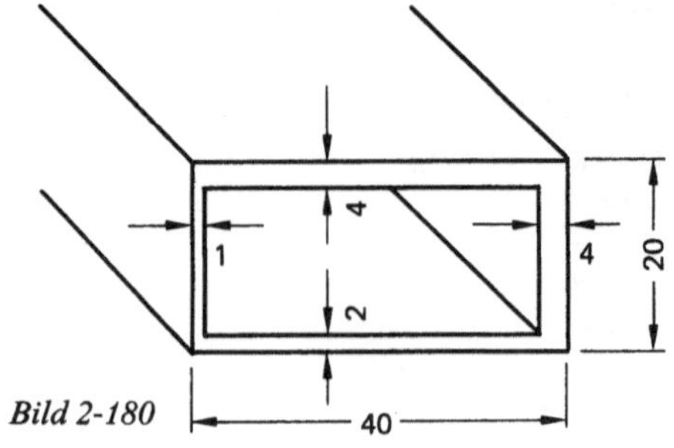

Bild 2-180

Lösung:

$$\tau_{t_{max}} = \frac{M_t}{2 \, A_m \, s_{min}}$$

$$A_{\mathrm{m}} = 37{,}5\,\mathrm{mm} \cdot 17\,\mathrm{mm}$$

$$A_{\mathrm{m}} = 637{,}5\,\mathrm{mm}^2$$

$$\tau_{\mathrm{t_{max}}} = 300\,\mathrm{N/mm}^2 = \frac{M_{\mathrm{t}}}{2 \cdot 637{,}5\,\mathrm{mm}^2 \cdot 1\,\mathrm{mm}}$$

daraus:

$$M_{\mathrm{t_{zul}}} = 382\,500\,\mathrm{Nmm} = 382{,}5\,\mathrm{Nm}$$

Verdrehwinkel:

$$\psi = \frac{180^\circ\, M_{\mathrm{t}}\, L}{\pi\, G\, I_{\mathrm{t}}}$$

$$I_{\mathrm{t}} = \frac{4\,A_{\mathrm{m}}^2}{\dfrac{17}{1} + \dfrac{37{,}5}{2} + \dfrac{17+37{,}5}{4}}$$

$$I_{\mathrm{t}} = 32\,924{,}051\,\mathrm{mm}^4$$

$$\psi = \frac{180^\circ \cdot 382\,500\,\mathrm{Nmm} \cdot 850\,\mathrm{mm}}{\pi\, 0{,}8 \cdot 10^5\,\mathrm{N/mm}^2 \cdot 32\,924{,}051\,\mathrm{mm}^4} = 7{,}07^\circ$$

Übung 2-24

Wie groß ist das zulässige Torsionsmoment und wie groß ist der Verdrehwinkel bei einem Torsionsrohr vom Querschnitt wie in Übung 2-23, wenn aufgrund einer fehlerhaften Schweißung ein Schlitzrohr vorliegt?

Lösung:

$$\tau_{\mathrm{t_{max}}} = \frac{M_{\mathrm{t}}\, s_{\max}}{I_{\mathrm{t}}}$$

$$I_{\mathrm{t}} = \sum \left(\tfrac{1}{3}\, s^3\, L\right)$$

$$I_{\mathrm{t}} = \tfrac{1}{3}\left(1^3 \cdot 17 + 2^3 \cdot 37{,}5 + 4^3 \cdot (17+37{,}5)\right)\mathrm{mm}^4$$

$$I_{\mathrm{t}} = 1268{,}\overline{3}\,\mathrm{mm}^4$$

$$M_{\mathrm{t_{zul}}} = \frac{\tau_{\mathrm{t_{max}}}\, I_{\mathrm{t}}}{s_{\max}} = \frac{300\,\mathrm{N/mm}^2 \cdot 1268{,}\overline{3}\,\mathrm{mm}^4}{4\,\mathrm{mm}}$$

$$M_{\mathrm{t_{zul}}} = 95\,125\,\mathrm{Nmm} = 95{,}125\,\mathrm{Nm}$$

$$\psi = \frac{180^\circ\, M_{\mathrm{t}}\, L}{\pi\, G\, I_{\mathrm{t}}} = \frac{180^\circ \cdot 95\,125\,\mathrm{Nmm} \cdot 850\,\mathrm{mm}}{\pi\, 0{,}8 \cdot 10^5\,\mathrm{N/mm}^2 \cdot 1268{,}\overline{3}\,\mathrm{mm}^4}$$

$$\psi = 45{,}66^\circ$$

Übung 2-25

Ein Rundrohr ist auf halber Länge unter Beibehaltung von Querschnitt und Wanddicke zum Quadratrohr umgeformt worden, Bild 2-181. Welche maximale Torsionsspannung tritt in diesem auf Torsion belasteten Rohr auf, wenn der Verdrehwinkel von 2,5° erreicht ist? Werkstoff Stahl: $G = 0{,}8 \cdot 10^5\,\mathrm{N/mm}^2$.

Lösung:

Querschnittskonstanz:

$$a^2 - (a-4\,\mathrm{mm})^2 = \tfrac{\pi}{4}(70^2 - 66^2)\,\mathrm{mm}^2$$

a = Kantenmaß außen Vierkantrohrquerschnitt

$$a = 55{,}4071 \approx 55{,}41\,\mathrm{mm}$$

$$2{,}5^\circ = \frac{180^\circ}{\pi}$$
$$\cdot \left[\frac{M_{\mathrm{t}}\, 400\,\mathrm{mm}}{0{,}8 \cdot 10^5\,\mathrm{N/mm}^2\, I_{\mathrm{p}}} + \frac{M_{\mathrm{t}}\, 400\,\mathrm{mm}}{0{,}8 \cdot 10^5\,\mathrm{N/mm}^2\, I_{\mathrm{t}}}\right]$$

Rundrohr:

$$I_{\mathrm{p}} = \frac{\pi}{32}\,(70^4 - 66^4)\,\mathrm{mm}^4$$

$$I_{\mathrm{p}} = 494\,335{,}89\,\mathrm{mm}^4$$

Vierkantrohr:

$$I_{\mathrm{t}} = \frac{4\,A_{\mathrm{m}}^2}{\dfrac{u_{\mathrm{m}}}{s}} = \frac{4\,a_{\mathrm{m}}^4\, s}{4\,a_{\mathrm{m}}}$$

a_{m} = mittlere Kantenlänge

$$a_{\mathrm{m}} = a - s = 55{,}41 - 2 = 53{,}41\,\mathrm{mm}$$

$$I_{\mathrm{t}} = a_{\mathrm{m}}^3\, s = (53{,}41\,\mathrm{mm})^3\, 2\,\mathrm{mm}$$

$$I_{\mathrm{t}} = 304\,717{,}73\,\mathrm{mm}^4$$

$$M_{\mathrm{t}} = \frac{2{,}5 \cdot \pi \cdot 0{,}8 \cdot 10^5}{400\left(\dfrac{1}{I_{\mathrm{p}}} + \dfrac{1}{I_{\mathrm{t}}}\right)180}$$

$$M_{\mathrm{t}} = 1645{,}1 \cdot 10^3\,\mathrm{Nmm} = 1645{,}1\,\mathrm{Nm}$$

Spannung im runden Querschnitt:

$$\tau_{\mathrm{t}} = \frac{M_{\mathrm{t}}}{W_{\mathrm{p}}}$$

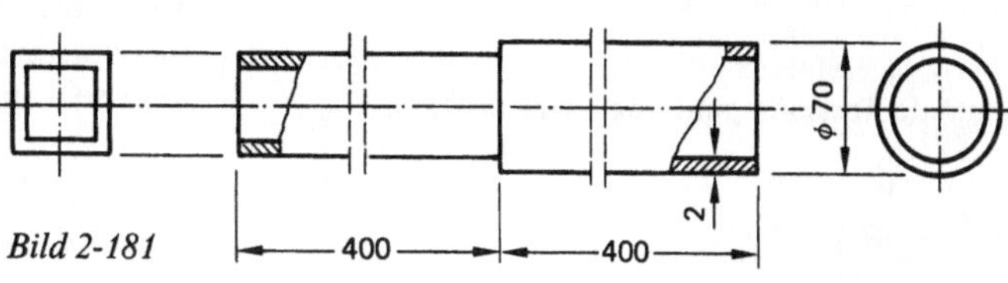

Bild 2-181

$$W_p = \frac{(D^4 - d^4)\,\pi}{16\,D}$$

$$W_p = \frac{(70^4 - 66^4)\,\pi}{16 \cdot 70} = 14\,123,88 \text{ mm}^3$$

$$\tau_t = \frac{1,6451 \cdot 10^6 \text{ Nmm}}{14\,123,88 \text{ mm}^3} = 116,5 \text{ N/mm}^2$$

Spannung im Vierkantrohr:

$$\tau_t = \frac{M_t}{2\,A_m\,s} = \frac{M_t}{2\,a_m^2\,s}$$

$$\tau_t = \frac{1,6451 \cdot 10^6 \text{ Nmm}}{2\,(53,41 \text{ mm})^2\,2 \text{ mm}}$$

$$\tau_t = 144,2 \text{ N/mm}^2 = \text{MAX } \tau_t$$

Übung 2-26

Ein rechtwinklig abgekröpfter Vierkantstahl 20 × 10 mm ist in ein Schlitzrohr mit 2 mm Wanddicke ohne nennenswertes Spiel eingeschoben und wird wie in Bild 2-182 skizziert belastet. Zu berechnen sind die maximale Biegespannung und die maximale Torsionsspannung in beiden Elementen. Gegeben sind $L_1 = 200$ mm, $L_2 = 100$ mm und $F = 100$ N.

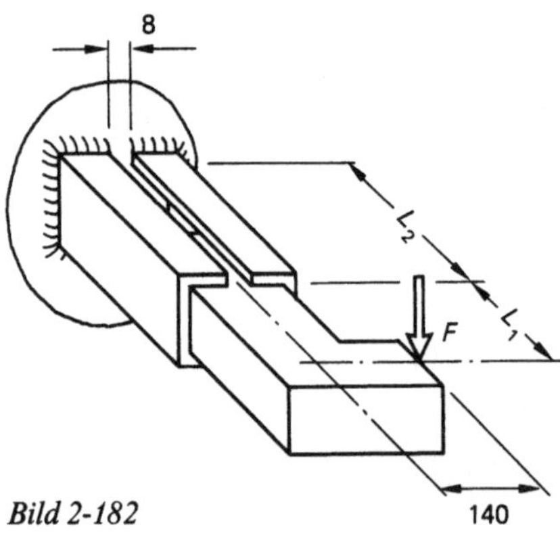

Bild 2-182

Lösung:

Maximale Biegespannung Vierkantstahl:

$$\sigma_b = \frac{M_b}{W_a} = \frac{100 \text{ N} \cdot 200 \text{ mm}}{\dfrac{20 \cdot 10^2}{6} \text{ mm}^3} = 60 \text{ N/mm}^2$$

Maximale Torsionsspannung Vierkantstahl:

$$\tau_{t_{max}} = \frac{M_t}{\eta_2\,b^2\,h}$$

$$n = \frac{h}{b} = \frac{20 \text{ mm}}{10 \text{ mm}} = 2 \;\rightarrow\; \eta_2 = 0,246$$

$$\tau_{t_{max}} = \frac{100 \text{ N} \cdot 140 \text{ mm}}{0,246 \cdot (10 \text{ mm})^2 \cdot 20 \text{ mm}} = 28,46 \text{ N/mm}^2$$

Maximale Biegespannung im Schlitzrohr (unter Vernachlässigung der Schwerpunktverschiebung als Folge des 8 mm breiten Schlitzes):

$$\sigma_b = \frac{M_b}{W_a} = \frac{100 \text{ N} \cdot 300 \text{ mm} \cdot 7 \text{ mm}}{\dfrac{1}{12}\,(24 \cdot 14^3 - 20 \cdot 10^3)\,\text{mm}^4}$$

$$\sigma_b = 54,95 \text{ N/mm}^2$$

Maximale Torsionsspannung im Schlitzrohr:

$$\tau_t = \frac{M_t\,s}{I_t}$$

$$I_t = \tfrac{1}{3}(2 \cdot 12 + 2 \cdot 22 - 8)\,\text{mm}\,(2 \text{ mm})^3$$
$$I_t = 160 \text{ mm}^4$$

$$\tau_t = \frac{100 \text{ N} \cdot 140 \text{ mm} \cdot 2 \text{ mm}}{160 \text{ mm}^4} = 175 \text{ N/mm}^2$$

2.5.2. Lage des Schubmittelpunkts

Querkräfte an Balken rufen in benachbarten Schnitten Biegemomente hervor und somit Biegespannungen. Dies sind Längsspannungen im Balken, Zugspannungen auf der Zugseite, Druckspannungen auf der Druckseite. Außer der Schnittgröße M_b tritt im Schnitt die Querkraft als die der äußeren Querkraft das Gleichgewicht haltende Schnittgröße auf. Diese ist gleich dem Produkt aus Fläche und Abscherspannung. Nun verteilen sich die Abscherspannungen nicht gleichförmig im Querschnitt. Es bildet sich ein Schubfluß aus, bei dem die Schubspannungen von einer Quelle aus vom Wert null auf einen Maximalwert ansteigen und danach zu einer Senke hin auf null zusammenfallen. In Quelle und Senke sind die Schubspannungen null. Die aus diesem Schubfluß resultierenden Kräfte können im Querschnitt zur Torsion führen, wie an einem einfachen Beispiel anschaulich gezeigt werden kann; unser Beispiel sei ein U-Profil, Bild 2-183.

Im gegebenen Beispiel liegt einachsige Biegung vor, die Biegeachse ist Symmetrieachse. Dieser Biegung überlagert sich eine Verdrehbeanspru-

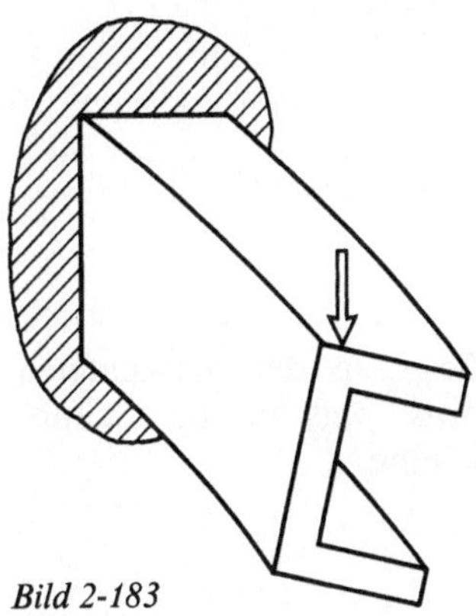

Bild 2-183

chung, die von den in den Flanschen wirkenden Schubspannungen hervorgerufen wird. Diese Schubspannungen in den Flanschen rufen Kräfte hervor, die ein Kräftepaar darstellen. Verfolgen wir den Schubfluß von der Quelle bis zur Senke, Bild 2-184.

Die Kräfte in den Flanschen des U-Profils gemäß Bild 2-185 lassen das Kräftepaar erkennen, das zur Torsion führt.

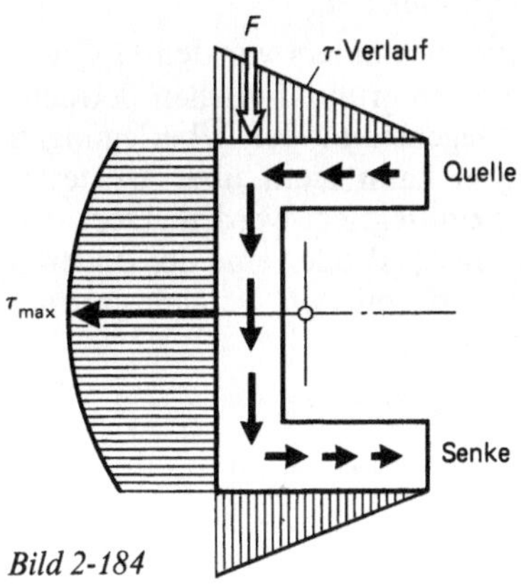

Bild 2-184

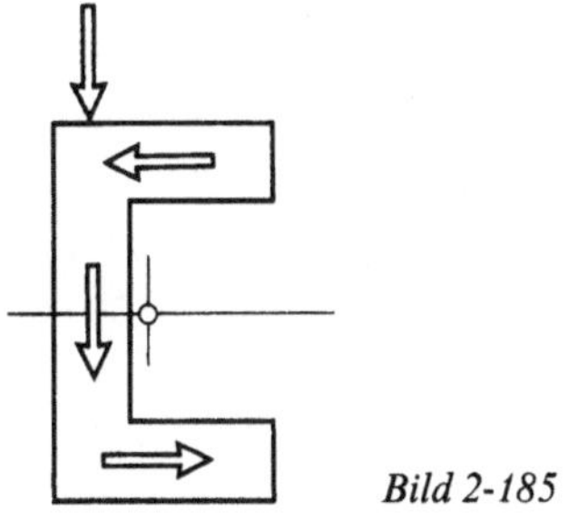

Bild 2-185

Sucht man jenen Punkt des Querschnitts, auf den bezogen die Spannungen im Querschnitt kein resultierendes Moment bilden, so nennen wir diesen Punkt den Querkraftmittelpunkt oder auch Schubmittelpunkt. Der Schwerpunkt des U-Profils kann nicht der Querkraftmittelpunkt sein: Alle Spannungen erzeugen linksdrehende Momente. Erst ein Punkt außerhalb des Querschnitts ist es, auf den bezogen das Moment der Spannungen des Stegs im Gleichgewicht steht mit dem Kräftepaar aus den Spannungen der Flansche, Bild 2-186. Es gilt

$$F_Q\, y_Q = F_1\, h$$

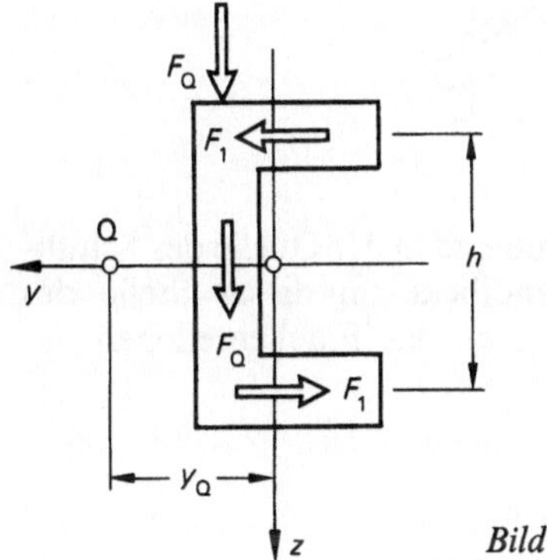

Bild 2-186

Die Forderung, daß die Momente aller Schubspannungen des Schubflusses auf den Querkraftmittelpunkt bezogen null sein müssen, machen wir zum Ansatz für die Formel zur Bestimmung der Lage dieses Schubmittelpunkts.

Dazu betrachten wir einen einfachsymmetrischen Querschnitt und eröffnen das Koordinatensystem yz an beliebiger Stelle gemäß Bild 2-187, um bei der Anwendung der Formel später nicht auf den Schwerpunkt als Koordinatenursprung festgelegt zu sein. Das Koordinatensystem kann im Schwerpunkt errichtet werden, dies ist aber nicht erforderlich und erweist sich in vielen Fällen auch als nicht sinnvoll.

Die Symmetrieachse ist die y-Achse (nach links); die z-Achse weist nach unten. Wenn wir für dieses Koordinatensystem die Ableitung machen, so werden wir bei den Anwendungen der entstehenden Formel stets auch dieses Koordinatensystem zu verwenden haben.

An beliebiger Stelle des Querschnitts, im Flächenteilchen dA, habe der Schubfluß die Intensität $c(s)\,\tau$. Dabei ist s die Koordinate längs der

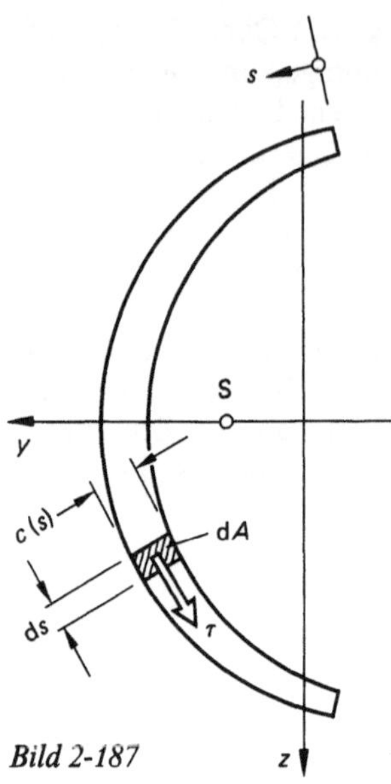

Bild 2-187

Kanalmitte, beginnend in der Quelle des Schubflusses. Die Wanddicke an dieser Stelle des Querschnitts ist $c(s)$, das Flächenteilchen hat also die Größe

$$dA = c(s)\, ds$$

Die Komponentenzerlegung des Spannungsvektors liefert die Komponentenbeträge

$$\tau_y = \tau \sin \alpha$$

$$\tau_z = \tau \cos \alpha$$

Darin definieren wir den Winkel α als Richtungsabweichung des Schubspannungsvektors τ von der positiven z-Achse, Bild 2-188.

Es gilt

$$\sum M_Q = 0$$

$$F_Q\, y_Q = \int\limits_A dA\,(\tau \sin \alpha\, z + \tau \cos \alpha\, y)$$

mit $dA = c(s)\, ds$

Die Spannungsgröße τ an der betrachteten Stelle des Querschnitts folgt aus der Schubspannungshauptgleichung

$$\tau = \frac{F_Q\, S_y(s)}{I_y\, c(s)}$$

Dies eingesetzt in den Ansatz ergibt

$$y_Q = \frac{1}{I_y} \int\limits_s |S_y(s)|\,(y \cos \alpha + z \sin \alpha)\, ds$$

Darin ist das statische Moment der „Restfläche" (s. Abschnitt 2.4.) als Absolutbetrag einzusetzen, das Vorzeichen der Hebelarme der statischen Flächenmomente der Teilfläche ist unerheblich, da das statische Flächenmoment in der Schubspannungshauptgleichung keinen vektoriellen Charakter hat.

Als erstes Beispiel behandeln wir den U-Querschnitt, der ja bei den grundsätzlichen Betrachtungen schon Gegenstand der Überlegungen war. Das Integral kann nicht über Unstetigkeitsstellen hinwegintegriert werden. Dort, wo etwa die Funktion $S_y(s)$ oder eine der anderen Größen unstetig ist, müssen Bereichsgrenzen

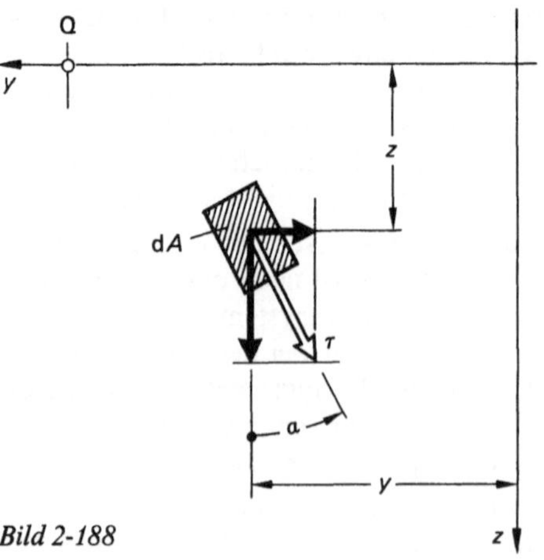

Bild 2-188

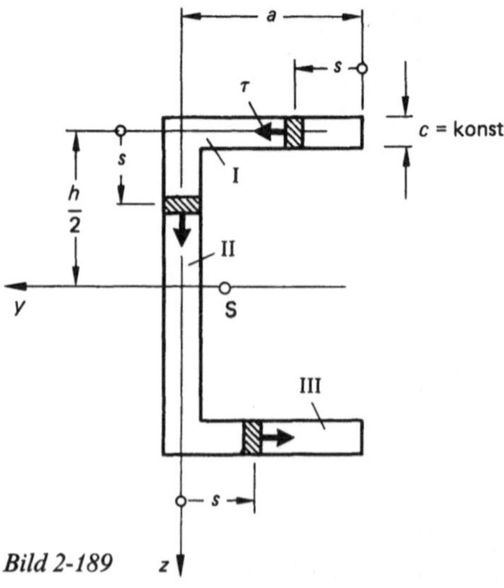

Bild 2-189

gesetzt werden. Bei unserem Beispiel werden wir das Integral in drei Bereichen lösen und die Ergebnisse additiv zur Lösung zusammenfassen, Bild 2-189.

Bereich I

$$\alpha = \frac{3\pi}{2}; \quad y = -a + s = s - a; \quad z = -\frac{h}{2}$$

$$S_y(s) = c\,s\,\frac{h}{2}$$

$$(y_Q\,I_y)_I = \int\limits_{s=0}^{s=a} c\,s\,\frac{h}{2}\left((s-a)\underbrace{\cos\frac{3\pi}{2}}_{0} - \frac{h}{2}\underbrace{\sin\frac{3\pi}{2}}_{-1}\right)ds$$

$$= \int\limits_0^a \frac{c\,s\,h}{2}\,\frac{h}{2}\,ds = \frac{c\,h^2}{4}\int\limits_0^a s\,ds$$

$$= \frac{c\,h^2}{4}\left.\frac{s^2}{2}\right|_0^a$$

$$(y_Q\,I_y)_I = \frac{c\,h^2\,a^2}{8}$$

Bereich II

$$\alpha = 0; \quad y = 0; \quad z = -\frac{h}{2} + s = s - \frac{h}{2}$$

$$S_y(s) = c\,a\,\frac{h}{2} + c\,s\left(\frac{h}{2} - \frac{s}{2}\right)$$

$$(y_Q\,I_y)_{II} = \int S_y(s)\left(0 + \left(s - \frac{h}{2}\right)\underbrace{\sin 0}_{0}\right)ds = 0$$

Bereich III

$$\alpha = \frac{\pi}{2}; \quad y = -s; \quad z = +\frac{h}{2}$$

$$S_y(s) = (a - s)\,c\,\frac{h}{2}$$

$$(y_Q\,I_y)_{III} = \int\limits_{s=0}^{a} (a-s)\,\frac{c\,h}{2}\left(-s\underbrace{\cos\frac{\pi}{2}}_{0} + \frac{h}{2}\underbrace{\sin\frac{\pi}{2}}_{1}\right)ds$$

$$= \frac{c\,h\,a}{2}\,\frac{h}{2}\int\limits_0^a ds - \frac{c\,h}{2}\,\frac{h}{2}\int\limits_0^a s\,ds$$

$$= \frac{c\,a\,h^2}{4}\left.|s|\right._0^a - \frac{c\,h^2}{4}\left.\frac{s^2}{2}\right|_0^a$$

$$= \frac{c\,a\,h^2}{4}\,a - \frac{c\,h^2}{4}\,\frac{a^2}{2}$$

$$(y_Q\,I_y)_{III} = \frac{c\,h^2\,a^2}{8} \quad \text{(wie Bereich I: Symmetrie)}$$

$$(y_Q\,I_y) = (\quad)_I + (\quad)_{II} + (\quad)_{III}$$

$$y_Q\,I_y = \frac{c\,h^2\,a^2}{8} + 0 + \frac{c\,h^2\,a^2}{8} = \frac{c\,h^2\,a^2}{4}$$

Ergebnis:

$$y_Q = \frac{c\,h^2\,a^2}{4\,I_y}$$

Wegen der Symmetrie zur y-Achse wird man die Anteile an $(y_Q\,I_y)$ nur bis hierhin berechnen und dann verdoppeln. Beim durchgerechneten Beispiel „U-Profil" zeigte sich, daß durch die sinnvolle Wahl des Koordinatenursprungs der Anteil an $(y_Q\,I_y)$ im Bereich II null wurde, weil einerseits $y = 0$ und andererseits $\sin(0) = 0$ ist, so daß beide Summanden der Klammer im Integral null wurden. Nicht immer ist also der Koordinatenursprung der geeignete Punkt, das yz-Koordinatensystem zu eröffnen. Bei Verwendung von Polarkoordinaten bleibt nichts anderes übrig, als den Kreismittelpunkt zum Koordinatenursprung zu machen. Dies wird in Übung 2-27 deutlich.

Zur Beschreibung des statischen Flächenmoments der Restfläche wird man die statischen Flächenmomente der Teilflächen innerhalb dieser Restfläche durch Integration summieren, da die Lage des Schwerpunkts dieser nicht geradlinig begrenzten Fläche unbekannt ist. Ein Beispiel zeigt Bild 2-190.

$$S_y(\varphi) = \int\limits_{\psi=0}^{\psi=\varphi} dA\,R\sin\psi = \int\limits_{\psi=0}^{\psi=\varphi} c\,R\,d\psi\,R\sin\psi$$

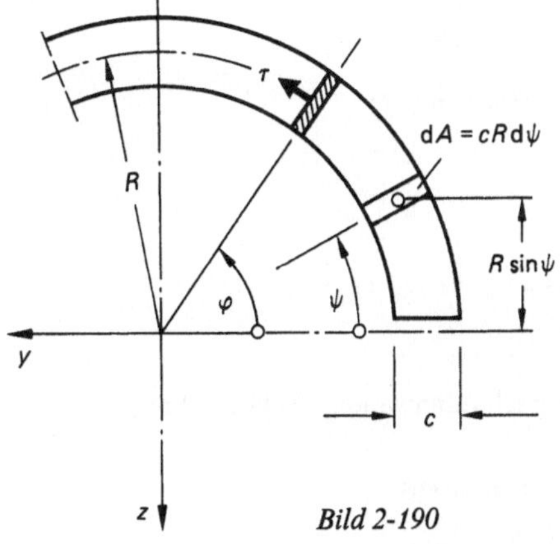

Bild 2-190

Übung 2-27

Es ist die Lage des Schubmittelpunkts eines runden Schlitzrohres vom mittleren Radius R und der konstanten Wanddicke c zu bestimmen, Bild 2-191.

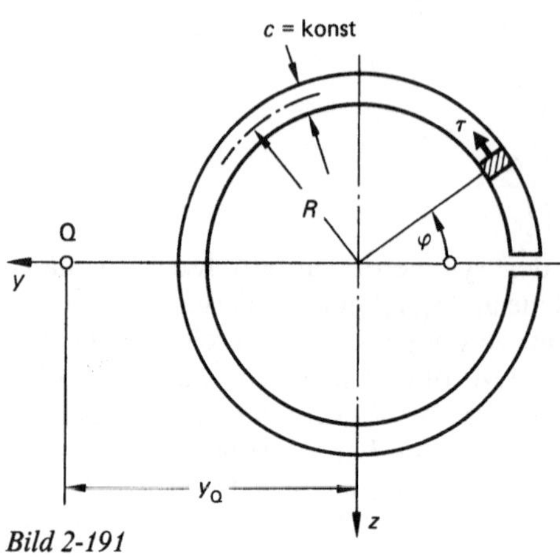

Bild 2-191

Lösung:

$$\alpha = \pi + \varphi\,; \quad y = -R\cos\varphi\,; \quad z = -R\sin\varphi$$

$$S_y(\varphi) = \int_{\psi=0}^{\psi=\varphi} c\,R\,\mathrm{d}\psi\,R\sin\psi$$

$$S_y(\varphi) = -c\,R^2\,|\cos\psi|_0^\varphi = -c\,R^2(\cos\varphi - 1)$$
$$\qquad = c\,R^2(1 - \cos\varphi)$$

$$(y_Q I_y) = 2\int_{\varphi=0}^{\varphi=\pi} c\,R^2(1 - \cos\varphi)$$

$$\cdot\,(-\underbrace{R\cos\varphi\;\cos(\pi+\varphi)}_{-\cos\varphi} - \underbrace{R\sin\varphi\;\sin(\pi+\varphi)}_{-\sin\varphi})\,\underbrace{R\,\mathrm{d}\varphi}_{=\,\mathrm{d}s}$$

$$= 2\int_{\varphi=0}^{\pi} c\,R^2(1 - \cos\varphi)\,(R\cos^2\varphi + R\sin^2\varphi)\,R\,\mathrm{d}\varphi$$

$$= 2\int_{\varphi=0}^{\pi} c\,R^4(1 - \cos\varphi)\,(\underbrace{\sin^2\varphi + \cos^2\varphi}_{1})\,\mathrm{d}\varphi$$

$$= 2\,c\,R^4\left[\int_0^\pi \mathrm{d}\varphi - \int_0^\pi \cos\varphi\,\mathrm{d}\varphi\right]$$

$$= 2\,c\,R^4\,[\,|\varphi|_0^\pi - |\sin\varphi|_0^\pi\,]$$

$$= 2\,c\,R^4\,(\pi - 0) = 2\,c\,R^4\,\pi$$

Ergebnis:

$$y_Q = \frac{2\,c\,R^4\,\pi}{I_y}$$

Für hinlänglich dünnwandige Schlitzrohre gilt

$$I_y \cong \int_{\varphi=0}^{\pi} 2\,\mathrm{d}A\,(R\sin\varphi)^2$$

mit $\mathrm{d}A = c\,R\,\mathrm{d}\varphi$

$$I_y \cong \int_{\varphi=0}^{\pi} 2\,c\,R\,\mathrm{d}\varphi\,R^2\sin^2\varphi$$

$$I_y \cong 2\,c\,R^3\left|\frac{\varphi}{2} - \frac{\sin(2\varphi)}{4}\right|_0^\pi \cong 2\,c\,R^3\,\frac{\pi}{2} \cong c\,R^3\,\pi$$

Damit wird dann

$$y_Q \cong \frac{2\,c\,R^4\,\pi}{c\,R^3\,\pi} \cong 2\,R$$

Übung 2-28

Zu bestimmen ist die Lage des Schubmittelpunkts für den in Bild 2-192 u. 2-193 skizzierten Querschnitt eines geschlitzten Quadratrohres der mittleren Kantenlänge a und der konstanten Wanddicke c.

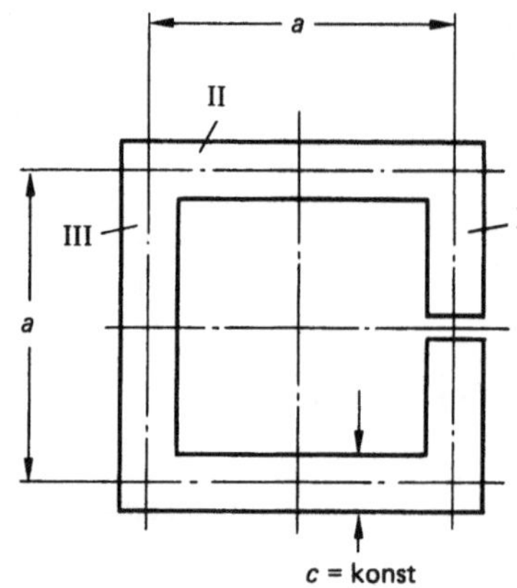

Bild 2-192

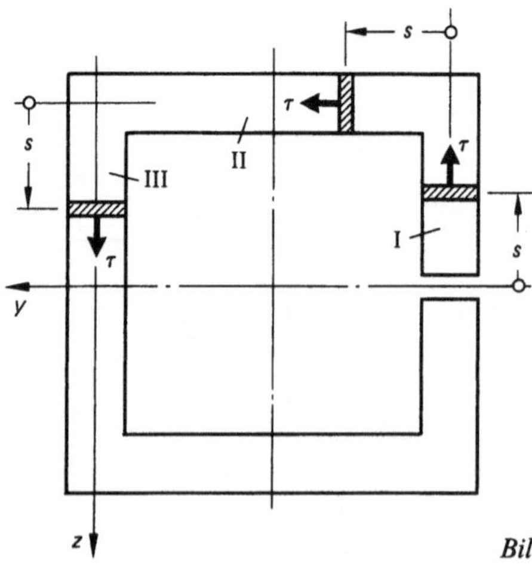

Bild 2-193

Lösung:

Bereich I

$$\alpha = \pi ; \quad y = -a ; \quad z = -s$$

$$S_y(s) = c\,s\,\frac{s}{2} = \frac{c\,s^2}{2}$$

$$(y_Q I_y)_1 = \int_{s=0}^{s=a/2} \frac{c\,s^2}{2}\,(-a\cos\pi - s\sin\pi)\,\mathrm{d}s$$

$$= \int_{s=0}^{a/2} \frac{c\,s^2}{2}\,(a)\,\mathrm{d}s$$

$$= \frac{c\,a}{2}\left.\frac{s^3}{3}\right|_0^{a/2}$$

$$(y_Q I_y)_1 = \frac{c\,a^4}{48}$$

Bereich II

$$\alpha = \frac{3\pi}{2} ; \quad y = -a + s = s - a ; \quad z = -\frac{a}{2}$$

$$S_y(s) = \frac{c\,a^2}{8} + c\,s\,\frac{a}{2}$$

$$(y_Q I_y)_{II} = \int_{s=0}^{s=a} \left(\frac{c\,a^2}{8} + \frac{c\,a}{2}\,s\right)$$

$$\cdot \left((s-a)\underbrace{\cos\frac{3\pi}{2}}_{0} - \frac{a}{2}\underbrace{\sin\frac{3\pi}{2}}_{-1}\right)\mathrm{d}s$$

$$= \int_{s=0}^{a} \left(\frac{c\,a^2}{8} + \frac{c\,a}{2}\,s\right)\left(\frac{a}{2}\right)\mathrm{d}s$$

$$= \frac{c\,a^3}{16}\left.|s|\right|_0^a + \frac{c\,a^2}{4}\left.\frac{s^2}{2}\right|_0^a$$

$$= \frac{c\,a^4}{16} + \frac{c\,a^4}{8}$$

$$(y_Q I_y) = \frac{3\,c\,a^4}{16}$$

Bereich III

$$\alpha = 0 ; \quad y = 0 ; \quad z = -\frac{a}{2} + s = s - \frac{a}{2}$$

$$S_y(s) = \frac{c\,a^2}{8} + \frac{c\,a^2}{2} + c\,s\left(\frac{a}{2} - \frac{s}{2}\right)$$

$$(y_Q I_y)_{III} = \int_{s=0}^{s=\frac{a}{2}} S_y(s)$$

$$\cdot \left(0\cos(0) + \left(s - \frac{a}{2}\right)\underbrace{\sin(0)}_{=0}\right)\mathrm{d}s$$

$$(y_Q I_y)_{III} = 0$$

$$(y_Q I_y) = 2(\quad)_I + 2(\quad)_{II} + 2(\quad)_{III}$$

$$(y_Q I_y) = \frac{2\,c\,a^4}{48} + \frac{6\,c\,a^4}{16} + 0 = \frac{5}{12}\,c\,a^4$$

Ergebnis:

$$y_Q = \frac{5\,c\,a^4}{12\,I_y}$$

Beschreiben wir darin I_y wie folgt:

$$I_y = \frac{(a+c)^4}{12} - \frac{(a-c)^4}{12}$$

$$I_y = \frac{1}{12}\,[a^4 + 4a^3 c + 6a^2 c^2 + 4a c^3 + c^4 \\ - (a^4 - 4a^3 c + 6a^2 c^2 - 4a c^3 + c^4)]$$

$$I_y = \frac{1}{12}\,[8a^3 c + 8a c^3] = \frac{8\,a\,c}{12}\,(a^2 + c^2)$$

Für hinlänglich dünnwandige Querschnitte gilt

$$a^2 + c^2 \cong a^2$$

$$I_y \cong \frac{2}{3}\,a^3 c$$

Damit erhält man

$$y_Q \cong \frac{5\,c\,a^4}{12 \cdot 2\,a^3 c}\,3 \cong \frac{5}{8}\,a$$

Übung 2-29

Es ist die Lage des Schubmittelpunktes für ein rundes Schlitzrohr mit veränderlicher Wanddicke zu bestimmen und die Sonderfälle a) $k=2$, b) $k=1$, c) $k=0{,}5$ zu diskutieren, Bild 2-194 bis 2-196.

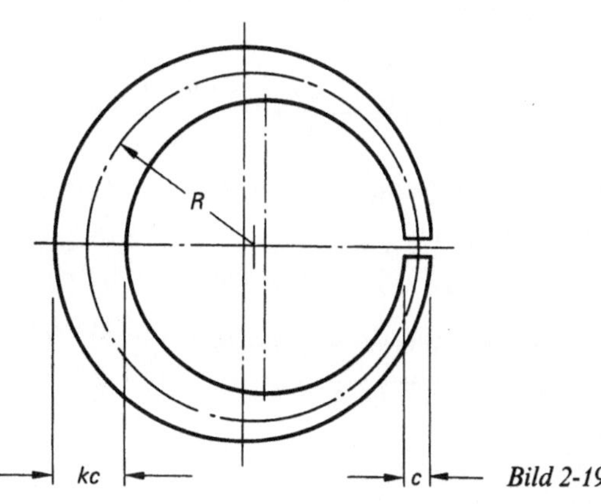

Bild 2-194

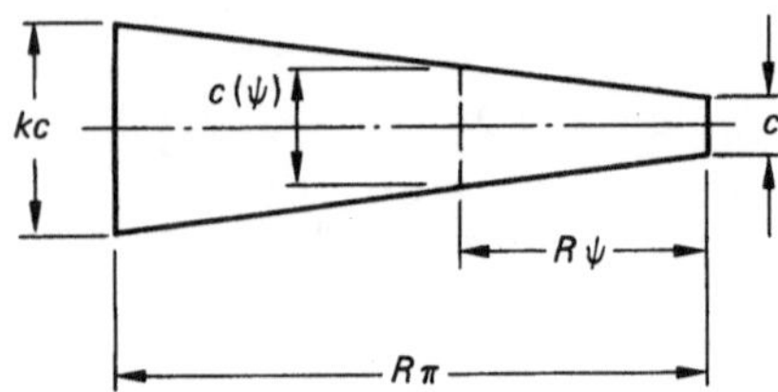

Bild 2-195

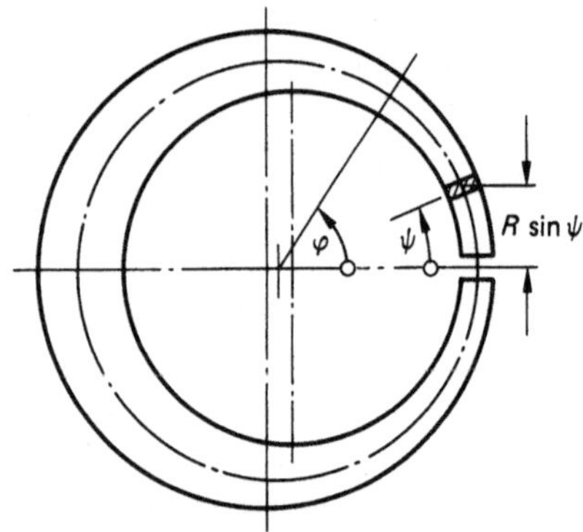

Bild 2-196

Lösung:

Die Wanddicke an beliebiger Stelle ψ des Querschnitts ergibt sich aus einer Proportion:

$$\frac{\dfrac{kc-c}{2}}{R\pi} = \frac{\dfrac{c(\psi)-c}{2}}{R\psi}$$

$$c(\psi) = \frac{c}{\pi}(k-1)\psi + c$$

$$\alpha = \pi + \varphi \ ; \quad y = -R\cos\varphi \ ; \quad z = -R\sin\varphi$$

$$S_y(\varphi) = \int\limits_{\psi=0}^{\psi=\varphi} \underbrace{c(\psi)\,R\,\mathrm{d}\psi}_{\mathrm{d}A}\, R\sin\psi$$

$$S_y(\varphi) = \frac{cR^2}{\pi}(k-1)\underbrace{\int\limits_{\psi=0}^{\psi=\varphi}\psi\sin\psi\,\mathrm{d}\psi}_{\mathrm{I}} + cR^2\underbrace{\int\limits_{\psi=0}^{\psi=\varphi}\sin\psi\,\mathrm{d}\psi}_{\mathrm{II}}$$

Nebenrechnung für Integral I:
Partielle Integration

$$\int u v' = u v - \int v u'$$

$$\int \underbrace{\psi}_{u}\,\underbrace{\sin\psi}_{v'}\,\mathrm{d}\psi = -\psi\cos\psi + \int\cos\psi\,\mathrm{d}\psi$$
$$\qquad\qquad = -\psi\cos\psi + \sin\psi$$

$$v = -\cos\psi$$
$$u' = 1$$

$$S_y(\varphi) = \frac{cR^2}{\pi}(k-1)\,|\sin\psi - \psi\cos\psi|_0^\varphi - cR^2\,|\cos\psi|_0^\varphi$$

$$S_y(\varphi) = \frac{cR^2}{\pi}(k-1)(\sin\varphi - \varphi\cos\varphi) - cR^2(\cos\varphi - 1)$$

$$S_y(\varphi) = cR^2(1-\cos\varphi) + \frac{cR^2}{\pi}(k-1)(\sin\varphi - \varphi\cos\varphi)$$

$$y_Q I_y = 2\int\limits_{\varphi=0}^{\varphi=\pi} S_y(\varphi)$$
$$\cdot\, (-R\cos\varphi\,\cos(\pi+\varphi) - R\sin\varphi\,\sin(\alpha+\pi))\,R\,\mathrm{d}\varphi$$

$$y_Q I_y = 2\int\limits_{\varphi=0}^{\varphi=\pi} S_y(\varphi)\,R\,\underbrace{(\cos^2\varphi + \sin^2\varphi)}_{=1}\,R\,\mathrm{d}\varphi$$

$$\frac{(y_Q I_y)}{2R^2\,cR^2} = \int\limits_{\varphi=0}^{\pi}\mathrm{d}\varphi - \int\limits_{\varphi=0}^{\pi}\cos\varphi\,\mathrm{d}\varphi$$
$$+ \frac{k-1}{\pi}\int\limits_{\varphi=0}^{\pi}\sin\varphi\,\mathrm{d}\varphi - \frac{k-1}{\pi}\int\limits_{\varphi=0}^{\pi}\varphi\cos\varphi\,\mathrm{d}\varphi$$

$$\frac{y_Q I_y}{2cR^4} = |\varphi|_0^\pi - |\sin\varphi|_0^\pi - \frac{k-1}{\pi}|\cos\varphi|_0^\pi$$
$$- \frac{k-1}{\pi}|\cos\varphi + \varphi\sin\varphi|_0^\pi$$

$$\frac{y_Q I_y}{2cR^4} = \pi - 0 - \frac{k-1}{\pi}(-1-1) - \frac{k-1}{\pi}(-1-1)$$

$$\frac{y_Q I_y}{2cR^4} = \pi + \frac{2}{\pi}(k-1) + \frac{2}{\pi}(k-1)$$

$$y_Q \cdot I_y = 2cR^4\left(\pi + \tfrac{4}{\pi}(k-1)\right)$$

$$y_Q = \frac{2cR^4}{I_y}\left(\pi + (k-1)\tfrac{4}{\pi}\right)$$

1. Sonderfall: $k = 2$

$$y_Q = \frac{2cR^4}{I_y}\left(\pi + \frac{4}{\pi}\right)$$

2. Sonderfall: $k = 1$

$$y_Q = \frac{2cR^4\pi}{I_y}$$

3. Sonderfall: $k = 0,5$

$$y_Q = \frac{2cR^4}{I_y}\left(\pi - \frac{2}{\pi}\right)$$

Bei einfachsymmetrischen Querschnitten liegt der Schubmittelpunkt auf der Symmetrieachse, bei doppeltsymmetrischen Querschnitten deckt sich der Schubmittelpunkt mit dem Schwerpunkt, Bild 2-197.

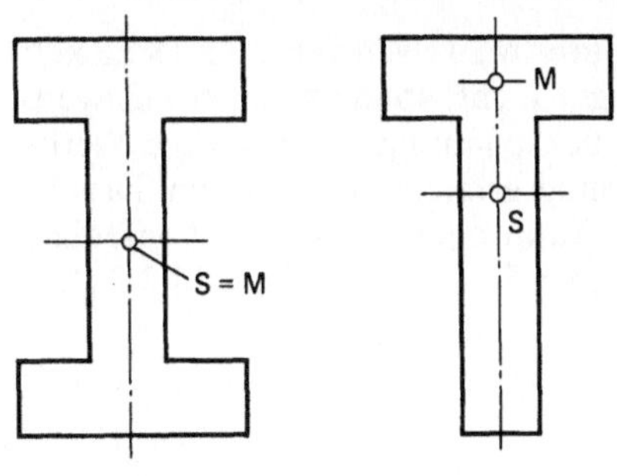

Bild 2-197

Bei Kenntnis der Lage des Schubmittelpunkts kann beurteilt werden, ob die am Balken angreifende Querkraft außer Biegung auch Torsion hervorruft, Bild 2-198:

a) Zweiachsige Biegung und Torsion: $M_t = Fe$,
b) Einachsige Biegung und Torsion: $M_t = Fe$,
c) Einachsige Biegung und Torsion: $M_t = Fe$,
d) Einachsige Biegung ohne Torsion.

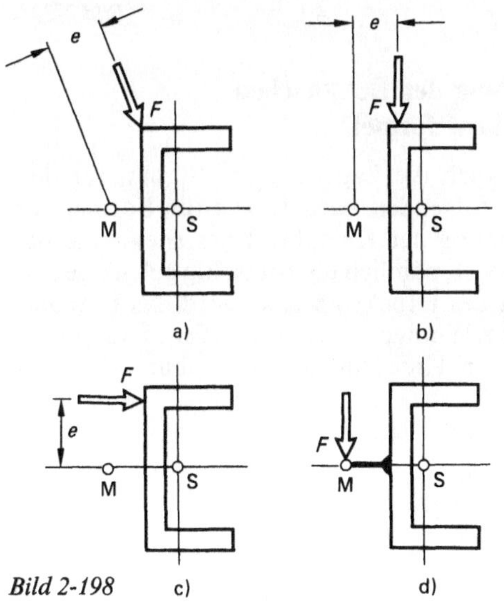

Bild 2-198

2.6. Knickung

2.6.1. Knickung von Stäben konstanter Biegesteifigkeit

Die Knickbeanspruchung stellt ein sog. Stabilitätsproblem dar, wie auch Beulen und Kippen Stabilitätsprobleme sind, Bild 2-199.

Kennzeichen der Stabilitätsprobleme ist es, daß der belastete Körper eine Formänderung derart erfährt, daß die neue Form eine stabile Gleichgewichtslage bedeutet. Bei zügiger Steigerung der belastenden Kraft wird zwar formal-statisch das Gleichgewicht gewahrt, doch handelt es sich irgendwann um ein labiles Gleichgewicht. Kleinste Störungen – z.B. eine nicht zentrische Kraft am Druckstab, Fertigungsungenauigkeiten usw. – führen dazu, daß das Bauteil plötzlich seine Form ändert, knickt, beult oder kippt; die dann gewonnene Gleichgewichtslage ist stabil. Die Absicht des Ingenieurs ist es, diesen Umschlag in die stabile Gleichgewichtslage zu vermeiden, da ein Bauteil in dieser formveränderten Lage seiner Funktion kaum gerecht werden kann.

Nennen wir jene Druckkraft am schlanken, langen Körper, die zum Knicken führt, die Knickkraft F_k. Kräfte, die kleiner sind als diese Knickkraft, halten den Druckstab im Zustand stabilen Gleichgewichts. Ist die Druckkraft gerade so groß wie die Knickkraft, so ist das Gleichgewicht indifferent, bei Druckkräften größer als F_k ist die Gleichgewichtslage labil und die Wahrscheinlichkeit für Ausknicken ist groß, Bild 2-200.

Worin unterscheiden sich nun die Stabilitätsprobleme so grundsätzlich von den bekannten Beanspruchungsarten wie Zug, Druck, Biegung,

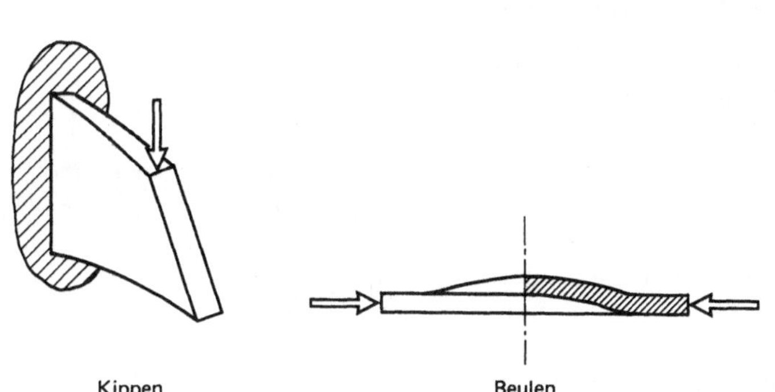

Bild 2-199   Kippen   Beulen   Knicken

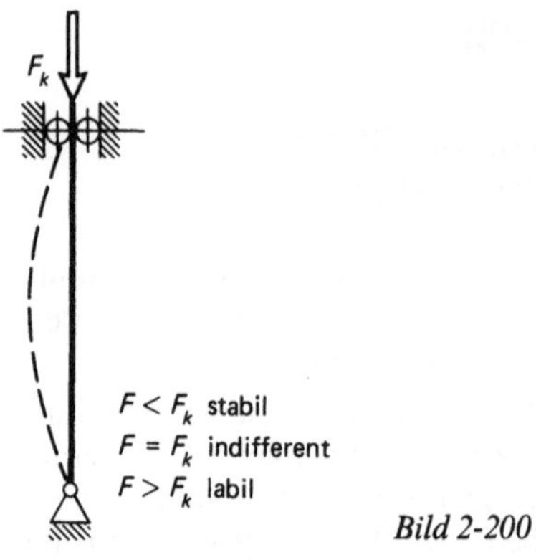

$F < F_k$ stabil

$F = F_k$ indifferent

$F > F_k$ labil

Bild 2-200

Abscheren, Torsion? Merkmal für das Versagen bei den genannten Grundbeanspruchungen und auch bei aus diesen Grundbeanspruchungen zusammengesetzten Beanspruchungen ist das Erreichen einer Spannung oder eines Spannungszustandes, den der Werkstoff als unerträglich empfindet, er versagt, und zwar in Form von bleibenden Formänderungen (Fließen) oder Bruch.

Bei den Stabilitätsproblemen und damit auch bei der Knickbeanspruchung spricht man dann von Versagen, wenn die Labilität des Gleichgewichts gegeben ist, wenn der Druckstab also zum Ausknicken neigt. Dabei ist die Belastbarkeit des Werkstoffs noch nicht erreicht: die Druckspannung im Druckstab ist beim Ausknicken des Stabes noch kleiner als die Druckspannung bei Werkstoffversagen. Es versagt also nicht der Werkstoff, sondern die Form des Bauteils. Ist der Druckstab erst einmal ausgeknickt, so gehören nur kleine Laststeigerungen dazu, weitere Stabdurchbiegungen hervorzurufen; der einmal ausgeknickte Stab kann durch ein geringes Mehr an Druckkraft weiter verformt werden.

Die Knickbeanspruchung ist ihrem Wesen nach, wie gesagt, eine Druckbeanspruchung. Die Druckspannung im Stab im Moment des Knickens bzw. im Moment der Labilität des Gleichgewichts ist die Knickspannung

$$\sigma_k = \frac{F_k}{A}$$

mit F_k als Knickkraft und A als Stabquerschnittsfläche.

Ein schlanker Stab wird zum Knicken neigen, er versagt durch Ausknicken; ein kurzer, ge-

drungener Stab wird weniger zum Knicken neigen oder gar nicht, sondern dann versagen, wenn die Druckspannung die zulässige Werkstoffanstrengung erreicht hat. Ob ein Druckstab knicken kann oder nicht, hängt offenbar vom Grad seiner Schlankheit ab, Bild 2-201.

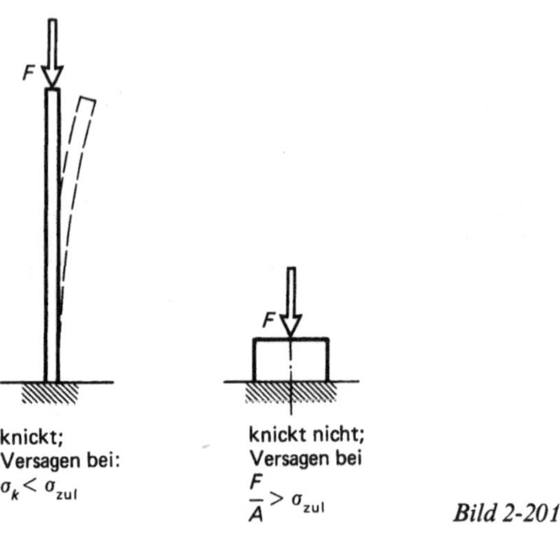

knickt;
Versagen bei:
$\sigma_k < \sigma_{zul}$

knickt nicht;
Versagen bei
$\dfrac{F}{A} > \sigma_{zul}$

Bild 2-201

Ableitung der EULERschen Knickkraftformel

Wenn auch die Lagerung des Stabes, für den wir im folgenden nach EULER die Formel zur Berechnung der Knickkraft herleiten, eine besondere ist, nämlich die beidseitig gelenkige Lagerung des Druckstabes, so wird das Ergebnis der Überlegungen auch auf andere Lagerungsarten von Knickstäben anwendbar sein, Bild 2-202.

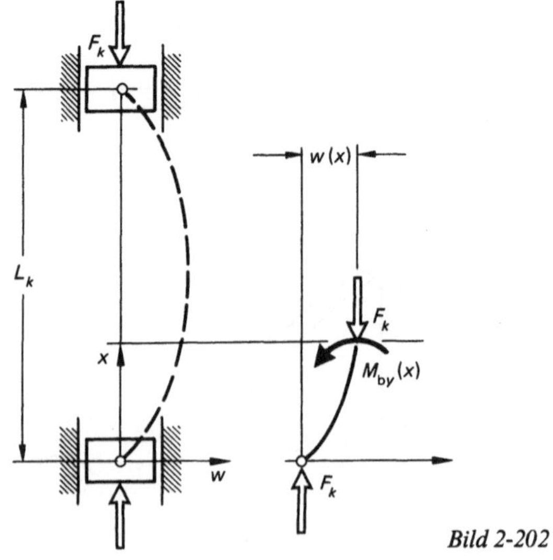

Bild 2-202

Schnittgrößen an der Stelle x des Stabes sind F_k als Längskraft und $M_b(x)$ als Schnittmoment – Biegemoment in Richtung y-Achse.

Gleichgewichtsbedingung am Abschnitt der Länge x:

$$\sum M = 0$$
$$0 = M_{by}(x) - F_k\, w(x)$$

Aus Kenntnis der Differentialgleichung der Biegelinie des geraden Balkens ist bekannt

$$w''(x) = -\frac{M_{by}(x)}{E I_y}$$

Damit wird der statische Ansatz die Form

$$0 = -E I_y\, w''(x) - F_k\, w(x)$$

erhalten. Durch Umformen wird daraus die Differentialgleichung unseres Knickproblems:

$$0 = w''(x) + \frac{F_k}{E I_y}\, w(x)$$

Substituieren wir

$$\beta^2 = \frac{F_k}{E I_y}$$

so lautet die Differentialgleichung

$$0 = w''(x) + \beta^2\, w(x)$$

Dies ist eine gewöhnliche, lineare, homogene Differentialgleichung 2. Ordnung mit konstanten Koeffizienten, wie sie in der Mechanik häufig vorkommt, so auch bei Schwingungsproblemen.

Lösung der Differentialgleichung

Differentialgleichungen dieses Typs können durch zweimaliges Trennen der Variablen und geeignete Substitutionen unmittelbar durch Integration gelöst werden.

Substitution:

$$\frac{dw}{dx} = w' = p(x)$$

$$w'' = \frac{dp}{dx} = \frac{dp}{dw}\frac{dw}{dx} = \frac{dp}{dw}\, w' = \frac{dp}{dw}\, p$$

Damit wird die Differentialgleichung lauten:

$$0 = w''(x) + \beta^2\, w(x)$$

$$0 = \frac{dp}{dw}\, p + \beta^2\, w(x)$$

$$\int p\, dp = -\beta^2 \int w(x)\, dw$$

$$\frac{p^2}{2} = -\beta^2\, \frac{w^2}{2} + C_1$$

Resubstitution $\quad p = \dfrac{dw}{dx}$

$$\frac{dw}{dx} = \sqrt{\underbrace{2\, C_1 - \beta^2\, w^2}_{C_2}}$$

$$\frac{dw}{\sqrt{C_2 - \beta^2\, w^2}} = dx$$

Umformung zum Grundintegral:

$$\int \frac{dw}{\beta\, \sqrt{\underbrace{\dfrac{C_2}{\beta^2} - w^2}_{C_3}}} = \int dx$$

$$\frac{1}{\beta}\, \arcsin\left(\frac{w}{\sqrt{C_3}}\right) = x + C_4$$

$$\arcsin\left(\frac{w}{\sqrt{C_3}}\right) = \beta\, x + \underbrace{\beta\, C_4}_{C_5}$$

$$\frac{w}{\sqrt{C_3}} = \sin(\beta\, x + C_5)$$

$$w(x) = \sqrt{C_3}\, \sin(\beta\, x + C_5)$$

oder allgemein mit neuen Konstanten, die jetzt A und B lauten:

$$w(x) = A\, \sin(\beta\, x + B)$$

Dies ist die als phasenverschobene Sinusfunktion dargestellte allgemeine Linearkombination einer harmonischen Funktion:

$$w(x) = C_1 \sin(\beta\, x) + C_2 \cos(\beta\, x),$$

die auch als phasenverschobene Cosinusfunktion geschrieben werden könnte.

Wir erkennen:

Der Knickstab nimmt die Biegelinie in Form einer harmonischen Funktion an. Bestimmen wir die Konstanten C_1 und C_2 mit Hilfe der geometrischen Randbedingungen aus der Lagerung des Stabes:

1. Randbedingung: $w(x=0) = 0$

2. Randbedingung: $w(x=L_k) = 0$

Aus der 1. Randbedingung folgt

$$C_2 = 0$$

Aus der 2. Randbedingung folgt

$$0 = C_1 \sin(\beta L_k)$$

Diese Gleichung ist nur erfüllt, wenn das Argument (βL_k) ein Vielfaches von π ist, denn C_1 kann nicht null sein, sonst läge kein Knicken vor:

$$\beta L_k = n\pi; \quad n = 1, 2, 3, \ldots$$

Für $n=1$ kann nach Resubstitution von β geschrieben werden:

$$\beta^2 = \frac{F_k}{EI_y} = \frac{\pi^2}{L_k^2}$$

Der nach F_k umgestellte Ausdruck ist die EULERsche Knickkraftformel:

$$F_k = \frac{\pi^2 EI_y}{L_k^2}$$

Im folgenden sollen die verschiedenen Arten der Lagerung des Stabes besprochen werden und für diese verschiedenen Fälle die Knickkraftformel entwickelt werden. Da aber alle Knickstäbe konstanten Querschnitts eine Biegelinie entsprechend der harmonischen Funktion annehmen, gilt die abgeleitete Knickkraftformel auch für andere Lagerungsarten, wenn man dabei bedenkt, daß L_k die halbe Länge einer vollständigen Sinuslinie ist.

Fall I

Stab einseitig gemäß Bild 2-203 fest eingespannt, am anderen Ende frei: $L_k = 2L$.

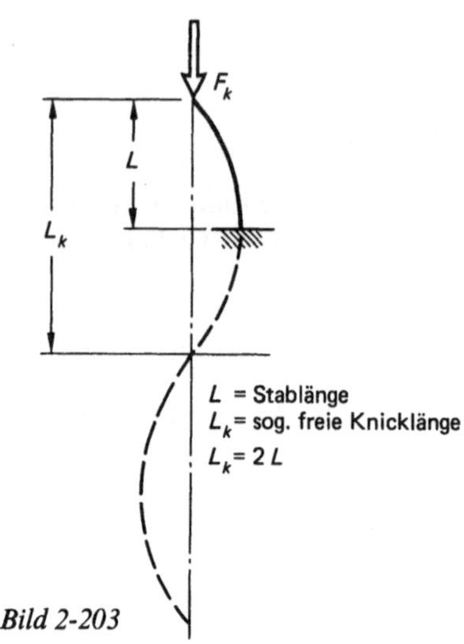

Bild 2-203

Fall II

Beide Stabenden sind nach Bild 2-204 gelenkig gelagert; an dem so gelagerten Stab hatten wir die Knickkraftformel abgeleitet, man spricht darum auch vom EULER-Fall: $L_k = L$.

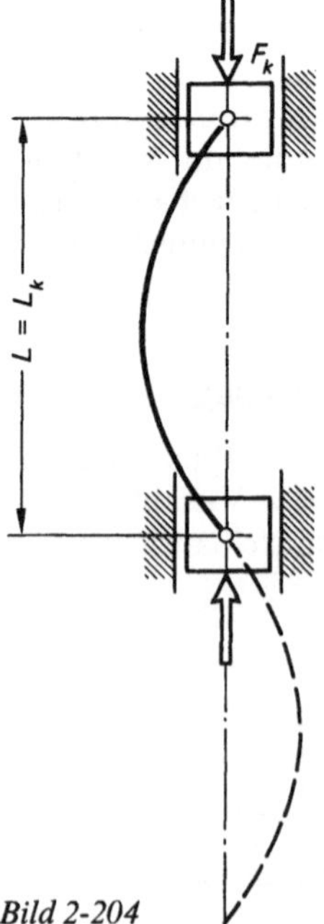

Bild 2-204

Fall III

Ein Stabende ist entsprechend Bild 2-205 fest eingespannt, das andere Ende gelenkig gelagert: $L_k \cong 0{,}7\,L$.

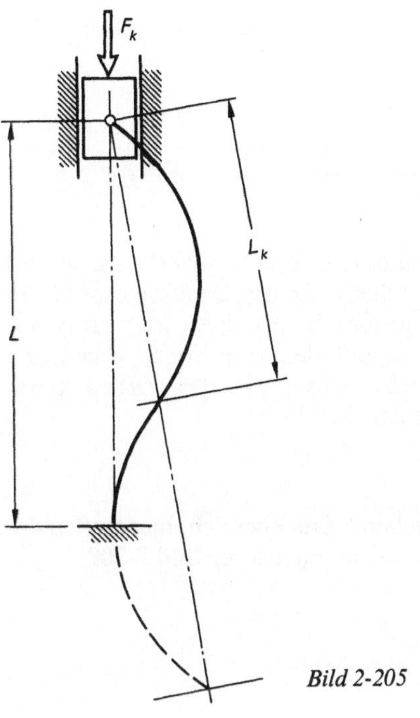

Bild 2-205

Fall IV

Beide Stabenden fest eingespannt, Bild 2-206: $L_k = 0{,}5\,L$.

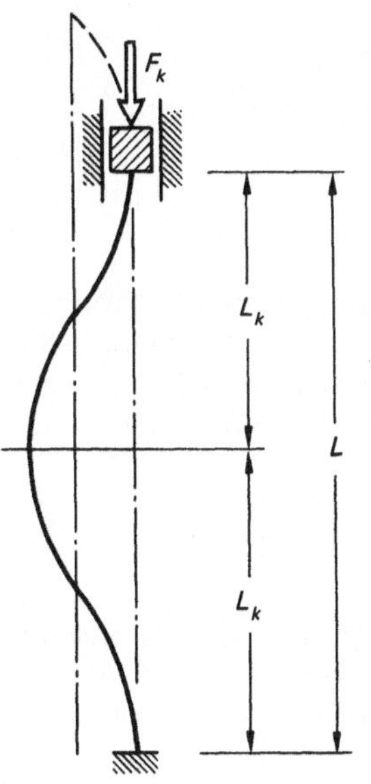

Bild 2-206

Die EULERsche Knickkraftformel erhält dann für die verschiedenen Lagerungsarten die Form entsprechend Tabelle 2-5.

Tabelle 2-5.

Fall	F_k
I	$\dfrac{\pi^2 E I_a}{4 L^2}$
II	$\dfrac{\pi^2 E I_a}{L^2}$
III	$\dfrac{2\pi^2 E I_a}{L^2}$
IV	$\dfrac{4\pi^2 E I_a}{L^2}$

Schlankheitsgrad λ

Der Schlankheitsgrad ist definiert als das Verhältnis von freier Knicklänge L_k zum Trägheitsradius i des Stabquerschnitts:

$$\lambda = \frac{L_k}{i} \quad \text{mit } i = \sqrt{\frac{I_{a_{min}}}{A}}$$

A = Stabquerschnitt

I_a = Flächenmoment 2. Ordnung, bezogen auf die Biegeachse.

Hat der Stab aufgrund seiner Lagerung (z. B. Fall IV = beidseitig eingespannt) die Möglichkeit, nach allen Seiten hin auszuknicken, so wird er jene Biegeachse wählen, die ihm den geringsten Widerstand entgegensetzt. Das wird die Achse sein, die das kleinste axiale Flächenmoment 2. Ordnung (früher: Flächenträgheitsmoment) besitzt.

Ist der Stab aufgrund seiner Lagerungen für eine bestimmte Knickrichtung prädestiniert, z. B. durch Gelenke (Fall II und III), so können Widersprüche folgender Art auftreten. Die zu den Gelenkachsen parallele Querschnittsachse ist nicht die I_{min}-Achse. Die Gelenke müssen in diesem Fall Momente quer zur Gelenkachse aufnehmen; es besteht die Gefahr des räumlichen Ausknickens. Solche Anordnungen sind zu vermeiden und lassen sich mit den hier angegebenen Formeln nicht erfassen.

Wir hatten die Knickspannung als jene Druck-spannung im Stab gekennzeichnet, bei der der Stab auszuknicken droht:

$$\sigma_k = \frac{F_k}{A} = \frac{\pi^2 E I_{a_{min}}}{A L_k^2} \quad \text{mit } i^2 = \frac{I_{a_{min}}}{A}$$

Damit ergibt sich die Knickspannung

$$\sigma_k = \frac{\pi^2 E i^2}{L_k^2}, \quad \text{wiederum mit } \frac{L_k^2}{i^2} = \lambda^2 .$$

EULERsche Knickspannungsgleichung:

$$\sigma_k = \frac{\pi^2 E}{\lambda^2}$$

Darstellung der EULERschen Knickspannungsgleichung

Die Knickspannungsgleichung nach EULER stellt sich als Hyperbel im $\sigma_k \lambda$-Koordinaten-system dar, Bild 2-207.

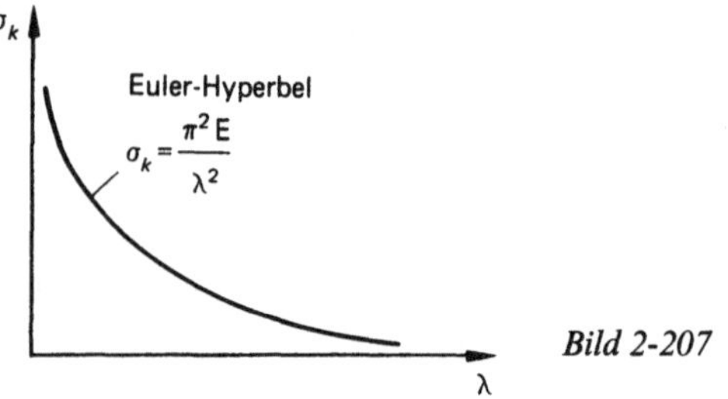

Bild 2-207

In der EULER-Hyperbelgleichung tritt der Ela-stizitätsmodul E des Werkstoffs auf. Hierin liegt ein Problem insofern, als der E-Modul der Werkstoffe für Spannungen oberhalb der Pro-portionalitätsspannung nicht bekannt ist, die Knickspannung aber durchaus solche Werte er-reichen kann. Vergegenwärtigen wir uns noch einmal das HOOKEsche Gesetz, Bild 2-208:

$$\sigma = E \varepsilon$$

Im Spannungs-Dehnungs-Diagramm erkennt man, daß der Tangens des Anstiegwinkels im Proportionalbereich dem E-Modul entspricht. Für Spannungen, die größer sind als die Pro-portionalitätsspannung, ist der E-Modul nicht mehr bekannt. Die Steigung der Spannungs-Dehnungs-Kurve nimmt oberhalb des Propor-

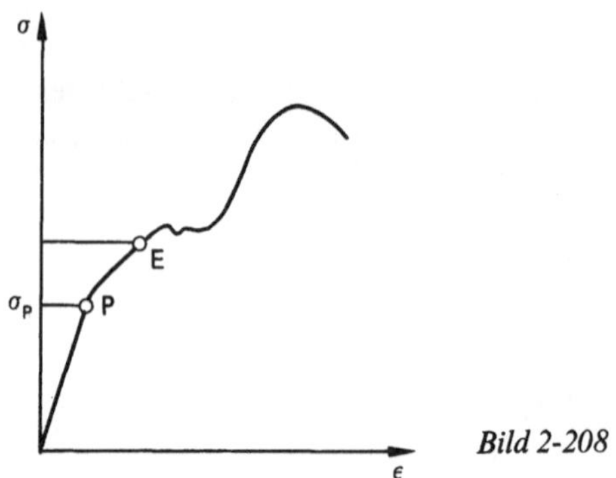

Bild 2-208

tionalitätspunktes P kleinere Werte an, so daß in solchen Fällen, da die Druckspannung im Knickstab größer ist als diese Proportionali-tätsspannung, mit den von EULER gegebenen Formeln nicht mehr gearbeitet werden kann. Man nennt den Bereich

$$\sigma_k < \sigma_P$$

den „elastischen" Knickbereich; hier treffen die EULERschen Gleichungen zu, Bild 2-209.

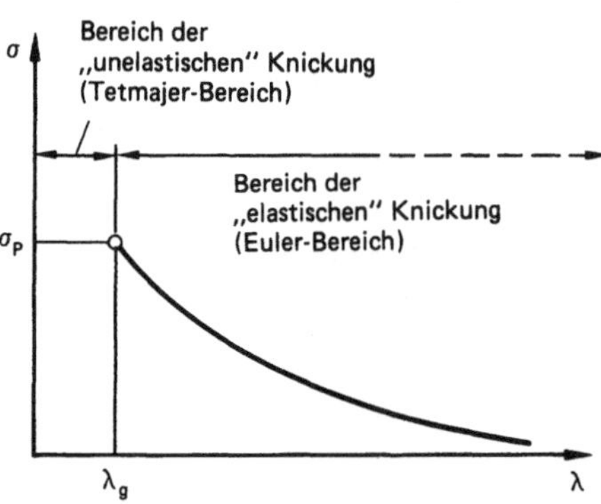

Bild 2-209

Der zur Proportionalitätsspannung gehörende Schlankheitsgrad ist der Grenzschlankheits-grad λ_g. Er stellt die Grenze zwischen „elasti-schem" und „unelastischem" Knickgebiet dar:

$$\lambda_g = \pi \sqrt{\frac{E}{\sigma_P}}$$

Der Grenzschlankheitsgrad ist für die meisten Werkstoffe bekannt; er läßt sich, wie gezeigt, aus der Proportionalitätsspannung errechnen. Einige λ_g-Werte zeigt Tabelle 2-6.

Tabelle 2-6.

Werkstoff	λ_g
St 37	105
St 50/St 60	89
GG	80
AlCuMg	66
AlMg 3	110

Liegen die Maße des Stabes fest, sowohl Querschnittsmaße als auch Länge und Art der Lagerung, so kann von vornherein entschieden werden, ob die EULER-Gleichungen zutreffen. Es wird der vorhandene Schlankheitsgrad berechnet und mit dem Grenzschlankheitsgrad verglichen. Ist $\lambda > \lambda_g$, so liegt „elastisches" Knicken vor und die EULER-Formeln sind anzuwenden. Für den unelastischen Knickbereich haben TETMAJER und andere empirische Knickspannungsformeln gefunden, die folgenden Aufbau haben:

$$\sigma_k \, (\text{N/mm}^2) = a - b \, \lambda + c \, \lambda^2$$

Für einige Werkstoffe werden in Tabelle 2-7 die Koeffizienten a, b und c angegeben; sie liegen für die meisten Werkstoffe vor.

Tabelle 2-7.

Werkstoff	a	b	c
Holz	29,3	0,194	0
GG	776	12	0,053
St 37	310	1,14	0
St 50/St 60	335	0,62	0

Man beachte, daß die Koeffizienten die Einheit der Spannung, hier N/mm², haben.

Im „unelastischen" Knickgebiet $\lambda < \lambda_g$ gelten diese oder ähnliche Formeln. Ist der Schlankheitsgrad des Stabes kleiner als 25, so liegt kein Knickproblem vor, der Stab kann nicht knicken und wird bei Überbelastung unter Druck versagen. Knickprobleme treten nicht unter Schlankheiten von ca. $\lambda \leq 25$ auf.

Knicksicherheit

Knicksicherheit ist das Verhältnis von Knickkraft zu tatsächlich wirkender Druckkraft bzw. das Verhältnis von Knickspannung zur tatsächlich herrschenden Druckspannung im Stab:

$$v_k = \frac{F_k}{F} = \frac{\sigma_k}{\sigma_d}$$

Der Schlankheitsgrad λ ist es, der entscheidet, ob es sich bei einem Belastungsfall um einen Fall der elastischen oder der unelastischen Knickung handelt. Sind alle Maße des Druckstabes bekannt und ist seine Lagerung bekannt, so kann die Entscheidung vor der Berechnung getroffen werden. Liegt ein Dimensionierungsproblem vor, sind also Maße (Länge oder Querschnittsmaße) unter Vorgabe bestimmter Bedingungen (Sicherheit z. B.) zu bestimmen, so kann der Schlankheitsgrad nicht von vornherein berechnet werden. Man muß in solchen Fällen von einer Annahme ausgehen und das Problem etwa mit den Gleichungen der elastischen Knickung durchrechnen. Ist das gesuchte Maß dann ermittelt, wird der Schlankheitsgrad hiermit berechnet und nachgewiesen, daß die Annahme zurecht getroffen wurde und es sich tatsächlich um einen Fall der elastischen Knickung handelt. Tritt dabei der Widerspruch ein, daß das gesuchte Maß nach einer EULER-Formel errechnet wurde, der letztlich errechnete Schlankheitsgrad aber kleiner ist als der Grenzschlankheitgrad, so ist die Berechnung zu wiederholen, diesesmal mit den Formeln der unelastischen Knickung. Eine nochmalige Überprüfung erübrigt sich dann.

Problematisch sind Knickstäbe mit nicht konstantem Querschnitt, also mit nicht konstanter Biegesteifigkeit. Solche Knickprobleme lassen sich mit den in diesem Abschnitt hergeleiteten und vorgestellten Formeln nicht bewältigen. Abschnitt 2.6.2. zeigt einen Lösungsweg für solche Knickprobleme auf.

Übung 2-30

Der Druckstab vom skizzierten Querschnitt, Bild 2-210 (Werkstoff St 52), ist 0,7 m lang und beidseitig fest eingespannt. Welche Druckkraft F kann bei 3facher Sicherheit gegen Knicken aufgenommen werden?

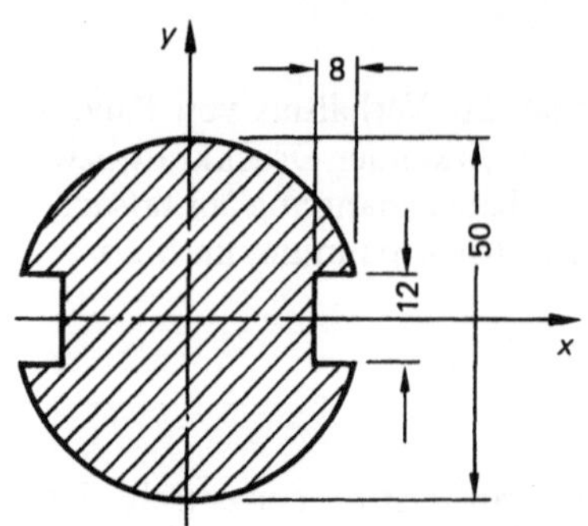

Bild 2-210

Lösung:

$$I_x = \frac{(5\,\text{cm})^4\,\pi}{64} - 2\,\frac{0,8 \cdot 1,2^3}{12}\,\text{cm}^4 = 30,4492\,\text{cm}^4$$

$$I_y = \frac{(5\,\text{cm})^4\,\pi}{64} - 2\left(\frac{1,2 \cdot 0,8^3}{12} + 0,8 \cdot 1,2 \cdot 2,1^2\right)\text{cm}^4$$

$$I_y = 22,11\,\text{cm}^4 = \min I_a$$

Schlankheitsgrad:

$$\lambda = \frac{L_k}{i}$$

$$i = \sqrt{\frac{I_{a_{min}}}{A}} = \sqrt{\frac{22,11\,\text{cm}^4}{((5^2\,\pi)/4 - 2 \cdot 0,8 \cdot 1,2)\,\text{cm}^2}}$$

$$i = 1,117183\,\text{cm}$$

Fall IV:

$$L_k = 0,5\,L$$

$$\lambda = \frac{L_k}{i} = \frac{35\,\text{cm}}{1,117183\,\text{cm}} = 31,33$$

$$\lambda < \lambda_g$$

31,33 < 89   d. h. unelastische Knickung

$$\sigma_k\,(\text{N/mm}^2) = 335 - 0,62 \cdot 31,33$$

$$\sigma_k = 315,575\,\text{N/mm}^2 = \frac{F_k}{A}$$

$$F_k = \sigma_k A = 315,575\,\text{N/mm}^2 \left(\frac{50^2\,\pi}{4} - 2 \cdot 8 \cdot 12\right)\text{mm}^2$$

$$F_k = 559\,040\,\text{N}$$

Sicherheit:

$$v_k = 3 = \frac{F_k}{F}$$

$$F_{zul} = \frac{F_k}{3} = \frac{559,04\,\text{kN}}{3} = 186,3\,\text{kN}$$

Übung 2-31

Ein einseitig eingespannter Stab von 300 mm Länge aus St 70 wird durch die Druckkraft $F = 60\,\text{N}$ belastet, Bild 2-211. Es handelt sich um ein Flacheisen der Rechteckmaße 9 × 3 mm. Welche Knicksicherheit liegt vor?

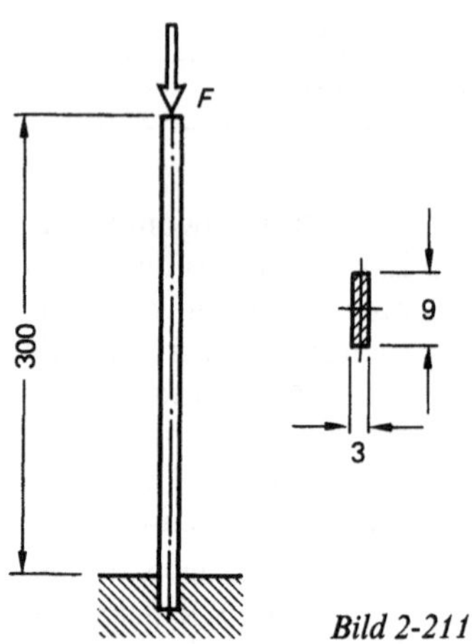

Bild 2-211

Lösung:

Trägheitsradius:

$$i = \sqrt{\frac{I_{a_{min}}}{A}}$$

$$I_{a_{min}} = \frac{9 \cdot 3^3}{12} = 20,25\,\text{mm}^4$$

$$A = 27\,\text{mm}^2$$

$$i = \sqrt{\frac{20,25\,\text{mm}^4}{27\,\text{mm}^2}} = 0,866\,\text{mm}$$

Schlankheitsgrad:

$$\lambda = \frac{L_k}{i}$$

Fall I:

$$L_k = 2\,L$$

$$L_k = 600\,\text{mm}$$

$$\lambda = \frac{600\,\text{mm}}{0,866\,\text{mm}} = 692,8$$

$$\lambda \gg \lambda_g$$

$$692,8 \gg 89$$

Elastische Knickung (EULER):

$$F_k = \frac{\pi^2 E I_{a_{min}}}{L_k^2} = \frac{\pi^2 \, 2{,}1 \cdot 10^5 \, \text{N/mm}^2 \cdot 20{,}25 \, \text{mm}^4}{(600 \, \text{mm})^2}$$

$$F_k = 116{,}6 \, \text{N}$$

Sicherheit:

$$v_k = \frac{F_k}{F} = \frac{116{,}6 \, \text{N}}{60 \, \text{N}} = 1{,}94$$

Übung 2-32

Welchen Durchmesser muß der Stab mit rundem Vollquerschnitt in Bild 2-212 aufweisen, um eine 4fache Sicherheit gegen Knicken zu garantieren? $E = 2{,}1 \cdot 10^5 \, \text{N/mm}^2$, $\lambda_g = 120$.

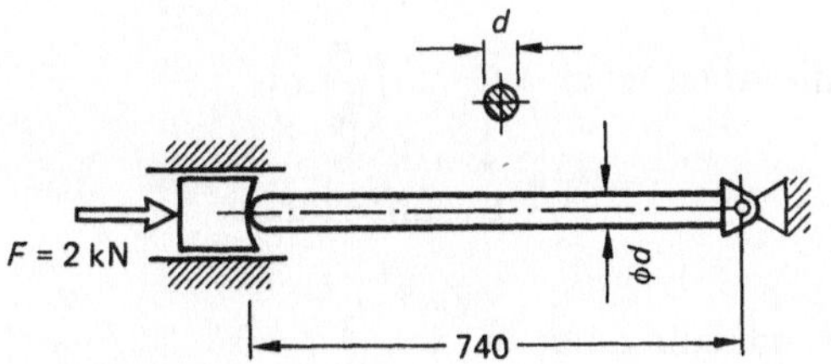

Bild 2-212

Lösung:

Annahme: elastische Knickung

$$F_k = \frac{\pi^2 E I_a}{L_k^2} = v_k F$$

$$I_a = \frac{d^4 \pi}{64}$$

Daraus folgt:

$$d = \sqrt[4]{\frac{v_k F L_k^2 \, 64}{\pi^3 E}}$$

$$d = \sqrt[4]{\frac{4 \cdot 2000 \, \text{N} \cdot (740 \, \text{mm})^2 \cdot 64}{\pi^3 \cdot 2{,}1 \cdot 10^5 \, \text{N/mm}^2}}$$

$$d = 14{,}405 \, \text{mm}$$

Damit folgt:

$$\lambda = \frac{L_k}{i} = \frac{L_k}{\sqrt{\dfrac{I_a}{A}}} = \frac{L_k}{\dfrac{d}{4}}$$

$$\lambda = \frac{4 L_k}{d} = \frac{4 \cdot 740 \, \text{mm}}{14{,}405 \, \text{mm}} = 205{,}5$$

$$\lambda > \lambda_g$$
$$205{,}5 > 120$$

Also Bestätigung: EULER-Fall

Das ω-Verfahren

Speziell für den Stahlbau, also Hochbau, Brükkenbau, Kranbau, ist ein Verfahren vorgeschrieben, das einen Stabilitätsnachweis für Druckstäbe formal auf eine Zugspannungsberechnung zurückführt, das ω-Verfahren. Die zulässige Zugspannung des Werkstoffs und die Knickzahl ω sind Grundlage der Berechnung. Das Produkt aus der im Stab vorliegenden Druckspannung mit der Knickzahl ω muß kleiner sein als die zulässige Zugspannung des Werkstoffs. Dieses Verfahren trennt nicht in Gebiete elastischer und unelastischer Knickung. Die mit dieser Trennung verbundenen Probleme sind in die Knickzahlen ω eingearbeitet. Allerdings weist das Verfahren den Nachteil auf, daß eine Dimensionierungsrechnung damit nicht möglich ist, es ist ein reines Nachrechnungsverfahren. Beim Entwurf bedient sich der Stahlbauer sog. Bemessungstafeln, die ihm eine Auswahl des erforderlichen Stabquerschnitts ermöglichen. Für den Maschinenbau, in dem es gleichermaßen um Entwurfsrechnungen wie Sicherheitsnachrechnungen geht, ist dieses Verfahren unüblich.

2.6.2. Knickung von Stäben veränderlicher Biegesteifigkeit

In diesem Abschnitt wird ein Verfahren zur näherungsweisen Bestimmung der Knicklast aus einer Energiebetrachtung vorgestellt, das RITZsche Verfahren. Weisen Knickstäbe veränderlichen Querschnitt auf, so ist die Lösung des Knickproblems durch Integration der Elastischen Linie (Differentialgleichung der Biegelinie) versagt. RITZ gibt nun eine Näherungslösung, bei der sich mit guter Genauigkeit die kritische Last (Knicklast) ergibt, wenn man anstelle der genauen Biegelinie eine Funktion wählt, die den Randbedingungen genügt. Man kann solche Funktionen z. B. in Form von Polynomen ansetzen. Die mit diesem Verfahren

erzielten Genauigkeiten sind für den Ingenieurbereich unbedingt ausreichend.

Will man für einen geraden Balken die elastischen Deformationen angeben (Biegepfeile,
Neigungen der Tangenten an die Biegelinie), so
ist die Differentialgleichung

$$\frac{w''(x)}{(1 + w'^2(x))^{3/2}} = \frac{-M_b(x)}{EI_a}$$

zu lösen.

Eine Lösung dieser Differentialgleichung erweist sich schon für einfache Belastungen als
äußerst kompliziert. Man löst diese Differentialgleichung dadurch, daß man $1 + w'^2(x) \approx 1$
setzt, also sich auf nur kleine Tangentenneigungen $w'^2(x) \ll 1$ beschränkt.

Dann lautet die Differentialgleichung

$$w''(x) \approx -\frac{M_b(x)}{EI_a}$$

Dieses „Linearisieren" der Differentialgleichung
erweist sich bei der Stabknickung als problematisch: Man kann zwar die kritische Last, nicht
aber die Form $w(x)$ des geknickten Stabes ermitteln, Bild 2-213.

$$M_b(x) = F_k\, w(x)$$

und

$$M_b(x) = -w''(x)\, EI_a$$
$$0 = w''(x)\, EI_a + F_k\, w(x)$$

$$0 = w''(x) + \underbrace{\frac{F_k}{EI_a}}_{\beta^2}\, w(x)$$

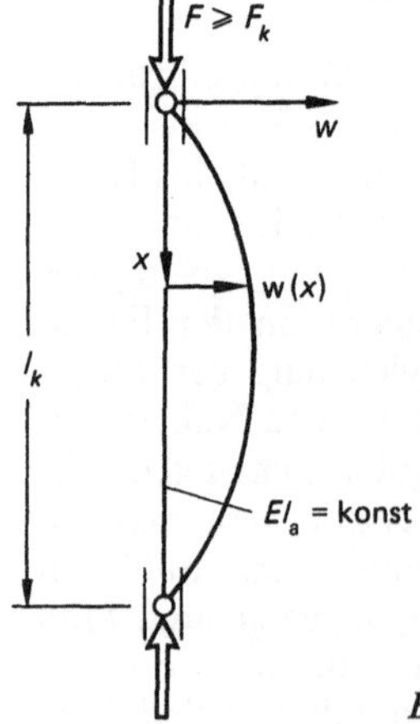

Bild 2-213

$$w(x) = C_1 \sin(\beta x) + C_2 \cos(\beta x)$$

1. Randbedingung: $w(x=0)=0 \;\rightarrow\; C_2=0$
2. Randbedingung: $w(x=l_k)=0 = C_1 \sin(\beta l_k)$

ist nur erfüllt für $\beta l_k = n\pi$; $n = 1, 2, 3, \dots$

für $n = 1 \;\rightarrow\; \beta l_k = 1\pi$

$$\sqrt{\frac{F_k}{EI_a}}\; l_k = \pi$$

EULERsche Knickkraftformel

$$F_k = \frac{\pi^2\, EI_a}{l_K^2}$$

damit lautet $w(x) = C_1 \sin\left(\dfrac{\pi}{l_k}\, x\right)$
$$\downarrow$$
$$C_1 \text{ unbekannt}$$

3. Randbedingung: $w'\left(x = \dfrac{l_k}{2}\right) = 0$

führt zu

$$0 = C_1\, \frac{\pi}{l_k}\, \underbrace{\cos\left(\frac{\pi}{l_k}\, \frac{l_k}{2}\right)}_{=0}$$

und liefert C_1 auch nicht. Somit kann die Form
der Biegelinie nicht beschrieben werden.

Gleichsetzen der Arbeiten aus Biegespannungen (Formänderungsarbeiten) und Arbeit der
äußeren Lasten, Bild 2-214 u. 2-215.

1.) W = Arbeit aus Biegespannungen

$$W = \frac{1}{2EI_a} \int M_b^2(x)\, \mathrm{d}x$$

und $M_b(x) = -w''(x)\, EI_a$

mit $M_b^2(x) = E^2 I_a^2\, w''^2(x)$

Es folgt

$$W = \frac{EI_a}{2} \int w''^2(x)\, \mathrm{d}x$$

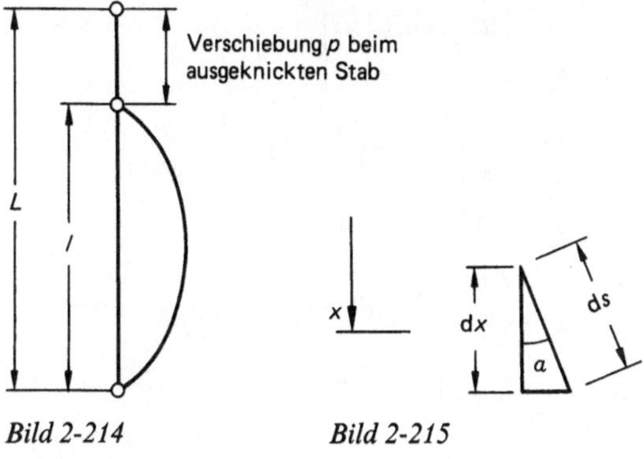

Bild 2-214   *Bild 2-215*

In bezug auf Bild 2-214 gilt

$$p = L - l = \int\limits_{x=0}^{l} (ds - dx)$$

denn $\quad L = \int\limits_{0}^{L} ds$

und $\quad l = \int\limits_{0}^{l} dx$

In Bild 2-215 ist $\alpha = w'(x)$ am Stabelement der Länge ds:

$$ds = \frac{dx}{\cos(\alpha)} = dx \sqrt{1 + \tan^2(\alpha)}$$

mit $\tan(\alpha) \cong w'(x)$ wird also

$$ds = dx \sqrt{1 + w'^2(x)}$$

$$p = \int\limits_{x} dx \left(\sqrt{1 + w'^2(x)} - 1 \right)$$

Entwicklung der TAYLOR-Reihe für den Ausdruck

$$f(x) = \sqrt{1 + x^2} = (1 + x^2)^{1/2}$$

Ableitungen:

$$f'(x) = \tfrac{1}{2}(1 + x^2)^{-1/2} \, 2x = \frac{x}{(1 + x^2)^{1/2}} = \frac{u}{v}$$

$$f''(x) = \frac{v\,u' - u\,v'}{v^2}$$

$$f''(x) = \frac{(1 + x^2)^{1/2}\,1 - x\,\tfrac{1}{2}(1 + x^2)^{-1/2}\,2x}{(1 + x^2)}$$

$$f(x = 0) = 1$$
$$f'(x = 0) = 0$$
$$f''(x = 0) = 1$$

Reihe:

$$f(x) = f(0) + \frac{f'(0)}{1!}\, x + \frac{f''(0)}{2!}\, x^2 + \dots$$

$$= 1 + \frac{0}{1!}\, x + \frac{1}{2!}\, x^2 + \dots$$

$$\left(\sqrt{1 + w'^2(x)} - 1 \right) \cong 1 + \tfrac{1}{2} w'^2(x) + \underbrace{\dots\dots} - 1$$

entfallen
als von höherer Ordnung
klein, da $w'^2(x) \ll 1$

also

$$p \cong \int\limits_{x} dx\, \tfrac{1}{2} w'^2(x)$$

2.) Arbeit der äußeren Kraft

$$A^{\,1)} = F_{kr}\, p = F_{kr} \int \tfrac{1}{2} w'^2(x)\, dx$$

Gleichsetzen der Arbeiten:

$$W = A$$

$$\frac{EI_a}{2} \int w''^2(x)\, dx = F_{kr} \int \tfrac{1}{2} w'^2(x)\, dx$$

$$F_{kr} = \frac{\tfrac{1}{2} E I_a \int w''^2(x)\, dx}{\tfrac{1}{2} \int w'^2(x)\, dx}$$

Es genügt, eine den Randbedingungen des Problems genügende Funktion $w^*(x)$ anstelle $w(x)$, (der exakten Biegelinie), einzusetzen.

Ist I_a eine Funktion von x, so verbleibt $I_a(x)$ im Integral.

Um einen Eindruck von der Genauigkeit des Verfahrens zu bekommen wird es zunächst für einen Stab konstanter Biegesteifigkeit angewendet. Für diesen Stab ist die exakte Biegelinie bekannt, so daß sich die Genauigkeiten beim Ansetzen von Näherungsfunktionen $w^*(x)$ erkennen lassen. Wir werden den einseitig eingespannten und am anderen Ende freien Knickstab als Beispiel wählen und zunächst die genaue Biegelinie ansetzen, danach ein Polynom 2. Grades und ein Polynom 3. Grades und jeweils den Vergleich mit der exakten Lösung ziehen und dabei erkennen, daß sich schon bei einem Polynom 3. Grades eine erstaunliche Genauigkeit ergibt, Bild 2-216.

---

[1]) Achtung: F_{kr} ist konstant und in voller Größe bereits vor der „Störung" vorhanden.

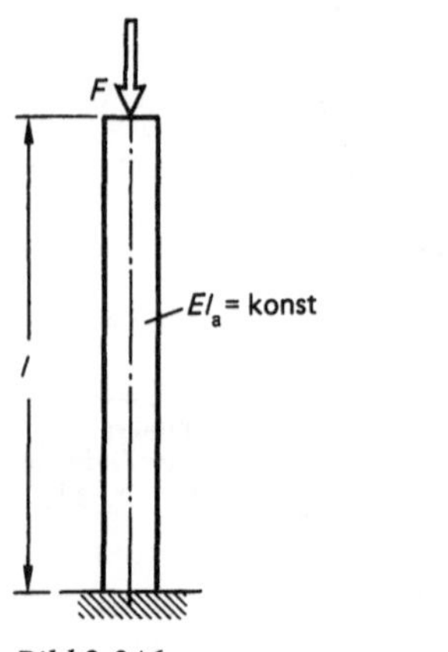 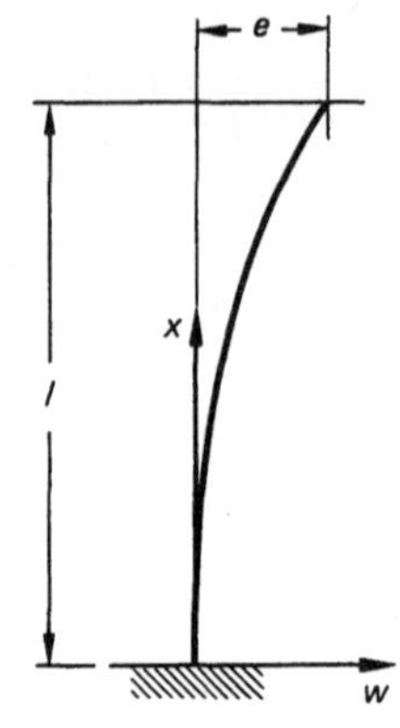

Bild 2-216

a) Annahme der $w(x)$-Funktion:

$$w^*(x) = e\left(1 - \cos\left(\frac{\pi}{2l} x\right)\right)$$

Sie erfüllt die Randbedingungen

$$w(x=0) = 0,$$
$$w(x=l) = e,$$
$$w'(x=0) = 0.$$

$$w(x=0) = e(1 - \underbrace{\cos(0)}_{=1}) = 0$$

$$w(x=l) = e\left(1 - \underbrace{\cos\left(\frac{\pi}{2}\right)}_{=0}\right) = e$$

$$w'(x=0) = e\frac{\pi}{2l}\sin\left(\frac{\pi}{2l} x\right)$$

$$w'(x=0) = 0$$

Zählerintegral

$$\int\limits_{x=0}^{l} w''^2(x)\,dx = \int\left(e\frac{\pi^2}{4l^2}\cos\left(\frac{\pi}{2l} x\right)\right)^2 dx$$

$$= e^2\frac{\pi^4}{16 l^4}\int\limits_{x=0}^{x=l}\cos^2\left(\underbrace{\frac{\pi}{2l} x}_{=u}\right)dx$$

$$\frac{du}{dx} = \frac{\pi}{2l}$$

$$= e^2\frac{\pi^4}{16 l^4}\int\cos^2(u)\,du\,\frac{2l}{\pi}$$

$$= e^2\frac{\pi^3}{8 l^3}\left|\frac{u}{2} + \frac{\sin(2u)}{4}\right|$$

$$= e^2\frac{\pi^3}{8 l^3}\left|\frac{\pi x}{4l} + \frac{\sin\left(\frac{\pi}{l} x\right)}{4}\right|_{x=0}^{x=l}$$

$$= e^2\frac{\pi^3}{8 l^3}\left(\frac{\pi}{4} + 0 - [0+0]\right) = \frac{e^2\pi^4}{32 l^3}$$

Nennerintegral

$$\int\limits_{x=0}^{l} w'^2(x)\,dx$$

$$= e^2\frac{\pi^2}{4 l^2}\int\sin^2\left(\frac{\pi}{2l} x\right)dx$$

$$= e^2\frac{\pi^2}{4 l^2}\frac{2l}{\pi}\left|\frac{\pi x}{4l} - \frac{\sin\left(\frac{\pi}{l} x\right)}{4}\right|_{x=0}^{x=l}$$

$$= e^2\frac{\pi}{2l}\left(\frac{\pi}{4} - 0 - [0-0]\right) = \frac{e^2\pi^2}{8 l}$$

$$F_{kr} = \frac{EI_a\dfrac{e^2\pi^4}{32 l^3}}{\dfrac{e^2\pi^2}{8 l}} = \frac{EI_a e^2\pi^4 8 l}{32 l^3 e^2\pi^2}$$

$$F_{kr} = \frac{EI_a\pi^2}{4 l^2}$$

stimmt darum mit bekannter EULER-Formel überein, weil die Wahl von $w^*(x)$ richtig war und nicht nur angenähert: der Stab biegt sinusförmig!

b) Annahme einer Näherungsfunktion:

$$w^*(x) = a_0 + a_1 x + a_2 x^2$$
$$w'(x) = \quad\ a_1 \quad\ + 2a_2 x$$
$$w''(x) = \qquad\qquad 2a_2$$

1. Randbedingung: $w(x=0) = 0$
$$\to a_0 = 0$$

2. Randbedingung: $w(x=l) = e$
$$\to e = a_1 l + a_2 l^2$$

3. Randbedingung: $w'(x=0) = 0$
$$\to a_1 = 0$$

daraus folgt: $a_2 = \dfrac{e}{l^2}$

$$w^*(x) = \frac{e}{l^2}\, x^2$$

quadratische Parabel für die Biegelinie angenommen

Zählerintegral

$$\int w''^2(x)\, dx$$

Ableitungen:

$$w'(x) = \frac{2e}{l^2}\, x$$

$$w''(x) = \frac{2e}{l^2}$$

$$\int w''^2(x)\, dx = \int_{x=0}^{x=l} \left(\frac{2e}{l^2}\right)^2 dx$$

$$= \left(\frac{2e}{l^2}\right)^2 |x|_0^l = \frac{4e^2}{l^3}$$

Nennerintegral

$$\int w'^2(x)\, dx = \int \left(\frac{2e}{l^2}\right)^2 x^2\, dx$$

$$= \frac{4e^2}{3\,l^4}\, |x^3|_0^l = \frac{4e^2}{3\,l}$$

$$F_{kr} = \frac{EI_a\, \dfrac{4e^2}{l^3}}{\dfrac{4e^2}{3\,l}} = \frac{EI_a\, 4e^2\, 3l}{l^3\, 4e^2}$$

$$F_{kr} = \frac{3\,EI_a}{l^2}$$

Die exakte Lösung ist

$$\frac{\pi^2}{4}\, \frac{EI_a}{l^2} = 2{,}467\, \frac{EI_a}{l^2}$$

Dies entspricht einer Abweichung von 21,6%.

c) Weitere Näherungsfunktion $w^*(x)$:

$$w^*(x) = a_0 + a_1 x + a_2 x^2 + a_3 x^3$$
$$w'(x) = \quad a_1 \quad + 2a_2 x + 3a_3 x^2$$
$$w''(x) = \qquad\qquad 2a_2 + 6a_3 x$$

1. Randbedingung: $w(x=0) = 0$
$$\to a_0 = 0$$

2. Randbedingung: $w(x=l) = e$ (1)
$$\to e = a_1 l + a_2 l^2 + a_3 l^3$$

3. Randbedingung: $w'(x=0) = 0$
$$\to a_1 = 0$$

4. Randbedingung: $w''(x=l) = 0$
$$\to 0 = 2a_2 + 6a_3 l$$ (2)

(1) $e = a_2 l^2 + a_3 l^3$ $(a_1 = 0!)$

(2) $0 = 2a_2 + 6a_3 l$

aus (1): $a_3 = \dfrac{e}{l^3} - \dfrac{a_2}{l}$ in (2) einsetzen:

aus (2): $$0 = 2a_2 + 6l\left(\frac{e}{l^3} - \frac{a_2}{l}\right)$$

$$0 = 2a_2 + \frac{6e}{l^2} - 6a_2$$

$$0 = \frac{6e}{l^2} - 4a_2 \to a_2 = \frac{3e}{2l^2}$$

$$a_3 = \frac{e}{l^3} - \frac{3e}{2l^3} = \frac{-e}{2l^3}$$

Damit lautet $w^*(x)$:

$$w^*(x) = \frac{3e}{2l^2}\, x^2 - \frac{e}{2l^3}\, x^3$$

Ableitungen von $w^*(x)$:

$$w'(x) = \frac{3e}{l^2}\, x - \frac{3e}{2l^3}\, x^2$$

$$w''(x) = \frac{3e}{l^2} - \frac{3e}{l^3}\, x$$

Zählerintegral

$$\int_{x=0}^{x=l} w''^2(x)\, dx$$

$$= \int_0^l dx\left(\frac{9e^2}{l^4} - \frac{18e^2}{l^5}\, x + \frac{9e^2}{l^6}\, x^2\right)$$

$$= \frac{9e^2}{l^4}\, |x|_0^l - \frac{18e^2}{2l^5}\, |x^2|_0^l + \frac{9e^2}{3l^6}\, |x^3|_0^l$$

$$= \frac{9e^2}{l^3} - \frac{9e^2}{l^3} + \frac{3e^2}{l^3} = \frac{3e^2}{l^3}$$

Nennerintegral

$$\int_{x=0}^{x=l} w'^2(x)\,dx$$

$$= \int_0^l dx \left(\frac{9e^2}{l^4}x^2 - \frac{18e^2}{2l^5}x^3 + \frac{9e^2}{4l^6}x^4 \right)$$

$$= \frac{9e^2\,l^3}{l^4\,3} - \frac{18e^2\,l^4}{2l^5\,4} + \frac{9e^2\,l^5}{4l^6\,5}$$

$$= \frac{3e^2}{l} - \frac{9e^2}{4l} + \frac{9e^2}{20l} = \frac{e^2}{20l}(60 - 45 + 9)$$

$$= \frac{24e^2}{20l} = 1{,}2\,\frac{e^2}{l}$$

$$F_{\mathrm{kr}} = \frac{EI_\mathrm{a}\dfrac{3e^2}{l^3}}{1{,}2\dfrac{e^2}{l}} = \frac{3EI_\mathrm{a}}{1{,}2\,l^2} = \frac{2{,}5\,EI_\mathrm{a}}{l^2}$$

Vergleich:

a) exakte Lösung: Faktor $= 2{,}467$

b) quadratischer Ansatz: Faktor $= 3{,}000$
   $\widehat{=}\ 21{,}6\%$ Fehler

c) kubischer Ansatz: Faktor $= 2{,}500$
   $\widehat{=}\ 1{,}34\%$ Fehler

Übung 2-33

Für einen einseitig eingespannten und am freien Ende gelenkig gelagerten Druckstab konstanter Biegesteifigkeit ist die kritische Last mit Hilfe des RITZschen Verfahrens zu berechnen, wobei ein Polynom 4. Grades anzusetzen ist. Das Ergebnis ist mit der exakten Lösung zu vergleichen, Bild 2-217.

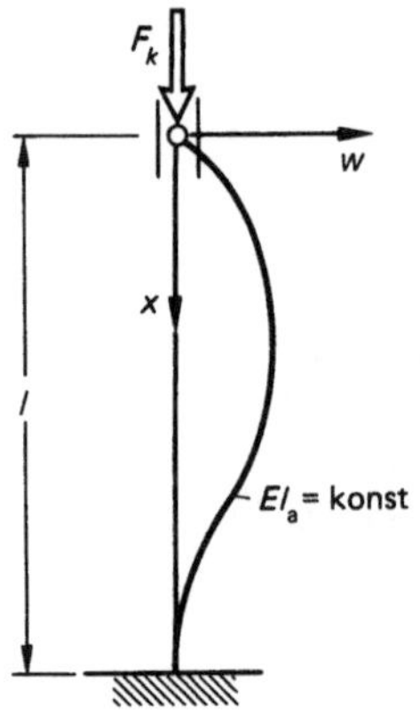

Bild 2-217

Lösung:

Annahme der $w^*(x)$-Funktion:

$$w^*(x) = a_0 + a_1 x + a_2 x^2 + a_3 x^3 + a_4 x^4$$
$$w'(x) = \quad a_1 \quad + 2a_2 x + 3a_3 x^2 + 4a_4 x^3$$
$$w''(x) = \qquad\quad 2a_2 + 6a_3 x + 12a_4 x^2$$

1. Randbedingung: $w(x=0) = 0$
   $\rightarrow a_0 = 0$

2. Randbedingung: $w(x=l) = 0$ $\qquad$ (1)
   $\rightarrow 0 = a_1 l + a_2 l^2 + a_3 l^3 + a_4 l^4$

3. Randbedingung: $w''(x=0) = 0$
   $\rightarrow a_2 = 0$

4. Randbedingung: $w'(x=l) = 0$ $\qquad$ (2)
   $\rightarrow 0 = a_1 + 3a_3 l^2 + 4a_4 l^3$

$$
\begin{aligned}
(1)\quad & 0 = a_1 l + a_3 l^3 + a_4 l^4 \\
(2)\quad & 0 = a_1 + 3a_3 l^2 + 4a_4 l^3 \qquad \| l
\end{aligned}\ \Big\}\ -
$$

$$0 = -2a_3 l^3 - 3a_4 l^4$$

$$a_3 = -\frac{3}{2}a_4 l$$

$$a_1 = -3a_3 l^2 - 4a_4 l^3 = -3l^2\left(-\frac{3}{2}a_4 l\right) - 4a_4 l^3$$

$$a_1 = \frac{9}{2}a_4 l^3 - 4a_4 l^3 = \frac{1}{2}a_4 l^3$$

Damit:

$$w^*(x) = a_1 x + a_3 x^3 + a_4 x^4$$

$$= \frac{1}{2}a_4 l^3 x - \frac{3}{2}a_4 l x^3 + a_4 x^4$$

$$= a_4 l^4 \left(\frac{1}{2}\left(\frac{x}{l}\right) - \frac{3}{2}\left(\frac{x}{l}\right)^3 + \left(\frac{x}{l}\right)^4 \right)$$

$$w^*(x) = \frac{a_4 l^4}{2}\left(\left(\frac{x}{l}\right) - 3\left(\frac{x}{l}\right)^3 + 2\left(\frac{x}{l}\right)^4 \right)$$

daraus:

$$w'(x) = \frac{a_4 l^4}{2}\left(\frac{1}{l} - \frac{9x^2}{l^3} + \frac{8x^3}{l^4} \right)$$

und

$$w''(x) = \frac{a_4 l^4}{2}\left(-\frac{18x}{l^3} + \frac{24x^2}{l^4} \right)$$

$$F_{\mathrm{kr}} = \frac{EI_\mathrm{a}\displaystyle\int_{x=0}^{x=l} w''^2(x)\,dx}{\displaystyle\int_{x=0}^{x=l} w'^2(x)\,dx}$$

Zählerintegral

(Faktor $\frac{1}{2}a_4 l^4$ weggelassen, kürzt sich heraus!)

$$\int\limits_{x=0}^{x=l} w''^2(x)\,dx$$

$$= \int\limits_0^l \left(\frac{324\,x^2}{l^6} - \frac{864\,x^3}{l^7} + \frac{576\,x^4}{l^8} \right) dx$$

$$= \frac{324}{3\,l^6}\,|x^3|_0^l - \frac{864}{4\,l^7}\,|x^4|_0^l + \frac{576}{5\,l^8}\,|x^5|_0^l$$

$$= \frac{108}{l^3} - \frac{216}{l^3} + \frac{115{,}2}{l^3} = \frac{7{,}2}{l^3}$$

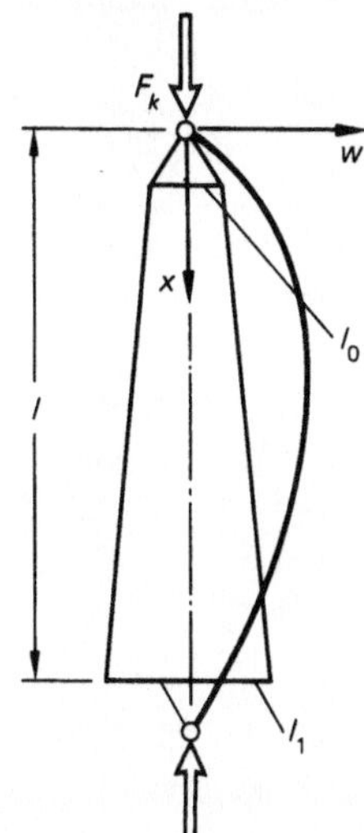

Bild 2-218

Nennerintegral

$$\int\limits_{x=0}^{x=l} w'^2(x)\,dx$$

$$= \int\limits_0^l \left(\frac{1}{l^2} + \frac{81\,x^4}{l^6} + \frac{64\,x^6}{l^8} - \frac{18\,x^2}{l^4} + \frac{16\,x^3}{l^5} - \frac{144\,x^5}{l^7} \right) dx$$

$$= \frac{1}{l^2}\,|x|_0^l + \frac{81}{5\,l^6}\,|x^5|_0^l + \frac{64}{7\,l^8}\,|x^7|_0^l - \frac{18}{3\,l^4}\,|x^3|_0^l$$

$$\quad + \frac{16}{4\,l^5}\,|x^4|_0^l - \frac{144}{6\,l^7}\,|x^6|_0^l$$

$$= \frac{1}{l} + \frac{81}{5\,l} + \frac{64}{7\,l} - \frac{18}{3\,l} + \frac{4}{l} - \frac{24}{l} = \frac{0{,}34285714}{l}$$

$$F_{kr} = \frac{E I_a\,\dfrac{7{,}2}{l^3}}{\dfrac{0{,}34285714}{l}} = \frac{21\,E I_a}{l^2}$$

Die Differentialgleichung der Elastischen Linie liefert
mit $\left(\dfrac{L}{l_k}\right)^2 = 2{,}04$

$$F_{kr} = \frac{20{,}1\,E I_a}{l^2}$$

Der Fehler beträgt also 4,5%.

Übung 2-34

Ein beidseitig gelenkig gelagerter Druckstab hat eine
linear über die Länge wachsende Biegesteifigkeit
($E I_a$). Es ist die kritische Last F_{kr} mit Hilfe des Ritzschen Verfahrens zu berechnen und die Sonderfälle
1) $I_a =$ konst und 2) $I_{max} = 3\,I_{min}$ zu diskutieren. Die
Näherungsfunktion $w^*(x)$ soll harmonisch sein, Bild
2-218.

Lösung:

$$I_a(x) = I_0 + \frac{I_1 - I_0}{l}\,x = I_0 + c\,x$$

$$\text{mit}\quad c = \frac{I_1 - I_0}{l}$$

Ansatz für die Funktion $w^*(x)$:

$$w^*(x) = \sin\left(\frac{\pi}{l}\,x\right)$$

$$w'(x) = \frac{\pi}{l}\cos\left(\frac{\pi}{l}\,x\right)$$

$$w''(x) = -\frac{\pi^2}{l^2}\sin\left(\frac{\pi}{l}\,x\right)$$

$$F_{kr} = \frac{E \displaystyle\int\limits_{x=0}^{x=l} I_a(x)\,w''^2(x)\,dx}{\displaystyle\int\limits_{x=0}^{x=l} w'^2(x)\,dx}$$

Zählerintegral:

$$\int\limits_{x=0}^{x=l} (I_0 + c\,x)\,\frac{\pi^4}{l^4}\sin^2\left(\frac{\pi}{l}\,x\right) dx$$

$$= \underbrace{\frac{\pi^4 I_0}{l^4} \int\limits_{x=0}^{x=l} \sin^2\left(\frac{\pi}{l}\,x\right) dx}_{\text{I}}$$

$$\quad + \underbrace{\frac{\pi^4 c}{l^4} \int\limits_{x=0}^{x=l} x\,\sin^2\left(\frac{\pi}{l}\,x\right) dx}_{\text{II}}$$

Nebenrechnungen

$$\int I = \int \sin^2\left(\frac{\pi}{l}x\right)dx$$

$$\frac{\pi}{l}x = u \;\Rightarrow\; \frac{du}{dx} = \frac{\pi}{l} \;\rightarrow\; dx = \frac{l}{\pi}du$$

$$\int I = \frac{l}{\pi}\left|\frac{u}{2} - \frac{\sin(2u)}{4}\right|$$

$$= \frac{l}{\pi}\left|\frac{\pi x}{2l} - \frac{\sin\left(\frac{2\pi}{l}x\right)}{4}\right|_{x=0}^{x=l}$$

$$= \frac{l}{\pi}\left(\frac{\pi}{2} - 0 - [0-0]\right) = \frac{l}{2}$$

$$\int II = \int \underset{u}{x}\ \underbrace{\sin^2\left(\frac{\pi}{l}x\right)}_{v'}dx$$

$$u' = 1\;;\quad v = \frac{l}{\pi}\left(\frac{\pi x}{2l} - \frac{\sin\left(\frac{2\pi}{l}x\right)}{4}\right)$$

$$\int II = x\,\frac{l}{\pi}\left(\frac{\pi x}{2l} - \frac{\sin\left(\frac{2\pi}{l}x\right)}{4}\right)$$

$$- \frac{l}{\pi}\int\left(\frac{\pi x}{2l} - \frac{\sin\left(\frac{2\pi}{l}x\right)}{4}\right)dx$$

$$\int II = \left|\frac{x^2}{2}\right|_0^l - \frac{l}{\pi}\left|x\,\frac{1}{4}\sin\left(\frac{2\pi}{l}x\right)\right|_0^l - \frac{1}{2}\int x\,dx$$

$$+ \frac{l}{4\pi}\int \sin\left(\frac{2\pi}{l}x\right)dx$$

$$= \frac{l^2}{2} - 0 - \frac{l^2}{4} + 0 = \frac{l^2}{4}$$

Damit das Zählerintegral:

$$\int\limits_{x=0}^{x=l}(I_0 + c\,x)\frac{\pi^4}{l^4}\sin^2\left(\frac{\pi}{l}x\right)dx$$

$$= \frac{\pi^4 I_0}{l^4}\,\frac{l}{2} + \frac{\pi^4 c}{l^4}\,\frac{l^2}{4}$$

$$= \frac{\pi^4 I_0}{2l^3} + \frac{\pi^4 c}{4l^2}\,\frac{l}{1}$$

---

darin $c\,l = I_1 - I_0$

$$= \frac{\pi^4 I_0}{2l^3} + \frac{\pi^4(I_1 - I_0)}{4l^3}$$

$$= \frac{\pi^4}{2l^3}\left(I_0 + \frac{I_1}{2} - \frac{I_0}{2}\right) = \frac{\pi^4}{4l^3}(I_0 + I_1)$$

Nennerintegral:

$$\int\limits_{x=0}^{x=l}\frac{\pi^2}{l^2}\cos^2\left(\frac{\pi}{l}x\right)dx$$

$$= \frac{\pi^2}{l^2}\,\frac{l}{\pi}\left|\frac{\pi x}{2l} + \frac{\sin\left(\frac{2\pi}{l}x\right)}{4}\right|_0^l$$

$$= \frac{\pi}{l}\left(\frac{\pi}{2} + 0 - [0+0]\right) = \frac{\pi^2}{2l}$$

$$F_{kr} = \frac{E\,\dfrac{\pi^4}{4l^3}(I_0 + I_1)}{\dfrac{\pi^2}{2l}}$$

$$F_{kr} = \frac{E\,\pi^2(I_0 + I_1)}{2l^2}$$

1. Sonderfall:

$$I_1 = I_0 = I_a$$

$$F_{kr} = \frac{\pi^2 E I_a\,2}{2l^2}$$

$$F_{kr} = \frac{\pi^2 E I_a}{l^2}$$

2. Sonderfall:

$$3I_0 = I_1$$

$$F_{kr} = \frac{6,58\,E I_1}{l^2}$$

Übung 2-35

Ein beidseitig gelenkig gelagerter Druckstab weist sprunghafte Änderungen der Biegesteifigkeit auf. Es ist mit Hilfe des Rɪᴛᴢschen Verfahrens die Knicklast zu berechnen und die Sonderfälle 1) $L_1 = 0$ und 2) $L_2 = 0$ mit der exakten Lösung für den Stab mit konstanter Biegesteifigkeit zu vergleichen. Als Näherungsfunktion soll eine harmonische Funktion angesetzt werden, Bild 2-219.

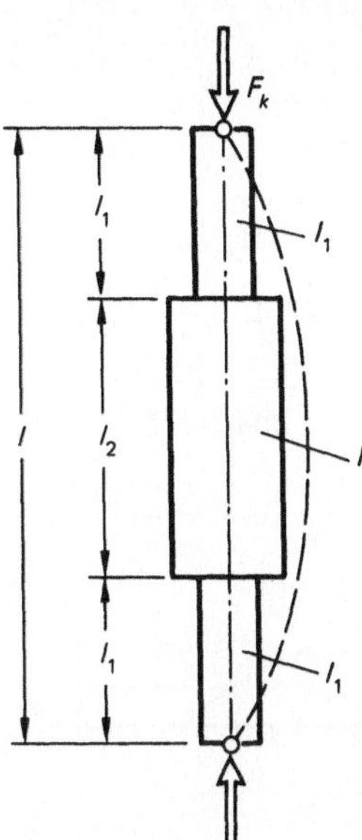

Bild 2-219

Lösung:

Annahme für die Funktion $w^*(x)$:

$$w^*(x) = \sin\left(\frac{\pi}{l}\,x\right)$$

$$w'(x) = \frac{\pi}{l}\cos\left(\frac{\pi}{l}\,x\right)$$

$$w''(x) = -\frac{\pi^2}{l^2}\sin\left(\frac{\pi}{l}\,x\right)$$

$$F_{kr} = \frac{E\,2\displaystyle\int_{x=0}^{l_1} I_1\underbrace{w''^2(x)\,dx}_{\text{I}}}{\displaystyle\int_{x=0}^{l} w'^2(x)\,dx} + \frac{E\,2\displaystyle\int_{x=l_1}^{l/2} I_2\underbrace{w''^2(x)\,dx}_{\text{II}}}{\displaystyle\int_{x=0}^{l} w'^2(x)\,dx}$$

$$\int\text{I} = \int_{x=0}^{l_1} w''^2(x)\,dx = \frac{\pi^4}{l^4}\int_{x=0}^{l_1}\sin^2\left(\frac{\pi}{l}\,x\right)dx$$

$$= \frac{\pi^4}{l^4}\,\frac{l}{\pi}\left|\frac{\pi x}{2l} - \frac{\sin\left(\dfrac{2\pi}{l}\,x\right)}{4}\right|_{x=0}^{l_1}$$

$$= \frac{\pi^3}{l^3}\left(\frac{\pi l_1}{2l} - \frac{1}{4}\sin\left(\frac{2\pi l_1}{l}\right) - [0-0]\right)$$

$$= \frac{\pi^4 l_1}{2l^4} - \frac{\pi^3}{4l^3}\sin\left(\frac{2\pi l_1}{l}\right)$$

$$\int\text{II} = \int_{x=l_1}^{l/2} w''^2(x)\,dx$$

$$= \frac{\pi^4}{l^4}\,\frac{l}{\pi}\left|\frac{\pi x}{2l} - \frac{\sin\left(\dfrac{2\pi}{l}\,x\right)}{4}\right|_{l_1}^{l/2}$$

$$= \frac{\pi^3}{l^3}\left(\frac{\pi}{4} - 0 - \left[\frac{\pi l_1}{2l} - \frac{1}{4}\sin\left(\frac{2\pi l_1}{l}\right)\right]\right)$$

$$= \frac{\pi^4}{4l^3} - \frac{\pi^4 l_1}{2l^4} + \frac{\pi^3}{4l^3}\sin\left(\frac{2\pi l_1}{l}\right)$$

Nennerintegral

$$\int_{x=0}^{x=l} w'^2(x)\,dx = \frac{\pi^2}{l^2}\int_{x=0}^{x=l}\cos^2\left(\frac{\pi}{l}\,x\right)dx$$

$$= \frac{\pi^2}{l^2}\,\frac{l}{\pi}\left|\frac{\pi x}{2l} + \frac{\sin\left(\dfrac{2\pi}{l}\,x\right)}{4}\right|_{0}^{l}$$

$$= \frac{\pi}{l}\left(\frac{\pi}{2} + 0 - [0+0]\right) = \frac{\pi^2}{2l}$$

$$F_{kr} = \frac{2EI_1\left(\dfrac{\pi^4 l_1}{2l^4} - \dfrac{\pi^3}{4l^3}\sin\left(\dfrac{2\pi l_1}{l}\right)\right)}{\dfrac{\pi^2}{2l}}$$

$$+ \frac{2EI_2\left(\dfrac{\pi^4}{4l^3} - \dfrac{\pi^4 l_1}{2l^4} + \dfrac{\pi^3}{4l^3}\sin\left(\dfrac{2\pi l_1}{l}\right)\right)}{\dfrac{\pi^2}{2l}}$$

$$F_{kr} = \frac{4E}{\pi^2}\,I_1\left(\frac{\pi^4 l_1}{2l^3} - \frac{\pi^3}{4l^2}\sin\left(\frac{2\pi l_1}{l}\right)\right)$$

$$+ \frac{4E}{\pi^2}\,I_2\left(\frac{\pi^4}{4l^2} - \frac{\pi^4 l_1}{2l^3} + \frac{\pi^3}{4l^2}\sin\left(\frac{2\pi l_1}{l}\right)\right)$$

1. Sonderfall: $l_1 = 0$

$$F_{kr} = \frac{4E}{\pi^2}\left[0 + I_2\left(\frac{\pi^4}{4l^2} - 0 + 0\right)\right]$$

$$= \frac{4EI_2}{\pi^2}\,\frac{\pi^4}{4l^2} = \frac{\pi^2 EI_2}{l^2}$$

2. Sonderfall: $l_2 = 0$

$$F_{kr} = \frac{4E}{\pi^2}\left[I_1\left(\frac{\pi^4 l_1}{2l^3} - \frac{\pi^3}{4l^2}\sin\left(\frac{2\pi l_1}{l}\right)\right)\right.$$

$$\left. + I_2\left(\frac{\pi^4}{4l^2} - \frac{\pi^4 l_1}{2l^3} + \frac{\pi^3}{4l^2}\sin\left(\frac{2\pi l_1}{l}\right)\right)\right]$$

darin ist $l_1 = \dfrac{l}{2}$

$$F_{kr} = \frac{4E}{\pi^2}\left[I_1\left(\frac{\pi^4}{4l^2} - 0\right) + I_2\left(\frac{\pi^4}{4l^2} - \frac{\pi^4}{4l^2} + 0\right)\right]$$

$$F_{kr} = \frac{\pi^2 EI_1}{l^2}$$

Übung 2-36

Ein beidseitig gelenkig gelagerter Druckstab konstanter Biegesteifigkeit wird seitlich durch zwei gleich harte Federn der Federkonstanten c gestützt. Es ist die kritische Last F_{kr} zu berechnen. Hinweis: Es sind die beiden möglichen stabilen Gleichgewichtslagen zu untersuchen 1. beide Federn auf Zug (oder Druck) beansprucht, 2. eine Feder auf Zug, die andere Feder auf Druck beansprucht. Die Lösung ist für den Sonderfall $c = 0$ mit der exakten Lösung zu vergleichen. Zudem soll jene Federkonstante c' ermittelt werden, für die die kritische Last in beiden stabilen Gleichgewichtslagen des Stabes gleich groß wird, Bild 2-220 und 2-221.

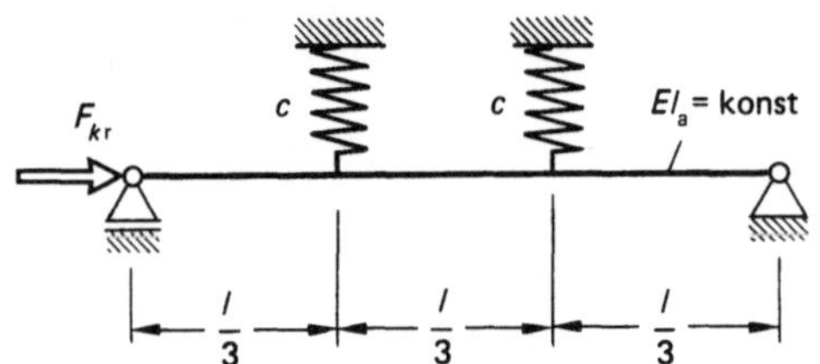

Bild 2-220

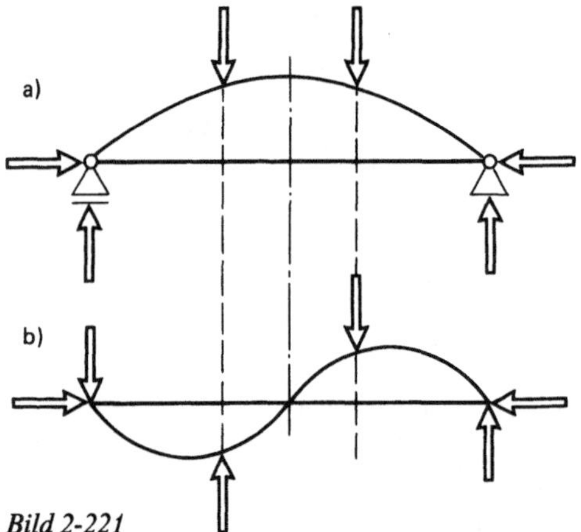

a)

b)

Bild 2-221

Lösung:

a) Annahme der Funktion $w^*(x)$:

$$w^*(x) = f_a \sin\left(\frac{\pi}{l} x\right)$$

Ableitungen:

$$w'(x) = \frac{f_a \pi}{l} \cos\left(\frac{\pi}{l} x\right)$$

$$w''(x) = -\frac{f_a \pi^2}{l^2} \sin\left(\frac{\pi}{l} x\right)$$

$$F_{kr} = \frac{\dfrac{1}{2} E I_a \displaystyle\int_{x=0}^{l} w''^2(x)\, dx + 2\,\dfrac{c}{2} f_a'^2}{\dfrac{1}{2} \displaystyle\int w'^2(x)\, dx}$$

$$\text{mit} \quad f_a' = w\left(x = \frac{l}{3}\right) = f_a \sin\left(\frac{\pi}{l}\frac{l}{3}\right)$$

$$= f_a \sin\left(\frac{\pi}{l}\right) = f_a \frac{\sqrt{3}}{2}, \quad \text{Bild 2-222.}$$

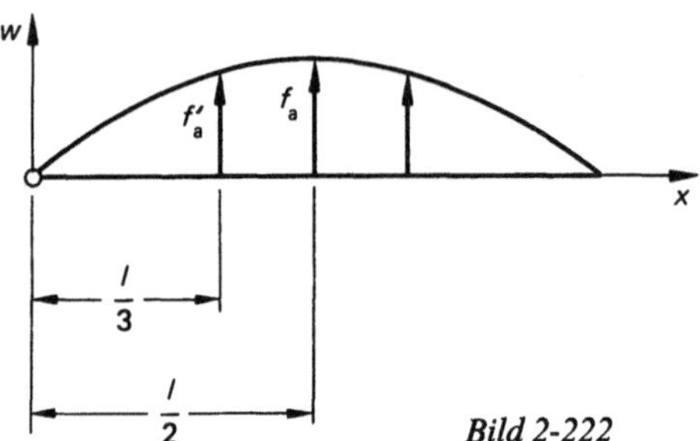

Bild 2-222

Zählerintegral

$$\int_{x=0}^{l} \frac{f_a^2 \pi^4}{l^4} \sin^2\left(\frac{\pi}{l} x\right) dx$$

$$= \frac{f_a^2 \pi^4}{l^4} \frac{l}{\pi} \left| \frac{\pi}{2l} x - \frac{1}{4} \sin\left(\frac{2\pi}{l} x\right) \right|_0^l$$

$$= \frac{f_a^2 \pi^3}{l^3} \left(\frac{\pi}{2} - 0 - [0 - 0] \right) = \frac{f_a^2 \pi^4}{2 l^3}$$

Nennerintegral

$$\int_{x=0}^{l} w'^2(x)\, dx$$

$$= \int_{x=0}^{l} \frac{f_a^2 \pi^2}{l^2} \cos^2\left(\frac{\pi}{l} x\right) dx$$

$$= \frac{f_a^2 \pi^2}{l^2} \frac{l}{\pi} \left| \frac{\pi}{2l} x + \frac{1}{4} \sin\left(\frac{2\pi}{l} x\right) \right|_0^l$$

$$= \frac{f_a^2 \pi}{l} \left(\frac{\pi}{2} + 0 - [0 + 0] \right) = \frac{f_a^2 \pi^2}{2 l}$$

Somit der Eigenwert F_{kr}:

$$F_{kr} = \frac{\dfrac{1}{2} E I_a \dfrac{f_a^2 \pi^4}{2 l^3} + 2\,\dfrac{c}{2}\,\dfrac{f_a^2}{4}\,3}{\dfrac{1}{2}\,\dfrac{f_a^2 \pi^2}{2 l}}$$

$$F_{kr} = \frac{EI_a\,\pi^4\,4l}{4l^3\,\pi^2} + \frac{3c\,4l}{4\pi^2}$$

$$F_{kr(a)} = \frac{EI_a\,\pi^2}{l^2} + \frac{3cl}{\pi^2}$$

Für $c = 0$ ergibt sich die Knickkraft zu

$$F_k = \frac{EI_a\,\pi^2}{l^2} \quad \text{(EULER)}$$

b) Annahme der Funktion $w^*(x)$, Bild 2-223:

$$w^*(x) = f_b \sin\left(\frac{2\pi}{l}\,x\right)$$

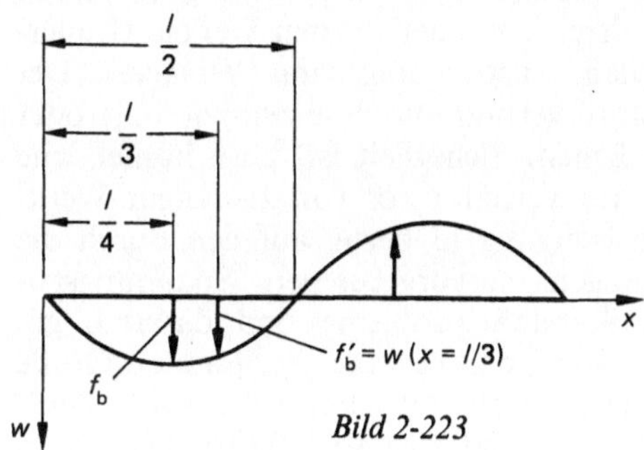

Bild 2-223

Ableitungen:

$$w'(x) = \frac{f_b\,2\pi}{l}\cos\left(\frac{2\pi}{l}\,x\right)$$

$$w''(x) = -\frac{f_b\,4\pi^2}{l^2}\sin\left(\frac{2\pi}{l}\,x\right)$$

$$f_b' = w\left(x = \frac{l}{3}\right)$$

$$f_b' = f_b \sin\left(\frac{2\pi}{l}\,\frac{l}{3}\right) = f_b \sin\left(\frac{2}{3}\,\pi\right)$$

$$f_b' = f_b\,\frac{\sqrt{3}}{2}$$

$$F_{kr} = \frac{\dfrac{1}{2}EI_a \displaystyle\int_{x=0}^{l} w''^2(x)\,dx + 2\dfrac{c}{2}f_b'^2}{\dfrac{1}{2}\displaystyle\int_{x=0}^{l} w'^2(x)\,dx}$$

Zählerintegral

$$\int_{x=0}^{l} w''^2(x)\,dx$$

$$= \frac{f_b^2\,16\pi^4}{l^4}\,\frac{l}{2\pi}\left|\frac{\pi}{l}x - \frac{1}{4}\sin\left(\frac{4\pi}{l}x\right)\right|_0^l$$

$$= \frac{f_b^2\,8\pi^3}{l^3}\left(\pi - 0 - [0-0]\right) = \frac{f_b^2\,8\pi^4}{l^3}$$

Nennerintegral

$$\int_{x=0}^{l} w'^2(x)\,dx$$

$$= \frac{f_b^2\,4\pi^2}{l^2}\int_{x=0}^{l}\cos^2\left(\frac{2\pi}{l}x\right)dx$$

$$= \frac{f_b^2\,4\pi^2}{l^2}\,\frac{l}{2\pi}\left|\frac{\pi}{l}x + \frac{1}{4}\sin\left(\frac{4\pi}{l}x\right)\right|_0^l$$

$$= \frac{f_b^2\,4\pi}{2l}\left(\pi + 0 - [0+0]\right) = \frac{2f_b^2\,\pi^2}{l}$$

$$F_{kr} = \frac{\dfrac{1}{2}EI_a\,\dfrac{f_b^2\,8\pi^4}{l^3} + c\,\dfrac{f_b^2\,3}{4}}{\dfrac{1}{2}\dfrac{2f_b^2\,\pi^2}{l}}$$

$$F_{kr} = \frac{4\pi^4\,EI_a\,l}{l^3\,\pi^2} + \frac{3cl}{4\pi^2}$$

$$F_{kr(b)} = \frac{4\pi^2\,EI_a}{l^2} + \frac{3cl}{4\pi^2}$$

Für $c = 0$ ergibt sich die Knickkraft

$$F_{kr} = \frac{4\pi^2\,EI_a}{l^2}, \quad \text{Bild 2-224.}$$

Vergleich, Bild 2-225:

$$\frac{F_{kr(b)}}{F_{kr(a)}} = \frac{\dfrac{4\pi^2\,EI_a}{l^2} + \dfrac{3cl}{4\pi^2}}{\dfrac{EI_a\,\pi^2}{l^2} + \dfrac{3cl}{\pi^2}\dfrac{4}{4}}$$

$$= \frac{\dfrac{16\pi^4\,EI_a + 3cl^3}{4\pi^2\,l^2}}{\dfrac{4\pi^4\,EI_a + 12cl^3}{4\pi^2\,l^2}}$$

$$= \frac{16\pi^4\,EI_a + 3cl^3}{4\pi^4\,EI_a + 12cl^3}$$

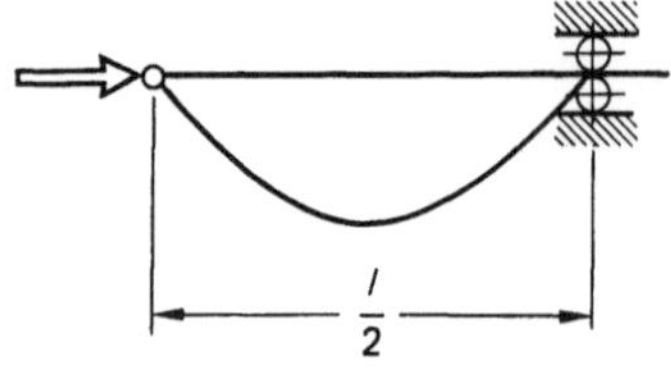

Bild 2-224

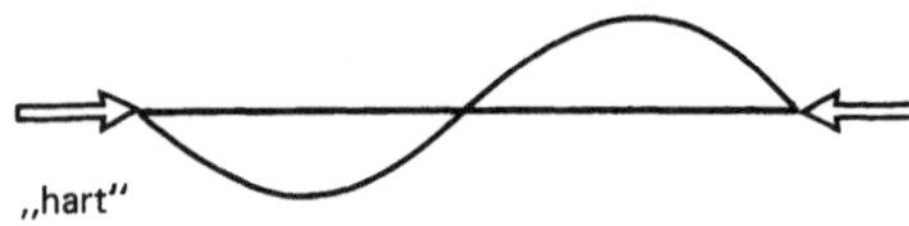

$c > c'$ kleinster Eigenwert ist $F_{kr(b)}$

$c < c'$ kleinster Eigenwert ist $F_{kr(a)}$

Bild 2-225

Frage: $c = ?$, damit $F_{kr(a)} = F_{kr(b)}$

$$16\pi^4\, EI_a + 3\,c\,l^3 = 4\pi^4\, EI_a + 12\,c\,l^3$$

$$\pi^4\, EI_a(16-4) = c\,l^3(12-3)$$

$$c' = \frac{12\pi^4\, EI_a}{9\,l^3} = \frac{4\pi^4\, EI_a}{3\,l^3}$$

$$c = c' \;\rightarrow\; F_{kr(a)} = F_{kr(b)}$$
$$c > c' \;\rightarrow\; F_{kr(b)} < F_{kr(a)}$$

z. B. $c = 2c' = \dfrac{8\pi^4\, EI_a}{3\,l^3}$

$$c < c' \;\rightarrow\; F_{kr(b)} > F_{kr(a)}$$

$$\frac{F_{kr(b)}}{F_{kr(a)}} = \frac{\dfrac{4\pi^2\, EI_a}{l^2} + \dfrac{3\,l\,8\pi^4\, EI_a}{4\pi^2\, 3\,l^3}}{\dfrac{EI_a\,\pi^2}{l^2} + \dfrac{3\,l\,8\pi^4\, EI_a}{3\,l^3\,\pi^2}}$$

$$= \frac{\dfrac{4\pi^2}{l^2} + \dfrac{2\pi^2}{l^2}}{\dfrac{\pi^2}{l^2} + \dfrac{8\pi^2}{l^2}} = \frac{6}{9} = 0,\overline{6} < 1$$

2.7. Stabilitätsproblem Kippen

Außer dem bereits ausführlich behandelten Stabilitätsproblem „Knicken" soll nun das „Kippen" erläutert werden.

Belastungen am Bauteil (Kräfte, Momente) führen zu Beanspruchungen und letztlich, bei einer für das Bauteil unerträglichen Belastung, zum Versagen.

Was bedeutet Versagen? Versagen kann ein Versagen des Werkstoffs oder ein Versagen der funktionsgerechten Form des Bauteils schon unterhalb der Schwelle sein, an der der Werkstoff versagt.

Die Grundbeanspruchungen Zug, Druck, Biegung, Abscheren und Torsion und auch daraus zusammengesetzte Beanspruchungen führen durch Erreichen einer für den Werkstoff unerträglichen Anstrengung zum Versagen. Der Werkstoff versagt durch Plastifizierung oder durch Bruch. Sicherheit ist dann immer eine Frage des Verhältnisses von zulässiger Werkstoffanstrengung in bezug auf den durch die Belastungen hervorgerufenen Spannungszustand. Stabilitätsprobleme sind dadurch gekennzeichnet, daß bei einer bestimmten Größe der Belastung das Gleichgewicht des Systems oder Bauteils labil wird, so daß es dazu neigt, in eine stabile Gleichgewichtslage zu gelangen. Zu dieser Gleichgewichtslage „Stabilität" gehört dann eine Bauteilform, die gegenüber der Form des unbelasteten oder unterkritisch belasteten Bauteils verändert ist und der Funktion des Bauteils möglicherweise nicht mehr gerecht wird. Ein ausgeknickter Druckstab in einem Fachwerk kann das Stabsystem nicht mehr stabilisieren, ein abgekippter Biegebalken erfüllt seine Aufgabe so nicht mehr.

Bei Vorliegen der Labilität ist die Werkstoffanstrengung noch unkritisch; die Spannungssituation des Werkstoffs ist erträglich; für den Knickstab heißt das, daß die Druckspannung noch unter der zulässigen Spannung (Streckgrenze) liegt. Bei Stabilitätsproblemen versagt also nicht der Werkstoff, sondern die Form des Bauteils.

Zugbeanspruchung:

Unabhängig von der Geometrie des Bauteils und der Größe der Störkraft wird nie Labilität vorliegen.

Druckbeanspruchung:

Je nach Geometrie des Bauteils (Frage des Schlankheitsgrades) tritt bei einer kritischen Druckkraft F_{kr} Labilität ein; kleinste Störkräfte führen zu einer Form, der ein stabiles Gleichgewicht entspricht, Bild 2-226.

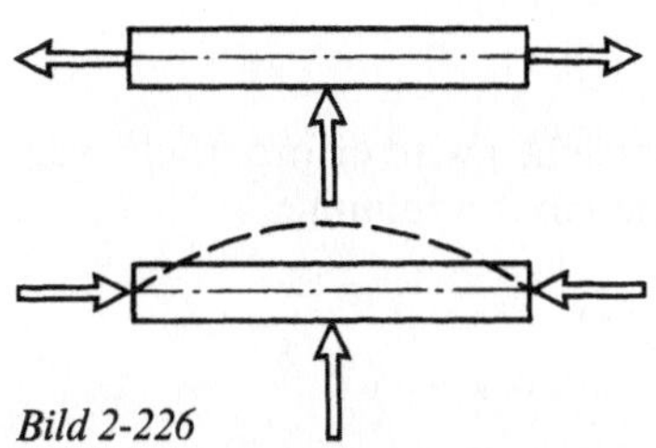

Bild 2-226

Die Grundbeanspruchung „Druck" kennt also bei besonderer Schlankheit des Druckstabes einen labilen Gleichgewichtszustand des Stabes unter Einwirken einer kritischen Last. Auch die Grundbeanspruchung „Biegung" kennt, je nach Geometrie des Biegebalkens, eine solche Labilität des Gleichgewichts, Bild 2-227.

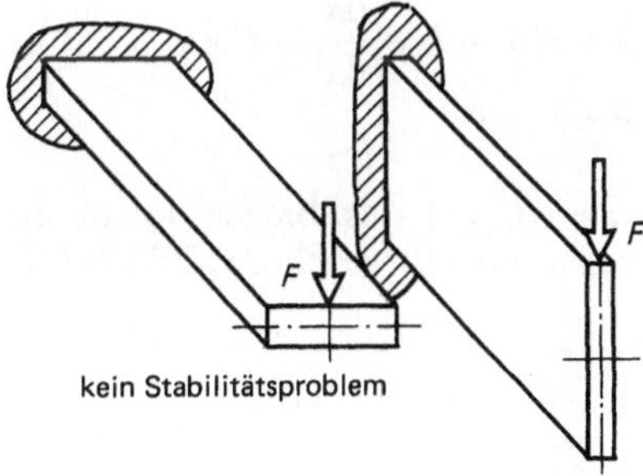

Bild 2-227   Stabilitätsproblem „Kippen"

Der Biegebalken, dessen axiales Flächenmoment 2. Ordnung (Flächenträgheitsmoment) in bezug auf die Biegeachse sehr viel größer ist als zur dazu senkrechten Schwerpunktsachse, neigt zum Kippen, Bild 2-228.

Bei der Ableitung der Formel zur Ermittlung der kritischen Kipplast F_{kr} werden folgende vereinfachende Voraussetzungen gemacht.

1.) Die Biegebeanspruchung um die I_{max}-Achse (y-Achse) wird vernachlässigt; das bedeutet, daß der Kraftangriffspunkt (Schwerpunkt) keine Absenkung erfährt. Dies ist zulässig, da die Ausbiegung um die z-Achse sehr viel größer ist als um die y-Achse. Also ist die

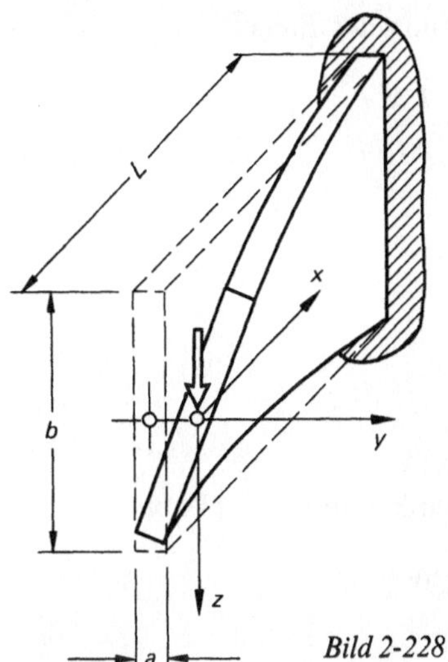

Bild 2-228

Biegelinie eine ebene Kurve in der horizontalen xy-Ebene.

2.) Der Einfluß der Wölbkrafttorsion wird vernachlässigt. Mit anderen Worten, der Einfluß der Dehnbehinderung im Einspannquerschnitt (Dehnungen in x-Richtung unmöglich) auf die Spannungssituation bleibt unberücksichtigt. Dies ist bei $L \gg b$ zulässig.

3.) Es wird mit dem E-Modul gerechnet, ohne zu berücksichtigen, daß wegen $b \gg a$ eine Dehnbehinderung in z-Richtung vorliegt; auf die Erkenntnisse der exakten Plattentheorie wird also verzichtet.

Betrachten wir zunächst nur die Biegung des Balkens, Bild 2-229.

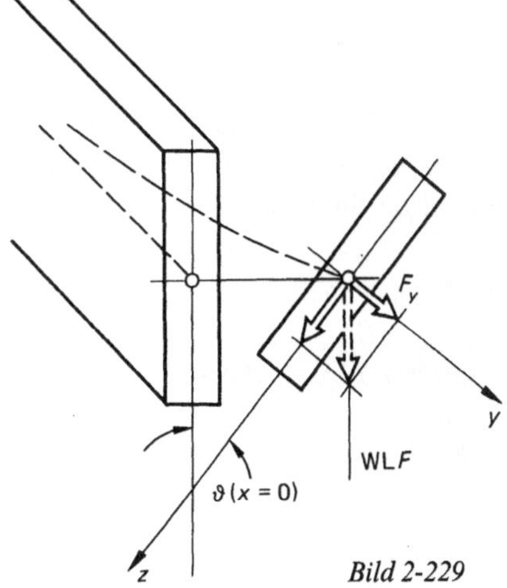

Bild 2-229

Differentialgleichung der Biegelinie:

$$y''(x) = \frac{M_z(x)}{EI_z} = \frac{F_y\, x}{EI_z}$$

mit $F_y = F \sin \vartheta$

und für kleine ϑ

$F_y = F\vartheta$

$\vartheta = f(x)!$

$y''(x)\, EI_z = F\vartheta(x)\, x$

$\vartheta(x) =$ Torsionswinkel an der Stelle x

Torsion, Bild 2-230:

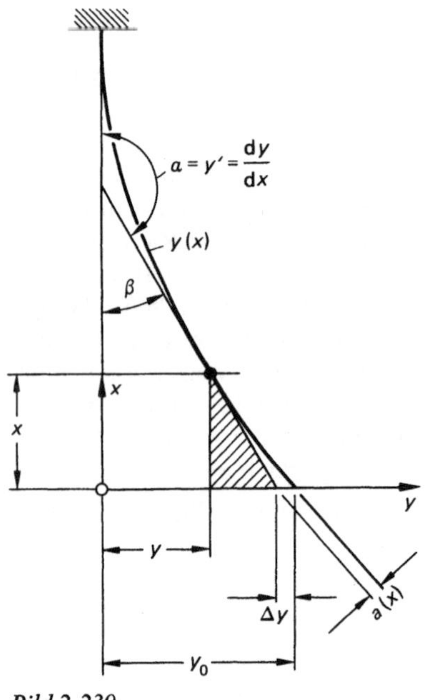

Bild 2-230

Torsionsmoment an Stelle x:

$M_t(x) = F\,a(x)$

$\alpha = \pi - \beta$

$y' = \tan\alpha = \tan(\pi - \beta) = -\tan\beta$

Für kleine β gilt:

$a(x) \cong \Delta y = y_0 - y - x\tan\beta$

$a(x) \cong y_0 - y + xy'$

Damit:

$M_t(x) = F(y_0 - y + xy')$

Aus der Torsionstheorie ist die Drillung bekannt:

$$\frac{d\vartheta(x)}{dx} = \frac{-M_t(x)}{GI_t} = \vartheta'(x)$$

Das negative Vorzeichen wird erforderlich, weil $\vartheta(x)$ mit wachsendem x abnimmt:

$\vartheta'(x)\,GI_t = -M_t(x)$

$\vartheta'(x)\,GI_t = -F(y_0 - y + xy')$

Differentiation beider Seiten nach x:

$$\frac{d}{dx}[\vartheta'(x)\,GI_t] = \frac{d}{dx}(-F(y_0 - y + xy'))$$

darin: $xy' = uv$

$$\frac{d}{dx}(uv) = vu' + uv'$$

$\vartheta''(x)\,GI_t = 0 + Fy' - Fy'\dfrac{dx}{dx} - Fxy''$

$\vartheta''(x)\,GI_t + Fxy'' = 0$

Darin ist $Fx = M_{b_y}(x)$ das Biegemoment an Stelle x bezogen auf die Biegeachse y, Bild 2-231.

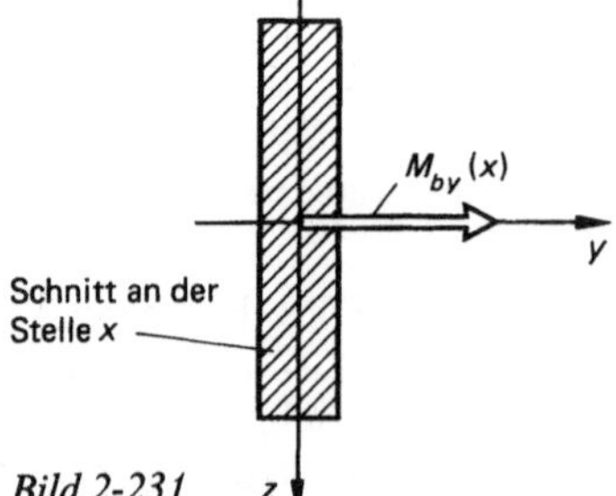

Bild 2-231 z

$$\vartheta''(x) + \frac{M_{b_y}(x)}{GI_t}\, y'' = 0$$

mit $y'' = \dfrac{F\vartheta(x)\,x}{EI_z} = \dfrac{\vartheta(x)\,M_{b_y}(x)}{EI_z}$

$$\vartheta''(x) + \vartheta(x)\,\frac{M_{b_y}^2(x)}{GI_t\,EI_z} = 0$$

$$\vartheta''(x) + \vartheta(x)\,\frac{F^2 x^2}{G I_t\, E I_z} = 0$$

Substitution:

$$\lambda^4 = \frac{F^2}{G I_t\, E I_z}$$

Die Differentialgleichung des Kippproblems lautet also:

$$\vartheta''(x) + \lambda^4 x^2\, \vartheta(x) = 0$$

Dies ist eine homogene, gewöhnliche lineare Differentialgleichung 2. Ordnung mit variablem Koeffizienten.

Lösung der Differentialgleichung:

Ansatz der Potenzreihe

$$\vartheta(x) = c_0 + c_1 x + c_2 x^2 + \ldots = \sum_{k=0}^{\infty} c_k x^k$$

Ableitungen nach x:

$$\vartheta'(x) = \frac{d\vartheta(x)}{dx}$$
$$= c_1 + 2c_2 x + 3c_3 x^2 + 4c_4 x^3 + 5c_5 x^4 + \ldots$$
$$\vartheta''(x) = \frac{d^2\vartheta(x)}{dx^2}$$
$$= 2c_2 + 2\cdot 3c_3 x + 3\cdot 4c_4 x^2 + 4\cdot 5c_5 x^3 + \ldots$$

Einsetzen der Ableitung in die Differentialgleichung. Diese lautet dann:

$$\begin{aligned}
0 = {}& 2c_2 + 2\cdot 3c_3 x + 3\cdot 4c_4 x^2 + 4\cdot 5c_5 x^3 \\
& + 5\cdot 6c_6 x^4 + 6\cdot 7c_7 x^5 + \ldots + \lambda^4 x^2 c_0 \\
& + \lambda^4 x^2 c_1 x + \lambda^4 x^2 c_2 x^2 + \lambda^4 x^2 c_3 x^3 + \ldots
\end{aligned}$$

Koeffizientenvergleich:

für $\quad x^0 \rightarrow 2c_2 = 0$
also: $c_2 = 0$

für $\quad x^1 \rightarrow 2\cdot 3c_3 = 0$
also: $c_3 = 0$

für $\quad x^2 \rightarrow 3\cdot 4c_4 + c_0 \lambda^4 = 0$

$$c_4 = -c_0\,\frac{\lambda^4}{3\cdot 4}$$

für $\quad x^3 \rightarrow 4\cdot 5c_5 + c_1 \lambda^4 = 0$

$$c_5 = -c_1\,\frac{\lambda^4}{4\cdot 5}$$

für $\quad x^4 \rightarrow 5\cdot 6c_6 + c_2 \lambda^4 = 0$
weil $\quad c_2 = 0$, wird auch
$\qquad c_6 = 0$

für $\quad x^5 \rightarrow 6\cdot 7c_7 + c_3 \lambda^4 = 0$
weil $\quad c_3 = 0$, wird auch
$\qquad c_7 = 0$

usw.

Damit wird aus

$$\vartheta(x) = c_0 + c_1 x + c_2 x^2 + \ldots$$

$$\begin{aligned}
\vartheta(x) = {}& c_0\left[1 - \frac{\lambda^4}{3\cdot 4}x^4 + \frac{\lambda^8}{3\cdot 4\cdot 7\cdot 8}x^8 - +\ldots\right] \\
& + c_1\left[x - \frac{\lambda^4}{4\cdot 5}x^5 + \frac{\lambda^8}{4\cdot 5\cdot 8\cdot 9}x^9 - +\ldots\right]
\end{aligned}$$

Randbedingung der Einspannstelle:

$$\vartheta(x=L) = 0$$

Mit der Abkürzung $(\lambda L)^4 = u$ folgt:

$$\begin{aligned}
0 = {}& c_0\left[1 - \frac{u}{3\cdot 4} + \frac{u^2}{3\cdot 4\cdot 7\cdot 8} - +\ldots\right] \\
& + c_1\left[\qquad\qquad\right]
\end{aligned}$$

mit $c_1 = 0$, weil aus

$$\vartheta'(x=0) = 0 \quad \text{folgt: } c_1 = 0$$

Begründung:

$$\vartheta'(x) = \frac{-M_t(x)}{G I_t};\quad M_t(x=0) = 0$$

$$0 = 1 - \frac{u}{3\cdot 4} + \frac{u^2}{672}\quad \begin{array}{l}\text{abgebrochen nach dem}\\ \text{3. Glied}\end{array}$$

$$u_{1/2} = 28 \pm \sqrt{112}$$
$$u_1 \ = 38{,}583$$
$$u_2 \ = 17{,}417 = u_{\min}$$

Resubstitution:

$$u = \lambda^4 L^4 \quad \text{mit } \lambda^4 = \frac{F^2}{G I_t\, E I_z}$$

Damit:

$$u = \frac{F^2 L^4}{G I_t E I_z} \cong 17{,}42$$

$$17{,}42 \cong \frac{F_{kr}^2 L^4}{G I_t E I_z}$$

$$F_{kr} \cong \frac{4{,}17}{L^2} \sqrt{G I_t E I_z}$$

Berücksichtigt man noch die Dehnbehinderung in z-Richtung, so ist der E-Modul zu korrigieren:

$$\varepsilon_z = \frac{1}{E} (\sigma_z - \mu \sigma_y)$$

$$\varepsilon_y = \frac{1}{E} (\sigma_y - \mu \sigma_z)$$

mit $\varepsilon_z = 0$ folgt $\sigma_z = \mu \sigma_y$

und es wird

$$\varepsilon_y = \frac{1}{E} (\sigma_y - \mu^2 \sigma_y)$$

$$\varepsilon_y = \frac{1 - \mu^2}{E} \sigma_y$$

$$E^* = \frac{E}{1 - \mu^2} \quad \text{mit } \mu = \frac{3}{10} \text{ für Stähle}$$

$$E^* = 1{,}099 \, E$$

Damit folgt:

$$F_{kr} = \frac{4{,}37}{L^2} \sqrt{G I_t E I_z}$$

2.8. Beurteilung der Werkstoffanstrengung

2.8.1. Festigkeitshypothesen

In diesem Abschnitt beschäftigen wir uns mit den sog. Fließ- oder Bruchbedingungen und dem Problem der Werkstoffanstrengung überhaupt.

Versuchen wir, den Begriff des Werkstoffversagens, also der unerträglichen Anstrengung, zu definieren, so müßte beim spröden Werkstoff der plötzliche Bruch, bei Werkstoffen mit zähen, duktilen Eigenschaften das Fließen als Versagenskriterium herangezogen werden.

Ob Versagen bei einer bestimmten Belastung vorliegen wird, muß durch Vergleich zwischen der aus der Belastung resultierenden Beanspruchung und den bekannten Werkstoffkennwerten beurteilt werden. Was aber kennen wir vom Werkstoff und seiner Beanspruchungsgrenze? Aus dem Zugversuch ermittelt man die Fließ- oder Streckgrenze σ_S oder R_e sowie die Zugfestigkeit σ_B oder R_m. Beim Zugversuch erfährt der Werkstoff einen einachsigen, linearen Spannungszustand. Im allgemeinen Fall der Praxis wird aber überwiegend mit mehrachsigen Spannungszuständen, also ebenen (zweiachsigen) und räumlichen (dreiachsigen) zu rechnen sein. Die aus dem Zugversuch gewonnenen Werkstoffkennwerte sagen jedoch nichts darüber aus, wann Versagen beim mehrachsigen Spannungszustand eintritt. Streckgrenze und Zugfestigkeit sind keine Kenngrößen, die eine Beurteilung der Werkstoffanstrengung bei mehrachsigen Spannungszuständen zulassen. Es genügt nicht, bei der Suche nach einem allgemeinen Ausdruck der Fließ- oder Bruchbedingung einen einzigen Spannungswert zu betrachten. Offenbar hängt die „Fließfunktion" von allen Spannungsgrößen des mehrachsigen Spannungszustandes ab. Die 6 Spannungsgrößen sind:

$$\sigma_x, \sigma_y, \sigma_z \text{ und } \tau_{xy}, \tau_{xz}, \tau_{yz}.$$

Die Spannungsgrößen sind so zu einer Spannungsfunktion, zu einer Vergleichsspannung zusammenzufassen, daß sie für den mehrachsigen Spannungszustand dieselbe Aussage hat wie die Streckgrenze und die Bruchfestigkeit für den einachsigen Spannungszustand. Diese Vergleichsspannung kann dann unmittelbar verglichen werden mit der Streckgrenze bzw. der Bruchfestigkeit des Werkstoffs, daher „Vergleichsspannung". Ist die Vergleichsspannung kleiner als die Streckgrenze, so wird der Werkstoff noch nicht fließen; ist die Vergleichsspannung kleiner als die Bruchfestigkeit des Werkstoffs, so wird noch kein Bruch eintreten:

$\sigma_v < \sigma_S$: kein Fließen

$\sigma_v < \sigma_B$: kein Bruch

Im folgenden sollen drei Hypothesen vorgestellt werden, die eine Vergleichsspannungsermittlung erlauben und die für bestimmte Werkstoffe und bestimmte Beanspruchungsarten gute Übereinstimmung mit der Wirklichkeit zeigen. Es sind die drei im Ingenieurbereich gebräuchlichen Festigkeitshypothesen.

1.) Normalspannungshypothese

Nach dieser Hypothese wird Versagen dann eintreten, wenn die größte auftretende Hauptspannung (σ_{max}) einen zulässigen Wert überschreitet:

$$\sigma_v = \sigma_{max} \leq \sigma_{zul}$$

Für den ebenen, zweiachsigen Spannungszustand beschreibt die folgende Gleichung diese Hypothese:

$$\sigma_{v(N)} = \frac{\sigma_x + \sigma_y}{2} + \frac{1}{2}\sqrt{(\sigma_x - \sigma_y)^2 + 4\tau_{xy}^2}$$

Die Deutung am Spannungskreis für den zweiachsigen Spannungszustand vermittelt Bild 2-232.

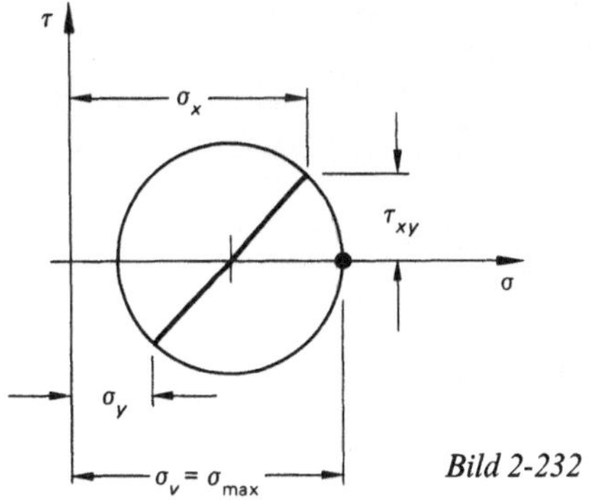

Bild 2-232

2.) Schubspannungshypothese

Diese Hypothese besagt, daß die größte auftretende Tangentialspannung für das Werkstoffversagen verantwortlich ist:

$$\sigma_{v(Sch)} = 2\,\tau_{max} \leq \sigma_{zul}$$

Für den zweiachsigen Spannungszustand beschreibt die folgende Formel diese Hypothese. Danach ist die Vergleichsspannung dem Durchmesser des Spannungskreises gleich:

$$\sigma_{v(Sch)} = \sqrt{(\sigma_x - \sigma_y)^2 + 4\tau_{xy}^2}$$

3.) Gestaltänderungsenergiehypothese

Diese Hypothese ist in Abschnitt 2.8.2. näher beschrieben, so daß hier nur der Grundgedanke zitiert wird, der dieser Hypothese zugrunde liegt:

Da hydrostatische Spannungszustände nicht zum Fließbeginn oder zum Bruch des Werkstoffs beitragen, kommt man zu der Erkenntnis, daß in einem allgemeinen Spannungszustand, wie er beim Zugversuch vorliegt (hier liegt kein hydrostatischer Spannungszustand vor), nur ein Teil der zur Deformation des Gitters aufgewendeten Arbeit zur Gestaltungsänderung herangezogen wird. Dieses Maß an spezifischer Gestaltungsänderungsarbeit ist es, das Fließbeginn oder Bruch bedeutet. Liegt im mehrachsigen Spannungszustand dasgleiche Maß an spezifischer Gestaltänderungsarbeit vor, so beginnt auch hier die Werkstoffzerstörung. Für den zweiachsigen Spannungszustand beschreibt die folgende Formel diese Hypothese:

$$\sigma_{v(Ge)} = \sqrt{\sigma_x^2 + \sigma_y^2 - \sigma_x\,\sigma_y + 3\,\tau_{xy}^2}$$

Wann werden diese Hypothesen nun richtigerweise angewandt? Wenn wir in grober Einteilung nach zähen und spröden Werkstoffen unterscheiden, so stoßen wir auf Widersprüche. Ein zäher Werkstoff im Zugversuch (schlanker, ungekerbter Zugstab) versagt durch Fließen; ist der Zugstab gekerbt, so verhält er sich wie ein spröder Werkstoff. Umgekehrt können auch spröde Werkstoffe Versagensverhalten aufweisen, wie sie für zähe Werkstoffe ansonsten typisch sind. Darum ist es besser, nach der Art des Bruchs zu unterscheiden. Brüche können sein

– Trennbrüche (Sprödbrüche),
– Gleitbrüche (Verformungsbrüche).

Man spricht von Trennbruch, wenn der Bruch in Ebenen stattfindet, in denen die Normalspannungen ein Maximum haben. Man spricht von Gleitbrüchen, wenn der Bruch in Ebenen erfolgt, in denen die Schubspannungen ein Maximum haben.

Werden Trennbrüche erwartet, so ist die Normalspannungshypothese anzuwenden; werden Gleitbrüche erwartet, so liefern die Schubspannungs- und die Gestaltänderungsenergiehypothese die besten Ergebnisse.

Trennbruch liegt vor bei spröden Werkstoffen und überwiegender Zugbeanspruchung. Trennbruch liegt auch vor bei zähen Werkstoffen, wenn Kerben oder sonstige Verformungsbehinderungen gegeben sind.

Gleitbruch liegt vor bei zähen Werkstoffen und statischer bzw. schwellender Zug- und Druckbeanspruchung. Gleitbruch liegt auch vor bei überwiegender Druckbeanspruchung spröder Werkstoffe. Gleitbruch liegt ebenso vor bei dynamischen Beanspruchungen, insbesondere bei wechselnder Beanspruchung, dies bei spröden wie auch bei zähen Werkstoffen.

Beispiele:

1.) Ruhende Zugbeanspruchung eines spröden Werkstoffs, Bild 2-233.
2.) Statische Torsionsbelastung eines spröden Werkstoffs, Bild 2-234.
3.) Ruhende Zugbelastung eines gekerbten Zugstabes aus zähem Material, Bild 2-235.

4.) Statische Torsionsbeanspruchung eines ungekerbten Stabes aus zähem Material, Bild 2-236.
5.) Statische Zugbelastung eines ungekerbten Zugstabes aus zähem Material, Bild 2-237.

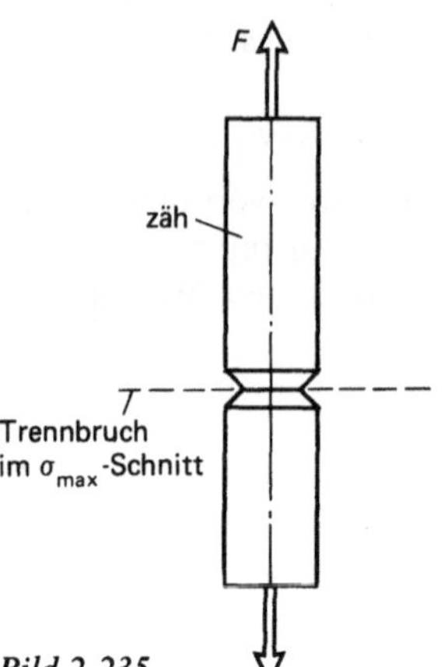

Bild 2-235

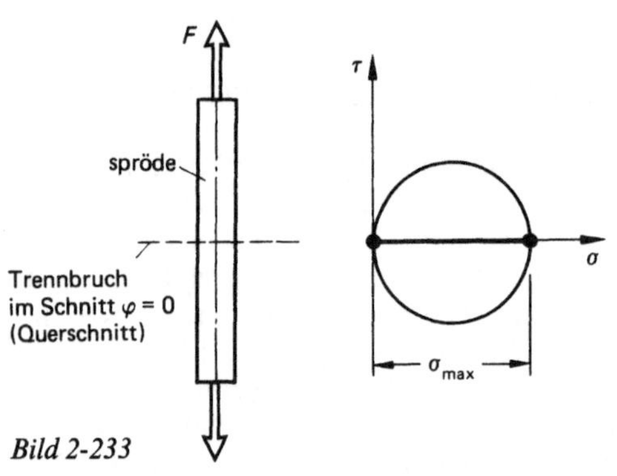

Bild 2-233

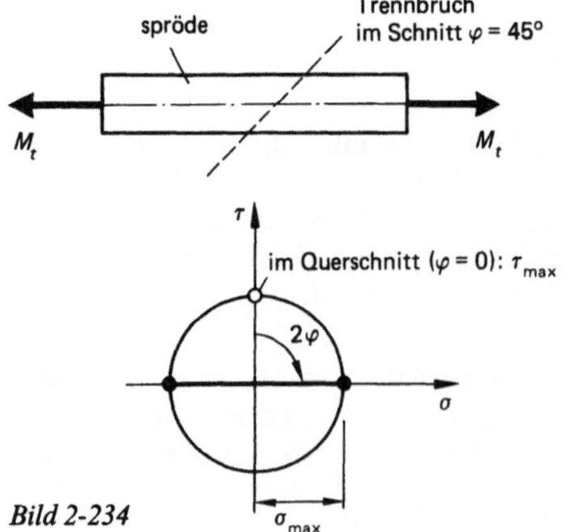

Bild 2-234

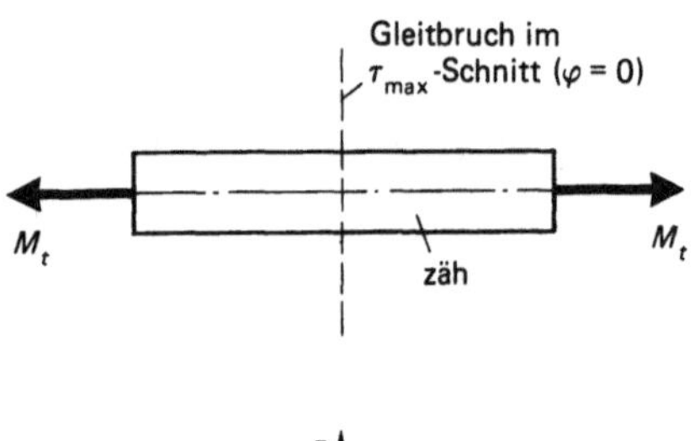

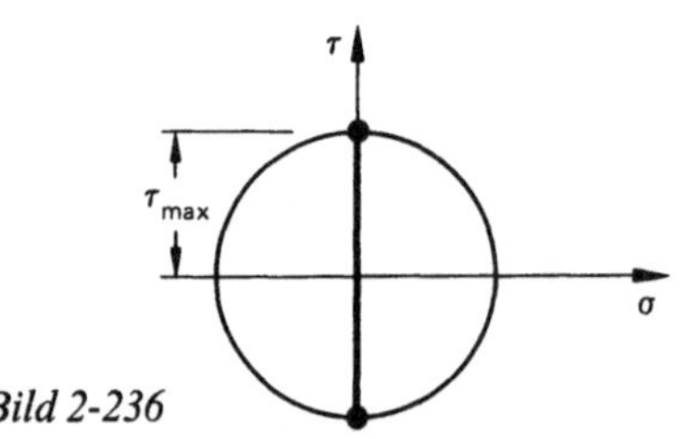

Bild 2-236

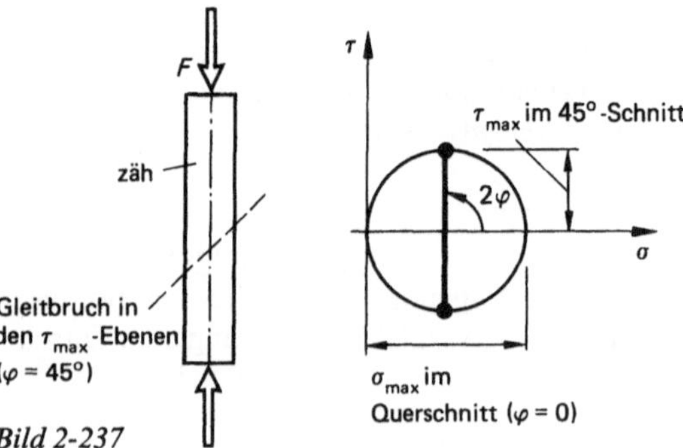

Bild 2-237

Dies ist der klassische Zugversuch an Stählen, aus dem die Streckgrenze und die Zugfestigkeit des Materials gewonnen werden. Jeder Ingenieur hat einen solchen Zerreißversuch gesehen und weiß, daß der Bruch in den 45°-Schnitten erfolgt, also in den τ_{max}-Ebenen eintritt.

6.) Druckbeanspruchung eines spröden Werkstoffs, Bild 2-238.

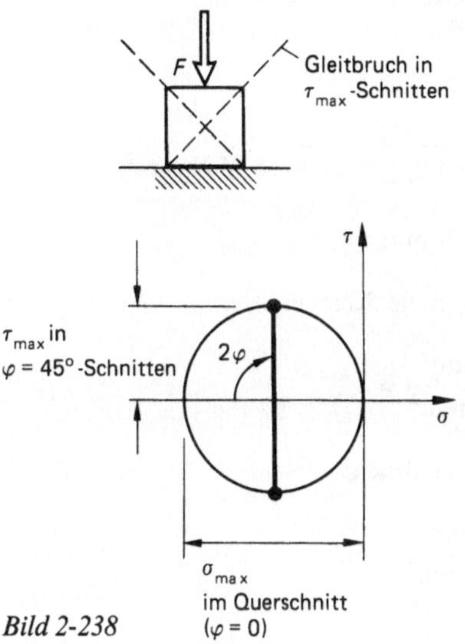

Bild 2-238

Werden Normalspannungen und Tangentialspannungen durch verschiedene Belastungsfälle hervorgerufen, z. B. Biegung aus wechselnder Belastung und Torsion aus ruhender Belastung (wie häufig bei Wellen), so ist dies durch die Korrekturzahl α_0, das sog. Anstrengungsverhältnis, zu berücksichtigen. Dabei ist α_0 so zu wählen, daß bei reiner Schubbeanspruchung $\sigma_v = \tau$ wird. Es gilt

$$\alpha_0 = \frac{\sigma_{zul}}{\varphi\,\tau_{zul}}$$

Normalspannungshypothese: $\varphi = 1$
Schubspannungshypothese: $\varphi = 2$
Gestaltänderungsenergiehypothese: $\varphi = \sqrt{3}$

In die Vergleichsspannungsformel ist dann anstelle von τ^2 einzusetzen $(\alpha_0 \cdot \tau)^2$. Bei Spannungen aus gleichen Belastungsfällen (beide wechselnd, beide ruhend usw.) wird $\alpha_0 = 1$.

Folgende Anstrengungsverhältnisse α_0 können mit guter Genauigkeit gewählt werden:

Biegung ruhend, Torsion wechselnd: $\alpha_0 = 1,5$
Biegung wechselnd, Torsion ruhend: $\alpha_0 = 0,7$
Biegung wechselnd, Torsion wechselnd: $\alpha_0 = 1,0$

Bisher hat sich gezeigt, daß unsere Kenntnisse vom Werkstoff recht bescheiden sind und daß immer dann, wenn nicht gerade ein einachsiger Spannungszustand vorliegt (reiner Zug, reiner Druck, reine Biegung, exzentrischer Zug bzw. exzentrischer Druck) die Werkstoffanstrengung und letztlich auch die Sicherheiten gegen Versagen nur durch Errechnung einer Vergleichsspannung zu beurteilen sind. Abscheren und Torsion sind auch als Grundbeanspruchung, also für sich alleine, zweiachsige Spannungszustände. Ansonsten wird die Überlagerung mehrerer Grundbeanspruchungen zum mehrachsigen Spannungszustand führen.

Bei der Berechnung der maximalen Vergleichsspannung in einem Bauteil wird man zunächst mit Hilfe der Schnittgrößenbetrachtungen jene Querschnitte suchen, in denen die einzelnen Grundbeanspruchungen Höchstwerte annehmen, um in solchen Schnitten dann an Stellen der Querschnitte, die auffällige Spannungskonzentrationen aufweisen, die Vergleichsspannungen zu berechnen. Dies soll an einigen durchgerechneten Übungen gezeigt werden.

Übung 2-37

Der Bolzen in einer Gabelverbindung wird durch die Zugkraft $F = 10\,kN$ belastet. Bolzenwerkstoff St 37 mit 340 N/mm² Zugfestigkeit und 235 N/mm² Streckgrenze (nach DIN 17100). Zu berechnen ist die Sicherheit gegen Bruch sowie gegen bleibende Verformung, Bild 2-239 bis 2-241.

Lösung:

Statik der Kräfte am Bolzen

Annahme: Punktlasten in Blechmitte

$$M_{b_{max}} = 5000\,N \cdot 3,6\,mm = 18\,000\,Nmm$$
$$F_{q_{max}} = 5000\,N$$

1.) Punkte 1, 2:

$$\tau_a = 0 \quad \text{(Quelle, Senke)}$$

$$\sigma_b = \frac{M_{b_{max}}}{W_a} = \frac{M_{b_{max}}}{\dfrac{D^3\,\pi}{32}}$$

$$\sigma_b = \frac{18\,000\,Nmm \cdot 32}{(12\,mm)^3 \cdot \pi} = 106,1\,N/mm^2 \equiv \sigma_v$$

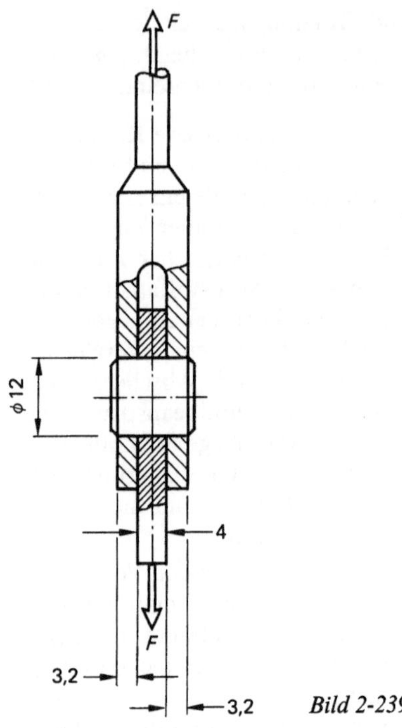

Bild 2-239

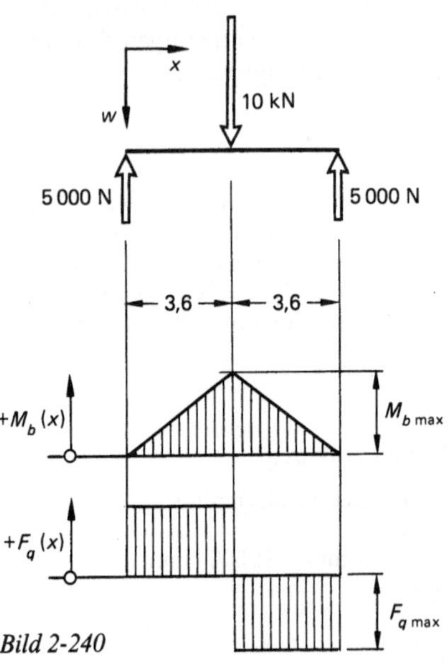

Bild 2-240

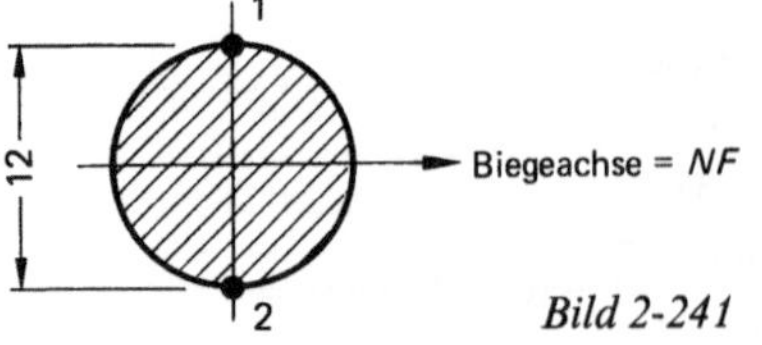

Bild 2-241

keine Vergleichsspannungsrechnung, weil Spannungszustand einachsig

2.) Punkte auf der Biegeachse:

$\sigma_b = 0$ (neutrale Faserschicht)

$$\tau_{a_{max}} = \frac{4}{3} \frac{F_{q_{max}}}{A} = \frac{4 \cdot 5000\,\text{N}}{3 \cdot \dfrac{12^2 \cdot \pi}{4}\,\text{mm}^2} = 58,95\,\text{N/mm}^2$$

zäher Werkstoff, statische Belastung:
GE-Hypothese:

$$\sigma_{v(GE)} = \sqrt{\sigma^2 + 3\tau^2}$$

$$\sigma_{v(GE)} = \sqrt{0 + 3\tau_{a_{max}}^2} = \sqrt{3} \cdot 58,95\,\text{N/mm}^2$$

$$\sigma_{v(GE)} = 102,1\,\text{N/mm}^2$$

Sicherheit gegen die Streckgrenze:

$$v_S = \frac{235\,\text{N/mm}^2}{106,1\,\text{N/mm}^2} = 2,2$$

Sicherheit gegen Bruch:

$$v_B = \frac{340\,\text{N/mm}^2}{106,1\,\text{N/mm}^2} = 3,2$$

Übung 2-38

Der aus drei Flacheisen zusammengeschweißte Doppel-T-Querschnitt gemäß Bild 2-242 ist 1 m lang und einseitig fest eingespannt. An seinem freien Ende wirkt die Querkraft 40 kN. Zu berechnen ist die größte auftretende Vergleichsspannung.

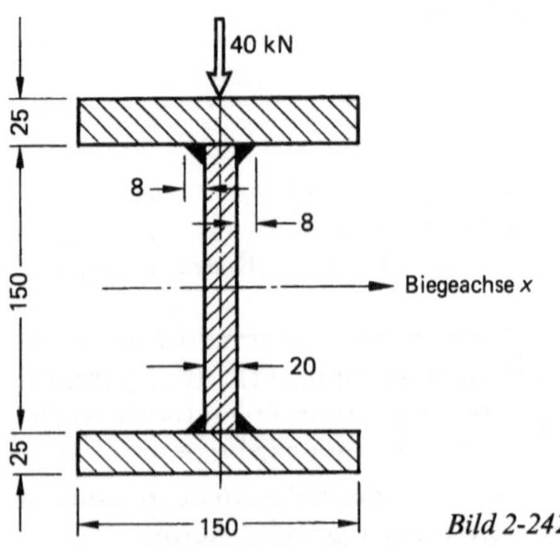

Bild 2-242

Lösung:

Biegemoment im Einspannquerschnitt:

$$M_b = 40\,000\,\text{N} \cdot 1000\,\text{mm} = 4 \cdot 10^7\,\text{Nmm}$$

1.) Biegespannungen in den Randfasern:

$$\sigma_b = \frac{M_b}{W_a}$$

$$W_a = \frac{I_x}{100\,\text{mm}}$$

$$I_x = \left(\frac{150 \cdot 200^3}{12} - \frac{130 \cdot 150^3}{12}\right)\text{mm}^4 = 63\,437\,500\,\text{mm}^4$$

$$W_a = 634\,375\,\text{mm}^3$$

$$\sigma_b = \frac{4 \cdot 10^7\,\text{Nmm}}{634\,750\,\text{mm}^2} = 63\,\text{N/mm}^2$$

keine Schubspannungen in den Randfasern (Quelle, Senke des Schubflusses)

$$\sigma_b \equiv \sigma_v = 63\,\text{N/mm}^2$$

Vergleichsspannungsberechnung nicht erforderlich, weil linearer Spannungszustand.

2.) Spannungen der Punkte auf Höhe der Schwerpunktfaser (x-Achse = NF):

$\sigma_b = 0$ (neutrale Faserschicht)

$$\tau_{a_{max}} = \frac{F_Q S_x}{I_x\,20\,\text{mm}}$$

$$S_x = (150 \cdot 25 \cdot 87,5 + 20 \cdot 75 \cdot 37,5)\,\text{mm}^3$$
$$= 384\,375\,\text{mm}^3$$

$$\tau_{a_{max}} = \frac{40\,000\,\text{N} \cdot 384\,375\,\text{mm}^3}{63\,437\,500\,\text{mm}^4 \cdot 20\,\text{mm}} = 12,1\,\text{N/mm}^2$$

$$\sigma_{v(GE)} = \sqrt{\sigma + 3\tau^2} = \sqrt{0 + 3 \cdot 12,1^2} = 21\,\text{N/mm}^2$$

3.) Naht:

$$\sigma_b = \frac{M_b}{I_x}\,75\,\text{mm} = \frac{4 \cdot 10^7\,\text{Nmm} \cdot 75\,\text{mm}}{63\,437\,500\,\text{mm}^4}$$
$$= 47,3\,\text{N/mm}^2$$

$$\tau = \frac{F_Q S_x \sqrt{2}}{I_x\,2a}\,; \quad \frac{a}{\sqrt{2}} = \text{Schweißnahtbreite}$$

$$\tau = \frac{40\,000\,\text{N}\,(150 \cdot 25 \cdot 87,5)\,\text{mm}^3 \cdot \sqrt{2}}{63\,437\,500\,\text{mm}^4 \cdot 2 \cdot 8\,\text{mm}} = 18,2\,\text{N/mm}^2$$

$$\sigma_{v(GE)} = \sqrt{\sigma^2 + 3\tau^2} = \sqrt{47,3^2 + 3 \cdot 18,2^2}$$
$$= 56,8\,\text{N/mm}^2$$

Ergebnisse:

1.) Randfasern: $\sigma_v = 63\,\text{N/mm}^2$ $(=\sigma_b)$
2.) Neutrale Faser: $\sigma_v = 21\,\text{N/mm}^2$
3.) Nähte: $\sigma_v = 56,8\,\text{N/mm}^2$

Der Maximalwert von σ_v beträgt $63\,\text{N/mm}^2$.

Übung 2-39

Ein Vierkantbolzen mit 6 mm Kantenlänge hält gemäß Bild 2-243 eine Rechteckplatte, die durch die Kraft $F = 100$ N belastet wird. Der Bolzen wird auf Abscheren und Torsion beansprucht. Streckgrenze des zähen Bolzenwerkstoffs: $420\,\text{N/mm}^2$. Welche Sicherheit gegen Erreichen der Streckgrenze liegt vor?

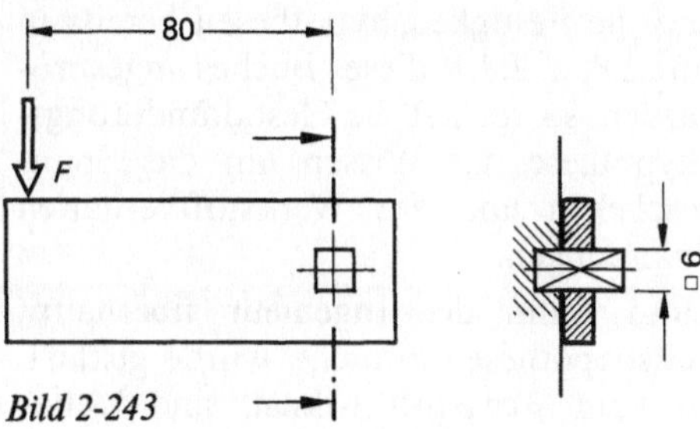

Bild 2-243

Lösung:

Abscherspannungen:

$$\tau_a = \frac{F}{A} = \frac{100\,\text{N}}{36\,\text{mm}^2} = 2,\overline{7}\,\text{N/mm}^2$$

Torsionsspannungen:

$$\tau_{t_{max}} = \frac{M_t}{\eta_2\,a^3}\,; \quad a = \text{Kantenlänge Bolzenquerschnitt}$$

$$n = \frac{h}{b} = 1 \;\rightarrow\; \eta_2 = 0,208$$

$$\tau_{t_{max}} = \frac{100\,\text{N} \cdot 80\,\text{mm}}{0,208 \cdot (6\,\text{mm})^3} = 178,1\,\text{N/mm}^2, \quad \text{Bild 2-244}$$

Punkt 1: $\tau_{res} = \tau_a + \tau_{t_{max}}$
$$\tau_{res} = (2,\overline{7} + 178,1)\,\text{N/mm}^2$$
$$\tau_{res} = 180,88\,\text{N/mm}^2$$

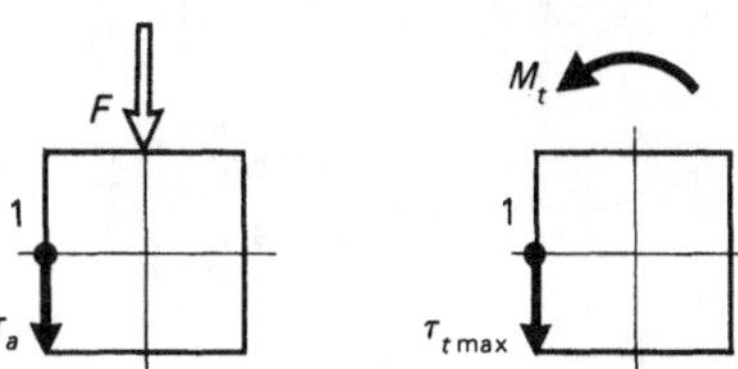

Bild 2-244

Keine Biegung, da Platte ohne Spalt gegen das Fundament geschoben

$$\sigma_{v(Sch)} = \sqrt{\sigma^2 + 4\tau^2} = 2\tau_{res} = 2 \cdot 180{,}88 \, \text{N/mm}^2$$
$$\sigma_{v(Sch)} = 361{,}76 \, \text{N/mm}^2$$

Sicherheit gegen Erreichen der Streckgrenze:

$$\nu_s = \frac{420 \, \text{N/mm}^2}{361{,}76 \, \text{N/mm}^2} = 1{,}16$$

2.8.2. Vom Wesen der Gestaltänderungsenergiehypothese

Wenngleich das Problem der Werkstoffanstrengung und die Festigkeitshypothesen bereits in Abschnitt 2.8. u. 2.8.1. dieses Buches angesprochen wurden, so vertieft die Gestaltänderungsenergiehypothese das Wissen um das Spannungsgeschehen und das Werkstoffverhalten unter Spannungen.

Wozu und wann der Ingenieur überhaupt Festigkeitshypothesen braucht, wurde geklärt. Was wir vom Werkstoff wissen, sind Kennwerte, die im wesentlichen aus dem Zugversuch stammen. Die Beanspruchung unter Zug ist eine einachsige Beanspruchung; die Zugbeanspruchung entspricht einem linearen, einachsigen Spannungszustand, Bild 2-245.

Zur Beurteilung mehrachsiger Spannungszustände bedarf es der Festigkeitshypothesen. Die aus dem linearen Spannungszustand resultierenden Werkstoffkennwerte lassen eine unmittelbare Beurteilung der Werkstoffanstrengung beim mehrachsigen Spannungszustand nicht zu. Man benötigt also eine Vergleichsspannung für den mehrachsigen Spannungszustand, die mit den aus dem Zugversuch gewonnenen Werkstoffkennwerten verglichen werden kann. Je nach Werkstoff (duktil oder spröde), Bruchart (Gleitbruch oder Trennbruch) und Beanspruchungsart (statisch oder dynamisch) treffen verschiedene Hypothesen den Sachverhalt mehr oder weniger genau. Der Ingenieur bedient sich im wesentlichen der Schubspannungs-, der Normalspannungs- und der Gestaltänderungsenergiehypothese. Nach der letztgenannten Hypothese tritt Versagen des Werkstoffs dann ein, wenn je Volumeneinheit ein bestimmtes Maß an Gestaltänderungsarbeit aufgebracht wurde, jenes Maß, das auch im Zerreißversuch zum Werkstoffversagen führte.

Spannungen bewirken Gitterverzerrungen, somit Formänderungen des Bauteils. Diese können eine Änderung der Gestalt oder eine Änderung des Volumens bedeuten, Bild 2-246, meist tritt Volumen- und Gestaltänderung gleichzeitig auf.

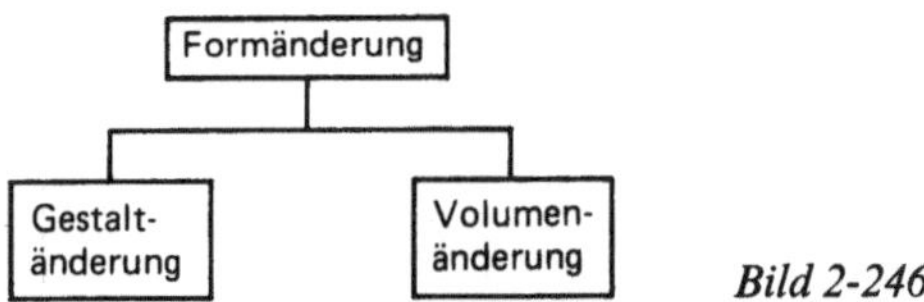

Bild 2-246

Beispiele für Gestaltänderung: Würfel wird Quader, Kugel wird Ellipsoid usw. Zur Wiederholung sei an die für Normalspannungen und Tangentialspannungen typischen Gitterverzerrungen erinnert. Normalspannungen führen zu Dehnungen; dabei bleiben die rechten Winkel

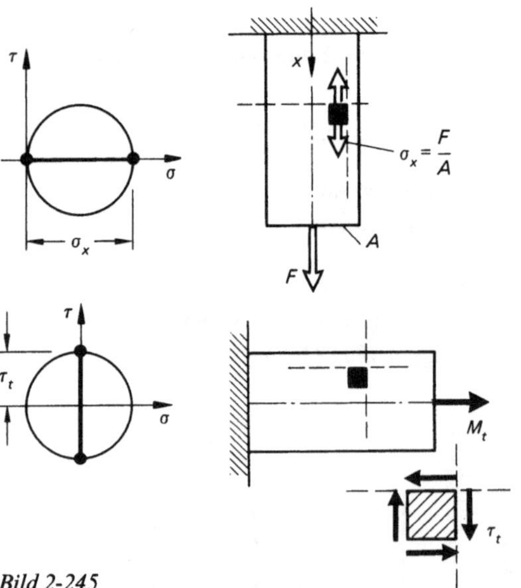

Bild 2-245

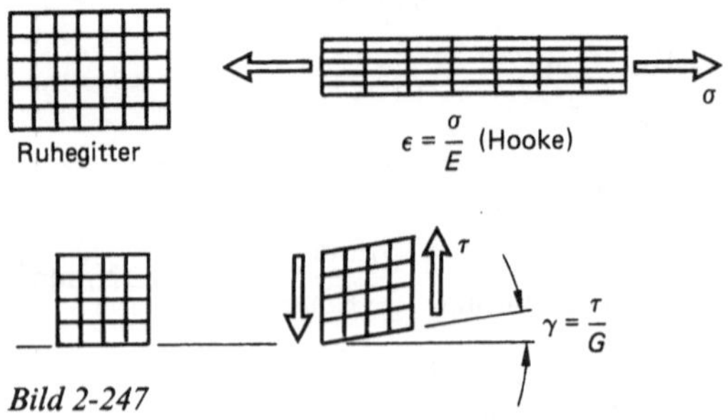

Bild 2-247

des Werkstoffgitters erhalten. Tangentialspannungen führen zu Gleitungen (Schiebungen); die Gitterabstände bleiben im wesentlichen erhalten, die Winkel des Raumgitters ändern sich um den Schiebewinkel γ, Bild 2-247.

Die sog. Elastischen Grundgleichungen von CAUCHY beschreiben die Zusammenhänge zwischen Spannungen und Verzerrungen:

$$\varepsilon_x = \frac{1}{E}\left[\sigma_x - \mu(\sigma_y + \sigma_z)\right]$$

$$\varepsilon_y = \frac{1}{E}\left[\sigma_y - \mu(\sigma_x + \sigma_z)\right]$$

$$\varepsilon_z = \frac{1}{E}\left[\sigma_z - \mu(\sigma_x + \sigma_y)\right]$$

$$\gamma_{xy} = \frac{\tau_{xy}}{G}$$

$$\gamma_{xz} = \frac{\tau_{xz}}{G}$$

$$\gamma_{yz} = \frac{\tau_{yz}}{G}$$

Darin ist μ die Querkontraktionszahl:

$$\mu = \frac{\varepsilon_q}{\varepsilon} = \frac{\text{Querdehnung}}{\text{Längsdehnung}}$$

Es wird an die Matrixschreibweise für Spannungszustände erinnert:

$$S = \begin{pmatrix} \sigma_x & \tau_{yx} & \tau_{zx} \\ \tau_{xy} & \sigma_y & \tau_{zy} \\ \tau_{xz} & \tau_{yz} & \sigma_z \end{pmatrix}$$

Besondere Spannungszustände:

1.) Zugspannung im Zugstab (linearer Spannungszustand):

$$S = \begin{pmatrix} \sigma_x & 0 & 0 \\ 0 & 0 & 0 \\ 0 & 0 & 0 \end{pmatrix}$$

Hauptspannungszustände sind schubspannungsfrei; in dieser Form ist der Spannungszustand für den Zugstab geschrieben worden.

2.) Zweiachsiger Hauptspannungszustand:

$$S = \begin{pmatrix} \sigma_x & 0 & 0 \\ 0 & \sigma_y & 0 \\ 0 & 0 & 0 \end{pmatrix}$$

3.) Dreiachsiger Hauptspannungszustand:

$$S = \begin{pmatrix} \sigma_x & 0 & 0 \\ 0 & \sigma_y & 0 \\ 0 & 0 & \sigma_z \end{pmatrix}$$

4.) Hydrostatischer Spannungszustand (Spannungszustand allseitig gleichen Drucks oder Zugs):

$$S = \begin{pmatrix} \sigma & 0 & 0 \\ 0 & \sigma & 0 \\ 0 & 0 & \sigma \end{pmatrix}$$

Die Matrix des hydrostatischen Hauptspannungszustandes hat die Form eines Kugeltensors. Eine Kugel unter Wasser (Spannungszustand allseitig gleichen Drucks) verformt sich elastisch zu einer kleineren Kugel; die Gestalt bleibt erhalten, das Volumen ändert sich (reine Volumenänderung ohne Gestaltänderung).

In Versuchen hat man festgestellt, daß trotz extrem hoher Drücke (bis 10^5 bar) ein solcher hydrostatischer Spannungszustand keine Plastifizierung oder Werkstoffversagen hervorrufen konnte. Offenbar ist am Werkstoffversagen nur jener Anteil der gesamten spezifischen (je Volumeneinheit) Formänderungsarbeit beteiligt, der für die Gestaltänderung zuständig ist bzw. gebraucht wird.

Wenn wir für den Zugstab – er liefert die wesentlichen Werkstoffkennwerte – wüßten, welche Gestaltänderungsarbeit je Volumeneinheit aufgebracht wird, so hätten wir unsere Gestaltänderungsenergiehypothese quantifiziert.

Fassen wir den allgemeinen Hauptspannungszustand als Summe aus Kugeltensor und „Restspannungszustand" auf:

$$\begin{pmatrix} \sigma_x & 0 & 0 \\ 0 & \sigma_y & 0 \\ 0 & 0 & \sigma_z \end{pmatrix} = \begin{pmatrix} (\sigma_x - s) & 0 & 0 \\ 0 & (\sigma_y - s) & 0 \\ 0 & 0 & (\sigma_z - s) \end{pmatrix}$$

$$+ \underbrace{\begin{pmatrix} s & 0 & 0 \\ 0 & s & 0 \\ 0 & 0 & s \end{pmatrix}}_{\text{Kugeltensor}}$$

mit $s = \frac{1}{3}(\sigma_x + \sigma_y + \sigma_z)$

Ist die Spannungsgröße s des Kugeltensors gleich dem arithmetischen Mittel aus den drei Hauptspannungen des allgemeinen Hauptspannungszustandes, wird die „Spur" des Restspannungszustandes null. Die Spur einer Matrix ist die Summe der Elemente der Hauptdiagonalen.

$$\sigma_x - \tfrac{1}{3}(\sigma_x + \sigma_y + \sigma_z)$$
$$+ \sigma_y - \tfrac{1}{3}(\sigma_x + \sigma_y + \sigma_z)$$
$$+ \sigma_z - \tfrac{1}{3}(\sigma_x + \sigma_y + \sigma_z)$$
$$\overline{\phantom{+ \sigma_z - \tfrac{1}{3}(\sigma_x + \sigma_y + \sigma_z)}}$$
$$\Sigma = 0$$

Während der Kugeltensor für die Volumenänderung verantwortlich ist, sorgt der „Restspannungszustand" für die Gestaltänderung, die Abweichung von der alten Gestalt. In Latein bedeutet deviare abweichen. Man nennt den „Restspannungszustand" darum auch den Deviator:

Kugeltensor $\rightarrow$ Volumenänderung

Deviator $\rightarrow$ Gestaltänderung

Wenden wir diese Erkenntnisse auf den folgenden Hauptspannungszustand an und fragen, ob Volumenänderung und/oder Gestaltänderung vorliegt:

$$S = \begin{pmatrix} 5 & 0 & 0 \\ 0 & 7 & 0 \\ 0 & 0 & -3 \end{pmatrix}$$

Da die Matrix weder Kugeltensorgestalt hat noch die Spur verschwindet, liegen also Gestaltänderung und Volumenänderung gleichzeitig vor.

Wir können nun auch für den Zugstab die Frage beantworten, ob Volumen und Gestaltänderung gleichzeitig vorliegen. Auch beim Zugstab ist die Spannungsmatrix weder Kugeltensor noch hat sie Deviatoreigenschaft. Somit ändert sich beim Zugstab unter Belastung sowohl das Volumen als auch die Gestalt.

Man berechnet die spezifische Formänderungsarbeit von Spannungen gemäß

$$U_S = \frac{1}{2E} [\sigma_x^2 + \sigma_y^2 + \sigma_z^2 - 2\mu$$
$$\cdot (\sigma_x \sigma_y + \sigma_x \sigma_z + \sigma_y \sigma_z)]$$
$$+ \frac{1}{2G} [\tau_{xy}^2 + \tau_{xz}^2 + \tau_{yz}^2]$$

Die Ableitung dieser Gleichung ist in Abschnitt 2.9.1. beschrieben. Die Einheit der spezifischen Formänderungsarbeit ist Nmm/mm³.

Anwendung auf das Beispiel Zugstab:

$$S = \begin{pmatrix} \sigma_z & 0 & 0 \\ 0 & 0 & 0 \\ 0 & 0 & 0 \end{pmatrix}$$

$$U_S = \frac{1}{2E}\, \sigma_z^2 \quad \text{mit} \quad \sigma_z = \frac{F}{A}$$

Wir suchen die Vergleichspannungsformel für den zweiachsigen Hauptspannungszustand. Dazu setzen wir die Deviatorarbeit des Zugstabes mit der Deviatorarbeit des ebenen Hauptspannungszustandes gleich.

a) Deviatorarbeit des Zugstabes:

$$S = \begin{pmatrix} \sigma & 0 & 0 \\ 0 & 0 & 0 \\ 0 & 0 & 0 \end{pmatrix}$$

$$= \underbrace{\begin{pmatrix} \dfrac{2\sigma}{3} & 0 & 0 \\ 0 & -\dfrac{1}{3}\sigma & 0 \\ 0 & 0 & -\dfrac{1}{3}\sigma \end{pmatrix}}_{\text{Deviator}} + \underbrace{\begin{pmatrix} \dfrac{\sigma}{3} & 0 & 0 \\ 0 & \dfrac{\sigma}{3} & 0 \\ 0 & 0 & \dfrac{\sigma}{3} \end{pmatrix}}_{\text{Kugeltensor}}$$

$$U_{S_{Dev}} = \frac{1}{2E}\left[\left(\frac{2\sigma}{3}\right)^2 + \left(\frac{-\sigma}{3}\right)^2 + \left(\frac{-\sigma}{3}\right)^2 \right.$$
$$\left. - 2\mu\left(-\frac{2}{9}\sigma^2 - \frac{2}{9}\sigma^2 + \frac{1}{9}\sigma^2\right)\right]$$

$$U_{S_{Dev}} = \frac{1}{2E}\left[\frac{6}{9}\sigma^2 - 2\mu\left(-\frac{3}{9}\sigma^2\right)\right] = \frac{\sigma^2}{3E}(1+\mu)$$

Diese spezifische Formänderungsarbeit wird beim Zugstab aufgewandt, um die Gestalt zu ändern.

b) Deviatorarbeit des ebenen Hauptspannungszustandes:

$$S = \begin{pmatrix} \sigma_x & 0 & 0 \\ 0 & \sigma_y & 0 \\ 0 & 0 & 0 \end{pmatrix}$$

$$= \begin{pmatrix} (\sigma_x - s) & 0 & 0 \\ 0 & (\sigma_y - s) & 0 \\ 0 & 0 & -s \end{pmatrix} + \begin{pmatrix} s & 0 & 0 \\ 0 & s & 0 \\ 0 & 0 & s \end{pmatrix}$$

$$s = \frac{\sigma_x + \sigma_y}{3}$$

Deviator

$$D = \begin{pmatrix} \sigma_x - \dfrac{1}{3}(\sigma_x+\sigma_y) & 0 & 0 \\[2ex] 0 & \sigma_y - \dfrac{1}{3}(\sigma_x+\sigma_y) & 0 \\[2ex] 0 & 0 & -\dfrac{1}{3}(\sigma_x+\sigma_y) \end{pmatrix}$$

$$D = \begin{pmatrix} \dfrac{2\sigma_x}{3} - \dfrac{\sigma_y}{3} & 0 & 0 \\[2ex] 0 & \dfrac{2\sigma_y}{3} - \dfrac{\sigma_x}{3} & 0 \\[2ex] 0 & 0 & -\dfrac{\sigma_x+\sigma_y}{3} \end{pmatrix}$$

Für diesen Deviator berechnen wir die spezifische Formänderungsarbeit:

$$U_S = \frac{1}{2E}\left[\left(\frac{2\sigma_x-\sigma_y}{3}\right)^2 + \left(\frac{2\sigma_y-\sigma_x}{3}\right)^2 \right.$$
$$+ \left(\frac{\sigma_x+\sigma_y}{3}\right)^2$$
$$- 2\mu\left(\left(\frac{2\sigma_x-\sigma_y}{3}\right)\left(\frac{2\sigma_y-\sigma_x}{3}\right)\right.$$
$$- \left(\frac{\sigma_x+\sigma_y}{3}\right)\left(\frac{2\sigma_x-\sigma_y}{3}\right)$$
$$\left.\left.- \left(\frac{\sigma_x+\sigma_y}{3}\right)\left(\frac{2\sigma_y-\sigma_x}{3}\right)\right)\right]$$

Nach Zusammenfassen und Ordnen folgt:

$$U_S = \frac{1+\mu}{3E}(\sigma_x^2 + \sigma_y^2 - \sigma_x\sigma_y)$$

Identifizieren wir die in a) berechnete Arbeit mit jener Arbeit am Zugstab, die bei $\sigma = \sigma_{\mathrm{zul}}$ (Streckgrenze oder Bruchfestigkeit) aufgebracht wird, so können wir als Vergleichsspannung durch Gleichsetzen der in a) und b) errechneten Arbeiten schreiben:

$$\frac{\sigma_v^2}{3E}(1+\mu) = \frac{1+\mu}{3E}(\sigma_x^2 + \sigma_y^2 - \sigma_x\sigma_y)$$

$$\sigma_v = \sqrt{\sigma_x^2 + \sigma_y^2 - \sigma_x\sigma_y}$$

Dies ist die Vergleichsspannungsformel nach der Gestaltänderungsenergiehypothese für den ebenen Hauptspannungszustand.

Die entsprechende Formel für den allgemeinen, ebenen Spannungszustand finden wir durch folgende Überlegung:

Wir spalten die Spannungsmatrix auf in eine Matrix, die nur die Normalspannungen beinhaltet und eine, die nur die Tangentialspannungen beinhaltet.

$$S = \begin{pmatrix} \sigma_x & \tau & 0 \\ \tau & \sigma_y & 0 \\ 0 & 0 & 0 \end{pmatrix}$$

$$= \underbrace{\begin{pmatrix} \sigma_x & 0 & 0 \\ 0 & \sigma_y & 0 \\ 0 & 0 & 0 \end{pmatrix}}_{\text{I}} + \underbrace{\begin{pmatrix} 0 & \tau & 0 \\ \tau & 0 & 0 \\ 0 & 0 & 0 \end{pmatrix}}_{\text{II}}$$

Für die Matrix I wurde ermittelt

$$U_{S_I} = \frac{1+\mu}{3E}(\sigma_x^2 + \sigma_y^2 - \sigma_x\sigma_y)$$

Die Matrix II schreiben wir so um, daß wiederum nur die Plätze auf der Hauptdiagonalen besetzt sind, Bild 2-248.

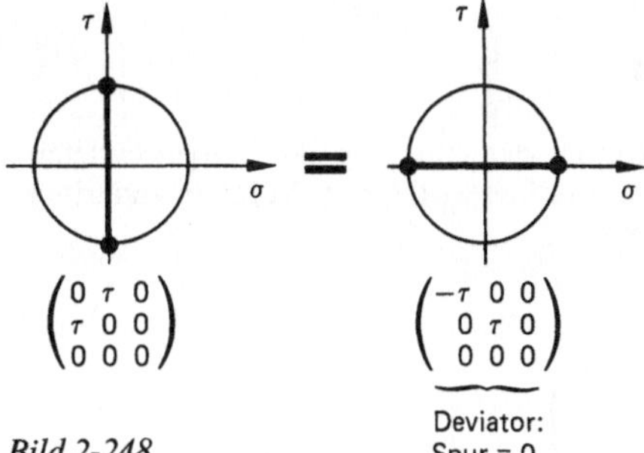

$$\begin{pmatrix} 0 & \tau & 0 \\ \tau & 0 & 0 \\ 0 & 0 & 0 \end{pmatrix} \qquad \begin{pmatrix} -\tau & 0 & 0 \\ 0 & \tau & 0 \\ 0 & 0 & 0 \end{pmatrix}$$

Bild 2-248

Deviator:
Spur = 0

Die umgeschriebene Matrix II hat Deviatoreigenschaft, ist also mit Gestaltänderung bei Volumenkonstanz verbunden. Dafür berechnen wir die spezifische Formänderungsarbeit:

$$U_{S_{II}} = \frac{1}{2E}[\tau^2 + \tau^2 - 2\mu(-\tau^2)]$$

$$U_{S_{II}} = \frac{1}{2E}\,2\tau^2(1+\mu)$$

$$U_{S_{II}} = \frac{(1+\mu)\tau^2}{E}$$

Addition der Arbeiten aus I und II:

$$U_S = \frac{1+\mu}{3E}(\sigma_x^2 + \sigma_y^2 - \sigma_x\sigma_y) + \frac{(1+\mu)\tau^2}{E}$$

Dies ist die spezifische Formänderungsarbeit des allgemeinen zweiachsigen Spannungszustandes $(\sigma_x, \sigma_y, \tau_{xy})$. Setzen wir diese Arbeit gleich der spezifischen Gestaltänderungsarbeit am Zugstab, so folgt daraus die Formel zur Berechnung der Vergleichsspannung für den ebenen Spannungszustand:

$$\frac{1+\mu}{3E}\sigma_v^2 = \frac{1+\mu}{3E}(\sigma_x^2 + \sigma_y^2 - \sigma_x\sigma_y) + \frac{\tau^2(1+\mu)}{E}$$

$$\sigma_v = \sqrt{\sigma_x^2 + \sigma_y^2 - \sigma_x\sigma_y + 3\tau^2}$$

Aus den letzten Überlegungen geht auch hervor, daß beim Torsionsstab das Volumen konstant bleibt, denn der ebene Spannungszustand reiner Tangentialbeanspruchung (Matrix II) hat, umgeschrieben, Deviatoreigenschaft und zeigt damit, daß reine Gestaltänderung ohne Volumenänderung vorliegt. Im Gegensatz dazu hatten wir gefunden, daß beim Zugstab das Volumen nicht konstant ist, sondern daß ein Teil der aufgebrachten Formänderungsarbeit zur Volumenvergrößerung herangezogen wird.

Übung 2-40

Wieviel Prozent der am Zugstab aufgewendeten Formänderungsarbeit wird für die Volumenänderung aufgewendet?

Lösung:

$$S = \begin{pmatrix} \sigma & 0 & 0 \\ 0 & 0 & 0 \\ 0 & 0 & 0 \end{pmatrix}$$

$$= \underbrace{\begin{pmatrix} \dfrac{2\sigma}{3} & 0 & 0 \\ 0 & -\dfrac{\sigma}{3} & 0 \\ 0 & 0 & -\dfrac{\sigma}{3} \end{pmatrix}}_{\substack{\text{Deviator:} \\ U_{S_G}}} + \underbrace{\begin{pmatrix} \dfrac{\sigma}{3} & 0 & 0 \\ 0 & \dfrac{\sigma}{3} & 0 \\ 0 & 0 & \dfrac{\sigma}{3} \end{pmatrix}}_{\substack{\text{Kugeltensor:} \\ U_{S_v}}}$$

$$U_{S_v} = \frac{1}{2E}\left[\left(\frac{\sigma}{3}\right)^2 + \left(\frac{\sigma}{3}\right)^2 + \left(\frac{\sigma}{3}\right)^2 - 2\mu\left(\frac{\sigma^2}{9} + \frac{\sigma^2}{9} + \frac{\sigma^2}{9}\right)\right]$$

$$U_{S_v} = \frac{1}{2E}\left[\frac{\sigma^2}{3} - 2\mu\left(\frac{\sigma^2}{3}\right)\right]$$

$$U_{S_v} = \frac{\sigma^2}{6E}(1 - 2\mu)$$

$$U_{S_G} = \frac{1}{2E}\left[\left(\frac{2\sigma^2}{3}\right)^2 + \left(-\frac{\sigma}{3}\right)^2 + \left(-\frac{\sigma}{3}\right)^2 - 2\mu\left(-\frac{2}{9}\sigma^2 - \frac{2}{9}\sigma^2 + \frac{1}{9}\sigma^2\right)\right]$$

$$U_{S_G} = \frac{1}{2E}\left[\frac{2}{3}\sigma^2 - 2\mu\left(-\frac{1}{3}\sigma^2\right)\right]$$

$$U_{S_G} = \frac{\sigma^2}{3E}(1 + \mu)$$

$$\frac{U_{S_v}}{U_{S_G}} = \frac{\sigma^2(1-2\mu)\,3E}{6E\,\sigma^2(1+\mu)} = \frac{1-2\mu}{2(1+\mu)}$$

mit $\mu = \dfrac{3}{10}$

$$\frac{U_{S_v}}{U_{S_G}} = \frac{1 - 0{,}6}{2(1 + 0{,}3)} = \frac{0{,}4}{2{,}6}$$

$$\frac{0{,}4 \cdot 100\%}{0{,}4 + 2{,}6} = 13{,}\overline{3}\%$$

Ergebnis:

$13{,}\overline{3}\%$ der am Zugstab aufgewendeten Formänderungsarbeit wird zur Volumendilatation aufgebracht.

2.8.3. Dynamische Beanspruchung

Sicherheit gegen Werkstoffversagen ist das Verhältnis einer aus Versuchen ermittelten Grenzspannung zu der errechneten (Vergleichs)Spannung; die zulässige Spannung σ_{zul} ist das Verhältnis einer aus Versuchen ermittelten Grenzspannung und einer Sicherheitszahl v:

$$v_B = \frac{\sigma_B}{\sigma_v}$$

$$\sigma_{zul} = \frac{\sigma_B}{v_B}$$

Bei statischer, ruhender Beanspruchung ist die Bruchfestigkeit des Werkstoffs, wie sie im Zugversuch ermittelt wird, maßgeblich für die Beurteilung der Sicherheit gegenüber Werkstoffversagen.

Die Erfahrung lehrt, daß Bauteile bei dynamischer Beanspruchung nach längerer Zeit schon bei Spannungen bzw. bei Spannungssituationen zu Bruch gehen, die weit geringer sind als die zulässige statische. Die Grenzspannung bei dynamischer Beanspruchung ist geringer als bei ruhender Beanspruchung.

Grenzspannung bei dynamischer Beanspruchung

Die Beurteilung der sog. Dauerfestigkeit:

Unter Dauerfestigkeit versteht man diejenige Grenzspannung σ_D, die eine Werkstoffprobe bei ständiger Wiederholung der Belastung theoretisch unendlich oft ertragen kann, ohne daß ein Bruch eintritt (Dauerbruch). Die Dauerfestigkeit der Werkstoffe wird im Versuch ermittelt, Bild 2-249.

σ_a = Spannungsausschlag,
σ_u = Unterspannung,
σ_o = Oberspannung,
σ_m = Mittelspannung.

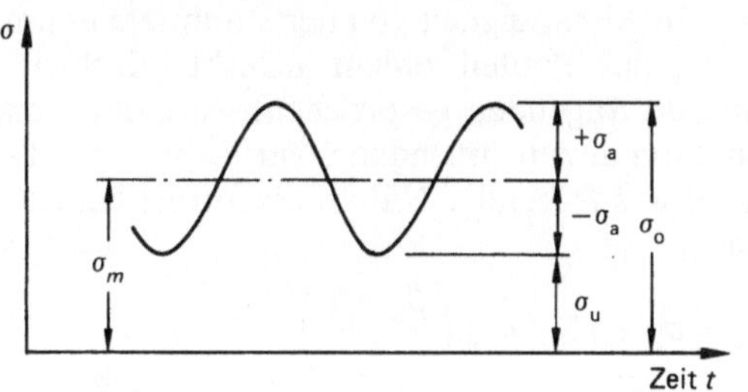

Bild 2-249

Wir unterscheiden drei Belastungsfälle:

1.) statische oder ruhende Beanspruchung,
2.) schwellende Beanspruchung,
3.) wechselnde Beanspruchung.

Bei der ruhenden, statischen Beanspruchung wird die Belastung zügig auf den Nennwert gesteigert und erfährt dann keine nennenswerten Schwankungen mehr; die angelegte Spannung ist zeitlich konstant, Bild 2-250.

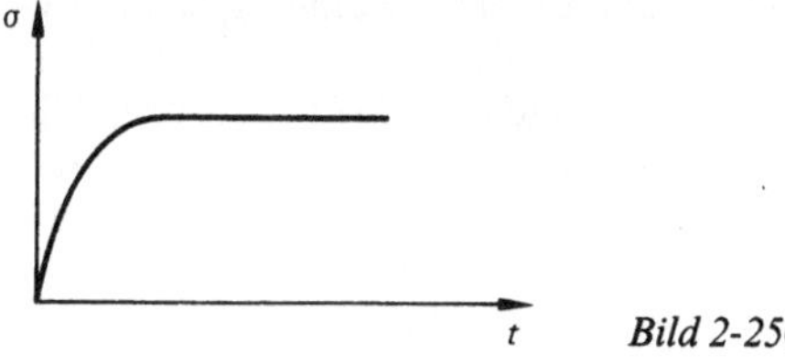

Bild 2-250

Schwellende Beanspruchung ist dadurch gekennzeichnet, daß die Unterspannung null ist. Es findet nach jedem Belastungsanstieg eine Entlastung statt, Bild 2-251.

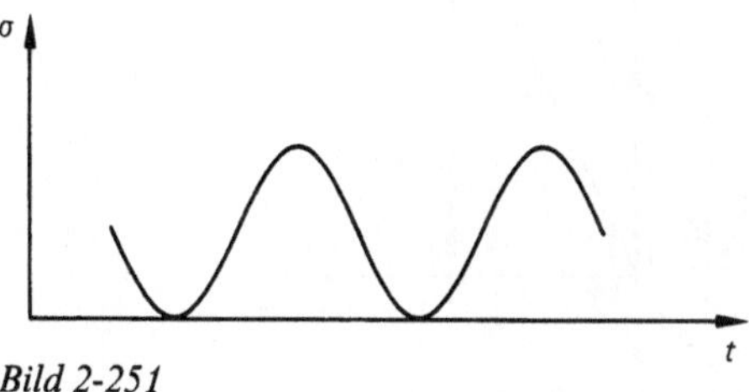

Bild 2-251

Bei der wechselnden Beanspruchung findet ein Vorzeichenwechsel der Spannung statt, die Spannung wechselt vom Zug- ins Druckgebiet. Die Mittelspannung ist null, Bild 2-252.

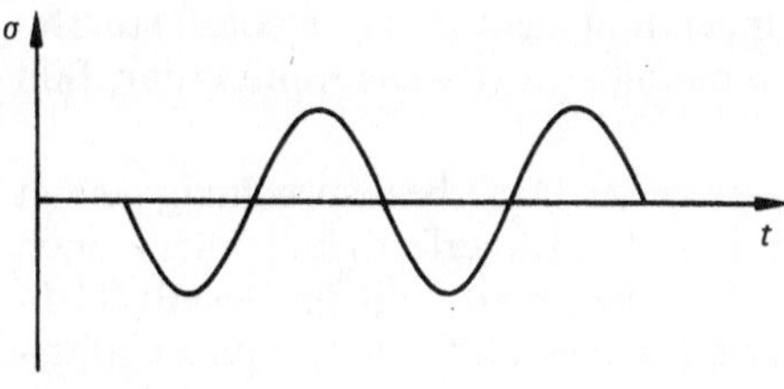

Bild 2-252

WÖHLER fand, daß um so größere Lastspielzahlen bis zum Versagen der Probe ertragen werden, je kleiner der Spannungsausschlag σ_a gewählt wird. Der so empirisch gefundene Wert σ_A ist jene Ausschlagsspannung, die dauernd ertragen werden kann, Bild 2-253.

Die im Versuch ermittelte Dauerfestigkeit gilt für eine bestimmte Mittelspannung und für den gewählten Belastungsfall (Zug, Druck, Torsion,

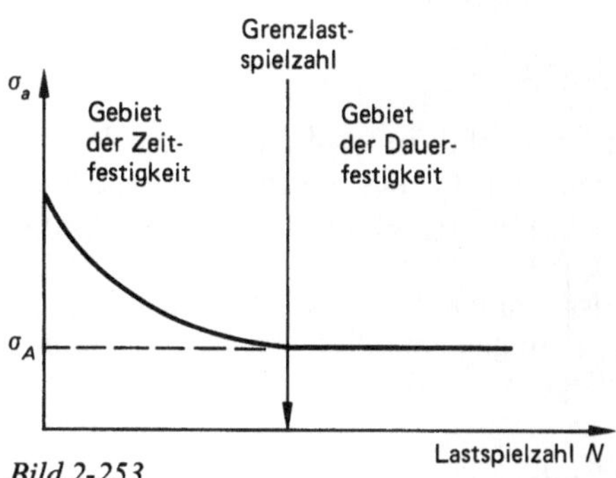

Bild 2-253

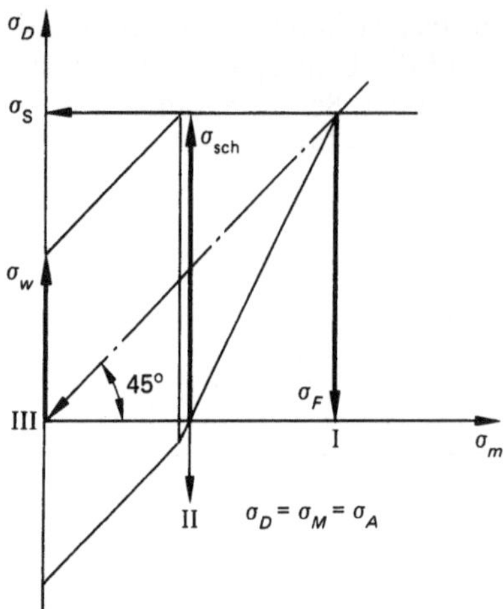

Bild 2-254

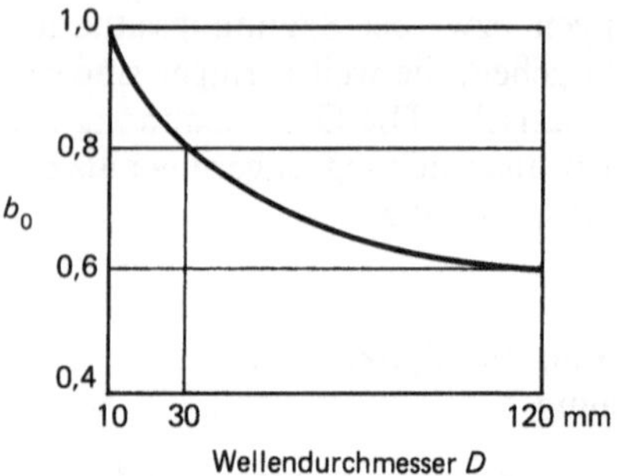

Bild 2-255

Biegung). SMITH zog die Summe der Einzeluntersuchungen und stellt diese im sog. Dauerfestigkeitsschaubild (SMITH-Diagramm) dar, Bild 2-254.

Zur Erfassung der Dauerbeanspruchung genügt die Kenntnis der Dauerfestigkeit allein noch nicht. Es zeigt die Praxis, daß die Gestalt (Größe, Oberflächenbeschaffenheit, Querschnittsform) des Bauteils einen Einfluß auf die tatsächlich zulässige Dauerspannung hat. Diese Überlegung führt zum Begriff der sog. Gestaltfestigkeit. Dabei werden festigkeitsvermindernde Einflüsse und spannungserhöhende Einflüsse berücksichtigt:

Festigkeitsvermindernde Einflüsse:
1.) Größe,
2.) Oberflächenausbildung,
3.) Querschnittsform.

Spannungserhöhende Einflüsse:
4.) Kerbwirkung,
5.) Stoßbeanspruchung.

1.) Größenfaktor b_0

Mit dem Größenfaktor wird die von der Probe abweichende Größe des Bauteils berücksichtigt. Der Faktor b_0 ist als festigkeitsvermindernder Einflußfaktor kleiner als eins. Dieser Einfluß ist immer dann zu berücksichtigen, wenn eine ungleichmäßige Spannungsverteilung vorliegt, wie z. B. bei Biegung:

$$\sigma_{b_D} = b_0\,\sigma_{b_{D10}}$$

Bei Übereinstimmung mit dem Probendurchmesser von 10 mm ist $b_0 = 1$, Bild 2-255.

2.) Oberflächeneinflußfaktor o_F

Die Proben sind stets poliert, die Oberfläche des Realbauteils wird dies nicht sein. Der Oberflächeneinflußfaktor berücksichtigt diese festigkeitsvermindernde Wirkung der Oberflächenqualität. In Abhängigkeit von der Zugfestigkeit σ_B gibt Bild 2-256 die Oberflächeneinflußfaktoren in Abhängigkeit von der Rauhtiefe in μm an. Ist das Bauteil zudem gekerbt (Kerbwirkung im folgenden besprochen), so kann man den dann anzunehmenden Oberflächeneinflußfaktor aus folgender Näherungsformel berechnen:

$$o_{Fk} = o_F + (1 - o_F)\left(\frac{\beta_k - 1}{\beta_k}\right)^2$$

Für gekerbte Torsionsstäbe kann man rechnen
$$o_{Fk_t} = 0{,}575\,o_{Fk} + 0{,}425.$$

3.) Querschnittszahl q

Weicht der Querschnitt des Bauteils von der Kreisform ab, so berücksichtigt die Querschnittszahl q diesen festigkeitsmindernden Einfluß, Tabelle 2-8.

4.) Kerbwirkungszahl β_k

Unter dem Begriff der Kerbwirkung werden alle Einflüsse verstanden, die einen gleichmäßigen Kraftfluß und somit eine gleichmäßige Verteilung der Spannungen im Bauteil stören, d. h. Querbohrungen, Querrillen, Absätze, Querschnittssprünge usw. Im Kerbgrund tritt eine Spannungskonzentration auf, die maximale Spannung ist größer als die Nennspannung in

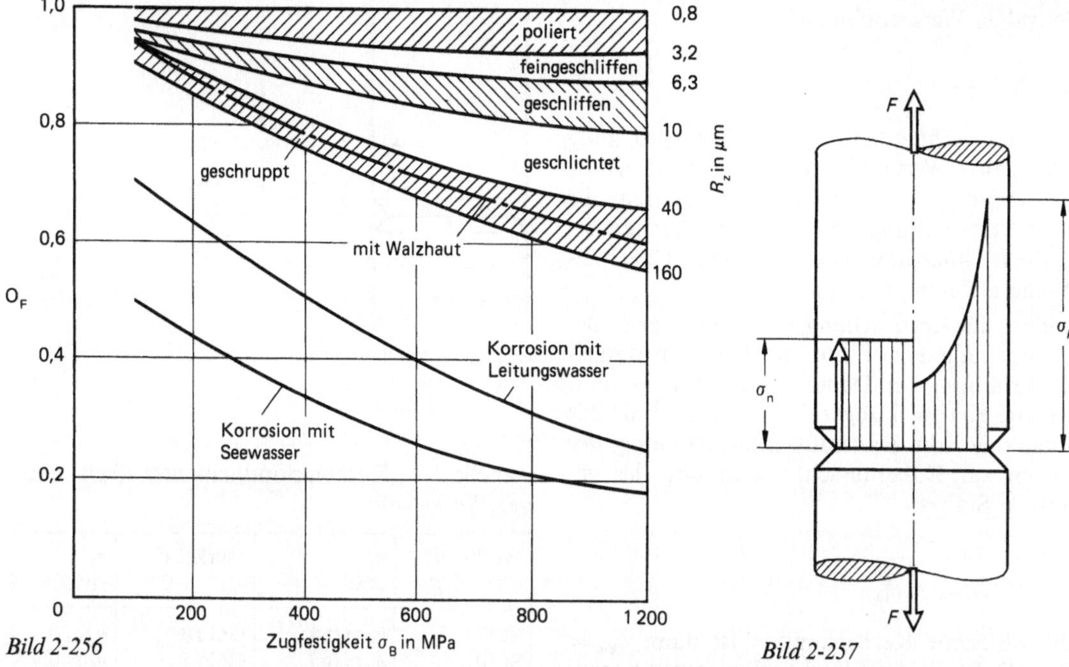

Bild 2-256   *Bild 2-257*

Tabelle 2-8. Querschnittszahlen q.

Quer-schnitts-form	Biegung		Zug–Druck	Tor-sion
	Flach-biegung (Hin- und Her-biegung)	Umlauf-biegung		
Kreis	0,9	1,0	1,0	1,0
Rechteck	1,0	0,8	0,9	0,8
Quadrat	1,0	0,9	1,0	0,9
Dreieck, gleichseitig	0,9	0,9	0,9	0,8
Rhombus	0,9	1,0	1,0	0,9

diesem Querschnitt. Dieser Effekt tritt bei Zug, Biegung und auch bei Torsion gleichermaßen auf; es soll am gekerbten Zugstab der Zugspannungsverlauf im gekerbten Querschnitt dargestellt werden, Bild 2-257.

Das Verhältnis von maximaler Spannung im gekerbten Querschnitt zur Nennspannung dort ist die sog. Formzahl α_k:

$$\alpha_k = \frac{\sigma_k}{\sigma_n} = \frac{\sigma_k}{\dfrac{F}{A_{min}}}$$

mit σ_k als der Kerbspannung und σ_n als der Nennspannung. σ_k ist abhängig von Form und Abmessung der Kerbe (z. B. Kerbtiefe, Rundungsradius).

Wir unterscheiden Kerbwirkung bei ruhender Beanspruchung und bei dynamischer Beanspruchung. Bei ruhender Beanspruchung kann gesagt werden, daß aufgrund der Stützwirkung (innen liegende Bereiche fließen, ohne daß die Fließgrenze überschritten wird) ein Abbau der Spannungsspitze im Kerbgrund zu beobachten ist. Dazu sind nur duktile Werkstoffe imstande. Bei Werkstoffen mit ausgeprägter Fließgrenze ist die Stützziffer darum gleich der Formzahl α_k: $n_{0,2} = \alpha_k$.

Die Sicherheit gegen Fließen im gekerbten Querschnitt beträgt:

$$v_F = \frac{n_{0,2}\,\sigma_F}{\alpha_k\,\sigma_n}$$

Bei zähen Werkstoffen ist

$$n_{0,2}/\alpha_k = 1 \ ,$$

d. h. man rechnet bei ruhender Beanspruchung solch zäher Werkstoffe so, als ob keine Kerbe vorhanden sei. Bei spröden Werkstoffen, die keine Stützwirkung im Kerbgrund kennen, ist $n_{0,2} = 1$. Stützziffer $n_{0,2}$: Man legt 0,2% plastische Dehnung zugrunde.

Anders die Kerbwirkung bei dynamischer Beanspruchung. Hier führen Kerben immer zu einer Erhöhung der Dauerbruchgefahr. Es wird die sog. Kerbwirkungszahl β_k definiert als das Verhältnis von Dauerausschlagspannung des glatten zur Dauerausschlagspannung des gekerbten Stabes:

$$\beta_k = \frac{\sigma_{A_{glatt}}}{\sigma_{A_{gekerbt}}}$$

Die wirksame Kerbspannung ist dann $\sigma_{kw} = \beta_k\,\sigma_n$. Dabei liegt die Kerbwirkungszahl β_k zwischen 1 und der Formzahl α_k: $\beta_k = 1$ bedeutet keine Kerbwirkung, $\beta_k = \alpha_k$ bedeutet volle Kerbwirkung.

Die Kerbwirkungszahl läßt sich mit Hilfe einer Kerbempfindlichkeit η_k aus der Formzahl α_k näherungsweise berechnen:

$$\beta_k = 1 + (\alpha_k - 1)\,\eta_k$$

$\eta_k = 0$ bedeutet: $\beta_k = 1$ (keine Kerbwirkung)
$\eta_k = 1$ bedeutet: $\beta_k = \alpha_k$ (volle Kerbwirkung)

Den Unterschied zwischen ruhender und dynamischer Beanspruchung veranschaulicht Bild 2-258 u. 2-259.

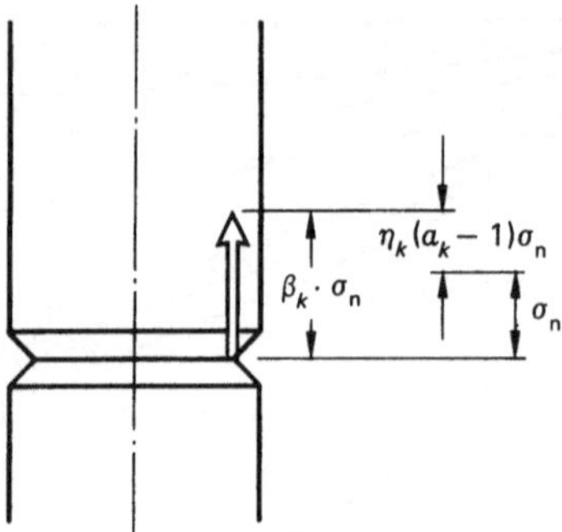

dynamische Beanspruchung   *Bild 2-259*

Tabelle 2-9. Kerbempfindlichkeitsziffern einiger Werkstoffe.

Werkstoff	η_k etwa	Werkstoff	η_k etwa
St 37	$\eta_k \cong 0,4$	GG 10	$\eta_k \cong 0$
St 50	$\eta_k \cong 0,5$	GG 15	$\eta_k \cong 0$
St 70	$\eta_k \cong 0,6$	GG 26	$\eta_k \cong 0,2$
Federstahl	$\eta_k \cong 1,0$	Leicht-	$\eta_k \cong 0,3-$
C-Stähle	$\eta_k \cong 0,4-0,8$	metalle	0,7
Vergütungs-	$\eta_k \cong 0,6-0,9$	25 CrMo 4	$\eta_k \cong 0,85$
stähle		30 CrNiMo 8	$\eta_k \cong 0,93$

Kerbwirkungszahlen für abgesetzte Rundstäbe:

Mit den Koeffizienten c_b für Biegung und c_t für Torsion nach Bild 2-260 kann die Kerbwirkungszahl β_k berechnet werden:

$$\beta_k = 1 + c(\beta_k' - 1)$$

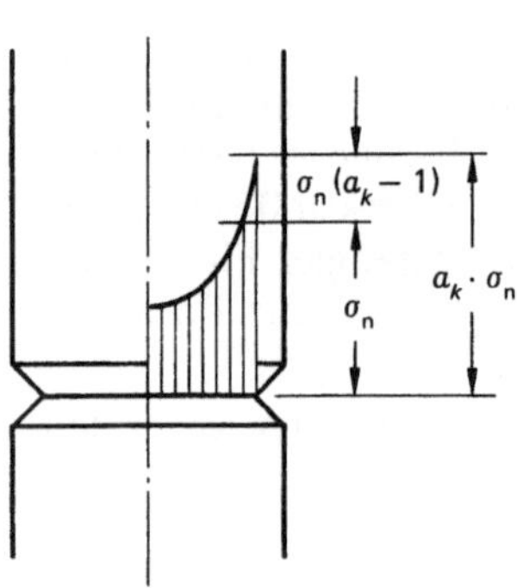

ruhende Beanspruchung   *Bild 2-258*

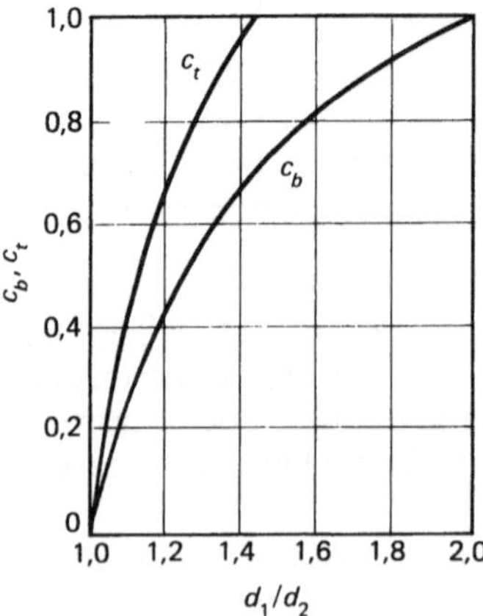

Bild 2-260

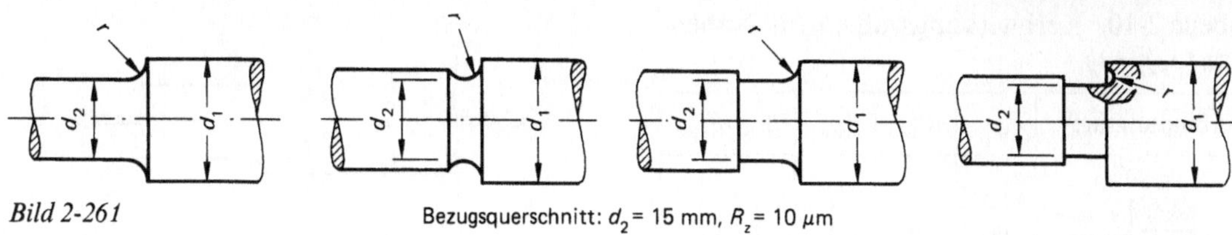

Bild 2-261

Bezugsquerschnitt: $d_2 = 15$ mm, $R_z = 10$ μm

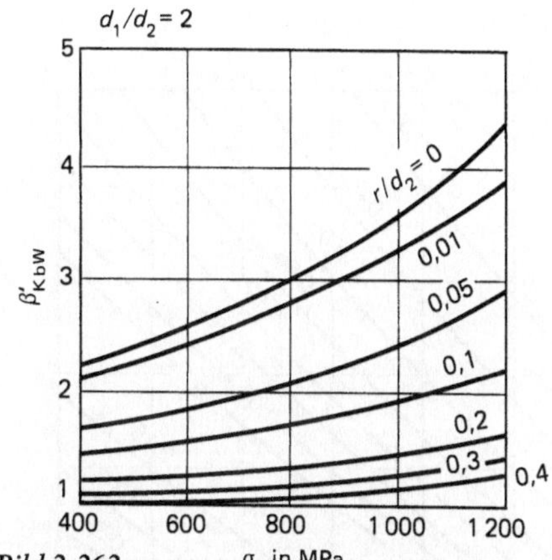

Bild 2-262

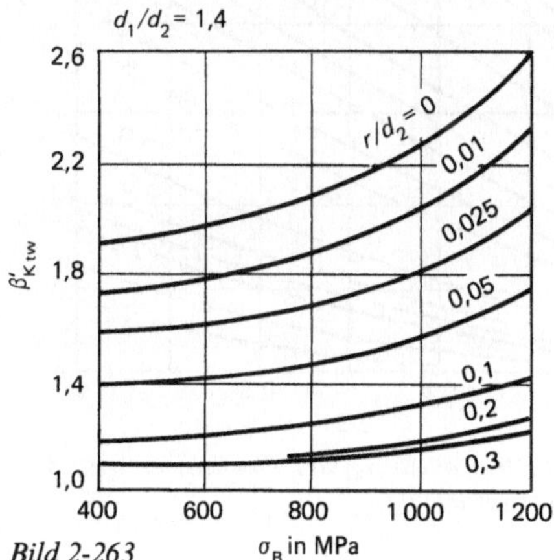

Bild 2-263

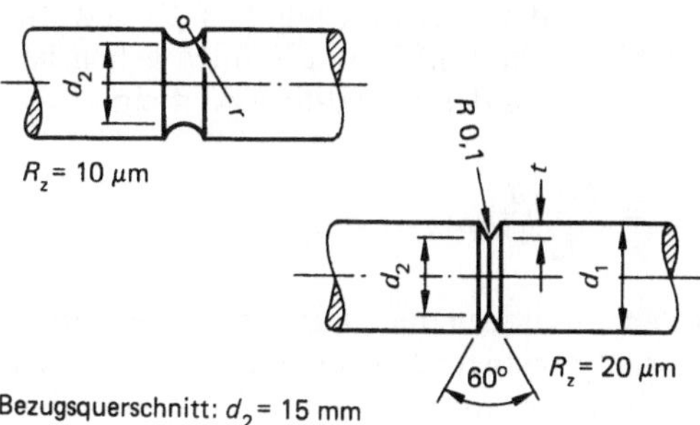

Bild 2-264

Der Wert β_k' ergibt sich für Biegung und Torsion aus Bild 2-261 bis 2-263.

Rundstäbe mit Kreisbogenkerbe oder Spitzkerbe, Bild 2-264 bis 2-266.

Bei Torsion von Rundstäben mit Kreisbogenkerbe oder Spitzkerbe gilt $\beta_{ktw} \cong 0,8 \beta_{kbw}$.

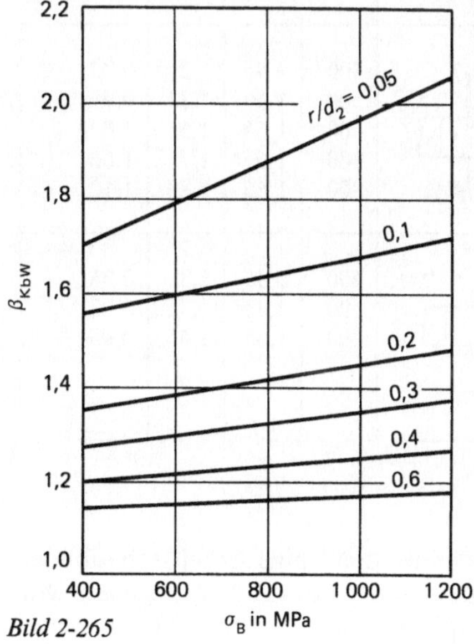

Bild 2-265

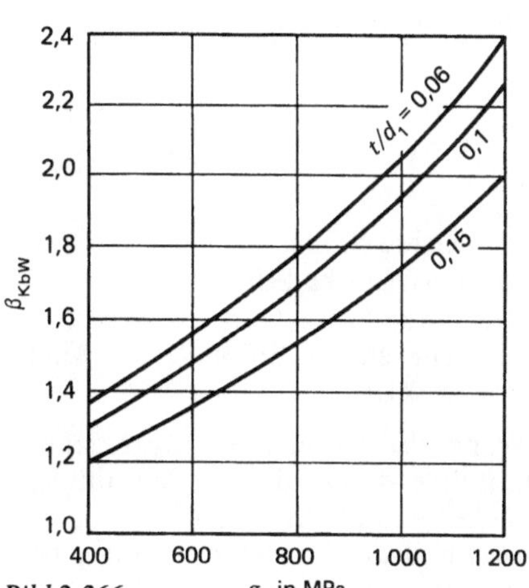

Bild 2-266

Tabelle 2-10. Kerbwirkungszahlen für Nabensitze ($o_{Fk} = 1$).

Verbindungsart	σ_B	β_{kbw}	β_{ktw}	β_{ktw}/β_{kbw}
d = 40 mm Preßsitz H8/u8	400 500 600 700 800	1,8 2,0 2,1 2,3 2,5	1,2 1,3 1,4 1,5 1,6	0,67 0,65 0,67 0,65 0,64
d = 40 mm	400 500 600 700 800	1,8 2,0 2,1 2,3 2,5	1,2 1,3 1,4 1,5 1,6	0,67 0,65 0,67 0,65 0,64
d = 15 mm	400 500 600 700 800	1,45 1,5 1,55 1,6 1,65	1,2 1,35 1,55 1,7 1,85	0,83 0,9 1,0 1,06 1,12
d_1 = 15 mm	400 600 800	1,35 1,45 1,55	1,3 1,35 1,45	0,96 0,93 0,93

Im folgenden werden einige Arbeitsschaubilder zur Bestimmung der Formzahl α_k gegeben. Mit der Formzahl und der Kerbempfindlichkeitszahl läßt sich, wenn erforderlich, die Kerbwirkungszahl β_k errechnen.

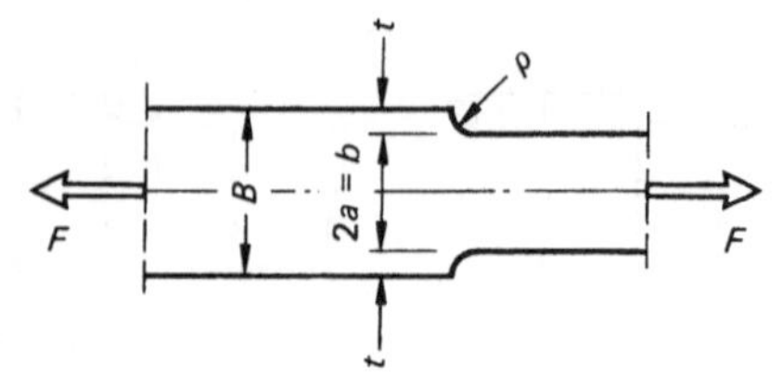

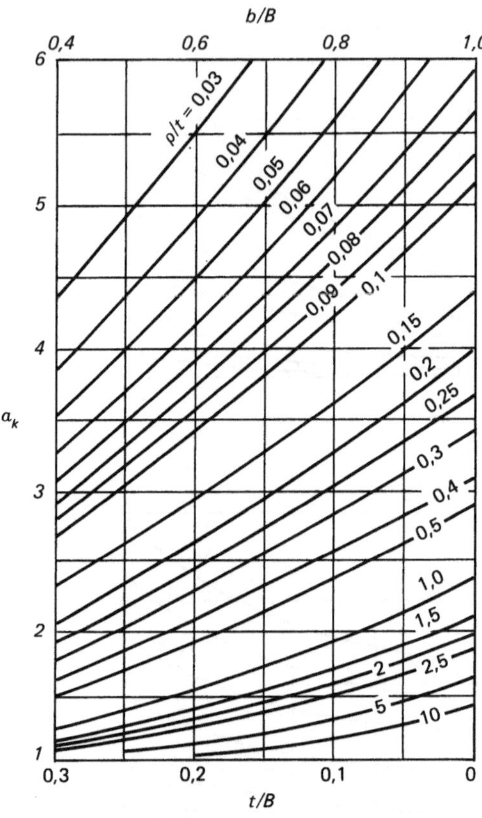

Bild 2-267. *Formzahlen* α_k *von Flachstäben mit Absatz; Zugbeanspruchung.*

5.) Stoßzahl φ

$\varphi = 1,0-1,1$: leichte Stöße;
$\varphi = 1,2-1,5$: mittelstarke Stöße:
$\varphi = 1,5-2,0$: starke Stöße (z. B. Pressen),
$\varphi = 2,0-3,0$: sehr starke Stöße (z. B. Walzwerk).

Zur Erinnerung: Wir hatten die festigkeitsmindernden Einflüsse durch die Größenzahl b_0, den Oberflächeneinflußfaktor o_F (bzw. o_{Fk} bei Kerbwirkung) und die Querschnittszahl q berücksichtigt, die spannungserhöhenden Einflüsse durch die Kerbwirkungszahl β_k und die Stoßzahl φ. Alle fünf Einflußgrößen gehen bei der Berechnung der Gestaltfestigkeit ein:

$$\sigma_{Gestalt} = \frac{b_0 \, o_k \, q}{\beta_k \, \varphi} \, \sigma_A$$

Tabellen, aus denen die Dauerschwingfestigkeiten der allgemeinen Baustähle, der höherfesten Baustähle, Vergütungsstähle und Einsatzstähle sowie für Eisengußwerkstoffe hervorgehen, finden sich in Abschnitt 4.

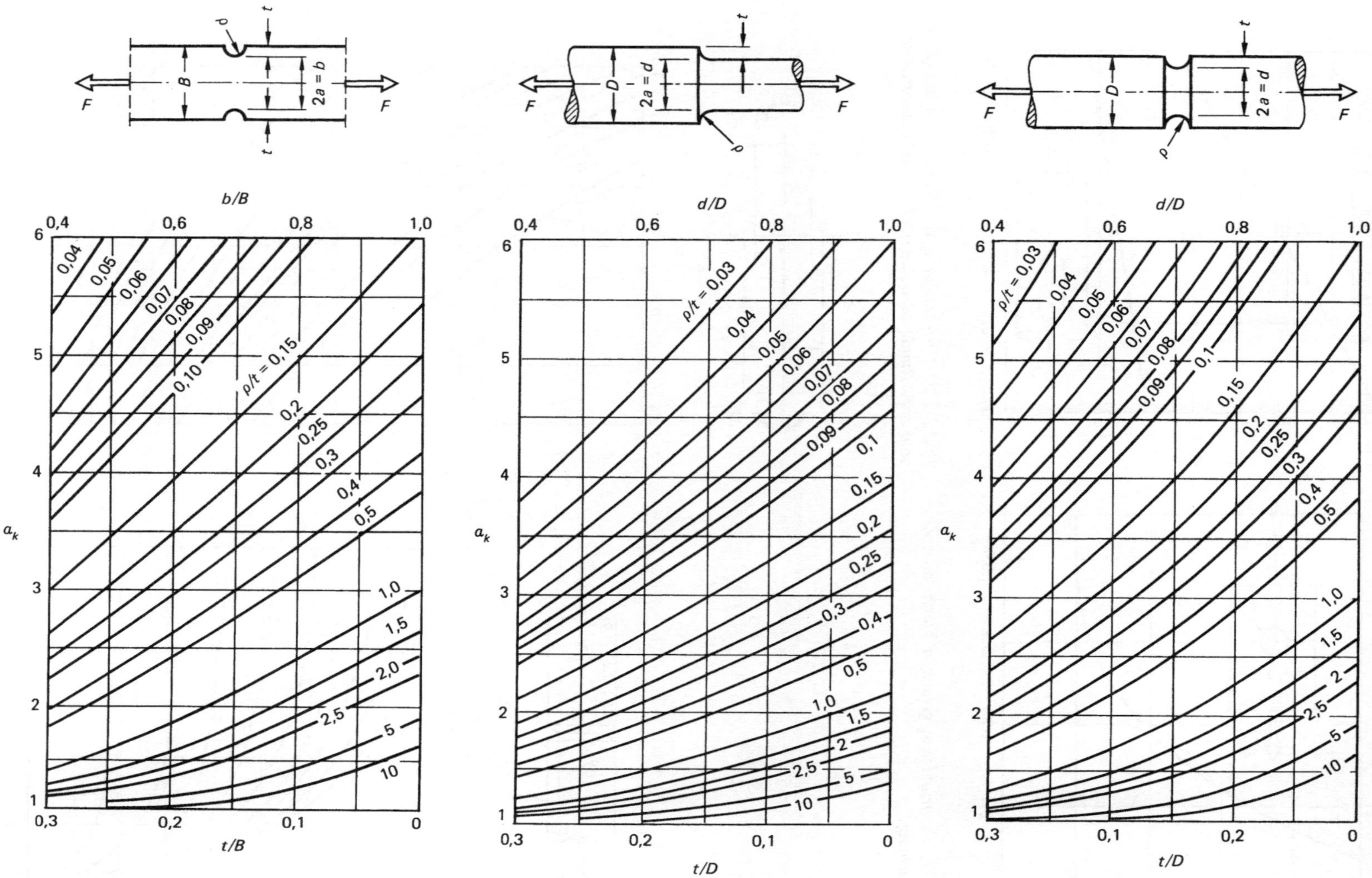

Bild 2-268. Formzahlen α_k von Flachstäben mit Außenkerbe; Zugbeanspruchung.

Bild 2-269. Formzahlen α_k von abgesetzten Rundstäben; Zugbeanspruchung.

Bild 2-270. Formzahlen α_k für gekerbte Rundstäbe; Zugbeanspruchung.

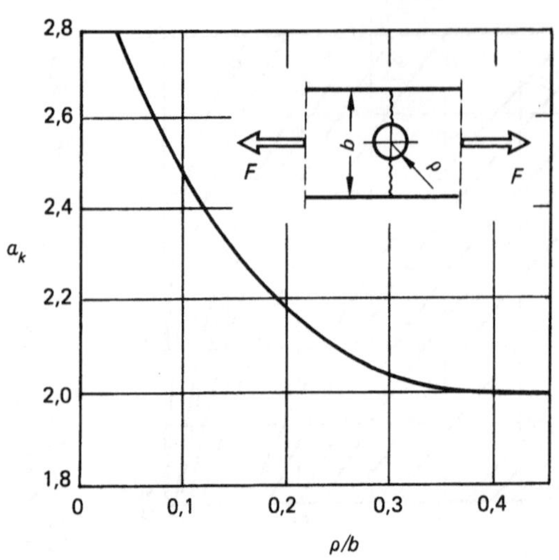

Bild 2-271. *Formzahlen α_k gelochter Flachstäbe; Zugbeanspruchung.*

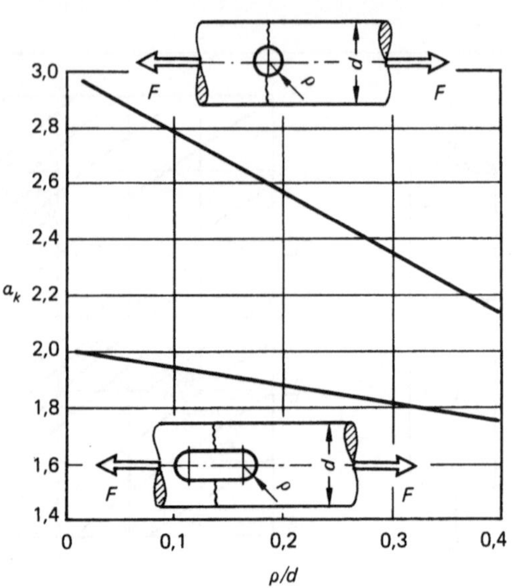

Bild 2-273. *Formzahlen α_k von Rundstäben mit Querbohrung (Rund- oder Langloch); Zugbeanspruchung.*

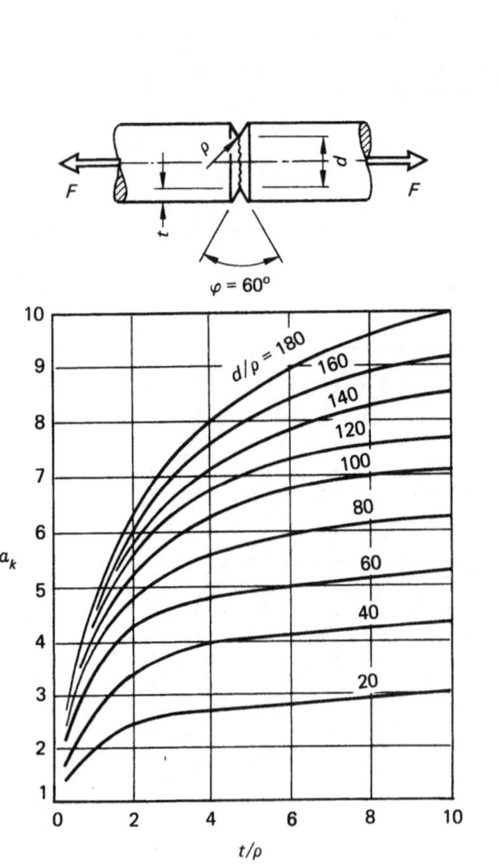

Bild 2-272. *Formzahlen α_k von Rundstäben mit spitzer Ringrille; Zugbeanspruchung.*

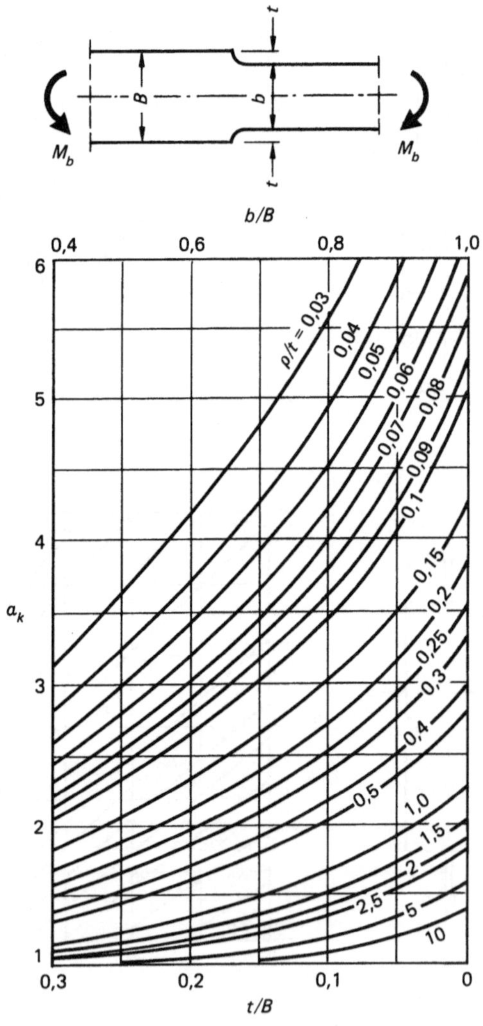

Bild 2-274. *Formzahlen α_k von Flachstäben mit Absatz; Biegebeanspruchung.*

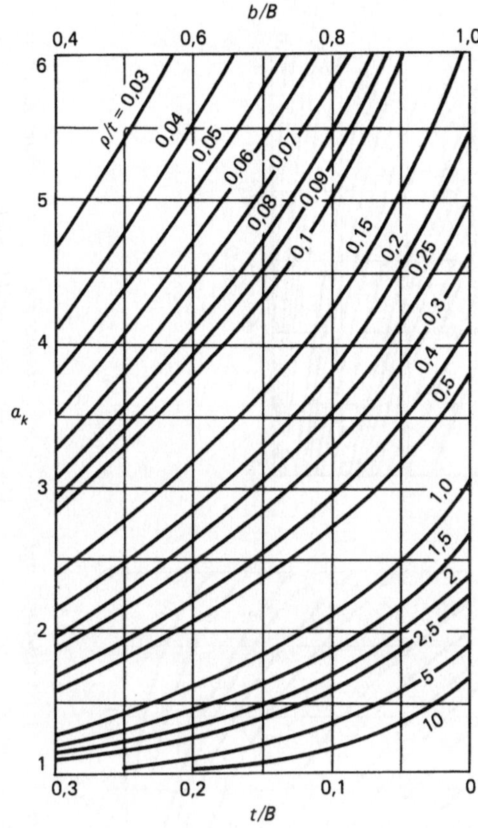
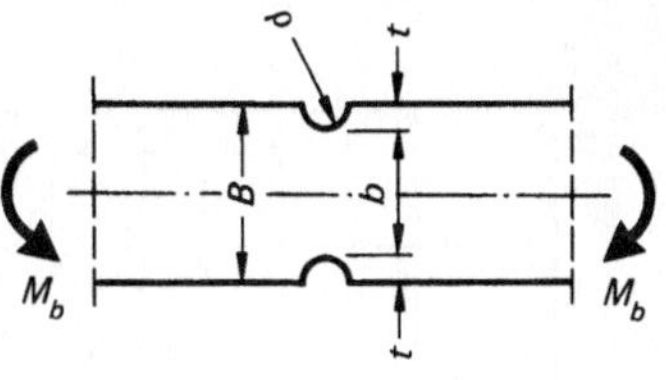

Bild 2-275. Formzahlen α_k von Flachstäben mit Außenkerbe; Biegebeanspruchung.

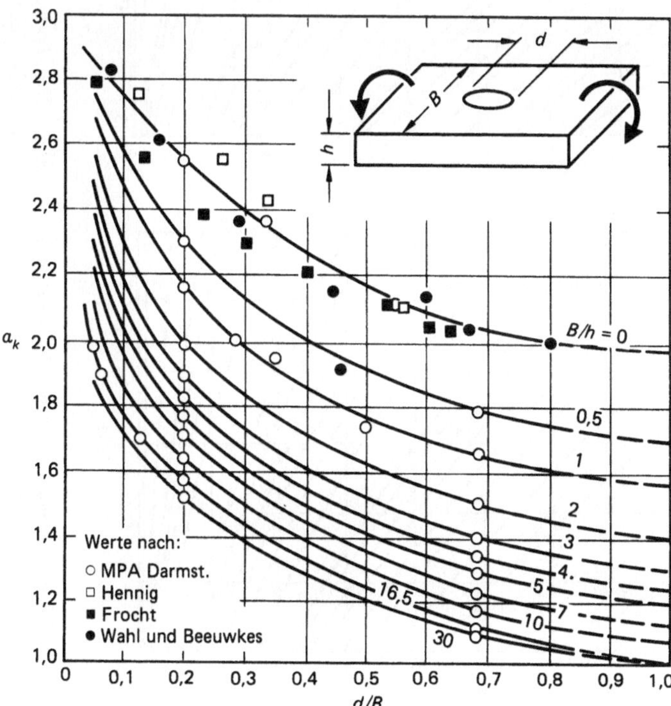

Bild 2-276. Formzahlen α_k von Flachstäben mit Querbohrung; Biegebeanspruchung (Flachbiegung).

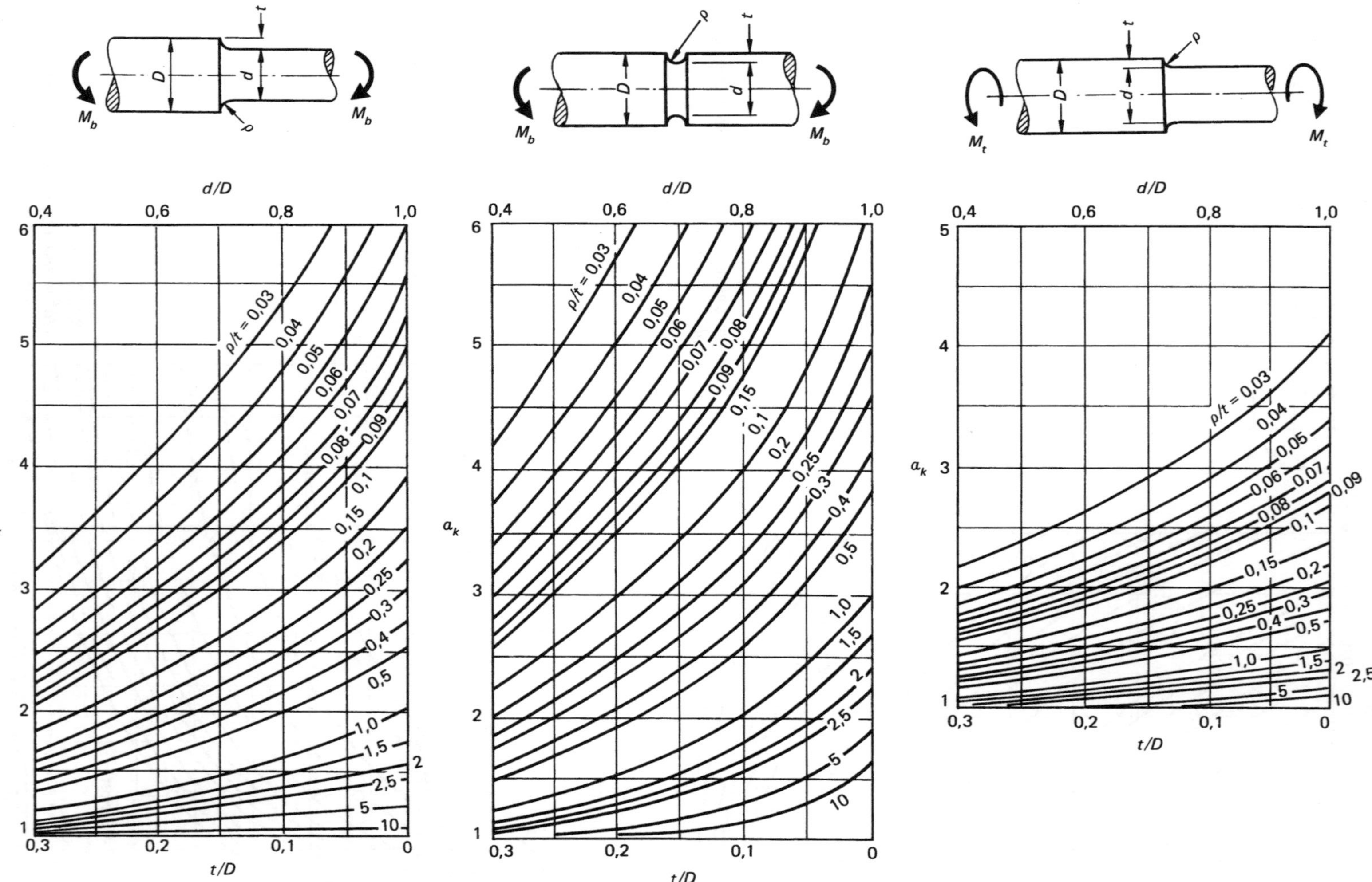

Bild 2-277. Formzahlen α_k von Rundstäben mit Absatz; Biegebeanspruchung.

Bild 2-278. Formzahlen α_k von Rundstäben mit Außenkerbe; Biegebeanspruchung.

Bild 2-279. Formzahlen α_k von Rundstäben mit Absatz; Torsionsbeanspruchung.

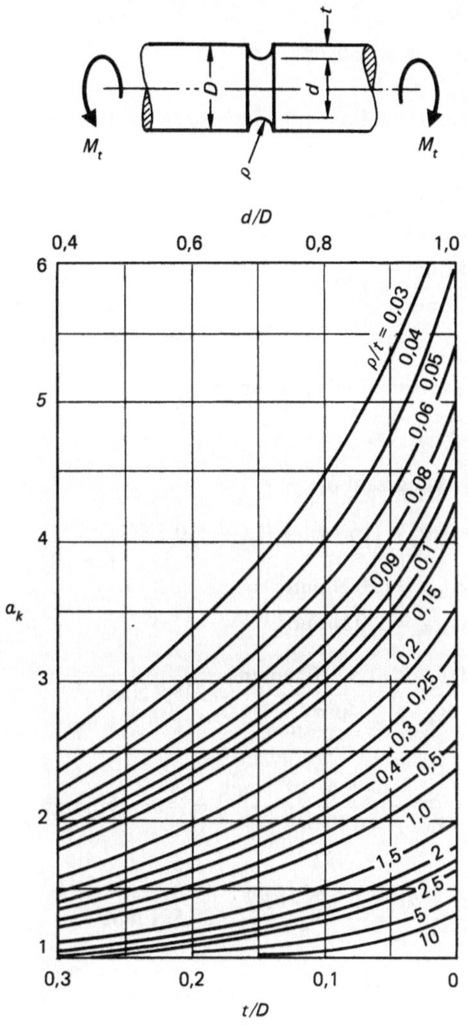

Bild 2-280. *Formzahlen α_k von Rundstäben mit Außenkerbe; Torsionsbeanspruchung.*

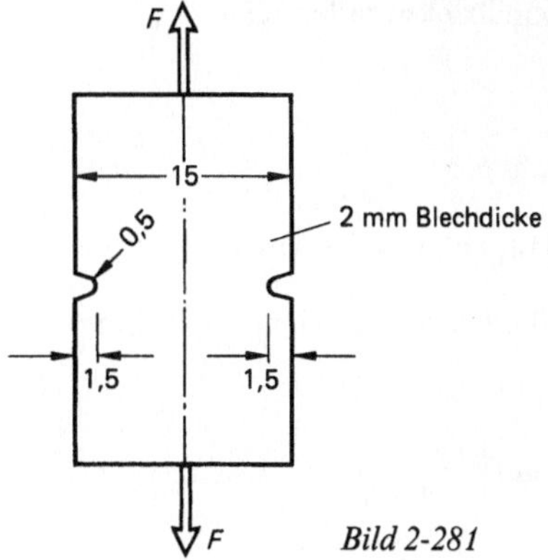

Bild 2-281

Formzahl α_k:

$$\frac{\varrho}{t} = \frac{0,5\,\text{mm}}{1,5\,\text{mm}} = 0,\overline{3}$$

$$\frac{b}{B} = \frac{12\,\text{mm}}{15\,\text{mm}} = 0,8$$

$$\alpha_k \cong 3,7$$

$$\sigma_{max} = \alpha_k\,\sigma_n = 3,7 \cdot 125\,\text{N/mm}^2 = 462,5\,\text{N/mm}^2$$

$$\nu_S = \frac{800\,\text{N/mm}^2}{462,5\,\text{N/mm}^2} = 1,7$$

Übung 2-42

Ein Wellenabsatz entsprechend Bild 2-282 wird wechselnd auf Biegung durch das Moment $M_b = 0,8\,\text{kNm}$ belastet. Die Welle besteht aus St 70. Die Oberfläche ist im Bereich des Absatzes geschlichtet. Es treten nur mittelstarke Stöße auf. Welche Sicherheit gegen Bruch liegt vor?

Übung 2-41

Ein gekerbter 2 mm dicker Zugstab aus dem Werkstoff 18 CrNi 8 ($\sigma_B = 1200\,\text{N/mm}^2$, $\sigma_S = 800\,\text{N/mm}^2$) gemäß Bild 2-281 wird ruhend mit der Zugkraft $F = 3\,\text{kN}$ belastet. Zu berechnen ist die Sicherheit gegen Erreichen der Streckgrenze.

Lösung:

Nennspannung σ_n:

$$\sigma_n = \frac{F}{A_n} = \frac{3000\,\text{N}}{2\,\text{mm} \cdot 12\,\text{mm}} = 125\,\text{N/mm}^2$$

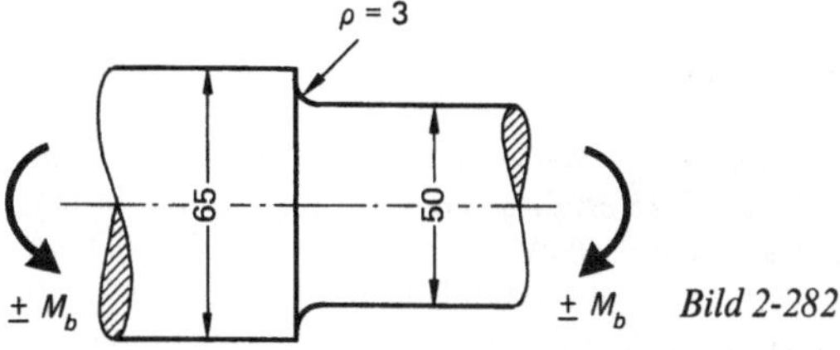

Bild 2-282

Lösung:

$$\frac{\varrho}{t} = \frac{3\,\text{mm}}{7,5\,\text{mm}} = 0,4$$

$$\frac{d}{D} = \frac{50\,\text{mm}}{65\,\text{mm}} = 0,77$$

$$\alpha_k \cong 2,3$$

St 70: Kerbempfindlichkeitsziffer η_k:

$$\eta_k = 0,6$$

Kerbwirkungszahl β_k:

$$\beta_k = 1 + (\alpha_k - 1)\eta_k = 1 + (2,3 - 1)0,6 = 1,78$$

Oberflächeneinflußfaktor o_{Fk} bei $\sigma_B = 700\,\text{N/mm}^2$:

$$o_F \cong 0,8$$

$$o_{Fk} = o_F + (1 - o_F)\left(\frac{\beta_k - 1}{\beta_k}\right)^2$$

$$o_{Fk} = 0,8 + (1 - 0,8)\left(\frac{1,78 - 1}{1,78}\right)^2 = 0,84$$

Größenzahl $b_0 \cong 0,7$
Querschnittszahl $q = 1,0$ (Kreisquerschnitt)
Stoßzahl $\varphi \cong 1,35$

St 70: $\sigma_{bW} = 330\,\text{N/mm}^2$

Gestaltfestigkeit:

$$\sigma_G = \frac{b_0\,o_{Fk}\,q}{\beta_k\,\varphi}\,\sigma_{bW}$$

$$\sigma_G = \frac{0,7 \cdot 0,84 \cdot 1,0}{1,78 \cdot 1,35} \cdot 330\,\text{N/mm}^2 = 80,75\,\text{N/mm}^2$$

Nennspannung:

$$\sigma_{bn} = \frac{M_b}{W_a} = \frac{0,8 \cdot 10^6\,\text{Nmm}}{\dfrac{50^3\,\pi}{32}\,\text{mm}^3} = 65,19\,\text{N/mm}^2$$

$$\nu_B = \frac{\sigma_G}{\sigma_{bn}} = \frac{80,75\,\text{N/mm}^2}{65,19\,\text{N/mm}^2} = 1,2$$

Übung 2-43

Eine abgesetzte Welle gemäß Bild 2-283 aus dem Werkstoff C 45 erfährt eine schwingende Belastung; das maximale Biegemoment ist 1,5 kNm, das kleinste Biegemoment $-0,4$ kNm. Die Oberfläche ist geschliffen, es treten keine Stöße auf. Wie groß ist die Sicherheit gegen Erreichen der Dauerbiegefestigkeit?

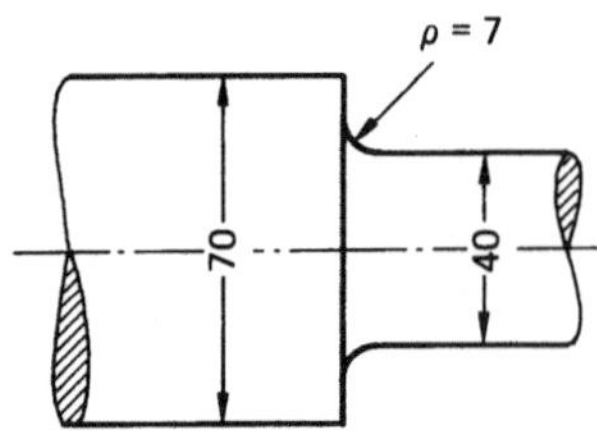

Bild 2-283

Lösung:

Größenzahl $b_0 \cong 0,75$
Stoßzahl $\varphi = 1,0$
Querschnittszahl $q = 1,0$ (Kreisquerschnitt)

Formzahl α_k:

$$\frac{\varrho}{t} = \frac{7\,\text{mm}}{15\,\text{mm}} = 0,47$$

$$\frac{d}{D} = \frac{40\,\text{mm}}{70\,\text{mm}} = 0,57$$

$$\alpha_k \cong 1,6$$

C 45: Kerbempfindlichkeitsziffer η_k:

$$\eta_k \cong 0,5$$

Kerbwirkungszahl β_k:

$$\beta_k = 1 + (\alpha_k - 1)\eta_k = 1 + (1,6 - 1)0,5 = 1,3$$

C 45: $\sigma_{DbF} = 620\,\text{N/mm}^2$

$\sigma_{DbW} = 370\,\text{N/mm}^2$

$$\sigma_0 = \frac{M_{b\max}}{W_a} = \frac{1,5 \cdot 10^6\,\text{Nmm}}{\dfrac{40^3\,\pi}{32}\,\text{mm}^3} = 238,7\,\text{N/mm}^2$$

$$\sigma_u = \frac{M_{b\min}}{W_a} = \frac{-0,4 \cdot 10^6\,\text{Nmm}}{\dfrac{40^3\,\pi}{32}\,\text{mm}^3} = -63,7\,\text{N/mm}^2$$

$$\sigma_m = \frac{\sigma_0 + \sigma_u}{2} = \frac{238,7 - 63,7}{2} = 87,5\,\text{N/mm}^2$$

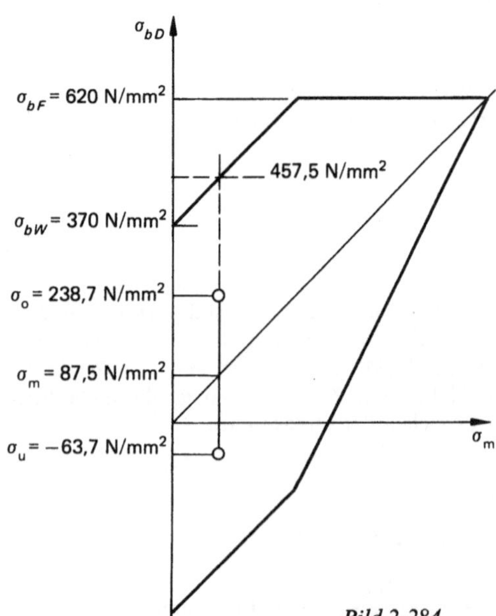

Bild 2-284

Bild 2-284 zeigt die graphische Darstellung der Lösung.

Die Sicherheit beträgt

$$v = \frac{457,5\,\text{N/mm}^2}{238,7\,\text{N/mm}^2} = 1,9$$

2.9. Energiemethoden der Elastostatik

2.9.1. Formänderungsarbeit, Formänderungsenergie

Die Belastungen des Bauteils (Kräfte und Momente) rufen im Werkstoff mechanische Spannungen hervor; sie verzerren zudem das elastische Gitter des Werkstoffs. Dabei sind im elastischen Bereich der Werkstoffanstrengung die Spannungen den Verzerrungen proportional; HOOKEscher Bereich, Bild 2-285.

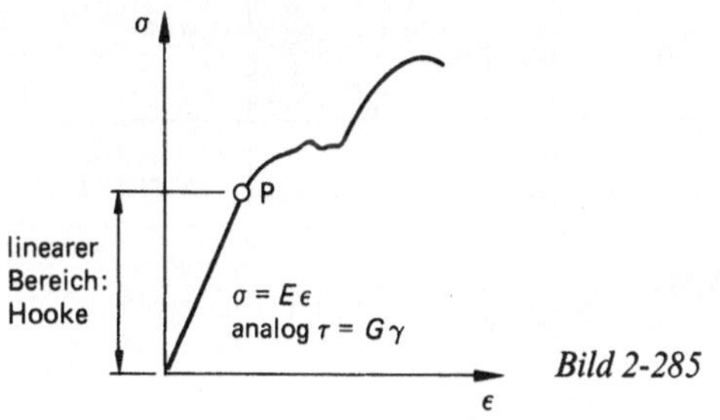

Bild 2-285

Bei der Verzerrung des Werkstoffgitters, also der Formänderung des Bauteils, verrichten die statischen Größen (Kräfte und Momente) Arbeiten, die Formänderungsarbeit. Sie ist die Summe der an jedem Elementarwürfel dV des Werkstücks verrichteten spezifischen Formänderungsarbeiten der Spannungen, und sie ist, da wir von einer verlustfreien Arbeit ausgehen dürfen, dann gleich der Formänderungsenergie, die im verzerrten Gitter gespeichert ist und die zurückgewonnen wird, sobald die äußeren Kräfte oder Momente zurückgenommen werden. Das Maß an Formänderungsarbeit, die beim Aufbringen der äußeren Lasten verrichtet wird, entspricht somit der Energie der elastischen Deformation des Werkstoffgitters.

Im folgenden soll die Formänderungsarbeit beschrieben werden, die die Spannungen σ und τ an einem infinitesimal kleinen Volumenelement $dV = dx\,dy\,dz$ ($dx = dy = dz$) verrichten. Dabei definieren wir die mechanische Arbeit als das Wegintegral der Tangentialkomponente der angreifenden Kraft:

$$W = \int_s F_t(s)\,ds$$

Die Arbeit einer Kraft ist das skalare, innere Vektorprodukt aus Kraftvektor und Ortsvektor, Bild 2-286.

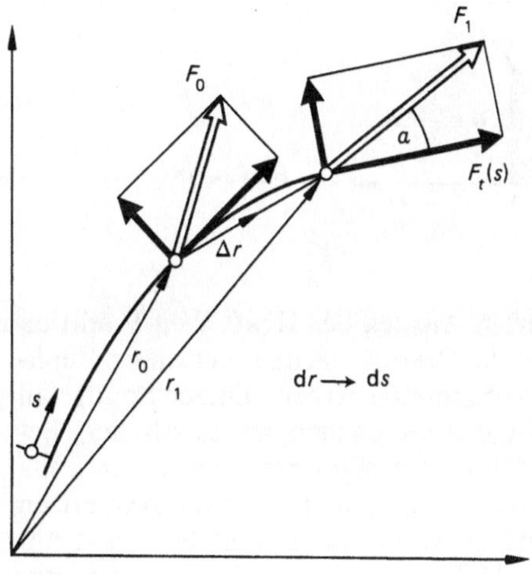

Bild 2-286

$$W \int_{s_0}^{s_1} \bar{F}(s)\,d\bar{r}$$

$$\bar{F}(s)\,d\bar{r} = |F(s)|\,|dr|\cos\alpha$$

mit $F(s)\cos\alpha = F_t(s)$

Sonderfälle:

1.)

$F_t = $ konst, Bild 2-287.

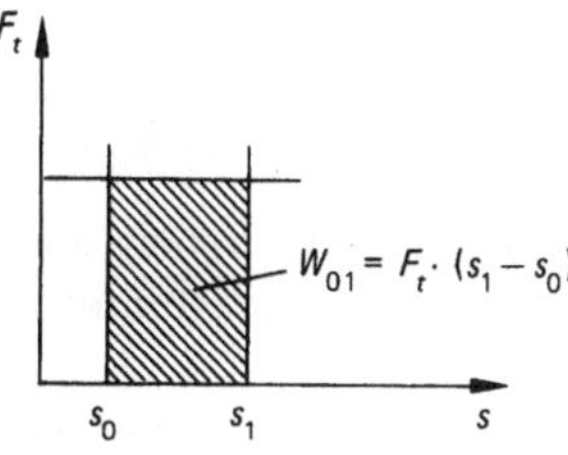

Bild 2-287

Die Arbeit kann als Fläche unter der $F_t(s)$-Funktion gedeutet werden. Bei konstanter Kraft ist die auf dem Weg s verrichtete Arbeit dem Produkt aus Kraft und Weg gleich: Arbeit gleich Kraft mal Weg.

2.)

$$\frac{F_t}{s} = \text{konst, Bild 2-288.}$$

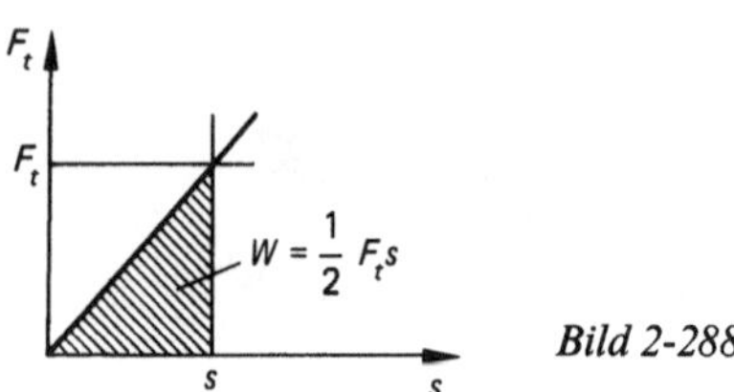

Bild 2-288

Bei linearem Anstieg der Kraft-Weg-Funktion entspricht die Dreiecksfläche unter dieser Funktion der verrichteten Arbeit. Dieser Sonderfall beschreibt das Geschehen im elastischen Bereich der Gitterdeformationen, also dem HOOKEschen Bereich. Geht man hier vom unverzerrten Gitter aus, so kann die verrichtete Arbeit mit der Dreiecksfläche unter der Kraft-Weg-Funktion beschrieben werden.

Erinnern wir uns, bevor wir die Spannungen an den Elementarwürfel vom Volumen dV anlegen und die daran verrichteten Arbeiten bzw. die dann im verzerrten Würfel gespeicherte Formänderungsenergie beschreiben, an die elastischen Grundgleichungen von CAUCHY. Für die Dehnung in x-Richtung können wir schreiben:

$$\varepsilon_x = \frac{1}{E}[\sigma_x - \mu(\sigma_y + \sigma_z)]$$

Für die Schiebung in der xy-Ebene lautet die CAUCHY-Gleichung:

$$\gamma_{xy} = \frac{\tau_{xy}}{G}$$

Für die anderen Richtungen und Ebenen sind die Gleichungen analog aufgebaut, s. Abschnitt 2.2.

Die Elastischen Grundgleichungen stellen den Zusammenhang her zwischen den Ursachen der Deformation (den Spannungen) und den Wirkungen (den Verzerrungen). Dabei führen Normalspannungen zu Dehnungen ε und Tangentialspannungen zu Schiebungen γ.

Bemerkenswert ist es, daß die Normalspannungen ihre Wirkung in allen drei Richtungen des Raumes zeigen, wohingegen die Tangentialspannungen dies nicht tun. Mit anderen Worten, die Dehnung in x-Richtung ist nicht allein von der Normalspannung σ_x abhängig, sondern auch von σ_y und σ_z (POISSONsches Querkontraktionsgesetz). Die Winkeländerung γ_{xy} in der xy-Ebene aber ist ausschließlich von τ_{xy} abhängig und wird durch die übrigen Tangentialspannungen nicht beeinflußt!

1.) Die Arbeit der Normalspannungen an der x-Fläche, Bild 2-289.

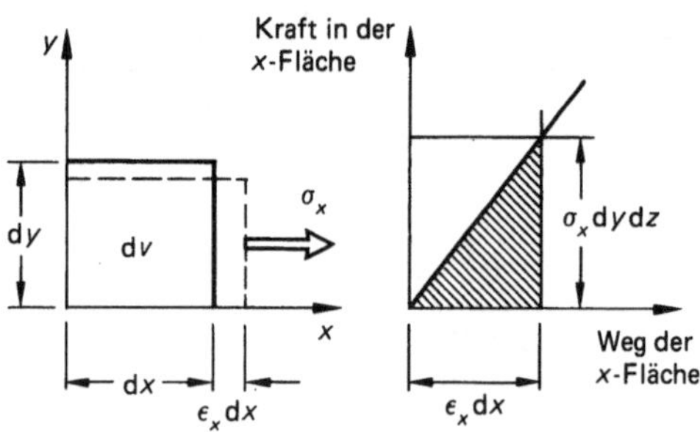

Bild 2-289

$$dU_{(x)} = \frac{1}{2}\sigma_x \, dy \, dz \, \underbrace{\frac{1}{E}[\sigma_x - \mu(\sigma_y + \sigma_z)]}_{\varepsilon_x} \, dx$$

$$dx \, dy \, dz = dV$$

$$dU_{(x)} = \frac{\sigma_x \, dV}{2E}[\sigma_x - \mu(\sigma_y + \sigma_z)]$$

Stellt man gleiche Überlegungen an für die beiden anderen Flächen, so erhält man durch Vertauschen der Indizes:

$$dU_{(y)} = \frac{\sigma_y \, dV}{2E}[\sigma_y - \mu(\sigma_x + \sigma_z)]$$

$$dU_{(z)} = \frac{\sigma_z \, dV}{2E}[\sigma_z - \mu(\sigma_x + \sigma_y)]$$

Die Gesamtarbeit dW oder die Gesamtformänderungsenergie dU aller Normalspannungen am Elementarwürfel vom Volumen $\mathrm{d}V$ ist die Summe dieser Ausdrücke:

$$\mathrm{d}U_{(\sigma)} = \frac{\mathrm{d}V}{2E}$$
$$\cdot [\sigma_x^2 + \sigma_y^2 + \sigma_z^2 - 2\mu(\sigma_x\sigma_y + \sigma_x\sigma_z + \sigma_y\sigma_z)]$$

Die spezifische Formänderungsenergie $\mathrm{d}U_{\mathrm{S}(\sigma)}$ ist die auf die Volumeneinheit bezogene Formänderungsenergie:

$$\mathrm{d}U_{\mathrm{S}(\sigma)} = \frac{\mathrm{d}U_{(\sigma)}}{\mathrm{d}V}$$

2.) Die Arbeit der Tangentialspannungen in der xy-Ebene, Bild 2-290.

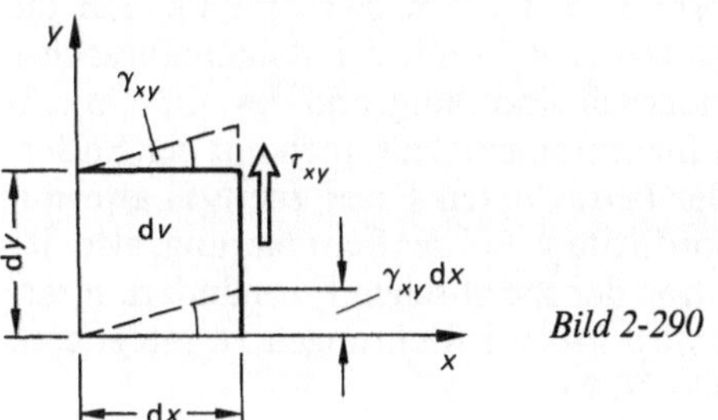

Bild 2-290

$$\mathrm{d}U_{(xy)} = \frac{1}{2}\underbrace{\tau_{xy}\,\mathrm{d}y\,\mathrm{d}z}_{\text{Kraft}}\underbrace{\gamma_{xy}\,\mathrm{d}x}_{\text{Weg}}$$

$$\mathrm{d}U_{(xy)} = \frac{\tau_{xy}\,\mathrm{d}V}{2}\,\gamma_{xy}\quad \text{mit}\quad \gamma_{xy} = \frac{\tau_{xy}}{G}$$

$$\mathrm{d}U_{(xy)} = \frac{\tau_{xy}^2\,\mathrm{d}V}{2G}$$

Analog sind die Arbeiten der Tangentialspannungen in den beiden anderen Ebenen:

$$\mathrm{d}U_{(xz)} = \frac{\tau_{xz}^2\,\mathrm{d}V}{2G}$$

$$\mathrm{d}U_{(yz)} = \frac{\tau_{yz}^2\,\mathrm{d}V}{2G}$$

Die spezifische Formänderungsarbeit bzw. Formänderungsenergie der Tangentialspannungen ist dann

$$\frac{\mathrm{d}U_{(\tau)}}{\mathrm{d}V} = \mathrm{d}U_{\mathrm{S}(\tau)} = \frac{1}{2G}[\tau_{xy}^2 + \tau_{xz}^2 + \tau_{yz}^2]$$

Für den allgemeinen, räumlichen Spannungszustand, bei dem alle Flächen sowohl Normalspannungen als auch Schubspannungen aufweisen, beschreibt die aus der Addition von $\mathrm{d}U_{\mathrm{S}(\sigma)}$ und $\mathrm{d}U_{\mathrm{S}(\tau)}$ entstehende Formel die gespeicherte spezifische Formänderungsenergie:

$$U_{\mathrm{S}} = \frac{1}{2E}$$
$$\cdot [\sigma_x^2 + \sigma_y^2 + \sigma_z^2 - 2\mu(\sigma_x\sigma_y + \sigma_x\sigma_z + \sigma_y\sigma_z)]$$
$$+ \frac{1}{2G}[\tau_{xy}^2 + \tau_{xz}^2 + \tau_{yz}^2]$$

Die gesamte Formänderungsenergie, die im endlich großen Bauteil gespeichert ist, gewinnt man durch Summieren der spezifischen Anteile aller Elementarwürfel des Gesamtvolumens, also durch eine Integration:

$$U = \int_V U_{\mathrm{S}}\,\mathrm{d}V$$

Für den zweiachsigen Spannungszustand und für den einachsigen Spannungszustand – beides Sonderfälle des allgemeinen, räumlichen Spannungszustandes – ergibt sich aus der U_{S}-Formel dann ein entsprechender Anteil.

Als erstes Anwendungsbeispiel soll der Zugstab in horizontaler Lage betrachtet und die durch die am freien Ende angreifende Zugkraft F im Stab gespeicherte Formänderungsenergie berechnet werden, Bild 2-291.

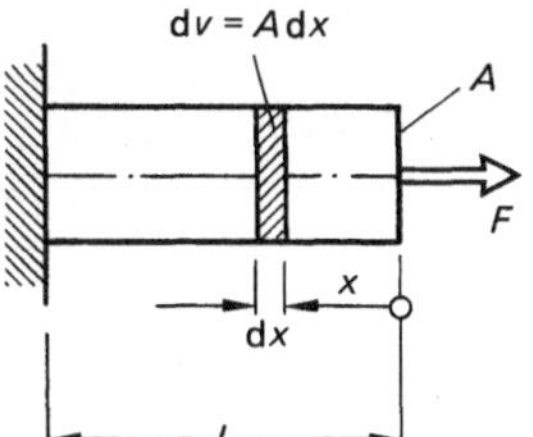

Bild 2-291

Zugspannung:

$$\sigma_x = \frac{F}{A}; \quad \sigma_y = 0; \quad \sigma_z = 0; \quad \tau = 0$$

$$U_{\mathrm{S}} = \frac{1}{2E}[\sigma_x^2] = \frac{F^2}{2EA^2}$$

$$U = \int_V U_{\mathrm{S}}\,\mathrm{d}V = \frac{F^2}{2EA^2}\int_{x=0}^{x=L} A\,\mathrm{d}x$$

$$U = \frac{F^2}{2EA}|x|_0^L = \frac{F^2 L}{2EA}$$

In diesem Beispiel war die Spannung σ_x nicht von x abhängig, d. h., die Zugspannung war in allen Schnitten gleich groß. Im folgenden zweiten Beispiel, das den unter Eigengewicht hängenden Balken beschreibt, ist dies anders. Die Zugspannung nimmt mit steigendem x zu, Bild 2-292.

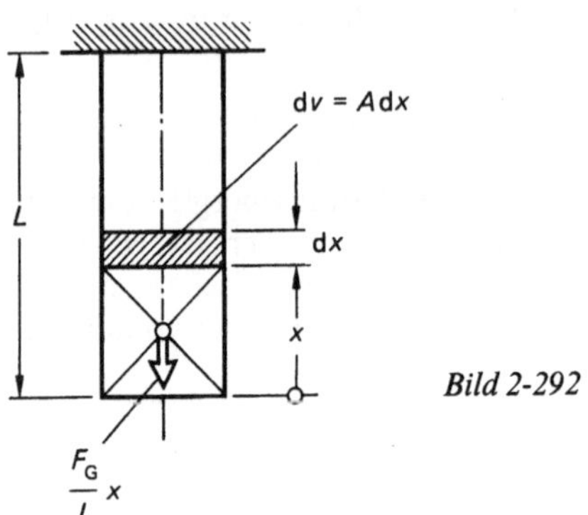

Bild 2-292

Zugspannung an Stelle x:

$$\sigma_x(x) = \frac{\dfrac{F_G}{L}x}{A} = \frac{F_G}{LA}x$$

$$U_S = \frac{\sigma_x^2}{2E} = \frac{F_G^2\,x^2}{2E\,L^2\,A^2}$$

$$U = \int_V U_S\,dV$$

$$U = \frac{F_G^2}{2E\,L^2\,A^2}\int_{x=0}^{x=L} x^2\,A\,dx$$

$$U = \frac{F_G^2}{2EA\,L^2}\left.\frac{x^3}{3}\right|_0^L = \frac{F_G^2\,L}{6EA}$$

Die Einheit ist jeweils Nmm, die der spezifischen Formänderungsenergie Nmm/mm^3.

Bei reinem Schub, also bei Torsion oder Abscheren, vereinfacht sich die umfangreiche Gleichung für die Formänderungsenergie:

$$S = \begin{pmatrix} 0 & \tau_{yx} & 0 \\ \tau_{xy} & 0 & 0 \\ 0 & 0 & 0 \end{pmatrix}$$

$$U_S = \frac{\tau^2}{2G} \quad \text{mit } \tau = \tau_{xy} = \tau_{yx}$$

Bevor weitere Beispiele als Übung durchgerechnet werden, soll für den wichtigen Fall, daß Biegespannungen wirken, hierfür aus der U_S-Formel eine handliche Formel gebildet werden. In den meisten Fällen bestimmen die Biegespannungen das elastische Geschehen. Man kann an Belastungsbeispielen zeigen, daß bei gleichzeitigem Auftreten von Zug-/Druckspannungen sowie Schubspannungen es die Biegespannungen sind, die die Deformation des Bauteils im wesentlichen beschreiben und daß die Arbeiten der anderen, gleichzeitig wirkenden Spannungen, von oft vernachlässigbarer Größenordnung sind.

Formänderungsenergie im Biegebalken

Die Besonderheit ist in diesem Fall, daß die Spannungen sowohl mit der Balkenlängsachse x veränderlich sind (aufgrund des mit x wachsenden Biegemoments) als auch mit der Entfernung der betrachteten Faser zur NF, also mit der Koordinate y. Bei der Summierung, also der Integration der spezifischen Formänderungsarbeiten, wird in zwei Richtungen zu integrieren sein, Bild 2-293.

$$U_S = \frac{\sigma_{(x,y)}^2}{2E} \quad \text{mit } \sigma_{(x,y)} = \frac{M_b(x)}{I_z}y$$

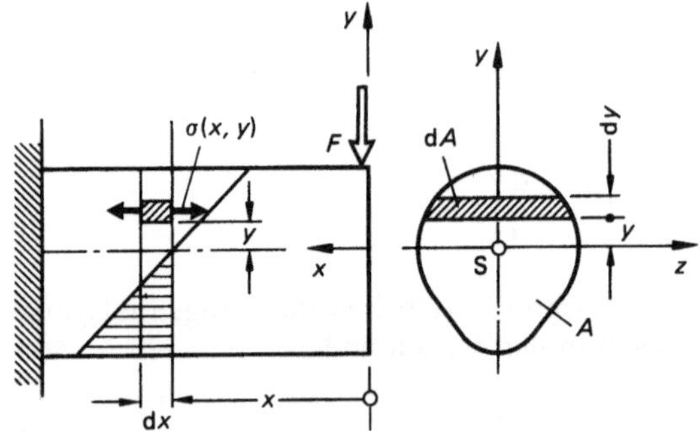

Bild 2-293

Formänderungsarbeit der Biegespannungen:

$$U_{Bgg} = \int_V U_S\,dV = \int \frac{M_b^2(x)\,y^2}{2E\,I_z^2}\underbrace{dA\,dx}_{=dV}$$

$$U_{Bgg} = \int_{x=0}^{L} \frac{M_b^2(x)}{2E\,I_z^2}\,dx \underbrace{\int_A y^2\,dA}_{=I_z}$$

$$U_{Bgg} = \frac{1}{2EI_a} \int\limits_{x=0}^{L} M_b^2(x)\,dx \quad \text{für} \quad I_a = \text{konst}$$

hier: $I_a = I_z = \text{konst}$

Für Balken mit veränderlicher Biegesteifigkeit:

$$U_{Bgg} = \frac{1}{2E} \int\limits_{V} \frac{M_b^2(x)}{I_a(x)}\,dx$$

Im ersten Anwendungsbeispiel soll die abgeleitete Formel beim schweren Balken auf zwei Stützen angewendet werden, Bild 2-294. Die Statik gibt Bild 2-295 wieder.

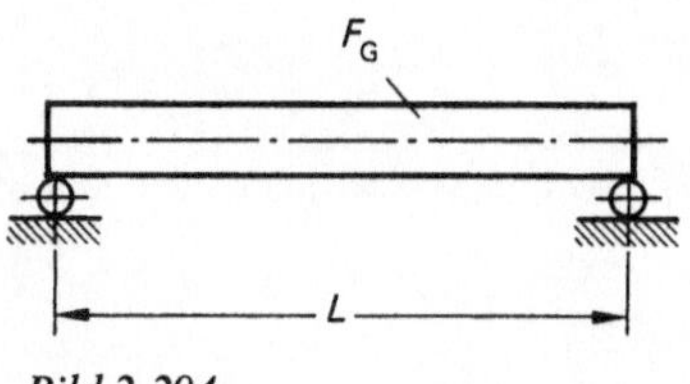

Bild 2-294

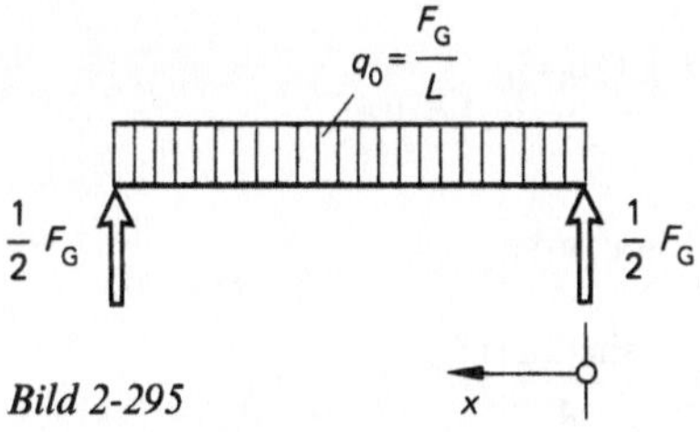

Bild 2-295

$$U_{Bgg} = \frac{1}{2EI_a} \int\limits_{x=0}^{L} M_b^2(x)\,dx$$

$$M_b(x) = \frac{1}{2} F_G x - \frac{q_0 x^2}{2}$$

$$M_b^2(x) = \frac{F_G^2 x^2}{4} - \frac{F_G q_0 x^3}{2} + \frac{q_0^2 x^4}{4}$$

$$U_{Bgg} = \frac{1}{2EI_a}$$

$$\cdot \left[\frac{F_G^2}{4} \frac{x^3}{3}\Big|_0^L - \frac{F_G q_0}{2} \frac{x^4}{4}\Big|_0^L + \frac{q_0^2}{4} \frac{x^5}{5}\Big|_0^L \right]$$

$$U_{Bgg} = \frac{1}{2EI_a} \left[\frac{F_G^2 L^3}{12} - \frac{F_G q_0 L^4}{8} + \frac{q_0^2 L^5}{20} \right]$$

$$= \frac{1}{2EI_a} \left[\frac{F_G^2 L^3}{12} - \frac{F_G^2 L^3}{8} + \frac{F_G^2 L^3}{20} \right]$$

$$U_{Bgg} = \frac{F_G^2 L^3}{240\,EI_a}$$

Die Funktion $M_b(x)$ war in diesem Beispiel stetig im gesamten Bereich $0 \leq x \leq L$ und konnte darum auch in einem Zuge integriert werden. Ist dies nicht so, muß das Bauteil in Bereiche stetiger M_b-Funktion unterteilt und die Formänderungsenergien der Biegespannungen der Teilbereiche müssen letztlich addiert werden. Dies zeigt Übung 2-44.

Übung 2-44

Das einseitig eingespannte Bauteil konstanter Biegesteifigkeit wird am freien Ende durch das Moment M und, wie in Bild 2-296 skizziert, durch die Punktlast F belastet. Zu berechnen ist die Formänderungsarbeit der Biegespannungen.

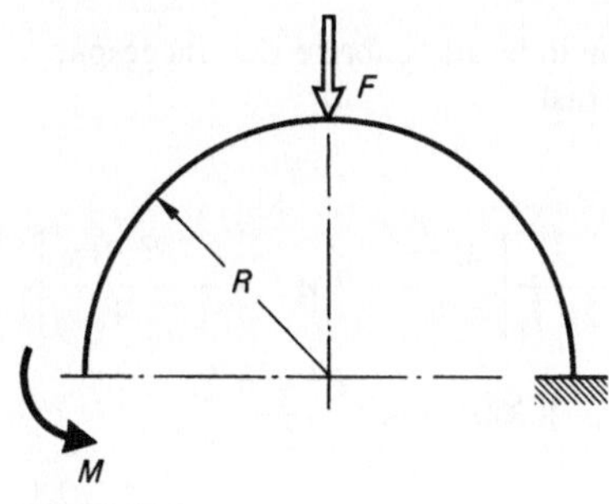

Bild 2-296

Lösung:

Die M_b-Funktion ist stetig in den Bereichen I und II, Bild 2-297 u. 2-298.

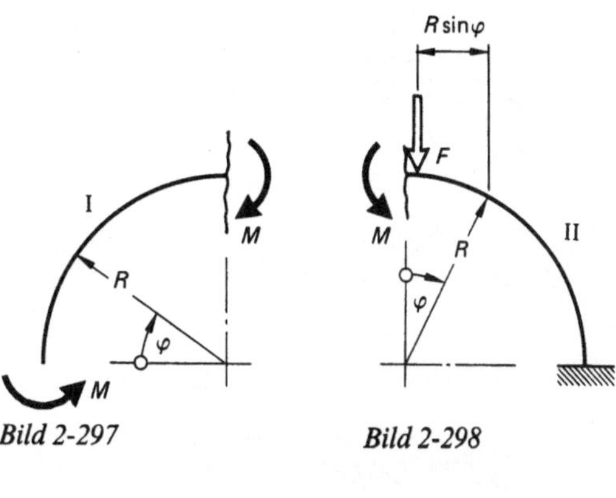

Bild 2-297   Bild 2-298

$$M_b(\varphi)_I = M$$

$$M_b(\varphi)_{II} = M + FR\sin\varphi$$

$$U_{I_{Bgg}} = \frac{1}{2EI_a} \int\limits_{\varphi=0}^{\varphi=\pi/2} M_{b,I}^2(\varphi) \underbrace{R\,d\varphi}_{=dx}$$

$$U_{\mathrm{I}_{\mathrm{Bgg}}} = \frac{M^2 R}{2 E I_a} \int\limits_0^{\pi/2} \mathrm{d}\varphi = \frac{M^2 R}{2 E I_a} \, |\varphi|_0^{\pi/2}$$

$$U_{\mathrm{I}_{\mathrm{Bgg}}} = \frac{M^2 R \pi}{4 E I_a}$$

$$U_{\mathrm{II}_{\mathrm{Bgg}}} = \frac{1}{2 E I_a} \int\limits_{\varphi=0}^{\varphi=\pi/2} M_{\mathrm{b_{II}}}^2(\varphi) \, R \, \mathrm{d}\varphi = \frac{R}{2 E I_a}$$

$$\cdot \int\limits_0^{\pi/2} \mathrm{d}\varphi \, [M^2 + 2 M F R \sin\varphi + F^2 R^2 \sin^2\varphi]$$

$$U_{\mathrm{II}_{\mathrm{Bgg}}} = \frac{R}{2 E I_a} \left[M^2 \, |\varphi|_0^{\pi/2} - 2 M F R \, |\cos\varphi|_0^{\pi/2} \right.$$
$$\left. + F^2 R^2 \left| \frac{\varphi}{2} - \frac{\sin(2\varphi)}{4} \right|_0^{\pi/2} \right]$$

$$U_{\mathrm{II}_{\mathrm{Bgg}}} = \frac{R}{2 E I_a} \left[\frac{M^2 \pi}{2} - 2 M F R (0-1) + F^2 R^2 \left(\frac{\pi}{4}\right) \right]$$

Die gesamte Formänderungsenergie der Biegespannungen im Bauteil ist

$$U_{\mathrm{Bgg}} = U_{\mathrm{I}} + U_{\mathrm{II}}$$

$$U_{\mathrm{Bgg}} = \frac{M^2 R \pi}{4 E I_a} + \frac{R}{2 E I_a} \left[\frac{M^2 \pi}{2} + 2 M F R + \frac{F^2 R^2 \pi}{4} \right]$$

$$U_{\mathrm{Bgg}} = \frac{R}{2 E I_a} \left[M^2 \pi + 2 M F R + \frac{F^2 R^2 \pi}{4} \right]$$

Übung 2-45

Ein Balken mit rundem Vollquerschnitt ist, wie in Bild 2-299 u. 2-300 skizziert, viertelkreisförmig gebogen und wird – einseitig eingespannt – am freien Ende

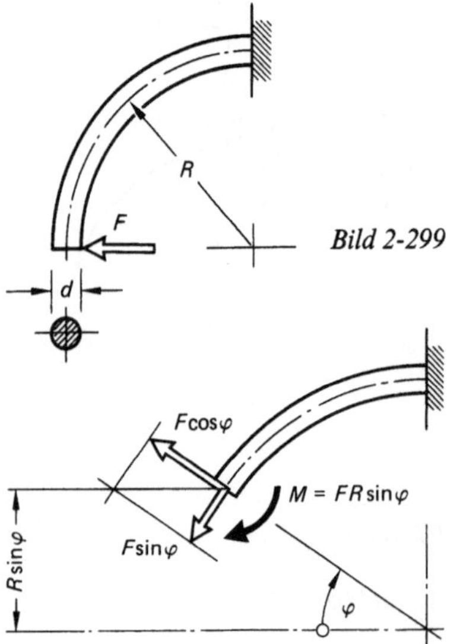

durch die Kraft F belastet. Es soll der prozentuale Anteil der Biegespannungen an der gesamten Formänderungsenergie im Bauteil, hervorgerufen durch Biegespannungen, Zug- und Abscherspannungen, berechnet werden ($E = 2{,}6\,G$, $d = 10\,\mathrm{mm}$, $R = 100\,\mathrm{mm}$).

Lösung:

Spannungen im Schnitt an Stelle φ:

1.) Zugspannung: $\sigma_z = \dfrac{F \sin\varphi}{A}$

2.) Schubspannung: $\tau_a \cong \dfrac{F \cos\varphi}{A}$

3.) Biegespannungen

1.) Zuganteil

$$U_{\sigma_z} = \frac{1}{2 E} \int\limits_V \sigma_z^2 \, \mathrm{d}V$$

$$\mathrm{d}V = A R \, \mathrm{d}\varphi$$

$$\sigma_z = \frac{F \sin\varphi}{A}$$

$$U_{\sigma_z} = \frac{1}{2 E} \int\limits_{\varphi=0}^{\varphi=\pi/2} \frac{F^2 \sin^2\varphi}{A^2} A R \, \mathrm{d}\varphi$$

$$= \frac{F^2 R}{2 E A} \int\limits_{\varphi=0}^{\pi/2} \sin^2\varphi \, \mathrm{d}\varphi$$

$$= \frac{F^2 R}{2 E A} \left| \frac{\varphi}{2} - \frac{\sin(2\varphi)}{4} \right|_0^{\pi/2}$$

$$U_{\sigma_z} = \frac{F^2 R \pi}{8 E A}$$

2.) Schubanteil

$$U_{\tau_a} = \frac{1}{2 G} \int\limits_V \tau_a^2 \, \mathrm{d}V$$

$$\tau_a = \frac{F \cos\varphi}{A}$$

$$\mathrm{d}V = A R \, \mathrm{d}\varphi$$

$$U_{\tau_a} = \frac{1}{2 G} \int\limits_{\varphi=0}^{\varphi=\pi/2} \frac{F^2 \cos^2\varphi}{A^2} A R \, \mathrm{d}\varphi$$

$$= \frac{F^2 R}{2 G A} \int\limits_{\varphi=0}^{\pi/2} \cos^2\varphi \, \mathrm{d}\varphi$$

$$= \frac{F^2 R}{2 G A} \left| \frac{\varphi}{2} + \frac{\sin(2\varphi)}{4} \right|_0^{\pi/2}$$

$$U_{\tau_a} = \frac{F^2 R \pi}{8 G A}$$

3.) Biegeteil

$$U_{\mathrm{Bgg}} = \frac{1}{2EI_{\mathrm{a}}} \int_{\varphi=0}^{\varphi=\pi/2} M_{\mathrm{b}}^2(\varphi)\,R\,\mathrm{d}\varphi$$

$$M_{\mathrm{b}}(\varphi) = F R \sin \varphi$$

$$U_{\mathrm{Bgg}} = \frac{F^2 R^3}{2EI_{\mathrm{a}}} \int_{\varphi=0}^{\pi/2} \sin^2 \varphi\,\mathrm{d}\varphi$$

$$U_{\mathrm{Bgg}} = \frac{F^2 R^3}{2EI_{\mathrm{a}}} \left| \frac{\varphi}{2} - \frac{\sin(2\varphi)}{4} \right|_0^{\pi/2}$$

$$U_{\mathrm{Bgg}} = \frac{F^2 R^3 \pi}{8EI_{\mathrm{a}}}$$

Gesamte Formänderungsenergie im Bauteil:

$$U = \frac{F^2 R \pi}{8} \left[\frac{1}{A}\left(\frac{1}{E} + \frac{1}{G}\right) + \frac{R^2}{EI_{\mathrm{a}}} \right]$$

$$A = \frac{d^4 \pi}{4} = \frac{10^2 \pi}{4} = 78,54\,\mathrm{mm}^2$$

$$I_{\mathrm{a}} = \frac{d^4 \pi}{64} = \frac{10^4 \pi}{64} = 490,87\,\mathrm{mm}^4$$

$$\frac{1}{G} = \frac{2,6}{E}$$

$$U = \frac{F^2 R \pi}{8} \left[\frac{1}{78,54}\left(\frac{1}{E} + \frac{2,6}{E}\right) + \frac{100^2}{E\,490,87} \right]$$

$$U = \frac{F^2 R \pi}{8E} \underbrace{[0,046}_{=0,22\%} + \underbrace{20,37]}_{=99,78\%}$$

Der Anteil der Biegespannungen beträgt bei den gegebenen Daten 99,78%. Nur ein verschwindend kleiner Teil der gesamten Formänderungsarbeit wird aufgewandt für Zug- und Schubverformung.

2.9.2. Satz von CASTIGLIANO

Um den Satz von CASTIGLIANO abzuleiten, muß zuvor der sog. Vertauschungssatz von MAXWELL und BETTI genannt und beschrieben sein, da die CASTIGLIANOsche Beweisführung diese Aussage benutzt.

Definieren wir als „Einflußzahl" α_{ik} den Quotienten aus dem elastischen Verformungsweg eines sich nach dem HOOKEschen Gesetz verhaltenden Körpers oder Systems an der Stelle i – einer beliebigen Stelle – und der diese Verformung hervorrufenden Kraft an der – ebenfalls beliebigen Stelle – k des Systems, Bild 2-301:

$$\frac{f_{\mathrm{i}}}{F_{\mathrm{k}}} = \alpha_{\mathrm{ik}}$$

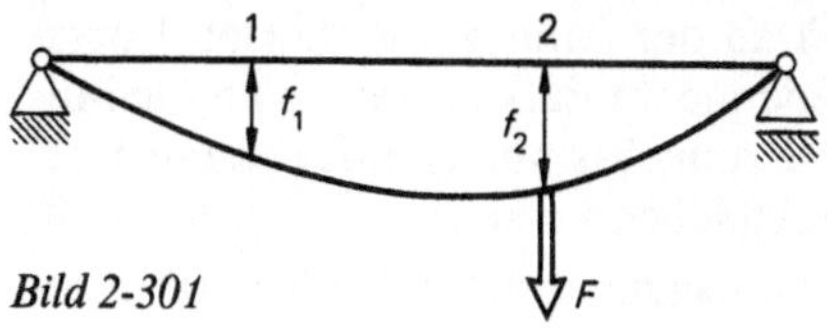

Bild 2-301

oder

$$f_{\mathrm{i}} = \alpha_{\mathrm{ik}} F_{\mathrm{k}}$$
$$f_1 = \alpha_{12} F$$
$$f_2 = \alpha_{22} F$$

Reziprozitätssatz:

Dieser heißt auch Satz von der Gegenseitigkeit der Verschiebungen (Vertauschungssatz). Er besagt, daß die Verschiebung des elastischen Systems an der Stelle i als Folge einer bei Stelle k angreifenden Kraft genauso groß ist wie die Verschiebung des Systems an der Stelle k für den Fall, daß die Kraft bei Stelle i angreift, Bild 2-302.

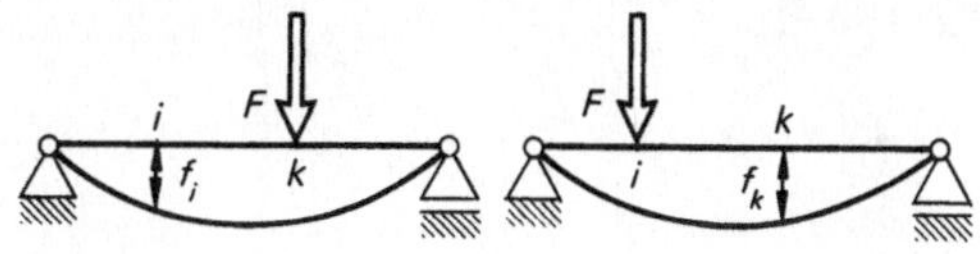

Bild 2-302

Behauptung: $f_{\mathrm{i}} = f_{\mathrm{k}}$

Drücken wir die Wege (Biegepfeile f) mit Hilfe der Einflußzahlen aus:

$$f_i = \alpha_{ik} F$$
$$f_k = \alpha_{ki} F$$

Mit $f_i = f_k$ folgt:

$$\alpha_{ik} F = \alpha_{ki} F$$
$$\alpha_{ik} = \alpha_{ki}$$

Zur Beweisführung der Richtigkeit dieser Behauptung betrachten wir einen Balken mit zwei Punktlasten: F_i und F_k, Bild 2-303. Beide Kräfte verrichten Formänderungsarbeit und haben

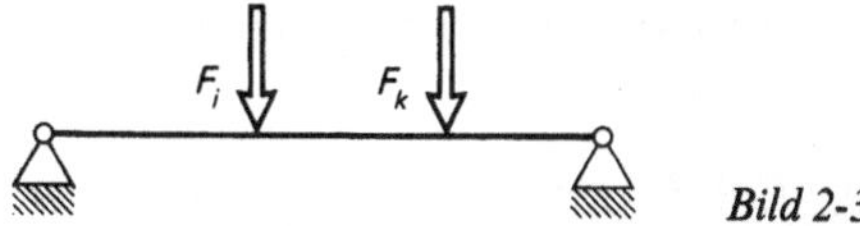

Bild 2-303

ihren Anteil an der dann gespeicherten Formänderungsenergie im Balken. Im ersten Gedankengang soll zunächst nur F_i aufgebracht werden und anschließend erst F_k.

Gilt die Voraussetzung, daß alle hier diskutierten Verzerrungen im HOOKEschen, also linearelastischen Bereich ablaufen, so muß eine am System aufgebrachte Kraft linear von null auf ihre volle Größe anwachsen, Bild 2-304.

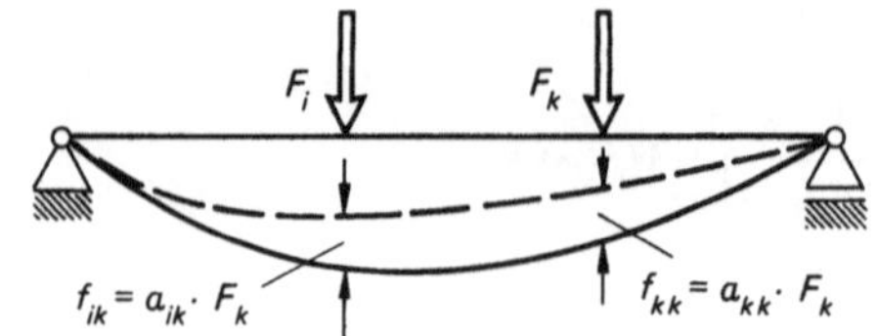

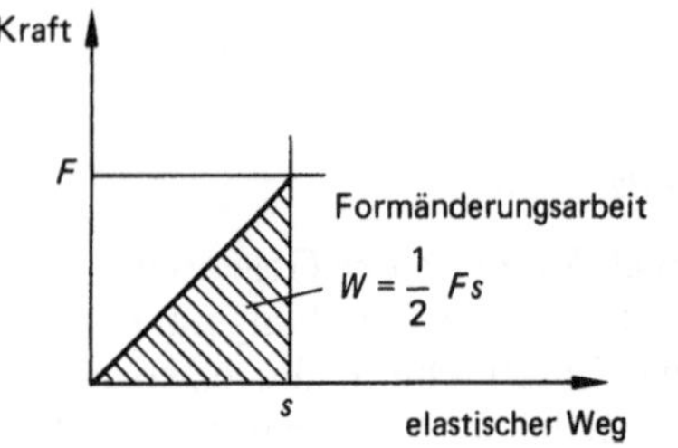

Bild 2-304

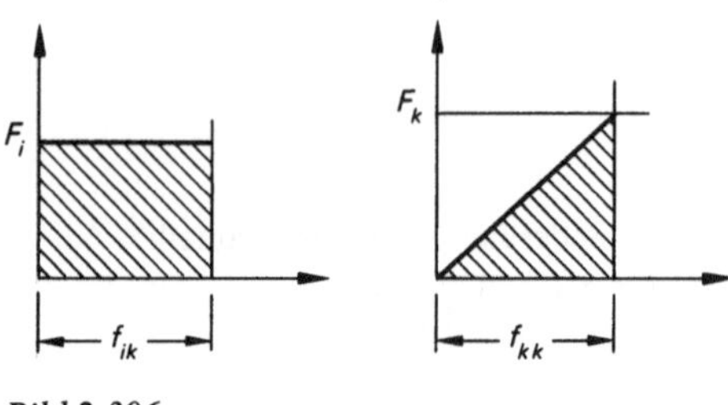

Bild 2-306

Wird nun F_i aufgebracht, Bild 2-305, so verrichtet diese Kraft die Formänderungsarbeit

$$W = \tfrac{1}{2} F_i\, \alpha_{ii}\, F_i$$

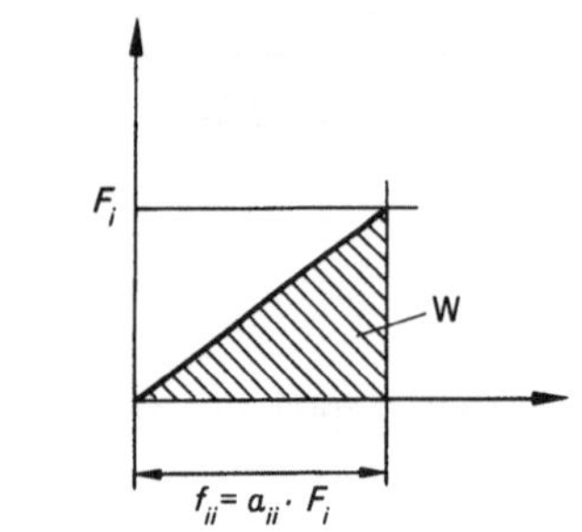

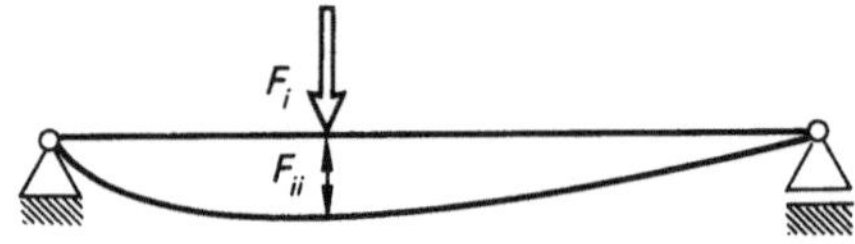

Bild 2-305

Tritt die zweite Kraft F_k nun hinzu, Bild 2-306, so senkt sich der Balken auch an Stelle i weiter ab; F_i ist dabei konstant. Die zusätzlich aufgebrachte Kraft F_k wächst wiederum von null auf ihren vollen Wert, so daß die mit Aufbringen der Kraft F_k zusätzlich in den Balken gebrachte Formänderungsarbeit beschrieben werden kann mit

$$W = \tfrac{1}{2} F_k\, \alpha_{kk}\, F_k + F_i\, \alpha_{ik}\, F_k$$

Die gesamte Formänderungsarbeit nach Aufbringen beider Kräfte beträgt

$$W = \tfrac{1}{2}\alpha_{ii}\, F_i^2 + \tfrac{1}{2}\alpha_{kk}\, F_k^2 + \alpha_{ik}\, F_i\, F_k$$

Wird nun die Reihenfolge des Aufbringens der beiden Kräfte vertauscht, wird also zunächst nur F_k und anschließend F_i aufgebracht, so muß sich die gleiche Gesamtformänderungsarbeit ergeben; die Gleichung lautet:

$$W = \tfrac{1}{2}\alpha_{ii}\, F_i^2 + \tfrac{1}{2}\alpha_{kk}\, F_k^2 + \alpha_{ki}\, F_k\, F_i$$

Setzt man die Formeln gleich, so folgt $\alpha_{ik} = \alpha_{ki}$. Der Vertauschungssatz hat keine nennenswerte unmittelbare Anwendung im Ingenieurbereich, jedoch ist der Lehrsatz von CASTIGLIANO darauf aufgebaut, Bild 2-307.

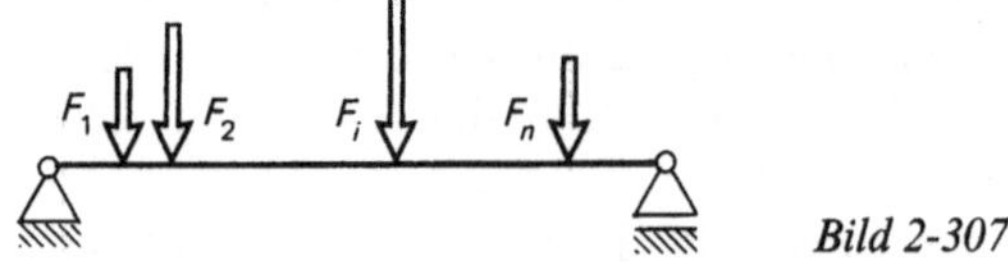

Bild 2-307

Wir stellen unsere Überlegungen an einem durch n Kräfte belasteten Balken an. F_i ist eine dieser Kräfte. F_i erfährt einen infinitesimal kleinen Zuwachs dF_i, aufgrund dessen sich der Balken weiter verformt. Dabei sind die übrigen Kräfte konstant und nur dF_i wächst von null linear auf die volle Größe dF_i an. Die zusätzlichen durch dF_i hervorgerufenen Formänderungsarbeiten sind dann

$$dW = F_1 \alpha_{1i}\, dF_i + F_2 \alpha_{2i}\, dF_i + \dots$$
$$+ \tfrac{1}{2} dF_i\, \alpha_{ii}\, dF_i + \dots + F_n \alpha_{ni}\, dF_i$$

Darin ist der Summand

$$\tfrac{1}{2}\alpha_{ii}\, dF_i^2$$

von höherer Ordnung klein und wird vernachlässigt. Die gespeicherte Formänderungsenergie U ist dann

$$dU = dF_i(F_1 \alpha_{1i} + F_2 \alpha_{2i} + \dots + F_i \alpha_{ii} + F_n \alpha_{ni})$$

Wechselt man nun mit dem Vertauschungssatz die Indizes der Einflußzahlen, so lautet die Gleichung

$$dU = dF_i(\underbrace{F_1 \alpha_{i1}}_{\substack{\text{Weg bei } i \\ \text{zufolge } F_1}} + F_2 \alpha_{i2} + \dots + \underbrace{F_i \alpha_{ii} + F_n \alpha_{in})}_{\substack{\text{Weg bei Stelle } i \\ \text{zufolge aller Lasten} \\ F_1 \text{ bis } F_n}}$$

Damit ist der Satz von CASTIGLIANO beschrieben; er lautet:

Die Verschiebung des Angriffpunkts einer Last bei der elastischen Formänderung eines dem HOOKEschen Gesetz unterworfenen Körpers bzw. Systems ist gleich der Ableitung der Formänderungsenergiefunktion nach der Last:

$$\frac{dU}{dF_i} = f_i$$

Um zu unterstreichen, daß bei dieser Differentiation alle anderen Lasten konstant sind und die Last, an deren Angriffpunkt die Verschiebung gesucht ist, als einzige Variable aufgefaßt wird, schreibt man meist den partiellen Differentialquotienten:

$$\frac{\partial U}{\partial F_i} = f_i$$

Dabei liefert diese Ableitung jedoch nicht den tatsächlichen Weg des elastischen Systems, son

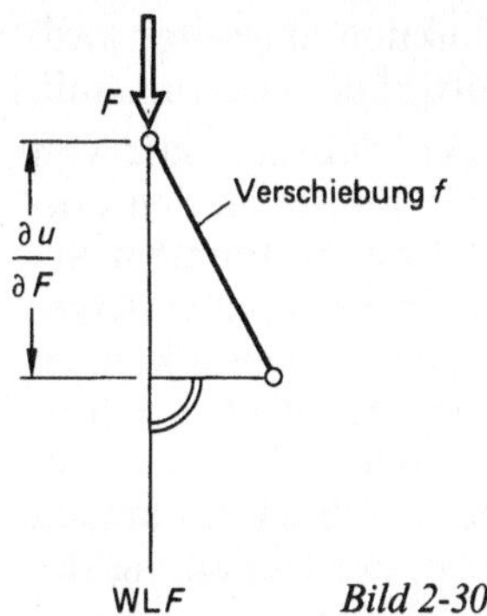

Bild 2-308

dern nur die Projektion der Verschiebung auf die Kraftwirkungslinie, Bild 2-308.

Wenn nicht sicher ist, ob sich das System genau in dieser Richtung der Kraftwirkungslinie verschiebt, muß dies separat untersucht werden, siehe auch die Beispiele und Übungen dieses Abschnitts.

Analog zu der CASTIGLIANOschen Aussage für Kräfte gilt – hier ohne Ableitung – der Satz von CASTIGLIANO auch für Momente. Die Ableitung der Funktion der Formänderungsarbeit bzw. Formänderungsenergie nach einem äußeren Moment liefert danach den Winkel (im Bogenmaß), um den sich die Tangente an dieser Stelle ändert. Wie bei Kräften gilt auch hier folgendes: Ein negatives Ergebnis der Ableitung besagt, daß die Deformation nicht der statischen Ursache folgt, sondern in die entgegengesetzte Richtung weist. Dies kann dann der Fall sein, wenn mehrere Kräfte und Momente am System angreifen:

$$\frac{\partial U}{\partial F} < 0:$$ Verschiebungspfeil (Weg) gegen den Richtungssinn der Kraft gerichtet

$$\frac{\partial U}{\partial M} < 0:$$ Richtungsänderung der Tangente gegen den Drehsinn des Moments gerichtet

Ein scheinbares Dilemma liegt vor, wenn der elastische Verschiebungsweg des Systems an einer Stelle zu bestimmen ist, an der keine äußere Last wirkt. In diesem Fall wird dort eine Hilfskraft $\bar{F}$ eingeführt, nach der abgeleitet wird. Im Ergebnis ist diese Hilfskraft null. Gleiches gilt sinngemäß für Momente. Ist die Richtungsänderung des Systems an einer Stelle gesucht, an der kein äußeres Moment wirkt, so ist hier ein Hilfsmoment $\bar{M}$ einzuführen, nach dem die

Formänderungsenergiefunktion abgeleitet wird. Im Ergebnis wird die Hilfsgröße wiederum null.

Abschließend sei bemerkt, daß der Satz von CASTIGLIANO nicht für die Kräfte an den notwendigen Lagern des statisch bestimmten Systems gilt. Erst bei statisch bestimmter Lagerung des Körpers oder des Systems können äußere Lasten – Kräfte und Momente – Formänderungsarbeiten verrichten und Formänderungsenergie dem System zuführen. So fanden die Auflagerreaktionen bei der Herleitung des Satzes auch keine Berücksichtigung.

Zunächst bestimmen wir mit Hilfe des Satzes von CASTIGLIANO die Verlängerung eines horizontal liegenden Zugstabes, Bild 2-309.

In Abschnitt 2.9.1. ist dieses Beispiel beschrieben:

$$U = \frac{F^2 L}{2EA}$$

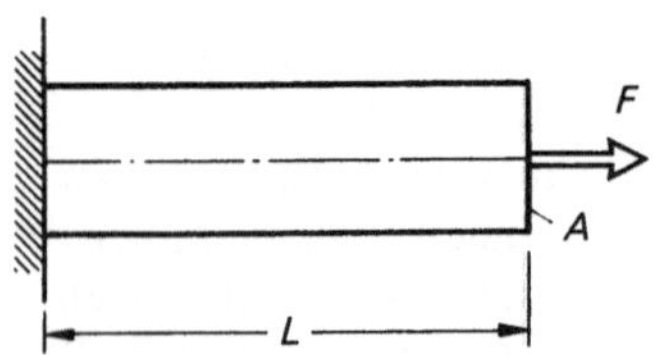

Bild 2-309

CASTIGLIANO:

Stabverlängerung $\quad \Delta L = \dfrac{\partial U}{\partial F} = \dfrac{FL}{EA}$

Das zweite in Abschnitt 2.9.1. bearbeitete Beispiel war der Zugstab unter Eigengewicht. Wollen wir für ihn die Verlängerung, also den Weg des freien Stabendes, berechnen, so erkennen wir, daß eine Hilfskraft am freien Stabende eingeführt werden muß, um hier den elastischen Weg bestimmen zu können, Bild 2-310.

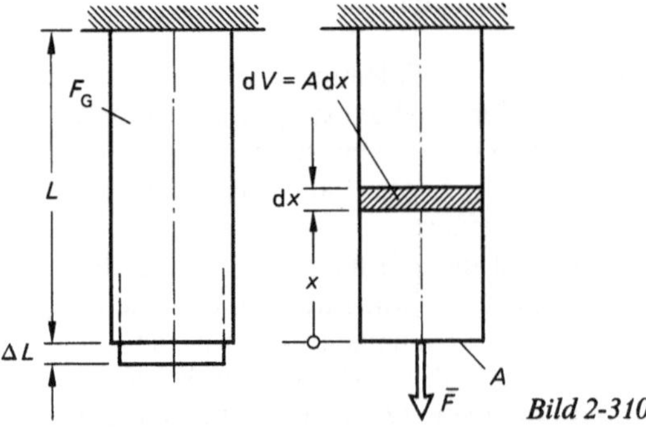

Bild 2-310

Spannung im Schnitt an der Stelle x:

$$\sigma(x) = \frac{1}{A}\left(\bar{F} + \frac{F_G}{L}\,x\right)$$

$$U = \int_V U_S \, dV$$

$$U_S = \frac{1}{2E}\,\sigma^2$$

$$U_S = \frac{1}{2E}\,\frac{1}{A^2}\left(\bar{F} + \frac{F_G}{L}\,x\right)^2$$

$$U = \frac{1}{2EA^2}\int_{x=0}^{x=L} A\,dx\left(\bar{F}^2 + 2\bar{F}\,\frac{F_G}{L}\,x + \frac{F_G^2}{L^2}\,x^2\right)$$

$$U = \frac{1}{2EA}\left[\bar{F}^2\,|x|_0^L + \bar{F}\,\frac{F_G}{L}\,|x^2|_0^L + \frac{F_G^2}{L^2}\left.\frac{x^3}{3}\right|_0^L\right]$$

$$U = \frac{1}{2EA}\left[\bar{F}^2 L + \bar{F}F_G L + \tfrac{1}{3}F_G^2 L\right]$$

CASTIGLIANO:

$$\Delta L = \left.\frac{\partial U}{\partial \bar{F}}\right|_{\bar{F}=0}$$

$$\Delta L = \frac{1}{2EA}[\underbrace{2\bar{F}L}_{=0} + F_G L + 0]$$

Ergebnis:

$$\Delta L = \frac{F_G L}{2EA}$$

Abschätzung der Schubabsenkung von Biegebalken

In querkraftbelasteten Biegebalken treten Biege- und Schubspannungen auf. Beide Spannungen sind an der Balkendeformation beteiligt. Im allgemeinen wird der Einfluß der Schubspannungen auf die Balkendurchbiegung vernachlässigt. Der Satz von CASTIGLIANO erlaubt es, eine Abschätzung des Einflusses der Schubspannungen in Biegebalken auf die Durchbiegung vorzunehmen, indem die Formänderungsarbeiten der Schubspannungen zur Betrachtung herangezogen werden.

Betrachtet wird ein einseitig eingespannter Balken mit Rechteckquerschnitt; die Belastung erfolgt ausschließlich durch eine Einzellast am freien Balkenende, Bild 2-311.

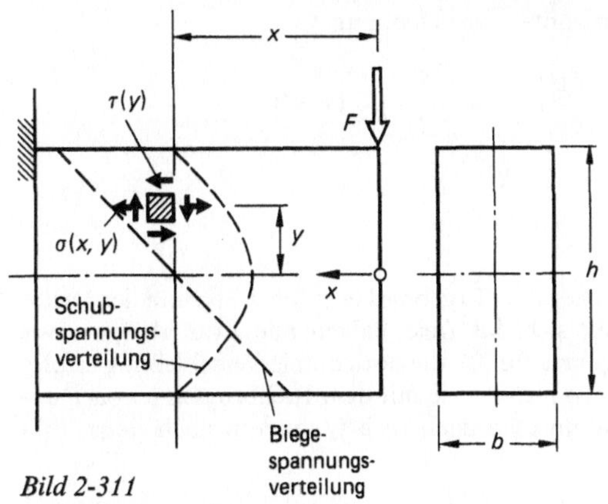

Bild 2-311

Formänderungsenergie der Normalspannungen:

$$U_\sigma = \frac{1}{2EI_a} \int\limits_{x=0}^{L} M_b^2(x)\,dx$$

$$M_b(x) = Fx$$

Es folgt

$$U_\sigma = \frac{F^2 L^3}{6EI_a}$$

Durchbiegung der Kraftangriffsstelle als Folge der Normalspannungen:

$$f_\sigma = \frac{\partial U_\sigma}{\partial F} = \frac{FL^3}{3EI_a}$$

Formänderungsenergie der Schubspannungen:

$$U_\tau = \int\limits_V U_{S_\tau}\,dV$$

$$dV = b\,dx\,dy$$

$$U_{S_\tau} = \frac{\tau_{(y)}^2}{2G}$$

Im Rechteckquerschnitt verteilen sich die Schubspannungen quadratisch:

$$\tau(y) = \tau_{\max}\left(1 - \left(\frac{2y}{h}\right)^2\right)$$

$$\tau_{\max} = \frac{3}{2}\frac{F}{A}$$

$$U_\tau = \frac{b}{2G} \iint dx\,dy \left(\frac{3F}{2A}\right)^2 \left(1 - \left(\frac{2y}{h}\right)^2\right)^2$$

$$U_\tau = \frac{9F^2 b}{8GA^2} \int\limits_0^L dx$$

$$\cdot \left[\int\limits_{-h/2}^{+h/2} dy - \frac{8}{h^2} \int\limits_{-h/2}^{+h/2} y^2\,dy + \frac{16}{h^4} \int\limits_{-h/2}^{+h/2} y^4\,dy\right]$$

Es folgt:

$$U_\tau = \frac{9F^2 b \dfrac{8}{15}hL}{8GA^2} \quad \text{mit } bh = A$$

$$U_\tau = \frac{3F^2 L}{5GA}$$

Absenkung der Kraftangriffsstelle infolge der Schubspannungen:

$$f_\tau = \frac{\partial U_\tau}{\partial F} = \frac{6FL}{5GA}$$

Verhältnis der Teilabsenkungen:

$$\frac{f_\tau}{f_\sigma} = \frac{18EI_a}{5GAL^2} \quad \text{mit } I_a = \frac{bh^3}{12}$$

$$\frac{f_\tau}{f_\sigma} = \frac{3Eh^2}{10GL^2}$$

Bei $\mu = 0{,}3$ (Querzahl) ist $G = E/2{,}6$ und das Verhältnis der Teilabsenkungen lautet damit

$$\frac{f_\tau}{f_\sigma} = 0{,}78\left(\frac{h}{L}\right)^2$$

Für Balken mit $L \gg h$ kann der Einfluß der Schubspannungen vernachlässigt werden.
Beispiel:

$$L = 5h$$
$$f_\tau = 0{,}0312 f_\sigma \triangleq 3\% \text{ der Absenkung } f$$

Übung 2-46

Ein halbkreisförmig gebogener Balken konstanter Biegesteifigkeit wird gemäß Bild 2-312 am freien Ende durch die Kraft F belastet. Es ist sowohl die vertikale Absenkung als auch die horizontale Verschiebung des Kraftangriffspunktes zu berechnen. Zu berücksichtigen sind dabei nur die Formänderungsarbeiten der Biegespannungen.

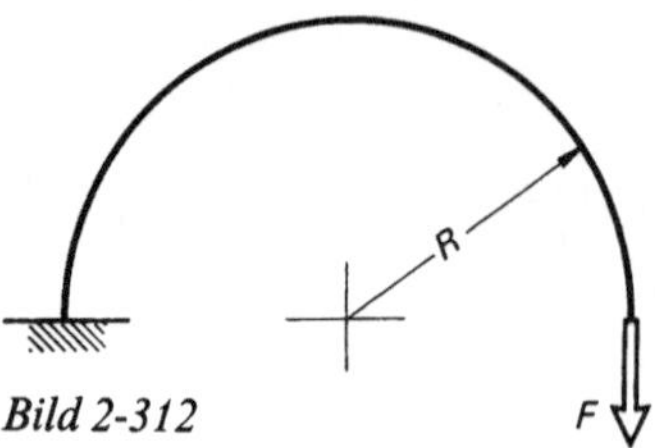

Bild 2-312

Lösung:

Um auch die horizontale Verschiebung des Kraftangriffspunktes berechnen zu können, wird die Hilfskraft $\bar{F}$ eingeführt, Bild 2-313.

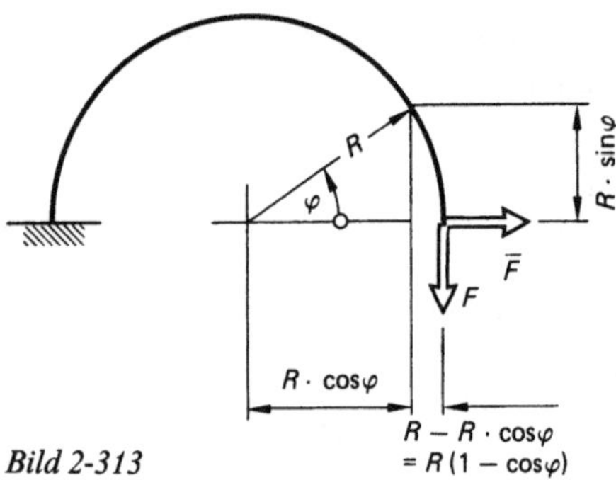

Bild 2-313

$$M_b(\varphi) = F R(1 - \cos \varphi) - \bar{F} R \sin \varphi$$

$$M_b^2(\varphi) = F^2 R^2 (1 - 2\cos \varphi + \cos^2 \varphi)$$
$$- 2F\bar{F}R^2 (1 - \cos \varphi) \sin \varphi + \bar{F}^2 R^2 \sin^2 \varphi$$

$$U_{Bgg} = \frac{1}{2EI_a} \int_{\varphi=0}^{\varphi=\pi} M_b^2(\varphi) \underbrace{R\,d\varphi}_{dx}$$

$$U_{Bgg} = \frac{R}{2EI_a} \left[F^2 R^2 \, |\varphi|_0^\pi - F^2 R^2 \, 2\,|\sin \varphi|_0^\pi \right.$$
$$+ F^2 R^2 \left| \frac{\varphi}{2} + \frac{\sin(2\varphi)}{4} \right|_0^\pi + 2F\bar{F}R^2 \, |\cos \varphi|_0^\pi$$
$$\left. - F\bar{F}R^2 \left| \frac{\cos(2\varphi)}{2} \right|_0^\pi + \bar{F}^2 R^2 \left| \frac{\varphi}{2} - \frac{\sin(2\varphi)}{4} \right|_0^\pi \right]$$

$$U_{Bgg} = \frac{R}{2EI_a} \left[F^2 R^2 \pi - 0 + F^2 R^2 \frac{\pi}{2} \right.$$
$$\left. + 2F\bar{F}R^2 (-1-1) - 0 + \bar{F}^2 R^2 \frac{\pi}{2} \right]$$

Vertikale Absenkung f_v:

$$f_v = \frac{\partial U}{\partial F} \bigg|_{\bar{F}=0}$$

$$= \frac{R}{2EI_a} [2FR^2\pi + FR^2\pi] = \frac{3\pi F R^3}{2EI_a}$$

Horizontale Verschiebung f_h:

$$f_h = \frac{\partial U}{\partial \bar{F}} \bigg|_{\bar{F}=0} = \frac{R}{2EI_a} [-4FR^2]$$

$$f_h = -\frac{2FR^3}{EI_a}$$

Das negative Ergebnis bedeutet: Aufgrund der Last F senkt sich das freie Balkenende zwar ab (positives Ergebnis für f_v), die horizontale Verschiebung erfolgt jedoch nicht – wie mit dem Richtungssinn von $\bar{F}$ angenommen – nach rechts, sondern nach links, Bild 2-314.

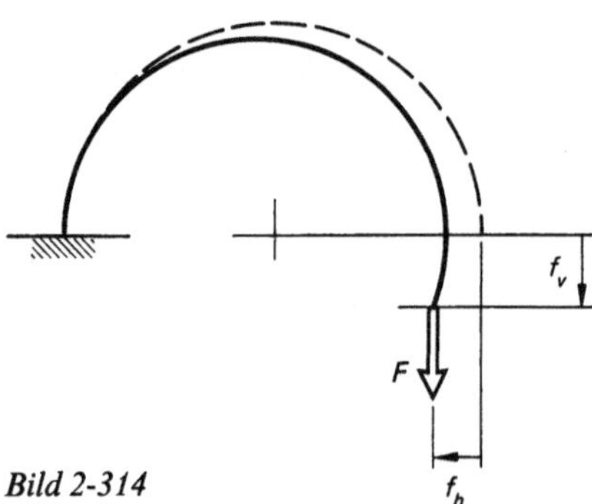

Bild 2-314

Will man auch die Tangentenrichtungsänderung α bestimmen, so ist am freien Balkenende ein Hilfsmoment $\bar{M}$ einzuführen, Bild 2-315:

$$M_b(\varphi) = F R(1 - \cos \varphi) + \bar{M}$$

$$M_b^2(\varphi) = F^2 R^2 (1 - \cos \varphi)^2$$
$$+ 2F R \bar{M} (1 - \cos \varphi) + \bar{M}^2$$

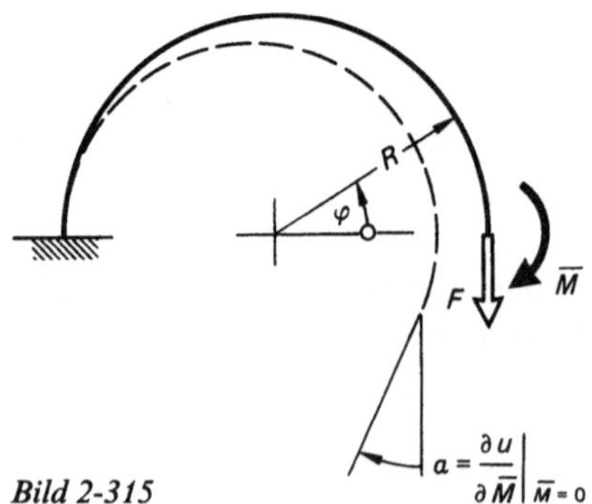

Bild 2-315

Hinweis:

Später ist nach $\bar{M}$ abzuleiten und $\bar{M}$ selbst in der Lösung null zu setzen. Der erste der drei Summanden des M_b^2-Ausdrucks hat kein $\bar{M}$ zum Inhalt und wird so beim Ableiten null; wir werden ihn schon hier weglassen. Der dritte der drei Summanden im M_b^2-Ausdruck wird nach dem Ableiten noch ein $\bar{M}$ haben und somit auch null werden. Lediglich der mittlere der drei Summanden ist für die Lösung wichtig und wird darum weiter verfolgt; das (=)-Zeichen steht dafür, daß hier unwesentliche Teile des Ausdrucks bereits weggelassen wurden.

$$U_{Bgg} \; (=) \frac{R}{2EI_a} \int\limits_{\varphi=0}^{\pi} 2FR\,\bar{M}(1-\cos\varphi)\,d\varphi$$

$$U_{Bgg} \; (=) \frac{2FR^2\,\bar{M}}{2EI_a}\,[\,|\varphi|_0^\pi - |\sin\varphi|_0^\pi\,] = \frac{F\,R^2\,\pi\,\bar{M}}{EI_a}$$

$$\alpha = \frac{\partial U}{\partial \bar{M}} = \frac{FR^2\,\pi}{EI_a}$$

Übung 2-47

Eine halbkreisförmig gebogene Feder konstanter Biegesteifigkeit liegt in horizontaler Ebene und wird am freien Ende durch eine vertikale Kraft F belastet, wie Bild 2-316 u. 2-317 zeigen. Es ist die Absenkung der Kraftangriffsstelle zu berechnen. Dabei sind nicht nur Biegespannungen, sondern auch Torsionsspannungen zu berücksichtigen. Die Feder hat einen runden Vollquerschnitt.

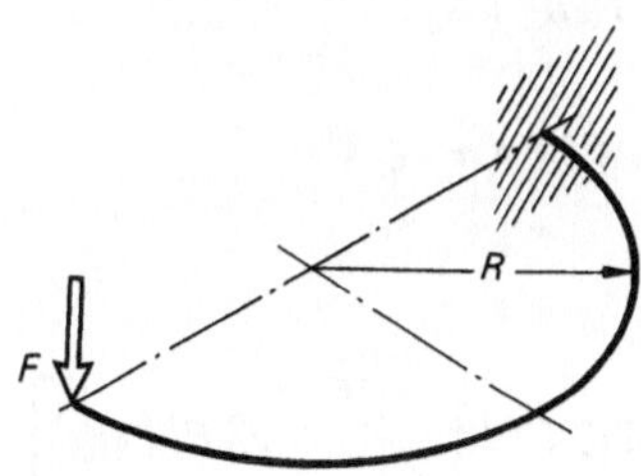

Bild 2-316

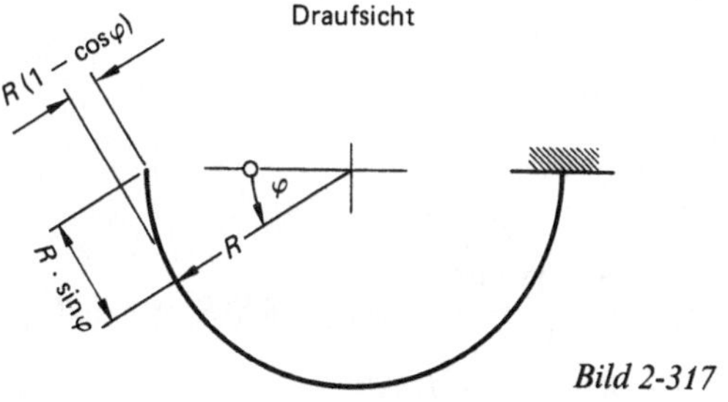

Bild 2-317

Lösung:

Momente im Schnitt an Stelle φ:

Biegemoment: $M_b(\varphi) = FR\sin\varphi$

Torsionsmoment: $M_t(\varphi) = FR(1-\cos\varphi)$

Biegung

$$U_{Bgg} = \frac{1}{2EI_a} \int\limits_{\varphi=0}^{\varphi=\pi} M_b^2(\varphi)\,\underbrace{R\,d\varphi}_{dx}$$

$$U_{Bgg} = \frac{R}{2EI_a} \int\limits_{\varphi=0}^{\pi} F^2\,R^2\,\sin^2\varphi\,d\varphi$$

$$U_{Bgg} = \frac{F^2\,R^3}{2EI_a} \left.\left| \frac{\varphi}{2} - \frac{\sin(2\varphi)}{4} \right|\right._0^\pi = \frac{F^2\,R^3\,\pi}{4EI_a}$$

Torsion

$$U_T = \frac{1}{2GI_p} \int\limits_{\varphi=0}^{\pi} M_t^2(\varphi)\,R\,d\varphi$$

$$U_T = \frac{R}{2GI_p}$$
$$\cdot \left[|\varphi|_0^\pi - 2|\sin\varphi|_0^\pi + \left.\left| \frac{\varphi}{2} + \frac{\sin(2\varphi)}{4} \right|\right._0^\pi \right] F^2\,R^2$$

$$U_T = \frac{F^2\,R^3}{2GI_p} \left[\pi - 0 + \frac{\pi}{2} \right] = \frac{F^2\,R^3\,3\pi}{4GI_p}$$

Bei Kreisquerschnitt gilt $I_p = 2I_a$.
Absenkung des Kraftangriffspunkts:

$$f = \frac{\partial U}{\partial F} = \frac{\partial}{\partial F}\,(U_{Bgg} + U_T)$$

$$f = \frac{FR^3\,\pi}{2EI_a} + \frac{FR^3\,3\pi}{2G(2I_a)} = \frac{FR^3\,\pi}{2EI_a}\left(1 + \frac{3E}{2G}\right)$$

Für Werkstoff Stahl gilt $G = E/2{,}6$. Dann lautet das Ergebnis:

$$f = \frac{FR^3\,\pi}{2EI_a}\,(1 + 3{,}9)$$

Anteil der Biegeverformung: $\dfrac{1}{1+3{,}9}\,100\% = 20{,}4\%$

Anteil der Verdrehung: $\dfrac{3{,}9}{1+3{,}9}\,100\% = 79{,}6\%$

Übung 2-48

Zwei jeweils einseitig eingespannte Balken gleicher und konstanter Biegesteifigkeit stützen sich, wie in Bild 2-318 skizziert, aufeinander ab und werden durch die Kraft F belastet. Zu bestimmen sind die Auflagerreaktionen in den Einspannstellen. Bei der Beschreibung der Formänderungsenergien sind nur die Biegespannungen zu berücksichtigen.

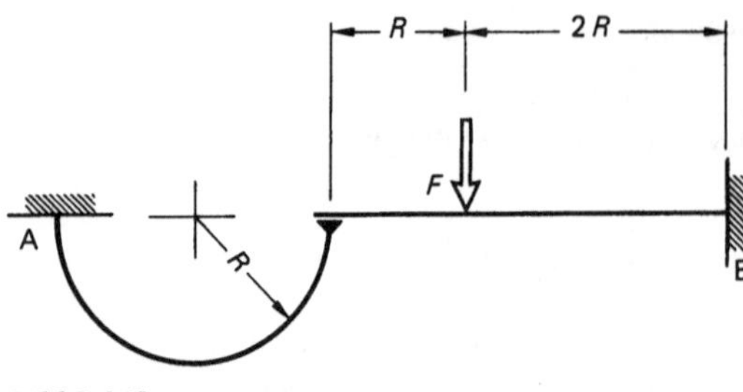

Bild 2-318

Lösung:

Ansatz: Die Berührstelle senkt sich um einen für beide Teile gleichen Betrag ab. Diese Absenkung gewinnt man durch Ableiten der Formänderungsenergiefunktion nach der in der Berührstelle wirkenden Kraft; dabei ist am geraden Balken diese Berührkraft aufwärts gerichtet, das Balkenende bewegt sich abwärts, hierbei ist eine Vorzeichenumkehr erforderlich, Bild 2-319 bis 2-321.

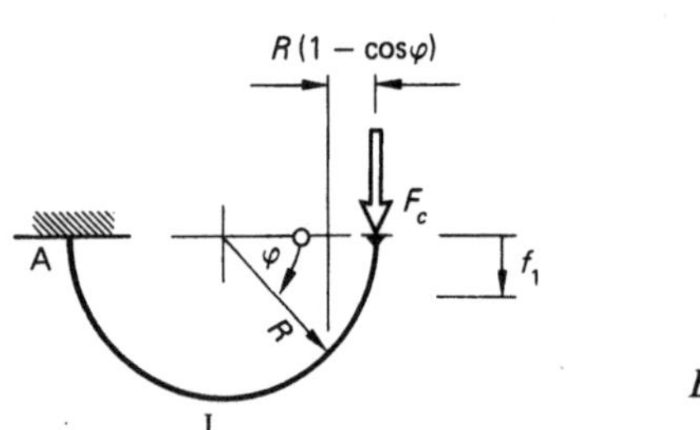

Bild 2-319

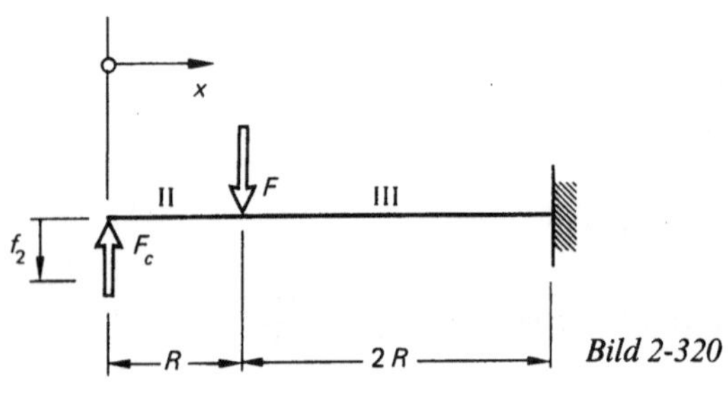

Bild 2-320

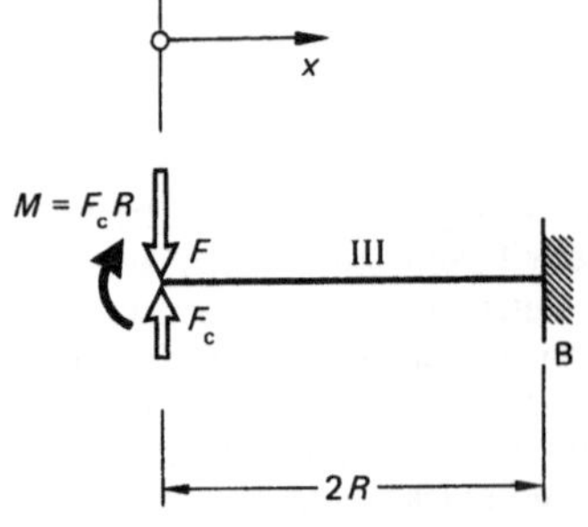

Bild 2-321

$$\underset{\mathrm{I}}{M_{\mathrm{b}}}(\varphi) = F_{\mathrm{C}}\,R\,(1 - \cos\varphi)$$

$$\underset{\mathrm{I}}{M_{\mathrm{b}}^2}(\varphi) = F_{\mathrm{C}}^2\,R^2\,(1 - 2\cos\varphi + \cos^2\varphi)$$

$$U_{\mathrm{Bgg\,I}} = \frac{R}{2\,E\,I_{\mathrm{a}}}\,F_{\mathrm{C}}^2\,R^2$$

$$\cdot \left[\int_0^\pi \mathrm{d}\varphi - 2\int_0^\pi \cos\varphi\,\mathrm{d}\varphi + \int_0^\pi \cos^2\varphi\,\mathrm{d}\varphi \right]$$

$$= \frac{F_{\mathrm{C}}^2\,R^3}{2\,E\,I_{\mathrm{a}}}\left[\left.|\varphi|\right._0^\pi - 2\left.|\sin\varphi|\right._0^\pi + \left.\left|\frac{\varphi}{2} + \frac{\sin(2\varphi)}{4}\right|\right._0^\pi \right]$$

$$U_{\mathrm{Bgg\,I}} = \frac{F_{\mathrm{C}}^2\,R^3}{2\,E\,I_{\mathrm{a}}}\left[\pi - 0 + \frac{\pi}{2} \right] = \frac{F_{\mathrm{C}}^2\,R^3\,3\pi}{4\,E\,I_{\mathrm{a}}}$$

$$f_1 = \frac{\partial U_{\mathrm{I}}}{\partial F_{\mathrm{C}}} = \frac{F_{\mathrm{C}}\,R^3\,3\pi}{2\,E\,I_{\mathrm{a}}}$$

$$\underset{\mathrm{II}}{M_{\mathrm{b}}}(x) = F_{\mathrm{C}}\,x$$

$$\underset{\mathrm{II}}{M_{\mathrm{b}}^2}(x) = F_{\mathrm{C}}^2\,x^2$$

$$U_{\mathrm{Bgg\,II}} = \frac{1}{2\,E\,I_{\mathrm{a}}}\,F_{\mathrm{C}}^2\,\int_{x=0}^{R} x^2\,\mathrm{d}x$$

$$U_{\mathrm{Bgg\,II}} = \frac{F_{\mathrm{C}}^2}{2\,E\,I_{\mathrm{a}}}\left.\left|\frac{x^3}{3}\right|\right._0^R = \frac{F_{\mathrm{C}}^2\,R^3}{6\,E\,I_{\mathrm{a}}}$$

$$\underset{\mathrm{III}}{M_{\mathrm{b}}}(x) = \underbrace{(F - F_{\mathrm{C}})}_{F^*}\,x - F_{\mathrm{C}}\,R$$

$$\underset{\mathrm{III}}{M_{\mathrm{b}}^2}(x) = F^{*2}\,x^2 - 2\,F_{\mathrm{C}}\,F^*\,R\,x + F_{\mathrm{C}}^2\,R^2$$

$$U_{\mathrm{Bgg\,III}} = \frac{1}{2\,E\,I_{\mathrm{a}}}$$

$$\cdot \left[F^{*2}\left.\left|\frac{x^3}{3}\right|\right._0^{2R} - 2\,F_{\mathrm{C}}\,F^*\,R\left.\left|\frac{x^2}{2}\right|\right._0^{2R} + F_{\mathrm{C}}^2\,R^2\,|x|_0^{2R} \right]$$

$$U_{\mathrm{Bgg\,III}} = \frac{1}{2\,E\,I_{\mathrm{a}}}\left[\frac{F^{*2}\,8\,R^3}{3} - 4\,F_{\mathrm{C}}\,F^*\,R^3 + 2\,F_{\mathrm{C}}^2\,R^3 \right]$$

$$f_2 = -\frac{\partial}{\partial F_{\mathrm{C}}}\,(U_{\mathrm{II}} + U_{\mathrm{III}})$$

$$f_2 = -\frac{F_{\mathrm{C}}\,R^3}{3\,E\,I_{\mathrm{a}}} - \frac{1}{2\,E\,I_{\mathrm{a}}}$$

$$\cdot \left[\frac{2\,F^*(-1)\,8\,R^3}{3} - 4\,F\,R^3 + 8\,F_{\mathrm{C}}\,R^3 + 4\,F_{\mathrm{C}}\,R^3 \right]$$

$$f_2 = -\frac{F_{\mathrm{C}}\,R^3}{3\,E\,I_{\mathrm{a}}} + \frac{8\,(F - F_{\mathrm{C}})\,R^3}{3\,E\,I_{\mathrm{a}}}$$

$$+ \frac{2\,F\,R^3}{E\,I_{\mathrm{a}}} - \frac{4\,F_{\mathrm{C}}\,R^3}{E\,I_{\mathrm{a}}} - \frac{2\,F_{\mathrm{C}}\,R^3}{E\,I_{\mathrm{a}}}$$

$$f_2 = -\frac{9\,F_{\mathrm{C}}\,R^3}{E\,I_{\mathrm{a}}} + \frac{14\,F\,R^3}{3\,E\,I_{\mathrm{a}}}$$

$$f_1 = f_2$$

$$\frac{F_C R^3 \, 3\pi}{2 E I_a} = -\frac{9 F_C R^3}{E I_a} + \frac{14 F R^3}{3 E I_a}$$

$$F_C R^3 \left(\frac{3\pi}{2} + 9\right) = \frac{14}{3} F R^3$$

$$F_C = \frac{14 F}{\dfrac{9\pi}{2} + 27}$$

Statik:

$$F_B = F - F_C = \frac{\dfrac{9\pi}{2} + 13}{\dfrac{9\pi}{2} + 27}\, F$$

$$F_A = F_C$$

$$M_B = F\, 2R - F_C\, 3R$$

$$M_B = F R \left(2 - \frac{14}{\dfrac{3\pi}{9} + 9}\right) = F R\, \frac{\dfrac{6\pi}{2} + 4}{\dfrac{3\pi}{2} + 9}$$

$$M_A = F_C\, 2R = F R\, \frac{28}{\dfrac{9\pi}{2} + 27}$$

2.9.3. Satz von MENABREA

Liefert der Satz von CASTIGLIANO die Formänderungen an einem statisch bestimmt gelagerten Körper oder System, so befaßt sich der Satz von MENABREA mit statisch unbestimmt gelagerten Systemen. Ein Beispiel veranschaulicht Bild 2-322.

Die unbekannte Kraft F_B am überzähligen Lager ist aus statischen Überlegungen allein nicht zu ermitteln und folglich auch nicht die übrigen

Auflagerreaktionen. Sieht man die Reaktionskraft F_B wie eine äußere Aktionskraft an, so fordert der Satz von CASTIGLIANO $\partial U / \partial F_B = 0$, denn der elastische Weg des Balkens ist dort null.

$$M_b(x) = F_B x - \frac{q_0 x^2}{2}$$

$$U_{Bgg} = \frac{1}{2 E I_a} \int_{x=0}^{x=L} M_b^2(x)\,\mathrm{d}x$$

$$= \frac{1}{2 E I_a} \left[F_B^2 \left.\frac{x^3}{3}\right|_0^L - q_0 F_B \left.\frac{x^4}{4}\right|_0^L + \frac{q_0^2}{4}\left.\frac{x^5}{5}\right|_0^L \right]$$

$$= \frac{1}{2 E I_a} \left[\frac{1}{3} F_B^2 L^3 - \frac{1}{4} q_0 F_B L^4 + \frac{1}{20} q_0^2 L^5 \right]$$

$$0 = \frac{\partial U}{\partial F_B} = \frac{1}{2 E I_a}\left[\frac{2}{3} F_B L^3 - \frac{1}{4} q_0 L^4 + 0 \right]$$

Daraus folgt das Ergebnis:

$$F_B = \frac{3}{8} q_0 L$$

Die Funktion der Formänderungsenergie hat die Form

$$U = a F_B^2 + b F_B + c\,,$$

also eine quadratische Funktion in F_B; deren Ableitung nach F_B lautet, zu null gesetzt,

$$0 = 2 a F_B + b$$

$$F_B = -\frac{b}{2a}\,, \quad \text{(Bild 2-323)}.$$

Statisch unbestimmte Kräfte oder Momente stellen sich also stets so ein, daß die im Bauteil gespeicherte Formänderungsenergie minimal wird; dies ist der Satz von MENABREA.

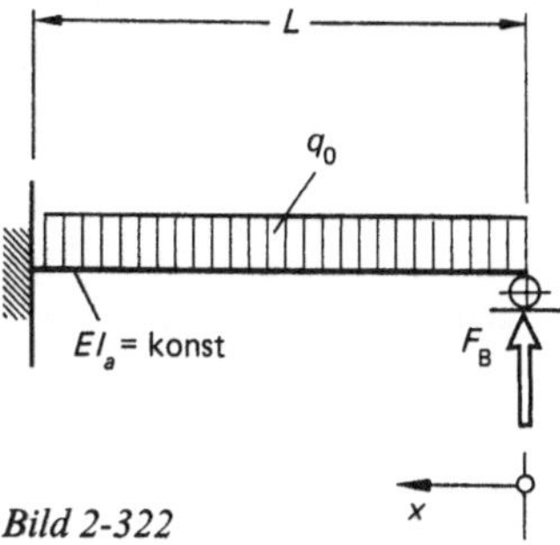

Bild 2-322

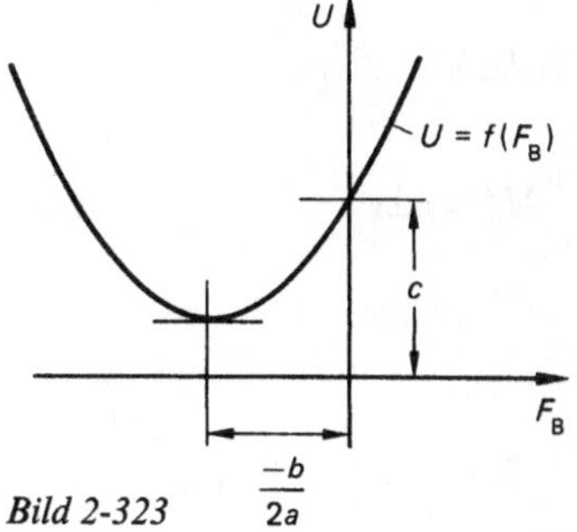

Bild 2-323

Dabei ist es freigestellt, welche Lager als statisch notwendig und welches als überzähliges Lager deklariert werden. Die Kraft im überzähligen Lager wird wie eine äußere Aktionskraft behandelt, deren elastischer Weg null ist.

MENABREA:

$$\frac{\partial U}{\partial F} = 0: \quad \text{wenn } F \text{ eine statisch unbestimmte Größe ist,}$$

$$\frac{\partial U}{\partial M} = 0: \quad \text{wenn } M \text{ eine statisch unbestimmte Größe ist.}$$

Das zweite Beispiel soll anhand von Bild 2-324 zeigen, daß die Wahl der „notwendigen" Lager freigestellt ist.

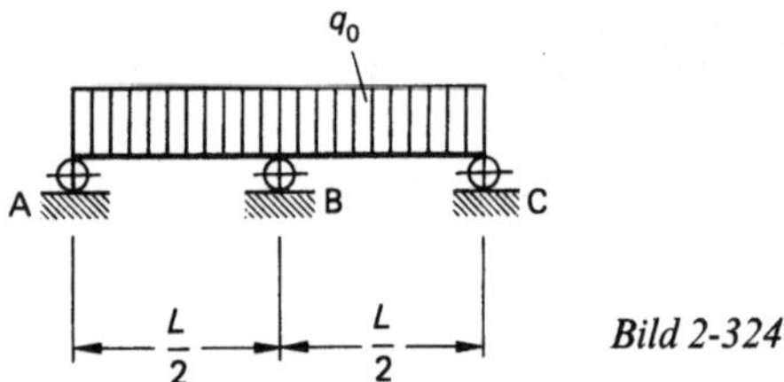

Bild 2-324

1.) Notwendige Lager A and C (Bild 2-325):

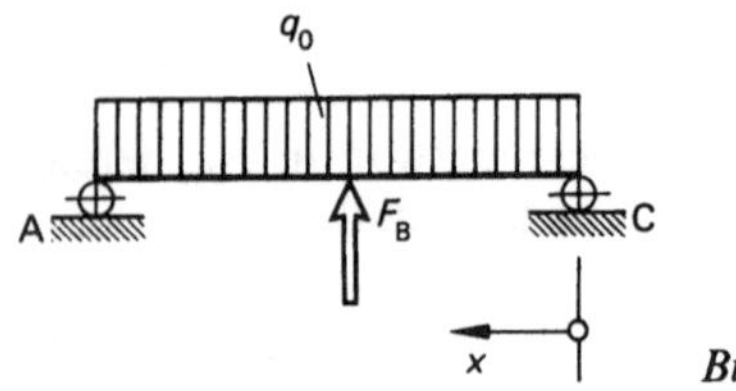

Bild 2-325

Statik:

$$F_A = F_C = \frac{1}{2}(q_0 L - F_B)$$

$$M_b(x) = F_C x - \frac{q_0 x^2}{2} \quad \text{mit } F_C = \frac{1}{2}(q_0 L - F_B)$$

$$M_b^2(x) = F_C^2 x^2 - q_0 F_C x^3 + \frac{q_0^2 x^4}{4}$$

$$U_{Bgg} = 2 \frac{1}{2EI_a} \int_{x=0}^{x=\frac{L}{2}} M_b^2(x)\,dx$$

$$U_{Bgg} = \frac{1}{EI_a}$$
$$\cdot \left[F_C^2 \frac{x^3}{3} \Big|_0^{L/2} - q_0 F_C \frac{x^4}{4} \Big|_0^{L/2} + \frac{q_0^2}{4} \frac{x^5}{5} \Big|_0^{L/2} \right]$$

$$U_{Bgg} = \frac{1}{EI_a} \left[\frac{F_C^2 L^3}{24} - \frac{q_0 F_C L^4}{64} + \frac{q_0^2 L^5}{640} \right]$$

$$\frac{\partial U}{\partial F_B} = 0 = \frac{\partial U}{\partial F_C} \frac{\partial F_C}{\partial F_B} \quad \text{(Kettenregel)}$$

$$\frac{\partial F_C}{\partial F_B} = -\frac{1}{2}$$

$$0 = -\frac{1}{2} \frac{1}{EI_a} \left[\frac{F_C L^3}{12} - \frac{q_0 L^4}{64} + 0 \right]$$

Daraus erhält man das Ergebnis:

$$F_C = F_A = \frac{3}{16} q_0 L$$

$$F_B = \frac{10}{16} q_0 L$$

2.) Notwendige Lager A und B.

Statik:

$$F_A = F_C$$
$$F_B = q_0 L - 2F_C$$

$$M_b(x) = F_C x - \frac{q_0 x^2}{2}$$

Die U-Funktion ist aus dem 1. Durchgang bekannt; hieraus erhält man

$$\frac{\partial U}{\partial F_C} = 0$$

$$0 = \frac{1}{EI_a} \left[\frac{F_C L^3}{12} - \frac{q_0 L^4}{64} + 0 \right]$$

Daraus folgt:

$$F_C = \frac{3}{16} q_0 L = F_A$$

$$F_B = q_0 L - 2F_C$$

$$F_B = q_0 L - \frac{6}{16} q_0 L$$

$$F_B = \frac{5}{8} q_0 L$$

Übung 2-49

Die biegesteife Ecke A des Körpers ist dort gelenkig gelagert und zudem bei B und C lose gelagert. Die Biegesteifigkeit ist in allen Bereichen die gleiche und konstant. Belastet wird der Körper, wie in Bild 2-326 skizziert, durch eine konstante Streckenlast. Es sind die Auflagerkräfte in den drei Lagern zu bestimmen. Dabei soll einmal Lager C als überzähliges Lager deklariert werden, in einer Kontrollrechnung soll dann Lager B als überzählig deklariert werden. Formänderungsenergien aus Schubspannungen bleiben dabei unberücksichtigt.

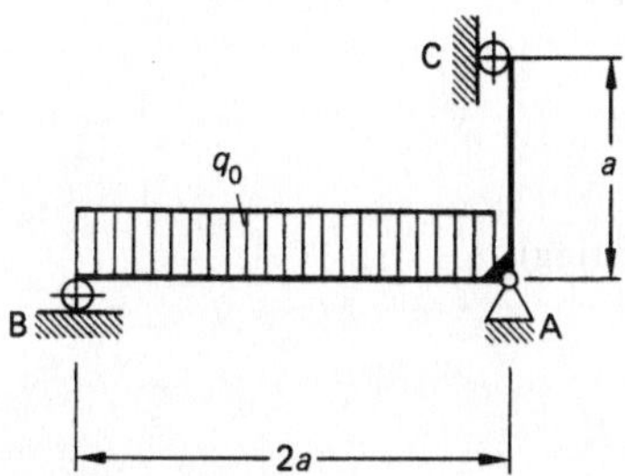

Bild 2-326

Lösung:

1.) Das überzählige Lager sei gemäß Bild 2-327 das Lager C.

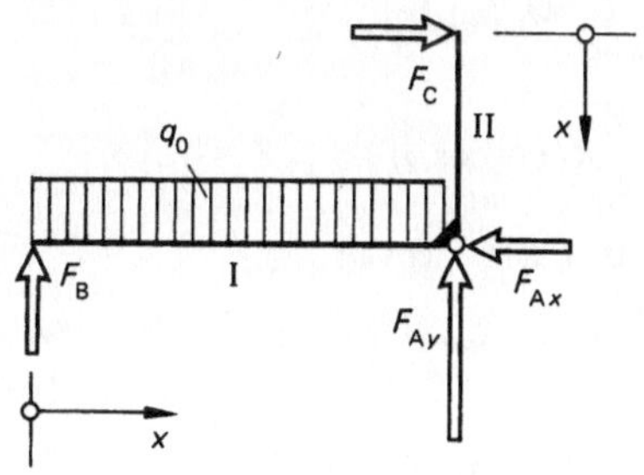

Bild 2-327

Statik:

$$\sum M_A = 0$$

$$0 = q_0\, 2a^2 - F_C\, a - F_B\, 2a$$

$$F_B = q_0\, a - \frac{1}{2} F_C$$

Bereich I:

$$M_b(x) = F_B\, x - \frac{q_0\, x^2}{2}$$

$$M_b^2(\varphi) = F_B^2\, x^2 - q_0 F_B\, x^3 + \frac{q_0^2\, x^4}{4}$$

$$U_{\mathrm{Bgg\,I}} = \frac{1}{2EI_a}\left[F_B^2 \left.\frac{x^3}{3}\right|_0^{2a} - q_0 F_B \left.\frac{x^4}{4}\right|_0^{2a} + \frac{q_0^2}{4}\left.\frac{x^5}{5}\right|_0^{2a} \right]$$

$$U_{\mathrm{Bgg\,I}} = \frac{1}{2EI_a}\left[\frac{8a^3 F_B^2}{3} - 4a^4 q_0 F_B + \frac{8a^5 q_0^2}{5} \right]$$

Bereich II:

$$M_b(x) = F_C\, x$$

$$U_{\mathrm{Bgg\,II}} = \frac{1}{2EI_a} \int_{x=0}^{a} M_b^2(x)\, dx$$

$$U_{\mathrm{Bgg\,II}} = \frac{1}{2EI_a} F_C^2 \left.\frac{x^3}{3}\right|_0^a = \frac{F_C^2\, a^3}{6EI_a}$$

MENABREA:

$$\frac{\partial U}{\partial F_C} = 0$$

$$0 = \frac{\partial U_I}{\partial F_C} + \frac{\partial U_{II}}{\partial F_C}$$

$$0 = \frac{\partial U_I}{\partial F_B}\frac{\partial F_B}{\partial F_C} + \frac{\partial U_{II}}{\partial F_C} \quad \text{mit} \quad \frac{\partial F_B}{\partial F_C} = -\frac{1}{2}$$

$$0 = \frac{1}{2EI_a}\left[\frac{16a^3 F_B}{3} - 4a^4 q_0 + 0 \right]\left(-\frac{1}{2}\right) + \frac{F_C\, a^3}{3EI_a}$$

$$0 = \frac{-4a^3}{3}\left(q_0\, a - \frac{F_C}{2} \right) + a^4 q_0 + \frac{F_C\, a^3}{3}$$

$$0 = -\frac{1}{3} q_0\, a + F_C$$

Ergebnis:

$$F_C = \frac{1}{3} q_0\, a$$

2.) Das überzählige Lager sei gemäß Bild 2-328 das Lager B.

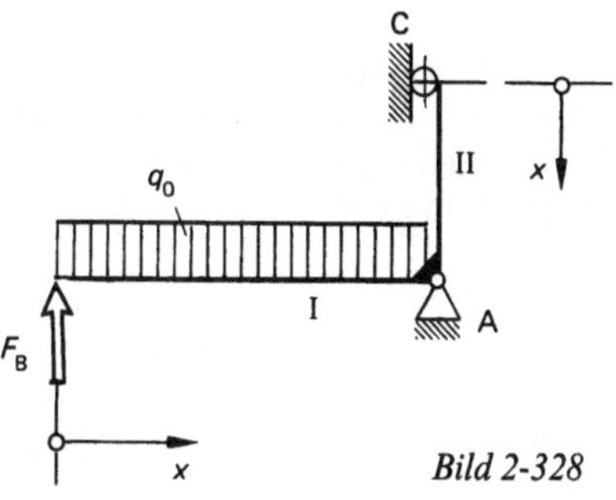

Bild 2-328

Statik:

$$\sum M_A = 0$$

$$0 = q_0\, 2a^2 - F_B\, 2a - F_C\, a$$

$$F_C = 2(q_0\, a - F_B)$$

Bereich I:
(siehe Lösung 1.))

$$U_{\text{Bgg I}} = \frac{1}{2 E I_a} \left[\frac{8}{3} F_B^2 a^3 - 4 a^4 q_0 F_B + \frac{8}{5} q_0^2 a^5 \right]$$

Bereich II:

$$U_{\text{Bgg II}} = \frac{F_C^2 a^3}{6 E I_a} \quad \text{mit} \quad F_C = 2(q_0 a - F_B)$$

$$0 = \frac{\partial U}{\partial F_B}$$

$$0 = \frac{\partial U_I}{\partial F_B} + \frac{\partial U_{II}}{\partial F_C} \frac{\partial F_C}{\partial F_B}$$

$$\frac{\partial F_C}{\partial F_B} = -2$$

$$0 = \frac{1}{2 E I_a} \left[\frac{16}{3} F_B a^3 - 4 a^4 q_0 + 0 \right] + \frac{F_C a^3}{3 E I_a} (-2)$$

$$0 = \frac{8}{3} F_B - 2 a q_0 - \frac{2}{3} 2(q_0 a - F_B) = 4 F_B - \frac{10}{3} q_0 a$$

Daraus das Ergebnis:

$$F_B = \frac{5}{6} q_0 a$$

Die Probe in Form einer statischen Gleichgewichtsgleichung, z. B. $\sum M_A = 0$, bestätigt die Richtigkeit:

$$0 = 2 a^2 q_0 - F_B 2 a - F_C a$$

$$0 = 2 a^2 q_0 - \frac{5}{6} q_0 a 2 a - \frac{1}{3} q_0 a a$$

Übung 2-50

Ein Ring konstanter Dicke (also konstanter Biegesteifigkeit $E I_a$) flacht sich unter der Last F ab, Bild 2-329. Es ist die Abplattung f zu berechnen. Dabei sollen nur Biegespannungen Berücksichtigung finden.

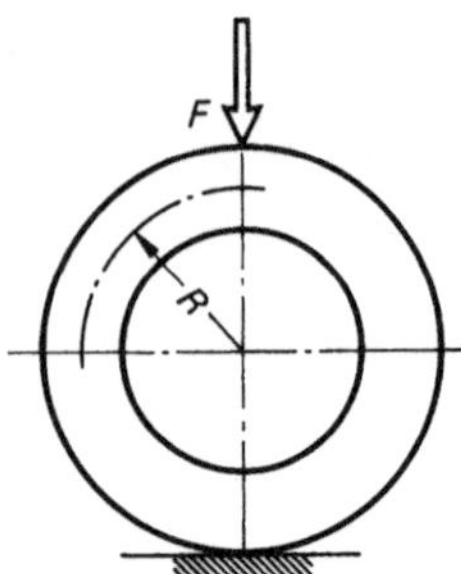

Bild 2-329

Lösung:

Aufgrund der Symmetrien wird $\frac{1}{4} U_{\text{Bgg}}$ berechnet, Bild 2-330.

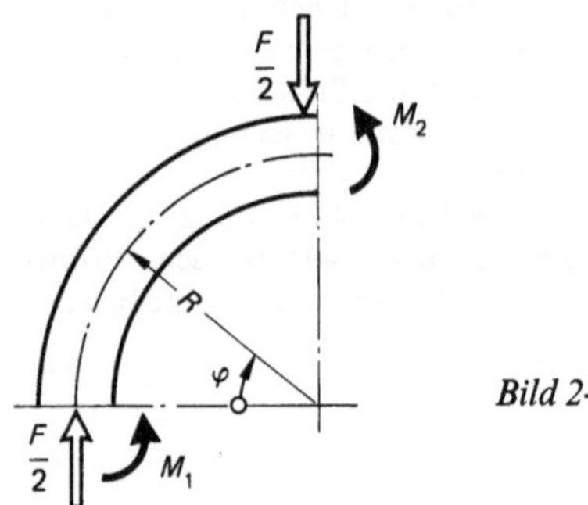

Bild 2-330

Statik (Vierteilkreisring):

$$\sum M = 0$$

$$0 = M_1 + M_2 - \frac{F}{2} R$$

M_1 und M_2 sind innerlich statisch unbestimmte Größen. Nach MENABREA stellen sie sich derart ein, daß die Formänderungsenergie minimal wird:

$$\frac{1}{4} U_{\text{Bgg}} = \frac{R}{2 E I_a} \int\limits_{\varphi=0}^{\varphi=\pi/2} M_b^2(\varphi) \, d\varphi$$

$$M_b(\varphi) = M_1 - \frac{F}{2} R (1 - \cos\varphi)$$

$$M_b^2(\varphi) = M_1^2 - M_1 F R (1 - \cos\varphi) + \frac{F^2 R^2}{4} (1 - \cos\varphi)^2$$

$$U_{\text{Bgg}} = \frac{2R}{E I_a} \left[M_1^2 \, |\varphi|_0^{\pi/2} - M_1 F R \, |\varphi|_0^{\pi/2} \right.$$
$$+ M_1 F R \, |\sin\varphi|_0^{\pi/2} + \frac{F^2 R^2}{4} \, |\varphi|_0^{\pi/2}$$
$$- \frac{F^2 R^2}{2} \, |\sin\varphi|_0^{\pi/2}$$
$$\left. + \frac{F^2 R^2}{4} \left| \frac{\varphi}{2} + \frac{\sin(2\varphi)}{4} \right|_0^{\pi/2} \right]$$

$$U_{\text{Bgg}} = \frac{2R}{E I_a} \left[\frac{M_1^2 \pi}{2} - \frac{M_1 F R \pi}{2} + M_1 F R + \frac{F^2 R^2 \pi}{8} \right.$$
$$\left. - \frac{F^2 R^2}{2} + \frac{F^2 R^2 \pi}{16} \right]$$

MENABREA:

$$\frac{\partial U}{\partial M_1} = 0$$

$$0 = \frac{2R}{EI_a}\left[M_1\pi - \frac{FR\pi}{2} + FR\right]$$

$$M_1 = \frac{1}{\pi}FR\left(\frac{\pi}{2} - 1\right)$$

$$M_1 = FR\left(\frac{1}{2} - \frac{1}{\pi}\right)$$

Aus dem statischen Ansatz folgt M_2:

$$M_2 = \frac{FR}{2} - M_1$$

$$M_2 = \frac{FR}{2} - FR\left(\frac{1}{2} - \frac{1}{\pi}\right)$$

$$M_2 = \frac{FR}{\pi} > M_1$$

Jetzt kann die Formänderungsenergiefunktion U_{Bgg} beschrieben werden. Die gesuchte Abflachung des Ringes ergibt sich dann nach CASTIGLIANO aus $f = \partial U/\partial F$.

$$U_{\text{Bgg}} = \frac{2R}{EI_a}\left[\frac{\pi}{2}F^2R^2\left(\frac{1}{2} - \frac{1}{\pi}\right)^2 - \frac{FR\pi}{2}FR\left(\frac{1}{2} - \frac{1}{\pi}\right)\right.$$
$$\left. + FRFR\left(\frac{1}{2} - \frac{1}{\pi}\right) + F^2R^2\left(\frac{3\pi}{16} - \frac{1}{2}\right)\right]$$

$$f = \frac{\partial U}{\partial F} = \frac{2R}{EI_a}\left[FR^2\pi\left(\frac{1}{2} - \frac{1}{\pi}\right)^2 - FR^2\pi\left(\frac{1}{2} - \frac{1}{\pi}\right)\right.$$
$$\left. + 2FR^2\left(\frac{1}{2} - \frac{1}{\pi}\right) + 2FR^2\left(\frac{3\pi}{16} - \frac{1}{2}\right)\right]$$

$$f = \frac{2R}{EI_a}\left[\frac{\pi}{4} - 1 + \frac{1}{\pi} - \frac{\pi}{2} + 1 + 1 - \frac{2}{\pi} + \frac{3\pi}{8} - 1\right]FR^2$$

$$f = \frac{2R}{EI_a}\left(\frac{\pi}{8} - \frac{1}{\pi}\right)FR^2$$

Ergebnis:

$$f = \frac{FR^3}{EI_a}\left(\frac{\pi}{4} - \frac{2}{\pi}\right)$$

3. Dynamik

3.1. Kinematik

Nachdem in den vorhergehenden Abschnitten die Statik, die Elastizitätslehre sowie die Festigkeitslehre beschrieben wurden, behandeln die folgenden Abschnitte Probleme der Dynamik, also der Kinematik und Kinetik. In der Statik und Elastizitätslehre befaßt man sich mit dem Körper im Gleichgewichtszustand. In der Statik betrachtet man jene Kräfte und Momente, die diesen Gleichgewichtszustand garantieren. Die Elastizitätslehre hat die elastischen Deformationen des an der Umgebung unbeweglich befestigten Körpers zum Inhalt. Kinematik und Kinetik nun beschäftigen sich mit dem ungleichgewichtigen Zustand des Körpers, mit dem bewegten Körper. Das NEWTONsche Axiom, nach dem Kräfte die Ursache für Bewegungsänderungen sind, lehrt uns, daß immer dann, wenn Ungleichgewicht herrscht, also eine resultierende Kraft oder ein resultierendes Moment gegeben ist, eine ungleichförmige Bewegung, also eine beschleunigte Bewegung des Körpers zu erwarten ist. Die unbeschleunigte Bewegung war als Sonderfall des Gleichgewichts angesprochen: bei gleichförmigen Bewegungen (konstante Geschwindigkeit oder konstante Drehzahl) liegt Gleichgewicht der Kräfte bzw. der Momente vor.

Während die Kinetik sich der Frage widmet, welche Kräfte oder Momente zu einer bestimmten Bewegung führen oder auch welche Bewegungen sich einstellen, wenn bestimmte Kräfte oder Momente einwirken, beschäftigt sich die Kinematik als Bewegungslehre ausschließlich mit der Beschreibung der Bewegung, ohne dabei die Kräfte und Momente in die Überlegungen einzubeziehen; es wird die Bewegung des Körpers an sich beschrieben, also seine Bahn, die Gesetze von Weg, Geschwindigkeit, Beschleunigung und die Beziehungen dieser Gesetze untereinander.

Kinematik des Punktes

Der betrachtete Punkt bewege sich auf einer Bahn im Raum. Definieren wir dabei als Bahn die Gesamtheit aller Orte, die der Punkt bzw. die Spitze des zum Punkt führenden Ortsvektors nacheinander während der Bewegung einnimmt, Bild 3-1.

Der Ortsvektor ist bei der Bewegung des Punktes auf der Bahn zeitabhängig. Darstellung des Ortsvektors in Komponentenschreibweise:

$$\overline{r(t)} = \begin{Bmatrix} x(t) \\ y(t) \\ z(t) \end{Bmatrix}$$

Ist die Bahn des Punktes bekannt, z.B. als Kreisbahn, Gerade, mathematisch beschreibbare Führungsbahn, so kann die Lage des Punktes auf der Bahn durch eine einzige Koordinate s beschrieben werden. Dabei ist die Definition einer Nullmarke und des Vorzeichens erforderlich, Bild 3-2 (skalare Kinematik).

Die kinematischen Größen Geschwindigkeit und Beschleunigung sind wie folgt definiert: Geschwindigkeit ist die zeitliche Änderung des Wegs, Beschleunigung ist die zeitliche Änderung der Geschwindigkeit. Die physikalische

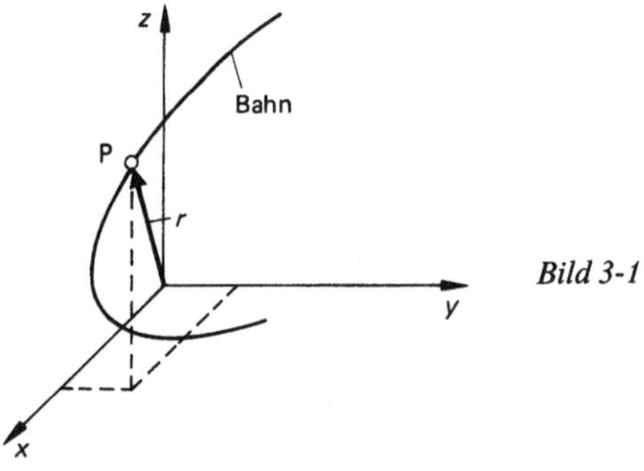

Bild 3-1

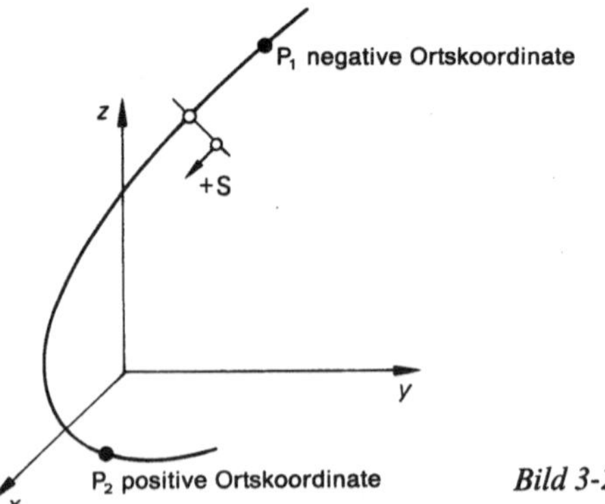

Bild 3-2

Einheit der Geschwindigkeit ist also m/s, die der Beschleunigung m/s^2:

v Geschwindigkeit
a Beschleunigung

Bezieht sich die genannte Änderung auf ein endliches Zeitintervall, so können wir nur von mittlerer Geschwindigkeit und von mittlerer Beschleunigung sprechen:

$$v_\mathrm{m} = \frac{\Delta s}{\Delta t}$$

$$a_\mathrm{m} = \frac{\Delta v}{\Delta t}$$

Geschwindigkeit und Beschleunigung zu einem Zeitpunkt t, d.h. im unendlich kleinen Zeitintervall als Weg- bzw. Geschwindigkeitsänderung verstanden, sind die Grenzwerte der Differenzenquotienten, mithin also die Differentialquotienten:

$$v(t) = \lim_{\Delta t \to 0} \frac{\Delta s}{\Delta t} = \frac{\mathrm{d}s}{\mathrm{d}t} = \dot{s}(t)$$

$$a(t) = \lim_{\Delta t \to 0} \frac{\Delta v}{\Delta t} = \frac{\mathrm{d}v}{\mathrm{d}t} = \dot{v}(t) = \ddot{s}(t) = \frac{\mathrm{d}^2 s}{\mathrm{d}t^2}$$

Die Geschwindigkeit ist die erste zeitliche Ableitung des Weg-Zeit-Gesetzes, die Beschleunigung ist die zweite zeitliche Ableitung des Weg-Zeit-Gesetzes oder die erste zeitliche Ableitung des Geschwindigkeits-Zeit-Gesetzes. Umgekehrt gewinnt man durch Integration über dt aus dem Beschleunigungs-Zeit-Gesetz das $v(t)$-Gesetz und aus der Integration des Geschwindigkeits-Zeit-Gesetzes das $s(t)$-Gesetz.

In Bild 3-3 sind verschiedene Bewegungsarten aufgezeigt. Dabei stellen die gleichförmige Be-

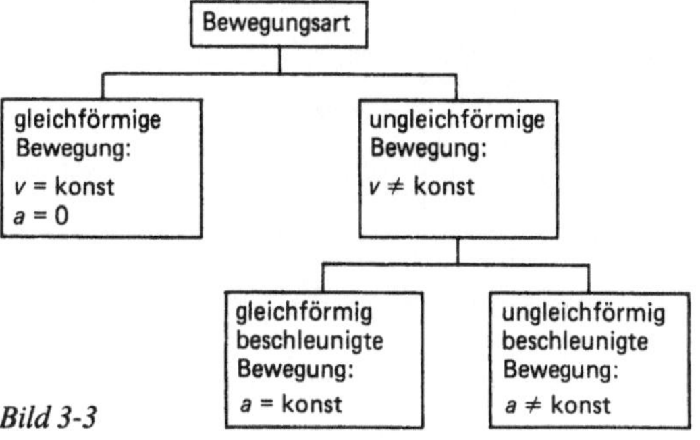

Bild 3-3

wegung und die gleichförmig beschleunigte Bewegung Sonderfälle dar; die ungleichförmig beschleunigte Bewegung ist der allgemeine Bewegungsfall.

Gleichförmige Bewegung

Der Punkt legt in gleichen Zeiten gleiche Wege zurück. Die Geschwindigkeit ist konstant, die Bahnbeschleunigung ist null. Bauen wir die drei Diagramme der kinematischen Größen im folgenden stets so auf, daß die $v(t)$-Funktion unter der $s(t)$-Funktion liegt und daß die $a(t)$-Funktion wiederum unter der $v(t)$-Funktion liegt, so erkennen wir, daß die Ableitung der Funktion stets unter der zugehörigen Stammfunktion liegt. Bei diesem Aufbau wird „von oben nach unten" differenziert, „von unten nach oben" integriert. Geometrische Deutung: mit Kenntnis einer der Funktionen ist das Steigungsverhalten der darüberstehenden Funktion bereits bekannt. Hier bei der gleichförmigen Bewegung zeigt v = konst, daß die Steigung der $s(t)$-Funktion konstant ist; die Steigung der $v(t)$-Funktion ist null, also sind die Ableitungen null: $a = 0$, Bild 3-4.

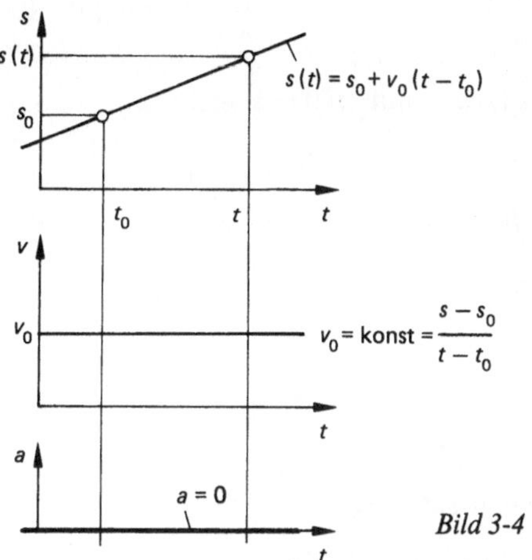

Bild 3-4

Die $s(t)$-Funktion soll auch aus Integration der $v(t)$-Funktion gewonnen werden, die $a(t)$-Funktion durch Differentiation der $v(t)$-Funktion nach t:

$$s(t) = \int v(t)\,\mathrm{d}t \quad \text{mit } v(t) = \text{konst} = v_0$$
$$s(t) = v_0 \int \mathrm{d}t = v_0\, t + C$$

Ermittlung der Integrationskonstanten mit der Randbedingung:

$$s(t = t_0) = s_0$$
$$s_0 = v_0 t_0 + C$$

Daraus:

$$C = s_0 - v_0 t_0$$

Somit das $s(t)$-Gesetz:

$$s(t) = v_0 t + s_0 - v_0 t_0 = s_0 + v_0(t - t_0)$$
$$a(t) = \frac{dv(t)}{dt} = \frac{d}{dt} v_0 = 0$$

(Ableitung einer Konstanten ist null)

Gleichförmig beschleunigte Bewegung

Kennzeichen der gleichförmig beschleunigten Bewegung ist die Konstanz der Beschleunigung $a = $ konst; das Beschleunigungs-Zeit-Gesetz ist als Konstante ein t^0-Gesetz. Das $v(t)$-Gesetz wird also ein t^1-Gesetz sein, das $s(t)$-Gesetz ein t^2-Gesetz (bei der Integration einer Potenz-Funktion wächst die Potenz jeweils um 1).

$v(t)$-Gesetz:

$$v(t) = \int a(t)\, dt \quad \text{mit } a(t) = \text{konst} = a_0$$
$$v(t) = a_0 \int dt = a_0 t + C_1$$

Randbedingung: $v(t = t_0) = v_0$

$$v_0 = a_0 t_0 + C_1$$

Daraus:

$$C_1 = v_0 - a_0 t_0$$

Somit das $v(t)$-Gesetz:

$$v(t) = a_0 t + v_0 - a_0 t_0 = v_0 + a_0(t - t_0)$$

$s(t)$-Gesetz:

$$s(t) = \int v(t)\, dt$$
$$s(t) = v_0 \int dt + a_0 \int t\, dt - a_0 t_0 \int dt$$
$$s(t) = v_0 t + a_0 \frac{t^2}{2} - a_0 t_0 t + C_2$$

Randbedingung: $s(t = t_0) = s_0$

$$s_0 = v_0 t_0 + a_0 \frac{t_0^2}{2} - a_0 t_0^2 + C_2$$

Daraus:

$$C_2 = s_0 - v_0 t_0 + \frac{a_0 t_0^2}{2}$$

Somit das $s(t)$-Gesetz:

$$s(t) = v_0 t + a_0 \frac{t^2}{2} - a_0 t_0 t + s_0 - v_0 t_0 + \frac{a_0 t_0^2}{2}$$
$$s(t) = s_0 + v_0(t - t_0) + \frac{a_0}{2}(t - t_0)^2$$

Häufig ist es in der Kinematik günstig, das Integral geometrisch zu deuten als Fläche unter der zu integrierenden Funktion. Die Fläche unter der Funktion ist gleich dem Unterschied der Funktionswerte der Stammfunktion, also im Gebäude der Kinematikfunktionen darüberstehenden Zeitfunktion, Bild 3-5.

Häufig liegen Bewegungen vor, die den folgenden Randbedingungen genügen: $s_0 = 0$, $v_0 = 0$, $t_0 = 0$.

Für diesen Sonderfall beschreiben die Funktionen in Bild 3-6 die Beziehungen zwischen den Kinematik-Größen.

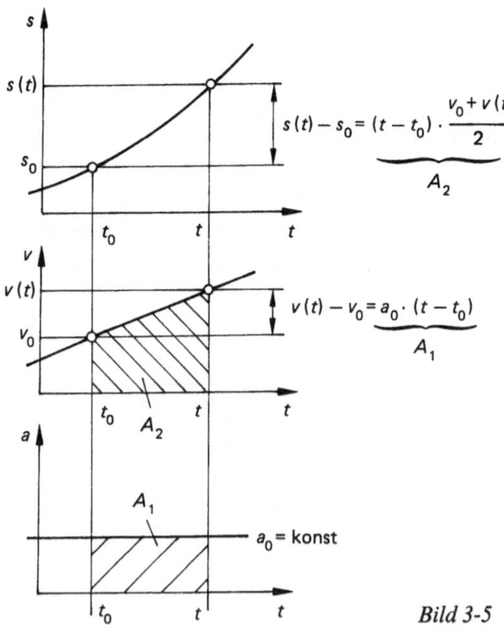

Bild 3-5

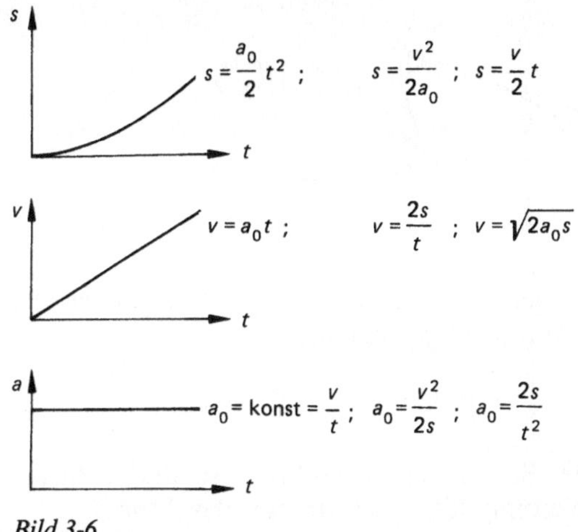

Bild 3-6

Eine Auswertung der Fläche unter der $v(t)$-Funktion oder der $a(t)$-Funktion ist dann nicht möglich, wenn die Fläche nicht geradlinig begrenzt ist. In solchen Fällen muß integriert werden. Dies ist immer dann der Fall, wenn die ungleichförmig beschleunigte Bewegung vorliegt (Ausnahme: $a(t) = t^1$-Gesetz).

Ungleichförmig beschleunigte Bewegung

Beispiel:

$$a(t) = k t^2$$

Randbedingungen:

$$v(t=0) = 0$$
$$s(t=0) = 0$$
$$v(t) = \int a(t)\,\mathrm{d}t = k\frac{t^3}{3} + C_1$$

1. Randbedingung: $v(t=0) = 0$

$$0 = 0 + C_1$$
$$C_1 = 0$$
$$s(t) = \int v(t)\,\mathrm{d}t = \frac{k}{3}\frac{t^4}{4} + C_2$$

2. Randbedingung: $s(t=0) = 0$

$$0 = 0 + C_2$$
$$C_2 = 0$$

Endgültig:

$$v(t) = \frac{k}{3}\,t^3$$

$$s(t) = \frac{k}{12}\,t^4$$

Allgemeine Bewegung

Sofern sich der Körper geführt bewegt (z. B. Stößel/Führung, Fahrzeug/Schiene, Kulissenstein/Führungsbahn), kann die Geschwindigkeit als quasi skalare Größe aufgefaßt werden. Mit Vorgabe einer positiven Richtung für Weg, Geschwindigkeit und Beschleunigung ist mit Betrag und Vorzeichen der jeweiligen Größe die Bewegung des Punktes vollständig beschrieben. Ist der Punkt nicht geführt, kann er also eine allgemeine Bewegung im Raum oder in der Ebene ausführen, so müssen die kinematischen Größen als Vektoren betrachtet werden (Vektorkinematik).

Vektordifferenz:

$$\overline{v_1} + \overline{\Delta v} = \overline{v_2}$$

$\overline{v_2}$ = Resultierendenvektor, Bild 3-7.

$$\overline{\Delta v} = \overline{v_2} - \overline{v_1}$$

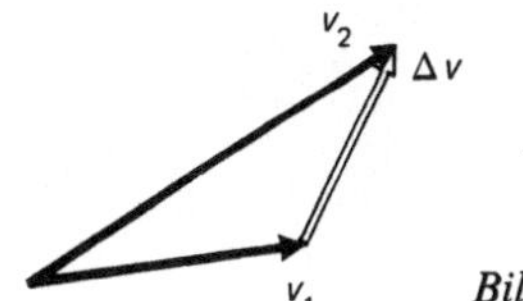

Der Differenzenvektor führt von der $\overline{v_1}$-Spitze hin zur $\overline{v_2}$-Vektorspitze.

Bahn im Raum:

Verfolgen wir einen Punkt auf seiner Bahn im Raum gemäß Bild 3-8 und markieren zwei auf der Bahn benachbarte Punkte. Der Ortsvektor erfährt eine Änderung $\overline{\Delta r}$.

Ortsvektor in Komponentenschreibweise:

$$\overline{r(t)} = \left\{ \begin{array}{c} \overline{x(t)} \\ \overline{y(t)} \\ \overline{z(t)} \end{array} \right\}$$

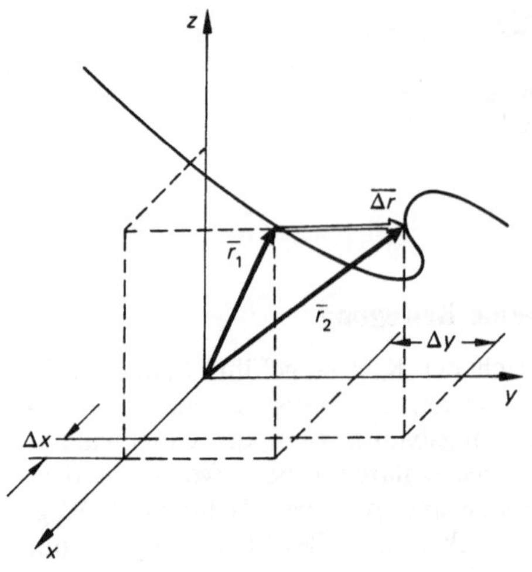

Bild 3-8

Der Differenzenvektor der Ortsvektoren zweier benachbarter Punkte lautet dann:

$$\overline{\Delta r} = \left\{ \begin{array}{c} \overline{\Delta x} \\ \overline{\Delta y} \\ \overline{\Delta z} \end{array} \right\}$$

Liegen die beiden Bahnpunkte dicht beieinander, so geht im Grenzübergang der Differenzenvektor über in den Differentialvektor:

$$\lim_{\Delta t \to 0} \overline{\Delta r} = \overline{\mathrm{d}s}$$

Es galt:

$$v(t) = \frac{\mathrm{d}}{\mathrm{d}t} s(t) = \lim_{\Delta t \to 0} \frac{\Delta r}{\Delta t}$$

$$\bar{v} = \frac{\mathrm{d}\bar{s}}{\mathrm{d}t} = \dot{s} = \left\{ \begin{array}{c} \mathrm{d}x/\mathrm{d}t \\ \mathrm{d}y/\mathrm{d}t \\ \mathrm{d}z/\mathrm{d}t \end{array} \right\} = \left\{ \begin{array}{c} \dot{x}(t) \\ \dot{y}(t) \\ \dot{z}(t) \end{array} \right\}$$

$$\bar{v} = \left\{ \begin{array}{c} v_x(t) \\ v_y(t) \\ v_z(t) \end{array} \right\}$$

Der Geschwindigkeitsvektor ist die zeitliche Ableitung des Ortsvektors, er liegt tangential zur Bahn. Der Ortsvektor wird differenziert, indem seine Komponenten differenziert werden, Bild 3-9.

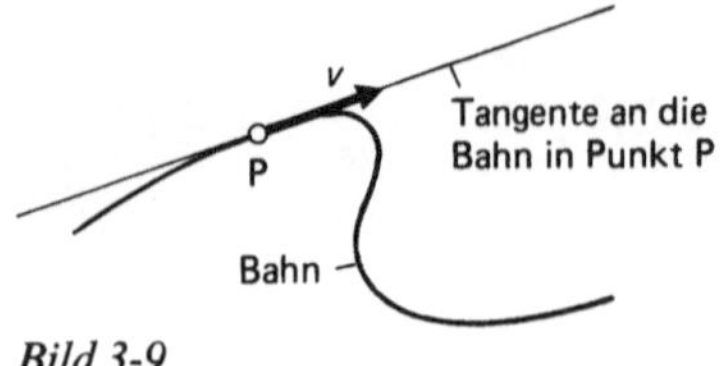

Bild 3-9

Der Betrag der Geschwindigkeit folgt über die PYTHAGORAS-Beziehung zu

$$|\bar{v}| = \sqrt{|v_x|^2 + |v_y|^2 + |v_z|^2}.$$

Der Beschleunigungsvektor ist die zeitliche Ableitung des Geschwindigkeitsvektors.

Wir haben die Beschleunigung definiert als die zeitliche Änderung der Geschwindigkeit. Nun bedeutet die Änderung eines Vektors, daß sich sowohl sein Betrag als auch seine Richtung ändern können. Ändert sich nur der Geschwindigkeitsbetrag, so bewegt sich der Punkt auf einer geraden Bahn, dies ist ein Sonderfall; ändert sich nur die Richtung, so bedeutet dies, daß sich der Punkt mit konstanter Bahngeschwindigkeit auf einer nicht geraden Bahn bewegt. Im allgemeinen ändert sich sowohl der Geschwindigkeitsbetrag als auch die Richtung, wie Bild 3-10 zeigt (Darstellung in der Ebene).

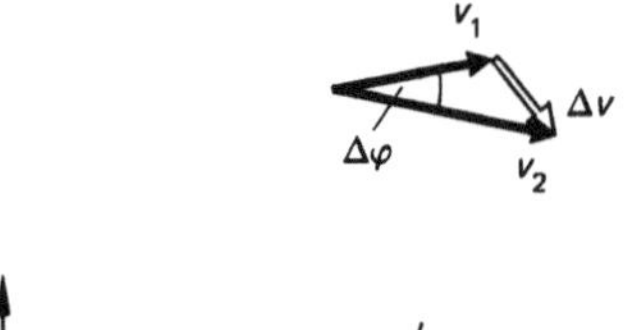

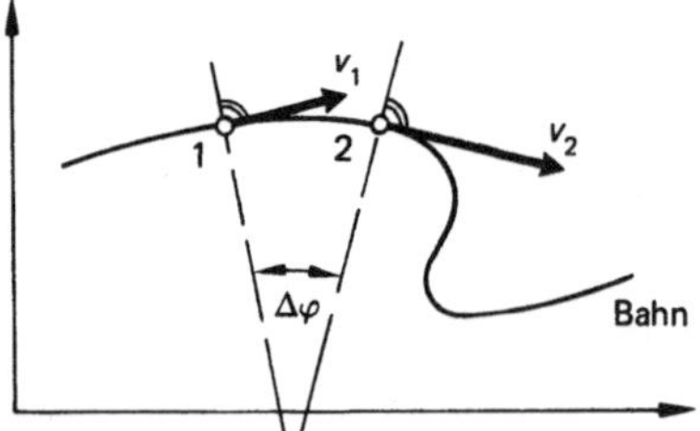

Bild 3-10

Für $\Delta t \to 0$ wird $\Delta\varphi \to \mathrm{d}\varphi$, d. h. $\Delta v \to \mathrm{d}v$.

Beschleunigungsvektor:

$$\overline{a(t)} = \frac{\overline{\mathrm{d}v(t)}}{\mathrm{d}t} = \lim_{\Delta t \to 0} \frac{\overline{\Delta v}}{\Delta t}$$

Beschleunigungsvektor in Komponentenschreibweise:

$$v = \left\{ \begin{array}{c} v_x \\ v_y \\ v_z \end{array} \right\} \qquad \frac{\Delta v}{\Delta t} = \left\{ \begin{array}{c} \dfrac{\Delta v_x}{\Delta t} \\[2mm] \dfrac{\Delta v_y}{\Delta t} \\[2mm] \dfrac{\Delta v_z}{\Delta t} \end{array} \right\}$$

Der Beschleunigungsvektor ist die erste zeitliche Ableitung des Geschwindigkeitsvektors oder die zweite zeitliche Ableitung des Ortsvektors. Vektoren werden differenziert, indem die Komponenten einzeln differenziert werden:

$$a = \left\{ \begin{array}{c} \dfrac{dv_x}{dt} \\[2mm] \dfrac{dv_y}{dt} \\[2mm] \dfrac{dv_z}{dt} \end{array} \right\} = \left\{ \begin{array}{c} \dot{v}_x \\ \dot{v}_y \\ \dot{v}_z \end{array} \right\} = \left\{ \begin{array}{c} \ddot{x} \\ \ddot{y} \\ \ddot{z} \end{array} \right\} = \left\{ \begin{array}{c} a_x \\ a_y \\ a_z \end{array} \right\}$$

Der Betrag der augenblicklichen Beschleunigung folgt über die PYTHAGORAS-Beziehung zu:

$$|a| = \sqrt{|a_x|^2 + |a_y|^2 + |a_z|^2}$$

Ein einfaches Beispiel: die lotrechte Fallbewegung im Schwerefeld der Erde (Luftreibung wird vernachlässigt). Die z-Achse weist nach unten. Es liege keine Anfangsgeschwindigkeit vor: $v(t=0) = 0$; d.h. der Körper wird aus der Ruhelage losgelassen.

Beschleunigungsvektor:

$$a(t) = \left\{ \begin{array}{c} 0 \\ 0 \\ +g \end{array} \right\}$$

Geschwindigkeitsvektor durch Integration:

$$v(t) = \left\{ \begin{array}{c} \int 0\, dt \\ \int 0\, dt \\ \int g\, dt \end{array} \right\} = \left\{ \begin{array}{c} C_{1_x} \\ C_{1_y} \\ g\,t + C_{1_z} \end{array} \right\}$$

1. Randbedingung: v_x stets null $\rightarrow C_{1_x} = 0$
2. Randbedingung: v_y stets null $\rightarrow C_{1_y} = 0$
3. Randbedingung: $v_z(t=0) = 0 \rightarrow C_{1_z} = 0$

Der Geschwindigkeitsvektor ergibt sich also wie folgt:

$$v(t) = \left\{ \begin{array}{c} 0 \\ 0 \\ g\,t \end{array} \right\}$$

Ortsvektor aus Integration des Geschwindigkeitsvektors:

$$r(t) = \left\{ \begin{array}{c} \int 0\, dt \\ \int 0\, dt \\ \int g\,t\, dt \end{array} \right\} = \left\{ \begin{array}{c} C_{2_x} \\ C_{2_y} \\ \frac{1}{2} g\,t^2 + C_{2_z} \end{array} \right\}$$

1. Randbedingung: x stets null $\rightarrow C_{2_x} = 0$
2. Randbedingung: y stets null $\rightarrow C_{2_y} = 0$
3. Randbedingung: $z(t=0) = 0 \rightarrow C_{2_z} = 0$

Der Ortsvektor ist somit:

$$r(t) = \left\{ \begin{array}{c} 0 = x(t) \\ 0 = y(t) \\ \frac{1}{2} g\,t^2 = z(t) \end{array} \right\}$$

Als zweites Beispiel diene der schräge Wurf abwärts in der xy-Ebene gemäß Bild 3-11 mit dem Abwurfwinkel α und der Abstoßgeschwindigkeit v_0.

$$a(t) = \left\{ \begin{array}{c} 0 \\ -g \\ 0 \end{array} \right\}$$

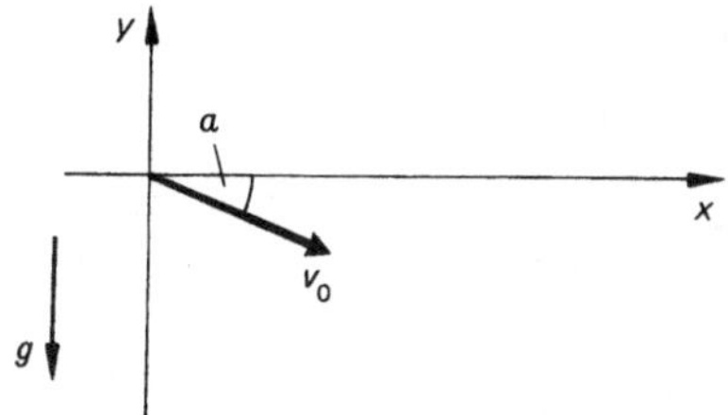

Bild 3-11

Geschwindigkeitsvektor aus Integration des Beschleunigungsvektors:

$$v(t) = \left\{ \begin{array}{c} \int 0\, dt \\ -g \int dt \\ \int 0\, dt \end{array} \right\} = \left\{ \begin{array}{c} C_{1_x} \\ -g\,t + C_{1_y} \\ C_{1_z} \end{array} \right\}$$

1. Randbedingung: $v_x = v_0 \cos\alpha$
(zu allen Zeiten)
d.h.: $C_{1_x} = v_0 \cos\alpha$
2. Randbedingung: $v_y(t=0) = -v_0 \sin\alpha$
d.h.: $C_{1_y} = -v_0 \sin\alpha$
3. Randbedingung: v_z stets null $C_{1_z} = 0$

Somit:

$$\overline{v(t)} = \left\{ \begin{array}{c} +v_0 \cos\alpha = v_x(t) \\ -g\,t - v_0 \sin\alpha = v_y(t) \\ 0 = v_z(t) \end{array} \right\}$$

Ortsvektor aus Integration des Geschwindigkeitsvektors:

$$\overline{r(t)} = \left\{ \begin{array}{c} v_0 \cos\alpha \int dt \\ -g \int t\,dt - v_0 \sin\alpha \int dt \\ \int 0\,dt \end{array} \right\}$$

$$\overline{r(t)} = \left\{ \begin{array}{c} v_0 \cos\alpha\, t + C_{2_x} \\ -v_0 \sin\alpha\, t - \frac{1}{2} g t^2 + C_{2_y} \\ C_{2_z} \end{array} \right\}$$

1. Randbedingung: $x(t=0) = 0 \rightarrow C_{2_x} = 0$
2. Randbedingung: $y(t=0) = 0 \rightarrow C_{2_y} = 0$
3. Randbedingung: z stets null $\rightarrow C_{2_z} = 0$

Somit endgültig der Ortsvektor:

$$r(t) = \left\{ \begin{array}{c} +v_0 \cos\alpha\, t \\ -v_0 \sin\alpha\, t - \frac{1}{2} g t^2 \\ 0 \end{array} \right\}$$

Darstellung der Bahnkurve:

Aus dem Ortsvektor

$$x(t) = v_0 \cos\alpha\, t$$

folgt:

$$t = \frac{x(t)}{v_0 \cos\alpha}$$

Einsetzen in

$$y(t) = -v_0 \sin\alpha\, t - \frac{1}{2} g t^2$$

führt zu:

$$y(t) = -x(t) \tan\alpha - \frac{g}{2 v_0^2 \cos^2\alpha} x(t)^2$$

Somit Funktion der Bahnkurve $y(x)$:

$$y(x) = -\left(x \tan\alpha + \frac{g}{2 v_0^2 \cos^2\alpha} x^2 \right)$$

Die Bahnkurve ist danach eine nach unten offene quadratische Parabel mit negativer Anfangssteigung, Bild 3-12.

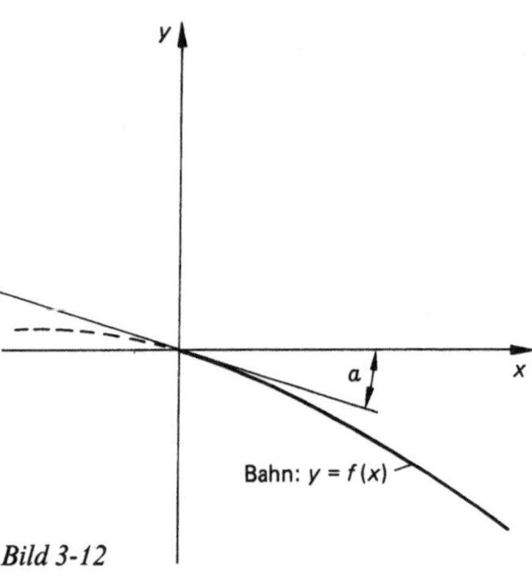

Bild 3-12

Sonderfälle von Bewegungsbahnen sind zweifellos die gerade Bahn und die Kreisbahn; beide spielen im Ingenieurbereich eine wichtige Rolle. Untersuchen wir darum ausführlich die Bewegung auf einer Kreisbahn gemäß Bild 3-13.

Gleichförmige Kreisbewegung:

Bei der gleichförmigen Kreisbewegung werden in gleichen Zeiten gleiche Winkel überstrichen.

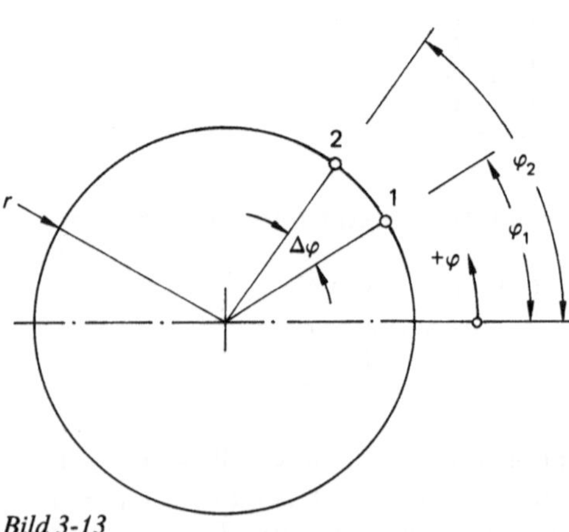

Bild 3-13

Mittlere Winkelgeschwindigkeit im Zeitintervall Δt:

$$\omega_m = \frac{\varphi_2 - \varphi_1}{t_2 - t_1} = \frac{\Delta\varphi}{\Delta t} = \text{konst}$$

Die Größe ω ist die Winkelgeschwindigkeit der Kreisbewegung in der Einheit $1/s$ bzw. s^{-1}. Bei Kreisbewegung ergibt sich die Bahngeschwindigkeit eines Punktes als Produkt aus Winkelgeschwindigkeit und Bahnradius, Bild 3-14.

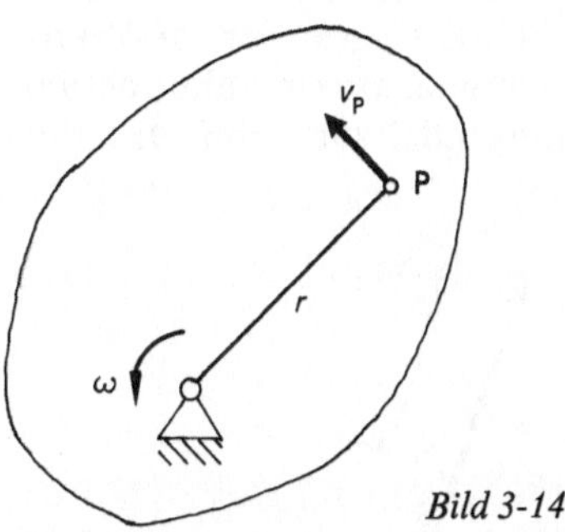

Bild 3-14

Bei gleichförmiger Kreisbewegung ist $\omega_0 = $ konst:

$$\omega_0 = \frac{\varphi}{t} = \frac{v_0}{r}$$

$$\varphi = \omega_0 t = \frac{v_0}{r} t$$

Zeit für einen Umlauf (Umlaufzeit) T:

$$T = \frac{2\pi}{\omega_0}$$

Berechnung der Winkelgeschwindigkeit in $1/s$ aus der Drehzahl in U/min:

$$\omega_0 = \frac{1}{r} \frac{\text{Weg}}{\text{Zeit}} = \frac{1}{r} \frac{2\pi r\, n\,(U/min)}{60\,(s/min)}$$

$$\omega_0 = \frac{2\pi n\,(U/min)}{60\,(s/min)}$$

$$\omega_0\,(1/s) = \frac{\pi n\,(U/min)}{30}$$

Ungleichförmige Kreisbewegung:

Bei der ungleichförmigen Kreisbewegung werden in gleichen Zeitintervallen ungleiche Winkel überstrichen. Die momentane Winkelgeschwindigkeit ergibt sich wieder als Grenzwert des Differenzenquotienten aus Winkeldifferenz und Zeitdifferenz:

$$\omega(t) = \lim_{\Delta t \to 0} \frac{\Delta\varphi}{\Delta t} = \frac{d\varphi}{dt} = \dot{\varphi}$$

Die Winkelgeschwindigkeit ist also die zeitliche Ableitung der Winkel-Zeit-Funktion $\varphi(t)$. Die zeitliche Änderung der Winkelgeschwindigkeit ist ein Maß für die Winkelbeschleunigung; sie ergibt sich beim Grenzübergang vom Differenzenquotienten aus Winkelgeschwindigkeitsdifferenz und Zeitdifferenz zum Differentialquotienten. Die Winkelbeschleunigung ist also die zeitliche Ableitung der Winkelgeschwindigkeit-Zeit-Funktion oder die zweite zeitliche Ableitung der Winkel-Zeit-Funktion:

$$\alpha(t) = \lim_{\Delta t \to 0} \frac{\Delta\omega}{\Delta t} = \frac{d^2\varphi}{dt^2} = \ddot{\varphi} = \dot{\omega}$$

Die Einheit der Winkelbeschleunigung ist $1/s^2$ oder s^{-2}.

Die Gesetze der Translation sind denen der Rotation analog, wie Tabelle 3-1 zeigt. Der Translationsweg entspricht bei der Rotation dem Drehwinkel, der Translationsgeschwindigkeit entspricht bei der Rotation die Winkelgeschwindigkeit, der Translationsbeschleunigung entspricht bei der Rotation die Winkelbeschleunigung. Die Analogie zwischen Translation und Rotation finden wir auch in anderen Gebieten der Mechanik, so bei der Beschreibung der Bewegungsenergien und bei den Gleichgewichtsbedingungen der Statik.

Tabelle 3-1.

Translation	Rotation
$v = \dfrac{ds}{dt} = \dot{s}$	$\omega = \dfrac{d\varphi}{dt} = \dot{\varphi}$
$a = \dfrac{dv}{dt} = \dot{v} = \ddot{s}$	$\alpha = \dfrac{d\omega}{dt} = \dot{\omega} = \ddot{\varphi}$
$s = \int v(t)\,dt$	$\varphi = \int \omega(t)\,dt$
$v = \int a(t)\,dt$	$\omega = \int \alpha(t)\,dt$

Wir sagten zuvor, daß der Geschwindigkeitsvektor sowohl eine betragliche Änderung als auch eine Änderung der Richtung erfahren kann. Insoweit werden wir im folgenden auch unterscheiden nach der Bahnbeschleunigung (diese entspricht der Änderung des Geschwindigkeitsbetrages längs der Bahn) und einer Normalbeschleunigung, sie ist eine Folge der Bahnkrümmung und somit der Tatsache, daß der Geschwindigkeitsvektor seine Richtung auf gekrümmter Bahn ändert.

Normalbeschleunigung auf gekrümmter Bahn:

Betrachten wir die Bewegung auf einer Kreisbahn, gemäß Bild 3-15; die Bahngeschwindigkeit ist konstant ($v = $ konst).

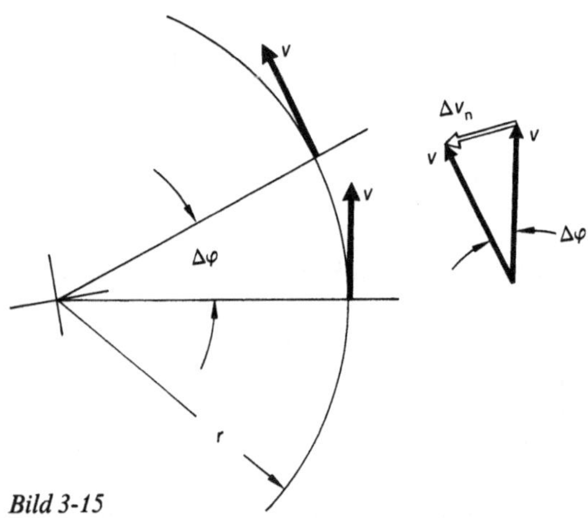

Bild 3-15

Im Grenzübergang, d.h. bei Betrachtung des Geschehens in einem bestimmten Augenblick, rücken die Bahnpunkte unmittelbar zusammen, der Geschwindigkeitsdifferenzenvektor $\overline{\Delta v}$ steht dann senkrecht auf den $\bar{v}$-Vektoren, also auch senkrecht zur Bahntangente. Er weist in Richtung Krümmungsmittelpunkt. Wenn der Geschwindigkeitsänderungsvektor in Richtung auf den Krümmungsmittelpunkt der Bahn gerichtet ist, so ist auch der entsprechende Beschleunigungsvektor so gerichtet. Die Normalbeschleunigung ist stets auf den Krümmungsmittelpunkt der Bahn gerichtet.

Normalbeschleunigung:

$$a_n = \lim_{\Delta t \to 0} \frac{\Delta v_n}{\Delta t} = \lim_{\Delta t \to 0} \frac{v \, \Delta \varphi}{\Delta t} = v \, \dot{\varphi}$$

$$a_n = v \omega = \frac{v^2}{r} = r \omega^2$$

Die Normalbeschleunigung tritt also immer dann auf, wenn der bewegte Körper sich auf nicht gerader Bahn bewegt. Außer an Wendepunkten von gekrümmten Bahnen (hier ist der Krümmungsradius unendlich groß) tritt die Normalbeschleunigung stets bei Bewegung auf gekrümmter Bahn auf, unabhängig davon, ob zugleich eine durch evtl. betragliche Geschwindigkeitsänderung hervorgerufene Bahn- oder Tangentialbeschleunigung hinzutritt.

Bahn- oder Tangentialbeschleunigung:

Hierunter versteht man die zeitliche Änderung des Geschwindigkeitsbetrages; der $\overline{\Delta v}$-Vektor ist in Bewegungsrichtung, also in Bahnrichtung gerichtet, somit tangential zur Bahn: $\overline{\Delta v_t}$, Bild 3-16.

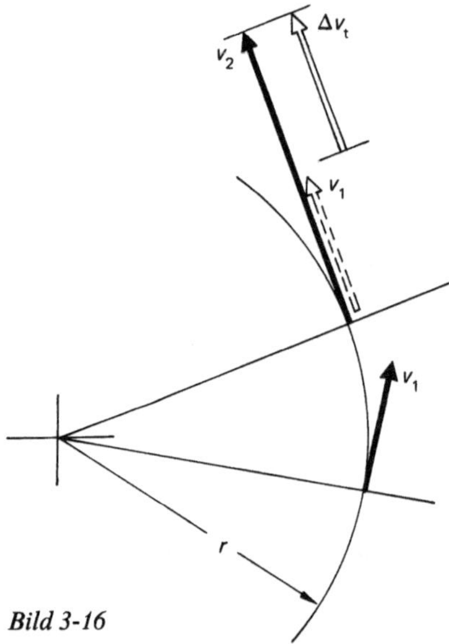

Bild 3-16

Wieder ist der Grenzübergang vom Differenzenquotienten zum Differentialquotienten die Bahnbeschleunigung im Moment t:

$$a_t = \lim_{\Delta t \to 0} \frac{\Delta v_t}{\Delta t} = \frac{d}{dt} v_t(t) \text{ mit } v_t(t) = v(t) = r \, \omega(t)$$

$$a_t(t) = r \frac{d\omega}{dt} = r \, \alpha(t)$$

Sonderfälle:

1.) $\omega = $ konst,   d.h. $\alpha = 0$

$$\alpha_t = 0$$

$$a_n = r \omega^2 = \frac{v^2}{r}$$

2.) geradlinige Bahn:

$$a_t = \frac{dv}{dt}$$

$$a_n = 0$$

(weil unendlich großer Krümmungsradius).

Bei beschleunigter Bewegung auf einer Kreisbahn treten beide Beschleunigungskomponenten gleichzeitig auf; die tatsächliche Beschleunigung des Punktes ist die vektorielle Addition aus Normal- und Bahnbeschleunigung, Bild 3-17.

$$a_n = \frac{v^2}{\varrho}$$

$$a_t = \frac{dv}{dt}$$

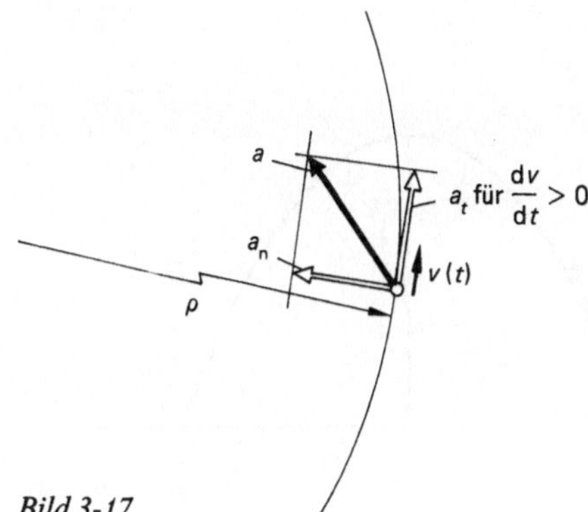

Bild 3-17

Übung 3-1

Ein Rotor dreht anfänglich mit $n_0 = 955 \ \text{min}^{-1}$. Er wird verzögert und erreicht nach $t_1 = 10$ s Stillstand. Wie viele ganze Umdrehungen N hat der Rotor in der Bremszeit t_1 vollführt?

$$\alpha(t) = \frac{\alpha_0}{2}\left(\cos\left(\frac{2\pi}{t_1}t\right) - 1\right)$$

Lösung:

Das gegebene Winkelbeschleunigung-Zeit-Gesetz (weil negativ, Winkelverzögerung) wird dargestellt; gleichzeitig wird der qualitative Verlauf der Zeitfunktionen von Winkelgeschwindigkeit und Winkel aus der Steigungsdiskussion gewonnen, Bild 3-18.

1. Integration zum $\omega(t)$-Gesetz:

$$\omega(t) = \int \alpha(t)\,dt$$

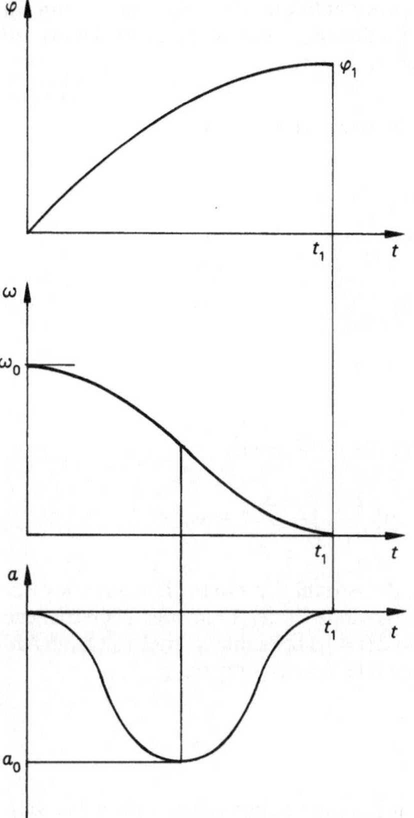

Bild 3-18

$$\omega(t) = \frac{\alpha_0}{2}\int\cos\left(\frac{2\pi}{t_1}t\right)dt - \frac{\alpha_0}{2}\int dt$$

$$\frac{2\pi}{t_1}t = u$$

$$\frac{du}{dt} = \frac{2\pi}{t_1}$$

$$dt = \frac{t_1}{2\pi}du$$

$$\omega(t) = \frac{\alpha_0}{2}\frac{t_1}{2\pi}\int\cos(u)\,du - \frac{\alpha_0}{2}\int dt$$

$$\omega(t) = \frac{\alpha_0 t_1}{4\pi}\sin(u) - \frac{\alpha_0}{2}t + C_1$$

1. Randbedingung: $\omega(t=0) = \omega_0 = \frac{\pi n_0}{30}$

$$\omega_0 = 0 - 0 + C_1$$

$$C_1 = \omega_0$$

Damit das $\omega(t)$-Gesetz:

$$\omega(t) = \frac{\alpha_0 t_1}{4\pi}\sin\left(\frac{2\pi}{t_1}t\right) - \frac{\alpha_0}{2}t + \omega_0$$

Darin ist α_0 noch unbekannt. α_0 ergibt sich, wenn wir die 2. Randbedingung anwenden, die bekannt ist: Stillstand nach $t = t_1$:

2. Randbedingung: $\omega(t = t_1) = 0$

$$0 = \underbrace{\frac{\alpha_0 t_1}{4\pi} \sin\left(\frac{2\pi}{t_1} t_1\right)}_{=0} - \frac{\alpha_0 t_1}{2} + C_1$$

Daraus folgt:

$$\alpha_0 = \frac{2 C_1}{t_1} = \frac{2 \omega_0}{t_1}$$

Damit lautet das $\omega(t)$-Gesetz:

$$\omega(t) = \frac{\omega_0}{2\pi} \sin\left(\frac{2\pi}{t_1} t\right) - \frac{\omega_0}{t_1} t + \omega_0$$

Gesucht ist die Anzahl der ganzen Umläufe des Rotors. Ist der gesamte in der Bremszeit überstrichene Winkel $\varphi_1 = \varphi(t = t_1)$ bekannt, so ergibt sich die Anzahl der Umläufe aus der Beziehung

$$N = \frac{\varphi_1}{2\pi}$$

Bestimmen wir in einer weiteren Integration das $\varphi(t)$-Gesetz:

$$\varphi(t) = \int \omega(t)\, dt$$

$$\varphi(t) = \frac{\omega_0}{2\pi} \frac{t_1}{2\pi} \left(-\cos\left(\frac{2\pi}{t_1} t\right)\right) - \frac{\omega_0}{t_1} \frac{t^2}{2} + \omega_0 t + C_2$$

3. Randbedingung: $\varphi(t = 0) = 0$

Mit anderen Worten: Wir beginnen mit der Winkelzählung zum Zeitpunkt $t = 0$.

$$0 = \frac{-\omega_0 t_1}{4\pi^2}(1) - 0 + 0 + C_2$$

$$C_2 = \frac{\omega_0 t_1}{4\pi^2}$$

Das $\varphi(t)$-Gesetz lautet dann:

$$\varphi(t) = \frac{-\omega_0 t_1}{4\pi^2} \cos\left(\frac{2\pi}{t_1} t\right) - \frac{\omega_0}{2 t_1} t^2 + \omega_0 t + \frac{\omega_0 t_1}{4\pi^2}$$

$$\varphi_1 = \varphi(t = t_1) = \frac{-\omega_0 t_1}{4\pi^2} - \frac{\omega_0 t_1}{2} + \omega_0 t_1 + \frac{\omega_0 t_1}{4\pi^2}$$

$$\varphi_1 = \omega_0 t_1 \left(1 - \frac{1}{2}\right) = \frac{\omega_0 t_1}{2}$$

mit

$$\omega_0 = \frac{\pi n_0}{30} = \frac{\pi\, 955}{30}\, 1/\text{s} = 100\ 1/\text{s}$$

$$\varphi_1 = \frac{100\ 1/\text{s} \cdot 10\,\text{s}}{2} = 500$$

$$N = \frac{\varphi_1}{2\pi} = \frac{500}{2\pi} = 79{,}6 \text{ ganze Umläufe}$$

Übung 3-2

Eine Masse wird nach Bild 3-19 unter dem Winkel α mit der Anfangsgeschwindigkeit v_0 schräg aufwärts geworfen. Zu berechnen ist sowohl die Steighöhe h als auch die Wurfweite w. Dabei ist der Luftwiderstand zu vernachlässigen.

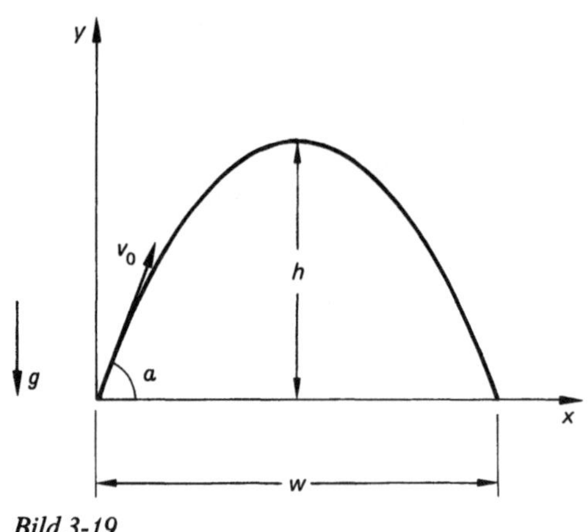

Bild 3-19

Lösung:

Bekannt ist der Beschleunigungsvektor:

$$\overline{a(t)} = \left\{ \begin{array}{c} 0 \\ -g \\ 0 \end{array} \right\}$$

1. Integration zum Geschwindigkeitsvektor:

$$v(t) = \int a(t)\, dt$$

$$\overline{v(t)} = \left\{ \begin{array}{c} C_{1_x} \\ -g\,t + C_{1_y} \\ C_{1_z} \end{array} \right\}$$

1. Randbedingung: $v_x(t = 0) = v_0 \cos\alpha$

2. Randbedingung: $v_y(t = 0) = v_0 \sin\alpha$

3. Randbedingung: $v_z = 0$

daraus:

$$C_{1_x} = v_0 \cos\alpha$$
$$C_{1_y} = v_0 \sin\alpha$$
$$C_{1_z} = 0$$

Endgültig der v-Vektor:

$$\overline{v(t)} = \begin{Bmatrix} v_0 \cos\alpha = v_x(t) \\ -g\,t + v_0 \sin\alpha = v_y(t) \\ 0 = v_z(t) \end{Bmatrix}$$

2. Integration zum Ortsvektor:

$$\overline{r(t)} = \begin{Bmatrix} x(t) \\ y(t) \\ z(t) \end{Bmatrix} = \begin{Bmatrix} v_0 \cos\alpha\, t + C_{2_x} \\ -g\,t^2/2 + v_0 \sin\alpha\, t + C_{2_y} \\ C_{2_z} \end{Bmatrix}$$

Die Randbedingungen

$$x(t=0) = 0$$
$$y(t=0) = 0$$
$$z(t=0) = 0$$

liefern

$$C_{2_x} = 0$$
$$C_{2_y} = 0$$
$$C_{2_z} = 0$$

Zum Zeitpunkt $t = t_A$ (Aufschlagzeit = Flugzeit) ist

$$y(t=t_A) = 0$$

$$0 = -\frac{g}{2}\,t_A^2 + v_0 \sin\alpha\, t_A = t_A\left(v_0 \sin\alpha - \frac{g}{2}\,t_A\right)$$

Daraus:

$$t_A = \frac{2\,v_0 \sin\alpha}{g}$$

Die Wurfweite ergibt sich mit $t = t_A$ aus dem $x(t)$-Gesetz:

$$w = x(t=t_A) = v_0 \cos\alpha\, t_A$$

$$w = \frac{2\,v_0 \sin\alpha}{g}\, v_0 \cos\alpha = \frac{v_0^2}{g} \sin(2\alpha)$$

Größte Wurfweite bei $\alpha = 45°$, dann ist $\sin(2\cdot 45°) = 1$

Am höchsten Bahnpunkt ist $v_y = 0$:

$$0 = -g\,t_h + v_0 \sin\alpha$$

$$t_h = \text{Steigzeit}$$

$$t_h = \frac{v_0 \sin\alpha}{g} = \frac{t_A}{2}$$

Steighöhe h:

$$y(t=t_h) = h = -\frac{g}{2}\,t_h^2 + v_0 \sin\alpha\, t_h$$

$$h = \frac{-g}{2}\,\frac{v_0^2 \sin^2\alpha}{g^2} + v_0 \sin\alpha\,\frac{v_0 \sin\alpha}{g}$$

$$h = \frac{v_0^2 \sin^2\alpha}{2g}$$

Bahnform, Bild 3-20.

$$\left.\begin{aligned} x(t) &= v_0 \cos\alpha\, t \\ y(t) &= -\tfrac{1}{2}g\,t^2 + v_0 \sin\alpha\, t \end{aligned}\right\} \text{ Parameterform}$$

aus $x(t)$ folgt:

$$t = \frac{x}{v_0 \cos\alpha} \quad \text{einsetzen in } y(t)$$

$$y = -\frac{1}{2}\,g\,\frac{x^2}{v_0^2 \cos^2\alpha} + v_0 \sin\alpha\,\frac{x}{v_0 \cos\alpha}$$

$$y = -A\,x^2 + B\,x$$

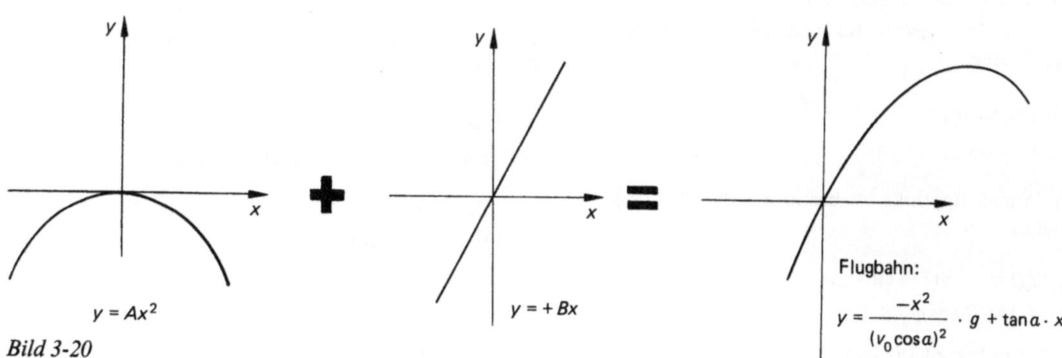

Bild 3-20

Übung 3-3

Ein Körper wird am Fußpunkt A einer halbkreisförmigen glatten Bahn ($\mu = 0$) mit der Startgeschwindigkeit v_A angestoßen. Zu berechnen ist jene Startgeschwindigkeit, bei der der Körper so fliegt, daß er nach dem Flug wieder in A aufschlägt, Bild 3-21.

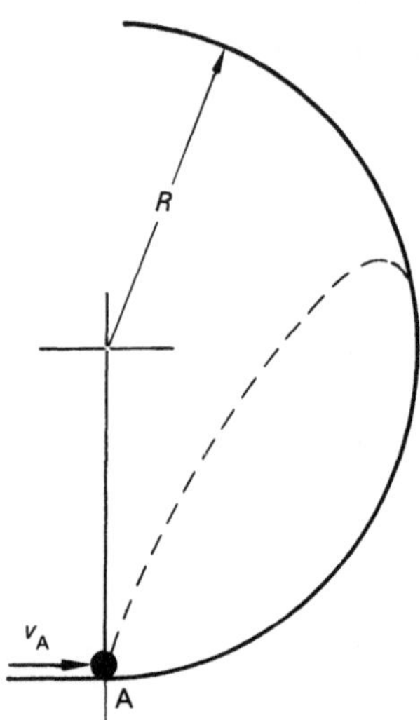

Bild 3-21

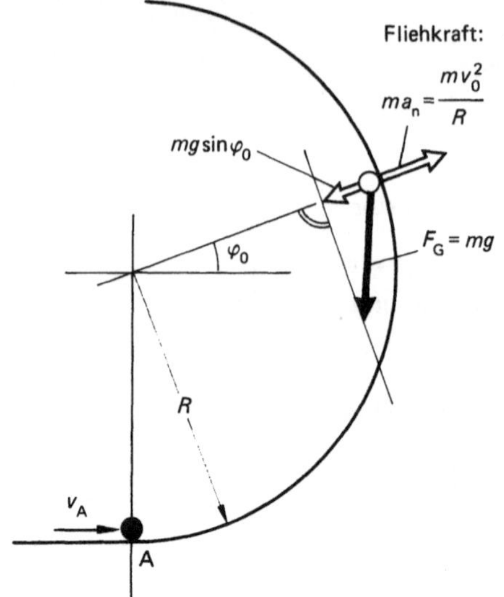

Bild 3-22

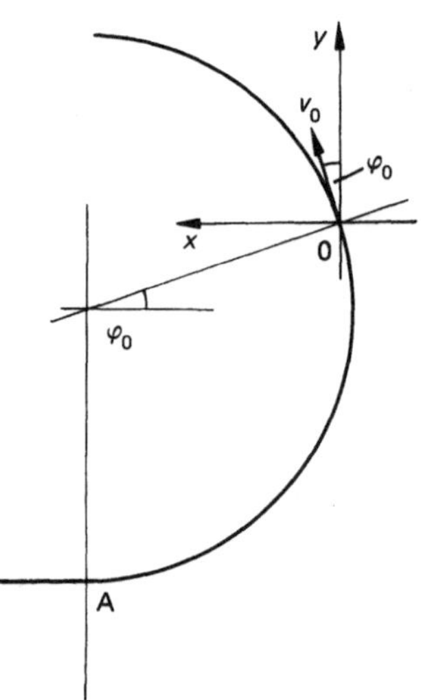

Bild 3-23

Lösung:

Es muß v_A so gewählt werden, daß der Körper an Stelle 0 von der Bahn abhebt und dann im freien Flug den Startpunkt A wieder erreicht. Im Ablösepunkt 0 gilt die Bedingung

$$m g \sin\varphi_0 = \frac{m v_0^2}{R} \tag{1}$$

also das Gleichgewicht von Fliehkraft und der Zentripetalkomponente der Gewichtskraft, Bild 3-22.

Im Ablösepunkt 0 wird das kartesische xy-Koordinatensystem definiert, Bild 3-23.

Die Weg-Zeit-Gesetze für den schrägen Wurf aufwärts lauten:

$$x(t) = v_0 \sin\varphi_0\, t$$
$$y(t) = v_0 \cos\varphi_0\, t - \tfrac{1}{2} g\, t^2$$

Der Aufschlagpunkt A bestimmt die Randbedingungen:

$$y(t=t_A) = -R(1 + \sin\varphi_0)$$
$$x(t=t_A) = R\cos\varphi_0$$

mit $t_A =$ Flugzeit bis zum Aufschlag.

Wendet man diese Randbedingungen auf die Weg-Zeit-Gesetze an, so lauten diese:

$$R\cos\varphi_0 = v_0 \sin\varphi_0\, t_A \tag{2}$$
$$-R(1 + \sin\varphi_0) = v_0 \cos\varphi_0\, t_A - \tfrac{1}{2} g\, t_A^2 \tag{3}$$

Die Gleichungen (1), (2), (3) beinhalten die drei Unbekannten t_A, φ_0, v_0.

Aus (2):

$$t_A = \frac{R\cos\varphi_0}{v_0 \sin\varphi_0}$$

Eingesetzt in (3) lautet diese Gleichung dann:

$$-R(1 + \sin\varphi_0) = \frac{v_0 \cos\varphi_0 \, R \cos\varphi_0}{v_0 \sin\varphi_0} - \frac{g\,R^2 \cos^2\varphi_0}{2v_0^2 \sin^2\varphi_0}$$

$$-1 - \sin\varphi_0 = \frac{\cos^2\varphi_0}{\sin\varphi_0} - \frac{g\,R \cos^2\varphi_0}{2v_0^2 \sin^2\varphi_0}$$

Hierin ist nach (1)

$$\sin\varphi_0 = \frac{v_0^2}{g\,R}$$

Substitution:

$$\sin\varphi_0 = z$$
$$\cos\varphi_0 = \sqrt{1 - z^2}$$

Es folgt:

$$-1 - z = \frac{1 - z^2}{z} - \frac{1 - z^2}{2z^3}$$

$$-z^3 - z^4 = z^2 - z^4 - \frac{1}{2} + \frac{z^2}{2}$$

$$0 = z^3 + \frac{3}{2}z^2 - \frac{1}{2}$$

Lösung:

$$z = \frac{1}{2} = \frac{v_0^2}{g\,R} = \sin\varphi_0$$

$$v_0 = \sqrt{\frac{g\,R}{2}}$$

$$\varphi_0 = \arcsin\frac{1}{2} = 30°$$

$$\cos\varphi_0 = 0{,}866 = \frac{\sqrt{3}}{2}$$

Aus (2) folgt schließlich:

$$t_A = \sqrt{\frac{6\,R}{g}}$$

Energiebilanz zwischen Startpunkt A und Ablösepunkt 0 (s. Abschnitt 3.2.2.):

$$\frac{m\,v_A^2}{2} = m\,g\,(R + R\sin\varphi_0) + \frac{m\,v_0^2}{2}$$

Hieraus folgt mit $\sin\varphi_0 = \frac{1}{2}$ und $v_0^2 = \frac{g\,R}{2}$ das Ergebnis:

$$v_A = \sqrt{\frac{7}{2}\,g\,R}$$

Übung 3-4

Bei einer Bremsverzögerung $a_B =$ konst eines Lkw kommt die Ladung, ein Körper der Masse m, ins Rutschen und prallt nach einem Rutschweg e auf der Ladefläche vor die Trennwand zum Fahrerraum, Bild 3-24. Der Reibkoeffizient der Haftreibung ist μ_0, der Gleitreibungskoeffizient ist μ. Nach welcher Zeit t_A kommt es zum Aufprall der Ladung auf die Trennwand, und mit welcher Relativgeschwindigkeit v_A trifft die Ladung auf?

Bild 3-24

Lösung:

Damit die Ladung ins Rutschen kommt, muß das Fahrzeug eine Mindestverzögerung von $|a_B| > \mu_0\,g$ erfahren, bei mäßigeren Verzögerungen kommt es nicht zum Rutschen der Ladung (s. Abschnitt 3.2.1.). Hier gilt also:

$$a_B < \mu_0\,g$$
$$a_B = \text{konst}$$

Die $s(t)$-, $v(t)$- und $a(t)$-Funktionen der kinematischen Größen Weg, Geschwindigkeit und Beschleunigung für Fahrzeug (durchgezogene Linien) und Ladung (gestrichelte Linien) beziehen sich auf das Absolutsystem Fahrbahn.

Bei Bremsbeginn liege die gemeinsame Geschwindigkeit v_B vor. Als Folge der Fahrzeugverzögerung sinkt in der Rutschzeit t_A die Fahrzeuggeschwindigkeit linear auf v_F. Die Verzögerung der Masse ist mit $(-\mu\,g)$ kleiner als die Fahrzeugverzögerung, so daß die Geschwindigkeit der Ladung in der Rutschzeit t_A nur auf $v_L = v_F + v_A$ sinkt. Die Differenz der in der Zeit t_A zurückgelegten Wege ist gleich dem Rutschweg e, Bild 3-25.

Flächenbetrachtung:

$$A_1 \triangleq t_A\,(a_B - \mu\,g) = v_L - v_F = v_A$$
$$A_2 \triangleq \tfrac{1}{2}\,v_A\,t_A = e$$

$$t_A = \frac{v_A}{a_B - \mu\,g}$$

$$t_A = \frac{2e}{v_A}$$

$$\frac{v_A}{a_B - \mu\,g} = \frac{2e}{v_A}$$

Aufprallgeschwindigkeit:

$$v_A = \sqrt{2\,e\,(a_B - \mu\,g)} \qquad (1)$$

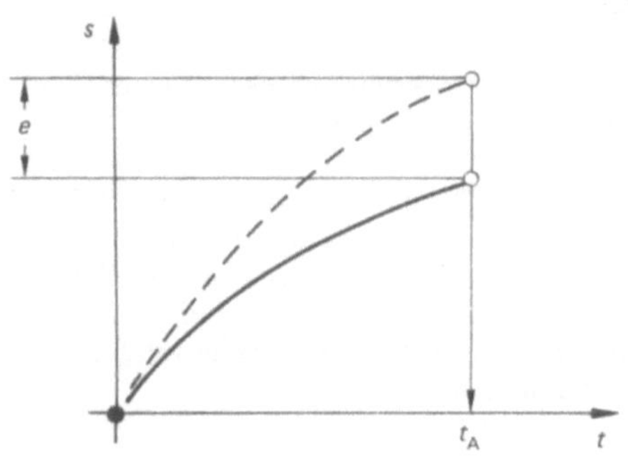

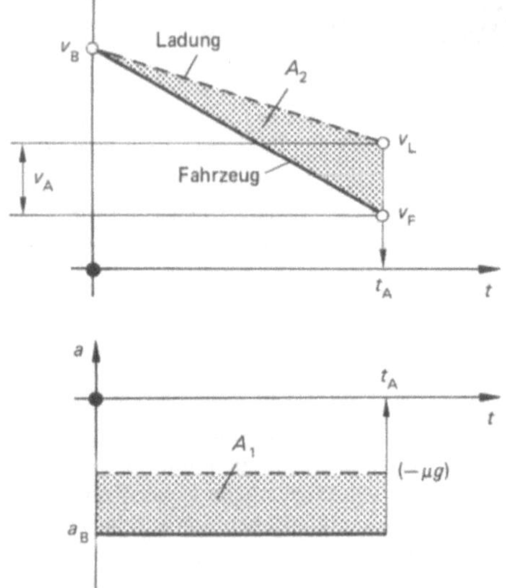

Bild 3-25

Aufprallzeit t_A:

$$t_A = \frac{v_A}{a_B - \mu g} = \sqrt{\frac{2e}{a_B - \mu g}} \tag{2}$$

Für den unwahrscheinlichen Fall, daß das Fahrzeug bereits vor Aufprall der Ladung zum Stillstand gekommen ist, zeigt Bild 3-26 das weitere kinematische Geschehen.

Das Fahrzeug kommt in der Zeit

$$t' = \frac{v_B}{a_B} \tag{3}$$

zum Stillstand. Die Ladung hat in dieser Zeit den Teilweg

$$e' = \frac{v_B^2(a_B - \mu g)}{2 a_B^2} \tag{4}$$

zurückgelegt und die Restgeschwindigkeit

$$v_L' = \frac{v_B(a_B - \mu g)}{a_B} \tag{5}$$

erreicht. Kommt es nun noch zum Aufprall der Ladung, so liefert eine weitere Flächenbetrachtung die Aufprallgeschwindigkeit v_A.

$$A_3 \triangleq v_L' - v_A = (t_A - t')\mu g$$

$$A_4 \triangleq \tfrac{1}{2}(v_L' + v_A)(t_A - t') = e - e'$$

Es folgt damit:

$$v_A = \sqrt{v_L'^2 - 2\mu g(e - e')} \tag{6}$$

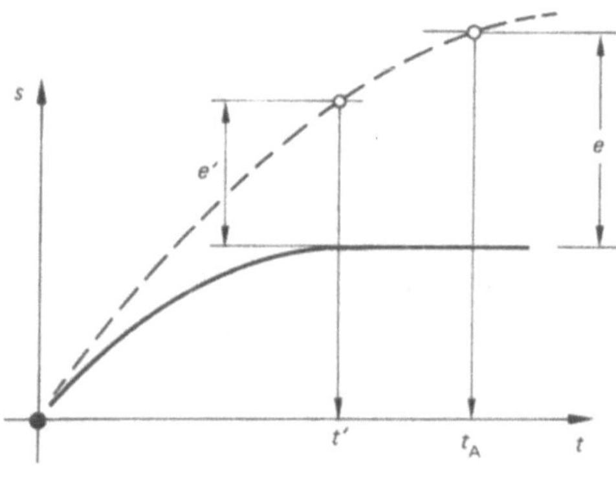

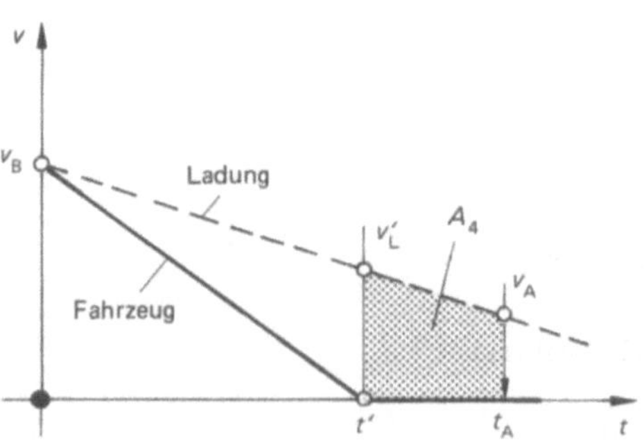

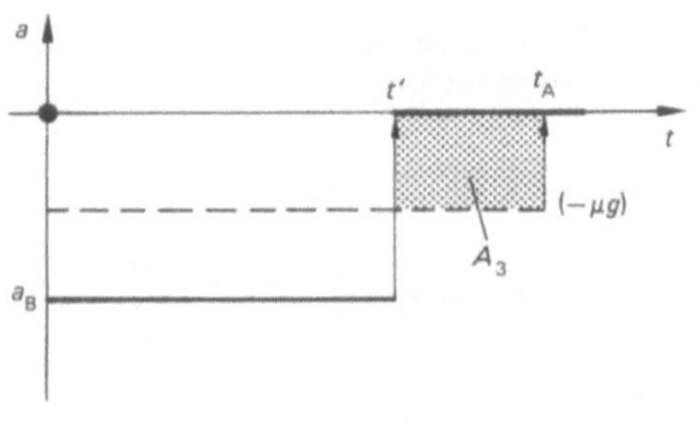

Bild 3-26

Zahlenbeispiele:

$a_B = -7\,\text{m/s}^2$

$\mu = 0{,}6$ (zwischen Ladefläche und Ladung)

$v_B = 90\,\text{km/h} = 25\,\text{m/s}$

a) $e = 5\,\text{m}$

Aus (3): $t' = 3{,}5714\,\text{s}$

Aus (2): $t_A = 2{,}996\,\text{s} < t'$

d. h., das Fahrzeug fährt beim Aufprall noch.

Aus (1): $v_A = 3{,}34\,\text{m/s} \triangleq 12\,\text{km/h}$

b) $e = 8\,\text{m}$

Aus (2): $t_A = 3{,}79\,\text{s} > t'$

d. h., das Fahrzeug kommt vor dem Aufprall zum Stillstand!

Aus (4): $e' = 7{,}1046\,\text{m}$

Aus (5): $v'_L = 3{,}9786\,\text{m/s}$

Aus (6): $v_A = 2{,}3\,\text{m/s} \triangleq 8{,}28\,\text{km/h}$

c) $e = 9\,\text{m}$

Aus (2): $t_A = 4{,}02\,\text{s} > t'$

wie b): $e' = 7{,}1046\,\text{m}, \quad v'_L = 3{,}9786\,\text{m/s}$

Aus (6): $v_A = \sqrt{-6{,}4834\,\text{m}^2/\text{s}^2}$

d. h. auch die Ladung kommt vor dem Aufprall zum Stillstand.

Stillstandszeit Fahrzeug: $3{,}5714\,\text{s}$

Weg des Fahrzeugs bis Stillstand: $44{,}64\,\text{m}$

Stillstandszeit Ladung: $4{,}2474\,\text{s}$

Weg der Ladung bis Stillstand: $53{,}09\,\text{m}$

$53{,}09\,\text{m} - 44{,}64\,\text{m} = 8{,}45\,\text{m} < e$

Übung 3-5

Zwei Fahrzeuge fahren auf horizontaler, gerader Straße mit unterschiedlicher Geschwindigkeit (Überholvorgang). Die Geschwindigkeit v_1 des ersten Fahrzeugs erlaubt es dem Fahrer dieses Fahrzeugs, nach Erkennen eines stehenden Hindernisses in der augenblicklichen Entfernung s_0 und nach der für beide Fahrer gleichen Bremsansprechzeit t_R (Reaktionszeit usw.), sein Fahrzeug gerade noch vor dem Hindernis zum Stehen zu bringen. Mit welcher Aufprallgeschwindigkeit v_A erreicht das zweite Fahrzeug das Hindernis, wenn die Geschwindigkeit dieses Fahrzeugs im Augenblick des Erkennens des Hindernisses $v_2 > v_1$ beträgt?

Lösung:

Die zeitlichen Verläufe von Weg, Geschwindigkeit und Beschleunigung beider Fahrzeuge erlauben die Herleitung der Formel zur Berechnung der Aufprallgeschwindigkeit v_A des Fahrzeugs 2, Bild 3-27.

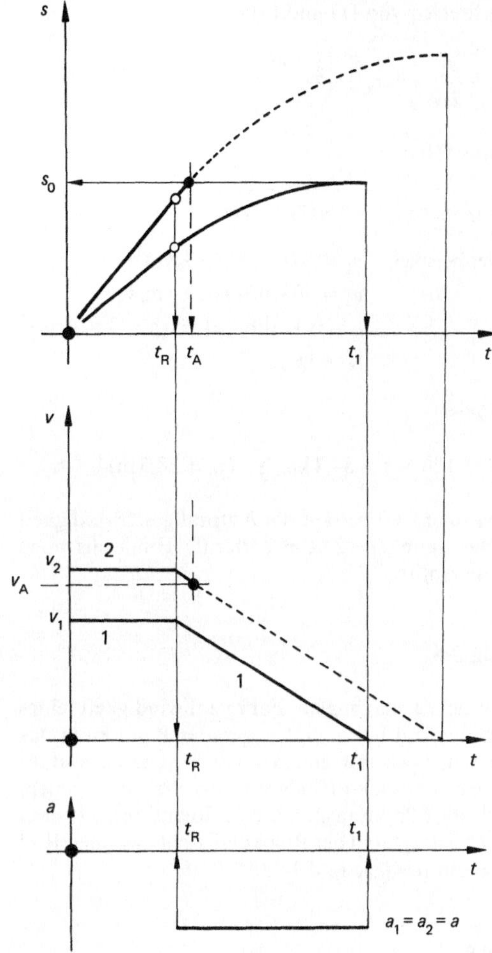

Bild 3-27

Fahrzeug 1:

$$s_0 = v_1 t_R + \tfrac{1}{2} v_1 (t_1 - t_R)$$

mit $(t_1 - t_R) = \dfrac{v_1}{a}$

$$s_0 = v_1 t_R + \frac{v_1^2}{2a} \tag{1}$$

Fahrzeug 2:

$$s_0 = v_2 t_R + \frac{v_2 + v_A}{2}(t_A - t_R)$$

mit $v_2 - v_A = a(t_A - t_R)$

$$s_0 = v_2 t_R + \frac{v_2 + v_A}{2}\,\frac{v_2 - v_A}{a}$$

$$s_0 = v_2 t_R + \frac{v_2^2 - v_A^2}{2a} \tag{2}$$

Gleichsetzen von (1) und (2):

$$v_1 t_{\mathrm{R}} + \frac{v_1^2}{2a} = v_2 t_{\mathrm{R}} + \frac{v_2^2 - v_{\mathrm{A}}^2}{2a}$$

Daraus folgt:

$$v_{\mathrm{A}} = \sqrt{v_2^2 - v_1^2 + 2a\,t_{\mathrm{R}}(v_2 - v_1)}$$

Zahlenbeispiel: $v_1 = 50\,\mathrm{km/h} \triangleq 13{,}\overline{8}\,\mathrm{m/s}$
$$v_2 = 70\,\mathrm{km/h} \triangleq 19{,}\overline{4}\,\mathrm{m/s}$$
$$\mu = 0{,}4,\ \text{d.h. } |a| = \mu g = 3{,}924\,\mathrm{m/s^2}$$
$$t_{\mathrm{R}} = 1\,\mathrm{s}$$

Ergebnis:

$$v_{\mathrm{A}} = 15{,}126\,\mathrm{m/s} \triangleq 54{,}4\,\mathrm{km/h} \quad (s_0 = 38{,}5\,\mathrm{m})$$

Selbst für $t_{\mathrm{R}} = 0$ beträgt die Aufprallgeschwindigkeit auf das dann $s_0 = 24{,}6\,\mathrm{m}$ entfernte Hindernis noch $v_{\mathrm{A}} = 49\,\mathrm{km/h}$!

Übung 3-6

Bei welcher maximalen Fahrgeschwindigkeit eines Fahrzeugs auf horizontaler, gerader Bahn kann das Fahrzeug noch vor einem in Sichtweite s_0 auftauchenden, stehenden Hindernis zum Stehen kommen, wenn die Bremsansprechzeit (Reaktionszeit etc.) $t_{\mathrm{R}} = 1\,\mathrm{s}$ beträgt und der Reibkoeffizient zwischen Rad und Bahn $\mu = 0{,}5$, Bild 3-28.

Lösung:

Aus dem Kinematikdiagramm Bild 3-28 folgt:

$$s_0 = v_{\max} t_{\mathrm{R}} + \tfrac{1}{2}(t_{\mathrm{B}} - t_{\mathrm{R}})\,v_{\max}$$

t_{B} = Gesamtzeit bis zum Stillstand;

darin ist $(t_{\mathrm{B}} - t_{\mathrm{R}}) = \dfrac{v_{\max}}{a_{\max}}$

Maximale Verzögerung $|a_{\max}| = \mu g$ (s. Abschnitt 3.2.1.).

$$s_0 = v_{\max} t_{\mathrm{R}} + \frac{v_{\max}^2}{2 a_{\max}}$$

$$0 = v_{\max}^2 + 2\mu g\, t_{\mathrm{R}} v_{\max} - s_0\, 2\mu g$$

$$v_{\max} = -\mu g\, t_{\mathrm{R}} + \sqrt{(\mu g\, t_{\mathrm{R}})^2 + 2\mu g\, s_0}$$

$$v_{\max} = \sqrt{\mu g(\mu g\, t_{\mathrm{R}}^2 + 2 s_0)} - \mu g\, t_{\mathrm{R}}$$

Beispiel: Sichtweite $s_0 = 50\,\mathrm{m}$ (Nebel)

$$v_{\max} = 17{,}78\,\mathrm{m/s} \triangleq 64\,\mathrm{km/h}$$

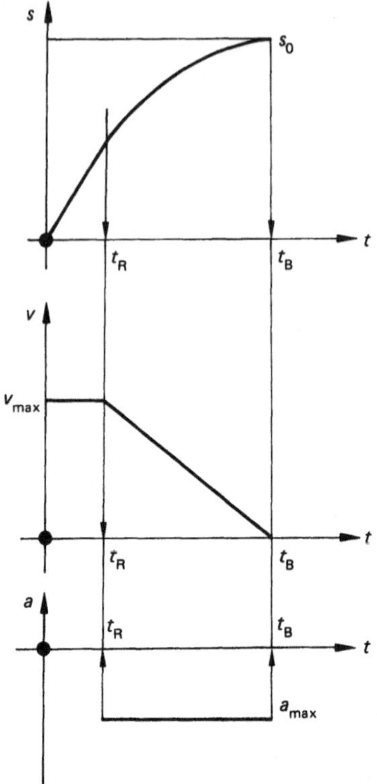

Bild 3-28

Anmerkung: An fünf Nebeltagen zwischen 1985 und 1987 kamen im Bereich Regierungsbezirk Köln 20 Menschen zu Tode, 244 Personen wurden verletzt. Am 4. 2. 87 verschuldeten auf der A 4 und der A 61 28 Lkw-Fahrer Unfälle. Die Fahrtenschreiber zeigten, daß bei ca. 20 m Sichtweite 23 der 28 Fahrer 80 km/h und mehr gefahren waren. Zulässig wäre bei $\mu = 0{,}5$ und $t_{\mathrm{R}} = 1\,\mathrm{s}$ (Annahmen oben) eine Fahrgeschwindigkeit von

$$v_{\max} = 35{,}8\,\mathrm{km/h}\ \text{ gewesen.}$$

Übung 3-7

Der Fahrer des Fahrzeugs 2 mit der augenblicklichen Geschwindigkeit v_2 erkennt das Aufleuchten der Bremsleuchten des vor ihm fahrenden Fahrzeugs 1, das in diesem Moment (Bremsbeginn Fahrzeug 1) mit der Geschwindigkeit v_1 fährt. Nach der Bremsansprechzeit t_{R} bremst auch Fahrzeug 2, und zwar mit der gleichen Verzögerung a_{B} wie Fahrzeug 1. Welchen Sicherheitsabstand s_0 müssen die Fahrzeuge haben, damit es nicht zum Auffahrunfall kommt, wenn a) beide Fahrzeuge gleich schnell fahren ($v_1 = v_2$) und b) Fahrzeug 2 schneller fährt ($v_2 > v_1$)?

Lösung:

Es kommt dann nicht zum Auffahrunfall, wenn die Differenz der bis zum Stillstand beider Fahrzeuge zurückgelegten Wege gleich dem anfänglichen Abstand s_0 ist, Bild 3-29.

$$s_0 = v_2 t_R + \frac{v_2^2}{2 a_B} - \frac{v_1^2}{2 a_B}$$

a) $v_2 = v_1 = v_0$

$$s_0 = v_0 t_R$$

Der Sicherheitsabstand ist der Bremsansprechzeit t_R und der Fahrzeuggeschwindigkeit $v_1 = v_2 = v_0$ proportional und nicht von der Bremsverzögerung a_B abhängig.

b) $v_2 > v_1$

Der Sicherheitsabstand hängt auch von der Bremsverzögerung der Fahrzeuge ab. Bei $|a_B| = \mu g$ kommt es zum Rutschen.

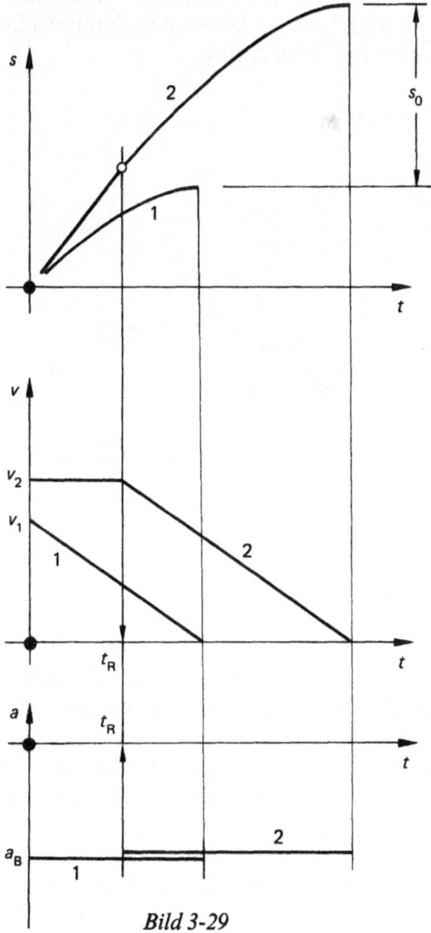

Bild 3-29

Zahlenbeispiele:

a) $v_1 = v_2 = 90 \, \text{km/h}$

$t_R = 1 \, \text{s}$

$$s_0 = \frac{90}{3,6} \, \text{m/s} \; 1 \, \text{s} = 25 \, \text{m}$$

b) $v_1 = 90 \, \text{km/h}, \quad v_2 = 110 \, \text{km/h}$

$t_R = 1 \, \text{s}$

$\mu = 0,5$

$$s_0 = \frac{110}{3,6} \, \text{m/s} \; 1 \, \text{s} + \frac{1}{2 \cdot 0,5 \cdot 9,81 \, \text{m/s}^2}$$
$$\cdot \left(\left(\frac{110}{3,6}\right)^2 - \left(\frac{90}{3,6}\right)^2 \right) \left(\frac{\text{m}}{\text{s}}\right)^2$$

$$s_0 = 62 \, \text{m}$$

Je glatter die Fahrbahn (μ klein), desto größer der Sicherheitsabstand s_0. Für $v_1 = 0$ (stehendes Hindernis) vergleiche Übung 3-6.

3.2. Kinetik

3.2.1. Kinetik der Punktmasse

Die Kinematik beschäftigte sich mit der Beschreibung der Bewegung, ohne nach den Kraftwirkungen zu fragen, die für bestimmte Bewegungen und Bewegungsänderungen erforderlich bzw. ursächlich sind. Es wurden die kinematischen Größen Weg, Geschwindigkeit und Beschleunigung und bei Drehung analog die Größen Winkel, Winkelgeschwindigkeit und Winkelbeschleunigung für bestimmte und beliebige Zeitpunkte der Bewegung beschrieben. Dabei hatten wir für die geradlinige, kreisförmige und allgemeine Bahnform eine Beschreibung der Zeitfunktion dieser kinematischen Größen vorgenommen.

Die Kinetik bringt nun den Kraftbegriff in die Beschreibung der Bewegung eines Körpers. Es sei an das NEWTONsche Axiom erinnert, nach dem jeder Körper solange im Zustand gleichförmiger, geradliniger Bewegung verharrt, solange er nicht durch Kräfte gezwungen wird, diesen Bewegungszustand zu ändern.

Mit anderen Worten, die Ursache für Bewegungsänderungen (mit Betonung auf „Änderung") sind immer Kräfte, die am betrachteten Körper nicht im Gleichgewicht sind.

Bewegungsänderungen sind Änderungen der Geschwindigkeit. Wir erkannten bei der Kinematik, daß dies Änderungen des Geschwindigkeitsbetrages oder auch Änderungen der Richtung des Geschwindigkeitsvektors sein konnten. Geschwindigkeitsänderung aber hatten wir schlechthin als Beschleunigung verstanden. Greifen nichtgleichgewichtige Kräftegruppen am Körper an, greift also eine resultierende Kraft am Körper an, so treten Beschleunigungen auf. Diese Beschleunigungen sind den Kräften proportional; je größer die resultierende Kraft, desto größer die Beschleunigung des Körpers:

$$\vec{F} \sim \vec{a}$$

Die an einem Körper angreifende Kraft und die dadurch hervorgerufene Beschleunigung sind gleichgerichtet und einander proportional. Der Proportionalitätsfaktor, der aus der Proportion eine Gleichung macht, ist die Masse m des Körpers; wir erhalten so das von NEWTON erkannte dynamische Grundgesetz der Translation:

$$\vec{F} = m\,\vec{a}$$

Die zur Beschleunigung einer bestimmten Masse m erforderliche Kraft F ist um so größer, je größer die Beschleunigung a sein soll. Eine bestimmte Kraft F wird an einer großen Masse m eine kleine Beschleunigung und an einer kleinen Masse m eine große Beschleunigung hervorrufen.

Gewichtskräfte:

$$\overline{F_G} = m\,\vec{g}$$

F_G = Gewichtskraft im Schwerefeld
$\ g$ = Erdbeschleunigung $(9{,}81\ \text{m/s}^2)$

Die physikalische Einheit der Kraft:

Jene Kraft, die der Masse $m = 1\,\text{kg}$ die Beschleunigung $a = 1\,\text{m/s}^2$ zu erteilen vermag, definieren wir als $1\,\text{N} = 1\,\text{Newton}$:

$$1\,\text{N} = 1\,\text{kg}\ 1\,\frac{\text{m}}{\text{s}^2}$$

$$1\,\text{kg} = 1\,\frac{\text{N}\,\text{s}^2}{\text{m}}$$

Fassen wir, wie schon gesagt, die Kraft F im dynamischen Grundgesetz NEWTONs als die

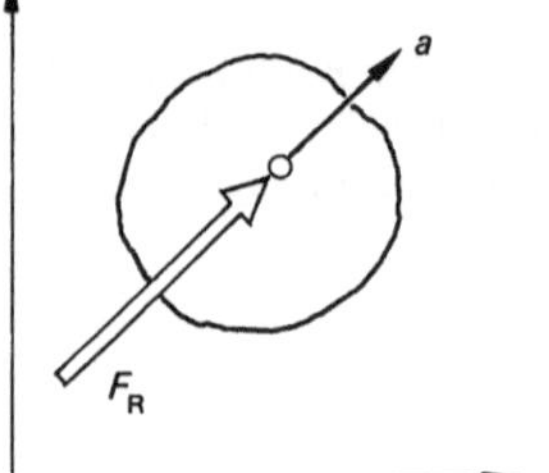

Bild 3-30

Resultierende beliebig vieler äußerer Kräfte auf, Bild 3-30, so kann das dynamische Grundgesetz in folgender Form geschrieben werden:

$$\sum_i \overline{F_i} = \overline{F_R} = m\,\vec{a} = m \begin{Bmatrix} \ddot{x} \\ \ddot{y} \\ \ddot{z} \end{Bmatrix}$$

Zerlegt man den Kraftvektor und den Beschleunigungsvektor in natürliche Koordinaten gemäß Bild 3-31, so lautet das dynamische Grundgesetz der Translation:

$$F_t = m\,\ddot{s} = m\,a_t$$

$$F_n = m\,\frac{v^2}{\varrho} = m\,a_n$$

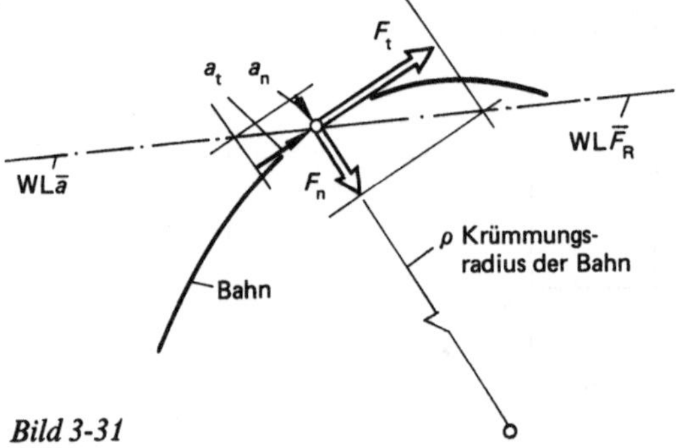

Bild 3-31

Ist im dynamischen Grundgesetz die Kraft orts- und damit zeitabhängig, so ist auch die Beschleunigung zeitabhängig; es entsteht eine ungleichförmig beschleunigte Bewegung. Ist $F = \text{konst}$, so ist auch $a = \text{konst}$; es entsteht eine gleichförmig beschleunigte Bewegung. Beim Abgleiten einer Masse m auf schiefer, rauher Ebene sind die an der Masse angreifenden Kräfte konstant, es wird sich also eine gleich-

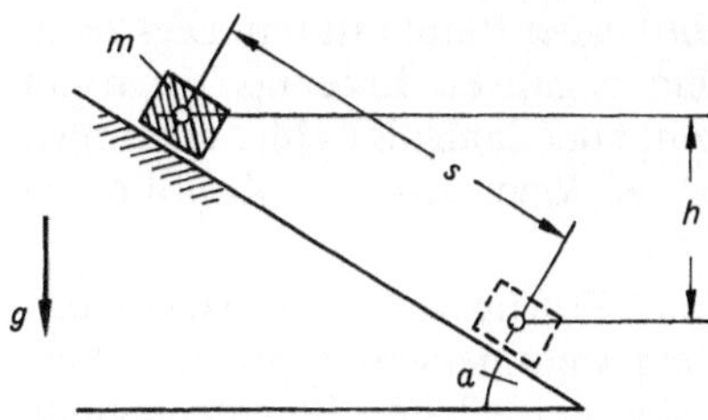

Bild 3-32

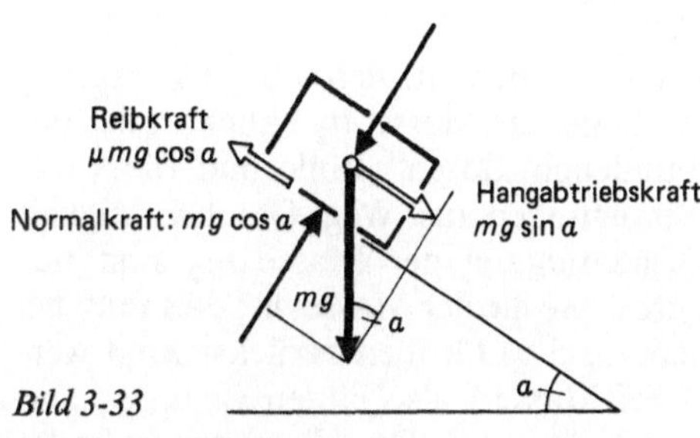

Bild 3-33

förmig beschleunigte Bewegung einstellen, Bild 3-32 u. 3-33.

$$F_t = F_G \sin\alpha - F_R$$
$$F_t = F_G \sin\alpha - F_G \cos\alpha\,\mu$$
$$F_t = mg\,(\sin\alpha - \mu\cos\alpha)$$
$$F_t = m\,a_0$$

Bahnbeschleunigung a_0:

$$a_0 = g\,(\sin\alpha - \mu\cos\alpha)$$

oder

$$a_0 = g\cos\alpha\,(\tan\alpha - \mu)$$

Gleitbedingung:

$$a_0 > 0$$

d. h.:

$$\tan\alpha > \mu$$

Man sieht, wenn Bewegung einsetzt, wird es sich um eine gleichförmig beschleunigte Bewegung ($a_0 = $ konst) handeln.

Das Geschwindigkeit-Zeit-Gesetz und das Weg-Zeit-Gesetz folgen aus Integration über t:

$$v(t) = a_0 \int dt = a_0\,t + C_1$$

Wird der Körper aus der Ruhe losgelassen, so lautet die Randbedingung:

Randbedingung: $v(t=0) = 0 \rightarrow C_1 = 0$

$$s(t) = a_0 \int t\,dt = \tfrac{1}{2}a_0\,t^2 + C_2$$

mit der Randbedingung $s(t=0)=0$ wird $C_2=0$. Somit:

$$a(t) = a_0 = \text{konst} = g\,(\sin\alpha - \mu\cos\alpha)$$
$$v(t) = a_0\,t$$
$$s(t) = \frac{a_0\,t^2}{2}$$

Formen wir das dynamische Grundgesetz der Translation um:

Newton: $\sum F_i = m\,a$

D'Alembert: $0 = \sum F_i + m\,(-a)$

D'Alembert bringt das Newtonsche Grundgesetz in die aus der Statik geläufige Nullform; in dieser Form könnte man vom „dynamischen Gleichgewicht" sprechen. Im Grunde ein Widerspruch; doch ergänzt man die an der Masse wirkenden Kräfte F_i um eine Trägheitskraft ($m\,a$), die entgegen der Beschleunigungsrichtung wirkt, so kann man mit dieser Hilfskraft wieder formal von Gleichgewicht sprechen.

D'Alembert:

Die Summe aller an der Masse angreifenden Kräfte einschließlich der Trägheitskraft ist null.

Das Prinzip von D'Alembert besteht also darin, durch Einführen dieser Trägheitsgröße den ungleichgewichtigen Fall formal wie einen Gleichgewichtsfall behandeln zu können. Das Minus in $m\,(-a)$ besagt, daß die Trägheitskraft entgegen der positiven Beschleunigungsrichtung wirkt. Ist diese nicht bekannt, so ist eine Annahme zu treffen; wird sich aus diesem Ansatz eine negative Beschleunigung ergeben, so zeigt dies, daß die Annahme falsch war.

Behandeln wir das Problem der eine rauhe, schiefe Ebene hinuntergleitenden Masse hier noch einmal nach dem D'Alembert-Prinzip. Wir wählen die Hangabwärtsrichtung als positive Richtung der kinematischen Koordinaten Weg s, Geschwindigkeit $\dot{s}$ und Beschleunigung $\ddot{s}$. Entgegen der so definierten $\ddot{s}$-Richtung wird die Trägheitskraft $m\,\ddot{s}$ ergänzt und dann Gleich-

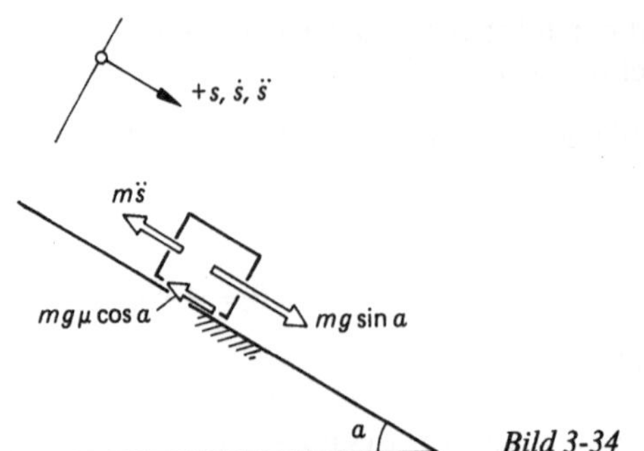

Bild 3-34

gewicht aller angreifenden Kräfte in Bewegungsrichtung formuliert, Bild 3-34.

In der „Gleichgewichtsgleichung" wird die Trägheitskraft wie eine tatsächlich einwirkende Kraft behandelt:

$$\sum F_\mathrm{s} = 0$$

$$0 = mg\sin\alpha - \mu mg\cos\alpha - m\ddot{s}$$

Daraus folgt:

$$\ddot{s} = a = mg(\sin\alpha - \mu\cos\alpha)$$

Darin sind alle Größen konstant, also ist auch $a = $ konst, so daß eine gleichförmig beschleunigte Bewegung einsetzt, wenn der Klammerwert positiv ist. Ist der Klammerwert null, so ist $a = 0$; dies ist der Grenzfall zwischen Ruhe und Bewegung. Ist aber der Klammerwert negativ, so würde dies rein formal bedeuten, daß eine negative Beschleunigung einsetzt, der Körper sich also hangaufwärts bewegen würde. Bei Aufwärtsbewegung der Masse aber kehrt sich

auch die Richtung der Reibkraft um. Dies zeigt, daß bei einem negativen Ergebnis für a ein neuer Ansatz mit der dann als richtig erkannten Plusrichtung der kinematischen Koordinaten erforderlich wird.

Wenden wir das Prinzip von D'ALEMBERT beispielhaft auf ein Mehrmassensystem an und berechnen die sich einstellende Beschleunigung, Bild 3-35.

Beispiel:

Die Masse m_1 bewegt sich auf der rauhen, schiefen Ebene; die Masse m_2 hängt an der mit ihr verbundenen „losen" Rolle und führt lotrechte Bewegungen aus. Weg, Geschwindigkeit und Beschleunigung der Masse m_2 sind nur halb so groß wie die der Masse m_1; dies muß bei den kinematischen Größen berücksichtigt werden, die bei Masse 1 also lauten s_1, v_1, a_1 und bei Masse 2 s_2, v_2, a_2. Die Übersetzung findet ihren Ausdruck in der Gleichung

$$a_2 = \tfrac{1}{2}a_1$$

Wir setzen voraus, daß die Massen von Seil und Rollen unerheblich sind; dann ist die Seilkraft an allen Stellen des Systems gleich groß: F_s, Bild 3-36.

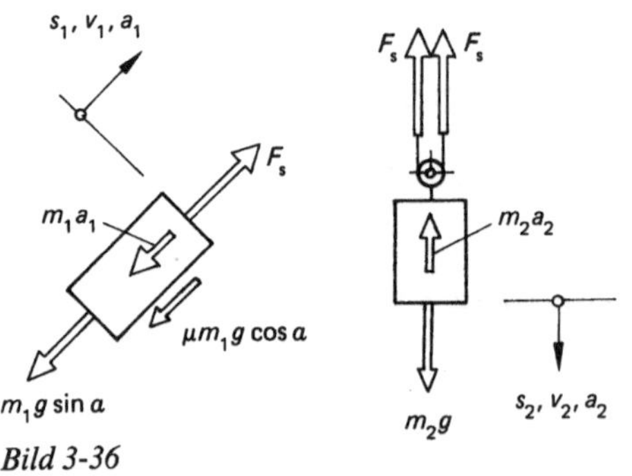

Bild 3-36

D'ALEMBERT:

Masse 1:

① $\quad 0 = F_\mathrm{s} - m_1 a_1 - m_1 g\sin\alpha - \mu m_1 g\cos\alpha$

Masse 2:

② $\quad 0 = 2F_\mathrm{s} + m_2 a_2 - m_2 g$

aus ①: $\quad F_\mathrm{s} = m_1 a_1 + m_1 g(\sin\alpha + \mu\cos\alpha)$

aus ②: $\quad F_\mathrm{s} = \tfrac{1}{2}m_2 g - \tfrac{1}{2}m_2 a_2 \quad$ mit $a_2 = \tfrac{1}{2}a_1$

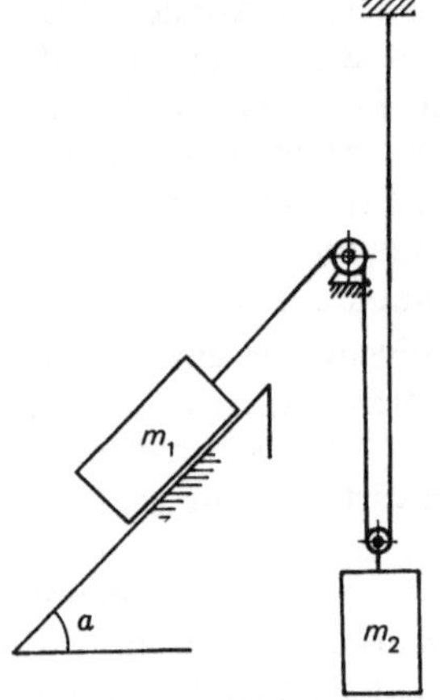

Bild 3-35

Gleichsetzen:

$$m_1 a_1 + m_1 g (\sin\alpha + \mu\cos\alpha) = \frac{1}{2} m_2 g - \frac{1}{2} m_2 \frac{a_1}{2}$$

Daraus:

$$a_1 = \frac{-m_1 (\sin\alpha + \mu\cos\alpha) + \frac{1}{2} m_2}{m_1 + \frac{1}{4} m_2} \, g$$

Diese Beschleunigung ist positiv, wenn der Zähler des Bruchs positiv wird. Aus dieser Bedingung kann man für die gegebene Massen m_1 und m_2 die Mindestneigung der schiefen Ebene errechnen, damit Bewegung einsetzt, oder man kann den Reibwert μ diskutieren, bei dem Bewegung einsetzt oder der Ruhezustand des Systems gewahrt bleibt usw.

In Abschnitt 3.1. ist beschrieben, daß bei Bewegung auf gekrümmter Bahn eine Normalbeschleunigung entsteht. Bei kinetischen Überlegungen wird man nach dem Prinzip von D'ALEMBERT dieser Beschleunigung eine Trägheitskraft zuordnen, der Beschleunigungsrichtung entgegenwirkend, also vom Krümmungsmittelpunkt fort; diese Trägheitskraft ist uns als Fliehkraft selbstverständlich. Fliehkraft ist die Trägheitskraft der Normalbeschleunigung. Bei Bewegung eines Fahrzeugs in der Kurve ist die Kurve dann richtig überhöht, wenn die Resultierende aus Fliehkraft und Gewichtskraft senkrecht zur Bahn gerichtet ist, Bild 3-37.

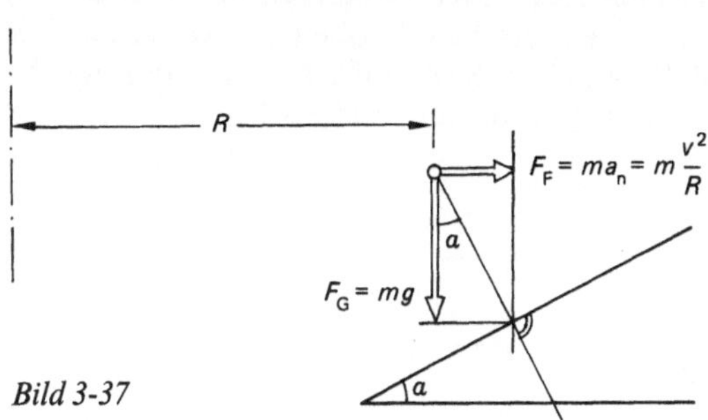

Bild 3-37

Richtige Kurvenüberhöhung:

$$\tan\alpha = \frac{F_F}{F_G}$$

$$\tan\alpha = \frac{m\dfrac{v^2}{R}}{mg} = \frac{v^2}{gR}$$

Durchfährt das Fahrzeug die Kurve mit einer Geschwindigkeit, die kleiner ist als die „richtige", also die zur Kurvenüberhöhung α gehörende Geschwindigkeit, so entsteht eine hangabwärtsgerichtete Komponente der resultierenden Kraft, die das Fahrzeug hangabwärts drängt. Ist die Geschwindigkeit des Fahrzeugs größer als die zur Überhöhung gehörende „richtige" Geschwindigkeit, so entsteht eine hangaufwärts gerichtete Komponente der resultierenden Kraft. Aus dem Schienenverkehr ist dies bekannt. Durchfährt ein Zug, etwa an einer Baustelle, mit zu geringer Geschwindigkeit eine Kurve, so führen die hangabwärtsgerichteten Kräfte dazu, daß die Radkränze seitlich an die Schienen gedrückt werden; dies führt zu dem wohl jedem bekannten Quietschen infolge der Reibung, Bild 3-38 u. 3-39.

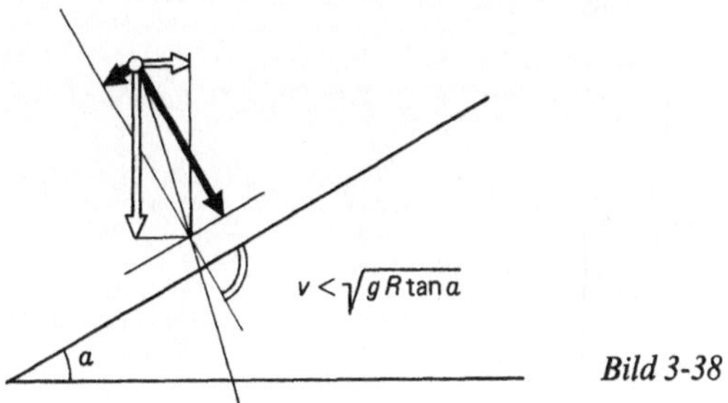

Bild 3-38

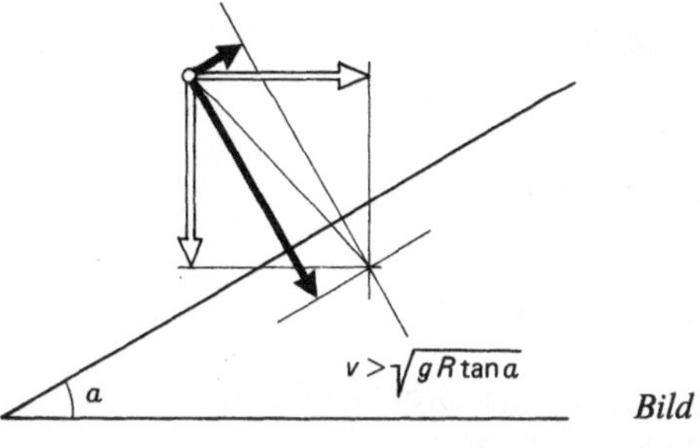

Bild 3-39

Im übrigen sei darauf hingewiesen, daß die Masse des Fahrzeugs unerheblich ist. Die richtige Kurvenüberhöhung hängt nur von der Geschwindigkeit des Fahrzeugs und dem Kurvenradius ab. Dies ist häufig so in der Dynamik, wie auch das nächste Beispiel zeigt. Wir wollen uns fragen, bei welcher Beschleunigung des Fahrzeugs die Ladung zu rutschen beginnt, Bild 3-40.

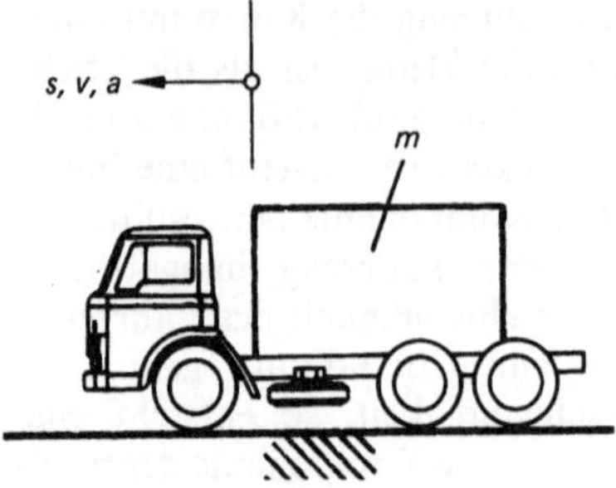

Bild 3-40

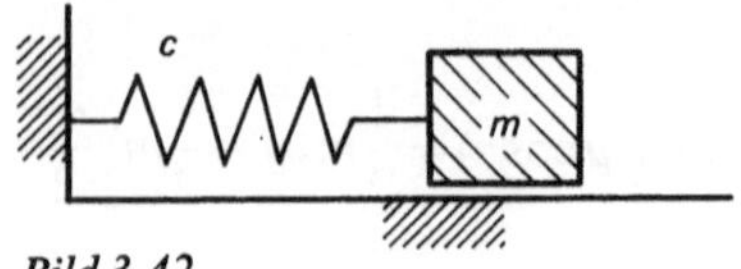

Bild 3-42

Die Kopplung von Feder und Masse stellt einen einfachen mechanischen Schwinger dar. Die Federkraft ist eine Rückstellkraft und drängt die Masse stets in die Gleichgewichtslage zurück, Bild 3-43.

Kräfte an der Masse im Augenblick des Rutschens (Grenzfall zwischen relativer Ruhe zum Fahrzeug und Rutschen), Bild 3-41.

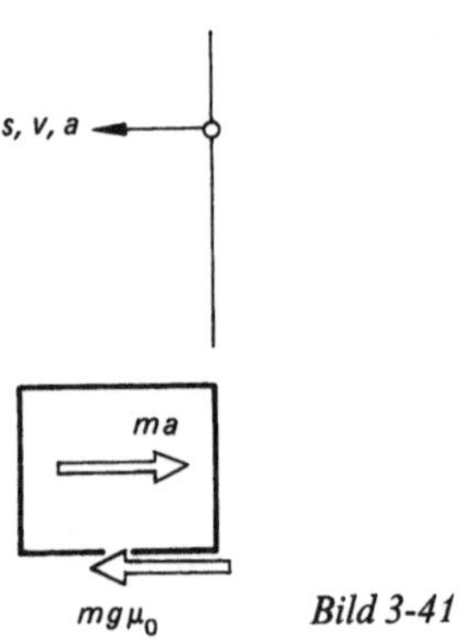

Bild 3-41

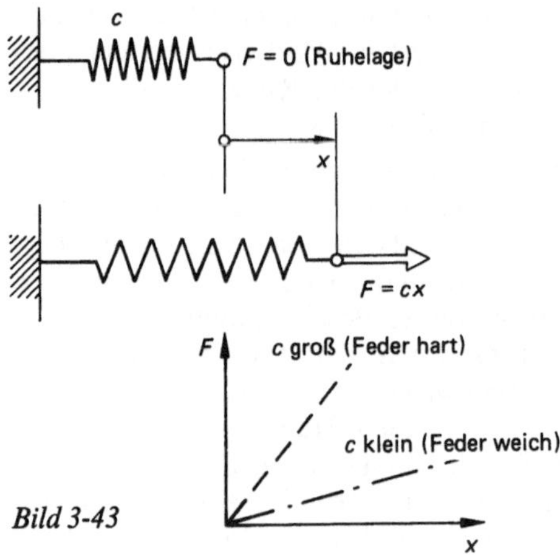

Bild 3-43

D'ALEMBERT:

$$\sum F = 0$$

$$0 = m g \mu_0 - m a$$

$$a = g \mu_0$$

$$a > g \mu_0 \rightarrow \text{Rutschen}$$

Auch dabei ist die Grenzbeschleunigung a von der Masse unabhängig.

Wenngleich sich einige Abschnitte dieses Buches noch ausführlich mit Schwingungen beschäftigen, stoßen wir bei der Diskussion des dynamischen Grundgesetzes auf die Kopplung von Masse und Feder. Wenn die an der Masse angreifende Kraft zeitlich konstant ist, so wird eine gleichförmig beschleunigte Bewegung die Folge sein. Auf der Suche nach einem mechanischen Modell, bei dem die angreifende Kraft zeitlich veränderlich ist, stoßen wir auf die Feder-Masse-Kopplung, Bild 3-42.

Wählen wir eine Plusrichtung für die kinematischen Größen x, $\dot{x}$ und $\ddot{x}$ und setzen wir bei der anschließenden Kräftebetrachtung voraus, daß alle kinematischen Größen positiv seien. Die Bahn sei glatt, Reibkräfte treten in unserer Betrachtung nicht auf, Bild 3-44.

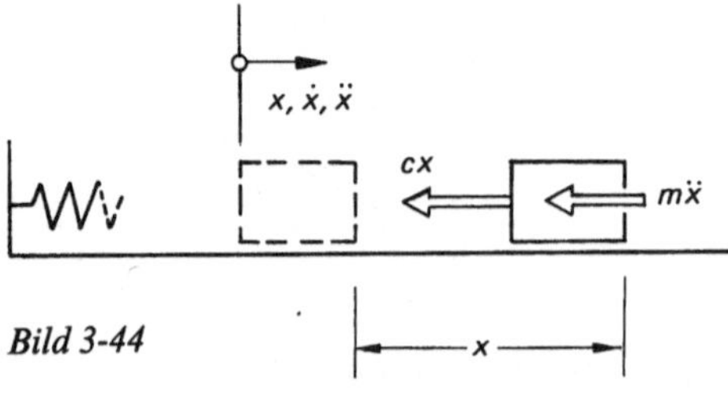

Bild 3-44

Mit D'ALEMBERT formulieren wir:

$$\sum F = 0$$

$$0 = m \ddot{x} + c x = \ddot{x} + \frac{c}{m} x$$

Dies ist eine gewöhnliche, homogene, lineare Differentialgleichung 2. Ordnung mit konstanten Koeffizienten, wie sie auch bei der Lösung des Knickproblems gerader Stäbe auftrat. Wir greifen auf diese Lösung hier zurück:

$$x(t) = C_1 \cos\left(\sqrt{\frac{c}{m}}\, t\right) + C_2 \sin\left(\sqrt{\frac{c}{m}}\, t\right)$$

Die Argumente der Winkelfunktionen sind Winkel, hier das Produkt aus Zeit und Winkelgeschwindigkeit; der Ausdruck

$$\sqrt{\frac{c}{m}} = \omega_0$$

beschreibt die Winkelgeschwindigkeit eines gleichförmig umlaufenden Zeigers der Länge x_m (Amplitude der Schwingung). Die Schwingungsbewegung kann als Projektion dieses umlaufenden Zeigers interpretiert werden. ω_0 ist die Eigenkreisfrequenz der Schwingung.

Anstelle der Linearkombination aus Sinus- und Cosinusfunktion schreiben wir die $x(t)$-Funktion als phasenverschobene Sinusfunktion:

$$x(t) = x_m \sin\left(\sqrt{\frac{c}{m}}\, t + \varphi\right) = x_m \sin(\omega_0 t + \varphi)$$

Als phasenverschobene Cosinusfunktion gemäß Bild 3-45 lautet das Weg-Zeit-Gesetz der Schwingung dann:

$$x(t) = x_m \cos(\omega_0 t - \psi)$$

Das Geschwindigkeit-Zeit-Gesetz $\dot{x}(t)$ sowie das Beschleunigung-Zeit-Gesetz $\ddot{x}(t)$ ergeben sich durch Differentiation nach der Zeit t. Beim mechanischen Schwinger sind somit alle kinematischen Zeitgesetze harmonisch. Auch die

Geschwindigkeit und die Beschleunigung ändern sich nach harmonischer Funktion mit der Zeit; die Bewegung ist stets ungleichförmig beschleunigt.

Die Konstanten C_1, C_2 bzw. x_m, φ, ψ werden aus kinematischen Randbedingungen gewonnen; dies sind oft die Anstoßbedingungen, d. h. kinematische Größen zur Zeit des Anstoßes der Schwingung, also zum Zeitpunkt $t = 0$, Beispiele:

1. Beispiel:

$$x(t=0) = 0 \qquad \text{1. Randbedingung}$$
$$\dot{x}(t=0) = v_0 \qquad \text{2. Randbedingung}$$

1. Randbedingung einsetzen in

$$x(t) = C_1 \cos(\omega_0 t) + C_2 \sin(\omega_0 t)$$
$$0 = C_1\, 1 + C_2\, 0 \rightarrow C_1 = 0$$

2. Randbedingung einsetzen in die $\dot{x}(t)$-Funktion

$$\dot{x}(t) = -C_1 \omega_0 \sin(\omega_0 t) + C_2 \omega_0 \cos(\omega_0 t)$$
$$v_0 = C_2 \omega_0\, 1 \rightarrow C_2 = v_0/\omega_0$$

Somit:

$$x(t) = \frac{v_0}{\omega_0} \sin(\omega_0 t)$$

2. Beispiel:

$$x(t=0) = x_0 \qquad \text{1. Randbedingung}$$
$$\dot{x}(t=0) = 0 \qquad \text{2. Randbedingung}$$

1. Randbedingung führt zu

$$x_0 = C_1\, 1 + C_2\, 0 \rightarrow C_1 = x_0$$

2. Randbedingung führt zu

$$0 = -0 + C_2 \omega_0\, 1 \rightarrow C_2 = 0$$

Somit:

$$x(t) = x_0 \cos(\omega_0 t)$$

Die Ableitung, welche uns zur Eigenkreisfrequenz ω_0 der Schwingung führte, hatten wir an einer Feder-Masse-Kombination vorgenommen, bei der der Federweg gleich war dem Weg der Masse. Dies muß nicht immer der Fall sein.

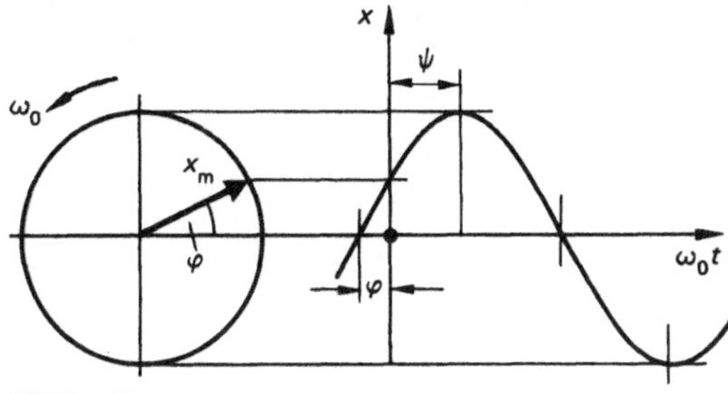

Bild 3-45

Die für den Sonderfall Federweg gleich Masseweg gefundene Formel zur Berechnung der Eigenkreisfrequenz der Schwingung

$$\omega_0 = \sqrt{\frac{c}{m}}$$

wird nicht mehr gültig sein, wenn Feder und Masse unterschiedliche Wege machen wie z. B. in Bild 3-46.

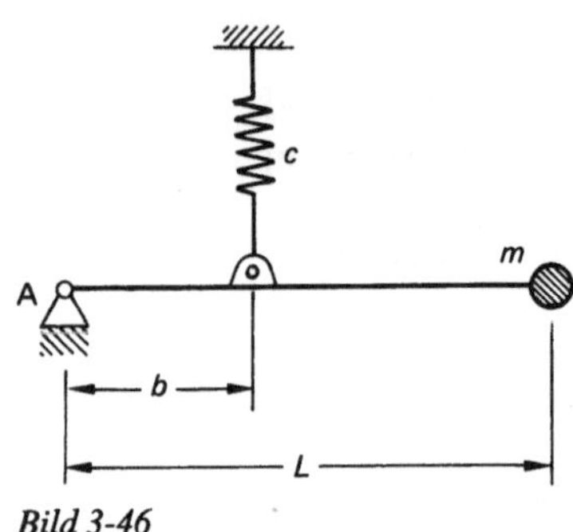

Bild 3-46

Stellen wir, bevor wir die bei Bewegung auftretenden Kräfte betrachten, eine Gleichgewichtsbetrachtung für den Ruhezustand an:

Statik:

$$\sum M_A = 0$$
$$0 = F_{st}\,b - m\,g\,L$$

F_{st} ist die im Ruhezustand des Schwingers wirksame Federkraft gemäß Bild 3-47.

Da es sich um einen Drehschwinger handelt, legen wir die positive Richtung der kinematischen Größen φ, $\dot\varphi$ und $\ddot\varphi$ willkürlich fest und machen quasi eine Momentaufnahme vom Schwinger in der Lage $+\varphi$, setzen voraus, daß

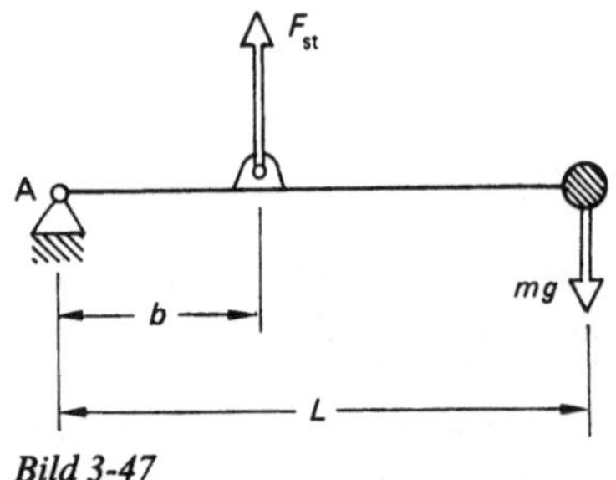

Bild 3-47

er sich in Richtung $+\dot\varphi$ dreht und daß er in Richtung $+\ddot\varphi$ beschleunigt wird.

Zu den schon im Gleichgewichtszustand wirksamen Kräften kommt der durch den bei Drehung entstandenen Federweg bedingte Zuwachs an Federkraft sowie die D'ALEMBERTsche Größe „Masse mal Beschleunigung", dabei ist die Beschleunigung der Masse in diesem Fall das Produkt aus Winkelbeschleunigung $\ddot\varphi$ und Bahnradius L, Bild 3-48.

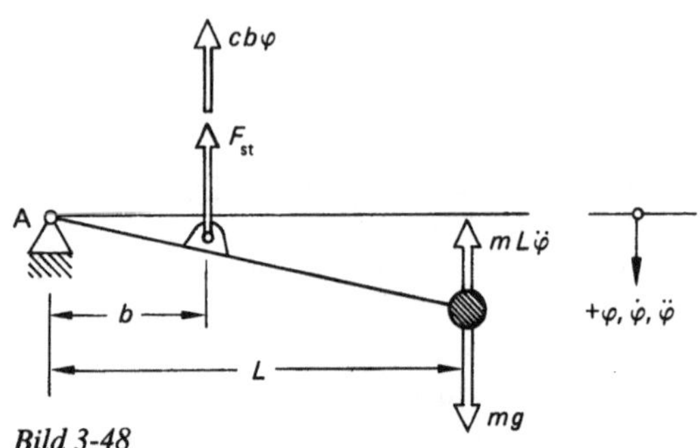

Bild 3-48

Dynamische Betrachtung:

D'ALEMBERT:

$$\sum M_A = 0$$
$$0 = F_{st}\,b + c\,b^2\,\varphi + m\,L^2\,\ddot\varphi - m\,g\,L$$

Darin ergänzen sich die Summanden der Statikgleichung zu null, es bleibt:

$$0 = c\,b^2\,\varphi + m\,L^2\,\ddot\varphi$$

Formen wir so um, daß vor der Beschleunigungsgröße $\ddot\varphi$ der Faktor 1 steht, so erhält die Differentialgleichung jene Form, wie wir sie bereits gelöst haben und von der wir wissen, daß dann der Faktor vor der nicht abgeleiteten Größe φ dem Quadrat der Eigenkreisfrequenz ω_0 gleich ist:

$$0 = 1\,\ddot\varphi + \omega_0^2\,\varphi$$

In unserem Beispiel gilt analog:

$$0 = \ddot\varphi + \frac{c\,b^2}{m\,L^2}\,\varphi$$

Die Eigenkreisfrequenz kleiner Schwingungen ist also

$$\omega_0 = \frac{b}{L}\sqrt{\frac{c}{m}}$$

Es gelang uns nur, auf die bekannte und schon gelöste Differentialgleichung zu kommen, indem wir die Betrachtung für kleine Winkel vornahmen und setzten $\sin\varphi \cong \varphi$ und $\cos\varphi \cong 1$.

Einen Sonderfall in unserem Beispiel erhalten wir für $b = L$. Dann ist Federweg gleich Masseweg und die Eigenkreisfrequenz kleiner Schwingungen lautet wie erwartet:

$$\omega_0 = \sqrt{\frac{c}{m}}$$

Unter der Schwingungszeit versteht man jene Zeit T, nach der eine vollständige Schwingung vollzogen wurde, jene Zeit also, die der umlaufende Zeiger benötigt, eine ganze Umdrehung zu vollziehen, also den Winkel 2π zu überstreichen:

$$T = \frac{2\pi}{\omega_0}$$

Wir gingen beim letzten Beispiel in zwei Schritten vor. Zunächst betrachteten wir den Schwinger im statischen Gleichgewichtszustand; dann erst machten wir die Momentaufnahme und betrachteten die Kräfte während der Schwingbewegung. In der so entstandenen „Gleichgewichtsgleichung" (D'ALEMBERT) hoben sich alle Summanden der Statikgleichung zu null aus der Gleichung heraus. Dies ist stets so, was aber, und hier liegt der Sinn der Empfehlung, nicht auf die Gleichgewichtsbetrachtung zu verzichten, nicht bedeutet, daß alle statischen Größen von vornherein weggelassen werden dürfen, da statische Größen, die im Ruhezustand des Schwingers keine Momente entwickeln weil ihre Wirkungslinie durch den Drehpunkt verläuft, in beliebiger Lage des Schwingers durchaus Momente entwickeln können. Auf diese Empfehlung geht Abschnitt 3.5.1. noch einmal ein.

Sind mehrere Federn zusammengeschaltet, so können sie in Reihe oder parallel gekoppelt sein. Im Falle der Reihenschaltung, Bild 3-49, ist die Schaltung weicher als die weichere der

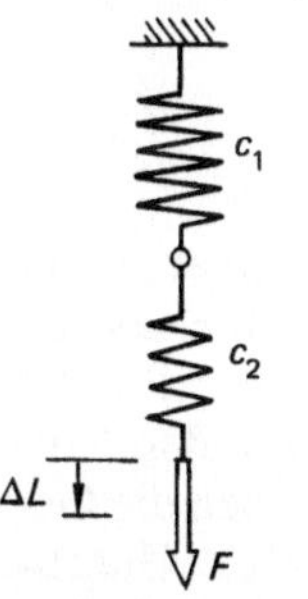

Federwege addieren sich; gleiche Kraft in beiden Federn.

Bild 3-49

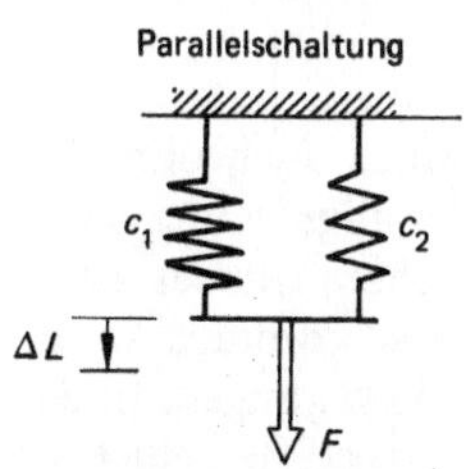

Gleiche Federwege: Federkräfte addieren sich.

Bild 3-50

beiden Federn, im Falle der Parallelschaltung, Bild 3-50, ist die Schaltung härter als die härtere der beiden Federn.

Reihenschaltung:

$$F = F_1 = F_2$$

$$c = \frac{F}{\Delta L}$$

$$c = \frac{F}{\Delta L_1 + \Delta L_2}$$

$$c = \frac{F}{\dfrac{F}{c_1} + \dfrac{F}{c_2}}$$

$$\frac{1}{c} = \frac{1}{c_1} + \frac{1}{c_2} + \ldots$$

oder bei nur zwei Federn:

$$c = \frac{c_1 c_2}{c_1 + c_2}$$

Parallelschaltung:

$$F = F_1 + F_2$$

$$c = \frac{F}{\Delta L}$$

$$c = \frac{F_1 + F_2}{\Delta L}$$

$$c = \frac{c_1\,\Delta L + c_2\,\Delta L}{\Delta L}$$

$$c = c_1 + c_2 + \ldots$$

Daß es auch ohne Vorhandensein einer Feder oder allgemeiner ohne Vorhandensein eines elastischen Gliedes zu Schwingbewegungen einer Masse kommen kann, wissen wir von den Pendelbewegungen. In diesen Fällen stellen die Gewichtskräfte selbst stets in die stabile Gleichgewichtslage zurück. Die Übung 3-8 behandelt darum das mathematische Pendel, also das Pendel mit Punktmasse; die Beschreibung des physikalischen Pendels mit verteilter Masse ist möglich, sobald die Kinetik der Drehbewegung erläutert ist (Abschnitt 3.2.4.).

Übung 3-8

Es ist die Eigenkreisfrequenz für das mathematische Pendel zu bestimmen, Bild 3-51 u. 3-52.

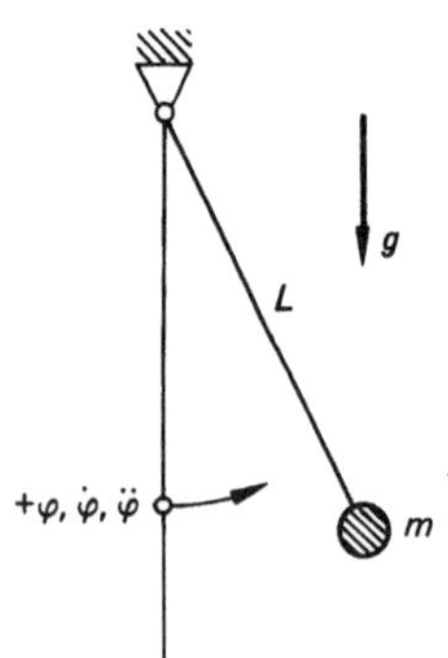

Bild 3-51

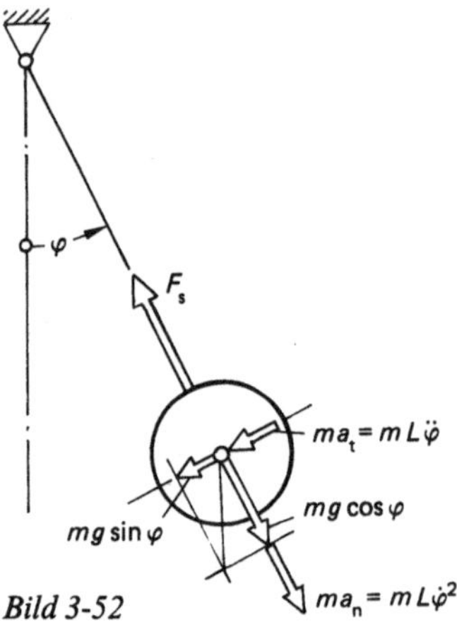

Bild 3-52

Lösung:

In tangentialer Richtung:

$$\sum F = 0$$

$$0 = m\,g\,\sin\varphi + m\,L\,\ddot{\varphi}$$

mit

$$\sin\varphi \cong \varphi$$

$$0 = \ddot{\varphi} + \underbrace{\frac{m\,g}{m\,L}}_{\omega_0^2}\,\varphi$$

Ergebnis:

$$\omega_0 = \sqrt{\frac{g}{L}}$$

$$T = \frac{2\pi}{\omega_0} = 2\pi\sqrt{\frac{L}{g}}$$

Übung 3-9

Am freien Ende einer einseitig eingespannten Blattfeder der Biegesteifigkeit $(E\,I_\mathrm{a})$ ist die Punktmasse m befestigt. Das System führt Biegeschwingungen der Eigenkreisfrequenz ω_0 aus. Bei der Bestimmung dieser Eigenkreisfrequenz ist die Masse der Blattfeder zu vernachlässigen, Bild 3-53.

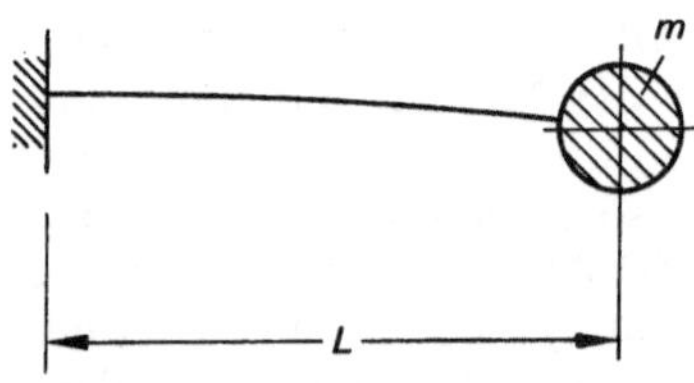

Bild 3-53

Lösung:

Federkonstante der Blattfeder, Bild 3-54:

$$c = \frac{F}{d}$$

F Querkraft am freien Federende,
d elastischer Weg, der durch F hervorgerufen wird.

Statik (Bild 3-55):

$$\sum F = 0$$

$$0 = F_\mathrm{st} - m\,g$$

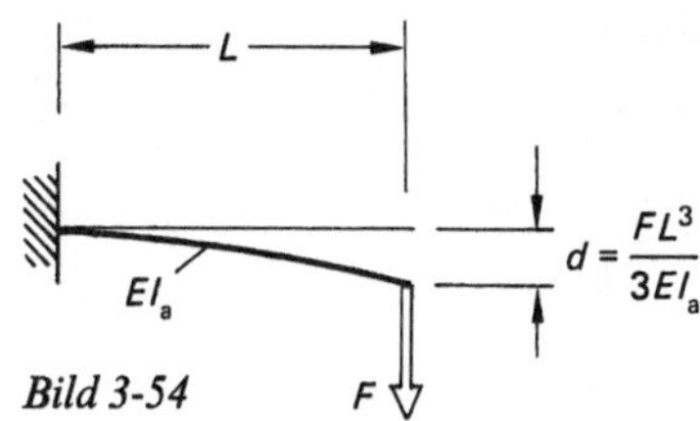

Bild 3-54

$$T = \frac{2\pi}{\omega_0} = 2\pi \sqrt{\frac{mL^3}{3EI_a}} = \text{Schwingungszeit (s)}$$

$$f = \frac{1}{T} = \text{Frequenz (Hz} = \text{HERTZ)}$$

Übung 3-10

Eine schwere Scheibe wird durch drei Blattfedern (Querschnitt 7×2 mm) wie in Bild 3-57 skizziert abgestützt und führt Biegeschwingungen in der Lotrechten aus. Dabei werde vorausgesetzt, daß die 1 m lange Blattfeder stets mit der Masse in Berührung bleibt. Wie groß ist die Masse, wenn die Schwingungszeit $T = 0,6$ s beträgt? $E = 2,1 \cdot 10^5 \, \text{N/mm}^2$.

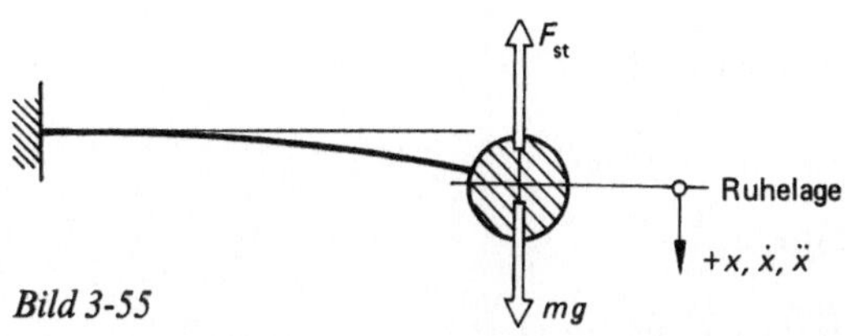

Bild 3-55

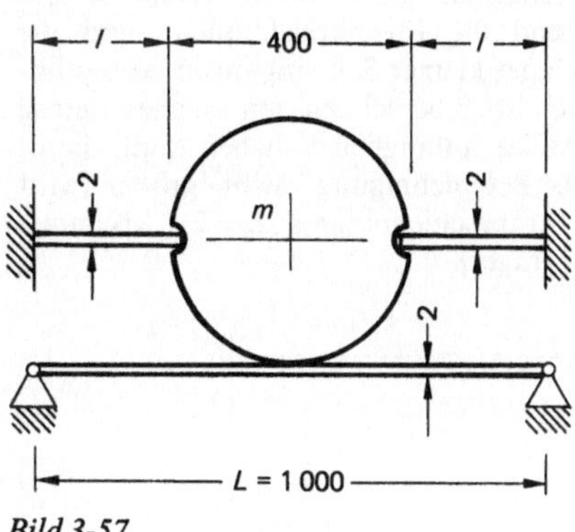

Bild 3-57

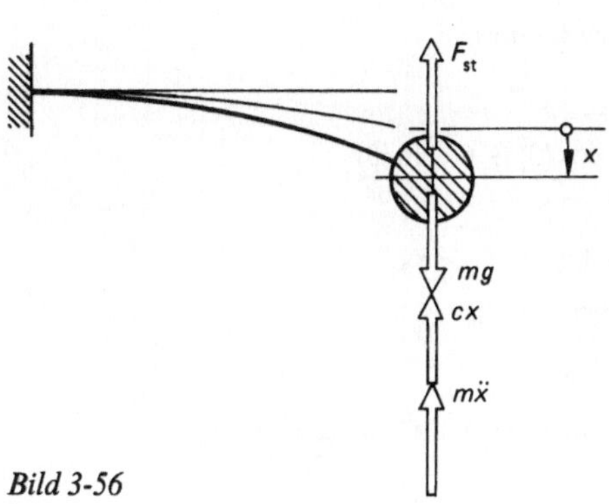

Bild 3-56

Dynamik (Bild 3-56):

$$\sum F = 0$$

$$0 = \underbrace{F_{st} - mg}_{=0} + cx + m\ddot{x}$$

$$0 = \ddot{x} + \frac{c}{m}x$$

$$\downarrow$$

$$\omega_0 = \sqrt{\frac{c}{m}}$$

mit

$$c = \frac{F}{d} = \frac{3EI_a}{L^3}$$

Ergebnis:

$$\omega_0 = \sqrt{\frac{3EI_a}{mL^3}} = \text{Eigenkreisfrequenz (1/s)}$$

Lösung:

Sonderfall: Federweg gleich Masseweg:

$$T = 0,6\,\text{s} = \frac{2\pi}{\omega_0}$$

$$\omega_0 = 10{,}472 \, 1/\text{s} = \sqrt{\frac{c}{m}}$$

Federschaltung: Parallelschaltung

$$c = 2c_1 + c_2$$

$$c = 2\,\frac{3EI_a}{l^3} + \frac{48EI_a}{L^3}$$

$$c = EI_a\left(\frac{6}{l^3} + \frac{48}{L^3}\right)$$

$$I_a = \frac{7 \cdot 2^3}{12} = 4,\overline{6}\,\text{mm}^4$$

$L = 1000\,\text{mm}$
$l = 300\,\text{mm}$
$c = 0{,}264818\,\text{N/mm} = 264{,}81\overline{77}\,\text{N/m}$

$$\omega_0^2 = (10{,}472\ 1/\text{s})^2 = \frac{c}{m}$$

$$m = \frac{c}{\omega_0^2} = \frac{264{,}81\overline{77}\,\text{N/m}}{10{,}472^2\ 1/\text{s}^2}$$

$$m = 2{,}41\,\text{kg}$$

Übung 3-11

Ein Doppel-T-Träger ist einseitig fest eingespannt und trägt am freien Ende die Masse $m = 840\,\text{kg}$, wie Bild 3-58 zeigt. Diese ist über eine Feder der Steifigkeit $c = 60\,\text{N/cm}$ mit dem Fundament verbunden. Unter Vernachlässigung von Balkenmasse und Federmasse sind die Eigenkreisfrequenz und die Schwingungsdauer kleiner Schwingungen zu bestimmen. Zusätzlich ist zu berechnen, um welchen Betrag x_0 man die Masse anfänglich anheben muß, damit die maximale Beschleunigung nicht größer wird als 10% der Erdbeschleunigung. $E = 210\,\text{kN/mm}^2$, $I_a = 573\,\text{cm}^4$ (Träger).

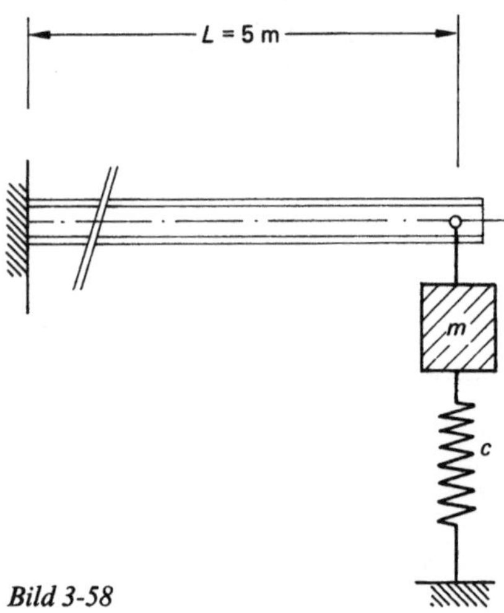

Bild 3-58

Lösung:

Federweg gleich Masseweg: $\omega_0^2 = \dfrac{c_{\text{ges}}}{m}$

Parallelschaltung:

$$c_{\text{ges}} = c + \frac{3\,E\,I_a}{L^3}$$

$$c_{\text{ges}} = 6\,\text{N/mm} + \frac{3 \cdot 2{,}1 \cdot 10^5\,\text{N/mm}^2 \cdot 573 \cdot 10^4\,\text{mm}^4}{(5000\,\text{mm})^3}$$

$c_{\text{ges}} = 34{,}8792\,\text{N/mm}$
$c_{\text{ges}} = 34\,879{,}2\,\text{N/m}$

$$\omega_0 = \sqrt{\frac{c_{\text{ges}}}{m}} = \sqrt{\frac{34\,879{,}2\,\text{N/m}}{840\,\text{kg}}}$$

$$\omega_0 = 6{,}4438\ 1/\text{s}$$

$$T = \frac{2\pi}{\omega_0} = 0{,}9751\,\text{s}$$

Weg-Zeit-Gesetz:

$$x(t) = C_1 \cos(\omega_0 t) + C_2 \sin(\omega_0 t)$$

Daraus:

$$\dot{x}(t) = -C_1 \omega_0 \sin(\omega_0 t) + C_2 \omega_0 \cos(\omega_0 t)$$
$$\ddot{x}(t) = -C_1 \omega_0^2 \cos(\omega_0 t) - C_2 \omega_0^2 \sin(\omega_0 t)$$

1. Randbedingung:

$$x(t=0) = x_0$$
$$x_0 = C_1 \underbrace{\cos(0)}_{=1} + C_2 \underbrace{\sin(0)}_{=0}$$

Es folgt daraus $C_1 = x_0$.

2. Randbedingung:

$$\dot{x}(t=0) = 0$$
$$0 = -C_1 \omega_0 \underbrace{\sin(0)}_{=0} + C_2 \omega_0 \underbrace{\cos(0)}_{=1}$$

Es folgt daraus $C_2 = 0$.
Das Beschleunigung-Zeit-Gesetz lautet dann:

$$\ddot{x}(t) = -\underbrace{x_0 \omega_0^2}_{a_{\max}} \cos(\omega_0 t)$$

$$a_{\max} = 0{,}1 \cdot 9{,}81\,\text{m/s}^2 = x_0 (6{,}4438\ 1/\text{s})^2$$
$$x_0 = 0{,}023626\,\text{m} = 23{,}6\,\text{mm}\ .$$

Übung 3-12

Ein Fahrzeug steht gemäß Bild 3-59 oben vor einer schiefen Ebene. Der Reibkoeffizient zwischen der Wagenladung und der Ladefläche beträgt $\mu = 0{,}2$. Bei dem Neigungswinkel der schiefen Ebene von $30°$ würde die Ladung rutschen, wenn das Fahrzeug während der Abwärtsfahrt nicht beschleunigen würde. Welche Mindestbeschleunigung verhindert das Rutschen der Ladung? In welcher Zeit durchfährt das Fahrzeug die Hangstrecke von $50\,\text{m}$? Welche Geschwindigkeit erreicht es? Welchen Mindestbremsweg benötigt es auf horizontaler Strecke, damit die Ladung nicht ins Rutschen kommt?

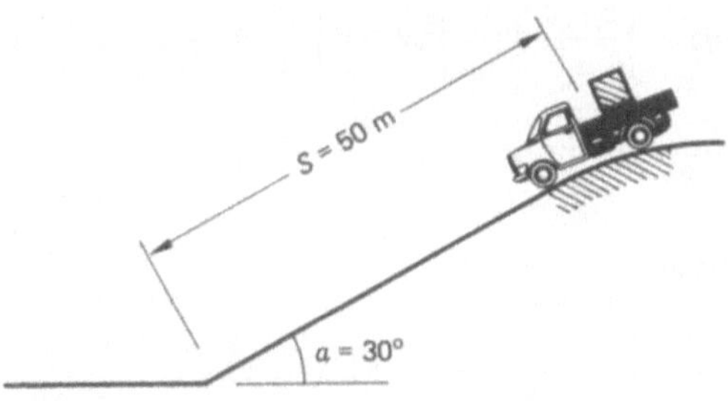

Bild 3-59

Lösung:

Bild 3-60 zeigt die Gleichgewichtsbetrachtung.

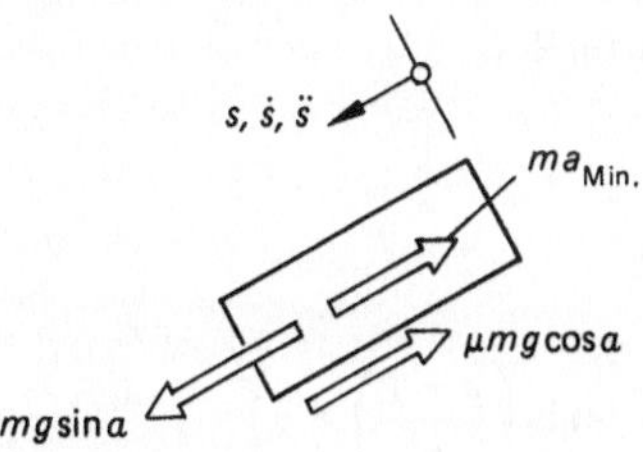

Bild 3-60

D'ALEMBERT:

Aus $\sum F = 0$ folgt:

$$a_{min} = g(\sin\alpha - \mu\cos\alpha)$$
$$a_{min} = 9,81 \text{ m/s}^2 (\sin 30° - 0,2 \cdot \cos 30°)$$
$$a_{min} = 3,206 \text{ m/s}^2$$

Gleichförmig beschleunigte Bewegung:

$$t = \sqrt{\frac{2s}{a_{min}}} = \sqrt{\frac{2 \cdot 50 \text{ m}}{3,206 \text{ m/s}^2}} = 5,585 \text{ s}$$

$$v = a_{min} t = 17,905 \text{ m/s} \triangleq 64,46 \text{ km/h}$$

Rutschbedingung auf der Horizontalen

$$a_{max} = \mu g = 0,2 \cdot 9,81 \text{ m/s}^2 = 1,962 \text{ m/s}^2$$

$$s_B = \frac{v^2}{2 a_{max}} = \frac{(17,905 \text{ m/s})^2}{2 \cdot 1,962 \text{ m/s}^2} = 81,7 \text{ m}$$

Übung 3-13

Die am Ende eines Seils der Länge $L > 2h$ vom Metergewicht q befestigte Masse m durchfällt die Höhe h und zieht dabei vom Boden Seil nach. Die Trägheit der Rollenmasse sei vernachlässigbar klein. Es ist die Geschwindigkeit $v(y)$ der Masse m in Abhängigkeit der durchfallenen Strecke y zu beschreiben, Bild 3-61.

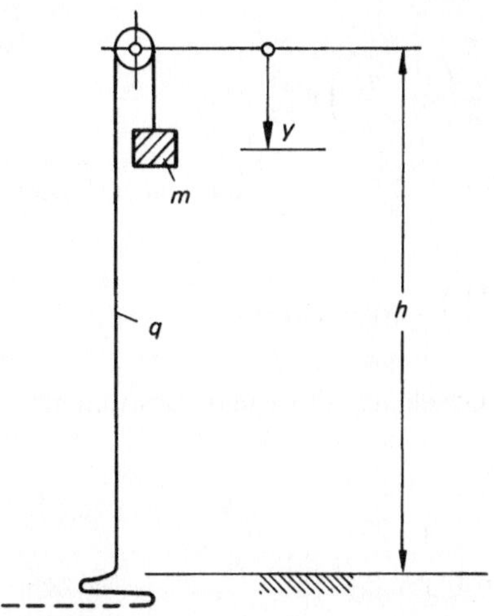

Bild 3-61

Lösung:

Es setzt nur dann Bewegung ein, wenn $mg > qh$; dies wird als gegeben vorausgesetzt.

Stellen wir die D'ALEMBERTschen „Gleichgewichtsbetrachtungen" für die beiden Massen an, Bild 3-62.

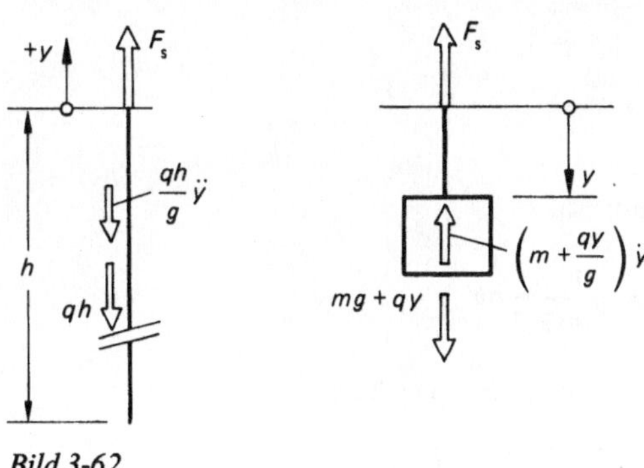

Bild 3-62

D'ALEMBERT-Betrachtung der aufwärts bewegten Masse:

$$\sum F = 0$$

$$0 = F_s - \frac{qh}{g}\ddot{y} - qh$$

Daraus:

$$F_s = \frac{qh}{g}\ddot{y} + qh$$

Analog an den abwärts bewegten Massen:

$$\sum F = 0$$

$$0 = mg + qy - F_s - \ddot{y}\left(m + \frac{qy}{g}\right)$$

Daraus:

$$F_\text{S} = mg + qy - \left(m + \frac{qy}{g}\right)\ddot{y}$$

Gleichsetzen der Ausdrücke für F_S führt nach Umstellen zu:

$$\ddot{y}\left(\frac{qh}{g} + m + \frac{qy}{g}\right) = mg - q(h - y)$$

Erweitern der Gleichung mit $\mathrm{d}y$ und Substitution:

$$\ddot{y} = \frac{\mathrm{d}\dot{y}}{\mathrm{d}t}$$

$$\ddot{y}\,\mathrm{d}y = \frac{\mathrm{d}\dot{y}}{\mathrm{d}t}\,\mathrm{d}y = \mathrm{d}\dot{y}\,\dot{y}$$

Es folgt so:

$$\dot{y}\,\mathrm{d}\dot{y} = \frac{mg - qh + qy}{mg + qh + qy}\,g\,\mathrm{d}y$$

Substitutionen:

$$\frac{mg}{q} - h = u$$

$$\frac{mg}{q} + h = v$$

Damit:

$$\dot{y}\,\mathrm{d}\dot{y} = g\,\frac{u + y}{v + y}\,\mathrm{d}y$$

Integration beider Gleichungsseiten:

$$\frac{\dot{y}^2}{2g} = \int \frac{u}{v + y}\,\mathrm{d}y + \int \frac{y}{v + y}\,\mathrm{d}y$$

Erstes Integral:
Mit:

$$v + y = z \text{ wird } \mathrm{d}y = \mathrm{d}z$$

$$\int \frac{u}{z}\,\mathrm{d}z = u \ln z + C_1$$

$$\int \frac{u}{v + y}\,\mathrm{d}y = u \ln(v + y) + C_1$$

Zweites Integral:

Mit derselben Substitution wie bei Lösung des ersten Integrals folgt:

$$\int \frac{y}{z}\,\mathrm{d}z = \int \frac{z - v}{z}\,\mathrm{d}z = \int \mathrm{d}z - v \int \frac{\mathrm{d}z}{z} = z - v \ln z + C_2$$

$$\int \frac{y}{v + y}\,\mathrm{d}y = v + y - v \ln(v + y) + C_2$$

Somit also:

$$\frac{\dot{y}^2}{2g} = u \ln(v + y) + v + y - v \ln(v + y) + C$$

Bestimmung der Integrationskonstanten

$$C = C_1 + C_2:$$

Randbedingung: $\dot{y}(y = 0) = 0$

$$0 = u \ln(v) + v - v \ln(v) + C$$
$$C = (v - u) \ln(v) - v$$
$$ = -(u - v) \ln(v) - v$$

Lösung:

$$\dot{y}^2 = v^2(y) = 2g\left((u - v) \ln\left(\frac{v + y}{v}\right) + y\right)$$

Aufschlaggeschwindigkeit $v_\text{A} = v(y = h)$:

$$v_\text{A}^2 = 2g\left((-2h) \ln\left(1 + \frac{h}{\dfrac{mg}{q} + h}\right) + h\right)$$

Sonderlösung: $q = 0$

$$v_\text{A} = \sqrt{2g((-2h)\ln(1) + h)}$$
$$\quad \ln 1 = 0$$
$$v_\text{A} = \sqrt{2gh}$$

Dies entspricht dem freien Fall der Masse m.

Übung 3-14

Ein Seil der Masse m und der Länge L rutscht als Folge einer kleinen anfänglichen Auslenkung $y_0 = y(t = 0)$ reibungsfrei über eine halbkreisförmige Unterlage, Bild 3-63. Es ist die Geschwindigkeit des abrutschenden Seils zu untersuchen.

Lösung:

1. Phase: Die halbkreisförmige Unterlage ist vollständig belegt, Bild 3-64.
Dynamisches Grundgesetz der Translation

$$F = ma$$

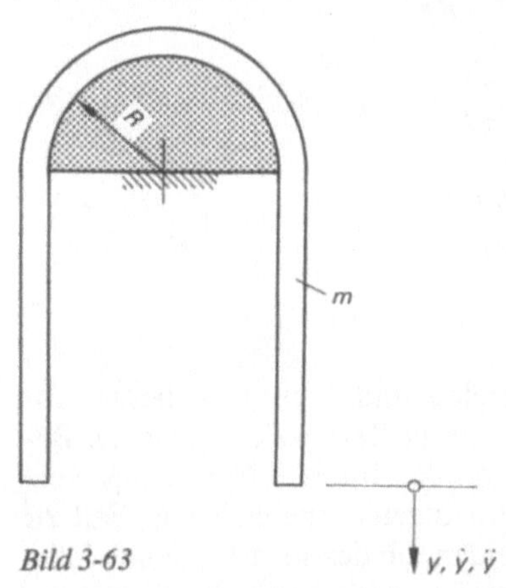

Bild 3-63

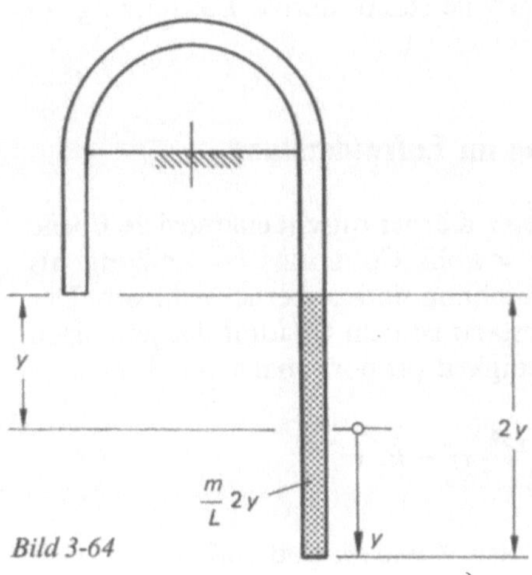

Bild 3-64

Hier:

$$F = \frac{m}{L}\, 2\, y\, g$$

$$a = \ddot{y} = \frac{\dfrac{m\, 2\, y\, g}{L}}{m} = \frac{2g}{L}\, y$$

Am Ende der 1. Bewegungsphase ist der Weg $y_1 = \frac{1}{2}(L - R\pi)$ zurückgelegt.
Mit

$$\ddot{y} = \frac{d\dot{y}}{dt} = \frac{d\dot{y}}{dt}\frac{dy}{dy} = d\dot{y}\,\dot{y}\,\frac{1}{dy}$$

folgt:

$$\int \dot{y}\, d\dot{y} = \frac{2g}{L} \int y\, dy$$

$$\frac{\dot{y}^2}{2} = \frac{g}{L}\, y^2 + C_1$$

$$\dot{y}^2 = \frac{2g}{L}\, y^2 + \underbrace{2\, C_1}_{C}$$

Randbedingung:

$$\dot{y}(y=0) = 0$$

Daraus folgt: $C = 0$

Das Geschwindigkeitsgesetz für die erste Bewegungsphase heißt also

$$v(y) = \sqrt{\frac{2g}{L}}\, y$$

Die Geschwindigkeit wächst in der 1. Phase linear mit dem Weg. Die Geschwindigkeit des Seils v_1 am Ende der 1. Bewegungsphase ergibt sich aus

$$v_1 = \sqrt{\frac{2g}{L}}\, y_1 = \sqrt{\frac{2g}{L}}\, \frac{1}{2}(L - R\pi)$$

$$v_1 = (L - R\pi)\sqrt{\frac{g}{2L}}$$

2. Phase: Die Unterlage ist nur teilweise belegt, Bild 3-65.

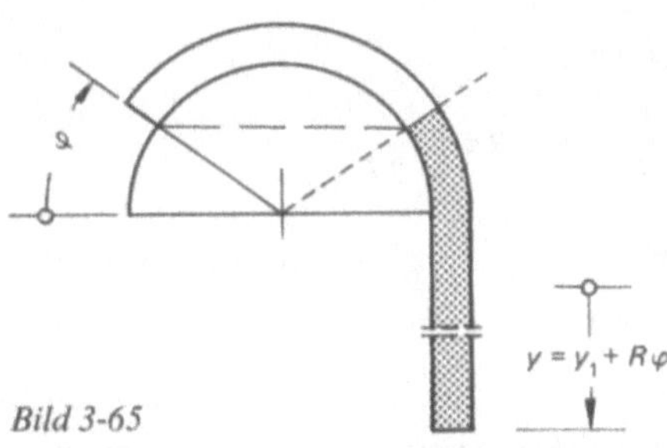

Bild 3-65

Wiederum wirken nur die als gerasterte Bildflächen markierten Teilmassen bzw. ihr Gewicht (und im gekrümmten Bereich die tangentiale Komponente) als Aktionskräfte der Beschleunigung, Bild 3-66.

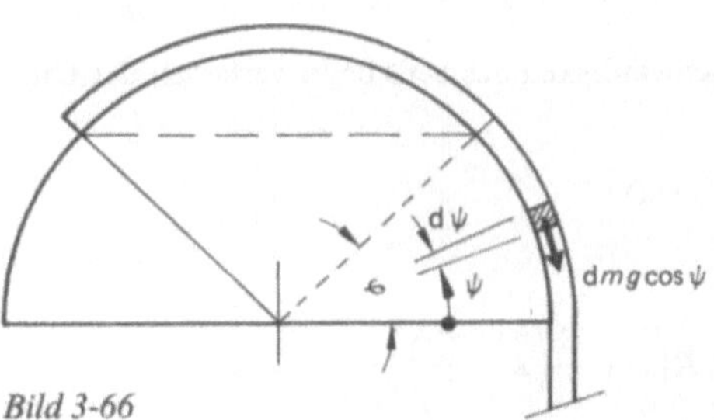

Bild 3-66

2. Phase: $a = \dfrac{F}{m}$

$$\ddot{y} = \frac{1}{m}\left[g\,\frac{m}{L}\,(L - R(\pi - \varphi)) + \int\limits_{\psi=0}^{\psi=\varphi} dm\,g\cos\psi \right]$$

mit

$$dm = \frac{m}{L}\,R\,d\psi$$

$$\ddot{y} = \frac{1}{m}\left[m g\left(1 - \frac{R}{L}(\pi - \varphi - \sin\varphi) \right) \right]$$

$$\ddot{y} = g\left(1 - \frac{R}{L}(\pi - \varphi - \sin\varphi) \right)$$

Am Ende der 2. Bewegungsphase ($\varphi = \pi$) wird $\ddot{y} = g$; das Seil fällt frei im Schwerefeld.

$$\ddot{y} = d\dot{y}\,\dot{y}\,\frac{1}{dy} = g\left(1 + \frac{R}{L}(\varphi + \sin\varphi - \pi) \right)$$

mit

$$dy = R\,d\varphi$$

Nach Integration:

$$\frac{\dot{y}^2}{2} = g R\left(\varphi + \frac{R}{2L}\,\varphi^2 - \frac{R}{L}\cos\varphi - \frac{R\pi}{L}\,\varphi \right) + C_2$$

Randbedingung:

$$\dot{y}(\varphi=0) = v_1 = (L - R\pi)\sqrt{\frac{g}{2L}}$$

Daraus folgt:

$$C_2 = \frac{v_1^2}{2} + \frac{g R^2}{L}$$

Das Geschwindigkeitsgesetz für die 2. Bewegungsphase lautet somit:

$$\frac{1}{2}v^2(\varphi) = g R\left(\varphi\left(1 - \frac{R\pi}{L}\right) + \frac{R}{L}\left(\frac{\varphi^2}{2} - \cos\varphi\right) \right) + \frac{v_1^2}{2} + \frac{g R^2}{L}$$

Endgeschwindigkeit des Seils beim Verlassen der Unterlage:

$$v_E = v(\varphi=\pi)$$

Es folgt:

$$v_E^2 = 2 g R\left(\pi + \frac{R}{L}\left(2 - \frac{\pi^2}{2}\right) \right) + v_1^2$$

1. Sonderfall: $L = R\pi$

$$v_E^2 = 2 g R\left(\frac{\pi}{2} + \frac{2}{\pi} \right)$$

2. Sonderfall: $R = 0$

$$v_E^2 = v_1^2 = \sqrt{\frac{L g}{2}}$$

Bei den Beispielen und Übungen dieses Abschnitts wurde auf die Berücksichtigung der Bewegungswiderstände durch Luftreibung verzichtet; es ist im Ingenieurbereich von Fall zu Fall zu entscheiden, ob der so entstehende Fehler hingenommen werden kann. Im folgenden soll an einem Beispiel gezeigt werden, wie der Bewegungswiderstand durch Luftreibung zu berücksichtigen ist.

Bewegung im Luftwiderstand

Ein schwerer Körper rutscht eine schiefe Ebene hinunter; sowohl COULOMBsche Reibung als auch Luftreibung sind zu berücksichtigen. Der Luftwiderstand ist dem Quadrat der jeweiligen Geschwindigkeit proportional:

$$F_W = \frac{c_w\,\varrho_L\,A}{2}\,\dot{x}^2 = k_1\,\dot{x}^2$$

Kräfte an der Masse m, Bild 3-67.

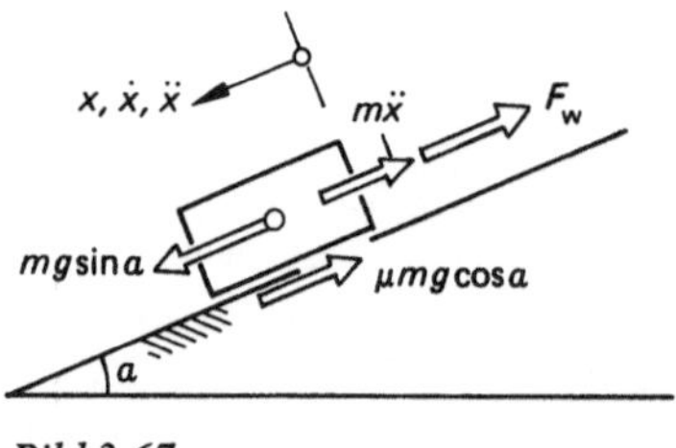

Bild 3-67

D'ALEMBERT:

$$\sum F = 0$$
$$0 = m\ddot{x} + k_1\,\dot{x}^2 - m g\,(\sin\alpha - \mu\cos\alpha)$$

1. Substitution:

$$g\,(\sin\alpha - \mu\cos\alpha) = a_0$$

$$k_1 = \frac{c_w \varrho_L A}{2}$$

c_w = Luftwiderstandsbeiwert
ϱ_L = Dichte der Luft
A = Anströmquerschnitt

2. Substitution:

$$\frac{k_1}{m} = k$$

Es folgt damit die Differentialgleichung:

$$\ddot{x} = k\left(\frac{a_0}{k} - \dot{x}^2\right)$$

Mit

$$\dot{x} = p$$

folgt:

$$\int \frac{\mathrm{d}p}{\frac{a_0}{k} - p^2} = k \int \mathrm{d}t$$

Nach Lösung der Grundintegrale ergibt sich

$$p = \dot{x} = \sqrt{\frac{a_0}{k}} \, \frac{c_1 e^{2\sqrt{a_0 k}\,t} - 1}{c_1 e^{2\sqrt{a_0 k}\,t} + 1} = v(t)$$

Die Integrationskonstante c_1 folgt aus einer kinematischen Randbedingung, etwa

$$\dot{x}(t=0) = 0$$

Daraus:

$$c_1 = 1$$

Für große Werte t strebt $v(t)$ gegen $\sqrt{\dfrac{a_0}{k}}$.

$$v(t \to \infty) = \sqrt{\frac{a_0}{k}} = v_s$$

v_s ist die „stationäre Geschwindigkeit"; beim freien Fall ist dies die stationäre Sinkgeschwindigkeit; setzt man in

$$a_0 = g(\sin\alpha - \mu\cos\alpha)$$

$\alpha = \pi/2$, dann ist mit $a_0 = g$

$$v_s = \sqrt{\frac{2gm}{c_w \varrho_L A}}$$

die stationäre Sinkgeschwindigkeit des fallenden Körpers.

Die Weg-Zeit-Funktion $x(t)$ folgt nach abermaliger Trennung der Variablen der Differentialgleichung

$$\dot{x} = \frac{\mathrm{d}x}{\mathrm{d}t} = v_s \frac{c_1 e^{\frac{2a_0}{v_s}t} - 1}{c_1 e^{\frac{2a_0}{v_s}t} + 1}$$

$$x(t) = \frac{v_s^2}{2a_0} \ln\left[\frac{(1 + c_1 e^{\frac{2a_0}{v_s}t})^2}{e^{\frac{2a_0}{v_s}t}}\right] + c_2$$

Mit den Randbedingungen $x(t=0) = 0$ und $\dot{x}(t=0) = 0$ ergeben sich die Konstanten

$$c_1 = 1 \quad \text{und} \quad c_2 = -\frac{v_s^2}{2a_0} \ln 4$$

Somit gilt

$$x(t) = \frac{v_s^2}{2a_0} \ln\left[\frac{(1 + e^{\frac{2a_0}{v_s}t})^2}{4 e^{\frac{2a_0}{v_s}t}}\right]$$

3.2.2. Arbeit, Energie und Leistung bei Translation

In Abschnitt 2.9.1. ist die Definition der Arbeit einer Kraft gegeben als Wegintegral der Tangentialkomponente der angreifenden Kraft:

$$W = \int_{s_0}^{s_1} F_t(s)\,\mathrm{d}s$$

Die geometrische Deutung des Integrals als Fläche unter der zu integrierenden Funktion fand seine Anwendung bei der Beschreibung der Formänderungsarbeit an ideal-elastischen Systemen. Hier ist die Federspannarbeit der Dreiecksfläche unter der Kraft-Weg-Kurve gleich.

Federspannarbeit

oder Arbeit der elastischen Deformation, Bild 3-68.

$$W = \int F_t(s)\,\mathrm{d}s$$

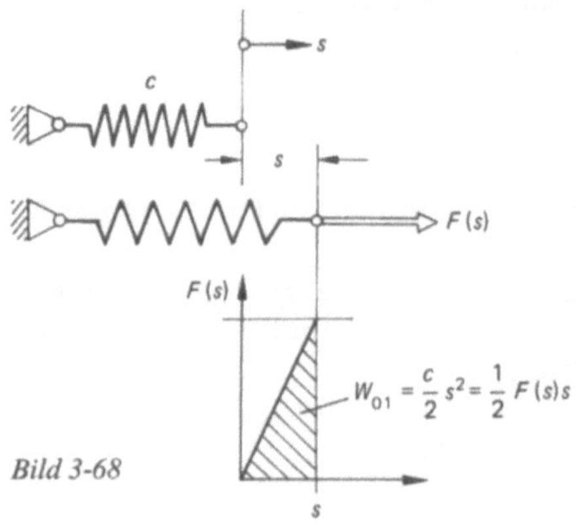

Bild 3-68

$$W_{01} = \frac{c}{2}\, s^2 = \frac{1}{2}\, F(s)\, s$$

mit

$$F_t(s) = c\, s$$

$$W = c \int_{s_0}^{s_1} s\, \mathrm{d}s$$

$$W = c \left. \frac{s^2}{2} \right|_{s_0}^{s_1}$$

$$W = \frac{c}{2}\, (s_1^2 - s_0^2)$$

Sonderfall: $s_0 = 0$ gemäß Bild 3-69, d.h., die Feder ist anfänglich entspannt:

$$W = \frac{c}{2}\, s^2$$

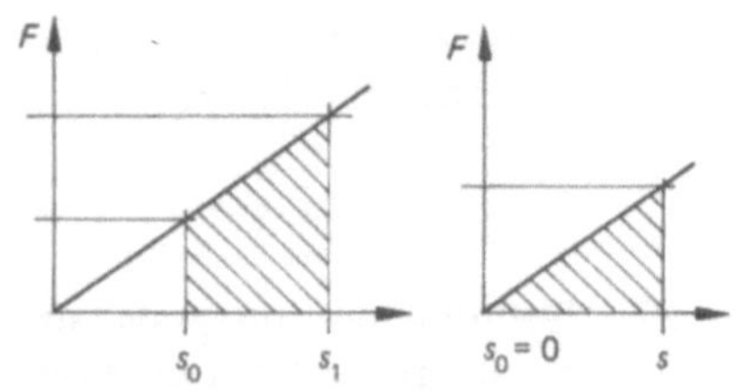

Bild 3-69

Arbeit der Reibkräfte: Reibarbeit

Bewegen wir einen Körper auf horizontaler Bahn langsam und gleichförmig, so ist nach dem COULOMBschen Gleitreibungsgesetz eine Kraft aufzubringen, die der normalen Andrückkraft proportional ist. Dabei ist die am bewegten Körper von der Bahn einwirkende Kraft gegen die Bewegung gerichtet. Kraft- und

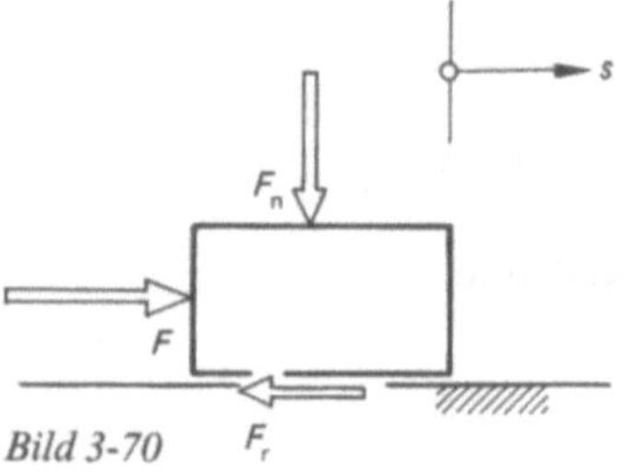

Bild 3-70

Wegrichtung sind gegeneinander gerichtet, Bild 3-70; die Arbeit der Reibkraft ist dann negativ:

$$W_r = - F_r \int_{s_0}^{s_1} \mathrm{d}s = - F_r (s_1 - s_0)$$

Die Arbeit der Reibkraft ist also negativ, wenn die Reibkraft gegen die Bewegungsrichtung gerichtet ist; z. B. beim Rutschen gemäß Bild 3-71.

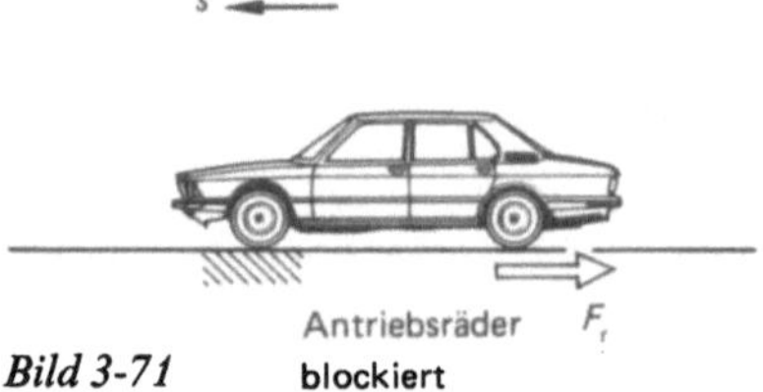

Bild 3-71

Reibarbeit ist dann positiv, wenn Reibkraft und Bewegung dieselbe Richtung haben. Dies ist bei der Beschleunigung des Fahrzeugs der Fall, Bild 3-72.

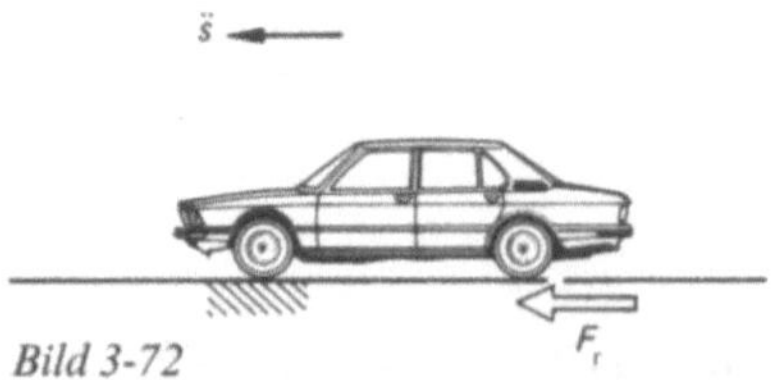

Bild 3-72

Hubarbeit

Hubarbeit ist jene mechanische Arbeit, die aufgebracht werden muß, um die Masse m im Schwerefeld um die Höhe h anzuheben. Dies soll längs einer schiefen Ebene veranschaulicht werden; dabei soll die Bahn ideal glatt sein (damit keine Reibarbeit auftritt), und die Bewe-

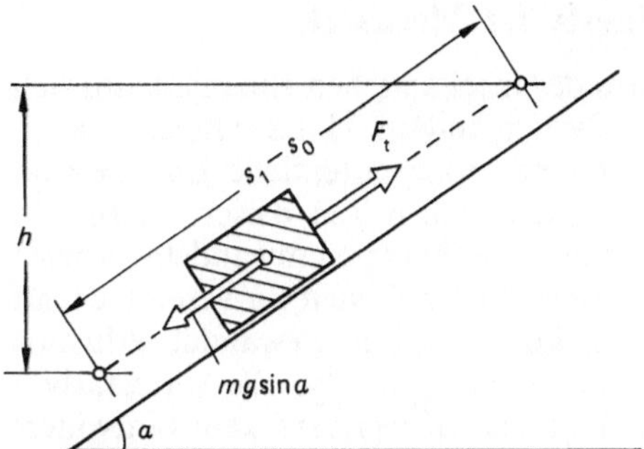

Bild 3-73

gung langsam erfolgen (damit keine Beschleunigungsarbeit verrichtet wird), Bild 3-73.

$$F_t = mg \sin\alpha = \text{konst}$$

$$W_h = F_t \int ds = F_t \, |s|_{s_0}^{s_1}$$

$$W_h = F_t(s_1 - s_0)$$

mit

$$F_t = mg \sin\alpha$$

und

$$(s_1 - s_0) = \frac{h}{\sin\alpha}$$

$$W_h = mg \sin\alpha \, \frac{h}{\sin\alpha} = mgh = F_G h$$

Die Hubarbeit ist unabhängig von der Bahnform, sie ist eine sog. Potentialarbeit, die nur abhängt von dem Potentialunterschied der beiden Stellungen 0 und 1. Bei Bewegung auf ein niedrigeres Niveau wird diese Arbeit gewonnen, bei Anheben auf ein höheres Niveau wird diese Hubarbeit aufzubringen sein. Auf welchem Weg dies geschieht, ist gleichgültig, die Bahnform spielt keine Rolle.

Anmerkung:

Dementgegen ist Reibarbeit keine Potentialarbeit, also eine sog. Nichtpotentialarbeit. Während die beim Spannen einer Feder aufzubringende Arbeit bei der Entspannung zurückgewonnen wird (Potentialarbeit), wird bei Hin- und Herbewegung auf rauher Bahn sowohl beim Hinweg als auch beim Rückweg Reibarbeit verloren gehen; Reibarbeiten sind also Nichtpotentialarbeiten.

Beschleunigungsarbeit

Federspannarbeit und Hubarbeit wurden als Potentialarbeiten und die Reibarbeit als Nichtpotentialarbeit erläutert. Nun muß noch die letzte der mechanischen Arbeitsformen, die Beschleunigungsarbeit, erklärt werden. Beschleunigungsarbeit ist jene mechanische Arbeit, die aufzubringen ist, die Geschwindigkeit der Masse m zu ändern. Ist die Geschwindigkeitsänderung eine Beschleunigung, so sind Kraft und Weg gleichgerichtet, die Beschleunigungsarbeit ist positiv, muß aufgebracht werden. Ist die Geschwindigkeitsänderung negativ, d.h. wird der Körper verlangsamt, so sind Kraft und Weg entgegengerichtet, die Beschleunigungsarbeit ist negativ, wird gewonnen.

Die an der Masse angreifende Kraft in Bahnrichtung ist

$$F_t = m a_t$$

Gehen wir wieder aus vom Arbeitsintegral:

$$W = \int F_t(s) \, ds = m \int a_t \, ds$$

mit $a_t = dv/dt$ und $ds = v \, dt$. Damit ist das Arbeitsintegral

$$W = m \int \frac{dv}{dt} v \, dt$$

$$W = m \int v \, dv = m \left. \frac{v^2}{2} \right|_{v_0}^{v_1} = \frac{m}{2}(v_1^2 - v_2^2)$$

Der zuletzt gefundene Zusammenhang ist der Arbeitssatz der Mechanik. Wir werden im Verlauf dieses Abschnitts die Größe

$$\frac{mv^2}{2}$$

als kinetische Energie der Translationsbewegung bezeichnen.

Dann lautet der Arbeitssatz:

Die zur Beschleunigung einer Masse aufzubringende mechanische Arbeit ist gleich der Differenz der kinetischen Energien.

Energie

Das Verrichten mechanischer Arbeiten – Hubarbeit, Arbeit der elastischen Deformation, Beschleunigungsarbeit, Reibarbeit – bedeutet einen zeitlichen Vorgang. Die so ins System hineingebrachte mechanische Arbeit kann – sofern sie nicht in Wärme umgesetzt wurde wie bei der Reibarbeit, wenn diese Verlustarbeit ist – wiedergewonnen werden: Der durch Verrichten der Hubarbeit auf höheres Potential angehobene Körper kann, bewegt er sich wieder abwärts, diese Arbeit abgeben; z. B. bei einem Fallhammer.

Der Bär des Fallhammers verrichtet beim Auftreffen auf das Werkstück plastische Deformationsarbeit. Die durch mechanische Federspannarbeit elastisch deformierte Feder kann beim Entspannen diese Arbeit wieder abgeben; ein Beispiel hierfür ist die Armbrust. Der durch Beschleunigungsarbeit auf eine höhere Geschwindigkeit gebrachte Körper kann diese Arbeit beim Abbremsen wieder abgeben; z. B. beim Bolzenschießgerät.

Während das Aufbringen von Arbeit ein zeitlicher Vorgang ist, stellt der Zustand der erhöhten innewohnenden Arbeit die sog. Energie dar. Unter mechanischer Energie versteht man also das Arbeitsvermögen. Wir kennen die

- Energie der Lage (potentielle Energie),
- Energie der Bewegung (kinetische Energie),
- Energie der elastischen Deformation (Federenergie).

Entsprechend den Arbeitsformeln können wir schreiben:

Potentielle Energie $U_h = m\,g\,h$

Kinetische Energie $E = \dfrac{m\,v^2}{2}$

Federenergie $U_f = \dfrac{c}{2}\,f^2$

Einheiten:

U_h in $\mathrm{kg}\,\dfrac{\mathrm{m}}{\mathrm{s}^2}\,\mathrm{m} = \mathrm{Nm}$

E in $\mathrm{kg}\,(\mathrm{m/s})^2 = \mathrm{Nm}$

U_f in $\dfrac{\mathrm{N}}{\mathrm{m}}\,\mathrm{m}^2 = \mathrm{Nm}$

Arbeit ist also ein Vorgang, Energie ein Zustand. Die Einheit von Arbeit und Energie ist Nm:

1 Nm = 1 J (Joule) = 1 Ws (Wattsekunde)

1 J = 0,2388 cal; 1 cal = 4,187 J; 1 kcal = 4187 J

Energiesatz der Mechanik

Die Form der mechanischen Energie kann sich in einem System ändern. Hat der fallende Körper zuvor eine große potentielle Energie und fällt, so wird er einen Teil dieser Energie in erhöhte kinetische Energie umwandeln, er wird beim Fallen schneller. Gehen wir vereinfachend davon aus, daß dieser Energiewandel verlustlos geschieht, betrachten wir also alle Verlustarbeiten zu null (keine Reibverluste, kein Luftwiderstand, keine Korngrenzenreibung usw.), so kann man sagen, daß die einem System innewohnende Energie zeitlich konstant ist, wobei die verschiedenen mechanischen Energien eines solchen konservativen, abgeschlossenen Systems unterschiedliche Größe annehmen können. Ein Beispiel dafür ist der mechanische Schwinger im Schwerefeld. Hier wird bei Bewegung ein ständiger Austausch zwischen potentieller Energie, Federenergie und kinetischer Energie stattfinden; die Summe dieser drei Energien ist stets konstant, Bild 3-74.

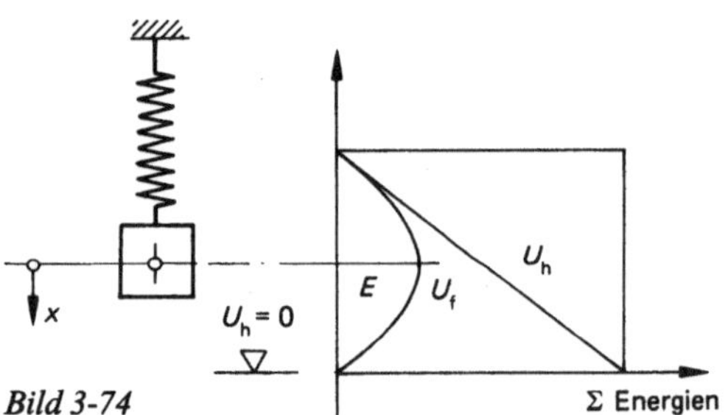

Bild 3-74

Da es bei der potentiellen Energie nicht um Absolutwerte geht, also nicht um das eigentliche Potential etwa gegenüber dem Erdmittelpunkt, sondern nur um den Potentialunterschied zwischen den beiden Körperlagen, definiert man die tiefste Stelle der Lage des Körperschwerpunkts als Nullpotential, von dem aus die Höhen h in $U_h = m\,g\,h$ gezählt werden. Definieren wir so in unserem Beispiel (Schwinger) die tiefste Lage, also den unteren Umkehrpunkt, als Potential null, so verfügt der Schwinger in dieser Lage nur noch über Federenergie, da seine Geschwindigkeit kurzzeitig null ist. In der oberen Umkehrlage ist das Potential groß, die kinetische Energie wiederum null, die Federenergie kann null sein, muß aber nicht null sein; die Feder kann sowohl auf Zug als auch schon auf Druck gespannt sein. Für jede Stellung der Masse kann nun die Energiebilanz gezogen werden. Man erkennt, daß die Masse in der Gleichgewichtslage die größte Geschwindigkeit aufweist.

Den verlustlosen Austausch der mechanischen Energien beschreibt der Energieerhaltungssatz der Mechanik:

$$E + U_h + U_f = \text{konst} = E_0 + U_{h_0} + U_{f_0}$$

Zu jedem Zeitpunkt ist die Summe der mechanischen Energien konstant.

Verlustfreie Bewegungen sind eine energetische Fiktion. Es gibt keine Maschine, die dauernd Arbeit erzeugt, ohne daß ein gleichwertiger Betrag anderer Energie entfällt (Perpetuum mobile erster Art). Verlustarbeiten sind im mechanischen System Reibverluste. Bei Gleichgerichtetheit von Reibkraft und Bewegung kann die Reibarbeit auch positiv sein. Arbeiten von Nichtpotentialkräften können also Zunahme oder Verlust in einer Energiebilanz bedeuten. Der Energiesatz der Mechanik berücksichtigt – im Gegensatz zum idealisierten Energieerhaltungssatz der Mechanik – solche Energiegewinne und -verluste:

$$E_0 + U_0 \pm W_N = E_1 + U_1$$

Verfolgen wir einen auf rauher, schiefer Ebene herabgleitenden Körper der Masse m und berechnen die Geschwindigkeit, mit der er nach einem Höhenunterschied h sich längs seiner Bahn bewegt, Bild 3-75.

0 = Startstellung $(v_0 = 0)$
1 = Endstellung $(v_1 = ?)$

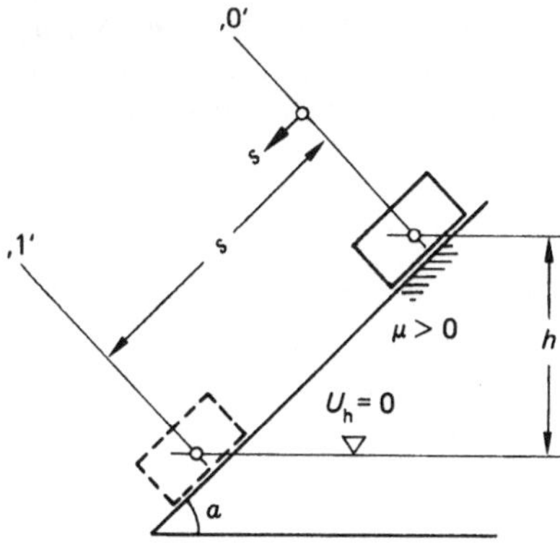

Bild 3-75

$$E_0 = 0$$

$$U_{h_0} = mgh$$

$$E_1 = \frac{mv_1^2}{2}$$

$$U_{h_1} = 0 \text{ (Definition)}$$

$$W_N = -F_r s = -mg\mu\cos\alpha\,s$$

Energiebilanz zwischen 0 und 1:

$$mgh - mg\mu\cos\alpha\,s = \frac{mv_1^2}{2}$$

Daraus folgt mit $h = s\sin\alpha$

$$v_1^2 = 2gs(\sin\alpha - \mu\cos\alpha)$$

Leistung einer Kraft

Maschinelle Funktionen sind meist Bewegungsfunktionen. Bewegungsabläufe werden als Zeitfunktionen dargestellt: $s(t)$, $v(t)$, $a(t)$. So wie die Zeit eine zentrale Rolle bei der Beschreibung von Bewegungsabläufen hat, so wichtig ist die Frage, in welcher Zeit die zur Erzielung des geplanten Bewegungsablaufs erforderliche mechanische Arbeit aufgebracht werden muß. Wir definieren:

Die je Zeiteinheit verrichtete mechanische Arbeit ist die mechanische Leistung:

$$P_m = \frac{\Delta W}{\Delta t}$$

ΔW im Zeitintervall verrichtete mechanische Arbeit

P_m mittlere Leistung im Zeitintervall Δt

Im Grenzübergang wird der Differenzenquotient zum Differentialquotienten; die augenblicklich aufgebrachte Leistung ist der Ableitung der $W(t)$-Funktion nach t gleich:

$$P = \frac{dW}{dt} = \lim_{\Delta t \to 0} \frac{\Delta W}{\Delta t}$$

Schreiben wir die mechanische Arbeit wieder in Form des Wegintegrals der Tangentialkomponente der angreifenden Kraft:

$$W = \int F_t\,ds$$

mit $\mathrm{d}s = v\,\mathrm{d}t$

$$W = \int F_\mathrm{t}\, v\,\mathrm{d}t$$

Damit können wir für die Leistung schreiben:

$$P = \frac{\mathrm{d}W}{\mathrm{d}t}\left(\int F_\mathrm{t}\, v\,\mathrm{d}t\right) = F_\mathrm{t}\, v$$

Die Leistung einer Kraft ist das Produkt aus der Bahnkomponente F_t und der Bahngeschwindigkeit des Kraftangriffspunkts.

Einheit der Leistung:

$$P \text{ in } \frac{\mathrm{Nm}}{\mathrm{s}}$$

$1\,\mathrm{Nm/s} = 1\,\mathrm{W}\ (\mathrm{Watt}) = 1\,\mathrm{J/s}$
$1\,\mathrm{kW} = 1{,}36\,\mathrm{PS};\ \ 1\,\mathrm{PS} = 0{,}736\,\mathrm{kW}$

Ist die Leistung P die zeitliche Ableitung der $W(t)$-Funktion, so ist umgekehrt die Arbeit das Zeitintegral der Leistung:

$$\int \mathrm{d}W = \int P\,\mathrm{d}t$$

$$W_{01} = \int_{t_0}^{t_1} \mathrm{d}W = \int_{t_0}^{t_1} P\,\mathrm{d}t = W_1 - W_0$$

Das Zeitintegral der Leistung ist gleich der Differenz der Arbeiten zwischen den Zeitpunkten t_0 und t_1, Bild 3-76.

Ohne Verlustarbeit funktioniert kein maschineller Bewegungsablauf. Die dem System zugeführte Arbeit erfährt Verluste, so daß die nutzbare Arbeit geringer ist als die zugeführte.

$$W_\mathrm{n} = W_\mathrm{z} - W_\mathrm{v}$$

$W_\mathrm{n} = $ Nutzarbeit
$W_\mathrm{z} = $ zugeführte Arbeit
$W_\mathrm{v} = $ Verlustarbeit

Wirkungsgrad:

$$\eta = \frac{W_\mathrm{n}}{W_\mathrm{z}} = \frac{W_\mathrm{z} - W_\mathrm{v}}{W_\mathrm{z}} = 1 - \frac{W_\mathrm{v}}{W_\mathrm{z}}$$

oder

$$\eta = 1 - \frac{P_\mathrm{v}}{P_\mathrm{z}} = \frac{P_\mathrm{n}}{P_\mathrm{z}}$$

Der Wirkungsgrad ist das Verhältnis von Nutzarbeit zu zugeführter Arbeit bzw. das Verhältnis von Nutzleistung zu zugeführter Leistung.

Gesamtwirkungsgrad:

$$\eta = \frac{P_\mathrm{n}}{P_\mathrm{z}} = \eta_1\,\eta_2\,\eta_3 \cdots$$

Der Gesamtwirkungsgrad eines Systems ist das Produkt der Einzelwirkungsgrade der einzelnen Verluststellen.

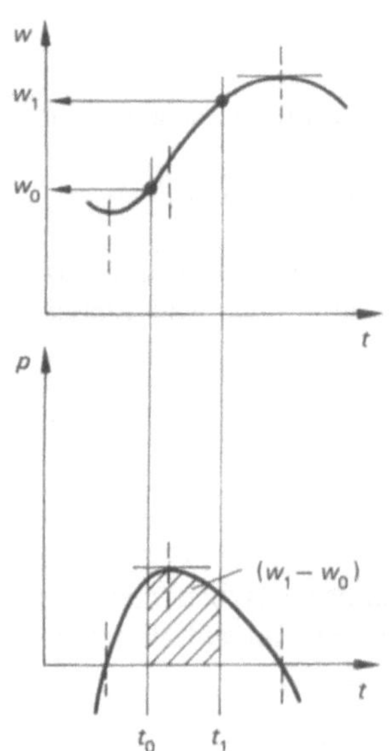

Bild 3-76

Übung 3-15

Ein Fahrzeug, aus dem Stillstand gleichförmig mit $a = 3\,\mathrm{m/s^2}$ beschleunigt, rollt ohne Schlupf eine Anhöhe $H = 10\,\mathrm{m}$ hinauf, wie Bild 3-77 zeigt. Welche Anlaufstrecke in der Horizontalen ist erforderlich, damit das Fahrzeug oben noch mit $4\,\mathrm{m/s}$ ankommt?

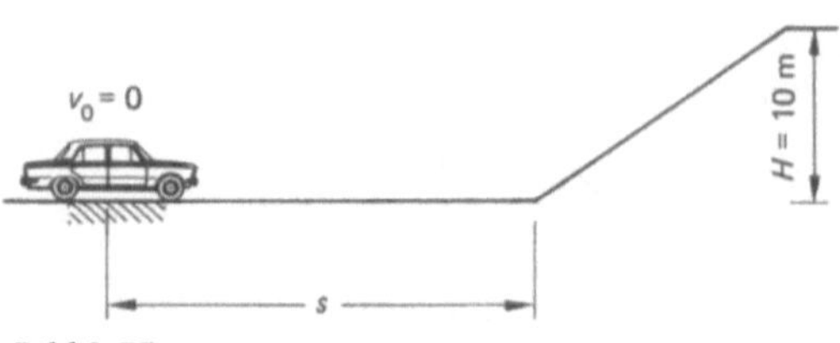

Bild 3-77

Lösung:

Energiebilanz zwischen Fußpunkt Hang und Hochpunkt:

$$\frac{m}{2} v_1^2 = m g H + \frac{m}{2} v_2^2$$

$$v_2 = 4 \, \text{m/s}$$

$$v_1 = \sqrt{2 g H + v_2^2}$$

$$v_1 = \sqrt{2 \cdot 9{,}81 \, \text{m/s}^2 \cdot 10 \, \text{m} + (4 \, \text{m/s})^2} = 14{,}567 \, \text{m/s}$$

Kinematik: gleichförmig beschleunigte Bewegung

$$s = \frac{v_1^2}{2 a} = \frac{(14{,}567 \, \text{m/s})^2}{2 \cdot 3 \, \text{m/s}^2} = 35{,}37 \, \text{m}$$

Übung 3-16

Ein Fahrzeug fährt mit „Kavalierstart" (dabei drehen die Antriebsräder schneller, als für das Abrollen erforderlich ist) aus der Ruhe eine schiefe Ebene hinunter, Bild 3-78. Unten angekommen blockiert der Fahrer die Räder und rutscht. Nach welchem Rutschweg kommt das Fahrzeug zum Stillstand? Welche größte Geschwindigkeit erreicht das Fahrzeug? Reibzahl $\mu = 0{,}75$.

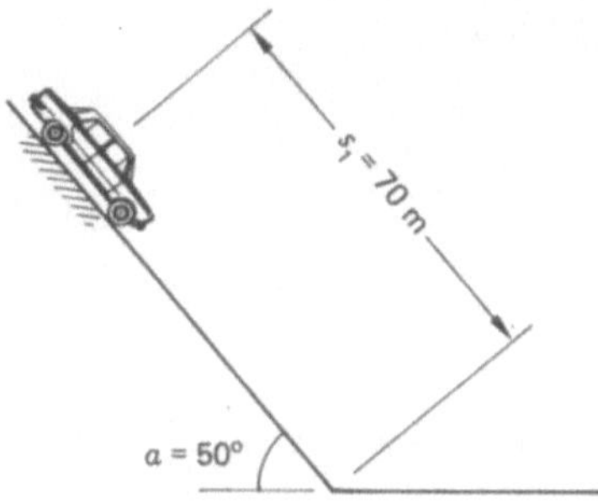

Bild 3-78

Lösung:

$$W_{\text{ho}} + W_{\text{N}_1} - W_{\text{N}_2} = 0$$

W_{N_1} = positive Reibarbeit am Hang
W_{N_2} = negative Reibarbeit auf der Horizontalen

$$m g s_1 \sin\alpha + m g \cos\alpha \, \mu \, s_1 - m g \mu s_2 = 0$$

$$s_2 = s_1 \frac{\sin\alpha + \mu \cos\alpha}{\mu}$$

$$s_2 = 70 \, \text{m} \, \frac{\sin 50° + 0{,}75 \cos 50°}{0{,}75} = 116{,}5 \, \text{m}$$

Beschleunigung bei Abwärtsfahrt:

Aus $\sum F = 0$ (D'ALEMBERT):

$$0 = m g (\sin\alpha + \mu \cos\alpha) - m a_0$$

$$a_0 = g (\sin\alpha + \mu \cos\alpha) = 12{,}24 \, \text{m/s}^2 = \text{konst}$$

$$v_{\text{max}} = \sqrt{2 a_0 s_1}$$

$$v_{\text{max}} = \sqrt{2 \cdot 12{,}24 \, \text{m/s}^2 \cdot 70 \, \text{m}} = 41{,}4 \, \text{m/s}$$

$$v_{\text{max}} = 41{,}4 \cdot 3{,}6 = 149 \, \text{km/h}$$

3.2.3. Reibung auf gekrümmter Bahn

Die Bewegung auf gekrümmter, rauher Bahn ist von einigem mathematischen Interesse, da die entstehende Differentialgleichung durch Differenzieren des Integrals nach der oberen Grenze in eine inhomogene Differentialgleichung gebracht wird, deren Ergebnis die Lösung des Problems darstellt.

Wir untersuchen das Bewegungsverhalten einer auf rauher, gekrümmter Bahn herabgleitenden Masse. Die Reibverluste können nur beschrieben werden, wenn die Geschwindigkeit an der jeweiligen Bahnstelle bekannt ist, denn die der Reibkraft proportionale Normalkraft auf die Bahn setzt sich aus der Gewichtskomponente und der Fliehkraft zusammen; diese wiederum aber ist geschwindigkeitsabhängig, Bild 3-79.

Reibkraft an beliebiger Bahnstelle:

$$F_{\text{r}}(\varphi) = \mu \left(m g \sin\varphi + \frac{m v^2(\varphi)}{R} \right)$$

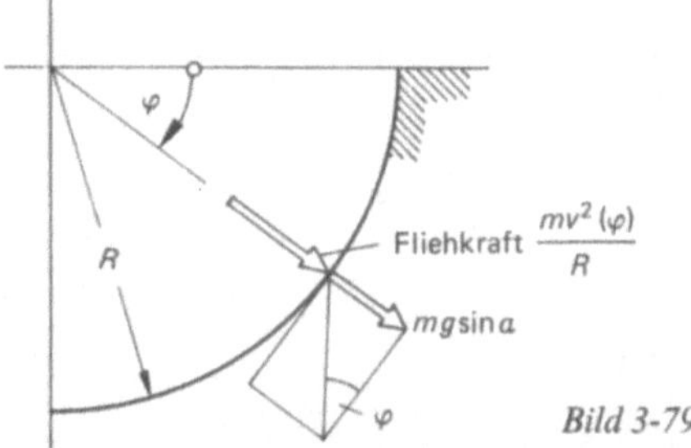

Energiebilanz zwischen der Startstelle 0 (anfängliche Ruhe) und der beliebigen Stellung φ der Masse, Bild 3-80.

$$m g R - \int_{\varphi=0}^{\varphi} \mu \left(m g \sin\varphi + \frac{m v^2(\varphi)}{R} \right) R \, d\varphi$$

$$= m g R (1 - \sin\varphi) + \frac{m}{2} v^2(\varphi)$$

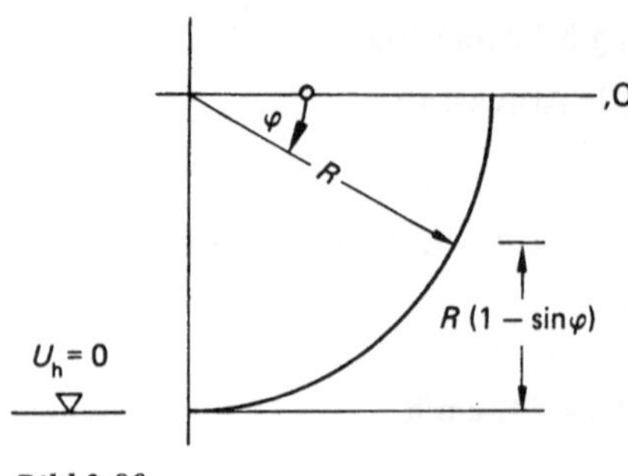

Bild 3-80

Darin ist das $v(\varphi)$-Gesetz unbekannt.
Ableitung nach φ:

$$0 - \mu\left(m g \sin\varphi + \frac{m v^2(\varphi)}{R}\right) R$$

$$= -m g R \cos\varphi + \frac{m}{2}\frac{\mathrm{d}}{\mathrm{d}\varphi}[v^2(\varphi)]$$

Substitution: $\varphi = x$; $v^2(\varphi) = y$

Dann lautet die Energiebilanzgleichung:

$$-\mu g R \sin x - \mu y = -g R \cos x + \tfrac{1}{2}y'$$
$$y' + 2\mu y = 2Rg(\cos x - \mu \sin x)$$

Das ist eine gewöhnliche, inhomogene Differentialgleichung 1. Ordnung und 1. Grades (linear) mit konstanten Koeffizienten.

Lösung:

$$y(x) = y_h(x) + y_p(x)$$

Lösung der homogenen Differentialgleichung:

$$0 = y' + 2\mu y$$

$$\frac{\mathrm{d}y}{\mathrm{d}x} = -2\mu y$$

$$\int\frac{\mathrm{d}y}{y} = -2\mu\int\mathrm{d}x$$

$$\ln y = -2\mu x + C_1$$

$$y_h = e^{C_1 - 2\mu x} = C e^{-2\mu x}$$

Die partikuläre Lösung wird im folgenden gefunden mit dem Verfahren der Variation der Konstanten C.

$$y_p(x) = C(x)\,e^{-2\mu x}$$
$$y_p'(x) = e^{-2\mu x}C'(x) - 2\mu e^{-2\mu x}C(x)$$

Einsetzen in die Differentialgleichung liefert:

$$2g R(\cos x - \mu \sin x) = C'(x)\,e^{-2\mu x}$$
$$\underbrace{- C(x)\,2\mu\,e^{-2\mu x} + 2\mu\,C(x)\,e^{-2\mu x}}_{=0}$$

$$C'(x) = 2g R(\cos x - \mu \sin x)\,e^{+2\mu x}$$

Daraus durch Integration $C(x)$:

$$C(x) = \int C'(x)\,\mathrm{d}x$$
$$C(x) = 2g R\int\underbrace{\cos x\,e^{2\mu x}\,\mathrm{d}x}_{\text{I}}$$
$$\qquad - 2g\mu R\int\underbrace{\sin x\,e^{2\mu x}\,\mathrm{d}x}_{\text{II}}$$

Nebenrechnung für Integral I:

partielle Integration

$$\int\cos x\,e^{2\mu x}\,\mathrm{d}x = \int\text{I}$$
$$e^{2\mu x} = v$$
$$\cos x = u'$$

$$\int v u' = u v - \int u v'$$

$$u = \sin x$$
$$v' = 2\mu\,e^{2\mu x}$$

$$\int\text{I} = \sin x\,e^{2\mu x} - 2\mu\int\sin x\,e^{2\mu x}\,\mathrm{d}x$$

2. partielle Integration

$$e^{2\mu x} = v$$
$$\sin x = u'$$
$$v' = 2\mu\,e^{2\mu x}$$
$$u = -\cos x$$

$$\int\text{I} = \sin x\,e^{2\mu x}$$
$$\qquad - 2\mu\left[-\cos x\,e^{2\mu x} + 2\mu\int\underbrace{\cos x\,e^{2\mu x}\,\mathrm{d}x}_{\text{I}}\right]$$

$$(1 + 4\mu^2)\int\cos x\,e^{2\mu x}\,\mathrm{d}x = e^{2\mu x}(\sin x + 2\mu\cos x)$$

$$\int\cos x\,e^{2\mu x}\,\mathrm{d}x = \frac{e^{2\mu x}}{1 + 4\mu^2}(\sin x + 2\mu\cos x)$$

Analog folgt für Integral II:

$$\int\sin x\,e^{2\mu x}\,\mathrm{d}x = \frac{e^{2\mu x}}{1 + 4\mu^2}(2\mu\sin x - \cos x)$$

Damit wird $C(x)$ beschrieben:

$$C(x) = \frac{2g R\,e^{2\mu x}}{1 + 4\mu^2}(\sin x + 2\mu\cos x)$$
$$\qquad - \frac{2g\mu R\,e^{2\mu x}}{1 + 4\mu^2}(2\mu\sin x - \cos x)$$

Schließlich die partikuläre Lösung der Differentialgleichung:

$$y_p(x) = C(x)\, e^{-2\mu x}$$

$$y_p(x) = \frac{2gR}{1+4\mu^2}\left(\sin x\,(1-2\mu^2) + 3\mu\cos x\right)$$

Gesamtlösung:

$$y(x) = y_h(x) + y_p(x)$$

$$y(x) = \frac{C}{e^{2\mu x}} + \frac{2gR}{1+4\mu^2}$$
$$\cdot\,(\sin x\,(1-2\mu^2) + 3\mu\cos x)$$

Resubstitution: $x = \varphi; \quad y = v^2(\varphi)$

$$v^2(\varphi) = \frac{C}{e^{2\mu\varphi}} + \frac{2gR}{1+4\mu^2}$$
$$\cdot\,(3\mu\cos\varphi + (1-2\mu^2)\sin\varphi)$$

Bestimmung der Integrationskonstanten C aus der Randbedingung

$$v(\varphi = 0) = 0$$

$$0 = \frac{C}{e^0} + \frac{2gR}{1+4\mu^2}$$
$$\cdot\left(3\mu\underbrace{\cos(0)}_{1} + \underbrace{\sin(0)}_{0}(1-2\mu^2)\right)$$

$$C = \frac{-6\mu gR}{1+4\mu^2}$$

Das so gefundene $v(\varphi)$-Gesetz:

$$v^2(\varphi) = \frac{2gR}{1+4\mu^2}$$
$$\cdot\left(3\mu\cos\varphi + (1-2\mu^2)\sin\varphi - \frac{3\mu}{e^{2\mu\varphi}}\right)$$

Geschwindigkeit am Fußpunkt der Bahn $\left(\varphi = \dfrac{\pi}{2}\right)$:

$$v_1 = v\left(\varphi = \frac{\pi}{2}\right) = \sqrt{\frac{2gR}{1+4\mu^2}\left(1 - 2\mu^2 - \frac{3\mu}{e^{\mu\pi}}\right)}$$

Wird die Wurzel imaginär, so zeigt dies, daß die Masse m bei der vorliegenden Bahnrauhigkeit den Fußpunkt nicht erreicht und auf der Bahn zum Stillstand kommt.

Übung 3-17

Gesucht ist jene Anfangsgeschwindigkeit v_A am Fußpunkt der rauhen, halbkreisförmigen Bahn vom Radius R, die vorliegen muß, damit die Masse m in den Fänger am Ende der Bahn gelangen kann, Bild 3-81.

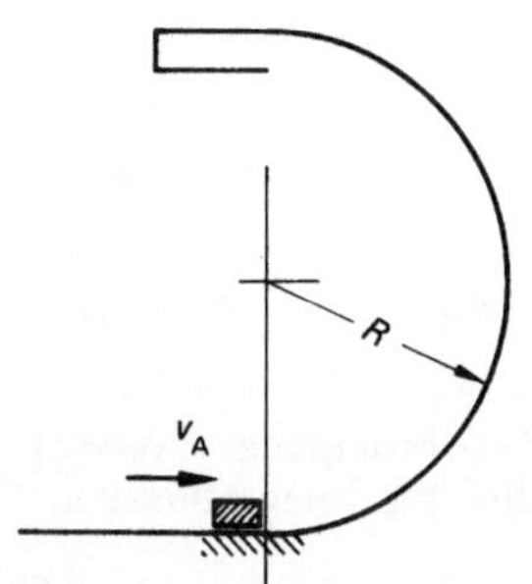

Bild 3-81

Lösung:

Damit im obersten Bahnpunkt die Masse noch an der Bahn anliegt, muß die Fliehkraft gleich der Gewichtskraft sein:

$$mg = \frac{m v_E^2}{R}$$

$$v_E = \sqrt{gR}$$

Energiebilanz zwischen Startstelle A und beliebiger Stelle φ:

$$\frac{m}{2} v_A^2 - \int R\, d\varphi\, \mu\left(mg\cos\varphi + \frac{m v^2(\varphi)}{R}\right)$$
$$= mgR(1 - \cos\varphi) + \frac{m}{2} v^2(\varphi)$$

Substitution: $\varphi = x; \quad v^2(\varphi) = y$

Differentialgleichung:

$$y' + 2\mu y = -2gR(\sin x + \mu\cos x)$$

Homogene Lösung:

$$y_h(x) = C\, e^{-2\mu x} \quad \text{(s. 1. Beispiel)}$$

Partikulärer Lösungsansatz:

$$y_p(x) = C(x)\, e^{-2\mu x}$$
$$y_p'(x) = e^{-2\mu x} C'(x) - 2\mu\, e^{-2\mu x} C(x)$$

Einsetzen in die inhomogene Differentialgleichung ergibt

$$C'(x) = -2gR\, e^{+2\mu x}(\sin x + \mu\cos x)$$

Die Lösungen der Integrale sind bekannt. Es ergibt sich damit:

$$C(x) = \frac{-2\,g\,R\,e^{2\mu x}}{1 + 4\mu^2}\,(2\mu\sin x - \cos x)$$

$$\qquad - \frac{2\,g\,\mu\,R\,e^{2\mu x}}{1 + 4\mu^2}\,(\sin x + 2\mu\cos x)$$

Somit ist die Gesamtlösung

$$y(x) = y_{\mathrm{h}}(x) + y_{\mathrm{p}}(x)$$

$$y(x) = \frac{C}{e^{2\mu x}} - \frac{2\,g\,R}{1 + 4\mu^2}\,(3\mu\sin x - (1 - 2\mu^2)\cos x)$$

Resubstitution und die Randbedingung $v^2(\varphi = \pi)$ $= v_{\mathrm{E}}^2 = g\,R$ angewendet führt zur Integrationskonstanten

$$C = \frac{3\,g\,R\,e^{2\mu\pi}}{1 + 4\mu^2}$$

Das Ergebnis ist

$$v^2(\varphi) = \frac{3\,g\,R\,e^{2\mu\pi}}{(1 + 4\mu^2)\,e^{2\mu\varphi}} - \frac{2\,g\,R}{1 + 4\mu^2}$$

$$\qquad\qquad \cdot\,(3\mu\sin\varphi - (1 - 2\mu^2)\cos\varphi)$$

Daraus ergibt sich die erforderliche Anfangsgeschwindigkeit:

$$v_{\mathrm{A}} = v(\varphi = 0) = \sqrt{\frac{g\,R\,(3\,e^{2\mu\pi} + 2 - 4\mu^2)}{1 + 4\mu^2}}$$

Übung 3-18

Ein schwerer Körper der Masse m wird am oberen Innenrand eines stehenden Hohlzylinders vom Radius R und der Höhe H mit der Startgeschwindigkeit v_{A} in horizontaler Richtung angestoßen, Bild 3-82. a) Welche Höhe H muß der Zylinder aufweisen, damit nach einem Umlauf der Aufschlagpunkt unter dem Startpunkt liegt? b) Mit welcher Startgeschwindigkeit v_{A} muß die Masse angestoßen werden, damit sie bei $R = 1\,\mathrm{m}$ und $H = 10\,\mathrm{m}$ genau unter dem Startpunkt aufschlägt? Reibkoeffizient $\mu = 0{,}1$.

Lösung:

In der Abwicklung des Zylinders stellt sich die Bahn des Körpers dar, Bild 3-83, bei Aufschlag gilt dabei:

$$x(t = t_{\mathrm{A}}) = 2\,R\,\pi$$
$$y(t = t_{\mathrm{A}}) = H$$

t_{A} ist die Zeit bis zum Aufschlag.

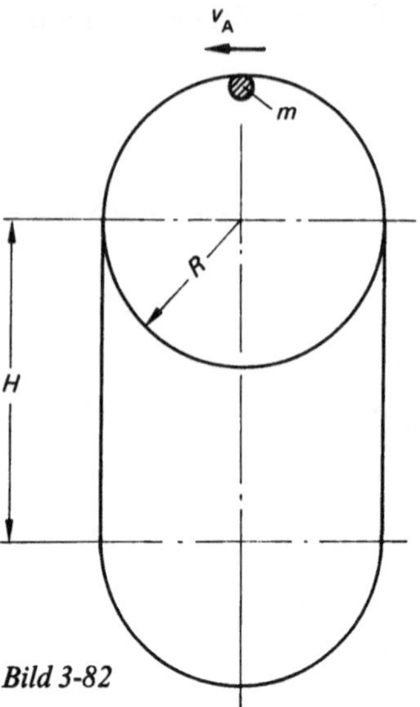

Bild 3-82

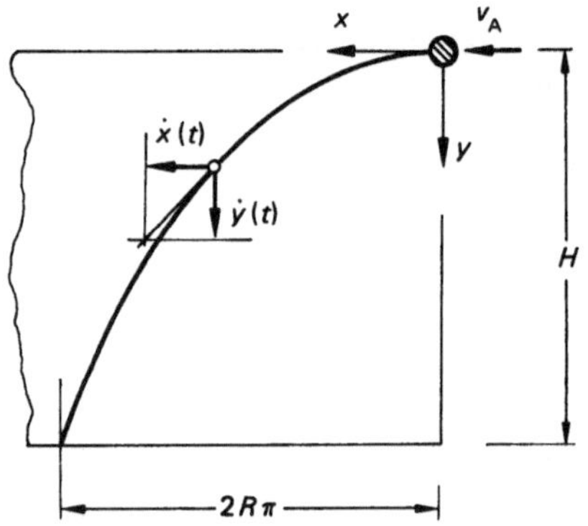

Bild 3-83

Bahnnormalkraft (Fliehkraft):

$$F_{\mathrm{n}} = \frac{m}{R}\,\dot{x}^2(t)$$

Reibkräfte:

$$F_{\mathrm{r},x} = \frac{\mu\,m}{R}\,\dot{x}^2(t) = F_{\mathrm{r},y}$$

Nach dem dynamischen Grundgesetz

$$F = m\,a$$

ergeben sich die Beschleunigungskomponenten zu:

$$a_x(t) = \ddot{x}(t) = \frac{-\mu}{R}\,\dot{x}^2(t)$$

$$a_y(t) = \ddot{y}(t) = g - \frac{\mu}{R}\,\dot{x}^2(t)$$

$$v_x(t) = \dot{x}(t) = \int \ddot{x}(t)\,\mathrm{d}t :$$

Differenziert nach t ergibt dies:

$$\frac{\mathrm{d}}{\mathrm{d}t}\,\dot{x}(t) = -\frac{\mu}{R}\,\dot{x}^2(t)$$

Trennen der Variablen und Integrieren:

$$\int \frac{\mathrm{d}\dot{x}(t)}{\dot{x}^2(t)} = -\frac{\mu}{R}\int \mathrm{d}t$$

$$-\frac{1}{\dot{x}(t)} = -\frac{\mu}{R}\,t + C_1$$

Randbedingung:

$$\dot{x}(t=0) = v_A$$

Daraus:

$$C_1 = -\frac{1}{v_A}$$

Das $v_x(t)$-Gesetz heißt also:

$$v_x(t) = \frac{1}{\dfrac{\mu}{R}\,t + \dfrac{1}{v_A}}$$

Weg-Gesetz in x-Richtung:

$$x(t) = \int v_x(t)\,\mathrm{d}t = \int \frac{\mathrm{d}t}{\dfrac{\mu}{R}\,t + \dfrac{1}{v_A}}$$

Lösung des Integrals mit der Substitution:

$$\frac{\mu}{R}\,t + \frac{1}{v_A} = z$$

$$\frac{\mathrm{d}z}{\mathrm{d}t} = \frac{\mu}{R}$$

$$x(t) = \frac{R}{\mu}\int \frac{\mathrm{d}z}{z} = \frac{R}{\mu}\ln z + C_2$$

$$x(t) = \frac{R}{\mu}\ln\left[\frac{\mu}{R}\,t + \frac{1}{v_A}\right] + C_2$$

Randbedingung für C_2:

$$x(t=0) = 0$$

Damit folgt:

$$0 = \frac{R}{\mu}\ln\left[\frac{1}{v_A}\right] + C_2$$

$$C_2 = -\frac{R}{\mu}\ln\left[\frac{1}{v_A}\right]$$

Somit das $x(t)$-Gesetz:

$$x(t) = \frac{R}{\mu}\ln\left[\frac{\mu v_A}{R}\,t + 1\right]$$

Bewegung in y-Richtung:

Es war

$$a_y = \ddot{y}(t) = g - \frac{\mu}{R}\,\dot{x}^2(t) = g - \frac{\mu}{R}\,\frac{1}{\left(\dfrac{\mu}{R}\,t + \dfrac{1}{v_A}\right)^2}$$

$$v_y(t) = \int a_y(t)\,\mathrm{d}t = g\int \mathrm{d}t - \frac{\mu}{R}\int \frac{\mathrm{d}t}{\left(\dfrac{\mu}{R}\,t + \dfrac{1}{v_A}\right)^2}$$

Beide Integrale sind Grundintegrale und es folgt damit:

$$v_y(t) = g\,t + \frac{1}{\dfrac{\mu}{R}\,t + \dfrac{1}{v_A}} + C_3$$

Randbedingung für C_3:

$$v_y(t=0) = 0$$

Daraus:

$$C_3 = -v_A$$

Also lautet das $v_y(t)$-Gesetz:

$$v_y(t) = g\,t + \frac{1}{\dfrac{\mu}{R}\,t + \dfrac{1}{v_A}} - v_A$$

Das Weg-Gesetz in y-Richtung:

$$y(t) = \int v_y(t)\,\mathrm{d}t$$

$$y(t) = \frac{1}{2}g\,t^2 + \frac{R}{\mu}\ln\left[\frac{\mu}{R}\,t + \frac{1}{v_A}\right] - v_A\,t + C_4$$

Randbedingung für C_4:

$$y(t=0) = 0$$

Daraus:

$$C_4 = -\frac{R}{\mu} \ln\left[\frac{1}{v_A}\right]$$

Somit das $y(t)$-Gesetz:

$$y(t) = \frac{1}{2} g t^2 - v_A t + \frac{R}{\mu} \ln\left[\frac{\mu v_A}{R} t + 1\right]$$

Nach der Gesamtzeit bis zum Aufschlag gilt:

$$x(t=t_A) = 2\pi R = \frac{R}{\mu} \ln\left[\frac{\mu v_A}{R} t_A + 1\right]$$

Daraus:

$$t_A = \frac{R}{\mu v_A}(e^{2\mu\pi} - 1)$$

$$y(t=t_A) = H = \frac{1}{2} g t_A^2 - v_A t_A + \frac{R}{\mu} \ln\left[\frac{\mu v_A}{R} t_A + 1\right]$$

Nach Einsetzen von t_A folgt schließlich die Lösung a)

$$H = 2R(e^{2\mu\pi} - 1)\left[\frac{gR}{(2\mu v_A)^2}(e^{2\mu\pi} - 1) - \frac{1}{2\mu}\right] + 2R\pi$$

Lösung b)

Durch Umstellen folgt:

$$v_A^2 = \frac{\dfrac{gR}{4\mu^2}(e^{2\mu\pi} - 1)}{\dfrac{1}{2\mu} + \dfrac{H - 2R\pi}{2R(e^{2\mu\pi} - 1)}}$$

Mit den gegebenen Daten lautet das Ergebnis:

$$v_A = 5{,}49 \, \text{m/s}$$

3.2.4. Kinetik der Rotation

In Analogie zum dynamischen Grundgesetz der Translation

$$\vec{F} = m\,\vec{a}$$

suchen wir das dynamische Grundgesetz der Drehung einer Masse um eine feste Achse. Dabei habe die Masse eine beliebige Verteilung, etwa in bezug auf die Drehachse. Betrachten wir eine Scheibe in der Ebene; sie rotiert um den Drehpunkt A, führt also Drehungen um die z-Achse aus, Bild 3-84.

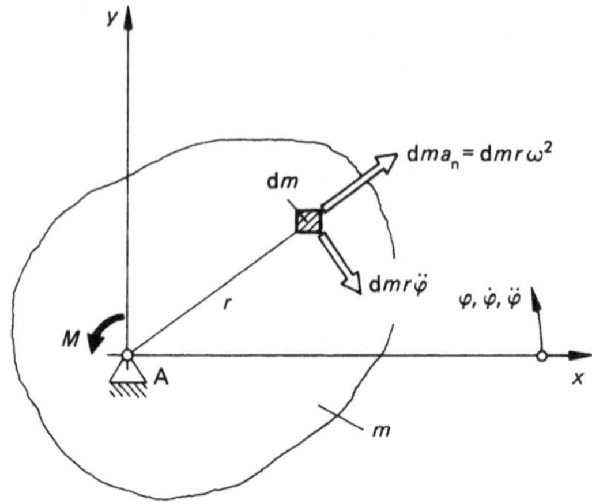

Bild 3-84

Die Belastung der Scheibe erfolgt durch das äußere Moment M. Das Masseteilchen dm bewegt sich auf einer Kreisbahn mit Radius r; es tritt also eine auf den Krümmungsmittelpunkt der Bahn gerichtete Normalbeschleunigung auf. Als Folge des Moments M findet zugleich eine Beschleunigung in Bahnrichtung, eine Tangentialbeschleunigung, statt. Ordnen wir beiden Beschleunigungen eine dieser Beschleunigung entgegengerichtete D'ALEMBERTsche Trägheitskraft zu, so fließt in die Gleichgewichtsbetrachtung

$$\sum M = 0$$

nur die tangentiale Trägheitskraft ein; die Fliehkraft entwickelt keine Momente in bezug auf die Drehachse.

$$0 = M - \int\limits_m dm\, r\, \ddot{\varphi}\, r$$

Die Winkelbeschleunigung $\ddot{\varphi}$ ist eine für alle Masseteilchen dm geltende Größe und wird (als insoweit konstant) vor das Integral gezogen. Das verbleibende Integral, das die Summe aller Produkte aus Masseteilchen dm und dem Quadrat des Abstands zur Drehachse beschreibt, ist das Masseträgheitsmoment J_z:

$$M = \ddot{\varphi} \int\limits_m r^2\, dm = \ddot{\varphi}\, J_z$$

Es hat die Form der bereits bekannten Flächenmomente 2. Ordnung, die als Summe der Produkte aus Flächenteilchen und dem Quadrat des Abstands zu einer Achse (bei den achsialen) oder dem Schwerpunkt (bei den polaren) definiert sind und in Anlehnung an diese formale Ähnlichkeit häufig auch noch als „Flächenträgheitsmomente" bezeichnet werden.

Analogie:

Translation: $\vec{F} = m\,\vec{a}$

Rotation: $\vec{M} = J\,\vec{\ddot{\varphi}} = J\,\vec{\alpha}$

Die sich einstellende Winkelbeschleunigung ist dem Aktionsmoment und dem Massenträgheitsmoment proportional. Es gilt die Analogie zwischen Translation und Rotation, wie schon aus der Kinematik bekannt. Hier in der Kinetik entspricht der translatorisch beschleunigten Masse das Massenträgheitsmoment und der ursächlichen Aktionskraft F das äußere Moment M. Die Einheit des Massenträgheitsmoments ist (kg m^2).

Massenträgheitsmomente

Für viele Körperformen sind die auf den Schwerpunkt bezogenen Massenträgheitsmomente bekannt und tabellarisch erfaßt, so daß sich für solche Körper die Lösung des Integrals dann erübrigt, wenn der Schwerpunkt die Drehachse ist. Wir wollen für eine schlanke, lange Stange der Masse m und der Länge L das Massenträgheitsmoment für die Schwerpunktachse z berechnen, Bild 3-85.

$$J_S = \int_m dm\, x^2$$

$$dm = \frac{m}{L}\, dx$$

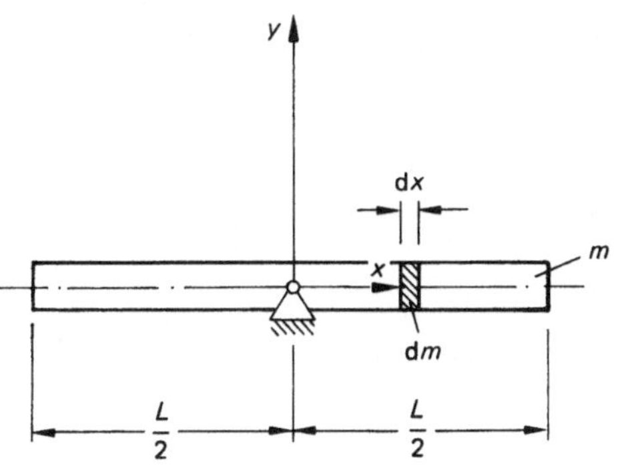

Bild 3-85

$$J_S = \frac{m}{L} \int_{x=-L/2}^{x=+L/2} x^2\, dx = \frac{m}{L} \left. \frac{x^3}{3} \right|_{-\frac{L}{2}}^{+\frac{L}{2}}$$

$$J_S = \frac{m}{3L}\left(\frac{L^3}{8} - \left(-\frac{L^3}{8}\right)\right)$$

$$J_S = \frac{m\,L^2}{12}$$

Verlagern wir die Drehachse des Stabes aus dem Schwerpunkt in einen a entfernten Drehpunkt A; wir gewinnen das Massenträgheitsmoment in bezug auf den Drehpunkt A wiederum aus dem die Massenträgheitsmomente definierenden Integral „Masse mal Abstandsquadrat", Bild 3-86.

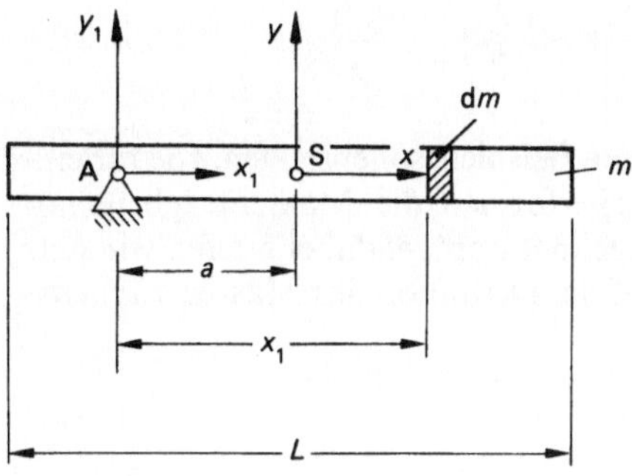

Bild 3-86

$$J_A = \int_m dm\, x_1^2$$

$$x_1 = a + x$$

$$J_A = a^2 \underbrace{\int_m dm}_{I} + 2a \underbrace{\int_m x\, dm}_{II} + \underbrace{\int_m x^2\, dm}_{III}$$

$\int I \quad = m$

$\int II \quad = 0$, weil statische Momente in bezug auf Schwerpunktachsen stets null sind.

$\int III = J_S$

$$J_A = J_S + m\,a^2$$

Das Massenträgheitsmoment in bezug auf eine um a vom Schwerpunkt entfernte Drehachse ist also die Summe aus J_S, dem auf die Schwerpunktachse bezogene Massenträgheitsmoment, und dem Produkt aus Masse und dem Quadrat des Abstands der parallelen Achsen. Dies ist der „Satz von den parallelen Achsen" („Satz von STEINER"). Man bedenke auch hier die

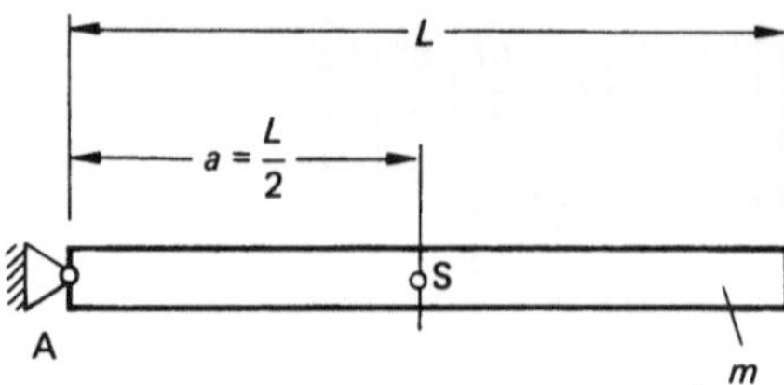

Bild 3-87

Analogie zu den Flächenmomenten 2. Ordnung.

Berechnen wir mit Hilfe dieses Satzes von den parallelen Achsen das Massenträgheitsmoment für den am Stabende gelagerten Stab, Bild 3-87.

$$J_A = J_S + m a^2$$

$$J_A = \frac{m L^2}{12} + m \left(\frac{L}{2}\right)^2 = \frac{m L^2}{3}$$

Die weiteren Beispiele sollen zeigen, wie für einfache Körperformen die Massenträgheitsmomente berechnet werden; dabei greifen wir stets zurück auf die Definition des Massenträgheitsmoments:

$$J = \int_m dm\, r^2$$

Bild 3-88 zeigt als Beispiel eine Rechteckplatte konstanter Dicke.

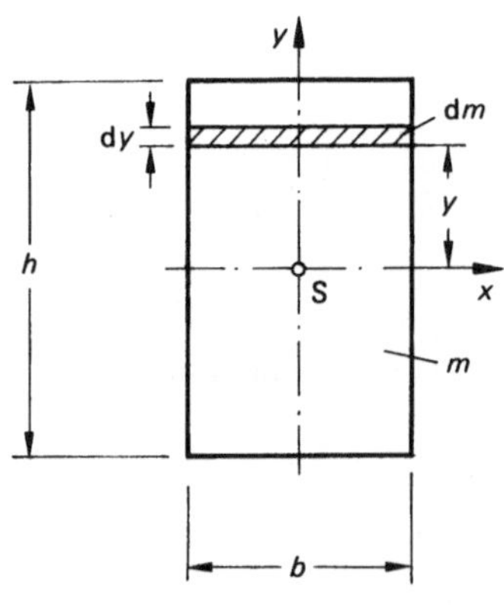

Bild 3-88

Man muß das Streifenelement dm als schlanken Stab behandeln, der um den y entfernten Schwerpunkt S rotiert:

$$dJ_z = \frac{dm\, b^2}{12} + \underbrace{dm\, y^2}_{\text{STEINER-Summand}}$$

$$dm = \frac{m}{b h} b\, dy = \frac{m}{h}\, dy$$

$$J_z = \int dJ_z = \frac{b^2}{12} \frac{m}{h} \int dy + \frac{m}{h} \int dy\, y^2$$

$$J_z = \frac{b^2 m}{12 h} |y|_{-h/2}^{+h/2} + \frac{m}{h} \left.\frac{y^3}{3}\right|_{-h/2}^{+h/2}$$

$$J_z = \frac{b^2 m}{12 h} \left(\frac{h}{2} + \frac{h}{2}\right) + \frac{m}{3 h} \left(\frac{h^3}{8} + \frac{h^3}{8}\right)$$

$$J_z = \frac{m}{12} (b^2 + h^2)$$

Beispiel zur Anwendung des STEINERschen Satzes: In A drehbar gelagerte Rechteckplatte, Bild 3-89.

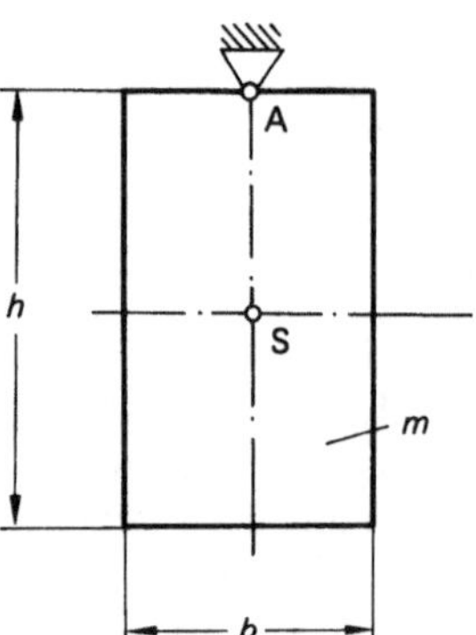

Bild 3-89

$$J_A = J_S + m \left(\frac{h}{2}\right)^2$$

$$J_A = \frac{m}{12} (b^2 + h^2 + 3 h^2)$$

$$J_A = \frac{m}{12} (b^2 + 4 h^2)$$

Ein weiteres Beispiel für die Bestimmung des Massenträgheitsmoments ist die Kreisscheibe konstanter Dicke, Bild 3-90, Radius R:

$$J_S = J_z = \int dm\, r^2$$

$$dm = \frac{m}{R^2 \pi}\, dA$$

$$dA = dr\, r\, d\varphi$$

$$J_S = J_z = \frac{m}{R^2 \pi} \int r^3\, dr \int d\varphi = \frac{m}{R^2 \pi} \left.\frac{r^4}{4}\right|_0^R |\varphi|_0^{2\pi}$$

$$J_S = J_z = \frac{m R^2}{2}$$

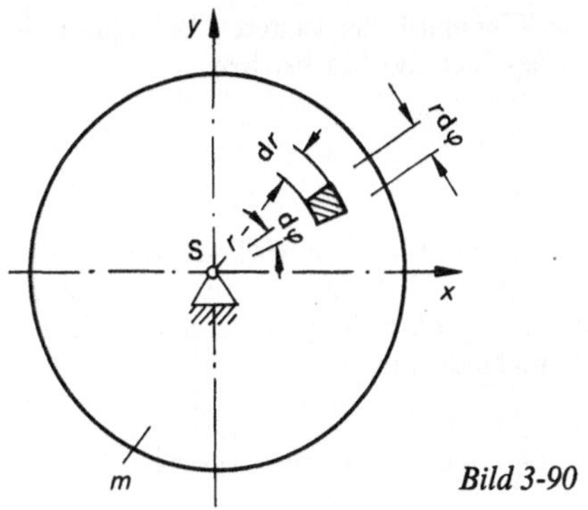

Bild 3-90

Begriff des Schwungmoments

Ordnet man die verteilte Masse m (Massenträgheitsmoment J_z) so an, daß alle Massenteilchen denselben Abstand zur Drehachse z haben und daß gleichzeitig das gleiche Massenträgheitsmoment vorliegt, so nennen wir diesen besonderen Abstand den Trägheitsradius i, Bild 3-91.

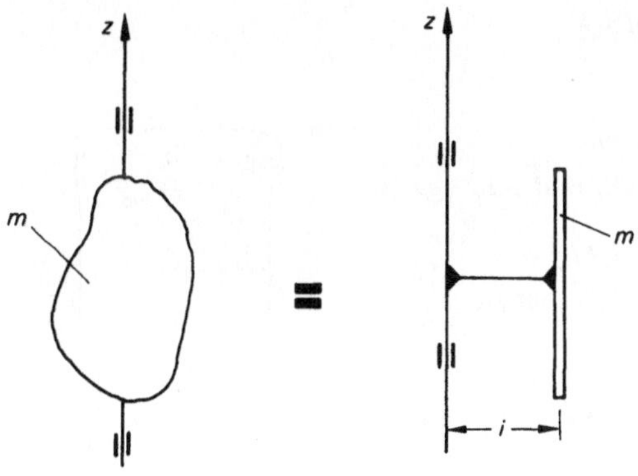

Bild 3-91

$$J_z = m\, i^2$$

$$2i = D$$

$D = $ Trägheitsdurchmesser

$m\,g = F_G$ Gewichtskraft

$$J_z = \frac{F_G}{g}\left(\frac{D}{2}\right)^2 = \frac{(G D^2)}{4g}$$

Schwungmoment $(G D^2)$

$$(G D^2) = J_z\, 4g$$

J_z in $\mathrm{kg\,m^2}$; $G D^2$ in $\mathrm{N\,m^2}$

Manchmal wird das Massenträgheitsmoment von Rotoren in Form des Schwungmoments gegeben; dividiert man das Schwungmoment durch das Vierfache der Erdbeschleunigung, so erhält man das Massenträgheitsmoment.

Von reduzierter Masse m_red spricht man, wenn diese reduzierte Masse, punktförmig auf dem beliebigen Radius r angeordnet, dasselbe Massenträgheitsmoment hat wie die verteilte Masse, Bild 3-92.

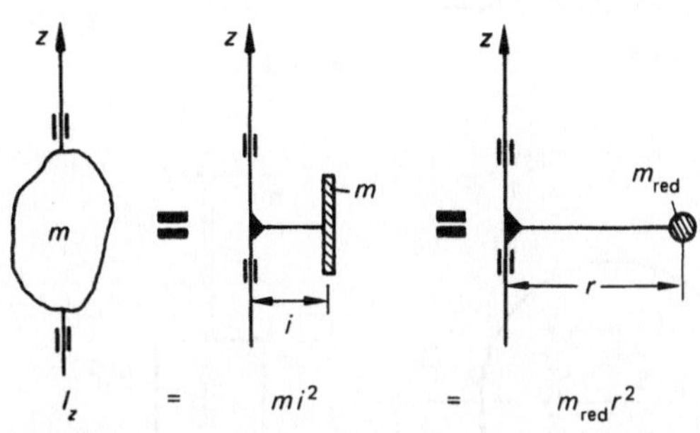

Bild 3-92

Im folgenden soll in einigen Übungen die Anwendung des dynamischen Grundgesetzes im Sinne D'ALEMBERTscher Überlegungen und bei der Behandlung des Einmassenschwingers verdeutlicht werden.

Übung 3-19

Um einen massebehafteten Rotor – reibungsfrei gelagert – ist ein undehnbares Seil von vernachlässigbar kleiner Masse geschlungen, an dessen freiem Ende eine Masse m_2 hängt, Bild 3-93 u. 3-94. Welche Translationsbeschleunigung a stellt sich ein, wenn das System sich selbst überlassen bleibt?

Lösung:

Zu Bild 3-94a:

$$0 = \sum M_A$$

$$0 = J_A\, \ddot{\varphi} - F_S R$$

$$F_S = \frac{J_A\, \ddot{\varphi}}{R}$$

Zu Bild 3-94b:

$$0 = \sum F$$

$$0 = F_S + m_2\, \ddot{x} - m_2\, g$$

$$F_S = m_2\, g - m_2\, \ddot{x}$$

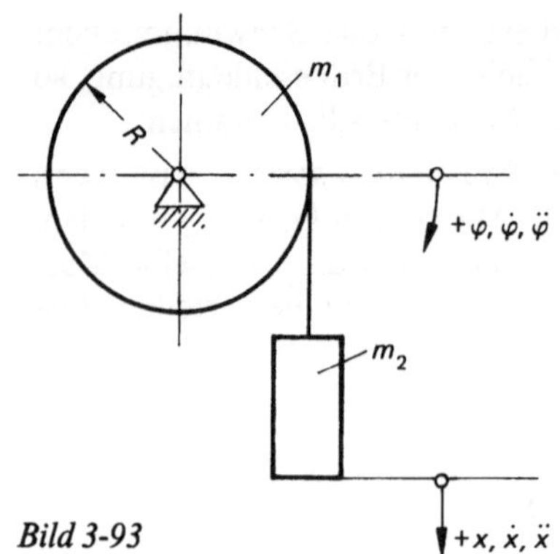

Bild 3-93

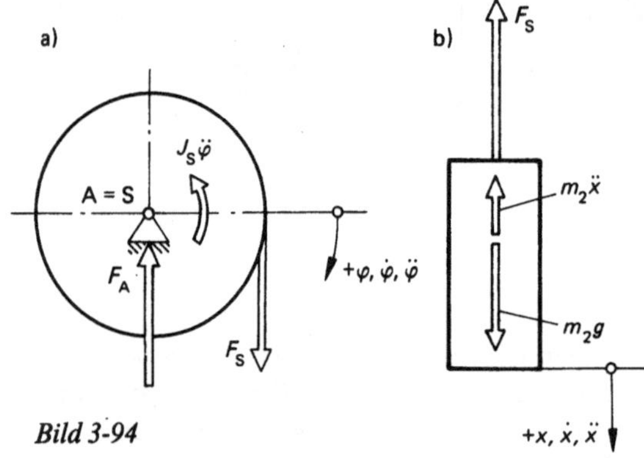

Bild 3-94

Gleichsetzungsverfahren:

$$F_S = F_S$$

$$\frac{J_A \ddot{\varphi}}{R} = m_2 g - m_2 \ddot{x}$$

mit

$$\ddot{\varphi} = \frac{\ddot{x}}{R}$$

und

$$J_A = \frac{m_1 R^2}{2}$$

Translationsbeschleunigung $\ddot{x}$:

$$\ddot{x} = \frac{m_2 g}{m_2 + \dfrac{m_1}{2}}$$

Drehbeschleunigung:

$$\ddot{\varphi} = \frac{\ddot{x}}{R}$$

Damit ist die Kinematik der weiteren Bewegung als gleichförmig beschleunigt beschrieben.

Übung 3-20

Eine schwere Stange ist so mit einer Feder der Steifigkeit c gekoppelt, daß Drehschwingungen möglich sind. Es ist die Eigenkreisfrequenz kleiner Schwingungen zu berechnen, Bild 3-95.

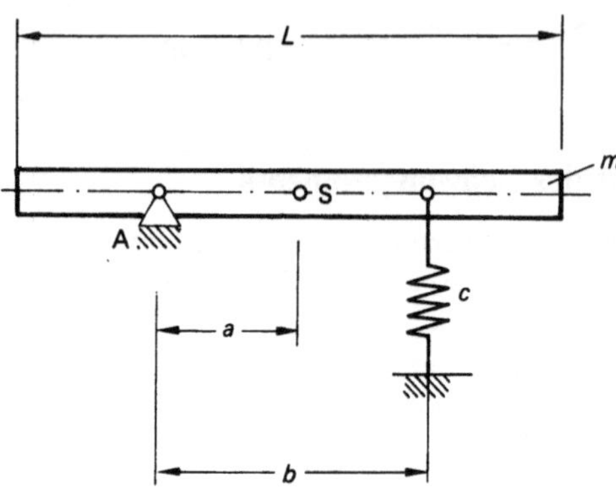

Bild 3-95

Lösung:

Statik, Bild 3-96:

$$0 = \sum M_A$$
$$0 = F_{st} b - m g a$$

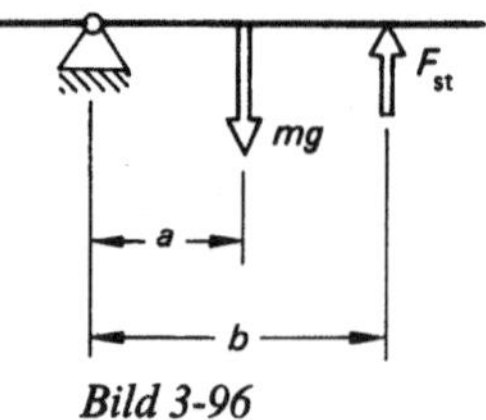

Bild 3-96

Dynamik, Bild 3-97:

$$0 = \sum M_A$$
$$0 = F_{st} b - m g a + J_A \ddot{\varphi} + c b^2 \varphi$$
$$0 = \ddot{\varphi} + \frac{c b^2}{J_A} \varphi$$

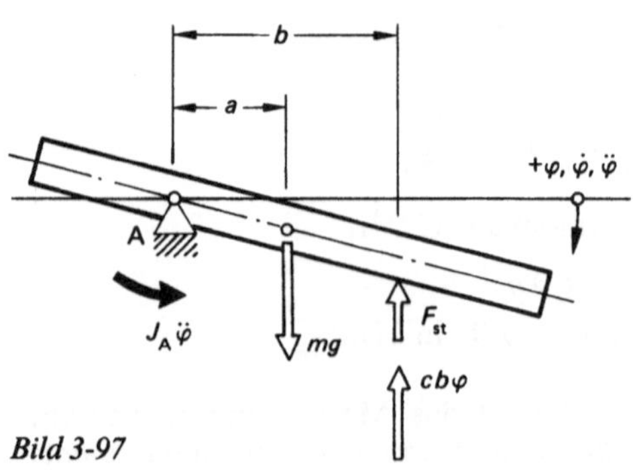

Bild 3-97

mit

$$J_A = \frac{m L^2}{12} + m a^2$$

Eigenkreisfrequenz kleiner Schwingungen:

$$\omega_0 = \sqrt{\frac{c b^2}{\dfrac{m L^2}{12} + m a^2}}$$

Übung 3-21

Es sind Eigenkreisfrequenz und Schwingungszeit der Pendelschwingungen einer Kreisscheibe konstanter Dicke zu berechnen, die am Rand reibungsfrei drehbar gelagert ist, Bild 3-98 u. 3-99.

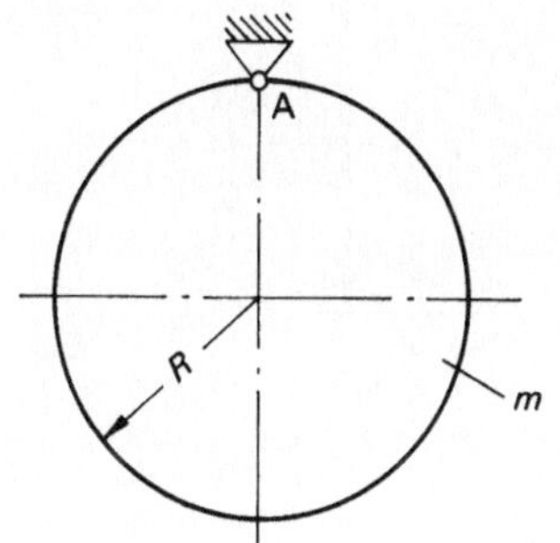

Bild 3-98

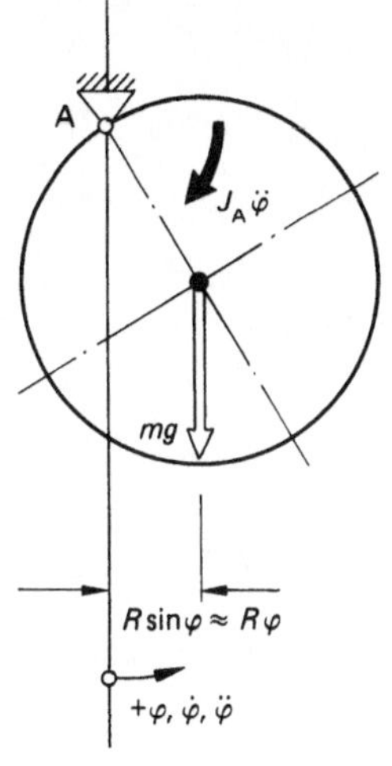

Bild 3-99

Lösung:

$$0 = \sum M_A$$
$$0 = -m g R \varphi - J_A \ddot{\varphi}$$
$$0 = \ddot{\varphi} + \frac{m g R}{J_A} \varphi$$

$$J_A = \frac{m R^2}{2} + m R^2 = \frac{3}{2} m R^2$$

$$\omega_0^2 = \frac{2g}{3R}$$

$$T = 2\pi \sqrt{\frac{3R}{2g}}$$

Übung 3-22

Ein Rotor – eine Kreisscheibe mit der Masse 1 t und dem Durchmesser 1 m – dreht anfänglich mit $n_0 = 200\ \text{min}^{-1}$ und soll durch Andrücken eines Bremsklotzes (Reibkoeffizient $\mu = 0{,}15$) in $t_1 = 10\ \text{s}$ auf die halbe Drehzahl abgebremst werden, Bild 3-100 u. 3-101. Welche Bremskraft F_B ist erforderlich?

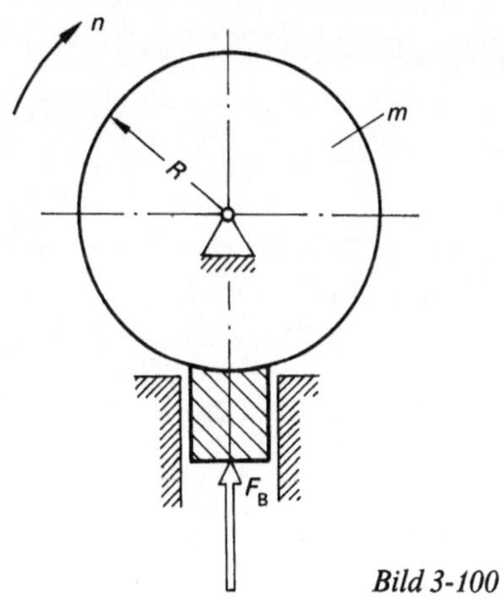

Bild 3-100

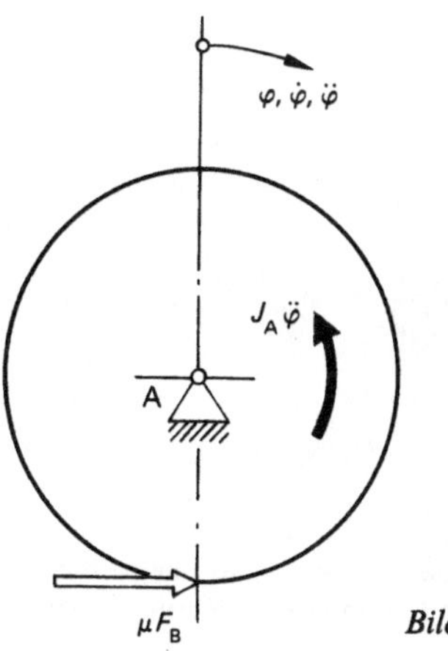

Bild 3-101

Lösung:

$$J_A = \frac{m R^2}{2} = \frac{10^3 \,\text{kg}\,(0,5\,\text{m})^2}{2}$$

$$J_A = 125\,\text{kg}\,\text{m}^2$$

D'ALEMBERT:

$$\sum M_A = 0$$

$$0 = J_A \ddot{\varphi} + \mu F_B R$$

$$\ddot{\varphi} = \alpha_{Br} = \frac{-\mu F_B R}{J_A}$$

Kinematik, Bild 3-102:

$$t_1 \alpha_{Br} = \frac{1}{2}\omega_0 = \frac{\pi n_0}{2 \cdot 30}$$

$$|\alpha_{Br}| = \frac{\pi n_0}{2 \cdot 30\, t_1}$$

$$\frac{\mu F_B R}{J_A} = \frac{\pi n_0}{2 \cdot 30\, t_1}$$

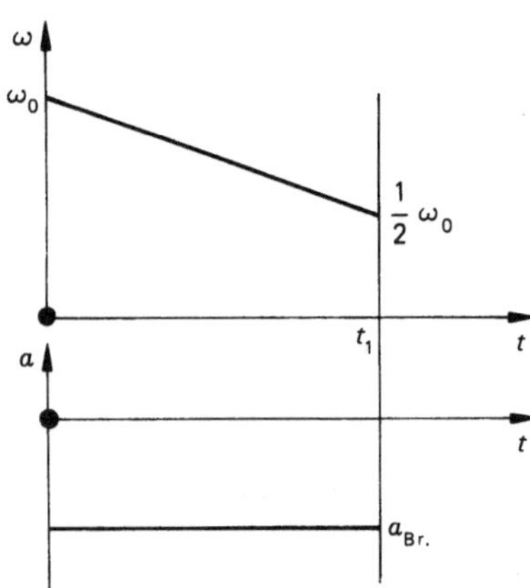

Bild 3-102

Daraus:

$$F_B = \frac{\pi n_0 J_A}{60\, t_1\, \mu R}$$

$$F_B = \frac{\pi\, 200\,(1/\text{s}) \cdot 125\,\text{kg}\,\text{m}^2}{60 \cdot 10\,\text{s} \cdot 0,15 \cdot 0,5\,\text{m}}$$

$$F_B = 1745,3\,\text{N}$$

Übung 3-23

Ein biegeweiches Seil der Länge L und der Masse m ist vollständig auf einer Trommel vom Radius r (Mas-

senträgheitmoment der Trommel alleine: J_T) aufgespult. Durch einen kleinen Drehanstoß spult das Seil ab und die Massen werden beschleunigt. Es ist die Seilgeschwindigkeit v in Abhängigkeit von der abgespulten Seillänge y zu beschreiben.

Lösung:

D'ALEMBERT-Betrachtung für einen beliebigen Zeitpunkt, Bild 3-103.

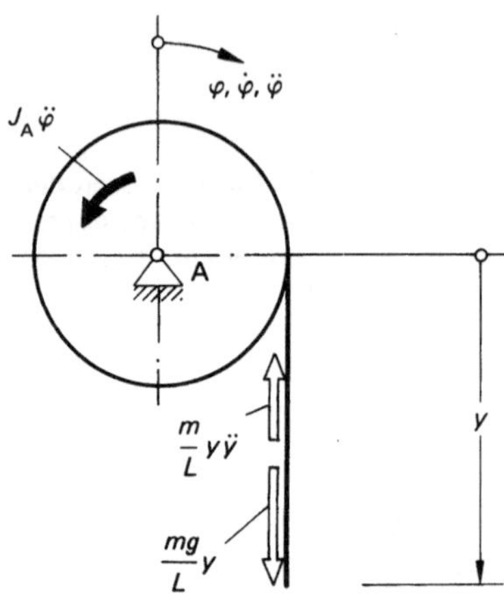

Bild 3-103

$$\sum M_A = 0$$

$$0 = J_A \ddot{\varphi} + \frac{m}{L} y \ddot{y} r - \frac{mg}{L} y r$$

Darin ist

$$J_A = J_T + r^2 \left(m - \frac{m}{L} y \right)$$

und

$$\ddot{\varphi} = \frac{\ddot{y}}{r}$$

Damit nach Umstellen:

$$\frac{\ddot{y}}{r}\left(J_T + r^2\left(m - \frac{m}{L}y\right)\right) + \frac{mr}{L} y \ddot{y} = \frac{mgr}{L} y$$

Nach Multiplikation mit dy und der Umformung

$$\ddot{y}\,\mathrm{d}y = \frac{\mathrm{d}\dot{y}}{\mathrm{d}t}\,\mathrm{d}y = \dot{y}\,\mathrm{d}\dot{y}$$

folgt

$$\dot{y}\,\mathrm{d}\dot{y}\left(\frac{J_T + m r^2}{r}\right) = \frac{mgr}{L} y\,\mathrm{d}y$$

$$\dot{y}\,\mathrm{d}\dot{y}\left(\frac{J_T L}{m g r^2} + \frac{L}{g}\right) = y\,\mathrm{d}y$$

Integration beider Gleichungsseiten:

$$\frac{\dot{y}^2}{2}\frac{L}{g}\left(1+\frac{J_T}{mr^2}\right)=\frac{y^2}{2}+C$$

Randbedingung:

$$\dot{y}(y=0)=0$$

Es folgt: $C=0$

$$\dot{y}=v(y)=y\sqrt{\frac{g}{L\left(1+\dfrac{J_T}{mr^2}\right)}}$$

Die Abspulgeschwindigkeit wächst linear mit dem Weg des Seilendes.

Endgeschwindigkeit des völlig abgespulten Seils:

$$v(y=L)=v_E$$

$$v_E=\sqrt{\frac{L^2 g}{L\left(1+\dfrac{J_T}{mr^2}\right)}}$$

$$v_E=\sqrt{\frac{Lg}{1+\dfrac{J_T}{mr^2}}}$$

Bei vernachlässigbar kleiner Trägheit der Trommel wird

$$v_E=\sqrt{gL}$$

Vergleich: Würde die Seilmasse wie eine Punktmasse die Höhe L durchfallen, so betrüge die Aufschlaggeschwindigkeit

$$v_E=\sqrt{2gL}$$

Wie lange dauert die Bewegung?

$$\dot{y}=\frac{dy}{dt}=y\underbrace{\sqrt{\frac{g}{L\left(1+\dfrac{J_T}{mr^2}\right)}}}_{k}=ky$$

$$\int\frac{dy}{y}=k\int dt$$

$$\ln y=kt+C_1$$

$$y=e^{kt+C_1}=Ce^{kt}$$

Bei Anwendung der Randbedingung $y(t=0)=0$ wird $C=0$ und man erkennt, daß es einer ersten Auslen-

kung $y_0=y(t=0)$ bedarf, damit überhaupt Bewegung einsetzt. Damit wird $C=y_0$.

$$y(t)=y_0\,e^{kt}$$

Daraus:

$$t=\frac{1}{k}\,(\ln y-\ln y_0)$$

Die Gesamtzeit beträgt

$$t_E=\frac{1}{k}\,(\ln L-\ln y_0)$$

3.2.5. Arbeit, Energie und Leistung bei Rotation

Auch bei der Beschreibung der Arbeit bei Rotation gehen wir zurück auf das die mechanische Arbeit einer Kraft beschreibende Integral:

$$W=\int_{s_0}^{s_1}F_t(s)\,ds$$

Arbeit ist das Wegintegral der Tangentialkomponente der angreifenden Kraft. Das Bahnstück ds ist bei Drehung das Bogenstück $r\,d\varphi$. Damit lautet das Integral:

$$W=\int F_t(\varphi)\,r\,d\varphi$$

mit $F_t(\varphi)\,r=M(\varphi)$

Arbeit

Die Arbeit der Rotation ist

$$W=\int_{\varphi_0}^{\varphi_1}M(\varphi)\,d\varphi$$

Interpretieren wir das Integral wieder als Fläche unter der Funktion $M(\varphi)$, Bild 3-104:

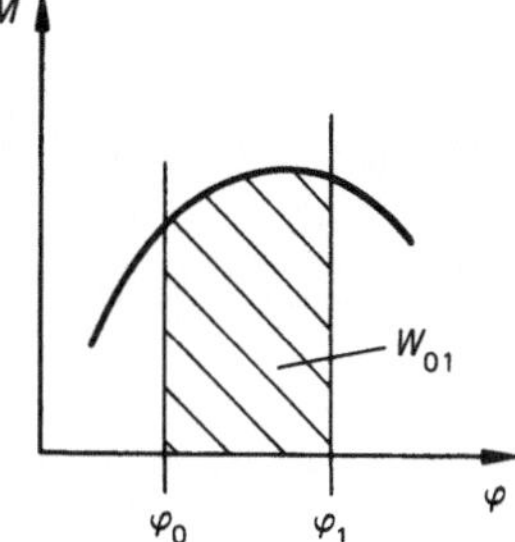

Bild 3-104

Sonderfall: $M(\varphi) = \text{konst}$, Bild 3-105:

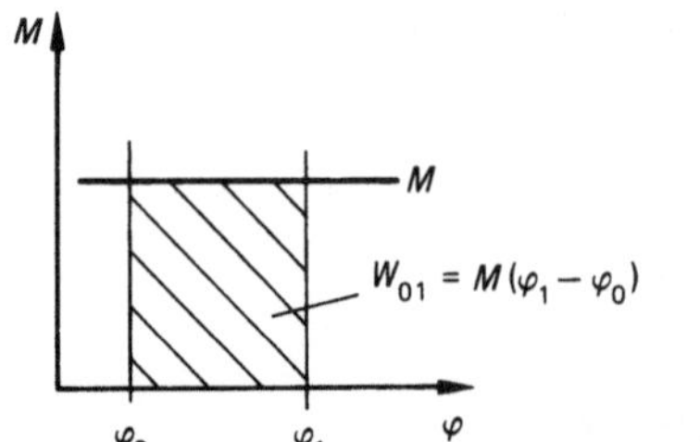

Bild 3-105

Kinetische Energie

Energie der Drehbewegung

Für die Translationsbewegung gilt

$$E = \tfrac{1}{2}m v^2$$

Übersetzen wir in Kenntnis der Analogie zwischen Translation und Rotation diese Formel, so können wir für die Drehenergie schreiben

$$E = \tfrac{1}{2}J\omega^2$$

Nachweis:

Wir beschreiben die Bewegungsenergie eines Masseteilchens dm aus der Gesamtmasse des Rotors; seine Geschwindigkeit ist $v = r\,\omega$, Bild 3-106.

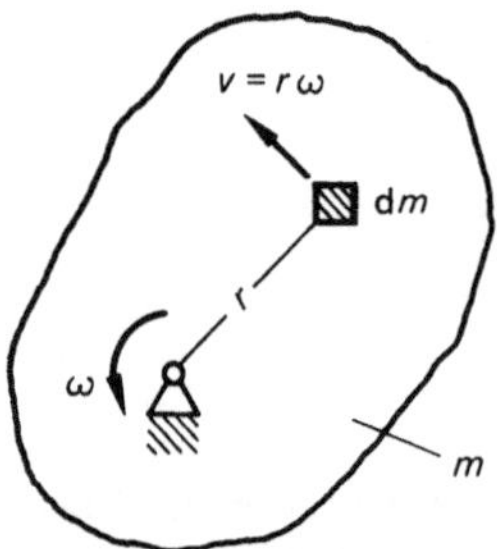

Bild 3-106

$$dE = \tfrac{1}{2}dm\,v^2$$
$$dE = \tfrac{1}{2}dm\,(r\omega)^2$$
$$E = \frac{\omega^2}{2}\underbrace{\int_m r^2\,dm}$$

$J = \text{Massenträgheitsmoment}$

$$E_{\text{Rot}} = \frac{J\omega^2}{2}$$

Darin bezieht sich J stets auf die feste Drehachse. Ist der Schwerpunkt Drehpunkt, so ist es J_S; ansonsten ermittelt man das Massenträgheitsmoment mit Hilfe des Satzes von den parallelen Achsen (Satz von STEINER).

Physikalische Einheit der Drehenergie:

$$[E] = \text{kg}\,\text{m}^2\,\text{s}^{-2} = \text{N}\,\text{m}$$

Der Arbeitssatz der Mechanik lautet: Die zur Beschleunigung einer Masse aufzubringende mechanische Arbeit ist gleich der Differenz der kinetischen Energien. Wenden wir diesen Arbeitssatz auf die Rotation an und setzen im Arbeitsintegral

$$W = \int M(\varphi)\,d\varphi$$

$M = J\alpha$ (dynamisches Grundgesetz der Rotation) und darin $\alpha = \dfrac{d\omega}{dt}$ sowie $d\varphi = \omega\,dt$.
Wir erhalten

$$W = J\int \omega\,d\omega = \tfrac{1}{2}J\,|\omega^2|_{\omega_0}^{\omega_1}$$
$$W = \tfrac{1}{2}J(\omega_1^2 - \omega_0^2)$$

Die zur Drehbeschleunigung einer Masse m erforderliche Beschleunigungsarbeit ist gleich der Differenz der Rotationsenergien.

Leistung bei Rotation

Leistung hatten wir definiert als die zeitliche Ableitung der Arbeit-Zeit-Funktion:

$$P = \frac{dW}{dt}$$

mit $dW = M\,d\varphi$

Damit:

$$P = \frac{M\,d\varphi}{dt} = M\omega$$

Analogie zwischen Translation und Rotation:

Translation: $P = Fv$
Rotation: $P = M\omega$

Das Moment, das aufzubringen ist, um bei der Drehzahl n (min^{-1}) die Leistung P (kW) zu erzielen, ist demnach

$$M = \frac{P}{\omega} = \frac{\left(\dfrac{\text{Nm}}{\text{s}}\right) 30}{\pi \, n \, (\text{min}^{-1})}$$

$1 \, \text{Nm/s} = 1 \, \text{W}$
$1 \, \text{kW} = 10^3 \, \text{Nm/s}$

$$M \, (\text{Nm}) = 9549{,}3 \, \frac{P \, (\text{kW})}{n \, (\text{min}^{-1})}$$

Dies ist eine sog. zugeschnittene Größengleichung, in der wegen der Umrechnung der Einheiten eine Dimensionskontrolle nicht mehr möglich ist.

Daß Translation und Rotation Sonderfälle der allgemeinen Bewegung sind, wird in Abschnitt 3.2.6. gesondert abgehandelt. Hier nur soviel, auch die Drehung um irgendeine Körperachse kann gesehen werden als die Überlagerung von Translation und Rotation um den Schwerpunkt. Somit kann auch die Rotationsenergie $J_A \omega^2/2$ (Drehpunkt A) als Summe aus Translationsenergie $m v_S^2/2$ und Drehenergie $J_S \omega^2/2$ aufgefaßt werden.

Beispiel:

Abrollendes Rad.

Dabei ist v_S die Geschwindigkeit des Rades. Die Winkelgeschwindigkeit der Drehung ist $\omega = v_S/r$. Die Bewegungsenergie des abrollenden Rades, Bild 3-107, ist

$$E = \frac{1}{2} m v_S^2 + \frac{J_S \omega^2}{2}$$

$$E = \frac{1}{2} m (\omega r)^2 + \frac{J_S \omega^2}{2}$$

$$E = \frac{\omega^2}{2} \underbrace{(J_S + m r^2)}_{= \, J_P} = \frac{J_P \omega^2}{2}$$

Die Abrollbewegung wird als Drehbewegung um den momentanen Ruhepunkt P (Momentanpol) aufgefaßt.

Trägheitsmittelpunkt

Wird ein drehbar gelagerter Körper durch ein äußeres Moment belastet, so erfährt er nach dem dynamischen Grundgesetz der Rotation eine Winkelbeschleunigung, die dem angreifenden Moment proportional ist:

$$M = J_z \alpha = J_z \ddot{\varphi}$$

z ist die Drehachse.

Durch die Bewegung auf Kreisbahnen erfahren alle Masseteilchen dm eine Normalbeschleunigung und eine Tangentialbeschleunigung (Bahnbeschleunigung). An der D'ALEMBERTschen Momentenbetrachtung haben die Fliehkräfte als radiale Trägheitskräfte keinen Anteil, nur die tangentialen Trägheitskräfte erzeugen Momente um die Drehachse, Bild 3-108.

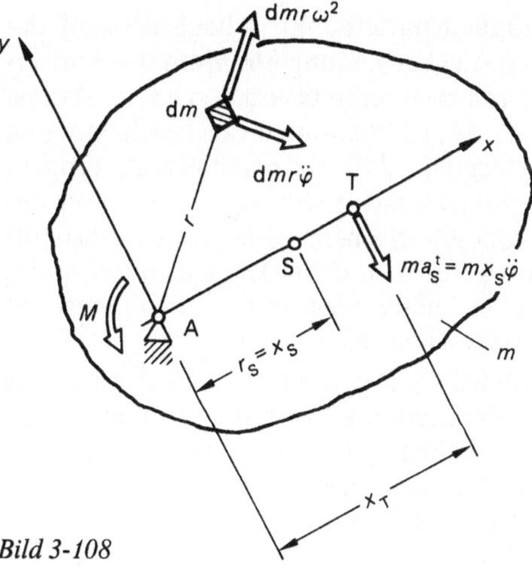

Bild 3-108

Bestimmen wir jenen Punkt der drehbar gelagerten Scheibe, durch den die resultierende Trägheitskraft $m r_S \ddot{\varphi} = m a_S^t$ verläuft.

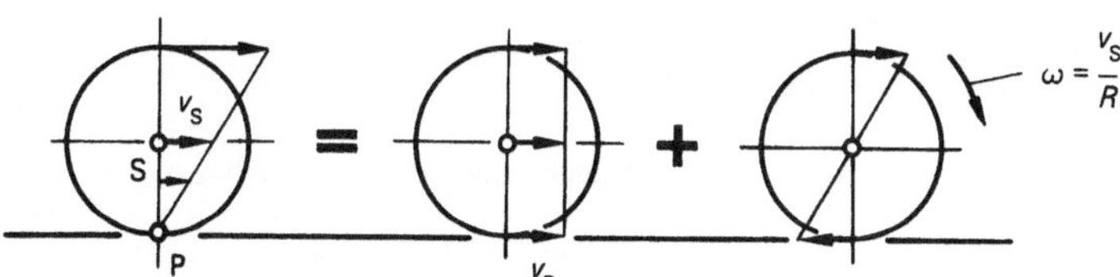

Bild 3-107

D'ALEMBERT:

$$\int_m dm\, r\, \ddot{\varphi}\, r = m\, r_S\, \ddot{\varphi}\, x_T$$

Daraus folgt für die Lage des Trägheitsmittelpunkts T:

$$x_T = \frac{J_z}{m\, r_S}$$

Mit dem Satz von den parallelen Achsen können wir schreiben:

$$J_z = J_S + m\, r_S^2$$

Dann ist

$$x_T = \frac{J_S}{m\, r_S} + r_S > r_S$$

$$x_T > r_S$$

Der Trägheitsmittelpunkt T liegt also auf der Geraden AS (Verbindung Drehpunkt – Schwerpunkt) und zwar jenseits von S, da x_T größer ist als r_S. Es ist ein Phänomen der beschleunigten Drehbewegung, daß die resultierende tangentiale Trägheitskraft nicht im Schwerpunkt angreift, sondern in einem weiter vom Drehpunkt entfernten Punkt T, dem Trägheitsmittelpunkt. Die Größe dieser resultierenden tangentialen Trägheitskraft ist jedoch $m\, a_S$.

Der Trägheitsmittelpunkt heißt in der Kinetik auch Stoßmittelpunkt. Er hat dann Bedeutung, wenn der drehbar gelagerte Körper durch plötzliche Stoßkräfte belastet wird. Immer dann, wenn die Stoßkraft F durch den Stoßmittelpunkt T verläuft, erfährt das Drehlager keine dynamische Stoßreaktion, Bild 3-109.

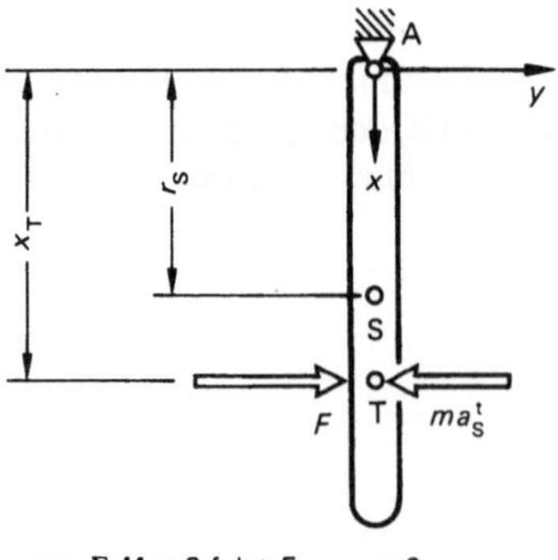

aus $\Sigma M_T = 0$ folgt $F_{Ay\ dyn} = 0$ *Bild 3-109*

Verläuft die Stoßkraft am Stoßmittelpunkt vorbei, so erfährt das Drehlager A eine dynamische Stoßreaktion. Je nachdem, ob die Stoßkraft F diesseits oder jenseits des Stoß- oder Trägheitsmittelpunkts T angreift, ist die Stoßreaktion im Drehlager nach der einen oder anderen Seite gerichtet, Bild 3-110.

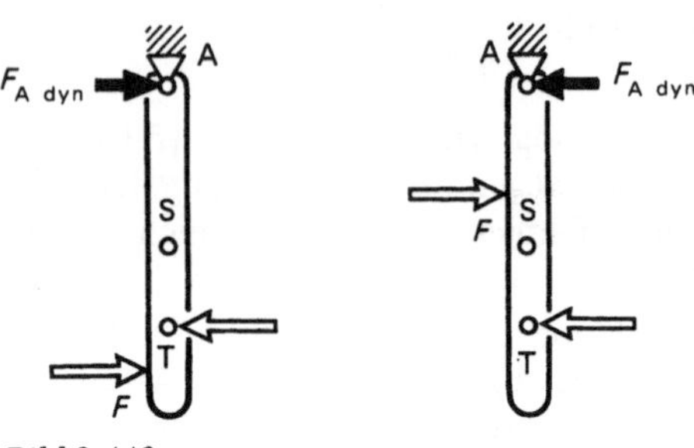

Bild 3-110

Übung 3-24

Welche Bahngeschwindigkeit v_A muß die homogene Kreisscheibe der Masse m und vom Radius $r = 8$ cm am Bahnpunkt A mindestens aufweisen, damit sie am obersten Bahnpunkt B in die Fangführung gelangen kann? Die Bewegung sei stets eine reine Rollbewegung ohne Schlupf. Rollwiderstände werden vernachlässigt, Bahnradius $R = 41$ cm, Bild 3-111.

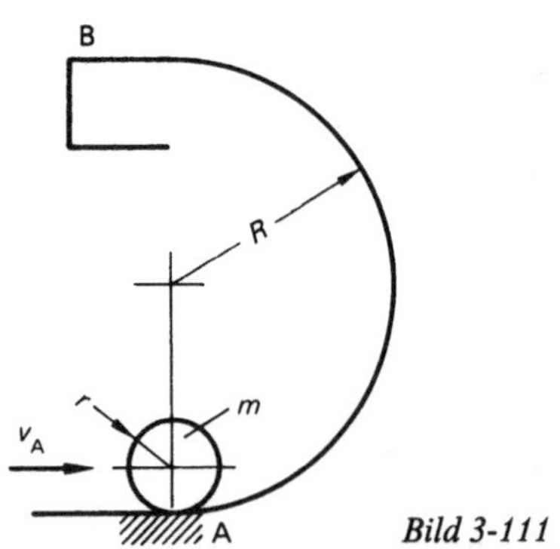

Bild 3-111

Lösung:

Mindestgeschwindigkeit am obersten Bahnpunkt B:

$$m\, g = \frac{m\, v_B^2}{\varrho}$$

$\varrho = R - r$ (Radius der Schwerpunktbahn)

$$v_B = \sqrt{g\, \varrho}$$

Energiebilanz:

Bewegung wird als Rotation um den Bahnberührpunkt P aufgefaßt:

$$\frac{J_\mathrm{P}\,\omega_\mathrm{A}^2}{2} = m\,g\,2\varrho + \frac{J_\mathrm{P}\,\omega_\mathrm{B}^2}{2}$$

$$\omega_\mathrm{B} = \frac{v_\mathrm{B}}{r} = \sqrt{\frac{g\,\varrho}{r^2}}$$

$$J_\mathrm{P} = J_\mathrm{S} + m\,r^2$$

$$J_\mathrm{P} = \frac{m\,r^2}{2} + m\,r^2 = \frac{3}{2}\,m\,r^2$$

$$\frac{\dfrac{3}{2}\,m\,r^2\left(\dfrac{v_\mathrm{A}}{r}\right)^2}{2} = m\,g\,2(R-r) + \frac{\dfrac{3}{2}\,m\,r^2\,\dfrac{g\,(R-r)}{r^2}}{2}$$

$$\frac{3}{4}\,v_\mathrm{A}^2 = 2\,g\,(R-r) + \frac{3g}{4}\,(R-r)$$

$$3\,v_\mathrm{A}^2 = 11\,g\,(R-r)$$

$$v_\mathrm{A} = \sqrt{\frac{11}{3}\,g\,(R-r)}$$

$$v_\mathrm{A} = \sqrt{\frac{11}{3}\cdot 9{,}81\,\mathrm{m/s^2}\cdot(0{,}41-0{,}08)\,\mathrm{m}} = 3{,}445\,\mathrm{m/s}$$

Übung 3-25

Ein mit schwerer Stange drehbar verbundenes Zahnrad dreht aus der gemäß Bild 3-112 skizzierten Ruhelage auf dem innenverzahnten Rad ab. Mit welcher maximalen Winkelgeschwindigkeit ω_1 dreht die in A reibungsfrei gelagerte Stange?

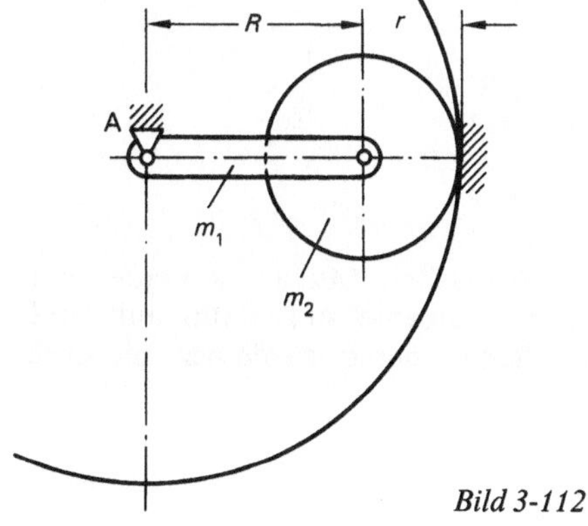

Bild 3-112

Lösung:

Geschwindigkeitsverteilung, Bild 3-113.

$$v_\mathrm{S} = \omega_1\,R = \omega_2\,r$$

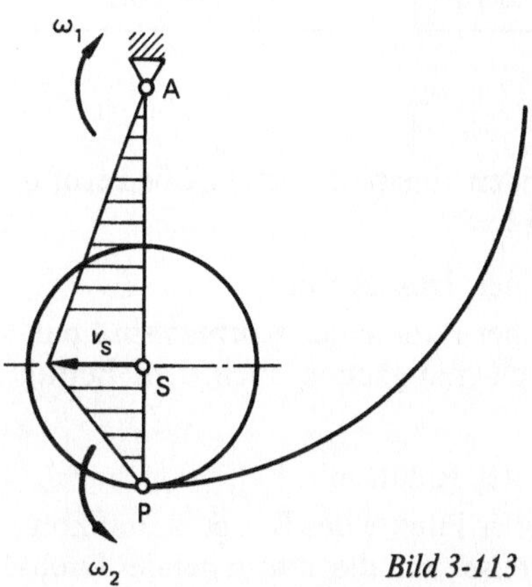

Bild 3-113

Energiebilanz:

$$m_1\,g\,\frac{R}{2} + m_2\,g\,R = \frac{J_{1_\mathrm{A}}\,\omega_1^2}{2} + \frac{J_{2_\mathrm{P}}\,\omega_2^2}{2}$$

mit

$$\omega_2 = \omega_1\,\frac{R}{r}$$

$$R\,g\left(\frac{m_1}{2} + m_2\right) = \frac{\omega_1^2}{2}\left(\underbrace{\frac{m_1\,R^2}{3}}_{J_{1_\mathrm{A}}} + \underbrace{\left(\frac{R}{r}\right)^2\frac{3}{2}\,m_2\,r^2}_{J_{2_\mathrm{P}}}\right)$$

$$\omega_1 = \sqrt{g\,\frac{\dfrac{m_1}{2} + m_2}{R\left(\dfrac{m_1}{6} + \dfrac{3}{4}\,m_2\right)}}$$

3.2.6. Kinetik der allgemeinen, ebenen Bewegung

Die Kinematik der ebenen Bewegung eines Körpers beschränkt sich auf die Beschreibung der zeitlichen Abhängigkeit von Wegen (Winkeln), Geschwindigkeiten (Winkelgeschwindigkeiten) und Beschleunigungen (Winkelbeschleunigungen). Die Kinetik der ebenen Bewegung eines Körpers fragt nach den verursachenden Kräften und Momenten. Umgekehrt werden für bestimmte Kräfte und Momente die

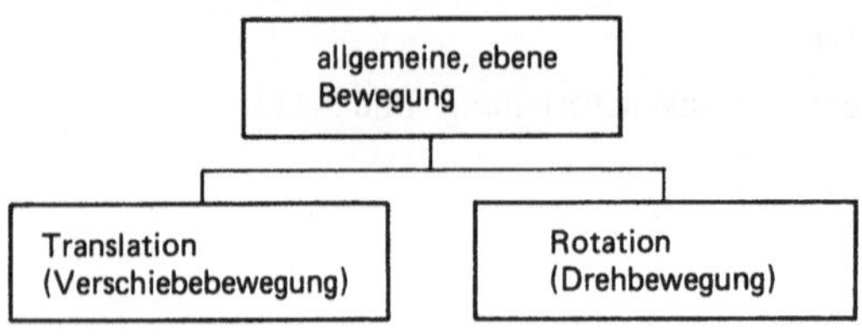

Bild 3-114

sich einstellenden kinematischen Größen ermittelt, Bild 3-114.

Kennzeichen der Translation:

Die Bahnen aller Punkte des Körpers sind parallel, die Geschwindigkeiten auch dem Betrag nach gleich.

Kennzeichen der Rotation:

Die Bahnen aller Punkte des Körpers sind konzentrische Kreise um die stillstehende Drehachse.

Die ebene Bewegung eines Körpers hat im allgemeinen einen translatorischen und einen rotatorischen Anteil. Ein Beispiel war das abrollende Rad, s. Abschnitt 3.2.2. Wir hatten erkannt, daß der Berührpunkt mit der Bahn der momentane Ruhepunkt ist, also der Momentanpol. Die Abrollbewegung kann als Überlagerung von Translation mit der Geschwindigkeit v_S und Rotation um den Schwerpunkt mit der Winkelgeschwindigkeit v_S/r (r = Radius des Rades) aufgefaßt werden.

Es erweist sich als zweckmäßig, bei der Zerlegung der allgemeinen, ebenen Bewegung in Translation und Rotation der Drehung als Drehpunkt den Schwerpunkt zu wählen. Dann ist die Beschleunigung eines beliebigen Punktes C des Körpers:

$$\overline{a_C} = \overline{a_S} + \overline{a_{CS}}$$

$\overline{a_S}$ ist die Schwerpunktsbeschleunigung und $\overline{a_{CS}}$ die Beschleunigung des Punktes C bei der Drehung um S. Letztere hat meist eine Normalkomponente $\overline{a_{CS}^n}$ und eine Tangentialkomponente $\overline{a_{CS}^t}$:

$$\overline{a_{CS}} = \overline{a_{CS}^n} + \overline{a_{CS}^t}$$

Die Normalkomponente ist auf den Schwerpunkt hin gerichtet, die Tangentialkomponente von a_{CS} steht senkrecht auf CS.

$$a_{CS}^n = r\,\dot\varphi^2; \quad a_{CS}^t = r\,\ddot\varphi$$

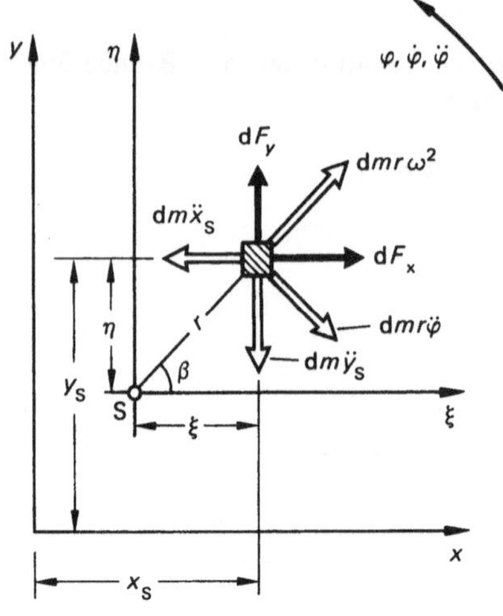

Bild 3-115

Es greife eine anteilige Kraft dF am Masseteilchen dm (Stelle C der Scheibe) an; dabei ist dF die Summe aller inneren und äußeren Kräfte im Punkt C der Scheibe, Bild 3-115.

D'ALEMBERT:

$$\sum F_x = 0$$
$$0 = \int dF_x - \ddot x_S \int dm + \omega^2 \int r\,dm \cos\beta + \ddot\varphi \int r\,dm \sin\beta$$

$$\sum F_y = 0$$
$$0 = \int dF_y - \ddot y_S \int dm + \omega^2 \int r\,dm \sin\beta - \ddot\varphi \int r\,dm \cos\beta$$

$$\int dF_x = F_{Rx}$$
$$\int dF_y = F_{Ry}$$

Resultierende Kraft $\overline{F_R} = \overline{F_{Rx}} + \overline{F_{Ry}}$.
Mit

$$\xi = r \cos\beta$$

und

$$\eta = r \sin\beta$$

werden die statischen Massenmomente null, weil statische Momente stets dann null sind, wenn sie auf Schwerpunktachsen bezogen sind:

$$\int \xi\,dm = 0$$
$$\int \eta\,dm = 0$$

Es verbleibt:

$$0 = F_{Rx} - m\,\ddot{x}_S = F_{Rx} - m\,a_{Sx}$$

$$0 = F_{Ry} - m\,\ddot{y}_S = F_{Ry} - m\,a_{Sy}$$

$$F_{Rx} = m\,a_{Sx}$$

$$F_{Ry} = m\,a_{Sy}$$

Schwerpunktsatz:

$$F_R = \begin{Bmatrix} F_{Rx} \\ F_{Ry} \end{Bmatrix} = m\,a_S = m \begin{Bmatrix} a_{Sx} \\ a_{Sy} \end{Bmatrix}$$

Der Schwerpunkt eines Körpers bewegt sich so, als ob die Gesamtmasse des Körpers punktförmig in ihm vereinigt wäre und die Resultierende der äußeren Kräfte parallel verschoben im Schwerpunkt angreifen würde.

In beiden in Bild 3-116 dargestellten Fällen bewegt sich der Schwerpunkt nach denselben kinematischen Gesetzen.

Sonderfall bei Bild 3-117: Die WL F_R verläuft durch den Schwerpunkt; es handelt sich nur um Translation.

Greift an einer frei beweglichen Scheibe in der Ebene eine Kraft so an, daß ihre WL um das Maß e am Schwerpunkt vorbei verläuft, so stellt sich eine Translationsbewegung in der Weise ein, als griffe die Kraft im Schwerpunkt (Punktmasse m) an, der sich eine Rotation überlagert, deren Winkelbeschleunigung dem Versatzmoment $F_R\,e$ proportional ist (Bild 3-118).

D'ALEMBERTsche Gleichgewichtsüberlegungen an der Scheibe fordern eine der Translationsbeschleunigung entgegengerichtete Trägheitskraft $(m\,a_S)$ und ein Moment aller tangentialen Trägheitskräfte $(J_S\,\ddot{\varphi})$, das der Drehbeschleunigung entgegengerichtet ist, Bild 3-119.

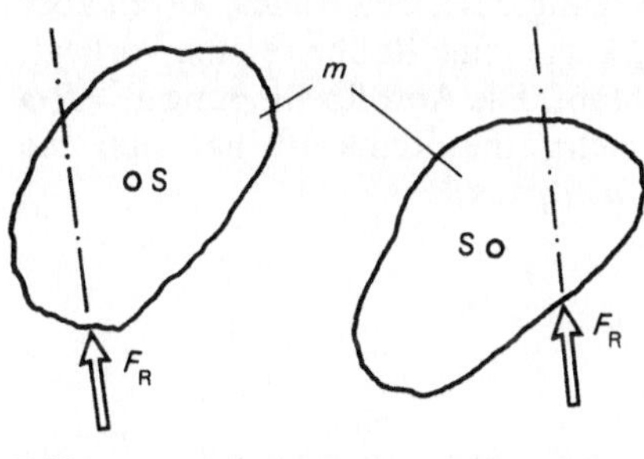

Bild 3-116

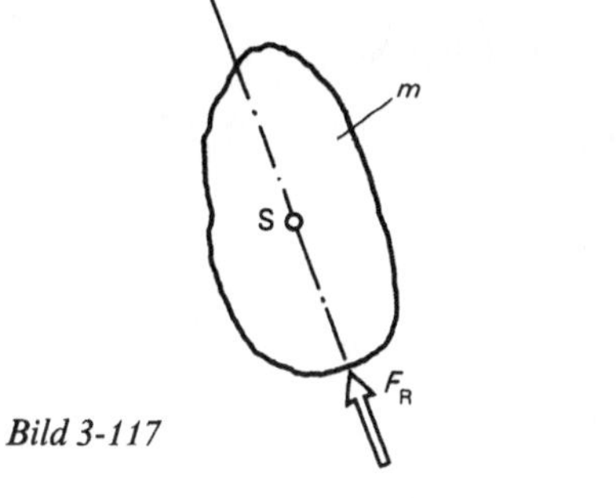

Bild 3-117

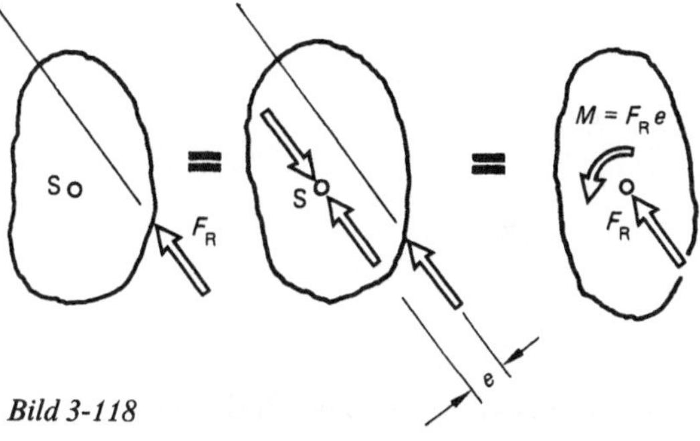

Bild 3-118

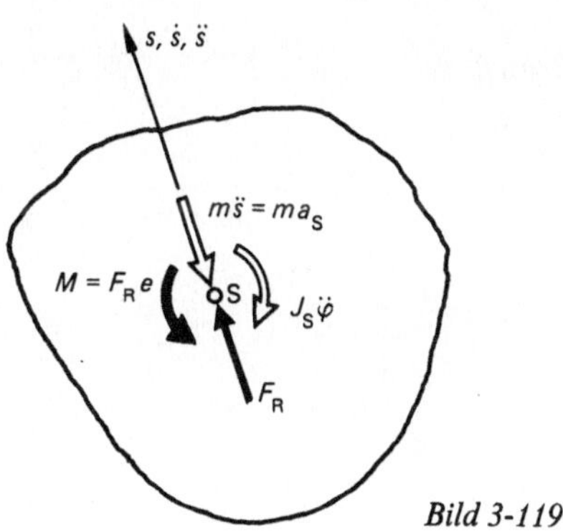

Bild 3-119

Im ersten Beispiel untersuchen wir die Kinetik einer schweren, runden Scheibe, die auf schiefer Ebene hinabrollt. Die Bahn sei so rauh, daß kein Schlupf eintritt und die Rollbewegung stets garantiert ist, Bild 3-120.

$$\sum F_x = 0$$

① $0 = m g \sin\beta - F_r - m\,\ddot{x}_S$

$$\sum M_S = 0$$

② $0 = J_S\,\ddot{\varphi} - F_r\,R$

③ $x_S = \varphi\,R$ (Abrollbedingung)

$$\ddot{x}_S = \ddot{\varphi}\,R$$

Aus ②: $F_r = \dfrac{J_S\,\ddot{\varphi}}{R}$ in ① einsetzen.

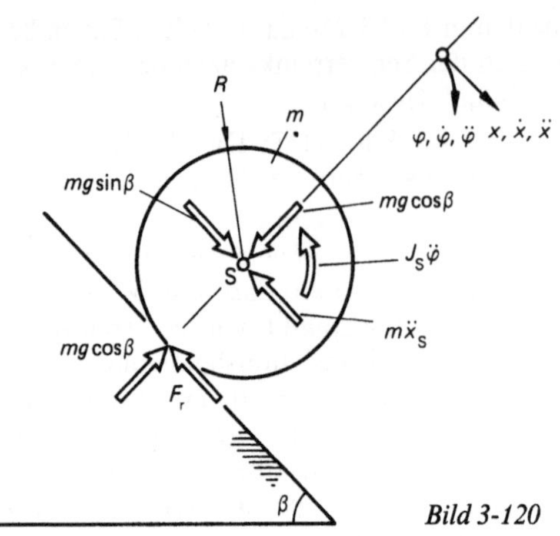

Bild 3-120

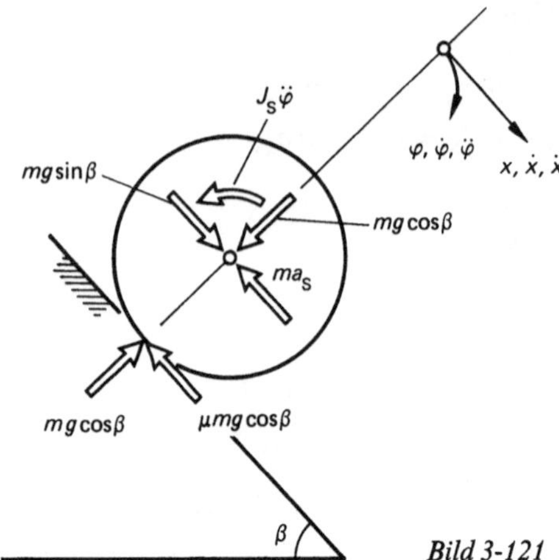

Bild 3-121

Es folgt:

$$0 = m g \sin \beta - \frac{J_S \ddot{\varphi}}{R} - m \ddot{x}_S$$

$$\ddot{x}_S = a_S = \frac{m g \sin \beta}{m + \dfrac{J_S}{R^2}}$$

mit

$$J_S = \frac{m R^2}{2}$$

$$a_S = \frac{2}{3} g \sin \beta$$

Die Reibkraft ist dann

$$F_r = \frac{J_S \, a_S}{R^2} = \frac{\dfrac{m R^2}{2} \dfrac{2}{3} g \sin \beta}{R^2}$$

$$F_r = \frac{1}{3} m g \sin \beta$$

Kein Schlupf liegt vor, wenn

$$F_r < \mu_0 \, m g \cos \beta$$

$$\frac{1}{3} m g \sin \beta < \mu_0 \, m g \cos \beta$$

$$\mu_0 > \frac{1}{3} \tan \beta$$

Im zweiten Beispiel, Bild 3-121, untersuchen wir die Bewegung desselben Rades, setzen aber voraus, daß keine reine Rollbewegung vorliegt, sondern Schlupf. Die Abrollbedingung $x = R \varphi$ gilt nicht mehr; die Reibkraft hat nun die Größe $F_r = \mu \, m g \cos \beta$.

D'ALEMBERT:

$$\sum F_x = 0$$
① $$0 = m g \sin \beta - m a_S - \mu \, m g \cos \beta$$

$$\sum M_S = 0$$
② $$0 = J_S \ddot{\varphi} - \mu \, m g \cos \beta \, R$$

Aus ① sofort:

$$a_S = g (\sin \beta - \mu \cos \beta)$$

Aus ② sofort:

$$\ddot{\varphi} = \frac{\mu \, m g \cos \beta \, R}{J_S}$$

mit

$$J_S = \frac{m R^2}{2}$$

$$\ddot{\varphi} = \frac{2 \mu g \cos \beta}{R}$$

Lage des Momentanpols:
Geschwindigkeitsverteilung, Bild 3-122.

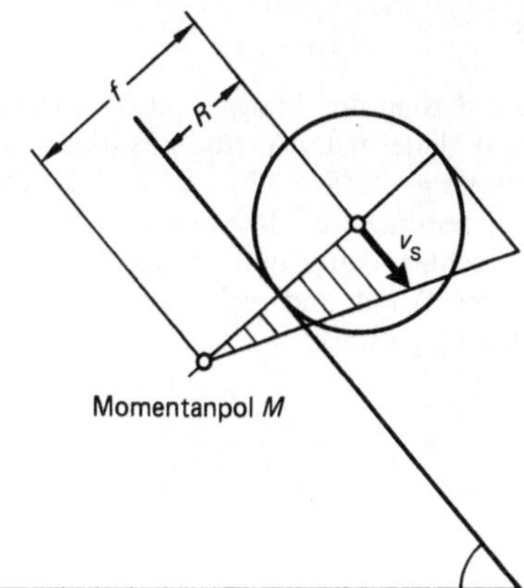

Bild 3-122

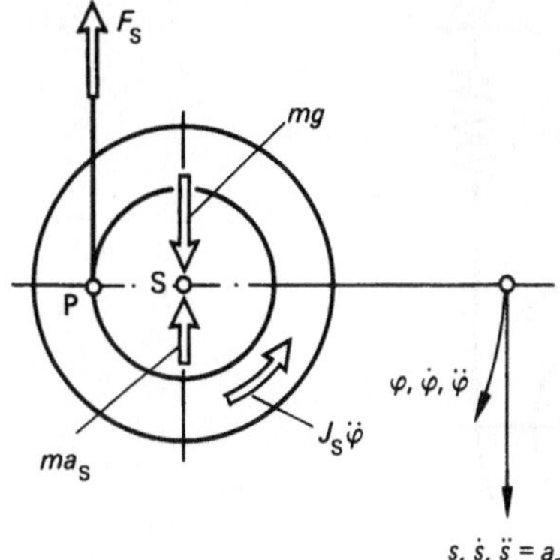

Bild 3-124

$$\ddot{x}_S = a_S = f\,\ddot{\varphi}$$

$$f = \frac{a_S}{\ddot{\varphi}} = \frac{g\,(\sin\beta - \mu\cos\beta)}{\dfrac{2\,\mu\,g\,\cos\beta}{R}}$$

$$f = R\,\frac{\sin\beta - \mu\cos\beta}{2\,\mu\cos\beta} = \frac{R}{2}\left(\frac{\tan\beta}{\mu} - 1\right)$$

Kein Schlupf liegt vor, wenn $f \leq R$:

$$R \leq \frac{R}{2}\left(\frac{\tan\beta}{\mu} - 1\right)$$

$$\mu \geq \frac{1}{3}\tan\beta \quad \text{(s. 1. Beispiel)}$$

Übung 3-26

Auf dem angedrehten Zapfen einer schweren runden Scheibe mit dem Massenträgheitsmoment J_S ist ein Faden aufgewickelt, Bild 3-123. Die Scheibe spult im

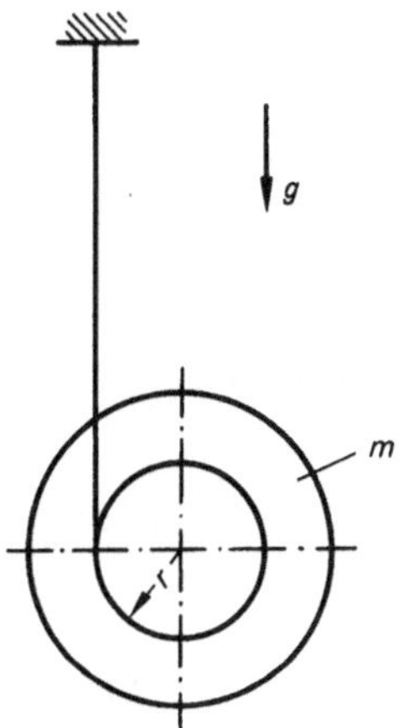

Bild 3-123

Schwerefeld ab. Welche Bahnbeschleunigung a_S stellt sich ein und wie groß ist die Fadenkraft während der Abspulbewegung?

Lösung:

D'ALEMBERT (Bild 3-124):

$$\sum F = 0$$
① $\quad 0 = mg - F_S - m\,a_S$

$$\sum M_P = 0$$
P = Abspulpunkt (Momentanpol)

② $\quad 0 = J_S\,\ddot{\varphi} + m\,a_S\,r - m\,g\,r$

Abrollbedingung:

③ $\quad a_S = \ddot{\varphi}\,r$

Aus ② folgt mit ③ sofort:

$$a_S = \frac{m\,g\,r}{m\,r + \dfrac{J_S}{r}}$$

Damit aus ①:

$$F_S = m\,g\left(1 - \frac{1}{1 + \dfrac{J_S}{m\,r^2}}\right) = m\,g\,\frac{1}{1 + \dfrac{m\,r^2}{J_S}}$$

Übung 3-27

Um die in Übung 3-26 beschriebene Scheibe ist ein weiterer Faden gewickelt, dessen Ende mit einer am Fundament verbundenen Feder verknüpft ist, so daß ein schwingfähiges Gebilde entsteht. Zu berechnen ist die Eigenkreisfrequenz kleiner Schwingungen des Systems, Bild 3-125.

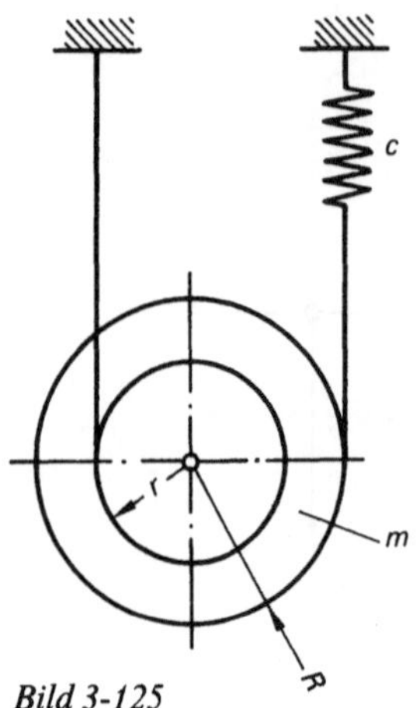

Bild 3-125

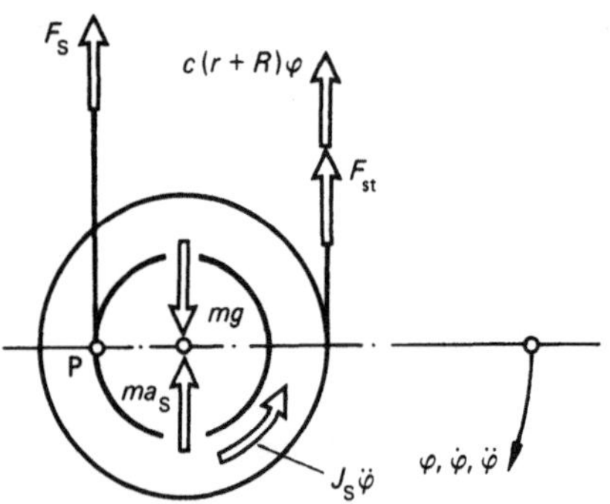

Bild 3-126

Lösung:

D'ALEMBERT (Bild 3-126):

$$\sum M_P = 0 \quad (P = \text{Momentanpol})$$

$$0 = J_S \ddot{\varphi} + m a_S r + c(r+R)^2 \varphi \underbrace{- m g r + F_{st}(r+R)}_{= 0 \ (\text{Statik})}$$

Abspulbedingung:

$$a_S = r\ddot{\varphi}$$

$$0 = \ddot{\varphi}(J_S + mr^2) + c(r+R)^2 \varphi$$

$$0 = \ddot{\varphi} + \underbrace{\frac{c(r+R)^2}{J_S + mr^2}}_{= \omega_0^2} \varphi$$

mit

$$J_S + mr^2 = J_P$$

Ergebnis:

$$\omega_0 = (r+R)\sqrt{\frac{c}{J_P}}$$

Übung 3-28

Eine schwere Stange der Länge L steht lotrecht an der Wand und gleitet nach Anstoß aus dieser labilen Gleichgewichtslage abwärts, Bild 3-127. Die Abgleitbewegung sei reibungsfrei. Bei welchem Winkel φ_0 zwischen lotrechter Wand und Stange löst sich die Stange von der Wand und gleitet im weiteren nur noch vom Boden geführt?

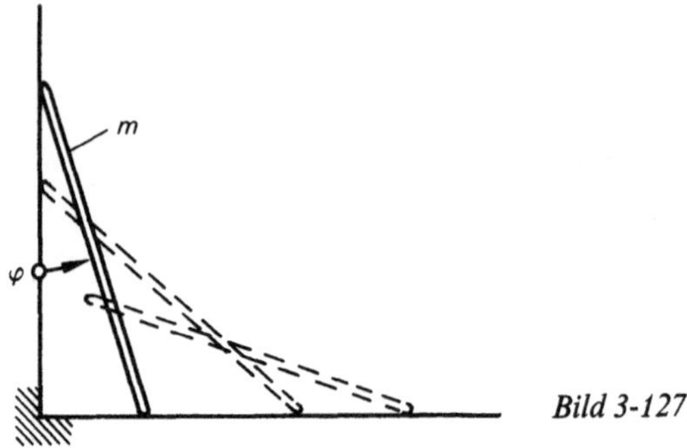

Bild 3-127

Lösung:

Bis zum Moment des Ablösens der Stange von der Wand wirken außer der Gewichtskraft die Auflagerkräfte F_A (vom Boden auf die Stange) und F_B (von der Wand auf die Stange). Die allgemeine ebene Bewegung wird zerlegt in Drehung um den Stangenschwerpunkt und Translation in Richtung der kartesischen Koordinaten x und y, Bild 3-128.

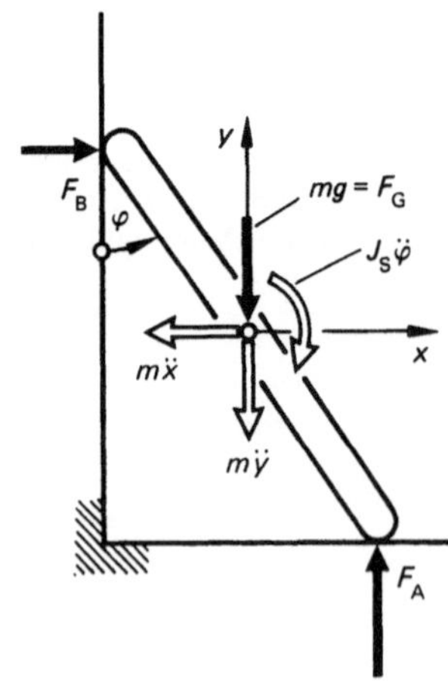

Bild 3-128

D'ALEMBERT:

$$\sum F_x = 0 = F_B - m\ddot{x}$$

$$\sum F_y = 0 = F_A - F_G - m\ddot{y}$$

$$\sum M_S = 0 = F_A \frac{L}{2}\sin\varphi - F_B \frac{L}{2}\cos\varphi - J_S\ddot{\varphi}$$

Es gilt:

$$\ddot{x} = \frac{\mathrm{d}}{\mathrm{d}t}\,\dot{x} = \frac{\mathrm{d}v_x}{\mathrm{d}t}$$

$$\ddot{y} = \frac{\mathrm{d}}{\mathrm{d}t}\,\dot{y} = \frac{\mathrm{d}v_y}{\mathrm{d}t}$$

mit

$$\dot{x} = v_x = v_\mathrm{S}\cos\varphi$$
$$\dot{y} = v_y = -\,v_\mathrm{S}\sin\varphi$$

Mit

$$v_\mathrm{S} = \frac{L}{2}\,\dot{\varphi}$$

folgt gemäß Bild 3-129:

$$\dot{x} = \frac{L}{2}\,\dot{\varphi}\cos\varphi$$

$$\dot{y} = -\,\frac{L}{2}\,\dot{\varphi}\sin\varphi$$

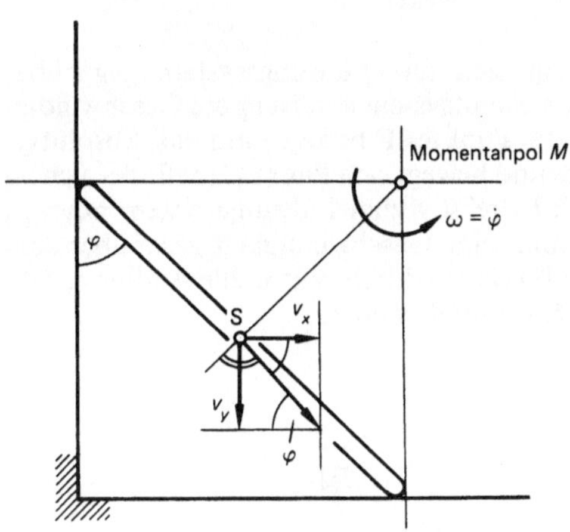

Bild 3-129

Die Beschleunigungskomponenten folgen aus der Differentiation nach der Zeit:

$$\ddot{x} = \frac{L}{2}\,(\ddot{\varphi}\cos\varphi - \dot{\varphi}^2\sin\varphi)$$

$$\ddot{y} = \frac{-L}{2}\,(\ddot{\varphi}\sin\varphi + \dot{\varphi}^2\cos\varphi)$$

Mit den so beschriebenen Translationsbeschleunigungen lauten die D'ALEMBERT-Gleichungen:

$$0 = F_\mathrm{B} - \frac{mL}{2}\,(\ddot{\varphi}\cos\varphi - \dot{\varphi}^2\sin\varphi)$$

$$0 = F_\mathrm{A} - F_\mathrm{G} + \frac{mL}{2}\,(\ddot{\varphi}\sin\varphi + \dot{\varphi}^2\cos\varphi)$$

$$0 = F_\mathrm{A}\,\frac{L}{2}\sin\varphi - F_\mathrm{B}\,\frac{L}{2}\cos\varphi - J_\mathrm{S}\,\ddot{\varphi}$$

Setzt man in die dritte Gleichung die Ausdrücke für F_B und F_A der beiden ersten Gleichungen ein, so entsteht die folgende Differentialgleichung:

$$0 = -\,\ddot{\varphi}\underbrace{\left(\frac{mL^2}{4} + J_\mathrm{S}\right)}_{a} + \underbrace{\frac{F_\mathrm{G}L}{2}}_{b}\sin\varphi$$

$$a\,\ddot{\varphi} = b\sin\varphi$$

$$a\,\frac{\mathrm{d}\dot{\varphi}}{\mathrm{d}t}\,\mathrm{d}\varphi = b\sin\varphi\,\mathrm{d}\varphi$$

$$a\,\mathrm{d}\dot{\varphi}\,\dot{\varphi} = b\sin\varphi\,\mathrm{d}\varphi$$

Integration:

$$\frac{a}{2}\,\dot{\varphi}^2 = -\,b\cos\varphi + C_1$$

Randbedingung:

$$\dot{\varphi}(\varphi = 0) = 0$$

Daraus folgt $C_1 = b$. Mithin gilt

$$\frac{a}{2}\,\dot{\varphi}^2 = b\,(1 - \cos\varphi)$$

$$\dot{\varphi}^2 = \omega^2(\varphi) = \frac{2b}{a}\,(1 - \cos\varphi)$$

$$\dot{\varphi}^2(\varphi) = \omega^2(\varphi) = \frac{F_\mathrm{G}L\,(1 - \cos\varphi)}{\dfrac{mL^2}{4} + J_\mathrm{S}}$$

mit

$$J_\mathrm{S} = \frac{mL^2}{12}$$

$$\dot{\varphi}^2(\varphi) = \omega^2(\varphi) = \frac{3g}{L}\,(1 - \cos\varphi)$$

Die Ableitung nach der Zeit liefert daraus:

$$2\,\dot\varphi\,\ddot\varphi = \frac{3g}{L}\sin\varphi\,\dot\varphi$$

$$\ddot\varphi = \frac{3g}{2L}\sin\varphi$$

Mit den gefundenen Ausdrücken für $\dot\varphi^2$ und $\ddot\varphi$ kann F_{B} aus der ersten der drei D'ALEMBERT-Gleichungen beschrieben werden:

$$F_{\mathrm{B}} = \frac{mL}{2}\,(\ddot\varphi\cos\varphi - \dot\varphi^2\sin\varphi)$$

Beim Ablösen von der Wand ist $F_{\mathrm{B}} = 0$ und es folgt

$$0 = \frac{3g}{2L}\sin\varphi_0\cos\varphi_0 - \frac{3g}{L}(1 - \cos\varphi_0)\sin\varphi_0$$

$$0 = \frac{1}{2}\cos\varphi_0 - 1 + \cos\varphi_0$$

$$\frac{3}{2}\cos\varphi_0 = 1\,;\quad \varphi_0 = 48{,}189°.$$

3.2.7. Kinetik der Relativbewegung

Von Relativbewegung spricht man, wenn sich ein Körper auf einem Führungssystem bewegt, das selbst Bewegungen relativ zu einem Absolutsystem ausführt. Die absolute Bewegung eines Körpers ist die Bewegung gegenüber diesem Absolutsystem; man spricht von Absolutbahn, von Absolutgeschwindigkeit und von Absolutbeschleunigung. Die Relativbewegung dagegen beschreibt die Bewegung des Körpers in seinem Führungssystem.

Derjenige im Führungssystem feste Punkt F in Bild 3-130, der momentan mit dem Punkt C, dessen Bewegung untersucht und beschrieben wird, zusammenfällt, ist der „Führungspunkt" F. Seine absolute Geschwindigkeit wird

v_{F} = Führungsgeschwindigkeit,

seine absolute Beschleunigung

a_{F} = Führungsbeschleunigung

genannt.

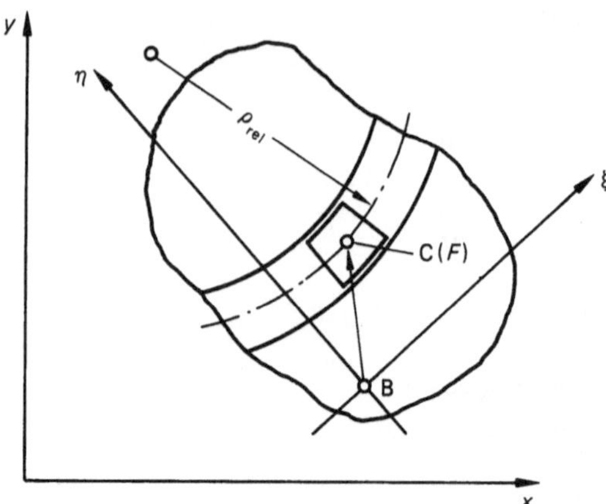

Bild 3-130

xy-System: Absolutsystem,

$\xi\eta$-System: Koordinatensystem der Führungsebene,

  C: bewegter Punkt, dessen Bewegung beschrieben werden soll,

  F: Punkt des Führungssystems, an dem sich C momentan befindet,

  ϱ_{rel}: momentaner Krümmungsradius der Relativbahn (Bahn im Führungssystem, auf der sich C bewegt).

Bewegt sich das Führungssystem gegenüber dem Absolutsystem und ist v_{F} die Geschwindigkeit des Punktes F bezogen auf das Absolutsystem, und bewegt sich Punkt C (befindet sich an Stelle F) relativ zum Führungssystem mit v_{rel}, so kann seine Geschwindigkeit gegenüber dem Absolutsystem durch vektorielle Addition, Bild 3-131, ermittelt werden:

$$\bar v_{\mathrm{C_{abs}}} = \bar v_{\mathrm{F}} + \bar v_{\mathrm{rel}}$$

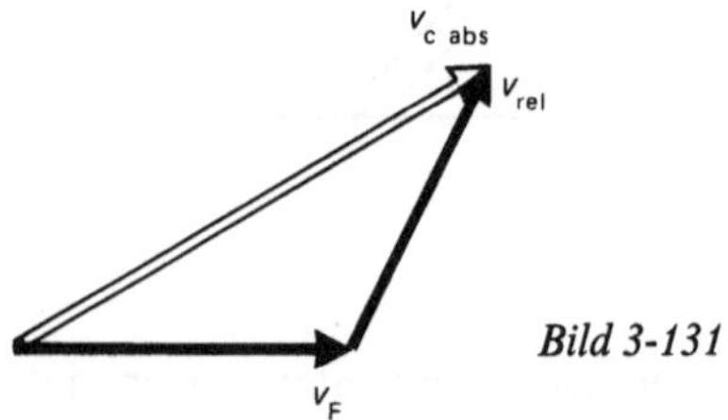

Bild 3-131

Anders verhält es sich mit den Beschleunigungen, wenn das Führungssystem eine drehende Bewegung ausführt. Zu der vektoriellen Addition von Führungsbeschleunigung a_{F} und der Relativbeschleunigung tritt – vektoriell gesehen – die „CORIOLIS-Beschleunigung" a_{Cor}.

Die Erläuterung dieser Problematik soll an einem mit $\omega_F = \text{konst}$ rotierenden Führungssystem erläutert werden; die Bahn des im Führungssystem sich bewegenden Punktes, also die Relativbahn, sei eine Gerade in radialer Richtung, Bild 3-132.

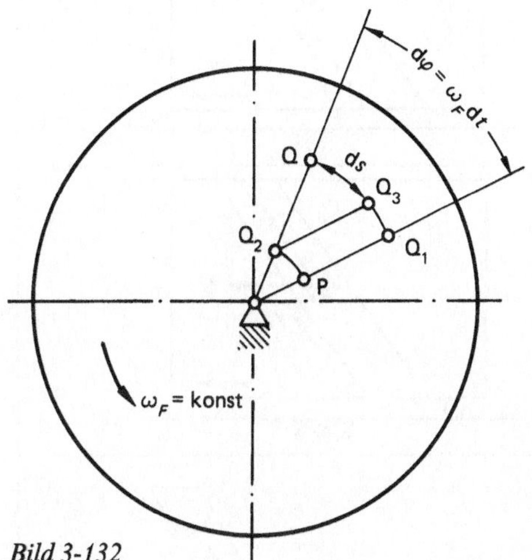

Bild 3-132

Punkt P gelangt im Zeitintervall dt nach Q_1. Gleichzeitig bewegt sich Punkt P des Führungssystems wegen der Drehung des Führungssystems nach Q_2. Die Addition der Wege brächte Punkt P nach Q_3. Tatsächlich gelangt er aber nach Q, gleichförmig beschleunigt:

$$dr\, d\varphi = ds = \overline{Q_3 Q} = \frac{a_{Cor}}{2} dt^2$$

mit

$$dr = v_{rel}\, dt \quad \text{bei } v_{rel} = \text{konst}$$

$$d\varphi\, v_{rel}\, dt = \frac{a_{Cor}}{2} dt^2$$

$$a_{Cor} = 2 \underbrace{\frac{d\varphi}{dt}}_{=\omega_F} v_{rel}$$

Eine allgemeinere Ableitung für den Fall, daß der v_{rel}-Vektor nicht – wie hier – senkrecht auf dem ω_F-Vektor steht, zeigt, daß der Sinus des Winkels zwischen den beiden Vektoren der Beschleunigung a_{Cor} proportional ist:

$$\bar{a}_{Cor} = 2\, \bar{\omega}_F\, \bar{v}_{rel} \sin(\sphericalangle\, \omega_F, v_{rel})$$

Die drei Vektoren $\bar{\omega}_F$, $\bar{v}_{rel}$, $\bar{a}_{Cor}$ bilden ein Rechtssystem. Dreht man eine Schraube mit Rechtsgewinde, so wie es der Drehung von ω_F in die v_{rel}-Richtung entspricht, so entspricht die axiale Schraubenbewegungsrichtung der Richtung des a_{Cor}-Vektors. Die CORIOLIS-Beschleunigung ist null, wenn

a) $v_{rel} = 0$, also der Punkt keine Relativbewegung gegenüber dem Führungssystem ausführt,

b) $\omega_F = 0$, also das Führungssystem nicht dreht,

c) der Winkel zwischen den Vektoren ω_F und v_{rel} null ist, d.h. der Punkt sich parallel zur Drehachse des Führungssystems bewegt.

Führungsbewegung und Relativbewegung haben meist Normal- und Tangentialkomponenten, Bild 3-133 u. 3-134.

$$\bar{a}_F = \bar{a}_F^n + \bar{a}_F^t$$

$$a_F^n = r\,\omega_F^2$$

$$a_F^t = r\,\alpha_F = r\,\dot{\omega}_F$$

$$\bar{a}_{rel} = \bar{a}_{rel}^n + \bar{a}_{rel}^t$$

$$a_{rel}^n = \frac{v_{rel}^2}{\varrho} = \varrho\,\omega_{rel}$$

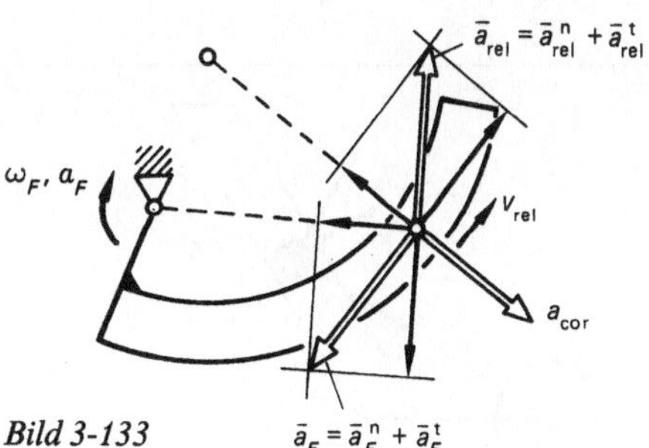

Bild 3-133 $\bar{a}_F = \bar{a}_F^n + \bar{a}_F^t$

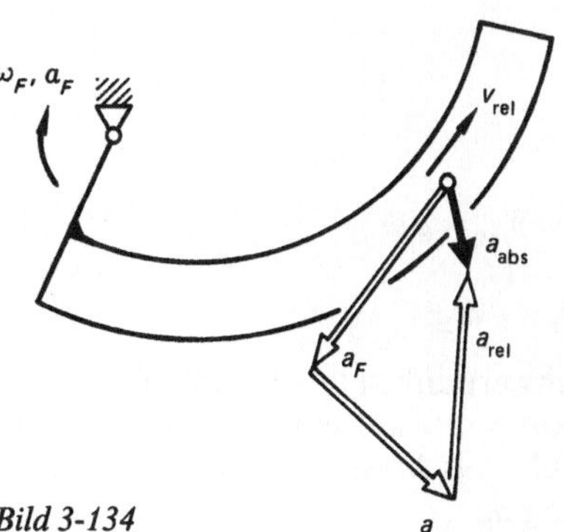

Bild 3-134 a_{cor}

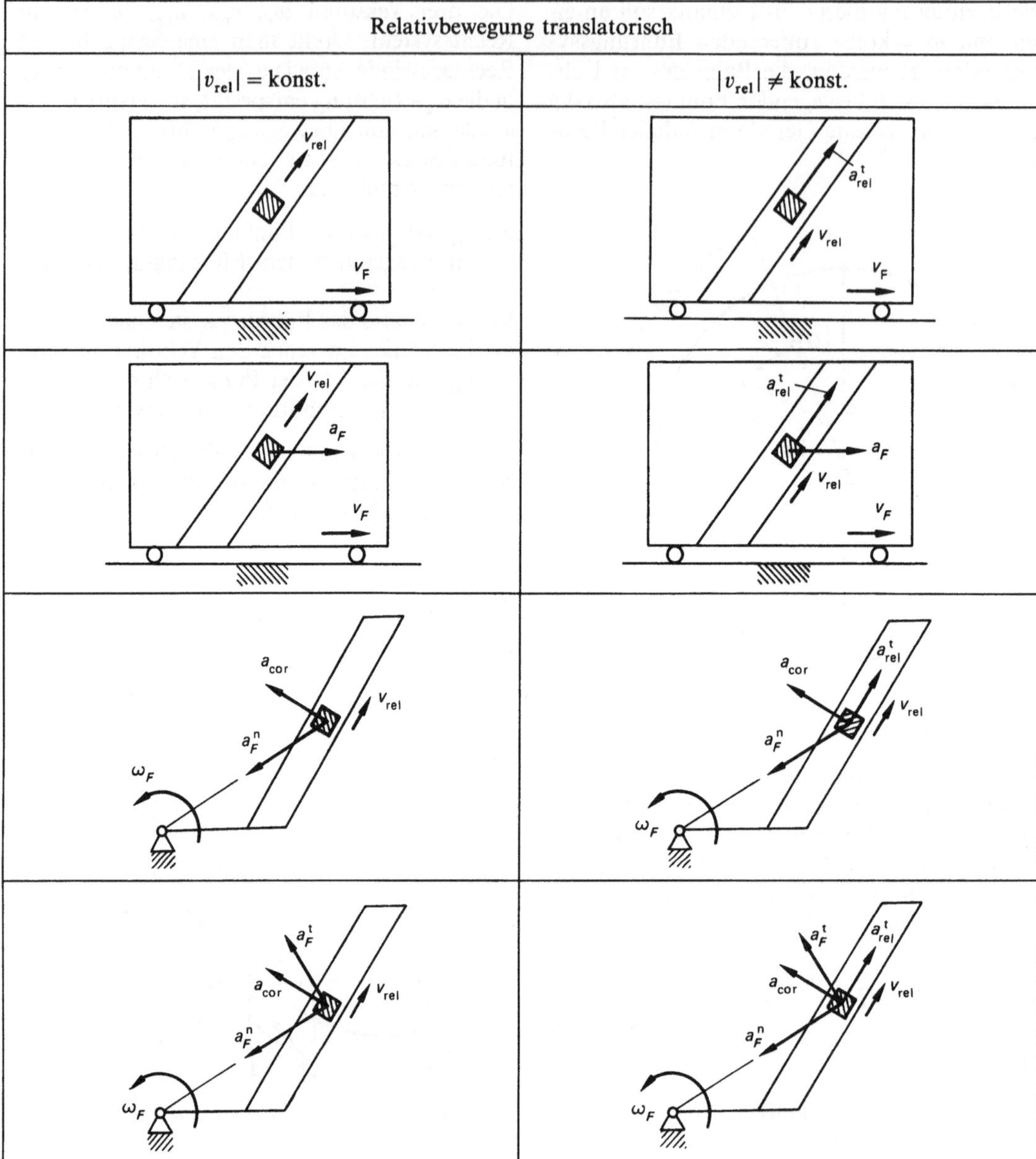

Bild 3-135.

$$a^t_{rel} = \frac{d}{dt}\, v_{rel} = \dot{v}_{rel} = \varrho\, \dot{\omega}_{rel}$$

$$\bar{a}_{abs} = \bar{a}_F + \bar{a}_{rel} + \bar{a}_{Cor}$$

Nach dem Schwerpunktsatz gilt, daß die resultierende äußere Kraft auf einen Körper gleich ist dem Produkt aus Masse und Schwerpunktbeschleunigung a_S.

$$\bar{F}_R = m\, \bar{a}_S$$

Bewegt sich der Körper in einem Bezugssystem, das als Führungssystem selbst bewegt wird, so gilt:

$$\bar{a}_S = \bar{a}_F + \bar{a}_{rel} + \bar{a}_{Cor}$$
$$\bar{F}_R = m\,(\bar{a}_F + \bar{a}_{rel} + \bar{a}_{Cor})$$

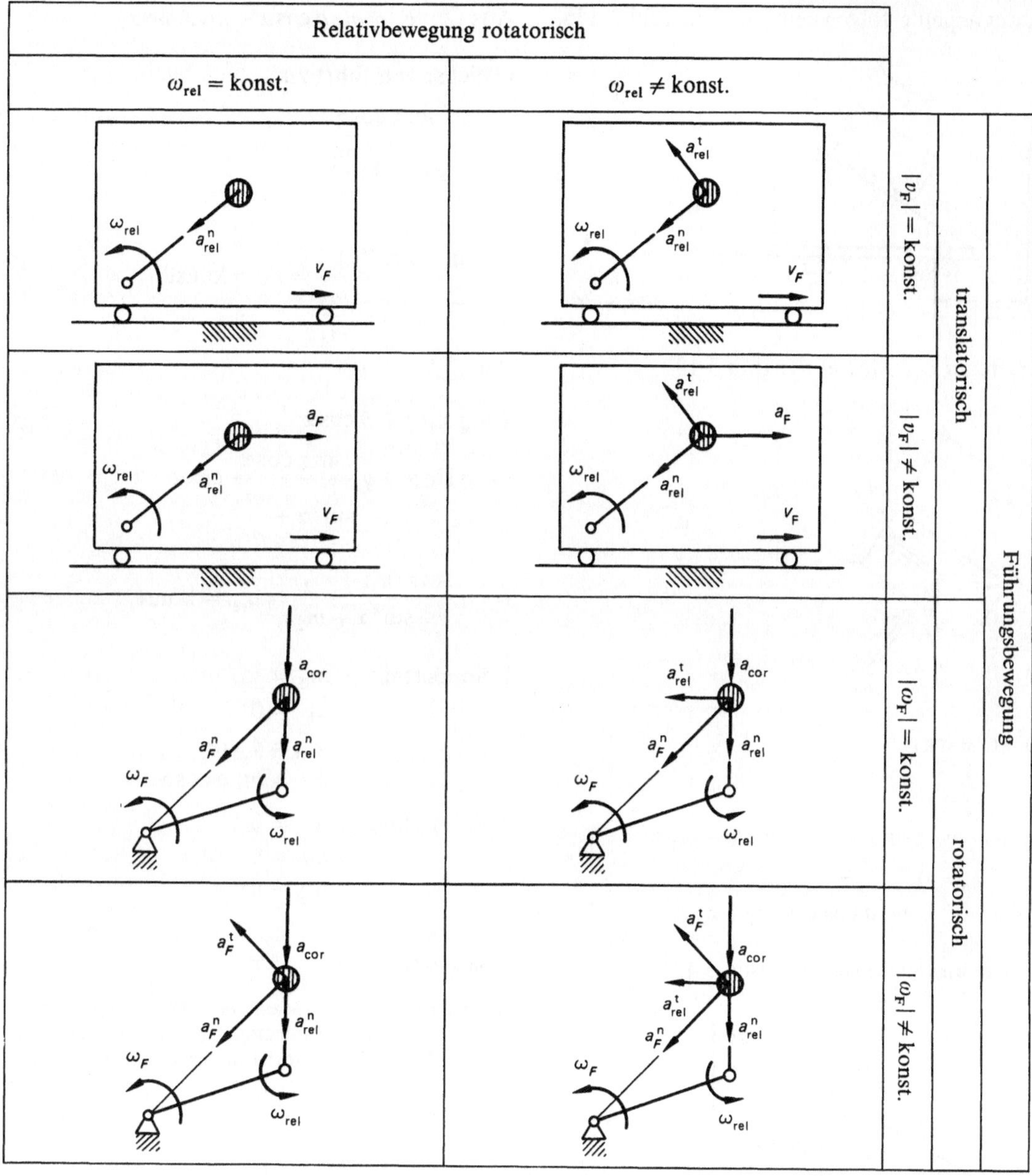

Faßt man die drei Summanden der rechten Gleichungsseite nach dem Prinzip von D'ALEMBERT als Trägheitskräfte auf, so gilt, daß die resultierende äußere Kraft den drei im Körperschwerpunkt angreifenden Trägheitskräften ma_F, ma_{rel}, ma_{Cor} das Gleichgewicht hält.

D'ALEMBERT: $\sum F = 0$

$$0 = \bar{F}_R + m(-\bar{a}_F) + m(-\bar{a}_{rel}) + m(-\bar{a}_{Cor})$$

Die negativen Vorzeichen besagen, daß die Trägheitskräfte entgegen den positiven Beschleunigungen im Schwerpunkt einzuzeichnen sind.

Bild 3-135 zeigt eine Systematik für die Beschleunigungssituation bei Relativbewegungen in der Ebene.

Als Beispiel soll das Abrollen bzw. Abgleiten der Masse m_1 auf dem Körper der Masse m_2 untersucht werden, wobei Masse m_2 sich als Führungssystem relativ zum Absolutsystem translatorisch bewegt. Die Führungsbeschleunigung ist $\ddot{x}$, die Relativbeschleunigung $\ddot{s}$. Die

Bewegungen erfolgen reibungsfrei, Bild 3-136.

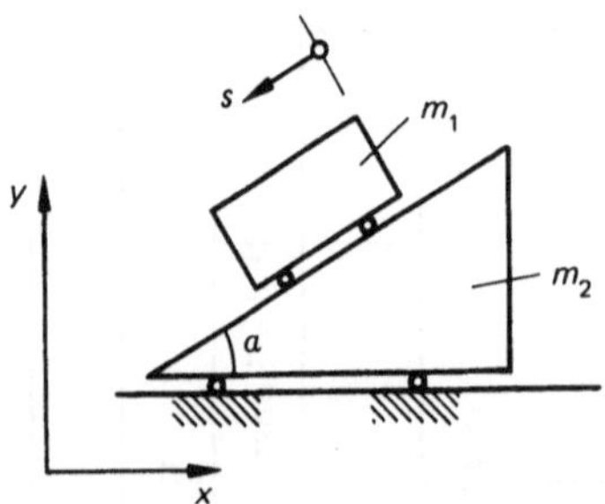

Bild 3-136

Kräfte an der Masse m_1, Bild 3-137.

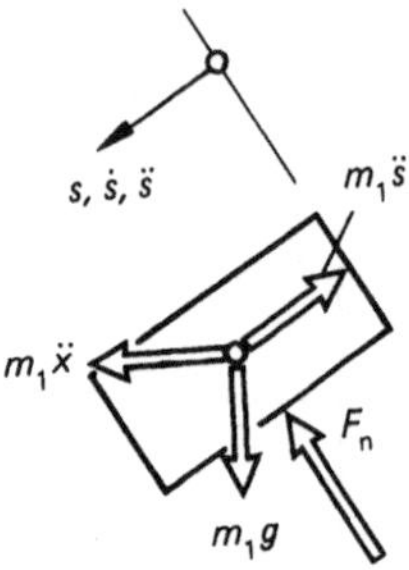

Bild 3-137

D'ALEMBERT:

$$\sum F_s = 0$$
① $0 = m_1 g \sin\alpha + m_1 \ddot{x} \cos\alpha - m_1 \ddot{s}$

$$\sum F_n = 0$$
② $0 = F_n - m_1 g \cos\alpha + m_1 \ddot{x} \sin\alpha$

Kräfte an der Masse m_2, Bild 3-138.

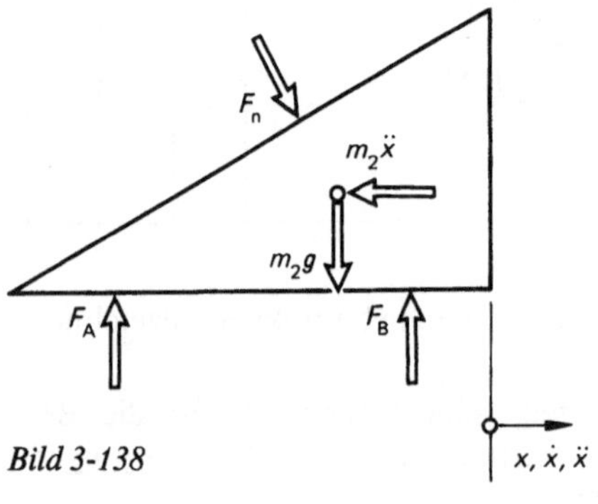

Bild 3-138

$$\sum F_x = 0$$
③ $0 = F_n \sin\alpha - m_2 \ddot{x}$

Aus ③: $F_n = \dfrac{m_2 \ddot{x}}{\sin\alpha}$

Aus ②: $F_n = m_1 g \cos\alpha - m_1 \ddot{x} \sin\alpha$

Gleichsetzen führt zu:

$$\ddot{x} = g \,\frac{\sin\alpha \cos\alpha}{\sin^2\alpha + \dfrac{m_2}{m_1}}$$

oder:

$$\ddot{x} = \frac{g}{2}\,\frac{\sin(2\alpha)}{\sin^2\alpha + \dfrac{m_2}{m_1}} = a_F = \text{konst}$$

Aus ①:

$$\ddot{s} = g \sin\alpha + \ddot{x} \cos\alpha$$

$$\ddot{s} = g \sin\alpha + g\,\frac{\sin\alpha \cos\alpha}{\sin^2\alpha + \dfrac{m_2}{m_1}}\cos\alpha$$

$$\ddot{s} = g\,\frac{\sin\alpha\,(m_1 + m_2)}{m_1 \sin^2\alpha + m_2} = a_{rel} = \text{konst}$$

1. Sonderfall:
$$m_2 = \infty$$
$$a_F = 0$$
$$a_{rel} = g \sin\alpha$$
$$F_n = m_1 g \cos\alpha$$

2. Sonderfall:
$$\alpha = 0$$
$$a_F = 0$$
$$a_{rel} = 0$$

Übung 3-29

Ein Kulissenstein der Masse m bewegt sich reibungsfrei in der geraden Führungsbahn der sich mit konstanter Drehzahl in horizontaler Ebene drehenden Scheibe. Zu bestimmen ist die Relativbeschleunigung der Masse m, Bild 3-139.

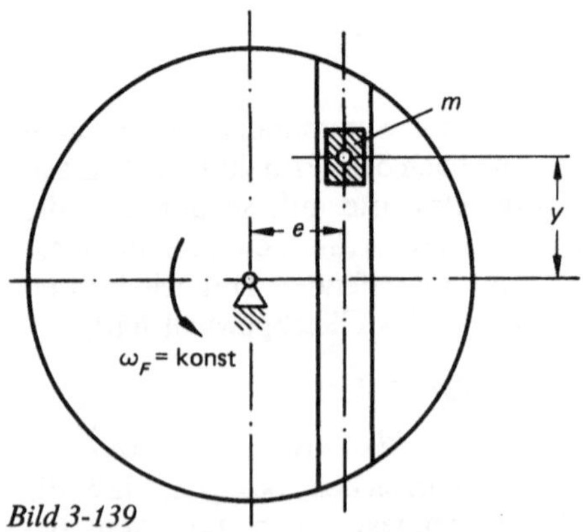

Bild 3-139

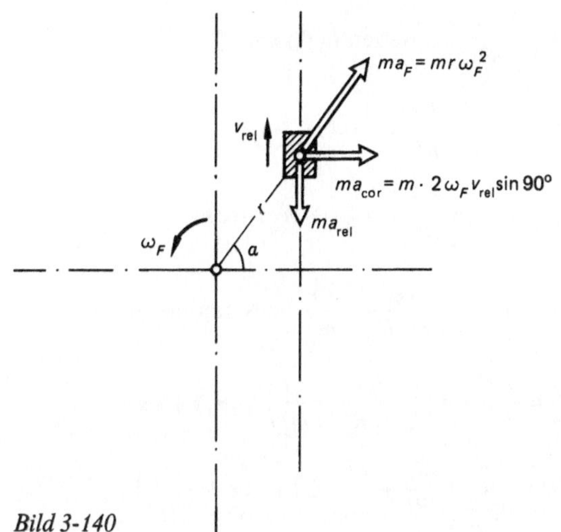

Bild 3-140

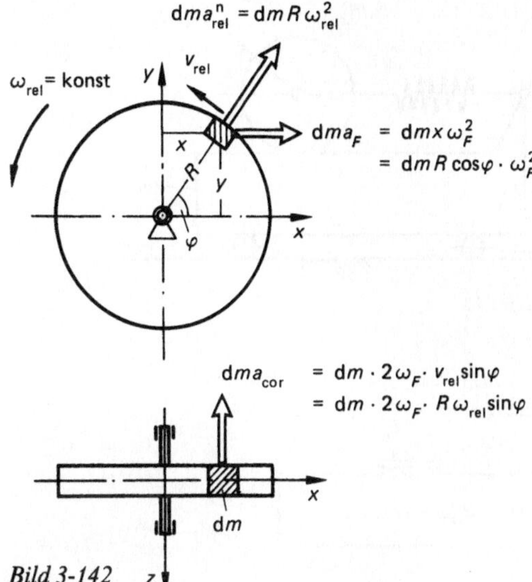

Bild 3-142 z

Lösung:

Gleichgewicht in Bewegungsrichtung:

D'ALEMBERT (Bild 3-140):

$$\Sigma F = 0$$

$$0 = m\,r\,\omega_F^2 \sin\alpha - m\,a_{rel}$$

$$a_{rel} = \underbrace{r\sin\alpha}_{=\,y}\,\omega_F^2 = y\,\omega_F^2$$

Übung 3-30

Ein geführter Kreisel führt Drehungen konstanter Winkelgeschwindigkeit ω_F um die y-Achse aus, er dreht mit ebenfalls konstanter Winkelgeschwindigkeit ω_{rel} um die z-Achse. Zu bestimmen ist das Kreiselmoment um die x-Achse. Der Rotor ist eine Kreisscheibe konstanter Dicke mit dem Radius R, Bild 3-141 u. 3-142.

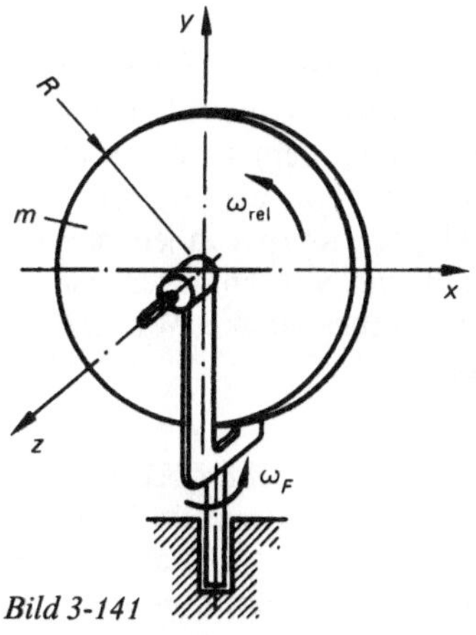

Bild 3-141

Lösung:

Das Kreiselmoment M_x wird nur durch die Trägheitskräfte der CORIOLIS-Beschleunigung bestimmt:

$$M_x = -\int_m dm\,a_{Cor}\,y$$

$$M_x = -\int_m dm\,2\,\omega_F\,R\,\omega_{rel}\sin\varphi\,y \quad \text{mit } R\sin\varphi = y$$

$$M_x = -2\,\omega_F\,\omega_{rel}\underbrace{\int_m y^2\,dm}_{\text{Massenträgheitsmoment } J_x}$$

$$J_x = J_y = \frac{J_z}{2}$$

$$M_x = -\omega_F\,\omega_{rel}\,J_z$$

Übung 3-31

Eine schwere Rolle der Masse m_2 ist mit der reibungsfrei auf dem Absolutsystem verschiebbaren Masse m_1 durch eine Feder verbunden, so daß die beiden Massen schwingende Bewegungen zueinander ausführen können. Die Feder hat die Federkonstante c. Es sei stets garantiert, daß eine reine Abrollbewegung der Scheibe vom Radius R vorliegt. Zu bestimmen ist die Eigenkreisfrequenz der Schwingungen, Bild 3-143.

Kräfte an der Masse m_1, Bild 3-144.

D'ALEMBERT:

$$\Sigma F = 0$$

$$①\quad 0 = F_r + c\,s - m_1\,\ddot{x}$$

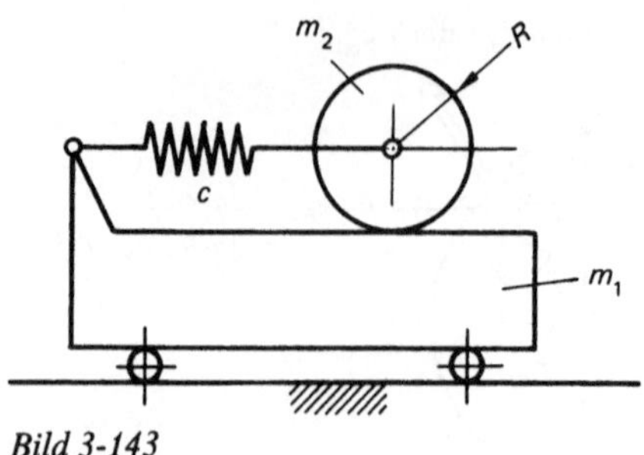

Bild 3-143

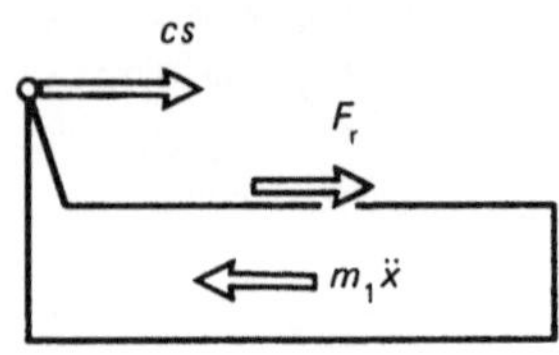

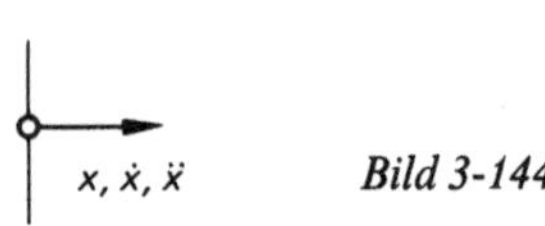

Bild 3-144

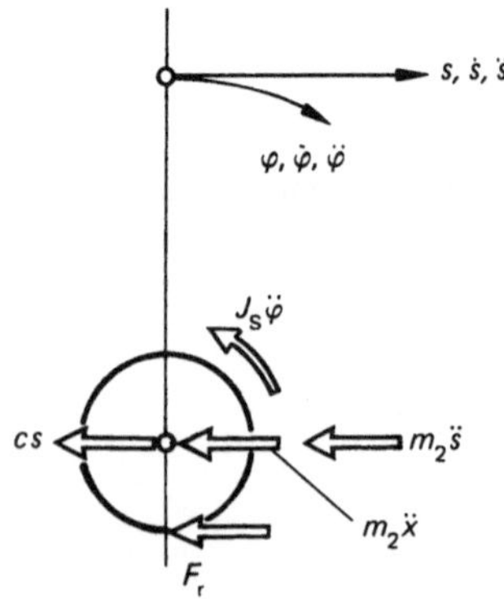

Bild 3-145

Kräfte an der Masse m_2, Bild 3-145.

$$\sum F = 0$$

② $\quad 0 = F_r + c\,s + m_2\,\ddot{x} + m_2\,\ddot{s}$

$$\sum M_s = 0$$

③ $\quad 0 = J_s\,\ddot{\varphi} - F_r\,R$

Aus ③ folgt:

$$F_r = \frac{J_s\,\ddot{\varphi}}{R}$$

mit

$$\ddot{\varphi} = \frac{\ddot{s}}{R}$$

$$F_r = \frac{J_s\,\ddot{s}}{R^2} \quad \text{einsetzen in ① und ②}$$

① $\rightarrow \quad 0 = \dfrac{J_s\,\ddot{s}}{R^2} + c\,s - m_1\,\ddot{x}$

② $\rightarrow \quad 0 = \dfrac{J_s\,\ddot{s}}{R^2} + m_2\,\ddot{x} + m_2\,\ddot{s} + c\,s$

aus ①: $\ddot{x} = \dfrac{J_s\,\ddot{s}}{m_1\,R^2} + \dfrac{c\,s}{m_1} \quad$ einsetzen in ②

$$0 = \frac{J_s\,\ddot{s}}{R^2} + m_2\left(\frac{J_s\,\ddot{s}}{m_1\,R^2} + \frac{c\,s}{m_1}\right) + m_2\,\ddot{s} + c\,s$$

$$0 = \ddot{s}\left(m_2 + \frac{J_s}{R^2} + \frac{m_2\,J_s}{m_1\,R^2}\right) + s\left(c + \frac{c\,m_2}{m_1}\right)$$

$$0 = \ddot{s} + s\,\frac{c\left(1 + \dfrac{m_2}{m_1}\right)}{m_2 + \dfrac{J_s}{R^2}\left(1 + \dfrac{m_2}{m_1}\right)}$$

mit

$$J_s = \frac{m_2\,R^2}{2}$$

$$0 = \ddot{s} + s\,\omega_0^2$$

Es folgt:

$$\omega_0^2 = \frac{2\,c\left(1 + \dfrac{m_1}{m_2}\right)}{3\,m_1 + m_2}$$

3.3. Stoßprobleme

Treffen zwei Körper aufeinander, kommt es zu einem kurzzeitigen „Kraftaustausch", den man als Stoß bezeichnet. Nach dem NEWTONschen Wechselwirkungsgesetz sind die Kräfte auf beide am Stoß beteiligten Körper in jedem Augenblick gleich groß und von entgegengesetztem Richtungssinn. Dabei ist die WL dieser Kräfte die „Stoßgerade".

1. Definition:

Stimmt die Flächennormale beider Körper im Stoßpunkt mit der WL der Stoßkräfte überein, so spricht man vom „geraden" Stoß, ansonsten vom „schiefen" Stoß, Bild 3-146 u. 3-147.

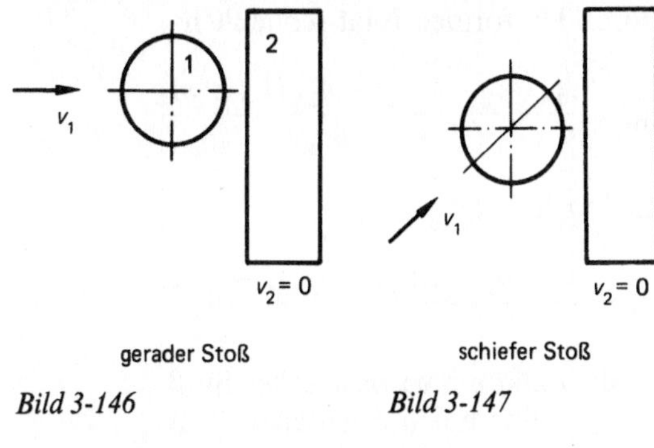

Bild 3-146   *Bild 3-147*

2. Definition:

Geht die Stoßgerade durch die Schwerpunkte beider Körper, so liegt ein „zentrischer" Stoß vor, ansonsten ein „exzentrischer" Stoß.

Treffen die am Stoß beteiligten Körper zusammen, so verrichten die Stoßkräfte Formänderungsarbeit. Für den Fall, daß die Stoßkraft das Werkstoffgitter nur elastisch verformt, wird diese elastische Formänderungsarbeit wieder in Bewegungsenergie zurückverwandelt, und die Gesamtbewegungsenergie der beiden am Stoß beteiligten Körper ist nach dem Stoß in der Summe so groß wie vor dem Stoß. Geht beim Stoß ein Teil der Formänderungsenergie als Umformarbeit als Folge einer Plastifizierung des Werkstoffs „verloren", so ist die gesamte kinetische Energie des Systems nach dem Stoß um diesen Anteil kleiner als vor dem Stoß.

Sonderfälle:

Der vollkommen elastische Stoß und der vollkommen plastische Stoß sind Grenzfälle hinsichtlich des Energieaustauschs beim Stoß.

Den vollkommen elastischen, geraden, zentrischen Stoß zeigt Bild 3-148.

Untersuchen wir die drei Phasen des Stoßes. v_{1A} und v_{2A} sind die Anfangsgeschwindigkeiten der

Massen m_1 und m_2. In der mittleren Stoßphase bewegen sich im Moment größter Deformation der Körper beide Massen mit der gemeinsamen Geschwindigkeit v_p. Beim vollkommen plastischen Stoß ist der Stoßvorgang damit beendet. Beim vollkommen elastischen Stoß wird die elastische Formänderungsenergie an beiden Massen umgesetzt in kinetische Energie; die Massen stoßen sich voneinander ab. Die dritte Stoßphase ist gekennzeichnet dadurch, daß die am Stoß beteiligten Massen sich voneinander gelöst haben und sich mit ihrer jeweiligen Endgeschwindigkeit (Index E) fortbewegen. Da das System von äußeren Krafteinwirkungen frei ist, also ein konservatives System darstellt, gilt hier der Impulserhaltungssatz:

$$\left.\begin{array}{l} m_1 v_{1A} + m_2 v_{2A} = (m_1 + m_2)\,v_p \\ m_1 v_{1E} + m_2 v_{2E} = (m_1 + m_2)\,v_p \end{array}\right\} =$$

Es folgt daraus:

① $\quad m_1 v_{1A} + m_2 v_{2A} = m_1 v_{1E} + m_2 v_{2E}$

Darin sind v_{1E} und v_{2E} die beiden Unbekannten.

Da beim vollkommen elastischen Stoß keine Energieverluste zu verzeichnen sind, gilt hier zudem der Energieerhaltungssatz:

② $\quad \dfrac{m_1}{2}\,v_{1A}^2 + \dfrac{m_2}{2}\,v_{2A}^2 = \dfrac{m_1}{2}\,v_{1E}^2 + \dfrac{m_2}{2}\,v_{2E}^2$

Die Lösung des Gleichungssystems ist aufwendig; wir gehen einen anderen Weg. Beim vollkommen elastischen Stoß ist die kinetische Energie vor dem Stoß gleich der Energie nach dem Stoß:

① $\quad \dfrac{m_1}{2}\,(v_{1A}^2 - v_{1E}^2) = \dfrac{m_2}{2}\,(v_{2E}^2 - v_{2A}^2)$

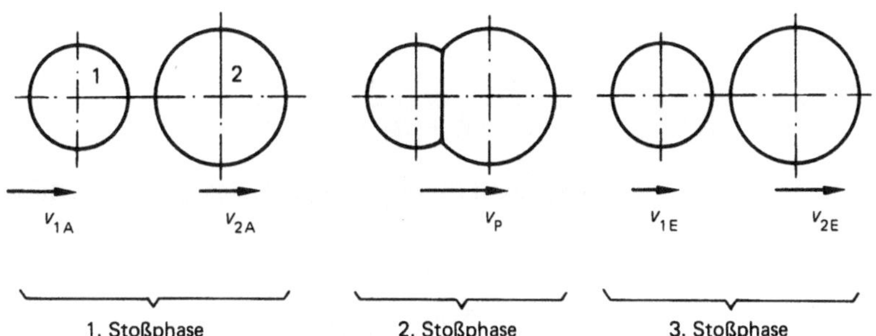

Bild 3-148

mit

$$v_{1A} > v_{1E}$$

und

$$v_{2E} > v_{2A}$$

Aus ① folgt durch Umstellen:

$$\text{(II)} \quad m_1(v_{1A} - v_{1E}) = m_2(v_{2E} - v_{2A})$$

Dividiert man ① durch (II), so erhält man:

$$v_{1A} + v_{1E} = v_{2E} + v_{2A}$$

oder

$$\text{(III)} \quad v_{2E} - v_{1E} = v_{1A} - v_{2A}$$

Die Geschwindigkeitsdifferenzen zwischen den beiden Massen sind nach dem Stoß so groß wie vor dem Stoß.

Aus (III) folgt mit (II):

$$v_{1E} = \frac{v_{1A}(m_1 - m_2) + 2m_2 v_{2A}}{m_1 + m_2}$$

$$v_{2E} = \frac{v_{2A}(m_2 - m_1) + 2m_1 v_{1A}}{m_1 + m_2}$$

Der teilweise plastische Stoß:

Definieren wir das Verhältnis der Relativgeschwindigkeiten nach und vor dem Stoß mit ε, so gilt

$$\text{(IV)} \quad \varepsilon = \frac{v_{2E} - v_{1E}}{v_{1A} - v_{2A}}$$

Damit wird aus (II)

$$v_{2E} = \frac{m_1}{m_2} v_{1A} - \frac{m_1}{m_2} v_{1E} + v_{2A}$$

und aus (IV) wird

$$v_{2E} = \varepsilon(v_{1A} - v_{2A}) + v_{1E}$$

Durch Gleichsetzen erhalten wir

$$\frac{m_1}{m_2} v_{1A} - \frac{m_1}{m_2} v_{1E} + v_{2A} = \varepsilon(v_{1A} - v_{2A}) + v_{1E}$$

Durch Umformen folgt schließlich:

$$v_{1E} = \frac{v_{1A}(m_1 - \varepsilon m_2) + v_{2A}(1 + \varepsilon)m_2}{m_1 + m_2}$$

Analog für v_{2E}:

$$v_{2E} = \frac{v_{2A}(m_2 - \varepsilon m_1) + v_{1A}(1 + \varepsilon)m_1}{m_1 + m_2}$$

$\varepsilon = 0$: vollkommen plastischer Stoß
$\varepsilon = 1$: vollkommen elastischer Stoß

Mit ε wird die Stoßzahl oder der Restitutionskoeffizient bezeichnet (Restitution: Wiederherstellung, gemeint ist die Wiederherstellung des alten Energiezustands vor dem Stoß). Berechnen wir die Verlustenergie in Abhängigkeit vom Restitutionskoeffizienten und den Anfangsgeschwindigkeiten:

$$\Delta E = \frac{m_1}{2} v_{1A}^2 + \frac{m_2}{2} v_{2A}^2 - \frac{m_1}{2} v_{1E}^2 - \frac{m_2}{2} v_{2E}^2$$

mit v_{1E} und v_{2E} wie zuvor berechnet.
Daraus folgt:

$$\Delta E = \frac{1}{2}(1 - \varepsilon^2) \frac{m_1 m_2}{m_1 + m_2} (v_{1A} - v_{2A})^2$$

Beim vollkommen elastischen Stoß ($\varepsilon = 1$) wird $\Delta E = 0$. Beim vollkommen plastischen Stoß ($\varepsilon = 0$) wird der Verlust an Energie:

$$\Delta E = \frac{m_1 m_2 (v_{1A} - v_{2A})^2}{2(m_1 + m_2)}$$

Dieser Energieverlust muß der Differenz der Energien in der ersten und zweiten Stoßphase entsprechen:

$$\Delta E = \frac{m_1}{2} v_{1A}^2 + \frac{m_2}{2} v_{2A}^2 - \frac{m_1 + m_2}{2} v_p^2$$

mit

$$v_p = \frac{m_1 v_{1A} + m_2 v_{2A}}{m_1 + m_2}$$

Setzt man diesen Ausdruck für v_p ein, so erhält man

$$\Delta E = \frac{m_1 m_2 (v_{1A} - v_{2A})^2}{2(m_1 + m_2)}$$

Ermittlung der Stoßzahl ε

Die Stoßzahl ε kann experimentell ermittelt werden, indem ein Körper jenes Materials, dessen Restitutionskoeffizient zu bestimmen ist, aus der Höhe h fallengelassen wird und man die Rückprallhöhe h' mißt, auf die er zurückgestoßen wird. Dabei ist der Boden die Masse $m_2 = \infty$, Bild 3-149.

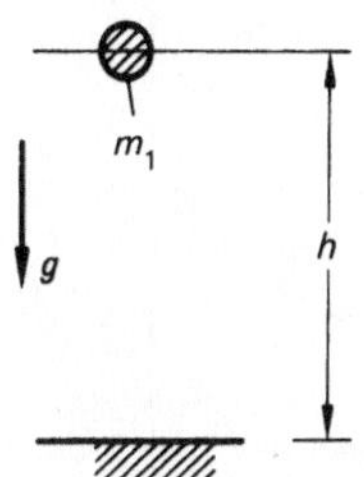

Bild 3-149

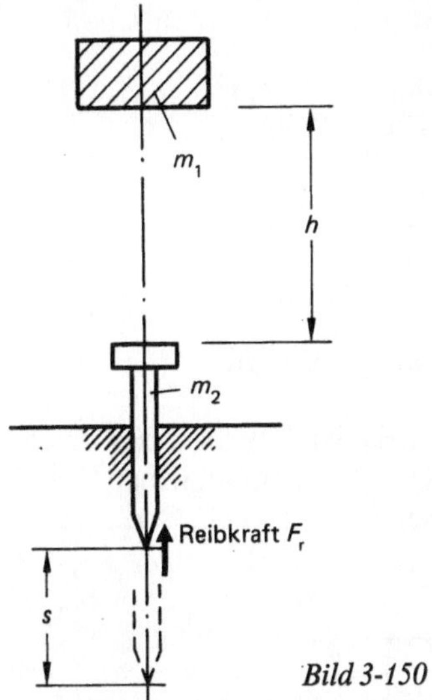

Bild 3-150

Auftreffgeschwindigkeit:

$$v_{1A} = \sqrt{2gh}$$

Aus

$$v_{1E} = \frac{v_{1A}\left(\dfrac{m_1}{m_2} - \varepsilon\right) + v_{2A}(1 + \varepsilon)}{\dfrac{m_1}{m_2} + 1}$$

für $v_{2A} = 0$ und $m_2 = \infty$ folgt

$$v_{1E} = v_{1A}(-\varepsilon) = -\varepsilon\, v_{1A}$$

Steighöhe nach dem Rückprall:

$$\sqrt{2gh'} = |v_{1E}| = \varepsilon\, v_{1A}$$

$$\varepsilon = \frac{\sqrt{2gh'}}{\sqrt{2gh}} = \sqrt{\frac{h'}{h}}$$

Für den Fall, daß die Masse m_1 und der Boden (Masse m_2) aus gleichem Material bestehen, kann die Stoßzahl als reine Materialkonstante aufgefaßt werden. Einige Stoßzahlen seien genannt:

Glas: $\varepsilon \cong 0{,}94$,
Stahl: $\varepsilon \cong 0{,}56$,
Holz: $\varepsilon \cong 0{,}5$,
Kork: $\varepsilon \cong 0{,}56$.

Ein Beispiel ist das Einrammen eines Pfahls in den Boden, Bild 3-150.

Unmittelbar vor dem Stoß:

$$v_{1A} = \sqrt{2gh}$$

Annahme: $\varepsilon = 0$, d.h. vollkommen plastischer Stoß. Beide Massen bewegen sich mit der gemeinsamen Geschwindigkeit v_p:

$$v_p = \frac{m_1 v_{1A} + m_2 v_{2A}}{m_1 + m_2}$$

$$v_{2A} = 0$$

$$v_p = \frac{m_1 \sqrt{2gh}}{m_1 + m_2}$$

Die kinetische Energie

$$\frac{m_1 + m_2}{2} v_p^2$$

wird in Reibarbeit zwischen Boden und Pfahl umgewandelt:

$$\frac{m_1 + m_2}{2} v_p^2 = F_r\, s$$

F_r werde als konstant angenommen.

$$\frac{m_1 + m_2}{2} \frac{m_1^2\, 2gh}{(m_1 + m_2)^2} = F_r\, s$$

$$\frac{m_1^2\, gh}{m_1 + m_2} = F_r\, s$$

Wirkungsgrad η:

$$\eta = \frac{\text{Nutzarbeit}}{\text{aufgewendete Arbeit}} = \frac{F_r\,s}{m_1\,g\,h}$$

$$\eta = \frac{m_1^2\,g\,h}{(m_1 + m_2)\,m_1\,g\,h} = \frac{1}{1 + \dfrac{m_2}{m_1}}$$

η wird groß, wenn m_1 groß wird.

In einem weiteren Beispiel fällt der Bär eines Fallhammers, Masse m_1, aus anfänglicher Höhe h auf das umzuformende Werkstück, Bild 3-151.

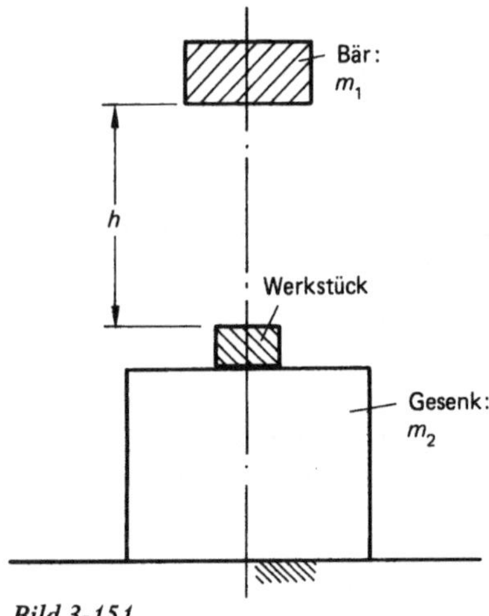

Bild 3-151

Unmittelbar vor dem Schlag:

$$v_{1A} = \sqrt{2g\,h}$$

Annahme: $\varepsilon = 0$, d. h. vollplastischer Stoß. Beide Massen bewegen sich mit der gemeinsamen Geschwindigkeit v_p:

$$v_p = \frac{m_1\,v_{1A} + m_2\,v_{2A}}{m_1 + m_2}$$

$$v_{2A} = 0$$

$$v_p = \frac{m_1\,\sqrt{2g\,h}}{m_1 + m_2}$$

Während im ersten Beispiel dann ein großer Wirkungsgrad vorliegt, wenn die Rammenmasse m_1 den Pfahl der Masse m_2 möglichst tief eintreibt – Nutzarbeit gleich der Reibarbeit –,

liegt im zweiten Beispiel dann ein großer Wirkungsgrad vor, wenn die kinetische Energie der Gesamtmasse nach dem Stoß klein ist; dann nämlich ist ein Großteil der Anfangsenergie in Verformungsarbeit umgewandelt worden, was ja das angestrebte Ziel ist.

$$\eta = \frac{\text{Verformungsarbeit}}{\text{aufgewendete Arbeit}}$$

Verformungsarbeit:

$$E_V = m_1\,g\,h - \frac{m_1 + m_2}{2}\,v_p^2$$

mit

$$v_p = \frac{m_1\,\sqrt{2g\,h}}{m_1 + m_2}$$

$$\eta = \frac{m_1\,g\,h - \dfrac{m_1 + m_2}{2}\,\dfrac{m_1^2\,2g\,h}{(m_1 + m_2)^2}}{m_1\,g\,h}$$

$$\eta = 1 - \frac{m_1}{m_1 + m_2} = \frac{1}{1 + \dfrac{m_1}{m_2}}$$

Der Wert η wird groß, wenn m_2 groß wird, also bei großer Gesenkmasse. Die nach dem Verrichten der Verformungsarbeit noch vorhandene Energie wird vernichtet durch Reibarbeit, z. B. Korngrenzenreibung bei den einsetzenden Schwingungen der Gesamtmasse.

Vergleichen wir die beiden Beispiele noch einmal miteinander. Während im ersten Beispiel angestrebt wurde in der mittleren Stoßphase möglichst wenig Energieverluste hinnehmen zu müssen, damit die übriggebliebene Energie nach dem Stoß groß ist, denn sie wird in Reibarbeit umgewandelt und ist dem Weg s (Eintreibtiefe) proportional, ist im zweiten Beispiel angestrebt, in der mittleren Stoßphase möglichst viel Energie aufzuzehren, denn der Energieverlust in der mittleren Stoßphase ist ja die eigentliche Verformungsarbeit – und gerade sie soll ja groß sein.

Übung 3-32

Eine Metallkugel fällt aus der Höhe $h = 1$ m auf eine Platte von sehr viel größerer Masse. Sie springt auf die Höhe $h' = 30\,\text{cm}$ zurück. Zu bestimmen ist die Stoßzahl ε.

Lösung:

Definition für die Stoßzahl ε lautet:

$$\varepsilon = \frac{v_{2E} - v_{1E}}{v_{1A} - v_{2A}}$$

$$v_{2E} = 0$$

$$v_{2A} = 0$$

$$\varepsilon = \frac{0 - v_{1E}}{v_{1A} - 0}$$

$$v_{1E} = -\sqrt{2gh'}$$
$$v_{1A} = \sqrt{2gh}$$

$$\varepsilon = \frac{+\sqrt{2gh'}}{\sqrt{2gh}} = \sqrt{\frac{h'}{h}} = \sqrt{\frac{0,3\,\text{m}}{1\,\text{m}}} = 0,5477$$

Übung 3-33

Entsprechend Bild 3-152 wird von Boot 1 mit der Masse m_1 ein Körper der Masse m_3 auf das Boot 2 mit der Masse m_2 geworfen. Anfänglich ruhen beide Boote im Abstand a. Die einsetzenden Bewegungen seien reibungsfrei.

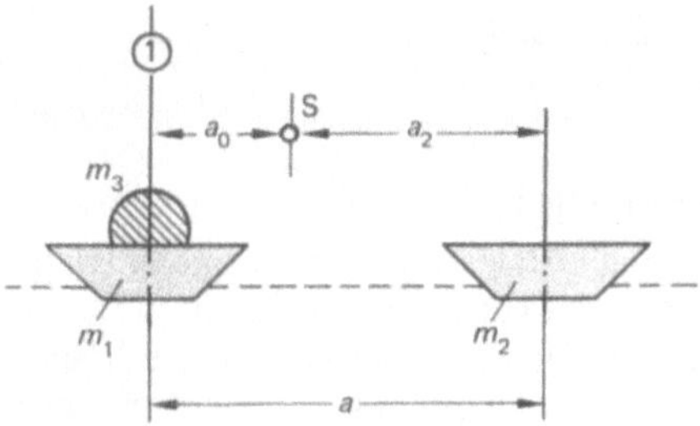

Bild 3-152

Es sind die Geschwindigkeiten beider Boote nach Auftreffen der Masse m_3 auf Boot 2 zu berechnen, und es ist nachzuweisen, daß zu allen Zeiten unter der gemachten Annahme der Reibungsfreiheit der Gesamtschwerpunkt der drei Massen stets die gleiche Lage hat.

Lösung:

Im folgenden wird die Lage des Gesamtschwerpunktes S auf die mit ① gekennzeichnete Linie bezogen. Vor Abwurf der Masse m_3 (Bild 3-152):

$$\sum m = m_1 + m_2 + m_3$$

$$\sum m\, a_0 = m_2\, a$$

$$a_0 = \frac{m_2}{\sum m}\, a$$

Abwurf von m_3:

Impulserhaltung: $m_1 v_1 = m_3 v_3'$

$$v_1 = \frac{m_3}{m_1}\, v_3'$$

Beliebiger Zeitpunkt t_1 innerhalb der Flugzeit der Masse m_3, Bild 3-153.

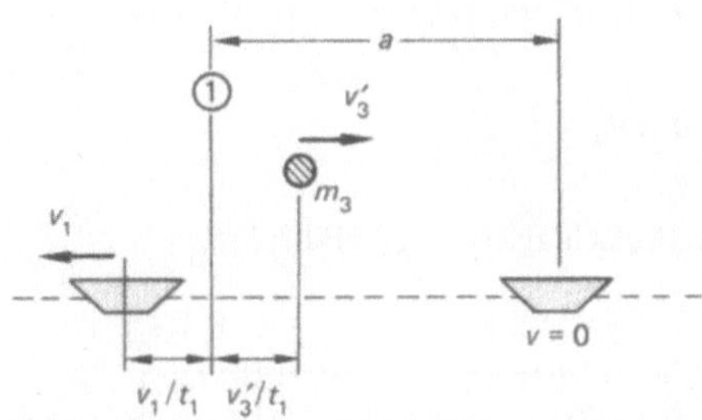

Bild 3-153

Lage des Gesamtschwerpunktes zur Zeit t_1:

$$a_0' \sum m = m_2\, a + m_3 v_3' t_1 - m_1 v_1 t_1$$

$$a_0' = \frac{1}{\sum m}\left(m_2\, a + \underbrace{m_3 v_3' t_1 - m_1 \frac{m_3}{m_1} v_3' t_1}_{= 0}\right)$$

$$a_0' = \frac{m_2}{\sum m}\, a \equiv a_0$$

Aufschlag der Masse m_3 auf Boot 2 zur Zeit

$$t_A = \frac{a}{v_3'}$$

Bei Aufschlag:

$$t = t_A, \quad \text{Bild 3-154.}$$

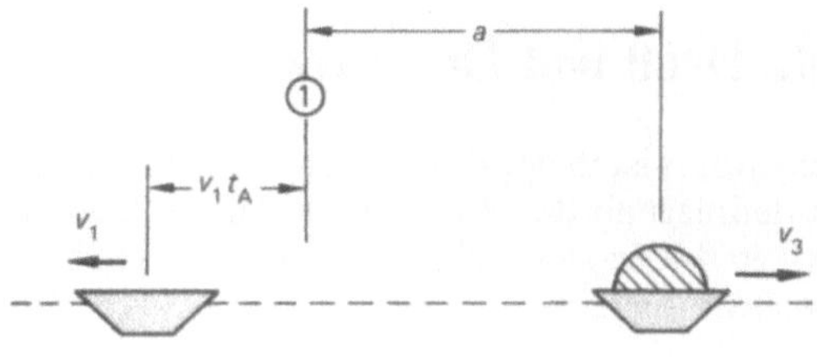

Bild 3-154

Impulserhaltung:

$$m_3 v_3' = (m_2 + m_3)\, v_3$$

$$v_3 = \frac{m_3}{m_2 + m_3}\, v_3'$$

$$a_0'' \sum m = (m_2 + m_3)\, a - m_1 v_1 t_A$$

mit

$$t_A = \frac{a}{v_3'}, \quad v_1 = \frac{m_3}{m_1}\, v_3'$$

$$a_0'' = ((m_2 + m_3)\, a - m_3 a)\, \frac{1}{\sum m}$$

$$a_0'' = \frac{m_2}{\sum m}\, a \equiv a_0$$

Nach dem Aufschlag: $t_2 > t_A$, Bild 3-155.

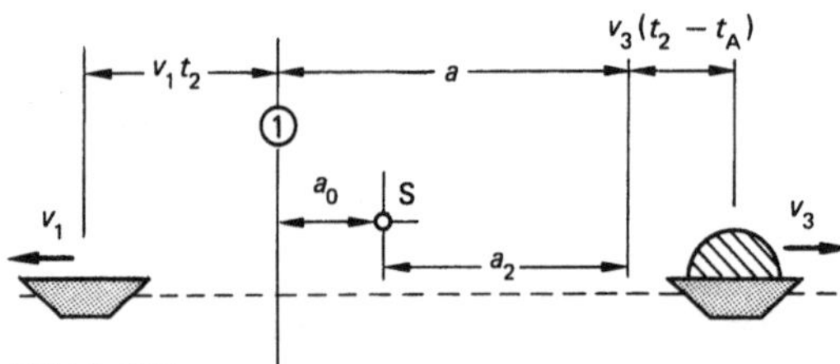

Bild 3-155

$$a_0''' \sum m = (m_2 + m_3) \left(a + \frac{m_3}{m_2 + m_3}\, v_3' \left(t_2 - \frac{a}{v_3'} \right) \right)$$

$$\qquad - m_1 \frac{m_3}{m_1}\, v_3'\, t_2$$

$$= a(m_2 + m_3) + \frac{(m_2 + m_3)\, m_3 v_3'\, t_2}{m_2 + m_3}$$

$$\qquad - \frac{(m_2 + m_3)\, m_3 a v_3'}{(m_2 + m_3)\, v_3'} - \frac{m_1 m_3}{m_1}\, v_3'\, t_2$$

$$= a(m_2 + m_3) - m_3 a$$

$$a_0''' \sum m = m_2 a$$

$$a_0''' = \frac{m_2}{\sum m}\, a \equiv a_0$$

3.4. Drall und Drallsatz

Der Impuls ist in der Physik bzw. in der Mechanik definiert als das Produkt aus Masse m eines bewegten Körpers und seiner augenblicklichen Geschwindigkeit:

$$\bar{p} = m\, \bar{v}$$

Da die Geschwindigkeit ein Vektor ist, ist auch das Produkt aus der skalaren Größe m und dem Geschwindigkeitsvektor $\bar{v}$ eine vektorielle Größe: Der Impuls hat Richtungseigenschaft, wir stellen dies zeichnerisch als Pfeil dar, dessen Länge ein Maß für den Betrag $|p|$ des Impulses ist.

Führt der Körper Bewegungen derart aus, daß seine Masseteilchen unterschiedliche Geschwindigkeiten aufweisen, z.B. bei Rotation, so definiert man die Summe der Produkte aus dem Impuls $\overline{dp}$ des Masseteilchens und dem Ortsvektor $\bar{r}$ bezüglich des Drehpunktes als Drehimpuls $\bar{L}$, Drall oder Impulsmoment:

$$L_z = \int_m (\bar{r} \times \overline{dp})$$

Es handelt sich um ein äußeres Vektorprodukt, d.h. der Drehimpulsvektor steht auf der Ebene senkrecht, die durch die Vektoren $\bar{r}$ und $\overline{dp}$ gebildet wird; die drei Vektoren bilden ein Rechtssystem, Bild 3-156.

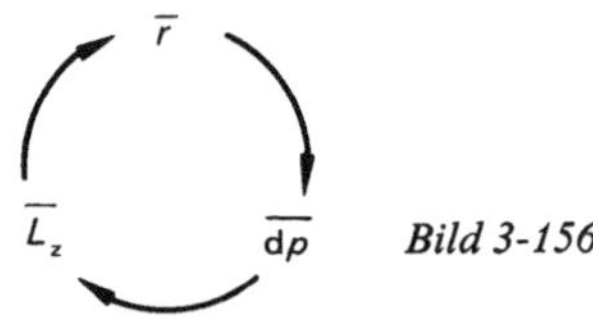

Bild 3-156

Rechtsschraubregel:
Dreht man den Ortsvektor $\bar{r}$ um 90° in die Richtung des Impulsvektors $\overline{dp}$, und ist diese Drehbewegung die einer Schraube mit Rechtsgewinde, so bewegt diese sich in Richtung des Drallvektors $\bar{L}_z$, Bild 3-157.
Ersetzen wir im Integral

$$\bar{L}_z = \int_m (\bar{r} \times \overline{dp})$$

den Impuls durch

$$\overline{dp} = dm\, \bar{v}$$

und

$$\bar{v} = r\, \bar{\omega},$$

so können wir schreiben:

$$L_z = \int_m dm\, r^2\, \omega\,.$$

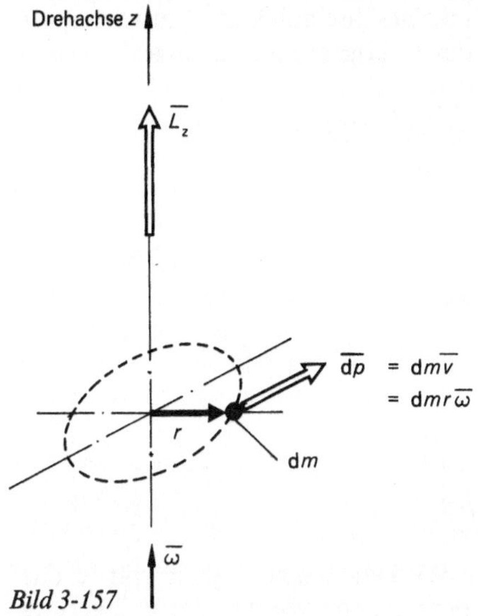

Bild 3-157

Darin ist $\omega = \mathrm{konst}$ im Sinne des Integrals:

$$L_z = \omega \underbrace{\int_m r^2\,\mathrm{d}m}_{J_z}$$

Das verbleibende Integral ist das Massenträgheitsmoment der Drehmasse bezüglich der Drehachse.

$$\bar{L}_z = J_z\,\bar{\omega}$$

Die Richtung des Drallvektors entspricht der Richtung des ω-Vektors.

Ändert sich bei unveränderter Massenverteilung des Rotors – also bei konstantem Massenträgheitsmoment – die Winkelgeschwindigkeit, so ist dafür ein äußeres Moment M_z verantwortlich:

$$\frac{\mathrm{d}}{\mathrm{d}t}\,\bar{L}_z = J_z\,\underbrace{\frac{\mathrm{d}\bar{\omega}}{\mathrm{d}t}}_{}$$

$\ddot{\varphi}$ Winkelbeschleunigung

$$M_z = J_z\,\ddot{\varphi} \qquad \begin{array}{l}\text{(dynamisches Grundgesetz}\\\text{der Rotation)}\end{array}$$

$$\frac{\mathrm{d}\bar{L}_z}{\mathrm{d}t} = J_z\,\ddot{\varphi} = M_z$$

Die zeitliche Veränderung des Dralls ist dem äußeren Moment um diese Achse gleich.

Konsequenz:

Greift am Körper kein Moment in Richtung der Drehachse an, so erfährt der Drallvektor keine zeitliche Änderung, er ist also konstant.

$M_z = 0$ bedeutet, daß die Winkelbeschleunigung $\ddot{\varphi}$ null ist und daß der Drallvektor keine zeitliche Änderung erfährt, also konstant ist. Diese Aussage ist der Drehimpulserhaltungssatz der Mechanik.

Der Drehimpulserhaltungssatz oder Drallsatz, der bei abgeschlossenen, konservativen Systemen (von äußeren Kräften und Momenten frei) von der Konstanz des Drall spricht, kann auch wie folgt für den Fall interpretiert werden, daß während der Bewegung die Verteilung der Massenteilchen zur Drehachse eine Änderung erfährt und sich dadurch das Massenträgheitsmoment ändert:

$$J_0\,\omega_0 = J_1\,\omega_1 = \mathrm{konst}$$

Ein gern – weil anschaulich – zitiertes Beispiel ist die Eislaufpirouette; streckt der Eisläufer die Arme vom Körper weg, wird sein Massenträgheitsmoment größer und die Winkelgeschwindigkeit sinkt; umgekehrt steigt die Winkelgeschwindigkeit, wenn er alle Extremitäten „an die Drehachse heranholt".

Ein erstes Beispiel dazu. Eine schlanke Stange der Masse m und der Länge L dreht mit ω_0 um

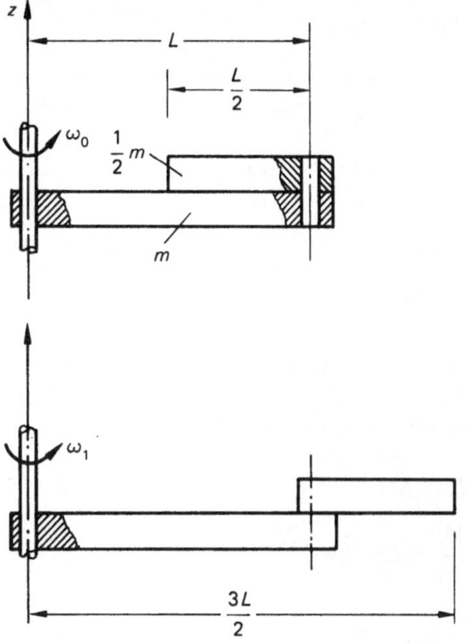

Bild 3-158

die z-Achse. Mit ihr gelenkig verbunden ist eine halb so lange Stange von halber Masse, die sich bei Drehung in labiler Gleichgewichtslage befindet. Diese Masse schwenkt in die stabile Gleichgewichtslage. Gesucht ist die sich dann einstellende Winkelgeschwindigkeit ω_1, Bild 3-158.

Lösung:

$$J_{z_0} = \frac{mL^2}{3} + \left(\frac{\dfrac{m}{2}\left(\dfrac{L}{2}\right)^2}{12} + \frac{m}{2}\left(\frac{3L}{4}\right)^2 \right)$$

$$J_{z_0} = \frac{5}{8}\, mL^2$$

$$J_{z_1} = \frac{\dfrac{3m}{2}\left(\dfrac{3L}{2}\right)^2}{3} = \frac{9}{8}\, mL^2$$

Drallsatz:

$$J_{z_0}\,\omega_0 = J_{z_1}\,\omega_1$$

$$\frac{5}{8}\, mL^2\,\omega_0 = \frac{9}{8}\, mL^2\,\omega_1$$

$$\omega_1 = \frac{5}{9}\,\omega_0$$

Energiebetrachtung:

$$E_0 = \frac{J_{z_0}}{2}\,\omega_0^2 = \frac{5mL^2}{8\cdot 2}\,\omega_0^2$$

$$E_1 = \frac{J_{z_1}}{2}\,\omega_1^2 = \frac{9mL^2}{8\cdot 2}\left(\frac{5\omega_0}{9}\right)^2$$

$$E_1 = \frac{25\,mL^2\,\omega_0^2}{144}$$

Offenbar bleibt trotz Drallerhaltung die Energie des Systems nicht erhalten; es ist ein Verlust an mechanischer Energie festzustellen:

$$\Delta E = E_0 - E_1$$

$$\Delta E = \frac{45}{144}\, mL^2\,\omega_0^2 - \frac{25}{144}\, mL^2\,\omega_0^2$$

$$\Delta E = \frac{5}{36}\, mL^2\,\omega_0^2$$

Welche Winkelgeschwindigkeit ω_1' erwarten wir aufgrund des Energieerhaltungssatzes?

$$\frac{45}{144}\, mL^2\,\omega_0^2 = \frac{J_{z_1}}{2}\,\omega_1'^2$$

Mit

$$J_{z_1} = \frac{9}{8}\, mL^2$$

folgt daraus:

$$\omega_1' = \omega_0\sqrt{\frac{5}{9}}$$

Mit dieser Winkelgeschwindigkeit würde das System rotieren, wenn die Massenumlagerung verlustfrei, also reibungsfrei, ablaufen würde. Dann jedoch wäre die Strecklage der Stangen zueinander keine stabile Gleichgewichtslage. Die beiden Massen würden ständig Bewegungen relativ zueinander ausführen, und die Winkelgeschwindigkeit um die z-Achse änderte sich ständig. Die Bewegungsenergie in jedem Augenblick ist der Anfangsenergie gleich. Der Energieverlust bei der Massenumverteilung entspricht der Arbeit (z. B. Reibarbeit), die aufgewendet werden muß, um die Relativbewegungen der Massen zueinander zu unterbinden und eine stabile Lage der Massen zueinander zu gewährleisten. Im übrigen verrichten diese Arbeiten beim Eiskunstläufer die Körpermuskeln, Armmuskulatur usw.

An einem zweiten Beispiel wollen wir den Drallsatz anwenden und zugleich die Betrachtung der Verlustenergien fortführen. Eine schwere, runde Scheibe dreht um ihren Mittelpunkt um die vertikale Achse. Eine zuvor vorhandene Fixierung wird gelöst, so daß diese Position eine labile Gleichgewichtslage darstellt; die Scheibe rutscht aus der anfänglichen Position 0 in die Position 1, Bild 3-159.

Bei der Berechnung der Massenträgheitsmomente werde der Schlitz in der Scheibe vernachlässigt:

$$J_0 = \frac{mR^2}{2}$$

$$J_1 = \frac{mR^2}{2} + m\,(0{,}8\,R)^2 = 1{,}14\,m\,R^2$$

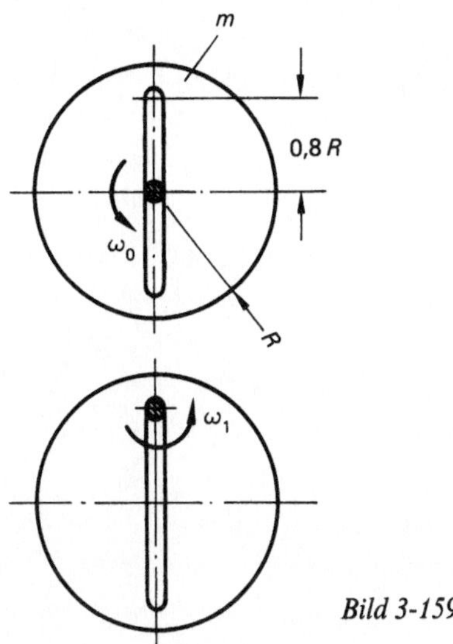

Bild 3-159

Drallsatz:

$$J_0\,\omega_0 = J_1\,\omega_1$$

$$\omega_1 = \frac{\omega_0}{2{,}28}$$

Bei Energieerhaltung wäre zu erwarten:

$$\omega_1' = \frac{\omega_0}{\sqrt{2{,}28}}$$

Während im ersten Beispiel die Reibarbeit bei Drehung der beiden Stangen für die „endgültige" Position 1 sorgte, stellt sich im zweiten Beispiel die Frage, wo die Verlustenergien „verbleiben". Beim Stoß, der ja im Moment der Massenumverteilung auftritt, werden die beteiligten Körper elastisch (oder gar elastisch-plastisch) deformiert. Damit es nicht zu permanenten Schwingungen dieses elastischen Systems kommt, wird die Differenzenergie – wie beim ersten Beispiel – als Reibarbeit abgeführt oder quasi „eingefroren", indem die Position der Massen zueinander im Augenblick der größten elastischen Verformung (mittlere Stoßphase) fixiert wird. Die mittlere Stoßphase (s. Abschnitt 3.3.), in der Deformationsenergie im System auf Kosten der Bewegungsenergie gespeichert ist, ist vergleichbar mit der stabilen Lage der beteiligten Massen bei Massenumverteilung. Dabei wird vorausgesetzt, daß diese Fixierung der Massen zueinander durch Ankoppeln, Ar-

retieren oder durch Abfuhr der Differenzenergie ermöglicht wird.

Für Probleme, bei denen als Folge äußerer Stoßkräfte – durch Auftreffen auf Hindernisse – aus translatorischer Bewegung Rotation entsteht oder sich die Drehrichtung ändert, ist es ratsam, folgende Zerlegung des Impulsmomentenvektors vorzunehmen, Bild 3-160.

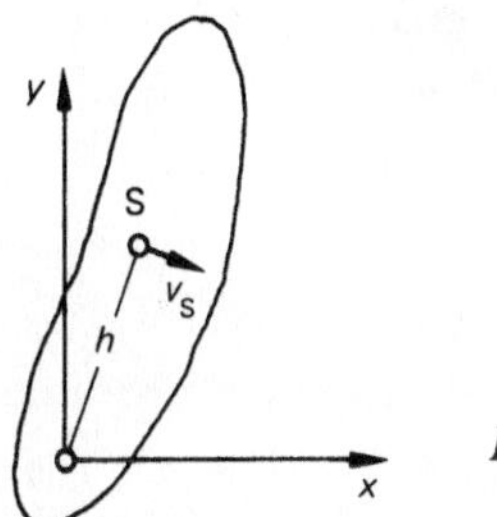

Bild 3-160

$$L_z = J_z\,\omega$$

$$J_z = J_S + m\,h^2$$

$$L_z = \omega\,(J_S + m\,h^2)$$

$$L_z = J_S\,\omega + m\,h^2\,\omega$$

mit

$$h\,\omega = v_S$$

$$L_z = J_S\,\omega + m\,v_S\,h$$

Für Stoßkräfte, die beim Auftreffen auf das betrachtete System einwirken, ist es wichtig, den Drehimpuls stets auf den Stoßpunkt zu beziehen, da die Stoßkraft hier kein Moment entwickelt.

Dazu das folgende Beispiel:

Eine schwere Stange der Masse m und der Länge L dreht um Punkt A und trifft bei B auf, so daß anschließend eine Drehung um B mit umgekehrter Drehrichtung vorliegt. Gesucht ist die dann vorliegende Winkelgeschwindigkeit, Bild 3-161.

Index 0: Zustand vor dem Stoß, d.h. vor Auftreffen auf Lager B; Index 1: Zustand nach dem Stoß, die Stange dreht jetzt linksherum um Lager B, hat ihre Drehrichtung also umgekehrt.

$$L_{0B} = m\,\frac{L}{2}\,v_{S_0} - J_S\,\omega_0$$

$$L_{1B} = m\,\frac{L}{2}\,v_{S_1} + J_S\,\omega_1$$

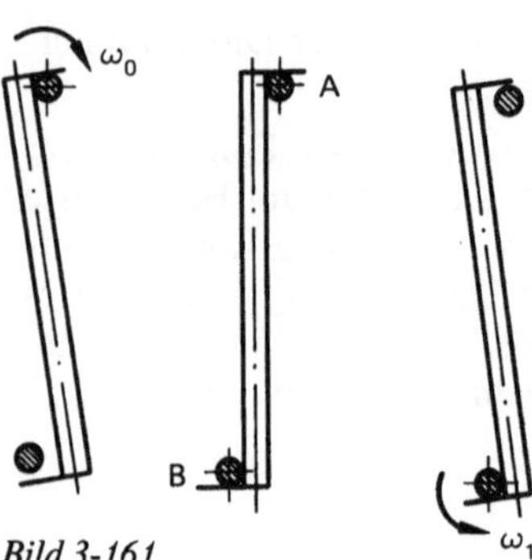

Bild 3-161

mit

$$v_{S_0} = \frac{L}{2}\,\omega_0$$

und

$$v_{S_1} = \frac{L}{2}\,\omega_1$$

Drallsatz:

$$L_{0B} = L_{1B}$$

$$m\left(\frac{L}{2}\right)^2 \omega_0 - \frac{mL^2}{12}\,\omega_0 = m\left(\frac{L}{2}\right)^2 \omega_1 + \frac{mL^2}{12}\,\omega_1$$

Daraus folgt die Lösung:

$$\omega_1 = \frac{\omega_0}{2}$$

Übung 3-34

Eine schwere Stange der Masse m und der Länge L trifft beim lotrechten Fall in horizontaler Lage (reine Translationsbewegung) am Stangenende auf das Lager A auf. Zu bestimmen ist die Winkelgeschwindigkeit der einsetzenden Drehbewegung, Bild 3-162.

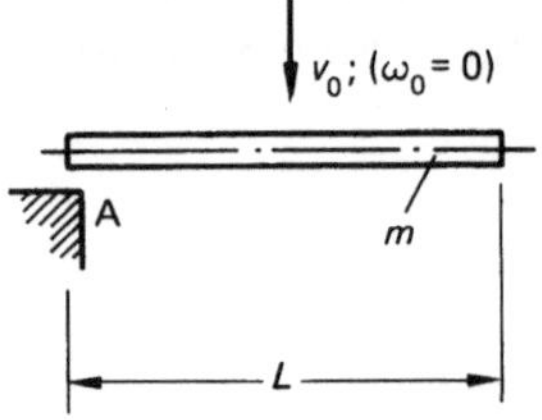

Bild 3-162

Lösung:

$$L_{0A} = \underbrace{J_S\,\omega_0}_{=0} + m\,\frac{L}{2}\,v_0$$

$$L_{1A} = J_A\,\omega_1$$

Drallsatz:

$$L_{0A} = L_{1A}$$

$$m\,\frac{L}{2}\,v_0 = J_A\,\omega_1$$

mit

$$J_A = \frac{mL^2}{3}$$

Ergebnis:

$$\omega_1 = \frac{3\,v_0}{2L}$$

Übung 3-35

Eine Stange der Länge L hat eine vernachlässigbar kleine Masse; die Stange ist in A drehbar gelagert. Am anderen Stangenende ist eine runde Scheibe der Masse m drehbar gelagert; diese dreht mit der Winkelgeschwindigkeit ω_0. Scheibe und Stange werden plötzlich zueinander fixiert, so daß das dann starre System um A dreht. Gesucht ist die Winkelgeschwindigkeit nach der Arretierung von Stange und Rad, Bild 3-163.

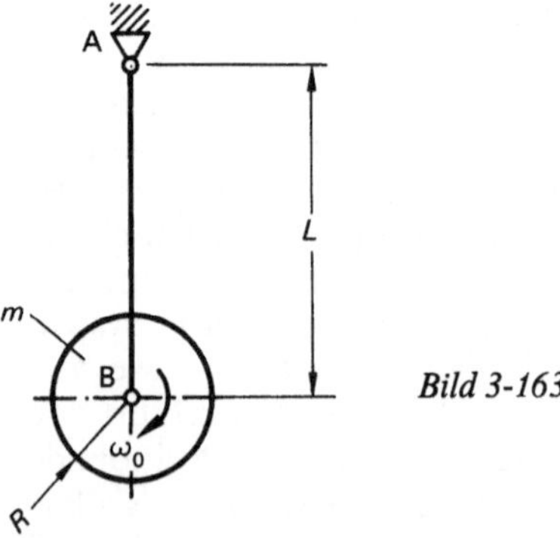

Bild 3-163

Lösung:

Massenträgheitsmomente:

vor der Fixierung: $J_B = \dfrac{mR^2}{2}$

nach der Fixierung: $J_A = \dfrac{mR^2}{2} + mL^2$

Drallsatz:

$$J_B \omega_0 = J_A \omega_1$$

$$\frac{m R^2}{2} \omega_0 = m \left(\frac{R^2}{2} + L^2 \right) \omega_1$$

$$\omega_1 = \frac{\omega_0}{1 + 2 \left(\dfrac{L}{R} \right)^2}$$

Sonderfall: $L = 0{,}8\,R$

dafür die Lösung: $\omega_1 = \dfrac{\omega_0}{2{,}28}$

Man vergleiche dieses Ergebnis mit dem des zweiten Beispiels dieses Abschnitts.

Übung 3-36

Das als masselos anzunehmende Seil in Bild 3-164 zieht die Masse $m = 0{,}6$ t gleichförmig mit der Geschwindigkeit $v_0 = 3$ m/s hoch und wird auf die Seiltrommel vom Radius $R = 400$ mm (Massenträgheitsmoment $J_S = 16\,\text{kg m}^2$) aufgespult. Der Antrieb setzt plötzlich aus, und das System kommt zur Ruhe, nachdem die Masse m die Höhe h erreicht hat. Zu bestimmen sind die Steighöhe h, die Zeit t_1, in der das System zum Stillstand kommt, sowie die Seilkraft während der Zeit $0 < t < t_1$.

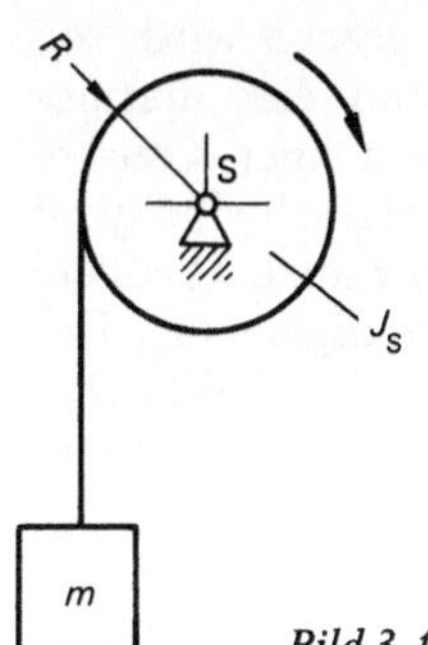

Bild 3-164

Lösung:

Drallsatz:

$$\frac{\mathrm{d}L_S}{\mathrm{d}t} = M_S$$

$$\mathrm{d}L_S = M_S\,\mathrm{d}t$$

$$-(J_S \omega_0 + m v_0 R) = -m g R \int\limits_{t=0}^{t_1} \mathrm{d}t$$

mit

$$\omega_0 = \frac{v_0}{R}$$

Daraus folgt:

$$t_1 = \frac{v_0}{m g} \left(\frac{J_S}{R^2} + m \right)$$

$$t_1 = \frac{3\ \text{m/s}}{600\ \text{kg} \cdot 9{,}81\ \text{m/s}^2} \left(\frac{16\ \text{kg m}^2}{(0{,}4\ \text{m})^2} + 600\ \text{kg} \right)$$

$$t_1 = 0{,}357\ \text{s}$$

Die Steighöhe h ergibt sich aus dem Energieerhaltungssatz:

$$\frac{m v_0^2}{2} + \frac{J_S \omega_0^2}{2} = m g h$$

Daraus:

$$h = \frac{v_0^2}{2 m g} \left(\frac{J_S}{R^2} + m \right)$$

Es folgt mit den gegebenen Daten:

$$h = 0{,}535\ \text{m}$$

Seilkraft

$$F_S = m g + m a$$

mit

$$a = \frac{-v_0^2}{2 h}$$

oder

$$a = \frac{-2 h}{t_1^2}$$

$$a = -8{,}4\ \text{m/s}^2$$

Damit die Seilkraft

$$F_S = 600\ \text{kg} \cdot 9{,}81\ \text{m/s}^2 - 600\ \text{kg} \cdot 8{,}4\ \text{m/s}^2$$

$$F_S = 846\ \text{N}$$

Eine D'ALEMBERTsche Betrachtung zum Vergleich, Bild 3-165.

$$\sum M_S = 0$$

$$0 = J_S \ddot{\varphi}_B + R(m g + m a_B)$$

Darin ist

$$\ddot{\varphi}_B = \frac{a_B}{R}$$

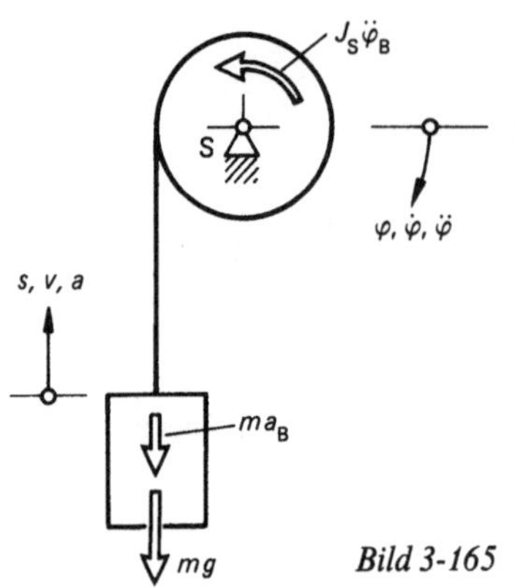

Bild 3-165

Damit folgt:

$$a_B = \frac{-mgR}{mR + \dfrac{J_S}{R}} = \frac{-g}{1 + \dfrac{J_S}{mR^2}}$$

$$a_B = \frac{-9{,}81\,\text{m/s}^2}{1 + \dfrac{16\,\text{kg m}^2}{600\,\text{kg}\,(0{,}4\,\text{m})^2}} = -8{,}4\,\text{m/s}^2$$

Die Kinematik der gleichförmig verzögerten Bewegung liefert dann, Bild 3-166:

$$t_1 = \frac{v_0}{|a_B|} = \frac{3\,\text{m/s}}{8{,}4\,\text{m/s}^2}$$

$$t_1 = 0{,}357\,\text{s}$$

und

$$h = \tfrac{1}{2} v_0 t_B$$

oder

$$h = \tfrac{1}{2} |a_B|\, t_1^2 = 0{,}535\,\text{m}$$

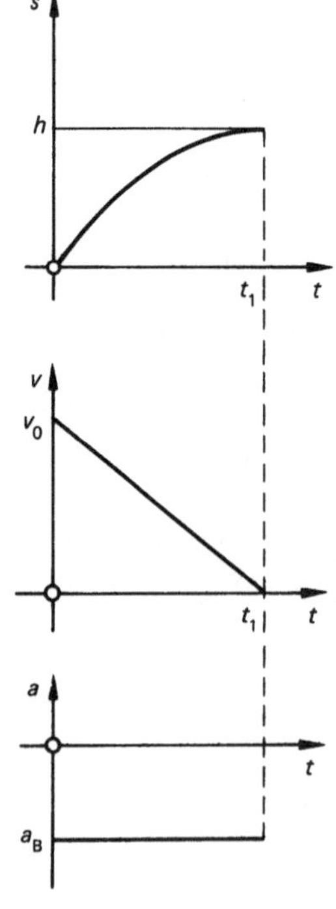

Bild 3-166

3.5. Schwingungen

3.5.1. Freie, ungedämpfte Schwingungen einer Masse

Unter Schwingung versteht man einen Vorgang, bei dem sich eine physikalische Größe derart mit der Zeit ändert, daß bestimmte Merkmale sich wiederholen. Bei mechanischen Schwingungen ist das sich wiederholende Merkmal eine Koordinate oder ein Winkel. Periodische Schwingungen sind dadurch gekennzeichnet, daß die sich wiederholenden Merkmale in konstanten Zeitabständen T, der sog. Schwingungsdauer, periodisch wiederkehren. Den Kehrwert der Schwingungszeit nennt man die Frequenz der Schwingung, ihre physikalische Einheit ist Hertz (Hz); 1 Hz ist eine Schwingung je Sekunde:

$$f = \frac{1}{T}; \quad [T] = \text{s}; \quad [f] = \text{s}^{-1} = \text{Hz}$$

Verläuft die Schwingung nach einem sinusförmigen oder einem cosinusförmigen Gesetz, so spricht man von „harmonischen" Schwingungen. Wir werden sehen, daß die freie, ungedämpfte Schwingung einer Masse solchen Gesetzen unterliegt. Bevor dies gezeigt wird, soll verdeutlicht werden, daß man eine harmonische Bewegung als Projektion einer Kreisbewegung mit konstanter Winkelgeschwindigkeit auffassen kann. Ein Zeiger der Länge y_m rotiere mit konstanter Winkelgeschwindigkeit ω_0. Tragen wir seine Projektion auf der Winkelachse ($\omega_0 t$) auf, so entsteht die harmonische Funktion in Bild 3-167.

Startet die gleichförmige Drehbewegung des Zeigers in der in Bild 3-168a gezeigten Stellung, so ergibt sich eine sinusförmige Funktion, star-

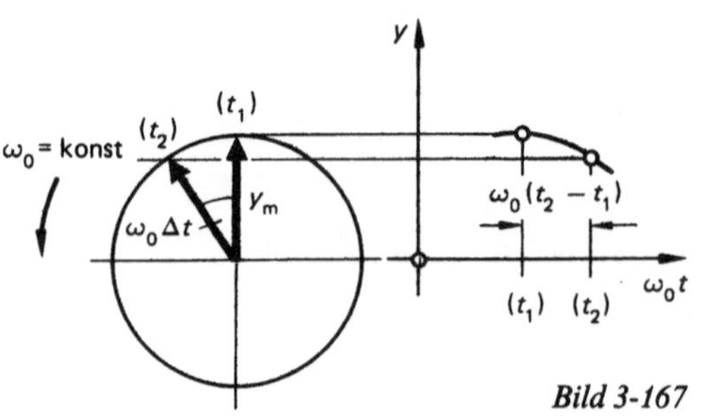

Bild 3-167

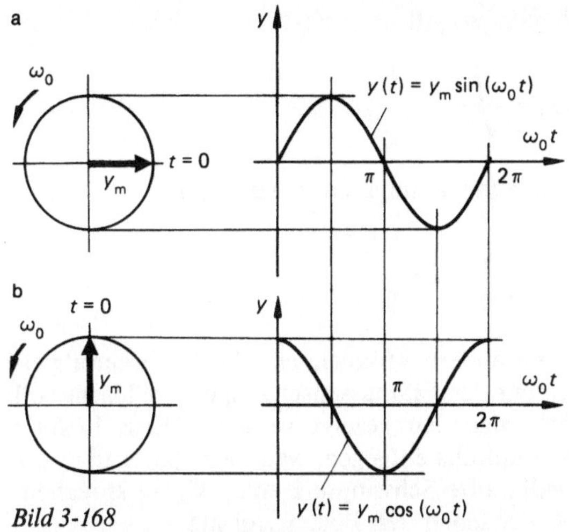

Bild 3-168

tet die gleichförmige Drehbewegung des Zeigers in der in Bild 3-168 b gezeigten Stellung, so entsteht eine cosinusförmige Funktion.

Beginnt die Drehbewegung des Zeigers in beliebiger Stellung, so entsteht eine harmonische Funktion, die entweder als phasenverschobene Sinusfunktion oder als phasenverschobene Cosinusfunktion beschrieben werden kann, Bild 3-169.

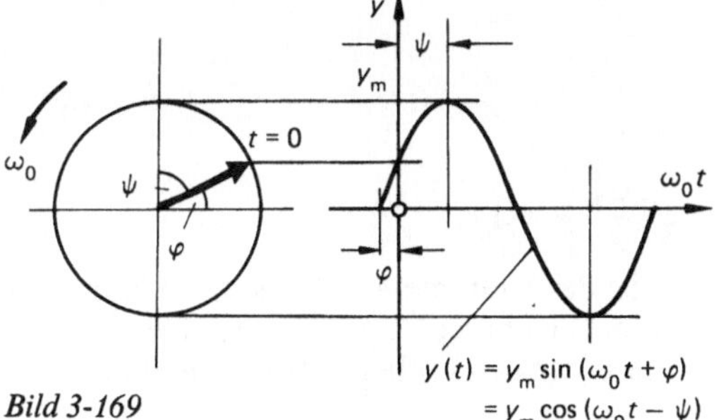

Bild 3-169

Eine phasenverschobene harmonische Funktion kann aufgefaßt werden als Überlagerung einer Sinusfunktion und einer Cosinusfunktion, Bild 3-170.

Die konstante Winkelgeschwindigkeit des Zeigers (ω_0) bezeichnet man als Kreisfrequenz. Sie wird, wie wir sehen werden, die eine Schwingung kennzeichnende Größe sein. Ob eine harmonische Funktion als verschobene Sinusfunktion oder als verschobene Cosinusfunktion dargestellt wird oder ob man die Linearkombination aus Sinus- und Cosinusfunktion wählt, es treten stets zwei Konstanten auf, entweder y_m und der Phasenverschiebungswinkel (φ oder ψ) bzw. C_1 und C_2. Diese Konstanten werden aus Randbedingungen ermittelt, die, wenn die $y(t)$-Funktion die Bewegung einer schwingenden Masse beschreibt, kinematische Randbedingungen sind, z.B. die quantitative Beschreibung von Weg und Geschwindigkeit zu einem bestimmten Zeitpunkt, etwa dem Beginn der Schwingung (Anfangsbedingungen).

Die Kopplung einer Masse und einer als masselos angenommenen Feder stellt ein schwingfähiges Gebilde dar, das, einmal in Bewegung versetzt, Bewegungen um die Ruhelage ausführt. Man spricht von einer „freien" Schwingung, wenn das einmal in Bewegung gesetzte System ohne weitere Energiezufuhr sich selbst überlassen bleibt. Die entstehende Schwingbewegung ist zudem „ungedämpft", wenn während des Schwingungsvorgangs keine Energie abgeführt wird, etwa durch COULOMBsche oder STOKESsche Reibungskräfte. Bei der freien, ungedämpften Schwingung bleibt die einmal beim Anstoß zugeführte Energie erhalten. Die freie,

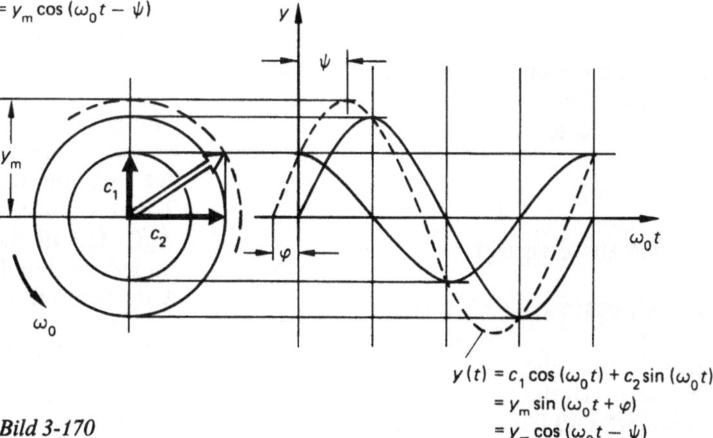

Bild 3-170

ungedämpfte Schwingung ist durch Energie-konstanz des Systems gekennzeichnet. Es findet ein ständiger Energieaustausch zwischen kineti-scher, potentieller und Federenergie statt; die Summe dieser mechanischen Energien ist zu je-dem Zeitpunkt konstant, s. Abschnitt 3.2.5.

Bereits in Abschnitt 3.2.1. hatten wir die Diffe-rentialgleichung des Einmassenschwingers aus einer D'ALEMBERTschen Gleichgewichtsüberle-gung gewonnen und gelöst, Bild 3-171.

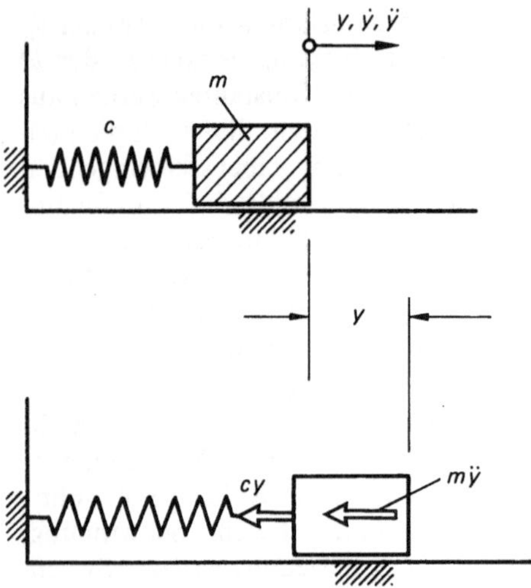

Bild 3-171

D'ALEMBERT:

$$\sum F = 0$$

$$0 = m\ddot{y} + c\,y$$

$$0 = \ddot{y} + \frac{c}{m}\,y$$

Die Lösung dieser gewöhnlichen, homogenen, linearen Differentialgleichung 2. Ordnung mit konstanten Koeffizienten lautete:

$$y(t) = y_{\mathrm{m}} \sin(\omega_0 t + \varphi)$$

oder, wie zuvor gezeigt,

$$y(t) = C_1 \cos(\omega_0 t) + C_2 \sin(\omega_0 t)$$

Darin ist ω_0 die „Eigenkreisfrequenz" des Schwingers. Ist die Masse derart mit der Feder kombiniert, daß Feder und Masse gleiche Wege

haben, so gilt

$$\omega_0 = \sqrt{\frac{c}{m}}$$

Die Schwingungszeit T wird damit

$$T = \frac{2\pi}{\omega_0} = 2\pi \sqrt{\frac{m}{c}}$$

Eine andere Möglichkeit, die Differentialglei-chung des Einmassenschwingers zu lösen, soll im folgenden gezeigt werden. Diese Lösung kommt uns entgegen, wenn wir später über die gedämpfte Schwingung einer Masse sprechen. Wir machen den Lösungsansatz:

$$y(t) = e^{rt}$$

Die Ableitungen sind:

$$\dot{y}(t) = r\,e^{rt}, \quad \ddot{y}(t) = r^2\,e^{rt}$$

Setzen wir den Lösungsansatz und die zweite Ableitung in die Differentialgleichung ein:

$$0 = r^2 e^{rt} + \frac{c}{m}\,e^{rt}$$

mit

$$\frac{c}{m} = \omega_0^2$$

$$0 = e^{rt}(r^2 + \omega_0^2)$$

Darin ist der Klammerausdruck die „Charakte-ristische Gleichung" $0 = r^2 + \omega_0^2$. Die Lösun-gen dieser quadratischen Gleichung sind

$$r_{1/2} = \pm\sqrt{-\omega_0^2} = \pm i\,\omega_0$$

Die Lösungen der „Charakteristischen Glei-chung" sind konjugiert komplex; der Realanteil ist hier null, der Imaginäranteil unterschei-det sich nur im Vorzeichen. Die Theorie der linearen Differentialgleichung 2. Ordnung be-sagt, daß in diesem Fall die allgemeine Lö-sungsform der Differentialgleichung folgendes Aussehen hat:

$$y(t) = e^{at}(C_1 \cos(b\,t) + C_2 \sin(b\,t))$$

a = Realanteil, in diesem Fall 0,

b = Imaginäranteil, in diesem Fall ω_0.

Also lautet unsere Lösung

$$y(t) = e^0 (C_1 \cos(\omega_0 t) + C_2 \sin(\omega_0 t))$$
$$= C_1 \cos(\omega_0 t) + C_2 \sin(\omega_0 t)$$

Liegt nicht der Sonderfall der Kopplung von Feder und Masse vor, bei dem Federweg und Masseweg stets gleich sind, so gewinnt man die Eigenkreisfrequenz der Schwingungen stets aus der Differentialgleichung der Form

$$0 = \ddot{y} + \square \, y \quad \text{(bei Translation der Masse)}$$

oder

$$0 = \ddot{\varphi} + \square \, \varphi \quad \text{(bei Rotation der Masse)}$$

Darin ist der Faktor vor der nicht abgeleiteten Größe stets das Quadrat der Eigenkreisfrequenz der Schwingungen:

$$\square = \omega_0^2$$

Als erstes Beispiel soll die ebene Bewegung einer massebehafteten, runden Scheibe betrachtet werden, die wie in Bild 3-172 skizziert mit der Feder verbunden ist.

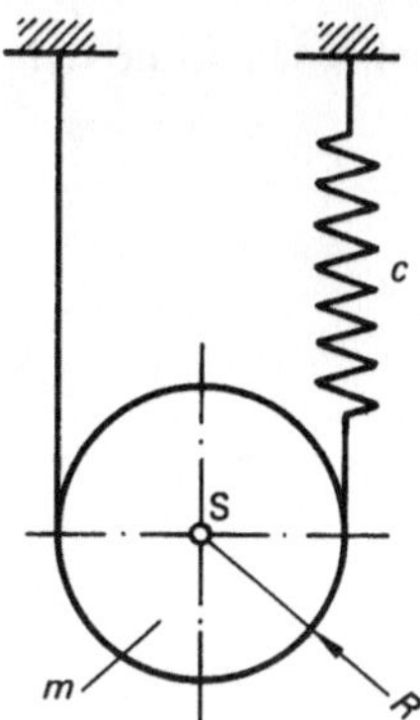

Bild 3-172

Wir fassen die ebene Bewegung als Überlagerung von Translation und Rotation um den Schwerpunkt auf. Betrachten wir die statische Gleichgewichtssituation und anschließend die Situation zu einem beliebigen Zeitpunkt der Schwingungsbewegung.

Statik (Bild 3-173):

$$\sum M_P = 0$$
$$0 = -mgR + F_{st}\, 2R$$

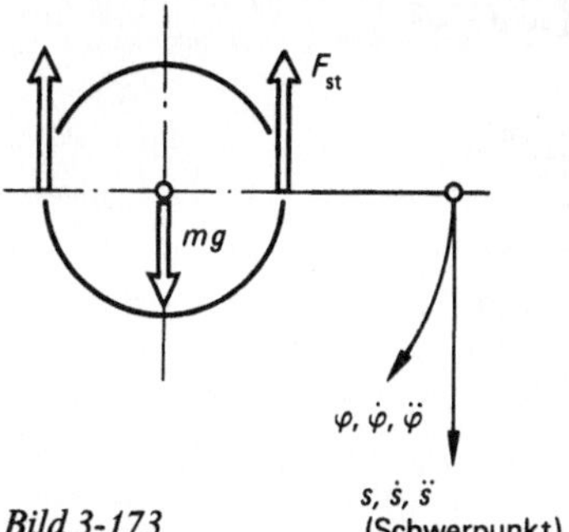

Bild 3-173

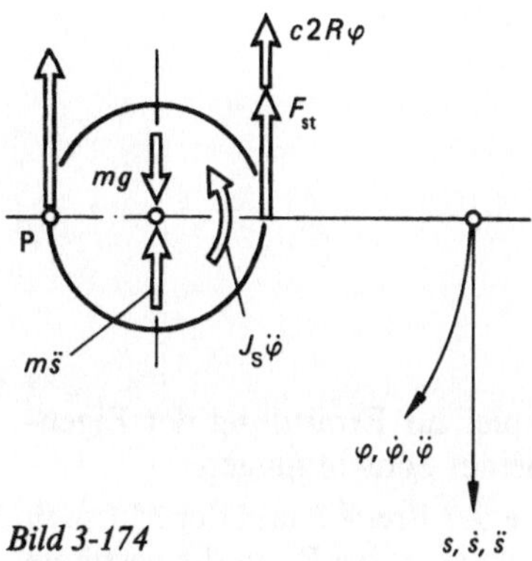

Bild 3-174

Dynamik (beliebiger Zeitpunkt), Bild 3-174.

D'ALEMBERT:

$$\sum M_P = 0$$
$$0 = J_S \ddot{\varphi} + m\ddot{s}R + c\,2R\varphi\,2R + \underbrace{F_{st}\,2R - mgR}_{\substack{=0 \\ \text{(Statik)}}}$$

darin ist $\ddot{s} = \ddot{\varphi}R$, denn P ist Momentanpol. Die Verteilung der Wege, Geschwindigkeiten und Beschleunigungen zeigt Bild 3-175.

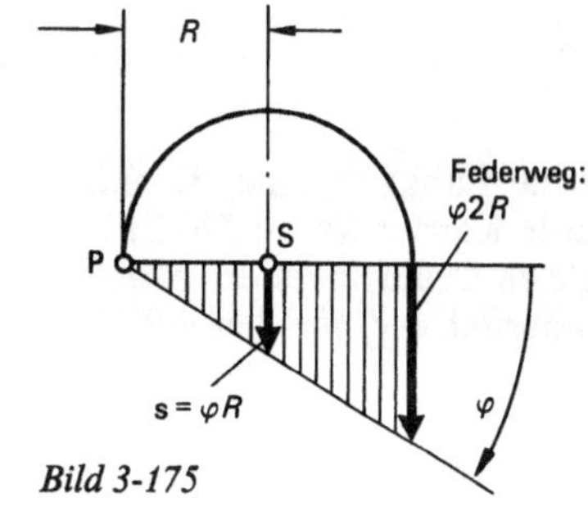

Bild 3-175

$$0 = \ddot{\varphi}\,(J_S + m\,R^2) + 4\,c\,R^2\,\varphi$$

$$0 = \ddot{\varphi} + \frac{4\,c\,R^2}{J_S + m\,R^2}\,\varphi$$

mit

$$J_S + m\,R^2 = J_P$$

Ergebnis:

$$\omega_0 = \sqrt{\frac{4\,c\,R^2}{J_P}}$$

mit

$$J_P = \frac{3\,m\,R^2}{2}$$

$$\omega_0 = \sqrt{\frac{8\,c}{3\,m}}$$

Ein zweites Beispiel zur Ermittlung der Eigenkreisfrequenz kleiner Schwingungen.

Eine dünne Platte der Breite b und der Masse m ist in Bild 3-176 skizziert bei B um die vertikale Achse drehbar gelagert und durch einen Biegestab von vernachlässigbar kleiner Masse gehalten. Das freie Ende der Biegefeder ist im Spitzenlager A gehalten.

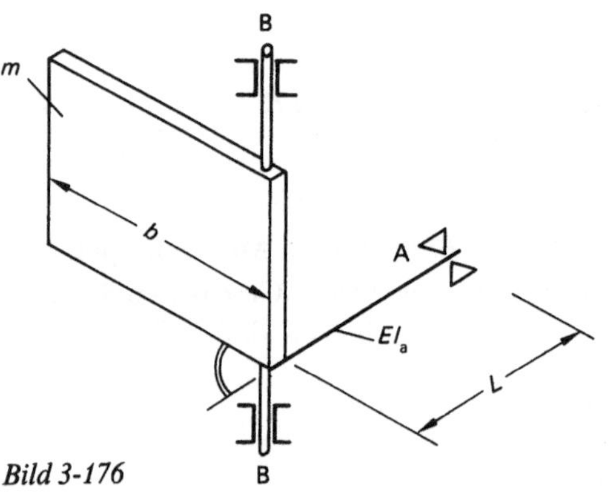

Bild 3-176

Der Biegestab hat die Funktion einer Drehfeder. Es gilt bei dieser Konstruktion: Drehwinkel an der Feder gleich Drehwinkel der Masse; somit liegt der Sonderfall vor, für den gilt

$$\omega_0^2 = \frac{c_d}{J_B}$$

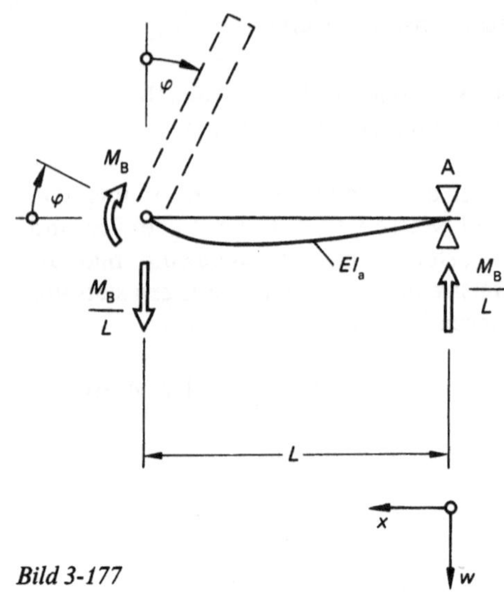

Bild 3-177

Die Drehfederkonstante ist definiert als das Verhältnis des Moments M_B zu dem damit erzeugten Winkel φ, Bild 3-177:

$$c_d = \frac{M_B}{\varphi}$$

Differentialgleichung der Elastischen Linie der Blattfeder:

$$w''(x) = -\frac{M_b(x)}{E\,I_a}$$

$$M_b(x) = \frac{M_B}{L}\,x$$

$$w''(x) = \frac{-M_B\,x}{L\,E\,I_a}$$

$$w'(x) = \frac{-M_B\,x^2}{2\,L\,E\,I_a} + C_1$$

$$w(x) = \frac{-M_B\,x^3}{6\,L\,E\,I_a} + C_1\,x + C_2$$

1. Randbedingung: $w(x=0) = 0$

$$C_2 = 0$$

2. Randbedingung: $w(x=L) = 0$

$$C_1 = \frac{M_B\,L}{6\,E\,I_a}$$

Der gesuchte Winkel φ:

$$\varphi = w'(x=L) = \frac{-M_\mathrm{B}L}{2EI_\mathrm{a}} + \frac{M_\mathrm{B}L}{6EI_\mathrm{a}}$$

$$\varphi = -\frac{M_\mathrm{B}L}{3EI_\mathrm{a}}$$

$$c_\mathrm{d} = \frac{M_\mathrm{B}}{|\varphi|} = \frac{3EI_\mathrm{a}}{L}$$

Mit

$$J_\mathrm{B} = \frac{mb^2}{3}$$

folgt das Ergebnis:

$$\omega_0 = \sqrt{\frac{c_\mathrm{d}}{J_\mathrm{B}}} = \sqrt{\frac{3EI_\mathrm{a}}{L}\frac{3}{mb^2}}$$

$$\omega_0 = \frac{3}{b}\sqrt{\frac{EI_\mathrm{a}}{Lm}}$$

Hinweis:

c_d kann nach CASTIGLIANO wie folgt bestimmt werden:

$$\varphi = \frac{\partial U}{\partial M_\mathrm{B}}$$

$$U = \frac{1}{2EI_\mathrm{a}} \int_0^L M_\mathrm{b}^2(x)\,\mathrm{d}x$$

$$M_\mathrm{b}(x) = \frac{M_\mathrm{B}}{L}x$$

$$U = \frac{M_\mathrm{B}^2}{2L^2EI_\mathrm{a}} \left.\frac{x^3}{3}\right|_0^L = \frac{M_\mathrm{B}^2 L}{6EI_\mathrm{a}}$$

$$\varphi = \frac{\partial U}{\partial M_\mathrm{B}} = \frac{M_\mathrm{B}L}{3EI_\mathrm{a}}$$

$$c_\mathrm{d} = \frac{M_\mathrm{B}}{\varphi} = \frac{3EI_\mathrm{a}}{L}$$

Übung 3-37

Es ist die Eigenkreisfrequenz kleiner Pendelschwingungen des schweren, um seinen Mittelpunkt A pendelnden Halbkreisrings vom mittleren Radius R zu bestimmen, Bild 3-178.

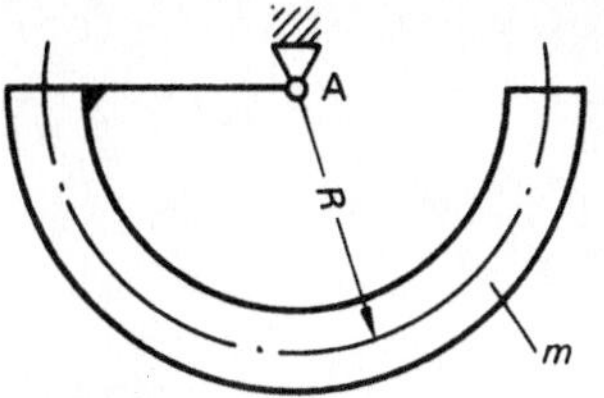

Bild 3-178

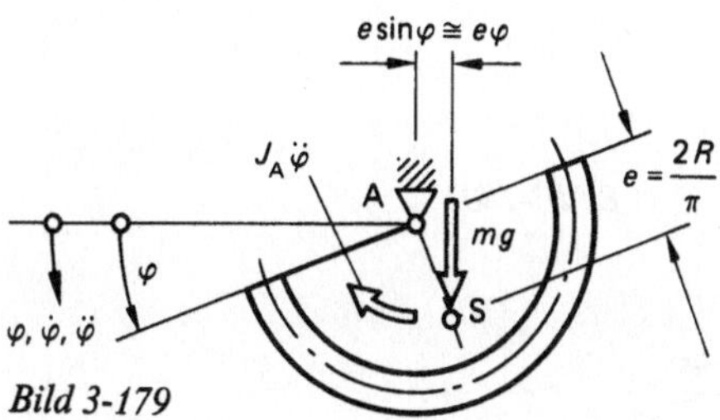

Bild 3-179

Lösung:

D'ALEMBERT (Bild 3-179):

$$\sum M_\mathrm{A} = 0$$

$$0 = J_\mathrm{A}\ddot{\varphi} + mge\varphi$$

$$J_\mathrm{A} = mR^2$$

$$e = \frac{2R}{\pi}$$

$$0 = \ddot{\varphi} + \frac{mg\,2R}{\pi mR^2}\varphi$$

$$\omega_0^2 = \frac{2g}{R\pi}$$

Übung 3-38

Ein Gewicht der Masse m ist über ein undehnbares und quasi masseloses Seil mit einer Feder der Steifigkeit c verbunden. Das Seil ist um eine Rolle (Radius R, Schwungmoment GD^2) gelegt. Es wird vorausgesetzt, daß bei kleinen Schwingungen des Systems kein Schlupf zwischen Seil und Rolle entsteht. Zu bestimmen ist die Eigenkreisfrequenz kleiner Schwingungen, Bild 3-180 u. 3-181.

Lösung:

Statik:

$$\sum M_\mathrm{A} = 0$$

$$0 = -mgR + F_\mathrm{st}R$$

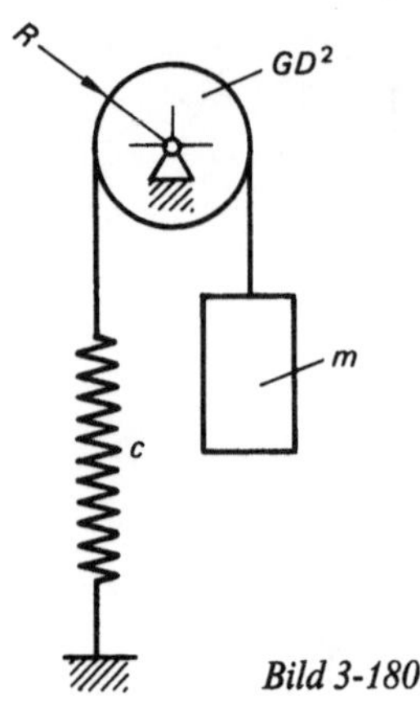

Bild 3-180

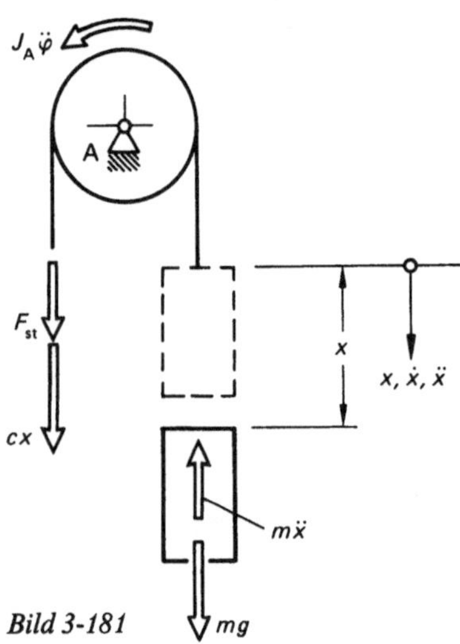

Bild 3-181

Dynamik:

$$\sum M_A = 0$$

$$0 = J_A \ddot{\varphi} + c x R + m \ddot{x} R \underbrace{- mgR + F_{st} R}_{\substack{= 0 \\ \text{(Statik)}}}$$

$$J_A = \frac{GD^2}{4g}$$

$$\ddot{\varphi} = \frac{\ddot{x}}{R}$$

$$0 = \ddot{x}\left(\frac{GD^2}{4gR} + mR\right) + cRx$$

$$0 = \ddot{x} + \frac{cR}{\dfrac{GD^2}{4gR} + mR}\, x$$

$$\omega_0^2 = \frac{cR}{\dfrac{GD^2}{4gR} + mR}$$

$$\omega_0 = \sqrt{\frac{c}{\dfrac{GD^2}{4gR^2} + m}}$$

Übung 3-39

Eine schwere, lange Stange wird wie in Bild 3-182 skizziert zwischen zwei eingespannten Blattfedern gehalten. Zu bestimmen ist die Schwingungszeit T kleiner Schwingungen. Die Masse ist mit den Federn nicht verbunden, so daß stets nur eine der beiden Federn deformiert, Bild 3-183.

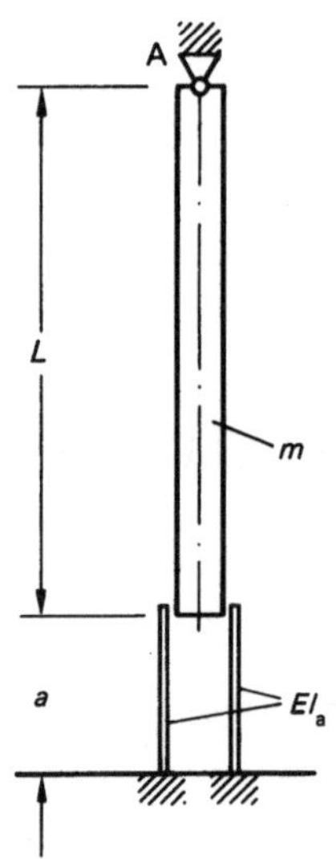

Bild 3-182

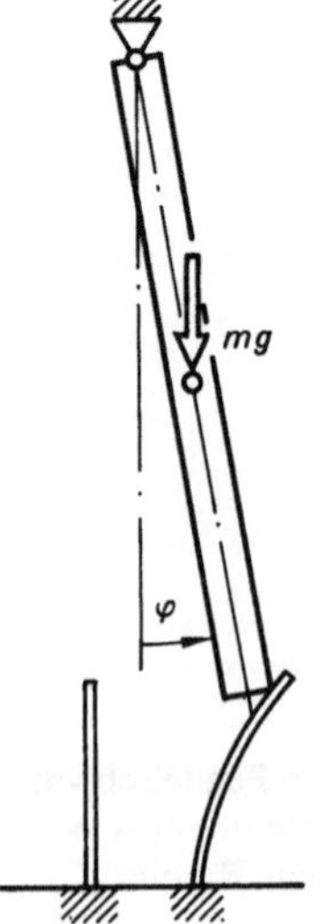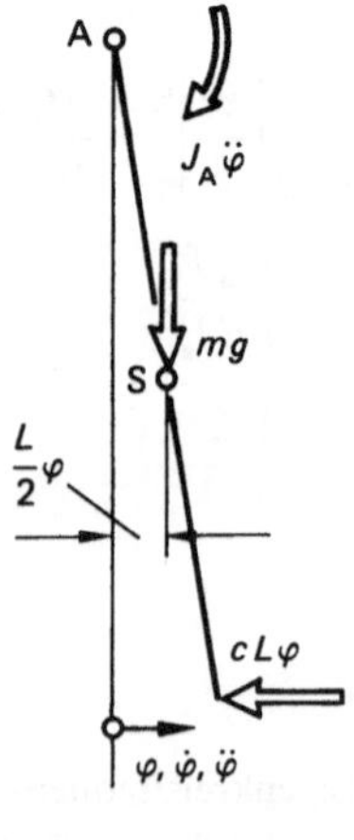

Bild 3-183

Lösung:

D'ALEMBERT:

$$\sum M_\mathrm{A} = 0$$

$$0 = J_\mathrm{A}\,\ddot\varphi + c\,L^2\,\varphi + m\,g\,\frac{L}{2}\,\varphi$$

mit

$$J_\mathrm{A} = \frac{m\,L^2}{3}$$

Bestimmung der Federkonstanten der Blattfeder, Bild 3-184.

$$f = \frac{F\,a^3}{3\,E\,I_\mathrm{a}}$$

$$c = \frac{F}{f} = \frac{3\,E\,I_\mathrm{a}}{a^3}$$

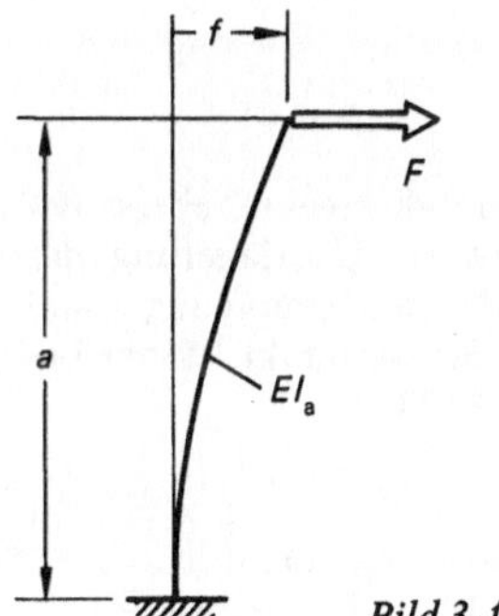

Bild 3-184

Damit die Differentialgleichung:

$$0 = \frac{m\,L^2}{3}\,\ddot\varphi + \varphi\left(\frac{3\,E\,I_\mathrm{a}\,L^2}{a^3} + \frac{m\,g\,L}{2}\right)$$

$$\omega_0^2 = \frac{3}{m\,L^2}\left(\frac{3\,E\,I_\mathrm{a}\,L^2}{a^3} + \frac{m\,g\,L}{2}\right)$$

$$\omega_0^2 = \frac{9\,E\,I_\mathrm{a}}{m\,a^3} + \frac{3\,g}{2\,L}$$

$$T = \frac{2\pi}{\omega_0} = \frac{2\pi}{\sqrt{\dfrac{9\,E\,I_\mathrm{a}}{m\,a^3} + \dfrac{3\,g}{2\,L}}}$$

Übung 3-40

Eine Kreisscheibe der Masse m ist, wie in Bild 3-185 skizziert, drehbar und reibungsfrei um die vertikale Schwerpunktachse x gelagert. Parallel zur Drehachse

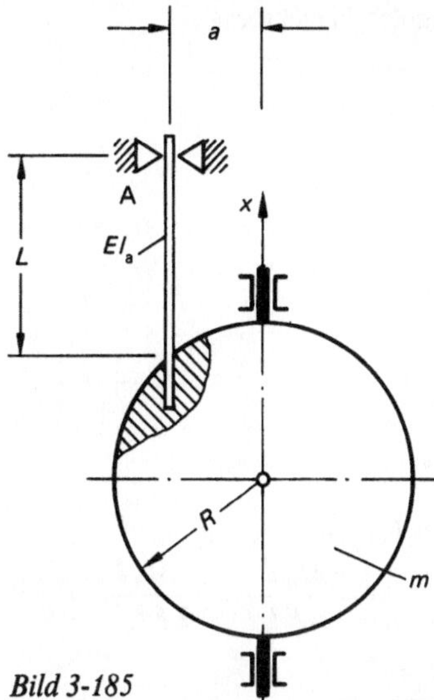

Bild 3-185

ist ein Stab der Biegesteifigkeit $(E\,I_\mathrm{a})$ im Abstand a an der Scheibe starr befestigt (Einspannung). Das freie Stabende ist quasi gelenkig gelagert (Spitzenlager A). Zu bestimmen ist die Eigenkreisfrequenz kleiner Drehschwingungen. Die Masse des Biegestabes ist vernachlässigbar klein.

Lösung:

Als Drehfederkonstante definieren wir wieder das Verhältnis von M_x zu dem damit erzeugten Drehwinkel an der Scheibe. Dann gilt

$$\omega_0^2 = \frac{c_\mathrm{d}}{J_x}$$

Drehung der Scheibe um den kleinen Winkel φ, Bild 3-186.

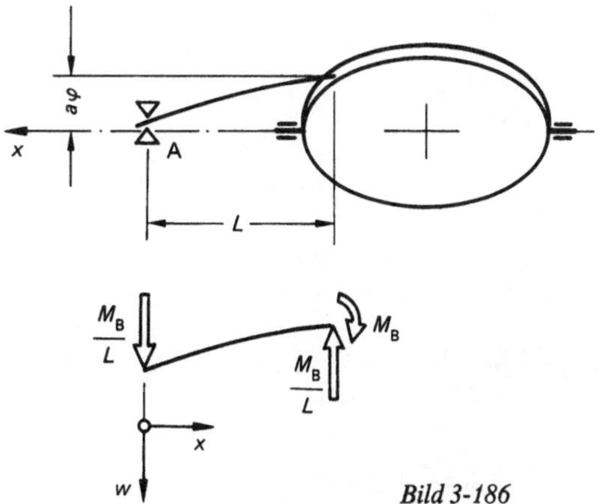

Bild 3-186

Differentialgleichung der Biegelinie:

$$w''(x) = \frac{-M_b(x)}{E I_a}$$

$$M_b(x) = \frac{-M_B}{L} x$$

$$w''(x) = \frac{M_B x}{L E I_a}$$

$$w'(x) = \frac{M_B x^2}{2 L E I_a} + C_1$$

1. Randbedingung: $w'(x=L) = 0$

$$C_1 = \frac{-M_B L^2}{2 L E I_a} = \frac{-M_B L}{2 E I_a}$$

$$w(x) = \frac{M_B x^3}{6 L E I_a} - \frac{M_B L x}{2 E I_a} + C_2$$

2. Randbedingung: $w(x=0) = 0$

$$C_2 = 0$$

3. Randbedingung: $w(x=L) = -a\varphi$

$$-a\varphi = \frac{M_B L^3}{6 L E I_a} - \frac{M_B L^2}{2 E I_a} + 0$$

$$\varphi = \frac{M_B L^2}{3 E I_a a}$$

Drehfederkonstante:

$$c_d = \frac{M_x}{\varphi}$$

mit

$$M_x = \frac{M_B}{L} a$$

$$c_d = \frac{M_B a \, 3 E I_a a}{L M_B L^2} = \frac{3 E I_a a^2}{L^3}$$

$$\omega_0^2 = \frac{c_d}{J_x}$$

$$J_x = \frac{m R^2}{4}$$

$$\omega_0^2 = \frac{3 E I_a a^2 \, 4}{L^3 m R^2}$$

$$\omega_0 = \sqrt{\frac{12 E I_a a^2}{L^3 m R^2}}$$

Übung 3-41

Eine homogene Kreisscheibe der Masse m und vom Radius r ist mit der Feder (Federsteifigkeit c) zu einem schwingfähigen System verbunden, Bild 3-187. Welche anfängliche Auslenkung x_0 (bei $\dot{x}(x=x_0)=0$) darf nicht überschritten werden, um zu garantieren, daß kein Schlupf eintritt, die Scheibe also stets eine Abrollbewegung ausführt? Koeffizient der Haftreibung zwischen Scheibe und Bahn ist μ_0. Rollreibung werde vernachlässigt.

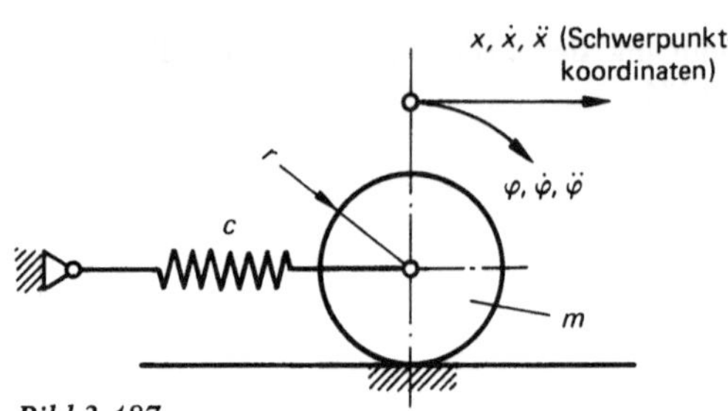

Bild 3-187

D'ALEMBERT-Betrachtung:

Die Abrollbewegung ist eine allgemeine, ebene Bewegung; sie wird aufgefaßt als Überlagerung der Translationsbewegung mit der Beschleunigung $\ddot{x}$ und der Drehbewegung um den Schwerpunkt, Winkelbeschleunigung $\ddot{\varphi} = \ddot{x}/r$, Bild 3-188.

$$\sum F_x = 0$$
$$0 = m\ddot{x} + c x + F_r$$

mit

$$F_r = \frac{J_s \ddot{\varphi}}{r} \quad (\text{aus } \sum M_s = 0)$$

$$0 = \ddot{x}\left(m + \frac{J_s}{r^2}\right) + c x$$

$$0 = \ddot{x} + x \underbrace{\frac{c}{m + \dfrac{J_s}{r^2}}}_{= \omega_0^2} \quad (\omega_0 = \text{Eigenkreisfrequenz})$$

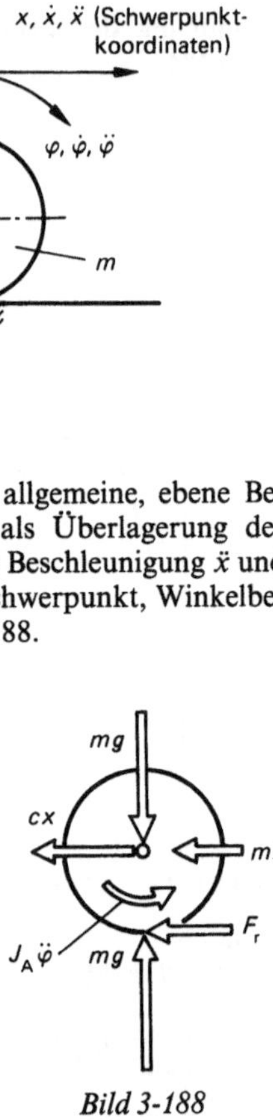

Bild 3-188

Mit

$$J_s = \frac{m r^2}{2}$$

wird

$$\omega_0^2 = \frac{2 c}{3 m}$$

Lösung der Differentialgleichung:

$$x(t) = A \cos(\omega_0 t) + B \sin(\omega_0 t)$$

Geschwindigkeits- und Beschleunigungsgesetz aus den zeitlichen Ableitungen:

$$\dot{x}(t) = -A \omega_0 \sin(\omega_0 t) + B \omega_0 \cos(\omega_0 t)$$
$$\ddot{x}(t) = -A \omega_0^2 \cos(\omega_0 t) - B \omega_0^2 \sin(\omega_0 t)$$

1. Randbedingung:

$$x(t=0) = x_0$$

Daraus folgt:

$$A = x_0$$

2. Randbedingung:

$$\dot{x}(t=0) = 0$$

Daraus folgt:

$$B = 0$$

$\ddot{x}(t)$-Gesetz:

$$\ddot{x}(t) = -x_0 \omega_0^2 \cos(\omega_0 t)$$

Maximale Beschleunigung:

$$|\ddot{x}_{\text{max}}| = x_0 \frac{2c}{3m}$$

Maximale Winkelbeschleunigung:

$$|\ddot{\varphi}_{\text{max}}| = \frac{2c x_0}{3 m r}$$

Rollbedingung:

$$F_r \leq \mu_0 m g$$

$$\frac{J_s \ddot{\varphi}}{r} \leq \mu_0 m g$$

$$\frac{\dfrac{m r^2}{2} \dfrac{2 c x_0}{3 m r}}{r} \leq \mu_0 m g$$

$$\frac{c x_0}{3} \leq \mu_0 m g$$

$$x_0 \leq \frac{3 \mu_0 m g}{c}$$

Der anfängliche Auslenkweg, für den somit garantiert ist, daß während der Schwingungsbewegung kein Schlupf (Rutschen, Gleitbewegung) zwischen Rad und Bahn eintritt, hängt nicht mehr vom Scheibenradius ab, sondern nur noch von der Masse, dem Reibkoeffizienten und der Federhärte.

3.5.2. Freie, gedämpfte Schwingungen einer Masse

In diesem Abschnitt untersuchen wir die Schwingungen einer Feder-Masse-Kombination, der nach wie vor keine Energie während des Schwingvorganges zugeführt wird, die aber Energieverluste hinnehmen muß. Die Schwingung soll also frei sein, nicht aber energieverlustfrei; es wird Reibenergie aus dem System entnommen, so daß die Gesamtenergie des Schwingers permanent abnimmt. Reibkräfte, die Energieverluste bewirken, können COULOMBsche Reibkräfte sein oder auch STOKESsche Reibkräfte. Untersuchen wir den ersten Fall. Die Masse bewegt sich auf rauher Bahn, die Reibkräfte sind der Normalkraft in der Reibstelle proportional – COULOMBsche Reibkräfte, Bild 3-189.

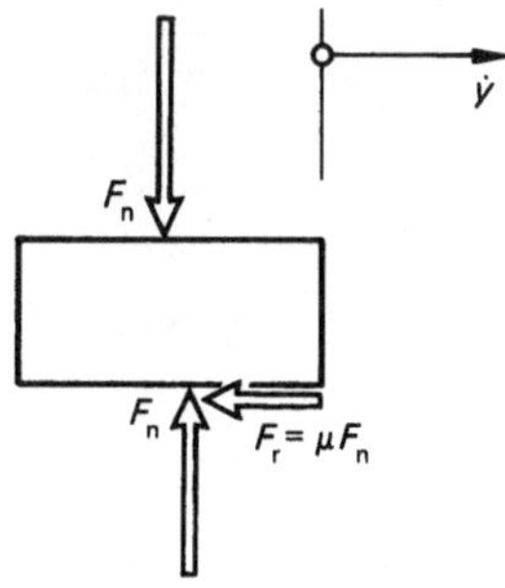

Bild 3-189

Die COULOMBschen Reibungskräfte sind geschwindigkeitsunabhängig, sie wirken stets gegen die Bewegung – Bewegungswiderstand. Untersuchen wir die Kräfte an der Masse in einem beliebigen Augenblick. Wieder setzen wir bei der Betrachtung voraus, daß alle kinematischen Größen (y, $\dot{y}$ und $\ddot{y}$) positiv seien, dann ist die Reibkraft dieser positiven Koordinate entgegengerichtet. Die für den reibungsfreien Fall eindeutige Gleichgewichtslage sei Ursprung dieser Koordinaten, Bild 3-190.

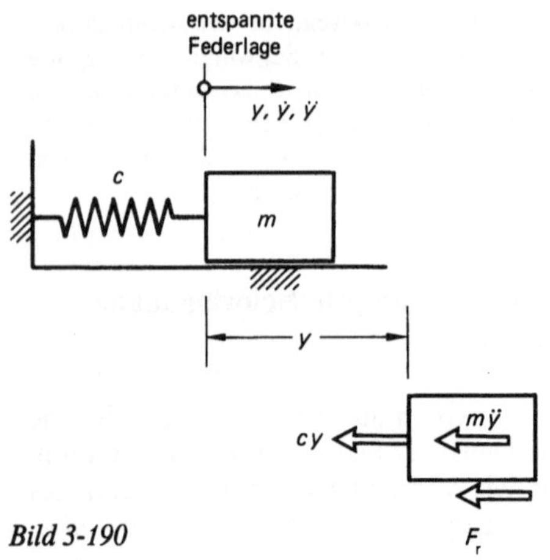

Bild 3-190

D'ALEMBERT:

$$\sum F = 0$$
$$0 = m\ddot{y} + cy + F_r$$

Nehmen wir eine Koordinatentransformation in der Weise vor, daß wir die Koordinate y_1 bei $y = -e$ eröffnen, dabei sei $e = F_r/c$, Bild 3-191.

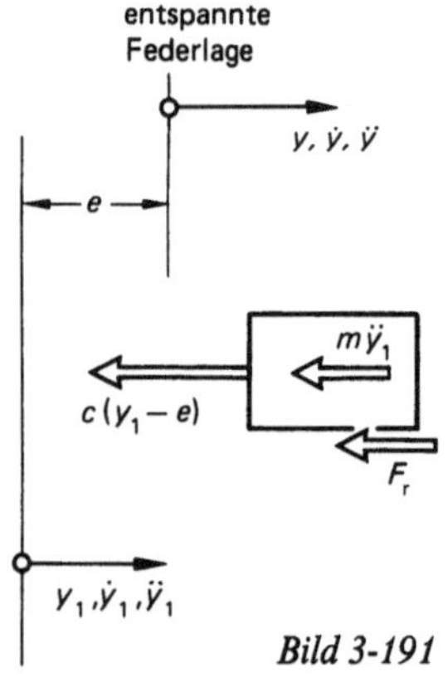

Bild 3-191

Die D'ALEMBERTsche Gleichgewichtsbetrachtung führt zu der Differentialgleichung

$$0 = m\ddot{y}_1 + c(y_1 - e) + F_r$$
$$0 = m\ddot{y}_1 + cy_1$$

Deren Lösung ist bekannt, und es ist damit nachgewiesen, daß die konstante Reibkraft keinen Einfluß auf die Eigenkreisfrequenz der Schwingung hat.

Die Verlustarbeiten der Reibkräfte sorgen für Energieentzug, so daß die Amplituden der Schwingung mit der Zeit abnehmen. Nach jeder Halbschwingung nimmt die Amplitude um den konstanten Betrag $(2e)$ ab, die Amplituden fallen also linear. Der Bereich

$$-e \leq y \leq +e$$

ist der Bereich, in dem die Masse letztlich liegen bleibt, sobald die gesamte Energie aufgezehrt ist, Bild 3-192.

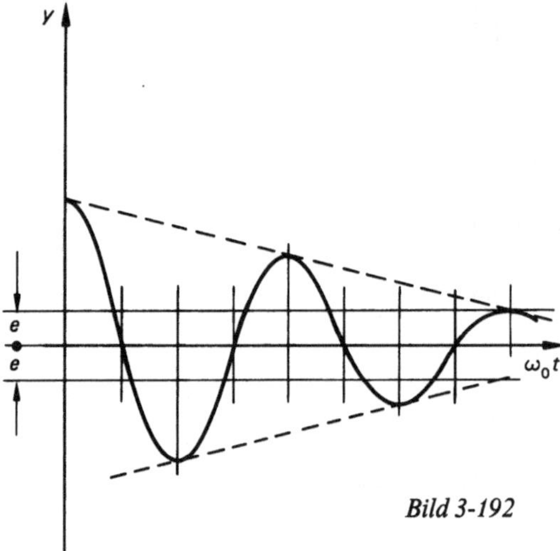

Bild 3-192

Bei Schwingungen einer Masse mit geschwindigkeitsproportionaler Dämpfung gilt

$$F_W = -kv,$$

d. h. die Widerstandskraft bei der STOKESschen Reibung (Flüssigkeitsreibung) ist der Geschwindigkeit $v = \dot{y}$ der Masse proportional. k ist hierbei die Dämpfungskonstante:

$$[k] = \frac{N\,s}{m} = \frac{kg}{s}$$

Wir symbolisieren diese Art der Dämpfung wie in Bild 3-193 veranschaulicht.

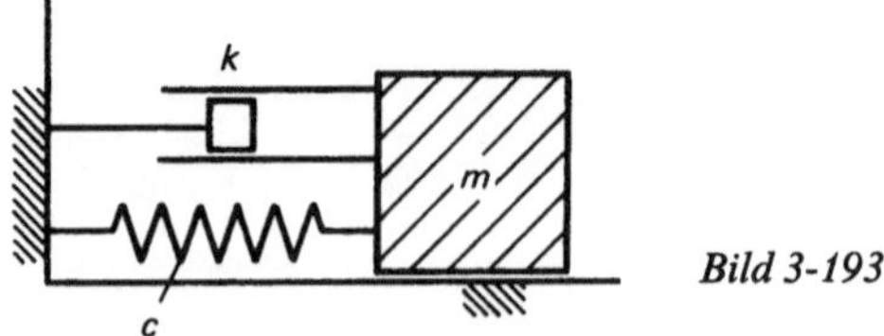

Bild 3-193

Kräfte in beliebiger Lage der Masse, Bild 3-194:

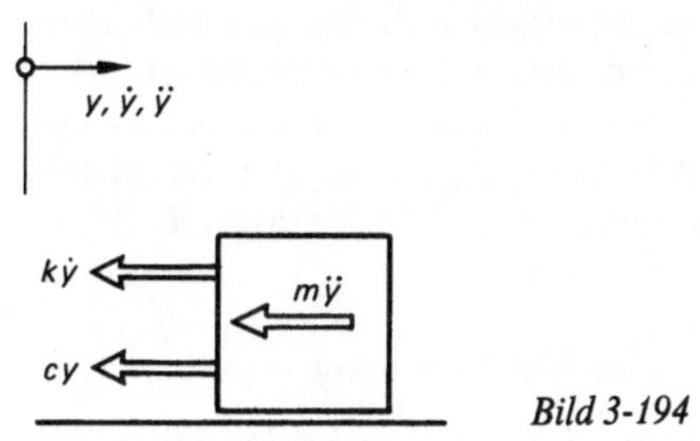

Bild 3-194

D'ALEMBERT:

$$\sum F = 0$$
$$0 = m\ddot{y} + k\dot{y} + c\,y$$

Dies ist, wie schon die Differentialgleichung der freien, ungedämpften Schwingung, eine gewöhnliche, homogene, lineare Differentialgleichung 2. Ordnung mit konstanten Koeffizienten. Dividieren wir die Gleichung durch m:

$$0 = \ddot{y} + \frac{k}{m}\dot{y} + \frac{c}{m}y$$

Darin ist $c/m = \omega_0^2$. Den konstanten Quotienten im $\dot{y}$-Glied substituieren wir:

$$\frac{k}{m} = 2\delta; \quad \delta = \text{Abklingkonstante}, \ [\delta] = \text{s}^{-1}$$

Wir schreiben die Differentialgleichung nun wie folgt:

$$0 = \ddot{y} + 2\delta\dot{y} + \omega_0^2 y$$

Setzen wir als Lösung wieder eine e-Funktion an:

$$y(t) = e^{pt}$$
$$\dot{y}(t) = p\,e^{pt}$$
$$\ddot{y}(t) = p^2\,e^{pt}$$

In die Differentialgleichung eingesetzt, ergibt sich wieder die „Charakteristische Gleichung":

$$0 = p^2 e^{pt} + 2\delta p\,e^{pt} + \omega_0^2 e^{pt}$$
$$0 = e^{pt}(p^2 + 2\delta p + \omega_0^2)$$

Die Lösungen der „Charakteristischen Gleichung" lauten:

$$p_{1/2} = -\delta \pm \sqrt{\delta^2 - \omega_0^2}$$

Je nachdem, ob die Wurzel reell, imaginär oder null ist, werden die Lösungen der Differentialgleichung grundsätzlich verschieden aussehen. Wir unterscheiden darum nach dem sog. Dämpfungsgrad ϑ:

$$\vartheta = \frac{\delta}{\omega_0}; \quad [\vartheta] \text{ ist dimensionsfrei.}$$

I) $\vartheta > 1$: starke Dämpfung

Die Abklingkonstante δ ist größer als die Eigenkreisfrequenz der ungedämpften Schwingung ω_0; d.h. die Wurzel ist reell, es ergeben sich reelle und verschiedene Lösungen der „Charakteristischen Gleichung":

$\sqrt{\delta^2 - \omega_0^2} = \varkappa$: Der Wert der Wurzel ist kleiner als δ; damit steht fest, daß sowohl p_1 als auch p_2 negativ sind:

$$p_1 = -\delta + \varkappa < 0$$
$$p_2 = -\delta - \varkappa < 0$$

Die Lösung der Differentialgleichung lautet:

$$y(t) = C_1 e^{p_1 t} + C_2 e^{p_2 t}$$

Beide Exponenten sind für alle Zeiten t negativ. Die Funktion wechselt also nie das Vorzeichen, es findet keine Schwingung statt, sondern eine Kriechbewegung.

Die Integrationskonstanten C_1 und C_2 werden aus Randbedingungen ermittelt, Beispiele:

a) $\dot{y}(t=0) = 0$
   $y(t=0) = y_\mathrm{m}$

Der Schwinger wird aus ausgelenkter Lage ohne Anfangsgeschwindigkeit losgelassen, Bild 3-195a.

b) $\dot{y}(t=0) = v_0$
   $y(t=0) = 0$

Der Schwinger wird in der statischen Ruhelage mit der Anfangsgeschwindigkeit v_0 angestoßen, Bild 3-195b.

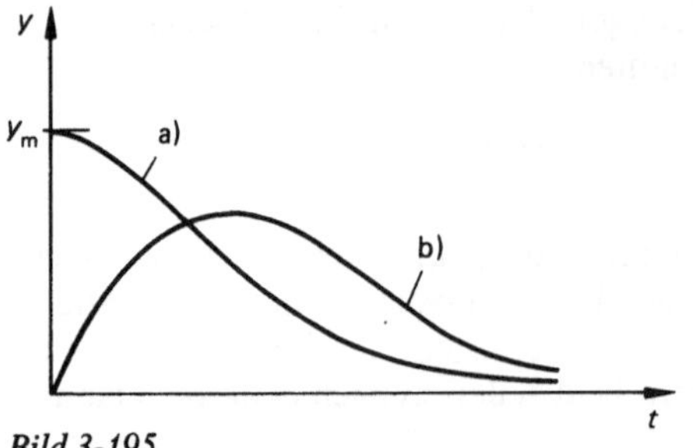

Bild 3-195

Wird die Masse aus der Ruhelage entfernt und zugleich mit einer Anfangsgeschwindigkeit auf die Ruhelage hin angestoßen, so kann es einmalig dazu kommen, daß sie die Ruhelage passiert, dann aber von der Gegenseite asymptotisch gegen die Ruhelage strebt, diese theoretisch aber erst nach unendlich langer Zeit erreicht, Bild 3-196. Die dazu gehörenden Randbedingungen lauten

$$y(t=0) = y_\mathrm{m}$$
$$\dot{y}(t=0) = -v_0$$

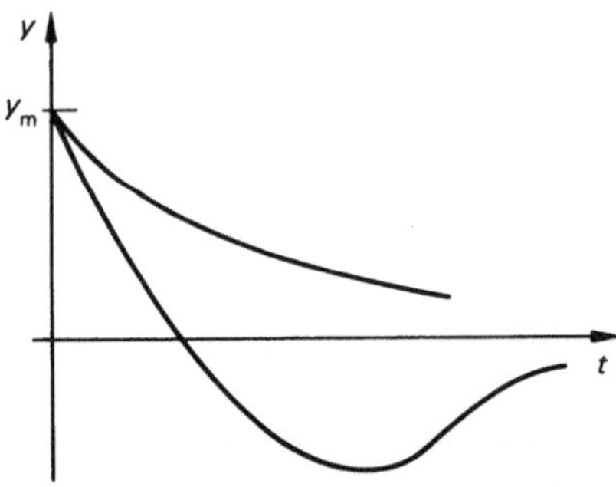

Bild 3-196

II) $\vartheta = 1$: aperiodischer Grenzfall

Sind Abklingkonstante δ und Eigenkreisfrequenz der ungedämpften Schwingungen ω_0 gleich groß, so wird die Wurzel in der Lösung der „Charakteristischen Gleichung" null; die beiden Lösungen $p_{1/2}$ sind gleich und reell:

$$p_1 = p_2 = -\delta$$

Die Lösung der Differentialgleichung lautet für diesen Fall

$$y(t) = e^{-\delta t}(C_1 t + C_2)$$

Wir stellen fest, daß auch diese Funktion keinen Vorzeichenwechsel erfährt; es liegt auch hier eine Kriech- und keine Schwingbewegung vor. Man nennt diesen Fall den aperiodischen Grenzfall, denn sobald die Abklingkonstante δ kleiner wird als die Eigenkreisfrequenz der ungedämpften Schwingungen ω_0, wie wir im folgenden erkennen, tritt die schwingende Bewegung der Masse ein.

III) $\vartheta < 1$: schwache Dämpfung

Die Wurzel wird imaginär, die beiden Lösungen der „Charakteristischen Gleichung" sind konjugiert komplex:

$$p_1 = -\delta + i\omega_\mathrm{d}$$
$$p_2 = -\delta - i\omega_\mathrm{d}$$

mit

$$\omega_\mathrm{d} = \sqrt{\omega_0^2 - \delta^2}$$

Die Größe ω_d ist die Eigenkreisfrequenz der gedämpften Schwingung.

Wie in Abschnitt 3.5.1. beschrieben, lautet dann die Lösung der Differentialgleichung

$$y(t) = e^{at}(C_1 \cos(bt) + C_2 \sin(bt))$$

mit $a = -\delta$ und $b = \omega_\mathrm{d}$. In Form einer abklingenden phasenverschobenen harmonischen Funktion könnten wir auch schreiben

$$y(t) = e^{-\delta t} y_\mathrm{m} \sin(\omega_\mathrm{d} t + \varphi)$$

Der Faktor $e^{-\delta t}$ sorgt dafür, daß die Amplituden der Schwingung abklingen, Bild 3-197.

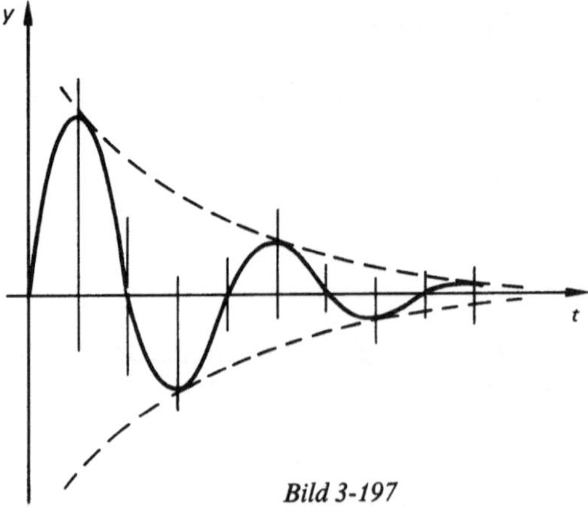

Bild 3-197

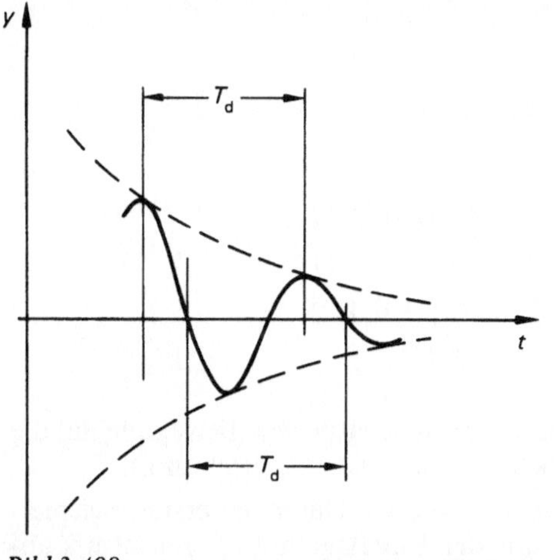

Bild 3-198

Schwingungsdauer der geschwindigkeitsproportional gedämpften Schwingung, Bild 3-198.

$$T_d = \frac{2\pi}{\omega_d}$$

Wir setzen das Verhältnis zweier aufeinanderfolgender Amplituden gleicher Phase ins Verhältnis:

$$\frac{y_0}{y_2} = \frac{e^{-\delta t}\, y_m \sin(\omega_d t + \varphi)}{e^{-\delta(t + T_d)} \sin(\omega_d(t + T_d) + \varphi)}$$

Das Argument des Nennerwinkels ist um 2π größer als das des Zählerwinkels, denn $\omega_d T_d = 2\pi$; die Sinuswerte sind also gleich und können, wie auch y_m, aus dem Bruch gekürzt werden. Es bleibt

$$\frac{y_0}{y_2} = \frac{e^{-\delta t}}{e^{-\delta(t + T_d)}}$$

Logarithmieren wir diesen Quotienten:

$$\ln\left(\frac{y_0}{y_2}\right) = -\delta t - (-\delta t - \delta T_d)$$

$$\ln\left(\frac{y_0}{y_2}\right) = \delta T_d = \text{konst}$$

Man nennt diesen konstanten Ausdruck das „Logarithmische Dekrement". Der Logarithmus des Verhältnisses zweier phasengleich aufeinanderfolgender Amplituden ist konstant.

Diese Kenntnis setzt uns in den Stand, bei Beobachtung der Amplituden einer Schwingung und Messen der Schwingungszeit die Abklingkonstante zu errechnen und so ein Maß für die Dämpfung zu gewinnen.

Nun wenden wir die gewonnenen Einsichten auf ein Beispiel an. Die Masse $m = 50$ kg ist so mit einer Feder ($c = 800$ N/cm) und einem Dämpfer ($k = 5000$ kg/s) gekoppelt, daß Federweg und Masseweg gleich sind und daß die Geschwindigkeiten von Masse und Dämpfer ebenfalls gleich sind, Bild 3-199.

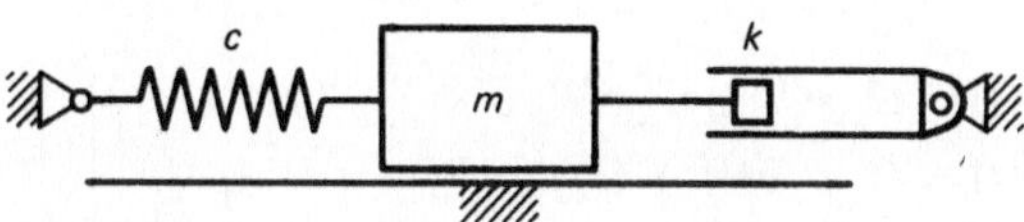

Bild 3-199

Die Masse wird 0,1 m aus der Ruhelage entfernt und dann ohne Anfangsgeschwindigkeit losgelassen. Nach welcher Zeit erreicht die Masse ihre größte Geschwindigkeit und wie groß ist diese maximale Geschwindigkeit?

Klären wir zunächst, ob sich eine Schwingbewegung einstellen wird oder ob die Bewegung ein Kriechvorgang sein wird; berechnen wir den Dämpfungsgrad ϑ. Dazu benötigen wir die Abklingkonstante δ und die Eigenkreisfrequenz der ungedämpften Schwingung ω_0:

$$\delta = \frac{k}{2m} = \frac{5000 \text{ kg/s}}{2 \cdot 50 \text{ kg}} = 50 \text{ s}^{-1}$$

$$\omega_0^2 = \frac{c}{m} = \frac{8 \cdot 10^4 \text{ N/m}}{50 \, \dfrac{\text{N s}^2}{\text{m}}} = 1600 \text{ s}^{-2}$$

$$\omega_0 = 40 \text{ s}^{-1}$$

$$\vartheta = \frac{\delta}{\omega_0} = \frac{50 \text{ s}^{-1}}{40 \text{ s}^{-1}} = 1,25 > 1$$

Es liegt starke Dämpfung vor. Die Bewegung ist aperiodisch, Bild 3-200.

$$p_1 = -\delta + \sqrt{\delta^2 - \omega_0^2}$$
$$p_1 = -50 + \sqrt{2500 - 1600}$$
$$p_1 = -50 + 30$$
$$p_1 = -20 \text{ s}^{-1}$$
$$p_2 = -50 - 30$$
$$p_2 = -80 \text{ s}^{-1}$$

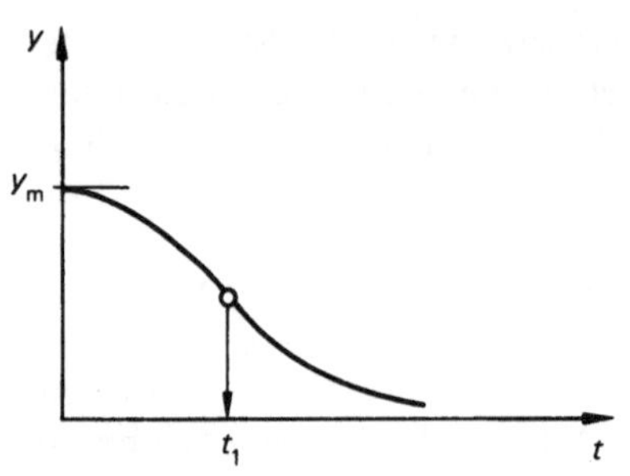

Bild 3-200

Damit lautet das Bewegungsgesetz $y(t)$:

$$y(t) = C_1 e^{p_1 t} + C_2 e^{p_2 t}$$
$$\dot{y}(t) = C_1 p_1 e^{p_1 t} + C_2 p_2 e^{p_2 t}$$
$$\ddot{y}(t) = C_1 p_1^2 e^{p_1 t} + C_2 p_2^2 e^{p_2 t}$$

Bestimmung der Konstanten C_1, C_2:

1. Randbedingung: $y(t=0) = 0,1 \, \text{m}$

$$0,1 \, \text{m} = C_1 e^0 + C_2 e^0$$
① $C_1 + C_2 = 0,1 \, \text{m}$

2. Randbedingung: $\dot{y}(t=0) = 0$

$$0 = C_1(-20 \, \text{s}^{-1}) e^0 + C_2(-80 \, \text{s}^{-1}) e^0$$
② $0 = C_1 + 4 C_2$

Aus ①: $C_1 = 0,1 \, \text{m} - C_2$.
Eingesetzt in ② liefert C_2:

$$0 = 0,1 \, \text{m} - C_2 + 4 C_2$$

$$C_2 = -0,0\overline{3} \, \text{m}$$
$$C_1 = +0,1\overline{3} \, \text{m}$$

Maximale Geschwindigkeit (Wendepunkt der $y(t)$-Funktion) bedeutet $\ddot{y} = 0$

$$\ddot{y}(t=t_1) = 0$$
$$0 = C_1 p_1^2 e^{p_1 t_1} + C_2 p_2^2 e^{p_2 t_1}$$
$$0 = +0,1\overline{3} \, \text{m} \, (-20\tfrac{1}{\text{s}})^2 \, e^{-20\frac{1}{\text{s}} t_1}$$
$$\quad - 0,0\overline{3} \, \text{m} \, (-80\tfrac{1}{\text{s}})^2 \, e^{-80\frac{1}{\text{s}} t_1}$$
$$0 = +53,\overline{3} \tfrac{\text{m}}{\text{s}^2} \, e^{-20\frac{1}{\text{s}} t_1}$$
$$\quad - 213,\overline{3} \tfrac{\text{m}}{\text{s}^2} \, e^{-80\frac{1}{\text{s}} t_1}$$
$$0 = e^{-20\frac{1}{\text{s}} t_1} - 4 e^{-80\frac{1}{\text{s}} t_1}$$
$$e^{-20\frac{1}{\text{s}} t_1} = 4 e^{-80\frac{1}{\text{s}} t_1}$$

$$-20\tfrac{1}{\text{s}} t_1 \underbrace{\ln e}_{1} = \ln 4 - 80\tfrac{1}{\text{s}} t_1 \ln e$$

$$60\tfrac{1}{\text{s}} t_1 = \ln 4$$
$$t_1 = 0,0231 \, \text{s}$$
$$v_{\max} = \dot{y}(t=t_1)$$
$$v_{\max} = C_1 p_1 e^{p_1 t_1} + C_2 p_2 e^{p_2 t_1}$$
$$v_{\max} = +0,1\overline{3} \, \text{m} \, (-20\tfrac{1}{\text{s}}) \, e^{-20\frac{1}{\text{s}} \cdot 0,0231 \, \text{s}}$$
$$\quad - 0,0\overline{3} \, \text{m} \, (-80\tfrac{1}{\text{s}}) \, e^{-80\frac{1}{\text{s}} \cdot 0,0231 \, \text{s}}$$
$$v_{\max} = -1,68 \tfrac{\text{m}}{\text{s}} + 0,42 \tfrac{\text{m}}{\text{s}}$$
$$v_{\max} = -1,26 \tfrac{\text{m}}{\text{s}}$$

Das Ergebnis ist negativ, weil Bewegung auf die Ruhelage gerichtet ist ($-y$-Richtung).

Das Gebilde mit den Daten des ersten Beispiels werde aus der Ruhelage mit $v_0 = +20$ m/s angestoßen. Zu welcher Zeit t_2 erreicht die Masse ihre größte Entfernung aus der Ruhelage und wie weit ist sie dann von der Ruhelage entfernt? Zudem wollen wir die in diesem Augenblick vorliegende Beschleunigung der Masse berechnen, Bild 3-201.

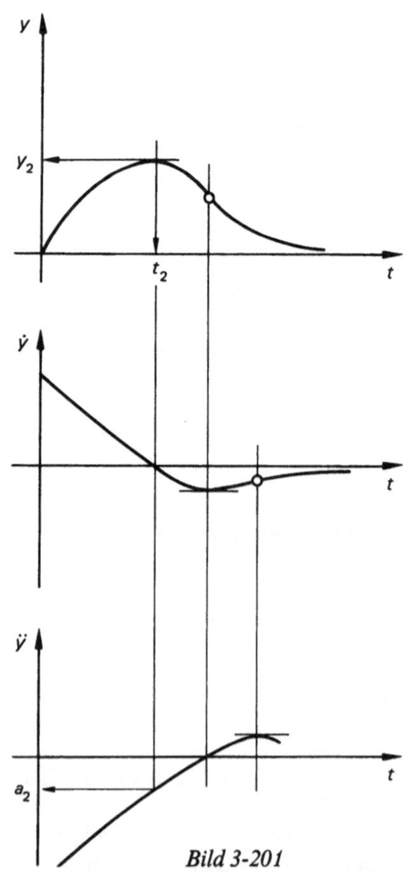

Bild 3-201

Es gilt $p_1 = -20\,\mathrm{s}^{-1}$, $p_2 = -80\,\mathrm{s}^{-1}$.

1. Randbedingung: $y(t=0) = 0$

$$0 = C_1 e^0 + C_2 e^0$$

① $C_1 + C_2 = 0$

2. Randbedingung: $\dot{y}(t=0) = +20\,\frac{\mathrm{m}}{\mathrm{s}}$

$$20\,\tfrac{\mathrm{m}}{\mathrm{s}} = C_1 p_1 e^0 + C_2 p_2 e^0$$
$$20\,\tfrac{\mathrm{m}}{\mathrm{s}} = C_1(-20\,\tfrac{1}{\mathrm{s}}) + C_2(-80\,\tfrac{1}{\mathrm{s}})$$
$$20\,\mathrm{m} = -20\,C_1 - 80\,C_2$$

② $1\,\mathrm{m} = -C_1 - 4\,C_2$

Aus ①: $C_1 = -C_2$

$$1\,\mathrm{m} = +C_2 - 4\,C_2$$
$$C_2 = -\tfrac{1}{3}\,\mathrm{m}$$
$$C_1 = +\tfrac{1}{3}\,\mathrm{m}$$

t_2 aus der Randbedingung: $\dot{y}(t=t_2) = 0$

$$0 = C_1 p_1 e^{p_1 t_2} + C_2 p_2 e^{p_2 t_2}$$
$$0 = \tfrac{1}{3}\,\mathrm{m}(-20\,\tfrac{1}{\mathrm{s}})\,e^{-20\frac{1}{\mathrm{s}} t_2} - \tfrac{1}{3}\,\mathrm{m}(-80\,\tfrac{1}{\mathrm{s}})\,e^{-80\frac{1}{\mathrm{s}} t_2}$$
$$0 = e^{-20\frac{1}{\mathrm{s}} t_2} - 4 e^{-80\frac{1}{\mathrm{s}} t_2}$$
$$t_2 = \frac{\ln 4}{60\,\frac{1}{\mathrm{s}}} = 0{,}0231\,\mathrm{s}$$

$$y_2 = y(t=t_2)$$
$$y_2 = C_1 e^{p_1 t_2} + C_2 e^{p_2 t_2}$$
$$y_2 = \tfrac{1}{3}\,\mathrm{m}\,e^{-20\frac{1}{\mathrm{s}} \cdot 0{,}0231\,\mathrm{s}} - \tfrac{1}{3}\,\mathrm{m}\,e^{-80\frac{1}{\mathrm{s}} \cdot 0{,}0231\,\mathrm{s}}$$
$$y_2 = 0{,}1575\,\mathrm{m} = 15{,}75\,\mathrm{cm}$$
$$a_2 = \ddot{y}(t=t_2)$$
$$a_2 = C_1 p_1^2 e^{p_1 t_2} + C_2 p_2^2 e^{p_2 t_2}$$
$$a_2 = \tfrac{1}{3}\,\mathrm{m}(-20\,\tfrac{1}{\mathrm{s}})^2\,e^{-20\frac{1}{\mathrm{s}} \cdot 0{,}0231\,\mathrm{s}}$$
$$\qquad - \tfrac{1}{3}\,\mathrm{m}(-80\,\tfrac{1}{\mathrm{s}})^2\,e^{-80\frac{1}{\mathrm{s}} \cdot 0{,}0231\,\mathrm{s}}$$
$$a_2 = -252{,}1\,\tfrac{\mathrm{m}}{\mathrm{s}^2}$$

Die Beschleunigung zum Zeitpunkt $t=0$ beträgt:

$$a = \ddot{y}(t=0) = C_1 p_1^2 e^0 + C_2 p_2^2 e^0$$
$$a = \tfrac{1}{3}\,\mathrm{m}(-20\,\tfrac{1}{\mathrm{s}})^2 - \tfrac{1}{3}\,\mathrm{m}(-80\,\tfrac{1}{\mathrm{s}})^2$$
$$a = -2000\,\tfrac{\mathrm{m}}{\mathrm{s}^2}$$

Wir bleiben bei unserem Zahlenbeispiel und wollen die Dämpfung so verändern, daß die Masse mit einer Eigenkreisfrequenz von $\omega_{\mathrm{d}} =$

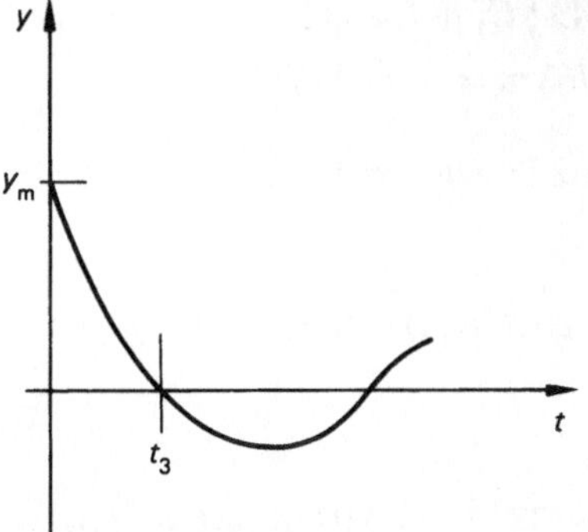

Bild 3-202

$38\,\mathrm{s}^{-1}$ schwingen kann, Bild 3-202. Die Anstoßbedingungen lauten:

$$y(t=0) = 0{,}1\,\mathrm{m} = y_{\mathrm{m}}$$
$$\dot{y}(t=0) = -2\,\tfrac{\mathrm{m}}{\mathrm{s}} = v_0$$

Nach welcher Zeit t_3 passiert die Masse die Ruhelage, und welche Geschwindigkeit v_3 hat sie in diesem Augenblick?

$$\omega_{\mathrm{d}} = \sqrt{\omega_0^2 - \delta^2}$$
$$\omega_0^2 = \frac{c}{m} = \frac{8 \cdot 10^4\,\mathrm{N/m}}{50\,\dfrac{\mathrm{N\,s}^2}{\mathrm{m}}} = 1600\,\tfrac{1}{\mathrm{s}^2}$$
$$(38\,\tfrac{1}{\mathrm{s}})^2 = 1600\,\tfrac{1}{\mathrm{s}^2} - \delta^2$$
$$\delta = \sqrt{156}\,\tfrac{1}{\mathrm{s}} = 12{,}49\,\tfrac{1}{\mathrm{s}}$$

Bewegungsgleichung der Schwingung:

$$y(t) = e^{-\delta t}(C_1 \cos(\omega_{\mathrm{d}} t) + C_2 \sin(\omega_{\mathrm{d}} t))$$

Bestimmung der Konstanten:

1. Randbedingung: $y(t=0) = 0{,}1\,\mathrm{m}$

$$0{,}1\,\mathrm{m} = e^0 (C_1 \underbrace{\cos(0)}_{1} + C_2 \underbrace{\sin(0)}_{0})$$
$$C_1 = 0{,}1\,\mathrm{m}$$

2. Randbedingung: $\dot{y}(t=0) = -2\,\tfrac{\mathrm{m}}{\mathrm{s}}$

angewendet auf die $\dot{y}(t)$-Funktion:

$$\dot{y}(t) = -\delta\,e^{-\delta t}(C_1 \cos(\omega_{\mathrm{d}} t) + C_2 \sin(\omega_{\mathrm{d}} t))$$
$$\qquad + e^{-\delta t}(-C_1 \omega_{\mathrm{d}} \sin(\omega_{\mathrm{d}} t) + C_2 \omega_{\mathrm{d}} \cos(\omega_{\mathrm{d}} t))$$
$$-2\,\tfrac{\mathrm{m}}{\mathrm{s}} = -\delta\,e^0 (C_1 \cos(0) + C_2 \sin(0))$$
$$\qquad + e^0(-C_1 \omega_{\mathrm{d}} \sin(0) + C_2 \omega_{\mathrm{d}} \cos(0))$$

$-2\,\frac{m}{s} = -12{,}49\,\frac{1}{s}\,C_1 + C_2\,38\,\frac{1}{s}$

$C_2 = -0{,}019763\,\mathrm{m} \cong -0{,}02\,\mathrm{m}$

Das $y(t)$-Gesetz lautet somit:

$y(t) = e^{-12{,}49\frac{1}{s}t}$
$\qquad \cdot\, (0{,}1\,\mathrm{m}\,\cos(38\tfrac{1}{s}t) - 0{,}02\,\mathrm{m}\,\sin(38\tfrac{1}{s}t))$

$y(t = t_3) = 0$

$0 = e^{-12{,}49\frac{1}{s}t_3}$
$\qquad \cdot\, (0{,}1\,\mathrm{m}\,\cos(38\tfrac{1}{s}t_3) - 0{,}02\,\mathrm{m}\,\sin(38\tfrac{1}{s}t_3))$

$0{,}1\,\cos(38\tfrac{1}{s}t_3) = 0{,}02\,\sin(38\tfrac{1}{s}t_3)$

$\tan(38\tfrac{1}{s}t_3) = 5$

$38\tfrac{1}{s}t_3 = 78{,}69° \,\frac{\pi}{180°}$

$t_3 = 0{,}0361\,\mathrm{s}$

$v_3 = \dot{y}(t = t_3) = -12{,}49\tfrac{1}{s}\,e^{-12{,}49\frac{1}{s}t_3}$
$\qquad \cdot\, (0{,}1\,\mathrm{m}\,\cos(38\tfrac{1}{s}t_3) - 0{,}02\,\mathrm{m}\,\sin(38\tfrac{1}{s}t_3))$
$\qquad + e^{-12{,}49\frac{1}{s}t_3}$
$\qquad \cdot\, (-0{,}1\,\mathrm{m}\cdot 38\tfrac{1}{s}\,\sin(38\tfrac{1}{s}t_3)$
$\qquad\quad - 0{,}02\,\mathrm{m}\cdot 38\tfrac{1}{s}\,\cos(38\tfrac{1}{s}t_3))$

$v_3 = -0{,}0013\,\frac{m}{s} - 2{,}469\,\frac{m}{s} = -2{,}47\,\frac{m}{s}$

Übung 3-42

Für das geschwindigkeitsproportional gedämpfte Feder-Masse-System ($m = 0{,}3\,\mathrm{kg}$, $c = 600\,\mathrm{N/m}$, $k = 40\,\mathrm{kg/s}$) ist das Weg-Zeit-Gesetz $y(t)$ für folgende Anstoßbedingungen zu beschreiben:

$y(t = 0) = 0$
$\dot{y}(t = 0) = +30\,\mathrm{m/s}$

Es ist sowohl die Dämpfungskonstante k_1 als auch die Federkonstante c_1 zu bestimmen, damit das System schwingfähig wird, Bild 3-203.

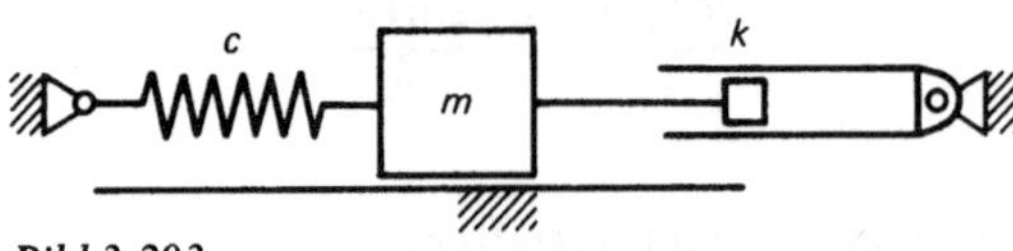

Bild 3-203

Lösung:

Abklingkonstante δ:

$\delta = \frac{k}{2m} = \frac{40\,\mathrm{kg/s}}{2\cdot 0{,}3\,\mathrm{kg}} = 66{,}\overline{6}\,\mathrm{s}^{-1}$

Eigenkreisfrequenz der ungedämpften Schwingung ω_0:

$\omega_0 = \sqrt{\frac{c}{m}} = \sqrt{\dfrac{600\,\mathrm{N/m}}{0{,}3\,\dfrac{\mathrm{N\,s^2}}{\mathrm{m}}}}$

$\omega_0 = 44{,}72\,\mathrm{s}^{-1}$

Dämpfungsgrad ϑ:

$\vartheta = \frac{\delta}{\omega_0} = \frac{66{,}\overline{6}\,\mathrm{s}^{-1}}{44{,}72\,\mathrm{s}^{-1}} > 1$, d. h. starke Dämpfung

$y(t) = C_1\,e^{p_1 t} + C_2\,e^{p_2 t}$

$p_{1/2} = -\delta \pm \sqrt{\delta^2 - \omega_0^2}$

$p_{1/2} = -66{,}\overline{6}\,\mathrm{s}^{-1} \pm \sqrt{4444{,}\overline{4} - 2000}\,\mathrm{s}^{-1}$

$p_{1/2} = -66{,}\overline{6}\,\mathrm{s}^{-1} \pm 49{,}44\,\mathrm{s}^{-1}$

$p_1 = -17{,}22\,\mathrm{s}^{-1}$

$p_2 = -116{,}12\,\mathrm{s}^{-1}$

1. Randbedingung: $y(t = 0) = 0$

$\qquad 0 = C_1\,e^0 + C_2\,e^0$

① $\;0 = C_1 + C_2$

2. Randbedingung: $\dot{y}(t = 0) = +30\,\frac{m}{s}$ anwenden auf:

$\qquad \dot{y}(t) = C_1\,p_1\,e^{p_1 t} + C_2\,p_2\,e^{p_2 t}$
$\qquad + 30\,\tfrac{m}{s} = C_1(-17{,}22\tfrac{1}{s})e^0 + C_2(-116{,}12\tfrac{1}{s})e^0$

② $\;30\,\mathrm{m} = -17{,}22\,C_1 - 116{,}12\,C_2$

Mit $C_2 = -C_1$ folgt

$30\,\mathrm{m} = -17{,}22\,C_1 - 116{,}12(-C_1)$

$C_1 = 0{,}3033\,\mathrm{m}$

$C_2 = -0{,}3033\,\mathrm{m}$

Damit endgültig

$y(t) = 0{,}3033\,\mathrm{m}\,(e^{-17{,}22\frac{1}{s}t} - e^{-116{,}12\frac{1}{s}t})$

Dämpfungskonstante k_1, damit $\vartheta = 1$:

$\delta_1 = \frac{k_1}{2m} = \omega_0$

$k_1 = 2m\,\omega_0$

$k_1 = 2\cdot 0{,}3\,\mathrm{kg}\cdot 44{,}72\,\mathrm{s}^{-1}$

$k_1 = 26{,}83\,\mathrm{kg/s}$

Federkonstante c_1, damit $\vartheta = 1$:

$\delta = \frac{k}{2m} = \sqrt{\frac{c_1}{m}}$

$c_1 = \delta^2 m = (66{,}\overline{6}\tfrac{1}{s})^2\,0{,}3\,\mathrm{kg}$

$c_1 = 1333{,}\overline{3}\,\mathrm{N/m}$

Übung 3-43

Das in Bild 3-204 skizzierte Schwungrad hat die Masse $m = 7$ kg, der mittlere Radius ist $R = 8$ cm, die Federkonstante $c = 500$ N/cm, die Dämpfungskonstante $k = 2000$ kg/s. Die Anstoßbedingungen lauten:

$$\varphi(t=0) = 5°$$
$$\dot{\varphi}(t=0) = -15\,\mathrm{s}^{-1}$$

a) Es ist zu klären, ob eine Schwingbewegung entsteht und mit welcher Eigenkreisfrequenz ω_d das System in diesem Falle schwingt.
b) Zu bestimmen ist der größte Ausschlagwinkel φ_1.
c) Wie verändert sich φ_1, wenn die Dämpfung gerade so verändert wird, daß der aperiodische Grenzfall vorliegt? (Die Speiche sei bei der Berechnung des Massenträgheitsmoments von vernachlässigbarer Größe; $e = 2$ cm, $f = 3$ cm.)

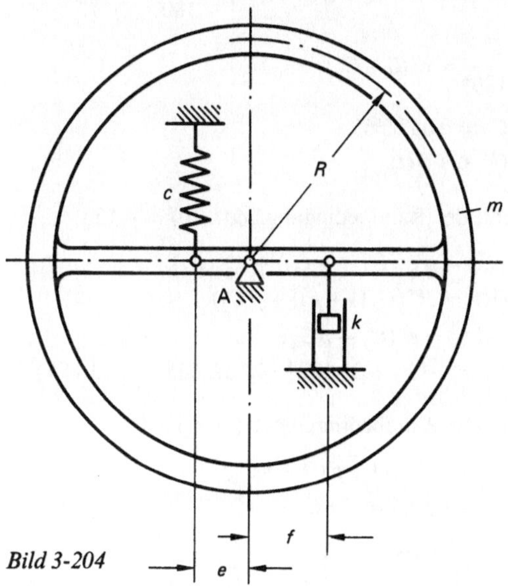

Bild 3-204

Lösung:

a) D'ALEMBERT:

$$\sum M_A = 0$$

$$0 = J_A\,\ddot{\varphi} + k\,f^2\,\dot{\varphi} + c\,e^2\,\varphi$$

$$0 = \ddot{\varphi} + \underbrace{\frac{k\,f^2}{J_A}}_{n_1}\,\dot{\varphi} + \underbrace{\frac{c\,e^2}{J_A}}_{n_2}\,\varphi$$

$$n_1 = \frac{2000\,\mathrm{kg/s}\,(0{,}03\,\mathrm{m})^2}{7\,\mathrm{kg}\,(0{,}08\,\mathrm{m})^2} = 40{,}1786\,\tfrac{1}{\mathrm{s}}$$

$$n_2 = \frac{5\cdot 10^4\,\mathrm{N/m}\,(0{,}02\,\mathrm{m})^2}{7\,\mathrm{kg}\,(0{,}08\,\mathrm{m})^2} = 446{,}4286\,\tfrac{1}{\mathrm{s}^2}$$

$$0 = \ddot{\varphi} + n_1\,\dot{\varphi} + n_2\,\varphi$$

Ansatz: $\varphi(t) = e^{pt}$
$$\dot{\varphi}(t) = p\,e^{pt}$$
$$\ddot{\varphi}(t) = p^2\,e^{pt}$$

$$0 = e^{pt}(p^2 + n_1\,p + n_2)$$

Lösung der „Charakteristischen Gleichung":

$$p_{1/2} = -\frac{n_1}{2} \pm \sqrt{\left(\frac{n_1}{2}\right)^2 - n_2}$$

$$p_{1/2} = -\frac{40{,}1786\,\mathrm{s}^{-1}}{2}$$
$$\pm \sqrt{(20{,}0893\,\mathrm{s}^{-1})^2 - 446{,}4286\,\mathrm{s}^{-2}}$$

$$p_{1/2} = -20{,}0893\,\mathrm{s}^{-1} \pm \sqrt{-42{,}8486\,\mathrm{s}^{-2}}$$

Wurzel imaginär: Schwingbewegung mit

$$\omega_d = \sqrt{42{,}8486\,\mathrm{s}^{-2}} = 6{,}5459\,\mathrm{s}^{-1}$$

b) $a =$ Realanteil $p_{1/2}$: $\quad -20{,}0893\,\tfrac{1}{\mathrm{s}}$
$b =$ Imaginäranteil $p_{1/2}$: $\quad \omega_d = 6{,}5459\,\tfrac{1}{\mathrm{s}}$

$$\varphi(t) = e^{-20{,}0893\frac{1}{\mathrm{s}}t}$$
$$\cdot\,[C_1\cos(6{,}5459\tfrac{1}{\mathrm{s}}t) + C_2\sin(6{,}5459\tfrac{1}{\mathrm{s}}t)]$$

1. Randbedingung (Bild 3-205):

$$\varphi(t=0) = 5° \,\hat{=}\, \frac{5\pi}{180} = 0{,}0872665$$

$$0{,}0872665 = e^0\,[C_1\,\underbrace{\cos(0)}_{1} + C_2\,\underbrace{\sin(0)}_{0}]$$

$$C_1 = +0{,}0872665$$

2. Randbedingung:

$$\dot{\varphi}(t=0) = -15\tfrac{1}{\mathrm{s}} \text{ angewendet auf}$$

$$\dot{\varphi}(t) = -20{,}0893\,\tfrac{1}{\mathrm{s}}\,e^{-20{,}0893\frac{1}{\mathrm{s}}t}$$
$$\cdot\,[C_1\cos(\omega_d t) + C_2\sin(\omega_d t)]$$
$$+ e^{-20{,}0893\frac{1}{\mathrm{s}}t}$$
$$\cdot\,[-C_1\,\omega_d\sin(\omega_d t) + C_2\,\omega_d\cos(\omega_d t)]$$

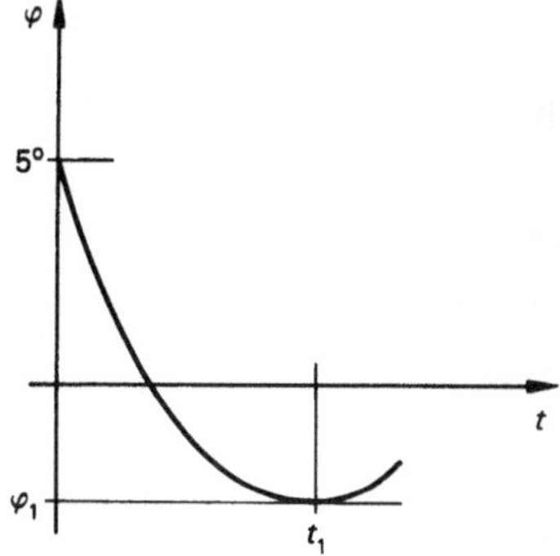

Bild 3-205

$$-15\tfrac{1}{s} = -20{,}0893\tfrac{1}{s}\, e^0 [C_1 \cos(0) + C_2 \sin(0)]$$
$$+ e^0 [-C_1 \omega_d \sin(0) + C_2 \omega_d \cos(0)]$$

$$-15\tfrac{1}{s} = -20{,}0893\tfrac{1}{s}\,[C_1] + C_2\, 6{,}5459\tfrac{1}{s}$$

$$C_2 = \frac{20{,}0893\tfrac{1}{s} \cdot 0{,}0872665 - 15\tfrac{1}{s}}{6{,}5459\tfrac{1}{s}} = -2{,}0237$$

Somit das $\varphi(t)$-Gesetz:

$$\varphi(t) = e^{-20{,}0893\tfrac{1}{s}t}$$
$$\cdot [0{,}0872665 \cos(6{,}5459\tfrac{1}{s}\,t) - 2{,}0237 \sin(6{,}5459\tfrac{1}{s}\,t)]$$

t_1 aus Randbedingungen: $\dot\varphi(t=t_1) = 0$ (Bild 3-205):

$$\dot\varphi(t) = a\, e^{at}[C_1 \cos(b\,t) + C_2 \sin(b\,t)$$
$$+ e^{at}[-C_1 b \sin(b\,t) + C_2 b \cos(b\,t)]$$

$$0 = a\, e^{at_1}[C_1 \cos(b\,t_1) + C_2 \sin(b\,t_1)]$$
$$+ e^{at_1}[-C_1 b \sin(b\,t_1) + C_2 b \cos(b\,t_1)]$$

$$0 = e^{at_1}[\cos(b\,t_1)(a C_1 + b C_2)$$
$$+ \sin(b\,t_1)(a C_2 - b C_1)]$$

$$\tan(b\,t_1) = \frac{a C_1 + b C_2}{b C_1 - a C_2}$$

$$\tan(b\,t_1) = \frac{-20{,}0893\tfrac{1}{s} \cdot 0{,}0872665 - 6{,}5459\tfrac{1}{s} \cdot 2{,}0237}{6{,}5459\tfrac{1}{s} \cdot 0{,}0872665 - 20{,}0893\tfrac{1}{s} \cdot 2{,}0237}$$

$$\tan(6{,}5459\tfrac{1}{s}\,t_1) = +0{,}37422$$

$$6{,}5459\tfrac{1}{s}\,t_1 = 20{,}51685° \cong \frac{20{,}51685}{180}\pi = 0{,}358087$$

$$t_1 = \frac{0{,}358087}{6{,}5459\tfrac{1}{s}} = 0{,}0547\,s$$

$$\varphi_1 = \varphi(t=t_1)$$
$$\varphi_1 = e^{-20{,}0893\tfrac{1}{s} \cdot 0{,}0547\,s}$$
$$\cdot [0{,}0872665 \cos(6{,}5459\tfrac{1}{s} \cdot 0{,}0547\,s)$$
$$- 2{,}0237 \sin(6{,}5459\tfrac{1}{s} \cdot 0{,}0547\,s)]$$

$$\varphi_1 = -0{,}2091 \cong \frac{-0{,}2091 \cdot 180°}{\pi} = -11{,}98°$$

c) aperiodischer Grenzfall:

$$\sqrt{\left(\frac{n_1}{2}\right)^2 - n_2} = 0$$

$$\frac{n_1^2}{4} = n_2$$

$$\left(\frac{k_1 f^2}{J_A}\right)^2 = 4\,\frac{c e^2}{J_A}$$

$$k_1^2 = \frac{4 c\, e^2\, J_A}{f^4}$$

$$k_1^2 = \frac{4 \cdot 5 \cdot 10^4\,\text{N/m}\,(0{,}02\,\text{m})^2 \cdot 7\,\text{kg}\,(0{,}08\,\text{m})^2}{(0{,}03\,\text{m})^4}$$

$$k_1 = 2103{,}5\,\frac{\text{N s}}{\text{m}}$$

Im aperiodischen Grenzfall gilt:

$$\varphi(t) = e^{pt}(C_1 t + C_2)$$

Mit $k_1 = 2103{,}5\,\text{kg/s}$ ist

$$p = \frac{-n_1}{2} = \frac{-k_1 f^2}{2 J_A} = \frac{-2103{,}5\,\text{kg/s}\,(0{,}03\,\text{m})^2}{2 \cdot 7\,\text{kg}\,(0{,}08\,\text{m})^2}$$

$$p = -21{,}129\tfrac{1}{s}$$

$$\varphi(t) = e^{pt}(C_1 t + C_2)$$

1. Randbedingung: $\varphi(t=0) = \dfrac{5° \pi}{180°}$

$$\frac{5° \pi}{180°} = e^0(0 + C_2)$$

$$C_2 = 0{,}0872665$$

C_1 aus $\dot\varphi(t)$

mit der Randbedingung: $\dot\varphi(t=0) = -15\tfrac{1}{s}$

$$\dot\varphi(t) = p\, e^{pt}(C_1 t + C_2) + e^{pt}(C_1)$$
$$\dot\varphi(t) = e^{pt}(C_1(1 + pt) + p C_2)$$
$$-15\tfrac{1}{s} = e^0(C_1 + p C_2)$$
$$C_1 = -15\tfrac{1}{s} + 21{,}129\tfrac{1}{s} \cdot 0{,}0872665 = -13{,}156\tfrac{1}{s}$$

t_1 aus Randbedingung: $\dot\varphi(t=t_1) = 0$

$$0 = e^{pt_1}(C_1(1 + p t_1) + p C_2)$$
$$C_1(1 + p t_1) = -p C_2$$
$$t_1 = \left(\frac{-p C_2}{C_1} - 1\right)\frac{1}{p} = -\frac{C_2}{C_1} - \frac{1}{p}$$

$$t_1 = \frac{0{,}0872665}{13{,}156\tfrac{1}{s}} + \frac{1}{21{,}129\tfrac{1}{s}} = 0{,}0540\,s$$

$$\varphi_1 = \varphi(t=t_1)$$
$$\varphi_1 = e^{pt_1}(C_1 t_1 + C_2)$$
$$\varphi_1 = e^{-21{,}129\tfrac{1}{s} \cdot 0{,}054\,s}$$
$$\cdot (-13{,}156\tfrac{1}{s} \cdot 0{,}054\,s + 0{,}0872665)$$

$$\varphi_1 = -0{,}199 \cong \frac{-0{,}199 \cdot 180°}{\pi} = -11{,}4°$$

Übung 3-44

Es ist jene Anstoßgeschwindigkeit $(-v_0)$ zu berechnen, bei der der stark gedämpfte Schwinger die sta-

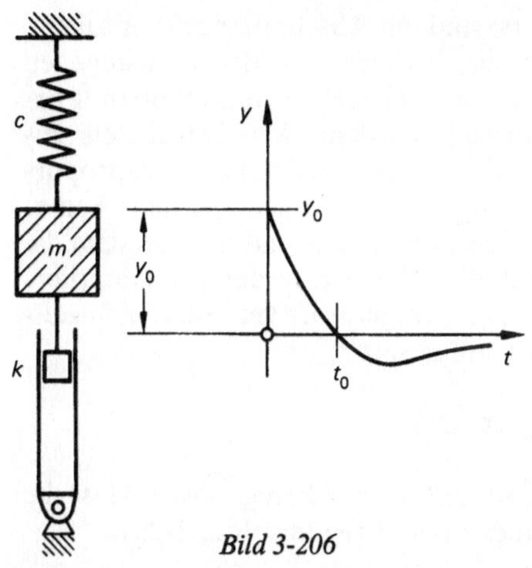

Bild 3-206

tische Ruhelage zwangsweise einmal passiert, Bild 3-206.

Lösung:

Es ist $\vartheta > 1$, d.h. $\delta > \omega_0$.
Damit lautet das $y(t)$-Gesetz

$$y(t) = C_1 e^{r_1 t} + C_2 e^{r_2 t}$$

1. Randbedingung:

$$y(t=0) = y_0$$

Daraus folgt

$$y_0 = C_1 + C_2 \tag{1}$$

Das $\dot{y}(t)$-Gesetz als Ableitung des $y(t)$-Gesetzes nach der Zeit:

$$\dot{y}(t) = C_1 r_1 e^{r_1 t} + C_2 r_2 e^{r_2 t}$$

2. Randbedingung:

$$\dot{y}(t=0) = -v_0$$

Daraus folgt

$$-v_0 = C_1 r_1 + C_2 r_2 \tag{2}$$

Aus (1): $C_2 = y_0 - C_1$
Eingesetzt in (2) liefert den Ausdruck

$$-v_0 = C_1 r_1 + r_2 (y_0 - C_1)$$

$$C_1 = \frac{v_0 + y_0 r_2}{r_2 - r_1}$$

$$C_2 = \frac{-v_0 - y_0 r_1}{r_2 - r_1}$$

Bedingung für das Passieren der statischen Ruhelage:

$$y(t = t_0) = 0$$

Damit lautet das $y(t)$-Gesetz:

$$0 = C_1 e^{r_1 t_0} + C_2 e^{r_2 t_0}$$

$$0 = \underbrace{\frac{v_0 + y_0 r_2}{r_2 - r_1}}_{A} e^{r_1 t_0} - \underbrace{\frac{v_0 + y_0 r_1}{r_2 - r_1}}_{B} e^{r_2 t_0}$$

Nach Logarithmieren:

$$\ln A + r_1 t_0 = \ln B + r_2 t_0$$

$$t_0 = \frac{\ln\left(\dfrac{A}{B}\right)}{r_2 - r_1}$$

Darin sind

$$r_1 = -\delta + \sqrt{\delta^2 - \omega_0^2}$$

und

$$r_2 = -\delta - \sqrt{\delta^2 - \omega_0^2}$$

Somit:

$$r_2 - r_1 = -2\sqrt{\delta^2 - \omega_0^2} < 0$$

Da der Nenner in

$$t_0 = \frac{\ln\left(\dfrac{A}{B}\right)}{r_2 - r_1}$$

negativ ist, muß bei $t_0 > 0$ auch der Zähler negativ sein.

Positiv sind die natürlichen Logarithmen nur für Zahlen größer als $+1$, negativ für Zahlen $1 > n > 0$, also $1 > A/B > 0$. Da der Bruch

$$\frac{A}{B} = \frac{v_0 + y_0(-\delta - \sqrt{\delta^2 - \omega_0^2})}{v_0 + y_0(-\delta + \sqrt{\delta^2 - \omega_0^2})} < 1$$

kleiner als $+1$ ist, lautet die Forderung der Aufgabenstellung entsprechend:

$$A > 0$$

Lösung:

$$|v_0| > y_0 (\delta + \sqrt{\delta^2 - \omega_0^2})$$

Zahlenbeispiel:

$m = 0{,}5$ kg
$c = 800$ N/m
$k = 50$ kg/s

Hierfür ist

$$\omega_0 = \sqrt{\frac{c}{m}} = 40\,\text{s}^{-1}$$

und

$$\delta = \frac{k}{2m} = 50\,\text{s}^{-1}$$

Mit der Randbedingung

$$y_0 = y(t=0) = 1\,\text{m}$$

wird

$$|v_0| = 1\,\text{m}\,(50\,\text{s}^{-1} + \sqrt{50^2 - 40^2}\,\text{s}^{-1}) = 80\,\text{m/s}$$

Damit errechnen wir die Konstanten C_1, C_2:

$$C_1 = \frac{80\,\text{m/s} + 1\,\text{m}\,(-50 - 30)\,\text{s}^{-1}}{-2 \cdot 30\,\text{s}^{-1}} = 0$$

$$C_2 = \frac{-80\,\text{m/s} - 1\,\text{m}\,(-50 + 30)\,\text{s}^{-1}}{-2 \cdot 30\,\text{s}^{-1}} = +1\,\text{m}$$

$$y(t) = 1\,\text{m}\; e^{-20\frac{1}{s}t}$$

Für $|v_0| > 80\,\text{m/s}$ wird $C_1 < 0$ und $C_2 > +1\,\text{m}$. Dies bedeutet für $t = 0$

$$y(t=0) = +1\,\text{m}$$

und für $t > t_0$

$$y(t > t_0) < 0 \quad (\text{also negativ}).$$

Bei $t = t_0$ ist der Vorzeichenwechsel der $y(t)$-Funktion, der Durchgang durch die statische Gleichgewichtslage. Für $|v_0| < 80\,\text{m/s}$ gilt für alle t die Aussage $y(t) > 0$.

3.5.3. Erzwungene Schwingungen einer Masse

Die erzwungene Schwingung ist dadurch gekennzeichnet, daß dem System während des Schwingungsvorganges Energie zugeführt wird. Wird gleichzeitig Energie durch Dämpfung abgeführt, so liegt der für die Technik wichtige Fall der erzwungenen (erregten), gedämpften Schwingung vor.

Greift die Erregerkraft unmittelbar an der Masse an, so spricht man von „unmittelbarer" Erregung. Die Arten der Erregung eines

Schwingers sind in Abschnitt 3.5.5. erläutert. Hier soll die Problematik der erzwungenen Schwingung am Beispiel der unmittelbaren Erregung gezeigt werden. Wir betrachten zunächst wieder einen geschwindigkeitsproportional gedämpften Schwinger, bei dem Federweg und Masseweg gleich sind und bei dem die Geschwindigkeit der Masse der des Dämpfers gleich ist. Die Erregerkraft verändert sich zeitlich nach dem Gesetz

$$F(t) = F_\text{m} \sin(\Omega t)$$

F_m ist die Amplitude der Erregerkraft, Ω ist die Kreisfrequenz der Erregung, Bild 3-207.

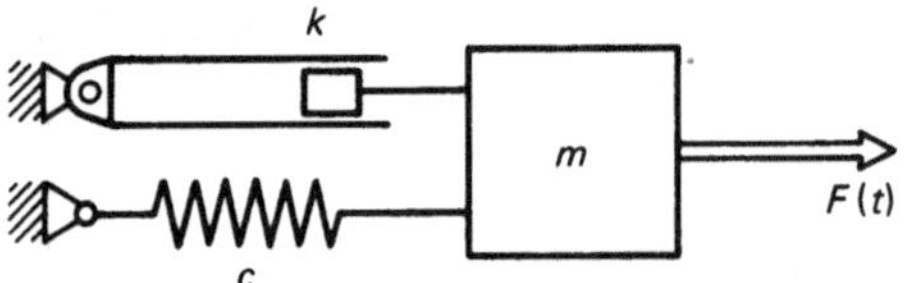

Bild 3-207

Nach Festlegung der positiven Richtung der kinematischen Koordinaten folgt mit Hilfe des D'ALEMBERTschen Prinzips die Differentialgleichung für dieses Problem, Bild 3-208:

$$0 = m\,\ddot{y} + k\,\dot{y} + c\,y - F_\text{m} \sin(\Omega t)$$

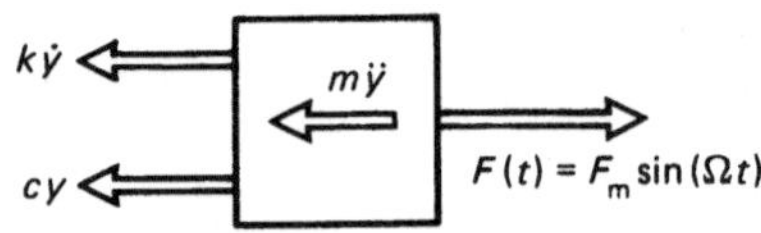

Bild 3-208

Dies ist eine gewöhnliche, inhomogene, lineare Differentialgleichung 2. Ordnung mit konstanten Koeffizienten, deren Lösung sich aus homogenem und partikulärem Anteil zusammensetzt.

$$y(t) = y_\text{h}(t) + y_\text{p}(t)$$

Die Lösung des homogenen Teils der Differentialgleichung ist aus Abschnitt 3.5.2. bekannt.

Je nach Dämpfungsgrad ϑ lautet die homogene Lösung dann:

$\vartheta > 1$:
$$y_h(t) = C_1 \, e^{p_1 t} + C_2 \, e^{p_2 t}$$

$\vartheta = 1$:
$$y_h(t) = e^{pt}(C_1 \, t + C_2)$$

$\vartheta < 1$:
$$y_h(t) = e^{-\delta t}(C_1 \cos(\omega_d t) + C_2 \sin(\omega_d t))$$

Alle Funktionen $y_h(t)$ sind dadurch gekennzeichnet, daß ihre Funktionswerte mit der Zeit abnehmen und für große t gegen null streben. Solange die Funktionswerte y_h noch nennenswerte Größe haben, überlagern sich also y_h und y_p; sind die Werte des homogenen Teils der Lösung auf vernachlässigbar kleine Werte abgeklungen, so ist die „Einschwingphase" vorbei und der dann durch die partikuläre Lösung bestimmte Schwingungsvorgang wird der „eingeschwungene Zustand" genannt. Das Dauerverhalten des Schwingers wird also nur durch die partikuläre Lösung der Differentialgleichung bestimmt, die homogenen Lösungsanteile klingen während der Einschwingphase ab. Dies bedeutet, daß das Eigenschwingverhalten des Schwingers, also ω_d, im eingeschwungenen Zustand nicht mehr von Bedeutung ist; die Erregerfrequenz Ω bestimmt das Geschehen. Wir machen darum den Lösungsansatz

$$y_p(t) = a \sin(\Omega t - \varphi)$$

Hierbei ist die Größe a die Daueramplitude der Schwingung und φ der Phasenverschiebungswinkel.

Man wählt die Form des Lösungsansatzes in Form der Störfunktion. Die Störfunktion in diesem Fall ist eine harmonische Funktion, darum setzen wir den partikulären Ansatz auch als harmonische Funktion an. Bilden wir die Ableitungen und setzen diese in die inhomogene Differentialgleichung ein.

$$\dot{y}_p(t) = a \Omega \cos(\Omega t - \varphi)$$
$$\ddot{y}_p(t) = -a \Omega^2 \sin(\Omega t - \varphi)$$

Damit wird aus der Differentialgleichung

$$0 = -m a \Omega^2 \sin(\Omega t - \varphi) + k a \Omega \cos(\Omega t - \varphi)$$
$$+ c a \sin(\Omega t - \varphi) - F_m \sin(\Omega t)$$

Nach Anwendung der Additionstheoreme

$$\sin(\alpha - \beta) = \sin\alpha \cos\beta - \cos\alpha \sin\beta$$
$$\cos(\alpha - \beta) = \cos\alpha \cos\beta + \sin\alpha \sin\beta$$

und Ordnen folgt

$$0 = \cos(\Omega t) \, [m\Omega^2 \sin\varphi + k\Omega \cos\varphi - c \sin\varphi]$$
$$+ \sin(\Omega t)$$
$$\cdot \left[-m\Omega^2 \cos\varphi + k\Omega \sin\varphi + c \cos\varphi - \frac{F_m}{a} \right]$$
$$0 = \cos(\Omega t)\,[\mathrm{I}] + \sin(\Omega t)\,[\mathrm{II}]$$

Obwohl in dieser Gleichung zwei Unbekannte, nämlich die Daueramplitude a und der Phasenverschiebungswinkel φ enthalten sind, können wir die Unbekannten hieraus ermitteln. Für alle Zeitpunkte, zu denen der Sinus null ist, ist der Cosinus nicht null und wir fordern dann, daß die Klammer [I] null wird. Für all jene Zeitpunkte, zu denen der Cosinus null ist, ist der Sinus nicht null und wir fordern, daß die Klammer [II] null ist. Zu allen anderen Zeitpunkten müssen beide Klammern null sein.

a) $[\mathrm{I}] = 0$

$$0 = -\sin\varphi \, (c - m\Omega^2) + k\Omega \cos\varphi$$
$$\tan\varphi = \frac{k\Omega}{c - m\Omega^2}$$

b) $[\mathrm{II}] = 0$

$$0 = \cos\varphi \, (c - m\Omega^2) + k\Omega \sin\varphi - \frac{F_m}{a}$$
$$0 = (c - m\Omega^2) + k\Omega \tan\varphi - \frac{F_m}{a \cos\varphi}$$

Mit

$$\frac{1}{\cos\varphi} = \sqrt{1 + \tan^2\varphi}$$

und der Lösung für $\tan\varphi$ wird:

$$0 = (c - m\Omega^2) + \frac{k^2 \Omega^2}{c - m\Omega^2}$$
$$- \frac{F_m}{a} \sqrt{1 + \frac{k^2 \Omega^2}{(c - m\Omega^2)^2}}$$

Formen wir wie folgt um:

$$0 = \frac{(c - m\Omega^2)^2}{(c - m\Omega^2)} + \frac{k^2\Omega^2}{(c - m\Omega^2)}$$
$$- \frac{F_m}{a(c - m\Omega^2)}\sqrt{(c - m\Omega^2)^2 + k^2\Omega^2}$$

$$0 = (c - m\Omega^2)^2 + k^2\Omega^2$$
$$- \frac{F_m}{a}\sqrt{(c - m\Omega^2)^2 + k^2\Omega^2}$$

$$a = \frac{F_m\sqrt{(c - m\Omega^2)^2 + k^2\Omega^2}}{(c - m\Omega^2)^2 + k^2\Omega^2}$$

Die Daueramplitude a errechnet sich damit aus

$$a = \frac{F_m}{\sqrt{(c - m\Omega^2)^2 + k^2\Omega^2}}$$

Führen wir den Dämpfungsgrad $\vartheta = \delta/\omega_0$ ein, so erhält der Ausdruck die Form:

$$a = \frac{F_m}{c\sqrt{\left(\left(\frac{\Omega}{\omega_0}\right)^2 - 1\right)^2 + 4\vartheta^2\left(\frac{\Omega}{\omega_0}\right)^2}}$$

Setzt man $F_m/c = a_0$, dann kann man schreiben

$$\left(\frac{a}{a_0}\right) = \frac{1}{\sqrt{\left(\left(\frac{\Omega}{\omega_0}\right)^2 - 1\right)^2 + 4\vartheta^2\left(\frac{\Omega}{\omega_0}\right)^2}}$$

Diskutieren wir mit Hilfe dieses Ausdrucks den Sonderfall des ungedämpften, erregten Schwingers. Der Dämpfungsgrad ϑ ist null. Wenn bei diesem ungedämpften Schwinger die Erregerfrequenz Ω mit der Eigenkreisfrequenz der ungedämpften Schwingung ω_0 übereinstimmt, so wird der Nenner unseres Ausdrucks null und die Daueramplitude wird über alle Maßen groß. Die Schwingung schaukelt sich zu immer größeren Amplituden auf, bis das Bauteil versagt. Diesen Effekt nennt die Schwingungslehre „Resonanz". Beim ungedämpften Schwinger liegt also Resonanz vor, wenn die Eigenkreisfrequenz der ungedämpften Schwingung mit der Kreisfrequenz der Erregung übereinstimmt.

Tragen wir das Amplitudenverhältnis a/a_0 – auch „Vergrößerung" genannt – über dem Ver-

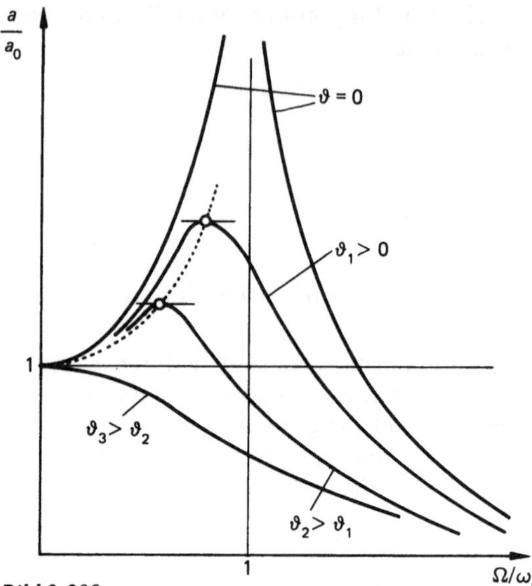

Bild 3-209

hältnis Ω/ω_0 – der „Abstimmung" – auf, so erhalten wir den Frequenzgang der Amplitude a, die Vergrößerungsfunktion, Bild 3-209.

Die dargestellte Vergrößerungsfunktion gilt nur für die unmittelbare Erregung der Masse und für das der Herleitung zugrundeliegende Erregerkraft-Zeit-Gesetz (sinusförmig).

Die Vergrößerungsfunktion zeigt, bei welchem Frequenzverhältnis Ω^*/ω_0 die größte Amplitude auftritt. Bei Erregung mit der hierzu gehörenden Erregerfrequenz spricht man auch im Falle des gedämpften Schwingers von Resonanz. Die Maxima der Kurven in der dargestellten Vergrößerungsfunktion liegen auf der punktierten Linie. Berechnen wir die kritische Erregerfrequenz Ω^*, indem wir die Funktion $a(\Omega)$ nach Ω ableiten und die Ableitung zu null setzen (Extremum):

$$\frac{d}{d\Omega}\sqrt{(c - m\Omega^2)^2 + k^2\Omega^2} = 0$$

$$0 = \frac{2(c - m\Omega^{*2})(-2m\Omega^*) + k^2\,2\Omega^*}{2\sqrt{}}$$

$$0 = -4m\Omega^*(c - m\Omega^{*2}) + 2k^2\Omega^*$$

Daraus folgt

$$\Omega^* = \sqrt{\frac{c}{m} - \frac{k^2}{2m^2}} = \sqrt{\omega_0^2 - \frac{k^2}{2m^2}}$$

Es war:

$$\omega_{\mathrm{d}} = \sqrt{\omega_0^2 - \frac{k^2}{4m^2}}$$

Also erkennen wir:

$$\Omega^* < \omega_{\mathrm{d}} < \omega_0$$

Bei schwacher Dämpfung – und nur in diesem Fall sind Resonanzen gefährlich – liegen die drei Frequenzen dicht beisammen.

Bestimmen wir als Beispiel an einem Schwinger der Masse $m = 50$ kg und der Federkonstanten $c = 800$ N/cm, der mit $\omega_{\mathrm{d}} = 38\ \mathrm{s}^{-1}$ Eigenschwingungen auszuführen imstande ist, sowohl die kritische Erregerfrequenz Ω^* als auch die Daueramplitude der mit $F(t) = 600\ \mathrm{N} \cdot \sin(35\tfrac{1}{\mathrm{s}} t)$ erregten Schwingung, Bild 3-210.

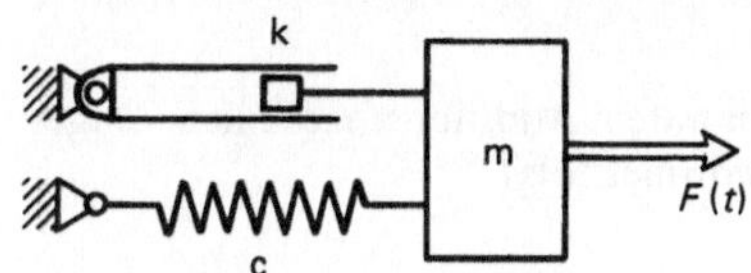

Bild 3-210

$$\omega_0 = \sqrt{\frac{c}{m}} = \sqrt{\frac{8 \cdot 10^4\ \mathrm{N/m}}{50\ \dfrac{\mathrm{N\,s}^2}{\mathrm{m}}}} = 40\ \mathrm{s}^{-1}$$

$$\omega_{\mathrm{d}} = 38\ \mathrm{s}^{-1} = \sqrt{\omega_0^2 - \delta^2}$$

$$\delta = \sqrt{1600\ \mathrm{s}^{-2} - (38\ \mathrm{s}^{-1})^2} = 12{,}49\ \mathrm{s}^{-1}$$

$$\delta = \frac{k}{2m}$$

$$k = 2m\,\delta = 2 \cdot 50\ \mathrm{kg} \cdot 12{,}49\tfrac{1}{\mathrm{s}} = 1249\ \mathrm{kg/s}$$

$$\Omega^* = \sqrt{\omega_0^2 - \frac{k^2}{2m^2}}$$

$$\Omega^* = \sqrt{1600\tfrac{1}{\mathrm{s}^2} - \frac{(1249\ \mathrm{kg/s})^2}{2\,(50\ \mathrm{kg})^2}} = 35{,}89\tfrac{1}{\mathrm{s}}$$

$$\Omega^* < \omega_{\mathrm{d}} < \omega_0$$
$$35{,}89\tfrac{1}{\mathrm{s}} < 38\tfrac{1}{\mathrm{s}} < 40\tfrac{1}{\mathrm{s}}$$

Die Erregerfrequenz $\Omega = 35\tfrac{1}{\mathrm{s}}$ liegt gefährlich nahe an der kritischen Erregerfrequenz Ω^*.

Daueramplitude a bei $\Omega = 35\tfrac{1}{\mathrm{s}}$:

$$a = \frac{F_{\mathrm{m}}}{\sqrt{(c - m\Omega^2)^2 + k^2\,\Omega^2}}$$

$$a = \frac{600\ \mathrm{N}}{\sqrt{(8 \cdot 10^4 - 50 \cdot 35^2)^2\,\dfrac{\mathrm{kg}^2}{\mathrm{s}^4} + (1249\tfrac{\mathrm{kg}}{\mathrm{s}})^2\,(35\tfrac{1}{\mathrm{s}})^2}}$$

$$a = 0{,}01261\ \mathrm{m} = 1{,}261\ \mathrm{cm}$$

Maximale Amplitude bei $\Omega^* = 35{,}89\tfrac{1}{\mathrm{s}}$:

$$a_{\max} = \frac{600\ \mathrm{N}}{\sqrt{(8 \cdot 10^4 - 50 \cdot 35{,}89^2)^2 + 1249^2 \cdot 35{,}89^2}}$$

$$a_{\max} = 0{,}01264\ \mathrm{m} \cong a\,, \quad \text{weil } \Omega \cong \Omega^*$$

Übung 3-45

Der in Bild 3-211 skizzierte Schwinger wird unmittelbar erregt. Das Erregerkraft-Zeit-Gesetz lautet

$$F(t) = 530\ \mathrm{N}\ \cos(70\tfrac{1}{\mathrm{s}} t)$$

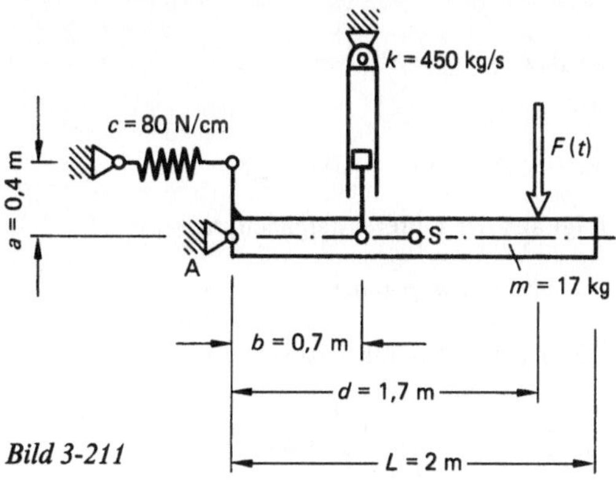

Bild 3-211

Der $a = 0{,}4$ m lange Querstab sei biegesteif, seine Masse hat keinen nennenswerten Anteil am Gesamtmassenträgheitsmoment.

a) Es ist die Eigenkreisfrequenz der gedämpften Schwingung, ω_{d}, zu ermitteln,
b) der maximale Winkelausschlag φ_{m} der Dauerbewegung ist zu berechnen und
c) das Bewegungsgesetz $\varphi(t)$ ist zu beschreiben.

Lösung:

a) Eigenschwingverhalten, Bild 3-212.

D'ALEMBERT:

$$\sum M_{\mathrm{A}} = 0$$

$$0 = J_\text{A}\,\ddot{\varphi} + k\,b^2\,\dot{\varphi} + c\,a^2\,\varphi$$

$$0 = \ddot{\varphi} + \underbrace{\frac{k\,b^2}{J_\text{A}}}_{n_1}\,\dot{\varphi} + \underbrace{\frac{c\,a^2}{J_\text{A}}}_{n_2}\,\varphi$$

$$J_\text{A} = \frac{m\,L^2}{3} = \frac{17\,\text{kg}\,(2\,\text{m})^2}{3} = 22,\overline{6}\,\text{kg}\,\text{m}^2$$

$$n_1 = \frac{450\,\text{kg/s}\,(0,7\,\text{m})^2}{22,\overline{6}\,\text{kg}\,\text{m}^2} = 9,728\,\tfrac{1}{\text{s}}$$

$$n_2 = \frac{8000\,\text{N/m}\,(0,4\,\text{m})^2}{22,\overline{6}\,\text{kg}\,\text{m}^2} = 56,47\,\tfrac{1}{\text{s}^2}$$

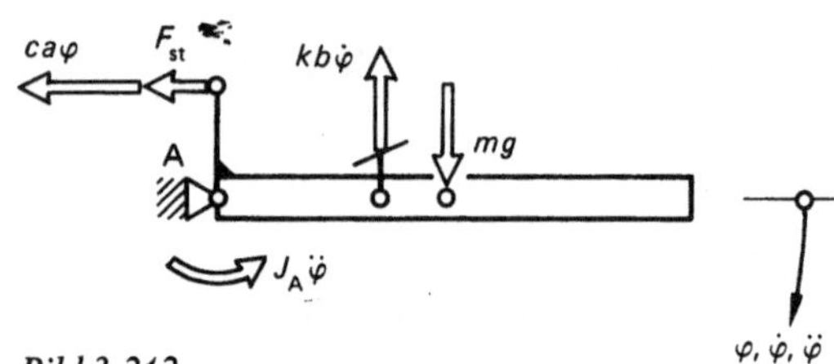

Bild 3-212

Ansatz: $\varphi_\text{h}(t) = e^{p\,t}$
Mit

$$\dot{\varphi}_\text{h}(t) = p\,e^{p\,t} \quad \text{und} \quad \ddot{\varphi}_\text{h}(t) = p^2\,e^{p\,t}$$

folgt aus der Differentialgleichung:

$$0 = e^{p\,t}\,(p^2 + n_1\,p + n_2)$$

Lösung der „Charakteristischen Gleichung":

$$p_{1/2} = -\frac{n_1}{2} \pm \sqrt{\left(\frac{n_1}{2}\right)^2 - n_2}$$

$$p_{1/2} = -\frac{9,728\,\tfrac{1}{\text{s}}}{2} \pm \sqrt{\left(\frac{9,728\,\tfrac{1}{\text{s}}}{2}\right)^2 - 56,47\,\tfrac{1}{\text{s}^2}}$$

$$p_{1/2} = -4,864\,\tfrac{1}{\text{s}} \pm \sqrt{-32,8115\,\tfrac{1}{\text{s}^2}}$$

$$p_{1/2} = \underbrace{-4,864\,\tfrac{1}{\text{s}}}_{a} \pm \underbrace{5,728\,i}_{b}$$

a = Realanteil
b = Imaginäranteil

$$\omega_\text{d} = \sqrt{32,8115\,\tfrac{1}{\text{s}^2}} = 5,728\,\tfrac{1}{\text{s}}$$

$\varphi_\text{h}(t)$-Gesetz der Eigenschwingungen:

$$\varphi_\text{h}(t) = e^{a\,t}\,(C_1\cos(b\,t) + C_2\sin(b\,t))$$

$$\varphi_\text{h}(t) = e^{-4,864\,\tfrac{1}{\text{s}}\,t}$$
$$\cdot\,(C_1\cos(5,728\,\tfrac{1}{\text{s}}\,t) + C_2\sin(5,728\,\tfrac{1}{\text{s}}\,t))$$

b) Dauerschwingverhalten:

$$\varphi(t) = \varphi_\text{h}(t) + \varphi_\text{p}(t)$$

Ansatz für $\varphi_\text{p}(t)$:

$$\varphi_\text{p}(t) = \varphi_\text{m}\sin(\Omega\,t - \varphi)$$
$$\dot{\varphi}_\text{p}(t) = \varphi_\text{m}\,\Omega\cos(\Omega\,t - \varphi)$$
$$\ddot{\varphi}_\text{p}(t) = -\varphi_\text{m}\,\Omega^2\sin(\Omega\,t - \varphi)$$

Einsetzen der Ableitungen in die inhomogene Differentialgleichung:

$$0 = J_\text{A}\,\ddot{\varphi} + k\,b^2\,\dot{\varphi} + c\,a^2\,\varphi - F(t)\,d$$

$$0 = \ddot{\varphi} + n_1\,\dot{\varphi} + n_2\,\varphi - \frac{F_\text{m}}{J_\text{A}}\cos(\Omega\,t)\,d$$

$$0 = -\varphi_\text{m}\,\Omega^2\sin(\Omega\,t - \varphi) + n_1\,\varphi_\text{m}\,\Omega\cos(\Omega\,t - \varphi)$$
$$+ n_2\,\varphi_\text{m}\sin(\Omega\,t - \varphi) - \frac{F_\text{m}}{J_\text{A}}\cos(\Omega\,t)\,d$$

Mit den genannten Additionstheoremen umgeformt und geordnet folgt

$$0 = \sin(\Omega\,t)\,[-\varphi_\text{m}\,\Omega^2\cos\varphi + n_1\,\varphi_\text{m}\,\Omega\sin\varphi$$
$$+ n_2\,\varphi_\text{m}\cos\varphi]$$
$$+ \cos(\Omega\,t)\left[\varphi_\text{m}\,\Omega^2\sin\varphi + n_1\,\varphi_\text{m}\,\Omega\cos\varphi\right.$$
$$\left. - n_2\,\varphi_\text{m}\sin\varphi - \frac{F_\text{m}\,d}{J_\text{A}}\right]$$

$$0 = \sin(\Omega\,t)\,[\text{I}] + \cos(\Omega\,t)\,[\text{II}]$$
$$[\text{I}] = 0$$
$$0 = \cos\varphi\,(n_2 - \Omega^2) + n_1\,\Omega\sin\varphi$$

$$\tan\varphi = \frac{\Omega^2 - n_2}{n_1\,\Omega}$$

$$[\text{II}] = 0$$
$$0 = \sin\varphi\,(\Omega^2 - n_2)\,\varphi_\text{m} + n_1\,\varphi_\text{m}\,\Omega\cos\varphi - \frac{F_\text{m}\,d}{J_\text{A}}$$

Mit

$$\tan\varphi = \frac{(70\,\tfrac{1}{\text{s}})^2 - 56,47\,\tfrac{1}{\text{s}^2}}{9,728\,\tfrac{1}{\text{s}}\cdot 70\,\tfrac{1}{\text{s}}} = 7,1128$$

wird

$$\varphi = 82° \,\hat{=}\, 1,4311$$

$$\sin\varphi = 0,99026$$
$$\cos\varphi = 0,13922$$

Es folgt

$$0 = 0{,}99026\,(70^2 - 56{,}47)\tfrac{1}{\mathrm{s}^2}\,\varphi_{\mathrm{m}}$$

$$+ 9{,}728\tfrac{1}{\mathrm{s}}\,\varphi_{\mathrm{m}}\;70\tfrac{1}{\mathrm{s}}\cdot 0{,}13922 - \frac{530\,\mathrm{N}\cdot 1{,}7\,\mathrm{m}}{22{,}\overline{6}\,\mathrm{kg}\,\mathrm{m}^2}$$

$$0 = 4891{,}16\tfrac{1}{\mathrm{s}^2}\cdot \varphi_{\mathrm{m}} - 39{,}75\tfrac{1}{\mathrm{s}^2}$$

$$\varphi_{\mathrm{m}} = 0{,}008127 \;\hat{=}\; 0{,}466°$$

c) Gesetz $\varphi(t) = \varphi_{\mathrm{h}}(t) + \varphi_{\mathrm{p}}(t)$

$$\varphi(t) = e^{-4{,}864\tfrac{1}{\mathrm{s}}t}$$
$$\cdot\,(C_1\cos(5{,}728\tfrac{1}{\mathrm{s}}t) + C_2\sin(5{,}728\tfrac{1}{\mathrm{s}}t))$$
$$+ 0{,}008127\sin(70\tfrac{1}{\mathrm{s}}t - 1{,}4311)$$

Fundamentschwingungen

Eine spezielle Anwendung der Mechanik der erzwungenen Schwingungen einer Masse sind die sog. *Fundamentschwingungen*. Dabei besteht die schwingende Masse aus der Masse der Maschine und der Fundamentmasse. Am Beispiel einer unmittelbar sinusförmig erregten Masse wird diskutiert, welche Forderungen an die Fundamentmasse und die Federung des Fundaments zu stellen sind, damit die in den Boden geleiteten Kräfte möglichst klein sind, Bild 3-213.

Die Kreisfrequenz der Erregung sei in diesem Beispiel Ω:

$$F(t) = F_{\mathrm{m}}\sin(\Omega t)$$

F_{m} = maximale Erregerkraft der unmittelbaren Erregung.

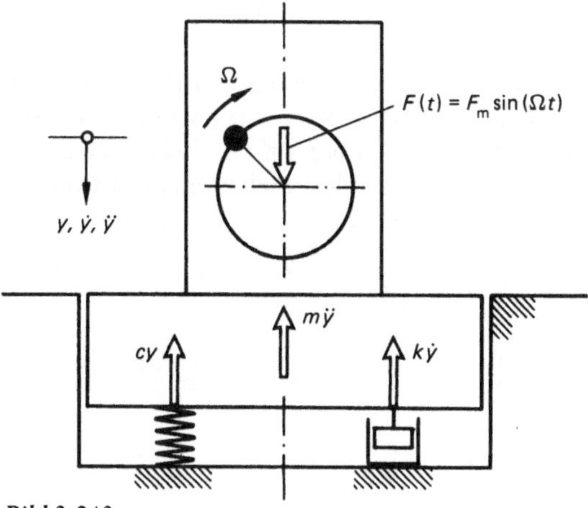

Bild 3-213

Die Gesamtmasse aus Maschine und Fundament ist m. Die Herkunft der Erregerkräfte ist vielfältig, etwa bei rotierenden Bauteilen als Folge unvollkommenen Massenausgleichs bzw. aus Unwuchten; aber auch alle rhythmisch bewegten Maschinenteile und andere Kraftstöße rufen Schwingungen des Systems hervor.

Die Federung und konstruktive Ausführung der Maschinenfundamente lassen in der Hauptsache vertikale Schwingungen zu. Die Dämpfungswiderstände sind dabei annähernd proportional der Sockelgeschwindigkeit:

$$F_{\mathrm{w}} = -k\,v = -k\,\dot{y}$$

Die Erfahrung lehrt, daß bei zahlreichen dämpfenden Materialien das Produkt aus Erregerkreisfrequenz Ω und Dämpfungskonstante k konstant ist:

$$k\,\Omega = r_0 = \mathrm{konst}$$

Die D'ALEMBERTsche Kräftebetrachtung führt zu der inhomogenen, linearen Differentialgleichung 2. Ordnung mit konstanten Koeffizienten

$$F_{\mathrm{m}}\sin(\Omega t) = m\ddot{y} + k\dot{y} + cy\,,$$

deren Lösung die Linearkombination aus homogener und partikulärer Lösung

$$y(t) = y_{\mathrm{h}}(t) + y_{\mathrm{p}}(t)$$

ist, wobei die partikuläre Lösung als sog. Dauerlösung den eingeschwungenen Zustand beschreibt. Bei Ansatz der partikulären Lösung in der Form

$$y_{\mathrm{p}}(t) = a\sin(\Omega t - \varphi)$$

mit $\quad a$ = Daueramplitude
und $\quad \varphi$ = Phasenverschiebungswinkel

ergibt sich dafür

$$\tan\varphi = \frac{k\,\Omega}{c - m\Omega^2}$$

und

$$a = \frac{F_{\mathrm{m}}}{\sqrt{(c - m\Omega^2)^2 + k^2\,\Omega^2}}$$

Mit den Umformungen $k = 2 m \delta$ und δ als Abklingkonstante (s^{-1}) sowie

$$c = \omega_0^2 m$$

c = Federkonstante (N/m)
ω_0 = Eigenkreisfrequenz ungedämpfter Schwingungen (s^{-1})

lauten die Formeln für φ und a:

$$\tan \varphi = \frac{2 \delta \Omega}{\omega_0^2 - \Omega^2}$$

$$a = \frac{F_\mathrm{m}}{m \sqrt{(\omega_0^2 - \Omega^2)^2 + 4 \delta^2 \Omega^2}}$$

Die auf den Boden übertragene Kraft ist

$$F_\mathrm{B} = k \dot{y} + c y$$

Sie ist gleich der Differenz aus Erregerkraft und Trägheitskraft:

$$F_\mathrm{B} = F_\mathrm{m} \sin (\Omega t) - m \ddot{y}$$

Mit dem Lösungsansatz

$$y_\mathrm{p}(t) = a \sin (\Omega t - \varphi)$$

und den zugehörigen zeitlichen Ableitungen

$$\dot{y}_\mathrm{p}(t) = a \Omega \cos (\Omega t - \varphi)$$
$$\ddot{y}_\mathrm{p}(t) = - a \Omega^2 \sin (\Omega t - \varphi)$$

lautet der Ausdruck für die Bodenkraft

$$F_\mathrm{B} = F_\mathrm{m} \sin (\Omega t) + m a \Omega^2 \sin (\Omega t - \varphi)$$

und umgeformt mit dem Additionstheorem

$$\sin (\Omega t - \varphi) = \sin (\Omega t) \cos \varphi - \cos (\Omega t) \sin \varphi$$
$$F_\mathrm{B} = F_\mathrm{m} \sin (\Omega t)$$
$$\quad + m a \Omega^2 (\sin (\Omega t) \cos \varphi - \cos (\Omega t) \sin \varphi)$$
$$F_\mathrm{B} = \sin (\Omega t) [F_\mathrm{m} + m a \Omega^2 \cos \varphi]$$
$$\quad - \cos (\Omega t) m a \Omega^2 \sin \varphi$$

Die Summe einer Sinusfunktion und einer Cosinusfunktion läßt sich als phasenverschobene harmonische Funktion der Form

$$F_\mathrm{B} = A \sin (\Omega t - \alpha)$$

schreiben; darin ist A die maximale Bodenkraft. Der Koeffizientenvergleich liefert nach abermaliger Anwendung des verwendeten Additionstheorems

$$A \cos \alpha = F_\mathrm{m} + m a \Omega^2 \cos \varphi$$
$$A \sin \alpha = m a \Omega^2 \sin \varphi$$

Nach Quadrieren und Addition folgt mit $\sin^2 \alpha + \cos^2 \alpha = 1$

$$A = F_\mathrm{m}^2 + 2 F_\mathrm{m} m a \Omega^2 \cos \varphi + m^2 a^2 \Omega^4$$

Mit

$$\cos \varphi = \frac{1}{\sqrt{1 + \tan^2 \varphi}} \, ,$$

worin

$$\tan \varphi = \frac{2 \delta \Omega}{\omega_0^2 - \Omega^2} \quad \text{ist,}$$

wird

$$\cos \varphi = \frac{\omega_0^2 - \Omega^2}{\sqrt{(\omega_0^2 - \Omega^2)^2 + \left(\dfrac{r_0}{m}\right)^2}}$$

Dieser Ausdruck wird in die Gleichung für A eingesetzt und es resultiert

$$A = F_\mathrm{m} \sqrt{\frac{\omega_0^4 + \left(\dfrac{r_0}{m}\right)^2}{(\omega_0^2 - \Omega^2)^2 + \left(\dfrac{r_0}{m}\right)^2}}$$

Von einer richtigen Fundamentlagerung und somit Dämpfung kann dann gesprochen werden, wenn die maximal auf den Boden übertragene Kraft A zumindest kleiner ist als die maximale Erregerkraft F_m:

$$\frac{A}{F_\mathrm{m}} < 1$$

Also gilt auch

$$\left(\frac{A}{F_\mathrm{m}}\right)^2 < 1$$

$$\frac{\omega_0^4 + \left(\dfrac{r_0}{m}\right)^2}{(\omega_0^2 - \Omega^2)^2 + \left(\dfrac{r_0}{m}\right)^2} < 1$$

$$\frac{\omega_0^4 \left[1 + \left(\dfrac{r_0}{m\,\omega_0^2}\right)^2\right]}{\omega_0^4 \left[\left(\dfrac{\omega_0^2 - \Omega^2}{\omega_0^2}\right)^2 + \left(\dfrac{r_0}{m\,\omega_0^2}\right)^2\right]} < 1$$

Mit

$$m\,\omega_0^2 = c$$

folgt

$$\frac{1 + \left(\dfrac{r_0}{c}\right)^2}{\left(1 - \left(\dfrac{\Omega}{\omega_0}\right)\right)^2 + \left(\dfrac{r_0}{c}\right)^2} < 1$$

Aufgrund der in Zähler und Nenner gleichen Summanden $\left(\dfrac{r_0}{c}\right)^2$ kann gefordert werden

$$1 < 1 - 2\left(\frac{\Omega}{\omega_0}\right)^2 + \left(\frac{\Omega}{\omega_0}\right)^4$$

$$0 < \left(\frac{\Omega}{\omega_0}\right)^2 \left[\left(\frac{\Omega}{\omega_0}\right)^2 - 2\right]$$

Da $\left(\dfrac{\Omega}{\omega_0}\right)^2 > 0$ ist, wird gefordert:

$$\left[\left(\frac{\Omega}{\omega_0}\right)^2 - 2\right] > 0$$

Somit gilt:

$$\frac{\Omega}{\omega_0} > \sqrt{2} \quad \text{oder}$$

$$\omega_0 < \frac{\Omega}{\sqrt{2}}$$

Diese Forderung ist also erfüllt, wenn bei vorgegebenem Ω die Eigenkreisfrequenz der ungedämpften Schwingungen

$$\omega_0 = \sqrt{\frac{c}{m}}$$

klein gehalten wird. Dies wird erreicht bei großem Betrag m, also großer Sockelmasse (die Masse der Maschine ist kaum beeinflußbar) und weicher Federcharakteristik.

3.5.4. Balkenschwingungen

Es werden im folgenden die Biegeschwingungen schwerer Balken behandelt. Die Masse selbst ist also zugleich elastisches Glied. Betrachten wir einen Balken der Länge L und der Masse m, der auf zwei Stützen gelenkig aufgelagert ist, Bild 3-214.

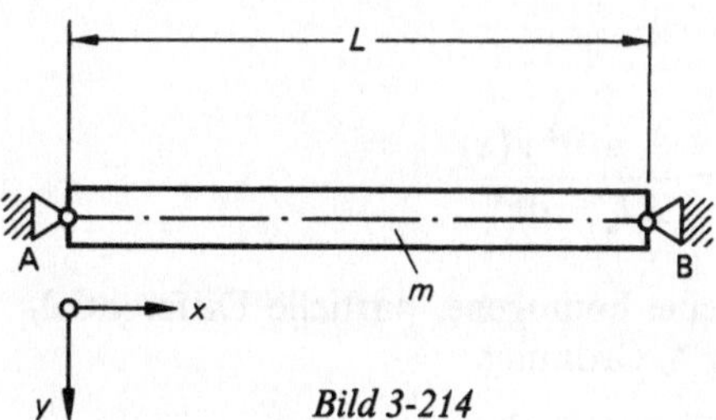

Bild 3-214

Die Differentialgleichung der Elastischen Linie des Balkens ist

$$y''(x) = \frac{-M_b(x)}{E\,I_a}$$

$E\,I_a$ = Biegesteifigkeit

$$\frac{\mathrm{d}y''(x)}{\mathrm{d}x} = y'''(x) = -\frac{1}{E\,I_a} \underbrace{\frac{\mathrm{d}M_b(x)}{\mathrm{d}x}}_{=\,F_q(x)} = -\frac{F_q(x)}{E\,I_a}$$

$$\frac{\mathrm{d}y'''(x)}{\mathrm{d}x} = y^{(4)}(x) = -\frac{1}{E\,I_a} \underbrace{\frac{\mathrm{d}F_q(x)}{\mathrm{d}x}}_{=\,-q(x)} = +\frac{q(x)}{E\,I_a}$$

Wir betrachten ein Massenteilchen $\mathrm{d}m$:

$$\mathrm{d}m = \frac{m}{L}\,\mathrm{d}x = \mu\,\mathrm{d}x$$

Seine Beschleunigung sei $\ddot{y}(x)$; die Trägheitskraft ist dann

$$\mathrm{d}m\,\ddot{y}(x) = \frac{d^2 y(x)}{\mathrm{d}t^2}\,\mathrm{d}m$$

$$\mathrm{d}m\,\ddot{y}(x) = \mu\,\mathrm{d}x\,\frac{d^2 y(x)}{\mathrm{d}t^2}$$

Die nach oben gerichteten Trägheitskräfte der Massenteilchen werden als negative Streckenlast betrachtet:

$$q(x,t)\,dx = -\mu\,dx\,\frac{d^2 y(x)}{dt^2}$$

$$q(x,t) = -\mu\,\frac{d^2 y(x)}{dt^2} = -\mu\,\ddot{y}(x)$$

Dieses Ergebnis setzen wir ein in den gefundenen Ausdruck für $y^{(4)}(x)$.

$$y^{(4)}(x) = \frac{-\mu}{E I_a}\,\ddot{y}(x)$$

oder:

$$\frac{\partial^{(4)} y(x)}{\partial x^4} = \frac{-\mu}{E I_a}\,\frac{\partial^2 y(x)}{dt^2}$$

Dies ist eine homogene, partielle Differentialgleichung 4. Ordnung.

Lösung über Produktansatz:

$$y(x,t) = Y(x)\,T(t)$$

mit

$$\frac{\partial^{(4)} y(x)}{\partial x^4} = y^{(4)} = Y^{(4)}(x)\,T(t)$$

und

$$\frac{\partial^2 y(x)}{dt^2} = \ddot{T}(t)\,Y(x)$$

Einsetzen in die Differentialgleichung:

$$Y^{(4)}(x)\,T(t) = \frac{-\mu}{E I_a}\,\ddot{T}(t)\,Y(x) \quad \| : (T(t)\,Y(x))$$

$$\frac{Y^{(4)}(x)}{Y(x)} = \frac{-\mu}{E I_a}\,\frac{\ddot{T}(t)}{T(t)} \quad \left\|\ \frac{E I_a}{\mu}\right.$$

$$\frac{\ddot{T}(t)}{T(t)} = -\frac{E I_a}{\mu}\,\frac{Y^{(4)}(x)}{Y(x)} = konst = -\omega_0^2$$

Substitution:

$$\frac{L^4\,\mu\,\omega_0^2}{E I_a} = \lambda^4$$

oder

$$\left(\frac{\lambda}{L}\right)^4 = \frac{\mu\,\omega_0^2}{E I_a}$$

Es sind so die beiden gewöhnlichen Differentialgleichungen entstanden:

$$\text{①}\quad \ddot{T}(t) + \omega_0^2\,T(t) = 0$$

$$\text{②}\quad Y^{(4)}(x) - \left(\frac{\lambda}{L}\right)^4 Y(x) = 0$$

Ansatz für Gleichung ②:

$$Y(x) = C\,e^{rx}$$

4. Ableitung: $Y^{(4)}(x) = C\,r^4\,e^{rx}$

eingesetzt in die Differentialgleichung:

$$C\,r^4\,e^{rx} - \left(\frac{\lambda}{L}\right)^4 C\,e^{rx} = 0$$

$$C\,e^{rx}\left(r^4 - \left(\frac{\lambda}{L}\right)^4\right) = 0$$

$$r^4 - \left(\frac{\lambda}{L}\right)^4 = 0$$

mit

$$r^2 = p \quad \text{folgt:}$$

$$p^2 = \left(\frac{\lambda}{L}\right)^4$$

$$p_{1/2} = \pm\left(\frac{\lambda}{L}\right)^2$$

$$p_1 = +\left(\frac{\lambda}{L}\right)^2 = r_{1/2}^2$$

$$p_2 = -\left(\frac{\lambda}{L}\right)^2 = r_{3/4}^2$$

$$r_1 = +\frac{\lambda}{L}$$

$$r_2 = -\frac{\lambda}{L}$$

$$r_3 = +i\,\frac{\lambda}{L}$$

$$r_4 = -i\,\frac{\lambda}{L}$$

Damit wird $Y(x)$:

$$Y(x) = C_1 e^{r_1 x} + C_2 e^{r_2 x} + C_3 e^{r_3 x} + C_4 e^{r_4 x}$$

Nach EULER gilt:

$$e^{i\varphi} = \cos\varphi + i\sin\varphi$$

Also:

$$e^{i\frac{\lambda}{L}x} = \cos\left(\frac{\lambda}{L}x\right) + i\sin\left(\frac{\lambda}{L}x\right)$$

Entsprechend:

$$e^{-i\varphi} = \cos\varphi - i\sin\varphi$$

$$e^{-i\frac{\lambda}{L}x} = \cos\left(\frac{\lambda}{L}x\right) - i\sin\left(\frac{\lambda}{L}x\right)$$

Die Lösungsgleichung lautet dann:

$$Y(x) = C_1 e^{\frac{\lambda}{L}x} + C_2 e^{-\frac{\lambda}{L}x} + C_3 \cos\left(\frac{\lambda}{L}x\right)$$

$$+ i\sin\left(\frac{\lambda}{L}x\right)C_3 + C_4 \cos\left(\frac{\lambda}{L}x\right)$$

$$- i\sin\left(\frac{\lambda}{L}x\right)C_4$$

oder mit

$$A = C_3 + C_4$$

und

$$B = i(C_3 - C_4)$$

$$Y(x) = C_1 e^{\frac{\lambda}{L}x} + C_2 e^{-\frac{\lambda}{L}x}$$

$$+ A\cos\left(\frac{\lambda}{L}x\right) + B\sin\left(\frac{\lambda}{L}x\right)$$

Mit

$$e^{x} - e^{-x} = 2\sinh(x)$$

und

$$e^{x} + e^{-x} = 2\cosh(x)$$

wird:

$$e^{x} = \sinh(x) + \cosh(x)$$

und

$$e^{-x} = \cosh(x) - \sinh(x)$$

Damit heißt die Lösungsgleichung

$$Y(x) = C_1\left[\sinh\left(\frac{\lambda}{L}x\right) + \cosh\left(\frac{\lambda}{L}x\right)\right]$$

$$+ C_2\left[\cosh\left(\frac{\lambda}{L}x\right) - \sinh\left(\frac{\lambda}{L}x\right)\right]$$

$$+ A\cos\left(\frac{\lambda}{L}x\right) + B\sin\left(\frac{\lambda}{L}x\right)$$

$$Y(x) = \sinh\left(\frac{\lambda}{L}x\right)(C_1 - C_2)$$

$$+ \cosh\left(\frac{\lambda}{L}x\right)(C_1 + C_2)$$

$$+ A\cos\left(\frac{\lambda}{L}x\right) + B\sin\left(\frac{\lambda}{L}x\right)$$

Mit

$$C_1 - C_2 = E$$

und

$$C_1 + C_2 = D$$

können wir schreiben

$$Y(x) = A\cos\left(\frac{\lambda}{L}x\right) + B\sin\left(\frac{\lambda}{L}x\right)$$

$$+ D\cosh\left(\frac{\lambda}{L}x\right) + E\sinh\left(\frac{\lambda}{L}x\right)$$

Bestimmung der Konstanten:

1. R.B.: $Y(x=0) = 0$
2. R.B.: $Y(x=L) = 0$
3. R.B.: $Y''(x=0) = 0$ } Krümmungsfreiheit
4. R.B.: $Y''(x=L) = 0$ } an den Balkenenden

1. Randbedingung: $Y(x=0) = 0$

$$0 = A\underbrace{\cos(0)}_{1} + B\underbrace{\sin(0)}_{0} + D\underbrace{\cosh(0)}_{1} + E\underbrace{\sinh(0)}_{0}$$

① $0 = A + D$

2. Randbedingung: $Y(x=L) = 0$

② $0 = A\cos(\lambda) + B\sin(\lambda)$
$$+ D\cosh(\lambda) + E\sinh(\lambda)$$

3. Randbedingung: $Y''(x=0)=0$

$$Y''(x) = -A\left(\frac{\lambda}{L}\right)^2 \cos\left(\frac{\lambda}{L}x\right)$$
$$-B\left(\frac{\lambda}{L}\right)^2 \sin\left(\frac{\lambda}{L}x\right)$$
$$+D\left(\frac{\lambda}{L}\right)^2 \cosh\left(\frac{\lambda}{L}x\right)$$
$$+E\left(\frac{\lambda}{L}\right)^2 \sinh\left(\frac{\lambda}{L}x\right)$$

$$0 = -A\left(\frac{\lambda}{L}\right)^2 \cos(0) - B\left(\frac{\lambda}{L}\right)^2 \sin(0)$$
$$+D\left(\frac{\lambda}{L}\right)^2 \cosh(0) + E\left(\frac{\lambda}{L}\right)^2 \sinh(0)$$

$$0 = -A\left(\frac{\lambda}{L}\right)^2 + D\left(\frac{\lambda}{L}\right)^2$$

③ $0 = -A + D$

Aus ① und ③ folgt:

$A = 0$

$D = 0$

② lautet dann:

$0 = B\sin(\lambda) + E\sinh(\lambda)$

4. Randbedingung: $Y''(x=L)=0$

$$0 = -B\left(\frac{\lambda}{L}\right)^2 \sin(\lambda) + E\left(\frac{\lambda}{L}\right)^2 \sinh(\lambda)$$

④ $0 = -B\sin(\lambda) + E\sinh(\lambda)$

Die Gleichungen ② und ④ stellen ein lineares, homogenes Gleichungssystem dar; die Koeffizientendeterminante muß verschwinden:

$$\begin{vmatrix} \sin(\lambda) & \sinh(\lambda) \\ -\sin(\lambda) & \sinh(\lambda) \end{vmatrix} = 0$$

$2\sin(\lambda)\sinh(\lambda) = 0$

Diese „Periodengleichung" ist erfüllt, wenn

$\lambda = n\pi$ mit $n = 1, 2, 3, \ldots$

Die Eigenkreisfrequenz der Schwingungen war:

$$\omega_0^2 = \frac{\lambda^4 E I_a}{L^4 \mu} \quad \text{mit } \lambda = n\pi$$

$$\omega_0 = \sqrt{\frac{n^4 \pi^4 E I_a}{L^4 \mu}} = \frac{n^2 \pi^2}{L^2}\sqrt{\frac{E I_a}{\mu}}$$

Darin war $\mu = \dfrac{m}{L}$

Die kleinste Eigenkreisfrequenz finden wir für $n=1$ zu:

$$\omega_0 = \pi^2 \sqrt{\frac{E I_a}{m L^3}}$$

Die Konstanten B und E:

Aus ②: $E = -\dfrac{B\sin(\lambda)}{\sinh(\lambda)}$ eingesetzt in ④ liefert:

$$0 = -B\sin(\lambda) + \sinh(\lambda)\left(\frac{-B\sin(\lambda)}{\sinh(\lambda)}\right)$$
$$0 = -2B\sin(\lambda)$$

Da $\lambda = n\pi$, ist diese Gleichung für alle Werte von B stets erfüllt. B ist also beliebig.

Die Addition von ② und ④ liefert:

$0 = 2E\sinh(\lambda)$

Da $\lambda = n\pi$, aber bei $n=1$ $\sinh(\pi) \neq 0$ ist, muß

$E = 0$

sein.

Von der Lösungsgleichung $Y(x)$ bleibt also nur:

$$Y(x) = B\sin\left(\frac{\lambda}{L}x\right)$$

Die $y(x,t)$-Funktion lautet dann:

$$y(x,t) = B\sin\left(\frac{\lambda}{L}x\right)T(t)$$

Nach ①: $\ddot{T}(t) + \omega_0^2 T(t) = 0$

können wir schreiben

$$T(t) = F\cos(\omega_0 t) + G\sin(\omega_0 t)$$

Damit

$$y(x,t) = B \sin\left(\frac{\lambda}{L}x\right)[F \cos(\omega_0 t) + G \sin(\omega_0 t)]$$

1. Randbedingung: $y(0,0) = 0$

$$0 = B\,0\,[F\,1 + G\,0]$$

Es folgt:

$$F = 0$$

Die Geschwindigkeitsfunktion

$$v(x,t) = \frac{\mathrm{d}y(x,t)}{\mathrm{d}t} = \underbrace{\frac{\partial y(x,t)}{\partial t} + \frac{\partial y(x,t)}{\mathrm{d}x}\frac{\mathrm{d}x}{\mathrm{d}t}}_{\text{(totales Differential)}}$$

Es gilt

$$y(x,t) = B \sin\left(\frac{\lambda}{L}x\right)G \sin(\omega_0 t)$$

$$\frac{\partial y(x,t)}{\partial t} = B \sin\left(\frac{\lambda}{L}x\right)G\,\omega_0 \cos(\omega_0 t)$$

$$\frac{\partial y(x,t)}{\partial x} = B\frac{\lambda}{L}\cos\left(\frac{\lambda}{L}x\right)G \sin(\omega_0 t)$$

$$\frac{\mathrm{d}x}{\mathrm{d}t} = 0,\quad \text{weil } x \text{ nicht von } t \text{ abhängt}$$

$$v(x,t) = B \sin\left(\frac{\lambda}{L}x\right)G\,\omega_0 \cos(\omega_0 t)$$

Zusammenfassung:

$$y(x,t) = B \sin\left(\frac{\lambda}{L}x\right)G \sin(\omega_0 t)$$

$$v(x,t) = B \sin\left(\frac{\lambda}{L}x\right)\omega_0 G \cos(\omega_0 t)$$

Die Konstanten B und G lassen sich aus entsprechenden Randbedingungen ermitteln.

Das zweite Beispiel einer Balkenschwingung massebehafteter Balken sei die Schwingung eines einseitig eingespannten Balkens, Bild 3-215. Aus der Differentialgleichung

$$y^{(4)}(x) = -\frac{\mu}{EI_a}\ddot{y}(x)$$

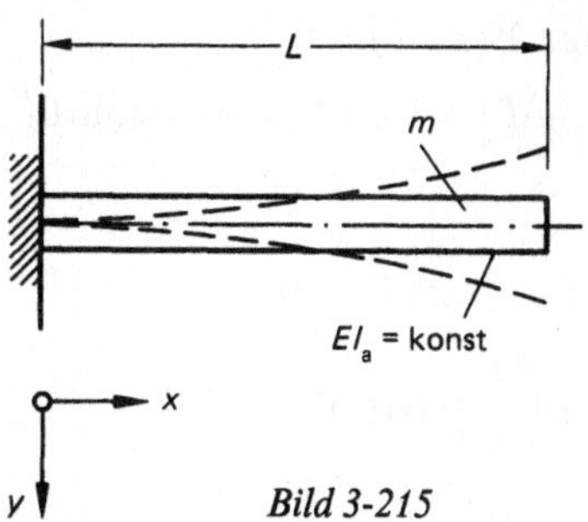

Bild 3-215

folgt aus dem Produktansatz

$$y(x,t) = Y(x)\,T(t)$$

1. $Y(x) = A \cos\left(\frac{\lambda}{L}x\right) + B \sin\left(\frac{\lambda}{L}x\right)$

$$+ D \cosh\left(\frac{\lambda}{L}x\right) + E \sinh\left(\frac{\lambda}{L}x\right)$$

2. $T(t) = F \cos(\omega_0 t) + G \sin(\omega_0 t)$

Randbedingungen für alle Zeitpunkte t:

1. $Y(x=0) = 0$ keine Verschiebung der Einspannstelle
2. $Y'(x=0) = 0$ keine Neigung der Biegelinie an der Einspannstelle
3. $Y''(x=L) = 0$ keine Krümmung des Balkens am freien Ende
4. $Y'''(x=L) = 0$ Querkraftfreiheit am freien Balkenende

Ableitungen von $Y(x)$

$$Y'(x) = -A\left(\frac{\lambda}{L}\right)\sin\left(\frac{\lambda}{L}x\right) + B\left(\frac{\lambda}{L}\right)\cos\left(\frac{\lambda}{L}x\right)$$

$$+ D\left(\frac{\lambda}{L}\right)\sinh\left(\frac{\lambda}{L}x\right) + E\left(\frac{\lambda}{L}\right)\cosh\left(\frac{\lambda}{L}x\right)$$

$$Y''(x) = -A\left(\frac{\lambda}{L}\right)^2\cos\left(\frac{\lambda}{L}x\right) - B\left(\frac{\lambda}{L}\right)^2\sin\left(\frac{\lambda}{L}x\right)$$

$$+ D\left(\frac{\lambda}{L}\right)^2\cosh\left(\frac{\lambda}{L}x\right) + E\left(\frac{\lambda}{L}\right)^2\sinh\left(\frac{\lambda}{L}x\right)$$

$$Y'''(x) = A\left(\frac{\lambda}{L}\right)^3\sin\left(\frac{\lambda}{L}x\right) - B\left(\frac{\lambda}{L}\right)^3\cos\left(\frac{\lambda}{L}x\right)$$

$$+ D\left(\frac{\lambda}{L}\right)^3\sinh\left(\frac{\lambda}{L}x\right) + E\left(\frac{\lambda}{L}\right)^3\cosh\left(\frac{\lambda}{L}x\right)$$

1. Randbedingung: $Y(x=0) = 0$

$0 = A\cos(0) + B\sin(0) + D\cosh(0) + E\sinh(0)$

① $0 = A + D$

2. Randbedingung: $Y'(x=0) = 0$

$0 = -A\underbrace{\sin(0)}_{0} + B\left(\dfrac{\lambda}{L}\right)\cos(0)$

$\qquad + D\underbrace{\sinh(0)}_{0} + E\left(\dfrac{\lambda}{L}\right)\cosh(0)$

② $0 = B + E$

3. Randbedingung: $Y''(x=L) = 0$

$0 = -A\left(\dfrac{\lambda}{L}\right)^2\cos(\lambda) - B\left(\dfrac{\lambda}{L}\right)^2\sin(\lambda)$

$\qquad + D\left(\dfrac{\lambda}{L}\right)^2\cosh(\lambda) + E\left(\dfrac{\lambda}{L}\right)^2\sinh(\lambda)$

③ $0 = -A\cos(\lambda) - B\sin(\lambda)$
$\qquad + D\cosh(\lambda) + E\sinh(\lambda)$

4. Randbedingung: $Y'''(x=L) = 0$

④ $0 = A\sin(\lambda) - B\cos(\lambda)$
$\qquad + D\sinh(\lambda) + E\cosh(\lambda)$

Aus ①: $D = -A$

Aus ②: $E = -B$

Eingesetzt in ③ und ④ folgt:

$0 = -A\cos(\lambda) - B\sin(\lambda)$
$\qquad - A\cosh(\lambda) - B\sinh(\lambda)$

$0 = A\sin(\lambda) - B\cos(\lambda)$
$\qquad - A\sinh(\lambda) - B\cosh(\lambda)$

$0 = A[\cos(\lambda) + \cosh(\lambda)] + B[\sin(\lambda) + \sinh(\lambda)]$
$0 = A[\sin(\lambda) - \sinh(\lambda)] - B[\cos(\lambda) + \cosh(\lambda)]$

Nullsetzen der Koeffizientendeterminante:

$-[\cos(\lambda) + \cosh(\lambda)]\,[\cos(\lambda) + \cosh(\lambda)]$
$= [\sin(\lambda) + \sinh(\lambda)]\,[\sin(\lambda) - \sinh(\lambda)]$

$-(\cos(\lambda) + \cosh(\lambda))^2 = \sin^2(\lambda) - \sinh^2(\lambda)$

$-(\cos^2(\lambda) + 2\cos(\lambda)\cosh(\lambda) + \cosh^2(\lambda))$
$= \sin^2(\lambda) - \sinh^2(\lambda)$

$0 = \sin^2(\lambda) - \sinh^2(\lambda) + \cos^2(\lambda)$
$\qquad + 2\cos(\lambda)\cosh(\lambda) + (1 + \sinh^2\lambda)$

$0 = \underbrace{\sin^2(\lambda) + \cos^2(\lambda)}_{=1} + 2\cos(\lambda)\cosh(\lambda) + 1$

$0 = 2(1 + \cos(\lambda)\cosh(\lambda))$: Periodengleichung

Umformungen:

$\cosh(\lambda) = \tfrac{1}{2}(e^{\lambda} + e^{-\lambda})$

$0 = 1 + \cos(\lambda)\,\tfrac{1}{2}(e^{\lambda} + e^{-\lambda})$

Dieser Ausdruck läßt sich nicht explizit nach λ auflösen. Man findet die Gleichung bestätigt für

$\lambda = 1,8751$
$\lambda = 4,6941$
$\lambda = 7,8548$ usw.

Es gilt:

$$\left(\dfrac{\lambda}{L}\right)^4 = \dfrac{\mu\,\omega_0^2}{E\,I_a}$$

Daraus ergibt sich die Eigenkreisfrequenz der Biegeschwingungen:

$$\omega_0 = \sqrt{\dfrac{\lambda^4\,E\,I_a}{L^4\,\mu}}$$

mit

$$\mu = \dfrac{m}{L}$$

$$\omega_0 = \sqrt{\dfrac{\lambda^4\,E\,I_a}{L^3\,m}}$$

$$\omega_0 = 3,516\sqrt{\dfrac{E\,I_a}{L^3\,m}}\quad \text{usw.}$$

Für den beidseitig fest eingespannten Balken der Länge L und der gleichmäßig verteilten Masse m ergibt sich die Periodengleichung zu

$$\cos(\lambda)\cosh(\lambda) = 1$$

Lösungen sind:

$\lambda = 4,730041$	$\lambda = 14,137165$
$\lambda = 7,853205$	$\lambda = 17,278759$
$\lambda = 10,995608$	$\lambda = 20,420352$

Mit

$$\omega_0 = \frac{\lambda^2}{L^2}\sqrt{\frac{E I_a}{\mu}}$$

und $\mu = m/L$ ergeben sich die Eigenkreisfrequenzen

$$\omega_0 = \lambda^2 \sqrt{\frac{E I_a}{m L^3}}$$

zu

$$\omega_0 = 22{,}373 \sqrt{\frac{E I_a}{m L^3}} \quad \text{usw.}$$

Übung 3-46

Welche Schenkellänge L muß eine Stimmgabel aus Stahl aufweisen, Bild 3-216, damit sie bei dem gegebenen Rechteckquerschnitt der Schenkel von $5 \times 4\,\text{mm}$ den Kammerton von 440 Hz (HERTZ) abgibt?

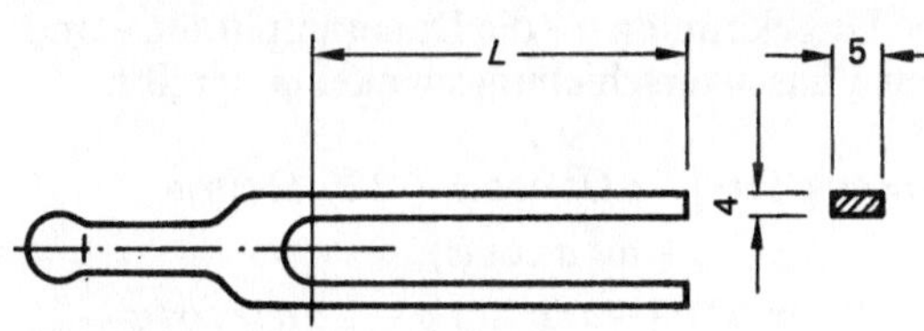

Bild 3-216

Lösung:

Masse: $\quad m = \dfrac{F_G}{g}$

Gewicht: $\quad F_G = V\gamma$

Volumen: $\quad V = L\;0{,}004\,\text{m} \cdot 0{,}005\,\text{m}$
$$V = L(\text{m})\;20 \cdot 10^{-6}\,\text{m}^3$$

$$\gamma = 78{,}5 \cdot 10^3 \frac{\text{N}}{\text{m}^3} \quad (\text{Stahl})$$

$$F_G = L(\text{m})\;20 \cdot 10^{-6}\,\text{m}^3 \cdot 78{,}5 \cdot 10^3 \frac{\text{N}}{\text{m}^3}$$

$$F_G = L(\text{m})\;1570 \cdot 10^{-3}\,\text{N}$$

$$m = \frac{F_G}{g} = \frac{L(\text{m})\;1570 \cdot 10^{-3}\,\text{N}}{9{,}81\,\dfrac{\text{m}}{\text{s}^2}}$$

$$m = L(\text{m})\;160{,}041 \cdot 10^{-3}\,\text{kg}$$

Frequenz $f = 440\,\text{s}^{-1} = \dfrac{1}{T}$

Schwingungszeit $T = 0{,}0022\overline{72}\,\text{s}$

$$\omega_0 = \frac{2\pi}{T} = 2764{,}60\,\text{s}^{-1}$$

$$\omega_0 = 2764{,}60\,\text{s}^{-1} = 3{,}516 \sqrt{\frac{E I_a}{L^3 m}}$$

$$E = 2{,}1 \cdot 10^5\,\text{N/mm}^2 = 2{,}1 \cdot 10^{11}\,\text{N/m}^2$$

$$I_a = \frac{5 \cdot 4^3}{12}\,\text{mm}^4 = 26{,}\overline{6}\,\text{mm}^4 = 26{,}\overline{6} \cdot 10^{-12}\,\text{m}^4$$

$$(2764{,}60\,\text{s}^{-1})^2 = \frac{3{,}516^2 \cdot 2{,}1 \cdot 10^{11}\,\dfrac{\text{N}}{\text{m}^2} \cdot 26{,}\overline{6} \cdot 10^{-12}\,\text{m}^4}{L^3\;L(\text{m})\;160{,}041 \cdot 10^{-3}\,\text{kg}}$$

$$L = 0{,}08674\,\text{m} = 86{,}74\,\text{mm}$$

3.5.5. Arten der Erregung

In Abschnitt 3.5.3. wurde jene Art der Erregung behandelt, bei der die Erregung unmittelbar an der Masse erfolgte. Die Erregerkraft wirkte unmittelbar auf die Masse ein, wir sprachen darum von „unmittelbarer" Erregung. Es gibt weitere Arten der Erregung, je nachdem, an welchem Glied des schwingfähigen Gebildes respektive des gedämpften Feder-Masse-Systems die Erregung erfolgt. Erfolgt die Erregung nicht unmittelbar, also an der Masse, so spricht man von mittelbarer Erregung, z. B. von mittelbarer Dämpfungskrafterregung oder von mittelbarer Federkrafterregung. Sind weitere Federn oder weitere Dämpfer vorhanden, so spricht man von unmittelbarer oder mittelbarer Erregung mit Zusatzglied.

Bevor einige Beispiele mittelbarer Erregung durchgerechnet werden, sollen die zugehörigen Differentialgleichungen für einige Fälle mittelbarer Erregung aufgestellt werden.

Mittelbare Federkrafterregung, Bild 3-217 u. 3-218.

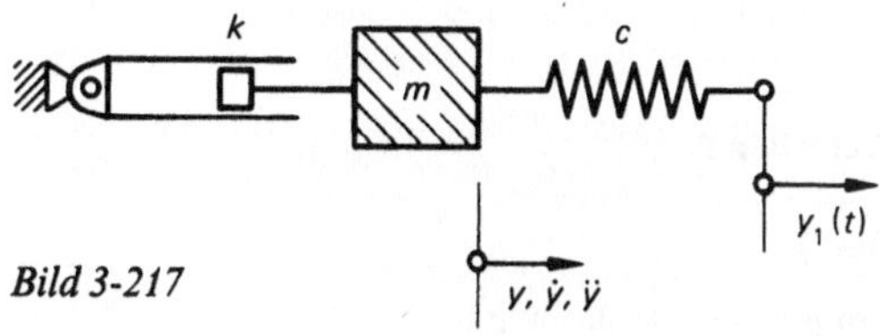

Bild 3-217

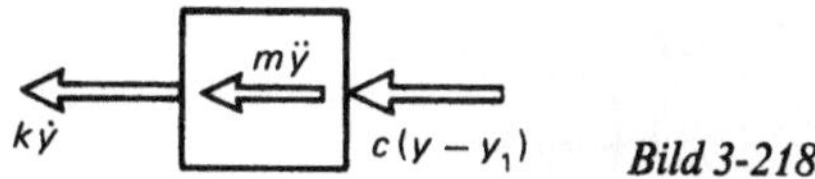

Bild 3-218

Die zugehörige Differentialgleichung folgt aus der D'ALEMBERTschen Betrachtung:

$$\sum F = 0$$
$$0 = m\ddot{y} + k\dot{y} + c(y - y_1)$$

Beispiel:

$$y_1(t) = y_0 \cos(\Omega t)$$

Mit dem Lösungsansatz für den eingeschwungenen Zustand in der Form

$$y_p(t) = a \cos(\Omega t - \varphi)$$

erhält man

$$\tan\varphi = \frac{k\Omega}{c - m\Omega^2}$$

$$a = \frac{c \cdot y_0}{\sqrt{(c - m\Omega^2)^2 + k^2\Omega^2}}$$

Mittelbare Dämpfungskrafterregung, Bild 3-219 u. 3-220.

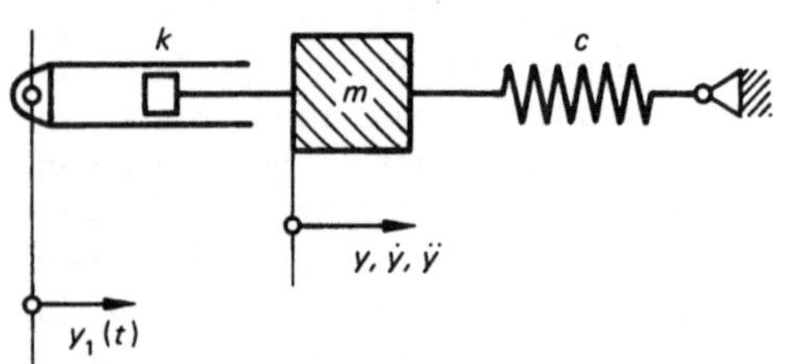

Bild 3-219

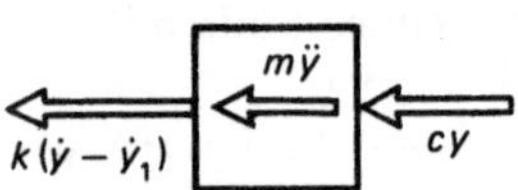

Bild 3-220

D'ALEMBERT:

$$\sum F = 0$$
$$0 = m\ddot{y} + k(\dot{y} - \dot{y}_1) + cy$$
$$0 = \ddot{y} + \frac{k}{m}(\dot{y} - \dot{y}_1) + \frac{c}{m}y$$
$$0 = \ddot{y} + 2\delta(\dot{y} - \dot{y}_1) + \omega_0^2 y$$

Beispiel: $y_1(t) = y_0 \cos(\Omega t)$
$$\dot{y}_1(t) = -y_0\Omega \sin(\Omega t)$$
$$0 = \ddot{y} + 2\delta\dot{y} + 2\delta y_0\Omega \sin(\Omega t) + \omega_0^2 y$$

Inhomogene Differentialgleichung:

$$\ddot{y} + 2\delta\dot{y} + \omega_0^2 y = -2\delta y_0\Omega \sin(\Omega t)$$
$$y(t) = y_h(t) + y_p(t)$$

Ansatz für die Dauerlösung:

$$y_p(t) = a \cos(\Omega t - \varphi)$$
$$\dot{y}_p(t) = -a\Omega \sin(\Omega t - \varphi)$$
$$\ddot{y}_p(t) = -a\Omega^2 \cos(\Omega t - \varphi)$$

Wendet man die Additionstheoreme

$$\sin(\alpha - \beta) = \sin\alpha \cos\beta - \cos\alpha \sin\beta$$
$$\cos(\alpha - \beta) = \cos\alpha \cos\beta + \sin\alpha \sin\beta$$

an und ordnet, so entsteht jener Ausdruck, der die Unbekannten a – die Daueramplitude – und den Phasenverschiebungswinkel φ hergibt:

$$0 = \cos(\Omega t)\,[-a\Omega^2 \cos\varphi + 2\delta a\Omega \sin\varphi + \omega_0^2 a \cos\varphi]$$
$$+ \sin(\Omega t)\,[-a\Omega^2 \sin\varphi - 2\delta a\Omega \cos\varphi + \omega_0^2 a \sin\varphi + 2\delta y_0\Omega]$$

$$0 = \cos(\Omega t)\,[\text{I}] + \sin(\Omega t)\,[\text{II}]$$

$$[\text{I}] = 0$$
$$0 = \cos\varphi\,(\omega_0^2 - \Omega^2) + 2\delta\Omega \sin\varphi$$

Daraus folgt

$$\tan\varphi = \frac{\Omega^2 - \omega_0^2}{2\delta\Omega}$$

$$[\text{II}] = 0$$
$$0 = \sin\varphi\,(\omega_0^2 - \Omega^2) - 2\delta\Omega \cos\varphi + \frac{2\delta y_0\Omega}{a}$$

$$0 = \tan\varphi\,(\omega_0^2 - \Omega^2) - 2\delta\Omega + \frac{2\delta y_0\Omega}{a\cos\varphi}$$

$$0 = \frac{\Omega^2 - \omega_0^2}{2\delta\Omega}(\omega_0^2 - \Omega^2) - 2\delta\Omega + \frac{2\delta y_0\Omega}{a}$$
$$\cdot \sqrt{1 + \frac{(\Omega^2 - \omega_0^2)^2}{4\delta^2\Omega^2}}$$

Daraus folgt nach Umstellen:

$$a = \frac{2\delta\Omega y_0}{\sqrt{(\Omega^2 - \omega_0^2)^2 + 4\delta^2\Omega^2}}$$

oder mit dem Dämpfungsgrad $\vartheta = \delta/\omega_0$

$$a = \frac{2 y_0 \vartheta \left(\dfrac{\Omega}{\omega_0}\right)}{\sqrt{\left(\left(\dfrac{\Omega}{\omega_0}\right)^2 - 1\right)^2 + 4\vartheta^2\left(\dfrac{\Omega}{\omega_0}\right)^2}}$$

Wir hatten in diesem Beispiel die Erregerfunktion

$$y_1(t) = y_0 \cos(\Omega t)$$

und für die Dauerlösung der inhomogenen Differentialgleichung

$$y_p(t) = a \cos(\Omega t - \varphi)$$

angesetzt.

Die Daueramplitude a stellt sich in der gefundenen Größe auch dann ein, wenn die Erregerfunktion

$$y_1(t) = y_0 \sin(\Omega t)$$

lautet oder wenn wir ansetzen

$$y_p(t) = a \sin(\Omega t - \varphi)$$

Lediglich der Phasenverschiebungswinkel φ ändert sich.

Die gefundene Lösung gilt auch für

$$y_1(t) = y_0 \sin(\Omega t)$$
$$y_p(t) = a \sin(\Omega t - \varphi)$$

Für

$$y_1(t) = y_0 \cos(\Omega t) \quad \text{und} \quad y_p(t) = a \sin(\Omega t - \varphi)$$

sowie für

$$y_1(t) = y_0 \sin(\Omega t) \quad \text{und} \quad y_p(t) = a \cos(\Omega t - \varphi)$$

stellt sich ein

$$\tan\varphi = \frac{2\delta\Omega}{\omega_0^2 - \Omega^2}$$

Mittelbare Feder- und Dämpfungskrafterregung ohne Zusatzglied, Bild 3-221 u. 3-222.

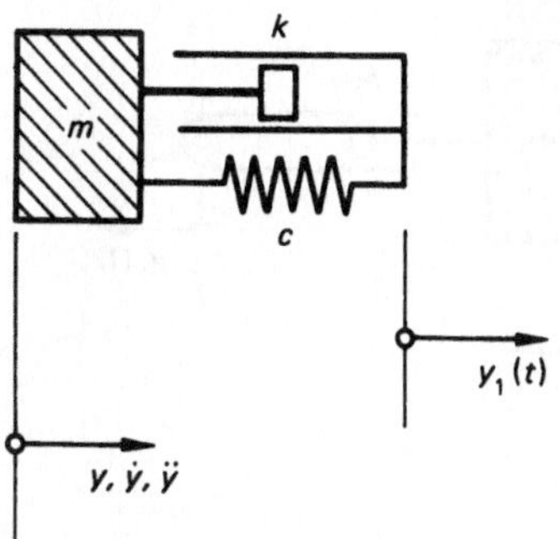

Bild 3-221

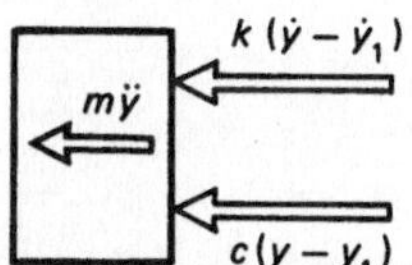

Bild 3-222

Die zugehörige Differentialgleichung folgt nach D'ALEMBERT aus $\sum F = 0$:

$$0 = m\ddot{y} + k(\dot{y} - \dot{y}_1) + c(y - y_1)$$

Mittelbare Federkrafterregung mit Zusatzglied, Bild 3-223 u. 3-224.

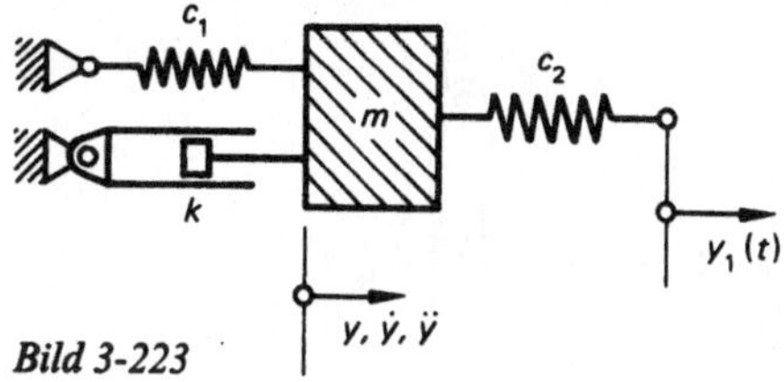

Bild 3-223

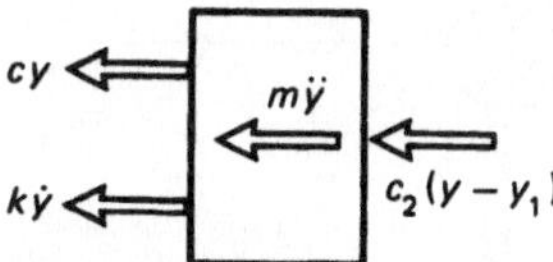

Bild 3-224

D'ALEMBERT:

$$\sum F = 0$$
$$0 = m\ddot{y} + k\dot{y} + c_1 y + c_2(y - y_1)$$

Mittelbare Dämpfungskrafterregung mit Zusatzglied, Bild 3-225 u. 3-226.

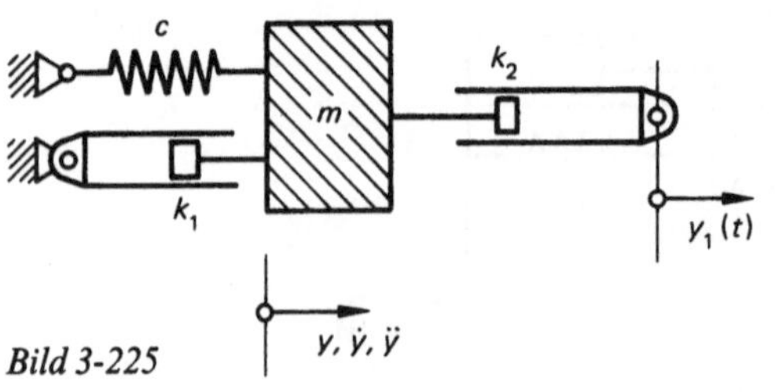

Bild 3-225

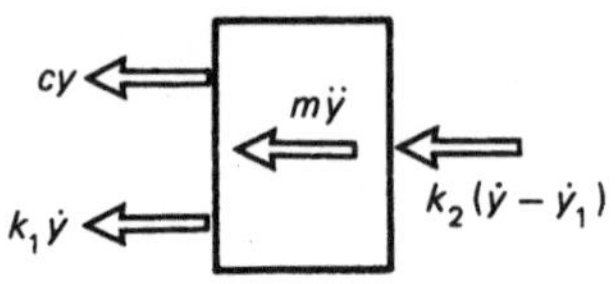

Bild 3-226

D'ALEMBERT:

$$\sum F = 0$$
$$0 = m\ddot{y} + k_1\dot{y} + k_2(\dot{y} - \dot{y}_1) + cy$$

Übung 3-47

Die Punktmasse $m = 9$ kg ist am freien Ende der $L = 0,25$ m langen Blattfeder (Rechteckquerschnitt: Höhe 3 mm, Breite 10 mm, Werkstoff Stahl) befestigt und wie in Bild 3-227 skizziert über einen Dämpfer

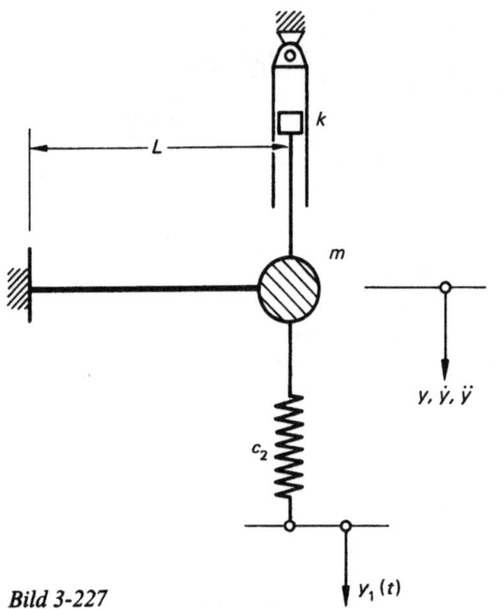

Bild 3-227

$(k = 200$ kg/s) mit dem Fundament verbunden. Die Erregung des Schwingers erfolgt über eine mit der Masse verbundene Feder $c_2 = 80$ N/cm; das freie Federende dieser Feder wird nach dem Gesetz

$$y_1(t) = \underbrace{4\,\text{mm}}_{y_0}\,\sin(\omega_d t)$$

bewegt, d.h., die Erregerkreisfrequenz stimmt mit der Eigenkreisfrequenz der gedämpften Schwingung überein. Es ist die Daueramplitude der Schwingungen zu bestimmen.

Lösung:

c_1 ist die Federkonstante der Blattfeder:

$$c_1 = \frac{3EI_a}{L^3}$$

mit

$$I_a = \frac{10\,\text{mm}\,(3\,\text{mm})^3}{12} = 22,5\,\text{mm}^4$$

$$c_1 = \frac{3 \cdot 2,1 \cdot 10^5\,\text{N/mm}^2 \cdot 22,5\,\text{mm}^4}{(250\,\text{mm})^3} = 0,9072\,\text{N/mm}$$
$$= 907,2\,\text{N/m}$$

Kräfte an der Masse zum beliebigen Zeitpunkt in Stellung $y(t)$, Bild 3-228.

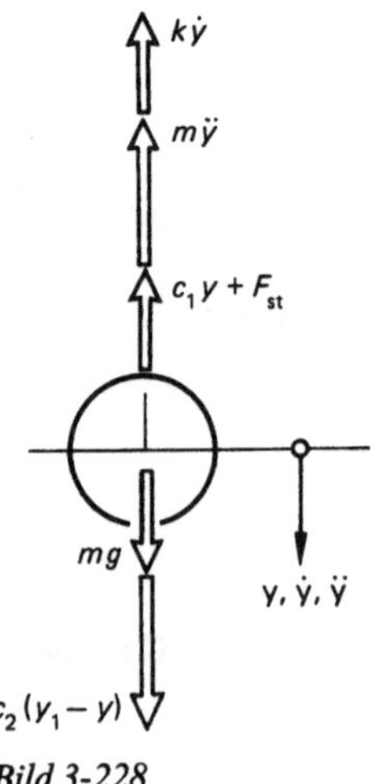

Bild 3-228

D'ALEMBERT:

$$\sum F = 0$$
$$0 = m\ddot{y} + k\dot{y} + c_1 y - c_2(y_1 - y)$$

homogene Differentialgleichung

$$0 = m\ddot{y} + k\dot{y} + y(c_1 + c_2)$$

$$0 = \ddot{y} + \underbrace{\frac{k}{m}}_{n_1}\dot{y} + \underbrace{\frac{c_1 + c_2}{m}}_{n_2} y$$

Ansatz:

$$y_h(t) = e^{pt}$$

Es folgt mit den Ableitungen

$$\dot{y}_h(t) = p\, e^{pt}$$
$$\ddot{y}_h(t) = p^2 e^{pt}$$

die „Charakteristische Gleichung":

$$0 = e^{pt}(p^2 + n_1 p + n_2)$$

$$p_{1/2} = -\frac{n_1}{2} \pm \sqrt{\left(\frac{n_1}{2}\right)^2 - n_2}$$

$$\omega_d = \sqrt{n_2 - \left(\frac{n_1}{2}\right)^2} = \sqrt{\frac{c_1 + c_2}{m} - \frac{k^2}{4m^2}}$$

$$\omega_d = \sqrt{\frac{(907{,}2 + 8000)\,\text{N/m}}{9\frac{\text{N s}^2}{\text{m}}} - \frac{(200\,\text{kg/s})^2}{4 \cdot (9\,\text{kg})^2}} = 29{,}43\,\text{s}^{-1}$$

$$y_h(t) = e^{at}(C_1 \cos(bt) + C_2 \sin(bt))$$

mit

$$a = -\frac{n_1}{2} = -11{,}\overline{1}\,\tfrac{1}{\text{s}}$$

$$b = \omega_d = 29{,}43\,\tfrac{1}{\text{s}}$$

Ansatz für $y_p(t)$:

$$y_p(t) = y_m \cos(\Omega t - \alpha)$$
$$\dot{y}_p(t) = -y_m \Omega \sin(\Omega t - \alpha)$$
$$\ddot{y}(t) = -y_m \Omega^2 \cos(\Omega t - \alpha)$$

Damit lautet die inhomogene Differentialgleichung:

$$\begin{aligned}
0 =\ & -m\, y_m \Omega^2 \cos(\Omega t - \alpha) - k\, y_m \Omega \sin(\Omega t - \alpha)\\
& + c_1 y_m \cos(\Omega t - \alpha) - c_2 y_0 \sin(\Omega t)\\
& + c_2 y_m \cos(\Omega t - \alpha)
\end{aligned}$$

Mit den bekannten Additionstheoremen folgt nach Ordnen:

$$\begin{aligned}
0 =\ & \cos(\Omega t)\,[\cos\alpha\,(c_1 + c_2 - m\Omega^2) + \sin\alpha\,k\Omega]\\
& + \sin(\Omega t)\left[\sin\alpha\,(c_1 + c_2 - m\Omega^2) - \cos\alpha\,k\Omega - \frac{c_2 y_0}{y_m}\right]
\end{aligned}$$

$$0 = \cos(\Omega t)\,[\text{I}] + \sin(\Omega t)\,[\text{II}]$$

Aus $[\text{I}] = 0$ folgt:

$$\tan\alpha = \frac{m\Omega^2 - c_1 - c_2}{k\Omega}$$

$$\tan\alpha = \frac{9\frac{\text{N s}^2}{\text{m}}(29{,}43\,\tfrac{1}{\text{s}})^2 - 8000\frac{\text{N}}{\text{m}} - 907{,}2\frac{\text{N}}{\text{m}}}{200\frac{\text{kg}}{\text{s}} \cdot 29{,}43\,\tfrac{1}{\text{s}}}$$

$$= -0{,}18893$$

$$\alpha = -10{,}7°$$

Aus $[\text{II}] = 0$ folgt dann:

$$y_m = \frac{c_2 y_0}{\sin\alpha\,(c_1 + c_2 - m\Omega^2) - k\Omega\cos\alpha}$$

$$y_m = -0{,}00534\,\text{m}$$
$$|y_m| = 5{,}3\,\text{mm}$$

Übung 3-48

Eine schwere, runde Scheibe ($m = 2\,\text{kg}$, Radius $R = 30\,\text{cm}$) wird durch die Feder der Steifigkeit $c = 40\,\text{N/cm}$ am Fundament gehalten, Bild 3-229. Der Dämpfer mit der Dämpfungskonstanten $k = 80\,\text{kg/s}$ wird nach dem folgenden Gesetz erregt:

$$y_1(t) = 7\,\text{cm} \cdot \sin(20\tfrac{1}{\text{s}}\,t)$$

Zum Zeitpunkt $t = 0$ ist der Schwinger in Gleichgewichtslage im Stillstand:

$$\varphi(t=0) = 0$$
$$\dot{\varphi}(t=0) = 0$$

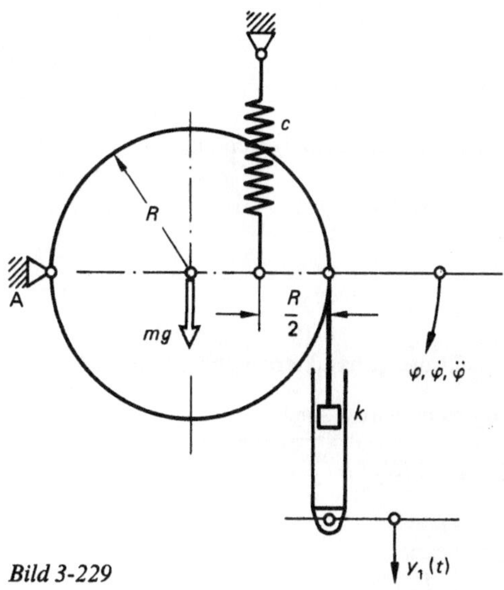

Bild 3-229

a) Es ist festzustellen, ob das Gebilde zu Eigenschwingungen fähig ist.
b) Die Daueramplitude φ_m ist zu berechnen.
c) Es ist das $\varphi(t)$-Gesetz zu beschreiben.

Kräfte und Momente in Stellung $\varphi(t)$, Bild 3-230.

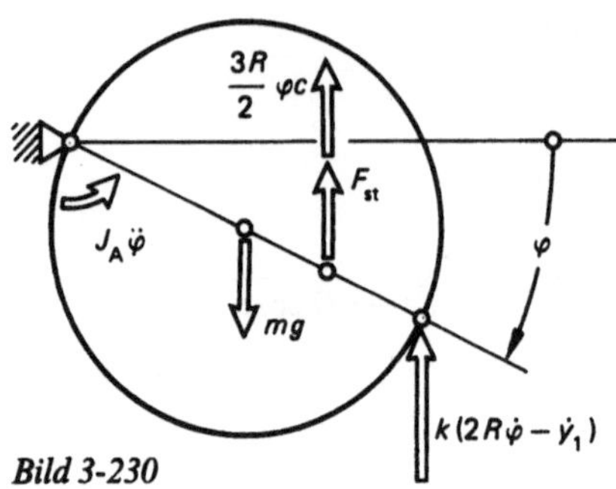

Bild 3-230

a) D'ALEMBERT:

$$\sum M_A = 0$$

$$0 = J_A \ddot{\varphi} + 2Rk(2R\dot{\varphi} - \dot{y}_1) + \frac{3R}{2}\varphi c \frac{3R}{2}$$

$$+ \underbrace{F_{st}\frac{3R}{2} - mgR}_{0}$$

$$0 = \ddot{\varphi} + \frac{4kR^2}{J_A}\dot{\varphi} + \underbrace{\frac{9cR^2}{4J_A}}_{n_2}\varphi - \frac{2kR}{J_A}\dot{y}_1$$

$$\underset{n_1}{}$$

mit

$$y_1 = y_m \sin(\Omega t)$$
$$\dot{y}_1 = y_m \Omega \cos(\Omega t)$$

Lösung:

$$\varphi(t) = \varphi_h(t) + \varphi_p(t)$$

Homogene Differentialgleichung:

$$0 = \ddot{\varphi} + n_1 \dot{\varphi} + n_2 \varphi$$

Mit

$$\varphi_h(t) = e^{pt}$$

entsteht die „Charakteristische Gleichung":

$$0 = e^{pt}(p^2 + n_1 p + n_2)$$

$$p_{1/2} = -\frac{n_1}{2} \pm \sqrt{\left(\frac{n_1}{2}\right)^2 - n_2}$$

$$n_1 = \frac{4kR^2}{J_A}$$

$$J_A = \frac{3mR^2}{2}$$

$$n_1 = \frac{8k}{3m} = \frac{8 \cdot 80\,\text{kg/s}}{3 \cdot 2\,\text{kg}} = 106,\overline{6}\tfrac{1}{s}$$

$$n_2 = \frac{9cR^2}{4J_A} = \frac{18c}{4 \cdot 3m} = \frac{18 \cdot 4000\,\text{N/m}}{4 \cdot 3 \cdot 2\frac{\text{Ns}^2}{\text{m}}}$$

$$n_2 = 3000\tfrac{1}{s^2}$$

$$p_{1/2} = -53,\overline{3}\tfrac{1}{s} \pm \sqrt{(53,\overline{3}\tfrac{1}{s})^2 - 3000\tfrac{1}{s^2}}$$

$$p_{1/2} = -53,\overline{3}\tfrac{1}{s} \pm 12,47\tfrac{1}{s}\sqrt{-1} = a \pm bi$$

$$a = -53,\overline{3}\tfrac{1}{s}$$

$$b = 12,47\tfrac{1}{s} = \omega_d \quad \text{Eigenkreisfrequenz der gedämpften Schwingungen}$$

Somit ist

$$\varphi_h(t) = e^{at}(C_1 \cos(bt) + C_2 \sin(bt))$$

b) Ansatz für $\varphi_p(t)$:

$$\varphi_p(t) = \varphi_m \sin(\Omega t - \alpha)$$

Mit den Ableitungen

$$\dot{\varphi}_p(t) = \varphi_m \Omega \cos(\Omega t - \alpha)$$
$$\ddot{\varphi}(t) = -\varphi_m \Omega^2 \sin(\Omega t - \alpha)$$

folgt

$$0 = -\varphi_m \Omega^2 \sin(\Omega t - \alpha) + n_1 \varphi_m \Omega \cos(\Omega t - \alpha)$$

$$+ n_2 \varphi_m \sin(\Omega t - \alpha) - \frac{2kR}{J_A} y_m \Omega \cos(\Omega t)$$

Die bekannten Additionstheoreme angewendet und geordnet lautet der Ausdruck schließlich:

$$0 = \sin(\Omega t)[\cos\alpha(n_2 - \Omega^2) + n_1 \Omega \sin\alpha] + \cos(\Omega t)$$

$$\cdot \left[\sin\alpha(\Omega^2 - n_2) + n_1 \Omega \cos\alpha - \frac{2kRy_m\Omega}{\varphi_m J_A}\right]$$

$$0 = \sin(\Omega t)[\text{I}] + \cos(\Omega t)[\text{II}]$$

Aus [I] = 0 folgt

$$\tan\alpha = \frac{\Omega^2 - n_2}{n_1 \Omega} = \frac{(20\tfrac{1}{s})^2 - 3000\tfrac{1}{s^2}}{106,\overline{6}\tfrac{1}{s} \cdot 20\tfrac{1}{s}} = -1,21875$$

$$\alpha = -50,631° \triangleq -0,8837$$

Aus [II] = 0 folgt

$$\varphi_m = \frac{2kRy_m\Omega}{J_A(\sin\alpha(\Omega^2 - n_2) + n_1 \Omega \cos\alpha)}$$

$$\varphi_m = 0,074 \triangleq 4,24°$$

c) $\varphi(t) = \varphi_\mathrm{h}(t) + \varphi_\mathrm{p}(t)$

$\varphi(t) = e^{-53,\overline{3}\frac{1}{s}t}(C_1 \cos(12,47\tfrac{1}{s}t)$
$\quad + C_2 \sin(12,47\tfrac{1}{s}t)) + 0,074 \sin(20\tfrac{1}{s}t + 0,8837)$

Bestimmung der Konstanten:

1. Randbedingung: $\varphi(t=0) = 0$

$0 = e^0(C_1 \cos(0) + C_2 \sin(0))$
$\quad + 0,074 \sin(+50,631°)$

$C_1 = -0,05721$

2. Randbedingung: $\dot{\varphi}(t=0) = 0$

Es war:

$\varphi(t) = e^{at}(C_1 \cos(bt) + C_2 \sin(bt))$
$\quad + \varphi_\mathrm{m} \sin(\Omega t - \alpha)$

$\dot{\varphi}(t) = a e^{at}(C_1 \cos(bt) + C_2 \sin(bt))$
$\quad + e^{at}(-b C_1 \sin(bt) + b C_2 \cos(bt))$
$\quad + \Omega \varphi_\mathrm{m} \cos(\Omega t - \alpha)$

$0 = a e^0(C_1) + e^0(b C_2) + \Omega \varphi_\mathrm{m} \cos(-\alpha)$

$C_2 = \dfrac{-a C_1 - \Omega \varphi_\mathrm{m} \cos(-\alpha)}{b}$

$C_2 = \dfrac{-53,\overline{3}\frac{1}{s}\,0,05721 - 20\frac{1}{s}\,0,074 \cos(+50,631°)}{12,47\frac{1}{s}}$

$C_2 = -0,32$

Damit lautet endgültig das $\varphi(t)$-Gesetz

$\varphi(t) = e^{-53,\overline{3}\frac{1}{s}t}(-0,05721 \cos(12,47\tfrac{1}{s}t)$
$\quad -0,32 \sin(12,47\tfrac{1}{s}t)) + 0,074 \sin(20\tfrac{1}{s}t + 0,8837)$

3.5.6. Freie Schwingungen
unter Berücksichtigung der Federmasse
(RAYLEIGHsches Verfahren)

Ist die schwingende Masse groß gegenüber der Federmasse, so kann die Eigenkreisfrequenz ω_0 aus der Differentialgleichung

$0 = m\ddot{q} + c q$

hergeleitet werden; q kann ein Weg sein, aber auch ein Drehwinkel.

Energiebetrachtung:

a) Potentielle Energie: $U = \dfrac{c}{2} q^2$

b) Kinetische Energie: $E = \dfrac{m}{2} \dot{q}^2$

Mit dem Energieerhaltungssatz der Mechanik gilt in konservativen, dämpfungsfreien Systemen

$(E + U)_{t=t_1} = (E + U)_{t=t_2} = \text{konst}$

Dabei werden t_1 und t_2 so gewählt, daß sich für die harmonische Schwingung

$q(t) = Q \sin(\omega_0 t)$

die Maxima der Energien ergeben:

$U_\mathrm{max} = E_\mathrm{max}$

Betrachten wir als einfaches Beispiel den ungedämpften Einmassenschwinger, Bild 3-231.

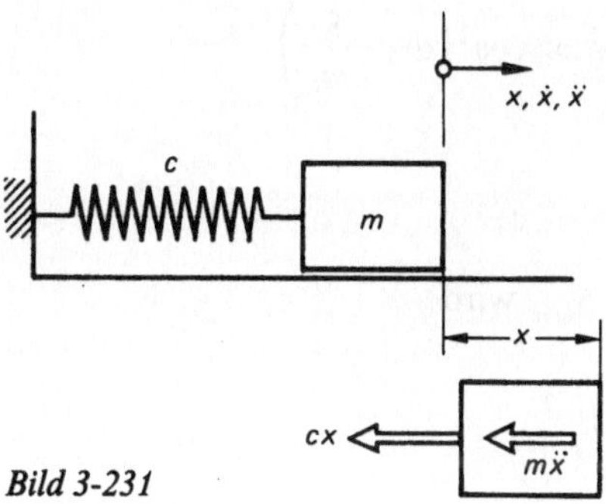

Bild 3-231

Die Differentialgleichung, deren Lösung das $x(t)$-Gesetz ist, gewinnen wir aus der D'ALEMBERTschen Überlegung:

$\sum F = 0$
$0 = m\ddot{x} + c x$

Die Lösung ist

$x(t) = x_0 \sin(\omega_0 t)$
(Randbedingung: $x(t=0) = 0$)

$U(t) = \dfrac{c}{2} x^2 = \dfrac{c}{2} x_0^2 \sin^2(\omega_0 t)$

$E(t) = \dfrac{m}{2} \dot{x}^2$

mit

$\dot{x}(t) = -x_0 \omega_0 \cos(\omega_0 t)$

$E(t) = \dfrac{m}{2} x_0^2 \omega_0^2 \cos^2(\omega_0 t)$

$$U(t) + E(t) = \frac{c}{2} x_0^2 \sin^2(\omega_0 t)$$
$$+ \frac{m}{2} x_0^2 \omega_0^2 \cos^2(\omega_0 t)$$

Sonderfälle:

a) $\sin(\omega_0 t) = 0$ zum Zeitpunkt $t = 0$

$$U(t=0) + E(t=0) = \frac{m}{2} x_0^2 \omega_0^2 = E_{max}$$

b) $t_1 = \dfrac{T}{4} = \dfrac{\pi}{2\omega_0}$

$$U(t=t_1) + E(t=t_1) = \frac{c}{2} x_0^2 \sin^2\left(\omega_0 \frac{\pi}{2\omega_0}\right)$$
$$+ \frac{m}{2} x_0^2 \omega_0^2 \cos^2\left(\omega_0 \frac{\pi}{2\omega_0}\right)$$

$$\frac{c}{2} x_0^2 = U_{max}$$

Aus $U_{max} = E_{max}$ wird

$$\underbrace{\frac{c}{2} x_0^2}_{= U_{max}} = \underbrace{\frac{m}{2} x_0^2 \omega_0^2}_{E^* = \frac{E_{max}}{\omega_0^2}}$$

$$\omega_0^2 = \frac{U_{max}}{E^*} = \frac{\frac{c}{2} x_0^2}{\frac{m}{2} x_0^2} = \frac{c}{m}$$

Bei der Anwendung dieses Verfahrens müssen die Maxima der potentiellen und der kinetischen Energie berechnet werden. Damit kann E^* und anschließend ω_0 berechnet werden. Die Aussage von RAYLEIGH lautet:

Das Quadrat der ersten Eigenfrequenz eines elastischen Systems ist gleich dem Quotienten aus maximaler potentieller Energie und bezogener kinetischer Energie (E^*).

Ist nun die Federmasse m_f nicht mehr vernachlässigbar klein, so kann mit Hilfe des RAYLEIGHschen Verfahrens eine Näherung $\bar{\omega}_0$ für die Eigenkreisfrequenz berechnet werden.

Wir betrachten einen Biegebalken, Bild 3-232, der an seinen Enden gelenkig aufgelagert ist und mittig eine Masse m trägt; die Biegesteifigkeit des Balkens sei ($E I_a$).

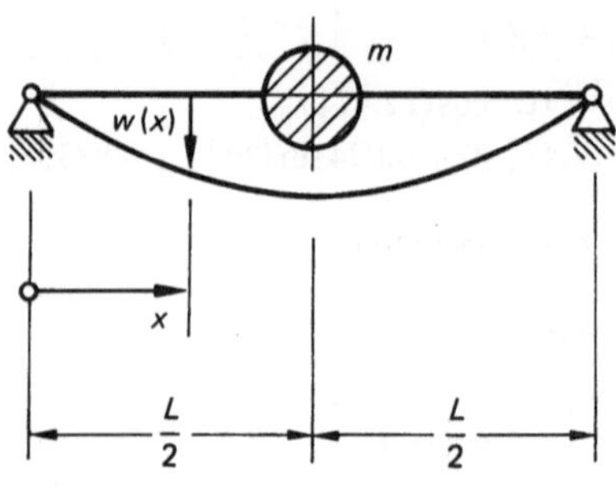

Bild 3-232

Formänderungsarbeit bei Biegung (potentielle Energie):

$$U_{Bgg} = \frac{1}{2 E I_a} \int_0^L M_b^2(x)\, dx$$

mit

$$M_b(x) = -(E I_a)\, w''(x)$$
(s. Differentialgleichung der Elastischen Linie)

Also wird

$$U_{Bgg} = \frac{1}{2} \int_0^L \frac{1}{E I_a}\, dx\, (E I_a)^2\, w''^2(x)$$

$$U_{Bgg} = \frac{1}{2} \int_0^L (E I_a)\, w''^2(x)\, dx = \begin{cases} \text{potentielle} \\ \text{Energie} \end{cases}$$

Kinetische Energie:

$$E = \frac{1}{2} m \dot{w}^2\left(x = \frac{L}{2}\right) + \frac{1}{2} \int_0^L \mu(x)\, \dot{w}^2(x)\, dx$$

mit

$$\mu(x) = \frac{m_f}{L} \quad \text{und} \quad \dot{w}_{max} = w \cdot \omega_0 .$$

m ist die mittige Punktmasse. Die „bezogene" kinetische Energie E^* errechnet sich daraus zu

$$E^* = \frac{E_{max}}{\omega_0^2} = \frac{1}{2} m w^2\left(x = \frac{L}{2}\right) + \frac{1}{2} \int_0^L \mu(x)\, w^2\, dx$$

Mit U_{Bgg} und E^* ergibt sich der RAYLEIGHsche Quotient

$$\omega_0^2 = \frac{U}{E^*} = \frac{\dfrac{1}{2} \displaystyle\int_0^L (E I_a)\, w''^2(x)\, dx}{\dfrac{1}{2} m w^2 + \dfrac{1}{2} \displaystyle\int_0^L \mu(x)\, w^2(x)\, dx}$$

Im RAYLEIGHschen Quotienten ist für w eine Funktion $w(x)$ einzusetzen, die eine Näherung zur Biegelinie bzw. zur Schwingungsform darstellt. Sowohl der Zähler (maximale potentielle Energie) als auch der Nenner (bezogene kinetische Energie) sind also reine Ortsfunktionen. Je besser die Schwingungsform der massebehafteten Feder angenähert wird, desto besser ist die Näherung $\bar{\omega}_0$ der Eigenkreisfrequenz. Die eingeführte Funktion soll die geometrischen Randbedingungen der Feder erfüllen.

Zu unserem Beispiel:

Randbedingungen:

$$w(x=0) = 0 \quad \text{und} \quad w(x=L) = 0$$

Diese Randbedingungen erfüllt die Funktion $w(x) = x_0 \sin(\pi x/L)$. Hierbei spielt der konstante Faktor x_0 keine Rolle; er hebt sich, wie wir sehen werden, aus dem RAYLEIGHschen Quotienten heraus.

Es wird

$$w''(x) = -\frac{\pi^2}{L^2} x_0 \sin\left(\frac{\pi}{L}x\right)$$

Das Zählerintegral lautet dann

$$\frac{1}{2} E I_a \int \frac{\pi^4}{L^4} x_0^2 \sin^2\left(\frac{\pi}{L}x\right) dx$$

$$= \frac{\pi^4 x_0^2 E I_a}{2 L^4} \frac{L}{\pi} \left| \frac{\pi x}{2L} - \frac{1}{4} \sin\left(\frac{2\pi}{L}x\right) \right|_{x=0}^{x=L}$$

$$= \frac{\pi^3 x_0^2 E I_a}{2 L^3} \frac{\pi}{2}$$

Nenner:

$$w = w\left(x = \frac{L}{2}\right) = x_0 \sin\left(\frac{\pi}{L}\frac{L}{2}\right) = x_0$$

$$\frac{1}{2} \int_0^L \mu(x) x_0^2 \sin^2\left(\frac{\pi}{L}x\right) dx$$

$$= \frac{x_0^2 \mu(x)}{2} \frac{L}{\pi} \left| \frac{\pi x}{2L} - \frac{1}{4} \sin\left(\frac{2\pi}{L}x\right) \right|_0^L$$

$$= \frac{x_0^2 m_F}{2\pi} \frac{\pi}{2} = \frac{x_0^2 m_f}{4}$$

$$\bar{\omega}^2 = \frac{\dfrac{x_0^2 \pi^4 E I_a}{4 L^3}}{\dfrac{1}{2} m x_0^2 + \dfrac{x_0^2 m_f}{4}} = \frac{\dfrac{\pi^4 E I_a}{2 L^3}}{m + \dfrac{1}{2} m_f}$$

1. Sonderfall: $m_f = 0$

$$\bar{\omega}^2 = \frac{E I_a \pi^4}{2 m L^3} = \frac{48{,}7045 \, E I_a}{m L^3}$$

Die Differentialgleichung der Elastischen Linie liefert

$$c = m \omega_0^2 = \frac{48 \, E I_a}{L^3}$$

Der Fehler liegt also bei 1,47%.

2. Sonderfall: $m = 0$, d.h., es liegt nur Balkenmasse vor:

$$\bar{\omega}^2 = \frac{97{,}41 \, E I_a}{L^3 m_f}$$

Das nächste Beispiel beschreibt die Biegeschwingung der massebehafteten, einseitig eingespannten Blattfeder konstanter Biegesteifigkeit mit zusätzlicher Punktmasse am freien Balkenende, Bild 3-233.

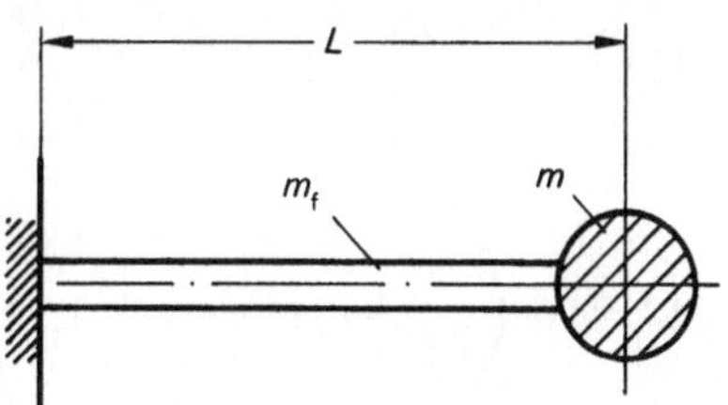

Bild 3-233

Wahl der Funktion der Biegelinie, Bild 3-234:

$$w(x) = w_0 \left(1 - \cos\left(\frac{\pi}{2L}x\right)\right)$$

Sie erfüllt die Randbedingungen

$$w(x=0) = 0 \quad \text{und} \quad w'(x=0) = 0$$

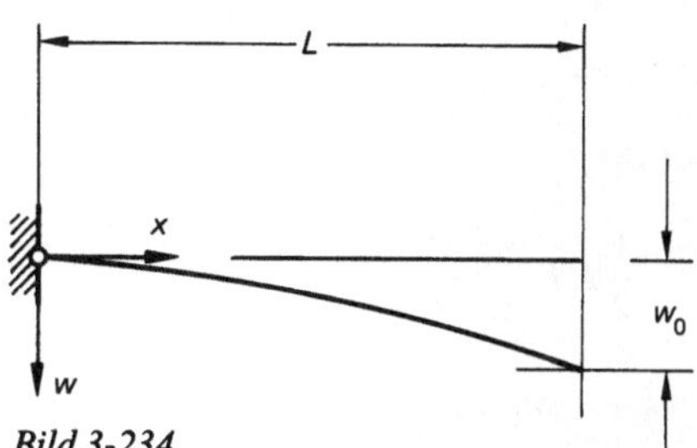

Bild 3-234

Der Rayleigh-Quotient:

$$\bar{\omega}^2 = \frac{\dfrac{1}{2} E I_\mathrm{a} \displaystyle\int_0^L w''^2(x)\,dx}{\dfrac{1}{2} m\, w^2(x=L) + \dfrac{1}{2} \displaystyle\int_0^L \mu(x)\, w^2(x)\,dx}$$

Zählerintegral:

$$w'(x) = w_0 \frac{\pi}{2L} \sin\!\left(\frac{\pi}{2L} x\right)$$

$$w''(x) = w_0 \frac{\pi^2}{4L^2} \cos\!\left(\frac{\pi}{2L} x\right)$$

$$w''^2(x) = w_0^2 \frac{\pi^4}{16 L^4} \cos^2\!\left(\frac{\pi}{2L} x\right)$$

$$\int_0^L w_0^2 \frac{\pi^4}{16 L^4} \cos^2\!\left(\frac{\pi}{2L} x\right) dx$$

$$= \frac{w_0^2 \pi^4}{16 L^4} \frac{2L}{\pi} \left| \frac{\pi x}{4L} + \frac{1}{4} \sin\!\left(\frac{\pi}{L} x\right) \right|_0^L$$

$$= \frac{w_0^2 \pi^3}{8 L^3} \frac{\pi}{4} = \frac{w_0^2 \pi^4}{32 L^3}$$

Nenner:

$$w(x=L) = w_0\left(1 - \cos\!\left(\frac{\pi}{2L} L\right)\right) = w_0$$

$$\int_0^L \mu(x)\, w^2(x)\,dx = \frac{m_\mathrm{f}}{L} \int_0^L w_0^2\left(1 - \cos\!\left(\frac{\pi}{2L} x\right)\right)^2 dx$$

$$= \frac{m_\mathrm{f} w_0^2}{L}\left[|x|_0^L - 2\frac{2L}{\pi}\left|\sin\!\left(\frac{\pi}{2L} x\right)\right|_0^L \right.$$

$$\left. + \frac{2L}{\pi}\left|\frac{\pi x}{4L} + \frac{1}{4}\sin\!\left(\frac{\pi}{L} x\right)\right|_0^L \right]$$

$$= \frac{m_\mathrm{f} w_0^2}{L}\left[L - \frac{4L}{\pi} + \frac{L}{2} \right]$$

$$= m_\mathrm{f} w_0^2 \left(\frac{3}{2} - \frac{4}{\pi}\right)$$

Damit folgt $\bar{\omega}^2$:

$$\bar{\omega}^2 = \frac{\dfrac{1}{2} E I_\mathrm{a} \dfrac{w_0^2 \pi^4}{32 L^3}}{\dfrac{1}{2} m\, w_0^2 + \dfrac{1}{2} m_\mathrm{f} w_0^2 \left(\dfrac{3}{2} - \dfrac{4}{\pi}\right)}$$

$$\bar{\omega}^2 = \frac{\dfrac{E I_\mathrm{a} \pi^4}{64 L^3}}{\dfrac{m}{2} + 0{,}11338\, m_\mathrm{f}} = \frac{\dfrac{E I_\mathrm{a} \pi^4}{32 L^3}}{m + 0{,}22676\, m_\mathrm{f}}$$

1. Sonderfall: $m_\mathrm{f} = 0$

$$\bar{\omega}^2 = \frac{3{,}044\, E I_\mathrm{a}}{m L^3}$$

Die Differentialgleichung der Elastischen Linie liefert:

$$\omega_0^2 = \frac{c}{m} = \frac{3 E I_\mathrm{a}}{m L^3}$$

Der Fehler liegt bei 0,7% (für $\bar{\omega}$).

2. Sonderfall: $m = 0$, d. h., es liegt nur Balkenmasse vor:

$$\bar{\omega}^2 = \frac{13{,}424\, E I_\mathrm{a}}{m_\mathrm{f} L^3}$$

Die genaue Lösung (s. Abschnitt 3.5.4.) ist:

$$\omega_0 = 3{,}516 \sqrt{\frac{E I_\mathrm{a}}{L^3}}$$

$$\omega_0^2 = 12{,}362 \frac{E I_\mathrm{a}}{L^3}$$

Der Fehler beträgt also nur 4%.

Das nächste Beispiel bezieht sich auf den beidseitig fest eingespannten Biegebalken mit zusätzlicher mittiger Punktmasse, Bild 3-235.

Wahl der Funktion der Biegelinie:

$$w(x) = \frac{w_0}{2}\left(1 - \cos\!\left(\frac{2\pi}{L} x\right)\right)$$

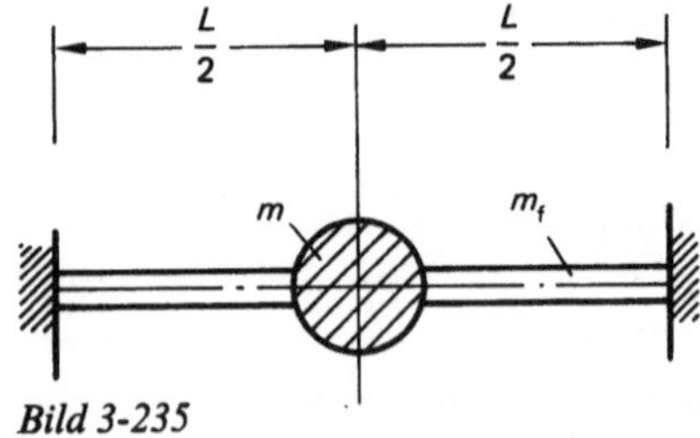

Bild 3-235

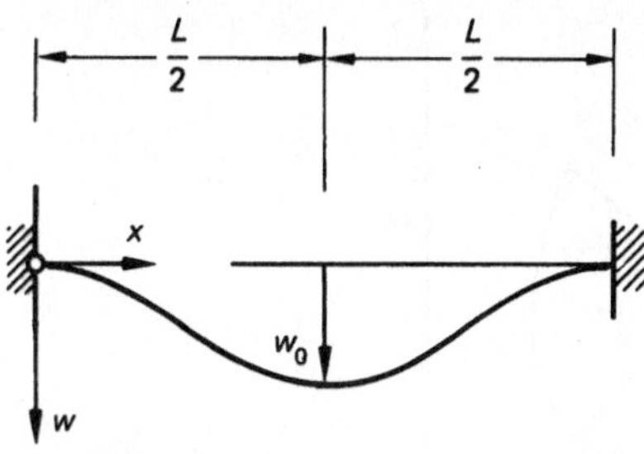

Bild 3-236

Sie erfüllt die Randbedingungen, Bild 3-236.

1. Randbedingung: $w(x=0) = 0$

2. Randbedingung: $w'(x=0) = 0$

R AYLEIGH-Quotient:

$$\bar{\omega}^2 = \frac{\dfrac{1}{2} E I_\mathrm{a} \displaystyle\int_0^L w''^2(x)\,\mathrm{d}x}{\dfrac{1}{2} m\, w^2\!\left(x = \dfrac{L}{2}\right) + \dfrac{1}{2} \displaystyle\int_0^L \mu(x)\, w^2(x)\,\mathrm{d}x}$$

Zählerintegral:

$$w'(x) = -\frac{w_0\,\pi}{L} \sin\!\left(\frac{2\pi}{L} x\right)$$

$$w''(x) = -\frac{w_0\, 2\pi^2}{L^2} \cos\!\left(\frac{2\pi}{L} x\right)$$

$$\int_0^L w''^2(x)\,\mathrm{d}x = +\frac{w_0^2\, 4\pi^4}{L^4} \int_0^L \cos^2\!\left(\frac{2\pi}{L} x\right)\mathrm{d}x$$

$$= \frac{w_0^2\, 4\pi^4}{L^4} \frac{L}{2\pi} \left|\frac{\pi x}{L} + \frac{1}{4}\sin\!\left(\frac{4\pi}{L} x\right)\right|_0^L$$

$$= \frac{w_0^2\, 2\pi^3}{L^3} \pi = \frac{w_0^2\, 2\pi^4}{L^3}$$

Nenner:

$$w\!\left(x = \frac{L}{2}\right) = w_0$$

$$\int_0^L \mu(x)\, w^2(x)\,\mathrm{d}x = \frac{m_\mathrm{f}}{L} \int_0^L \frac{w_0^2}{4}\left(1 - \cos\!\left(\frac{2\pi}{L} x\right)\right)^2 \mathrm{d}x$$

$$= \frac{w_0^2\, m_\mathrm{f}}{4L}\left[|x|_0^L - 2\frac{L}{2\pi}\left|\sin\!\left(\frac{2\pi}{L} x\right)\right|_0^L \right.$$
$$\left. + \frac{L}{2\pi}\left|\frac{\pi x}{L} + \frac{1}{4}\sin\!\left(\frac{4\pi}{L} x\right)\right|_0^L \right]$$

$$= \frac{w_0^2\, m_\mathrm{f}}{4L}\left[L + \frac{L}{2}\right] = \frac{3\, w_0^2\, m_\mathrm{f}}{8}$$

$$\bar{\omega}^2 = \frac{\dfrac{1}{2} E I_\mathrm{a}\, \dfrac{w_0^2\, 2\pi^4}{L^3}}{\dfrac{1}{2} m\, w_0^2 + \dfrac{1}{2}\dfrac{3\, w_0^2\, m_\mathrm{f}}{8}}$$

$$\bar{\omega}^2 = \frac{\dfrac{2 E I_\mathrm{a}\, \pi^4}{L^3}}{m + \dfrac{3}{8} m_\mathrm{f}}$$

1. Sonderfall: $m_\mathrm{f} = 0$

$$\bar{\omega}^2 = \frac{194{,}818\, E I_\mathrm{a}}{m L^3}$$

Die Differentialgleichung der Elastischen Linie liefert

$$\omega_0^2 = \frac{c}{m} = \frac{192\, E I_\mathrm{a}}{m L^3}$$

Der Fehler beträgt 0,7% (für $\bar{\omega}$).

2. Sonderfall: $m = 0$

$$\bar{\omega}^2 = \frac{519{,}515\, E I_\mathrm{a}}{m_\mathrm{f} L^3}$$

Der genaue Wert (s. Abschnitt 3.5.4.) beträgt:

$$\omega_0 = 22{,}79 \sqrt{\frac{E I_\mathrm{a}}{m_\mathrm{f} L^3}}$$

Der Fehler beträgt nur 0,01%.

3.6. Kreiselwirkung

Wird die Drehachse eines Rotors verändert, so entsteht ein Moment.

Beispiel:

Ein Rotor dreht mit ω_k um die Achse 1, Bild 3-237. Die Rotorachse 1 wird durch Drehung um die Achse 2 mit ω_p verlagert. Es entsteht ein Moment um die Achse 3; d.h. der Rotor versucht, eine Drehung in jener Ebene auszuführen, die durch die Drehachsen 1 und 2 gebildet wird.

Ist der Kreisel geführt wie in Bild 3-237, so unterdrücken Lagerkräfte diese Drehung um die Achse 3, Bild 3-238.

Wenn die Kinetik der Relativbewegung bekannt ist, kann das entstehende Moment als Moment der D'ALEMBERTschen Trägheitskräfte als Produkt Massenteilchen mal CORIOLIS-Beschleunigung aufgefaßt werden (Abschnitt 3.2.7.). Die Kreiselwirkung soll für den nicht geführten Kreisel abgeleitet werden, Bild 3-239.

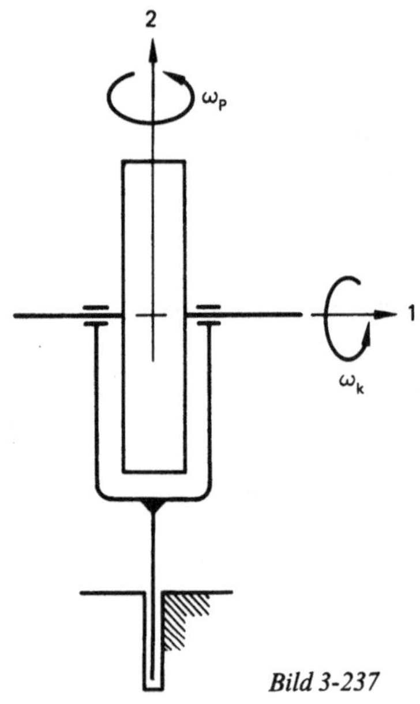

Bild 3-237

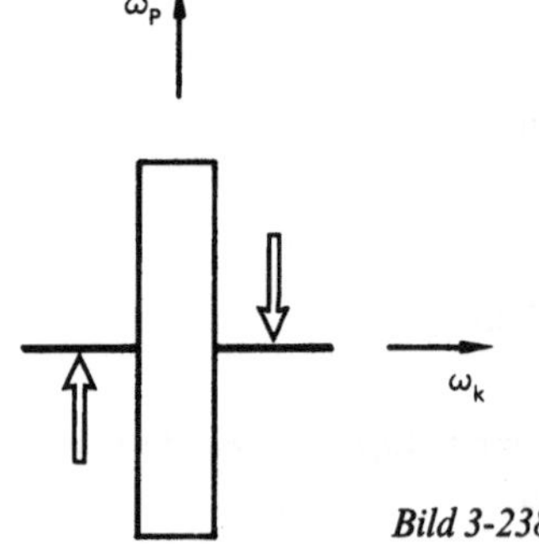

Bild 3-238

Bei den folgenden Berechnungen ist

m Kreiselmasse,
1   Hauptträgheitsachse mit J_{max} oder J_{min},
J_1 Massenträgheitsmoment bezogen auf Kreiselachse 1,

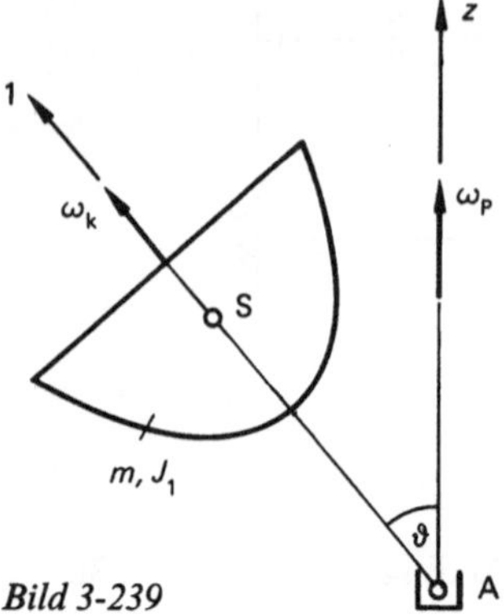

Bild 3-239

A   Momentenfreies Lager,
ϑ Winkel zwischen Kreiselachse 1 und der Lotrechten,
S   Schwerpunkt des Rotors und
ω_k Winkelgeschwindigkeit der Drehung um Kreiselachse 1.

Ist $\omega_k = 0$, fällt der Kreisel um. Dem Moment der Gewichtskraft steht kein Gegenmoment entgegen. Anders beim rotierenden Kreisel, der eine „Präzessionsbewegung" ausführt. Die Achse 1 (körperfeste Achse) beschreibt einen Kegelmantel mit der Spitze in A und dem halben Kegelöffnungswinkel ϑ. Dabei ist die Drehung der Präzession sehr viel kleiner als die Drehung um die Körperachse 1:

$$\omega_p \ll \omega_k$$

Die wirkliche Drehachse in jedem Augenblick findet man durch vektorielle Addition der beiden ω-Vektoren, Bild 3-240.

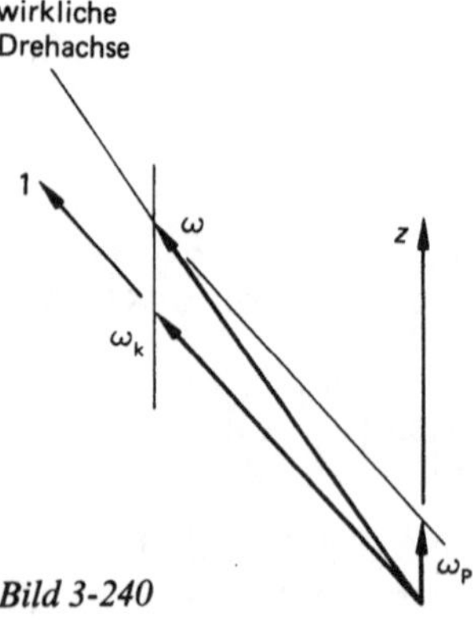

Bild 3-240

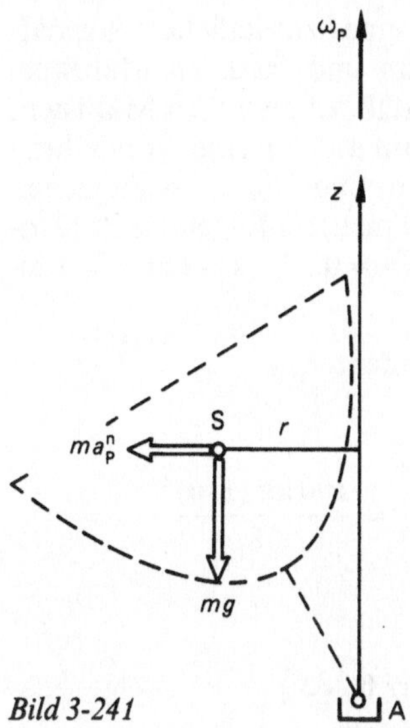

Bild 3-241

Da $\omega_p \ll \omega_k$, geht man in der Praxis davon aus, daß die Achse 1 die Drehachse des Kreisels ist.

Die Kräfte am Kreisel sind in Bild 3-241 dargestellt: mg ist die Gewichtskraft und $m\,a_p^n = mr\,\omega_p^2$ die Fliehkraft der Präzession.

Es sei noch einmal an den Drallsatz der Mechanik erinnert. Greift am Körper kein Moment in Richtung der Drehachse an, so erfährt der Drallvektor auch keine zeitliche Änderung:

$$\bar{M} = \frac{\mathrm{d}\bar{L}}{\mathrm{d}t} = 0$$

Greift jedoch ein Moment an, so ändert sich der L-Vektor, der Drall- oder Drehimpulsvektor; dabei kann die Änderung die Änderung des Betrages oder auch der Richtung sein. Der $\mathrm{d}\bar{L}$-Vektor und der $\bar{M}$-Vektor sind gleichgerichtet.

Kreisel:

Das Moment der Gewichtskraft und der Fliehkraft zufolge Präzession ist der zeitlichen Änderung des Drallvektors nach Betrag und Richtungssinn gleich. Der Änderungsvektor $\mathrm{d}\bar{L}$ ist dem Momentenvektor $\bar{M}$ gleichgerichtet. Mit anderen Worten, die Kreiselachse 1 folgt dem $\mathrm{d}\bar{L}$-Vektor und führt die beobachtete Präzessionsbewegung aus, Bild 3-242.

Die Achse 1 wandert in Richtung 1', sie folgt dem $\mathrm{d}L$-Vektor.

Geometrie:

$$|\mathrm{d}L| = \mathrm{d}\varphi\,|L|\sin\vartheta$$

$$\omega_p = \frac{\mathrm{d}\dot{\varphi}}{\mathrm{d}t}$$

$$M = \omega_p\,L\sin\vartheta$$

Darin ist der Drehimpulsvektor

$$L = J_1\,\omega_k$$

Für das Moment folgt also

$$M = J_1\,\omega_p\,\omega_k\sin\vartheta$$

Umgestellt nach der sich einstellenden Winkelgeschwindigkeit der Präzession:

$$\omega_p = \frac{M}{J_1\,\omega_k\sin\vartheta}$$

Die Kreiselwirkung ist also der Versuch des Rotors, auf ein senkrecht zur Rotorachse einwirkendes Moment durch Verlagerung der Drehachse in Richtung des Moments zu reagieren. Beim ungeführten, freien Kreisel ist dies die Präzessionsbewegung der Kreiseldrehachse.

Führt man nun den Kreisel und zwingt ihm durch Drehung der Führung die Änderung der Lage des Drallvektors, die Präzession, auf, so

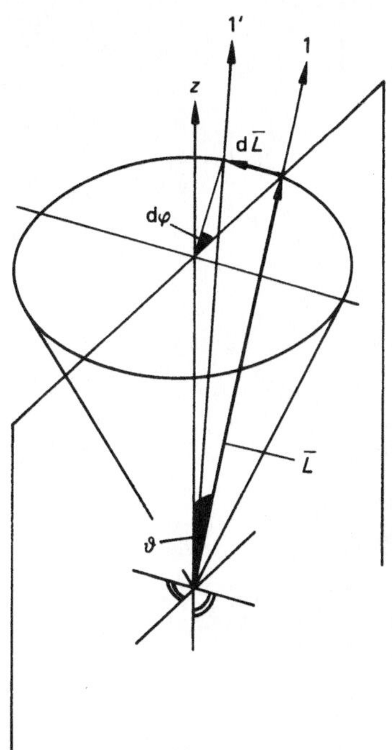

Bild 3-242

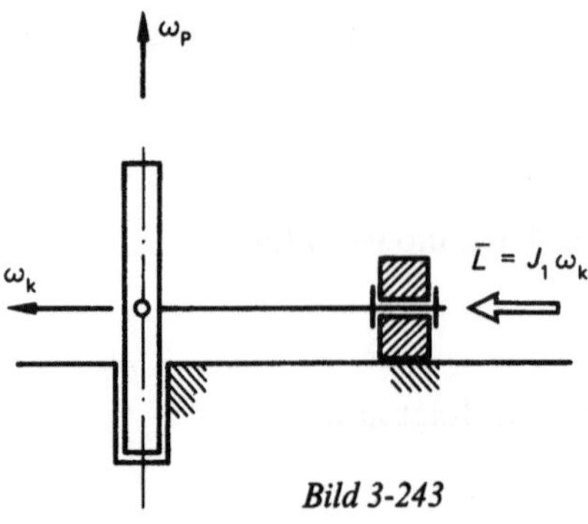

Bild 3-243

entsteht ein Moment, das die gleiche Richtung hat wie der Drehimpulsänderungsvektor dL, Bild 3-243.

Die Walze dreht in die Ebene hinein. Der Drallvektor ist nach links gerichtet, der Drehimpulsänderungsvektor kommt also aus der Ebene heraus; so auch das entstehende Moment: es ist mithin ein linksdrehendes Moment, das sich als Kräftepaar zeigt, Bild 3-244.

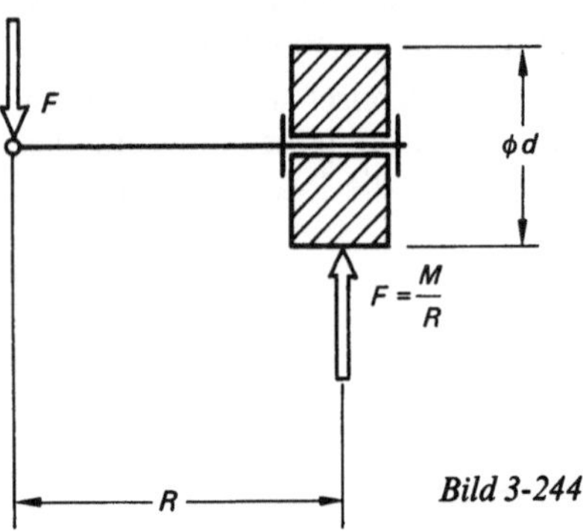

Bild 3-244

Kinematik:

$$\omega_k \frac{d}{2} = \omega_p R$$

Es war:

$$M = J_1\,\omega_p\,\omega_k \sin\vartheta$$

$$\sin 90° = 1$$

$$F = \frac{M}{R} = \frac{J_1\,\omega_p\,\omega_k}{R}$$

$$F = \frac{J_1\,\omega_p}{R}\,\frac{2\,\omega_p R}{d}$$

$$F = \frac{J_1\,2\,\omega_p^2}{d}$$

Die Kraft F ist eine zusätzliche Normalkraft zwischen Bahn und Rad. In Mahlwerken wird diese Zusatzkraft zwischen Mahlstein und Mahlbahn genutzt. Um eine Vorstellung von der Größenordnung dieser zusätzlichen Mahlkraft zu bekommen, sei folgendes Zahlenbeispiel angeführt ($m = 0{,}1$ t, $R = 1$ m, $d = 1$ m, $n_p = 60$ min^{-1}):

Massenträgheitsmoment J_1:

$$J_1 = \frac{m\left(\dfrac{d}{2}\right)^2}{2} = \frac{m\,d^2}{8} = \frac{100\,\text{kg}\,(1\,\text{m})^2}{8}$$

$$J_1 = 12{,}5\,\text{kg}\,\text{m}^2$$

$$\omega_p = \frac{\pi\,n_p}{30} = \frac{\pi\,60}{30}\,\frac{1}{\text{s}} = 6{,}283\,\tfrac{1}{\text{s}}$$

Zusätzliche Mahlkraft F:

$$F = \frac{J_1\,2\,\omega_p^2}{d} = \frac{12{,}5\,\text{kg}\,\text{m}^2\,2\,(6{,}283\,\tfrac{1}{\text{s}})^2}{1\,\text{m}}$$

$$F = 987\,\text{N}$$

Zum Vergleich das Gewicht des Mahlsteins:

$$F_G = m\,g = 100\,\text{kg} \cdot 9{,}81\,\text{m/s}^2$$

$$F_G = 981\,\text{N}$$

Dieses Beispiel zeigt, daß die durch die Kreiselwirkung hervorgerufene Kraft eine beachtliche Größenordnung haben kann, in dem durchgerechneten Zahlenbeispiel in der Größenordnung des Mahlsteingewichts.

Auch bei Kurvenfahrt von Fahrzeugen erfährt der Rotor (Räder oder Achse plus Räder) die Momentenbelastung aufgrund der Kreiselwirkung, Bild 3-245.

Das Fahrzeug, dessen rotierende Massen in der Kurvenfahrt dargestellt sind, fährt in die Bild-

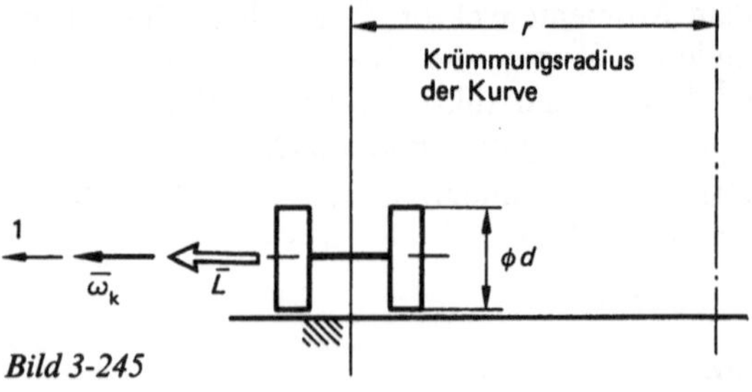

Bild 3-245

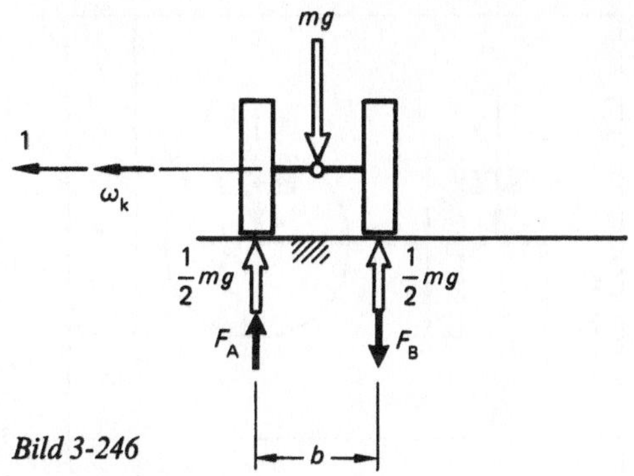

Bild 3-246

ebene hinein. Der dL-Vektor stößt auch in die Bildebene hinein und so auch der M-Vektor, der sich als rechtsdrehendes Kräftepaar darstellt, Bild 3-246.

$$F_A = F_B = \frac{M}{b} = \frac{J_1\,\omega_p\,\omega_k\,\sin 90°}{b}$$

Kinematik:

v = Fahrzeuggeschwindigkeit

$$v = \omega_k\,\frac{d}{2} = \omega_p\,r$$

$$F_A = F_B = \frac{J_1\,\dfrac{v}{r}\,\dfrac{2v}{d}}{b} = \frac{J_1\,2v^2}{r\,d\,b}$$

Zusammenhang zwischen Kreiselwirkung und der Kinetik der Relativbewegung:

Faßt man die Winkelgeschwindigkeit ω_F rotierender Führungssysteme als Winkelgeschwindigkeit der Präzession ω_p auf, und faßt man die Winkelgeschwindigkeit des Relativsystems ω_{rel} als Kreiselwinkelgeschwindigkeit ω_k auf, so erkennt man, daß immer dann, wenn beide Vektoren der Richtung nach voneinander abweichen, das Kreiselmoment M_k auftritt, Spalten 4 und 6 in Bild 3-247. CORIOLIS-Beschleunigung a_{Cor} tritt auf, wenn die Vektoren ω_F und v_{rel} in ihrer Richtung voneinander abweichen (Spalte 2 und Beispiele in Spalten 5 und 6). Stimmen bei der allgemeinen ebenen Bewegung (Rotation und Translation) des Relativsystems die Richtungen von ω_F und v_{rel} nicht überein, so findet CORIOLIS-Beschleunigung statt, und stimmen die Richtungen der Vektoren ω_F und ω_{rel} nicht überein, so tritt das Kreiselmoment ebenfalls auf, gemäß dem Beispiel in Spalte 6 der Übersicht Bild 3-247.

Ein Schwebebahnwagen, Bild 3-248, mit $s = 400$ mm Spurweite (Raddurchmesser $D = 800$ mm, Masse je Rad $m_R = 90$ kg, 2 Räder je Achse) durchfährt eine „richtig" überhöhte Kurve mit der dazu gehörigen Geschwindigkeit $v = 60$ km/h bei einem Kurvenradius $R = 100$ m. Zu berechnen sind die aus der Kreiselwirkung resultierenden zusätzlichen Kräfte zwischen Schiene und den Rädern.

Kurvenüberhöhungswinkel α: Eine Kurve ist für die Geschwindigkeit v dann richtig überhöht, wenn die Resultierende aus Gewichtskraft und Fliehkraft normal zur „Bahn" steht, Bild 3-249 u. 3-250.

$$\tan\alpha = \frac{F_F}{F_G} = \frac{\dfrac{m\,v^2}{R}}{m\,g} = \frac{v^2}{g\,R}$$

hier:

$$\tan\alpha = \frac{\left(\dfrac{60}{3,6}\,\text{m/s}\right)^2}{9,81\,\text{m/s}^2\;100\,\text{m}}$$

$$\alpha = 15,81°$$

$$F = \frac{M}{s} = \frac{J_1\,\omega_p\,\omega_k\,\sin(90° + \alpha)}{s}$$

$$J_1 = 2\,\frac{m\,D^2}{8} = \frac{90\,\text{kg}\,(0,8\,\text{m})^2}{4} = 14,4\,\text{kg m}^2$$

$$\omega_p = \frac{v}{R}\;;\quad \omega_k = \frac{v}{D/2}$$

$$\omega_p = \frac{60\,\text{m/s}}{3,6\cdot 100\,\text{m}} = 0,1\overline{6}\,\tfrac{1}{\text{s}}$$

$$\omega_k = \frac{60\,\text{m/s}}{3,6\cdot 0,4\,\text{m}} = 41,\overline{6}\,\tfrac{1}{\text{s}}$$

$$F = \frac{14,4\,\text{kg m}^2\;0,1\overline{6}\,\tfrac{1}{\text{s}}\;41,\overline{6}\,\tfrac{1}{\text{s}}\,\sin(105,81°)}{0,4\,\text{m}}$$

$$= 240,5\,\text{N}$$

Ein Fahrzeug fährt auf zwei Schienen auf der nördlichen Erdhalbkugel in Richtung Norden. Als Folge der Erddrehung (Führungssystem) erfährt die translatorisch bewegte Fahrzeugmasse eine CORIOLIS-Beschleunigung. Zudem erfahren die drehenden Massen ein Kreiselmoment. Wir wollen anhand von Bild 3-251 beide Effekte näher untersuchen.

CORIOLIS-Beschleunigung und Kreiselmoment bei drehendem Führungssystem					
Relativbewegung translatorisch: $M_k = 0$		Relativbewegung drehend		Relativbewegung ist eine allgemeine, ebene Bewegung	
$\bar{v}_{rel} \parallel \omega_F$	$\bar{v}_{rel}$ nicht $\parallel \omega_F$	$\omega_F \parallel \omega_{rel}$	ω_F nicht $\parallel \omega_{rel}$	Die allgemeine, ebene Bewegung wird zerlegt in Translation mit v_{rel} und Rotation um S mit ω_{rel}.	
$a_{Cor} = 0$	$a_{Cor} = 2\,\bar{\omega}_F\, v_{rel}\, \sin(\sphericalangle\, \omega_F, v_{rel})$	d.h., die Drehachse des Relativsystems wird nicht verlagert: $M_k = 0$ $M_k = J_{rel}\,\omega_p\,\omega_k\,\sin(0)$ $M_k = 0$, weil $(\sphericalangle\,\omega_p, \omega_k) = 0$ $\omega_p \,\hat{=}\, \omega_F$ $\omega_k \,\hat{=}\, \omega_{rel}$	$\boxed{M_k = J_{rel}\,\omega_p\,\omega_k\,\sin(\underbrace{\sphericalangle\,\omega_p, \omega_k}_{\neq 0})}$ Es findet eine Verlagerung der Drehachse statt. $\omega_p \,\hat{=}\, \omega_F$ $\omega_k \,\hat{=}\, \omega_{rel}$	Translation führt zu $a_{Cor} = 2\,\omega_F\, v_{rel}\, \sin(\sphericalangle\,\omega_F, v_{rel})$, wenn ω_F nicht parallel zu v_{rel} ist.	
				Rotation	
				$\omega_F \parallel \omega_{rel}$	ω_F nicht $\parallel \omega_{rel}$
				$M_k = 0$ weil $\sphericalangle(\omega_p, \omega_k) = 0$ d.h., die Drehachse des Relativsystems wird nicht verlagert.	$\boxed{M_k = J_{rel}\,\omega_p\,\omega_k\,\sin(\underbrace{\sphericalangle\,\omega_p, \omega_k}_{\neq 0})}$ Es findet eine Verlagerung der Drehachse statt.
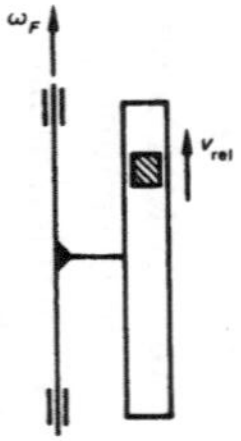 1	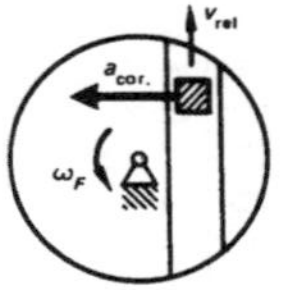 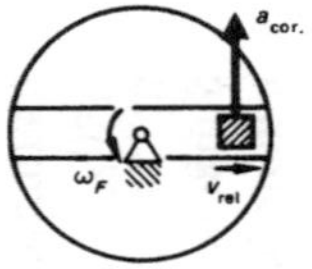 2	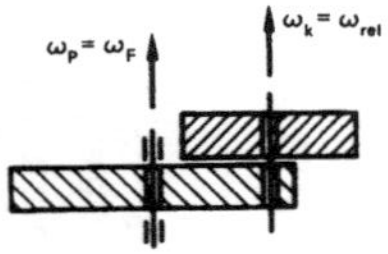 3	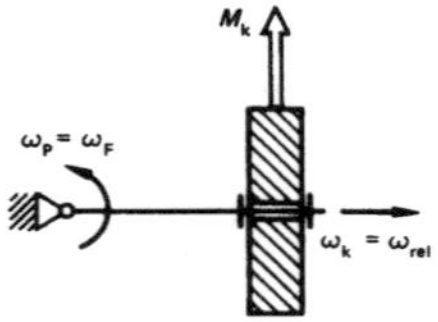 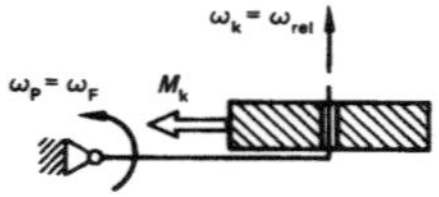 4	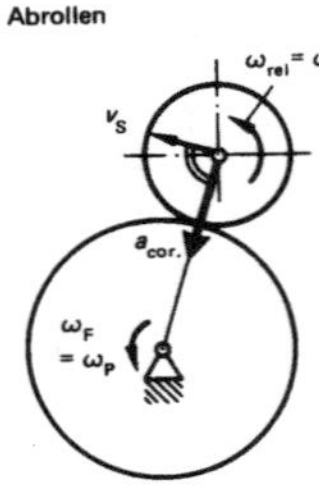 5	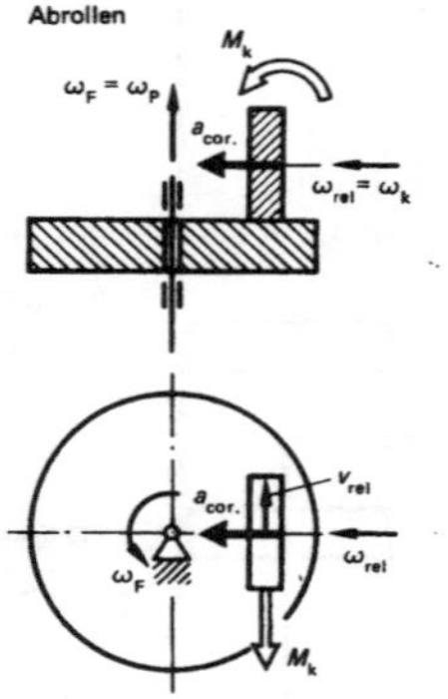 6

Bild 3-247.

Hinweis: In allen Skizzen dieser Tabelle sind nur – falls vorhanden – a_{Cor} und M_k eingezeichnet; andere Beschleunigungen (a_F, a_{rel}) sind der Deutlichkeit halber weggelassen.

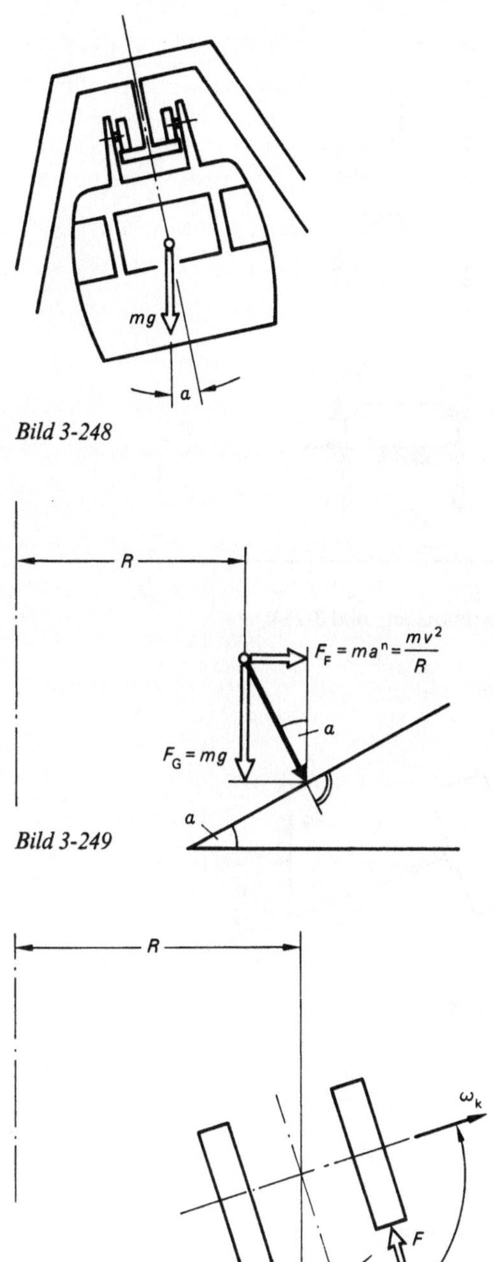

Bild 3-248

Bild 3-249

$$F_F = ma^n = \frac{mv^2}{R}$$

$$F_G = mg$$

Bild 3-250

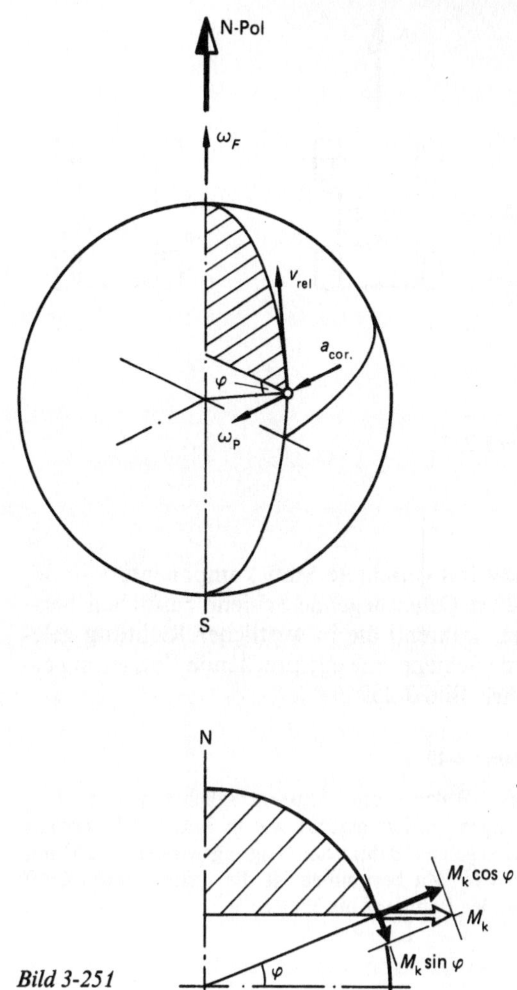

Bild 3-251

Translation der gesamten Fahrzeugmasse:

Drehen wir den ω_F-Vektor in Richtung v_{rel}-Vektor, so erkennen wir, daß die CORIOLIS-Beschleunigung

$$a_{Cor} = 2\,\omega_F\,v_{rel}\,\sin(\varphi)$$

nach Westen gerichtet ist. Die Trägheitskraft $(m\,a_{Cor})$ weist nach Osten. Die CORIOLIS-Beschleunigung sorgt also für ein Abdriften des Fahrzeugs nach Osten. Ein schienenungebundenes Fahrzeug würde zur Rechtskurve neigen. Im übrigen ist die CORIOLIS-Beschleunigung am Äquator null, da dort φ und somit $\sin(\varphi)$ null ist.

Rotatorische Teilmassen des Fahrzeugs:

Der nach Westen gerichtete Drehimpulsvektor L erfährt durch die Erddrehung eine Änderung dL; in diese Richtung zeigt auch der Vektor des Kreiselmoments M_k. Zerlegen wir den M_k-Vektor in Sinus- und Cosinuskomponente, so erkennt man, daß die zum Himmel gerichtete Cosinuskomponente das Fahrzeug zur Linkskurve drängt – ein schienenungebundenes Fahrzeug neigt so zur Linkskurve – und daß die

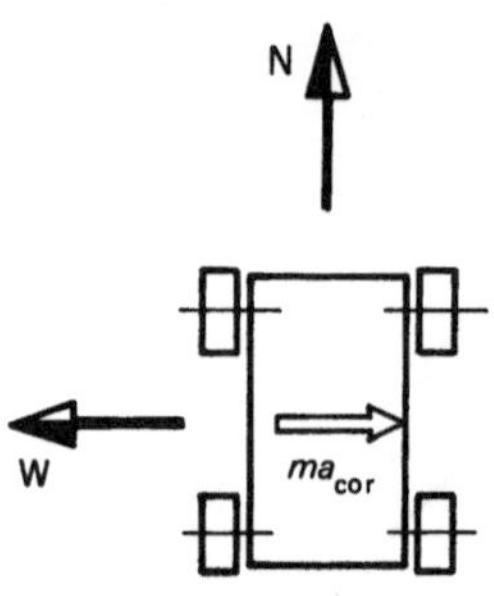

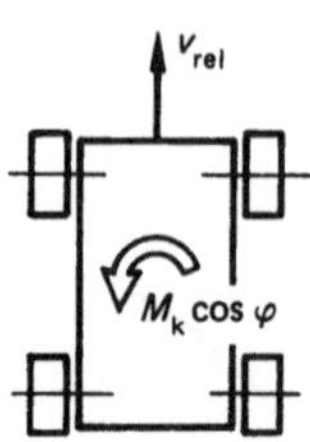

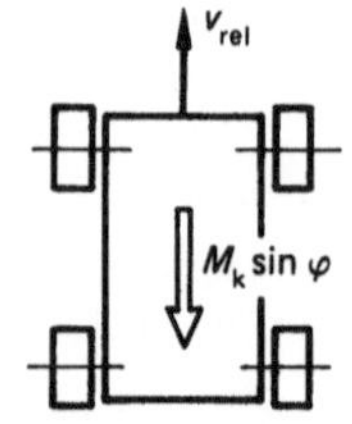

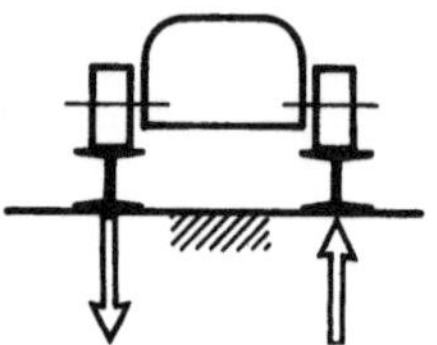

Bild 3-252

südwärts gerichtete Sinuskomponente von M_k die im Osten liegende Schiene zusätzlich belastet, während die in westlicher Richtung gelegene Schiene eine entsprechende Entlastung erfährt, Bild 3-252.

Übung 3-49

Eine Walze vom Massenträgheitsmoment $J_1 = 0,5\,\text{kg m}^2$ rotiert geführt wie in Bild 3-253 skizziert auf kegeliger Bahn vom Neigungswinkel $\alpha = 20°$ mit $\omega_p = 8\,\tfrac{1}{s}$. Zu bestimmen ist die resultierende Kraft von der Bahn auf die Walze.

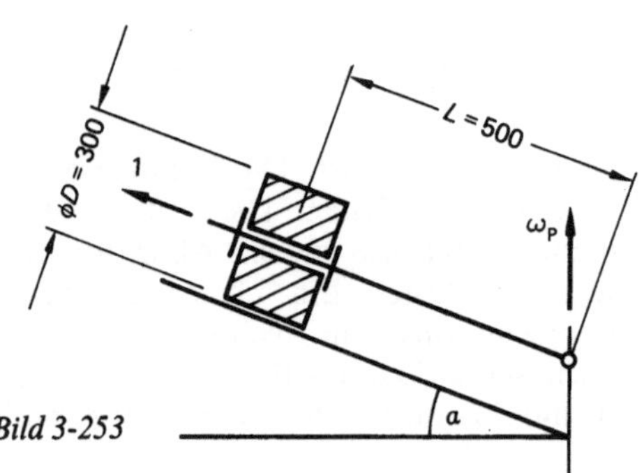

Bild 3-253

Lösung:

$$J_1 = \frac{m\left(\dfrac{D}{2}\right)^2}{2} = \frac{mD^2}{8} = 0,5\,\text{kg m}^2$$

Daraus folgt:

$$m = \frac{0,5\,\text{kg m}^2 \cdot 8}{(0,3\,\text{m})^2} = 44,\overline{4}\,\text{kg}$$

Kreiselmoment, Bild 3-254:

$$M_k = J_1 \,\omega_p\, \omega_k \sin \vartheta$$
$$\vartheta = 90° + \alpha$$

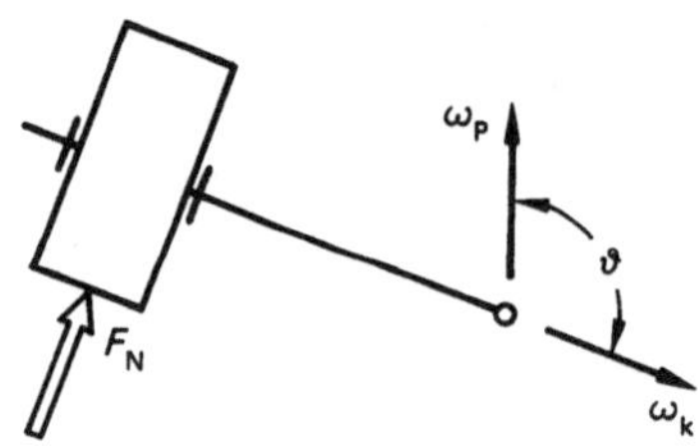

Bild 3-254

$$F_N = m\,g \cos\alpha + \frac{M_k}{L}$$

$$\omega_p L \cos\alpha = \omega_k \frac{D}{2}$$

$$\omega_k = \frac{2 L \cos\alpha}{D}\,\omega_p$$

$$M_k = J_1 \,\omega_p^2\, \frac{2 L \cos\alpha}{D} \sin(90° + \alpha)$$

$$M_k = 0,5\,\text{kg m}^2\,(8\,\tfrac{1}{s})^2\, \frac{2 \cdot 0,5\,\text{m} \cos 20°}{0,3\,\text{m}} \sin(110°)$$

$$= 94,19\,\text{Nm}$$

$$F_N = 44,\overline{4}\,\text{kg}\; 9,81\,\text{m/s}^2 \cos 20° + \frac{94,19\,\text{Nm}}{0,5\,\text{m}} = 598,1\,\text{N}$$

Gleichgewicht bei Bewegung, Bild 3-255.

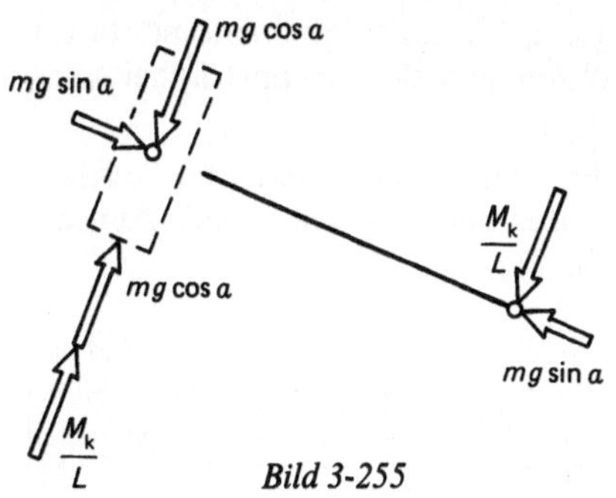

Bild 3-255

3.7. Unwuchten

Der ruhige Lauf von Rotoren ist in der Technik angestrebtes Ziel, da unruhiger Lauf sowohl zu dynamischen Beanspruchungen des Rotors selbst als auch der Lager führt. Die zulässigen Lasten an den Lagern wie auch die zulässigen Belastungen bzw. Werkstoffanstrengungen des Rotors und/oder der Rotorwelle sinken bei dynamischer Belastung. Unter Auswuchten versteht man danach jenen Vorgang, bei dem durch geeignete Maßnahmen die Unwucht beseitigt wird.

So wie eine beliebige Fläche A zwei ausgezeichnete, besondere Schwerpunktachsen hat, auf die bezogen die axialen Flächenmomente 2. Ordnung (Flächenträgheitsmomente) maximal und minimal werden (Hauptachsen der Flächen), so hat auch jeder Körper solche besonderen Achsen, nämlich die drei Hauptachsen. Bezogen auf diese drei im Körperschwerpunkt senkrecht aufeinander stehenden Hauptachsen ist eines dieser Massenträgheitsmomente maximal und eines minimal; das dritte Massenträgheitsmoment weist keine besonderen Eigenschaften auf:

$1, 2, 3 =$ Hauptachsen
$J_1 = \max J_a$
$J_2 = \min J_a$

Auch für Körper gilt gleiches wie bei den Flächen: Symmetrieachsen sind Hauptachsen, Bild 3-256.

Betrachten wir einen Rotor gemäß Bild 3-257, der um eine Nicht-Hauptachse dreht:

$z =$ Drehachse,
$\xi, \eta =$ Hauptachsen,
$\omega =$ Winkelgeschwindigkeit der Rotordrehung.

Bei Drehung mit der Winkelgeschwindigkeit ω erfahren die Massenteilchen des Rotors Fliehkräfte (D'ALEMBERTsche Trägheitskräfte der Normalbeschleunigung):

$$dF = - dm\, a^n = - dm\, y\, \omega^2$$

Diese Fliehkräfte üben ein „aufrichtendes Moment" um die x-Achse aus; der Rotor versucht quasi, eine Drehung um die dynamisch stabile Hauptachse ξ zu erreichen. Er versucht, diese Hauptachse in Richtung der Drehachse zu verlagern.

$$M_x = - \int_m dm\, y\, \omega^2 z = - \omega^2 \int_m y\, z\, dm$$

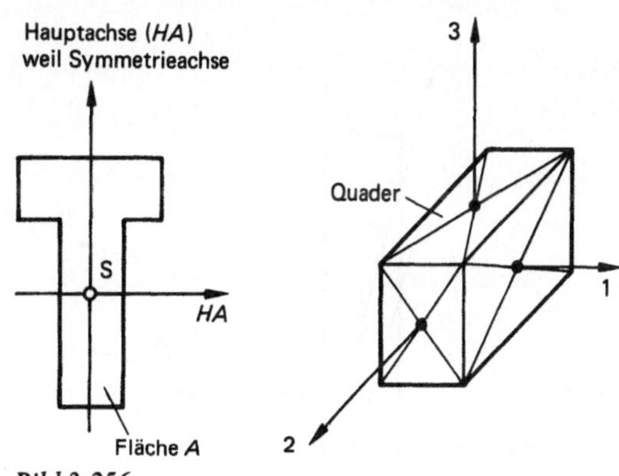

Bild 3-256

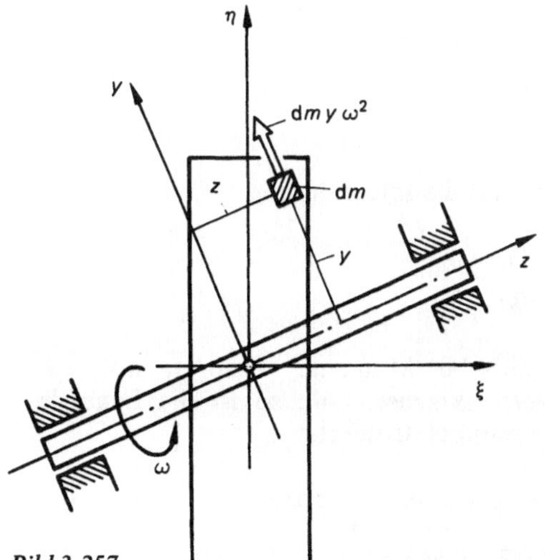

Bild 3-257

Darin stellt das Integral das Zentrifugalmoment J_{yz} (Deviationsmoment) dar, und wir können schreiben:

$$M_x = -J_{yz}\,\omega^2$$

Das „aufrichtende Moment" tritt dann nicht auf, wenn das Zentrifugalmoment null ist. Diese Erkenntnis liefert eine weitere Definition der Hauptachsen eines Körpers. Achsen, auf die bezogen die Zentrifugalmomente verschwinden, sind Trägheitshauptachsen; die auf sie bezogenen Massenträgheitsmomente sind die Hauptträgheitsmomente.

Wenn die Drehachse nicht durch den Schwerpunkt des Rotors verläuft, so gilt der Satz von den parallelen Achsen, Bild 3-258.

$$J_{y'z'} = \int\limits_m \mathrm{d}m\,(y'_\mathrm{S} + y)\,(z'_\mathrm{S} + z)$$
$$= \int\limits_m \mathrm{d}m\,(y'_\mathrm{S} z'_\mathrm{S} + yz + yz'_\mathrm{S} + zy'_\mathrm{S})$$

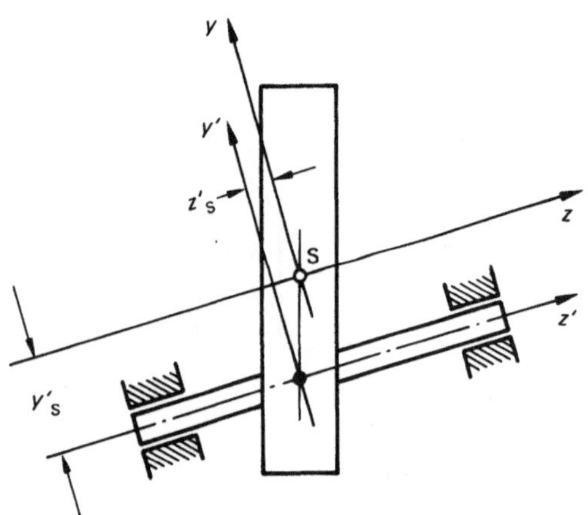

Bild 3-258

Darin sind die Integrale

$$z'_\mathrm{S} \int y\,\mathrm{d}m = 0$$
$$y'_\mathrm{S} \int z\,\mathrm{d}m = 0$$

als statische Momente, bezogen auf eine Schwerpunktachse, null; so ist die Lage des Schwerpunkts definiert.

$$J_{y'z'} = y'_\mathrm{S} z'_\mathrm{S} \int\limits_m \mathrm{d}m + \int\limits_m yz\,\mathrm{d}m$$
$$J_{y'z'} = J_{yz} + m\,y'_\mathrm{S} z'_\mathrm{S}$$

Bestimmung der Massenträgheitsmomente für beliebige Achsen aus den Hauptträgheitsmomenten J_1, J_2, J_3.

Definition der Winkel zwischen den Achsen: 1, 2, 3 = Hauptachsen, x-Achse und Achse 3 sind identisch, Tabelle 3-2.

Tabelle 3-2.

	1	2	3
x-Achse	α_1	β_1	γ_1
y-Achse	α_2	β_2	γ_2
z-Achse	α_3	β_3	γ_3

$$J_x = J_1 \cos^2\alpha_1 + J_2 \cos^2\beta_1 + J_3 \cos^2\gamma_1$$
$$J_y = J_1 \cos^2\alpha_2 + J_2 \cos^2\beta_2 + J_3 \cos^2\gamma_2$$
$$J_z = J_1 \cos^2\alpha_3 + J_2 \cos^2\beta_3 + J_3 \cos^2\gamma_3$$

Deviationsmomente:

$$J_{xy} = -J_1 \cos\alpha_1 \cos\alpha_2 - J_2 \cos\beta_1 \cos\beta_2 - J_3 \cos\gamma_1 \cos\gamma_2$$
$$J_{yz} = -J_1 \cos\alpha_2 \cos\alpha_3 - J_2 \cos\beta_2 \cos\beta_3 - J_3 \cos\gamma_2 \cos\gamma_3$$
$$J_{xz} = -J_1 \cos\alpha_1 \cos\alpha_3 - J_2 \cos\beta_1 \cos\beta_3 - J_3 \cos\gamma_1 \cos\gamma_3$$

Beispiel (Bild 3-259):

Gewicht des Rotors	$mg = 200\,\mathrm{N}$,
Durchmesser der Scheibe	$D = 40\,\mathrm{cm}$,
Lagerabstand	$h = 0{,}5\,\mathrm{m}$,
Drehzahl	$n = 1450\,\mathrm{min}^{-1}$.

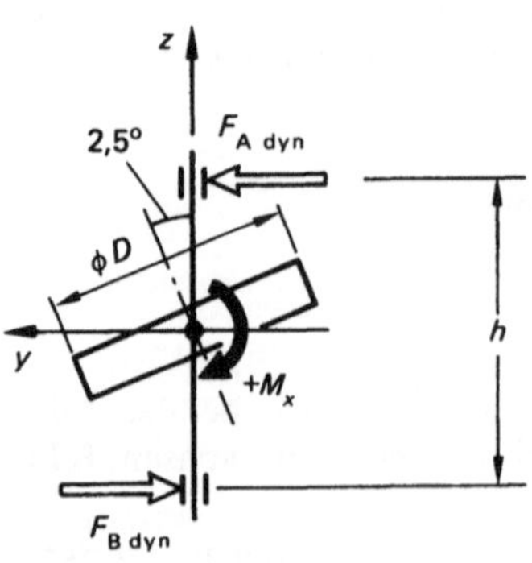

Bild 3-259

Bestimmen wir für den schief aufgekeilten Rotor

a) das Antriebsmoment M_z, das den Rotor in 12 Sekunden aus dem Stillstand auf die genannte Drehzahl beschleunigt,
b) das aufrichtende Moment M_x und
c) die dynamischen Auflagerkräfte in den Lagern A und B.

a) Kinematik der gleichförmigen Beschleunigung:

$$\alpha_0 = \ddot{\varphi} = \frac{\omega}{t} = \frac{\pi n}{30\,t}$$

$$\alpha_0 = \frac{\pi\,1450\,(\tfrac{1}{s})}{30 \cdot 12\,s} = 12{,}654\,\tfrac{1}{s^2}$$

Dynamisches Grundgesetz:

$$M_z = J_z\,\alpha_0$$
$$J_z = J_1 \cos^2\alpha_3 + J_2 \cos^2\beta_3 + J_3 \cos^2\gamma_3$$
$$\alpha_3 = 2{,}5°$$
$$\beta_3 = 87{,}5°$$
$$\gamma_3 = 90°$$

$$J_1 = \frac{m\left(\dfrac{D}{2}\right)^2}{2} = \frac{200\,\text{N}\,(0{,}2\,\text{m})^2}{9{,}81\,\text{m/s}^2 \cdot 2}$$
$$= 0{,}40775\,\text{kg m}^2$$
$$J_2 = J_3 = \tfrac{1}{2} J_1$$
$$J_z = J_1\,[\cos^2 2{,}5° + \tfrac{1}{2}\cos^2 87{,}5° + \tfrac{1}{2}\cos^2 90°]$$
$$J_z = 0{,}40736\,\text{kg m}^2$$

b) Aufrichtendes Moment M_x, Bild 3-259.

$$M_x = -J_{yz}\,\omega^2$$

$$J_{yz} = -J_1 \cos\alpha_2 \cos\alpha_3$$
$$\quad - J_2 \cos\beta_2 \cos\beta_3 - J_3 \cos\gamma_2 \cos\gamma_3$$

$$\alpha_2 = 87{,}5°; \quad \alpha_3 = 2{,}5°$$
$$\beta_2 = 177{,}5°; \quad \beta_3 = 87{,}5°$$
$$\gamma_2 = 90°; \quad \gamma_3 = 90°$$

$$J_{yz} = -J_1\,[\cos\alpha_2 \cos\alpha_3 + \tfrac{1}{2}\cos\beta_2 \cos\beta_3 + 0]$$
$$J_{yz} = -0{,}00888444\,\text{kg m}^2$$

$$M_x = +0{,}00888444\,\text{kg m}^2 \left(\frac{\pi\,1450}{30}\,\frac{1}{s}\right)^2$$
$$M_x = +204{,}84\,\text{Nm}$$

c) $F_{\text{A dyn}} = F_{\text{B dyn}} = \dfrac{M_x}{h} = \dfrac{204{,}84\,\text{Nm}}{0{,}5\,\text{m}} = 409{,}7\,\text{N}$

Nach diesem Beispiel können wir zwischen statischer Unwucht und dynamischer Unwucht unterscheiden:

a) Dynamische Unwucht:

Rotiert der Körper um eine Achse, die nicht Hauptachse ist, so liegt dynamische Unwucht vor. Auswuchten einer solchen dynamischen Unwucht erfolgt durch Anbringen von zusätzlichen Massen derart, daß die Drehachse dann eine Trägheitshauptachse ist, Bild 3-260.

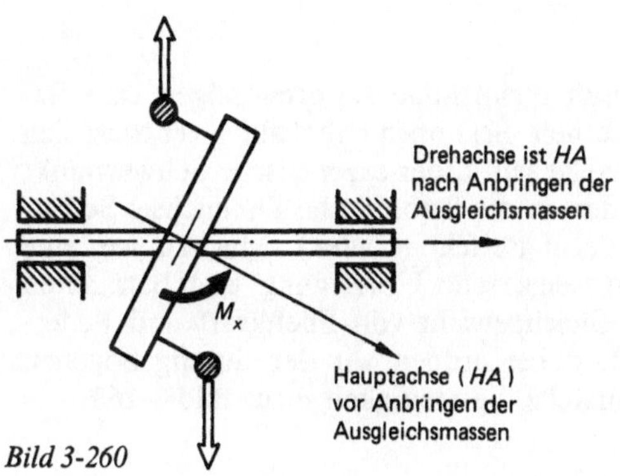

Bild 3-260

Das Kräftepaar der Fliehkräfte der Ausgleichsmassen hebt die Wirkung des aufrichtenden Moments M_x des dynamisch unwuchtigen Rotors auf. Bei symmetrischer Anordnung der Zusatzmassen verändert sich die Lage des Rotorschwerpunkts nicht.

b) Statische Unwucht:

Liegt der Schwerpunkt des Rotors nicht auf der Drehachse, so liegt statische Unwucht vor, Bild 3-261.

Das Auswuchten einer statischen Unwucht geschieht durch Anbringen einer Zusatzmasse derart, daß der Gesamtschwerpunkt in die Drehachse fällt, Bild 3-262.

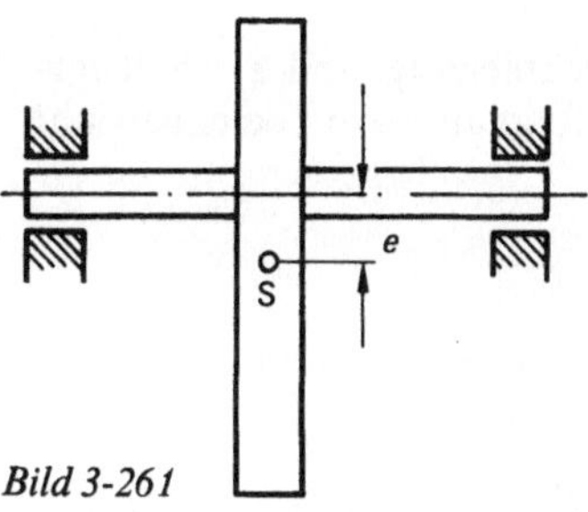

Bild 3-261

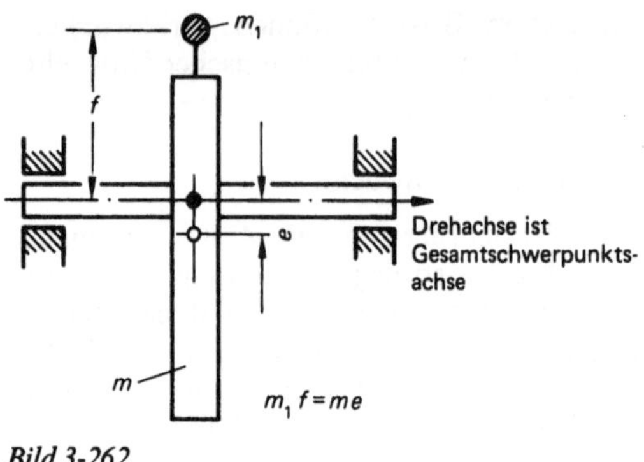

Bild 3-262

Statisch unwuchtige Rotoren zeigen eine Besonderheit. Bei hohen Drehzahlen zentriert sich die Welle selbst, der exzentrische Schwerpunkt wandert in die theoretische Drehachse: Selbstzentrierungseffekt (LAVAL). Machen wir eine D'ALEMBERTsche Überlegung und betrachten das Gleichgewicht von Fliehkraft und Federkraft, dabei ordnen wir der durchgebogenen Rotorwelle die Steifigkeit c zu, Bild 3-263.

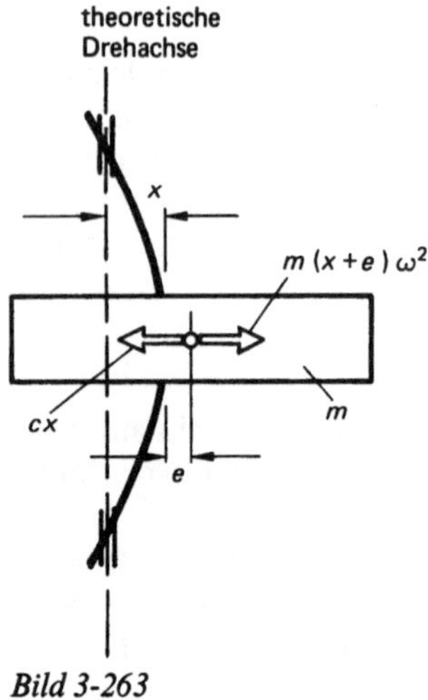

Bild 3-263

Mit $x =$ Wellendurchbiegung und $e =$ Schwerpunktexzentrizität folgt aus dem Gleichgewicht beider Kräfte:

$$x = \frac{e}{\dfrac{\left(\dfrac{c}{m}\right)}{\omega^2} - 1}$$

Die Rotorwelle kann Biegeschwingungen der Eigenkreisfrequenz

$$\omega_0 = \sqrt{\frac{c}{m}}$$

vollführen. Damit lautet der Ausdruck für die Wellendurchbiegung x:

$$x = \frac{e}{\left(\dfrac{\omega_0}{\omega}\right)^2 - 1}$$

Für sehr große ω, also für sehr große Drehzahlen, strebt x gegen $(-e)$, d.h. die Welle biegt dann so durch, daß der Rotorschwerpunkt in der theoretischen Drehachse liegt. Dies bedeutet ruhigen Lauf des Rotors. Man beachte, daß dieser Effekt unabhängig von der Größe der Exzentrizität e des Rotorschwerpunktes ist.

Für das dynamische Verhalten des Rotors ist eine Winkelgeschwindigkeit ω kritisch, die mit der Eigenkreisfrequenz der Biegeschwingungen ω_0 übereinstimmt. Der Nenner im Ausdruck für die Wellendurchbiegung x wird null, das Maß x strebt gegen unendlich. Die Wellendurchbiegungen werden unerträglich groß werden. Dies ist die Übereinstimmung von Erregerfrequenz und Eigenkreisfrequenz mit dem aus der Schwingungslehre bekannten Resonanzfall des ungedämpften Einmassenschwingers. Die zugehörige Drehzahl nennt man die Biegekritische Drehzahl des Rotors. Die Arbeitsdrehzahl sollte nicht im Bereich der Biegekritischen Drehzahl liegen; sowohl bei unterkritischen Drehzahlen als auch bei überkritischen Drehzahlen liegen endlich große Wellendurchbiegungen vor; bei weit überkritischer Drehzahl tritt der Effekt der Selbstzentrierung auf, Bild 3-264:

$$n_{kr} = \frac{30\,\omega_{kr}}{\pi} = \frac{30}{\pi}\sqrt{\frac{c}{m}}$$

Abschließend sei ein weiteres Zahlenbeispiel gegeben. Dabei ist unsere Taumelscheibe sowohl dynamisch als auch statisch unwuchtig. Es sollen die maximalen Lagerkräfte berechnet werden, Bild 3-265.

Die Taumelscheibe sei aus dem Werkstoff Stahl mit dem spezifischen Gewicht von 78,5 N/dm³.

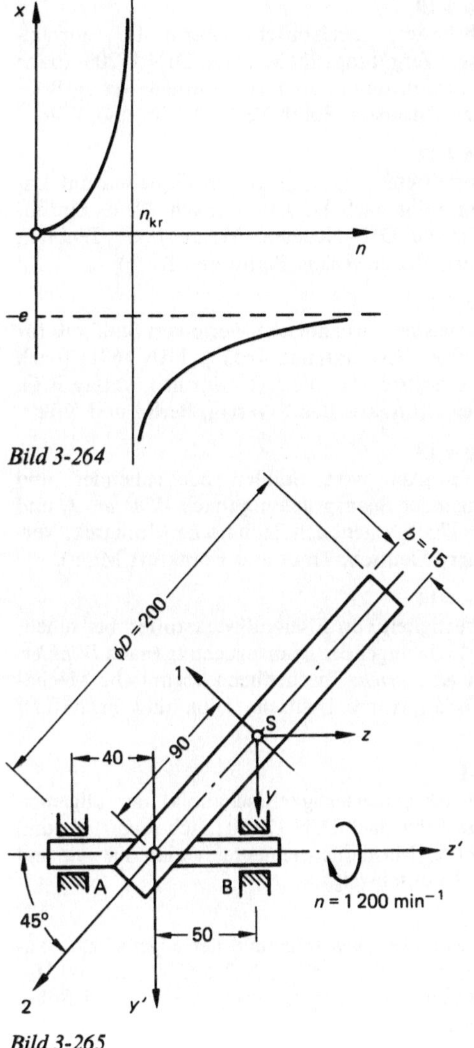

Bild 3-264

Bild 3-265

Scheibengewicht:

$$mg = \frac{D^2 \pi}{4} b \gamma$$

$$mg = \frac{(2\,\mathrm{dm})^2 \pi}{4} \, 0{,}15\,\mathrm{dm}\ 78{,}5\,\mathrm{N/dm^3} = 37\,\mathrm{N}$$

$$m = \frac{37\,\mathrm{N}}{9{,}81\,\mathrm{m/s^2}} = 3{,}771\,\mathrm{kg}$$

Aufrichtendes Moment M_x:

$$M_x = -J_{y'z'}\,\omega^2$$

$$J_{y'z'} = J_{yz} + m\, y'_S z'_S$$

$$J_{yz} = -J_1 \cos\alpha_2 \cos\alpha_3$$
$$\qquad - J_2 \cos\beta_2 \cos\beta_3 - J_3 \cos\gamma_2 \cos\gamma_3$$

$$\alpha_2 = 135°;\ \ \alpha_3 = 135°$$
$$\beta_2 = 45°;\ \ \ \beta_3 = 135°$$
$$\gamma_2 = 90°;\ \ \ \gamma_3 = 90°$$

$$J_1 = \frac{m\left(\dfrac{D}{2}\right)^2}{2} = \frac{3{,}771\,\mathrm{kg}\ (0{,}1\,\mathrm{m})^2}{2}$$
$$\qquad = 0{,}018855\,\mathrm{kg\,m^2}$$

$$J_2 = J_3 = \tfrac{1}{2} J_1 = 0{,}0094275\,\mathrm{kg\,m^2}$$

$$J_{yz} = -0{,}00471375\,\mathrm{kg\,m^2}$$

$$J_{y'z'} = -0{,}00471375\,\mathrm{kg\,m} + 3{,}771\,\mathrm{kg}$$
$$\qquad \cdot \left(-\frac{0{,}09\,\mathrm{m}}{\sqrt{2}}\right)\left(+\frac{0{,}09\,\mathrm{m}}{\sqrt{2}}\right)$$

$$J_{y'z'} = -0{,}02\,\mathrm{kg\,m^2}$$

$$M_x = -J_{y'z'}\,\omega^2 = +0{,}02\,\mathrm{kg\,m^2}\left(\frac{\pi\,1200}{30}\frac{1}{\mathrm{s}}\right)^2$$
$$\qquad = +315{,}8\,\mathrm{Nm}$$

In bezug auf die maximalen Lagerkräfte ist jene Stellung kritisch, in der sich die Momente von Fliehkraft und Gewichtskraft dem aufrichtenden Moment M_x vorzeichengleich überlagern, Bild 3-266.

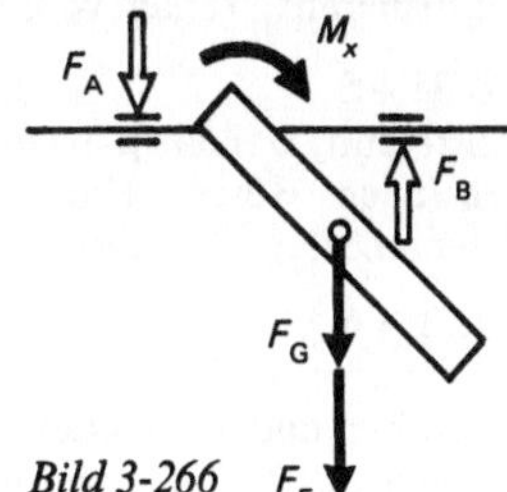

Bild 3-266

Fliehkraft:

$$F_F = m r \omega^2$$

$$F_m = 3{,}771\,\mathrm{kg}\,\frac{0{,}09\,\mathrm{m}}{\sqrt{2}}\left(\frac{\pi\,1200}{30}\frac{1}{\mathrm{s}}\right)^2$$

$$F_F = 3789{,}7\,\mathrm{N}$$

$$\sum M_A = 0$$

$$0 = -315{,}8\,\mathrm{Nm} - \left(0{,}04\,\mathrm{m} + \frac{0{,}09\,\mathrm{m}}{\sqrt{2}}\right)$$
$$\qquad \cdot \left(3789{,}7\,\mathrm{N} + 37\,\mathrm{N}\right) + F_B\, 0{,}09\,\mathrm{m}$$

$$F_B = 7915{,}5\,\mathrm{N}$$

$$\sum F = 0$$

$$0 = 37\,\mathrm{N} + 3789{,}7\,\mathrm{N} + F_A - 7915{,}5\,\mathrm{N}$$

$$F_A = 4088{,}8\,\mathrm{N}$$

4. Anhang

Übersicht mit Quellenangaben

Tabelle 4-1
Durchbiegungen, Tangentenneigungen sowie Auflagerreaktionen von Balken konstanter Biegesteifigkeit (nach: Dubbels Taschenbuch für den Maschinenbau, Springer-Verlag Berlin/Göttingen/Heidelberg).

Tabelle 4-2
Schwerpunkte ebener Flächen (nach: Hütte – Die Grundlagen der Ingenieurwissenschaften, Springer-Verlag).

Tabelle 4-3
Axiale Flächenmomente 2. Ordnung bezogen auf die Schwerpunktachsen y und z (nach: Hütte – Die Grundlagen der Ingenieurwissenschaften, Springer-Verlag).

Tabelle 4-4
Zulässige Flächenpressung bei ruhender Belastung (nach *Reitor, G.,* und *K. Hohmann:* Grundlagen des Konstruierens, Verlag W. Girardet, Essen).

Tabelle 4-5
Gleitreibungszahlen μ technisch trockener Oberflächen (nach: Hütte – Die Grundlagen der Ingenieurwissenschaften, Springer-Verlag).

Tabelle 4-6
Elastizitätsmodul verschiedener Werkstoffe sowie Querzahl μ und Wärmedehnzahl α (nach: Hütte – Die Grundlagen der Ingenieurwissenschaften, Springer-Verlag).

Tabelle 4-7
Gewährleistete mechanische Werte für Stahlsorten nach DIN 17100 (nach *Klein:* Einführung in die DIN-Normen, Verlag B.G. Teubner, Stuttgart, Beuth-Verlag Berlin und Köln).

Tabelle 4-8
Gewährleistete mechanische Werte für blanke Stähle nach DIN 1652 (Behandlungszustand K – kaltgezogen), Auswahl aus DIN 17100 (nach *Klein:* Einführung in die DIN-Normen, Verlag B.G. Teubner, Stuttgart, Beuth-Verlag Berlin und Köln).

Tabelle 4-9
Gewährleistete mechanische Werte für blanke Stähle nach DIN 1652 (Behandlungszustand K – kaltgezogen), Auswahl aus DIN 17200 und 17210 (nach *Klein:* Einführung in die DIN-Normen, Verlag B.G. Teubner, Stuttgart, Beuth-Verlag Berlin und Köln).

Tabelle 4-10
Gewährleistete mechanische Werte für normalgeglühte Vergütungsstähle nach DIN 17200 (nach *Klein:* Einführung in die DIN-Normen, Verlag B.G. Teubner, Stuttgart, Beuth-Verlag Berlin und Köln).

Tabelle 4-11
Gewährleistete Zugfestigkeit von Gußeisen mit Lamellengraphit nach DIN 1691 (nach *Klein:* Einführung in die DIN-Normen, Verlag B.G. Teubner, Stuttgart, Beuth-Verlag, Berlin und Köln).

Tabelle 4-12
Gewährleistete mechanische Werte von Stahlguß für allgemeine Verwendungszwecke, DIN 1681 (nach *Klein:* Einführung in die DIN-Normen, Verlag B.G. Teubner, Stuttgart, Beuth-Verlag, Berlin und Köln).

Tabelle 4-13
Dauerfestigkeit von Stählen bei ruhender und schwingender Beanspruchung (nach *Winkler, J.,* und *H. Aurich:* Taschenbuch Technische Mechanik, Verlag Harry Deutsch, Thun und Frankfurt/Main).

Tabelle 4-14
Dauerfestigkeit von Eisengußwerkstoffen bei ruhender und schwingender Beanspruchung (nach *Winkler, J.,* und *H. Aurich:* Taschenbuch Technische Mechanik, Verlag Harry Deutsch, Thun und Frankfurt/Main).

Bild 4-1
Zug-Druck-Dauerfestigkeitsschaubild der allgemeinen Baustähle nach DIN 17100 (nach *Roloff, H.,* und *W. Matek:* Maschinenelemente, Verlag Vieweg und Sohn, Braunschweig).

Bild 4-2
Biege-Dauerfestigkeitsschaubild der allgemeinen Baustähle nach DIN 17100 (nach *Roloff, H.,* und *W. Matek:* Maschinenelemente, Verlag Vieweg und Sohn, Braunschweig).

Bild 4-3
Verdreh-Dauerfestigkeitsschaubild der allgemeinen Baustähle nach DIN 17100 (nach *Roloff, H.,* und *W. Matek:* Maschinenelemente, Verlag Vieweg und Sohn, Braunschweig).

Bild 4-4
Zug-Druck-Dauerfestigkeitsschaubild für Kugelgraphitguß nach DIN 1663 (nach *Roloff, H.,* und *W. Matek:* Maschinenelemente, Verlag Vieweg und Sohn, Braunschweig).

Bild 4-5
Biege-Dauerfestigkeitsschaubild für Kugelgraphitguß nach DIN 1663 (nach *Roloff, H.,* und *W. Matek:* Maschinenelemente, Verlag Vieweg und Sohn, Braunschweig).

Bild 4-6
Verdreh-Dauerfestigkeitsschaubild für Kugelgraphitguß nach DIN 1663 (nach *Roloff, H.,* und *W. Matek:*

Maschinenelemente, Verlag Vieweg und Sohn, Braunschweig).

Bild 4-7
Zug-Druck-Dauerfestigkeitsschaubild für Stahlguß nach DIN 1681 (nach *Roloff, H.,* und *W. Matek:* Maschinenelemente, Verlag Vieweg und Sohn, Braunschweig).

Bild 4-8
Biege-Dauerfestigkeitsschaubild für Stahlguß nach DIN 1681 (nach *Roloff, H.,* und *W. Matek:* Maschinenelemente, Verlag Vieweg und Sohn, Braunschweig).

Bild 4-9
Verdreh-Dauerfestigkeitsschaubild für Stahlguß nach DIN 1681 (nach *Roloff, H.,* und *W. Matek:* Maschinenelemente, Verlag Vieweg und Sohn, Braunschweig).

Bild 4-10
Zug-Druck-Dauerfestigkeitsschaubild für Vergütungsstähle nach DIN 17200 (nach *Roloff, H.,* und *W. Matek:* Maschinenelemente, Verlag Vieweg und Sohn, Braunschweig).

Bild 4-11
Biege-Dauerfestigkeitsschaubild für Vergütungsstähle nach DIN 17200 (nach *Roloff, H.,* und *W. Matek:* Maschinenelemente, Verlag Vieweg und Sohn, Braunschweig).

Bild 4-12
Verdreh-Dauerfestigkeitsschaubild für Vergütungsstähle nach DIN 17200 (nach *Roloff, H.,* und *W. Matek:* Maschinenelemente, Verlag Vieweg und Sohn, Braunschweig).

Bild 4-13
Zug-Druck-Dauerfestigkeitsschaubild für Einsatzstähle nach DIN 17210 (nach *Roloff, H.,* und *W. Matek:* Maschinenelemente, Verlag Vieweg und Sohn, Braunschweig).

Bild 4-14
Biege-Dauerfestigkeitsschaubild für Einsatzstähle nach DIN 17210 (nach *Roloff, H.,* und *W. Matek:* Maschinenelemente, Verlag Vieweg und Sohn, Braunschweig).

Bild 4-15
Verdreh-Dauerfestigkeitsschaubild für Einsatzstähle nach DIN 17210 (nach *Roloff, H.,* und *W. Matek:* Maschinenelemente, Verlag Vieweg und Sohn, Braunschweig).

Tabelle 4-15
Additionstheoreme trigonometrischer Funktionen (nach: Hütte – Die Grundlagen der Ingenieurwissenschaften, Springer-Verlag).

Tabelle 4-16
Beziehungen zwischen trigonometrischen Funktionen gleichen Arguments (nach: Hütte – Die Grundlagen der Ingenieurwissenschaften, Springer-Verlag).

Tabelle 4-17
Potenzen von trigonometrischen Funktionen (nach: Hütte – Die Grundlagen der Ingenieurwissenschaften, Springer-Verlag).

Tabelle 4-18
Eulersche Formeln: Zusammenhang der trigonometrischen Funktionen mit der Exponentialfunktion (nach: Hütte – Die Grundlagen der Ingenieurwissenschaften, Springer-Verlag).

Bild 4-16
Hyperbolische Funktionen (nach: Hütte – Die Grundlagen der Ingenieurwissenschaften, Springer-Verlag).

Tabelle 4-19
Beziehungen hyperbolischer Funktionen gleichen Arguments (nach: Hütte – Die Grundlagen der Ingenieurwissenschaften, Springer-Verlag).

Tabelle 4-20
Mac Laurin-Reihen (nach: Hütte – Die Grundlagen der Ingenieurwissenschaften, Springer-Verlag).

Tabelle 4-21
Einige elementare Integralfunktionen (nach: Hütte – Die Grundlagen der Ingenieurwissenschaften, Springer-Verlag).

Tabelle 4-22
Integrale trigonometrischer Funktionen (nach *Bartsch, H.-J.:* Mathematische Formeln, VEB Fachbuchverlag, Leipzig).

Tabelle 4-23
Einige häufig vorkommende Integralfunktionen (nach *Bartsch, H.-J.:* Mathematische Formeln, VEB Fachbuchverlag, Leipzig).

Tabelle 4-24
Massenträgheitsmomente bezüglich Schwerpunktsachsen.

Tabelle 4-1. Durchbiegungen, Tangentenneigungen sowie Auflagerreaktionen von Balken konstanter Biegesteifigkeit.

Belastungsfall	Bemerkungen	Auflagerdrücke A, B Biegemomente M	Gleichung der Biegelinie	Durchbiegungen f und f_m
	Freiträger. Gefährdeter Querschnitt bei B	$B = F$ $M = -Flx/l;$ $\max M = Fl$	$y = \dfrac{Fl^3}{3EI}\left(1 - \dfrac{3}{2}\dfrac{x}{l} + \dfrac{1}{2}\dfrac{x^3}{l^3}\right);$ $\operatorname{tg}\alpha_{(x=0)} = Fl^2/2EI = 3f/2l$	$f = f_m = \dfrac{Fl^3}{3EI}$
	Frei aufliegender Träger. Gefährdeter Querschnitt in der Mitte	$A = B = \dfrac{F}{2}$ $M = \dfrac{Fl}{2}\dfrac{x}{l};$ $\max M = Fl/4$	$y = \dfrac{Fl^3}{16EI}\dfrac{x}{l}\left(1 - \dfrac{4}{3}\dfrac{x^2}{l^2}\right),\ x \leqq \dfrac{l}{2};$ $\operatorname{tg}\alpha_{(x=0)} = Fl^2/16EI = 3f/l$	$f = f_m = \dfrac{Fl^3}{48EI}$
	Frei aufliegender Träger. Gefährdeter Querschnitt bei C	$A = Fb/l;\quad B = Fa/l$ Für AC: $M = Fbx/l;$ für BC: $M = Fax_1/l.$ $\max M = Flab/l^2$	$y = \dfrac{Fl^3}{6EI}\dfrac{a}{l}\dfrac{b^2}{l^2}\dfrac{x}{l}\left(1 + \dfrac{l}{b} - \dfrac{x^2}{ab}\right),\ x \leqq a;$ $y_1 = \dfrac{Fl^3}{6EI}\dfrac{b}{l}\dfrac{a^2}{l^2}\dfrac{x_1}{l}\left(1 + \dfrac{l}{a} - \dfrac{x_1^2}{ab}\right),\ x_1 \leqq b;$ $ay'(0) = f\dfrac{1}{2}\left(1 + \dfrac{l}{b}\right);$ $by_1'(0) = f\dfrac{1}{2}\left(1 + \dfrac{l}{a}\right)$	$f = \dfrac{Fl^3}{3EI}\dfrac{a^2}{l^2}\dfrac{b^2}{l^2};$ $f_m = f\dfrac{l+b}{3b}\sqrt{\dfrac{l+b}{3a}}$ für $x_m = a\sqrt{(l+b)/3a}$, wenn $a > b$. Wenn $a < b$ ist, sind a und b bzw. x und x_1 zu vertauschen

Tabelle 4-1. (Fortsetzung).

Belastungsfall	Bemerkungen	Auflagerdrücke A, B Biegemomente M	Gleichung der Biegelinie	Durchbiegungen f und f_m
	Halb eingespannter Träger symmetrisch belastet. Gefährdeter Querschnitt bei B. Wendepunkt bei $x_{1w} = \dfrac{3}{11}\,l$	$A = \dfrac{5}{16}F;\quad B = \dfrac{11}{16}F$ Für AC: $M = \dfrac{5}{16}Fx;$ $M_C = \dfrac{5}{32}Fl;$ für BC: $M = Fl\left(\dfrac{11}{16}\dfrac{x_1}{l} - \dfrac{3}{16}\right);$ $\max M = \lvert M_B\rvert = \dfrac{3}{16}Fl$	$y = \dfrac{Fl^3}{32EI}\dfrac{x}{l}\left(1 - \dfrac{5}{3}\dfrac{x^2}{l^2}\right),\ x \leqq \dfrac{l}{2}$ $y_1 = \dfrac{Fl^3}{32EI}\dfrac{x_1^2}{l^2}\left(3 - \dfrac{11}{3}\dfrac{x_1}{l}\right),\ x_1 \leqq \dfrac{l}{2}$ $y'(0) = \dfrac{Fl^2}{32EI} = \dfrac{24}{7}\dfrac{f}{l}$	$f = \dfrac{7}{768}\dfrac{Fl^3}{EI} \approx \dfrac{Fl^3}{110\,EI};$ $f_m = \dfrac{1}{48\sqrt{5}}\dfrac{Fl^3}{EI} \approx \dfrac{Fl^3}{107\,EI}$ für $x_m = l/\sqrt{5} = 0{,}447\,l$
	Halb eingespannter Träger, unsymmetrisch belastet. Gefährdeter Querschnitt bei B oder C. Wendepunkt bei $x_{1w} = l\dfrac{\eta}{1+\eta};$ $\eta = \dfrac{b}{2l}\left(1 + \dfrac{a}{l}\right)$	$A = F\dfrac{b^2}{l^2}\left(1 + \dfrac{a}{2l}\right);$ $B = F\dfrac{a}{l}(1 + \eta)$ Für AC: $M = Ax;$ $M_C = Fl\dfrac{a}{l}\dfrac{b^2}{l^2}\left(1 + \dfrac{a}{2l}\right);$ für BC: $M = Bx_1 - M_B;$ $M_B = (-)Fl\dfrac{b}{l}\dfrac{a}{l}\left(1 - \dfrac{b}{2l}\right)$ $\max M = M_C$ für $\dfrac{a}{l} \leqq \sqrt{2} - 1 = 0{,}414$ $\max M = M_B$ für $\dfrac{a}{l} \geqq \sqrt{2} - 1 = 0{,}414$	$y = \dfrac{Fl^3}{4EI}\dfrac{b^2}{l^2}\dfrac{x}{l}$ $\cdot\left[\dfrac{a}{l} - \dfrac{2}{3}\left(1 + \dfrac{a}{2l}\right)\dfrac{x^2}{l^2}\right],\ x \leqq a;$ $y_1 = \dfrac{Fl^3}{4EI}\dfrac{a}{l}\dfrac{x_1^2}{l^2}$ $\cdot\left[\left(1 - \dfrac{a^2}{l^2}\right) - \left(1 - \dfrac{a^2}{3l^2}\right)\dfrac{x_1}{l}\right],\ x_1 \leqq b;$ $\mathrm{tg}\,\alpha_{(x=0)} = \dfrac{Fl^2}{4EI}\dfrac{b^2}{l^2}\dfrac{a}{l}$	$f = \dfrac{Fl^3}{4EI}\dfrac{a^2}{l^2}\dfrac{b^3}{l^3}\left(1 + \dfrac{a}{3l}\right);$ $f_m = y$ für $x = x_{1m} = 2l\eta/(1+\eta),$ wenn $\dfrac{a}{l} \leqq 0{,}414$ $x = x_m = l\sqrt{\dfrac{a/2l}{1 + a/2l'}},$ wenn $\dfrac{a}{l} \geqq 0{,}414$

Tabelle 4-1. (Fortsetzung).

Belastungsfall	Bemerkungen	Auflagerdrücke A, B Biegemomente M	Gleichung der Biegelinie	Durchbiegungen f und f_m
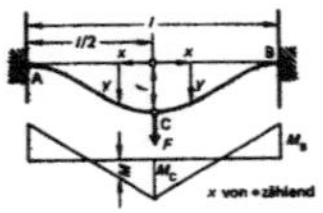	Eingespannter Träger, symmetrisch belastet. Gefährdete Querschnitte bei A, B und C. Wendepunkte bei $x_w = l/4$	$A = B = \dfrac{1}{2} F$ $M = \dfrac{Fl}{2}\left(\dfrac{1}{4} - \dfrac{x}{l}\right);$ $\max M = Fl/8$	$y = \dfrac{Fl^3}{192\,EI}\left(1 + \dfrac{4x}{l}\right)\left(1 - \dfrac{2x}{l}\right)^2;$ $\operatorname{tg}\alpha_{(x=x_w)} = 3f/l$	$f = f_m = \dfrac{Fl^3}{192\,EI};$ $y_w = f/2$
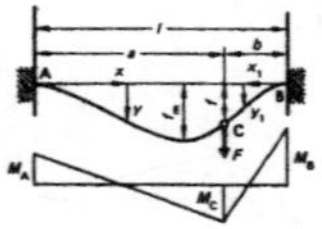	Eingespannter Träger, unsymmetrisch belastet. Gefährdeter Querschnitt bei B für $a>b$, bei A für $a<b$. Wendepunkte bei $x_w = l\,\dfrac{a}{l+2a}$ und $x_{1w} = l\,\dfrac{b}{l+2b}$	$A = F\dfrac{b^2}{l^2}\left(1 + \dfrac{2a}{l}\right);$ $B = F\dfrac{a^2}{l^2}\left(1 + \dfrac{2b}{l}\right)$ Für AC: $M = Fl\dfrac{b^2}{l^2}\left[\left(1 + \dfrac{2a}{l}\right)\dfrac{x}{l} - \dfrac{a}{l}\right];$ $M_A = Fl\dfrac{a}{l}\dfrac{b^2}{l^2}$ $\quad = \max M$ für $a<b;$ $M_C = Fl\,2\dfrac{a^2}{l^2}\dfrac{b^2}{l^2};$ für BC: $M = Fl\dfrac{a^2}{l^2}\left[\left(1 + \dfrac{2b}{l}\right)\dfrac{x_1}{l} - \dfrac{b}{l}\right];$ $M_B = Fl\dfrac{b}{l}\dfrac{a^2}{l^2}$ $\quad = \max M$ für $a>b$	$y = \dfrac{Fl^3}{2\,EI}\dfrac{b^2}{l^2}\dfrac{x^2}{l^2}$ $\quad \cdot\left[\dfrac{a}{l} - \dfrac{x}{3l}\left(1 + \dfrac{2a}{l}\right)\right], \; x \leqq a;$ $y_1 = \dfrac{Fl^3}{2\,EI}\dfrac{a^2}{l^2}\dfrac{x_1^2}{l^2}$ $\quad \cdot\left[\dfrac{b}{l} - \dfrac{x_1}{3l}\left(1 + \dfrac{2b}{l}\right)\right], \; x_1 \leqq b;$	$f = \dfrac{Fl^3}{3\,EI}\dfrac{a^3}{l^3}\dfrac{b^3}{l^3};$ $f_m = \dfrac{2Fl^3}{3\,EI}\dfrac{a^3}{l^3}\dfrac{b^2}{l^2}\left(\dfrac{l}{l+2a}\right)^2$ für $x = l\,\dfrac{2a}{l+2a}$, wenn $a>b;$ $f_m = \dfrac{2Fl^3}{3\,EI}\dfrac{b^3}{l^3}\dfrac{a^2}{l^2}\left(\dfrac{l}{l+2b}\right)^2$ für $x_1 = l\,\dfrac{2b}{l+2b}$, wenn $a<b$

Tabelle 4-1. (Fortsetzung).

Belastungsfall	Bemerkungen	Auflagerdrücke A, B Biegemomente M	Gleichung der Biegelinie	Durchbiegungen f und f_m
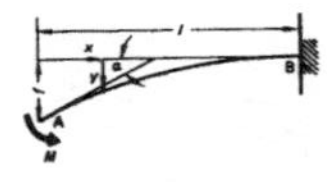	Freiträger, Moment am freien Ende	$B = 0$ <hr> $M = \text{konst}$	Kreisbogen vom Radius $\varrho = EI/M$ ersetzt durch $$y = \frac{Ml^2}{2EI}\left(1 - \frac{x}{l}\right)^2;$$ $$\operatorname{tg}\alpha_{(x=0)} = Ml/EI = 2f/l$$	$$f = \frac{Ml^2}{2EI}$$
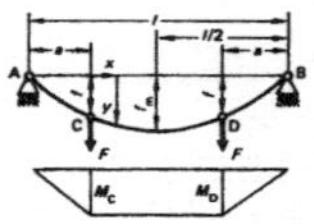	Frei aufliegender Träger, zwei symmetrisch angreifende Einzelkräfte. Gefährdete Querschnitte zwischen C und D	$A = B = F$ <hr> Für AC: $M = Fx$; für CD: $M = Fa = \text{konst}$ $\quad\quad\;\; = \max M$	$$y = \frac{Fl^3}{2EI}\frac{x}{l}\left[\frac{a}{l}\left(1 - \frac{a}{l}\right) - \frac{1}{3}\frac{x^2}{l^2}\right],$$ $$x \leqq a \leqq l/2;$$ $$y = \frac{Fl^3}{2EI}\frac{a}{l}\left[\frac{x}{l}\left(1 - \frac{x}{l}\right) - \frac{1}{3}\frac{a^2}{l^2}\right],$$ $$a \leqq x \leqq l/2.$$ Für CD ist die Biegelinie ein Kreisbogen vom Radius $\varrho = EI/M$	$$f = \frac{Fl^3}{2EI}\frac{a^2}{l^2}\left(1 - \frac{4}{3}\frac{a}{l}\right);$$ $$f_m = \frac{Fl^3}{8EI}\frac{a}{l}\left(1 - \frac{4}{3}\frac{a^2}{l^2}\right)$$
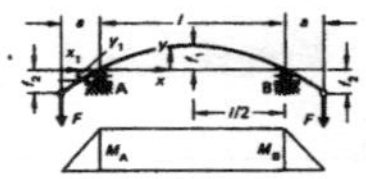	Frei aufliegender Träger mit Kragstücken und symmetrischer Belastung. Gefährdete Querschnitte zwischen A und B	$A = B = F$ <hr> Für AB: $M = (-)Fa = \text{konst}$ $\quad\quad\;\; = \max M$	$$y = \frac{Fl^3}{2EI}\frac{a}{l}\frac{x}{l}\left(1 - \frac{x}{l}\right), \quad x \leqq l$$ Für AB ist die Biegelinie ein Kreisbogen vom Radius $\varrho = EI/M$ $$y_1 = \frac{Fl^3}{2EI}\left[\frac{1}{3}\frac{x_1^3}{l^3} - \frac{a}{l}\left(1 + \frac{a}{l}\right)\frac{x_1}{l}\right.$$ $$\left. + \frac{a^2}{l^2}\left(1 + \frac{2}{3}\frac{a}{l}\right)\right], \; x_1 \leqq a.$$ $$\operatorname{tg}\alpha_{(x=0)} = 4f_1/l;$$ $$\operatorname{tg}\alpha_{1\,(x_1=0)} = 4f_1/l\,(1 + a/l)$$	$$f_1 = \frac{Fl^3}{8EI}\frac{a}{l};$$ $$f_2 = \frac{Fl^3}{2EI}\frac{a^2}{l^2}\left(1 + \frac{2}{3}\frac{a}{l}\right)$$

Tabelle 4-1. (Fortsetzung).

Belastungsfall	Bemerkungen	Auflagerdrücke A, B Biegemomente M	Gleichung der Biegelinie	Durchbiegungen f und f_m
	Träger auf Stützen mit Kragstück und unsymmetrischer Belastung. Gefährdeter Querschnitt bei B	$A = -Fa/l$; $B = F(1+a/l)$ Für AB: $M = -Fax/l$; $\qquad M_{\mathrm{B}} = -Fa$; für BC: $M = -F(a-x_1)$; $\qquad \max M = Fa$	$y = \dfrac{Fl^3}{6EI}\dfrac{a}{l}\dfrac{x}{l}\left(1-\dfrac{x^2}{l^2}\right),\ x \leqq l$; $y_1 = \dfrac{Fl^3}{6EI}\dfrac{x_1}{l}\left(\dfrac{2a}{l}+\dfrac{3a}{l}\dfrac{x_1}{l}-\dfrac{x_1^2}{l^2}\right),\ x_1 \leqq a.$ $\operatorname{tg}\alpha_{(x=0)} = \dfrac{Fl^2}{6EI}\dfrac{a}{l} = \dfrac{1}{2}\operatorname{tg}\alpha_{(x=l)}$ $\operatorname{tg}\alpha_{(x_1=a)} = \dfrac{Fl^2}{6EI}\dfrac{a}{l}\left(2+3\dfrac{a}{l}\right)$	$f_m = \dfrac{Fl^3}{9\sqrt{3}\,EI}\dfrac{a}{l}$ $\quad = \dfrac{0{,}0642\,Fl^3}{EI}\dfrac{a}{l}$ für $x = l/\sqrt{3} = 0{,}577\,l$; $f_1 = \dfrac{Fl^3}{3EI}\dfrac{a^2}{l^2}\left(1+\dfrac{a}{l}\right)$
	Freiträger. Gefährdeter Querschnitt bei B	$B = F = ql$ $M = -\dfrac{Fl}{2}\dfrac{x^2}{l^2}$ $\max M = Fl/2$	$y = \dfrac{Fl^3}{8EI}\left(1-\dfrac{4}{3}\dfrac{x}{l}+\dfrac{1}{3}\dfrac{x^4}{l^4}\right)$; $\operatorname{tg}\alpha_{(x=0)} = Fl^2/6EI = f_m\Big/\dfrac{3}{4}l$	$f_m = \dfrac{Fl^3}{8EI}$
	Frei aufliegender Träger. Gefährdeter Querschnitt in der Mitte	$A = B = \dfrac{1}{2}F = \dfrac{1}{2}ql$ $M = \dfrac{Fl}{8}\left(1-\dfrac{4x^2}{l^2}\right)$; $\max M = Fl/8$	$y = \dfrac{5Fl^3}{384EI}\left(1-\dfrac{4x^2}{l^2}\right)\left(1-\dfrac{4}{5}\dfrac{x^2}{l^2}\right)$; $\operatorname{tg}\alpha_{(x=l/2)} = Fl^2/24EI = 16f_m/5l$	$f_m = \dfrac{5Fl^3}{384EI}$
	Halb einge-spannter Träger. Gefährdeter Querschnitt bei B. Wendepunkt bei $x = x_w = \dfrac{3}{4}l$	$A = \dfrac{3}{8}F$; $B = \dfrac{5}{8}F$; $F = ql$ $M = \dfrac{Fl}{8}\dfrac{x}{l}\left(3-\dfrac{4x}{l}\right)$; $\max M = (-)Fl/8$ (absolutes Maximum für B); $M_{\mathrm{C}} = \dfrac{9}{128}Fl$ (relatives Maximum) für $x^* = 3l/8$	$y = \dfrac{Fl^3}{48EI}\dfrac{x}{l}\left(1-3\dfrac{x^2}{l^2}+2\dfrac{x^3}{l^3}\right)$; $\quad = \dfrac{Fl^3}{48EI}\dfrac{x}{l}\left(1-\dfrac{x}{l}\right)\left(1+\dfrac{x}{l}-2\dfrac{x^2}{l^2}\right)$; $\operatorname{tg}\alpha_{(x=0)} = Fl^2/48EI$	$f_m = \dfrac{Fl^3}{185EI}$ für $x_m = \dfrac{1}{16}l(1+\sqrt{33}) = 0{,}4215\,l$, wobei $\dfrac{1}{185} = \dfrac{78+110\sqrt{33}}{2\cdot16^4}$

Tabelle 4-1. (Fortsetzung).

Belastungsfall	Bemerkungen	Auflagerdrücke A, B Biegemomente M	Gleichung der Biegelinie	Durchbiegungen f und f_m
	Eingespannter Träger. Gefährdeter Querschnitt bei B. Wendepunkte bei $x_w = \pm\, l/2\sqrt{3} = \pm\, 0{,}2887\, l$	$A = B = \frac{1}{2}F = \frac{1}{2}ql$ $M = \frac{Fl}{24}\left(1 - 12\frac{x^2}{l^2}\right);$ $M_A = M_B = (-)Fl/12$ (absolutes Maximum); $M_C = Fl/24$ (relatives Maximum)	$y = \frac{Fl^3}{384\,EI}\left(1 - 4\frac{x^2}{l^2}\right)^2$	$f_m = \frac{Fl^3}{384\,EI};$ $y_w = \frac{4}{9}f_m$
	Frei aufliegender Träger mit symmetrischer Kraglast. Gefährdeter Querschnitt bei A, B oder C. Wendepunkte bei $x = \pm\frac{1}{2}l \cdot \sqrt{1 - 4a^2/l^2}$	$A = B = \frac{1}{2}F = \frac{1}{2}q(l + 2a).$ $F_1 = ql$ $M_1 = -\frac{F_1 l}{2}\frac{a^2}{l^2}\frac{x_1^2}{a^2}$ für $x_1 \leqq a;$ $M_A = M_B = -\frac{F_1 l}{8}\frac{4a^2}{l^2};$ für AB: $M = \frac{F_1 l}{8}\left[\left(1 - \frac{4a^2}{l^2}\right) - \frac{4x^2}{l^2}\right],$ $-\frac{l}{2} \leqq x \leqq \frac{l}{2};$ $M_C = \frac{F_1 l}{8}\left(1 - \frac{4a^2}{l^2}\right);$ $M_A = \max M,$ wenn $a \geqq l/\sqrt{8} = 0{,}3555\,l;$ $M_C = \max M,$ wenn $a \leqq l/\sqrt{8} = 0{,}3555\,l;$ $M_C = 0,$ wenn $a = l/2$	$y = \frac{F_1 l^3}{16\,EI}\left[1 - \frac{4x^2}{l^2}\right]$ $\cdot\left[\left(\frac{5}{24} - \frac{a^2}{l^2}\right) - \frac{1}{6}\frac{x^2}{l^2}\right].$ Für A und B: $\mathrm{tg}\,\alpha = \frac{F_1 l^2}{24\,EI}\left(1 - 6\frac{a^2}{l^2}\right)$	$f_0 = \frac{F_1 l^3}{16\,EI}\left(\frac{5}{24} - \frac{a^2}{l^2}\right);$ $f_1 = \frac{F_1 l^3}{24\,EI}\frac{a}{l}$ $\cdot\left(3\frac{a^3}{l^3} + 6\frac{a^2}{l^2} - 1\right).$ $f_0 = 0,$ wenn $a = l\cdot\sqrt{5/24} = 0{,}4564\,l;$ $f_1 = 0,$ wenn $a = 0{,}3747\,l$

Tabelle 4-2. Schwerpunkte ebener Flächen.

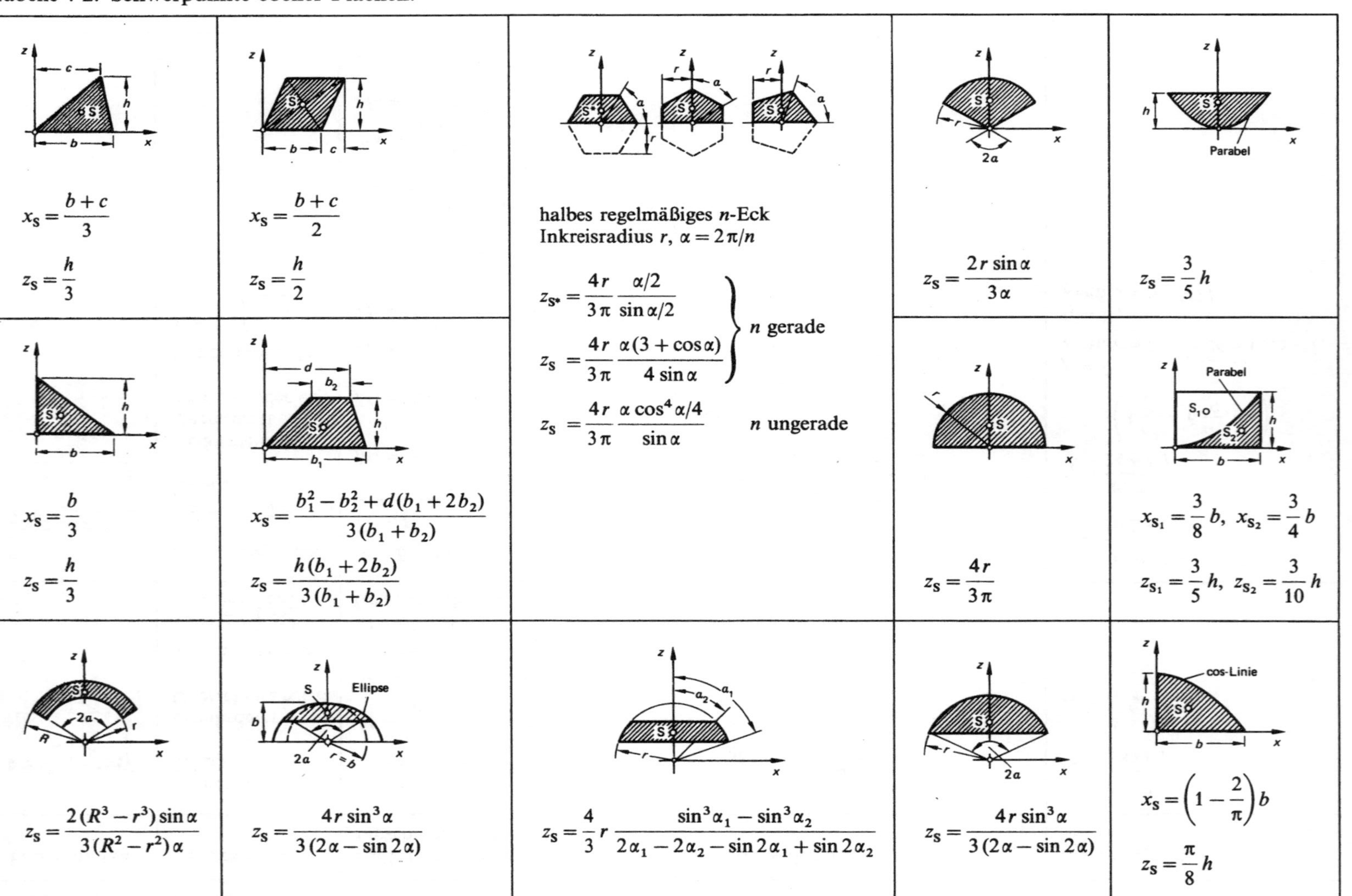

Tabelle 4-3. Axiale Flächenmomente 2. Ordnung bezogen auf die Schwerpunktachsen y und z.

$I_y = b\,h^3/12$ $I_z = h\,b^3/12$	$I_y = I_z = \pi\,(r_a^4 - r_i^4)/4$
$I_y = b\,h^3/12$ $I_z = b\,h\,(b^2 + c^2)/12$ $I_{yz} = h^2\,b\,c/12$	$I_y = \left(\dfrac{\pi}{8} - \dfrac{8}{9\pi}\right) r^4 \approx 0{,}110\,r^4$ $I_z = \pi\,r^4/8$
$I_y = h^3\,(B^2 + 2\,b_1\,b_2)/(36\,B)$ $I_z = h\,B\,(b_1^2 + b_2^2)/48$ $B = b_1 + b_2$	$I_y \approx 0{,}110\,(r_a^4 - r_i^4) - 0{,}283\,r_a^2\,r_i^2\,\dfrac{r_a - r_i}{r_a + r_i}$ $I_z = \pi\,(r_a^4 - r_i^4)/8$
$I_y = h^3\,(B^2 + 2\,b_1\,b_2)/(36\,B)$ $I_z = h\,[B^2\,(B^2 - b_1\,b_2) - d\,(B - d)\,(B^2 + 2\,b_1\,b_2)]/(36\,B)$ $I_{yz} = h^2\,(2\,d - B)\,(B^2 + 2\,b_1\,b_2)/(72\,B)$ $B = b_1 + b_2$	$I_y = r^4\,\{(4\alpha - \sin 4\alpha)/16 - 8\sin^6\alpha/[9\,(2\alpha - \sin 2\alpha)]\}$ $I_z = r^4\,[2\alpha - (4/3)\sin 2\alpha + (1/6)\sin 4\alpha]$
$I_y = b\,h^3/36$ $I_z = h\,b^3/36$ $I_{yz} = -b^2\,h^2/72$	$I_y = r^4\,[(\alpha + \sin\alpha)/8 - 4\,(1 - \cos\alpha)/(9\alpha)]$ $I_z = r^4\,(\alpha - \sin\alpha)/8$
$I_y = b\,h^3/36$ $I_z = h\,b^3/48$	$I_y = (r_a^4 - r_i^4)\,(\alpha + \sin\alpha)/8 - e^2\,\alpha\,(r_a^2 - r_i^2)/2$ $I_z = (r_a^4 - r_i^4)\,(\alpha - \sin\alpha)/8$ $e = 2\,(r_a^3 - r_i^3)\sin\alpha/[3\,(r_a^2 - r_i^2)\,\alpha]$
$I_y = b\,h^3/36$ $I_z = b\,h\,(b^2 - b\,c + c^2)/36$ $I_{yz} = -b\,h^2\,(b - 2\,c)/72$	$I_y = \pi\,(a_a\,b_a^3 - a_i\,b_i^3)/4$ $I_z = \pi\,(a_a^3\,b_a - a_i^3\,b_i)/4$

Ist das Deviationsmoment I_{yz} nicht aufgeführt, so sind y und z Hauptachsen der Fläche.

Tabelle 4-4. Zulässige Flächenpressung bei ruhender Belastung *).

Werkstoff	p_{zul} (N/mm^2)
Metalle	
Leichtmetalle, weich	50 ... 60
Leichtmetalle, hart	70 ... 110
Buntmetalle (Bronze,	
Messing, Rotguß)	30 ... 40
Stahl (C-Stähle)	100 ... 150
Stahl, gehärtet	150 ... 180
Stahlguß	80 ... 100
Grauguß	70 ... 80
Temperguß	50 ... 70
Dichtungen	
Gummi, weich	1,5
Gummi, hart	5,0
Leder	5,0
Fiber	8,0
Baustoffe	
Beton, Normalgüte	1,6
Beton, bessere Qualität	2,0
Beton, beste Qualität	2,5
Ziegelmauerwerk	0,7
Baugrund	0,15 ... 0,45

*) bei schwellender Belastung $p_{zul} \approx 0,7$ der angegebenen Werte,
bei wechselnder Belastung $p_{zul} \approx 0,4$ der angegebenen Werte.

Tabelle 4-5. Gleitreibungszahlen μ technisch trockener Oberflächen.

Werkstoff	μ für Paarung mit gleichem Werkstoff	μ für Paarung mit Stahl (0,13% C; 3,4% Ni)	
Aluminium	1,3	0,5	
Blei	1,5	1,2	
Chrom	0,4	0,5	
Eisen	1,0		
Kupfer	1,3	0,8	
Nickel	0,7	0,5	
Silber	1,4	0,5	
Gußeisen	0,4 *	0,4	
Stahl (austenitisch)	1,0 *		
Stahl			
(0,13% C; 3,4% Ni)	0,8 *	0,8	
Werkzeugstahl	0,4 *		
Konstantan			
(54% Cu; 45% Ni)		0,4	
Lagermetall (Pb-Basis)		0,5	
Lagermetall (Sn-Basis)		0,8	
Messing			
(70% Cu; 30% Zn)		0,5	
Phosphorbronze		0,3	
Gummi (Polyurethan)		1,6	
Gummi (Isopren)		3–10	
Plexiglas (PMMA)		0,5	niedrige Gleitgeschwindigkeit
Polyamid (Nylon)	1,2	0,4	
Polyethylen (HDPE)	0,4	0,08	
Polypropylen (PP)		0,3	
Polystyrol (PS)		0,5	
Polyvinylchlorid (PVC)		0,5	
Polytetrafluorethylen			
(PTFE; Teflon)	0,12	0,05	
Al$_2$O$_3$-Keramik	0,4	0,7	
Diamant	0,1		
Saphir	0,2		
Titancarbid	0,15		
Wolframcarbid	0,15		

* 0,1–0,3 im Realfall (ungeschmiert)

Tabelle 4-6. Elastizitätsmodul verschiedener Werkstoffe sowie Querzahl μ und Wärmedehnzahl α.

Werkstoff	E (kN/mm^2)	μ	α $(10^{-6}$/K)
Metalle			
Aluminium	71	0,34	23,9
Aluminiumlegierungen	59 … 78		18,5 … 24,0
Bronze	108 … 124	0,35	16,8 … 18,8
Blei	19	0,44	29
Duralumin 681B	74	0,34	23
Eisen	206	0,28	11,7
Gußeisen	64 … 181		9 … 12
Kupfer	125	0,34	16,8
Magnesium	44		26
Messing	78 … 123		17,5 … 19,1
Messing (60% Cu, 40% Zn)	100	0,36	18
Nickel	206	0,31	13,3
Nickellegierungen	158 … 213		11 … 14
Silber	80	0,38	19,7
Silizium	100	0,45	7,8
Stahl legiert	186 … 216	0,2 … 0,3	9 … 19
Baustahl	215	0,28	12
V2A-Stahl	190	0,27	16
Titan	108	0,36	8,5
Zink	128	0,29	30
Zinn	44	0,33	23
Anorganisch-nichtmetallische Werkstoffe			
Beton	22 … 39	0,15 … 0,22	5,4 … 14,2
Eis ($-4\,°$C, polykristallin)	9,8	0,33	
Glas, allgemein	39 … 98	0,10 … 0,28	3,5 … 5,5
Bau-, Sicherheitsglas	62 … 86	0,25	9
Quarzglas	62 … 75	0,17 … 0,25	0,5 … 0,6
Granit	50 … 60	0,13 … 0,26	3 … 8
Kalkstein	40 … 90	0,28	
Marmor	60 … 90	0,25 … 0,30	5 … 16
Porzellan	60 … 90		3 … 6,5
Ziegelstein	10 … 40	0,20 … 0,35	8 … 10
Al_2O_3 (hochdicht)	380	0,23	8
ZrO_2 (hochdicht)	220	0,23	10
SiC (hochdicht)	440	0,16	5
Si_3N_4 (dicht)	320	0,3	3,3
Si_3N_4 (20% Poren)	180	0,23	3
Organische Werkstoffe			
Araldit	3,2	0,33	50 … 70
glasfaserverstärkte Kunststoffe	7 … 45		25
Holz			
faserparallel: Buche	14		
Eiche	13		4,9
Fichte	10		5,4
Kiefer	11		
radial: Buche	2,3		
Eiche	1,6		54,4
Fichte	0,8		34,1
Kiefer	1,0		
kohlenstoffaserverstärkte Kunststoffe	70 … 200		
Plexiglas (PMMA)	2,7 … 3,2	0,35	70 … 100
Polyamid (Nylon)	2 … 4		70 … 100
Polyethylen (HDPE)	0,15 … 1,65		150 … 200
Polyvinylchlorid (PVC)	1 … 3		70 … 100

m = Poissonzahl = $1/\mu$

Tabelle 4-7. Gewährleistete mechanische Werte für Stahlsorten nach DIN 17100.

Stahlsorte		Zugfestigkeit R_m			Obere Streckgrenze					
		für Erzeugnisdicken in mm			für Erzeugnisdicken in mm					
		< 3	≧ 3 ≦ 100	> 100	≦ 16	> 16 ≦ 40	> 40 ≦ 63	> 63 ≦ 80	> 80 ≦ 100	> 100
Kurz-name	Werkstoff-nummer	in N/mm²			in N/mm² min.					
St 33	1.0035	310 bis 540	290	–	185	175	–	–	–	–
St 37-2 USt 37-2	1.0037 1.0036	360 bis 510	340 bis 470	nach Vereinbarung	235	225	215	205	195	nach Vereinbarung
RSt 37-2 St 37-3	1.0038 1.0116				235	225	215	215	215	
St 44-2 St 44-3	1.0044 1.0144	430 bis 580	410 bis 540		275	265	255	245	235	
St 52-3	1.0570	510 bis 680	490 bis 630		355	345	335	325	315	
St 50-2	1.0050	490 bis 660	470 bis 610		295	285	275	265	255	
St 60-2	1.0060	590 bis 770	570 bis 710		335	325	315	305	295	
St 70-2	1.0070	690 bis 900	670 bis 830		365	355	345	335	325	

Tabelle 4-8. Gewährleistete mechanische Werte für blanke Stähle nach DIN 1652 (Behandlungszustand K – kaltgezogen) Auswahl aus DIN 17 100.

Stahlsorte		Dickenbereich [1) in mm		Behandlungszustand K [2)		
Kurzname	Werkstoffnummer			Zugfestigkeit in N/mm^2	Streckgrenze in N/mm^2	Bruchdehnung $(L_0 = 5\,d_0)$ in %
		$\geqq$	$<$		$\geqq$	$\geqq$
St 34-2	1.0151		5	500 bis 800	420	7
		5	10		380	8
		10	16	420 bis 720	320	10
		16	25	400 bis 650	270	11
		25	40		250	12
		40	80	370 bis 620	220	13
St 37 St 37-2	1.0120 1.0161		5	550 bis 850	420	7
		5	10	500 bis 800	380	8
		10	16	470 bis 770 [3)	320 [3)	9 [3)
		16	25	450 bis 700	290	10
		25	40		270	11
		40	80	400 bis 650	240	12
St 42 St 42-2	1.0140 1.0181		5	600 bis 900	500	6
		5	10	550 bis 850	450	7
		10	16		390	7
		16	25		350	8
		25	40	500 bis 750	310	9
		40	80	450 bis 700	270	11

[1) Für Dicken $\geqq 80$ mm sind die Werte für die mechanischen Eigenschaften zu vereinbaren.

[2) Für Flachstahl und mehrfach gezogenen Stahl gelten die Angaben als Richtwerte; mit Abweichungen der Grenzwerte von $\pm 10\%$ ist zu rechnen.

[3) Bei Verwendung von St 37K und St 37-2K für Schrauben und Muttern mit Festigkeitseigenschaften 5 S kann im Dickenbereich 10 bis 12 mm eine Zugfestigkeit $\geqq 500$ N/mm^2, eine Streckgrenze $\geqq 400$ N/mm^2 und eine Bruchdehnung $\geqq 10\%$ vereinbart werden.

Tabelle 4-8. (Fortsetzung).

| Stahlsorte | | Dicken-bereich [1]) in mm | | Behandlungszustand K [2]) | | |
Kurzname	Werkstoff-nummer	$\geqq$	$<$	Zugfestigkeit in N/mm^2	Streckgrenze in N/mm^2 $\geqq$	Bruchdehnung ($L_0 = 5\,d_0$) in % $\geqq$
St 50 St 50-2	1.0531 1.0533		5	700 bis 1000	600	5
		5	10	650 bis 950	520	6
		10	16	600 bis 900	430	7
		16	25	600 bis 850	400	8
		25	40	550 bis 800	340	9
		40	80	530 bis 780	300	10
St 60-2	1.0543		5	800 bis 1100	680	5
		5	10	750 bis 1050	600	
		10	16	700 bis 1000	500	6
		16	25	700 bis 950	460	
		25	40	650 bis 900	400	8
		40	80	630 bis 880	350	9
St 70-2	1.0633		5	900 bis 1200	760	5
		5	10	850 bis 1150	680	
		10	16	800 bis 1100	570	6
		16	25	800 bis 1050	530	
		25	40	750 bis 1000	460	7
		40	80	730 bis 980	360	8

[1]) Für Dicken $\geqq 80$ mm sind die Werte für die mechanischen Eigenschaften zu vereinbaren.

[2]) Für Flachstahl und mehrfach gezogenen Stahl gelten die Angaben als Richtwerte; mit Abweichungen der Grenzwerte von $\pm 10\%$ ist zu rechnen.

[3]) Bei Verwendung von St 37K und St 37-2K für Schrauben und Muttern mit Festigkeitseigenschaften 5 S kann im Dicken-bereich 10 bis 12 mm eine Zugfestigkeit $\geqq 500$ N/mm^2, eine Streckgrenze $\geqq 400$ N/mm^2 und eine Bruchdehnung $\geqq 10\%$ vereinbart werden.

Tabelle 4-9. Gewährleistete mechanische Werte für blanke Stähle nach DIN 1652 (Behandlungszustand K – kaltgezogen) Auswahl aus DIN 17200 und 17210.

Stahlsorte		Dicken-bereich in mm		Behandlungszustand K [1]) (Richtwerte)		
Kurzname	Werkstoff-nummer	$\geqq$	$<$	Zugfestigkeit in N/mm^2 $\geqq$	Streckgrenze in N/mm^2 $\geqq$	Bruchdehnung $(L_0 = 5\,d_0)$ in % $\geqq$
Einsatzstähle nach DIN 17210						
C 10 Ck 10	1.0301 1.1121		5	500	400	7
		5	10		360	8
		10	16	450	300	9
		16	25	400	250	10
		25	40		230	11
		40	100	340	180	12
		100				
C 15 Ck 15	1.0401 1.1141		5	550	450	6
		5	10	500	380	7
		10	16		340	8
		16	25		310	9
		25	40	450	260	10
		40	100		200	12
		100				
Vergütungsstähle nach DIN 17200						
C 22 Ck 22	1.0402 1.1151		5	600	480	5
		5	10	550	430	6
		10	16		370	7
		16	25		330	8
		25	40	500	290	9
		40	100	420	220	11
		100				

[1]) Diese Werte gelten nicht für mehrfach gezogenen Stahl und Sonderprofile; für die Ck-Stähle sind gegebenenfalls besondere
Vereinbarungen zu treffen.

Tabelle 4-9. (Fortsetzung).

| Stahlsorte | | Dicken-bereich in mm | | Behandlungszustand K [1]) (Richtwerte) | | |
| Kurzname | Werkstoff-nummer | | | Zugfestigkeit in N/mm^2 | Streckgrenze in N/mm^2 | Bruchdehnung $(L_0 = 5\,d_0)$ in % |
		$\geqq$	$<$	$\geqq$	$\geqq$	$\geqq$
Vergütungsstähle nach DIN 17 200						
C 35	1.0501		5	700	580	5
Ck 35	1.1181	5	10	650	500	6
		10	16	600	410	7
		16	25		380	8
		25	40	550	320	
		40	100	500	260	9
		100				10
C 45	1.0503		5	800	660	4
Ck 45	1.1191	5	10	750	580	5
		10	16	700	480	6
		16	25		440	
		25	40	650	380	7
		40	100	600	300	8
		100				9
C 60	1.0601		5	900	740	4
Ck 60	1.1221	5	10	850	660	5
		10	16	800	550	6
		16	25		510	
		25	40	750	440	7
		40	100	700	330	8
		100				

[1]) Diese Werte gelten nicht für mehrfach gezogenen Stahl und Sonderprofile; für die Ck-Stähle sind gegebenenfalls besondere Vereinbarungen zu treffen.

Tabelle 4-10. Gewährleistete mechanische Werte für normalgeglühte Vergütungsstähle nach DIN 17200.

Stahlsorte		Erzeugnisdicke oder Durchmesser in mm	Dehngrenze (0,2-Grenze) in N/mm² min.	Zugfestigkeit in N/mm²	Bruchdehnung $(L_0 = 5\,d_0)$ in % min.	
Kurzname	Werkstoff-nummer				längs	quer
C 22	1.0402	bis 100	230	400 bis 550	27	25
Ck 22	1.1115					
Cm 22	1.1149	über 100 bis 160	210	380 bis 520	25	23
C 25	1.0406	bis 16	260	420 bis 570	25	23
Ck 25	1.1158	über 16 bis 100	240	420 bis 570	25	23
Cm 25	1.1163	über 100 bis 160	220	400 bis 550	23	21
C 30	1.0528	bis 16	280	450 bis 630	23	21
Ck 30	1.1178	über 16 bis 100	250	450 bis 630	23	21
Cm 30	1.1179	über 100 bis 160	230	430 bis 610	21	19
C 35	1.0501	bis 16	300	480 bis 670	21	19
Ck 35	1.1181	über 16 bis 100	270	480 bis 670	21	19
Cm 35	1.1180	über 100 bis 160	245	460 bis 650	19	17
C 40	1.0511	bis 16	320	530 bis 720	19	17
Ck 40	1.1186	über 16 bis 100	290	530 bis 720	19	17
Cm 40	1.1189	über 100 bis 160	260	510 bis 700	17	15
C 45	1.0503	bis 16	340	580 bis 770	17	15
Ck 45	1.1191	über 16 bis 100	305	580 bis 770	17	15
Cm 45	1.1201	über 100 bis 160	275	560 bis 750	15	13
C 50	1.0540	bis 16	355	600 bis 820	16	14
Ck 50	1.1206	über 16 bis 100	320	600 bis 820	16	14
Cm 50	1.1241	über 100 bis 160	290	580 bis 800	14	12
C 55	1.0535	bis 16	370	630 bis 870	15	13
Ck 55	1.1203	über 16 bis 100	330	630 bis 870	15	13
Cm 55	1.1209	über 100 bis 160	300	610 bis 850	13	11
C 60	1.0601	bis 16	380	650 bis 920	14	12
Ck 60	1.1221	über 16 bis 100	340	650 bis 920	14	12
Cm 60	1.1223	über 100 bis 160	310	630 bis 880	12	10

Tabelle 4-11. Gewährleistete Zugfestigkeit von Gußeisen mit Lamellengraphit nach DIN 1691.

Sorte		Wanddicken in mm		Zugfestigkeit R_m[1]) Einzuhaltende Werte		Erwartungswerte im Gußstück	
Kurz-zeichen	Werkstoff-nummer	über	bis	im getrennt gegossenen Probestück[2]) in N/mm²	im ange-gossenen Probestück[3]) in N/mm² min.	Zugfestig-keit[4]) R_m in N/mm² min.	Brinell-härte[4]) HB 30 max.
GG-10	0.6010	5[5])	40	min. 100	–	–	–
GG-15	0.6015	2,5[5])	5,0	150 bis 250	–	180	270
		5,0	10,0		–	155	245
		10,0	20,0		–	130	225[7])
		20,0	40,0		120	110	205
		40,0	80,0		110	95	–
		80,0	150,0		100	80	–
		150,0	300,0		90[6])	–	–
GG-20	0.6020	2,5[5])	5,0	200 bis 300	–	230	285
		5,0	10,0		–	205	270
		10,0	20,0		–	180	250[7])
		20,0	40,0		170	155	235
		40,0	80,0		150	130	–
		80,0	150,0		140	115	–
		150,0	300,0		130[6])	–	–
GG-25	0.6025	5,0[5])	10,0	250 bis 350	–	250	285[7])
		10,0	20,0		–	225	265
		20,0	40,0		210	195	250
		40,0	80,0		190	170	–
		80,0	150,0		170	155	–
		150,0	300,0		160[6])	–	–
GG-30	0.6030	10,0[5])	20,0	300 bis 400	–	270	285[7])
		20,0	40,0		250	240	265
		40,0	80,0		220	210	–
		80,0	150,0		210	195	–
		150,0	300,0		190[6])	–	–
GG-35	0.6035	10,5[5])	20,0	350 bis 450	–	315	285[7])
		20,0	40,0		290	280	275
		40,0	80,0		260	250	–
		80,0	150,0		230	225	–
		150,0	300,0		210[6])	–	–

[1]) Falls bei der Bestellung der Nachweis der Zugfestigkeit vereinbart wurde, sind für das Probestück die Kennbuchstaben A, H oder K zu verwenden (Bedeutung der Kennbuchstaben s. Norm).

[2]) Die Werte beziehen sich auf Probestäbe mit 30 mm Rohgußdurchmesser entsprechend einer Wanddicke von 15 mm.

[3]) Wenn für einen bestimmten Wanddickenbereich keine Festlegung getroffen wurde, ist dies durch einen Strich gekennzeichnet.

[4]) Diese Werte dienen nur zur Information.

[5]) Die untere Grenze des Wanddickenbereiches ist eingeschlossen.

[6]) Die Werte sind Anhaltswerte.

[7]) Die für den Wanddickenbereich über 10 bis 20 mm genannten Werte berücksichtigen auch Meßergebnisse von getrennt gegossenen Probestücken mit 30 mm Rohgußdurchmesser.

Tabelle 4-12. Gewährleistete mechanische Werte von Stahlguß für allgemeine Verwendungszwecke – DIN 1681.

Stahlgußsorte		Streck-grenze[1]	Zugfestig-keit	Bruch-dehnung $(L_0 = 5 d_0)$	Bruch-einschnü-rung[2]	Kerbschlagarbeit (ISO-V-Proben) Mittelwert[3]	
Kurz-zeichen	Werkstoff-nummer					$\leqq 30\,mm$	$> 30\,mm$
		in N/mm² min.	in N/mm² min.	in % min.	in % min.	in J min.	in J min.
GS-38	1.0420	200	380	25	40	35	35
GS-45	1.0446	230	450	22	31	27	27
GS-52	1.0552	260	520	18	25	27	22
GS-60	1.0558	300	600	15	21	27	20

[1]) Falls keine ausgeprägte Streckgrenze auftritt, gilt die 0,2%-Dehngrenze.
[2]) Die Werte sind für die Abnahme nicht maßgebend.
[3]) Aus jeweils drei Einzelwerten bestimmt.

Tabelle 4-13. Dauerschwingfestigkeit von Stählen bei ruhender und schwingender Beanspruchung.

Werkstoff	σ_B	σ_{bF}	σ_S	τ_F	σ_{bW}	σ_{zdW}	τ_{tW}	σ_{bSch}	σ_{zSch}	τ_{tSch}
Allgemeine Baustähle										
St 34	340	240	220	130	160	130	90	240	210	130
St 38	380	260	240	150	180	140	100	260	230	150
St 42	420	320	260	170	200	160	120	310	250	170
St 50	500	370	300	190	240	190	140	370	300	190
St 60	600	430	340	220	280	210	160	430	340	220
St 70	700	490	370	260	330	240	200	490	370	260
Höherfeste Baustähle										
H 52-3	520	430	360	230	280	210	160	410	330	230
H 45-2	450	390	300	200	250	190	140	360	300	200
H 60-3										
HS 60-3	600	550	450	300	310	240	190	460	400	300
HB 60-3										
Vergütungsstähle (Vergütungszustand durch σ_B gekennzeichnet)										
C 25	550	460	370	210	280	230	160	420	370	210
C 35	650	540	420	270	310	250	180	470	400	270
C 45 Cf 45	750	620	480	310	370	300	210	550	480	310
C 55 Cf 55	800	680	530	370	390	310	230	570	510	370
C 60	850	700	570	390	410	330	250	620	520	390
40Mn4	900	720	650	410	430	350	260	660	560	410
30Mn5	850	710	600	400	420	340	250	640	540	400
50MnSi4 37MnSi5 37MnV7 34Cr4 34CrMo4	1000	890	800	450	490	380	280	750	620	450
42MnV7 38CrSi6 42CrMo4 36CrNiMo4	1100	980	900	500	520	420	310	800	680	500
40Cr4	1050	930	850	470	510	410	300	750	670	470
50CrV4 50CrMo4	1200	1080	1000	520	550	440	340	850	720	520
58CrV4	1250	1130	1050	560	570	450	360	890	740	550
25CrMo4	900	780	700	410	440	360	270	660	600	410
30CrMoV9	1300	1180	1100	600	580	460	370	900	750	600
Einsatzstähle[1]										
C 10	500	390	300	210	260	220	170	390	300	210
C 15	600	490	350	240	280	240	180	450	350	240
15Cr3	600	560	400	240	350	300	220	490	400	240
16MnCr5	800	750	600	360	400	340	250	600	540	360
20MnCr5	1000	900	700	420	480	420	300	730	660	420
18CrNi8	1200	1100	800	470	550	470	330	850	760	470
20MoCr5 gehärtet in Öl	750	700	550	350	390	340	240	580	530	350
20MoCr5 gehärtet in Wasser	900	850	700	440	460	400	290	680	610	440
18CrMnTi5	900	830	750	430	440	380	280	690	600	430

Angaben in N/mm²

[1] (Einsatzhärtetiefe $\approx 0{,}8$ mm). Statische Festigkeitswerte für blindgehärtete Proben im Kern. Schwingende Festigkeitswerte für Proben mit aufgekohltem und gehärtetem Rand. Werte gelten nur für linearen Spannungszustand. Verminderung bei mehrachsigem Spannungszustand, ungleichmäßig wechselnde sowie schlag- oder stoßartige Beanspruchung. Normalgeglühter Zustand für C 10 und C 15, Festigkeitswerte wie für St 34 und St 38.

Tabelle 4-14. Dauerschwingfestigkeit von Eisengußwerkstoffen bei ruhender und schwingender Beanspruchung.

Unlegiertes Gußeisen mit Lamellengraphit

	σ_B	σ_{dB}	σ_{bB}	τ_B	σ_{bW}	σ_{zdW}	τ_{tW}	σ_{bSch}	σ_{zSch}	τ_{tSch}
GGL-15	150	480	300	150	80	40	60	125	65	85
GGL-20	200	640	400	200	100	55	85	160	85	120
GGL-25	250	800	500	250	120	65	100	200	100	140
GGL-30	300	960	600	300	150	80	120	240	125	170
GGL-35	350	1120	700	350	180	90	145	285	145	205

Unlegiertes Gußeisen mit Kugelgraphit

	σ_B	σ_{dB}	σ_{bB}	σ_{bF}	σ_S	σ_{dS}	τ_F	σ_{bW}	σ_{zdW}	τ_{tW}	σ_{bSch}	σ_{zSch}	τ_{tSch}
GGG-40	400	700	700	400	280	400	220	210	150	120	360	250	200
GGG-40.3													
GGG-50	500	900	900	500	350	500	300	250	170	150	415	280	250
GGG-50.3													
GGG-60	600	1000	1000	600	420	600	350	300	210	170	510	350	300
GGG-60.3													
GGG-70	700	1100	1100	700	500	650	400	350	250	200	600	410	350

Unlegierter Stahlguß

	σ_B	σ_{bF}	σ_S	σ_{dS}	τ_F	σ_{bW}	σ_{zdW}	τ_{tW}	σ_{bSch}	σ_{zSch}	τ_{tSch}
GS-40.1			200	250							
GS-40.3	400	260	200	250	120	200	150	110	260	200	120
GS-40.3m			250	310							
GS-45.1	450	300	230	285	140	230	180	130	300	230	140
GS-45.3											
GS-50.1	500	350	260	325	190	250	210	150	350	260	190
GS-50.3											
GS-60.1	600	440	320	400	210	300	240	170	440	320	210
GS-60.3											
GS-70.1	700	550	420	525	270	330	250	200	550	420	270

Angaben in N/mm^2

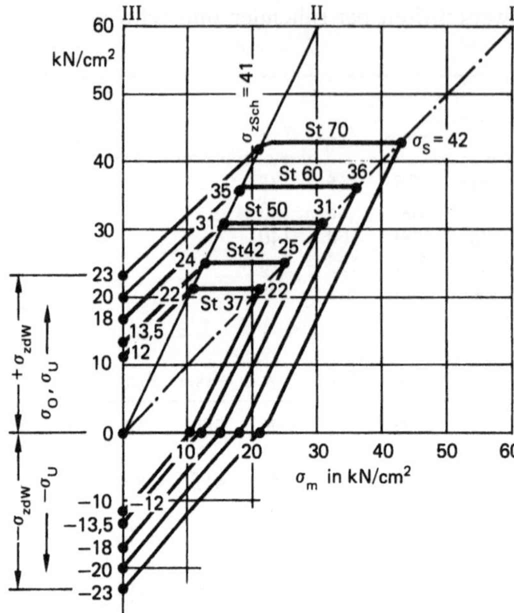

Bild 4-1. Zug-Druck-Dauerfestigkeitsschaubild der allgemeinen Baustähle nach DIN 17 100.

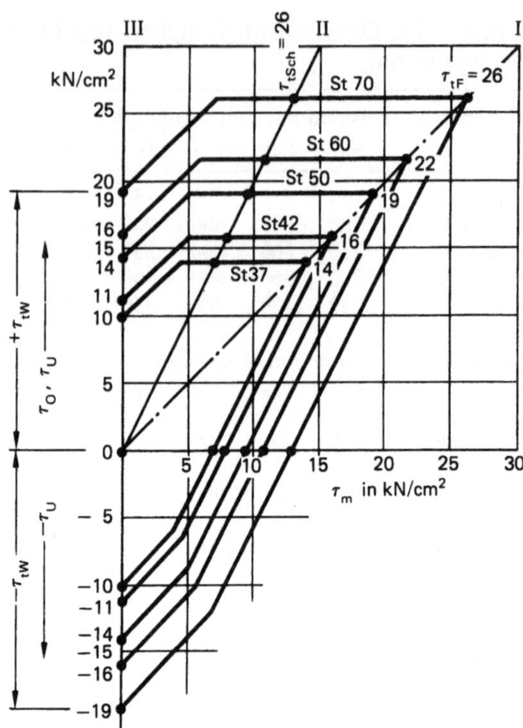

Bild 4-3. Verdreh-Dauerfestigkeitsschaubild der allgemeinen Baustähle nach DIN 17 100.

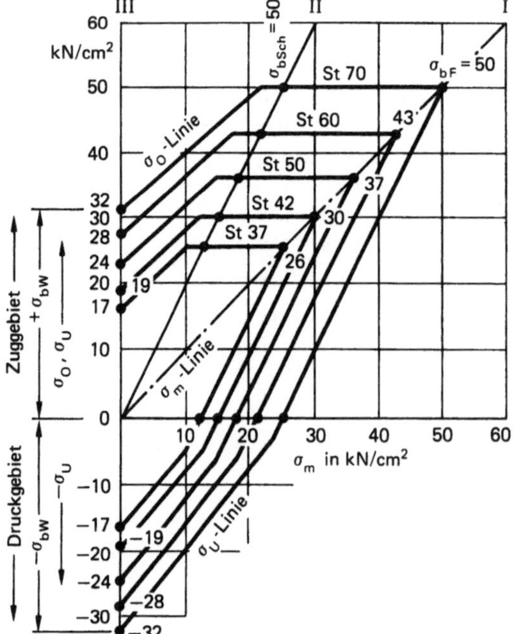

Bild 4-2. Biege-Dauerfestigkeitsschaubild der allgemeinen Baustähle nach DIN 17 100.

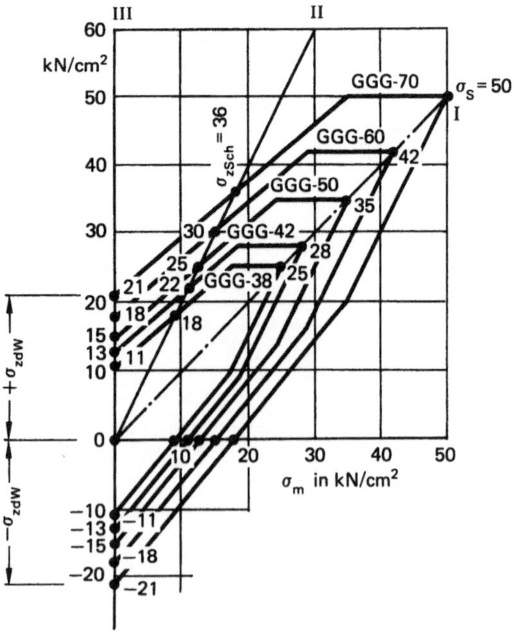

Bild 4-4. Zug-Druck-Dauerfestigkeitsschaubild für Kugelgraphitguß nach DIN 1663.

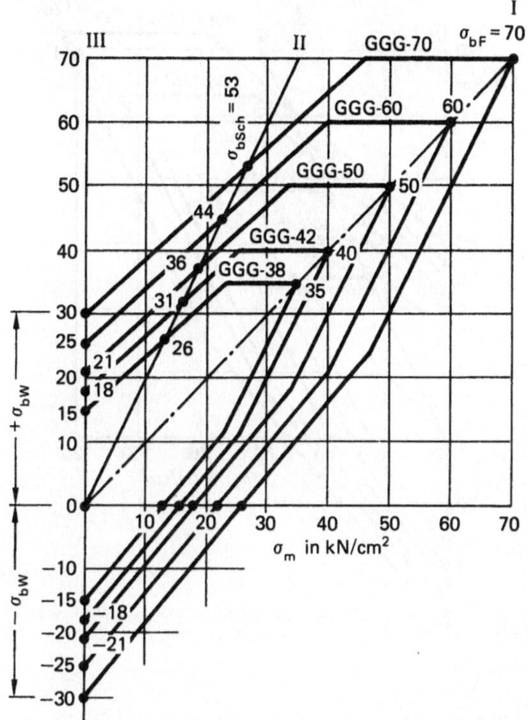

Bild 4-5. Biege-Dauerfestigkeitsschaubild für Kugelgraphitguß nach DIN 1663.

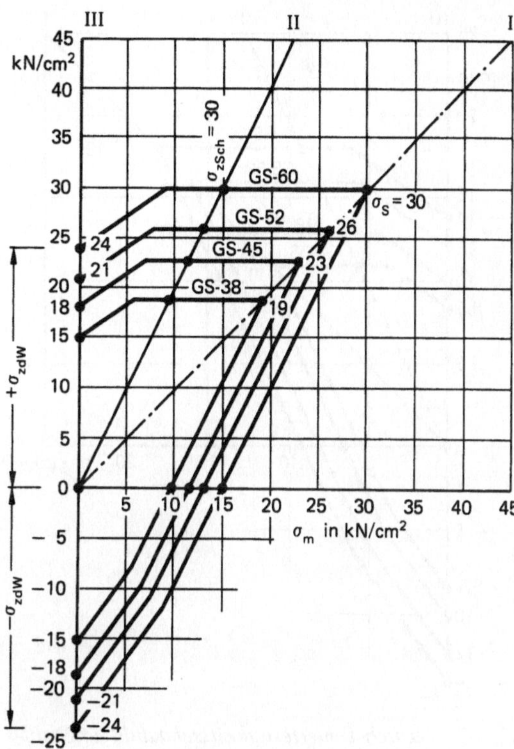

Bild 4-7. Zug-Druck-Dauerfestigkeitsschaubild für Stahlguß nach DIN 1681.

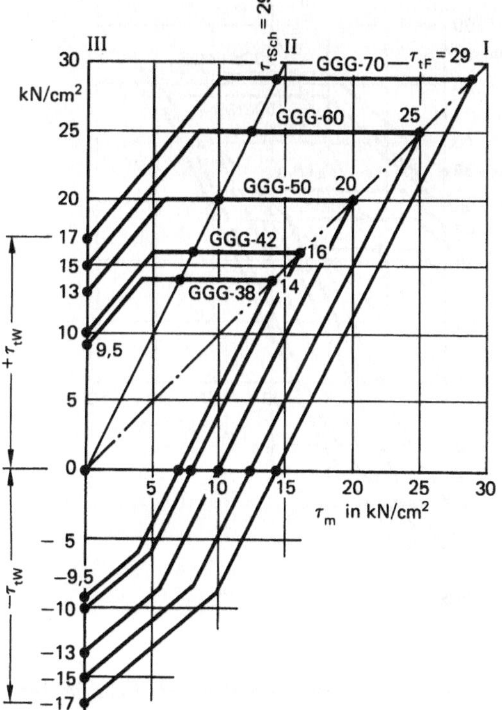

Bild 4-6. Verdreh-Dauerfestigkeitsschaubild für Kugelgraphitguß nach DIN 1663.

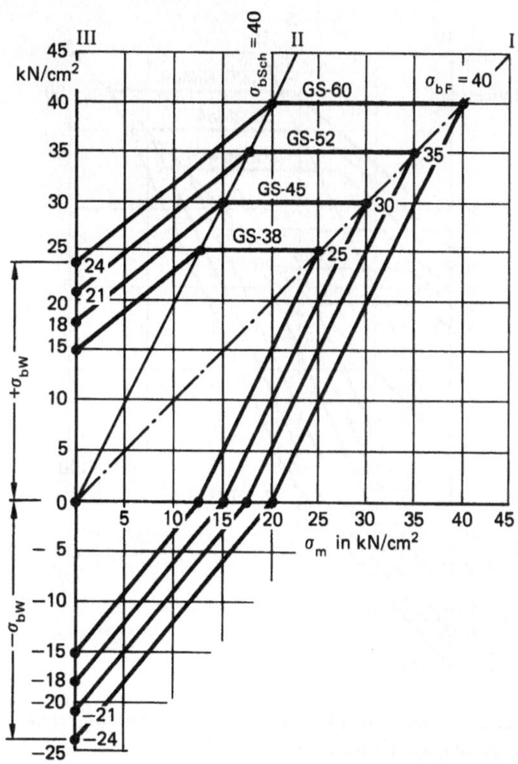

Bild 4-8. Biege-Dauerfestigkeitsschaubild für Stahlguß nach DIN 1681.

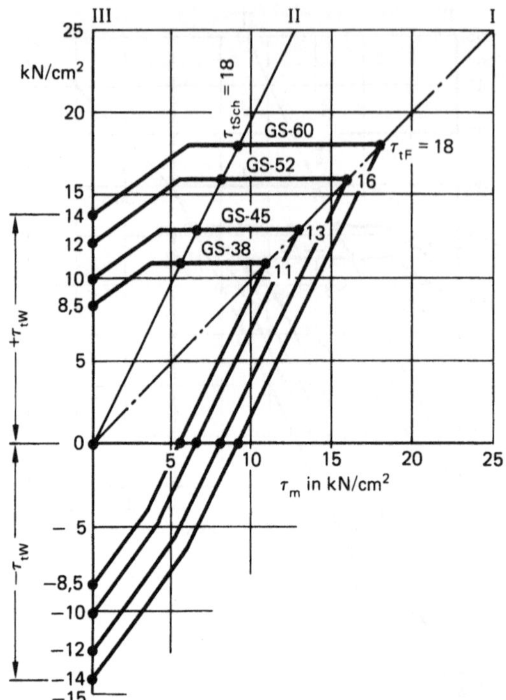

Bild 4-9. *Verdreh-Dauerfestigkeitsschaubild für Stahlguß nach DIN 1681.*

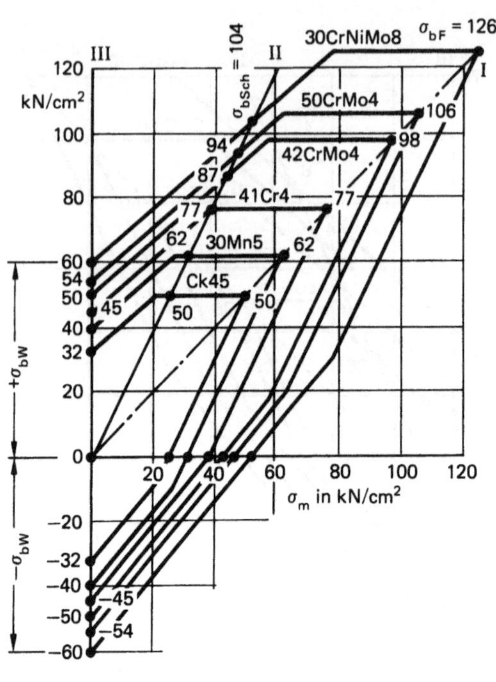

Bild 4-11. *Biege-Dauerfestigkeitsschaubild für Vergütungsstähle nach DIN 17 200.*

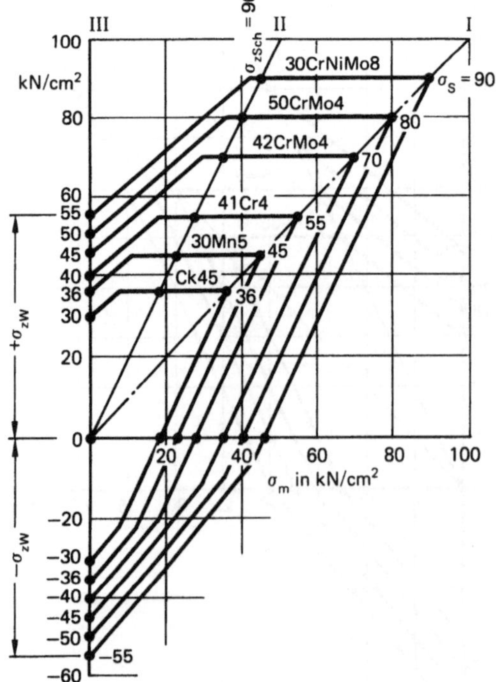

Bild 4-10. *Zug-Druck-Dauerfestigkeitsschaubild für Vergütungsstähle nach DIN 17 200.*

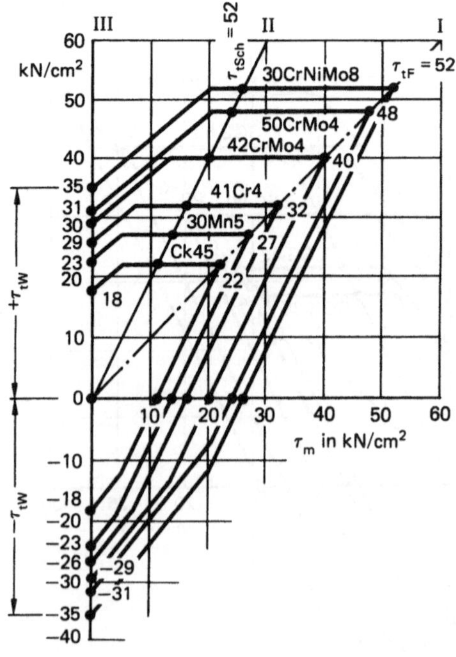

Bild 4-12. *Verdreh-Dauerfestigkeitsschaubild für Vergütungsstähle nach DIN 17 200.*

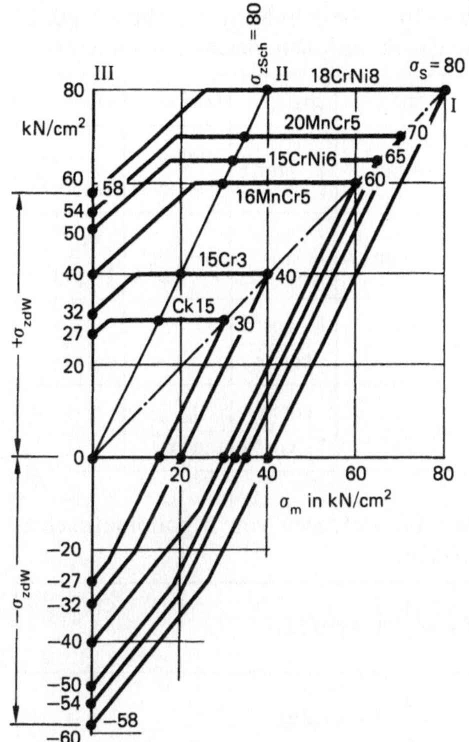

Bild 4-13. Zug-Druck-Dauerfestigkeitsschaubild für Einsatzstähle nach DIN 17 210.

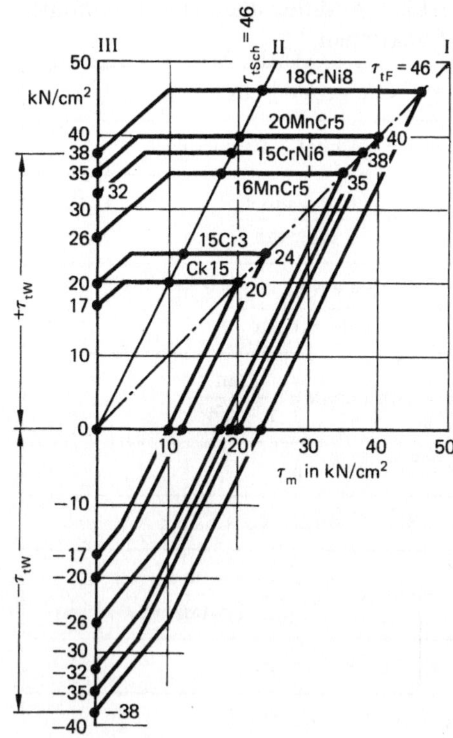

Bild 4-15. Verdreh-Dauerfestigkeitsschaubild für Einsatzstähle nach DIN 17 210.

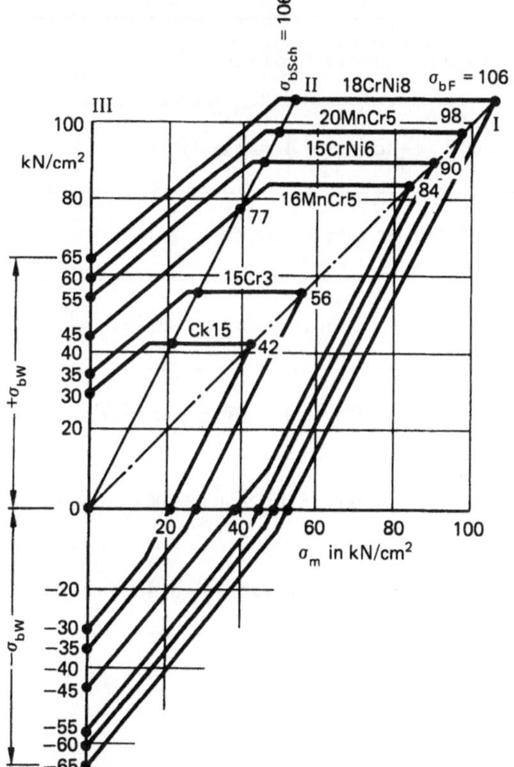

Bild 4-14. Biege-Dauerfestigkeitsschaubild für Einsatzstähle nach DIN 17 210.

Tabelle 4-15. Additionstheoreme trigonometrischer Funktionen.

$$\sin(x \pm y) = \sin x \cos y \pm \cos x \sin y$$

$$\cos(x \pm y) = \cos x \cos y \mp \sin x \sin y$$

$$\tan(x \pm y) = \frac{\tan x \pm \tan y}{1 \mp \tan x \tan y}$$

$$\cot(x \pm y) = \frac{\cot x \cot y \mp 1}{\cot y \pm \cot x}$$

$$\sin 2x = 2\sin x \cos x = \frac{2\tan x}{1 + \tan^2 x}$$

$$\sin 3x = 3\sin x - 4\sin^3 x$$

$$\sin 4x = 8\cos^3 x \sin x - 4\cos x \sin x$$

$$\cos 2x = \cos^2 x - \sin^2 x = \frac{1 - \tan^2 x}{1 + \tan^2 x}$$

$$\cos 3x = 4\cos^3 x - 3\cos x$$

$$\cos 4x = 8\cos^4 x - 8\cos^2 x + 1$$

$$\tan 2x = \frac{2\tan x}{1 - \tan^2 x} = \frac{2}{\cot x - \tan x}$$

$$\tan 3x = \frac{3\tan x - \tan^3 x}{1 - 3\tan^2 x}$$

$$\tan 4x = \frac{4\tan x - 4\tan^3 x}{1 - 6\tan^2 x + \tan^4 x}$$

$$\cot 2x = \frac{\cot^2 x - 1}{2\cot x} = \frac{\cot x - \tan x}{2}$$

$$\cot 3x = \frac{\cot^3 x - 3\cot x}{3\cot^2 x - 1}$$

$$\cot 4x = \frac{\cot^4 x - 6\cot^2 x + 1}{4\cot^3 x - 4\cot x}$$

$$\sin \frac{x}{2} = \pm \sqrt{\frac{1 - \cos x}{2}}$$

$$\cos \frac{x}{2} = \pm \sqrt{\frac{1 + \cos x}{2}}$$

Tabelle 4-16. Beziehungen zwischen trigonometrischen Funktionen gleichen Arguments.

	$\sin^2 x$	$\cos^2 x$	$\tan^2 x$	$\cot^2 x$
$\sin^2 x =$	$-$	$1 - \cos^2 x$	$\dfrac{\tan^2 x}{1 + \tan^2 x}$	$\dfrac{1}{1 + \cot^2 x}$
$\cos^2 x =$	$1 - \sin^2 x$	$-$	$\dfrac{1}{1 + \tan^2 x}$	$\dfrac{\cot^2 x}{1 + \cot^2 x}$
$\tan^2 x =$	$\dfrac{\sin^2 x}{1 - \sin^2 x}$	$\dfrac{1 - \cos^2 x}{\cos^2 x}$	$-$	$\dfrac{1}{\cot^2 x}$
$\cot^2 x =$	$\dfrac{1 - \sin^2 x}{\sin^2 x}$	$\dfrac{\cos^2 x}{1 - \cos^2 x}$	$\dfrac{1}{\tan^2 x}$	$-$

Tabelle 4-17. Potenzen von trigonometrischen Funktionen.

$$\sin^2 \alpha = \frac{1}{2}(1 - \cos 2\alpha)$$

$$\cos^2 \alpha = \frac{1}{2}(1 + \cos 2\alpha)$$

$$\sin^3 \alpha = \frac{1}{4}(3\sin \alpha - \sin 3\alpha)$$

$$\cos^3 \alpha = \frac{1}{4}(3\cos \alpha + \cos 3\alpha)$$

$$\sin^4 \alpha = \frac{1}{8}(\cos 4\alpha - 4\cos 2\alpha + 3)$$

$$\cos^4 \alpha = \frac{1}{8}(\cos 4\alpha + 4\cos 2\alpha + 3)$$

$$\sin^5 \alpha = \frac{1}{16}(10\sin \alpha - 5\sin 3\alpha + \sin 5\alpha)$$

$$\cos^5 \alpha = \frac{1}{16}(10\cos \alpha + 5\cos 3\alpha + \cos 5\alpha)$$

$$\sin^6 \alpha = \frac{1}{32}(10 - 15\cos 2\alpha + 6\cos 4\alpha - \cos 6\alpha)$$

$$\cos^6 \alpha = \frac{1}{32}(10 + 15\cos 2\alpha + 6\cos 4\alpha + \cos 6\alpha)$$

Tabelle 4-18. Eulersche Formeln: Zusammenhang der trigonometrischen Funktionen mit der Exponentialfunktion.

$$e^{i\varphi} = \cos\varphi + i\sin\varphi$$
$$e^{-i\varphi} = \cos\varphi - i\sin\varphi$$

$$\sin\varphi = \frac{e^{i\varphi} - e^{-i\varphi}}{2i} \qquad \cos\varphi = \frac{e^{i\varphi} + e^{-i\varphi}}{2}$$

$$\tan\varphi = -\frac{i(e^{i\varphi} - e^{-i\varphi})}{e^{i\varphi} + e^{-i\varphi}} \qquad \cot\varphi = \frac{i(e^{i\varphi} + e^{-i\varphi})}{e^{i\varphi} - e^{-i\varphi}}$$

Tabelle 4-19. Beziehungen hyperbolischer Funktionen gleichen Arguments.

	$\sinh^2 x$	$\cosh^2 x$	$\tanh^2 x$	$\coth^2 x$
$\sinh^2 x$	—	$\cosh^2 x - 1$	$\dfrac{\tanh^2 x}{1 - \tanh^2 x}$	$\dfrac{1}{\coth^2 x - 1}$
$\cosh^2 x$	$\sinh^2 x + 1$	—	$\dfrac{1}{1 - \tanh^2 x}$	$\dfrac{\coth^2 x}{\coth^2 x - 1}$
$\tanh^2 x$	$\dfrac{\sinh^2 x}{\sinh^2 x + 1}$	$\dfrac{\cosh^2 x - 1}{\cosh^2 x}$	—	$\dfrac{1}{\coth^2 x}$
$\coth^2 x$	$\dfrac{\sinh^2 x + 1}{\sinh^2 x}$	$\dfrac{\cosh^2 x}{\cosh^2 x - 1}$	$\dfrac{1}{\tanh^2 x}$	—

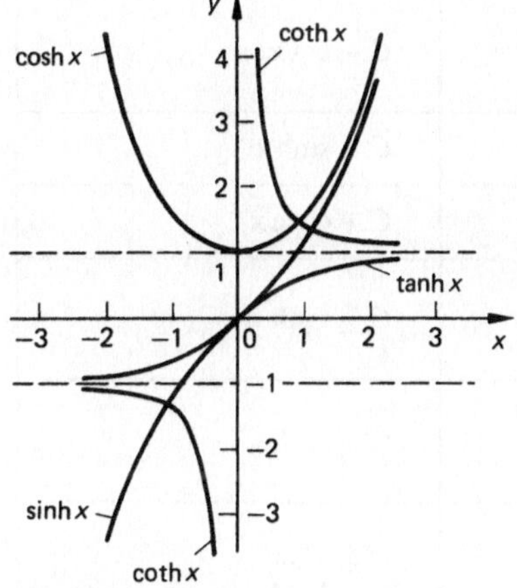

Bild 4-16. Hyperbolische Funktionen.

Hyperbolischer Sinus, Hyperbelsinus
$$\sinh x = (e^x - e^{-x})/2$$

Hyperbolischer Cosinus, Hyperbelcosinus
$$\cosh x = (e^x + e^{-x})/2$$

Hyperbolischer Tangens, Hyperbeltangens
$$\tanh x = (e^x - e^{-x})/(e^x + e^{-x})$$

Hyperbolischer Cotangens, Hyperbelcotangens
$$\coth x = (e^x + e^{-x})/(e^x - e^{-x})$$

Tabelle 4-20. MacLaurin-Reihen.

$f(x)$	Erste 4 Glieder; Konvergenz
$(1+x)^r$	$1+rx+\dfrac{r(r-1)}{2!}x^2+\dfrac{r(r-1)(r-2)}{3!}x^3$ $\lvert x\rvert<1,\ r\in\mathbb{R};\ -1<x\le 1,\ r>-1$ $x\in\mathbb{R},\ r\in\mathbb{N};\ -1\le x\le 1,\ r>0$
$\dfrac{1}{1+x}$	$1-x+x^2-x^3;\ \lvert x\rvert<1$
$\sqrt{1+x}$	$1+\dfrac{1}{2}x-\dfrac{1}{8}x^2+\dfrac{1}{16}x^3;\ \lvert x\rvert\le 1$
$\dfrac{1}{\sqrt{1+x}}$	$1-\dfrac{1}{2}x+\dfrac{3}{8}x^2-\dfrac{5}{16}x^3;\ -1<x<1$
e^x	$1+x+\dfrac{x^2}{2!}+\dfrac{x^3}{3!};\ \lvert x\rvert<\infty$ $\to e=2{,}71828\ldots$
$\ln(1+x)$	$x-\dfrac{x^2}{2}+\dfrac{x^3}{3}-\dfrac{x^4}{4};\ -1<x\le 1$ $\ln 2=0{,}693147\ldots$
$\sin x$	$x-\dfrac{x^3}{3!}+\dfrac{x^5}{5!}-\dfrac{x^7}{7!};\ \lvert x\rvert<\infty$
$\cos x$	$1-\dfrac{x^2}{2!}+\dfrac{x^4}{4!}-\dfrac{x^6}{6!};\ \lvert x\rvert<\infty$
$\tan x$	$x+\dfrac{1}{3}x^3+\dfrac{2}{3\cdot 5}x^5+\dfrac{17}{9\cdot 7\cdot 5}x^7;\ \lvert x\rvert<\dfrac{\pi}{2}$
$x\cot x$	$1-\dfrac{1}{3}x^2-\dfrac{1}{3^2\cdot 5}x^4-\dfrac{2}{3^3\cdot 5\cdot 7}x^6;\ \lvert x\rvert<\pi$
$\arcsin x$	$x+\dfrac{1}{6}x^3+\dfrac{3}{40}x^5+\dfrac{5}{112}x^7;\ \lvert x\rvert<1$
$\arctan x$	$x-\dfrac{x^3}{3}+\dfrac{x^5}{5}-\dfrac{x^7}{7};\ \lvert x\rvert\le 1$ $\to\arctan 1=\dfrac{\pi}{4}=1-\dfrac{1}{3}+\dfrac{1}{5}-\dfrac{1}{7}\ldots$
$\sinh x$	$x+\dfrac{x^3}{3!}+\dfrac{x^5}{5!}+\dfrac{x^7}{7!};\ \lvert x\rvert<\infty$
$\cosh x$	$1+\dfrac{x^2}{2!}+\dfrac{x^4}{4!}+\dfrac{x^6}{6!};\ \lvert x\rvert<\infty$

Tabelle 4-21. Einige elementare Integralfunktionen.

$f(x)$	$F(x)=\int f(x)\,dx$
0	C
e^x	$C+e^x$
$\cos x$	$C+\sin x$
$\sin x$	$C-\cos x$
$\dfrac{1}{\cos^2 x}$	$C+\tan x$
$\dfrac{1}{\sin^2 x}$	$C-\cot x$
$\cosh x$	$C+\sinh x$
$\sinh x$	$C+\cosh x$
$\dfrac{1}{\cosh^2 x}$	$C+\tanh x$
$\dfrac{1}{\sinh^2 x}$	$C-\coth x$
x^r	$C+\dfrac{x^{r+1}}{r+1}$ $r\ne -1$
$\dfrac{1}{x}$	$C+\ln\lvert x\rvert$
$\dfrac{1}{\sqrt{1-x^2}}$	$\begin{cases}C+\arcsin x\\ C-\arccos x\end{cases}$
$\dfrac{1}{1+x^2}$	$\begin{cases}C+\arctan x\\ C-\operatorname{arccot} x\end{cases}$
$\dfrac{1}{\sqrt{1+x^2}}$	$C+\operatorname{arsinh} x$
$\dfrac{1}{\sqrt{x^2-1}}$	$C+\operatorname{arcosh} x$
$\dfrac{1}{1-x^2}$	$\begin{cases}C+\operatorname{artanh} x;\ \lvert x\rvert<1\\ C+\operatorname{arcoth} x;\ \lvert x\rvert>1\end{cases}$

Tabelle 4-22. Integrale trigonometrischer Funktionen.

$$\int \sin cx \, dx = -\frac{1}{c} \cos cx$$

$$\int \sin^n cx \, dx = -\frac{\sin^{n-1} cx \cos cx}{nc} + \frac{n-1}{n} \int \sin^{n-2} cx \, dx \quad (n>0)$$

$$\int x \sin cx \, dx = \frac{\sin cx}{c^2} - \frac{x \cos cx}{c}$$

$$\int x^n \sin cx \, dx = -\frac{x^n}{c} \cos cx + \frac{n}{c} \int x^{n-1} \cos cx \, dx \quad (n>0)$$

$$\int \frac{\sin cx}{x} \, dx = cx - \frac{(cx)^3}{3 \cdot 3!} + \frac{(cx)^5}{5 \cdot 5!} - + \ldots$$

$$\int \frac{\sin cx}{x^n} \, dx = -\frac{1}{n-1} \frac{\sin cx}{x^{n-1}} + \frac{c}{n-1} \int \frac{\cos cx}{x^{n-1}} \, dx$$

Tabelle 4-23. Einige häufig vorkommende Integralfunktionen.

$$\int f(x) \, dx = F(x) + C$$

$f(x)$	$F(x)$
$(ax+b)^n$	$(ax+b)^{n+1}/(a(n+1)) \quad n \neq -1$ $\ln\|ax+b\|/a \qquad n = -1$
$(a^2+x^2)^{-1}$	$a^{-1} \arctan(x/a)$
$(a^2-x^2)^{-1}$	$\dfrac{1}{2a} \ln\left\|\dfrac{a+x}{a-x}\right\|$
$(ax^2+bx+c)^{-1}$ $\Delta^2 = 4ac - b^2$	$\begin{cases} \Delta^2 > 0: \ \dfrac{2}{\Delta} \arctan \dfrac{2ax+b}{\Delta} \\[2mm] \Delta = 0: \ -2/(2ax+b) \\[2mm] \Delta^2 < 0: \ \dfrac{j}{\Delta} \ln\left\|\dfrac{2ax+b+j\Delta}{2ax+b-j\Delta}\right\| \end{cases}$
$\dfrac{x}{ax^2+bx+c}$	$\dfrac{1}{2a} \ln\|ax^2+bx+c\|$ $-\dfrac{b}{2a} \int \dfrac{dx}{ax^2+bx+c}$
$1/\sqrt{a^2-x^2}$	$\arcsin(x/a); \quad -\arccos(x/a)$
$1/\sqrt{a^2+x^2}$	$\ln(x+\sqrt{x^2+a^2})$
$\sqrt{a^2-x^2}$	$(x/2)\sqrt{a^2-x^2}$ $+ (a^2/2) \arcsin(x/a)$
$\sqrt{x^2+a^2}$	$(x/2)\sqrt{x^2+a^2}$ $+ (a^2/2) \ln(x+\sqrt{x^2+a^2})$
$\sin mx \cos nx$	$-\dfrac{\cos(m-n)x}{2(m-n)} - \dfrac{\cos(m+n)x}{2(m+n)}$
$\sin mx \sin nx$	$\dfrac{\sin(m-n)x}{2(m-n)} - \dfrac{\sin(m+n)x}{2(m+n)}$
$\cos mx \cos nx$	$\dfrac{\sin(m-n)x}{2(m-n)} + \dfrac{\sin(m+n)x}{2(m+n)}$ $m \neq \pm n$
$e^{ax} \sin bx$	$e^{ax}(a \sin bx - b \cos bx)/(a^2+b^2)$
$e^{ax} \cos bx$	$e^{ax}(a \cos bx + b \sin bx)/(a^2+b^2)$
$1/\sin x$	$\ln\|\tan(x/2)\|$
$1/(1+\cos x)$	$\tan(x/2)$

Tabelle 4-23. (Fortsetzung).

$$\int f(x)\,\mathrm{d}x = F(x) + C$$

$f(x)$	$F(x)$
$\tan x$	$-\ln|\cos x|$
$1/\sinh x$	$-2\,\mathrm{artanh}(e^x)$
$\ln x$	$x \ln x - x$
$\arcsin x$	$x \arcsin x + \sqrt{1-x^2}$
$\arccos x$	$x \arccos x - \sqrt{1-x^2}$
$\arctan x$	$x \arctan x - \ln\sqrt{1+x^2}$
$\mathrm{arccot}\, x$	$x\,\mathrm{arccot}\, x + \ln\sqrt{1+x^2}$
$\sin^2 x$	$(2x - \sin 2x)/4$
$\tan^2 x$	$\tan x - x$
$x \sin x$	$\sin x - x \cos x$
$x^2 \sin x$	$2x \sin x - (x^2-2)\cos x$
$1/\cos x$	$\ln|\tan(x/2 + \pi/4)|$
$1/(1 - \cos x)$	$-\cot(x/2)$
$\cot x$	$\ln|\sin x|$
$1/\cosh x$	$2\arctan(e^x)$
$\ln x/x$	$(\ln x)^2/2$
$\mathrm{arsinh}\, x$	$x\,\mathrm{arsinh}\, x - \sqrt{1+x^2}$
$\mathrm{arcosh}\, x$	$x\,\mathrm{arcosh}\, x - \sqrt{x^2-1}$
$\mathrm{artanh}\, x$	$x\,\mathrm{artanh}\, x + \ln\sqrt{1-x^2}$
$\mathrm{arcoth}\, x$	$x\,\mathrm{arcoth}\, x + \ln\sqrt{x^2-1}$
$\cos^2 x$	$(2x + \sin 2x)/4$
$\cot^2 x$	$-\cot x - x$
$x \cos x$	$\cos x + x \sin x$
$x^2 \cos x$	$2x \cos x + (x^2 - 2)\sin x$

Tabelle 4-24. Massenträgheitsmomente bezüglich Schwerpunktsachsen.

Körper (Masse m)	Massenträgheitsmomente
Quader	$J_x = \dfrac{m}{12}(h^2 + L^2)$ $J_y = \dfrac{m}{12}(b^2 + L^2)$ $J_z = \dfrac{m}{12}(h^2 + b^2)$
Hohlzylinder	$J_x = \dfrac{m}{2}(r^2 + R^2)$ $J_y = J_z = \dfrac{m}{4}\left(r^2 + R^2 + \dfrac{L^2}{3}\right)$
schlanker Stab	$J_y = J_z = \dfrac{mL^2}{12}$
Dreieckscheibe konstanter Dicke	$J_x = \dfrac{mh^2}{18}$ $J_y = \dfrac{mb^2}{24}$ $J_z = \dfrac{m}{6}\left(\dfrac{b^2}{4} + \dfrac{h^2}{3}\right)$
Hohlkugel	$J_x = J_y = J_z = \dfrac{2m(R^5 - r^5)}{5(R^3 - r^3)}$

5. Verwendete Symbole

A — Fläche (z. B. mm^2, m^2)

A_{proj} — Projektionsfläche (z. B. mm^2, m^2)

B — • Maß, Breite (z. B. mm, m)
• als Index: Bruch

C — Konstante, Integrationskonstante

D — Durchmesser (z. B. mm, m)

E — • Kinetische Energie (Nm, $kg\,m^2\,s^{-2}$)
• Elastizitätsmodul (z. B. N/mm^2)
• als Index: Elastizitätsgrenze

F — • Kraft (z. B. N, kN)
• als Index: auf die Fließgrenze bezogen
• als Index: auf das Führungssystem bezogen
• als Index: auf die Kraft bezogen

G — • Gleitmodul (z. B. N/mm^2)
• als Index: auf das Gewicht bezogen
• als Index: auf die Gestalt bezogen

H — • Horizontalzugkraft (z. B. N, kN)
• Maß, Höhe (z. B. mm)

I — Flächenmoment 2. Ordnung (Flächenträgheitsmoment) (z. B. mm^4, cm^4)

J — Massenträgheitsmoment (z. B. $kg\,m^2$)

L — • Drall, Drehimpuls ($kg\,m^2\,s^{-1}$, N ms)
• Länge, Seillänge (z. B. m)

M — Moment (z. B. Nm, Nmm)

N — Lastspielzahl

O — Oberfläche (z. B. mm^2)

P — Leistung (W $= Nm\,s^{-1}$, kW)

Q — als Index: auf den Querkraftmittelpunkt bezogen

R — • Radius (z. B. m, mm)
• als Index: resultierend

S — • Stabkraft (z. B. N, kN)
• Statisches Flächenmoment (z. B. mm^3, cm^3)
• als Index: auf den Schwerpunkt bezogen
• als Index: spezifisch
• als Index: auf die Streckgrenze bezogen
• als Index: auf ein Seil oder einen Stab bezogen

U — Formänderungsenergie, Potentialenergie (z. B. Nm)

V — • Volumen (z. B. mm^3, cm^3)
• Vertikalkraft (z. B. N)
• als Index: auf das Volumen bezogen

W — mechanische Arbeit, Formänderungsarbeit (z. B. Nm)

W_a — Axiales Widerstandsmoment (z. B. mm^3, cm^3)

a — • Beschleunigung (m/s^2)
• Maß (z. B. mm, cm)
• als Index: Abscheren
• als Index: außen
• als Index: axial

b — • Maß (z. B. mm)
• als Index: Biegung

b_0 — Größenzahl

c — Federkonstante (z. B. N/mm, kN/m)

c_d — Drehfederkonstante (z. B. Nm/rad)

d — • Maß, Durchmesser (z. B. mm, m)
• als Index: Druck
• als Index: gedämpft
• als Vorsatz: differentiell kleine Größe

e — Maß (z. B. cm)

f — • Maß (z. B. mm, cm)
• Frequenz (Hz)
• als Index: auf eine Feder bezogen

g — • Erdbeschleunigung ($9,81\,m/s^2$)
• Maß, Grundseite (z. B. mm, cm)
• als Index: Grenzwert

h — • Maß, Höhe (z. B. mm, m)
• als Index: auf die Höhe bezogen

i — • Trägheitsradius (z. B. mm, cm)
• als Index: innen

k — • Dämpfungskonstante (kg/s, $Ns\,m^{-1}$)
• Anzahl der Knoten im Stabwerk
• Faktor
• als Index: Knickung

l — Maß, Länge (z. B. m, mm)

m — • Poissonzahl
• Maßstab
• Masse
• als Index: Mittelwert
• als Index: Maximalwert

n — • Drehzahl (min^{-1})
• Verhältnis
• Anzahl
• als Index: normal

o — • Oberflächenfaktor
• als Index: oben

p — • Flächenpressung (z. B. N/mm^2)
• Impuls ($kg\,m\,s^{-1}$)
• Maß, Koordinate (z. B. mm)
• als Index: polar

q — • Querschnittszahl
• Streckenlast (z. B. N/m, N/mm)
• als Index: quer

r	• Radius (z. B. m, mm etc.) • als Index: Reibung	η_k ϑ	Kerbempfindlichkeit • Drillung (z. B. rad/m)
s	• Weg, Länge, Maß, Bogenlänge (z. B. mm) • Anzahl Stäbe im Stabwerk • Spannungsvektor (z. B. N/mm²)	 $\varkappa$ λ	• Dämpfungsgrad Krümmung (m⁻¹) • Schlankheitsgrad • Eigenwert
t	• Zeit (s) • Maß, Tiefe (z. B. m, mm) • als Index: tangential • als Index: Torsion	μ μ_0	• Querzahl • Gleitreibungskoeffizient • Masse je Längeneinheit (z. B. kg/m) Haftreibungskoeffizient

r   • Radius (z. B. m, mm etc.)
    • als Index: Reibung
s   • Weg, Länge, Maß, Bogenlänge (z. B. mm)
    • Anzahl Stäbe im Stabwerk
    • Spannungsvektor (z. B. N/mm²)
t   • Zeit (s)
    • Maß, Tiefe (z. B. m, mm)
    • als Index: tangential
    • als Index: Torsion
u   • Hauptachse
    • Koordinate, Maß, Umfang (z. B. mm)
    • als Index: unten
v   • Hauptachse
    • Koordinate
    • Geschwindigkeit (z. B. m/s)
w   Maß, Durchbiegung (z. B. mm)
x, y, z   Cartesische Koordinaten, Maße, Weg (z. B. m)
z   als Index: Zug

α   • Einflußzahl (z. B. mm/N)
    • Winkel (rad)
    • Winkelbeschleunigung (s⁻²)
    • Wärmedehnzahl (grd⁻¹)
α_k Formzahl
β   Winkel (rad)
β_k Kerbwirkungszahl
γ   • Winkel (rad)
    • Spezifisches Gewicht (z. B. N/dm³)
    • Gleitwinkel, Schiebewinkel (rad)
δ   • Winkel (rad)
    • Abklingkonstante (s⁻¹)
ε   • Dehnung (z. B. mm/mm)
    • Stoßzahl
η   • Koordinate
    • Wirkungsgrad

η_k Kerbempfindlichkeit
ϑ   • Drillung (z. B. rad/m)
    • Dämpfungsgrad
ϰ   Krümmung (m⁻¹)
λ   • Schlankheitsgrad
    • Eigenwert
μ   • Querzahl
    • Gleitreibungskoeffizient
    • Masse je Längeneinheit (z. B. kg/m)
μ_0 Haftreibungskoeffizient
ν   • Winkel (rad)
    • Sicherheitszahl, Sicherheit
ξ   Koordinate
π   feste Zahl Pi: $\pi = 3{,}141592654$
ϱ   • Dichte (z. B. kg/m³)
    • Radius, Maß (z. B. m, mm)
    • Reibwinkel (rad)
σ   Normalspannung (z. B. N/mm²)
σ_v Vergleichsspannung (z. B. N/mm²)
τ   Tangentialspannung, Schubspannung (z. B. N/mm²)
φ   • Winkel (rad)
    • Stoßzahl
ψ   Winkel (rad)
ω   • Winkelgeschwindigkeit (s⁻¹)
    • Kreisfrequenz (s⁻¹)
ω_0 Eigenkreisfrequenz ungedämpfter Schwingungen (s⁻¹)
ω_d Eigenkreisfrequenz gedämpfter Schwingungen (s⁻¹)
ω_k Kreiselwinkelgeschwindigkeit (s⁻¹)
ω_p Winkelgeschwindigkeit der Präzession (s⁻¹)

Δ   Differenz
Σ   Summenzeichen
Ω   Erregerkreisfrequenz (s⁻¹)

6. Weiterführendes Schrifttum

Hahn, H. G.: Bruchmechanik. 1976. Verl. B. G. Teubner.

Heckel, K.: Einführung in die technische Anwendung der Bruchmechanik. 2. Aufl. 1983. Hanser-Verl.

Holzweissig, F.: Lehrbuch der Maschinendynamik. 3. Aufl. 1991. Fachbuchverl. Leipzig.

Kaliszky, S.: Plastizitätslehre. 1984. VDI-Verl.

Klein, B.: FEM, Grundlagen und Anwendungen der Finite-Elemente-Methode. 1990. Vieweg-Verl.

Klotter, K.: Technische Schwingungslehre. 1980. Springer-Verl.

Magnus, K.: Schwingungen. 4. Aufl. 1986. Verl. B. G. Teubner.

Parks/Hahn: Stabilitätstheorie. 1981. Springer-Verl.

Sigloch, H.: Technische Fluidmechanik, 2. Aufl. 1991. VDI-Verl.

7. Sachwortverzeichnis

Krafteck 10, 20
Kreisbewegung 238
Kreisbewegung, gleichförmige 238
Kreisbewegung, ungleichförmige 239
Kreisel 356
Kreisel, geführter 299
Kreiselmoment 299, 362
Kreiselwirkung 355, 359
Kreisfrequenz 313
Kritische Drehzahl 366
Kritische Erregerfrequenz 334
Krümmung 112
Krümmungsradius 112
Kugelbehälter 109
Kugelpressung 93
Kugeltensor 197
Kurvenüberhöhung 253

L

Labiles Gleichgewicht 78
Labilität 78
Längsdehnung 103, 105
Lageplan 9
Lager 32
Lager, notwendiges 228
Lager, überzähliges 228
Lagerarten, Fesseln 37
Lagerpressung 92
Lagerung, elastische 226
Lagerung, statisch unbestimmte 118
Lastspielzahl 201
LAVAL, Selbstzentrierungseffekt 366
Leistung der Rotation 284
Leistung einer Kraft 269
Linearer Spannungszustand 94
Linienflüchtiges – Axiom 4
Linienschwerpunkt 83
Logarithmisches Dekrement 325
Loslager 38
Luftwiderstand 264
Luftwiderstandsbeiwert 265

M

MacLaurin-Reihen 73, 396
Masse 250
Massenmittelpunkt 82
Massenträgheitsmoment 276, 284, 398
Mathematisches Pendel 258
Maxwell 219
Mechanische Arbeit 265
Mehrteilige Gebilde 47
Membrananalogie 157
Menabrea 228
Mittelbare Erregung 345
Mittelspannung 201
Mohrscher Spannungskreis 96
Moment der Kraft 15
Momentanpol 66, 288, 290
Momente, Vorzeichenregelung 15
Momentenausgleich 142
Momentenausgleichsverfahren 140

Momentenfläche 43
Momentenvektor des Kräftepaares 19

N

Nennspannung 202
Neutrale Faserschicht 121, 135, 137
NEWTONsches Axiom 1
NEWTONsches Grundgesetz d. Dyna-
mik 250
Nichtpotentialarbeit 267
Nichtpotentialkräfte 269
Normalbeschleunigung 240
Normalspannung 88
Normalspannungshypothese 191, 193
Notwendiges Lager 228
Nullkraft 3
Nullstab 56
Nutzarbeit 270

O

Oberfläche 84
Oberflächeneinflußfaktor 202
Oberflächenrauhigkeit 59
Oberspannung 201
Ortsvektor 232, 235
ω-Verfahren 175

P

PAPPUS-GULDINsche Regeln 84
Parallelschaltung 257
Pendel 258, 317
Pendel, mathematisches 258
Pendel, physikalisches 258, 281
Pendelstütze 32
Phasenverschiebungswinkel 313
Physikalisches Pendel 258, 281
Plastische Verformung 104
Plastischer Stoß 301
POISSON-Zahl 105
Poissonzahl 379
Polares Flächenmoment
2. Ordnung 154
Polstrahl 22
Potential-Energien 77
Potentialarbeit 267
Potentielle Energie 268
Präzession 356
PRANDTLsche Strömungsanalogie 152
Pressung, HERTZ 93
Prinzip von D'ALEMBERT 251, 296
Proportionalitätsgrenze 103
Proportionalitätsspannung 103, 172
Punktlast 35

Q

Querdehnung 103, 105
Querkontraktion 103

Querkontraktionsgesetz 105
Querkraft 42
Querkraftbiegung 113, 120, 137, 147
Querkraftfläche 43
Querkraftmittelpunkt 161
Querschnittsverwölbung 152
Querschnittszahl 202
Querzahl 105, 379

R

Räumlicher Spannungszustand 100
Räumliches Kräftesystem 37
Rauminhalt 84
RAYLEIGHscher Quotient 352
RAYLEIGHsches Verfahren 351
Reduzierte Masse 279
Reibarbeit 266
Reibkoeffizient 60
Reibkraft 60
Reibung auf gekrümmter Bahn 271
Reibung, STOKESsche 322
Reibungskegel 62
Reibwinkel 60
Reibzahl 60
Reihenentwicklung 73
Reihenschaltung 257
Reine Biegung 120
Relativbewegung 294
Relativbewegung, Kinetik der 294
Resonanz 334
Restitutionskoeffizient 302
Resultierende 10
Reziprozitätssatz 219
RITTER-Verfahren 28
RITZsches Verfahren 175
Rollbedingung 290
Rollreibungsgesetz 65
Rollwiderstand, Rollreibung 65
Rotation 288
Rotation, dynamisches Grundgesetz
der 284, 285
Rotation, Leistung der 284
Rotationsenergie 284
Ruhende Beanspruchung 200

S

Satz der statischen Momente 16
Satz von CASTIGLIANO 219
Satz von den parallelen Achsen 125, 277, 284
Satz von den zugeordneten
Schubspgn. 100
Satz von MENABREA 227
Satz von STEINER 125, 277, 284
Scheibe 9
Schiebung 102
Schiefe Biegung 128
Schlankheitsgrad 171, 173
Schlupf 291
Schlupfbewegung 66
Schlußlinien-Verfahren 22

MATHEMATIK

Lehrbuch für Fachhochschulen. 3 Bände. DM 128,00
Hrsg. v. Fetzer/Fränkel. Bearb. v. Feldmann, Dietrich u. a.
ISBN 3-18-400604-2

Das dreibändige Werk wendet sich insbesondere an Studenten von Fachhochschulen, Gesamthochschulen und Technischen Universitäten. Besonderer Wert wurde auf eine weitgehend exakte und doch anschauliche Darstellung gelegt. In schwierigen Fällen wurde der Beweis durch Beispiele, Zusatzbemerkungen und zusätzliche Gegenbeispiele ersetzt, um die Bedeutung der Voraussetzungen erkennen zu lassen. Zahlreiche Aufgaben am Ende eines jeden Teilabschnittes ermöglichen eine Vertiefung und Kontrolle der erworbenen Kenntnisse.

Band 1: 3. Aufl. 1986. 393 S., 218 Abb., zahlr. Aufgaben mit Lösungen, 24 x 16,8 cm. DM 48,00. ISBN 3-18-400685-9
Inhalt: Mengen, reelle Zahlen — Funktionen — Lineare Gleichungssysteme, Matrizen, Determinanten — Vektoren — Komplexe Zahlen — Zahlenfolgen und Grenzwerte — Grenzwerte von Funktionen: Stetigkeit — Logarithmus- und Exponentialfunktion, spezielle Grenzwerte

Band 2: 2. Aufl. 1985. 364 S., 203 Abb., zahlr. Aufgaben mit Lösungen, 24 x 16,8 cm. DM 48,00. ISBN 3-18-400683-2
Inhalt: Differentialrechnung — Integralrechnung — Anwendungen der Differential- und Integralrechnung — Numerische Verfahren

Band 3: 2. Aufl. 1985. 411 S., 300 Abb., zahlr. Aufgaben mit Lösungen, 24 x 16,8 cm. DM 48,00. ISBN 3-18-400684-0
Inhalt: Reihen — Funktionen mehrerer Variablen — Komplexwertige Funktionen — Gewöhnliche Differentialgleichungen

„Preisänderungen vorbehalten"

 VERLAG

Mechanik-Aufgaben – 3 Bände

Heinz Rittinghaus / Heinz Dieter Motz

Band 1 Statik starrer Körper

39., neubearb. u. erw. Aufl. 1990.
243 S., 460 Abb., 442 Aufgaben m.
Lösungen. 24 x 16,8 cm Gb.
DM 45,–/40,50*
(3-18-401031-7)

Zentrale Kräftesysteme – Allgemeine, ebene Kräftesysteme – Kräfte im Raum – Gleichgewichtsbedingungen – Ebene gestützte Körper – Schnittgrößen des Balkens – Schwerpunkt – Reibung – Statik mehrteiliger, ebener Gebilde – Statik der Ketten und Seile.

Band 2 Elastizitäts- und Festigkeitslehre

33., neubearb. u. erw. Aufl. 1990.
309 S., 625 Abb., 646 Aufgaben
m. Lösungen. 24 x 16,8 cm. Gb.
DM 48,–/43,20*
(3-18-400993-0)

Zug- und Druckbeanspruchung – Abscherbeanspruchung – Axiale Flächenmomente 2. Ordnung und Wiederstandsmomente – Biegebeanspruchung – Formänderung bei Biegung – Torsion – Knickbeanspruchung – Zusammengesetzte Beanspruchung – Zulässige Spannung und Sicherheit – Deformation elastischer Systeme (Energiemethoden).

Günter Knabenschuh
Band 3 Kinematik und Kinetik

1982. 333 S., 453 Abb., 565 Aufgaben
m. Lösungen. 24 x 16,8 cm. Br.
DM 33,80/30,42*
(3-18-400564-X)

*Preis für VDI-Mitglieder
 (auch im Buchhandel)

VDI VERLAG

Postfach 10 10 54, 4000 Düsseldorf 1
Telefon 02 11/61 88-0
Fax 02 11/61 88-1 33